民用建筑电气技术与设计（第3版）

胡国文　孙宏国　编著

清华大学出版社
北京

内容简介

本书是在2001年7月第2版的基础上，根据作者多年来从事该方面的教学和工程设计及科研工作实践，为了适应形势不断发展的需要，面对该领域的教学和工程实际需要，进一步总结提高和进行较大幅度修改而成。

全书共分13章。主要内容有：民用建筑电气技术设计电路基本知识、电子技术基础知识、常用电机电器知识；建筑电气施工图的识读与手工绘制及计算机辅助设计方法；民用建筑供配电系统与设计；民用建筑低压配电线路与设计；民用建筑电气照明技术与设计；民用建筑电梯系统与设计；民用建筑给排水系统与设计；民用建筑空调系统与设计；民用建筑通信和CATV系统与设计；民用建筑安防监控系统与设计；民用建筑消防系统与设计；民用建筑安全用电与防雷保护和接地接零与设计；民用建筑总体电气设计与概预算。

本书可作为高等院校建筑工程类及建筑电气类和电气工程类相关本科专业的教材或选修教材及配套参考书；同时也可作为大专、高等职业技术教育等院校有关专业的教材或选修教材及参考书，并可作为从事该方面工程设计的专业技术人员的培训教材和实用参考书。

图书在版编目(CIP)数据

民用建筑电气技术与设计/胡国文等编著.—3版.—北京：清华大学出版社，2013(2023.8重印)
ISBN 978-7-302-32729-5

Ⅰ.①民… Ⅱ.①胡… Ⅲ.①民用建筑－电气设备－建筑设计 Ⅳ.①TU85

中国版本图书馆CIP数据核字(2013)第130813号

责任编辑：张占奎
封面设计：傅瑞学
责任校对：刘玉霞
责任印制：刘海龙

出版发行：清华大学出版社
网　　址：http://www.tup.com.cn，http://www.wqbook.com
地　　址：北京清华大学学研大厦A座　　**邮　　编**：100084
社 总 机：010-83470000　　**邮　　购**：010-62786544
投稿与读者服务：010-62776969，c-service@tup.tsinghua.edu.cn
质量反馈：010-62772015，zhiliang@tup.tsinghua.edu.cn
印 装 者：涿州市般润文化传播有限公司
经　　销：全国新华书店
开　　本：185mm×260mm　　**印　　张**：33.5　　**字　　数**：810千字
版　　次：1993年3月第1版　　2013年9月第3版　　**印　　次**：2023年8月第5次印刷
定　　价：95.00元

产品编号：037570-04

前　言

现代民用建筑电气技术是以电能、电子和电气设备及电气技术为主要手段来创造、维持和改善人们居住或工作的生活环境的电、光、声、冷和暖环境的一门跨学科的综合性的技术科学。它主要涉及建筑学、近代物理学、电工学、机械电子学、供配电技术、安全防范技术、通信技术、自动化技术、计算机技术等科学和技术。它是强电和弱电与具体建筑相结合的有机整体。随着科学与技术的不断发展和形势发展的需要，还将产生许多新的变化，将会进一步向多功能的纵深方向和综合应用方向发展。

本书是在2001年7月第2版的基础上，结合作者多年从事该方面的教学和科研工作实践积累的经验，为适应该领域形势不断发展的需要，面对该领域的教学和工程实际需要，并应出版社的约稿要求，进一步总结提高并进行较大幅度修改而成。其目的主要是作为建筑工程类和建筑电气类及电气工程类相关本、专科专业的加深加宽内容和配套的适用教材和参考书；并可为现代民用建筑电气工程设计做一些具体指导和参考。修改编写过程中，本着培养面向新时期高层次应用型人才的要求，本着基础理论为应用服务的思想，在注意本书的系统性、理论性、适用性的基础上，充分注意设计和应用能力的提高及创新能力的培养。尽可能正确地处理好基础理论与应用之间的关系，使基础理论更好地为应用服务；注意加强工程设计应用能力的提高；注意最新知识的介绍。让读者通过本书的系统学习，获得应用现代电气技术知识与现代民用建筑电气技术设计中的基本应用能力及创新能力。

全书共分13章。主要内容有：民用建筑电气技术设计电路基本知识、电子技术基础知识、常用电机电器知识；建筑电气施工图的识读与手工绘制及计算机辅助设计方法；民用建筑供配电系统与设计；民用建筑低压配电线路与设计；民用建筑电气照明技术与设计；民用建筑电梯系统与设计；民用建筑给排水系统与设计；民用建筑空调系统与设计；民用建筑通信和CATV系统与设计；民用建筑安防监控系统与设计；民用建筑自动消防系统与设计；民用建筑安全用电与防雷保护和接地接零与设计；民用建筑总体电气设计与概预算等内容。

本书第1,2,3章由盐城工学院孙宏国副教授负责修改编写，其余各章及前言目录和附录等由胡国文教授负责修改编写。全书由胡国文教授负责修改统稿和定稿。本书在编写过程中得到了教育部全国高等学校教学研究中心和清华大学出版社的鼎力支持，同时得到了盐城工学院教材基金资助出版。东南大学建筑设计研究院副总工程师曹子容高工审阅了本书原书稿，提出了许多宝贵修改意见，同时本书在编写过程中还参阅了大量参考书籍（主要参考书目列于书后），作者在此一并表示诚挚的谢意。

由于编者水平有限，加之时间短促，书中的缺点和错误在所难免，恳切希望使用本书的广大读者提出批评和指正。

编　者

2013年4月

目录

第1章 民用建筑电气技术电路基本知识

本章主要介绍民用建筑电气技术和工程设计中有关电路方面的基本知识。主要介绍电工常用名词、直流电路、单相和三相正弦交流电路计算等内容，为民用建筑的电气设计准备必要的基本知识。

1.1 常用电工名词及计量单位和符号

电子——带有负电荷的基本粒子。电子的电量等于-1.6×10^{-19}C(库[仑])。

电荷——电荷分为正电荷和负电荷。电子是电荷的最小单位，物体得到或失去电子，称该物体带电；得到电子的物体带负电，失去电子的物体带正电。电荷与电荷之间存在着相互的作用力：同性电荷相互排斥，异性电荷相互吸引。

电流——带电粒子有规则的运动称为电流。习惯上规定，正电荷定向移动的方向为电流的方向。在金属导体中，电流的方向与自由电子移动的方向正好相反。

电流强度——描述电流强弱的物理量。设在某时间t内通过某导体横截面的电量为q，则在该导体内的电流强度$I=q/t$。如果在1s内通过该横截面的电量为1C，则该导体内的电流强度$I=1\text{C}/1\text{s}=1\text{A}$(安[培])。

电流密度——在单位横截面上通过的电流大小，称为电流密度，其单位是A/mm^2(安/毫米^2)。

电位——在电场力的作用下，把单位正电荷从a点移动到规定的参考点所做的功，称为参考点的电位。在理论研究中，常取无限远点作为电位的参考点；但在实际应用中，常取大地作为电位的参考点。电位的单位为V(伏[特])。

电压——在电场力的作用下，把单位正电荷由a点移到b点所做的功，称为a点到b点的电压，亦称a、b两点间的电位差。电压的单位为V。

电动势——在电源内部，电动力把正电荷从负极移送到正极所做的功W与被移送的电量q的比值，称为该电源的电动势，即$\varepsilon=\dfrac{W}{q}$。电动势的单位与电位、电压的单位相同，也是V。

导体——带电粒子能在其内自由移动的物体称为导体。各种金属、各种酸、碱、盐的水溶液以及人体等均属于导体。导体的电阻率一般小于$10^{-6}\Omega\cdot\text{m}$。

绝缘体——带电粒子不能在其内部自由移动的物体称为绝缘体，亦称为电介质。如橡胶、塑料、云母、陶瓷、干木材和空气等均是绝缘体。绝缘体的电阻率一般大于$10^5\Omega\cdot\text{m}$。

半导体——导电性能介于导体与绝缘体之间的物体称为半导体。如锗、硅、硒等属于半导体。半导体的电阻率一般在$10^{-6}\sim10^5\Omega\cdot\text{m}$之间。

电导——描述导体传导电流本领的物理量称为电导，其符号表示为G，单位为S(西[门子]，简称西)。

电导率——表示物质导电性能的参数称为电导率，又叫电导系数，其单位为 S/m(西/米)。

电阻——导体一方面能让电荷在其中通过，另一方面又对通过它的电荷产生阻碍作用，这种阻碍作用称为导体的电阻。电阻值的大小与导体的长度 L 成正比，与导体的横截面积 S 成反比，还与导体的材料性质有关。计算电阻的公式为

$$R = \rho \frac{L}{S} \tag{1-1}$$

式中：R——电阻，Ω；

ρ——导体的电阻率，$\Omega \cdot mm^2/m$；

L——导体的长度，m；

S——导体的横截面积，mm^2；

电阻率又称电阻系数，是表示物质导电性能的参数。不同材料的电阻率也不同。材料的电阻率越大，导电性能就越差。

电感——是自感与互感的统称。

自感——由于通过闭合回路(或线圈)内的电流变化，引起穿过该回路(或线圈)所包围面积的磁通量也跟着变化而产生感应电动势的现象，称为自感现象，其所产生的感应电动势，称为自感电动势。

由引起自感现象的磁通量与产生此磁通量的电流之比值，称为该回路(或线圈)的自感系数，简称自感，以字母 L 表示，单位为 H(亨[利])，自感系数 L 的数值是由回路(或线圈)本身的特性决定的，与回路(或线圈)的形状、大小，以及周围介质的磁导率有关。一个确定回路(或线圈)的自感系数是一定的。

互感——两个线圈相互接近，当其中一个线圈中的电流发生变化时，引起穿过另一个线圈所包围面积的磁通量也跟着变化而产生感应电动势的现象，叫做互感现象，其所感应的电动势叫做互感电动势。

引起互感现象的磁通量与产生此磁通量的电流之比值叫做该线圈的互感系数，简称互感。理论和实践都证明，这两个线圈的互感系数在数值上是相等的，并以字母 M 表示、单位为 H。互感系数的数值只与线圈的形状、大小、两个线圈的相对位置，以及周围介质的磁导率有关。

感抗——当交流电通过电感电路时，电感有阻碍交流电流通过的作用，这种作用称为感抗，其数值由下式求得

$$X_L = 2\pi f L \tag{1-2}$$

式中：X_L——自感抗，Ω；

f——交流电的频率，Hz(赫[兹])。

L——自感，H。

电容——两个彼此绝缘而又互相靠近的导体，具有储存电荷的能力，这个能力称为电容，以字母 C 表示。电容的数值等于一侧导体所储存的电荷量 Q 与该两导体间的电位差 U 的比值，即

$$C = \frac{Q}{U} \tag{1-3}$$

容抗——当交流电流通过电容电路时，电容具有阻碍电流通过的作用，这种作用称为容抗，其数值由下式求得

$$X_C = \frac{1}{2\pi fC} \tag{1-4}$$

式中：X_C——容抗，Ω；

f——交流电的频率，Hz；

C——电容，F(法[拉])。

阻抗——当交流电流通过同时具有电阻、电感、电容的电路时，它们共同产生阻碍电流通过的作用，这种作用称为阻抗，其数值由下式求得

$$Z = \sqrt{R^2 + \left(2\pi fL - \frac{1}{2\pi fC}\right)^2} \tag{1-5}$$

式中：Z——阻抗，Ω；

L——自感，H。

直流电——大小和方向都不随时间改变的电流，称为恒定电流，也就是通常所说的直流，即直流电。

正弦交流电——大小和方向都随时间作周期性变化的电流，称为交流电，电流(电压、电动势)随时间作正弦规律变化的交流电，称为正弦交流电。

正弦交流电的三要素——正弦交流电由频率(或周期)、幅值(或有效值)和初相位来确定。频率、幅值和初相位称为确定正弦交流电的三要素。

正弦交流电的频率——正弦交流电在每秒钟内交变的次数称为频率，用字母 f 表示，单位为 Hz(赫[兹])。在我国和大多数国家都采用 50Hz 作为电力标准频率，所以 50Hz 也称为工频。

正弦交流电的周期——正弦交流电变化一次所需的时间称为周期，用字母 T 表示，单位为 s(秒)。

频率与周期为倒数关系，即

$$f = \frac{1}{T} \tag{1-6}$$

角频率——描述正弦交流电变化快慢的还可用角频率来表示，因为一个周期内经历了 2π 弧度，所以角频率为

$$\omega = \frac{2\pi}{T} = 2\pi f \tag{1-7}$$

式中：ω——正弦交流电的角频率，它的单位是 rad/s(弧度每秒)。

幅值——正弦交流电在一个周期内瞬时值中最大的值称为幅值或最大值，用带下标“m”的大写字母来表示，如 I_m、U_m 及 E_m 分别表示电流、电压及电动势的幅值。正弦交流电在一个周期内任一瞬间的值称为瞬时值，用小写字母来表示，如 i、u 及 e 分别表示电流、电压及电动势的瞬时值。

有效值——有效值是根据电流的热效应来规定的。假定一个正弦交流电流 i 通过电阻 R 在一个周期内产生的热量，和另一个直流电流 I 通过同样大小的电阻 R 在相等的时间内产生的热量相等，则表明这两个电流的热效应量是相等的，因此把这个直流电 I 在数值上定为交流电 i 的有效值。

根据以上所述,可得

$$\int_0^T Ri^2\,dt = RI^2T \tag{1-8}$$

由此可得出正弦交流电的有效值

$$I = \sqrt{\frac{1}{T}\int_0^T i^2\,dt} \tag{1-9}$$

当正弦电流用三角函数式 $i=I_m\sin\omega t$ 表示时,则有

$$I = \sqrt{\frac{1}{T}\int_0^T I_m^2\sin^2\omega t} = \frac{I_m}{\sqrt{2}} \tag{1-10}$$

因为正弦电流 i 是由作用在电阻 R 两端的正弦电压 u 产生的,所以同样可推得正弦电压的有效值

$$U = \sqrt{\frac{1}{T}\int_0^T u^2\,dt} \tag{1-11}$$

正弦电压的表达式为 $u=U_m\sin\omega t$,则

$$U = \frac{U_m}{\sqrt{2}} \tag{1-12}$$

有效值都用大写字母表示,和表示直流的字母一样。

一般所讲的正弦电压或电流的大小,都是指它的有效值。一般交流电流表和电压表的刻度也是根据有效值来定的。

初相位——正弦交流电计时起点($t=0$)时的相位角,用 ψ 表示。正弦交流电是随时间而变化的,要确定一个正弦交流电,除了频率、幅值以外,还须确定初相位。正弦交流电流可表示为

$$i = I_m\sin\omega t \tag{1-13}$$

上式中,$t=0$ 时的初相位 $\psi=0$;正弦交流电流也可表示为

$$i = I_m\sin(\omega t+\psi) \tag{1-14}$$

上式中,$t=0$ 时的初相位为 ψ。初相位为零,正弦交流电流的初始值($t=0$ 时的值)为零。初相位为 ψ,正弦交流电的初始值 $i_0=I_m\sin\psi$,不等于零。

正弦交流电表达式中的角度 ωt 和($\omega t+\psi$)称为正弦交流电的相位角或相位。

有功功率——交流电路的平均功率,也叫有功功率,以字母 P 表示,表达式为

$$P = UI\cos\varphi \tag{1-15}$$

式中:P——有功功率,W(瓦[特]);

U——交流电压的有效值,V;

I——交流电流的有效值,A;

φ——交流电压与交流电流之间的相位角差或相位差。相位差是由电路(负载)的参数决定的。只有在纯电阻负载的情况下电压与电流才会同相位,它们的相位差 $\varphi=0$,对于其他负载,其相位差 $\varphi=0°\sim90°$。

无功功率——在具有电感或电容的电路中,电感或电容与电源之间发生能量互换;在半个周期内把电源送来的能量储存起来,而在另半个周期内又把储存的能量送还给电源,这

样周而复始地进行，但上述过程中只有这样能量的互换，并不真正消耗能量。在电工计算中，为了衡量这个交换能量的规模，将它定义为无功功率，其表达式为

$$Q = UI\sin\varphi \tag{1-16}$$

式中：Q——无功功率，var(乏)；

U——电压的有效值，V；

I——电流的有效值，A；

φ——电压与电流的相位差，(°)。

视在功率——在具有电阻及电抗(感抗与容抗的统称)的电路中，电压与电流有效值的乘积，称为视在功率，其表达式为

$$S = UI \tag{1-17}$$

式中：S——视在功率，V·A；

U——电压的有效值，V；

I——电流的有效值，A。

功率因数——有功功率与视在功率的比值，称为功率因数，其表达式为

$$\cos\varphi = \frac{P}{S} \tag{1-18}$$

式中：$\cos\varphi$——功率因数，φ 称为功率因数角，它是电压与电流之间的相位差；

P——交流电路的有功功率，即平均功率，W；

S——视在功率，V·A。

由于有功功率是小于或等于视在功率的，所以功率因数 $\cos\varphi$ 的数值为 0～1。

相电压——三相电源线中任一根火线与中性线之间的电压，称为相电压，以字母 U_ϕ 表示。

线电压——三相电源线中任意两根火线之间的电压，称为线电压，以字母 U_l 表示。

相电流——三相负载中，每相负载中流过的电流，称为相电流，以字母 I_ϕ 表示。

线电流——三相电源线，每相电源线中流过的电流，称为线电流，以字母 I_l 表示。

1.2　直流电路的计算

1.2.1　电阻的计算

1. 导体的电阻

求导体电阻用式(1-1)。导体电阻不是固定不变的，它随着导体温度的不同而有所变化，其关系式为

$$R_2 = R_1[1 + \alpha(t_2 - t_1)] \tag{1-19}$$

式中：α——电阻的温度系数，1/℃；

R_1、R_2——温度变化前的电阻和温度变化后的电阻，Ω；

t_1、t_2——变化前的温度和变化后的温度，℃。

几种常用导体的电阻率和电阻温度系数见表 1-1。

表 1-1 几种导体的电阻率和电阻温度系数

导体材料	20℃时的电阻率/(Ω·mm²/m)	电阻温度系数/℃⁻¹
银	0.0165	0.00361
铜	0.0175	0.0041
金	0.022	0.00365
铝	0.029	0.00423
钼	0.0477	0.00479
钨	0.049	0.0044
锌	0.059	0.0039
镍	0.073	0.00621
铁	0.0978	0.00625
锗	0.105	0.00393
锡	0.114	0.00438
铅	0.206	0.0041
汞	0.958	0.0009
康铜(54%铜,46%镍)	0.50	0.00004
铜镍锌合金	0.42	0.00004
锰铜(86%铜、12%锰、1%镍)	0.40	0.00002

2. 电路中的电阻联接方式

电路中的电阻有串联、并联和混联等三种联接方式,还有星形和三角形联接,见图 1-1。

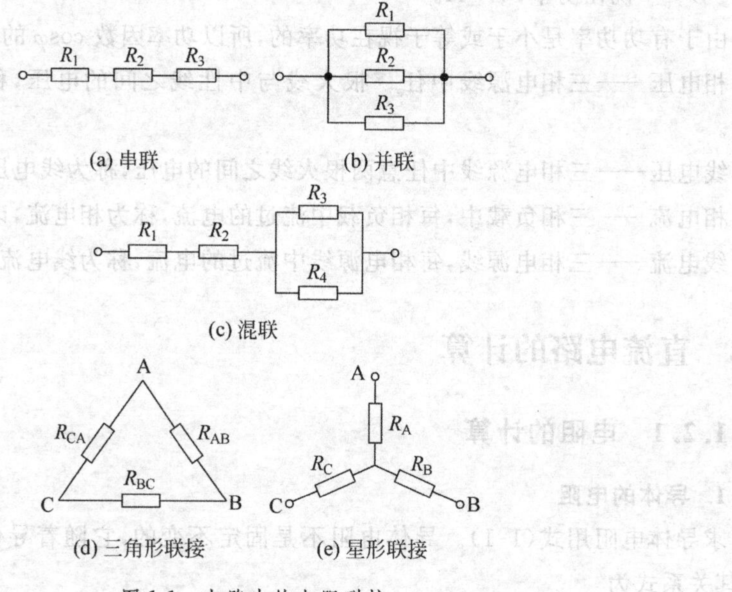

图 1-1 电路中的电阻联接

(1) 串联(图 1-1(a))

串联电阻的计算公式为

$$R = R_1 + R_2 + R_3 \tag{1-20}$$

式中:R——串联总电阻,Ω;

R_1、R_2、R_3——各串联分电阻，Ω。

(2) 并联(图1-1(b))

并联电阻的计算公式为

$$\frac{1}{R}=\frac{1}{R_1}+\frac{1}{R_2}+\frac{1}{R_3}$$

或
$$R=\frac{1}{\frac{1}{R_1}+\frac{1}{R_2}+\frac{1}{R_3}}=\frac{R_1R_2R_3}{R_1R_2+R_2R_3+R_3R_1} \tag{1-21}$$

式中：R——并联总电阻，Ω；

R_1、R_2、R_3——各并联分电阻，Ω。

(3) 混联(图1-1(c))

混联电阻的计算公式为

$$R=R_1+R_2+\frac{1}{\frac{1}{R_3}+\frac{1}{R_4}}=R_1+R_2+\frac{R_3R_4}{R_3+R_4} \tag{1-22}$$

式中：R——混联总电阻，Ω；

R_1、R_2——串联分电阻，Ω；

R_3、R_4——并联分电阻，Ω。

(4) 三角形联接和星形联接(图1-1(d)、(e))

在电阻计算中，经常要把三角形联接的电阻等效变换成星形联接的电阻，或把星形联接的电阻等效变换成三角形联接的电阻。

三角形联接→星形联接的变换公式为

$$\left.\begin{aligned}R_A&=\frac{R_{AB}R_{CA}}{R_{AB}+R_{BC}+R_{CA}}\\R_B&=\frac{R_{AB}R_{BC}}{R_{AB}+R_{BC}+R_{CA}}\\R_C&=\frac{R_{BC}R_{CA}}{R_{AB}+R_{BC}+R_{CA}}\end{aligned}\right\} \tag{1-23}$$

式中：R_A、R_B、R_C——星形联接的各路电阻，Ω；

R_{AB}、R_{BC}、R_{CA}——三角形联接的各边电阻，Ω。

星形联接→三角形联接的变换公式为

$$\left.\begin{aligned}R_{AB}&=R_A+R_B+\frac{R_AR_B}{R_C}\\R_{BC}&=R_B+R_C+\frac{R_BR_C}{R_A}\\R_{CA}&=R_C+R_A+\frac{R_CR_A}{R_B}\end{aligned}\right\} \tag{1-24}$$

1.2.2　欧姆定律

1. 部分电路的欧姆定律

如图1-2所示为部分电路。实践证明，通过该电路的电流 I 与其两端之间的电压 U 成

正比,而与该电路的电阻 R 成反比,这种关系叫做欧姆定律,用公式表示为

$$I=\frac{U}{R} \quad \text{或} \quad U=IR \tag{1-25}$$

式中:I——电流,A;

U——电压,V;

R——电阻,Ω。

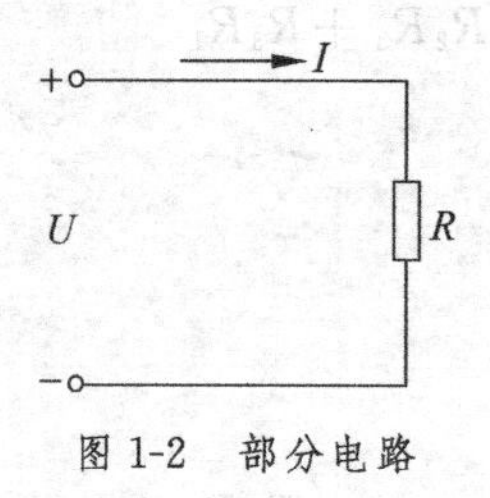

图 1-2 部分电路

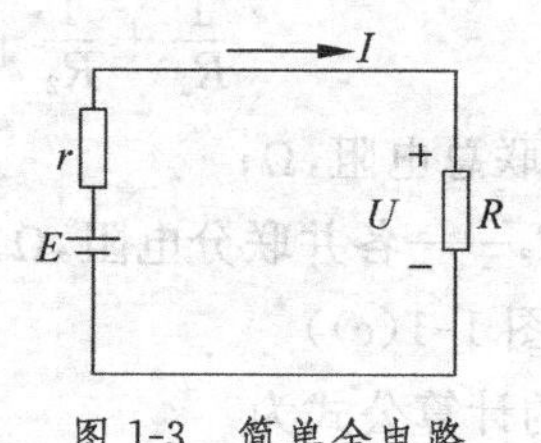

图 1-3 简单全电路

2. 全电路欧姆定律

图 1-3 为简单的全电路,它是由电源、负载和联接导线等组成。全电路欧姆定律的关系式为

$$I=\frac{E}{R+r}$$

$$\text{或} \quad U=E-Ir \tag{1-26}$$

式中:I——电流,A;

E——电源电动势,V;

R——负载电阻,Ω;

r——电源内电阻,Ω;

U——负载的端电压,V。

1.2.3 基尔霍夫定律

对于比较复杂的电路,通常使用基尔霍夫定律来进行计算。这个定律既适用于直流电路,也适用于交流电路,是分析和计算电路的基本定律。

1. 基尔霍夫第一定律

基尔霍夫第一定律又叫节点电流定律:对于电路中的任一节点,流入该节点的电流的代数和恒等于从该点流出的电流的代数和。或者说,流入任一节点的电流和从该节点流出的电流的总和为零。其数学表达式为

$$\sum I=0 \tag{1-27}$$

图 1-4 所示有 5 个支路电流汇集于节点,根据图中标出的电流方向,可列出该节点的电流方程式为

$$I_1+I_4=I_2+I_3+I_5$$

或 $$I_1-I_2-I_3+I_4-I_5=0$$

即 $$\sum I=0$$

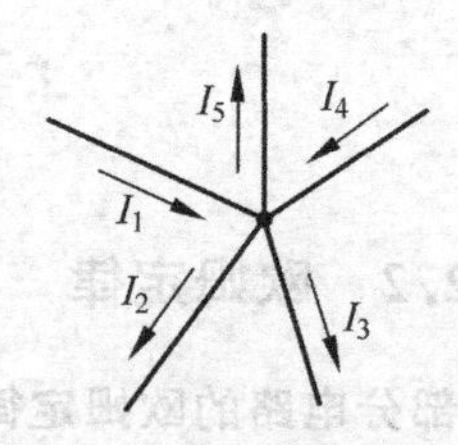

图 1-4 有 5 个支路电流汇集的节点

对于 $\sum I$ 中各电流 $I_1, I_2, \cdots, I_5$ 前面的符号,通常

规定：流入节点的电流为正(＋)，流出节点的电流为负(－)。

2. 基尔霍夫第二定律

基尔霍夫第二定律，又叫回路电压定律：在任一回路中，电动势的代数和恒等于各电阻上电压降的代数和。其数学表达式为

$$\sum E = \sum IR \tag{1-28}$$

图1-5是一个由两个电源 E_1，E_2 并联对电阻 R 供电的复杂电路。该电路包含两个回路。任取其中ADBCA回路，根据基尔霍夫第二定律，列这个回路的方程式。通常先任意选定一个回路绕行方向(如图中虚线所示)，并规定与绕行方向一致的电动势符号为正(＋)，反之为负(－)；与绕行方向一致的电压降符号为正(＋)，反之为负(－)。由此而列出该回路的电压方程式为

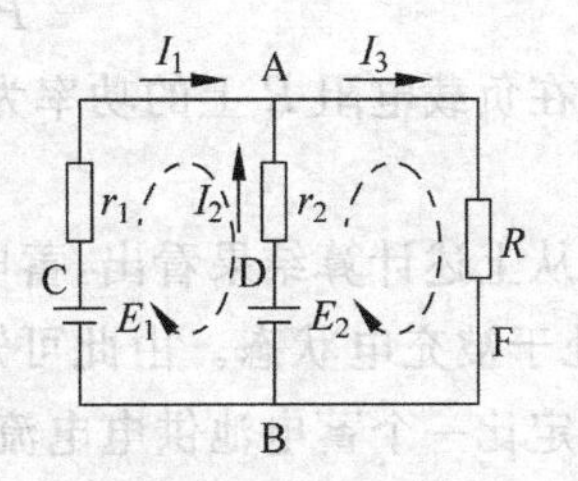

图1-5　两个电源并联对电阻 R 供电

$$E_1 - E_2 = I_1 r_1 - I_2 r_2$$

如将以上各项均用电压表示，则得

$$U_1 - U_2 = U_3 - U_4$$

移项后得

$$U_1 - U_2 - U_3 + U_4 = 0$$

即

$$\sum E = 0 \tag{1-29}$$

这表明，沿回路绕行方向(顺时针或逆时针方向)，回路中各段电压降的代数和恒等于零。这就是基尔霍夫电压定律在电阻电路中的另一种表达式。

例1-1　如图1-5所示。已知蓄电池电动势 $E_1=2.15\text{V}$，$E_2=1.9\text{V}$，蓄电池内阻 $r_1=0.1\Omega$，$r_2=0.2\Omega$，负载电阻 $R=2\Omega$。

试问：(1) 通过负载电阻 R 及各电源的电流是多少？

(2) 两个蓄电池的输出功率各是多少？

解　根据题意，设 I_1、I_2 和 I_3 分别为通过蓄电池 E_1、E_2 和负载电阻 R 的电流，电流方向假定如图所示。根据基尔霍夫第一定律，可列出节点的A的电流方程为

$$I_1 + I_2 - I_3 = 0 \tag{1}$$

根据基尔霍夫第二定律，对回路ADBCD和AFBDA可分别列出电压方程。假设回路按顺时针方向绕行，则得

$$I_1 r_1 - I_2 r_2 = E_1 - E_2 \tag{2}$$

$$I_2 r_2 + I_3 R = E_2 \tag{3}$$

将式(1)～(3)联立，代入电动势和电阻的数值，有

$$\begin{cases} I_1 + I_2 - I_3 = 0 \\ 0.1I_1 - 0.2I_2 = 0.25 \\ 0.2I_2 + 2I_3 = 1.9 \end{cases}$$

解此方程组，得

$$I_1 = 1.5\text{A} \quad I_2 = -0.5\text{A} \quad I_3 = 1\text{A}$$

负载电阻 R 两端的电压降为

$$U_{AF} = I_3 R = 1 \times 2 = 2V$$

所以蓄电池 E_1 的输出功率为

$$P_1 = I_1 U_{AF} = 1.5 \times 2 = 3W$$

所以蓄电池 E_2 的输出功率为

$$P_2 = I_2 U_{AF} = -0.5 \times 2 = -1W$$

消耗在负载电阻 R 上的功率为

$$P_3 = I_3^2 R = 1^2 \times 2 = 2W$$

从上述计算结果看出,蓄电池 E_2 不仅没有输出功率,反而从外部获得功率,即蓄电池 E_2 处于被充电状态。由此可知,电动势值不同的几个蓄电池并联运行,供给负载的电流并不一定比一个蓄电池供电电流大,有时电动势较小的蓄电池变成了电路中的负载而吸收能量。所以在使用几个蓄电池并联供电时应尽量避免这种情况的发生。

通过这个例题可见,应用基尔霍夫第一定律和第二定律计算该复杂电路时,列出了三个方程:一是节点电流方程,该电路中共有2个节点,但只能列出2－1＝1个独立电流方程;再是回路电压方程,该电路共有3条支路,形成AFBDA、ADBCA、AFBCA三个回路(又称网孔),但只能列出3－(2－1)＝2个独立的网孔回路方程。

推而广之,一个复杂电路若有 n 个节点,只能列出 $n-1$ 个独立的电流方程;若有 b 条支路,可形成 b 个网孔,但只能列出 $l=b-(n-1)$ 个独立的回路电压方程。

1.2.4 直流电源的计算

1. 直流电源的串联

图1-6是三个直流电源的串联。串联后的总电动势等于各直流电源电动势之和,总内阻等于各直流电源内阻之和,即

$$E = E_1 + E_2 + E_3 \tag{1-30}$$

$$r = r_1 + r_2 + r_3 \tag{1-31}$$

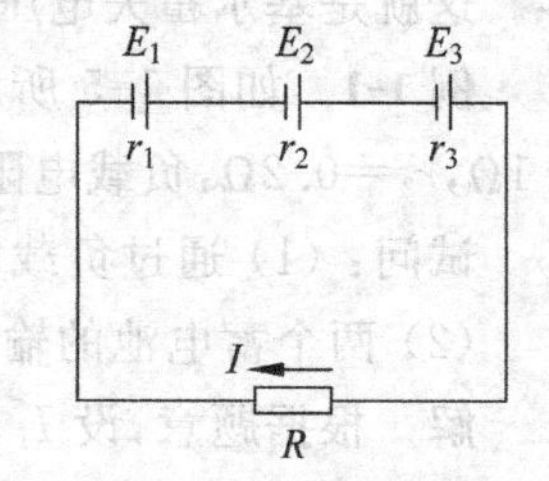

图1-6 直流电源的串联

式中:E——直流串联电源的总电动势,V;

E_1、E_2、E_3——串联各直流电源的电动势,V;

r——串联直流电源的总内阻,Ω;

r_1、r_2、r_3——串联各直流电源的内阻,Ω。

如果直流电路中接入的负载电阻为 R,则直流电路中流过的电流

$$I = \frac{E_1 + E_2 + E_3}{R + r_1 + r_2 + r_3} = \frac{E}{R + r} \tag{1-32}$$

式中:I——直流串联电路中流过的电流,A;

R——直流串联电路的负载电阻,Ω。

2. 直流电源的并联

图1-7是多个直流电源的并联。并联后的总电动势等于单个直流电源的电动势,并联后的总内阻等于单个直流电源内阻的 $\frac{1}{n}$,即

$$E = E_1 = E_2 = E_3 \tag{1-33}$$

$$r = \frac{r_1}{3} = \frac{r_2}{3} = \frac{r_3}{3} \tag{1-34}$$

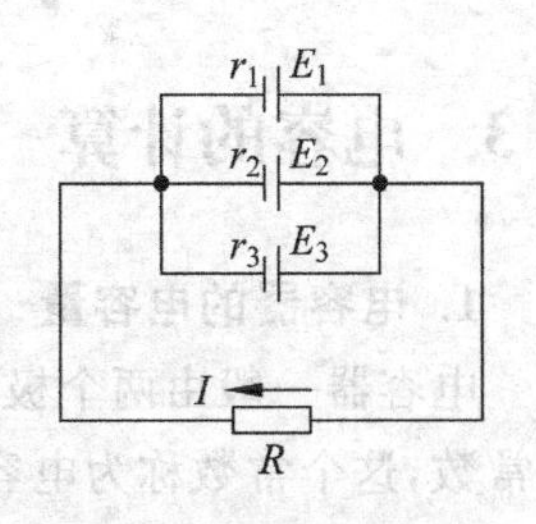

图 1-7 直流电源的并联

如果电路中接入的负载电阻为 R，则电路中流过的电流为

$$I = \frac{E}{R + r} \tag{1-35}$$

式中：E——并联直流电源的总电动势，V；

E_1、E_2、E_3——并联各直流电源的电动势，V；

r——并联直流电源的总内阻，Ω；

r_1、r_2、r_3——并联各直流电源的内阻，Ω；

I——直流电源并联供电，负载为 R 时电路中的电流，A；

R——直流电路中的负载电阻，Ω。

1.2.5 直流电路中电功率与电能的计算

1. 直流电路中电功率的计算

电路中电流在单位时间内所做的功称为电功率。直流电路中电功率的计算公式为

$$P = UI = I^2R = \frac{U^2}{R} \tag{1-36}$$

式中：P——电功率，W；

U——直流电压，V；

I——直流电流，A；

R——电阻，Ω。

2. 直流电路中电能的计算

电能等于电功率与时间的乘积，其计算公式为

$$W = Pt = UIt = I^2Rt = \frac{U^2}{R}t \tag{1-37}$$

式中：W——电能，J(焦[耳])，1J=1W·s；

P——电功率，W；

t——时间，s；

U——直流电压，V；

I——直流电流，A；

R——电阻，Ω。

3. 直流电流的热效应

直流电流通过导体会产生热量，这个热量与直流电功率和时间的乘积成正比，这种热效应规律称为焦耳-楞次定律，其数学表达式为

$$Q = Pt = I^2Rt \tag{1-38}$$

式中：Q——热能，J；

P——电功率，W；

t——时间，s；

I——直流电流，A；

R——电阻，Ω。

1.3 电容的计算

1. 电容器的电容量

电容器一般由两个极板组成,其一个极板上所带的电量与两极板间的电压之比值是一个常数,这个常数称为电容量,简称电容,其数学表达式与式(1-3)相同。

2. 电容器的联接

在电路中电容器的联接有四种方式,如图1-8所示。

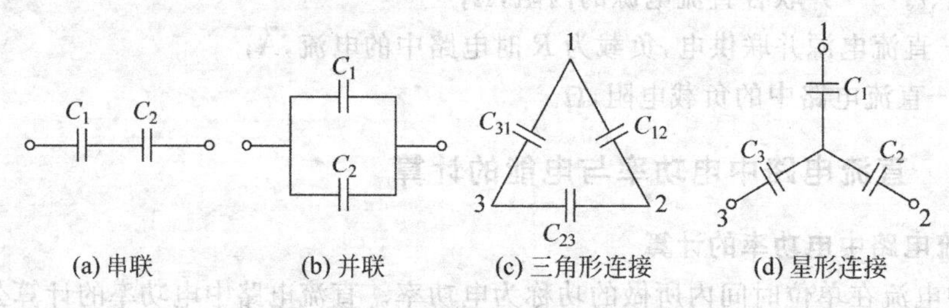

图1-8 电路中电容的联接

(1) 串联(图1-8(a))

串联电容的计算公式为

$$\frac{1}{C}=\frac{1}{C_1}+\frac{1}{C_2}$$

或

$$C=\frac{1}{\frac{1}{C_1}+\frac{1}{C_2}}=\frac{C_1C_2}{C_1+C_2} \tag{1-39}$$

式中:C——串联总电容,F(法[拉]);

C_1、C_2——各串联分电容,F。

(2) 并联(图1-8(b))

并联电容的计算公式为

$$C=C_1+C_2 \tag{1-40}$$

式中:C——并联总电容,F;

C_1、C_2——各并联分电容,F。

(3) 三相三角形联接(图1-8(c))与三相星形联接(图1-8(d))的变换

由三角形联接→星形联接,其变换公式为

$$\left.\begin{aligned}C_1&=C_{12}+C_{31}+\frac{C_{12}C_{31}}{C_{23}}\\C_2&=C_{23}+C_{12}+\frac{C_{23}C_{12}}{C_{31}}\\C_3&=C_{31}+C_{23}+\frac{C_{31}C_{23}}{C_{12}}\end{aligned}\right\} \tag{1-41}$$

式中:C_1、C_2、C_3——星形联接的各支路电容,F;

C_{12}、C_{23}、C_{31}——三角形联接的各边电容,F。

由星形联接→三角形联接，其变换公式为

$$\left.\begin{aligned}C_{12}&=\frac{C_1C_2}{C_1+C_2+C_3}\\C_{23}&=\frac{C_2C_3}{C_1+C_2+C_3}\\C_{31}&=\frac{C_3C_1}{C_1+C_2+C_3}\end{aligned}\right\}\tag{1-42}$$

1.4　电感的计算

在电感线圈中，电感(自感)的数学表达式为

$$L=\frac{\psi}{i}\tag{1-43}$$

式中：L——线圈的自感系数，又称自感或电感，H；

ψ——磁链($\psi=N\Phi$，N为线圈的匝数，Φ为通过线圈的磁通)，Wb(韦[伯])；

i——通过线圈导线的电流，A。

电感是线圈固有的物理特性，与电流和磁链是否存在无关。对于具有铁芯的线圈，其电感的大小取决于铁芯材料的性质、线圈的几何尺寸和匝数。密绕的长线圈，其电感的计算公式为

$$L=\frac{\mu SN^2}{l}\tag{1-44}$$

式中：L——电感，H；

N——线圈的匝数；

S——线圈的横截面积，m^2；

l——线圈的长度，m；

$\mu=\mu_0\mu_r$——铁芯材料的磁导率，H/m；

μ_0——空气的磁导率，H/m；

μ_r——相对磁导率，见表1-2。

表1-2　几种常用铁磁材料的相对磁导率

铁磁材料	相对磁导率
铸铁	200～400
铸钢	500～1200
硅钢片	7000～10000
坡莫合金	20000～200000
铝硅铁粉芯	2.5～7
镍锌铁氧体(1MHz以上)	10～1000
镍锌铁氧体(1MHz以下)	300～5000

1.5　正弦交流电路的计算

通常所说的交流电路就是正弦交流电路。正弦交流电路有四种表示方法，因此计算交流电路也有四种方法。

第一种是用三角函数式表示,这是正弦交流电路的基本表示法;第二种是用正弦波形表示;第三种是用相量表示,而相量表示法的基础是复数;第四种是用复数表示正弦法,即符号法。

这四种表示法都是分析与计算正弦交流电路的工具。下面通过一个例题来说明这四种表示法的应用。

例 1-2 在图 1-9 所示的电路中,设

$$i_1 = I_1\sin(\omega t+\varphi_1) = 100\sin(\omega t+45°)\text{A}$$

$$i_2 = I_2\sin(\omega t+\varphi_2) = 60\sin(\omega t-30°)\text{A}$$

试用正弦量的四种表示法求总电流 i。

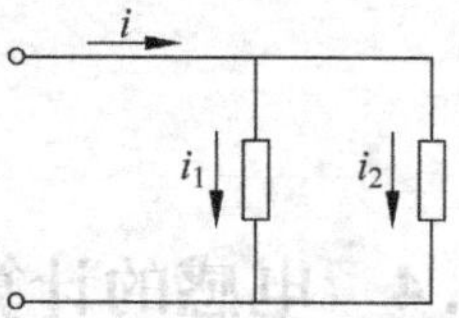

图 1-9 例 1-2 的图

(1) 用三角函数式求解

$$\begin{aligned} i &= i_1+i_2 = I_{1\text{m}}\sin(\omega t+\varphi_1)+I_{2\text{m}}\sin(\omega t+\varphi_2) \\ &= I_{1\text{m}}(\sin\omega t\cos\varphi_1+\cos\omega t\sin\varphi_1)+I_{2\text{m}}(\sin\omega t\cos\varphi_2+\cos\omega t\sin\varphi_2) \\ &= (I_{1\text{m}}\cos\varphi_1+I_{2\text{m}}\cos\varphi_2)\sin\omega t+(I_{1\text{m}}\sin\varphi_1+I_{2\text{m}}\sin\varphi_2)\cos\omega t \end{aligned}$$

因为 i_1、i_2 是两个同频率的正弦交流电流,其相加以后仍应是一个同频率的正弦交流电流,所以设相加后的总电流为

$$i = I_\text{m}\sin(\omega t+\varphi) = I_\text{m}\cos\varphi\sin\omega t+I_\text{m}\sin\varphi\cos\omega t$$

则

$$I_\text{m}\cos\varphi = I_{1\text{m}}\cos\varphi_1+I_{2\text{m}}\cos\varphi_2$$

$$I_\text{m}\sin\varphi = I_{1\text{m}}\sin\varphi_1+I_{2\text{m}}\sin\varphi_2$$

因此总电流的幅值为

$$\begin{aligned} I_\text{m} &= \sqrt{(I_\text{m}\cos\varphi)^2+(I_\text{m}\sin\varphi)^2} \\ &= \sqrt{(I_{1\text{m}}\cos\varphi_1+I_{2\text{m}}\cos\varphi_2)^2+(I_{1\text{m}}\sin\varphi_1+I_{2\text{m}}\sin\varphi_2)^2} \end{aligned}$$

总电流的初相位为

$$\varphi = \arctan\frac{I_{1\text{m}}\sin\varphi_1+I_{2\text{m}}\sin\varphi_2}{I_{1\text{m}}\cos\varphi_1+I_{2\text{m}}\cos\varphi_2}$$

将本题中的已知条件 $I_{1\text{m}}=100\text{A}$、$I_{2\text{m}}=60\text{A}$、$\varphi_1=45°$、$\varphi_2=-30°$代入则得

$$I_\text{m} = \sqrt{(70.7+52)^2+(70.7-30)^2} = 129\text{A}$$

$$\varphi = \arctan\frac{70.7-30}{70.7+52} = 18°20'$$

故得

$$i = 129\sin(\omega t+18°20')\text{A}$$

由此可见,用三角函数式计算交流电路,是非常烦琐的,但三角函数式是正弦量的基本表示法。

(2) 用正弦波形求解

如图 1-10 所示,先作出表示电流 i_1 和 i_2 的正弦波形,然后将两波形的纵坐标相加,即得总电流 i 的正弦波形,从这个波形图上便可量出总电流的幅值和初相位。

用正弦波形求解,虽可将几个正弦量的相互关系在图形上清晰地表示出来,但作波形图不容易,且所得结果也欠准确。

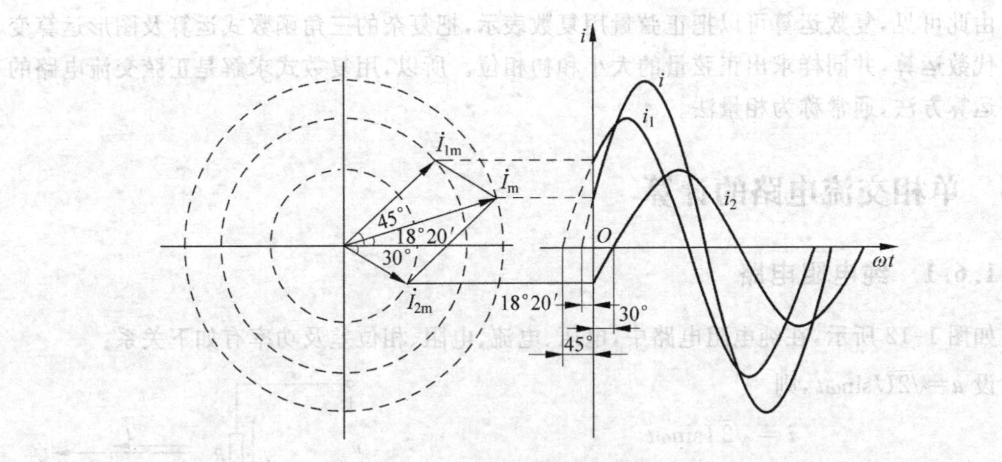

图 1-10　用正弦波形和相量图求总电流 i

(3) 用相量图求解

如图 1-10 所示，先作出表示 i_1 和 i_2 的相量 $\dot{I}_{1m}$ 和 $\dot{I}_{2m}$，然后以 $\dot{I}_{1m}$ 和 $\dot{I}_{2m}$ 为两邻边作一平行四边形，该四边形的对角线即为总电流 i 的幅值相量 $\dot{I}_m$，它与横轴正方向间的夹角即为总电流 i 的初相位 φ。

相量图也是分析、计算正弦量的常用方法。

(4) 用复数式求解

正弦量的相量有两种形式：一是相量图，二是复数式，也叫相量式。

将 $i=i_1+i_2$ 化为复数式(相量式)，求 i 的相量 $\dot{I}_m$：

$$\begin{aligned}\dot{I}_m &= \dot{I}_{1m}+\dot{I}_{2m} = I_{1m}e^{j\varphi_1}+I_{2m}e^{j\varphi_2} = 100e^{j45^\circ}+60e^{-j30^\circ}\\ &= (100\cos 45^\circ + j100\sin 45^\circ)+(60\cos 30^\circ - j60\sin 30^\circ)\\ &= (70.7+j70.7)+(52-j30)\\ &= 122.7+j40.7 = 129e^{j18^\circ 20'}\ \text{A}\end{aligned}$$

本运算可与图 1-11 相对照。

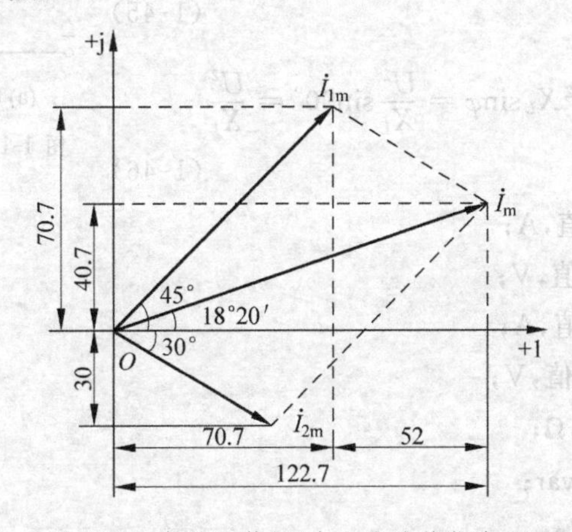

图 1-11　复数运算(图中电流的单位为 A)

由此可见,复数运算可以把正弦量用复数表示,把复杂的三角函数式运算及图形运算变换为代数运算,并同样求出正弦量的大小和初相位。所以,用复数式求解是正弦交流电路的主要运算方法,通常称为相量法。

1.6 单相交流电路的计算

1.6.1 纯电阻电路

如图1-12所示,在纯电阻电路中,电压、电流、电阻、相位差及功率有如下关系:

设 $u=\sqrt{2}U\sin\omega t$,则

$$i=\sqrt{2}I\sin\omega t$$

$$I=\frac{U}{R}$$

$$P=UI\cos\varphi$$

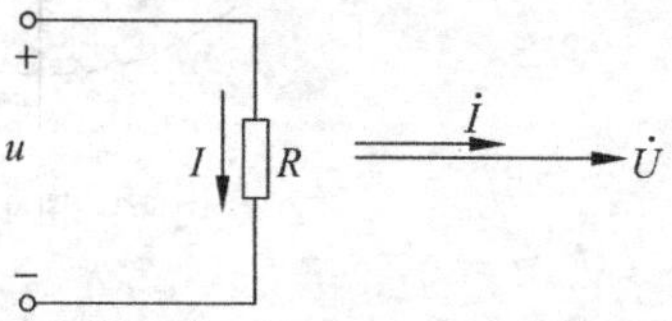

(a) 电路图　(b) 相量图

图1-12 纯电阻电路与相量图

式中:u——电压的瞬时值,V;

i——电流的瞬时值,A;

U——电压的有效值,V;

I——电流的有效值,A;

R——电阻,Ω;

φ——u与i的相位差角,在纯电阻电路中,$\varphi=0°$即电压相量$\dot{U}$与电流相量$\dot{I}$是同相位;

P——交流电在一个周期内功率的平均值,叫做平均功率或有功功率,W。

1.6.2 纯电感电路

如图1-13所示,在纯电感电路中,电压、电流、电感、相位差及功率有如下关系:

设 $i=\sqrt{2}I\sin\omega t$,则

$$u=\sqrt{2}U\sin(\omega t+90°),$$

$$I=\frac{U}{\omega L}=\frac{U}{X_L} \tag{1-45}$$

$$Q_L=UI\sin\varphi=I^2X_L\sin\varphi=\frac{U^2}{X_L}\sin90°=\frac{U^2}{X_L} \tag{1-46}$$

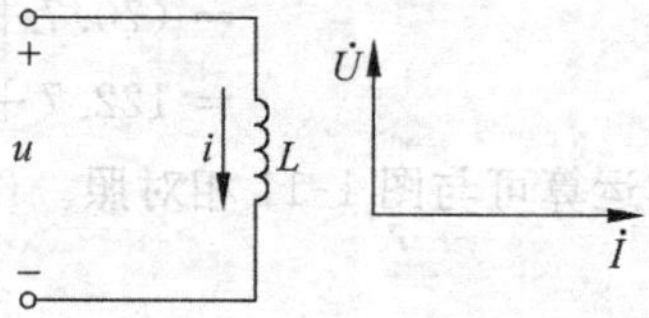

(a) 电路　(b) 相量图

图1-13 纯电感电路与相量图

式中:i——电流的瞬时值,A;

u——电压的瞬时值,V;

I——电流的有效值,A;

U——电压的有效值,V;

$X_L=\omega L$——感抗,Ω;

Q_L——无功功率,var;

ω——角频率,rad/s;

L——电感,H;

φ——i 与 u 的相位差角。

在纯电感电路中，$\varphi=90°$，即电压相量$\dot{U}$领先于电流相量$\dot{I}$ 90°，所以在纯电感电路中，只有交换能量的无功功率 $Q_L=\frac{U^2}{X_L}$，而没有消耗能量的有功功率，即 $P_L=UI\cos90°=0$。

1.6.3 纯电容电路

如图 1-14 所示，在纯电容电路中，电压、电流、电容、相位差角及功率有如下关系：

设 $u=\sqrt{2}U\sin\omega t$，则

$$i=\sqrt{2}I\sin(\omega t+90°),$$

$$I=\frac{U}{\frac{1}{\omega C}}=\frac{U}{X_C} \tag{1-47}$$

$$Q_C=UI\sin\varphi \tag{1-48}$$

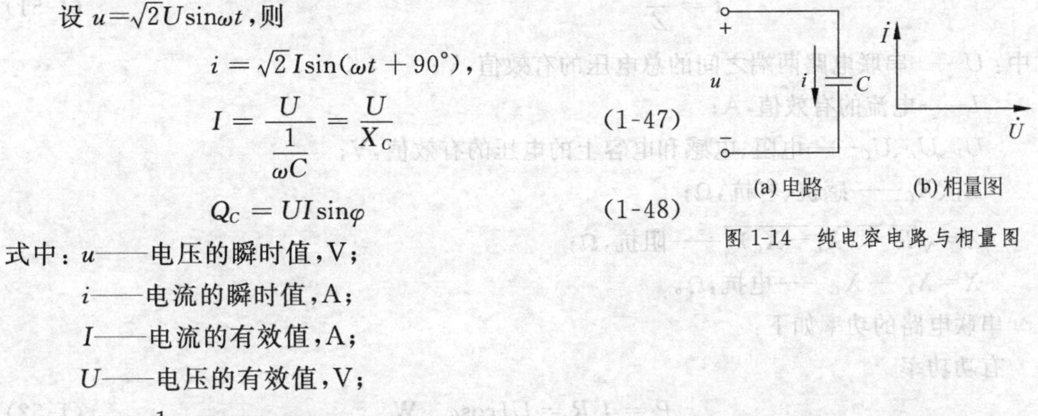

(a) 电路　(b) 相量图

图 1-14　纯电容电路与相量图

式中：u——电压的瞬时值，V；

i——电流的瞬时值，A；

I——电流的有效值，A；

U——电压的有效值，V；

$X_C=\frac{1}{\omega C}$——容抗，Ω；

ω——角频率，rad/s；

C——电容，F；

φ——i 与 u 的相位差角。

在纯电容电路中，$\varphi=90°$即电流相量$\dot{I}$领先于电压相量$\dot{U}$ 90°，所以在纯电容电路中，只有交换能量的无功功率 $Q_C=\frac{U^2}{X_C}$，而没有消耗能量的有功功率，即 $P_C=UI\cos90°=0$。

1.6.4 *RLC* 串联电路

如图 1-15 所示，设串联电路的电流

$$i=\sqrt{2}I\sin\omega t$$

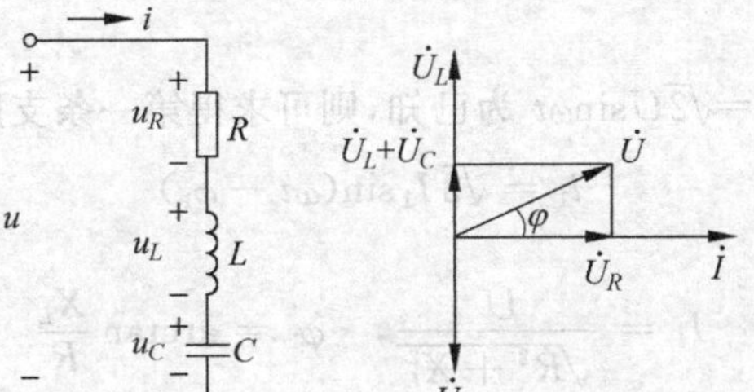

(a) 电路　(b) 相量图

图 1-15　*RLC* 串联电路与相量图

则串联电路的电压

$$u=\sqrt{2}U\sin(\omega t+\varphi)$$

电路中各量之间的关系由相量图可得

$$U=\sqrt{U_R^2+(U_L-U_C)^2} \tag{1-49}$$

因为$U_R=IR$,$U_L=IX_L$,$U_C=IX_C$,所以

$$U=I\sqrt{R^2+(X_L-X_C)^2}=IZ \tag{1-50}$$

$$I=\frac{U}{Z} \tag{1-51}$$

式中:U——串联电路两端之间的总电压的有效值,V;

I——电流的有效值,A;

U_R、U_L、U_C——电阻、电感和电容上的电压的有效值,V;

X_L、X_C——感抗、容抗,Ω;

$Z=\sqrt{R^2+(X_L-X_C)^2}$——阻抗,Ω;

$X=X_L-X_C$——电抗,Ω。

串联电路的功率如下:

有功功率

$$P=I^2R=UI\cos\varphi \quad \mathrm{W} \tag{1-52}$$

无功功率

$$Q=I^2X=UI\sin\varphi \quad \mathrm{var} \tag{1-53}$$

视在功率

$$S=I^2Z=UI \quad \mathrm{V\cdot A} \tag{1-54}$$

式中:

$$\cos\varphi(\text{功率因数})=\frac{U_R}{U}=\frac{R}{Z}$$

$$\sin\varphi=\frac{X}{Z}$$

电压与电流之间的相位差角为

$$\varphi=\arctan\frac{U_L-U_C}{U_R}=\arctan\frac{X_L-X_C}{R} \tag{1-55}$$

1.6.5 并联电路

如图1-16所示,设$u=\sqrt{2}U\sin\omega t$为已知,则可求得第一条支路的电流

$$i_1=\sqrt{2}I_1\sin(\omega t-\varphi_1)$$

式中:

$$I_1=\frac{U}{\sqrt{R^2+X_L^2}},\quad \varphi_1=\arctan\frac{X_L}{R}$$

第二条支路为纯电容电路,所以

$$i_2=\sqrt{2}I_2\sin(\omega t+90^\circ)$$

式中:$I_2=\dfrac{U}{X_C}$。

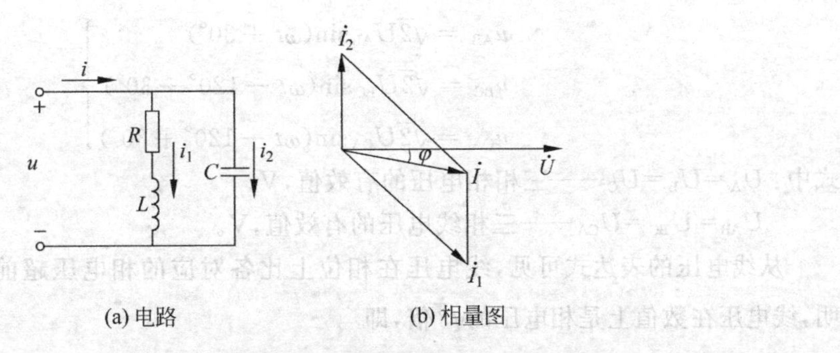

(a) 电路　　(b) 相量图

图 1-16　并联电路与相量图

在相量图上经过相量运算，可求得总电流

$$i=\sqrt{2}I\sin(\omega t+\varphi)$$

式中：I——总电流的有效值，A；

φ——总电流相量$\dot{I}$与电压相量$\dot{U}$之间的相位差角，(°)。

1.7　三相交流电路的计算

1.7.1　三相电源的联接

三相电源有星形和三角形两种联接形式。

1. 星形联接

如图 1-17 所示，星形联接也叫 Y 联接。

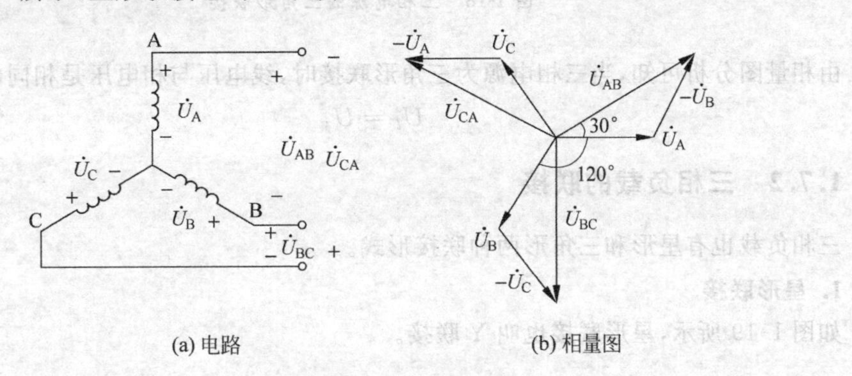

(a) 电路　　(b) 相量图

图 1-17　三相电源的星形联接

由相量图分析可知，若三相相电压是对称的，即

$$\left.\begin{aligned}u_A&=\sqrt{2}U_A\sin\omega t\\u_B&=\sqrt{2}U_B\sin(\omega t-120°)\\u_C&=\sqrt{2}U_C\sin(\omega t+120°)\end{aligned}\right\}\qquad(1\text{-}56)$$

则三相线电压也对称，其瞬时值的表达式为

$$\left.\begin{aligned}u_{AB} &= \sqrt{2}U_{AB}\sin(\omega t + 30°) \\ u_{BC} &= \sqrt{2}U_{BC}\sin(\omega t - 120° + 30°) \\ u_{CA} &= \sqrt{2}U_{CA}\sin(\omega t + 120° + 30°)\end{aligned}\right\} \quad (1\text{-}57)$$

式中：$U_A = U_B = U_C$——三相相电压的有效值，V；

$U_{AB} = U_{BC} = U_{CA}$——三相线电压的有效值，V。

从线电压的表达式可见，线电压在相位上比各对应的相电压超前 30°；相量图计算表明，线电压在数值上是相电压的$\sqrt{3}$倍，即

$$U_l = \sqrt{3}U_\phi \quad (1\text{-}58)$$

式中：U_l——各线电压的有效值，V；

U_ϕ——各相电压的有效值，V。

2. 三角形联接

如图 1-18 所示，三角形联接也叫 Δ 联接。

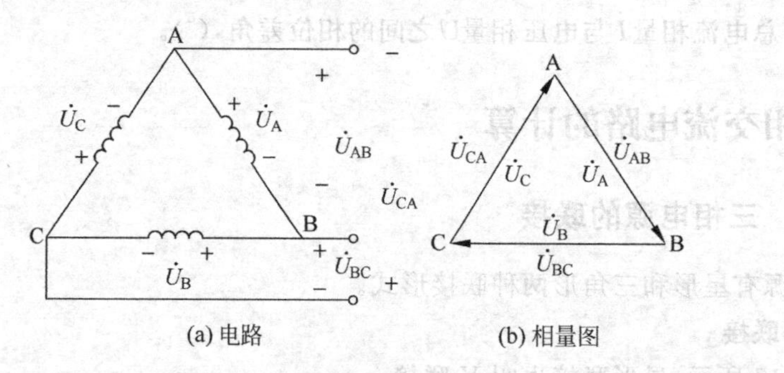

(a) 电路　　(b) 相量图

图 1-18　三相电源的三角形联接

由相量图分析可知，当三相电源为三角形联接时，线电压与相电压是相同的，即

$$U_l = U_\phi \quad (1\text{-}59)$$

1.7.2　三相负载的联接

三相负载也有星形和三角形两种联接形式。

1. 星形联接

如图 1-19 所示，星形联接也叫 Y 联接。

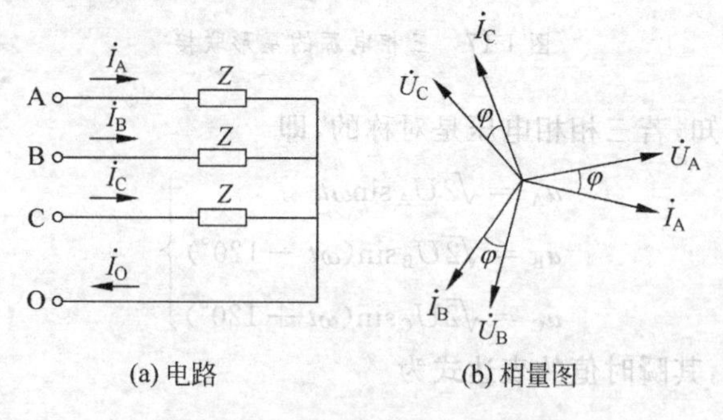

(a) 电路　　(b) 相量图

图 1-19　三相负载的星形联接

从相量图分析可知：若三相负载是对称的，则三相线电流与相电流相等，而且是对称的，零线电流 $I_0=0$，即

$$I_l = I_\phi;\quad I_0 = 0 \tag{1-60}$$

设每相负载阻抗 $Z=\sqrt{R^2+X^2}$，则每相电压与相应相电流之间的相位差角为

$$\varphi = \arctan\frac{X}{R} \tag{1-61}$$

式中：R、X——每相负载的电阻和电抗，Ω；

φ——相电压与相应电流的相位差。

2. 三角形联接

如图 1-20 所示，三角形联接也叫 Δ 联接。

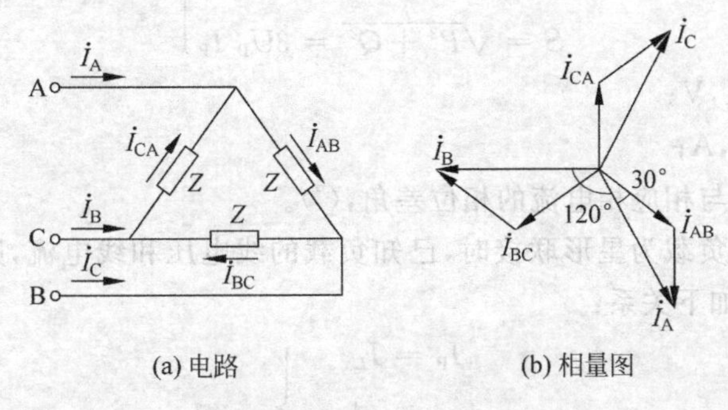

(a) 电路　　(b) 相量图

图 1-20　三相负载的三角形联接

从相量图分析可得

$$I_l = \sqrt{3}\, I_\phi \tag{1-62}$$

式中：I_l——线电流，A；

I_ϕ——相电流，A。

由图 1-20 可见，线电流在相位上滞后于相应的相电流 30°。

1.7.3　三相电路的功率

1. 三相负载的星形和三角形联接

在三相负载电路中，无论负载采用星形联接还是三角形联接，其三相有功功率和无功功率都分别等于其各相有功功率和无功功率之和，即

$$P = P_{A\phi} + P_{B\phi} + P_{C\phi} = U_A I_A \cos\varphi_A + U_B I_B \cos\varphi_B + U_C I_C \cos\varphi_C \tag{1-63}$$

$$Q = Q_{A\phi} + Q_{B\phi} + Q_{C\phi} = U_A I_A \sin\varphi_A + U_B I_B \sin\varphi_B + U_C I_C \sin\varphi_C \tag{1-64}$$

$$S = \sqrt{P^2 + Q^2} \tag{1-65}$$

式中：P——三相有功总功率，W；

Q——三相无功总功率，var；

S——三相视在总功率，V·A；

$P_{A\phi}$、$P_{B\phi}$、$P_{C\phi}$——A、B、C 相的有功功率，W；

$Q_{A\phi}$、$Q_{B\phi}$、$Q_{C\phi}$——A、B、C 相的无功功率，var；

U_A、U_B、U_C——A、B、C 相相电压的有效值，V；

I_A、I_B、I_C——A、B、C相相电流的有效值，A。

2. 对称三相负载电路

在三相负载对称的电路中，每相负载的相电压、相电流的有效值，以及它们之间的相位角均相等，即

$$U_A = U_B = U_C = U_P$$
$$I_A = I_B = I_C = I_P$$
$$\varphi_A = \varphi_B = \varphi_C = \varphi_P$$

故有

$$\left.\begin{aligned} P &= 3U_P\ I_P\cos\varphi_P \\ Q &= 3U_P\ I_P\sin\varphi_P \\ S &= \sqrt{P^2+Q^2} = 3U_P\ I_P \end{aligned}\right\} \tag{1-66}$$

式中：U_P——相电压，V；

I_P——相电流，A；

φ_P——相电压与相应相电流的相位差角，(°)。

(1) 当三相对称负载为星形联接时，已知负载的线电压和线电流，则其相电压、相电流与线电压、线电流有如下关系：

$$\left.\begin{aligned} I_P &= I_L \\ U_P &= \frac{1}{\sqrt{3}}U_L \end{aligned}\right\} \tag{1-67}$$

式中：U_P——负载的相电压，V；

I_P——负载的相电流，A；

U_L——负载的线电压，V；

I_L——负载的线电流，A。

(2) 当三相对称负载为三角形联接时，已知负载的线电压和线电流，则其相电压、相电流与线电压、线电流有如下关系：

$$\left.\begin{aligned} U_P &= U_L \\ I_P &= \frac{1}{\sqrt{3}}I_L \end{aligned}\right\} \tag{1-68}$$

式(1-66)是用三相对称负载的相电压、相电流表示的三相功率计算公式。若将式(1-67)和式(1-68)分别代入式(1-66)，则三相对称负载电路功率的表示式变为

$$\left.\begin{aligned} P &= \sqrt{3}U_L I_L\cos\varphi_P \\ Q &= \sqrt{3}U_L I_L\sin\varphi_P \\ S &= \sqrt{3}U_L I_L \end{aligned}\right\} \tag{1-69}$$

式(1-69)是用三相对称负载的线电压、线电流表示的三相功率计算公式，且无论三相对称负载是星形联接，还是三角形联接，其三相总功率的计算公式都一样。但必须注意，在式(1-66)和式(1-68)中，相位差角都是用的相电压和相应相电流之间的相位差角。

在一般情况下，三相对称负载电路的功率计算都是用式(1-69)，即都是用的线电压 U_L、线电流 I_L 计算，这是因为线电压、线电流便于测量。

思考题与习题

1-1 如图1-21所示电压和电流的正方向按图中所标的。已知：$I_1=-4A$，$I_2=6A$，$I_3=10A$，$U_1=140V$，$U_2=-90V$，$U_3=60V$，$U_4=-80V$，$U_5=30V$。试标出各电流的实际方向和各电压的实际极性。

1-2 在图1-22中，已知：$U_1=9V$，$U_2=-5V$，$U_3=4V$。试求U_{AB}。

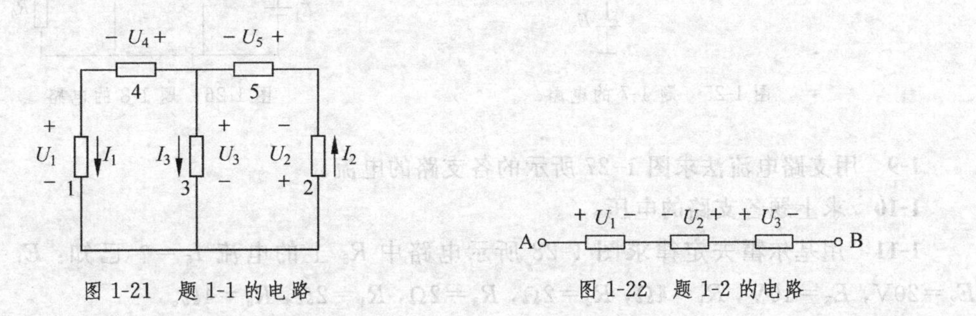

图1-21 题1-1的电路　　图1-22 题1-2的电路

1-3 如图1-23(a)，(b)所示，电压和电流的正方向按图中所标的。试列出欧姆定律的表达式，并求电阻R的大小。

1-4 电池的电动势为E，内阻为R_0，与一个可变电阻串联，当变阻器的电阻是14.8Ω时，电流是0.1A；当电阻是0.3Ω时，电流是3A。问该电池的电动势和内阻R_0各是多少？

1-5 用6mm²的铝线从车间向150m外的临时工地送电。如果车间的电压是220V，这线路的电流是20A。试问临时工地的电压是多少？根据日常观察，电灯在深夜要比黄昏时亮一些，为什么？（铝的电阻率为0.026Ω·mm²/m）

1-6 如图1-24所示，已知$I_3=4A$。问I_5为多少？

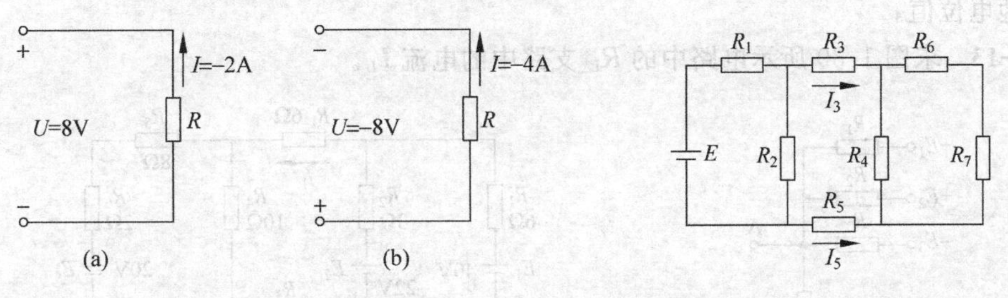

图1-23 题1-3的电路　　图1-24 题1-6的电路

1-7 图1-25为某一复杂电路的一部分。已知：$I_1=2A$，$I_2=2A$，$I_5=1A$，$E_3=3V$，$E_4=4V$，$E_5=6V$，$R_1=2\Omega$，$R_2=3\Omega$，$R_3=4\Omega$，$R_4=5\Omega$，$R_5=6\Omega$，求电压U_{AF}和C，D两点的电位U_C，U_D。

1-8 图1-26中的$E_1=1.5V$，$E_2=1.5V$，$E_3=6V$，$R_1=3\Omega$，$R_2=3\Omega$，$R_3=6\Omega$，$R_4=3\Omega$。试用支路电流法求各支路电流。

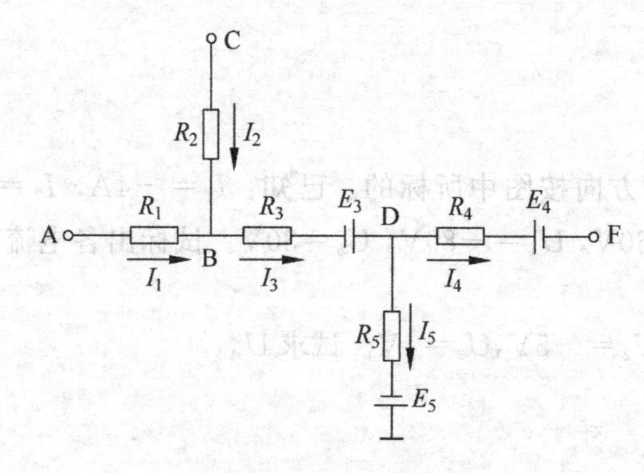

图 1-25 题 1-7 的电路

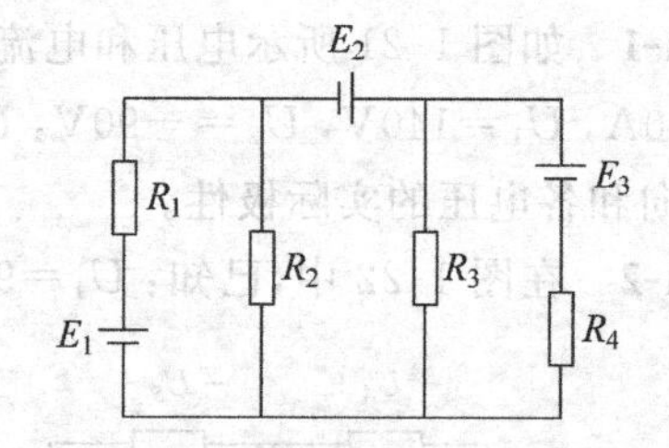

图 1-26 题 1-8 的电路

1-9 用支路电流法求图 1-27 所示的各支路的电流。

1-10 求上题各支路的电压。

1-11 用基尔霍夫定律求图 1-28 所示电路中 R_5 上的电流 $I_5=$? 已知：$E_1=40\text{V}$，$E_2=20\text{V}$，$E_3=10\text{V}$，$R_1=4\Omega$，$R_2=2\Omega$，$R_3=2\Omega$，$R_4=2\Omega$，$R_5=4\Omega$。

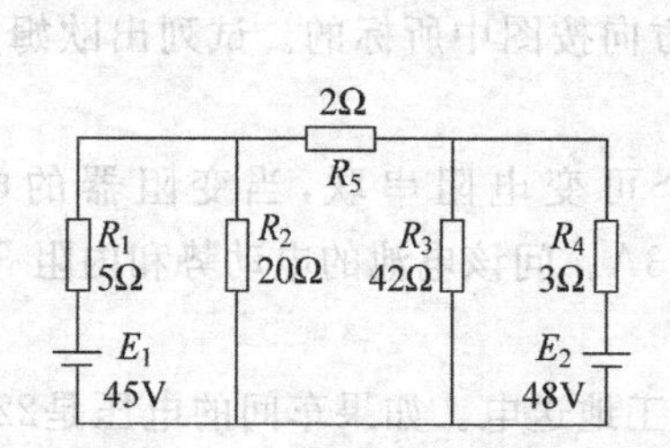

图 1-27 题 1-9 的电路

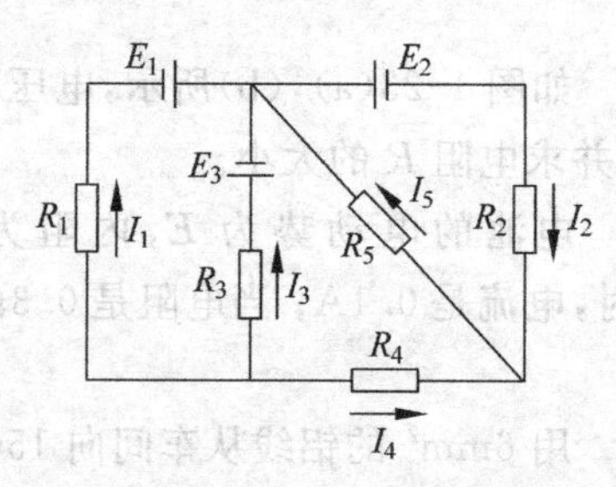

图 1-28 题 1-11 的电路

1-12 如图 1-29 所示，若 $R_1=R_2=R_3=5\Omega$，$R_4=2.5\Omega$，$E_1=E_2=E_3=12\text{V}$。求 A 点的对地电位值。

1-13 求图 1-30 所示电路中的 R_L 支路中的电流 I_L。

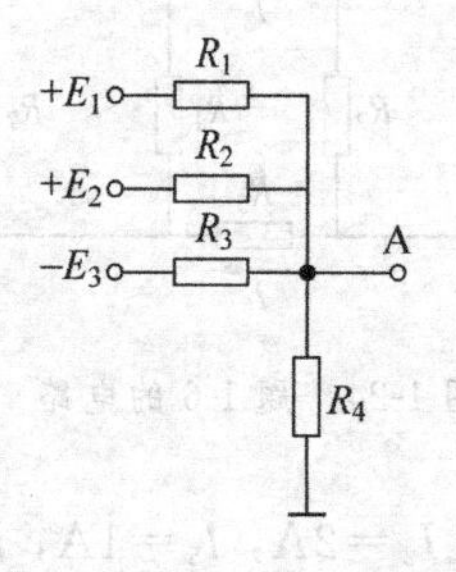

图 1-29 题 1-12 的电路

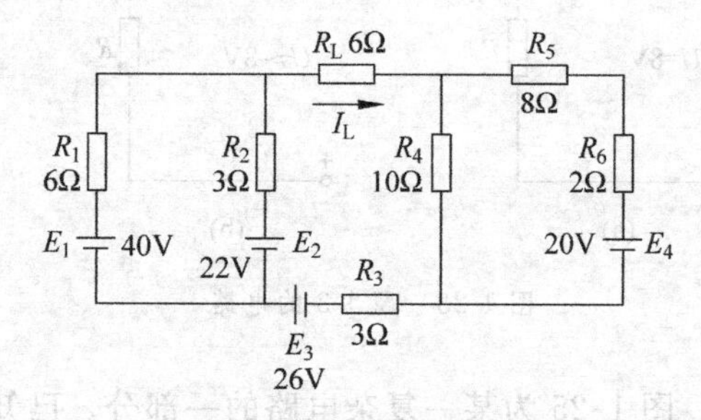

图 1-30 题 1-13 的电路

1-14 已知两个正弦交流电流为 $i_1=I_m\sin(314t+80°)\text{A}$；$i_2=I_m\sin(314t+30°)\text{A}$。求它们的频率和相位差，并判断哪个电流超前。

1-15 已知 $u_1=20\sqrt{2}\sin314\text{V}$，$u_2=20\sqrt{2}\sin(314t-30°)\text{V}$

(1) 试求各正弦量的幅值、有效值、初相位、角频率、周期，以及它们之间的相位差；

(2) 画出它们的波形图、相量图,并写出它们的复数式。

1-16　已知正弦量 $\dot{U}=220e^{j45^\circ}$ V, $\dot{I}=-8-j6$A。试分别用解析式,正弦波形及相量图表示它们。

1-17　图 1-31 所示的是某一正弦交流电路中三个支路的联接点,当 i_1 与 i_2 之间的相位差分别为: 120°,180°,0°和 90°时,求合成电流的有效值(已知 $I_1=5$A,$I_2=5$A)。

1-18　有一额定电压为 220V,额定功率为 60W 的白炽灯接在 215V,50Hz 的交流电源上。求灯泡的电阻和流过灯泡的电流。如果每天使用 3h,问一个月(30 天)用电多少 kWh?

1-19　已知电感线圈的电感 $L=10$mH,电阻忽略不计,接到电压为 100V 的工频电源上。试求感抗和电流。当电压不变,频率为 5000Hz 时,再求感抗和电流。

1-20　已知通过电感线圈中的电流 $i=5\sqrt{2}\sin 314t$A,线圈的电感量为 $L=140$mH,电阻可忽略不计。若电压 u,电流 i 及感应电动势的正方向如图 1-32 所示。试求在 $t=T/6$, $t=T/4$ 和 $t=T/2$ 瞬间的电流、电压及电动势的大小,并在电路图上标出它们在对应瞬间的实际方向。

图 1-31　题 1-17 的电路　　　图 1-32　题 1-20 的电路

1-21　把 $C=140\mu$F 的电容器接在 $f=50$Hz, $U=220$V 的交流电路中。要求: (1)绘出电路图; (2)计算 X_C 和 I; (3)绘出电压,电流的相量图。

1-22　在电压和频率一定的交流电源两端,接有一电容 C,今把另一电容值相同的电容器与它并联,问电路中的总电流和总有功功率、无功功率怎样变化? 若把两个电容器串联,重新回答上述问题。

1-23　把电阻 $R=3\Omega$,电抗 $X_C=4\Omega$ 的线圈接在 $f=50$Hz, $U=220$V 的交流电路中,要求: (1)绘出电路图并计算 I; (2)计算电压的有功分量 U_R,电压的无功分量 U_L,有功功率 P,无功功率 Q,视在功率 S,功率因数 $\cos\varphi$ 和电感 L。

1-24　把一个线圈接到 $f=50$Hz, $U=100$V 的交流电源上时,测得线圈中的电流为 20A,若把该线圈接到同样电压,但频率为 $f=60$Hz 的交流电源上时,测得线圈中的电流为 18A,求线圈的电阻及电感。

1-25　图 1-33(a)表示日光灯电路,R 代表灯管,F 是灯丝,S 是起动器,L 是镇流器(可近似地把镇流器看作纯电感),电路图如图 1-33(b)所示。灯管工作时,主要呈电阻性质。它串联镇流器后,实际上可以看作是电阻与电感串联的电路。已知日光灯支路的功率 40W,电压 220V,电流 $I_L=0.41$A,求: (1)日光灯支路的功率因数 $\cos\varphi$? (2)欲使整个电路的功率因数提高到 1,需并联多大的电容 C? (3)当功率因数提高到 1 的时候,总电流 I 为多少? (4)一般 40W 日光灯并联的电容器为 4.75μF。问此时电路的功率因数 $\cos\varphi$ 为多少?

1-26　有一感性负载,其功率因数 $\cos\varphi=0.866$,现将一电容并联在它的两端来提高电路的功率因数。设在未并联电容之前,如图 1-34(a)所示,电流表读数为 5A,并联电容之后,如图 1-34(b)所示,总电流及两个支路的电流表读数均为 5A。问并联电容过大还是过小？画出相量图加以说明？

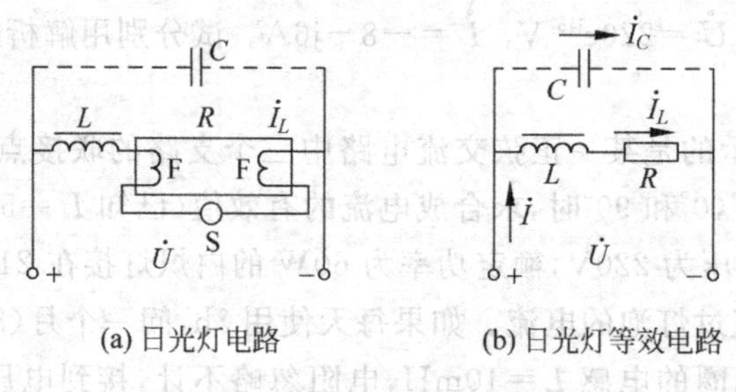

(a) 日光灯电路　　(b) 日光灯等效电路

图 1-33　题 1-25 的电路

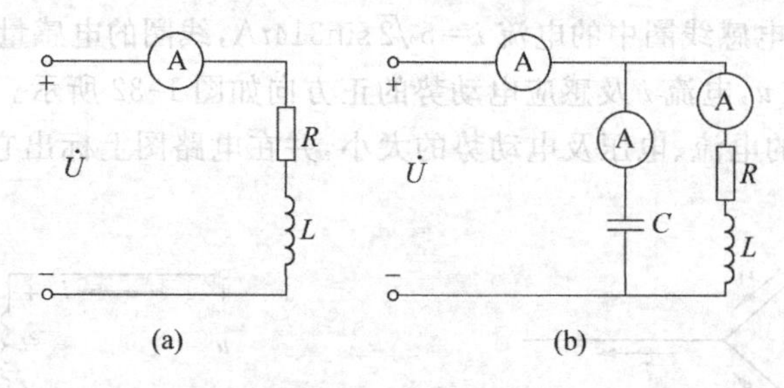

(a)　　(b)

图 1-34　题 1-26 的电路

1-27　某三相对称负载，$R=24\Omega$，$X_L=18\Omega$，接于电源电压为 380V 的电源上。试求：(1)负载接成星形时的线电流、相电流和有功功率；(2)负载接成三角形时的线电流、相电流和有功功率。

1-28　某建筑物有三层楼，每一层的照明分别由三相电源的一相供电，电源电压为 380V/220V，每层楼装有 220V，100W 白炽灯两只。要求：(1)画出电灯接入电源的线路图；(2)在该建筑物第一层电灯全部关闭，第二层电灯全部开亮，第三层开了一只灯，而电源中线因故断掉的情况下，第二，三层楼的两端电压各为多少？

1-29　在图 1-35 中，三相对称负载作三角形联接，电路中的各安培计在正常情况下的读数为 26A，电源的线电压为 380V。分别求下列情况下的负载电流和线电流：(1)A，B 间负载断路；(2)相线 A 断路。

1-30　三相对称负载作星形联接，每相阻抗 $z=20\Omega$，功率因数 $\cos\varphi=0.87$，电源的线电压为 380V。试求电流及三相总功率。

1-31　某大楼为日光灯和白炽灯混合照明，需装 40W 日光灯 210 盏(功率因数 $\cos\varphi_1=0.5$)，60W 白炽灯 90 盏(功率因数 $\cos\varphi_2=1$)，它们的额定电压都是 220V，由 380V/220V 的电网供电，试进行三相负载分配，并指出应如何接入电网，在这种情况下，线电路电流为多少？

1-32　在三相四线制电路中，电源电压为 380V/220V，A，B，C 三相负载的阻抗如图 1-36 所示。试分别用相量图和复数求中线电流。

1-33　线电压为 380V，频率为 50Hz，作星形联接的三相交流电动机，在 $\cos\varphi=0.8$ 时，所取的线电流为 50A。为了使 $\cos\varphi$ 提高到 0.95，采用一组星形联接的电容器进行补偿，试确定每相电容器的电容量 C。

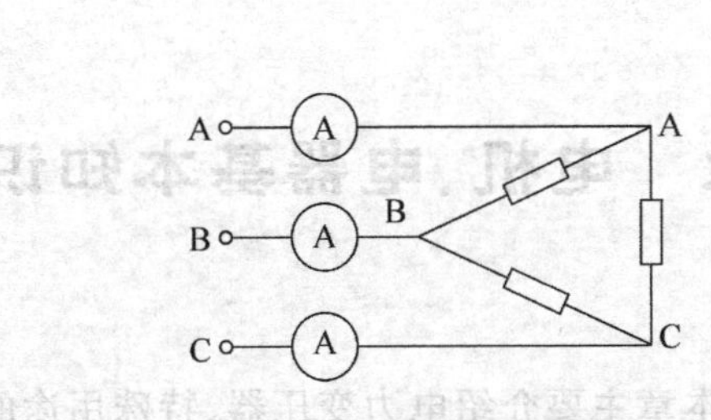

图 1-35　题 1-29 的电路

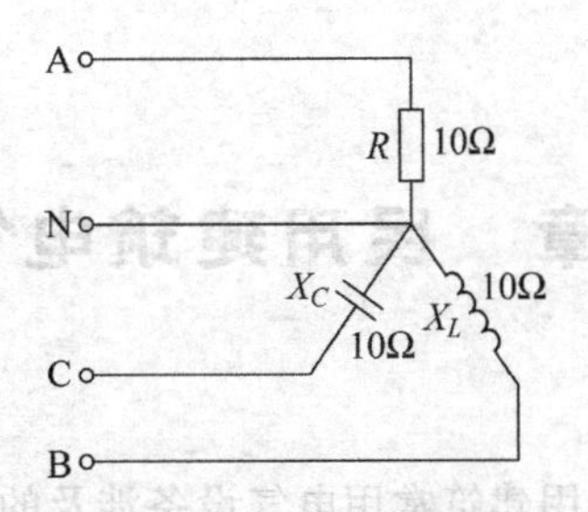

图 1-36　题 1-32 的电路

1-34　用两瓦特计法测量三相对称负载(负载复阻抗 Z)的功率,设电源线电压为380V,负载联成星形。试求在下列几种负载情况下,每个瓦特计的读数和三相功率。

(1)$Z=10\Omega$;(2)$Z=8+j6\Omega$;(3)$Z=5+j5\Omega$;(4)$Z=5+j10\Omega$;(5)$Z=-j10\Omega$。

1-35　做电工实验时需测电功率。已知单相负载电阻 15Ω,感抗 20Ω,电源电压为220V,功率表电流线圈有 5A,10A 两档,电压有 110V,220V 两档,问应如何选择量程?

第 2 章　民用建筑电气技术　电机、电器基本知识

现代民用建筑常用电气设备涉及的面很广。本章主要介绍电力变压器、特殊用途的变压器、异步电动机、常用低压电器、继电接触典型控制等。

2.1　电力变压器

变压器是一种能把某一电压值的交流电变换成同频率的另一电压值的交流电的电气设备。变压器的种类很多，本节主要介绍电力变压器和几种特殊用途的变压器。

2.1.1　电力变压器的用途及结构

在电力系统中，变压器主要用来升压和降压。为了把发电生产的电能送到远处的用电区域，需要采用升压变压器，使发电机出口的电压升高后向远处输送。到了用电区域，需要采用降压变压器，使高电压降低以适应用电设备额定电压的需要。民用建筑所用的变压器通常都是降压变压器。

常用降压变压器的技术数据见附录Ⅰ附表Ⅰ-1。

1. 电力变压器的结构

电力变压器的基本结构主要由铁芯、绕组和附件三部分组成。

铁芯——变压器的磁路部分。为了减少铁芯里的磁滞和涡流两部分电能损耗，铁芯通常是由厚度为 0.35～0.50mm 的硅钢片叠装而成，硅钢片之间用绝缘漆隔开。

绕组——变压器的电路部分。小容量变压器的绕组是高强度的漆包铜线绕制而成；大、中容量的变压器的绕组是用绝缘的圆形(或扁形)铜线或铝线绕制而成。同一相的绕组，匝数多的称为高压绕组，接到高电压，匝数少的称为低压绕组，接出低电压。高、低压绕组之间用绝缘纸筒隔开，同心地套装在同一个铁芯柱上。

附件——变压器的附件主要包括冷却装置、高低压绝缘套管、防爆管、分接开关、瓦斯继电器、油面计、温度计以及呼吸器等。变压器的外形结构如图 2-1 所示。

变压器在通电工作后，电流在绕组的电阻上产生电能损耗，称为铜损；交变的磁通在铁芯里产生磁滞损耗和涡流损耗，统称为铁损耗。铜损耗和铁损耗都使变压器的绕组和铁芯的温度升高。为了不让温度升得过高而损坏变压器的绝缘物，必须采取冷却措施，使用冷却装置。冷却装置包括油箱、油枕、散热器和绝缘油等。

2. 干式变压器

在高层建筑室内或地下室，往往采用干式变压器。环氧树脂浇铸的干式变压器外形和结构如图 2-2 所示。

干式变压器结构的特点是：无外壳，绕组和铁芯直接暴露在空气中。由于它不用变压器油和封闭的外壳，可以防爆、防火，同时具有体积小、重量轻等优点，故可安装在负荷中心，

安装到建筑物内。

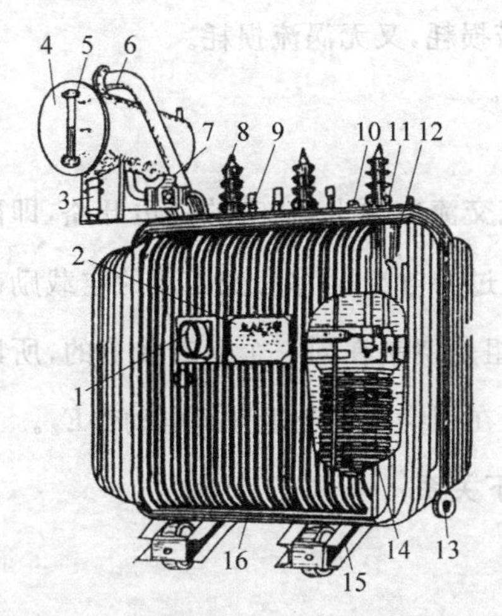

图 2-1　变压器的外形结构

1—温度计；2—铭牌；3—呼吸器；4—油枕；5—油面计；6—防爆管；7—瓦斯继电器；8—高压套管；9—低压套管；10—分接开关；11—油箱；12—铁芯；13—放油阀；14—绕组及绝缘；15—小车；16—底壳(座)

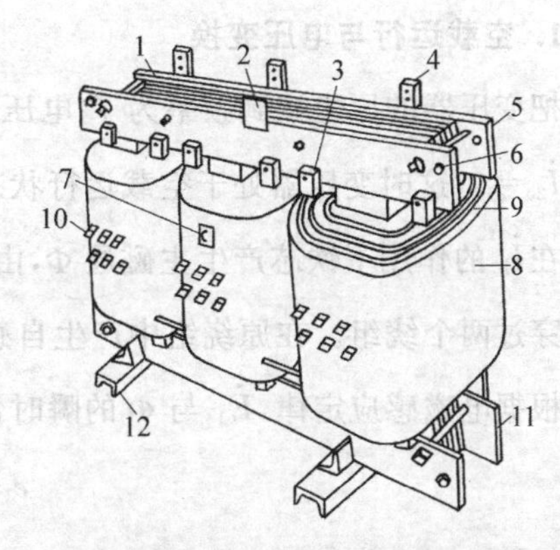

图 2-2　环氧树脂浇铸干式变压器的外形和结构

1—铁芯；2—铭牌；3—高压侧接头；4—低压侧接头；5—上部夹件；6—吊环；7—注意(危险)标志；8—绕组；9—冷却风道；10—分接头；11—下部夹件；12—固定底座

2.1.2　单相变压器的工作原理

变压器是根据电磁感应原理，按电-磁-电的变换过程，进行能量的转换和传递的。现以单相变压器为例说明其工作原理。

最简单的变压器模型是在一个闭合的铁芯上绕有两个匝数不等、彼此绝缘的线圈(绕组)。为了分析清楚起见，将高压绕组和低压绕组分别画在两边的铁芯上，如图 2-3 所示。

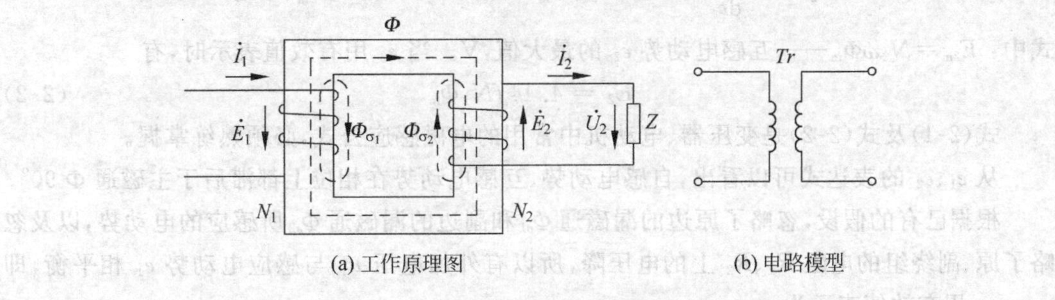

图 2-3　变压器工作原理图及其电路模型

在图 2-3(a)中，与电源联接的绕组称为原绕组(又称初级绕组，或称一次绕组，或原边)，它的匝数用 N_1 表示；与负载联接的绕组称为副绕组(又称次级绕组，或称二次绕组，或副边)，它的匝数用 N_2 表示。图中还标注了电压、电流、电动势和磁通的正方向。

为了便于研究，先对一些不影响变压器主要功能的次要因素作如下假设：

① 忽略变压器的铜损耗，即认为原绕组、副绕组的电阻 $R_1=R_2=0$；

② 忽略仅与本绕组相链的漏磁通 $\phi_{\sigma 1}$ 和 $\phi_{\sigma 2}$；

③ 忽略变压器副边开路(即副边开路电流 $I_{20}=0$)时的原边励磁电流(又叫变压器的空

载电流),即认为 $I_{10}=0$;

④ 忽略变压器的铁损耗,即认为变压器既无磁滞损耗,又无涡流损耗。

在上述假设条件下,变压器的工作原理阐述如下。

1. 空载运行与电压变换

把变压器的原边接到频率为 f、电压为$\dot{U}_1$ 的正弦交流电源上,让它的副边开路,即副边电流$\dot{I}_{20}=0$,这时变压器处于空载运行状态,其原边流过的电流$\dot{I}_{10}$称为变压器的空载励磁电流。在$\dot{I}_{10}$的作用下铁芯产生主磁通 Φ,由于原、副绕组是绕制在同一个铁芯柱上的,所以 Φ 同时穿过两个绕组。在原绕组中产生自感电动势$\dot{E}_1$,在副绕组中产生互感电动势$\dot{E}_2$。

根据电磁感应定律,$\dot{E}_1$ 与 Φ 的瞬时值之间有如下关系:

$$e_1=-N_1\frac{\mathrm{d}\Phi}{\mathrm{d}t}$$

式中:N_1——原绕组的匝数。

由于变压器原边接入的电压 u_1 是正弦电压,因此主磁通也是按正弦规律变化。设

$$\Phi=\Phi_{\mathrm{m}}\sin\omega t$$

式中:Φ_{m}——主磁通的最大值,Wb(韦[伯])。则

$$e_1=-N_1\frac{\mathrm{d}(\Phi_{\mathrm{m}}\sin\omega t)}{\mathrm{d}t}=N_1\omega\Phi_{\mathrm{m}}\sin(\omega t-90°)=E_{1\mathrm{m}}\sin(\omega t-90°)$$

式中:$E_{1\mathrm{m}}=N_1\omega\Phi_{\mathrm{m}}$——自感电动势 e_1 的最大值,V。当 e_1 用有效值表示时,有

$$E_1=\frac{E_{1\mathrm{m}}}{\sqrt{2}}=\frac{N_1\omega\Phi_{\mathrm{m}}}{\sqrt{2}}=\frac{2\pi fN_1\Phi_{\mathrm{m}}}{\sqrt{2}}=4.44fN_1\Phi_{\mathrm{m}} \tag{2-1}$$

同理可推导出互感电动势

$$e_2=-N_2\frac{\mathrm{d}(\Phi_{\mathrm{m}}\sin\omega t)}{\mathrm{d}t}=N_2\omega\Phi_{\mathrm{m}}\sin(\omega t-90°)=E_{2\mathrm{m}}\sin(\omega t-90°)$$

式中:$E_{2\mathrm{m}}=N_2\omega\Phi_{\mathrm{m}}$——互感电动势 e_2 的最大值,V。当 e_2 用有效值表示时,有

$$E_2=4.44fN_2\Phi_{\mathrm{m}} \tag{2-2}$$

式(2-1)及式(2-2)是变压器、电动机中常用的电磁感应公式,必须熟练掌握。

从 e_1、e_2 的表达式可以看出,自感电动势、互感电动势在相位上都滞后于主磁通 Φ 90°。

根据已有的假设,忽略了原边的漏磁通 $\Phi_{\sigma1}$和副边的漏磁通 $\Phi_{\sigma2}$所感应的电动势,以及忽略了原、副绕组的电阻 R_1、R_2 上的电压降,所以有外加电压 u_1 与感应电动势 e_1 相平衡,即 $u_1\approx e_1$,用有效值表示为

$$U_1\approx E_1=4.44fN_1\Phi_{\mathrm{m}}$$

即

$$u_{20}\approx e_2$$

$$U_{20}\approx E_2=4.44fN_2\Phi_{\mathrm{m}}$$

式中:U_{20}——副边开路时的端电压,也叫副边空载电压。

将以上两式相除得

$$\frac{U_1}{U_{20}}\approx\frac{E_1}{E_2}=\frac{4.44fN_1\Phi_{\mathrm{m}}}{4.44fN_2\Phi_{\mathrm{m}}}=\frac{N_1}{N_2}=k \tag{2-3}$$

式中：k——变压器的电压变比。

式(2-3)表明：变压器空载时，原绕组与副绕组的端电压之比近似等于原、副绕组的匝数比。所以，适当选择变压器的匝数比，就可把原边电压变换成所需的副边电压。这就是变压器的电压变换作用。当 $N_1>N_2, k>1$ 时，这种变压器用于降低电压，称为降压变压器，其原绕组 N_1 承受的是高电压，称为高压绕组；副绕组承受的是低电压，称为低压绕组。当 $N_1<N_2, k<1$ 时，这种变压器用以升高电压，称为升压变压器，其原绕组为低压绕组，副绕组为高压绕组。在变压器铭牌上所标的变比 k，通常是指高压绕组与低压绕组匝数之比，$k>1$。

这里需要强调一下 $U_1 \approx E_1 = 4.44 f N_1 \Phi_m$ 关系式的重要作用。它表明：当电源频率 f 和变压器原绕组的匝数一定时，铁芯中的主磁通的最大值 Φ_m 与电源电压的有效值 U_1 是成正比的；且当原边的电压 U_1 确定后，变压器铁芯中的磁通的最大值 Φ_m 也就确定了。也就是说，只要原边所加的电压 U_1 一定，铁芯中的磁通最大值 Φ_m 也就唯一确定，而与变压器原、副边的电流变化无关。

2. 有载运行与电流变换

把变压器的原边接到频率为 f、电压为$\dot{U}_1$ 的正弦交流电源上，副边的输出端接负载 Z，这时变压器处于有载运行状态，如图 2-3(a)所示。在副绕组感应电势$\dot{E}_2$ 的作用下，副边电路中产生电流$\dot{I}_2$，叫做负载电流，变压器副边向 Z 输出电能。根据能量守恒定律，副边有能量输出，原边必要从电源那里输入相应的能量，并通过铁芯中主磁通 Φ 的中介作用，源源不断地传递给副边，保持对负载所需能量的供应。由于输入变压器原边的能量比变压器在空载运行时增加了，在电源电压$\dot{U}_1$ 保持不变的情况下，原边电流必然相应增大，由空载励磁电流$\dot{I}_{10}$ 增大到$\dot{I}_1$。

如前所述，变压器在空载运行时副边是没有电流的，因此铁芯中的主磁通 Φ 只有原绕组的磁动势$\dot{I}_{10}N_1$ 来产生。但当变压器有载运行时，副边有了电流$\dot{I}_2$，副绕组的磁动势$\dot{I}_2N_2$ 也要在铁芯中产生磁通，所以在有载运行情况下变压器铁芯中的主磁通是由两部分磁动势 $\dot{I}_1N_1$ 和$\dot{I}_2N_2$ 共同作用产生的。那么变压器在空载运行和有载运行两种情况下铁芯中主磁通的大小是否一样？由 $U_1 \approx E_1 = 4.44 f N_1 \Phi_m$ 可知：当 f、N_1 固定的条件下，只要电流电压 U_1 不变，铁芯中主磁通的最大值 Φ_m 也是基本保持不变的，我们知道磁通是由磁动势产生的，磁通大小不变，就意味着磁动势不变，即有载运行时的合成磁动势与空载运行时的磁动势相等，亦即

$$\dot{I}_1N_1 + \dot{I}_2N_2 = \dot{I}_{10}N_1$$

根据已有的假设，变压器空载时的原边励磁电流$\dot{I}_{10} \approx 0$，则$\dot{I}_1N_1 + \dot{I}_2N_2 = \dot{I}_{10}N_1 \approx 0$，所以$\dot{I}_1N_1 = -\dot{I}_2N_2$ 式中“—”表示原绕组与副绕组的磁动势在相位上是相反的，也就是说，副绕组的磁动势对原绕组的磁动势具有去磁作用。由此可以得出原边电流与副边电流的数值关系为

$$\frac{I_1}{I_2} = \frac{N_2}{N_1} = \frac{1}{k}$$

$$I_1=\frac{1}{k}I_2 \tag{2-4}$$

式(2-4)表明：变压器原、副边的电流之比等于它们匝数的反比，所以，变压器不仅有改变电压的作用，也有变换电流的作用。同时也表明，当变压器原、副边的匝数比固定不变时，副边电流增大(或减小)，原边电流也相应地增大(减小)。

由$\frac{U_1}{U_{20}}=\frac{N_1}{N_2}$，$\frac{I_1}{I_2}=\frac{N_2}{N_1}$，以及根据假设，变压器绕组上的电阻可以忽略，则变压器本身的电压降近似为零，可近似地认为副边的端电压也等于它的开路电压，即$U_2\approx U_{20}$，所以单相变压器原、副边的电压与电流有如下关系：

$$\frac{U_1}{U_2}\approx\frac{I_2}{I_1} \tag{2-5}$$

即变压器原边与副边的端电压之比等于它们电流的反比，并得到$U_1I_1\approx U_2I_2$。

电压与电流的乘积UI通常称为变压器的视在容量，也叫视在功率，用$S=UI$来表示，其单位是伏安(V·A)。

$U_1I_1\approx U_2I_2$，即$S_1\approx S_2$，说明变压器原边的视在功率近似地等于副边的视在功率。当电压和电流都用额定值表示时，侧变压器的容量也用额定值表示，即

$$S_N=U_{1N}I_{1N}\approx U_{2N}I_{2N}$$

这是单相变压器容量的表达式。需要注意的是：以上关于电压变换、电流变换以及容量的结论，都是在假设的理想条件下得出来的。实际的变压器，原、副边绕组都有电阻和漏磁通所引起的阻抗，所以在外加电源电压U_1不变的情况下，随着副边负载电流I_2的增大，在原、副绕组上的内阻抗压降也增大，因而变压器副边的端电压U_1是随着负载电流I_2的增大而下降的。只是由于电力变压器的内阻抗很小，所以副边端电压U_1的变化不明显。这正好满足了用电设备要求电源电压稳定的需要。

2.1.3 变压器的损耗和效率

1. 变压器的损耗

变压器在工作过程中有能量损耗，主要是铁损耗ΔP_{Fe}和铜损耗ΔP_{Cu}，而铁损耗包括磁滞损耗P_h和涡流损耗P_e，即

$$\Delta P_{Fe}=P_h+P_e$$

实验证明：铁损耗的大小与铁芯内的磁通最大值Φ_m有关，而与变压器副边的负载电流大小无关。只要电源电压U_1和频率、匝数N_1固定不变，Φ_m也就固定不变，所以变压器的铁损耗是个常数，故铁损耗又叫固定损耗或不变损耗。

铜损耗是指变压器在有载运行时原、副边的电流在各自绕组的电阻上所消耗的有功功率，即

$$\Delta P_{Cu}=I_1^2R_1+I_2^2R_2$$

式中：R_1、R_2——变压器原、副边绕组的电阻；

I_1、I_2——流过原、副绕组的电流。

$I_2\uparrow\rightarrow I_1\uparrow\rightarrow I_1^2R_1$、$I_2^2R_2\uparrow\rightarrow\Delta P_{Cu}\uparrow$，所以铜损耗是随变压器的负载电流的变化而变化的，又称它为可变损耗。

2. 变压器的效率

变压器输出的有功功率 P_2 与输入的有功功率 P_1 之比，称变压器的效率，通常用百分数表示，记作

$$\eta = \frac{P_2}{P_1} \times 100\%$$

变压器有载运行时副边输出的功率为

$$P_2 = U_2 I_2 \cos\varphi_2$$

式中：$\cos\varphi_2$——变压器负载的功率因数。

变压器原边输入的功率应是副边输出的功率加上变压器本身所消耗的功率，即

$$P_1 = P_2 + \Delta P_{\mathrm{Cu}} + \Delta P_{\mathrm{Fe}}$$

故变压器的效率为

$$\eta = \frac{P_2}{P_1} \times 100\% = \frac{P_2}{P_2 + \Delta P_{\mathrm{Cu}} + \Delta P_{\mathrm{Fe}}} \times 100\%$$
$$= \frac{U_2 I_2 \cos\varphi_2}{U_2 I_2 \cos\varphi_2 + \Delta P_{\mathrm{Cu}} + \Delta P_{\mathrm{Fe}}} \times 100\% \tag{2-6}$$

变压器的损耗是很小的，所以效率很高。在额定负载下，中、小型电力变压器的效率 $\eta=90\%\sim95\%$；大型电力变压器的效率 $\eta=98\%\sim99\%$。实验证明：变压器运行在 50%～70%额定负载时效率最高，所以从节电的角度考虑，变压器在 50%～70%额定负载下运行是最经济的。

2.1.4　三相变压器的结构及绕组联接方式

由于交流电的产生、输送和分配几乎都采用三相制，所以研究三相电压的变换就很有必要。变换三相电压需要采用三相变压器。

1. 三相变压器的结构

三相变压器的结构有两种，即三单相变压器组（如图 2-4 所示）和三铁芯柱式三相变压器（如图 2-5 所示）。

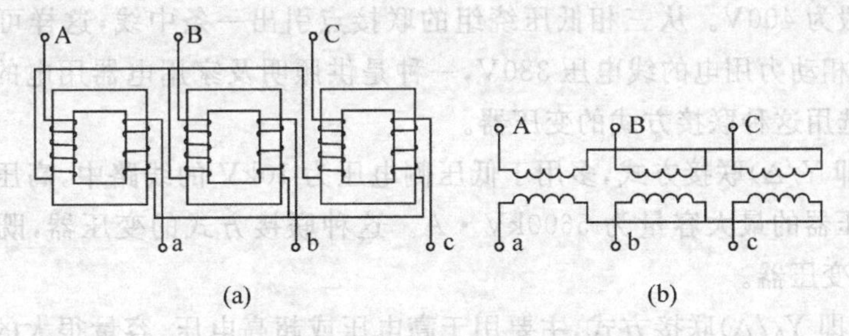

图 2-4　三单相变压器组

三相变压器有三个相同截面的铁芯柱，它们相互构成磁的回路。在每个铁芯柱上绕有属于同一相的一、二次绕组。各相高压绕组的始端和末端分别用 A、B、C 和 X、Y、Z 表示；各相低压绕组的始端和末端则分别用 a、b、c 和 x、y、z 表示。三柱式三相变压器的每一相，相当于一台单相变压器，其工作原理与单相变压器相同。在实际应用中都采用三柱式三相变压器，很少使用单相变压器组。

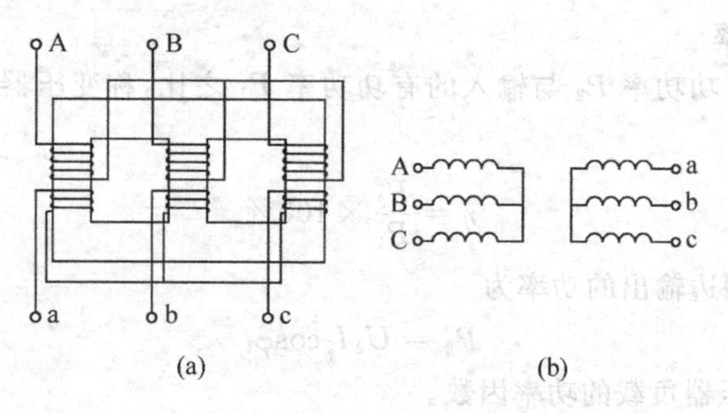

图 2-5　三相变压器

2. 三相变压器绕组的联接方式

三相变压器的原边和副边都有三个绕组,它们都可以分别联接成星形(Y)或三角形(Δ),因此三相变压器的绕组有四种可能的联接方式:Y/Y,Y/Δ,Δ/Y,Δ/Δ。在这些联接符号中,斜线左边的字符表示高压绕组的联接方式,斜线右边的字符表示低压绕组的联接方式。

为了制造和运行的方便,我国通常采用 Y,Y_N(Y/Y_0);Y,d(即 Y/Δ);以及 Y_N,d(即 Y_0/Δ)三种联接方式,其中 Y_N(即 Y_0)表示星形联接,并在联接点处有中线引出。图 2-6 表示常用的 Y,Y_N(Y/Y_0)与 Y,d(即 Y/Δ)联接的三相变压器的图形及文字符号,其中 1U、1V、1W(即旧标准的 A、B、C)表示原边端子代号,2U、2V、2W(即旧标准的 a、b、c)表示副边端子代号,N 表示中线端子。

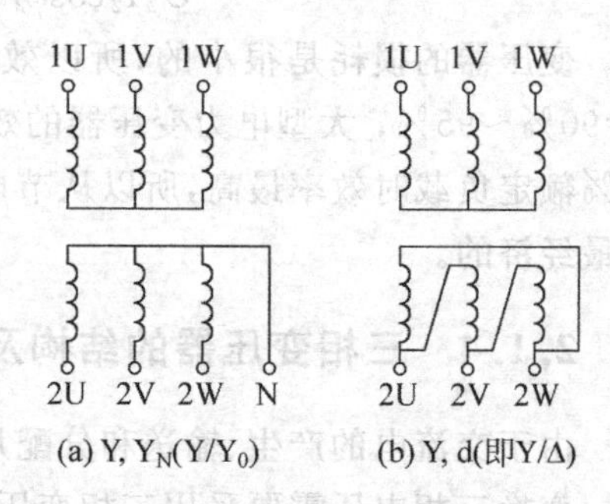

图 2-6　Y,Y_N(Y/Y_0)与 Y,d(即 Y/Δ)联接的三相变压器

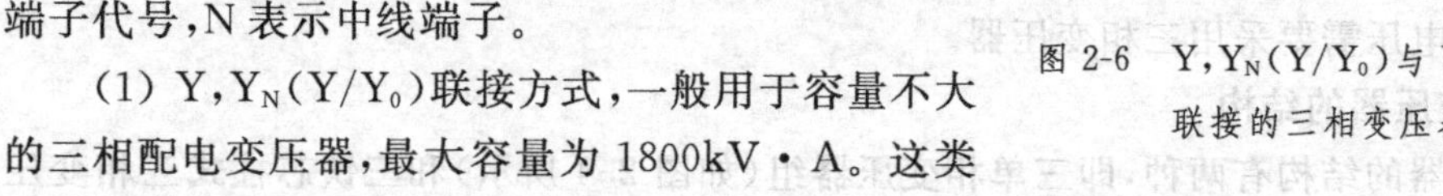

(1) Y,Y_N(Y/Y_0)联接方式,一般用于容量不大的三相配电变压器,最大容量为 1800kV·A。这类变压器用来供电给动力和照明相混合的负载,高压侧的额定线电压不超过 35kV,低压侧的额定线电压一般为 400V。从三相低压绕组的联接点引出一条中线,这样可以获得两种低压,一种是供三相动力用电的线电压 380V,一种是供照明及家用电器用电的相电压 220V。建筑用电大多选用这种联接方式的变压器。

(2) Y,d(即 Y/Δ)联接方式,多用于低压侧电压为 10kV 的线路中,高压侧的线电压不超过 60kV,变压器的最大容量为 5600kV·A。这种联接方式的变压器,既可作升压变压器,也可作降压变压器。

(3) Y_N,d(即 Y_0/Δ)联接方式,主要用于高电压或超高电压、容量很大的变压器。用于高压输电的变压器,由于高压绕组联接成星形(Y 或 Y_0),每相绕组上承受的相电压只有线电压的 $1/\sqrt{3}$,所以对每相绕组的绝缘要求可以降低,而低压绕组联接成三角形(Δ),其每相绕组上通过的电流只有其线电流的 $1/\sqrt{3}$,所以每相低压绕组所用的导线截面可以减小。因此采用 Y,d(即 Y/Δ),以及 Y_N,d(即 Y_0/Δ)联接方式的变压器,可以节省高、低压绕组的原材料,降低变压器的制造成本。

(4) 三相变压器高、低压侧线电压之比,不同于单相变压器仅仅与高、低压侧绕组的匝数比有关，还与三相变压器绕组的联接方式有关。

① 当三相变压器采用 $Y, Y_N(Y/Y_0)$ 联接，如图 2-7(a)所示，高、低压侧线电压之间的关系为

$$\frac{U_{1l}}{U_{2l}}=\frac{\sqrt{3}U_{1P}}{\sqrt{3}U_{2P}}=\frac{U_{1P}}{U_{2P}}=\frac{N_1}{N_2}=k$$

式中：U_{1l}、U_{2l}——高、低压侧的线电压；

U_{1P}、U_{2P}——高、低压侧相应的相电压。

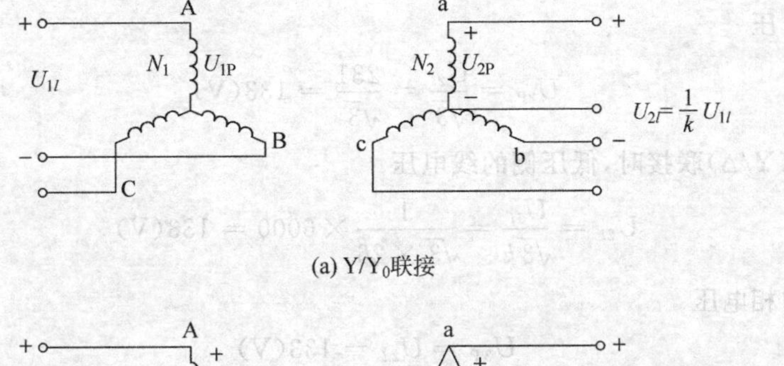

(a) Y/Y_0联接

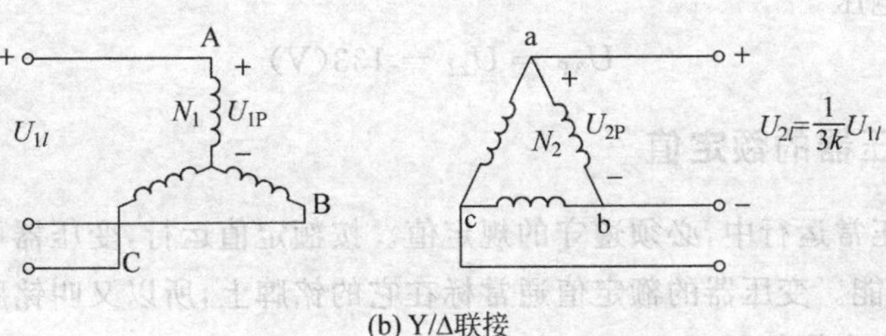

(b) Y/Δ联接

图 2-7　三相变压器高、低压侧电压变换举例

上式表明，当变压器高、低压侧绕组采用 $Y, Y_N(Y/Y_0)$ 联接时，它们的线电压之比等于它们每相高、低压绕组的匝数之比。

若已知高压侧线电压 U_{1l}，则相应的低压侧线电压、相电压分别为

$$U_{2l}=\frac{U_{1l}}{k},\quad U_{2P}=\frac{U_{2l}}{\sqrt{3}}=\frac{U_{1l}}{\sqrt{3}k}$$

② 当三相变压器的绕组采用 Y,d(Y/Δ)联接，如图 2-7(b)所示，高、低压侧线电压之间的关系为

$$\frac{U_{1l}}{U_{2l}}=\frac{\sqrt{3}U_{1P}}{U_{2P}}=\sqrt{3}\,\frac{N_1}{N_2}=\sqrt{3}k$$

这表明：当变压器高、低压侧绕组采用 Y,d(Y/Δ)联接时，它们的线电压之比等于它们每相高、低压绕组的匝数之比的$\sqrt{3}$倍。

若已知高压侧的线电压 U_{1l}，则相应的低压侧的线电压 $U_{2l}=\frac{U_{1l}}{\sqrt{3}k}$，相电压 $U_{2P}=U_{2l}=\frac{U_{1l}}{\sqrt{3}k}$。

例 2-1　有一台三相变压器，它的高压绕组每相为 2080 匝，低压绕组每相为 80 匝。已知高压侧的线电压 $U_{1l}=6000\text{V}$，试求：

(1) Y,Y_N(Y/Y_0)联接方式时,低压侧的线电压 U_{2l}、相电压 U_{2P};

(2) Y,d(Y/Δ)联接方式时,低压侧的线电压 U_{2l}、相电压 U_{2P}。

解 根据已知条件,变压器每相高、低压绕组的匝数比

$$k=\frac{N_1}{N_2}=\frac{2080}{80}=26$$

(1) Y,Y_N(Y/Y_0)联接时,低压侧的线电压

$$U_{2l}=\frac{U_{1l}}{k}=\frac{6000}{26}=231(\text{V})$$

低压侧的相电压

$$U_{2P}=\frac{U_{2l}}{\sqrt{3}}=\frac{231}{\sqrt{3}}=133(\text{V})$$

(2) Y,d(Y/Δ)联接时,低压侧的线电压

$$U_{2l}=\frac{U_{1l}}{\sqrt{3}k}=\frac{1}{\sqrt{3}\times 26}\times 6000=133(\text{V})$$

低压侧的相电压

$$U_{2P}=U_{2l}=133(\text{V})$$

2.1.5 变压器的额定值

额定值是在正常运行中,必须遵守的规定值。按额定值运行,变压器可以长期可靠地工作,并有良好的性能。变压器的额定值通常标在它的铭牌上,所以又叫铭牌值。现将变压器铭牌上的主要内容介绍如下。

1. 型号

如:SJ_1-50/10

其中:S——三相变压器(如是单相变压器,则用D表示);

J——油浸自冷冷却方式(新国标对自冷却方式不标符号);

下标“1”——产品的设计序号;

50——变压器的额定容量,50kV·A;

10——高压绕组的额定线电压,10kV。

又如:SL_7-500/10

式中:S——三相变压器,油浸自冷式冷却,按新国标,不标“J”符号;

L——变压器绕组用铝线做成。

2. 额定电压 U_{1N}、U_{2N}

额定电压是根据变压器的绝缘强度和允许温升而规定的电压值。原边额定电压 U_{1N},是原边规定的外加电压;副边额定电压 U_{2N},是指变压器原边加上额定电压时的副边空载电压。三相变压器的额定电压 U_{1N}、U_{2N} 都是线电压。

3. 额定电流 I_{1N}、I_{2N}

额定电流是根据变压器所用的绝缘材料的允许温升而规定的长时间连续通过的最大工作电流。变压器在额定电流下运行,使用寿命一般为20年以上。三相变压器的额定电流 I_{1N}、I_{2N} 都是线电流。

4. 额定容量

额定容量，也叫额定视在功率，是指变压器可能输出的最大电功率，它的计量单位与功率的计量单位不同，它是以 V·A 或 kV·A 为单位的。当电压以 V 为单位，电流以 A 为单位时，额定容量 S_N 与变压器的副边额定电压 U_{2N}、额定电流 I_{2N} 的关系如下：

单相变压器

$$S_N = \frac{U_{2N} I_{2N}}{1000} \quad \text{kV·A}$$

三相变压器，它的额定容量是指三相额定容量之和，即

$$S_N = \frac{\sqrt{3} U_{2N} I_{2N}}{1000} \quad \text{kV·A}$$

这里需要说明的是，为何变压器的容量不用额定功率表示，而用额定视在功率表示？这是由于变压器在额定值的条件下运行时，其输出的电功率为 $P_{2N} = U_{2N} I_{2N} \cos\varphi_2$，式中的 U_{2N}、I_{2N} 是制造厂家根据设计要求可以确定的，唯有功率因数是由变压器副边的外接负载决定的，制造厂家事先是无法知道的，因此在变压器的出厂铭牌上只能以其额定视在功率 $S_N = \sqrt{3} U_{2N} I_{2N}$ 来表示其容量。尽管额定功率、额定容量都是由电压与电流相乘而得，但它们毕竟不代表同一个电工技术概念，所以它们所采用的单位也应加以区别，故额定容量用 V·A 或 kV·A 为单位，而额定功率用 W 或 kW 为单位。

5. 温升

变压器在额定状态下运行，其内部温度允许超出规定的环境温度（我国规定的标准环境温度为 +40℃）的数值称为温升。对于使用 A 级绝缘材料的变压器，其允许温升为 55℃，因此这种变压器的最高运行温度不得超过（40℃+55℃）=95℃。

2.2　特殊用途的变压器

具有特殊用途的变压器中，常见的有自耦变压器、仪用互感器等，它们的结构和性能各具特点。下面分别介绍。

2.2.1　自耦变压器

以上介绍过的变压器，它的每一相都有两个绕组，所以称为双绕组变压器。自耦变压器则不同，它的每一相只有一个绕组，即原边和副边共用一个绕组；其整个绕组用作原边，与电源电压相联接，而取整个绕组中的一部分作为副边，并为原边和副边所共用。“自耦”即由此而得名。可见这种变压器的原、副边之间不仅有磁的联系，而且有电的直接联系。

下面重点介绍单相自耦变压器。

如同电力变压器一样，单相自耦变压器也有电压变换、电流变换的功能。它的原理结构如图 2-8 所示。

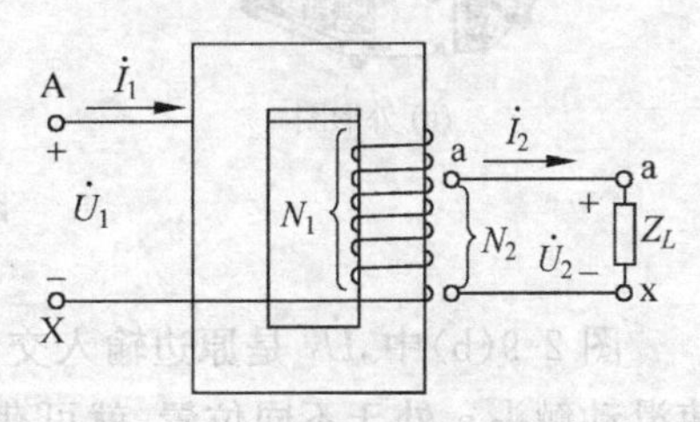

图 2-8　自耦变压器的原理结构

设原边绕组（即绕组的全部）为 N_1 匝，取其一部分 N_2 匝作为副边绕组。当在原绕组的两端 A、X 加上交流电压 $\dot{U}_1$ 时，铁芯中就产生交变磁通，该磁通在绕组的每一匝上都感应出相等的电动势。在 N_1 匝上感应出

的电动势之和为$\dot{E}_1$,在N_2匝上感应出的电动势之和为$\dot{E}_2$。$\dot{E}_1$、$\dot{E}_2$的大小显然是与它们对应的匝数成正比的,即

$$\frac{E_1}{E_2}=\frac{N_1}{N_2}=k$$

在与变压器相同的假设条件下

$$E_1\approx U_1,\quad E_2\approx U_2$$

所以得出

$$\frac{E_1}{E_2}\approx\frac{U_1}{U_2}=\frac{N_1}{N_2}=k$$

由此可见,只要适当地选择N_2,就可以获得所需的副边电压

$$U_2=\frac{1}{k}\cdot U_1$$

式中:k——自耦变压器的电压变比。

当电源电压$\dot{U}_1$一定时,同样可以求得自耦变压器原边电流与副边电流之比,等于其原、副边绕组匝数之反比,即

$$\frac{I_1}{I_2}\approx\frac{N_2}{N_1}=\frac{1}{k}$$

自耦变压器与电力变压器相比较,具有结构简单、效率更高等优点,但也有明显的缺点:它不能用在变压比较大的场合,一般用于变压比为1.5～2的情况。这是由于其原边与副边之间有电的直接联系,一旦共用绕组上发生断线,则原边的高压将会直接加到副边的负载上去,很容易酿成触电事故。因此,在建筑施工中不允许把自耦变压器作为需要安全使用场所的变压器(如行灯变压器)来使用。

(1) 单相自耦调压器

单相自耦调压器是单相自耦变压器的一种应用。在科学实验中常常需要用平缓变化的电压,这就可以利用自耦变压器的原理,将它的副边绕组的抽头 a 做成滑动触头。当触头 a 在原边绕组上滑动时,就可以均匀地改变副边绕组的匝数,从而获得平缓变化的副边输出电压。这种调压器叫做单相自耦调压器,图 2-9 所示是它的外形及原理图。

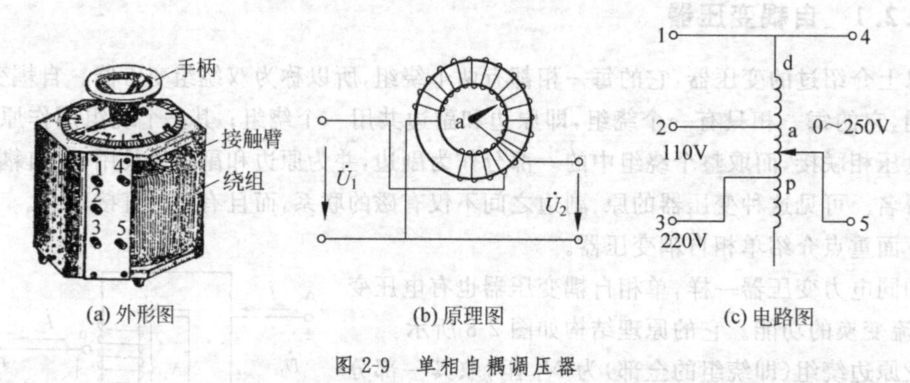

(a) 外形图　(b) 原理图　(c) 电路图

图 2-9　单相自耦调压器

图 2-9(b)中,$\dot{U}_1$是原边输入交流电压,$\dot{U}_2$是副边输出交流电压。转动调压器的手柄,使滑动触头 a 处于不同位置,就可获得不同值的输出电压。当触头 a 滑动到图(c)中的 p 点

下方时，输出电压$\dot{U}_2$将大于输入电压$\dot{U}_1$，这是不允许的。

使用自耦调压器应该注意两点：

① 在接入调压器的原边电压$\dot{U}_1$之前，应先转动手柄，把副边的滑动触头旋转到刻度指示盘上的"0"位（相当于副边输出电压$U_2=0$的位置），然后接入原边电压$\dot{U}_1$，慢慢旋转手柄，使输出电压渐渐上升到所需要的数值。

② 调压器的原边和副边不可以对调使用。这是因为如果把电源电压加到副边，而副边的滑动触头是可以来回滑动的，万一不小心误将触头 a 滑动到图(c)中的 d 点时，这就造成电源短路，这是很危险的！即便触头没有滑动到 d 点，但已向 d 点靠拢，也会因为接入电源电压的绕组匝数偏少，阻抗很小，使这部分绕组上的电流过大，以致烧坏这部分绕组。

(2) 三相自耦调压器

三相自耦调压器由三个单相自耦调压器叠装而成。每一相的滑动触头装在同一根可转动的机构上，以便同时平滑地调节输出的三相电压，满足实验室里工作的需要。

2.2.2　互感器

在电气工程中，常会遇到交流电的高电压和大电流，但又不可能使用低量程的电压表或电流表直接进行测量，这就需要利用变压器的原理，把高电压变换成低电压，把大电流变换成小电流。仪用互感器就是为了满足这种需要而生产的一种特殊用途的变压器。用于测量交流高电压的仪用互感器称为电压互感器，用于测量交流大电流的仪用互感器称为电流互感器。使用互感器，不仅解决了用低量程的表计测量高电压、大电流的需要，而且由于被测的高电压、大电流回路与测量（或保护、控制）回路通过仪用互感器隔离开来，从而保证了操作人员与测量（保护、控制）设备的安全。

1. 电压互感器

电压互感器的原理图及电路图如图 2-10 所示。

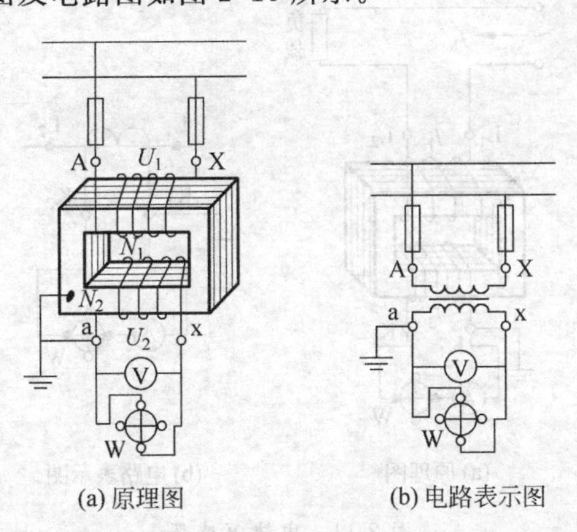

(a) 原理图　　(b) 电路表示图

图 2-10　电压互感器

由图 2-10 可见：电压互感器的原边并联在被测的高压电路上，副边接入电压表（或功率表、电度表）的电压线圈。由于电压线圈的匝数是很多的，阻抗很大，所以工作着的电压互感器相当于副边开路的变压器。

根据变压器原理,电压互感器的原边与副边的电压之比为

$$\frac{U_1}{U_2}=\frac{N_1}{N_2}=k_V$$

或

$$U_1=k_VU_2 \tag{2-7}$$

式中：k_V——电压互感器的变压比。

式(2-7)表明：被测的原边电压$\dot{U}_1$在数值上等于副边电压表的读数U_2乘以电压互感器的变压比k_V。

电压互感器副边的额定电压一般都设计成100V,所以与副边配套使用的电压表也做成100V的低量程表。当电压互感器与电压表配套使用时,可在表面刻度盘上按变压比关系值刻度,标出互感器原边的电压值。这样在测量时便可直接从表盘上读出被测的原边电压值,无须再乘以变压比k_V。

为了安全使用电压互感器,必须注意两点：

(1) 电压互感器的铁芯、金属外壳,以及低压绕组的一端,都必须按图2-10所示可靠地接地。这是为了防止高、低压绕组之间,高压绕组与铁芯、外壳之间的绝缘损坏,使高电压窜入低压侧或外壳,危及人身和设备安全。

(2) 严防电压互感器的副边短路。这是因为在正常情况副边接入的是高阻抗的电压表,相当于副边开路,所以互感器原边只有很小的空载励磁电流。但一旦副边发生短路,副边电流和原边电流都将大大增加,致使互感器的原、副边绕组都很快发热以致烧坏。为了防止互感器副边发生短路,所以在电压互感器的原边应装设熔断器作为短路保护。

2. 电流互感器

电流互感器是把电路里的大电流变换为小电流,然后送入测量仪表(或控制、保护设备)。电流互感器的原理图及电路图如图2-11(a)、(b)所示。

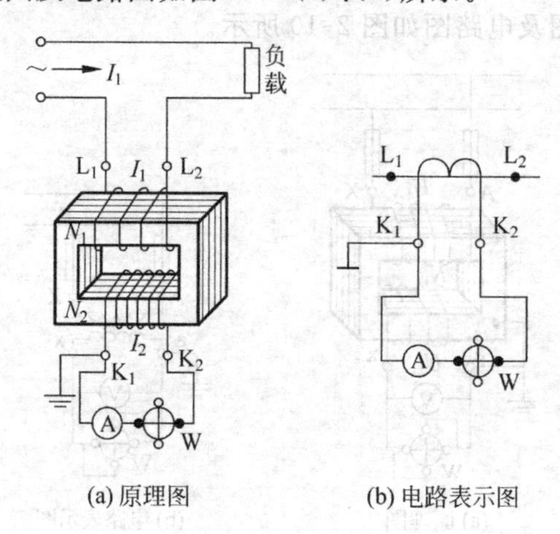

(a) 原理图　　(b) 电路表示图

图2-11　电流互感器

电流互感器的原绕组为N_1匝(一般$N_1=1\sim2$),用较粗的导线制成,阻抗是很小的,这样在电路中接入电流互感器不会影响电流测量的准确性。在使用电流互感器时,是把原绕组与被测的负载电路串联。电流互感器的副绕组为N_2匝,其匝数较多,用较细的导线制

成。使用互感器时，是把副边绕组与电流表、功率表的电流线圈相串联(功率表 W 的“·”端是电压线圈的接线端)。

电流互感器的原边电流$\dot{I}_1$与副边电流$\dot{I}_2$的数值之比，等于它们的匝数之反比，即

$$\frac{I_1}{I_2}=\frac{N_2}{N_1}=k_I \quad 或 \quad I_1=k_I I_2 \tag{2-8}$$

式中：k_I——电流互感器的变流比。

利用电流互感器间接测量电路的大电流时，只要把接在互感器副边的电流表的读数 I_2 乘以互感器的变流比 k_I，就能得到被测的原边电流 I_2，电工测量中常用的钳型电流表，就是原边为 1 匝的特殊电流互感器。

电流互感器的副边额定电流通常设计成 5A，并且分为 100A/5A、1000A/5A、3000A/5A 等若干等级。应根据被测电流大小粗估的范围，选用不同等级的电流互感器。当电流互感器和电流表配套使用时，同样可以按变流比的关系在电流表的刻度盘上直接刻度，标出电流互感器原边的电流值，在测量电流时就可直接从表盘上读出被测单边电流 I_2，无须再乘以变流比 k_I。

为了安全使用电流互感器，也必须注意两点：

(1) 电流互感器的铁芯及副绕组的一端均必须可靠接地；

(2) 运行中的电流互感器，它的副绕组绝对不允许开路。

这是因为运行着的电流互感器的原绕组是与被测的负载电路串联的，所以原边电流$\dot{I}_1$是与负载电流一致的，只要负载电流存在，原边电流就存在。在正常运行时，原绕组的磁动势 I_1N_1 在互感器铁芯中所产生的磁通，绝大部分被副绕组的去磁磁动势 I_2N_2 所产生的反向磁通所平衡，因此铁芯中的合成磁通是很少的。一旦副边发生开路，即 $I_2=0$，则副边电流的去磁作用立即消失。然而原边电流 I_1 仍然存在，在原边磁动势 I_1N_1 的单一作用下，铁芯中的磁通将急剧增加，铁损耗随着猛增，导致铁芯过热而损坏绝缘。同时由于互感器副绕组的匝数较多，随着铁芯中磁通的剧增，在副绕组的两端将感应出数以百计，乃至上千伏的高电压，会导致互感器绝缘的击穿，甚至发生人身触电伤亡事故。所以运行中的电流互感器副边是不允许开路的，为了防止开路，规范规定：电流互感器的副边电路里不允许装设熔断器。如必须要从运行着的电流互感器的副边拆下电流表，可能会出现副边开路时，一定要事先采取技术措施，先把副边绕组短接牢靠，然后才能拆下电流表。

2.3 三相异步电动机

电动机分为交流电动机和直流电动机两大类。交流电动机又分异步电动机(又叫感应电动机)和同步电动机，在生产和工程上用得最多的是三相异步电动机。本节着重讨论三相异步电动机的结构、工作原理、机械特性以及使用方法等。

2.3.1 三相异步电动机的结构

常见的三相异步电动机的结构如图 2-12 所示，它主要由定子和转子两个基本部分组成。

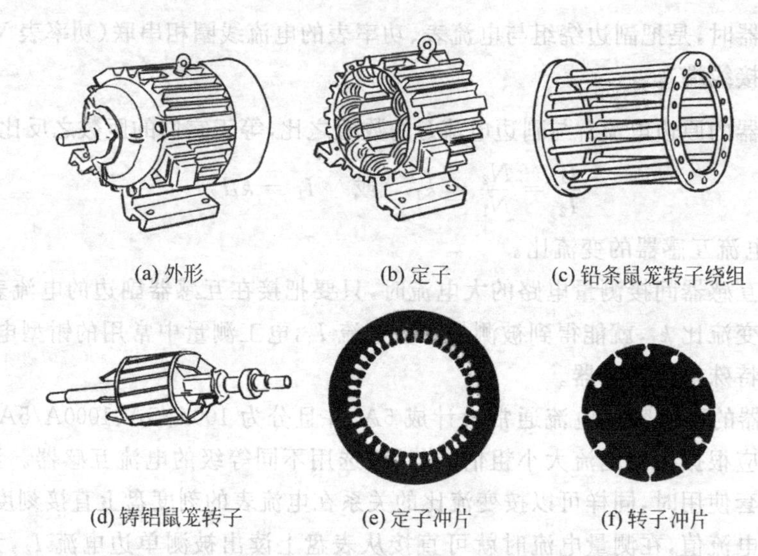

(a) 外形　(b) 定子　(c) 铝条鼠笼转子绕组

(d) 铸铝鼠笼转子　(e) 定子冲片　(f) 转子冲片

图 2-12　三相异步电动机的结构

1. 定子

定子是异步电动机的固定部分,它又由机座、定子铁芯和定子绕组等组成。

机座是电动机的外壳,一般用铸铁制成。定子铁芯是电动机磁路的一部分,用硅钢片叠压而成,在其内圆表面均匀分布有槽,是供嵌放定子三相绕组用的。定子绕组用绝缘铜线或铝线制成,三相绕组的首端和末端分别为 A-X、B-Y、C-Z,如图 2-13 所示,依次接到机座接线盒内的接线板上。接线板上有六个端子,分为上、下两排,下排三个端子为 U_1、V_1、W_1,分别与电动机三相定子绕组的首端 A、B、C 联接;上排三个端子为 U_2、V_2、W_2,分别与三相定子绕组的末端 X、Y、Z 联接;而每相的首端与邻相的末端依次上、下对应排列,这样排法便于在接线板把三相定子绕组联接成三角形(Δ)或星形(Y),使电动机能在两种不同线电压的电网上工作。当电网的线电压等于电动机每相绕组的额定电压时,三相定子绕组就接成三角形(Δ),如图 2-13(b)所示;当电网线电压等于电动机每相绕组额定电压的$\sqrt{3}$倍时,三相定子绕组就接成星形(Y),如图 2-13(a)所示。

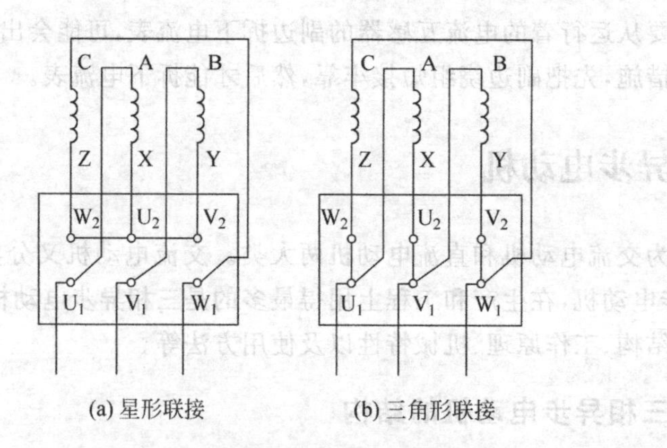

(a) 星形联接　(b) 三角形联接

图 2-13　定子三相绕组的联接

2. 转子

转子是异步电动机的旋转部分,它由转轴、转子铁芯和转子绕组等组成。

转子铁芯也是电动机磁路的一部分,它由外圆冲有槽口的硅钢片叠压而成,紧套在转轴上。转子铁芯柱的外表面有均匀分布的槽穴,是供嵌放转子绕组的。

异步电动机的转子绕组分为鼠笼式和绕线式两类。鼠笼式绕组如图 2-12(c)所示,是由于形状如同鼠笼而得名,因此这种电动机也叫鼠笼式电动机。绕线式转子的铁芯与鼠笼式的转子铁芯是相同的,所不同的是绕组结构,它是在转子铁芯槽穴内嵌置对称的三相绕组,并将它们联接成星形(Y),即把转子三相绕组的末端接在一点,而把三个首端分别接到转轴上三个彼此绝缘的铜质滑环上,滑环通过滑动接触的电刷与变阻器接通。绕线式转子的结构如图 2-14 所示,这种电动机也叫绕线式电动机。

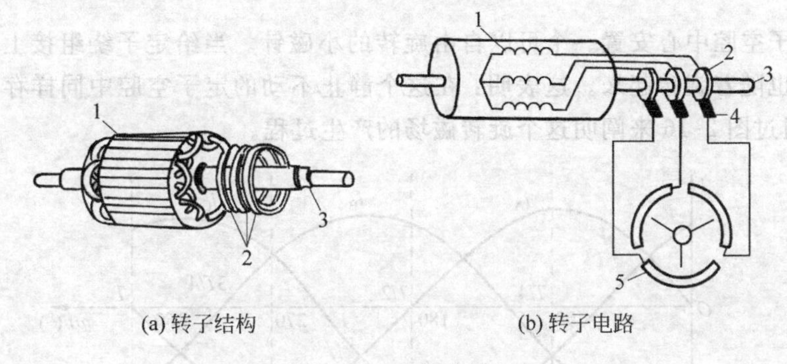

图 2-14　绕线式转子

1—绕组; 2—滑环; 3—转轴; 4—电刷; 5—变阻器

比较两种形式的转子绕组可见: 绕线式异步电动机的结构较为复杂,所以制造成本高于鼠笼式电动机,故其应用范围不如鼠笼式电动机广泛; 但绕线式电动机的转子绕组回路的电阻值可以通过外接变阻器来调节,所以绕线式电动机比鼠笼式电动机具有更好的起动和调整性能。

2.3.2　三相异步电动机的工作原理

当三相异步电动机的定子绕组接上三相交流电源时,电动机就转动起来。弄清楚电动机转动的原因,需要讨论两个问题: 一是关于旋转磁场,二是关于转子转动。

1. 旋转磁场

为了说明旋转的概念,先来做一个实验。

图 2-15 所示是一个旋转磁场的实验装置。

图 2-15(a)所示是一个装有手柄的马蹄形磁铁,在它的中间安置一个可以自由转动的小磁针,该磁针与马蹄形磁铁之间没有任何机械性联系。当转动手柄时,马蹄形磁铁旋转起来,小磁针也跟着一起旋转; 手柄旋转加快,磁针的旋转速度也加快,手柄旋转减慢,磁针旋转也减慢; 手柄反方向旋转,磁针也跟着反转。这种现象表明: 由于马蹄形磁铁的旋转,在空间形成了一个旋转的磁场,这个磁场吸引着小磁针一起旋转。

(1) 旋转磁场的产生

现在不用上述实验装置,而用图 2-15(b)所示三相异步电动机的定子来代替马蹄形磁

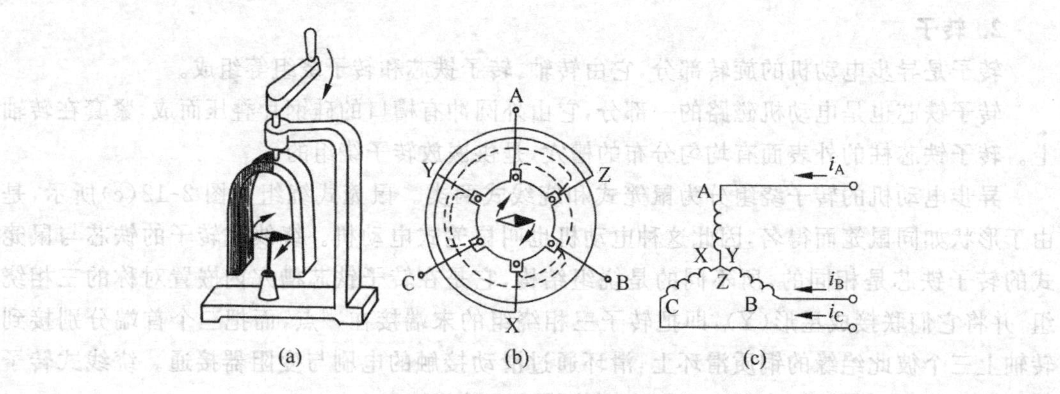

图 2-15 旋转磁场的实验

铁,并在该定子空腔中心安置一个可以自由旋转的小磁针。当给定子绕组接上三相交流电流时,小磁针也随着旋转起来。这表明:在这个静止不动的定子空腔中同样存在着旋转的磁场。下面通过图 2-16 来阐明这个旋转磁场的产生过程。

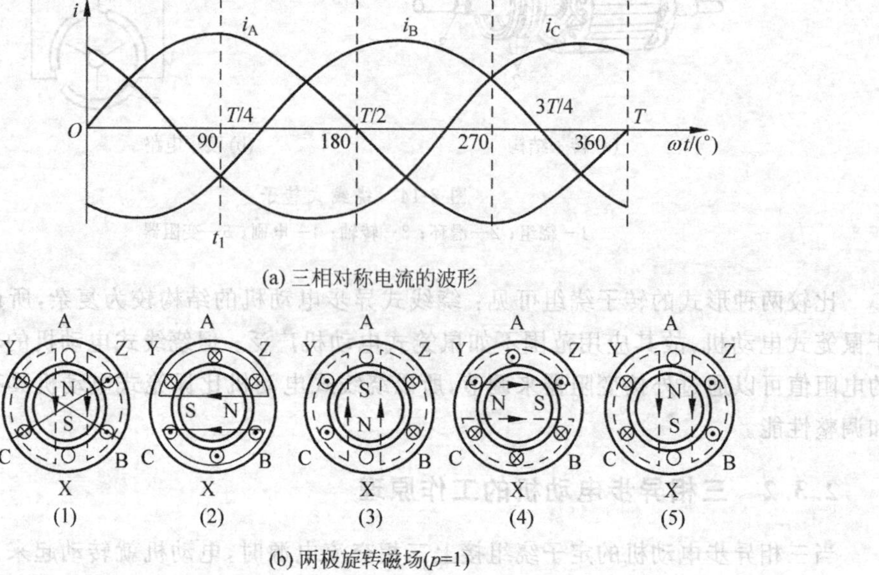

(a) 三相对称电流的波形

(b) 两极旋转磁场(p=1)

图 2-16 两极旋转磁场的产生

为了便于分析,先把三相异步电动机的定子绕组简化成如图 2-15(b)和图 2-16(b)所示,每相绕组只有一匝线圈,三相绕组分别以 A-X、B-Y、C-Z 表示,它们在定子线槽内相互间隔 120°安置。把三相绕组联接成星形(Y),三相绕组的首端 A、B、C 接到三相对称电流,三相绕组的末端 X、Y、Z 接成一点,如图 2-15(c)所示。

由于电流是三相对称的,所以流入三相绕组的电流也是对称的,其表达式为

$$i_A = I_m \sin\omega t$$

$$i_B = I_m \sin(\omega t - 120^\circ)$$

$$i_C = I_m \sin(\omega t + 120^\circ)$$

其波形如图 2-16(a)所示。

对于电流的参考方向作如下规定：凡从定子绕组的首端流入、末端流出的电流定为正(+)电流，并在其首端标以⊗，末端标以⊙；凡从定子绕组的末端流入、首端流出的电流定为负(−)电流，并在其末端标以⊗，首端标以⊙。

选取波形图上几个特定时刻来分析三相电流在定子空腔内产生的合成磁场，以及这个磁场在一个周期内的变化。

在 $\omega t=0$ 时刻，从波形图上看，$i_A=0$，A 相绕组内没有电流；$i_B<0$(负电流)，B 相绕组内电流从 Y 端流向 B 端，Y 端标以⊗，B 端标以⊙；$i_C>0$(正电流)，C 相绕组内电流从 C 端流向 Z 端，C 端标以⊗，Z 端标以⊙。按右手螺旋法则，三相对称电流在 $\omega t=0$ 时刻建立起来的合成磁场的轴线方向是自上向下的，如图 2-16(b)(1)所示。

在 $\omega t=90°$时刻，波形图上 $i_A>0$(正电流)，A 相绕组内电流从 A 端流向 X 端，A 端标以⊗，X 端标以⊙；$i_B<0$(负电流)，B 相绕组内电流从 Y 端流向 B 端，Y 端标以⊗，B 端标以⊙；$i_C<0$(负电流)，C 相绕组由电流从 Z 端流向 C 端，Z 端标以⊗，C 端标以⊙。三相电流在 $\omega t=90°$时刻建立起来的合成磁场的轴线方向是自右向左的水平方向，比 $\omega t=0$ 时刻的合成磁场在空间转过了 90°，如图 2-16(b)(2)所示。

以此类推，可以分别画出 $\omega t=180°$、270°、360°等时刻合成磁场的轴方向，它们分别如图 2-16(b)之(3)、(4)、(5)所示。由这五个合成磁场轴线的方向可见：正弦交流电流的波形每经过 90°(即 $T/4$)，其合成磁场的轴线方向在空间也转过 90°；电流交变一个周期(360°)，合成磁场轴线的方向在空间转了一圈(360°)。三相交流电随时间不断地交变，合成磁场也不停地在定子空腔内旋转。

由此得出结论：当三相交流电通入电动机定子绕组后，它们在定子空腔内共同产生的合成磁场，是随电流的交变而不停地旋转的，这就是旋转磁场。这个旋转的磁场与蹄形磁铁在空间旋转所起的作用是一样的，同样可以吸引小磁针一起转动。

(2) 旋转磁场的转向

从图 2-16(b)所示的五个合成磁场方位图可知，旋转磁场是沿着由定子的 A 相→B 相→C 相的次序旋转的，这正好与通入定子三相绕组的电流相序(A 相→B 相→C 相)是一致的。

假设改变通入定子三相绕组的电流相序，来看旋转磁场的旋转方向是否改变。要改变电流的相序，只要把从电源引到定子绕组去的三根线中的任意两根线对调一下位置即可(电源三相端钮的相序无须改变)。例如：把引向电动机定子 A、B 两相绕组的引线对调，则电源的 A 相电流 i_A 通入了电动机的 B-Y 绕组，而电源的 B 相电流 i_B 通入了电动机的 A-X 绕组，电源的 C 相电流 i_C 通入电动机的 C-Z 绕组。这就使通入电动机定子绕组的电流的相序由原先的 A 相→B 相→C 相的顺时针相序变成了现在的 B 相→A 相→C 相的逆时针相序(也叫反相序)。读者可以对照图 2-16，采用同样的分析方法，得出对调两根引线后的旋转磁场的转向，确实是由 B 相→A 相→C 相的逆时针旋转方向。

所以，电动机旋转磁场的转向与通入其定子绕组电流相序有关：通入的三相电流为顺相序，旋转磁场就顺时针旋转；通入的电流为逆相序，旋转磁场就逆时针旋转。要变旋转磁场的转向，只要改变通入定子绕组的电流相序即可。

(3) 旋转磁场的极数

三相异步电动机的极数就是指旋转磁场的极数。旋转磁场的极数与电动机三相定子绕组的安置有关。

在图 2-16 所示的情况下,每相绕组只有一个线圈,三相绕组的始端 A、B、C 之间相隔 120°空间角。这样安置的定子绕组在定子腔内形成的旋转磁场具有一对磁极(又叫两极),即磁极对数 $p=1$,电流交变一个周期,旋转磁场转了一圈(360°)。

如果把定子的每相绕组做成由两个单匝线圈串联而成,即 A 相绕组由 A-X 与 A′-X′两个单匝线圈串联而成,B 相绕组由 B-Y 与 B′-Y′组成,C 相绕组由 C-Z 与 C′-Z′组成,三相绕组联接成星形(Y),且使每相绕组首端之间相隔 60°空间角安置,如图 2-17 所示。

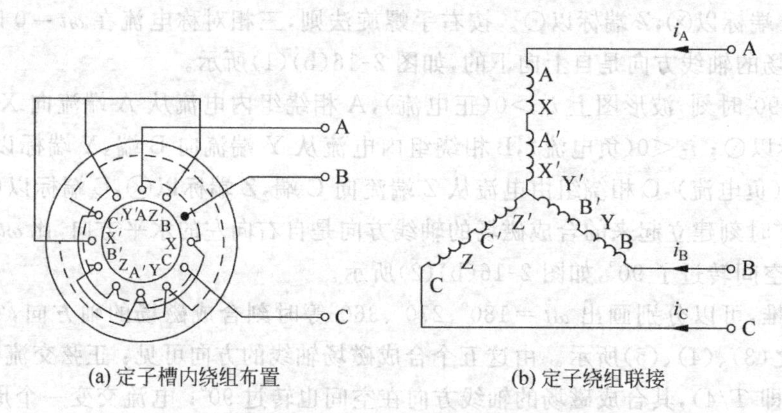

图 2-17 产生四极($p=2$)旋转磁场的定子绕组

在图 2-17 所示的定子绕组内通入三相交流电,按照同样的分析方法,在定子腔内形成了如图 2-18 所示的旋转磁场,这个磁场具有两对($p=2$)极(四极)。

比较图 2-16 和图 2-18 可以看出:交流电流交变一个周期,两极($p=1$)的旋转磁场在空间转了一圈(360°),而四极($p=2$)的旋转磁场只转了 1/2 圈(180°)。

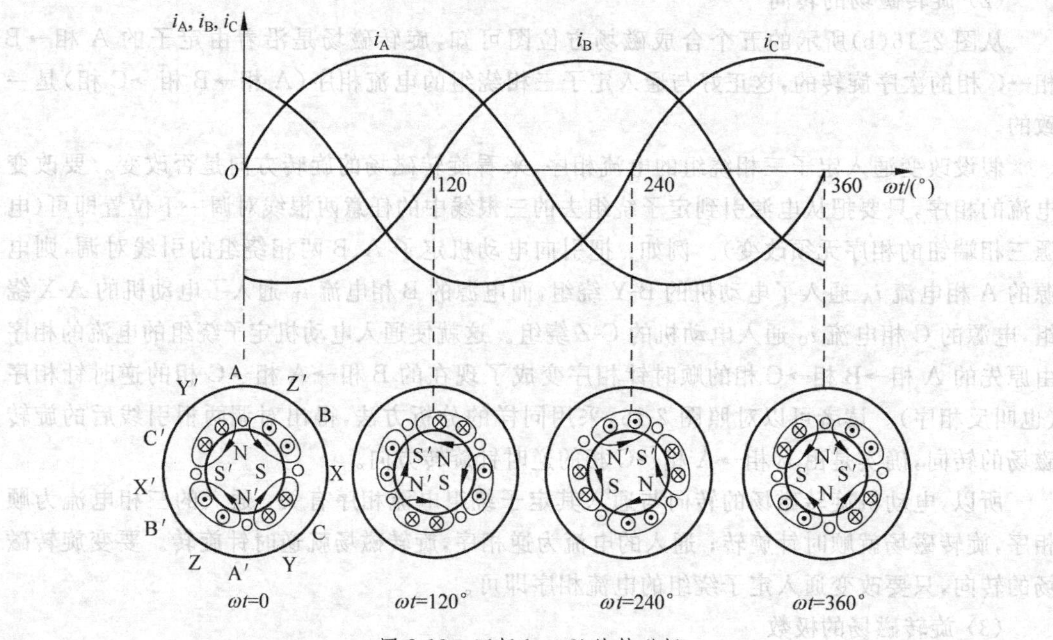

图 2-18 四极($p=2$)旋转磁场

以此类推，如果要产生 p 对极的旋转磁场，则每相绕组要由 p 个单匝线圈串联而成，并均匀地安置在定子槽内，三相绕组的首端之间相隔 $120°/p$ 空间角。当通入定子三相绕组的交流电流交变一个周期时，其所形成的旋转磁场在空间旋转了 $1/p$ 圈。

(4) 旋转磁场的转速

由以上研究已知，旋转磁场的转速与磁场的极对数密切相关。设电流的频率为 f_1，即电流每秒交变 f_1 次，则每分钟交变 $60f_1$ 次。对于具有 p 对极的旋转磁场，每分钟旋转的圈数即为旋转磁场的转速，即

$$n_1 = \frac{60f_1}{p}\ \mathrm{r/min} \tag{2-9}$$

式中：n_1——旋转磁场的转速，又叫同步转速，r/min；

f_1——交流电流的频率，Hz；

p——旋转磁场的磁极对数。

因此，旋转磁场的转速 n_1 取决于电流的频率 f_1 和磁场的极对数 p，而极对数 p 又取决于定子三相绕组的安置状况。但对于一台异步电动动来说，f_1 和 p 是一定的，所以旋转磁场的转速，即同步转速 n_1 是一个常数。在我国，交流电的频率(工频) $f_1=50\mathrm{Hz}$，因而由转速公式(2-9)可以得出对应于不同磁极对数 p 的同步转速 n_1 表，如表 2-1 所示。

表 2-1　对应于不同磁极对数 p 的同步转速 n_1 表

p	1	2	3	4	5	6
n_1/(r/min)	3000	1500	1000	750	600	500

2. 转子转动原理

为了便于分析，先假设异步电动机转子转动原理的模型。如图 2-19 所示为异步电动机转子转动原理图，定子三相绕组的三个单匝线圈 A-X、B-Y、C-Z 在定子铁芯槽内相互间隔 120°空间角安置。转子绕组只有一个单匝线圈，把它固定在转轴上，转轴架在定子两端盖的轴承上，可以自由地旋转。对转子绕组作这样的简化与实际的鼠笼式转子绕组是相似的，因为每一对对称于转轴的铜条或铸铝条都与鼠笼两头的端环构成一个闭合回路，相当于一个单匝闭合线圈。

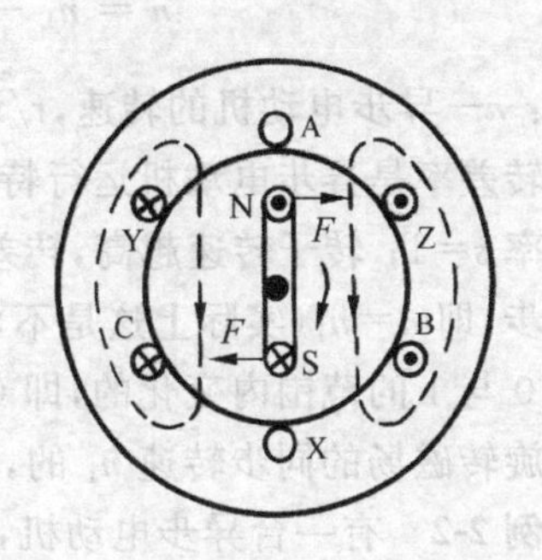

图 2-19　异步电动机转子转动原理图

对于图 2-19，当给定子三相绕组通入交流电时，在定子腔内就形成了一对极的旋转磁场，以同步转速 n_1 按顺时针方向旋转。在某一瞬间，磁力线由 A 转向 X。由于转子原先是静止的，它的单匝线圈与旋转磁场之间有了相对运动而切割磁力线，因此在转子线圈里感应出电动势来。旋转磁场按顺时针旋转，相当于转子线圈以逆时针方向切割磁力线，所以在转子线圈的上面一边导体内感应电动势的方向是垂直纸面向上的，用⊙表示；下面一边导体内的感应电动势方向是垂直纸面向下的，用⊗表示。感应电势在闭合的转子线圈形成的电流与旋转磁场相互作用，产生电磁力，其方向由左手定则来确定，使转子线圈上面一边的导体受到向右的作用力 F，下面一边的导体受到向左的作用 F，这对力偶成为推动转子的转矩，即电动机的电磁转矩，驱动转子顺着该转矩方向旋转。由此模型图可见，转子的转动方

向与旋转磁场同步转速 n_1 的方向是一致的。

显而易见,如果转子线圈不是闭合的,则在转子线圈中虽有感应电势但也无法形成转子电流,也就不会产生电磁力和驱动转子旋转的电磁转矩,所以转子不可能旋转起来。因此,转子绕组不能开路运行。即使转子绕组只有少量断线,也会削弱电磁转矩,使转子减速。

由于电动机转子旋转的方向与定子绕组产生的旋转磁场转动方向是一致的,所以要想改变电动机转子的旋转方向,只需改变旋转磁场的转向即可。关于旋转磁场转向的改变,在前面已经讲过,这里不再重复。

3. 转差率

通过以上研究知道,驱使异步电动机转子旋转,必须同时具备两个条件:一是要有定子产生的旋转磁场;二是旋转磁场与转子绕组之间要有切割磁力线的相对运动。所谓有相对运动,就是转子转速 n 与旋转磁场的同步转速 n_1 不相等,即 $n<n_1$。可想而知,如果两者相等,则转子与旋转磁场之间就没有相对运动,磁通就不切割转子绕组,转子电动势、转子电流以及磁转矩都不存在,转子就会减速,直至停转。因此转子转速与旋转磁场转速之间必须有差别,这就是异步电动机名称的由来。

异步电动机转子的转速 n,又叫异步转速,它与旋转磁场的同步转速 n_1 之差 $\Delta n=n_1-n$ 称为转差或滑差。我们用转差率 s 来表示转子转速 n 与磁场转速 n_1 相差的程度,即

$$s=\frac{n_1-n}{n_1}=\frac{\Delta n}{n_1} \tag{2-10}$$

式中:s——异步电动机的转差率,又叫滑差率。

引入转差率概念后,可以得到异步电动机转速的表达式

$$n=n_1-sn_1=(1-s)n_1=(1-s)\frac{60f_1}{p} \tag{2-11}$$

式中:n—异步电动机的转速,r/min。

转差率是异步电动机运行特性的一个重要参数。在电动机起动瞬间,转子转速 $n=0$,转差率 $s=1$;转子转速越高,转差率 s 值越小。在极限的情况下,转子转速与旋转磁场的转速同步,即 $n=n_1$(实际上这是不可能的)时,转差率 $s=0$。由此可见,异步电动机的转差率 s 是在 0 与 1 的范围内变化的,即 $0<s<1$。通常异步电动机在额定负载时的转速 n_N 是很接近于旋转磁场的同步转速 n_1 的,所以额定转差率 s_N 是很小的,为 0.01～0.07。

例 2-2 有一台异步电动机,额定转速 $n_N=975\text{r/min}$,电源的频率 $f=50\text{Hz}$。试求电动机的极对数和额定负载时的转差率。

解 由于电动机的额定转速 n_N 很接近旋转磁场的同步转速 n_1,而同步转速与磁极对数是对应的,见表 2-1。

显然与额定转速 975r/min 最接近的同步转速是 1000r/min,对应于该同步转速的磁极对数 $p=3$,额定负载时的转差率

$$s_N=\frac{n_1-n_N}{n_1}\times 100\%=\frac{1000-975}{1000}\times 100\%=2.5\%$$

2.3.3 三相异步电动机的电磁转矩与机械特性

电磁转矩是三相异步电动机最重要的物理量之一,而机械特性是电动机的主要特性,对于电动机的分析往往离不开它们。

1. 电磁转矩(以下简称转矩)T

异步电动机的转矩，是由旋转磁场的磁通与转子绕组的各载流体相互作用而产生的电磁力，对转子转轴形成的转矩之和。转矩的大小与旋转磁场每极的磁通 Φ_m 及转子电流 I_2 成正比。由于转子绕组既有电阻，又有漏磁通感抗存在，所以转子电流 $\dot{I}_2$ 比转子感应电势 $\dot{E}_2$ 滞后 φ_2 角。转矩是驱动转子旋转所做的有功，只有转子电流的有功分量 $I_2\cos\varphi_2$ 与磁通 Φ_m 作用形成转矩，故转矩公式为

$$T = K_T\Phi_m I_2\cos\varphi_2 \tag{2-12}$$

式中：T——异步电动机的转矩；

K_T——与电动机结构有关的常数；

Φ_m——旋转磁场每极的磁通；

I_2——转子电流的有效值；

$\cos\varphi_2$——转子电路的功率因数。

(1) 旋转磁场每极的磁通 Φ_m

当电源电压的频率 f_1 一定，定子每相绕组的匝数 N_1 一定时，这个磁通的最大值 Φ_m 遵循如下关系式：

$$\Phi_m = \frac{U_1}{4.44K_1 f_1 N_1} \tag{2-13}$$

式中：U_1——加到定子每相绕组上的电源电压的有效值；

K_1——定子侧的结构常数；

f_1——电源电压的频率；

N_1——定子每相绕组的匝数。

(2) 异步电动机转子电路的有关物理量

① 异步电动机转子绕组中感应电势的频率 f_2

转子绕组中感应电势的频率是由转子绕组切割旋转磁场磁通的速度决定的，这个速度就等于旋转磁场转速与转子转速之差，即 $\Delta n=(n_1-n)$。

转子在起动瞬间，其转速 $n=0$，则转速之差 $\Delta n=(n_1-n)=n_1$，转差率 $s=\dfrac{n_1-n}{n_1}=1$。所以在起动瞬间旋转磁场的磁通以同步转速 n_1 切割转子绕组，转子感应电势的频率与旋转磁场的频率相等，即

$$f_{20} = f_1 = \frac{pn_1}{60} \tag{2-14}$$

式中：f_{20}——转子起动瞬间感应电势的频率。

f_{20}是转子感应电势频率的最高值。当转子在运行状态，转速 $n\neq0$，旋转磁场的磁通同样以同步转速与转子转速之差 $\Delta n=n_1-n$ 切割转子绕组。根据转速与频率之间的关系，这时转子中感应电势的频率为

$$f_2 = \frac{p(n_1-n)}{60} = \frac{p(n_1-n)}{60}\cdot\frac{n_1}{n_1} = \frac{n_1-n}{n}\cdot\frac{pn_1}{60} = sf_1 \tag{2-15}$$

可见在运行状态下转子感应电势的频率 f_2 与转差率 s 相关，即与转子转速 n 有关。异步电动机在额定负载时转差率 $s_N=0.01\sim0.07$，所以转子回路额定感应电势的频率 $f_{2N}=$

0.5～3.5Hz。

② 转子感应电势 e_2 的有效值

在电动机起动瞬间，由于 $f_{20}=f_1$，所以起动瞬间的转子感应电势有效值为

$$E_{20}=4.44K_2 f_{20} N_2 \Phi_m=4.44K_2 f_1 N_2 \Phi_m \tag{2-16}$$

这时转子的感应电势值最大。

在电动机正常运行时，转子感应电势的频率 $f_2=sf_1$，所以转子感应电势的有效值为

$$E_2=4.44K_2 f_2 N_2 \Phi_m=4.44K_2 sf_1 N_2 \Phi_m=sE_{20} \tag{2-17}$$

③ 转子的漏磁通感抗 X_2

转子的漏磁通感抗与转子感应电势的频率 f_2 有关。

当转子在静止状态时感应电势的频率 $f_{20}=f_1$，所以转子每相绕组的漏抗

$$X_{20}=2\pi f_{20} L_{\sigma 2}=2\pi f_1 L_{\sigma 2}$$

式中：$L_{\sigma 2}$——转子的漏感。

由于这时感应电势的频率 f_{20} 是最高的，所以转子感抗也最大。当转子在正常运行时

$$X_2=2\pi f_2 L_{\sigma 2}=2\pi sf_1 L_{\sigma 2}=sX_{20} \tag{2-18}$$

可见转子的漏抗 X_2 与转差率 s 有关，即与转子转速 n 有关。

④ 转子电流的有效值 I_2

转子每相绕组中的电流有效值

$$I_2=\frac{E_2}{\sqrt{R_2^2+X_2^2}}=\frac{sE_{20}}{\sqrt{R_2^2+(sX_{20})^2}} \tag{2-19}$$

可见转子电流也与转差率有关，即与转子转速 n 有关。

⑤ 转子电路的功率因数 $\cos\varphi_2$

由于转子每相绕组不仅具有电阻 R，而且还有漏磁通引起的感抗 X_2，所以转子电流 $\dot{I}_2$ 与其感应电势不同相，而是滞后于感应电势 $\dot{E}_2$ 一个相位角 φ_2，这个角的余弦 $\cos\varphi_2$ 即转子电路的功率因数

$$\cos\varphi_2=\frac{R_2}{\sqrt{R_2^2+X_2^2}}=\frac{R_2}{\sqrt{R_2^2+(sX_{20})^2}} \tag{2-20}$$

上式表明功率因数也与转差率 s 有关。

通过上述研究可知：转子电路的频率 f_2、感应电势 E_2、漏抗 X_2、电流 I_2、功率因数 $\cos\varphi_2$ 都与转差率 s 有关，即都与转子转速 n 有关，这是研究三相异步电动机时应该注意的一个特点。

将 Φ_m、I_2、$\cos\varphi_2$ 的表达式代入转矩公式(2-12)则可得出转矩 T 的另一表达式

$$\begin{aligned}T&=K_T\Phi_m I_2\cos\varphi_2=K_T\cdot\frac{U_1}{4.44K_1N_1f_1}\cdot\frac{sE_{20}}{\sqrt{R_2^2+(sX_{20})^2}}\cdot\frac{R_2}{\sqrt{R_2^2+(sX_{20})^2}}\\&=K_T\cdot\frac{U_1}{4.44K_1N_1f_1}\cdot\frac{sR_2}{R_2^2+(sX_{20})^2}\cdot 4.44K_2N_2f_1\cdot\frac{U_1}{4.44K_1N_1f_1}\\&=K'_T\frac{sR_2U_1^2}{R_2^2+(sX_{20})^2}\end{aligned} \tag{2-21}$$

式中：$K'_T=\dfrac{K_TK_2N_2}{4.44K_1^2N_1^2f_1}$，不同于 K_T 的另一个常数，它也是由电动机的结构决定的。

由转矩公式(2-21)可见：电磁转矩 T 与定子每相绕组上的外加电源电压 U_1 的平方成正比，所以当电源电压有所变动时，对异步电动机转矩的影响很大。同时转矩 T 还受转子电阻 R_2 和转差率 s 的影响。

2. 机械特性

当电动机外加电压 U_1、频率 f_1 一定时，且转子电阻 R_2、漏抗 X_{20} 又都是常数，则表达式(2-21)表示出转矩 T 仅随转差率 s 而变化。通常把 T 与 s 的关系曲线 $T=f(s)$ 称为异步电动机的转矩特性曲线，如图 2-20(a)所示。

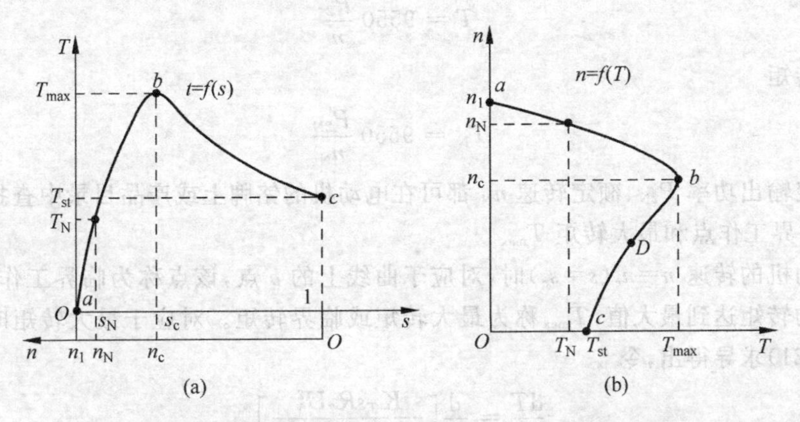

图 2-20 异步电动机转矩特性曲线(a)与机械特性曲线(b)

由于转差率 s 与转子转速之间有着确定的关系，所以转矩 T 与转差率 s 的关系也可以表示为转矩 T 与转速 n 之间的关系，即 $n=f(T)$，通常把异步电动机的转速 n 随转矩 T 变化的关系称为异步电动机的机械特性曲线，如图 2-20(b)所示。

对照图 2-20(a)和图 2-20(b)可见，只需将 $T=f(s)$ 曲线顺时针旋转 90°，再把表示 T 的坐标向下移动成为横坐标，即可得到 $n=f(T)$ 曲线。

机械特性是异步电动机的主要特性，讨论它是为了分析电动机的运行性能。在机械特性曲线 $n=f(T)$ 上，着重讨论四个特殊点，三个转矩。

(1) 理想空载工作点

当电动机的转速等于同步转速($s=0$)时，对应于曲线上的 a 点。由于电动机的转速实际上不可能等于同步转速，所以把点 a 称为理想空载工作点。

(2) 额定工作点和额定转矩 T_N

当电动机的转速等于额定转速(额定负载时的转速)$n=n_N$($s=s_N$)时，对应于曲线上的 N 点，相应的输出转矩为额定转矩 $T=T_N$。

电动机在等速旋转时，表明其转矩 T 必与阻力转矩 T_c 相平衡，即 $T=T_c$。阻力转矩 $T_c=T_2+T_0$，T_2 是电动机轴上所带的机械负载转矩，这是主要的；T_0 是电动机的空载损耗转矩，包括轴承摩擦和风扇阻力等。由于 T_0 相对于机械负载是很小的，可以忽略，所以

$$T = T_c \approx T_2$$

由于电动机轴上的负载转矩 T_2 与转子角速度 Ω 的乘积等于轴上输出的机械功率，即

$$P_2 = T_2\Omega$$

所以

$$T = T_2 = \frac{P_2}{\Omega} = \frac{P_2}{\frac{2\pi n}{60}} = 9.55\frac{P_2}{n} \tag{2-22}$$

式中：P_2——电动机轴上输出的机械功率，W；

T_2——电动机轴上负载转矩，N·m；

n——电动机的转速，r/min。

若把功率的单位换成kW(千瓦)，则

$$T = 9550\frac{P_2}{n}$$

额定转矩

$$T_N = 9550\frac{P_{2N}}{n_N} \tag{2-23}$$

式中的额定输出功率P_{2N}、额定转速n_N都可在电动机的铭牌上或产品目录中查找。

(3) 临界工作点和最大转矩T_{max}

当电动机的转速$n=n_c(s=s_c)$时，对应于曲线上的b点，该点称为临界工作点，此刻异步电动机的转矩达到最大值，T_{max}称为最大转矩或临界转矩。对应于最大转矩时的转差率可由式(2-21)求导得出，令

$$\frac{dT}{ds} = \frac{d}{ds}\left[\frac{K'_T sR_2U_1^2}{R_2^2+(sX_{20})^2}\right]$$

$$s_c = \frac{R_2}{X_{20}} \tag{2-24}$$

再将s_c代入式(2-21)，则得最大转矩

$$T_{max} = K'_T\frac{U_1^2}{2X_{20}} \tag{2-25}$$

由式(2-24)和式(2-25)可见，临界转差率s_c与转子绕组的电阻R_2成正比，R_2越大，s_c也越大。最大转矩T_{max}与电动机定子绕组上外加电压$U_1{}^2$成正比，而与转子电阻R_2无关。

运行中的电动机，如果负载转矩T_2超过了最大转矩T_{max}，电动机就会因带不动负载而停转，俗称闷车现象，这时定子电流立即升高到6～7倍，电动机会严重过热，甚至烧坏。不少电动机的损坏就是这样造成的。所以一旦发生闷车，必须立即切断电动机的电源。

电动机一般在小于额定负载转矩T_N的情况下运行，但短时间超过额定负载而不超过最大转矩T_{max}的运行，称为过载运行，是允许的，电动机不会马上发热。因此电动机的最大转矩又可用来反映电动机的短时过载能力，把最大转矩T_{max}与额定负载转矩T_N的比值称为电动机的转矩过载系数，用λ表示，即

$$\lambda = \frac{T_{max}}{T_N} \tag{2-26}$$

一般三相异步电动机的过载系数$\lambda=1.8～2.2$。

在选用电动机时，必须考虑到可能出现的最大负载转矩，根据所选电动机的过载系数计算出该电动机的最大转矩T_{max}，它必须大于可能出现的最大负载转矩，否则应重选电动机。

(4) 起动工作点和起动转矩T_{st}

在电动机起动瞬间，电动机转速$n=0(s=1)$，对应于曲线上的c点，该点称为起动工作点，此时的转矩$T=T_{st}$，称为起动转矩。将$s=1$代入式(2-21)，即可求得起动转矩

$$T_{st}=K'_T\frac{R_2U_1^2}{R_2^2+X_{20}^2} \tag{2-27}$$

式(2-27)表明：起动转矩 T_{st} 与电压 U_1^2 及转子电阻 R_2 有关。

当电源电压 U_1 降低时，起动转矩 T_{st} 显著减小。对于绕组式电动机，当其转子外接电阻变化时，起动转矩也会发生变化。下面分别讨论电源电压 U_1 和转子外接电阻 R_2 的变化对特性曲线的影响。

① 对于一台既定结构的电动机，其 X_{20} 是不变的，当其转子外接电阻 R_2 也不变，只有电压 U_1 改变时，则由式(2-23)可知，临界转差率 s_c 不变，而由式(2-26)可知起动转矩 T_{st} 变化显著，如图 2-21(a)所示。随着电压 U_1 下降，临界转差率 s_c 不变，特性曲线只沿着 s_c 垂直线向下移动，起动转矩 T_{st} 下降。

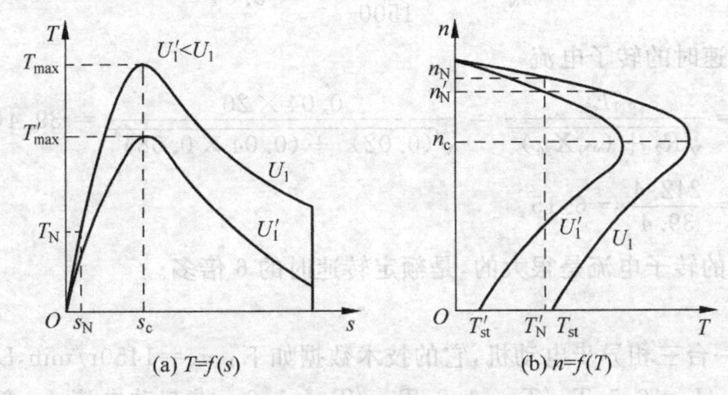

图 2-21 改变定子电压对特性曲线的影响

② 当电压 U_1 不变，只改变绕线式转子的外接电阻 R_2，则由式(2-25)可知，最大转矩 T_{max} 保持不变，但由式(2-24)可知，临界转差率 s_c 随着 R_2 变化，R_2 越大，s_c 也越大。R_2 的变化对特性曲线的影响如图 2-22(a)所示。随着 R_2 的增大，特性曲线的顶点沿着 T_{max} 的高度向右平等移动，起动转矩 T_{st} 提高了，临界转差率 s_c 增大了。

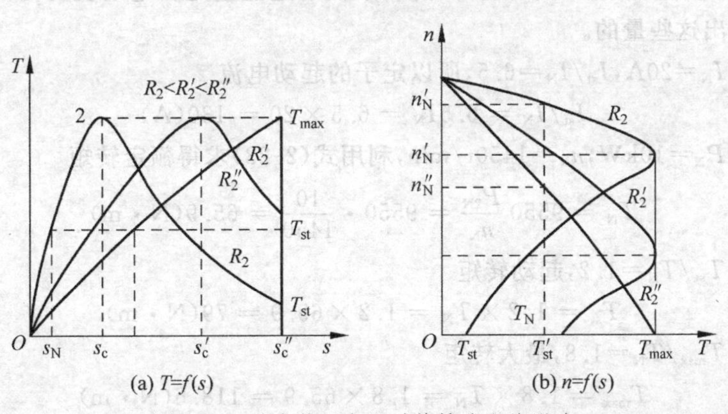

图 2-22 改变转子电阻对特性曲线的影响

为了保证电动机能起动，它的起动转矩 T_{st} 必须大于静止时的负载转矩。通常用起动转矩 T_{st} 对其额定负载转矩 T_N 的比值来衡量起动能力的大小，起动能力用 K_{st} 表示，则

$$K_{st}=\frac{T_{st}}{T_N} \tag{2-28}$$

一般的异步电动机 $K_{st}=1.0\sim2.2$；绕线式异步电动机的转子有外接电阻，可使 K_{st} 达到3.0。

例 2-3 有一台4极三相异步电动机，其额定转速 $n_N=1440\text{r/min}$，转子电阻 $R_2=0.02\Omega$，转子感抗 $X_{20}=0.08\Omega$，转子电动势 $E_{20}=20\text{V}$，电源频率 $f=50\text{Hz}$。求该电动机在起动时的转子电流 I_{2st} 及在额定转速时的转子电流 I_{2N}。

解 (1) 电动机起动时转速 $n=0$，转差率 $s=1$，由式(2-19)求得起动时的转子电流

$$I_{2st}=\frac{sE_{20}}{\sqrt{R_2^2+(sX_{20})^2}}=\frac{1\times20}{\sqrt{(0.02)^2+(1\times0.08)^2}}=242.4(\text{A})$$

(2) 已知 $n_N=1440\text{r/min}$，4极异步电动机的同步转速 n_1 查表2-1可得，$n_1=1500\text{r/min}$。由此可得额定转差率

$$s_N=\frac{1500-1440}{1500}=0.04$$

求得额定转速时的转子电流

$$I_{2N}=\frac{s_NE_{20}}{\sqrt{R_2^2+(s_NX_{20})^2}}=\frac{0.04\times20}{\sqrt{(0.02)^2+(0.04\times0.08)^2}}=39.4(\text{A})$$

$$\frac{I_{2st}}{I_{2N}}=\frac{242.4}{39.4}=6.15$$

可见起动时的转子电流是很大的，是额定转速时的6倍多。

例 2-4 有一台三相异步电动机，它的技术数据如下：$n_N=1450\text{r/min}$，$U_N=380\text{V}$，$I_N=20\text{A}$，$\eta=0.87$，$I_{st}/I_N=6.5$，$T_{st}/T_N=1.2$，$T_{max}/T_N=1.8$。求起动电流 I_{st}，额定转矩 T_N，起动转矩 T_{st}，最大转矩 T_{max} 及定子功率。

解 本题目所提供的技术数据没有用下标"1"、"2"，也没有说明是定子侧的量，还是转子侧的量。所以在解题之前首先要搞清楚各量所代表的含义。不过按照常规，电动机的额定功率 P_N 是指电动机轴上输出的额定功率；额定电压 U_N、额定电流 I_N、功率因数 $\cos\varphi_2$ 及起动电流 I_{st} 肯定都是指定子侧的量，因为转子侧的这些量是在电动机的内部，运行中的电动机是难以测出这些量的。

(1) 已知 $I_N=20\text{A}$，$I_{st}/I_N=6.5$，所以定子的起动电流

$$I_{st}/I_N=6.5I_N=6.5\times20=130(\text{A})$$

(2) 已知 $P_N=10\text{kW}$，$n_N=1450\text{r/min}$，利用式(2-23)求得额定转矩

$$T_N=9550\frac{P_{2N}}{n_N}=9550\cdot\frac{10}{1450}=65.9(\text{N}\cdot\text{m})$$

(3) 已知 $T_{st}/T_N=1.2$，起动转矩

$$T_{st}=1.2\times T_N=1.2\times65.9=79(\text{N}\cdot\text{m})$$

(4) 已知 $T_{max}/T_N=1.8$，最大转矩

$$T_{max}=1.8\times T_N=1.8\times65.9=118.6(\text{N}\cdot\text{m})$$

(5) 已知输出额定功率 $P_N=10\text{kW}$，效率 $\eta=0.87$，输入定子的功率

$$P_1=\frac{P_N}{\eta}=\frac{10}{0.87}=11.5(\text{kW})$$

定子功率 P_1 也可以由下式求出

$$P_1=\sqrt{3}U_NI_N\cos\varphi=\sqrt{3}\times380\times20\times0.87=11.4(\text{kW})$$

2.3.4 三相异步电动机的正确使用——起动、调速、制动

异步电动机的使用，除了正确联接定子的三相绕组外，主要包括起动、调速和制动。

1. 起动

当异步电动机接上三相电流，如其产生的电磁转矩小于负载转矩，电动机就从静止状态开始旋转，直至转速升高到稳定值为止，这一过程称为起动。表征起动性能的参数有起动电流、起动转矩、起动时间和起动能耗等，其中最重要的是起动电流和起动转矩。

(1) 起动电流 I_{st}

在电动机刚起动的瞬间，转子转速 $n=0$、转差率 $s=1$，旋转磁场以最大的相对转速(即同步转速 n_1)切割转子导条，这时在转子绕组中感应出的电动势和电流都很大。由于电动机的定子绕组和转子绕组之间的电磁关系与变压器的初级绕组和次级绕组间的电磁关系相类似，所以在电动机起动阶段不但转子电流很大，而且定子电流 I_{st}也很大。一般中、小型鼠笼式异步电动机的定子起动电流是其额定电流的 4～7 倍，例如 Y132M-4 型电动机的额定电流为 15.4A，而它的起动电流将是 7×15.4=107.8A。

由于电动机的起动过程是很短的(小型电动机只有零点几秒，大型电动机为十几秒到几十秒)，所以只要不是频繁起动，尽管短时起动电流很大，但也不会发热，何况随着转速升高，转差率减小，转子电流和定子电流都很快降下来，并非整个起动过程中电流都很大。但当电动机频繁起动时，由于热量的积累，也可以使电动机过热。因此，在实际应用中应尽可能避免电动机频繁起动。

电动机很大的起动电流，对给它供电的线路和变压器是有影响的。其影响是由起动电流在相关的供电线路和变压器上造成较大的电压降，从而影响到接在这些线路和变压器上的其他负载的端电压降低，直接妨碍它们的正常工作，诸如使邻近的照明灯光变暗、电动机转速降低、电流增大、转矩减小，甚至使它们的最大转矩小于负载转矩而停车。由此可见，起动电流影响到相关供电线路上其他负载的正常工作，往往比对本台电动机的影响还要严重。

(2) 起动转矩 T_{st}

电动机在刚起动时，虽然转子电流较大，但转子的功率因数 $\cos\varphi_2$ 很低，所以起动转矩 T_{st}并不大。如果起动转矩过小，就不能在满负载下起动，应该设法提高起动转矩；但起动转矩过大也不好，会使转轴上所带的传动机构(如齿轮等)受到很大的冲击而损坏。

综上所述，异步电动机起动时的主要缺点是起动电流大。为了使起动电流不能过大，又要有足够大的起动转矩，通常采用以下几种起动方法。

(3) 鼠笼式异步电动机的起动

① 全压起动(直接起动)

把电动机的三相定子绕组通过闸刀开关或接触器，直接接到三相交流电源上，用额定电压使电动机起动，称为全电压起动，又叫直接起动。这种起动方法简单、经济，无须专用设备，但缺点是起动电流大，会影响接在同一供电线路上的其他负载的正常工作。所以直接起动法只适用于电动机的额定功率较小，而电网容量较大的场合。

电动机能否采用直接起动，当地的供电部门是有明确规定的。

第一种情况：当电动机是由一台专用变压器供电时，如果电动机是频繁起动的，其容量不应超过该变压器容量的 20%；如果电动机不是频繁起动的，其容量不应超过变压器容量

的30%。符合上述条件,则允许电动机直接起动。

第二种情况:当电动机与照明负载共用一台变压器时,只允许起动时引起变压器自身电压降不超过其额定电压值5%的电动机可以直接起动。

有些地区规定:全压起动的电动机容量不得超过7kW。

② 降压起动

如果电动机的容量较大,直接起动将会引起线路的电压降较多,为了减少对其他负载的影响,必须采用降压起动。所谓降压起动,就是在电动机起动时降低加到它定子绕组上的电压,以减小其起动电流,等到起动过程结束后再提高到全电压(额定电压),使电动机进入正常运行。但由于降低了起动电压,起动电流是减小了,起动转矩将减小得更多,因此,降压起动只能用于对起动转矩要求不高的机械在轻载或空载下起动。

鼠笼式异步电动的降压起动常用以下几种方法。

第一种是星形-三角形(Y-Δ)换接起动

这种方法适用于正常运行时定子三相绕组为三角形(Δ)联接的异步电动机。在起动的时候先把定子绕组改接成星形(Y),等到转速上升到接近额定值时再换接成三角形(Δ)。图2-23表示定子绕组的两种联接法对起动电流的影响。

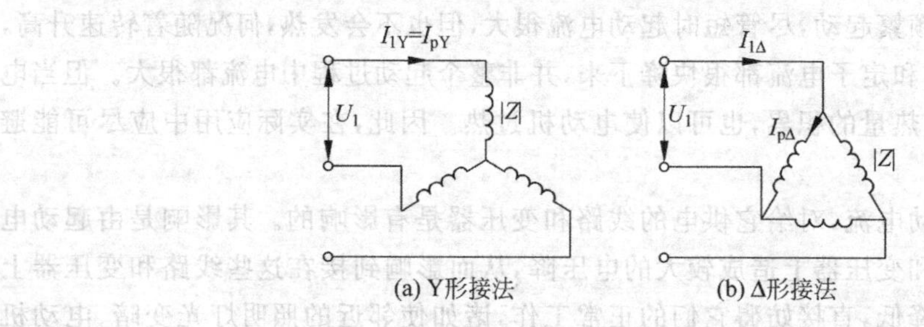

图2-23 定子绕组Y形和Δ形两种接法时起动电流的比较

对于星形(Y)联接降压起动,

$$I_{lY}=I_{\phi Y}=\frac{U_{\phi Y}}{|Z|}=\frac{\frac{U_{lY}}{\sqrt{3}}}{|Z|}=\frac{U_{lY}}{\sqrt{3}\,|Z|} \tag{2-29}$$

式中:I_{lY}——定子绕组星形联接时的线电流;

$I_{\phi Y}$——定子绕组星形联接时的相电流;

$U_{\phi Y}$——定子绕组星形联接时的相电压;

U_{lY}——定子绕组星形联接时的线电压;

$|Z|$——定子每相绕组的阻抗值。

对于三角形(Δ)联接直接起动,

$$I_{\phi\Delta}=\frac{U_{\phi\Delta}}{|Z|}=\frac{U_{l\Delta}}{|Z|} \tag{2-30}$$

$$I_{l\Delta}=\sqrt{3}\,I_{\phi\Delta}=\sqrt{3}\cdot\frac{U_{l\Delta}}{|Z|} \tag{2-31}$$

式中:$I_{\phi\Delta}$——定子绕组三角形联接时的相电流;

$I_{l\Delta}$——定子绕组三角形联接时的线电流;

$U_{\phi\Delta}$——定子绕组三角形联接时的相电压；

$U_{l\Delta}$——定子绕组三角形联接时的线电压。

比较星形和三角形两种联接时的线电流

$$\frac{I_{lY}}{I_{l\Delta}}=\frac{\dfrac{U_{lY}}{\sqrt{3}\ |Z|}}{\sqrt{3}\cdot\dfrac{U_{l\Delta}}{|Z|}}=\frac{1}{3}\quad(U_{lY}=U_{l\Delta})$$

由此可见，星形联接降压起动时的线电流只是三角形联接直接起动时的线电流的 1/3，起动电流大大降低了。但是由于转矩与定子每相绕组上所加的电压的平方成正比，采用降压起动时定子每相绕组上的电压只有额定电压的 $1/\sqrt{3}$，起动转矩也只是全压起动转矩的 $(1/\sqrt{3})^2$，所以这种降压起动法只适用于对起动转矩要求不高的机械轻载或空载起动。

Y-Δ 降压起动通常采用专用的星三角（Y-Δ）起动器，图 2-24 所示是一种 Y-Δ 起动器的接线简图。

在起动前先将手柄向下扳，使下边一排静触点与中间的动触点相联，电动机定子三相绕组联接成星形。等转速上升接近额定值时，将手柄往上扳，使上边一排静触点与中间动触点相联，电动机定子绕组换接成三角形，电动机进入额定电压下正常运行。

需要提醒的是：星-三角降压起动只适用于正常运行时为三角形接法的异步电动机。

第二种是自耦变压器降压起动。

它是利用三相自耦变压器把电动机在起动过程中的端电压降低，其接线如图 2-25 所示。

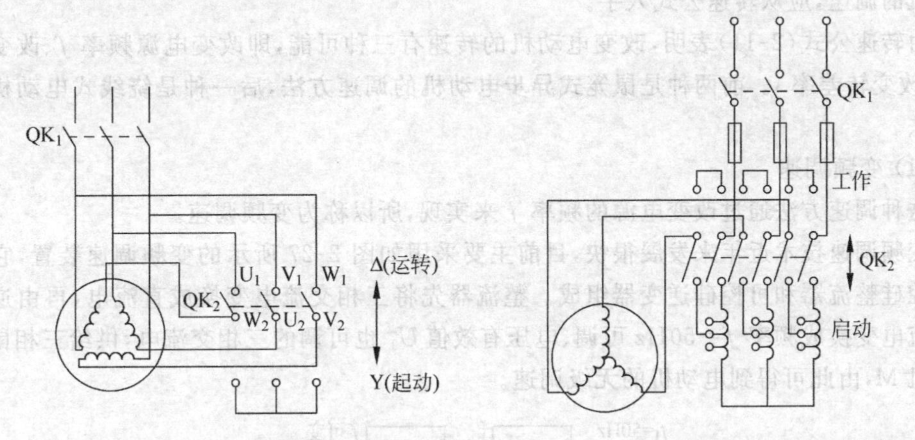

图 2-24　星三角起动器接线简图　　图 2-25　用自耦变压器降压起动接线图

在起动前先将开关 QK_2 投向“起动”位置，使电动机定子绕组接到自耦变压器的副绕组上，然后合上电源开关 QK_1，这时定子绕组上承受的电压小于额定电压。等到转速接近额定值时，再将开关 QK_2 投向“工作”位置，使电动机定子绕组与自耦变压器脱离，直接承受额定电压。

自耦变压器备有若干个抽头，如额定电压的 73%、64%、55% 等，根据起动转矩的不同要求，选用不同的抽头。采用自耦降压起动，同样能使起动电流和起动转矩减小。这种起动方法适用于容量较大的或正常运行时定子绕组接成星形，不能采用星三角起动器的鼠笼式异步电动机。

(4) 绕线式异步电动机的起动

绕线式电动机的起动接线如图2-26所示,它是通过滑环与电刷在转子电路里串入外接附加电阻来起动的。

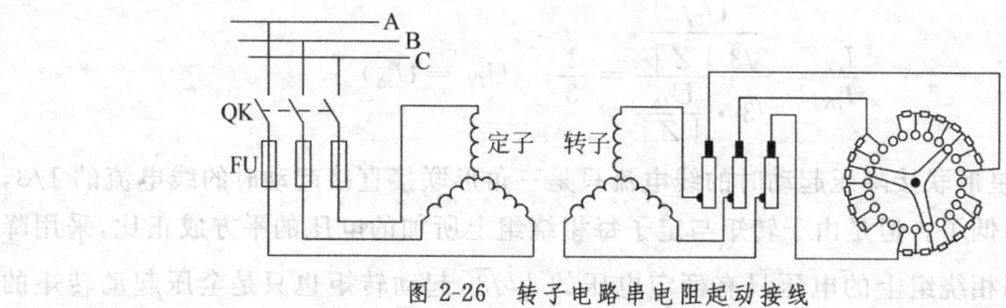

图2-26 转子电路串电阻起动接线

在起动前,先将起动电阻调节到最大值(即把电阻全部串入电路),然后合上电源开关QK,电动机开始转动,随着转速升高,逐步减小起动电阻。当转速接近额定值时,把起动电阻短接,电动机进入正常运行。用这种方法不仅可以减小起动电流,而且由于在起动时转子电路里电阻增大,起动转矩也提高了($T'_{st}>T_{st}$),所以这种起动方法一举两得,是用降压起动所不及的,特别适用于重载起动(如起重机、卷扬机等)。

2. 调速

调速是指电动机在同一负载下得到不同的转速,以满足生产(工作)过程的需求,例如起重机吊起一重物,在起吊与停车时负载并没有变化,但要求把转速降低下来。研究三相异步电动机的调速,应从转速公式入手。

由转速公式(2-11)表明,改变电动机的转速有三种可能,即改变电源频率 f、改变极对数 p、改变转差率 s。前两种是鼠笼式异步电动机的调速方法,后一种是绕线式电动机的调速方法。

(1) 变频调速

这种调速方法通过改变电源的频率 f 来实现,所以称为变频调速。

变频调速技术近年来发展很快,目前主要采用如图2-27所示的变频调速装置,它主要由可控硅整流器和可控硅逆变器组成。整流器先将三相交流电变换成直流电,再由逆变器把直流电变换成频率 $f=50$Hz可调、电压有效值 U_1 也可调的三相交流电,供给三相鼠笼式电动机M,由此可得到电动机的无级调速。

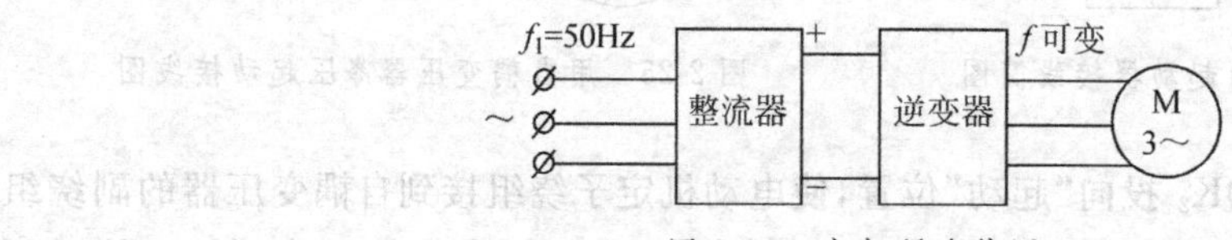

图2-27 变频调速装置

(2) 变极调速

由于电动机的转速 n 与旋转磁场的转速 n_1 是很接近的,所以改变旋转磁场的转速也能改变电动机的转速。变极调速就是通过改变旋转磁场的极对数来改变旋转磁场的转速,从而达到改变电动机转速的目的。图2-28是三相异步电动机定子绕组两种接法可以改变旋转磁场极对数的原理图。

为了清楚起见,图2-28中只画出了定子三相绕组中的A相,该相绕组由两个相同的线

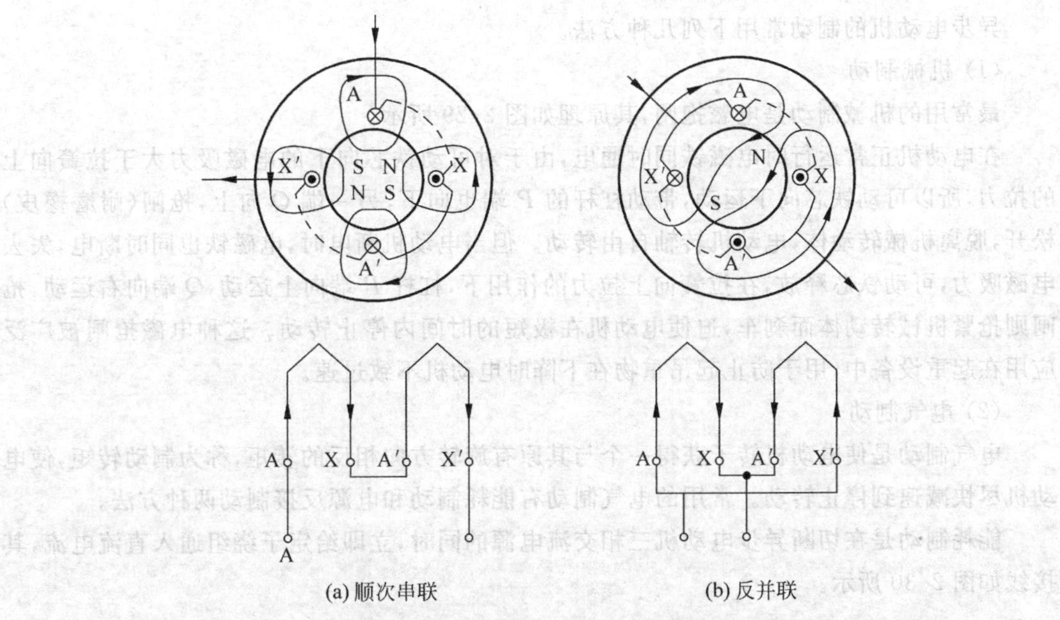

(a) 顺次串联　　(b) 反并联

图 2-28　改变磁极对数 p 调速的原理图

圈A-X与A′-X′组成。当两个线圈的首、尾顺次串联，如图中(a)所示时，定子通电后产生四极($p=2$)旋转磁场，其同步转速 $n_1=1500\text{r/min}$。当两个线圈反并联(首、尾相联)，如图中(b)所示时，定子通电后由于A′-X′线圈内的电流方向与串联时相反，所以使旋转磁场变为两极($p=1$)，其同步转速 $n_1=3000\text{r/min}$，比两个线圈串联时的转速提高了一倍。

但改变定子绕组的联接方法只能使磁极对数一级一级地变化($p=1,2,3,\cdots$)，所以这种调速是有级的，转速只能成倍地改变，不可能平滑地调速。而且一般的异步电动机其磁极对数是不能随意改变的，只有生产厂家事先制成有专用接线的"双速"、"三速"、"四速"等多速电动机，才可在使用中方便地用来变极调速。使用变极调速电动机可以简化传动机构。

(3) 变转差率调速

这种调速方法只适用于绕线式异步电动机，从图2-22(a)所示的特性曲线可以看到：在转子电路中串入外接附加电阻(与图2-26所示的起动电阻一样接法)后，调节附加电阻值，最大转矩 T_{max} 保持不变，但特性曲线却沿着 T_{max} 的高度发生平移。当电动机在某一负载下工作时，若增大转子电阻($R_2<R_2'<R_2''$)，特性曲线就向右手移，转差率 s 增大，也就是电动机转速 n 下降，达到调速的效果。

这种调速方法线路简单，投资少，速度调节比较平缓，所以经常用在起重和提升设备中，但这种调速在附加电阻上消耗的电能较多。

需要指出的是：外接附加调速电阻虽与外接起动变阻器的接法相同，但由于它们所起的作用不同，不能相互替代。起动变阻器是专供起动时用的，按短时工作制设计，不得用于调速。但调速附加电阻是按长期工作制设计的，是频繁使用的，它可以兼作起动变阻器用。

3. 制动

由于电动机的转子及其拖动的设备都是有惯性的，所以当电动机切断电源以后还会继续旋转一段时间才停下来。为了提高工作效率和保证安全，往往要求缩短这一辅助时间，使电动机尽快停止转动，或当电源反相序时电动机能迅速反转。采取这种措施称为对电动机制动。

异步电动机的制动常用下列几种方法。

(1) 机械制动

最常用的机械制动是电磁抱闸,其原理如图 2-29 所示。

在电动机正常运行时电磁铁同时通电,由于对可动铁芯向下的电磁吸力大于拉簧向上的拉力,所以可动铁芯向下运动,带动杠杆的 P 端也向下,另一端 Q 向上,抢闸(耐磨橡皮)松开,脱离机械转动体,电动机转轴自由转动。但当电动机断电时,电磁铁也同时断电,失去电磁吸力,可动铁芯释放,在拉簧向上拉力的作用下,杠杆 P 端向上运动,Q 端向右运动,抢闸则抢紧机械转动体而刹车,迫使电动机在极短的时间内停止转动。这种电磁抢闸被广泛应用在起重设备中,用于防止起吊重物在下降时电动机不致过速。

(2) 电气制动

电气制动是使电动机转子获得一个与其原有旋转方向相反的转矩,称为制动转矩,使电动机尽快减速到停止转动。常用的电气制动有能耗制动和电源反接制动两种方法。

能耗制动是在切断异步电动机三相交流电源的同时,立即给定子绕组通入直流电流,其接线如图 2-30 所示。

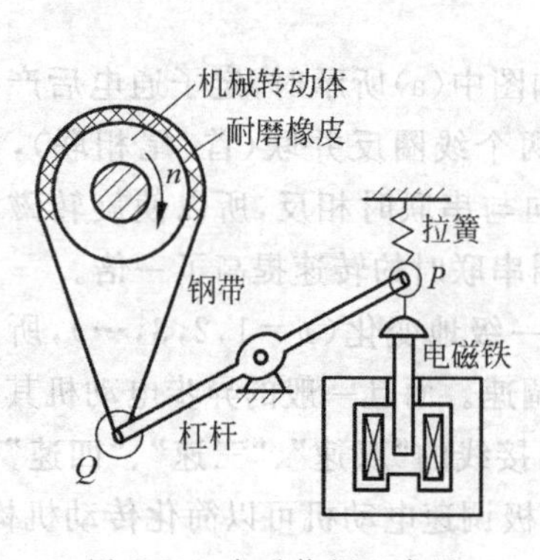

图 2-29 电磁抱闸示意图

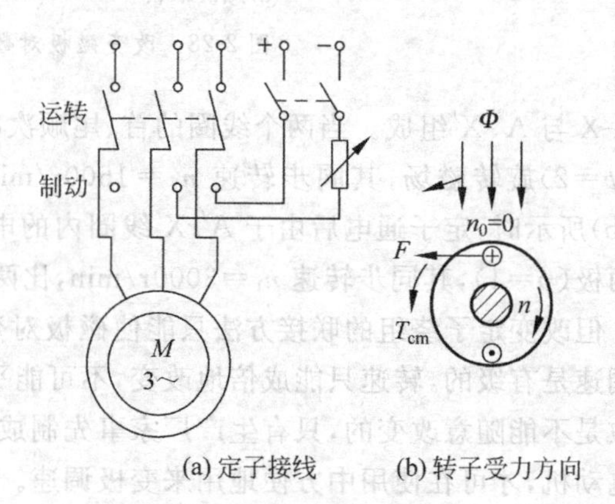

图 2-30 能耗制动

这时交流电的旋转磁场已不复存在,只有直流电产生的固定不动的磁场。但转子由于惯性仍在按原先的旋转方向继续转动,则其绕组切割直流磁通 Φ,感应出电动势和电流,其方向由右手定则确定;转子电流与磁通 Φ 作用,产生电磁转矩,其方向由左手定则确定,这个电磁转矩的方向与转子惯性旋转的方向相反,所以起制动作用,迫使转子迅速停转。

这种制动方法是将转子的动能转换成电能消耗在转子绕组的电阻上,达到制动的效果,所以称为能耗制动。这种制动转矩的大小与直流电流的大小有关。一般采用的直流电流是该电动机额定电流的 0.5~1.0 倍。

能耗制动具有制动平稳、准确、无冲击、能耗小等优点,但需要有供给直流电的电源,一般采用半波整流或桥式整流的直流电流。

采用能耗制动,当电动机一经停转,应立即切断直流电源,否则电动机的定子绕组将因直流电的加热而烧坏。

电源反接制动是在电动机需要停车时,按图 2-31 所示,先利用双掷开关 QK 断开它的三相交流电源，再把开关 QK 反方接上反相序三相电流电源，使旋转磁场以同步转速 n_1 反向旋转。由于惯性作用，转子仍按原先的方向继续旋转，但其绕组却切割反向旋转磁场的磁通 Φ，所以感应出的电动势和电流的方向均与转子原先的电动势、电流方向相反，因而所形成的电磁转矩方向也相反，对转子的惯性转动起制动作用，电动机转速就会很快降低到零。当转速接近零时，应立即切断反相序电源，以防电动机继续反向旋转。

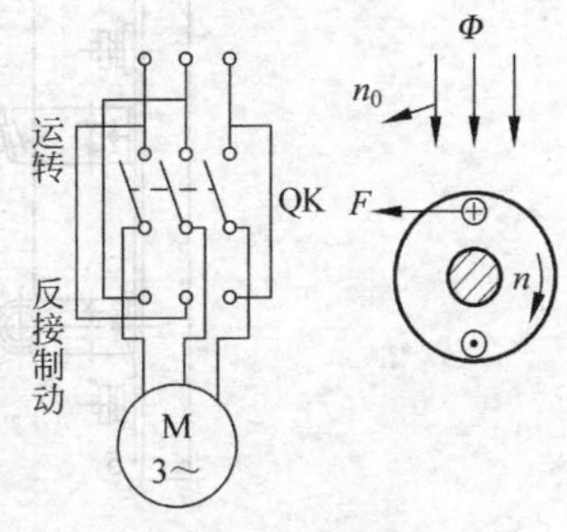

图 2-31　反接制动

由于在反接制动时的反相序旋转磁场与转子的相对转差(n_1+n)很大，所以转子绕组的感应电流和定子电流都很大，如不加以限制，可达到额定电流值的 10 倍以上，倘若频繁地进行反接制动，电动机将可能因为过热而损坏。为了限制电流，对功率较大的电动机，必须在定子电路（鼠笼式电动机）或（转子电路）绕线式电动机转子电路串入限流电阻。

反接制动方法比较简单，容易实现，制动迅速，但在制动过程中能量消耗大，冲击强烈，容易损坏传动零件。

2.4　民用建筑常用低压电器及其选择

常用低压电器是民用建筑电气设计和施工过程中经常遇到的必不可少的内容。在民用建筑电气线路中，常用的低压电器主要有刀开关、熔断器、自动开关、漏电保护开关、控制按钮、接触器、继电器等。

2.4.1　常用低压电器

1. 刀开关

刀开关可分为刀形转换开关、胶盖闸刀开关、铁壳开关、熔断式刀开关、组合开关等五类。各种类型的刀开关还可按其额定电流、刀的极数（单极、双极或三极）、有无灭弧罩以及操作方式来区分。除在电力系统等特殊场合中，大电流刀开关采用电动操作外，一般都是采用手动操作方式。

(1) 刀形转换开关

刀形转换开关是一种最简单的刀开关，如图 2-32 所示。主要由静插座 1、手柄 2、触刀 3、铰链支座 4 和绝缘底板 5 组成。

(2) 胶盖闸刀开关

胶盖闸刀开关是民用建筑中普遍使用的一种刀开关，它的外形如图 2-33 所示，图形和文字符号如图 2-34 所示。胶盖闸刀开关的闸刀装在瓷质底板上，每相附有保险丝、接线端子，用胶木罩壳盖住闸刀和保险丝，起保护和隔离作用，防止切断电源时电弧烧伤操作者。常用的胶盖闸刀开关有 HK1、HK2 系列，主要有单相双极和三相三极开关，部分主要技术数据见表 2-2，可用于照明和动力线路上。

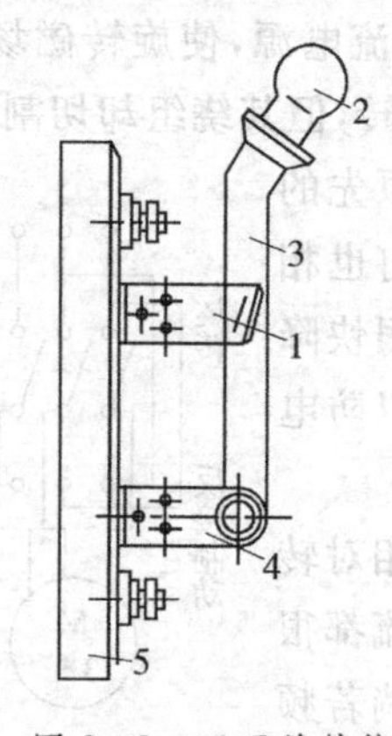

图 2-32　刀开关结构

1—静插座；2—手柄；3—触刀；
4—铰链支座；5—绝缘底板

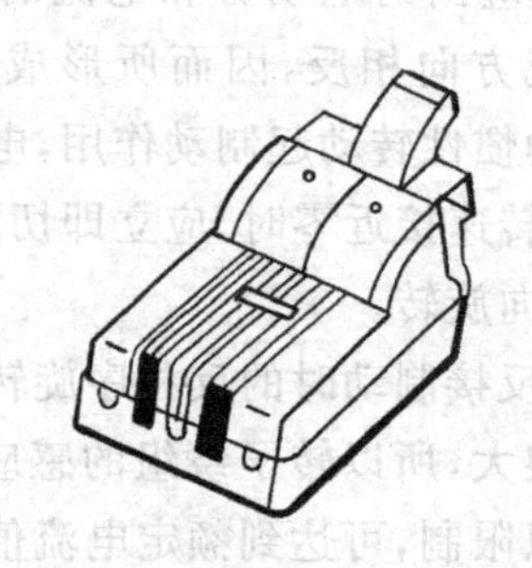

图2-33　胶盖瓷座闸刀开关

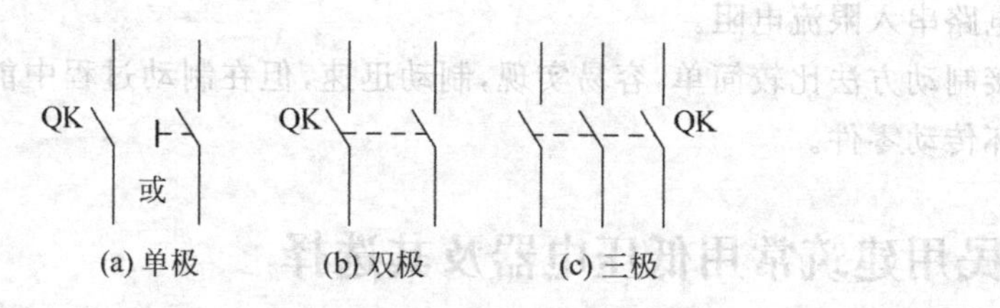

图 2-34　刀开关的图形符号

表 2-2　HK1、HK2 型胶盖闸刀开关部分规格数据

型　号	额定电压/V	额定电流/A	控制相应的电动机功率/kW	极　数
HK1	220	15	1.5	2
	220	30	3.0	
	220	60	4.5	
	380	15	2.2	3
	380	30	4.0	
	380	60	5.5	
HK2	250	10	1.1	2
	250	15	1.5	
	250	30	3.0	
	380	15	2.2	3
	380	30	4.0	
	380	60	5.5	

(3) 铁壳开关

铁壳开关又称负荷开关，其刀开关装在铁壳内，如图 2-35 所示。它的结构主要由刀闸 3、熔断器 1 和铁制外壳 4、5 以及手柄 6 组成。在刀闸断开处有灭弧罩，在内部与手柄相联处装有速断弹簧。所以灭弧能力强，其断开速度比胶盖闸刀开关快，并具有短路保护。适用于各种配电设备，供不频繁的手动接通和分断负荷电路之用，如用作感应电动机的不频繁起动和分断。通常用于 28kW 以下的电动机直接起、停的控制。铁壳开关的型号主要有 HH3、HH4 等系列。

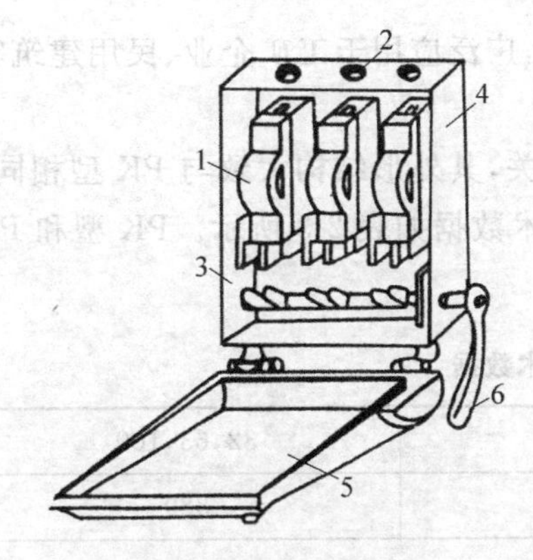

图 2-35　铁壳开关结构

1—瓷插熔断器；2—进出线孔；3—刀闸；4—外壳；5—壳盖；6—手柄

(4) 熔断式刀开关

熔断式刀开关也称刀熔开关，其熔断器装于刀开关的动触片中间，结构紧凑，可代替分列的刀开关和熔断器，通常装于开关板及电力配电箱内，主要型号有 HR3 系列。

(5) 组合开关

组合开关也可称为转换开关，也是一种刀开关，只不过是一种可左右转动的刀开关，其结构如图 2-36 所示。它是一种多功能开关，可用来接通或分断电路、切换电源或负载、测量三相电压和控制小容量电动机的正反转等，但不能用作频繁操作的手动开关。

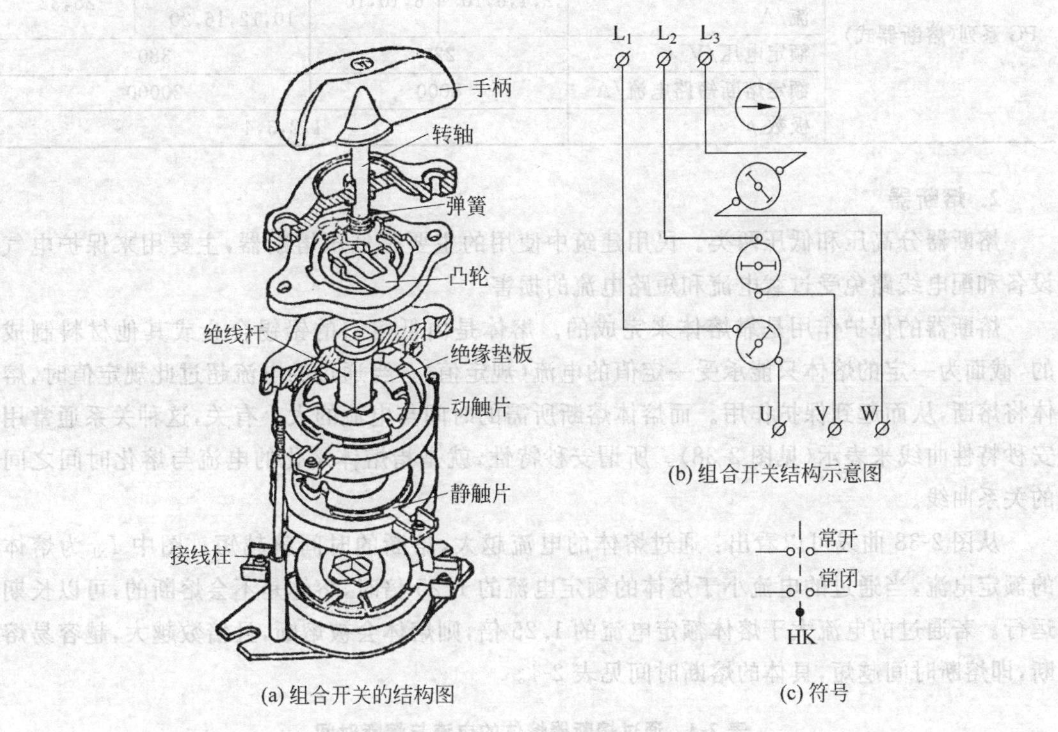

(a) 组合开关的结构图　(b) 组合开关结构示意图　(c) 符号

图 2-36　组合开关(转换开关)的结构

(6) 新型隔离开关

除上述所介绍的各种形式的手动刀开关外，近年来国内已有多个厂家从国外引进技术，生产较为先进的小型新型隔离开关，如 PK 系列隔离开关和 PG 系列熔断器式隔离开关等。PK 系列为可拼装式隔离开关，分为单极和多极两种，其外形如图 2-37 所示。外壳采用陶瓷等材料制成，因而耐高温、抗老化、绝缘性能好。该产品体积小、重量轻、可采用导轨进行拼装，电寿命和机械寿命都较长，主

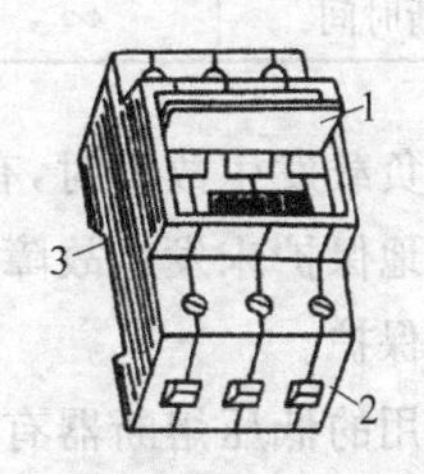

图 2-37　PK 系列拼装式隔离开关

1—手柄；2—接线端；3—安装轨道

要技术数据如表2-3所示。它可替代前述的小型刀开关,广泛应用于工矿企业、民用建筑等场所的低压配电电路和控制电路中。

PG型熔断器式隔离开关是一种带熔断器的隔离开关,其外形结构大致与PK型相同,也分为单极和多极两种。可用导轨进行拼装,其主要技术数据如表2-3所示。PK型和PG型隔离开关目前国内已有多家厂家和公司生产。

表2-3 新型隔离开关主要技术数据

<table>
<tr><td rowspan="3">PK系列</td><td>额定电流/A</td><td colspan="2">16</td><td colspan="2">32,63,100</td></tr>
<tr><td>额定电压/V</td><td colspan="2">220</td><td colspan="2">380</td></tr>
<tr><td>极数 p</td><td colspan="4">1,2,3</td></tr>
<tr><td rowspan="5">PG系列(熔断器式)</td><td>额定电流/A</td><td>10</td><td>16</td><td>20</td><td>32</td></tr>
<tr><td>配电熔断器的额定电流/A</td><td>2,4,6,10</td><td>6,10,16</td><td>0,5,2,4,6,8,10,12,16,20</td><td>25,32</td></tr>
<tr><td>额定电压/V</td><td colspan="2">220</td><td colspan="2">380</td></tr>
<tr><td>额定熔断短路电流/A</td><td colspan="2">8000</td><td colspan="2">20000</td></tr>
<tr><td>极数 p</td><td colspan="4">1,2,3,4</td></tr>
</table>

2. 熔断器

熔断器分高压和低压两类。民用建筑中使用的主要是低压熔断器,主要用来保护电气设备和配电线路免受过载电流和短路电流的损害。

熔断器的保护作用是靠熔体来完成的。熔体是由低熔点的铅锡合金或其他材料制成的,截面为一定的熔体只能承受一定值的电流(规定值)。当通过的电流超过此规定值时,熔体将熔断,从而起到保护作用。而熔体熔断所需的时间与电流的大小有关,这种关系通常用安秒特性曲线来表示(见图2-38)。所谓安秒特性,就是指熔体熔化的电流与熔化时间之间的关系曲线。

从图2-38曲线可以看出:通过熔体的电流越大,熔断的时间就越短。图中 I_{NF} 为熔体的额定电流,当通过的电流小于熔体的额定电流的1.25倍时,熔体是不会熔断的,可以长期运行。若通过的电流大于熔体额定电流的1.25倍,则熔体会被熔断,且倍数越大,越容易熔断,即熔断时间越短,具体的熔断时间见表2-4。

表2-4 通过熔断器熔体的电流与熔断时间

通过熔体的电流	$1.25I_{NF}$	$1.6I_{NF}$	$2I_{NF}$	$2.5I_{NF}$	$3I_{NF}$	$4I_{NF}$
熔断时间	∞	60min	40s	8s	4.5s	2.5s

当负载发生故障时,有很大的短路电流通过熔断器,熔体很快熔断,迅速将电路断开,从而有效地保护未发生故障的线路与设备。熔断器通常主要作短路保护,而对于过载一般不能准确保护。

常用的低压熔断器有瓷插式、螺旋式和管式等。

瓷插式熔断器有RCIA等系列,主要用于交流50Hz、380V(或220V)的低压电路中,一般接地电路的末端,作为电气设备的短路保护,其结构如图2-39所示。

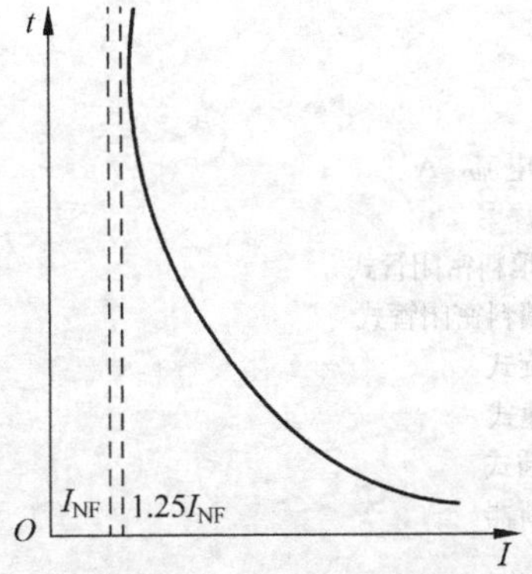

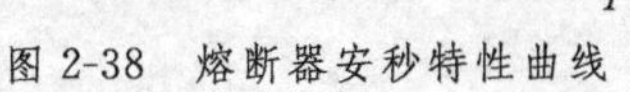

图 2-38　熔断器安秒特性曲线

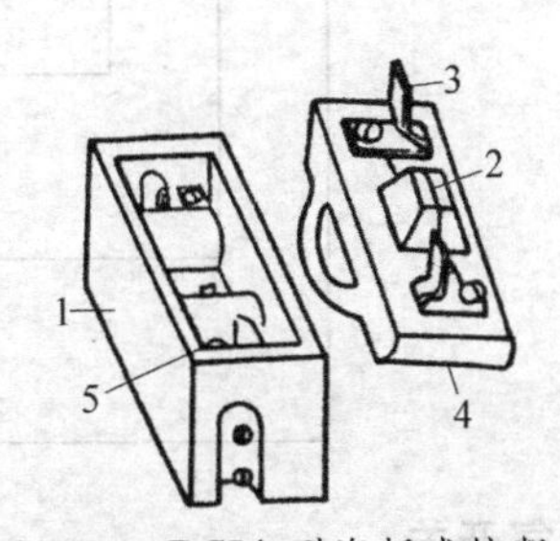

图 2-39　RCIA 型瓷插式熔断器

1—瓷底座；2—熔丝；3—动插头；4—瓷插件；5—静触头

螺旋式熔断器有 RL1 等系列，主要用于交流 50Hz 或 60Hz、额定电压 500V 以下、额定电流 200A 以下的电路中，作为短路或过载保护，其结构如图 2-40 所示。这种熔断器在其熔断管的上盖中有一"红点"或其他颜色的指示器，当熔断器熔断时指示器跳出。

管式熔断器主要有 RM10 和 RT0 型两种。RM10 是新型的无填料密闭管式熔断器，用作短路保护和连续过载保护，主要用于额定电压交流 500V 或直流 440V 的电力网和成套配电设备上，其结构如图 2-41 所示。RT0 型为填料密闭型管式熔断器，用作电缆、导线及电气设备的短路保护和电缆、导线的过载保护，主要用于具有较大短路电流的电力网或配电装置中，其结构如图 2-42 所示。

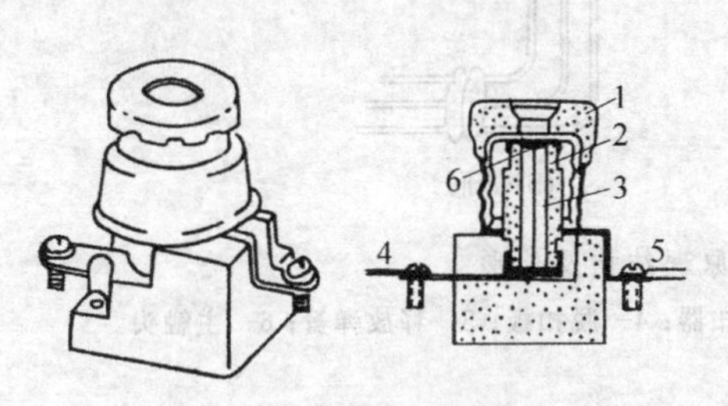

图 2-40　螺旋式熔断器

1—瓷帽；2—熔断管；3—熔丝；4—进线；5—出线；6—红点指示

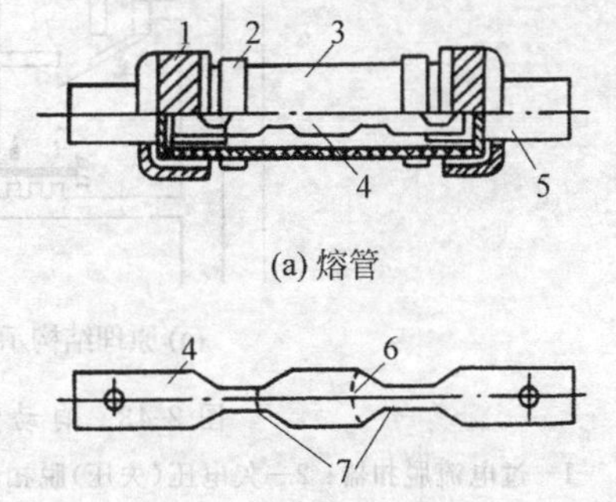

图 2-41　管式熔断器

1—铜帽；2—管夹；3—纤维管；4—熔片(变截面)；5—接触闸刀；6—过载熔断部位；7—短路熔断部位

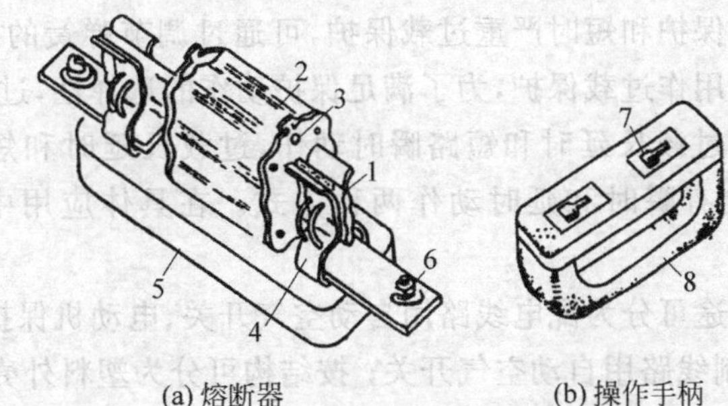

(a) 熔断器　(b) 操作手柄

图 2-42　RT0 型熔断器(有填料密闭管式熔断器)

1—触片；2—瓷熔管；3—熔断指示；4—弹性触头；5—底座；6—接线端；7—扣眼；8—操作手柄

低压熔断器的型号含义：

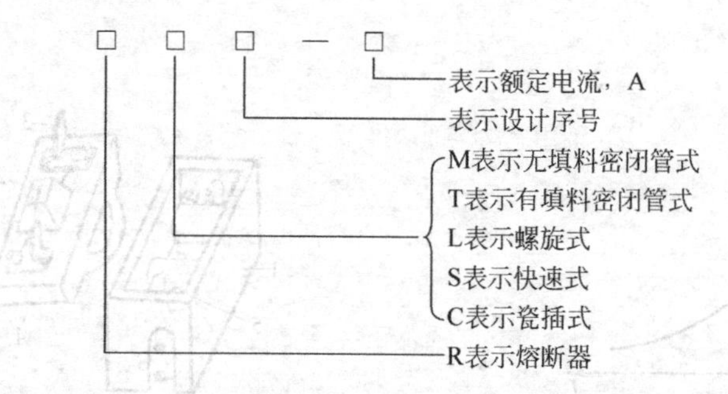

3. 自动空气开关

自动空气开关是一种自动切断电路故障的保护电器。主要用于保护低压交直流电路的线路及电气设备,使它们免遭过电流、短路和欠压等不正常情况的损害。自动空气开关具有良好的灭弧性能,它能带负荷通断电路,所以可用于电路的不频繁操作。自动空气开关主要由触头系统、灭弧系统、脱扣器和操作机构等组成。它的操作机构比较复杂,主触头的通断可以手动,也可以电动,故障时能自动脱扣。其原理结构如图 2-43(a)所示,其外形如图 2-43(b)所示。实际上它相当于刀开关、熔断器、热继电器和欠压继电器的组合。

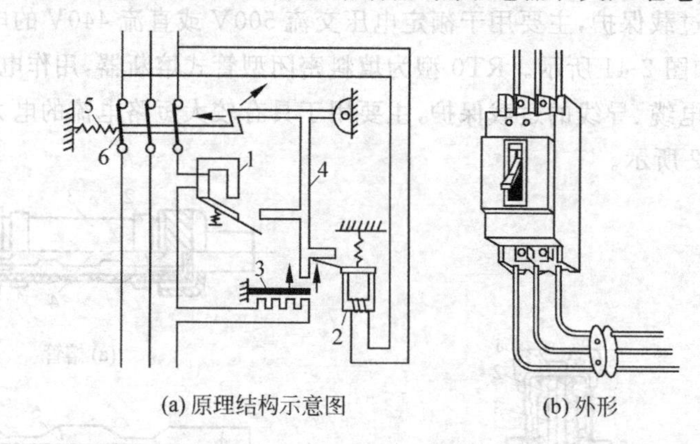

(a) 原理结构示意图　　(b) 外形

图 2-43　自动空气开关的原理结构及外形

1—过电流脱扣器；2—欠电压(失压)脱扣器；3—热脱扣器；4—脱扣板；5—释放弹簧；6—主触头

如图 2-43 所示,其工作原理是：①当线路过电流时,过电流脱扣器 1 吸合动作；当欠电压时,失压脱扣器 2 释放动作；当过载时,热元件 3(热脱扣器)变形动作。②三者都是通过脱扣板 4 动作,引起主触头 6 动作切断故障电路,从而保护线路及线路中的电气设备。过电流脱扣器主要用作短路保护和短时严重过载保护,可通过调节弹簧的拉力来改变其动作的电流值。热脱扣器主要用作过载保护,为了满足保护动作的选择性,过电流脱扣器和热过载脱扣器的动作时间有：过载长延时和短路瞬时动作,过载长延时和短路短延时动作等方式。失压线圈脱扣器也有瞬时和延时动作两种方式。在具体应用中可根据不同要求来选用。

自动空气开关按用途可分为配电线路用自动空气开关、电动机保护用自动空气开关、照明用自动空气开关、控制线路用自动空气开关；按结构可分为塑料外壳式、框架式、快速式、限流式等。其基本形式有万能式和装置式两种系列。

塑料外壳式自动空气开关属于装置式，是民用建筑中常用的一种，它具有保护性能好、安全可靠等优点。框架式自动空气开关，其结构是敞开装在框架上，因其保护方案和操作方式比较多，故有“万能式”之称。快速式自动空气开关主要用于对半导体整流器等的过载、短路快速保护。限流式自动空气开关是用于交流电网的快速动作的限流自动保护电器，以限制短路电流。

自动开关的型号含义如下：

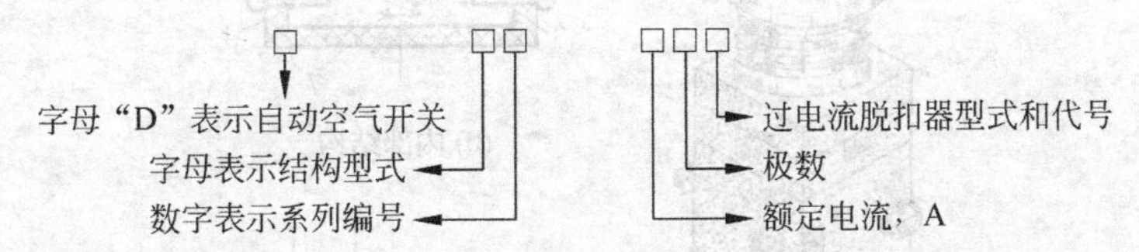

目前在民用建筑中常用的自动空气开关的型号主要有DW10，DW5，DZ5，DZ10，DZ6等系列。DZ5，DZ10，DZ12系列除有三极和二极外，还有单极形式，并可以在导轨上拼装成多极，用于对分路进行集中控制，其外形如图2-44所示。上述自动空气开关主要技术数据见附录Ⅳ中表Ⅳ-1所示。

除上述所介绍的有关自动开关外，近年来国内有关厂家从国外引进生产了具有国际先进水平的更新换代产品，如TO，TG，TS，TL，TH系列塑壳式新型自动开关。其外形基本上与DZ型相同，但体积小、重量轻、工作可靠、产品的机械寿命和电气寿命以及负荷的通断能力都比原国产相应规格的产品要高1～2倍或1～2个数量级。此外，还有的厂家引进生产了通断能力大(可达6kA)的PX-200系列，C45N-60系列等小型断路器，这种断路器有单极和多极形式，可采用导轨安装方式，其外形如图2-45所示。以上所介绍的新型自动空气开关的有关技术数据可见附录Ⅳ中表Ⅳ-2所示。其中TH，PX-200C，C45N-60系列等可替代旧的DZ12-60系列，可广泛用在照明控制电路中。

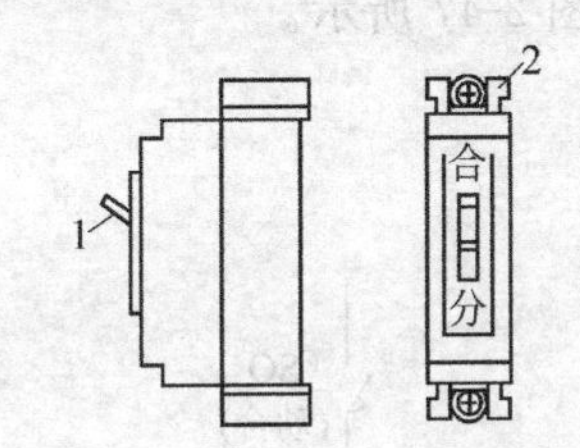

图2-44 单极自动空气开关外形

1—分合手柄；2—接线端

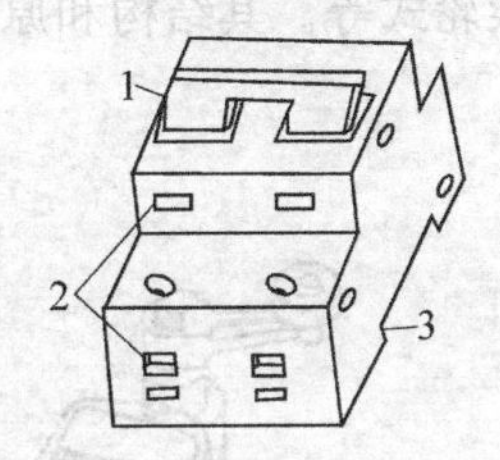

图2-45 PX-200C系列外形图

1—手柄；2—接线端；3—安装导航

4. 主令电器

主令电器是一种通过人力或机械操作方式，发出控制命令来接通或断开控制电路的信号元件。常用的主令电器有控制按钮、行程开关、接近开关等。接近开关是一种非接触型的物体检测开关装置，有多种电路形式和结构形式，此处限于篇幅仅对控制按钮和行程开关作简单介绍。

(1) 控制按钮

控制按钮是一种结构简单、操作方便、额定电流较小的手动控制电器，专门用来发送控制命令，通常称这种电器为主令电器。利用主令电器接通或断开控制电路，如用于接触器的吸合线圈回路中,从而控制电动机或其他电气设备的运行。图2-46分别是按钮的外形结构图、内部结构示意图和它在电路中的图形表示符号。

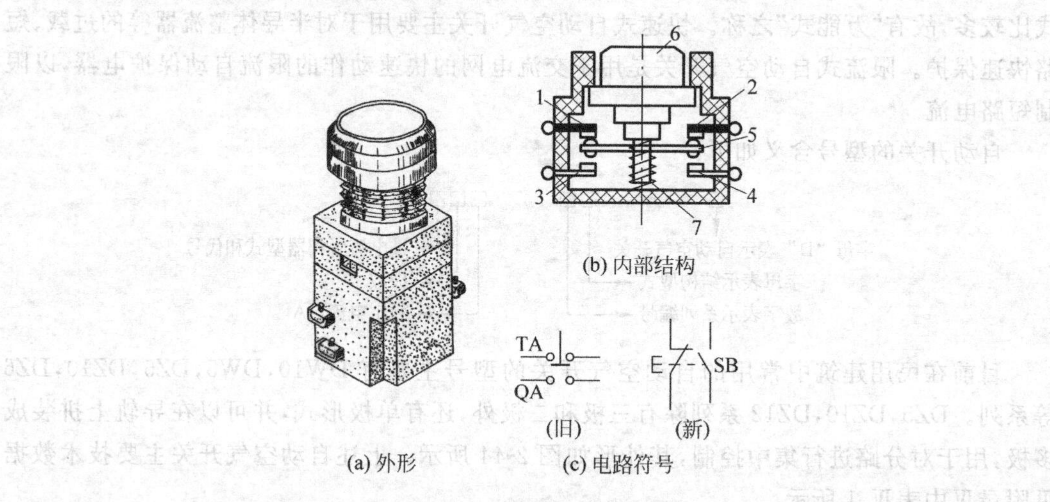

图2-46　按钮

1,2—常闭触点;3,4—常开触点;5—动触点桥;6—按钮帽;7—复位弹簧

如图2-46(b)所示,当按下按钮帽6时,常闭触点1、2将断开,常开触点3、4将闭合。常开触点通常用作电路的起动,常闭触点通常用作电路的停止。为了识别每个按钮的作用,避免误操作,常在按钮上标以不同的标志或颜色。

(2) 行程开关

行程开关又叫限位开关。利用运行机械的某些运动部件的碰撞而使行程开关动作,接通或断开电路,达到控制要求。它是主令电器中的一种。行程开关的种类很多,有按钮式、单滚轮式、双滚轮式等。其结构和原理及图形符号如图2-47所示。

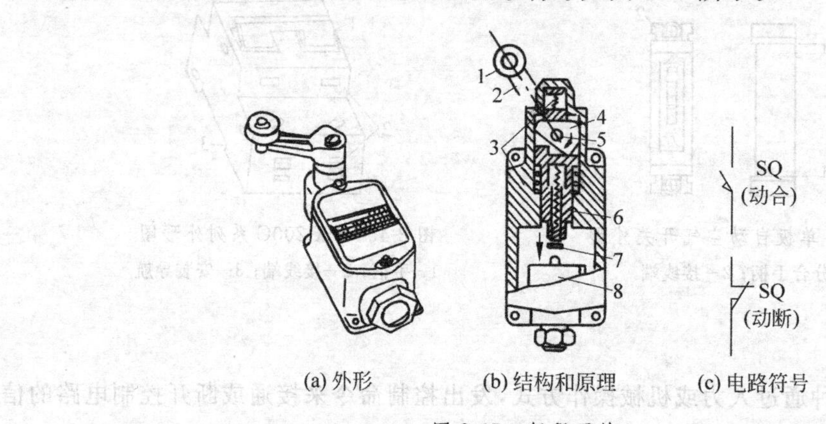

图2-47　行程开关

1—滚轮;2—杠杆;3—复位弹簧;4—凸轮;5—转轴;6—滑块;7—调节螺钉;8—微动开关

行程开关一般安装在某一固定的轨道或底座上,由安装在产生机械运动部件上的撞块对行程开关进行控制。当撞块与行程开关的滚轮相撞时压下滚轮,经传动杆将行程开关内部的微动开关快速换接,使常开触点闭合,常闭触点断开,从而实现位置控制。

单滚轮式行程开关撞块移去后,由于内部复位弹簧的作用,使各部件自动复位。而双滚轮行程开关无复位弹簧，不能自动复位，必须依靠两个撞块来回撞击，使行程开关重复工作。实际使用时根据需要选用一种。

5. 接触器

接触器是一种用来频繁地接通或断开交直流主电路的自动电器。接触器按其主触头和控制线圈所通过的电流分为交流和直流两种，此处主要介绍交流接触器。

图 2-48 为 CJ10 系列交流接触器的外形图，主要结构和工作原理及电路图形符号。交流接触器主要由电磁机构、触头系统、灭弧装置、支架和底座等几部分组成。

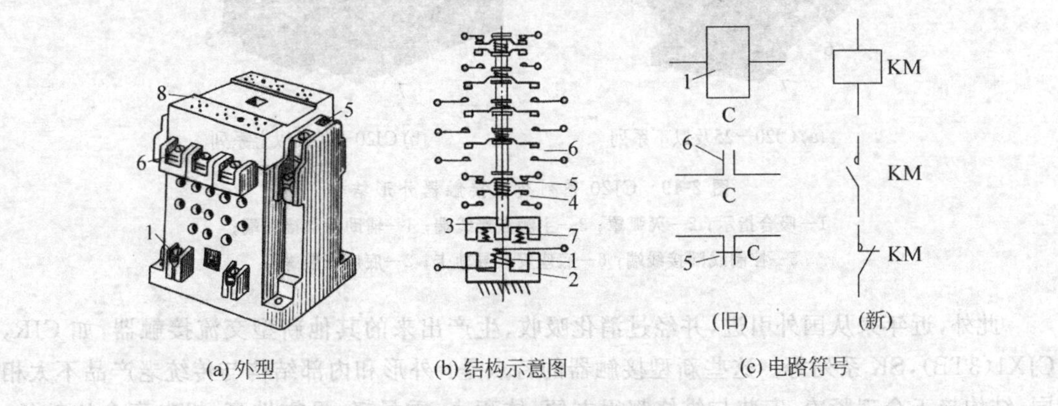

图 2-48　CJ10 系列交流接触器

1—吸引线圈；2—静铁芯；3—动铁芯；4—常开辅助触点；
5—常闭辅助触点；6—常开主触点；7—恢复弹簧；8—灭弧罩

电磁机构是接触器的关键部件，主要由吸引线圈、动铁芯、静铁芯三部分组成。它利用吸引线圈通电后使电磁铁芯产生吸引力而动作，并带动触头系统进行工作。

触头系统通常包括三对主触头和四对辅助触头。主触头允许通过大电流，用来接通或断开主电路，使用时应串联在电路中。辅助触头允许通过较小的电流（一般为 5A 以下），通常接在控制电路中，完成控制电路各种应有的作用，如自锁、互锁等。当吸引线圈未通电时，接触器的触头可分为常开触头和常闭触头；线圈通电后，常开触头闭合，常闭触头分离。

灭弧装置主要用来熄灭接触器在断开主电路时所产生的电弧。因为接触器主要是用来控制电动机等电气设备的，一般主电路的电流较大，所以在断开电路时，主触头断开处会出现电弧，烧坏触头，甚至引起相间短路，因此，在接触器的主触头上装有灭弧罩。灭弧罩的外壳一般由耐高温的绝缘材料（如陶瓷材料）制成；三对主触头由平行薄片相互隔开，其作用是将电弧分割成小段，使之熄灭。在较大容量的接触器中专门设有特殊结构的灭弧装置；小容量的接触器由于通过的电流较小，通常采用相间隔弧板进行灭弧，并与壳体构成整体，从而省去专用灭弧罩或灭弧装置。

常用的国产交流接触器有 CJ10，CJ20 等系列。近年来的 CJ20 系列交流接触器是在吸收国外同类产品优点的基础上，新开发的全国统一设计的定型产品。其结构和外形与 CJ10 系列相比有所不同，如 CJ20 系列采用了拼装结构和导轨安装；与同容量的 CJ10 系列相比，CJ20 系列体积小、结构紧凑、动作可靠、具有较高的通断能力和机电寿命。CJ20 系列是新一代的更新换代产品，可替代 CJ10，CJ8，CJ12 等系列老产品。CJ20 系列交流接触器的外形结构如图 2-49 所示。

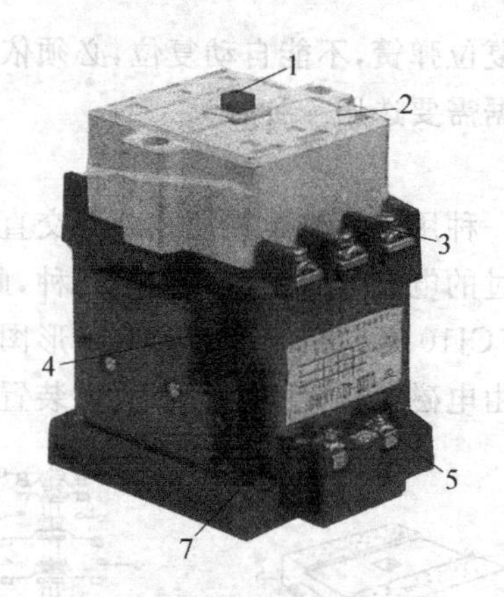

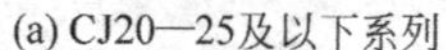
(a) CJ20—25及以下系列　　(b) CJ20—40及以上系列

图 2-49　CJ20 系列交流接触器外形结构

1—吸合指示；2—灭弧罩；3—主触点接线端；4—辅助触点接线端；
5—控制线圈接线端；6—底座安装导轨卡；2—底座安装螺孔

此外，近年来从国外引进，并经过消化吸收、生产出来的其他新型交流接触器，如 CJR，CJX1(3TB)，SK 系列等。这些新型接触器的特点是：外形和内部结构与传统老产品不太相同，结构趋于合理紧凑，安装与维修都很方便，体积小、重量轻、可靠性高，机电寿命比较长，比 CJ10 等系列老产品高 1～3 倍。这些新产品完全可替代 CJ10 等系列的老产品。

6. 继电器

继电器是根据电量或非电量(如电流、电压、时间、温度压力等)的变化，来断开或接通电路的自动电器。继电器的触头容量较小，一般在 5A 以下。由于触头通常接在控制电路中，因而能起到控制和保护的作用。下面主要介绍热继电器、时间继电器、电流继电器、电压继电器、中间继电器。

(1) 热继电器

热继电器是用来对电动机等设备进行过载保护的一种保护电器。电动机等电气设备在运行过程中，由于种种原因，如长期过负荷等，都可能使其电流超额定值，形成过载运行。长期过载运行将引起电动机等电气设备发热，使温升超过允许值，严重时将引起电气设备损坏。又因为长期过载运行下，熔断器往往不会熔断，因此，必须对电动机等电气设备进行过载保护。

热继电器是利用电流的热效应形成保护动作的过载保护电器，其结构原理如图 2-50 所示。

图中：1 为发热元件，是一段阻值不大的电阻丝或导电片，串接在被保护的电动机主电路中；2 为双金属片，由两种膨胀系数不同的金属片碾压而成；3 为绝缘导板；4 为补偿温度用的双金属片。当发热元件通电发热时，双金属片就向右弯曲，其变曲量与发热元件通电的大小有关。

当电动机主电路中的电流超过容许值，即过载时，通过发热元件 1 的电流超过它的规定值时，使双金属片受热而弯曲超过正常范围，便推动绝缘导板 3，带动补偿片 4 和推杆 5，使热继电器的动触头 6 动作，离开静触头 7 而达到图中的虚线位置，常闭触头(6 和 7)断开。触头 6 和 7 通常串联在控制电路(如接触器的吸引线圈电路)中。这时由于常闭触头的断

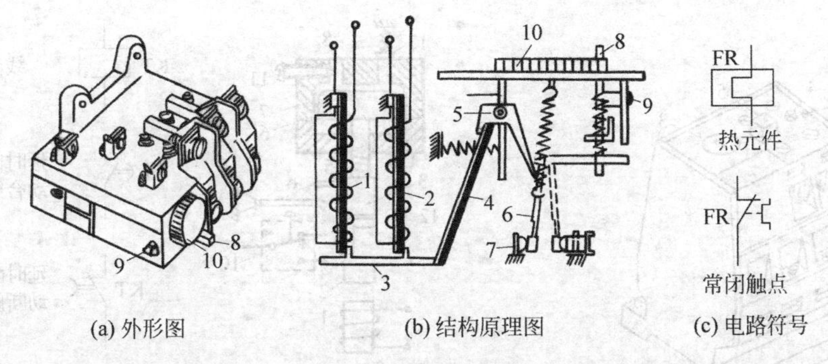

(a) 外形图　　(b) 结构原理图　　(c) 电路符号

图 2-50　热继电器

1—发热元件；2—双金属片；3—绝缘导板；4—温度补偿双金属性；5—推杆；6—动触头；7—静触头；8—复位按钮；9—复位固定螺钉；10—调节旋钮

开，由它控制的电路被切断，从而达到了过载保护的作用。

主电路断开后，双金属片逐渐散热而冷却，推杆 5 失去推力，动触头 6 因弹力的作用离开虚线位置但不能恢复原位，达到一个新的平衡位置，必须按动复位按钮 8，动触头 6 才能复位，这种方式称为手动复位方式。如需自动复位，可把复位按钮 8 事先按下，并将螺钉 9 旋紧，便能实现自动复位。为了避免电动机重新起动，一般很少采用自动复位方式。

热继电器的主要技术指标是整定电流，即长期通过热继电器的发热元件，而不致使热继电器动作的最大电流。当通过的电流大于整定值的 1.2 倍时，热继电器应当在 20min 内动作。其整定值的大小在一定范围内可通过调节旋钮 10 来改变。当热继电器作为电动机等负载的过载保护时，应使其整定电流与电动机等负载的额定电流相一致，通常为电动机的负载的额定值的 0.95～1.05 倍。

应该指出的是：热继电器与熔断器的作用不同，热继电器只能作过载保护用，而不能作短路保护用；而熔断器主要是作短路保护用。在一个较完整的保护电路中，这两种保护都应具备。

生产实际中所使用的热继电器有多种型号，但其基本原理大致相同。除上述介绍的结构形式外，近年来从国外引进的有 3UA 系列等，其外形结构如图 2-51 所示。3UA 系列是一种模块式拼装结构的全新产品。这个系列的基本工作原理与普通热继电器基本相同，但其机电寿命及技术性能大为提高、动作可靠、结构紧凑、安装使用方便，可导轨安装，也可固定安装。这种热继电器可与交流接触器接插安装，也可独立安装，是国际上 20 世纪 90 年代的通用标准电器，目前已广泛使用，可替代 JR 系列等老产品。

(2) 时间继电器

时间继电器是实现时间控制的一种电器。时间继电器种类很多，按动作原理可分为电磁式、电动式、空气阻尼式、电气式等。在电气控制系统中用得较多的是空气阻尼式。下面主要介绍空气阻尼式时间继电器的工作原理。它是利用小孔调节流进气囊的空气多少来实现延时动作的，其动作原理和结构及电路符号如图 2-52 所示。

空气阻尼式时间继电器主要由电磁系统、延时机构、触点系统三大部分组成。触点系统由微动开关构成。其工作原理是：当线圈 1 通电后，吸下衔铁 2 和支撑杆 4，胶木块 3 因失去支撑，在恢复弹簧 5 的作用下开始下降，带动活塞 6 一起下降，因进气孔 8 受调节螺钉 11

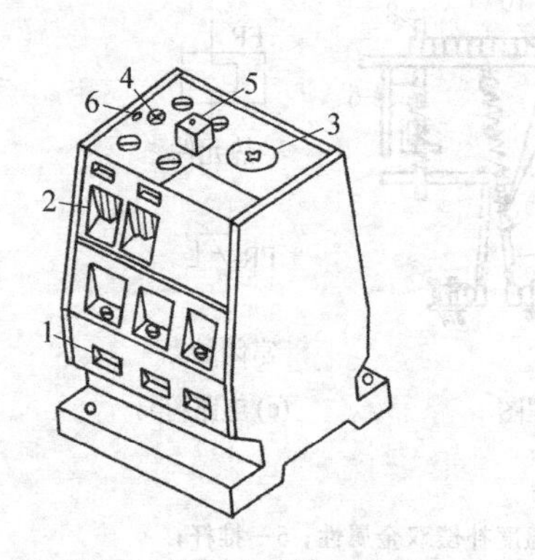

图 2-51 3UA系列热继电器

1—主回路端头；2—控制回路端头；
3—整定电流调节盘；4—复位按钮；
5—测试按钮；6—脱扣指示

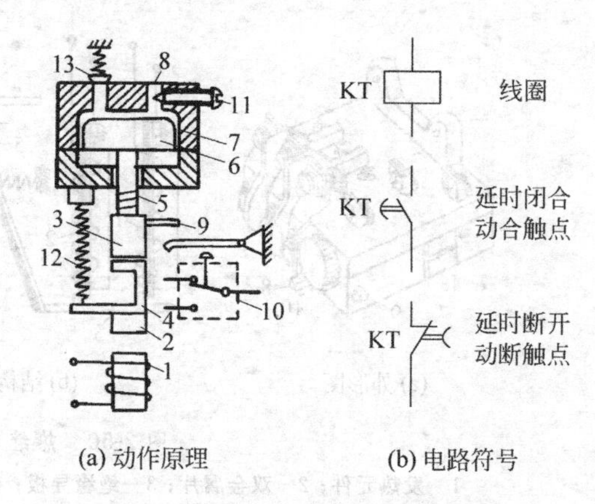

图 2-52 空气阻尼式时间继电器

1—线圈；2—衔铁；3—胶木块；4—支撑杆；
5—恢复弹簧；6—活塞；7—气室；8—进气孔；9—压杆；
10—微动开关；11—调节螺钉；12—恢复弹簧；13—出气孔

的阻碍,空气只能缓缓进入气室 7,致使气室 7 内气压低于外界气压。因此活塞 6 只能缓慢下降,经过一段延时,压杆 9 才压到触点系统的顶杆,使微动开关 10 动作,从而使其动断触点断开,动合触点闭合,送出信号,实现延时。延时的长短可以通过调节螺钉 11 调节进气孔的大小来改为。当线圈失电时,活塞 6 在恢复弹簧 12 的作用下迅速复位,这时气室内的空气可由出气孔 13 及时迅速排出。空气式时间继电器有通电延时型和断电延时型两种,其电磁机构可以是直流的,也可以是交流的。它的常用型号主要有 JS7 系列等。空气式时间继电器结构简单,使用广泛,但延时精度较低,不如电子式时间继电器高。在实际使用中若要求延时精确,可选用电子式时间继电器等。

(3) 电流继电器、电压继电器、中间继电器

电流继电器是一种根据电流的大小起控制和保护作用的自动电器。如图 2-53 所示,它主要由电流线圈、铁芯、衔铁、触头及支架和释放弹簧等组成。电流线圈串接在被测电路(主电路)中,根据被测电路中的电流大小产生不同的电磁力,按整定电流值吸合带动衔铁 6,继而带动触头系统 10 动作,从而自动达到控制和保护作用。为了使串入电流继电器线圈后不影响被测电路电压,所以电流继电器的线圈粗、匝数少、阻抗小。

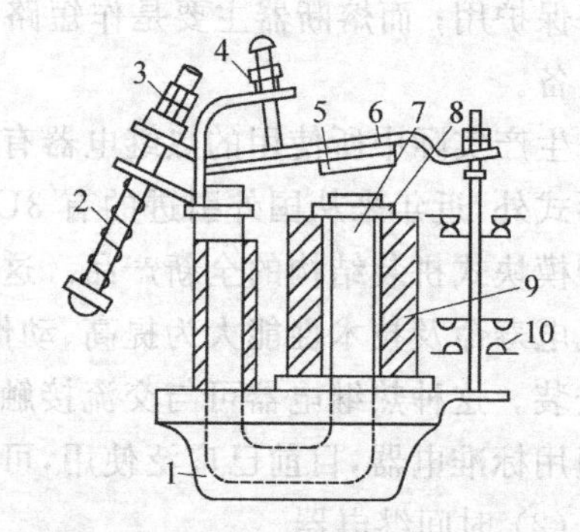

图 2-53 电磁式继电器典型结构图

1—座底；2—反力弹簧；3,4—调节螺钉；
5—非磁性垫片；6—衔铁；7—铁芯；8—极靴；
9—电流线圈；10—触头系统

电流继电器有过电流继电器和欠电流继电器两类。当过电流继电器通过的是在正常工作状态下的电流时不动作,而当通过的电流超过某一整定值时才动作。过电流继电器经常用于绕线式异步电动机(如起重机)防止不正确起动的控制电路。交流过电流继电器发生动作的电流一般为额定电流的 1.1～1.4 倍；直流过电流继电器发生动作的电流一般为额定电流的 0.7～3 倍。

欠电流继电器是当工作电流降低到某一整定值时,继电器释放,所以欠电流继电器在电

路正常工作时，衔铁吸合。

电压继电器是反映被测电路电压变化的继电器，它的结构与电流继电器基本相同。电压继电器的吸引线圈与被测电路并联，线圈匝数多，导线细、电阻大。电压继电器可分为过电压、欠电压、零电压继电器等。一般来说，过电压继电器是在被测电压为额定电压的1.1～1.5倍及以上时发生动作，对电路进行过电压保护；欠电压继电器是在被测电压为额定电压的40%～70%时发生动作，对电路进行欠电压保护；零电压继电器是在被测电压为额定电压的5%～25%时，零电压继电器发生动作，对电路进行零压保护。

电磁式中间继电器实质上是一个电压线圈继电器。它与小型接触器相类似，所不同的是它具有较多的触头数(8～12对)，触头容量较大(额定电流为5～10A)，动作灵敏等特点。可以用它来增加控制回路数和放大控制信号。

2.4.2　常用低压电器的选择

1. 按钮、行程开关等主令电器的选择

按钮是用来短时接通或断开小电流控制电路的一种主令电器。选用依据主要是实际使用需要的触点对数、动作要求和指示灯及其颜色的要否等。目前，按钮产品有多种结构形式，多种触头组合以及多种颜色，供不同使用条件选用，如紧急操作常用蘑菇形，停止按钮常选用红色等。一般在额定电压交流为500V、直流为440V，额定电流为5A的情况下，常用的按钮有LA2，LA10，LA20系列等。

行程开关主要用于位置控制或有位置保护要求的场合。选用时，主要根据机械位置对开关形式的要求和控制线路对触头数量的要求，以及电流、电压等级来确定其型号。常用的行程开关有LX2，LX19，JLXK1等型号。

2. 低压刀开关和组合开关的选择

低压刀开关主要是根据负荷电流的大小来选择其额定容量范围。一般正常情况下，在带有普通负荷的电路中可以根据负荷的额定电流来选择相应的刀开关。当用刀开关控制电动机时，由于电动机的起动电流大，选择刀开关的额定电流应比电动机的额定电流大，一般是电动机额定电流的3倍。如果电动机不需要经常起动，而且在普通电路中，选择刀开关的额定电流应为电动机或负载电路额定电流的2倍左右。在选择刀开关时，还应根据工作地点的环境选择合适的操作机构。对于组合式的刀开关，应配有满足正常工作和保护需要的熔断器。

组合开关主要作为隔离开关用，通常用于电路的引入。选用组合开关的依据是电源种类、电压等级、触头数量以及断流容量。常用的组合开关型号有HZ10系列等。

3. 熔断器的选择

(1) 照明负荷

照明负荷采用熔断器保护时，先要求出该负荷的计算电流 I_C，一般选择熔断器熔体的额定电流 I_{NF} 大于或等于负载回路的计算电流，即

$$I_{NF} \geqslant I_C \tag{2-32}$$

当采用高压汞灯和高压钠灯照明时，应考虑起动的影响，熔断器熔体的额定电流应取

$$I_{NF} \geqslant (1.1 \sim 1.7) I_C \tag{2-33}$$

式中：I_{NF}——熔体的额定电流；

I_C——负载回路的计算电流。

(2) 电热负荷

对于大容量的电热负荷需要单独装调短路保护装置时，其所用熔断器熔体的额定电流应符合下式要求：

$$I_{NF} \geqslant I_C \tag{2-34}$$

(3) 电动机类用电负荷

对于容量大的电动机类用电负荷需要单独装设短路保护装置时，可选用熔断器或自动开关。

当采用熔断器保护时，由于电动机的起动电流较大(异步电动机的起动电流一般为其额定电流的4～7倍)，所以不能按电动机的额定电流来选择熔断器，否则将在电动机起动时就会熔断。但如按起动电流来选择，则所选熔断器太大，往往起不到保护作用，以至接有熔断器回路中的设备过热时，熔体还不熔断。因此，对于电动机类负荷应按下述两种情况来选择熔断器。

① 对于单台电动机回路，熔断器的额定电流应取

$$I_{NF} \geqslant K_F\ I_{st} \tag{2-35}$$

式中：I_{st}——被保护电动机的起动电流；

K_F——电动机回路熔体选择计算系数，一般轻载起动时取0.25～0.45，重载起动时取0.3～0.6。

如果只知道电动机的额定电流，不知道其起动电流，熔断器熔体的额定电流可取电动机额定电流的3倍。这与采用式(2-35)所选结果基本一致。

② 对于多台电动机回路(设有n台)，熔断器的额定电流应取

$$I_{NF} \geqslant K_F\ I_{st(max)} + I_{C(n-1)} \tag{2-36}$$

式中：$I_{C(n-1)}$——除了起动电流最大的一台电动机外，回路的计算电流($n-1$台电动机的计算电流之和)；

$I_{st(max)}$——回路中起动电流最大的一台电动机的起动电流；

K_F——电动机回路熔体选择计算系数，取决于电动机的起动状况和熔断器的熔断特性，数值的确定同式(2-35)。

对于多台电动机回路，用式(2-36)来选择熔断器是认为多台电动机在同一时间起动。但实际中，多台电动机的起动时间是错开的，所以上述选择考虑的是最严重的状况。

(4) 选择熔断器的注意事项

① 应根据电路中上、下级保护整定值的配合要求来选择，以免发生越级熔断。

② 应根据被保护设备的重要性和保护动作的迅速性来选择。重要设备的保护可选快速型熔断器，以提高保护性能；一般设备的保护可选用RM型熔断器。

③ 应根据使用环境和安装方式来选择具体的熔断器型号。

④ 在选择好导线和熔断器以后，还必须检查所选熔断器是否能够保护导线，以防熔断器不熔断情况下导线长期过负荷而发热(在电工手册中可查到某一导线截面所允许的最大熔体电流值)，以此来检查导线的截面积。如果导线截面太小，还必须加大导线截面，使所选熔体的额定电流I_{NF}小于导线允许载流量的1.5倍。

熔断器的技术指标可查阅有关手册，表2-5列出了常用的RM10系列熔断器的规格。

表 2-5　RM10 系列熔断器规格

型　　号	额定电压/V	额定电流/A	熔体的额定电流等级/A
RM10-15	交流	15	6,10,15
RM10-60	220,380 或 500	60	15,20,25,35,45,60
RM10-100	直流	100	60,80,100,125,160,200
RM10-200	220,440	200	100,125,160,200
RM10-350		350	200,225,260,300,350
RM10-600		600	350,430,500,600

4. 自动空气开关的选择

(1) 照明负荷

当照明支路负荷采用自动空气开关作为控制和保护时，其延时和瞬间过电流脱扣器的整定电流分别为

$$I_{zd1} \geqslant K_{k1} I_C \tag{2-37}$$

$$I_{zd3} \geqslant K_{k3} I_C \tag{2-38}$$

式中：I_{zd1}——自动空气开关长延时过电流脱扣器的动作整定电流；

I_{zd3}——自动空气开关瞬时过电流脱扣器的动作整定电流；

K_{k1}——用于长延时过电流脱扣器的计算系数，见表 2-6；

K_{k3}——用于瞬时过电流脱扣器的计算系数，见表 2-6；

I_C——照明支路的计算电流。

表 2-6　计算系数 K_{k1}、K_{k3} 值

计 算 系 数	白炽灯、荧光灯、卤钨灯	高 压 汞 灯	高 压 钠 灯
K_{k1}	1	1.1	1
K_{k3}	6	6	6

(2) 电热负荷

对于大容量的电热负荷，如用自动开关作为控制和保护时，其过电流脱扣器的整定电流应符合下式要求：

$$I_{zd} \geqslant I_C \tag{2-39}$$

式中：I_{zd}——自动开关过电流脱扣器的整定电流；

I_C——电热负载回路计算电流。

(3) 电动机类负荷

对于单台电动机回路，自动空气开关的整定电流取

$$I_{zd1} \geqslant I_N \tag{2-40}$$

$$I_{zd3} \approx K_{C1}\ I_{st} \tag{2-41}$$

对于多台电动机回路，其整定电流取

$$I_{zd1} \geqslant I_C \tag{2-42}$$

$$I_{zd3} \approx K_{C3}[I_{st(max)} + I_{C(n-1)}] \tag{2-43}$$

式中：I_N——电动机的额定电流；

I_{st}——电动机的起动电流；

$I_{st(max)}$——起动电流最大的一台电动机的起动电流；

I_C——多台电动机回路的计算电流；

K_{C1}——单台电动机回路的计算系数，取1.7～2；

K_{C3}——多台电动机回路的计算系数，取1.2；

$I_{C(n-1)}$——除了起动电流最大的一台电动机以外的回路计算电流。

(4) 配电线路

配电线路中有时不仅有照明负荷，同时还有一般电力负荷，所以在选用自动空气开关作为保护或控制时，应注意以下几点：

① 长延时过电流脱扣器的动作电流的整定值 I_{zd1} 为导线允许载流量的80%～110%。

② 短延时动作电流整定值 $I_{zd2} \geqslant 1.1(I_C + 1.35K_{I_{st}} I_{N(max)})$，$K_{I_{st}}$ 为电动机的起动电流倍数；$I_{N(max)}$ 为额定电流最大的一台电动机的额定电流值。

③ 短延时过电流脱扣器动作时间的整定，应根据保护装置的选择来确定，一般分为0.1(或0.2)s、0.4s和0.6s三种。

④ 无短延时的瞬时过电流脱扣器的动作电流整定值

$$I_{zd3} \geqslant 1.1(I_C + 1.35K_1 K_{I_{Nst}} I_{N(max)}) \tag{2-44}$$

式中：K_1——电动机起动电流的冲击系数，一般取 $K_1 = 1.7$～2；

$K_{I_{Nst}}$——电动机的额定起动电流倍数。如短延时，其瞬时过电流脱扣器的动作电流整定值应大于等于下一级开关进线端计算短路电流值的1.1倍。

(5) 自动空气开关选择的一般条件

在选择自动空气开关时，除应满足上述几项具体要求外，所有自动空气开关都还应满足以下选择条件：

① 自动空气开关的额定电压≥线路的额定电压；

② 自动空气开关的额定电流≥线路的计算负荷电流；

③ 自动空气开关脱扣器的整定电流≥线路的计算负荷电流；

④ 自动空气开关的极限通断能力≥线路中最大短路电流；

⑤ 自动空气开关欠电压脱扣器的额定电压应等于线路的额定电压。

此外还应注意，作为配电用的自动空气开关，一般不应用作电动机的保护，这是因为两种自动空气开关的保护动作时间是不一样的。

对于电动机，应选用电动机保护用的自动空气开关。关于自动空气开关的详细选择要求和技术指标，可查阅有关手册和附录Ⅳ。

5. 用电设备及配电线路的短路和过载保护及上、下级保护电器之间的配合

为了保证对各类用电设备可靠安全地供电，保证用电设备正常工作，需要对用电设备及其相应的配电线路进行短路和过载保护。

(1) 在民用建筑中，照明电器、风扇、小型排风机、小容量空调和电热电器等，一般都划归为照明用电负荷，所以都可由照明支路的保护装置作为对它们的保护。对照明电路的保护主要考虑设置短路保护。对于要求不高的场合可采用熔断器保护；对于要求较高的场合，则可采用带短路脱扣器的自动保护开关(自动空气开关)进行保护，它可以同时对照明线路进行短路和过载保护。

(2) 在民用建筑中，常把负载电流为16A以上或容量在3.2kW以上的较大容量用电设备划归为动力用电设备。对于动力负荷，一般不允许从照明插座直接取用电源，需要单独从电力(动力)配电箱或照明配电箱中分路供电。除本身单独设有保护装置外，还需在分路供电线路上装设单独的保护装置作为后备保护。

(3) 对于电热电器类用电设备，一般只考虑短路保护。对于容量较大的电热电器，若按单独分路装设短路保护装置时，可采用熔断器或自动空气开关进行短路保护。

(4) 对于电动机类用电负荷，若采用单独分路装设保护装置，除需装设短路保护外，还需装设过载保护，这类保护可由熔断器和带过载保护的磁力起动器(由交流接触器和热继电器组成)实现，或由带短路和过载保护的自动空气开关进行保护。

(5) 对于低压配电线路，一般主要考虑短路和过载两项保护，但从发展趋势来看，需进一步考虑过电压和欠电压保护。过压往往是由意外情况引起的，如高压架空线断落或零线断落引起中性点偏移或某相电压偏高，以及雷击低压线路等；欠电压往往由于负荷太大引起供电电压下降造成。为了避免这种情况发生，可在低压配电线路上采取适当分级装设过压和欠压保护开关等。

在低压配电线路上，在选择熔断器和自动空气开关等保护电器时，除按上述要求选择外，还必须注意上、下级保护电器之间的正确配合，这是因为配电系统某处发生故障时，为了防止事故扩大到非故障段区，要求上、下级保护电器之间有正确的配合，具体要求如下：

① 当上、下级均采用熔断器保护时，一般要求上一级熔断器熔体本身的额定电流比下一级熔体本身的额定电流大2～3倍；

② 当上、下级保护均采用自动开关时，应使上一级自动开关脱扣器的额定电流大于下一级脱扣器的额定电流的1.2倍以上；

③ 当上一级采用自动空气开关，下一级采用熔断器时，要求在熔断保护特性曲线图上，熔断器在考虑了正误差后的熔断特性曲线在自动空气开关考虑了负误差后的保护特性曲线之下；

④ 当上一级采用熔断器，下一级采用自动空气开关时，要求在熔断保护特性曲线图上，熔断器在考虑了负误差后的熔断特性曲线在自动空气开关考虑了正误差后的保护特性曲线之上。

6. 接触器的选择

(1) 接触器的类型选择

主要是根据接触器所控制的负载性质来选择直流接触器还是交流接触器等类型。

(2) 触头额定电压的选择

接触器的触头额定电压应大于或等于负载回路电压。

(3) 触头额定电流的选择

接触器的触头额定电流应大于或等于被控回路的额定电流。对于电动机类负载可按以下经验公式计算：

$$I_C = \frac{P_N \times 10^3}{KU_N} \tag{2-45}$$

式中：I_C——接触器主触头电流；

P_N——电动机的额定功率；

U_N——电动机的额定电压;

K——计算系数,一般取1~1.4。

选择接触器的额定电流应大于 I_C,也可查手册和附录Ⅰ中表Ⅰ-4或5,根据其技术指标确定。一般在实际使用中,为了使用可靠,所选用的接触器主触头额定电流应比实际计算值 I_C 大一个等级。尤其是用在频繁起动、制动和正反转的场合时,特别要注意这一点。

(4) 控制线圈的额定电压选择

由于接触器的控制线圈即吸引线圈的额定电压有多个等级,所以在选择控制线圈即吸引线圈的额定电压时,必须与所接控制回路的额定电压相等。通常有36,110,220,380V等。

(5) 接触器的触头数量、种类选择

接触器的触头数量和种类应满足主电路和控制线路的要求。

7. 继电器的选择

(1) 热继电器

热继电器有两相式、三相式及三相带断相保护等形式。对于星形接法的电动机及电源在对称性较好的情况下,可采用两相结构的热继电器。对于三角形接法的电动机或电源在对称性不够好的情况下,应选用三相结构或带断相保护的三相结构的热继电器。

热继电器发热元件额定电流,一般情况下应根据电动机的额定电流选择。根据实际负荷要求选取热继电器的热元件整定值为电动机或被保护线路的额定电流的95%~105%。

(2) 电磁式继电器

电磁式继电器主要有中间继电器、电流继电器、电压继电器等。选用电磁式继电器主要根据被控制或被保护对象的特性、触头的种类和数量、控制电路的电压、电流、负载性质等因素。线圈电压、电流应满足控制线路的要求。如果控制电流超过继电器触头额定电流时,可将触头并联使用;可通过触头串联使用来提高触头的分断能力。当控制回路需要较多触头或回路控制电流较大时,可选用中间继电器。

(3) 时间继电器

时间继电器选用时应考虑延时方式(通电延时还是断电延时)、延时范围、延时精度要求和外形尺寸及安装方式等。常用的时间继电器有气囊式、电动式和电子式等。在延时精度要求不高,电压波动大的场合,可选用价格较低的电磁式或气囊式时间继电器。当延时范围较大,精度要求较高时,可选用电动式或电子式时间继电器。

2.5　常用继电接触典型控制

继电接触典型控制环节主要由接触器和多种继电器构成,主要用于三相异步电动机的控制。这样组成的控制系统具有线路简单、维修方便、便于掌握等优点,在各种生产机械的电气控制中得到了广泛应用。这类控制线路多种多样,此处仅对常用的典型控制环节进行介绍。

2.5.1　点动控制

点动控制电路是电动机最基本、最简单的控制单元电路之一,如图2-54所示。虚线框内所示电路就是最基本的点动控制电路。

点动控制基本控制过程是：合上电源开关 QK，按下起动按钮 SB，控制电路接通，接触器因其线圈 KM 通电而吸合，主触点 KM 闭合，主电路接通，电动机运转；松开 SB，线圈 KM 断电，接触器主触头断开，电动机断电而停转。上述控制方法称为点动控制，主要用于一些断续生产的运行，如行车、绕线机等机械生产中。

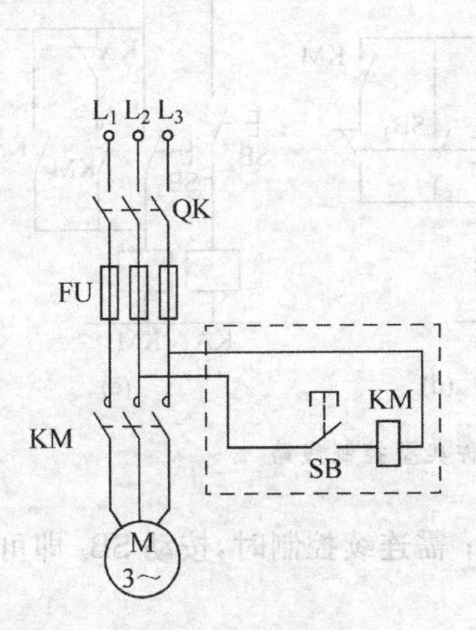

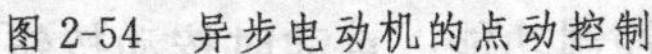
图 2-54　异步电动机的点动控制

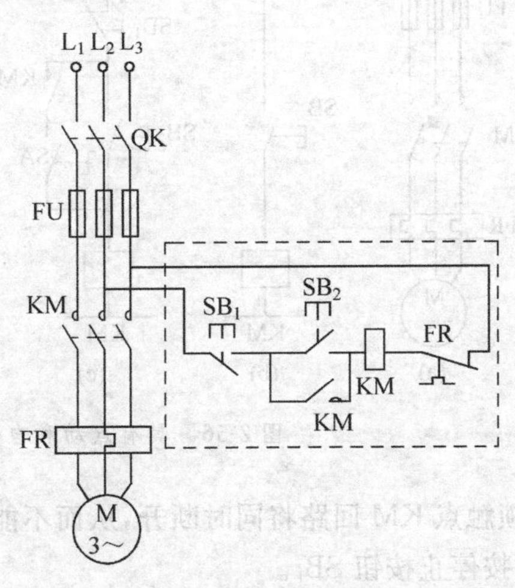

图 2-55　自锁和失压、短路及过载保护控制

2.5.2　自锁、失压、短路和过载保护控制

对于需连续运行的电动机，可采用如图 2-55 虚线框内所示的电路进行继电接触控制。在此电路中，接触器的一对常开辅助触点 KM 与起动按钮 SB_2 并联，再与停止按钮 SB_1 串联。其控制过程是：按下 SB_2，接触器因其线圈 KM 通电而吸合，主触点和辅助常开触点 KM 闭合，电动机起动；此时，辅助触点 KM 已闭合，当松开 SB_2 时，线圈 KM 仍能保持通电，电动机继续运行，辅助触点 KM 的这种作用称为自锁或自保持，其辅助触点在此称为自锁触点；按动 SB_1，线圈 KM 断电，主触点与自锁触点复位，电动机停转。

图 2-55 所示电路同时还具有短路保护、过载保护和失压保护功能。主电路中：熔断器 FU 起短路保护作用；热继电器 FR 起过载保护作用。当电动机的主电路过载时，串接于主电路中的发热元件 FR 动作，使串接于控制电路中的常闭触点 FR 断开，从而使接触器线圈 KM 断电释放，断开过载的电动机，起到过载保护作用。该控制电路同时还可起到失压保护的作用。当电源失压，如突然停电时，接触器线圈 KM 将断电释放，使已闭合的自锁触头 KM 断开，从而使 KM 线圈回路断电，当电源电压恢复时不会自行起动，只有再次起动 SB_2 方可继续工作，从而起到失压保护作用。

点动和自锁控制除上述介绍的基本控制电路形式外，还有其他形式的控制电路，如图 2-56 所示的几种控制电路，图中 QS 为旋转式电源开关，是既具有点动控制功能又具有连续控制(即自锁控制)功能的电路。

图 2-56 (c)所示控制电路是带手动开关 SA 的点动控制线路。当需要点动时将开关 SA 打开，操作 SB_2 即可实现点动控制；当需要连续工作时合上 SA，将自锁触头接入，即可实现连续控制。

图 2-56(d)增加了一个复合按钮 SB_3。点动控制时按动 SB_3 即可实现，因为按动 SB_3

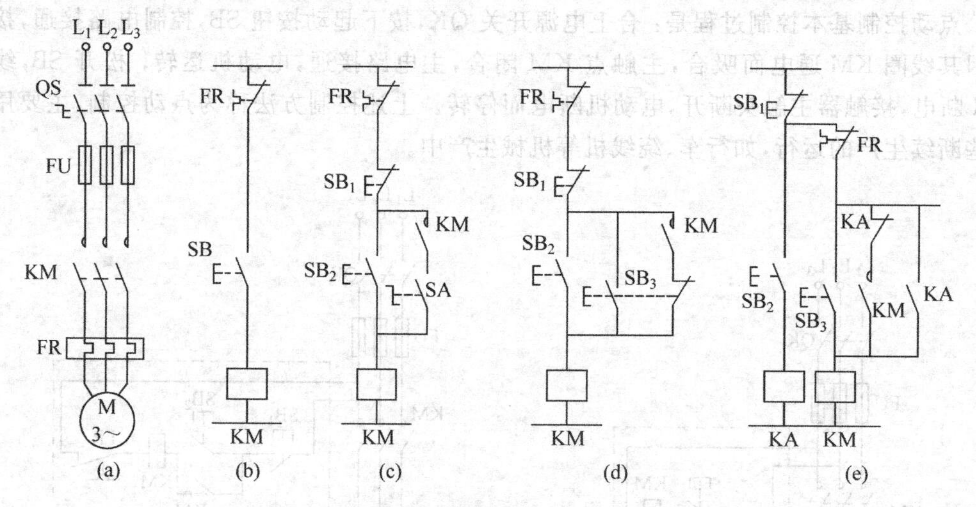

图 2-56 具有点动和自锁控制的几种典型控制线路

时,自锁触点 KM 回路将同时断开,从而不能实现自锁;需连续控制时,按动 SB_2 即可实现;停机时按停止按钮 SB_1。

图 2-56(e)利用中间继电器 KA 来实现点动和连续控制功能。点动时按动按钮 SB_2 控制中间继电器 KA,利用并联在 SB_2 两端的 KA 常开触点来控制接触器 KM,再控制电动机实现点动;当需要连续控制时,按下 SB_3 按钮即可实现;当需要停机时,按停止按钮 SB_1。

图 2-56 同样也具有失压、过载和短路保护功能,具体分析从略。

2.5.3 三相交流电动机的正反转控制

有些生产机械和加工工艺,往往要求其驱动的电动机能实现正、反转控制,如升降机、吊车、机床等。由电动机的原理可知:实现三相交流异步电动机的正反转,只要将其三相电源中的任意两根电源线对调即可实现。

如图 2-57 所示是由按钮和接触器等构成的正反转控制原理电路。图中 KM_1 为控制正转的接触器;KM_2 为控制反转的接触器。由于 KM_1 与 KM_2 的主触点接法不同,可以改变接入电动机 M 的电源相序,从而实现正、反转。从主电路可以看出:KM_1 与 KM_2 的主触点不允许同时闭合,否则会发生相间短路。为此,在控制电路 KM_1 与 KM_2 线圈回路中,分别串接了另一只接触器的常闭触点(KM_2 与 KM_1),以构成互锁,所以此触点称为互锁触点,所起作用称为互锁或连锁。由图 2-57 可知:当 KM_1 工作时,KM_2 就不能工作;当 KM_2 工作时,KM_1 就不可能工作,因此起到互锁作用。

图 2-57(b)为"正—停—反"控制形式。当按 SB_2 起动 KM_1 运行后,如要使 KM_2 通电运行,必须首先按下停止按钮 SB_1,然后再按 SB_3,方可实现反向控制,因此它是"正—停—反"控制线路。

图 2-57(c)为"正—反—停"控制形式。在生产实际中为了提高劳动生产率,减少辅助工时,有时要求直接实现正反转的变换控制。为此可用图 2-57(c)所示电路,利用两只复合按钮来实现。在这个线路中,正转起动是按下 SB_2 按钮,常闭触点断开,常开触点闭合使正转接触器 KM_1 的线圈瞬时通电,常闭触点则串接在反转接触器 KM_2 线圈回路中;而反转起

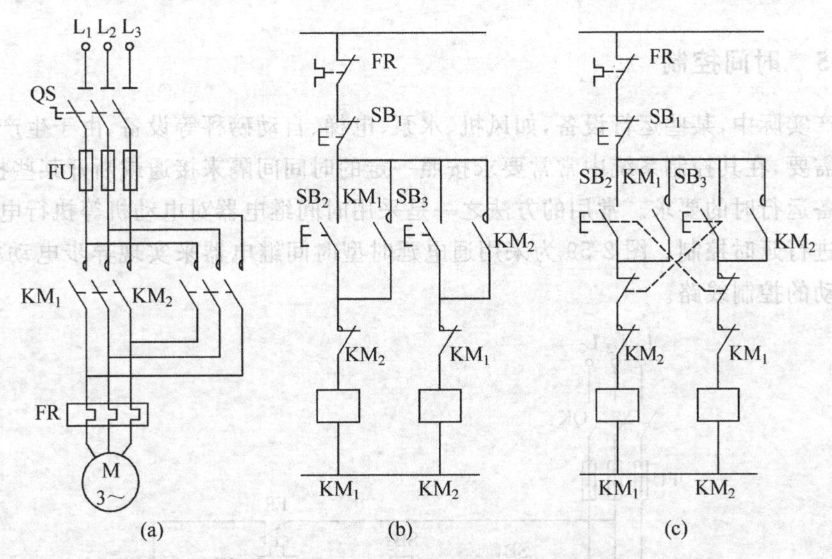

图 2-57 三相异步电动机的正反转控制

动是按下按钮 SB_3，起动过程与正转起动一样，因为控制线路的接法是相同的。当按下 SB_2 或 SB_3 时，首先是常闭触点断开，然后才是常开触点闭合。该线路中既有接触器的互锁，又有按钮的互锁，保证了电路可靠工作，此线路是电气控制系统中常用的控制线路之一。

2.5.4 限位控制

在生产实际中，常常需要控制某些机械的行程。例如建筑工地上的塔式起重机，工厂车间起重行车等，在其行走的轨道两端都设置有极限位置限位控制装置，以防发生越轨事故.

图 2-58 所示为一个具有限位控制的正、反转控制电路。图中 SQ_1 和 SQ_2 分别为两个位置的限位开关。当按下正转按钮 SB_2 时，接触器 KM_1 线圈通电，使电动机正转。当电动机所带动的有关机构到位后，带动限位开关 SQ_1 动作，使 KM_1 线圈断电，电动机自动停止工作；同样，当按反转按钮 SB_3 时，接触器 KM_2 线圈通电，使电动机反转，带动有关机构到位后，又带动限位开关 SQ_2 动作，使 KM_2 线圈断电，电动机自动停止工作。

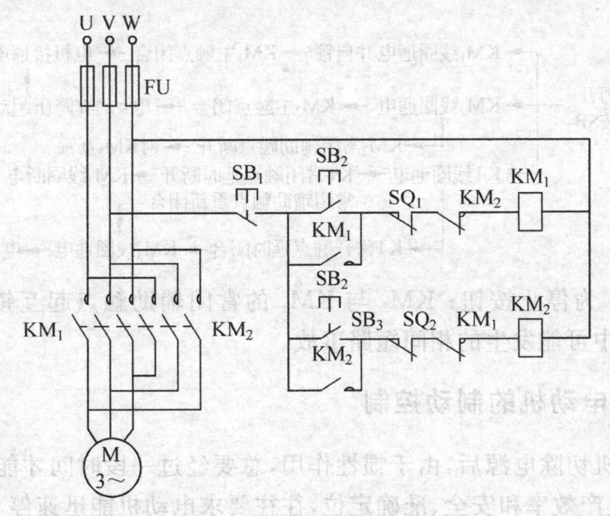

图 2-58 限位控制电路

2.5.5 时间控制

在生产实际中，某些运行设备，如风机、水泵、电梯、自动磅秤等设备，由于生产工艺或运行过程的需要，在其控制系统中常常要求按照一定的时间间隔来接通或断开某些控制环节，以满足设备运行时的要求。常用的方法之一是采用时间继电器对电动机等执行电器的某些控制环节进行延时控制。图 2-59 为采用通电延时型时间继电器来实现异步电动机 Y-Δ 降压延时起动的控制线路。

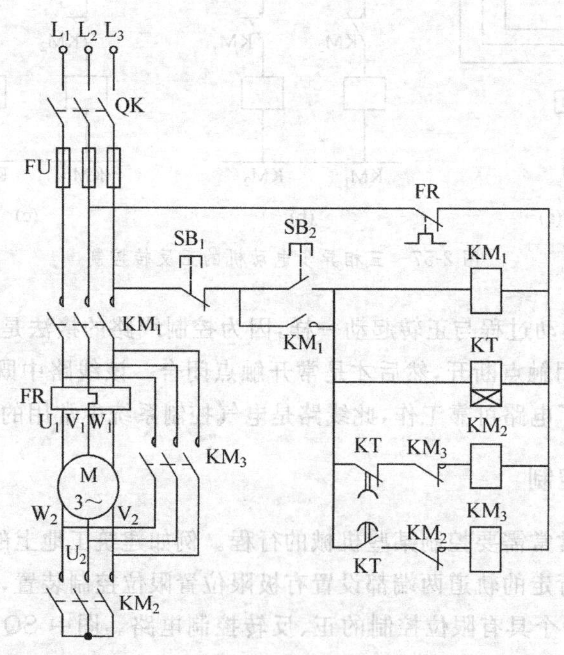

图 2-59 异步电动机 Y-Δ 降压延时起动控制线路

在图 2-59 中，交流接触器 KM_1 用于电动机的起动、停止控制，KM_2 和 KM_3 分别用于控制电动机 Y 和 Δ 运行，并分别由时间继电器的延时断开常闭触点和延时闭合常开触点控制，其工作过程如下：

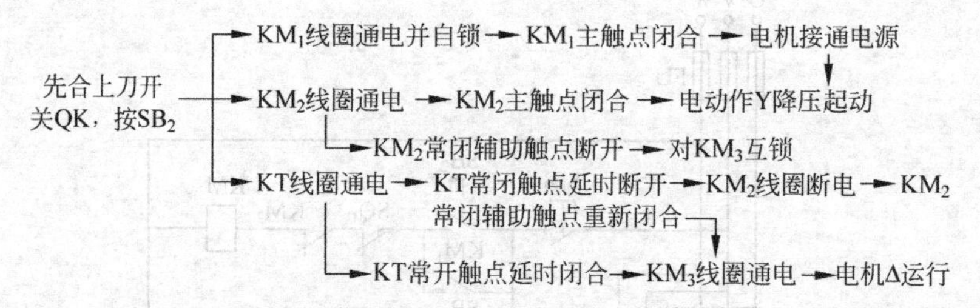

图 2-59 中，SB_1 为停止按钮；KM_2 与 KM_3 的常闭辅助触点起互锁作用，以防电机在 Y-Δ 降压起动过程中可能发生的相间短路事故。

2.5.6 异步电动机的制动控制

三相异步电动机切除电源后，由于惯性作用，总要经过一段时间才能完全停转。在生产实际中，为了提高生产效率和安全、准确定位，往往要求电动机能迅速停车，也就是对电动机的制动控制。常用的制动方法可分为机械制动和电气制动两大类。

电气制动是利用电气方法来制动。常用的电气制动方法有两种，即反接制动和能耗制动。此处仅介绍能耗制动的具体方法。图2-60是按时间原则进行控制的单方向进行运转的能耗制动控制线路。

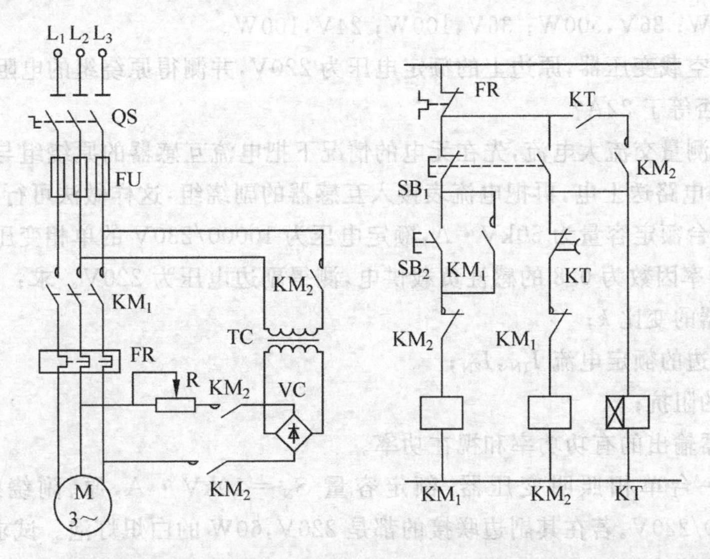

图2-60 按时间原则控制的电动机单向运转能耗制动线路

如图2-60所示，在电动机正常运转时，若按下停止按钮 SB_1，电动机由于 KM_1 断电而脱离三相交流电源，而 KM_1 断电后常闭触头 KM_1 复位，使接触器 KM_2 线圈通电，KM_2 主触头闭合，从而直流电通入定子绕组，时间继电器KT线圈与 KM_2 线圈同时通电并自锁，于是电动机进入能耗制动状态。当其转子的惯性旋转速度接近于零时，时间继电器延时断开的常闭触头断开，使接触器 KM_2 线圈回路断电。闭合的自锁触头 KM_2 释放而断开 KM_2 和KT的线圈回路，电动机能耗制动结束。图中KT的瞬时常开触头的作用是：当KT线圈断线或机械卡位故障或 KM_2 出现不释放故障时，在按下按钮 SB_1 后，正在运转的电动机迅速能耗制动，而不使 KM_2 长时间自锁，从而两相定子绕组不致长期接入能耗制动的直流电源，防止定子绕组被烧坏。

思考题与习题

2-1 为什么变压器只能变换交流电压而不能变换直流电压？如把一台规定接在交流电压220V上的变压器误接到了直流电压220V上。试问会产生什么现象和后果？

2-2 一台铁芯变压器接在交流电源上是能正常工作的。有人为了减少变压器的铁损耗，把铁芯抽去，当再接上交流电源时，变压器很快被烧毁。试问这是什么原因？

2-3 一台220/110V的变压器，它的匝数比为2。能否用它把440V的电压降低到220V？或把220V的电压升高到440V？有人为了节省变压器绕组的导线，拟将该变压器改为原绕组 $N_1=2$ 匝，副绕组 $N_2=1$ 匝，这样是否可行？

2-4 变压器副边的额定电压是否就是副边输出额定负载电流时的端电压？为什么变

压器副边的额定电压至少要比电网的额定电压高5%？

2-5 建筑工地和一般民用供电为什么大多采用Y,y_N(Y/Y_0)联接方式的变压器？

2-6 工地上有一台行灯变压器,铭牌上标着$S_N=300VA$,$U_{1N}/U_{2N}=220/36V$。试问下列哪种规格的白炽灯泡能接在该变压器副边使用？

220V,100W；36V,500W；36V,100W；24V,100W。

2-7 有一空载变压器,原边上的额定电压为220V,并测得原绕组的电阻$R_1=10\Omega$。试问原边电流是否等于22A？

2-8 为了测量交流大电流,先在无电的情况下把电流互感器的原绕组与被测电路串联好,然后给被测电路送上电,再把电流表接入互感器的副绕组,这样做法可行吗？

2-9 有一台额定容量为50kV·A,额定电压为10000/230V的单相变压器。在额定状态下运行,向功率因数为0.8的感性负载供电,测得副边电压为220V。求：

(1) 变压器的变比k；

(2) 原、副边的额定电流I_{1N},I_{2N}；

(3) 负载的阻抗；

(4) 变压器输出的有功功率和视在功率。

2-10 有一台单相照明变压器,额定容量$S_N=10kV\cdot A$,原、副绕组的额定电压$U_{1N}/U_{2N}=3300/220V$。若在其副边联接的都是220V,60W的白炽灯泡。试求：

(1) 能接多少个？

(2) 原、副边的额定电流是多少？

2-11 有一台单相变压器,它的额定容量为50kV·A,额定电压为10/0.23kV,空载电流为原边额定电流的5%,空载时的功率因数$\cos\varphi_0=0.2$,额定负载时的铜损为1240W。用该变压器向电阻性负载供电,额定负载时副边的电压为225V。试求：

(1) 变压器原、副边的额定电流；

(2) 空载电流及铁损；

(3) 额定负载时的效率。

2-12 有一台三相变压器,额定容量$S_N=100kV\cdot A$,原边额定电压$U_{1N}=10kV$,原绕组每相的匝数$N_1=2100$,副绕组每相的匝数$N_2=84$。试求：当采用Y,y_N(Y/Y_0)联接时,副边的线电压、相电压、线电流和相电流。

2-13 已知某建筑工地的三相负载功率$P_2=252kW$,功率因数$\cos\varphi_2=0.8$。准备单独设置一台Y,y_N(Y/Y_0)联接方式的配电变压器,接在附近的10kV高压电网上,用400V的低压对工地的动力、照明供电。试估算所需变压器的额定容量S_N,以及原、副边的额定电流I_{1N}、I_{2N},并初选该变压器的型号。

2-14 一台三相异步电动机定子绕组的六个出线端为U_1—U_2,V_1—V_2,W_1—W_2,如图2-61所示。当这台电动机为Δ联接时,六个出线端应当怎样联接？如果接成Y,六个出线端又应当怎样联接？请分别画出Δ和Y的接线图。

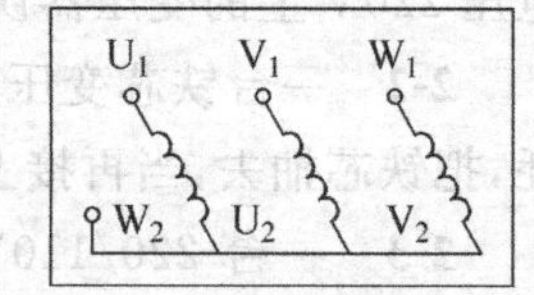

图2-61 绕组联接

2-15 试述旋转磁场产生的条件。旋转磁场的转向和转速是如何确定的？怎样改变旋转磁场的转向？

2-16 当异步电动机的定子绕组接入三相电源后,若转子被阻,长期不能转动,对电动机有何危害？遇到这种情况，应首先采取什么措施？

2-17 如果绕线式电动机的转子电路开路，定子绕组接入三相电源后电动机能否起动？是否有危险？

2-18 三相异步电动机在一定的负载阻转矩运行时，如果电源电压降低，电动机的电磁转矩、转速及电流有无变化？如电压下降过多，往往会使电机发热，甚至烧毁。试说明原因。

2-19 异步电动机转子电路中的电动势、电流、频率、感抗以及功率因数等与转速有无关系？试说明原因，并用表达式表示。

2-20 异步电动机的额定功率指什么？是指输入电动机的电功率，还是指电动机轴上输出的机械功率？输入功率表达式中的功率因数 $\cos\varphi$，其相位差角 φ 是哪两个相量的夹角？是线电压与线电流吗？

2-21 有些三相异步电动机有 380/220V 两种额定电压，定子绕组可以联接成星形（Y），也可以联接成三角形（Δ）。试问在什么情况下采用这种或那种联接方法？采用不同的联接方法时，电动机的额定值：功率、相电压、线电压、相电流、线电流、效率、功率因数，以及转速等有无变化？

2-22 在电源电压不变的情况下，如果误把电动机的三角形（Δ）联接接成了星形（Y），或把星形（Y）联接误接成了三角形（Δ），其后果如何？

2-23 三相异步电动机和单相电容式电动机改变旋转方向的方法是否相同？罩极式单相电动机的旋转方向能否改变？

2-24 有一台吊扇，安装完毕后通电，发现扇叶是旋转的，但没有风，是什么原因？怎样解决？

2-25 三相异步电动机在其起动前已缺了一相电，送上两相电它能否起动？若在起动运转以后断了一相电，它能否继续运转？这两种情况下继续给电动机送电有无危害？应如何处理？

2-26 有一台三相异步电动机，其磁极对数 $p=1$，Y形联接，定子绕组的结构如图 2-62 所示，AX、BY、CZ 绕组分别通入三相电流

$$i_A = I_m \sin\omega t$$
$$i_B = I_m \sin(\omega t - 120^\circ)$$
$$i_C = I_m \sin(\omega t + 120^\circ)$$

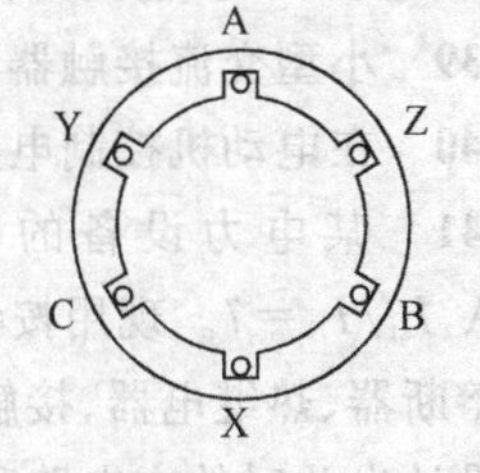

图 2-62 题 2-26 定子绕组示意图

试画出 $\omega t = 90^\circ$ 和 $\omega t = 180^\circ$ 的定子合成磁场的图形。如将 A，B 两根电源线对调，再画出上述两个时刻的定子合成磁场的图形。

2-27 有一台异步电动机，其额定值如下：电压 220/380 V、接法 Δ/Y、电流 11.25/6.5A、功率 3kW、功率因数 $\cos\varphi=0.86$、转速 1430r/min、频率 $f=50$Hz。求磁极对数 p、额定转差率 s_N、额定效率 η_N。

2-28 某异步电动机的额定转速 $n_N=2890$r/min，额定功率 7.5kW，最大转矩 $T_{max}=50.96$N·m，求电动机的过载能力。

2-29 某三相异步电动机，由空载到满载时其转差率 s 由 0.5%变化到 4%。已知电源频率 $f_1=50$Hz，同步转速 $n_1=1000$r/min。试问电动机的转速以及转子电路的电动势（或电流）的频率是怎样变化的？

2-30 一台 Y225M—6 电动机，$P_N=30$kW、$U_N=380$V、$n_N=980$r/min、效率 $\eta_N=$

90.2%、功率因数 $\cos\varphi_N=0.85$、起动电流/额定电流 = 6.5、起动转矩/额定转矩 = 1.7、$\lambda=2.2$。试求：(1)额定电流 I_N；(2)额定转差率 s_N；(3)额定电磁转矩 T_N；(4)起动转矩 T_{st} 和最大转矩 T_{max}。

2-31 一个抽水站的水泵，流量 $Q=600m^3/h$(立方米/小时)，效率 $\eta_2=0.8$，泵与电动机用联轴器直接联接，水的比重 $\rho=1000kg/m^3$，今须将水送至 22m 的高处，试选择一台水泵用的电动机。水泵的转速是 1480r/min，产品目录给出的电动机容量等级是 22、30、37、45、55、75kW。

2-32 一台电动机的旋转磁场转速 $n_1=1500r/min$，这台电动机是几对极的？当电动机转子转速 $n=0r/min$ 时，它的转差率 $s_{st}=$？当转子转速 $n=1460r/min$ 时，转差率 $s=$？

2-33 一台三相异步电动机，$p=3$，额定转速 $n_N=960r/min$，转子电阻 $R_2=0.02\Omega$、$X_{20}=0.08\Omega$，转子电动势 $E_{20}=20V$，电源频率 $f_1=50Hz$。求该电动机在起动时和额定转速下，转子电流 $I_2=$？

2-34 一台三相异步电动机，额定功率 $P_N=10kW$、额定电压 $U_N=380V$、额定电流 $I_N=34.6A$、电源频率 $f_1=50Hz$、额定转速 $n_N=1450r/min$，采用 Δ 联接方法。求：

(1) 这台电动机的 $p=$？同步转速 $n_1=$？

(2) 这台电动机能采用 Y-Δ 方法起动吗？若 $I_{st}/I_N=6.5$，采用 Y-Δ 起动时，电机起动电流 $I_{st}=$？

2-35 民用建筑中常用的低压电器有哪些？低压电器按用途分通常有哪些类型？

2-36 民用建筑中常用低压开关电器有哪些？常用短路和过载保护电器有哪些？

2-37 低压自动空气开关的作用是什么？为什么它能带负荷通、断电路？

2-38 线圈额定电压为 220V 的交流接触器如果接在交流电压为 380V 的线路中会发生什么问题？反之，情况如何？如接在直流电压为 220V 的直流线路中又会怎么样？

2-39 小型交流接触器与中间继电器有何区别？

2-40 在电动机控制电路中，应用了热继电器后为何还要用熔断器？

2-41 某电力设备的电动机型号为 JO2—42—4，$P_N=5.5kW$，$U_N=380V$，$I_N=11.25A$，$I_{st}/I_N=7$。现用按钮进行启、停操纵(可连续运行)，需有短路和过载保护。试选用按钮、熔断器、热继电器、接触器及刀开关的参数和型号。若选用自动空气开关代替有关电器，请设计出此时的主电路和控制电路，并选用自动空气开关的规格和型号。

2-42 图 2-63 为某配电系统，该系统中电气设备及其参数如表 2-7 所示。试选择各级自动开关的参数和型号规格。

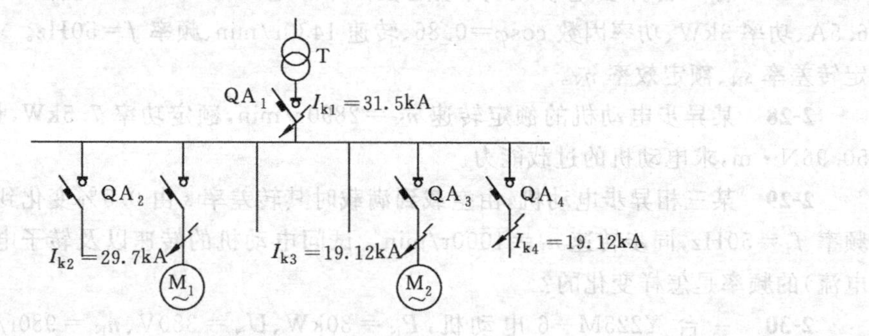

图 2-63 题 2-42 图

表 2-7　题 2-42 配电系统电气设备及参数

符　　号	名称及用途	性 能 参 数
T	变压器	1000kVA　6/0.4kV　$I_N=1445A$
M_1 M_2	电动机 M_1 和 M_2 (均为轻载启动)	M_1：180kW　$I_N=329A$　$I_{st}/I_N=5.8$ M_2：100kW　$I_N=182.4A$　$I_{st}/I_N=6.5$
QA_1	变压器主保护自动开关	$I_{N1}=1445A$(线路电流)
QA_2	电动机 M_1 保护用自动开关	$I_{N2}=329A$(线路电流)
QA_3	电动机 M_2 保护用自动开关	$I_{N3}=182.4A$(线路电流)
QA_4	一般照明支路自动开关	$I_{N4}=60A$(线路电流)

2-43　有一皮带运输机由两台电动机拖动，现工艺要求(1)M_1 电动机启动 3s 后 M_2 启动；(2)M_2 停车后 M_1 才能停车；(3)有短路和过载保护。试画出其控制电路。

第3章 民用建筑常用电子技术基本知识

电子技术的飞速发展，使其在现代生产和科技的各个领域以及人们日常生活中的应用越来越广泛，在建筑行业同样得到了广泛的应用，如在电子通信、电焊机、火灾自动报警、电梯和中央空调的自动控制、楼宇自动化等各个方面。通过本章的学习，读者可初步掌握民用建筑电气装置中的常用电子器件及基本电子电路和常用电子电路，为搞好民用建筑的电气设计提供必要的基础知识。

3.1 常用晶体二极管及其应用

3.1.1 晶体二极管

1. 晶体二极管的结构

晶体二极管是一种常用的电子元件，它是通过向纯净半导体(硅或锗)材料掺入少量5价元素(如磷)和掺入少量3价元素(如硼)后而分别形成N型半导体和P型半导体。如在同一块半导体材料上，一边掺入5价元素形成N型半导体，另一边掺入少量3价元素形成P型半导体，于是在P型半导体和N型半导体的交界面处就会形成一个PN结。在一个PN结的两端，各引一根电极，并用外壳封装起来，就构成了晶体二极管(或称半导体二极管，简称二极管)。P区引出的电极为正极(亦称阳极)；N区引出的电极为负极(亦称阴极)。二极管的电路符号如图3-1(a)所示。按照结构工艺的不同，二极管可分为点接触型和面接触型两类，如图3-1(b)、(c)所示。点接触型的优点是PN结的面积小，适用于做高频电路检波和脉冲数字电路中的开关元件，也可用于小电流整流，其缺点是不能通过大电流。面接触型的优点是结面积大，能通过很大的电流，适用于整流电路，缺点是结电容大，不宜用于高频电路中。

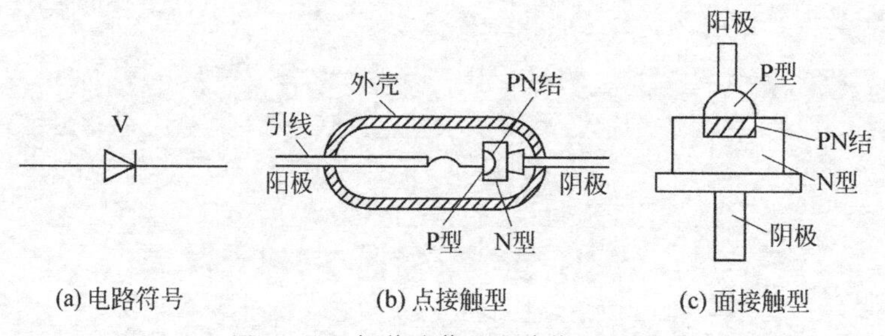

图3-1 二极管的符号和结构示意图

2. 二极管的伏安特性

所谓伏安特性，就是加在二极管两端的电压和通过管子的电流之间的关系，即$I=f(U)$。它能够直观、形象地体现二极管的单向导电特性。

二极管的伏安特性方程为

$$I = I_S(e^{\frac{U}{U_T}} - 1) \tag{3-1}$$

通常在300K时，上式中的$U_T \approx 26\text{mV}$。I_S为反向饱和电流。

实际二极管的伏安特性如图3-2所示，图中画出了2CP12和2AP9的伏安特性曲线。曲线可以分三段加以说明。第①段为正向特性，此时加于二极管的正向电压只有零点几伏，但流过的电流却很大，二极管呈现的正向电阻很小。但是，当正向电压较小时，正向电流几乎为零，这是因为外电场不足以克服PN结的内电场对扩散运动的阻力。只有当外加电压超过某一数值时，正向电流才会明显增加，这个电压叫做门槛电压U_{th}（又称死区电压），硅管的U_{th}约为0.5V，锗管的U_{th}约为0.1V。当正向电压大于U_{th}时，管子才处于导通状态。第②段为反向特性，在反向电压作用下，反向电流极小，可以认为二极管是不导通的，一般硅管的反向电流比锗管小得多。第③段为反向击穿特性，当反向电压增加到一定数值时，反向电流就会突然剧增，这叫做二极管的反向击穿。二极管发生击穿，并不是说二极管已经损坏，只是说当反向电压撤去后，二极管不能恢复正常。只有当反向击穿时，二极管所产生的热量不能散发出去，二极管的温度会越来越高，直到烧坏，这也叫做热击穿。前者称为电击穿，电击穿分为齐纳击穿和雪崩击穿。

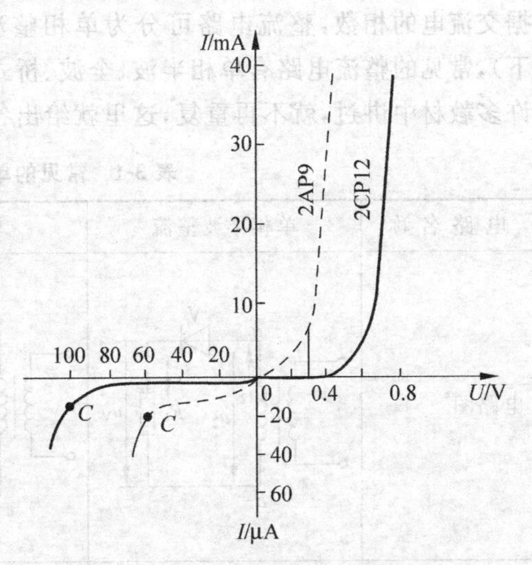

图3-2　二极管的伏安特性曲线

3. 二极管的主要参数

二极管的特性除了用伏安特性曲线表示外，还可以用一套参数来描述，它是合理选用和正确使用二极管的依据。

(1) 最大整流电流 I_F

I_F是指二极管长期运行时，允许通过的最大正向平均电流。I_F由PN结的面积和散热条件所决定，使用时不能超过此值，否则可能烧坏二极管。

(2) 最高反向工作电压 U_{RM}

U_{RM}是指允许加在二极管上的反向电压的最大值（峰值）。为安全起见，最高反向工作电压约为击穿电压的一半。

(3) 反向电流 I_R

I_R指管子未击穿时的反向电流，其值越小，则二极管的单向导电性越好。由于温度增加，反向电流会急剧增加，所以在使用二极管时要注意温度的影响。

(4) 最高工作频率 f_M

二极管工作在高频时，电流容易从结电容通过，使其单向导电性变差，甚至可能失去单向导电性，为此规定一个最高工作频率。它主要取决于PN结电容的大小，结电容越大，则f_M越低。

4. 二极管的典型应用

(1) 整流电路

利用二极管的单向导电性,将交流电变换为单向脉动直流电的电路,称为整流电路。根据交流电的相数,整流电路可分为单相整流和三相整流。在小功率整流电路中(1kW 以下),常见的整流电路有单相半波、全波、桥式和倍压整流电路。这些整流电路的原理在其他许多教材中讲过,就不再重复,这里就给出各种单相整流电路的比较,如表 3-1 所示。

表 3-1 常见的单相整流电路及其波形

电路名称	单相半波整流	单相全波整流	单相桥式整流
电路图	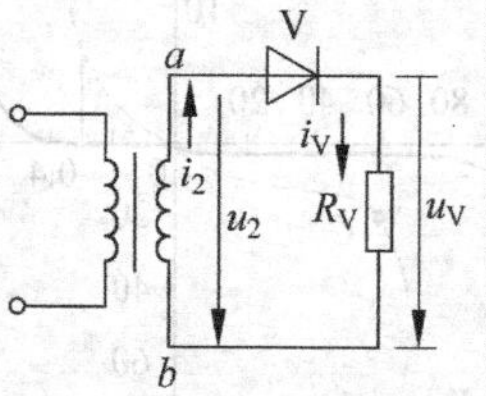	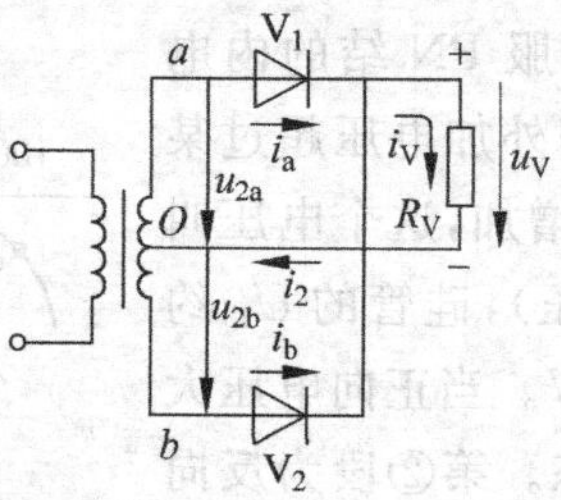	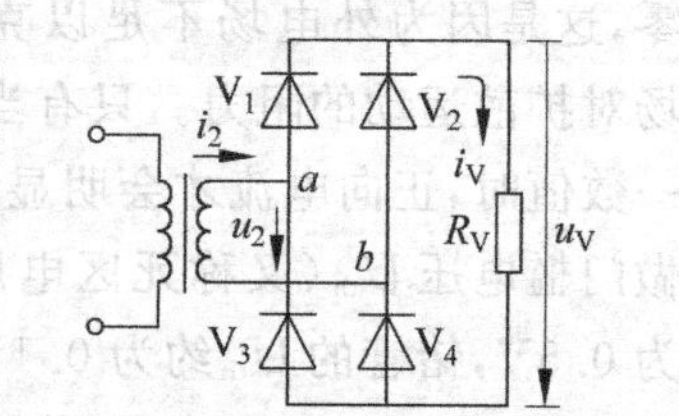
整流变压器二次侧电压波形			
整流输出电压波形			
流过元件 V 电流(纯电阻负载)			
二极管元件导电次序	V　V	V_1　V_2　V_1　180°	V_1V_4　V_2V_3　V_1V_4　180°　180°
二极管元件 V 两端电压波形	180°　U_{2m}	$2U_{2m}$	U_{2m}

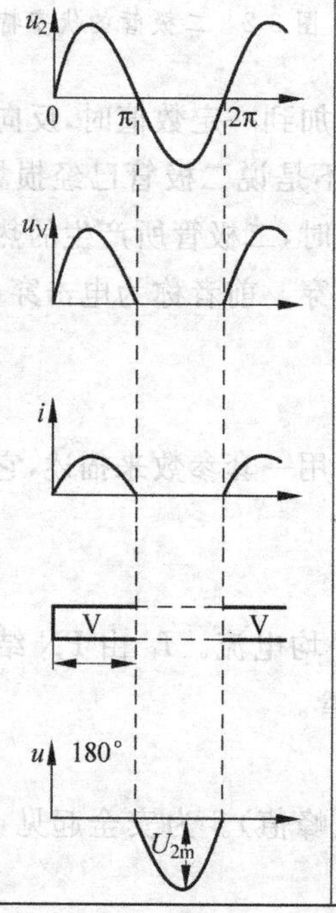

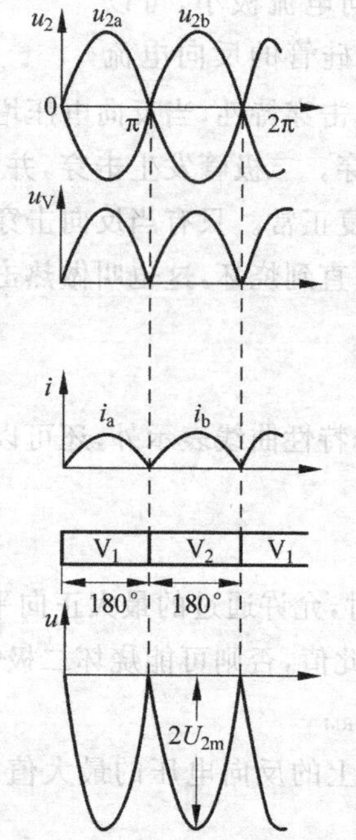

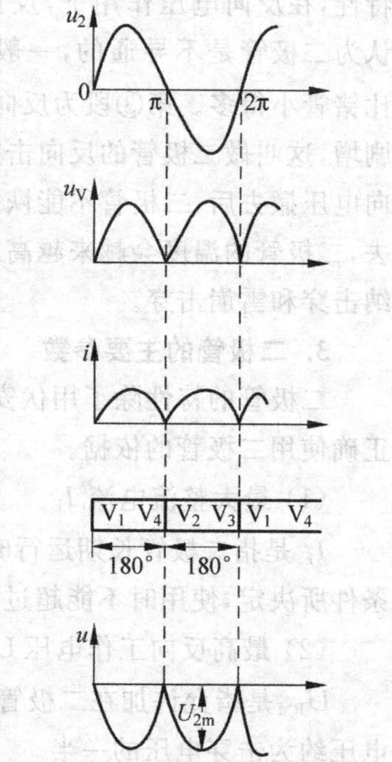

(2) 限幅电路

一种简单的限幅电路如图 3-3 所示。当 u_i 小于二极管导通电压量时,二极管不通,$u_o \approx u_i$;u_i超过导通电压后,二极管导通,其两端电压就是 u_{ref}。由于二极管正向导通后,两端电压变化很小,所以当 u_i 有很大的变化时,u_o 的数值却被限制在一定范围内。这种电路可用来减小某些信号的幅值以适应不同的要求或保护电路中的元件。

(3) 开关电路

在开关电路中,利用二极管的单向导电性以接通或断开电路,这在数字电路中得到广泛的应用。在分析这种电路时，应当掌握一条基本原则，即判断电路中的二极管处于导通状态还是截止状态。可以先将二极管断开，然后计算二极管的正、负两极间是正向电压还是反向电压，若是前者则二极管导通，否则二极管截止。若有两个二极管两极间看上去都是正向电压，则要看哪一个二极管两端的压降大，压降大的二极管将首先导通，然后再看另一个二极管两极间的电压是正向电压还是反向电压，再作判断。如图 3-4 为由二极管构成的一个开关电路。图中有两个二极管，在两个输入端输入不同的电压时，两个二极管的工作状态是不一样的。设图中的二极管采用恒压降模型，其工作状态如表 3-2 所示。

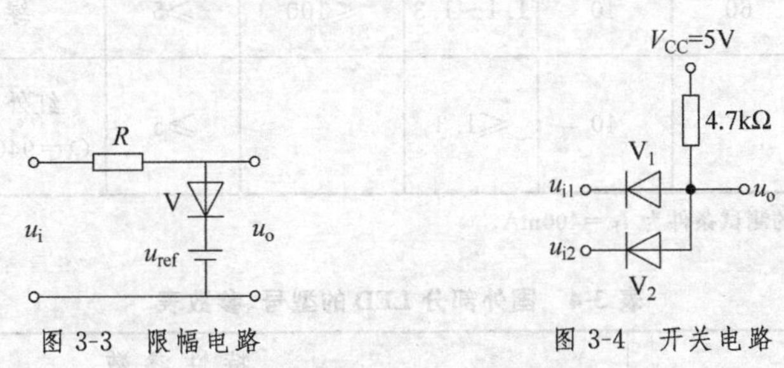

图 3-3　限幅电路　　　图 3-4　开关电路

表 3-2　开关电路工作状态表

u_{i1}/V	u_{i2}/V	二极管工作状态		u_o/V
		V_1	V_2	
0	0	导通	导通	0.7
0	3.5	导通	截止	0.7
3.5	0	截止	导通	0.7
3.5	3.5	导通	导通	4.2

3.1.2　特殊二极管

除前面所讨论的普通二极管外，还有若干种特殊二极管，如稳压二极管、光电子器件(包括发光二极管、光电二极管和光电耦合器)等。

1. 发光二极管(light emitting diode，LED)

发光二极管通常由砷化镓、磷化镓等化合物制成。当这种管子通以电流时将发出光来，这是由于电子空穴直接复合而放出能量的结果。其工作电压低，省电，工作温度范围宽(−30～85℃)，价廉，机械强度高，亮度好，有红、橙、黄、绿、蓝等颜色。几种常见发光材料的主要参数如表 3-3 和表 3-4 所示。

表 3-3　国产部分 LED 的型号、参数表

参考型号	极限功率 P_{CM}/mW	极限工作电流 I_{CM}/mA	正向工作电流 I_F/mA	正向工作电压 U_F/V	反向漏电流 I_R/μA	反向击穿电压 U_R/V	发光颜色	光视效能 K/(mlm/mW)
BT201A BT201E BT201F	100	70	20	≤2	≤100	≥5	红	≥1.5 ≥3 ≥4
BT203A BT203E BT203F	100	70	10	≤2	≤100	≥5	红	≥1.5 ≥3 ≥4

续表

参考型号	极限功率 P_{CM}/mW	极限工作电流 I_{CM}/mA	正向工作电流 I_F/mA	正向工作电压 U_F/V	反向漏电流 I_R/μA	反向击穿电压 U_R/V	发光颜色	光视效能 K/(mlm/mW)
BT202A BT202E	30	20	5	≤2	≤100	≥5	红	≥0.7 ≥1.2
BT301A BT301B	100	60	40	1.1～1.3	≤100	≥5	绿	≥0.6 ≥0.4
BT401A BT401B BT401C	100		40	≤1.3		≥5	红外光 (λ=9400Å)	(≥2) (≥1.5) (≥1)

注：BT401 的 P_{CM}的测试条件为 $I_F=400$mA。

表 3-4 国外部分 LED 的型号、参数表

系　列	特性参数
超高亮度 LED	ϕ5mm,光强达 3000mcd(2V,2mA),红色
高亮度矩阵显示模块(LMD系列)	每个模块由 16×16 个 LED 构成：尺寸有 64mm×64mm,96mm×96mm,144mm×144mm,分别对应 LED 的直径为 3mm,4.8mm,7.2mm；可有红、橙、黄、绿四色；并有双色屏(红、绿)。黄色最亮900cd/m²,绿色 230cd/m²；视角 120°,可用于大中型多色字符图形的室内显示屏
高亮度 LED 灯(LBig 系列)	工作温度−30～+60℃。这是供户外使用的交通、铁路标志或其他光源,也可做大显示屏的 LED 像元管

发光二极管常用来作为显示器件,除单个使用外,也常制成七段式或矩阵式器件,工作电流一般为几毫安至几十毫安。如一些大屏幕显示也就是采用发光二极管来完成的。

发光二极管的另一个重要用途是将电信号变为光信号,通过光缆传输,然后再用光电二极管接收,再现电信号。

2. 光电二极管

光电二极管与普通二极管在构造上有相似之处,管芯都是一个 PN 结,也是一种非线性器件,具有单向导电性,其不同点是管壳上有入射光线的窗口(即透镜)。给光电二极管加反向电压,无光照射时,管子呈很大电阻。当有光照射时,由于光电效应,PN 结上的反向电流增加,此电流即为光电流 I_L。它的反向电流与照度成正比,灵敏度的典型值为 0.1μA/lx 数量级。

光电二极管可用于光的测量,是将光信号转换为电信号的常用器件。

下面介绍光电二极管的主要参数：

(1) 最高工作电压 U_{max}

U_{max}表示在无光照射条件下,反向漏电流达到规定值时,所能加的最高反向电压值。该值大说明管子性能较稳定。U_{max}一般为 10～50V。

(2) 暗电流 I_D

I_D 是指在无光照时的反向漏电流。I_D 越小越好,越小表示管子性能越稳定,同时检测弱电流的能力也越强。

(3) 光电流 I_L

I_L 是指在一定光照作用下产生的电流，其值越大越好。

3. 光电耦合器

光电耦合器是一种把发光器件和光电器件组成一体，完成电-光、光-电转换的器件。随着微型机的迅速普及，作为电路间信号隔离传输的光电耦合器得到广泛的应用，可构成各种功能状态，如信号隔离、隔离驱动、远距离传送等。此外，光电耦合器还具有容易与逻辑电路配合、响应速度快以及无触点、寿命长、体积小、耐冲击等优点。

一般把联接发光管的引线端作为输入端，联接受光器的引线端作为输出端，输入回路与输出回路要求分开接地。当加上输入信号时，发光二极管就会发光，受光器在光照后产生光电流由输出端引出。这样就实现了以光为媒介的电信号传输，而输入和输出在电气上却是完全分开的。

电流传输比 CRT 是光电耦合器的重要参数，它是输出电流 I_C 与输入电流 I_F 之比。CRT 与输入电流 I_C 及环境温度 T_a 有很大关系，应用时应予以考虑。

常用光电耦合器的几种型号、结构和引脚如图 3-5 所示。

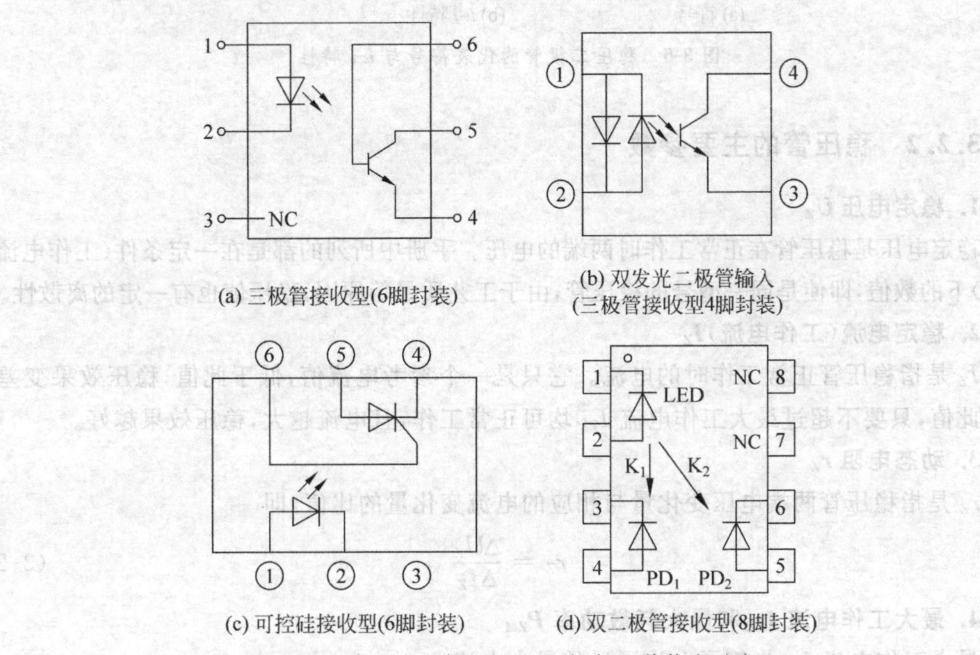

图 3-5　常用光电耦合器的几种型号、结构和引脚

3.2　稳压管及其简单直流稳压电路

3.2.1　稳压二极管的特性

稳压二极管又称齐纳二极管，是一种用特殊工艺制造的面结型硅半导体二极管，采用高浓度掺杂。其表示符号如图 3-6(a)所示，其伏安特性曲线如图 3-6(b)所示。由图 3-6 可以发现，在反向电压大于 U_Z 时，电流增量 ΔI_Z 很大，而只有很小的电压变化 ΔU_Z。曲线越陡，动态电阻 $r_Z=\Delta U_Z/\Delta I_Z$ 越小，稳压管的稳压性能越好。一般来说，U_Z 为 8V 左右时稳压管

的动态电阻较小,低于这个电压时,动态电阻会随齐纳电压的下降迅速增加,因而低压稳压管的稳压性能较差。稳压管稳定电压 U_Z 的范围为 3～300V,它的正向电压约为 0.6V。稳压管的电压温度系数在正向一般是负的,反向则以 5～7V 为界限。一般 5～7V 以下为负的温度系数;反之,为正的温度系数。因此,在稳压电路中,作为基准电源的稳压管一般选在 6V 左右。在要求更高的场合,还可采用温度补偿型稳压管。

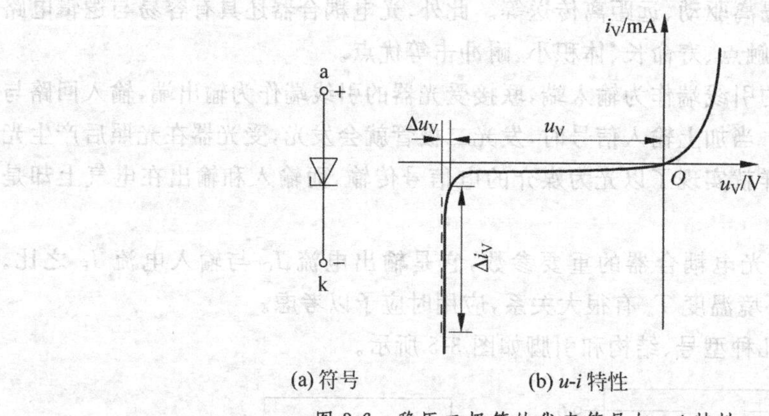

(a) 符号　(b) *u-i* 特性

图 3-6　稳压二极管的代表符号与 *u-i* 特性

3.2.2　稳压管的主要参数

1. 稳定电压 U_Z

稳定电压是稳压管在正常工作时两端的电压。手册中所列的都是在一定条件(工作电流、温度)下的数值,即使是同一型号的稳压管,由于工艺质量等原因,稳压值也有一定的离散性。

2. 稳定电流(工作电流)I_Z

I_Z 是指稳压管正常工作时的电流。它只是一个参考电流值,低于此值,稳压效果变差;高于此值,只要不超过最大工作电流 I_{ZM} 均可正常工作,且电流越大,稳压效果越好。

3. 动态电阻 r_Z

r_Z 是指稳压管两端电压变化量与相应的电流变化量的比值,即

$$r_Z = \frac{\Delta U_Z}{\Delta I_Z} \tag{3-2}$$

4. 最大工作电流 I_{ZM} 和最大耗散功率 P_{ZM}

最大工作电流 I_{ZM} 指管子允许通过的最大电流。

最大耗散功率 P_{ZM} 等于最大工作电流和它对应的稳定电压的乘积,它是由管子的温升所决定的参数。

3.2.3　稳压二极管的应用

稳压二极管在直流稳压电路中得到广泛的应用。如图 3-7 所示为一种简单稳压电路,U_I 为待稳定的直流电源电压,稳压管必须反向偏置,同时有一个电阻 R 与它相串。电阻的作用是使电路有一个合适的工作状态,并限定电路的工作电流,因而称为限流电阻。负载 R_L 与稳压管并联,

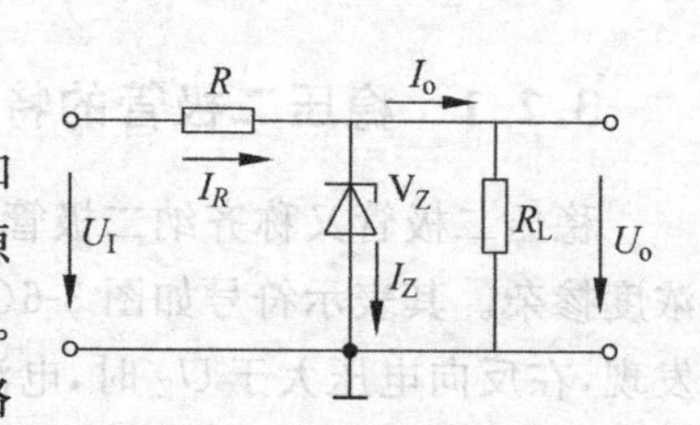

图 3-7　简单的稳压电路

这电路也称为并联式稳压电路。

该电路的工作原理如下：当 U_I 或 R_L 变化时，电路能自动调整 I_Z 的大小，以改变 R 上的压降 I_RR，达到维持输出电压 U_o 基本恒定的目的。例如，当 R_L 恒定而 U_I 减小时，将产生如下的自动反馈过程：

$$U_I\downarrow \rightarrow U_o\downarrow \rightarrow I_Z\downarrow \rightarrow I_R\downarrow \rightarrow U_o\uparrow$$

可见，U_o 能基本维持恒定。同理亦可分析，当 U_I 增大、R_L 增大或变小时，得到输出电压基本维持恒定的结论。

注意事项：

(1) 稳压管必须工作在反向偏置(利用正向特性除外)状态，电路中必须串接限流电阻。

(2) 工作过程中，在所有的温度范围内，所用稳压管的电流与功率不允许超过极限值。

(3) 稳压管工作时的电流应在稳定电流 I_Z 和允许的最大工作电流 I_{ZM} 之间。

(4) 可将任意数量的稳压管串联使用，但不能并联使用。串联后的稳压值为各管稳压值之和。

3.3　晶体三极管及其放大电路

3.3.1　晶体三极管简介

晶体三极管(bipolar junction transistor，BJT)又常称为晶体管，亦称为双极型晶体管，它是一种电流控制电流的半导体器件，可用来对微弱信号进行放大或作无触点开关。晶体管的种类很多，按照频率分，有高频管、低频管；按照功率分，有小、中、大功率管；按照半导体材料分，有硅管、锗管等。但从它的外形来看，晶体管都有三个电极，分别为发射极 e、基极 b 和集电极 c，常见的外形如图 3-8 所示。由于晶体管具有结构牢固、寿命长、体积小、耗电省等优点，因而在各领域得到广泛的应用。

晶体三极管按结构分一般可分为两类，即 NPN 型管和 PNP 型管，其符号如图 3-9 所示。

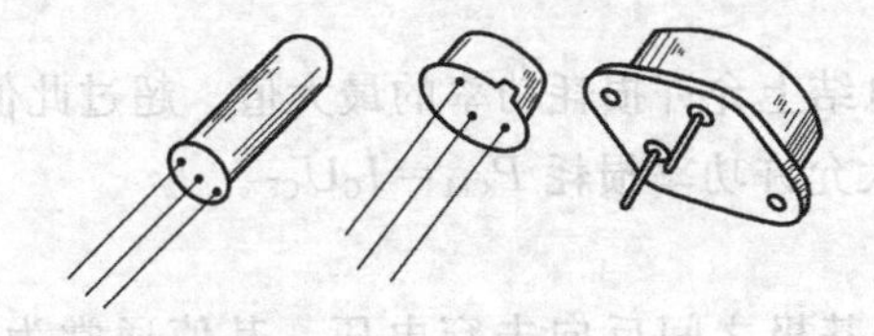

图 3-8　几种 BJT 的外形

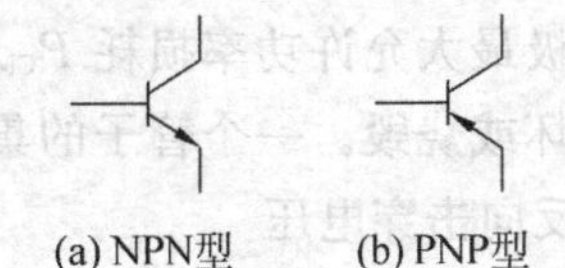

图 3-9　三极管的电路符号

晶体三极管的输入与输出特性曲线很有用，但在许多教材中作了介绍，在手册中也有详细的说明，因而这里不再重复。

晶体管工作时有三个区，即放大区、截止区和饱和区。模拟电路中的三极管工作在放大区，开关电路中的三极管工作在截止区和饱和区。

3.3.2 晶体三极管的主要参数

1. 电流放大系数

若基极电流产生一个变化量 Δi_b,相应的集电极电流变化量为 Δi_c,则 Δi_c 与 Δi_b 之比称为三极管的电流放大系数,记作 β,即

$$\beta = \frac{\Delta i_c}{\Delta i_b} \tag{3-3}$$

β 有时用 h_{fe} 来表示。β 值太小放大作用差,但 β 太大也易使管子性能不稳定,一般放大电路采用 $\beta=30\sim80$ 的三极管为宜。

2. 极间反向电流

(1) 集电极-基极反向饱和电流 I_{CBO}

集电极-基极反向饱和电流 I_{CBO} 表示发射极开路,c、b 极间加上一定反向电压时的反向电流。它实际上与二极管的反向电流一样,但基区掺杂浓度远小于集电区掺杂浓度,所以 I_{CBO} 的数值取决于集电区少数载流子的浓度。由于集电区的少数载流子数量有限,在一定温度下所形成的反向电流基本上是常数,故称为反向饱和电流。一般 I_{CBO} 很小,小功率锗管 I_{CBO} 约为 $10\mu A$,但是 I_{CBO} 随温度升高增加较快。

(2) 集电极-发射极间穿透电流 I_{CEO}

集电极-发射极间穿透电流 I_{CEO} 是指基极开路时,集电极和发射极之间按正常使用加上一定电压时的集电极电流。按理说 $I_B=0$ 时,I_C 和 I_E 也应为零,但实际上仍有一微小的电流 I_{CEO} 流过集电极。由于这个电子流几乎是从集电区穿过基区流至发射区的,所以称为穿透电流。它与 I_{CEO} 的关系为

$$I_{CEO} = I_{CBO} + \beta I_{CBO} = (1+\beta) I_{CBO} \tag{3-4}$$

3. 极限参数

(1) 集电极最大允许电流 I_{CM}

集电极最大允许电流 I_{CM} 是指三极管的参数变化不超过允许值时集电极允许的最大电流。当电流超过 I_{CM} 时,管子性能将显著下降,甚至有烧坏管子的可能。一般规定当三极管的电流放大系数 β 下降为原来的 2/3 时所对应的电流值为 I_{CM}。

(2) 集电极最大允许功率损耗 P_{CM}

集电极最大允许功率损耗 P_{CM} 表示集电结上允许损耗功率的最大值。超过此值管子性能就会变坏或烧毁。一个管子的集电极电大允许功率损耗 $P_{CM}=I_C U_{CE}$。

(3) 反向击穿电压

① $U_{(BR)CBO}$ 是指发射极开路时,集电极-基极之间反向击穿电压。其值通常为几十伏,有的高达几百伏以上。

② $U_{(BR)EBO}$ 是指集电极开路时,发射极-基极之间反向击穿电压,一般为几伏至几十伏,有的甚至小于 1V。

③ $U_{(BR)CEO}$ 是指基极开路时,集电极-发射极之间反向击穿电压,其值比 $U_{(BR)CBO}$ 要小一些。

④ $U_{(BR)CER}$ 是指基极开路,且在发射极基极间接有一个电阻时,集电极-发射极之间反向击穿电压。由于基极电阻对发射结有分流作用,延缓了集电结雪崩击穿的产生,一般

$U_{(BR)CER} > U_{(BR)CEO}$。

⑤ $U_{(BR)CES}$是指基极和发射极短路时，集电极-发射极之间反向击穿电压，很明显，$U_{(BR)CES} > U_{(BR)CER}$。此时，$U_{(BR)CES} \approx U_{(BR)CBO}$。

由此可得到各击穿电压之间大小关系如下：

$$U_{(BR)CBO} > U_{(BR)CES} > U_{(BR)CER} > U_{(BR)CEO}$$

3.3.3　晶体管放大电路

1. 放大电路的组成原则

利用晶体三极管的电流放大作用，可以组成各种类型的放大电路。放大电路必须遵循的原则有以下几点：

(1) 使用直流电源，而且电源的极性必须与晶体管的类型相配合，以保证晶体管能正常工作，即发射结正向偏置，集电结反向偏置。

(2) 电阻的设置要与电源相配合，以保证晶体管工作在放大区内。

(3) 在电路各元件的选择以及信号幅度的大小等各方面，都要注意不要使输出信号产生明显的非线性失真，即饱和失真和截止失真。

2. 放大电路的主要性能指标

放大电路的性能指标是衡量它的品质好坏的标准，并决定其适用范围。放大电路的主要性能指标有增益、输入电阻、输出电阻、频率响应和非线性失真等。

(1) 增益(放大倍数)

放大倍数是衡量放大电路放大能力的指标。它定义为输出变化量的幅度与输入变化量的幅度之比。由于输出和输入信号都有电压和电流量，所以存在以下四种比值。

电压放倍数用A_{uu}表示，定义为

$$A_{uu} = \frac{U_o}{U_i} \quad 或简化为 \quad A_u = \frac{U_o}{U_i} \tag{3-5}$$

式中，下标的第一个符号代表输出量，第二个符号代表输入量。

电流放大倍数用A_{ii}表示，定义为

$$A_{ii} = \frac{I_o}{I_i} \quad 或简化为 \quad A_i = \frac{I_o}{I_i} \tag{3-6}$$

电压对电流的放大倍数用A_{ui}表示，定义为

$$A_{ui} = \frac{U_o}{I_i} \quad 或简化为 \quad A_R = \frac{U_o}{I_i} \tag{3-7}$$

电流对电压的放大倍数用A_{iu}表示，定义为

$$A_{iu} = \frac{I_o}{U_i} \quad 或简化为 \quad A_G = \frac{I_o}{U_i} \tag{3-8}$$

以上四式中的U_o、U_i、I_o、I_i都是正弦波的有效值。

增益在工程上常用以10为底数的对数表达其基本单位为B(贝尔，Bel)，一般用它十分之一单位dB(分贝)。

这样用分贝表示的电压增益和电流增益分别如下式所示：

$$电压增益 = 20\lg|A_V| \quad \text{dB} \tag{3-9}$$

$$电流增益 = 20\lg|A_I| \quad \text{dB} \tag{3-10}$$

用对数方式表达放大电路的增益之所以在工作上得到广泛的应用是因为：①当用对数坐标表达增益随频率变化的曲线时，可大大扩大增益变化的范围；②计算多级放大电路的总增益时，可将乘法运算转化为加法运算。

(2) 输入电阻 R_i

一个放大电路，一定要有信号源来提供输入信号，放大电路与信号源相联，如图 3-10 所示。放大电路要从信号源中取得电流，所取电流的大小表明了放大电路对信号源的影响程度。输入电阻就是用来衡量放大电路对信号源的影响。当信号频率适中时，输入电流与输入电压基本同相，因此通常用电阻来表示。它定义为

$$R_i = \frac{U_i}{I_i} \tag{3-11}$$

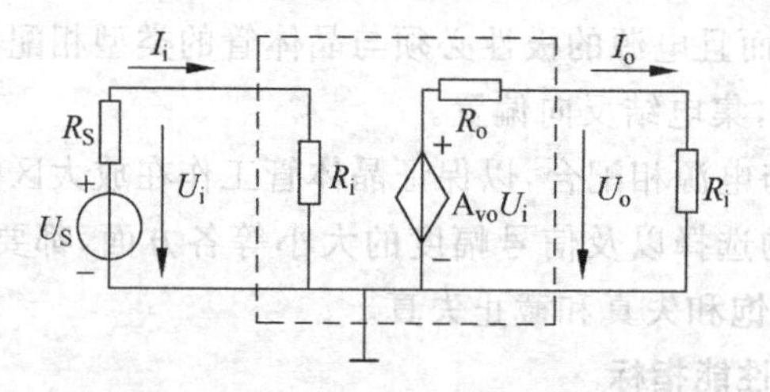

图 3-10 放大电路的输入电阻和输出电阻

从图 3-10 中可见，R_i 就是向放大电路输入端看进去的等效电阻。R_i 越大，表明它从信号源取得的电流越小，放大电路的输入端所得的电压 U_i 就越接近信号源电压 U_S。因此作为测量仪表用的放大电路，其 R_i 越大越好；但是对于晶体管来说，R_i 大则取电流小，将减小放大倍数，所以在需要放大倍数大而信号源内阻 R_S 为固定值时，晶体管放大电路的 R_i 又以小一些为好。

(3) 输出电阻 R_o

放大电路的输出电阻的大小决定它带负载的能力的大小。放大电路将信号放大后，总要送到某装置去发挥作用，这个装置称为负载，通常用 R_L 表示。在图 3-10 中，当放大电路的输出端开路时，测得电压为 U'_o，再测出接入负载后的输出电压为 U_o，两者不等，这现象说明向放大电路的输出端看进去有一个等效电阻，这个电阻通常称为输出电阻，记作 R_o。

输出电阻 R_o 越大，表明接入负载 R_L 后，输出电压的幅值下降越多，因此 R_o 反映了放大电路带负载能力的大小。R_o 越小，负载变化时，输出电压变化越小，即放大电路带负载能力越强。

输出电阻的定量计算，可以由上面测得的两个电压直接求出输出电阻的大小，计算表达式为

$$R_o = \left(\frac{U'_o}{U_o} - 1\right) R_L \tag{3-12}$$

输出电阻 R_o 除了上面求解的方法外，还可以通过开路电压和短路电流来求，即先测出输出端的开路电压 U'_o，再测出输出端的短路电流 I_{os}，则输出电阻为

$$R_o = \frac{U'_o}{I_{os}} \tag{3-13}$$

值得注意的是，上面所讨论的放大电路的输入电阻和输出电阻不是直流电阻，而是交流

电阻，不能用它来计算放大电路中的直流分量。

(4) 频率响应

当只改变输入信号的频率时，发现放大电路的放大倍数是随着频率变化的，输出波形的相位也发生变化，这就是放大电路的频率响应。频率响应通常用通频带的带宽 f_{bw}(或 BW)来表示。

当信号频率升高而使放大倍数下降为中频时放大倍数的 0.7 倍(或下降 3dB)时，这个频率称为上限截止频率，记作 f_H。同样，使放大倍数下降为 0.7 倍时的低频信号称为下限截止频率，记作 f_L。我们将二者之间形成的频带称为通频带，记为 f_{bw}

$$f_{bw} = f_H - f_L \tag{3-14}$$

由于通常 $f_H \gg f_L$，故有 $f_{bw} \approx f_H$。通频带越宽，表明放大电路对信号频率的适应能力越强。有些放大电路的频率响应，中频区平坦部分一直延伸到直流，这是一种特殊情况，即下限频率为零，这种放大电路称为直流(直接耦合)放大电路。现代模拟集成电路大多采用直接耦合进行放大。

(5) 非线性失真

由于晶体管等器件都具有非线性，所以当输出幅度增大以后，有时需要讨论它的失真问题。非线性失真系数是用来衡量非线性失真程度的。非线性失真系数是指放大电路在某一频率正弦波输入信号作用下，输出波形的谐波成分总量和基波成分之比。若用 A_1、A_2、…表示基波和各次谐波的幅值，则失真系数 D 定义为

$$D = \sqrt{\left(\frac{A_2}{A_1}\right)^2 + \left(\frac{A_3}{A_1}\right)^2 + \cdots} \tag{3-15}$$

3. 放大电路的三种基本形式

三极管放大电路放大作用的实质是放大器的控制作用，放大器是一种能量控制部件，放大作用是针对变化量而言的。

放大电路根据输入和输出回路共同端的不同，有三种基本形式，即共射极放大电路、共集电极放大电路和共基极放大电路。

图 3-11 所示为一个共射极基本放大电路。放大电路在静态工作状态时，三极管各电极的直流电压和直流电流的数值在管子的特性曲线上为确定的一点，这一点常称为静态工作点，用 Q 表示。如图 3-12 所示，静态工作点可由直流负载线与晶体管输出特性曲线的交点确定。

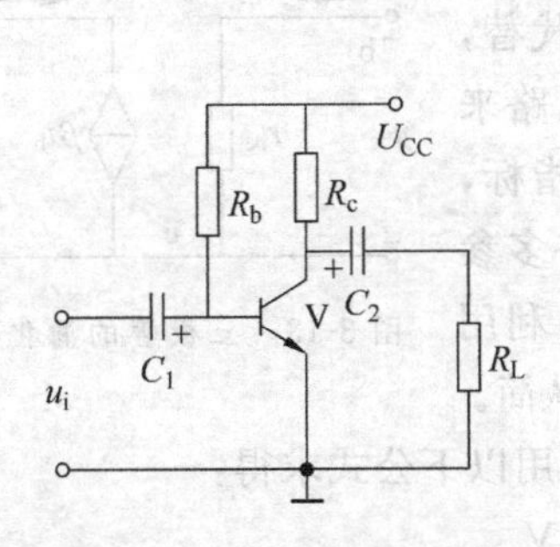

图 3-11 共射极基本放大电路

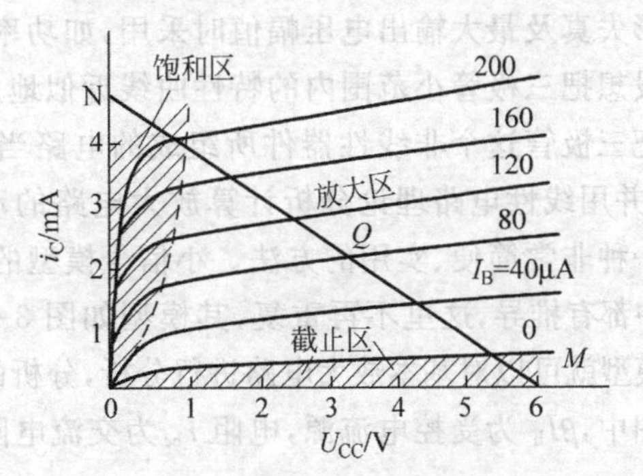

图 3-12 静态工作点的图解分析

晶体管的输出特性曲线是反映三极管的输出回路中集电极与发射极之间的电压 u_{CE} 与集电极电流 i_C 之间的关系曲线。在图 3-12 中,可以把输出特性曲线分为三个区,即饱和区、放大区和截止区。一般把输出特性直线上升和弯曲部分划分为饱和区;输出特性 $I_B=0$ 曲线以下的部分称为截止区;介于饱和区和截止区之间的区域符合 $I_C=\beta I_B$ 的规律,称为放大区。

在图 3-11 中,输出部分的电压、电流关系可以由下列方程来确定:

$$u_{CE}=U_{CC}-i_C R_C \tag{3-16}$$

式(3-16)表示一条直线,其斜率为 $-1/R_C$,是由集电极负载电阻 R_C 确定的,所以把由式(3-16)所决定的直线称为直流负载线。

静态工作点除了用作图法确定外,还可以通过近似估算法,这也是一种常用的方法。下面结合一个简单的放大电路介绍估算法。

当没有输入信号时,电路中各处的电压、电流都是直流,由于电容 C_1 和 C_2 的隔直作用,对于直流电路来说,它们相当于开路一样,所以在计算 Q 点时,只需考虑图中由 U_{CC}、R_b、R_c 和三极管所组成的直流通路。

基极电流可由下式求出:

$$I_B=\frac{U_{CC}-U_{BE}}{R_b}\approx\frac{U_{CC}}{R_b} \tag{3-17}$$

集电极电流为

$$I_C=\beta I_B \tag{3-18}$$

集电极-发射极间的电压为

$$U_{CE}=U_{CC}-I_C R_c \tag{3-19}$$

已知三极管的电流放大系数 β,利用上面的表达式就可近似估算出放大电路的 Q 点。

Q 点的合理选择很重要。Q 点选得太高,则电路很容易进入饱和区,出现饱和失真;选得太低,则电路很容易进入截止区,出现截止失真。根据上面的 Q 点计算公式,可以发现,调节 U_{CC}、R_b 和 R_c 都可改变 Q 点的位置。但一般不通过调节 U_{CC} 和负载电阻 R_c 的办法,而是调节基极偏置电阻 R_b,即改变偏置电流 I_B 的大小来实现工作点的调节。

由于三极管是一个非线性器件,因而对放大电路的常用分析方法有两种,即图解法和微变等效电路法(也叫小信号模型分析法)。前者是利用三极管的输入特性曲线和输出特性曲线来进行分析。这种方法比较直观,它比较清楚地反映出三极管的非线性,但较麻烦,尤其是输入特性曲线一般无法得到。这种方法适用于输入信号较大的场合,或要分析放大电路的波形失真及最大输出电压幅值时采用,如功率放大电路。后者是设想把三极管小范围内的特性曲线近似地用直线来代替,从而把三极管这个非线性器件所组成的电路当成线性电路来处理,并用线性电路理论分析计算放大电路的动态性能指标,这是一种非常简便、实用的方法。小信号模型的建立在许多参考书中都有推导,这里不再重复,其模型如图 3-13 所示。利用这个模型就可以对基本放大电路进行分析,分析的过程也从简。

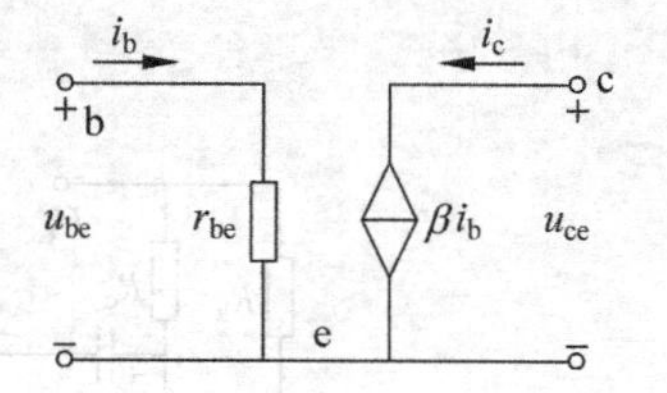

图 3-13 三极管的简化模型

图中,βI_b 为受控电流源,电阻 r_{be} 为交流电阻,其值可用以下公式求得:

$$r_{be}=200+(1+\beta)\frac{26\text{mV}}{I_E(\text{mA})} \tag{3-20}$$

4. 工作点稳定电路

前面已经讲到合适的静态工作点对于低频放大电路很重要，而三种基本放大电路虽然简单，但工作点不太稳定，在外部因素的影响下，如温度的变化、三极管的更换、电路元件的老化和电源电压的波动等，工作点将发生漂移，甚至使电路不能正常工作。在这些诸多因素中，温度的变化影响最大，为了有效解决这一问题，可采用一些方法克服温度对静态工作点的影响。下面介绍稳定静态工作点电路——射极偏置电路。

(1) 电路的组成和原理

如图 3-14 所示，R_{b1} 和 R_{b2} 组成分压电路给三极管的基极提供固定基极电压 U_B；发射极电阻 R_e 上产生反映集电极电流 I_C 变化的 U_E，并引回到输入回路支控制 U_{BE}，实现 I_C 基本不变。该电路要求适当选择 R_{b1} 和 R_{b2}，并满足

$$I_2 = (5 \sim 10) I_B \tag{3-21}$$

$$U_B = (3 \sim 5)\text{V} \tag{3-22}$$

条件时，则

$$I_1 = I_2 + I_B \approx I_2 \tag{3-23}$$

$$U_B = I_2 R_{b2} = \frac{R_{b2}}{R_{b1} + R_{b2}} U_{CC} \tag{3-24}$$

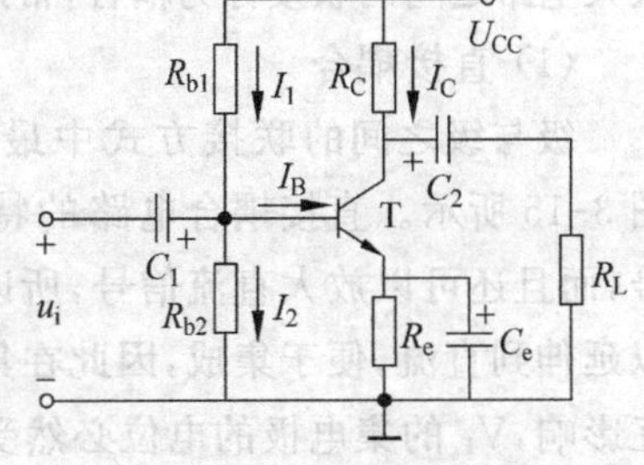

图 3-14 工作点稳定电路

式中，R_{b1}、R_{b2} 和 U_{CC} 都是固定的，不随温度变化，所以基极电位 U_B 基本为固定值。

稳定的工作过程如下：当温度升高时，I_C 增大，I_E 也增大，则发射极的电位 $U_E = I_E R_e$ 随之增大，由于 $U_{BE} = U_B - U_E$，而 U_B 是固定的，所以加在管子上的 U_{BE} 将变小，使 I_B 自动减小，$I_C = \beta I_B$ 也随之减小，从而达到稳定静态工作点的目的。以上过程可以表示如下：

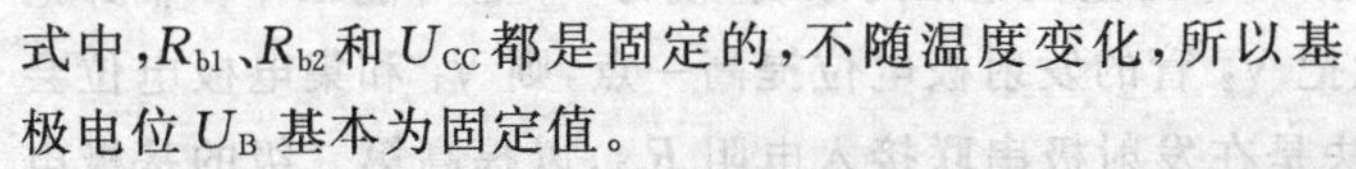

由上述可知：R_E 越大，发射极的电位 U_E 也就越大，稳定性也就越好；但 R_E 太大，发射极的电位 U_E 增大，使三极管的管压降 U_{CE} 相对减小，会使放大电路的动态工作范围减小。一般 R_e 在小电流情况下为几百欧到几千欧；在大电流情况下为几欧到几十欧。

在上述电路中，发射结电阻 R_e 的接入既然能抑制 I_C 的变化，当然对交流信号也有抑制作用，这将会放大电路的放大倍数下降。为了能够既稳定直流分量又不削弱交流信号的有效放大，通常在电阻 R_e 两端并联一个大电容 C_e，如图 3-14 所示，其作用是让交流信号在 R_e 旁边的电容 C_e 上顺利通过，而直流信号因电容的隔直作用而不能通过，因此并联一个电容对静态工作点没有影响，同时又消除了 R_e 对交流分量的影响，使电压增益不致下降。C_e 也称为射极旁路电容，一般取 10～100μF，联接时要注意电解电容的极性。

(2) 静态工作点的确定

因

$$U_B = \frac{R_{b2}}{R_{b1} + R_{b2}} U_{CC}$$

而

$$I_C \approx I_E = \frac{U_B - U_{BE}}{R_e} \approx \frac{U_B}{R_e} \tag{3-25}$$

所以

$$U_{CE}=U_{CC}-I_CR_c-I_ER_e\approx U_{CC}-I_C(R_c+R_e) \tag{3-26}$$

$$I_B=\frac{I_C}{\beta} \tag{3-27}$$

5. 多级放大电路

放大电路的输入信号一般都是很微弱的。要推动负载工作,就要求它能输出较大的功率或必要的电压幅值,单级放大电路的放大倍数往往是有限的(几十倍左右),一般达不到要求,因而常常把若干个单级放大电路联接起来,把前级放大电路的输出作为后级放大电路的输入,组成多级放大电路,以对信号多次放大,使输出的信号有足够的能力驱动负载。前后级放大电路之间的联接称为耦合,常用的耦合方式有阻容耦合、直接耦合和变压器耦合3种。

(1) 直接耦合

级与级之间的联接方式中最简单的就是将它们直接连在一起,这就是直接耦合,如图3-15所示。直接耦合电路的特点是电路结构简单,不用电容器,不仅可以放大交流信号,而且还可以放大直流信号,所以也称为多级直流放大电路。这种耦合电路的低频特性可以延伸到直流,便于集成,因此在集成电路中被广泛采用。这种电路的缺点是静态工作点相互影响,V_1的集电极的电位必然受到V_2的基极电位的限制,使得V_1管可能工作在临界饱和状态。为了解决这个问题,一般把V_2管的发射极电位提高一点,则V_1和集电极电位会相应提高。提高发射极电位的方法是在发射极串联接入电阻R_{e2},以提高第二级的基极电位,保证第一级的集电极可以得到较高的静态电位,而不致工作在饱和区。当然,也可以在第一级和第二级之间加上二极管或稳压管构成电平偏移电路,以提高第一级电路的集电极电位。

(2) 阻容耦合

阻容耦合是将前级放大电路的输出端和后级放大电路的输入端之间用电容联接起来,如图3-16所示。电容C_2称为级间耦合电容,一般为电解电容,其容量通常较大。C_2在这里起隔直流通交流的作用,即只将前一级放大电路的输出中的交流信号加到后一级放大电路上。正是由于这个优点,阻容耦合电路得到广泛的应用。但阻容耦合电路不适宜用来放大变化缓慢的信号。因为在低频的情况下,耦合电容的容抗很大,信号经过它时,将会衰减很多。

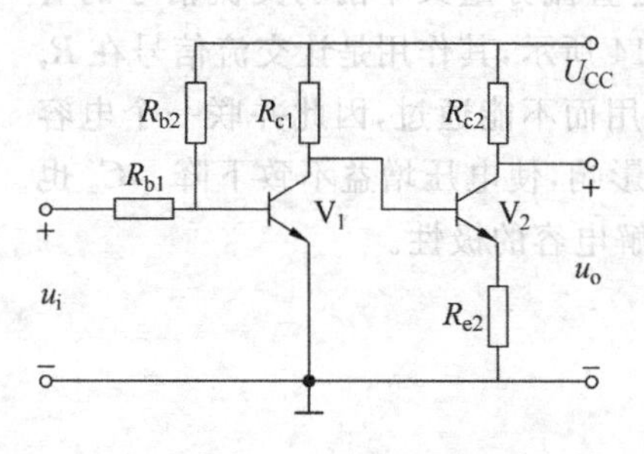

图3-15　直接耦合方式

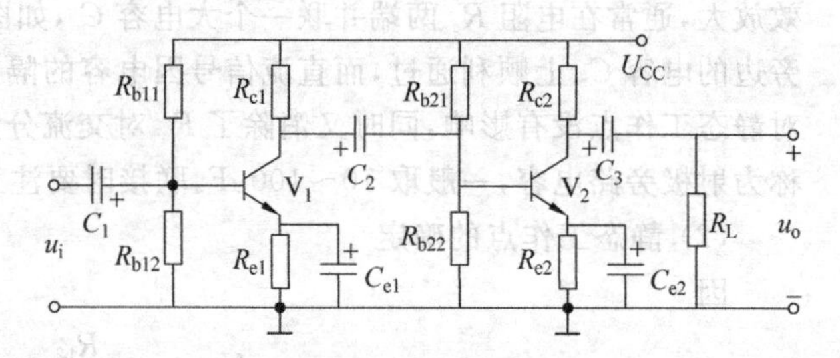

图3-16　阻容耦合方式

(3) 变压器耦合

变压器和电容一样,也能起到隔直流通交流的作用。变压器是通过磁路的耦合,把原边的交流信号传输到副边，所以可用它作为级间元件；同时变压器具有隔直作用，当采用变压器耦合时，各级的静态工作点相互独立，互不影响。

变压器耦合的主要缺点是体积大、笨重、频率特性差，常用于选频放大或功率放大电路。除了上述三种基本耦合方式外，还有其他耦合方式，如采用光电耦合以提高抗干扰能力。

在上述的多级放大电路中，由于各级之间是串接起来的，即上一级的输出是下一级的输入，因此，总的电压放大倍数为各级电压放大倍数的乘积，即

$$A_u = A_{u1} \cdot A_{u2} \cdot \cdots \cdot A_{un} \tag{3-28}$$

式中，n——多级放大电路的级数。

3.4 直流放大电路与集成运算放大电路

以上介绍多级放大电路耦合方式时已指出，直接耦合方式不仅可以放大缓慢变化的交流信号，而且还可以放大直流信号，但是，采用直接耦合的放大电路，也存在着静态工作点相互影响和零点漂移的问题。前者可以通过电平偏移电路加以解决，而后者却成了影响直接耦合放大电路使用的一个重要问题。

3.4.1 直接耦合放大电路的零点漂移现象

实践证明，如将图3-15所示电路的直接耦合放大电路的输入端短路，用直流毫伏表测量放大电路的输出端，会有忽大忽小缓慢变化的输出电压，称为漂移电压，这种现象称为零点漂移。在放大电路中，有多种原因都将导致输出电压的变化，如电源电压的波动、电路元件参数的变化和环境温度的变化等。在阻容耦合多级放大电路中，由于耦合电容的隔直作用，各级静态工作点的缓慢变化不会送到下一级，更不会被放大；在直接耦合放大电路中，静态工作点的缓慢变化会被逐级传下去，并被一级级放大，在输出端就很难区分有用信号和漂移电压，使放大电路无法正常工作。

因此，在直接耦合放大电路中，第一级的零点漂移影响最大。为了减小零点漂移，必须着重在第一级加以解决。解决零点漂移最常用的方法是采用差动放大电路。

3.4.2 差动放大电路

1. 电路组成

差动放大电路的结构如图3-17所示。它由两个对称的单管放大电路组成，两只三极管的特性及相应的电阻元件等完全相同，R_e为两只三极管发射极的公共电阻，信号电压由两只三极管的基极输入，放大后的输出由两管的集电极取出，这种电路称为双端输入、双端输出电路。由于电路完全对称，因而两管的静态工作点也是相同的。

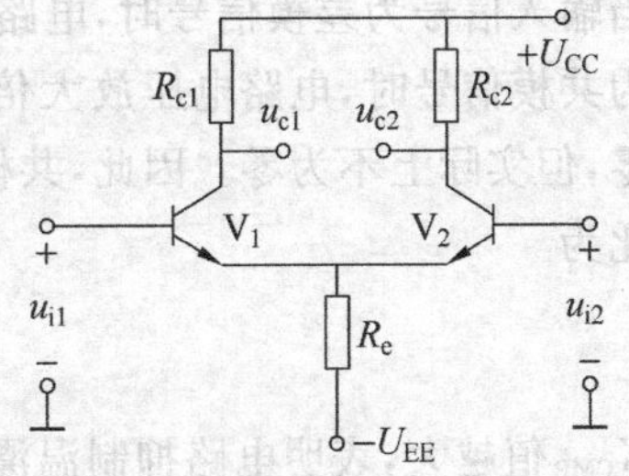

图3-17 基本差分式放大电路

2. 差模信号与共模信号

由于差动信号有两个输入端，其输入信号与一般单管放大电路不同，可分为差模信号和共模信号。两输入端所

加信号大小相等、极性相反的信号为差模信号；两输入端所加信号大小相等、极性相同的信号为共模信号。

3. 抑制零点漂移的原理

差动放大电路对零点漂移具有显著的抑制作用，这是由于电路具有对称的结构，而且两管发射极的公共电阻 R_e 对漂移信号具有很强的负反馈作用。

在未加输入信号时，即 $u_{i1}=u_{i2}=0$，由于电路的对称性，两管的集电极电流相等($I_{c1}=I_{c2}$)，集电极电位也相等($u_{c1}=u_{c2}$)，所以输出电压 $u_o=u_{c1}-u_{c2}=0$，这就是说，电路输入电压为零时，输出电压为零。

由于放大电路两边参数完全对称(理想情况)，无论是外界温度的变化，还是电源电压的波动，两管的集电极电流和集电极电位都产生相同的变化，即 $\Delta u_{c1}=\Delta u_{c2}$；$\Delta I_{c1}=\Delta I_{c2}$，且方向一致。又由于采用双端输出方式，所以这些外界因素引起的两管的零点漂移在输出端将相互抵消，即 $u_o=\Delta u_o=\Delta u_{c1}-\Delta u_{c2}=0$。

实际上，上述理想情况是不存在的，即使经过精心筛选的元件，也不会完全对称，所以单靠提高电路的对称性来抑制零点漂移是不可行的。为此，常采用加入发射极的公共电阻的方法，构成负反馈，达到抑制漂移的目的。如当外界温度发生变化时，差放电路可以通过自身调节抑制零点漂移，其过程如下：

$I_{c1}\downarrow$ ←

温度$\uparrow$ → $I_{c1}\uparrow$、$I_{c2}\uparrow$ → $I_e\uparrow$ → R_e → $U_{Re}\uparrow$ → $U_{BE1}\downarrow$ → $I_{B1}\downarrow$；$U_{BE2}\downarrow$ → $I_{B2}\downarrow$

$I_{c2}\downarrow$ ←

可见，由于电阻 R_e 的接入，漂移得到了一定的限制，这样，输出端的漂移就进一步减小。R_e 的这种作用称为电流负反馈，它好像拖了一个长尾巴，所以又称为长尾电路。将放大电路输出端的信号(电压或电流)的一部分或全部引回到输入端，并影响输入端，称为反馈。使输入信号变小而使放大倍数也相应降低，称为负反馈。

由于差动放大电路有两个输入端，两个输出端，根据输入信号是从单端输入还是双端输入，输出是从单端输出还是双端输出，电路可有双入双出、双入单出、单入双出和单入单出4种形式。有关技术指标的计算在相关的教材中都能查到，在此就不再重复，但有一点需说明一下：差放电路用成倍的元件并没有提高放大倍数，而是换取抑制温漂的能力。

4. 共模抑制比 K_{CMR}(common mode rejection)

共模抑制比是指差模电压增益与共模电压增益之比，通常用来衡量抑制温漂的能力。当输入信号为差模信号时，电路电压放大倍数称为差模电压增益，用 A_{VD} 表示；当输入信号为共模信号时，电路电压放大倍数称为共模式增益，用 A_{VC} 表示。理想情况下共模增益为零，但实际上不为零。因此，共模电压增益越小，说明放大电路的性能越好。定义共模抑制比为

$$K_{CMR}=\left|\frac{A_{VD}}{A_{VC}}\right| \tag{3-29}$$

K_{CMR} 值越大，表明电路抑制温漂的能力越强。

3.4.3　集成运算放大器简介

1. 集成运算放大器的组成

集成运算放大器是一种高放大倍数、高输入阻抗、低输出阻抗的直接耦合放大电路。由于直接耦合方式存在温度漂移，所以对第一级电路必须采用具有抑制温漂能力的差放电路。为了得到高放大倍数，中间级大多采用了共射(共源)放大电路，并常常采用有源负载以进一步提高放大倍数。为了提高带负载能力，输出端常采用互补对称电路。运算放大电路一般由二至三级放大环节组成，这是因为级数越多越容易产生自激振荡，使电路无法正常工作。集成运算放大器的组成如图 3-18 表示，集成运算放大器的符号如图 3-19 所示。

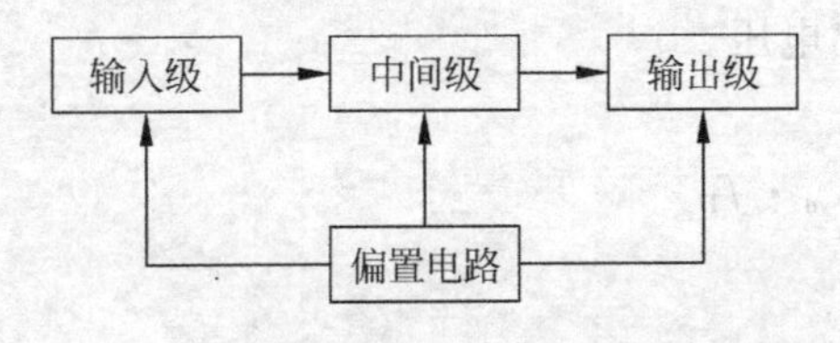

图 3-18　集成运算放大器的组成方框图

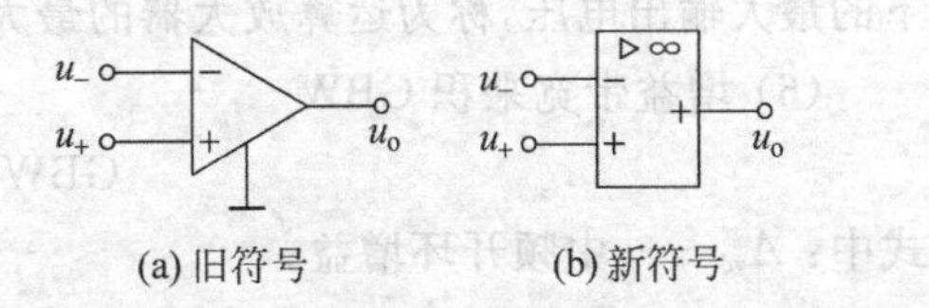

图 3-19　集成运算放大器的电路符号

2. 集成运算放大器等效电路和主要参数

集成运算放大器等效电路如图 3-20 所示。图中 R_i 和 R_o 表示运算放大器本身的输入电阻和输出电阻，A_{VO} 为开环电压放大倍数，$A_{VO}u_i$ 是从输出端看进去的等效电路。

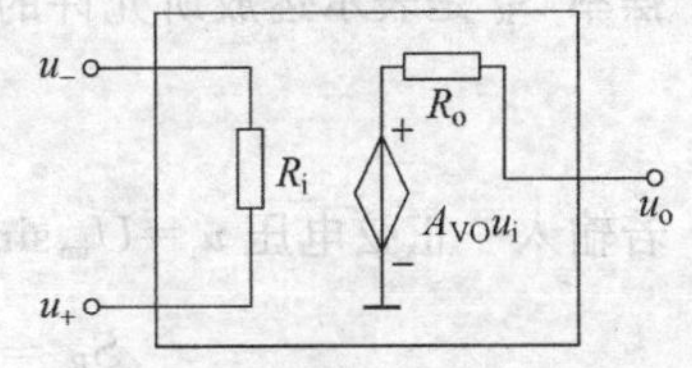

图 3-20　集成运算放大器的等效电路

为了简化运放的分析与计算，可将集成运放理想化。理想化的条件是：

(1) 环电压增益 $A_{VO}\to\infty$；

(2) 输入电阻 $R_i=\infty$；

(3) 输出电阻 $R_o=\infty$；

(4) 共模抑制比 $K_{CMR}\to\infty$。

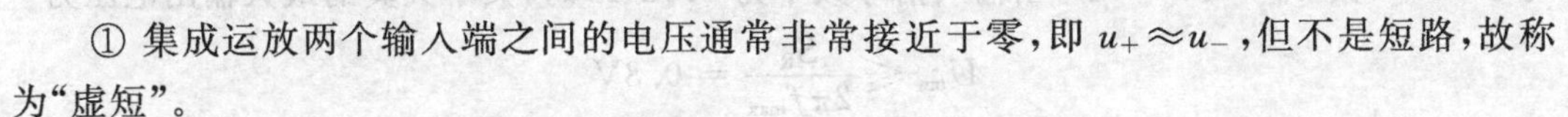

当集成运放工作在线性区时，由于上述条件，可以得到两个重要结论：

① 集成运放两个输入端之间的电压通常非常接近于零，即 $u_+\approx u_-$，但不是短路，故称为“虚短”。

② 流入集成运放两个输入端的电流通常可视为零，即 $I_+\approx I_-\approx 0$，但不是断开，故称为“虚断”。

下面介绍集成运放的主要参数。

(1) 输入失调电压 U_{IO}

由于实际运算放大器的差动电路很难做到完全对称，因而使得输出端产生一定的输出电压。在室温(25℃)及标准电源电压下，为了使输出电压为零，需在输入端加入一个补偿电压，称为失调电压 U_{IO}。U_{IO} 值越大，说明电路的对称程度越差，一般 U_{IO} 为±(1～10)mV。

(2) 输入失调电流 I_{IO}

输入失调电流 I_{IO} 指输入电压为零时，两个输入端静态基极电流之差，其数值也反映了运算放大器的对称程度，其值越小越好，一般 U_{IO} 为 1nA～0.1μA。

(3) 输入偏置电流 I_{IB}

输入偏置电流 I_{IB} 指输入电压为零时,两个输入端静态基极电流的平均值,这个电流越小越好,一般为 10nA～1μA。

(4) 开环电压放大倍数 A_{VO}

开环电压放大倍数 A_{VO} 指放大电路没有外接反馈电路,输出端不接负载,在规定的测试条件下测得的电压放大倍数。A_{VO} 又是频率的函数,频率高于某一数值后,A_{VO} 的数值开始下降。A_{VO} 越高且稳定,则构成的运算电路的运算精度也越高。

(5) 最大输出电压 U_{OM}

最大输出电压 U_{OM} 指当输出端不接负载时,输入电压和输出电压保持不失真关系情况下的最大输出电压,称为运算放大器的最大输出电压。

(6) 增益带宽乘积 GBW

$$\mathrm{GBW} = A_{vd} \cdot f_H$$

式中: A_{vd}——中频开环增益;

f_H——上限截止频率。

在实际使用中,集成运放几乎总是在闭环下工作,所以我们可假设 GBW 为常数推出该运放在实际工作条件下所具有的带宽。

(7) 摆率(转换速率)S_R

摆率 S_R 是表示运放所允许的输出电压对时间变化率的最大值即

$$S_R = \left|\frac{\mathrm{d}v_o}{\mathrm{d}t}\right|_{max} \tag{3-30}$$

若输入一正弦电压 $u_i = U_{im}\sin\omega t$,输出也应是一正弦电压 $u_o = U_{om}\sin\omega t$,则

$$S_R = \left|\frac{\mathrm{d}v_o}{\mathrm{d}t}\right|_{max} = \omega U_{om} = 2\pi f U_{om} \tag{3-31}$$

若已知 U_{om},则在不失真工作条件下输入信号的最高频率

$$f_{max} \leqslant \frac{S_R}{2\pi U_{om}}$$

对于 F007,其 $S_R = 0.5\mathrm{V}/\mu\mathrm{s}$,当输入信号频率为 100kHz 时,其不失真的最大输出电压为

$$U_{om} \leqslant \frac{S_R}{2\pi f_{max}} = 0.8\mathrm{V}$$

若将 F007 接成电压跟随器电路,并输入一个 $U_i = 2\mathrm{V}$, $f = 100\mathrm{kHz}$ 的正弦信号,则输出电压将有明显失真。为了要使输出不失真,则最大输入信号应小于 0.8V。

(8) 共模抑制比 K_{CMR}

K_{CMR} 表示集成运放共模信号的抑制能力的大小。定义为开环差模电压增益 A_{vd} 与开环共模电压增益 A_{vc} 之比,即

$$K_{CMR}(\mathrm{dB}) = 20\lg\left|\frac{A_{vd}}{A_{vc}}\right| \tag{3-32}$$

式中: A_{vd}——开环差模电压增益;

A_{vc}——开环共模电压增益。

共模抑制比这一指标在微弱信号放大中非常重要,因为在许多场合,存在着共模干扰信号,例如: 信号源是有源的电桥电路输出,或者信号源通过较长的电缆连到放大器的输入

端，它们可能引起放大器接地端与信号源接地端的电位不相同情况，因而产生共模干扰。通常共模干扰电压值可达几伏到几十伏，从而对集成运放的共模抑制比指标提出了苛刻的要求。

例如，设差模信号最大输入 $U_{im}=100\mu V$，共模最大干扰输入 $U_{ic}=10V$，则输出端的共模电压为 $U_{ocm}=U_{icm}\cdot A_{vc}$，将它折算到输入端即为等效差模误差输入，于是

$$U_{cm}=\frac{U_{ocm}}{A_{vd}}=\frac{U_{icm}}{A_{vd}/A_{vc}}=\frac{U_{icm}}{K_{CMR}}$$

仍设欲使放大器输入中的最大差模输入信号 U_{im} 比等效差模误差输入 U_{cm} 大2倍以上，即 $U_{icm}>2V_{cm}$，$U_{cm}<U_{icm}/2=50\mu V$，故共模抑制比 $K_{CMR}>U_{icm}/U_{cm}=10V/50\mu V=2\times10^5$，即必须要求运放的共模抑制比 K_{CMR} 大于 2×10^5，才能确保放大器输出电压中的差模分量比输出中的共模分量大两倍以上。

3.4.4　信号的运算与处理电路

集成运算放大器的基本应用电路，从功能上分，有信号的运算、处理和产生电路等。运算电路包括加法、减法、积分、微分、对数、指数、乘法和除法电路等；处理电路包括有源滤波、精密二极管整流电路、电压比较器和取样-保持电路等。

1. 运算电路

(1) 反相比例运算电路

反相比例电路是最基本的运算电路。反相比例电路是将输入信号 u_i 从运算放大器的反相输入端引入，而同相输入端接地，该电路的输出信号与输入信号成反相比例关系，如图3-21所示。

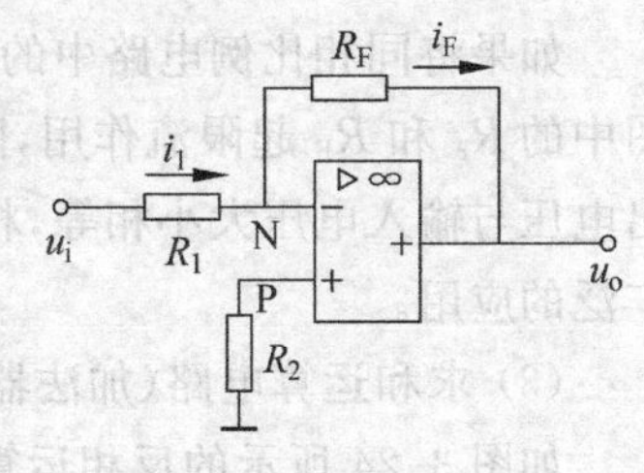

图3-21　反相比例电路

图3-21中，同相输入端经电阻 R_2 接地，亦称为平衡等效电阻，其值为 R_1 和 R_F 相并联的结果，这是因为集成运放输入级是由差动放大电路组成，它要求两边的输入回路参数对称，即从集成运放反相输入端和地两点向外看的等效电阻 R_N 应当等于从集成运放同相端和地两点向外看的等效电阻 R_P。R_F 为反馈电阻。

由虚短、虚断，$u_i=0$，$I_i=0$，同相端经电阻 R_2 接地，$u_+=0$，则反相端 $u_-=0$，故N点称为虚地，$i_1=i_F$。由图3-21可得方程

$$\frac{u_i}{R_1}=\frac{-u_o}{R_F}$$

即

$$\frac{u_o}{u_i}=-\frac{R_F}{R_1} \tag{3-33}$$

式中，负号说明输出电压与输入电压反相；输出电压与输入电压之比基本上只取决于 R_F 与 R_1 的比值，而与运放本身的参数无关。这个电路实现了比例运算。调节 R_F 或 R_1 的大小，即可改变输出信号与输入信号的比例关系当取 $R_1=R_F$ 时，则有

$$A_u=-\frac{R_F}{R_1}=-1 \tag{3-34}$$

这时即可实现变号运算，此电路即成为一个反相器。

(2) 同相比例运算电路

同相比例电路的构成如图 3-22 所示。当输入信号 u_i 经电阻 R_2 送到同相输入端，而反相输入端经电阻 R_1 接地。为了实现负反馈，反馈电阻 R_F 仍应接在输出与反相端之间，构成电压串联负反馈。信号由同相端输入，所以输出与输入同相。

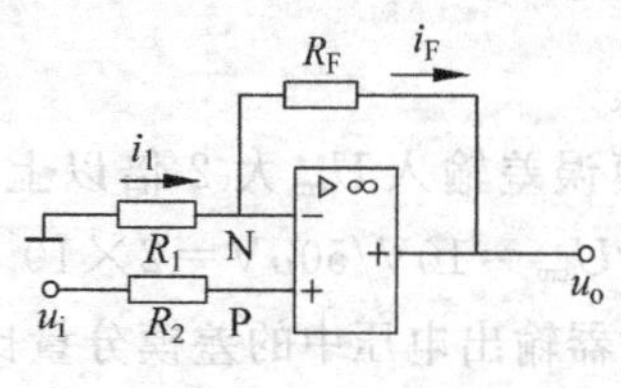

图 3-22 同相比例电路

在分析此电路时要注意，图中运放同相端不是处于地电位，而是 $u_N=u_P$。因此不能用虚地概念，只能用虚短和虚断的概念。由图 3-22 可得

$$i_1=-\frac{u_a}{R_1}=-\frac{u_i}{R_1}$$

而

$$i_F=\frac{u_a-u_o}{R_F}=\frac{u_i-u_o}{R_F}$$

由 $i_1=i_F$ 得

$$-\frac{u_o}{R_1}=\frac{u_i-u_o}{R_F}$$

故

$$A_u=\frac{u_o}{u_i}=\frac{R_1+R_F}{R_1}=1+\frac{R_F}{R_1} \tag{3-35}$$

如果将同相比例电路中的电阻 R_1 开路，即接成电压跟随器形式，电路如图 3-23 所示，图中的 R_2 和 R_F 起限流作用，防止因意外造成过大的电流。由式(3-35)可得 $u_o=u_i$，即输出电压与输入电压大小相等，相位相同。它具有输入电阻高、输出电阻低的特点，因此获得广泛的应用。

(3) 求和运算电路(加法器)

如图 3-24 所示的反相运算电路中有 3 个输入信号 u_{i1}、u_{i2} 和 u_{i3}，分别通过输入端外接电阻 R_{i1}、R_{i2} 和 R_{i3} 与反相输入端相接。R_F 仍跨接在输出端和反相输入端之间。平衡电阻 R_2 等于 R_{11}、R_{12}、R_{13} 和 R_F 的并联等效电阻。

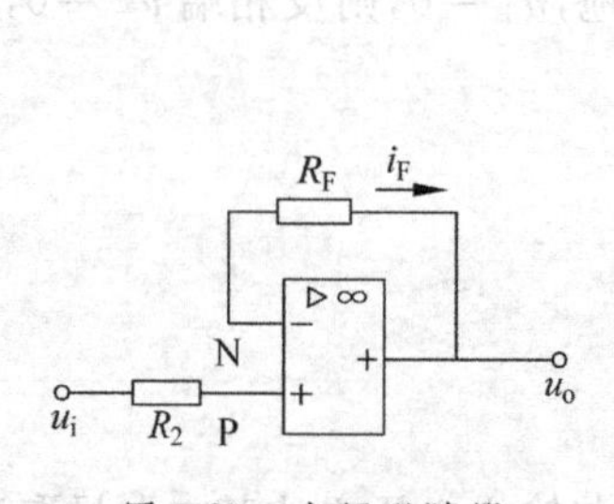

图 3-23 电压跟随器

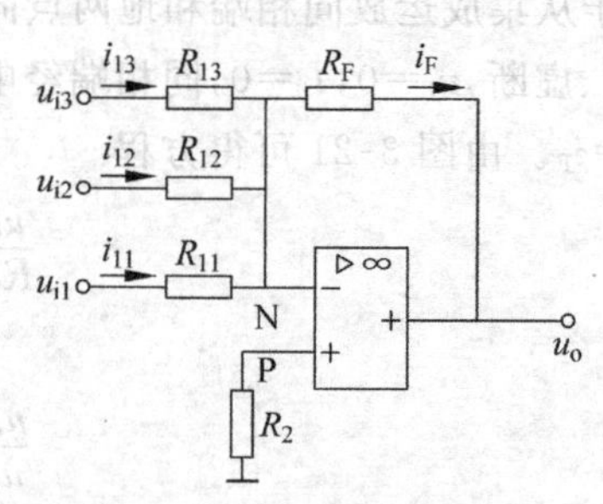

图 3-24 反相加法运算电路

由于图 3-24 中反相输入端为虚地，故反馈电流等于输入电流，而且这个电流与输入电压成正比，则有

$$i_F=i_{11}+i_{12}+i_{13}$$

$$\frac{0-u_o}{R_F}=\frac{u_{i1}}{R_{11}}+\frac{u_{i2}}{R_{12}}+\frac{u_{i3}}{R_{13}}$$

因此图示电路输出与输入电压的函数关系为

$$u_o = -R_F\left(\frac{u_{i1}}{R_{11}}+\frac{u_{i2}}{R_{12}}+\frac{u_{i3}}{R_{13}}\right) \tag{3-36}$$

当 $R_{11}=R_{12}=R_{13}=R_F$ 时，有

$$u_o = -(u_{i1}+u_{i2}+u_{i3})$$

由此可见，输出电压 u_o 等于各输入电压之和，从而实现了加法运算。

类似地，在同相输入端也可构成同相求和电路，类似于同相比例电路，只是输出与输入电压同相，这里不再叙述。

(4) 减法运算电路

由前面分析可知，反相比例电路的输出电压与输入电压的极性相反，同相比例电路的输出电压与输入电压的极性相同，因此可将反相比例电路与同相比例电路合并构成减法运算电路，如图3-25所示。该电路的输入与输出关系可由反相比例电路和同相比例电路的输入、输出关系叠加而成。可以采用叠加原理进行分析计算，则

$$u_o = \left(\frac{R_1+R_F}{R_1}\right)\frac{R_3}{R_2+R_3}u_{i2}-\frac{R_F}{R_1}u_{i1}$$

为了使两个输入信号获得相同的增益，可取 $R_1=R_2$，$R_F=R_3$，得

$$u_o = \frac{R_F}{R_1}(u_{i2}-u_{i1}) \tag{3-37}$$

如果选取 $R_1=R_2=R_3=R_F$，可得

$$u_o = u_{i2}-u_{i1}$$

上式表明，输出电压等于两个输入电压相减，从而完成了减法运算。

(5) 积分运算电路

积分电路如图3-26所示，利用虚地的概念，$u_i=0$，$i_i=0$，因此有 $i_1=i_2=i$，电容 C 就以电流 $i=u_i/R_1$ 进行充电。假设电容器 C 初始电压为零，则

$$u_i - u_o = \frac{1}{C}\int i_1\,dt = \frac{1}{C}\int\frac{u_i}{R}dt$$

因 $u_i\approx 0$，所以有

$$u_o = -\frac{1}{RC}\int u_i\,dt \tag{3-38}$$

上式表明，输出电压 u_o 为输入电压 u_i 对时间的积分，负号表示它们在相位上相反。

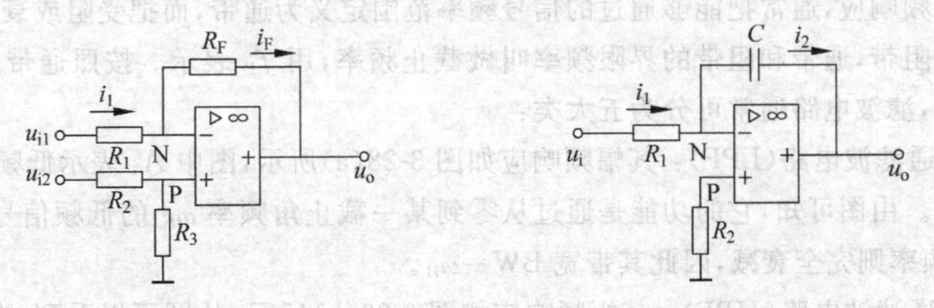

图3-25　减法运算放大电路　　　图3-26　积分电路

积分电路的用途广泛，如可用于延迟，将方波变换为三角波、移相90°和将电压量转换为时间量等。

(6) 微分电路

将积分电路中的电阻和电容元件对换位置,并选取比较小的时间常数 RC,便可得到如图 3-27 所示的微分电路。在这个电路中,同样存在虚地、虚短和虚断的概念。

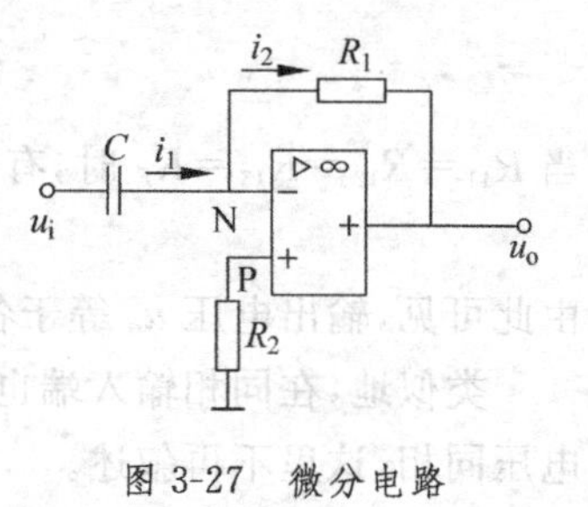

图 3-27　微分电路

设 $t=0$ 时,电容器 C 的初级电压 $u_C=0$,当信号电压 u_i 接入后,便有

$$u_i-u_o=iR=RC\frac{du_i}{dt}$$

则有

$$u_o=-RC\frac{du_i}{dt} \tag{3-39}$$

上式表明,输出电压正比于输入电压对时间的微商。

微分电路的应用很广泛,在线性系统中,除了可作微分运算外,在脉冲数字电路中,常用来作波形变换,例如,在单稳态触发器的输入电路中,用微分电路把宽脉冲变换为窄脉冲。

除了上面介绍的几种运算外,还可以进行指数、对数、乘法、除法运算等。

2. 信号处理电路

在自动控制电路中,经常遇到测量的信号都是很微弱的,且在其中还混有干扰信号,这对电路的正常工作是有害的,尤其是在微机控制电路中。为了消除这种影响,就需要用滤波器,使有用的信号比较顺利地通过,而将无用的信号滤掉。信号处理除了滤波电路外,还可以利用集成运放构成电压比较器,将正弦波信号转换为方波信号。下面先介绍滤波电路。

1) 滤波电路

使用电阻、电容、电感所组成的无源滤波器,它们虽然成本低、电路简单,但在比较低的频率下工作时,电感元件的尺寸会比较大、重量大且品质因数比较低,滤波效果较差。

采用运算放大器和 RC 电路组成的有源滤波器,与无源滤波器相比有许多优点:由于运算放大器具有一定的增益,使得有用信号不会产生衰减;运算放大器具有输入阻抗高、输出阻抗低,接入电路后对原电路不会产生明显的影响;调整方便;由于具有不用电感,因而体积小、重量轻。但是,集成运放的带宽有限,所以目前有源滤波电路的工作频率难以做得很高,这是它的不足之处。

对于幅频响应,通常把能够通过的信号频率范围定义为通带,而把受阻或衰减的信号频率范围称为阻带,通带和阻带的界限频率叫做截止频率,用 f_P 表示。按照通带和阻带的相互位置不同,滤波电路通常可分为五大类:

(1) 低通滤波电路(LPF):其幅频响应如图 3-28(a)所示,图中 A_0 表示低频增益$|A|$为增益的幅值。由图可知,它的功能是通过从零到某一截止角频率 ω_H 的低频信号,而对大于 ω_H 的所有频率则完全衰减,因此其带宽 $BW=\omega_H$。

(2) 高通滤波电路(HPF):其幅频响应如图 3-28(b)所示,从图可以看到,在 $0<\omega<\omega_L$ 范围内的频率为阻带,高于 W_L 的频率为通带。从理论上来说,它的带宽 $BW=\infty$,但实际上,由于受有源器件的限制,高通滤波电路的带宽也是有限的。

(3) 带通滤波电路(BPF):其幅频响应如图 3-28(c)所示,从图可以看到,ω_L 为低边截

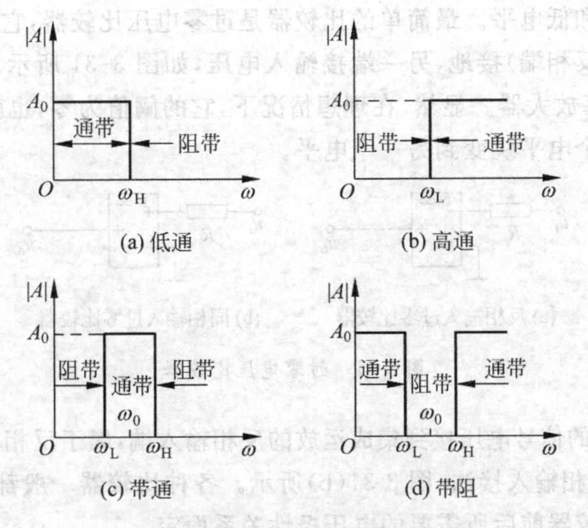

图 3-28　滤波电路幅频响应

止角频率，ω_H 为高边截止角频率，ω_0 为中心角频率。由图可知，它有两个阻带 $0<\omega<\omega_L$ 和 $\omega>\omega_H$，因此带宽 $BW=\omega_H-\omega_L$。

(4) 带阻滤波电路(BEF)：其幅频响应如图 3-28(d)所示，从图可以看到，它有两个通带 $0<\omega<\omega_L$ 及 $\omega>\omega_H$ 和一个阻带 $\omega_L<\omega<\omega_H$。因此它的功能是衰减 ω_L 到 ω_H 间的信号。同高通滤波电路相似，由于受有源器件带宽的限制，通带 $\omega>\omega_H$ 也是有限的。

(5) 全通滤波电路(APF)：它没有阻带，通带是从零到无穷大，但相移的大小随频率改变。

最基本的低通滤波电路为一阶低通滤波电路，如图 3-29 所示。RC 无源滤波电路接在运算放大器的同相输入端，负反馈电阻 R_F 接在反相输入端。滤波器的截止频率 f_P 为

$$f_P = f_0 = 1/2\pi RC \tag{3-40}$$

其中，f_0 称为特征频率，它只与元件参数 R、C 有关。

滤波器的幅频特性如图 3-30 所示。从特性曲线上可以看到，这种电路的滤波效果不太好。在理想的情况下，当 $f>f_0$ 时，滤波电路的输出应为 0，而实际上曲线却以十倍频下降 20dB 的斜率衰减，就是说，在比截止频率高 10 倍的频率处，增益的幅值只下降了 20dB。

除一阶低通滤波器外，还有二阶低通滤波电路，由于篇幅所限此处从略。

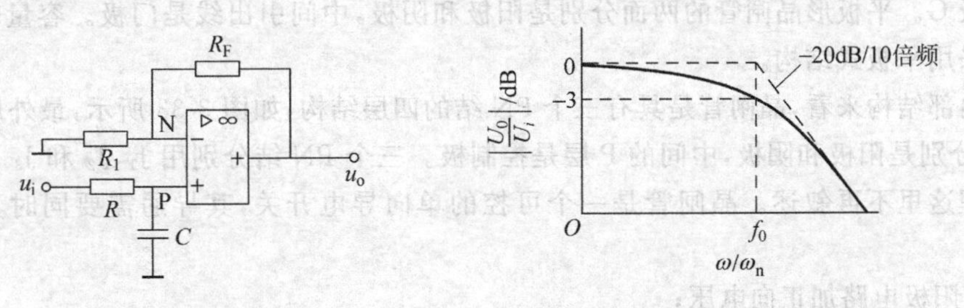

图 3-29　一阶低通滤波电路　　　图 3-30　一阶滤波器的幅频特性

2) 电压比较器

电压比较器(简称比较器)的功能是比较两个电压的大小。电压比较器的输出是两个不

同的电平,即高电平和低电平。最简单的比较器是过零电压比较器,它是把运算放大器的一个输入端(同相端或反相端)接地,另一端接输入电压,如图 3-31 所示。图中的电阻是避免因 u_i 过大而损坏运算放大器。显然,在理想情况下,它的阈值为零,也就是说当 u_i 变化经过零时,输出电压从一个电平跳变到另一个电平。

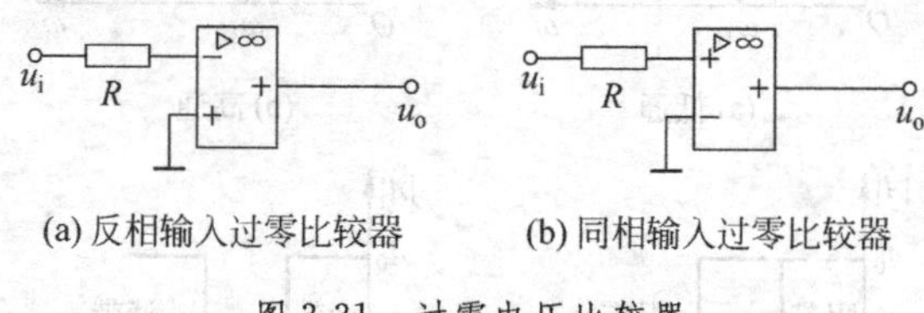

(a) 反相输入过零比较器　　(b) 同相输入过零比较器

图 3-31　过零电压比较器

过零电压比较器的信号电压接到集成运放的反相输入端,属于反相输入接法,图 3-31(a)所示。也可以采用同相输入接法,图 3-31(b)所示。各种比较器一般都有这两种接法,究竟采用哪种接法,看比较器前后所需要的电压极性关系而定。

3.5 晶闸管及其整流电路

整流电路分为可控整流和不可控整流电路两大类。前面介绍的二极管整流电路属不可控整流电路,在应用上有很大的局限性,即输入的交流电压一定时,输出的直流电压也是一定的,不能任意调节。但在实际应用中往往要求输出的直流电压能任意调节,即具有可控特点。用晶闸管元件构成的可控整流电路就能克服上述的局限性,它的输出电压可以连续调节。可控硅又称为晶体闸流管,简称晶闸管,它具有体积小、重量轻、效率高、寿命长等优点。晶闸管的出现,使半导体器件从弱电领域进入了强电世界。它的应用广泛,主要用于整流、逆变、调压和开关等,在民用建筑电气设备中应用也较多。

3.5.1 晶闸管的构造和工作原理

1. 晶闸管的基本结构

晶闸管的外形与符号如图 3-32 所示。晶闸管元件的结构形式分为螺栓形和平板形。晶闸管有三个电极,即阳极(A)、阴极(K)和门极(也叫控制极)(G)。螺栓形晶闸管的阳极 A 引出端是螺栓,使用时,可用来固定散热片,另一端有两根引出线,粗引线是阴极 K,细引线是门极 G。平板形晶闸管的两面分别是阳极和阴极,中间引出线是门极。容量较大的晶闸管都采用平板式结构。

从内部结构来看,晶闸管是具有三个 PN 结的四层结构,如图 3-33 所示,最外层的 P 层和 N 层分别是阳极和阴极,中间的 P 层是控制极。三个 PN 结分别用 J_1、J_2 和 J_3 表示。其工作原理这里不再叙述。晶闸管是一个可控的单向导电开关,其导通需要同时具备两个条件:

(1) 阳极电路加正向电压;

(2) 门极电路加适当的正向电压(一般加正脉冲信号)。

要想关闭晶闸管,可将阳极电源切断或在晶闸管阳极和阴极间加反向电压。

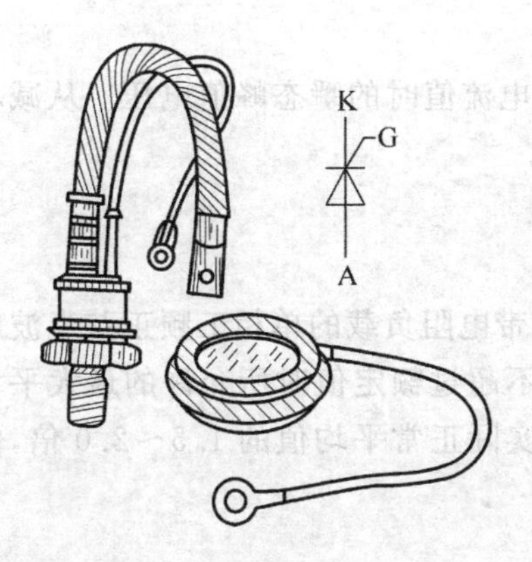

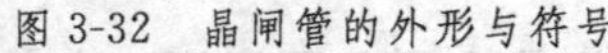
图 3-32　晶闸管的外形与符号

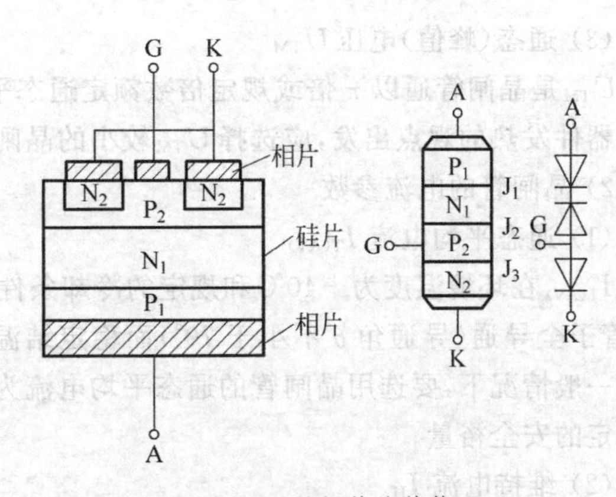

图 3-33　晶闸管的结构

2. 晶闸管的伏安特性和主要参数

晶闸管阳极电压与阳极电流的关系曲线称为晶闸管的伏安特性，阳极电流不仅受阳极电压的影响，同时还受控制极电压(或电流)的影响。图 3-34 所示是晶闸管在不同控制极电流的伏安特性曲线。

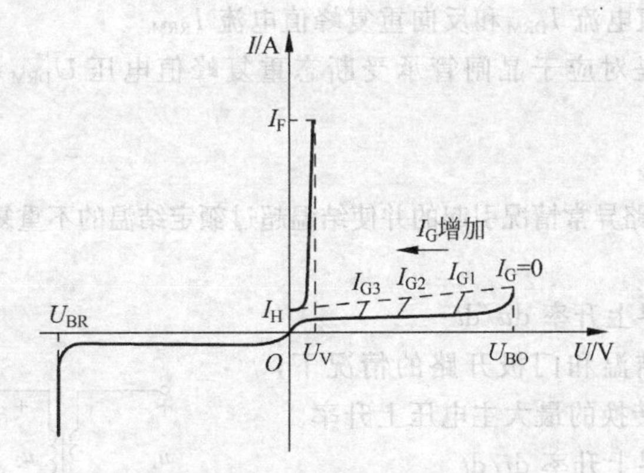

图 3-34　加控制极电流后的伏安特性

曲线的反向特性与整流二极管的反向特性相似，只有反向漏电流。当反向电压大于反向击穿电压 U_{BR}时，反向漏电流急剧增大，但正向特性随 I_G 而变化。图中 $I_{G3}>I_{G2}>I_{G1}>I_G=0$。控制极电流 I_G 比较大时，较小的阳极电压 U_A 就能使晶闸管由阻断变为导通；而 I_G 比较小时，需要较大的 U_A 才能其导通。

为了正确选择和使用晶闸管，需要了解和掌握晶闸管的一些主要参数及其意义。

1）晶闸管的电压参数

(1) 断态不重复峰值电压 U_{DSM}

U_{DRM}是门极断路而器件的结温为额定值时，允许重复加在器件上的正向峰值电压。规定断态重复峰值电压 U_{DRM}为断态不重复峰值电压 U_{DSM}的 90%。

(2) 反向重复峰值电压 U_{RRM}

U_{RRM}是门极断路而结温为额定值时，允许重复加在晶闸管上的反向峰值电压。规定反向峰值电压 U_{RRM}为反向不重复峰值电压 U_{RSM}的 90%。一般，晶闸管若受到反向电压作用，它一定是阻断的。

(3) 通态(峰值)电压 U_{TM}

U_{TM}是晶闸管通以 π 倍或规定倍数额定通态平均电流值时的瞬态峰值电压。从减小损耗和器件发热的观点出发，应选择U_{TM}较小的晶闸管。

2) 晶闸管的电流参数

(1) 通态平均电流 $I_{T(AV)}$

$I_{T(AV)}$在环境温度为+40℃和规定的冷却条件下，带电阻负载的单相工频正弦半波电路中，管子全导通(导通角 θ 不小于 70°)而稳定结温度不超过额定值时所允许的最大平均电流。一般情况下，要选用晶闸管的通态平均电流为其实际正常平均值的 1.5～2.0 倍，使之有一定的安全裕量。

(2) 维持电流 I_H

I_H 是使晶闸管维持通态所必需的最小主电流，一般为几十到几百毫安。它与结温有关，结温越高，则 I_H 值越小。

(3) 擎住电流 I_L

I_L 是晶闸管刚从断态转入通态并移除触发信号之后，能维持通态所需的最小主电流。擎住电流的数值与工作条件有关，对于同一晶闸管不说，通常 I_L 为 I_H 的 2～4 倍。

(4) 断态重复峰值电流 I_{DRM}和反向重复峰值电流 I_{RRM}

I_{DRM}和 I_{RRM}分别是对应于晶闸管承受断态重复峰值电压 U_{DRM}和反向重复峰值电压U_{RRM}时的峰值电流。

(5) 浪涌电流 I_{TSM}

I_{TSM}是一种由于电路异常情况引起的并使结温超过额定结温的不重复性最大正向过载电流。

3) 动态参数

(1) 断态电压临界上升率 du/dt

du/dt 是在额定结温和门极开路的情况下，不导致从断态到通态转换的最大主电压上升率。

(2) 通态电流临界上升率 di/dt

di/dt 是在规定的条件下，晶闸管能承受而无有害影响的最大通态电流上升率。

除上述门控不可关断晶闸管外，现在还有门控可断关闭晶闸管，由于篇幅所限，此处从略。

3.5.2　可控整流主电路

1. 单相半波可控整流电路

图 3-35 所示为单相半波可控整流主电路及其波形。从 $\omega t=0$ 起，交流电压开始变化。在 $\omega t=0$ 至 $\omega t=\alpha$ 范围内，如果晶闸管的门极不加正向电压，晶闸管正向阻断，负载上无电流通过。

在 $\omega t=\alpha$ 时，把正向控制电压(脉冲信号)u_G 加到晶闸管的控制极上，使晶闸管导通。如不计晶闸管的正向压降，负载所得到的电压即等于电

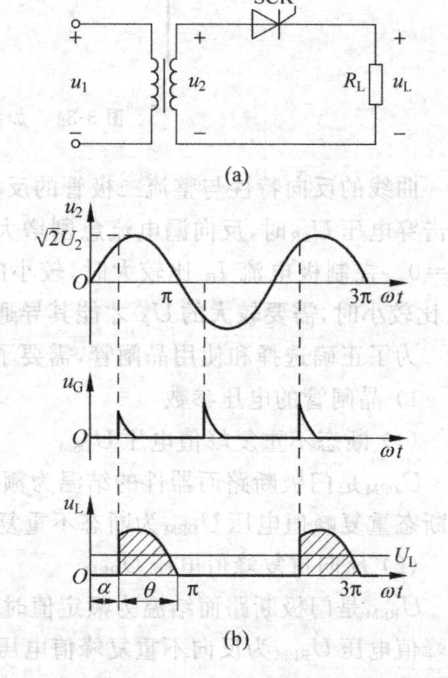

图 3-35　单相半波可控整流的主电路及波形

源电压。由图可知，在电角度 $0\sim\alpha$ 的范围内晶闸管正向阻断，故称 α 为控制角；在电角度 $\alpha\sim\pi$ 的范围内，晶闸管导通，故称 θ 为导通角。显然有 $\theta+\alpha=\pi$。

当 $\omega t=\pi$ 时，电源电压 u_2 降为零值，晶闸管因电流小于维持电流而自行关断。在交流电压 u_2 负半周中，晶闸管承受反向电压，因而不可能导通。直到 u_2 第二个周期开始后的 α 角时，又出现正向触发脉冲，晶闸管再次导通。

由波形图可知：在电阻性负载单相半波可控整流电路中，当晶闸管阻断时，负载电压为零，晶闸管导通后，负载电压与电源电压相等，故负载电压的波形与电源电压正弦波相比，在 $0\sim\alpha$ 范围内负载电压为零，因此负载电压的平均值为

$$U_L=\frac{1}{2\pi}\int_0^{2\pi}u_L\,d(\omega t)=\frac{1}{2\pi}\int_0^{2\pi}\sqrt{2}U_2\sin\omega t\,d(\omega t)$$

$$=\frac{\sqrt{2}}{2\pi}U_2(1+\cos\alpha)=0.45U_2\,\frac{1+\cos\alpha}{2} \tag{3-41}$$

由上式可知：改变触发脉冲出现的时刻，即可改变控制角 α，从而改变负载电压的平均值。负载电压 U_L 可以在 $0\sim0.45U_2$ 之间连续可调，达到了可控整流的目的。

单相半波可控整流电路具有线路简单，只需要一个晶闸管等优点，但输出直流电压 U_L 较小，电压波形较差，故只适用于要求不高的小功率整流设备上。

2. 单相桥式可控整流电路

单相桥式可控整流电路通常有如图 3-36 所示的几种形式。其中图(a)所示为单相全控桥式整流电路，共采用了 4 个晶闸管。因全控桥式整流所需的晶闸管元件较多，电路比较复杂，成本较高，故不常采用，下面分析一下半控桥式整流电路和用一个晶闸管作开关元件的桥式整流电路的工作原理。

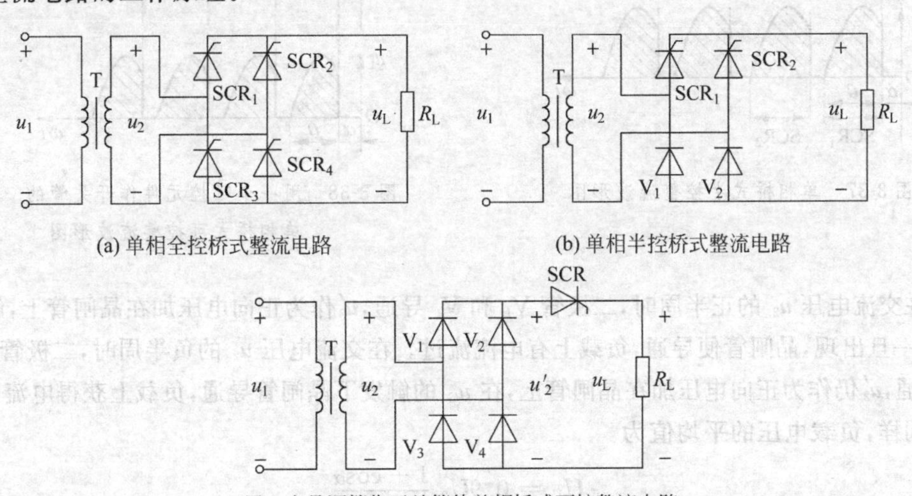

(a) 单相全控桥式整流电路

(b) 单相半控桥式整流电路

(c) 用一个晶闸管作开关管的单相桥式可控整流电路

图 3-36　几种单相桥式可控整流电路

1) 半控桥式整流电路

图 3-36(b)所示为单相半控桥式整流电路，其波形如图 3-37 所示。

在交流电压 u_2 的正半周中，晶闸管 SCR_2 因承受反向电压而关断；SCR_1 承受正向电压，当 $\omega t=\alpha$ 时，控制极上加上触发脉冲 u_G，SCR_1 便导通，电流经 SCR_1、R_L 和二极管 V_2，负

载上获得输出电压。当交流电压 u_2 为零时,SCR_1 关断。在 u_2 的负半周中,SCR_1 关断,而 SCR_2 在 u_G 的触发下导通,电流经 SCR_2、R_L 和 V_1,负载上得到输出电压。

由上面分析可知,在单相半控桥式可控整流电路中,负载电压的波形比单相半波整流电路的波形每周期多一倍,故其负载电压的平均值为单相半波整流电路的平均值的2倍,即

$$U_L = 0.9U_2\frac{1+\cos\alpha}{2} \tag{3-42}$$

由上式可知,负载电压的平均值在 $0\sim0.9U_2$ 内连续可调。

2) 用一个晶闸管作开关的单相桥式可控整流电路

图3-36(c)为用一个晶闸管作开关管的单相桥式可控整流电路应用也较广泛。该电路由4个二极管组成的桥式整流电路,其输出电压 U_2' 为全波整流电压,其波形如图3-38所示。

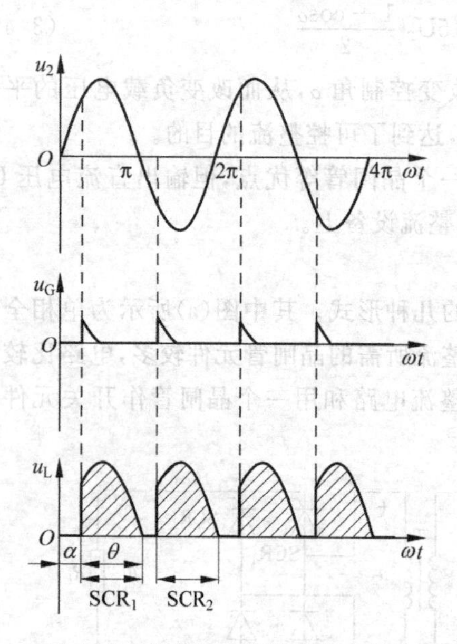

图3-37 单相桥式半控整流波形图

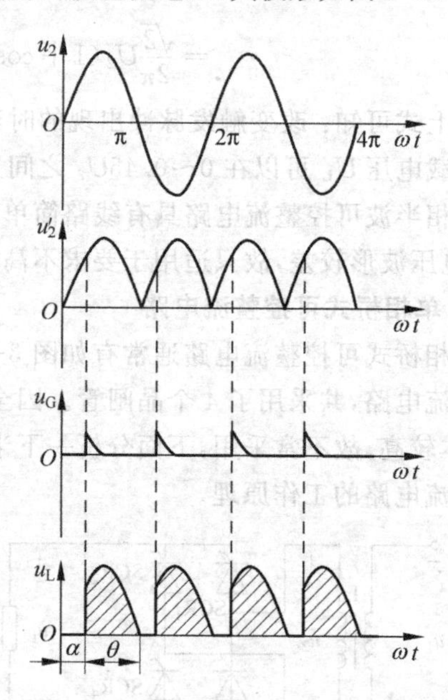

图3-38 用一个可控元件作开关管的单相桥式可控整流波形图

在交流电压 u_2 的正半周时,二极管 V_1 和 V_4 导通,u_2' 作为正向电压加在晶闸管上,触发脉冲 u_G 一旦出现,晶闸管便导通,负载上有电流流过。在交流电压 u_2 的负半周时,二极管 V_2 和 V_3 导通,u_2' 仍作为正向电压加在晶闸管上,在 u_G 的触发下晶闸管导通,负载上获得电流。

同样,负载电压的平均值为

$$U_L = 0.9U_2\frac{1+\cos\alpha}{2}$$

3.5.3 晶闸管电路的应用实例

如图3-39所示为一个最简单的调光电路。上半部分是晶闸管的主电路,这是一个晶闸管半波可控整流电路。图中与晶闸管并联的电阻 R_4 和电容 C_2 组成了阻容吸收电路,作为过电压保护。图下半部分是单结晶体管触发电路,由变压器T、单结晶体管UJT、二极管V、稳压管 V_Z 及电阻、电容组成。

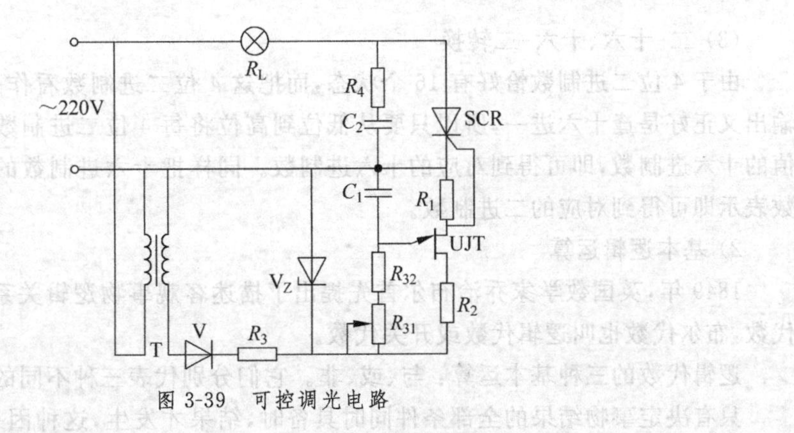

图 3-39　可控调光电路

在调光电路中只要改变电位器 R_{31} 的大小，就可以改变控制角 α 的大小，以达到调光的目的。此电路可用于民用建筑内某些场合的调光和控制，如调光开关、光电自动控制装置等。

3.6　数字电路基础

数字电路是电子技术的重要组成部分，具有结构简单、抗干扰能力强、精度高等优点，随着电子计算机技术的普及，数字电路得到更加广泛的应用，如在自动控制技术、广播通信、数字仪表等。同样，这些技术在民用建筑的楼宇自动化中也得到了重要应用。下面对数字电路的基础作一些初步介绍。

3.6.1　基本逻辑门电路

1. 逻辑代数基础

1) 数制

二进制是目前在数字电路中应用最广泛的。在二进制数中，每一位仅有 0 和 1 两个可能的数码，计数基数为 2，低位和相邻高位的进位关系是"逢二进一"，以 2 为底的幂称为位权，简称权，如 2^i 称为第 i 位的权。二进制数用 B(Binary)进行标识。

十六进制的每一位有十六个不同的数码，分别用 0～9、A(10)、B(11)、C(12)、D(13)、E(14)、F(15)表示，计数基数为 16，低位和相邻高位的进位关系是"逢十六进一"。由于目前计算机中普遍采用 8 位、16 位和 32 位二进制运算，而 8 位、16 位和 32 位的二进制数可用 2 位、4 位和 8 位的十六进制数表示，因而用十六进制符号书写程序很方便。十六进制数用 H(Hexadecimal)进行标识。

下面介绍数制间的相互转换关系。

(1) 二-十转换

把二进制数转换为等值的十进制数称为二-十转换。转换时，只要把二进制数按权展开，然后把所有各项的数值按十进制数相加，就可以得到等值的十进制数。如：

$$(1101.101)_2 = 1\times 2^3 + 1\times 2^2 + 0\times 2^1 + 1\times 2^0 + 1\times 2^{-1} + 0\times 2^{-2} + 1\times 2^{-3} = (13.625)_{10}$$

(2) 十-二转换

整数部分：除 2 取余反读数，即把十进数除以 2 取余数，然后由下往上读数。

小数部分：乘 2 取整正读数，即把十进数乘以 2 取整数，然后由上往下读数。

(3) 二-十六、十六-二转换

由于4位二进制数恰好有16个状态,而把这4位二进制数看作一个整体时,它的进位输出又正好是逢十六进一,所以只要从低位到高位将每4位二进制数分为一组并代之以等值的十六进制数,即可得到对应的十六进制数。同样把十六进制数的每一位用四位二进制数表示即可得到对应的二进制数。

2) 基本逻辑运算

1849年,英国数学家乔治布尔首先提出了描述客观事物逻辑关系的数学方法——布尔代数,布尔代数也叫逻辑代数或开关代数。

逻辑代数的三种基本运算:与、或、非。它们分别代表三种不同的因果关系:

只有决定事物结果的全部条件同时具备时,结果才发生,这种因果关系叫做逻辑与,也叫做逻辑乘。

在决定事物结果的所有条件中只要有任何一个满足,结果就会发生,这种因果关系叫做逻辑或,也叫做逻辑加。

只要条件具备了,结果便不会发生;而条件不具备时,结果一定发生,这种因果关系叫做逻辑非,也叫做逻辑求反。

在逻辑代数中,把与、或、非看作是逻辑变量A、B间的三种最基本的逻辑运算,并以"·"表示运算"与",以"+"表示"或"运算,以变量上边的"—"表示"非"运算。

A和B进行与运算时可写成

$$Y = A \cdot B \tag{3-43}$$

A和B进行或运算时可写成

$$Y = A + B \tag{3-44}$$

对A进行非运算时可写成

$$Y = \overline{A} \tag{3-45}$$

变量A可以有两种取值,即0和1。把逻辑运算式中输入变量的所有组合与输出的对应值一列举出来,并列成表格,这种表格称为真值表。上述三种运算的真值表如表3-5~表3-7所示。

表3-5 与逻辑运算真值表

A	B	Y
0	0	0
0	1	0
1	0	0
1	1	1

表3-6 或逻辑运算真值表

A	B	Y
0	0	0
0	1	1
1	0	1
1	1	1

表 3-7　非逻辑运算真值表

A	Y
0	1
1	0

把实现与运算的单元电路称为与门，把实现或运算的单元电路称为或门，把实现非运算的单元电路称为非门，也称为反相器。

逻辑代数中的运算可以用图 3-40 对应的符号来表示，这些图形符号也表示相应的门电路。上面一行为目前国家标准局规定的符号，下一行为国际流行符号。

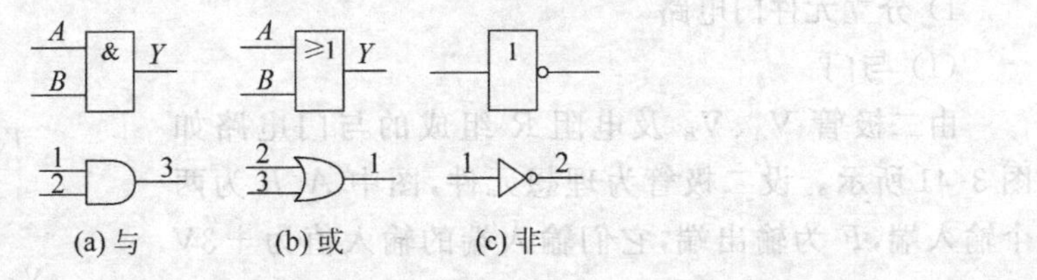

图 3-40　与、或、非的图形符号

3）常用复合运算

实际的逻辑往往比与、或、非复杂得多，但它们都是用三种基本运算组合得到的。最常见的复合运算有与非、或非、异或、同或等。表 3-8 列出了这几种运算的运算符号和逻辑符号。它们的真值表较简单，这里就不再列出了。

表 3-8　复合运算符号和逻辑符号表

	与　非	或　非	异　或	同　或
运算符号	$Y=\overline{AB}$	$Y=\overline{A+B}$	$Y=A\oplus B$	$Y=A\odot B$
国标符号	A B & Y	A B ≥1 Y	A B =1 Y	A B = Y
国际符号	1 2 3	2 3 1	1 2 3	1 2 3

4）逻辑函数的标准形式

从前面讲过的各种逻辑关系中可以看到，如果以逻辑变量作为输入，以运算结果作为输出，那么当输入变量的取值确定后，输出的取值也随之而定，因此，输出与输入之间是一种函数关系，这种函数关系称为逻辑函数，可表示为

$$Y = F(A,B,C,\cdots)$$

常用的逻辑函数表示方法有逻辑表达式、真值表、逻辑图和卡诺图四种。逻辑函数有两种标准形式，即：最小项之和形式和最大项之积形式。最小项之和形式用得较多，这里作主要介绍。

在 n 个变量逻辑函数中，若 m 为包含 n 个因子的乘积项，而且这 n 个变量均以原变量或反变量的形式在 m 中仅出现一次，则称 m 为该组变量的最小项。最小项的个数为 2^n 个。输入变量的每一组取值都使一个对应的最小项的值等于 1。为了使用方便，最小项

常用 m_i 表示，i 的确定方法如下：把某一最小项取值为1时所对应的变量的取值组合，用十进制数表示，就为 i 值。例：当 $A=0$、$B=1$、$C=1$ 时，$\overline{A}BC=1$，则三个变量的取值组合为011，其对应的十进制数为3，这样可把 $\overline{A}BC$ 记为 m_3。

利用 $A+\overline{A}=1$ 可以把任何一个逻辑函数化为最小项之和的标准形式。例如，给定逻辑函数 $Y=AB+AC$ 可化为

$$Y=AB(C+\overline{C})+AC(B+\overline{B})=ABC+AB\overline{C}+A\overline{B}C=m_5+m_6+m_7$$
$$=\sum_i m_i(i=5,6,7)$$

2. 门电路

1) 分立元件门电路

(1) 与门

由二极管 V_A、V_B 及电阻 R 组成的与门电路如图3-41所示。设二极管为理想元件，图中 A、B 为两个输入端，F 为输出端，它们输入端的输入值为+3V或0V。现对二极管与门电路进行分析。

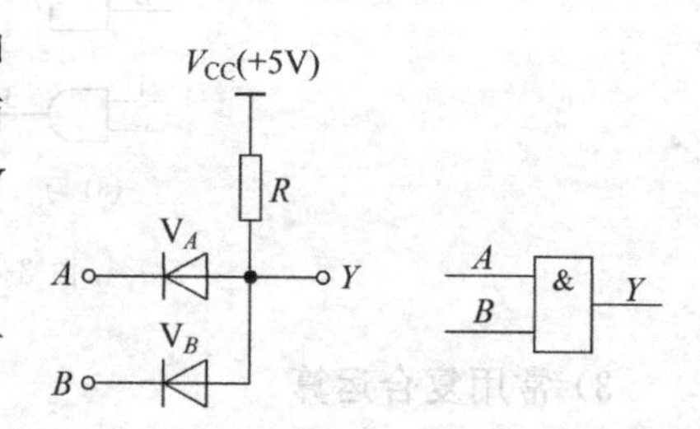

图3-41　二极管与门路及符号

当输入端的输入都是低电平($U_A=U_B=0$V)时，二极管 V_A、V_B 均导通，输出电压为低电平($U_F=0$V)。

当输入端的输入有一个是高电平(如 $U_A=3$V，$U_B=0$V)时，二极管 V_B 将优先导通，输出电压为低电平($U_F=0$V)，这样二极管 V_A 因反偏而截止。

当输入端的输入都是高电平($U_A=U_B=3$V)时，二极管 V_A、V_B 均导通，输出电压为高电平($U_F=3$V)。

将输出与输入电平的关系列表，得表3-9。如果规定3V以上为高电平，用逻辑1状态表示；0.7V以下为低电平，用逻辑0状态表示，则可得真值表(表3-10)。很明显，Y 和 A、B 是逻辑与关系。

表3-9　输入、输出电平表

U_A	U_B	U_Y
0	0	0
0	3	0
3	0	0
3	3	3

表3-10　与门真值表

A	B	Y
0	0	0
0	1	0
1	0	0
1	1	1

(2) 或门

由二极管构成的或门电路及符号如图 3-42 所示，其分析过程从略。

(3) 非门

图 3-43 为一个三极管非门电路。选择合适的电路参数，能够使该电路实现非逻辑关系：当输入端 A 为低电平时，三极管处于截止状态，输出端 F 为高电平；当输入端 A 为高电平时，三极管处于饱和导通状态，输出端 F 为低电平。

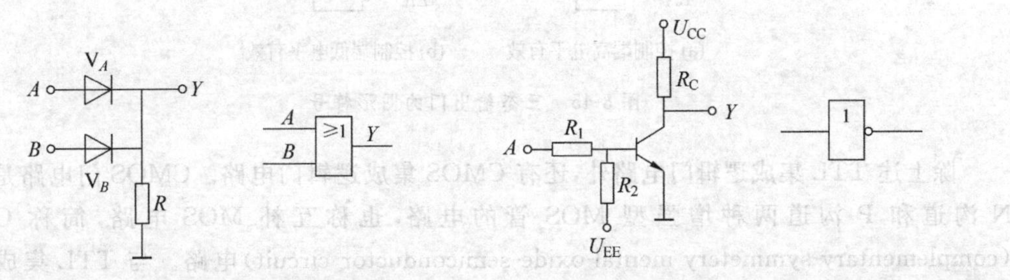

图 3-42　二极管或门电路及符号　　图 3-43　三极管非门电路及符号

2) 集成逻辑门电路

除上述分立元件门电路外，还有集成逻辑门电路，集成逻辑门电路与分立元件相比，具有高可靠性和微型化等优点。

根据集成电路中所用制造工艺的不同，分为双极型和单极型两大类。TTL 门电路是目前双极型数字集成电路中用得最多的一种。TTL 门电路的输入端和输出端均为三极管结构，所以称为三极管-三极管逻辑电路(transistor-transistor logic，TTL 电路)。

TTL 集成电路的国标符号是 CT，如 CT4000 或 CT74LS00 表示四 2 输入端与非门。国标 CT 中又可分为四个系列：

CT1000 为中速系列，如 CT1006 或 CT7406；

CT2000 为高速系列，如 CT2001 或 CT74H01；

CT3000 为甚高速系列，如 CT3065 或 CT74S65。

CT4000 为低功耗肖特基系列，如 CT4001 或 CT74LS01 为四 2 输入与非门(OC)。

TTL 集成电路的原电子工业部部标符号为 T，如 T4001，它相当于 CT4001。TTL 门电路中主要有两种电路，即集电极开路门电路(OC 门)和三态输出门电路(TS 门)。

集电极开路的门电路(open collector gate，OC)及其逻辑符号如图 3-44 所示。

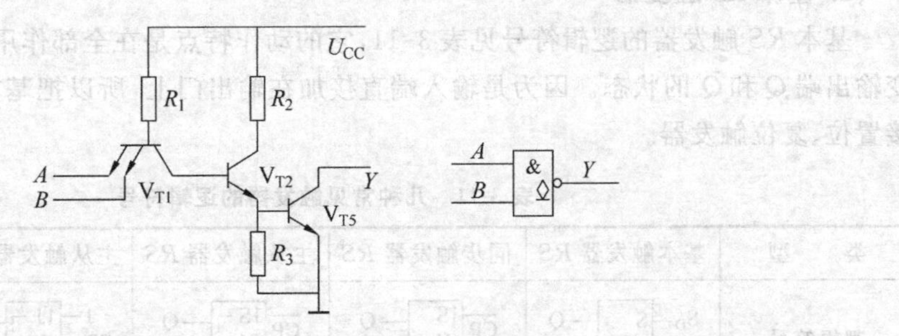

图 3-44　集电极开路与非门电路和图形符号

三态门是在普通门电路的基础上附加控制电路而构成的，其逻辑符号如图 3-45 所示。图 3-45 (a)中，当 $EN=1$ 时，电路的工作状态和普通的与非门没有区别，$Y=\overline{AB}$。当 $EN=0$ 时，输出端呈高阻状态，即悬浮状态。这种门电路也称为控制端高电平有效。图 3-45(b)中，$\overline{EN}=0$ 时为工作状态，称为控制端低电平有效。

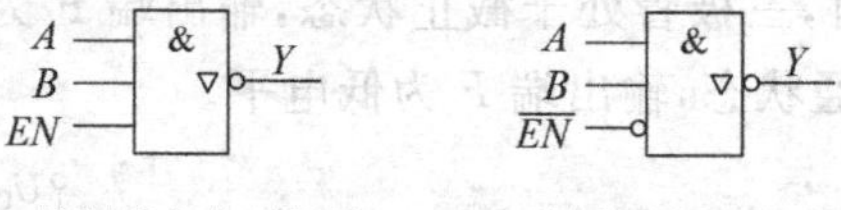

(a) 控制端高电平有效　　(b) 控制端低电平有效

图 3-45　三态输出门的图形符号

除上述 TTL 集成逻辑门电路外，还有 CMOS 集成逻辑门电路。CMOS 门电路是兼有 N 沟道和 P 沟道两种增强型 MOS 管的电路，也称互补 MOS 电路，简称 CMOS (complementary-symmetery mental-oxide-semiconductor circuit)电路。与 TTL 集成电路相比，CMOS 电路具有静态功耗低、电源电压范围宽、输入阻抗高、扇出能力强、抗干扰能力强、逻辑摆幅大和温度稳定性好等特点。CMOS 的不足之处是工作速度比 TTL 电路低，且功耗随频率的升高而显著增大。CMOS 集成逻辑门电路的具体情况此处简略。

3.6.2　触发器

数字电路按照逻辑功能的不同，可以分为两大类：一类是该电路的输出状态仅取决于当前的输入状态，而与该电路的原状态无关，当输入信号一旦消失，输出信号也会随之消失，电路没有记忆功能，这种电路称为组合逻辑电路；另一类是该电路的输出状态不仅取决于当前的输入状态，而且还与该电路的原状态有关，这种电路称为时序逻辑电路。当输入信号消失后，这个输入信号对电路造成的影响能保留下来，这个影响不会因输入信号的消失而消失，把这个信号的影响存储下来。能够完成存储功能的基本单元电路统称为触发器。

根据电路结构形式的不同，可以将它们分为基本 *RS* 触发器，同步 *RS* 触发器、主从触发器、维持阻塞触发器等。这些不同的电路结构在状态变化的过程中具有不同的动作特点，掌握这些动作特点对于正确使用这些触发器是十分必要的。根据触发器的逻辑功能的不同，可以将它们分为 *RS* 触发器、*JK* 触发器、*T* 触发器和 *D* 触发器等几种类型。

下面介绍一下每种触发器的逻辑符号和动作特点，逻辑符号如表 3-11 所示。

1. 基本 *RS* 触发器

基本 *RS* 触发器的逻辑符号见表 3-11，它的动作特点是在全部作用时间里，都能直接改变输出端 Q 和 $\overline{Q}$ 的状态。因为是输入端直接加在输出门上，所以把基本 *RS* 触发器称为直接置位、复位触发器。

表 3-11　几种常见触发器的逻辑符号

类　　型	基本触发器 *RS*	同步触发器 *RS*	主从触发器 *RS*	主从触发器 *JK*	边沿触发器
逻辑符号	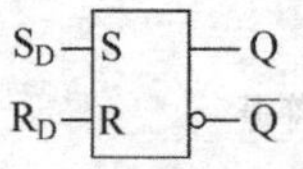 S_D S Q; R_D R $\overline{Q}$	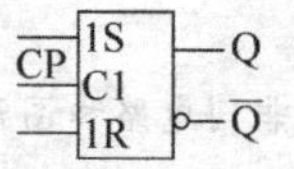 1S Q; $\overline{CP}$ C1; 1R $\overline{Q}$	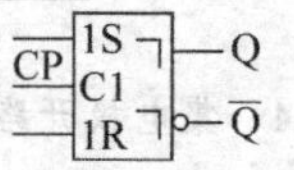 1S Q; $\overline{CP}$ C1; 1R $\overline{Q}$	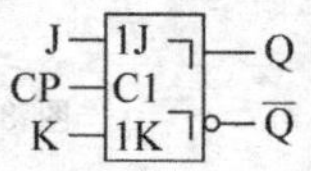 J 1J Q; CP C1; K 1K $\overline{Q}$	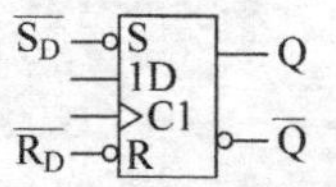 $\overline{S_D}$ S Q; 1D; >C1; $\overline{R_D}$ R $\overline{Q}$

2. 同步 *RS* 触发器

同步 *RS* 触发器的逻辑符号见表 3-11,它的动作特点是：由于在触发脉冲 $CP=1$ 的全部时间里 S 和 R 的变化都将引起触发器输出端状态的变化。由于这一特点,决定了同步 *RS* 触发器的抗干扰能力受到限制。

3. 主从触发器

主从触发器有主从 *RS* 触发器和主从 *JK* 触发器的逻辑符号见表 3-11,主从触发器有共同的动作特点。

(1) 触发器的翻转分两步动作。第一步,在触发脉冲 $CP=1$ 期间主触发器接收输入端的信号,被置成相应的状态,而从触发器不动；第二步,在 *CP* 下降沿到来时从触发器按照主触发器的状态翻转,所以 Q 和 $\bar{Q}$ 的状态的改变发生在 *CP* 的下降沿。

(2) 因为主触发器本身是一个同步 *RS* 触发器,所以在 $CP=1$ 的全部时间里输入信号都将对主触发器起控制作用。

在使用主从结构触发器时特别注意：只有在 $CP=1$ 的全部时间里输入状态始终未变的条件下,用 *CP* 下降沿到达时输入的状态决定触发器的次态才肯定是对的。否则,必须考虑 $CP=1$ 期间输入状态的全部变化过程,才能确定 *CP* 下降沿到达时触发器的次态。

3.6.3　A/D、D/A 转换器

随着数字电子技术的迅速发展,尤其是计算机在自动控制、自动检测以及许多其他领域中的广泛应用,用数字电路处理模拟信号的情况也更加普遍了。

为了能够使用数字电路处理模拟信号,必须把模拟信号转换成相应的数字信号,才能用数字系统进行处理；对处理的结果往往还要再转换成相应的模拟信号,作为最后的结果输出。前面一种从模拟信号到数字信号的转换称为模数转换,简称 A/D(analog to digital)转换,实现 A/D 转换的电路称为 A/D 转换器,简写为 ADC；后一种从数字信号到模拟信号的转换称为数模转换,简称 D/A(digital to analog)转换,实现 D/A 转换的电路称为 D/A 转换器,简写为 DAC。

1. A/D 转换器

A/D 电路主要类型有双积分型、逐次逼近型、并行及并串型等。

双积分型 A/D 电路将输入模拟量的平均值转换为数字量,其特点是抗干扰能力强、精度较高,但转换速度较低。双积分型 A/D 电路适用于数字测量仪表。

逐次逼近型 A/D 电路将模拟电压的瞬时值转换为数字量,其特点是精度高,转换速度较高,但抗干扰能力较差。这类电路适用于高精度数字仪表以及计算机的 A/D 接口。

并行和并串型 A/D 电路也是将模拟量的瞬时值转换为数字量,其特点是转换速度极高,但精度不易做得高。这类电路适用于高速计算机系统的 A/D 电路及视频信号的 A/D 转换。

用逐次逼近方法实现的多路 A/D 转换器(ADC0809),8 路 A/D 转换器如图 3-46 所示。芯片将 8 路模拟信号选择器、地址锁存器与译码电路、高阻抗斩波器稳定的比较器、256R 电阻 T 形网络、树状电子开关、逐次逼近寄存器 SAR 及三态输出锁存缓冲器等组成。

该芯片有 28 根引脚。其中 8 根为模拟量输入,8 根为数字量输出,3 根地址译码输入,5 根转换逻辑控制,4 根电源与地线。其作用分别为：

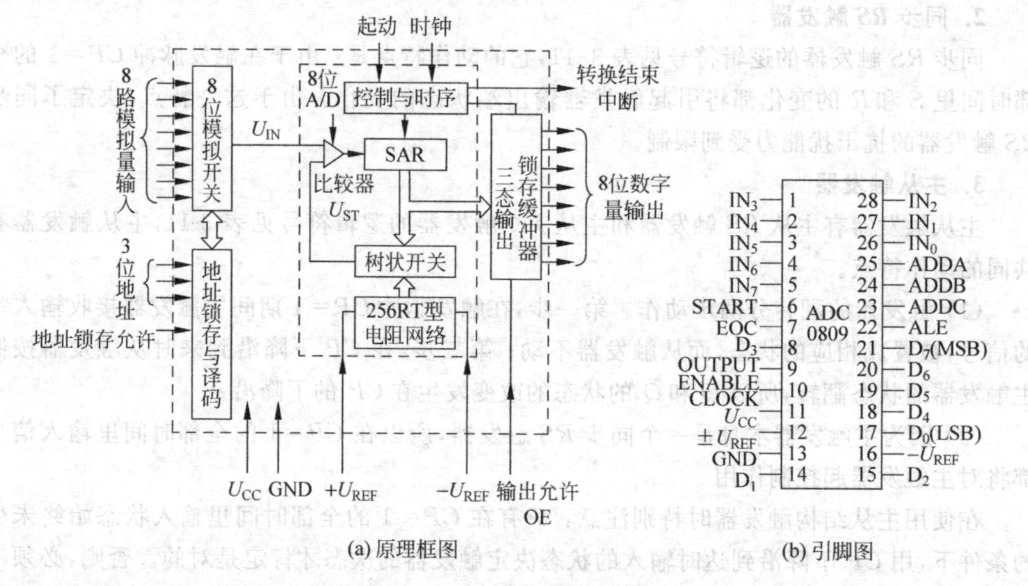

(a) 原理框图　　(b) 引脚图

图 3-46　ADC0809 原理框图及引脚图

输入信号端：IN_0～IN_7 为模拟量输入端，由 A、B、C 三根地址线译码选通 IN_0～IN_7 之一进行变换。其地址码(CBA)从 000～111 分别对应着 IN_0～IN_7 8 个输入信号。

输出信号端：D_7～D_0 为数字量输出端。D_7 为最高位，D_0 为最低位。它们受允许信号 OE(9 脚)的控制。当 OE＝0 时，D_7～D_0 呈高阻态；当 OE＝1 时，D_7～D_0 输出变换后的数据。

控制信号端：START 为 A/D 变换起动售输入端，该信号上升沿复位变换器，下降沿起动变换，其信号宽度应大于 100ns，可由程序或外设控制。EOC 为变换结束输出端，由低电平变高电平有效，当 A/D 变换结束时，输出一个正脉冲信号，此信号可作为 CPU 中断申请信号、端口的检测查询信号以及 CPU 的$\overline{WAIT}$信号。ALE 为地址锁存允许信号输入端，高电平有效，用来打入地址码，此信号可由外设产生或程序产生。OE 为输出允许信号输入端，高电平有效，及来打开三态数据输出锁存器，以输出当前 A/D 变换的数字量，低电平时为高阻抗。CLOCK 为时钟信号输入端，该信号用来产生芯片内部各种定时信号，其时钟频率典型值为 640kHz，最小为 10kHz，最大可达 1280kHz，可通过外接电路产生。

电源与地线：$U_{REF(+)}$ 为正参考电压；$U_{REF(-)}$ 为负参考电压；U_{CC} 为电源电压，一般为＋5V；GND 为地。

2. D/A 转换器

这里以 DAC0832 为例，简单介绍 DAC 的功能和应用。

DAC0832 的逻辑结构如图 3-47 所示，它由 8 位输入锁存器、8 位 DAC 寄存器和 8 位 D/A 转换电路组成。

DAC0832 的引脚总共为 28 只，排列方式如图 3-48 所示。

DAC0832 的输出是电流型的，在多数系统中，往往需要的是电压信号，这时可以利用运算放大器实现转换，如图 3-49 所示。

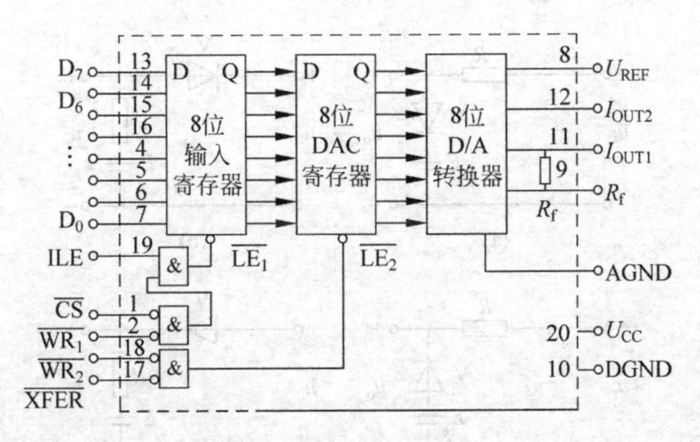

图 3-47　DAC0832 逻辑框图

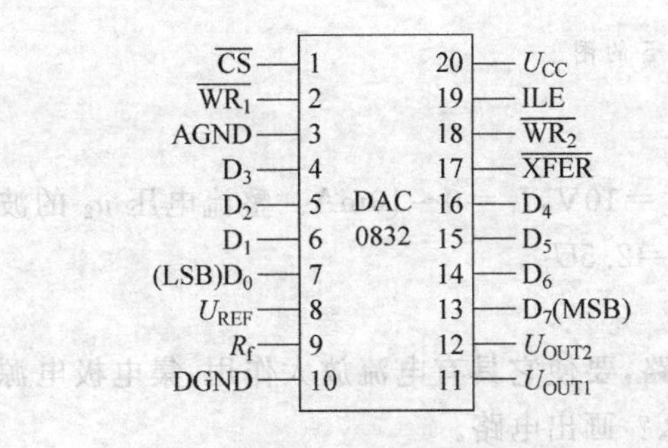

图 3-48　DAC0832 引脚图

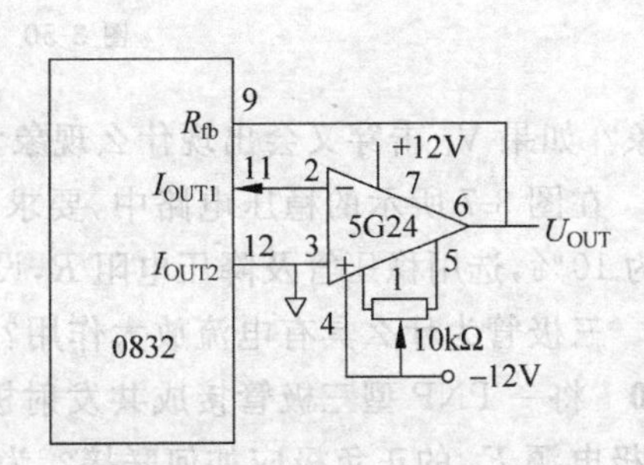

图 3-49　DAC0832 的电压输出电路

思考题与习题

3-1　电子导电和空穴导电有什么区别？空穴导电电流是不是自由电子递补空穴所形成的？

3-2　怎样用万用表判断二极管的正极和负极以及管子的好坏？

3-3　在用万用表的电阻挡测量二极管的正向电阻时，发现用 Ω×1 档测量出的电阻小，用 Ω×100 挡测量出的电阻大，这是为什么？

3-4　有一电阻负载 R_L，需直流电压 24V，直流电流 1A，若采用下列三种不同整流电路供电：

(1) 单相半波整流电路供电；

(2) 单相全波整流电路供电；

(3) 单相桥式整流电路供电。

试分别求出电源变压器副边的电压有效值，并选出二极管。

3-5　在图 3-50 所示的各电路中，$E=5\text{V}$，$u_i=10\sin\omega t\,\text{V}$，二极管的正向压降可忽略不计。试分别画出输出电压 u_o 的波形图。

3-6　在图 3-11 所示的桥式整流电路中，已知：交流电源的频率 $f=50\text{Hz}$，负载电阻 $R_L=55\Omega$，输出电压 $U_o=30\text{V}$。试选择整流二极管和滤波电容。

3-7　在图 3-8(a)所示的单相桥式整流电路中，如果二极管 V_1 的正负极性接反，会出现

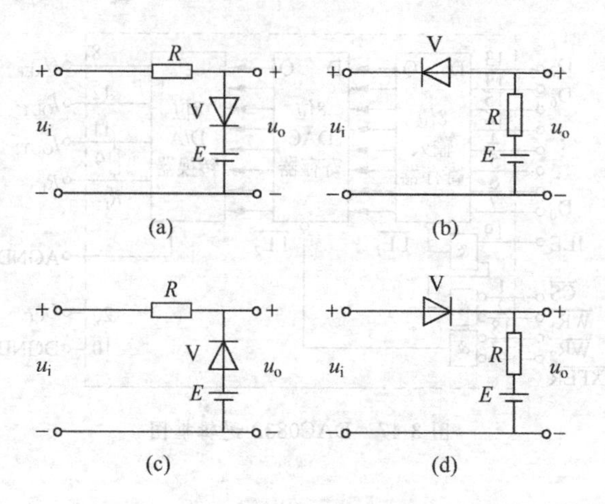

图 3-50　题 3-5 的图

什么现象？如果 V_1 击穿又会出现什么现象？

3-8　在图 3-7 所示的稳压电路中，要求：$U_L=10V$，$I_L=0\sim10mA$。整流电压 u_2 的波动范围为 10%，选用稳压管及降压电阻 R，设 $U_2=2.5U_L$。

3-9　三极管为什么具有电流放大作用？

3-10　将一 PNP 型三极管接成共发射极电路，要使它具有电流放大作用，集电极电源 E_C 和基极电源 E_B 的正负极应如何联接？为什么？画出电路。

3-11　有两只三极管，一只三极管的 $\beta=200$，$I_{CEO}=200\mu A$，另一只的 $\beta=50$；$I_{CEO}=10\mu A$，其他参数大致相同。一般情况下，应该选择用哪一个管子？为什么？

3-12　某电路接有一个晶体管，测得它的三个引脚电位分别为 $-9V$，$-6V$，$-6.2V$。试判别管子的三个电极，并说明这个晶体管是哪种类型的？

3-13　晶体管放大电路如图 3-51(a)所示，已知 $E_C=12V$，$R_C=3k\Omega$，$R_B=240k\Omega$，晶体管 $\beta=40$。(1)试估算各静态值 I_B，I_C，U_{CE}；(2)如晶体管的输出特性如图 3-51(b)所示，用图解法求放大电路的静态工作点；(3)在静态时($U_i=0$)C_1 和 C_2 上的电压各为多少？并标出极性。

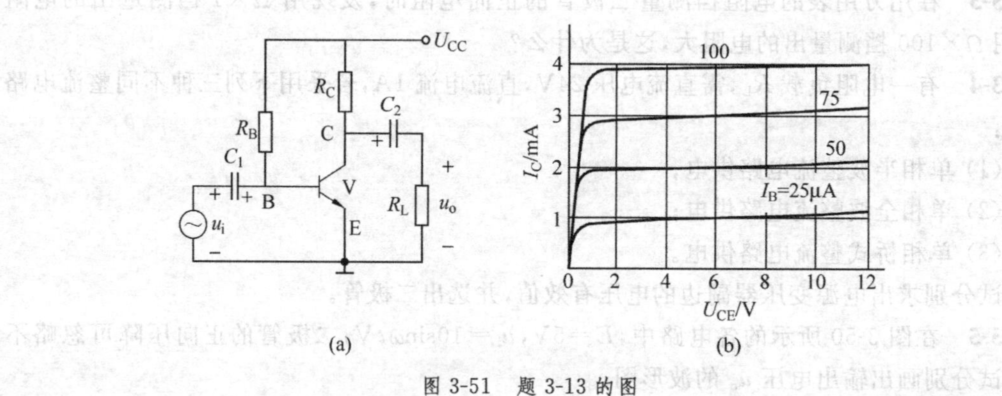

图 3-51　题 3-13 的图

3-14　在上题中，(1)如改变 R_B，使 $U_{CE}=3V$。试求 R_B 的大小。(2)如改变 R_B，使 $I_C=1.5mA$，R_B 又等于多少？(3)分别用图解法作出静态工作点。

3-15 在题 3-13 的放大电路中，如输出端开路，输入电压 $u_i = 0.02\sin\omega t$ V(图3-52)。试作出交流负载线，并用图解法求输出电压 u_o 及电压放大倍数。

3-16 在题 3-13 的放大电路中，如输出端接有负载 $R_L = 6\text{k}\Omega$，输入电压 $u_i = 0.02\sin\omega t$ V(图 3-52)。试作出交流负载线，并用图解法求输出电压 u_o 及电压放大倍数。

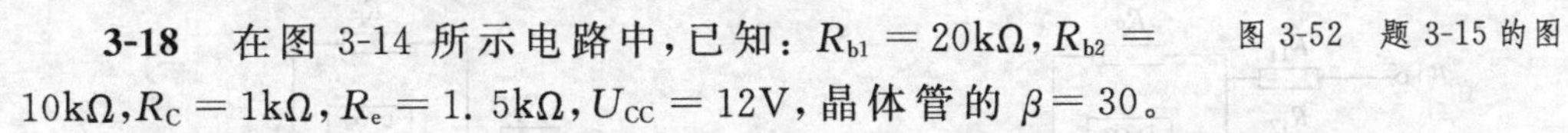

图 3-52 题 3-15 的图

3-17 在图 3-51 中，若 $U_{CC} = 10\text{V}$，要求 $U_{CE} = 5\text{V}$，$I_C = 2\text{mA}$。试求 R_C 和 R_B 的阻值。设晶体管的 $\beta = 40$。

3-18 在图 3-14 所示电路中，已知：$R_{b1} = 20\text{k}\Omega$，$R_{b2} = 10\text{k}\Omega$，$R_C = 1\text{k}\Omega$，$R_e = 1.5\text{k}\Omega$，$U_{CC} = 12\text{V}$，晶体管的 $\beta = 30$。(1)计算静态工作点。(2)如果换一只 $\beta = 60$ 的同类型管子，放大电路能否正常工作？(3)如果换上 PNP 型三极管，电路应做哪些改动？

3-19 为什么在多级交流电压放大电路中，大多采用阻容耦合的方式？耦合电容起了什么作用？放大变化很慢的电信号为什么必须采用直接耦合的方式，而不能采用阻容耦合的方式？直接耦合的电路带来的哪两个需要解决的问题？

3-20 差动式放大电路在结构上有什么特点？差动式放大电路中 R_E 的作用是什么？这种电路是如何抑制零点漂移的？又是如何放大差模信号的？

3-21 图 3-53 是应用线性集成运放组成的测量电阻的原理电路。输出端接有满量程为 5V，500μA 的电压表。试计算当电压表指示为 5V 时，被测电阻 R_F 的阻值。

3-22 图 3-54 中，已知：$U_i = 0.5\text{V}$，$R_1 = 10\text{k}\Omega$，$R_L = 20\text{k}\Omega$，求 $I_L = ?$ 欲使 $I_L = 1\text{mA}$，问此时电阻 R_1 应为多大值？

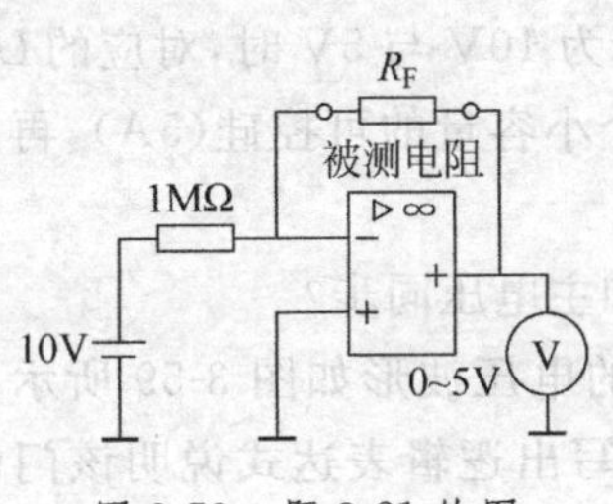

图 3-53 题 3-21 的图

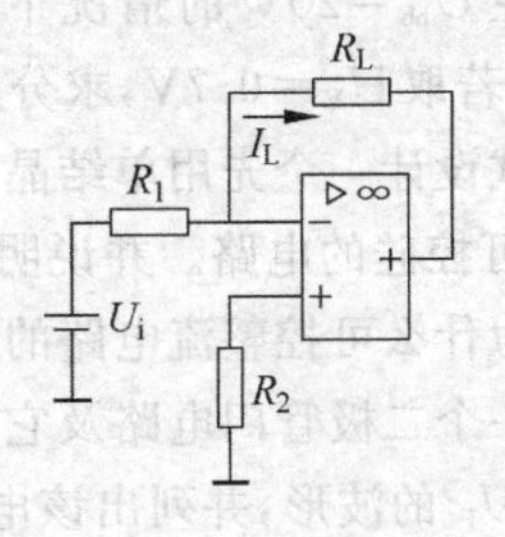

图 3-54 题 3-22 的图

3-23 图 3-55 中，已知：$R_1 = R_2 = 10\text{k}\Omega$，$R_F = R_3 = 20\text{k}\Omega$，$u_{i1} = 0.5\sin\omega t$ V，$u_{i2} = 0.5\text{V}$。试画出 u_o 的波形图。

3-24 图 3-56 中，已知 $u_i = 1\text{V}$。试求 $u_o = ?$

3-25 图 3-57 中，已知：$R_F = 200\text{k}\Omega$，其输出电压为 $u_o = -(10u_{i1} + 20u_{i2})$。试求 R_{11}，R_{12}的值？

3-26 图 3-58 为一个同相加法器，已知：$R_1 = 11\text{k}\Omega$，$R_F = 110\text{k}\Omega$，$R_2 = R_3 = 20\text{k}\Omega$，$u_{i1} = u_{i2} = 10\text{mV}$。试求 $u_o = ?$

3-27 在可控硅中，控制极电流是小的，阳极电流是大的，在晶体管中，基极电流是小的，集电极电流是大的。两者有何不同，可控硅是否也能放大电流？

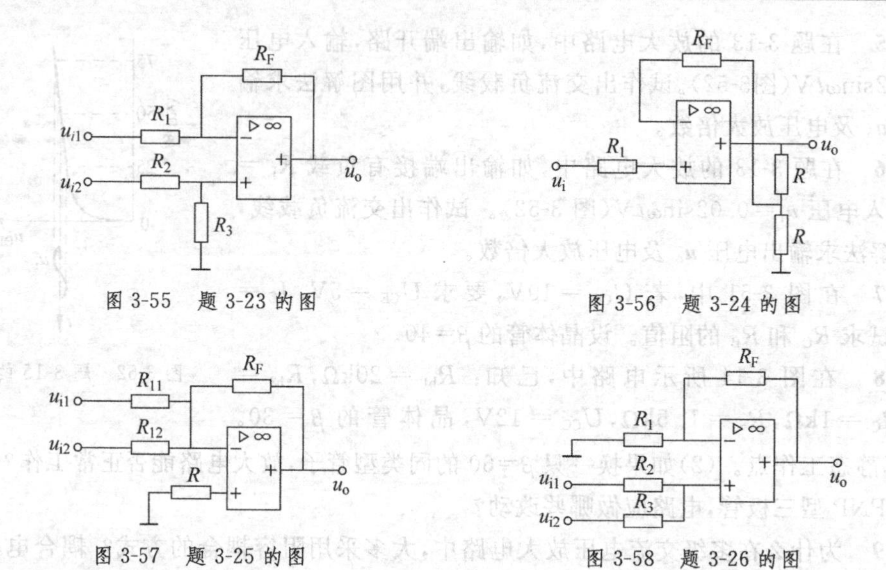

图 3-55　题 3-23 的图　　图 3-56　题 3-24 的图

图 3-57　题 3-25 的图　　图 3-58　题 3-26 的图

3-28　可控硅的导通条件是什么？导通后控制电压有没有控制作用？又如何从导通状态转变为阻断状态？

3-29　今采用单相半波可控整流电路，直接用 220V 电网供电。电路中有一电阻性负载，需要直流电压 60V，电流 30A。试计算可控硅的导通角，并选用可控硅。

3-30　现有一单相半控桥式整流电路。电路中有一电阻性负载，需要可调的直流电压 $U_o=0\sim60\text{V}$，电流 $I_o=0\sim10\text{A}$。试计算变压器副边的电压，并选用整流元件。

3-31　单结晶体管在什么情况下导通？什么情况下截止？

3-32　在 $U_{bb}=20\text{V}$ 的情况下，由晶体管特性图示仪测得某单结晶体管的峰点电压 $U_P=13.7\text{V}$，若取 $U_V=0.7\text{V}$，求分压比 η，当 U_{bb} 降为 10V 与 5V 时，对应的 U_P 各为多少？

3-33　试设计一个先用单结晶体管去触发一个小容量的可控硅(5A)，再用小可控硅去触发大容量可控硅的电路。并说明其工作原理。

3-34　为什么可控整流电路的触发电路必须和主电压同步？

3-35　一个二极管门电路及它的三个输入端的电压波形如图 3-59 所示。试画出该门电路输出端 U_F 的波形，并列出该电路的真值表和写出逻辑表达式说明该门电路可以实现什么样的逻辑关系。

3-36　已知三个逻辑图及其输入端的波形如图 3-60 所示。试分别画出三个逻辑图的输出端的波形。

3-37　图 3-61 是由两个或非门组成的基本 RS 触发器。试分析 $R=1,S=0$；$R=0,S=1$；$R=0,S=0$ 三种情况下触发器的状态。这种 RS 触发器是用正脉冲还是负脉冲置 0、置 1 的？

3-38　将一个主从型 JK 触发器的输入端与一个非门相联接，如图 3-62(a)所示，其 D 端及 C 端的波形如图 3-62(b)所示，设触发器的初始状态为 0。试画出触发器 Q 端的波形，并列写出该电路的真值表。

3-39　一个维持阻塞型 D 触发器的 D 端及 C 端及 C 端的波形如图 3-62(b)所示，设触发器的初始状态为 0，试分别画出触发器 Q 端和 $\overline{Q}$ 端的波形。

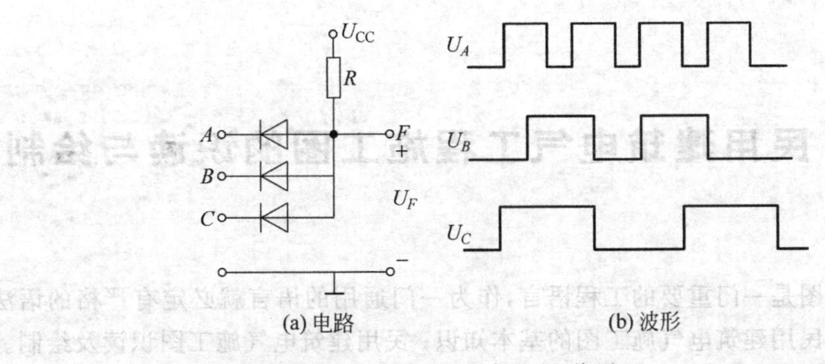

(a) 电路　　(b) 波形

图 3-59　题 3-35 的图

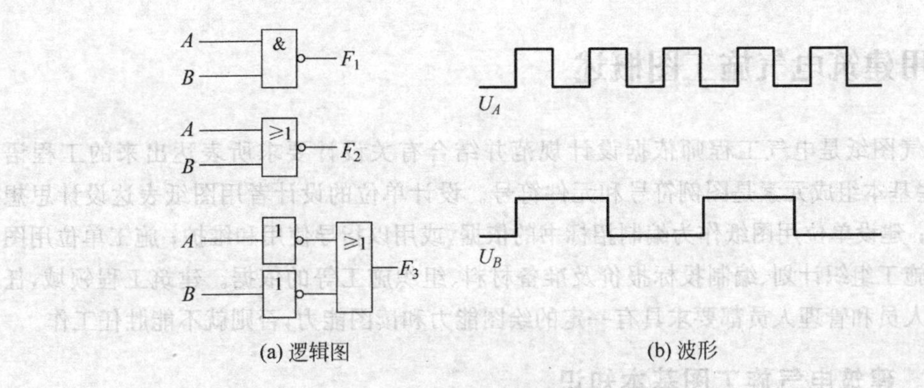

(a) 逻辑图　　(b) 波形

图 3-60　题 3-36 的图

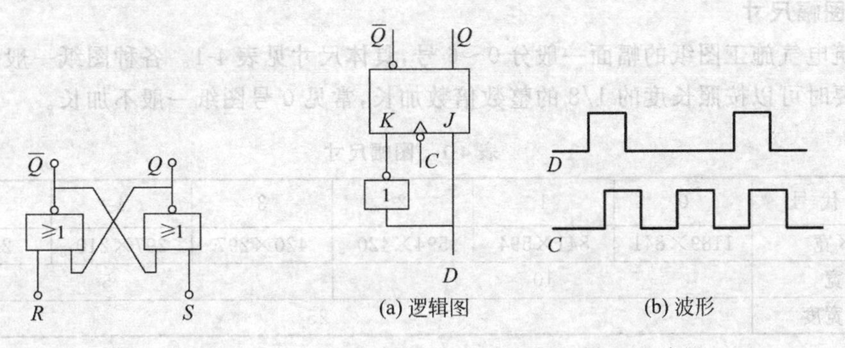

图 3-61　题 3-37 的图

(a) 逻辑图　　(b) 波形

图 3-62　题 3-38 的图

3-40　将一个维持阻塞型 D 触发器的 D 端与 $\overline{Q}$ 端联接起来，如图 3-63 所示，设触发器的初始状态为 0。对应 C 端的波形，画出触发器 Q 端的波形。

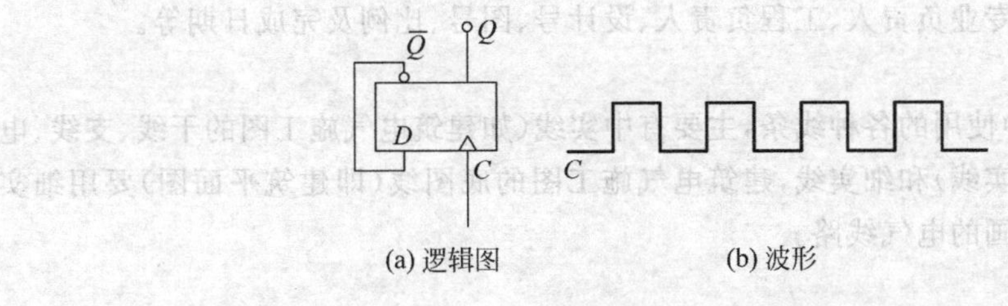

(a) 逻辑图　　(b) 波形

图 3-63　题 3-40 的图

第4章　民用建筑电气工程施工图的识读与绘制

建筑电气施工图是一门重要的工程语言，作为一门通用的语言就必定有严格的语法知识。本章主要介绍民用建筑电气施工图的基本知识；民用建筑电气施工图识读及绘制。通过本章的学习可以对民用建筑电气施工图有一个完整的认识和了解。

4.1　民用建筑电气施工图概述

建筑电气图纸是电气工程师依据设计规范并结合有关设计要求所表达出来的工程语言，组成这些基本组成元素是图例符号和元件符号。设计单位的设计者用图纸表达设计思想和设计意图；建设单位用图纸作为编制招标书的依据，或用以指导使用和维护；施工单位用图纸作为编制施工组织计划、编制投标报价及准备材料、组织施工等的依据。建筑工程领域，任何工程技术人员和管理人员都要求具有一定的绘图能力和读图能力，否则就不能胜任工作。

4.1.1　建筑电气施工图基本知识

1. 图幅尺寸

建筑电气施工图纸的幅面一般分0～6号，具体尺寸见表4-1。各种图纸一般不加宽，只是在必要时可以按照长度的1/8的整数倍数加长，常见0号图纸一般不加长。

表4-1　图幅尺寸　　mm

图纸代号	0	1	2	3	4	5
长×宽	1189×841	841×594	594×420	420×297	297×210	210×148
边宽	10			5		
装订宽度	25					

2. 图标

图标相当于商品的商标或电气设备的铭牌。图标一般放在图纸的右下角，其主要内容可能因设计单位的不同而有所不同，大致包括：设计单位、工程名称、图纸内容、设计人、校对人、审核人、审定人、专业负责人、工程负责人、设计号、图号、比例及完成日期等。

3. 图线

图线就是在图纸中使用的各种线条，主要有中实线（如建筑电气施工图的干线、支线、电缆线、架空线等均用中实线）和细实线，建筑电气施工图的底图线（即建筑平面图）要用细实线，以便突出用中实线画的电气线路。

4. 尺寸标注

工程图纸上标注的尺寸通常采用mm（毫米）为单位，只有总平面或特大设备以m（米）为单位，所以电气图纸一般不标注单位。

5. 比例和方位标志

建筑电气施工图常用的比例有1∶50、1∶100、1∶150、1∶200。大样图的比例可以用1∶20、1∶10或1∶5。外线工程图常用小比例。做概预算统计工程量时就需要用到这个比例尺。图纸中的方位按国际惯例通常是上北下南，左西右东。有时为了使图面布局更加合理，也有可能采用其他方位，但必须标明指北针。

6. 标高

建筑图纸中的标高通常是相对标高。一般将±0.00设定在建筑物首层室内地平面，往上为正值，往下为负值。电气图纸中设备的安装标高是以各层楼(地面)为基准的，例如住宅用户终端配电箱的安装高度暗装1.8m，是指距各楼层地面1.8m。室外电气安装工程常用绝对标高。

7. 图例

为了简化作图，国家有关标准和一些设计单位有针对性地将常见的材料构件、施工方法等规定了一些固定的画法式样，有的还附有文字符号标注。建筑电气施工图纸中的图例如果是由国家统一规定的称为国标符号，由有关部委颁布的电气符号称为部标符号。另外一些大的设计院还有其内部的补充规定，即所谓院标，或称之为习惯标注符号。

建筑电气施工图纸中的电气图形符号的种类很多，主要有电气设计有关的强电、电信、高压系统，低压系统等，具体见附录Ⅴ。

国际上通用的电气图形符号标准是IEC(国际电工委员会)标准。中国新的国家标准图形符号(GB)和IEC标准是一致的，国标序号为GB4728。这些通用的电气符号在施工图册内都有，而电气施工图中就不再介绍它们的名称含义了。但如果电气设计图纸里采用了非标准符号，那么应列出图例表。

8. 平面图定位轴线

凡是建筑物的承重墙、柱子、主梁及房架都应设置轴线。纵轴编号是从左起用阿拉伯数字表示，而横轴用大写英文字母自下而上标注。轴线间距是由建筑结构尺寸确定的。电气平面图中，为了突出电气线路，通常只在外墙外侧画出横竖轴线，建筑平面内轴线不一定画。

4.1.2　民用建筑电气施工图的内容

民用建筑电气施工图包括基本图和详图两大部分。

1. 基本图

(1) 设计说明

设计说明包括设计工程基本资料、设计内容、供电方式、电压等级、系统形式、主要线路敷设方式、防雷、接地及图中未能表达的各种电气安装高度、工程主要技术数据、施工和验收要求以及有关事项等。

(2) 主要材料设备表

主要材料设备表包括工程所需的各种设备、管材、导线等名称、型号、规格、数量等。设备材料表上所列的主要材料的数量，由于与工程量的计算方法和要求不同，不能作为工程量编制预算依据，只能作为参考数量。

(3) 配电系统图

内容包括：

① 整个配电系统的联接方式,从主干线至各分支回路的路数;
② 主要变、配电设备的名称、型号、规格及数量;
③ 主干线路及主要分支线路的敷设方式、型号、规格。

(4) 电气平面图

电气平面图分为变、配电平面图、动力平面图、照明平面图、弱电平面图、室外工程平面图及防雷、接地平面图等。内容包括:

① 民用建筑物的平面布置、轴线分布、尺寸以及图纸比例;
② 各种变、配电设备的编号、名称,各种用电设备的名称、型号以及在平面图上的位置;
③ 各种配电线路的起点、敷设方式、型号、规格、根数,以及在建筑物中的走向、平面和垂直位置;
④ 民用建筑物和电气设备的防雷、接地的安装方式以及在平面图上的位置。

(5) 控制原理图

根据控制电器的工作原理,按规定的线段和图形符号绘制成的电路展开图。

2. 详图

详图包括电气工程详图、标准图和节点详图。

电气工程详图是指柜、盘的布置图和某些电气部件的安装大样图,对安装部件的图纸的种类很多,各部位注有详细尺寸,一般是在没有标准图可选用并有特殊要求的情况下才绘制的图。

标准图是指通用性详图,表示一组设备或部件的具体图形和详细尺寸,便于制作安装。

节点详图是指对于局部设备控制太多而采取放大处理,以便识图。

总之,民用建筑电气设计施工图纸从设计说明到详图各个部分相互对应、相互补充,在很多民用建筑电气工程设计中缺一不可。

4.2 民用建筑电气施工图的阅图方法及步骤

在完整的民用建筑电气施工图中,除了需要画出全部的民用建筑电气施工图和结构施工图外,还应包括室内给水、排水、采暖、通风和电气照明等方面的工程图纸,这些图纸一般统称为设备施工图。由于这些设备都是房屋中不可缺少的附属设备,作为民用建筑电气工程技术人员,对此应该了解。因为这些设备的配置,应该在功能上完全配合建筑的要求。因此,这些图纸必须与建筑设计图纸互相呼应,以达到很好地沟通二者的设计意图和在施工上密切配合的目的。

4.2.1 民用建筑电气施工图的特点与图形符号和文字符号

1. 民用建筑电气施工图的特点

民用建筑电气施工图作为一类工程语言有其自身的特点:

(1) 民用建筑电气施工图纸都是由各种空间管线和一些设备装置组成。就管线而言,不同的管线、多变的管径,难以采用真实投影的方法加以表达。各种设备装置一般都是工业制成品,也没有必要画出其全部详图,因此电的设备装置和线路多采用国家标准规定的统一图例符号表示。所以,在阅读图纸时,应首先了解与图纸有关的图例符号及其所代表的内容。

(2) 民用建筑电气线路在房屋的空间布置是纵横交错的，所以用各层电气平面图难以把它们表达清楚。因此，除了要用平面图表示其位置外，还要画出对应的电气系统图和电力干线图，阅读时平面图、系统图前后应对照阅读。

(3) 民用建筑电气平面图或对应的系统图，它们本身都有一个来源，即建筑电气线路中的电流都要按一定方向流动，最后和设备相联接。如：

→进户线→配电箱(柜)→干线→分配电箱→支线→用电设备

掌握这一特点，按照一定顺序阅读管线图，就会很快掌握图纸。

2. 民用建筑电气施工图的图形符号和文字符号

构成民用建筑电气工程的设备、元件、线路很多，结构类型不一，安装方法各异。因此，在民用建筑电气工程图中，设备、元件、线路及其安装方法等，在许多情况下是用统一的图形符号和文字符号来表达的，与一般的建筑电气工程图的图形符号和文字符号是相同的。图形符号和文字符号犹如建筑电气工程语言中的“词汇”，所以在绘制民用建筑电气工程设计图时，应首先熟悉这些“词汇”(图形符号、文字符号)，并弄清它们各自代表的意义。

民用建筑电气图纸中的电气图形符号通常包括：系统图图形符号、平面图图形符号、电气设备文字符号和系统图的回路标号。这些符号和标号都有统一的国家标准。新的国家制图标准《电气设备用图形符号基本规则》(GB/T 23371.3—2009)和《电气设备用图形符号》(GB/T 5465.2—2008)，分别于 2009 年 3 月和 2008 年 5 月发布并使用。国家制图标准《电气图用图形符号》(GB 4728)和《电气设备用图形符号》(GB 5465)，于 1986 年出版，并于 1990 年 1 月开始使用，共有 13 部分，目前其中大部分基本图形符号仍在使用，部分内容已分别于 1996 年、1999 年、2000 年、2005 年进行了修订。所有的电气设计图都要求用上述新国标代替旧国标。

在有些电气工程设计中，统一图例(国标)可能还不足以满足图纸表达的需要，可以根据工程的具体情况，设定某些图形符号，并在设计图纸中列出加以说明。每项工程应有图例说明。为了便于查阅，本书将建筑电气设计中常用的平面图用图形符号及文字符号(国家电气制图标准 GB 4728 中部分内容)摘录于附录Ⅴ各表中。

4.2.2　阅读民用建筑电气施工图的一般步骤

1. 阅读民用建筑电气施工图的一般步骤

阅读民用建筑电气工程图，除应了解民用建筑电气工程图的图形符号和文字符号及特点外，还应该按照一定顺序进行识读，才能比较迅速、全面、准确地读懂图纸，实现设计人员的设计意图。一般应按如下步骤依次阅读，必要时需要相互对照阅读。

(1) 图纸目录；

(2) 设备材料表；

(3) 阅读电气设计施工说明；

(4) 电力系统图及照明系统图；

(5) 强弱电气原理图和接线图；

(6) 强弱电干线平面、电气照明平面等布置图；

(7) 安装大样图(详图)。

对于有些图纸需反复阅读多遍。同时，有时还应配合阅读土建立面、剖面、平面图和有关施工检验规范、质量检验评定标准以及全国通用电气装置标准图集。从详细了解安装技术要求及具体安装方法出发,读懂图、掌握图,以便更好地利用图纸和标准指导施工,保证安装质量符合要求。

2. 阅读民用建筑电气施工图的方法

为了读懂民用建筑电气施工图,读图时应抓住以下要领:

(1) 阅读文字说明

通过看设计施工说明书,可以对民用建筑物的具体情况、设计内容、设备的控制要求、施工安装要求以及与系统和其他设备的关系,有一个概况了解,以便进一步阅读有关图纸,进而指导施工。

(2) 对照建筑电气图形符号和文字符号进行识读

民用建筑电气工程图中常用的图形符号和文字符号,是建筑电气工程中的通用技术语言,是人们进行技术交流的基础。而具体的设计施工图纸就是由这些图形符号和文字符号按照一定的系统功能要求绘制成的,体现了设计的意图。读者必须熟悉常用图形符号和文字符号才能顺利阅读。识读图纸时,要注意对照有关联的图纸,并熟悉有关建筑电气设计图纸的如下几种常见标注形式。

① 灯具的标注形式

$$\boxed{a}-\boxed{b}\,\frac{\boxed{c}\times\boxed{d}}{\boxed{e}}\,\boxed{f}$$

其中:a——灯数,表示有 a 组这样的灯具;

b——表示灯具型号或符号,常用拼音字母来表示;

c——灯具所含灯泡的数目;

d——一个灯泡的功率;

e——表示安装高度是指从地面到灯具的高度,m,若为吸顶式安装,安装高度及安装方式可简化为"—";

f——表示安装方式,可参见表 4-2 中照明灯具的图形符号。

表 4-2 常见灯具安装方式的标注文字符号表

序号	名称	新代号
1	线吊式	CP
2	自在器线吊式	CP
3	固定线吊式	CP1
4	防水线吊式	CP2
5	吊线器式	CP3
6	链吊式	Ch
7	管吊式	P
8	壁装式	W
9	吸顶式或直附式	S
10	嵌入式(嵌入不可进入的顶棚)	R
11	顶棚内安装(嵌入可进入的顶棚)	CR
12	墙壁内安装	WR
13	台上安装	T
14	支架上安装	SP
15	柱上安装	CL
16	座装	HM

例4-1 在电气照明平面图中标有：

$$2-\mathrm{Y}\frac{2\times 30\mathrm{W}}{2.5}\mathrm{Ch}$$

表示有两组荧光灯，每组由2根30W的灯管组成，采用链条吊装形式，吊装高度为2.5m。

② 配电线路的标注形式识读

$$a-(b\times c)d-e$$

其中：a——导线型号；

b——导线根数；

c——导线截面；

d——敷设方式及穿管管径；

e——敷设部位。

例4-2 某照明系统图中标注有BV－4×50＋1×25SC50—FC。

表示该线路是采用铜芯塑料绝缘线，四根50mm^2，两根25mm^2，穿钢管敷设，管径50mm，沿地面暗设。本例中导线型号BV中加一个L，成BLV，则表示铝芯塑料绝缘电线。

例4-3 有一栋楼，电源进户电缆线标注是VV_{22}－1KV－(3×50＋1×25)SC50—FC。表示该线路是采用铜芯塑料绝缘、塑料护套钢带铠装四芯电力电缆，其中三芯是50mm^2，一芯是25mm^2，穿钢管敷设，管径50mm，暗敷设在梁内。电线、电缆穿管及敷设方式见表4-3及表4-4。电缆及导线的型号繁多，可以参见电气施工图册或产品样本。

③ 导线根数标注在系统图中可以根据导线标注方式确定导线根数。如图4-1所示，BV－3×4PVC25-WC表示三根4mm^{2}导线，穿PVC管敷设，管径25mm，暗敷设在墙内。在平面图中一般不标注的导线根数为两根，三根及三根以上采用数字表示。

④ 总开关及熔断器的规格型号，出线回路数量、用途、用电负载功率数及各条照明支路分相情况。如图4-1所示，L7-10/1/C表示是L7系列小型断路器，10表示容量为10A，1表示保护线路用单极，电气特征曲线为C型。

⑤ 电参数。配电系统图上，还应表示出该工程总的设备容量(P_n)、需要系数(K_n)、计算容量(P_C)、计算电流(I_C)、功率因数等。通常采用绘制一个小表格的方式标出每回路用电参数。

表4-3 导线敷设的标注符号表

序号	名称	新代号
1	导线或电缆穿焊接钢管敷设	SC
2	穿电线管敷设	TC
3	穿硬聚氯乙烯管敷设	PC
4	穿阻燃半硬聚氯乙烯管敷设	FPC
5	用绝缘子(瓷瓶或瓷柱)敷设	K
6	用塑料线槽敷设	PR
7	用钢线槽敷设	SR
8	用电缆桥架敷设	CT
9	用瓷夹板敷设	PL
10	用塑料夹敷设	PCL
11	穿蛇皮管敷设	CP
12	穿阻燃塑料管敷设	PVC

表 4-4 导线敷设部位的标注符号对照表

序号	名称	新代号
1	沿钢索敷设	SR
2	沿屋架或跨屋架敷设	BE
3	沿柱或跨柱敷设	CLE
4	沿墙面敷设	WE
5	沿天棚面或顶板面敷设	CE
6	在能进入的吊顶内敷设	ACE
7	暗敷设在梁内	BC
8	暗敷设在柱内	CLC
9	暗敷设在墙内	WC
10	暗敷设在地面或地板内	FC
11	暗敷设在屋面或顶板内	CC
12	暗敷设在不能进入的吊顶内	ACC

⑥ 电回路参数。电气系统图中各条配电回路上,应标出该回路编号(WL—照明回路,WX—插座回路)和照明设备的总容量,其中也包括电风扇、插座和其他用电器具等的容量。电气系统图一般都是用单线条表示,如图 4-1 所示。

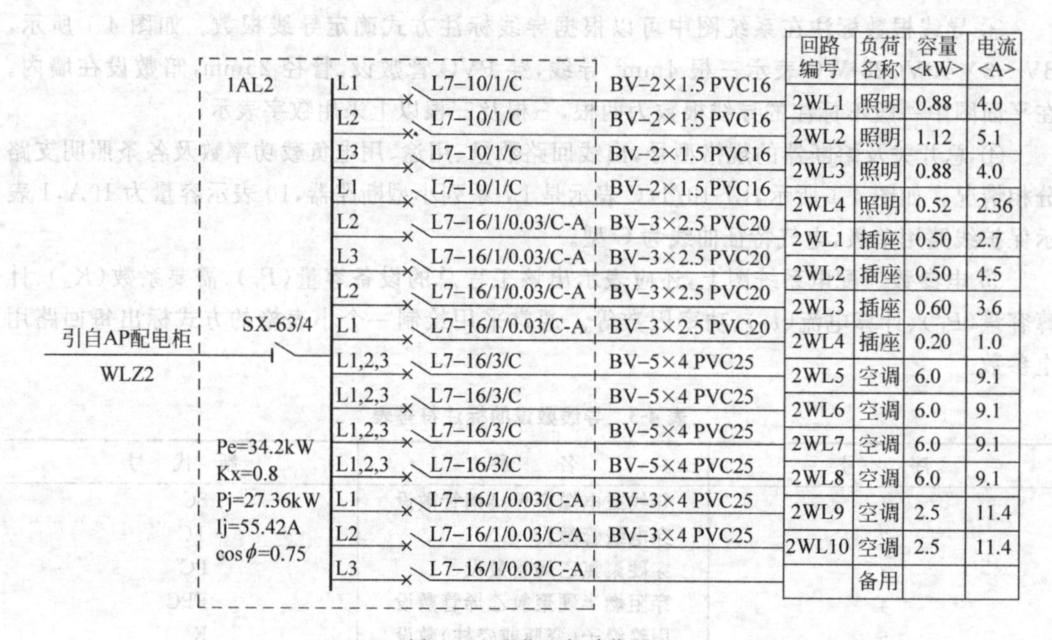

图 4-1 照明配电系统图

(3) 遵循从系统图到敷设图,从电源配电盘到配线柜和施工方式的识读过程。通过这一识读过程应该看懂电源从何而来、哪种配线方式、导线的截面大小、电气设备所在的用电系统等。不同的工程有不同的要求,要根据图纸理解清楚。

(4) 读比较复杂的电路图,应先简后难,采取先化整为零,后集零为整的方法。一般从主电路着手逐一查读,首先要看系统原理接线图,然后看安装接线图。对于电气系统图和原理图,可依据功能关系从上到下或从左到右,一个回路一个回路地阅读;也可以先从主电路读起,后读控制回路,并来回对照反复阅读;还可以采用查线读图法,从上到下、从左到右,从主电路到控制电路,从电源开始查起,以某一输出元件为对象逐一来回查找、反复阅读,区分各种控制信号回路和控制回路,进行化整为零,最后集零为整地识读。

(5) 注意将电气系统图和电气平面布置图结合起来识读。这两种图纸是建筑电气工程中的关键用图,必须熟读,以便正确指导施工。

(6) 尽可能结合该电气工程的所有施工图和资料一起阅读。尤其要读懂配电系统图和电气平面图。只有这样,才能了解设计意图和工程全貌。阅读时,首先应阅读设计说明,以了解设计意图和施工要求等;然后阅读配电系统图,以初步了解工程全貌;再阅读电气平面图,以了解电气工程的全貌和局部细节;最后阅读电气工程详图、加工图及主要材料设备表等。当然,在阅读过程中,各种图纸和资料往往需结合起来看,局部~全面、全面~局部,反复阅读,直至弄清每个部分。

(7) 熟悉施工程序,对阅读施工图很有好处。如室内配线的施工程序是:

① 根据电气施工图确定电器设备安装位置、导线敷设方式、导线敷设路径及导线穿墙过楼板的位置;

② 结合土建施工将各种预埋件、线管、接线盒、保护管等埋设在指定位置(暗敷时)或在抹灰前,预埋好各种预埋件、支持构件、保护管等(明敷时);

③ 装设绝缘支持物、线夹等,敷设导线;

④ 安装灯具及电器设备;

⑤ 测试导线绝缘,自查及试通电;

⑥ 验收。

4.2.3　照明平面图的阅读

电气照明平面图是根据建筑物实际情况按比例绘制的,在图上标出电源进线位置、配电箱位置、开关、插座、灯具位置,以及设备和线路等各项数据、线路敷设方式等。照明平面图上一般还注有说明,以说明图中无法表达的一些内容。

照明平面图上需要表达的内容主要有:电源进线或配电箱的位置,导线根数及敷设方式,灯具位置,型号及安装方式,各种用电设备的位置等。

照明器具在平面图上表示的方法往往用图形符号加文字标注。灯具的一般符号见国标 GB 4728。

为了在照明平面图上表示出不同的灯,经常是将一般符号加以变化来表示,比如将圆圈下部涂黑表示壁灯,圆圈中画×表示信号灯,将一个类型的灯具进行总标注。照明开关也是这样,将一般符号上加一短线表示单极搬把开关,两短线表示双联,n 个短线表示 n 联开关。写一个 t 表示延时开关,小圆圈两边出线表示双控,加一个箭头表示拉线等。在照明平面图中,文字标注主要表达的是照明器具的种类、安装数量、灯泡的功率、安装方式、安装高度等。

对于初学者应掌握判断各导线根数的规律,即:

(1) 各灯具的开关必须接在相线(俗称火线)上。无论是几联开关,只送入开关一根相线。从开关出来的电线称为控制线(或称回火),n 联开关就有 n 条控制线,所以 n 联开关共有$(n+1)$根导线。双联开关就有三根导线。

(2) 按照新的规范,照明支路和插座支路应分开,因为在插座支路上要安装漏电保护器,在照明支路上则可以不装。插座支路导线根数由单相一般三根导线,三相一般为五根导线。

(3) 对于大开间灯具控制可采用小型断路器进行控制,如图4-2所示。

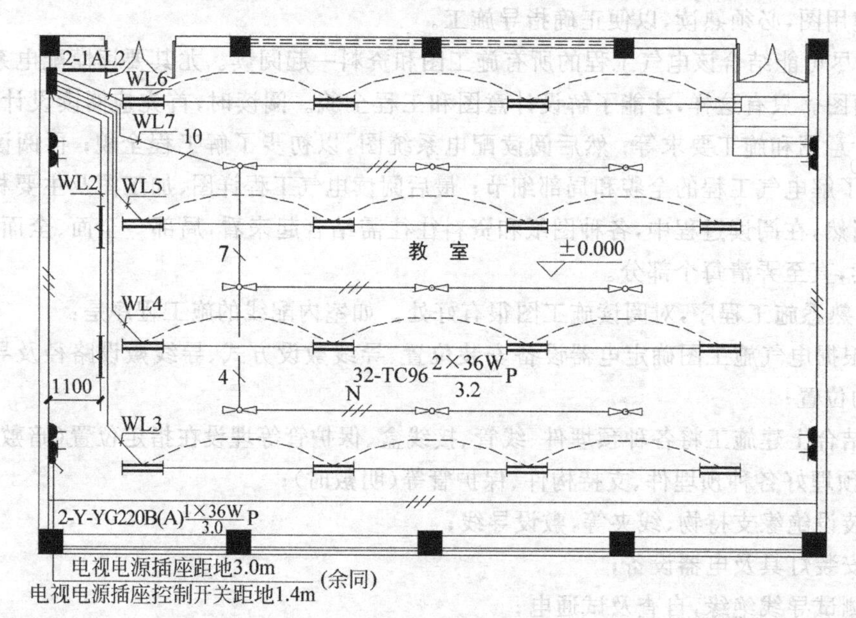

图4-2 教室照明平面图

在划分照明线路时应注意:①支线路负荷分配应尽量使三相平衡;②照明支路最大负荷量不应超过15A,各支路的出线口(凡一个灯头、一个插座都算一个出线口)应在25个以内,如最大负荷都在10A以下者,可增加到26个。

图4-2中照明配电箱2-1AL2共有七个照明回路(WL1-WL7),二加三单相插座四个,32盏TC96型荧光灯内含两个36W的灯管距地3.2m杆吊安装,两盏Y-YC220B(A)型黑板灯内含一个36W的灯管距地3.0m杆吊安装。

4.2.4 电气动力平面图的阅读

电气动力平面图是根据建筑物实际情况按比例绘制的,在图上标出电源进线位置、动力配电盘(箱)位置、机械加工设备或生产设备的位置,以及线路和设备等各项数据、线路敷设方式等。动力平面图上一般还注有说明,以说明图中无法表达的一些内容。图4-3为某实验室动力平面图。由图可见,电源为三相四线制,380/220V,TN—C—S系统。

实验室内动力配线均采用BV铜芯塑料线或VV_{22}聚氯乙烯电力电缆,穿钢管埋地或沿墙暗敷。电源经总动力配电箱3-2AP5,由3-2AP5分十个路分配到动力配电箱3-2AP5a-c配电箱和其他插座用电回路。平面图中标出了各支路的回路编号,在对应的系统图中标出导线型号规格、敷设方式和穿管直径。

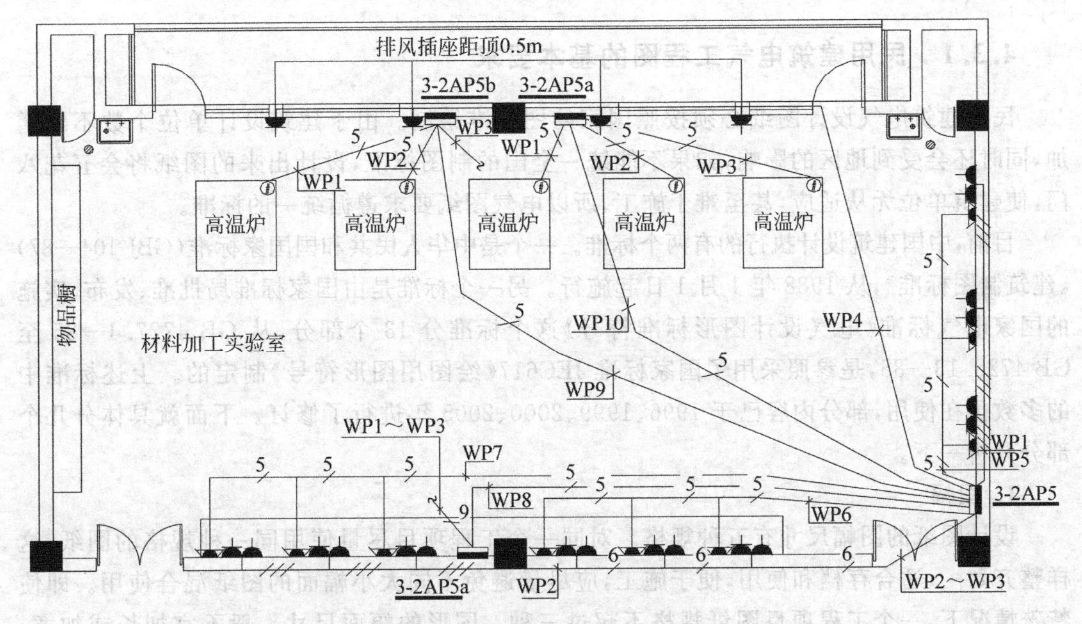

图 4-3　某实验室动力平面布置

4.2.5　照明配电系统图与其他系统图的阅读

1. 照明配电系统图的阅读

以图 4-1 照明配电系统图为例，为了使图形简单清晰，将三相线路只用一根线来表示，即绘成单线图形式。由图可知为 1AL2 电源配电箱系统图，电源从外部 AP 动力箱引来，经过 63A 四级的隔离开关通过接线端子排引出四个照明回路(2WL1～2WL4)、十个插座回路(2WX1～2WX10)，并标明了对应回路的相序(L1、L2、L3)、小型断路器(L7—10/1/C)、导线型号、导线根数、穿管类型(BV—2×1.5PVC16)、回路负荷、计算电流及回路说明(照明、空调、插座)等。

2. 其他系统图的阅读

对于其他部分，如有线电视、电话、网络、广播等通信传输系统及综合布线系统等系统平面、系统图的阅读须遵循以下步骤：

(1) 了解各个系统的基本知识及其系统基本组成；

(2) 了解组成每个系统的基本元素的图例及其工作原理；

(3) 了解每个基本元素相互之间的联系方式及其联系所用的电缆及导线的型号、穿管保护、敷设方式等。

4.3　民用建筑电气施工图的手工绘制方法

民用建筑电气施工图的绘制方法主要有手工绘图和计算机绘图，在计算机及 CAD 绘图软件没有普及以前，设计单位在工程设计过程中通常采用手工绘图。目前尽管可以由计算机进行绘图，但作为民用建筑电气施工图的基本绘图方法，还应掌握，下面就手工绘图的方法进行简要介绍。

4.3.1　民用建筑电气工程图的基本要求

民用建筑电气设计图纸必须按照国家绘图标准绘制。由于建筑设计单位个数不断增加,同时还会受到地区的影响,如果不能统一全国的制图标准,设计出来的图纸将会五花八门,使建筑单位无从适应,甚至难于施工,所以电气图纸要求遵循统一的标准。

目前,中国建筑设计执行的有两个标准。一个是中华人民共和国国家标准(GBJ 104—87)《建筑制图标准》,从1988年1月1日起施行。另一个标准是由国家标准局批准、发布、实施的国家电气标准《电气设计图形标准符号》这个标准分13个部分,从GB 4727.1—85至GB 4728.13—85,是参照采用了国家标准IEC617《绘图用图形符号》制定的。上述标准中的多数仍在使用,部分内容已于1996、1999、2000、2005年进行了修订。下面就具体分几个部分分析一下。

1. 图幅

设计图纸的图幅尺寸有五种规格。对同一个工程项目尽量使用同一种规格的图纸,这样整齐划一,适合存档和使用,便于施工,应尽量避免不同大小幅面的图纸混合使用。即使特殊情况下,一个工程项目图纸规格不超过三种。图形的幅面尺寸一般不宜加长或加宽。特殊情况下,允许加长1~3号图纸的长度和宽度,零号图纸只能加长长度,不得加宽。4~5号图纸不得加长或加宽。1~3号图纸加长后的边长不得超过1931mm。图纸增加的长和宽应以图纸幅面的1/8为一个单位。

2. 图标

图标一定要填写清楚。0~4号图纸,无论采用横式或竖式图幅,工程设计图标均应设置在图纸的右下方,紧靠图框线。图标中的项目有"设计单位名称"、"工程名称"、"图纸名称"、"设计人"、"审核人"、"审定人"、"工程负责人"专业会签等,均应填写。

3. 比例

电气设计图纸的图形比例均应遵守国家制图标准绘制。平面图多采用1∶100的比例,电力平面图也是这个比例。特殊情况下,也可使用1∶50或1∶200,详图可适当放大比例。电气系统图可不按比例绘制示意图,但要便于施工看清。

4. 图线

图纸中的各种线条,均应遵循制图标准中的有关要求。标准实线宽度应在0.4~1.6mm范围内选择,其余各种图形的线宽要求是大小配合得当、重点突出、主次分明、清晰美观。按图形的大小比例和复杂程度来选择配线的规格,比例大的用线粗一些。一个工程项目或同一图纸内的各种同类线宽,以及在同一组视图中表达同一类线型的宽度,均应保持同一线宽。

5. 字体

墨线图应采取直体长仿宋字。图中书写的各种字母和数字,可采用向右倾斜与水平成75°角的斜体字。当与汉字混合书写时,可采用直体字,但物理量符号推荐采用斜体字。各种字体应从左往右整齐排列,笔画清晰,不得滥用不规范的简化字和繁体字。

4.3.2　手工绘图方法简介及步骤

有些工程设计人员和绘图人员并不是同一个人员,首先绘图人员必须正确理解设计人员的设计意图;其次正确选择绘图工具,常见的绘图工具有针管笔、直尺、模板、绘图板、刀片等；最后考虑图纸比例、布局、描绘。

(1) 描绘图纸的注意点

① 根据设计内容选择设计图纸图幅并在图板上加以固定。

② 图纸描绘，应采用墨线笔。画墨线时，握笔姿势要正确，墨线笔过于外倾，线条不容易画直；过于内倾，则笔尖触到尺子，线条拉墨；中途停笔，则接头不准。使用模板要抬高一定的角度，避免笔针紧靠尺子的边缘，并留意使笔尖和画面有一定的角度。画一条线要一次画完，保持和图纸的角度不变。

③ 绘图笔的移动速度要均匀，太快线条会变细，太慢则线条会变粗。如果线条需要几次完成时，应使接头平滑、准确地联接。

④ 画图顺序一般先曲后直，先细后粗，先上后下，先左后右，这样不容易弄脏图面。细线容易干，不影响上墨进度，最后画边框和写标题。

⑤ 如果有画错的地方，不要急于修改，应等墨干透以后，用刀片刮去，再用橡皮擦去。对于初学者可以先用铅笔打好底线，然后再绘图，这样可以减少错误。

(2) 绘制图纸顺序

① 平面图——设备布置(灯具、开关、插座等)、导线联接、平面标注(灯具标注、导线标注、上下引线标注、配电箱标注等)；

② 详图——设备布置、尺寸定位；

③ 系统图的绘制、负荷计算；

④ 设计施工说明，统计设备材料表及图纸目录。

(3) 手工绘图当前的应用

由于手工绘图在绘图和改图上存在一定的不利发展的问题，随着IT行业的发展，高性能的计算机普及、完善的CAD平台应用软件的推广，手工绘图被局限在一定范围内。通常用于设计初期的平面方案草图的勾勒和系统配电方案拟订。当然，对于计算机绘图中出现的一些微小错误可以通过手工来改写。

总的来说，手工绘图在一定范围、一定时间内还存在，但设计行业发展总的趋势是计算机辅助设计。4.4节中将重点讲述计算机在民用建筑电气工程设计中的应用。

4.4 民用建筑电气施工图的计算机辅助设计方法

计算机绘制电气平面图的显著优点之一就是可以直接利用建筑专业绘制好的建筑平面图作为电气平面图的条件图，或称建筑外框。由于绘制电气图时某些命令的一些自动判别标准与建筑图中图元的类型和图层有关，因此这些命令对建筑条件图就有一定的要求。也就是说，不是所有的命令都能适用于任何建筑条件图。下面以天正建筑CAD软件TArch绘制的建筑图作为电气条件图绘图，进行简单讲述。要注意的是，不同版本的天正建筑电气CAD绘图软件的命令是有所不同的。

绘制电气平面图的大致步骤如下：

(1) 调入建筑平面图，包括对已有建筑图进行一些修改；

(2) 在平面图中布置设备和导线；

(3) 对设备和导线进行标注；

(4) 利用绘制好的电气平面图自动生成材料表或手工绘制材料表;

(5) 利用绘制好的电气平面图自动生成系统或手工绘制系统图。

当然,上述的步骤顺序并不是绝对的。事实上 TElec 的各类命令之间并无绝对的先后关系。列出以上几个步骤的目的只是为了帮助您尽快熟悉 TElec 软件。本节中将结合一个实例,介绍绘制简单电气平面图的全过程。介绍中不可能涉及所有有关命令,也不可能详细地解释命令的具体操作。

下面介绍建筑电气图的绘制。

将天正建筑 CAD 软件绘制的建筑图作为电气图的条件图时,只需使用[调建筑图]命令将图调入就可以了。调入后的建筑图还可以用有关命令进行编辑、修改。如果是其他软件绘制的建筑图,则需对图中的层和图元类型作一些调整。

1. 调入建筑图

命令: PTARCH;

菜单位置: [主菜单]→[平面图]→[调建筑图];

功能: 调入一张已有的建筑图作为电气条件图,在此基础上可绘制电气平面。

在菜单上选取本命令后,屏幕命令行提示: 请输入建筑平面图的名称。

同时屏幕上出现如图 4-4 所示的对话框。利用这个对话框可以找到并输入任意盘的任意目录下的图形文件名。建筑图名输入后,单击 OK 按钮,对话框消失,所选定的图被调入。

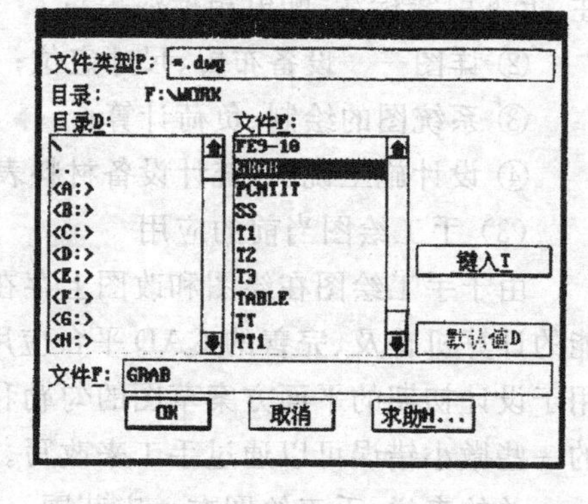

图 4-4 输入建筑平面图名称的对话框

一般情况下,应在打开一张新图后使用本命令。如果在图中已有一些图线的情况下使用本命令,则会出现提示:

调入建筑图也许会删去原图中的一些内容,继续进行吗(Y/N)

如果键入"Y"表示仍要调入建筑图,则在建筑图调入的同时还会删去原图中的标注及一些公共图层上的东西。因此尽量不要在一张图画到一半时使用本命令。

建筑图调入后,程序还会自动对图进行一些处理,删去一些无用层上的图元(例如立面、剖面、图框等层上的图元),隐去门窗标注文字,并将原有的公共文字层上的图元转至建筑文字层,将建筑文字层和轴线层冻结起来。这样可使图面更简洁。如果需要原建筑图中的文字和轴线时可使用 AutoCAD 的图层管理命令 Layer,将这两个层解冻。用本命令可以调入本节例题所需的建筑条件图(如图 4-5 所示)。

2. 建筑图的编辑修改

如果需要,建筑条件图调入之后,还可以利用主菜单中[建筑]菜单下的各种建筑绘图命令对调入的建筑图进行必要的修改。

调入的建筑条件图是多种颜色的,而一些设计者有时希望建筑条件图是单色的,这样可使以后绘制的电气部分更加突出。使用[主菜单]→[建筑]→[条件图]→[图变单色]命令可达到此目的。这个命令可将多色的建筑图变为单一的颜色。已经变成单一颜色的图还可以利用同一目录下的[颜色恢复]命令将图的色彩恢复。

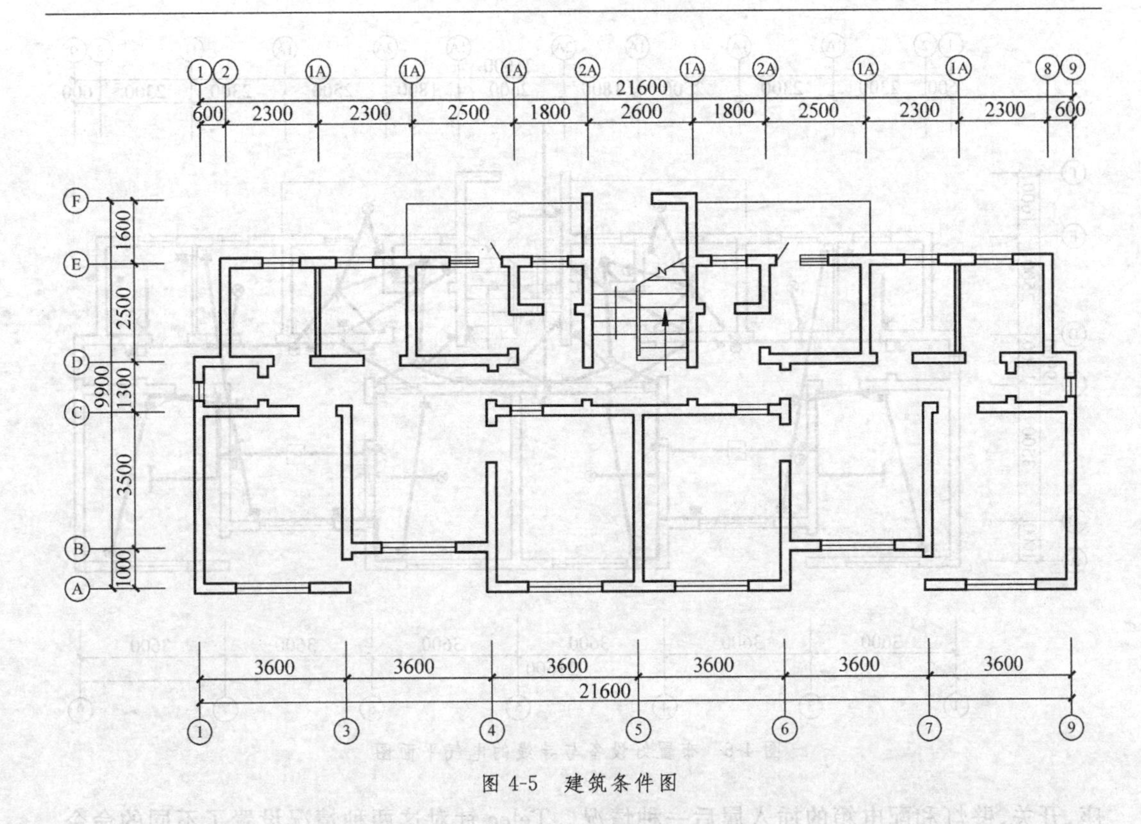

图 4-5　建筑条件图

另外建议在调入建筑图并对其进行编辑修改之后，使用与上述两命令在同一菜单下的[消除重线]命令对整个图消一次重线。所谓重线就是图中重叠，或本应为一条线但被断为两截的线。这样的线存在于图中，也许会给以后的设备图块插入工作带来麻烦。

所使用的建筑条件图如果不是天正建筑 CAD 软件绘制的，则需要对原图先进行一些预处理。预处理的步骤如下：

(1) 打开这张建筑图；

(2) 利用[主菜单]→[接口]菜单下的命令对这张图进行处理；

(3) 将处理过的建筑图换一个名存盘(Save as…)。

经过这样的预处理后，就得到一张以新名字命名的，可被 TElec 接受的建筑条件图。

在[接口]菜单下有[总体]、[轴线]、[墙线]、[柱子]、[窗户]、[阳台]等几个命令，这些命令的作用是改变原图中图元的类型和所在的层，使之与天正软件所绘图相符。与 TElec 关系密切的图元主要是墙线和门窗，其他的图元也可不做处理。墙线应是位于“WALL”层上的 Line 或 Arc 线，门窗应是位于“WINDOW”层上的图块。只要使图中的图元满足这样的条件，TElec 都可以接受。所以也并不一定非要用上述的这些命令来处理。

3. 布置设备与导线

建筑条件图调入之后，便可以在其中布置设备和导线。一般的顺序是先布置设备，然后再布导线。当然，也可以穿插进行。图 4-6 所示为已经在图中布好设备与导线的情况。

在 TElec 中，各种设备如灯具、开关、插座、配电箱等是一些事先制作好的图块。所谓布置设备就是将这些图块插入图中的指定位置。插入设备块可分为两种情况：一种是在空间的任意位置插入；另一种是沿墙插入。图中的大部分灯具和风扇插入属前一种情况。而插

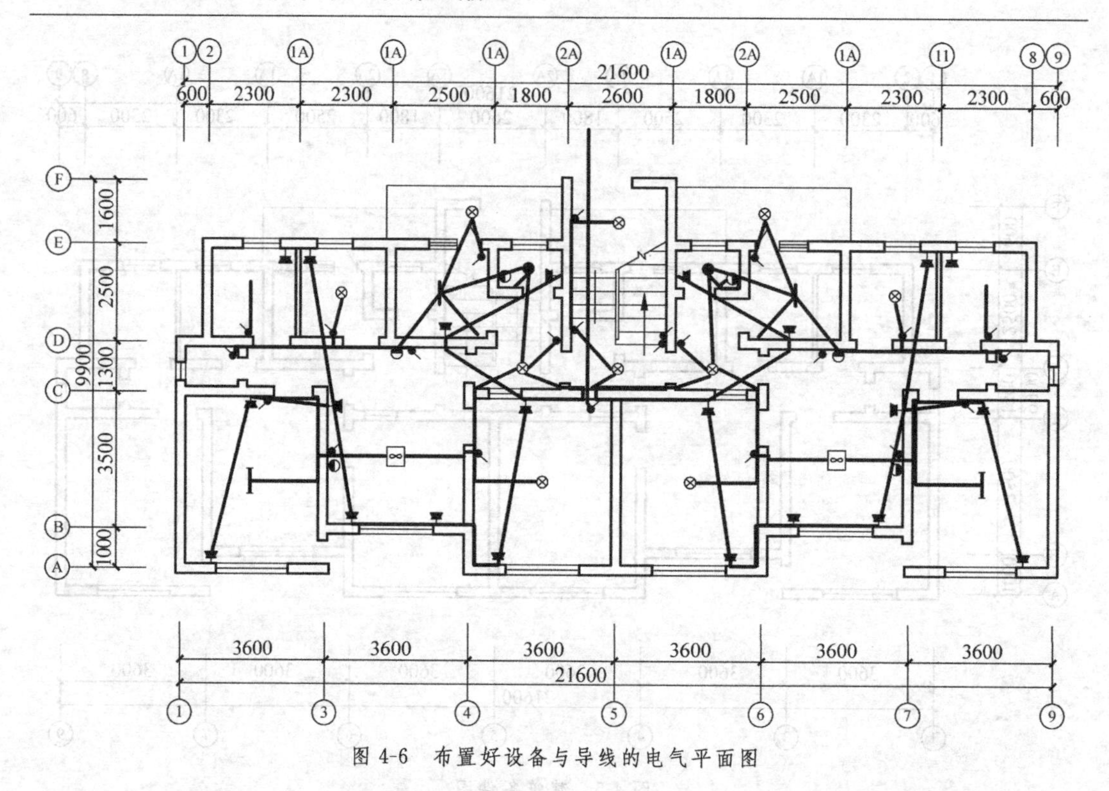

图 4-6　布置好设备与导线的电气平面图

座、开关、壁灯和配电箱的插入属后一种情况。Telec 针对这两种情况设置了不同的命令,任意位置插入时,所插入设备的插入点和插入方向是固定的,而沿墙插入时程序能自动判别墙线的方向,并可指定设备插入点离墙线的距离。在空间位置布设备时,如果设备插入点比较随意,可采用[任意布置]命令。但大多数情况下,您可能希望设备插入到比较精确的位置,例如图 4-6 中在各房间中央布灯,此时可采用[两点均布]或[自动布灯]命令。

[两点均布]命令特别适用于本例中在房中央布灯的情况,因为在房间两对角点连线上均布一盏灯,就正好能布在房间的中央。[自动布灯]命令则更适用于在房间中均匀布置多盏灯的情况,例如,图 4-6 中在整个建筑中部的过道上布置三盏灯的情况。如果遇到更复杂的布灯情况,还可以先用画辅助网格的命令在图中绘出布灯用的辅助网格,然后在这些网格线上布灯具或其他设备。

沿墙布置设备时,如果插入位置比较随意可使用[沿墙布置]命令,在门的一侧布置开关可使用[门侧布置]命令。

在图中插入设备后,有时其大小和方向可能不尽如人意,此时可以用[设备缩放]、[设备旋转]和[设备翻转]命令来对其进行调整。

设备布置好之后,布置设备间的连线也分为两种情况:直接连线和沿墙布线,因此布导线命令有[通用布线]和[沿墙布线]。用[沿墙布线]命令布线时如果点取了墙线上的点,则导线自动沿墙线布置,并且能使导线离开墙线一段指定的距离。根据需要两个命令可以互相穿插使用。

需要画配电箱的引出线时,可使用[配电引出]命令。这样画出的引线间距均匀,比较美观。布线时,导线在设备上的接线点位置有时不合设计者的要求,此时可用[移线端点]命令移动接线点的位置。

所有的导线都绘好之后，可以用[导线加粗]命令将绘制的导线加粗为粗导线。加粗导线的粗细可由[设置线宽]命令来设置。有些使用喷墨绘图机的用户可能希望将不同粗细的导线设置成不同的颜色，以后在出图时再设定线宽，而不是直接在图中绘制具有一定宽度的导线。为此 TElec 提供了一种“以颜色代线宽”的方式。使用何种方式，可在主菜单下的[初始设置]命令中设定。

4. 导线与设备的标注

TElec 中对导线进行标注时，实际上做了两件事：①在图中写入标注文字；②将标注的数据附加到被标注的导线和设备图元中。后一项工作的目的是供以后造材料表时自动搜索数据使用。图 4-7 所示为导线和设备标注后的情况。当然，图中只能显示出标注的文字，附加到图元中的数据是看不到的。这些数据将在造材料表时被使用。

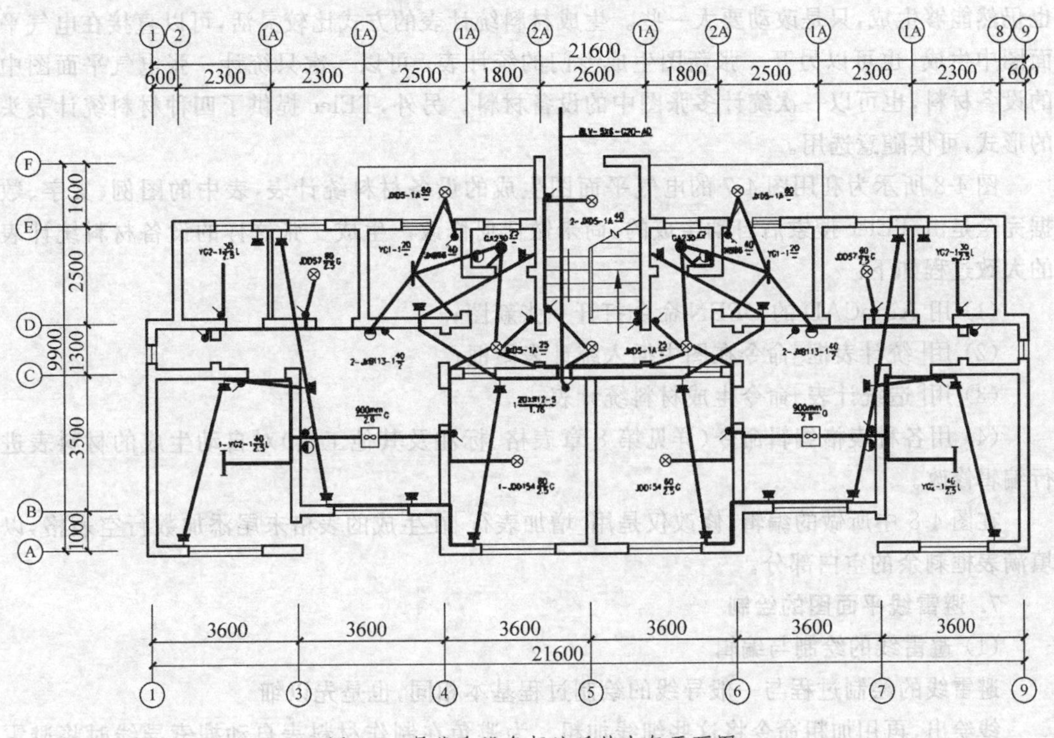

图 4-7　导线和设备标注后的电气平面图

标注时输入标注文字的方式有两种，一种是用键盘键入，另一种是从事先输入的词条列表中选取。对于导线标注，TElec 还可以根据导线载流量的大小自动确定导线截面积，和根据导线的截面积、导线类型及配线方式自动确定穿导线管的直径。

5. 使用 AutoCAD 命令编辑修改

除了 TElec 提供的命令之外，各种 AutoCAD 命令也可以直接用于图中设备，导线的修改编辑。最常用的 AutoCAD 命令包括复制(COPY)、移动(MOVE)和镜向复制(MIRROR)等。用这些命令移动或复制时不会使原导线、设备中的附加数据丢失，新生成的导线或设备中也会包含同样的附加数据。有时使用 AutoCAD 命令编辑能节省大量的绘图时间。

本章所举的实例中就采用了镜向复制的方法。仔细观察一下图 4-7，不难发现，这个实例中的左右两侧房间中设备及导线布置是完全对称的。像这样的情况，您在绘图时只需绘出其中一侧的设备和导线,然后将其镜向复制到另一侧就可以了。这样可以节省不少时间。如果在复制之前设备和导线是已经标注过的,则标注的信息也可以被带到复制出来的图元中。需要注意的是,标注文字不要用镜向复制的方式来复制,因为这样复制的文字位置顺序会发生颠倒。这些标注文字可以用 COPY 命令复制,也可以逐个对需标注的设备和导线再标注一次。由于复制的设备和导线中已经存在标注信息,因此重新标注是很容易的事。

6. 编制材料统计表

电气设备材料的统计常常是一件令人厌烦的事。TElec 提供的编制材料统计表的功能可使这项工作大大简化。如果在绘制电气平面图时已对设备和导线作了必要的标注,那么由 TElec 自动生成的材料表只要做很少的改动就可以了。标注越细致、准确,材料表中所需的改动就越小。不过,即使在标注不仔细,不够准确,甚至根本不标注的情况下,材料统计表也仍然能够生成,只是改动要大一些。生成材料统计表的方式比较灵活,可以直接在电气平面图中生成,也可以另开一张新图生成专门的统计表;可以一次只统计一张电气平面图中的设备材料,也可以一次统计多张图中的设备材料。另外,TElec 提供了四种材料统计表头的形式,可供随意选用。

图 4-8 所示为利用图 4-7 的电气平面图生成的设备材料统计表,表中的图例、文字、数据完全是由 TElec 搜索后自动生成的,尚未做任何修改。生成一张这样的设备材料统计表的大致过程如下:

(1) 用 AutoCAD 的 OPEN 命令打开一张新图;

(2) 用[统计表框]命令在图中插入统计表图框;

(3) 用[造统计表]命令生成材料统计表;

(4) 用各种表格编辑命令(详见第 8 章表格、标注及其他工具)对自动生成的材料表进行编辑修改。

在图 4-8 中所做的编辑、修改仅是用[增加表行]在生成的表格末尾添加数行空表格,以填满表框剩余的空白部分。

7. 避雷线平面图的绘制

(1) 避雷线的绘制与编辑

避雷线的绘制过程与一般导线的绘制过程基本相同,也是先以细

线绘出,再用加粗命令将这些细线加粗。为避免在制作材料表自动搜索导线时将避雷线也误认为导线,绘制细避雷线时应使用专用的命令,而不要用一般的画导线命令。避雷线加粗时所取的宽度与一般导线的相同,也可以用[设置线宽]命令来设置。

(2) 自动避雷线

命令:ZDBL;

菜单位置:[主菜单]→[平面图]→[避雷线]→[自动避雷];

默认图层:避雷导线,—LTN_WIRE;

功能:自动搜索封闭的外墙线,沿墙线按一定偏移距离绘制避雷线。

在菜单上选取本命令后,屏幕命令行提示:请在要布避雷线的外墙线上点一下<退出>。

此时要点在作为基准的外墙线上,而这个外墙线也必须是封闭的,否则自动搜索可能会出错。点取后,命令行提示:

请点取避雷线偏移的方向<退出>

主要设备及材料表

序号	图例	名 称	规 格	单位	数量	备 注
1	●	球形灯	GA230 1×25W	套	2	
2	◒	壁灯	JXB113-1 1×40W	套	4	
3	◒	壁灯	JXB66 1×40W	套	2	
4	⊗	灯	JDD154 1×60W	套	2	
5	⊗	灯	JXD5-1A 1×25W	套	2	
6	⊗	灯	JXD5-1A 1×40W	套	2	
7	⊗	灯	JXD5-1A 1×50W	套	2	
8	⊗	灯	JDD57 1×60W	套	2	
9	⊢⊣	荧光灯	YG2-1 1×40W	套	2	
10	⊢⊣	荧光灯	YG2-1 1×30W	套	2	
11	⊢⊣	荧光灯	YG1-1 1×20W	套	2	
12	∞	风扇	90MM	台	2	
13	↗	暗装双极开关			2	
14	▼	暗装接地单相插座			22	
15	■	照明配电箱			1	
16	↗	暗装单极开关			23	
17		导线	BLV6.0	米	33	
18		导线	BLV1.5	米	278	
19		管	G15	米	139	
20		管	G20	米	7	

图 4-8 自动生成的设备材料统计表

同时从外墙线上的被点取点拉出一条橡皮线,橡皮线从始点到端点指向偏移的方向,用鼠标拖动橡皮线并点取偏移方向后,TElec 开始搜索墙线。

如果搜索成功,命令行提示:

请输入避雷线到外墙线的距离<120>。

此时可以键入,也可以利用橡皮线点取这段距离。输入后 TElec 根据搜到的外墙线和给定的偏移距离绘出避雷线。这样的避雷线还只是细线,用[避雷加粗]命令将细线加粗后才是真正需要的避雷线。图 4-9 是自动避雷的例子。需要注意:外墙线不封闭,或情况比较复杂时,墙线的搜索可能会失败。

(3) 手工避雷

命令:BLX;

菜单位置:[主菜单]→[平面图]→[避雷线]→[手工避雷];

默认图层:避雷导线—LTN—WIRE;

默认颜色:青 4;

图元类型:LINE,ARC;

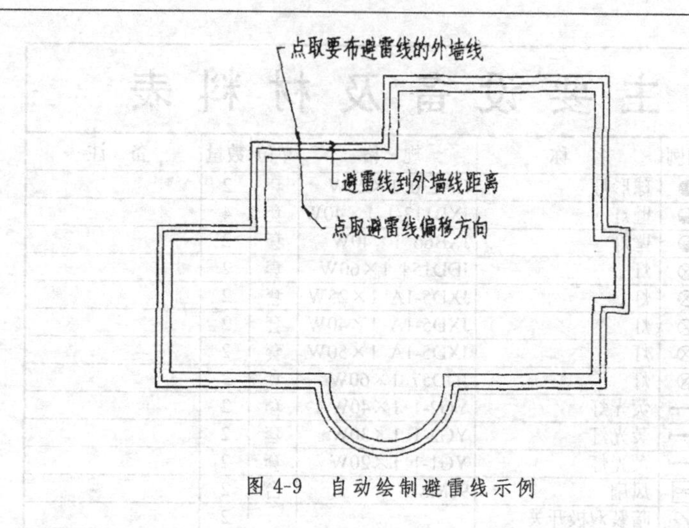

图 4-9 自动绘制避雷线示例

功能：手工点取作为绘制避雷线基准的外墙线位置，沿墙线按一定的偏移距离绘制避雷线。

本命令是[自动避雷]命令的补充，如果执行[自动避雷]命令时搜索墙线失败，可使用本命令手工点取确定作为绘避雷线基准的外墙线的位置，从而绘出避雷线。在菜单上选取本命令后，屏幕命令行提示：

请在要画避雷线的外墙线上点取起始点＜退出＞。

点取外墙线的起始点后，命令行反复提示：

下一点/A-弧线/U-回退/＜结束＞：

依次点取外墙线上的各转折点，如果碰到弧线墙可输入"A"，改为取弧线状态，此时还要在点取弧线终点后，再根据提示点取弧墙上的一点。所有墙线上转折点都点取过之后，屏幕命令行提示：

请点取避雷线的偏移方向＜退出＞。

利用橡皮线点取偏移方向后，命令行提示：

请输入避雷线到外墙线的距离＜120＞。

输入距离后，TElec 根据点取的外墙线位置和给定的偏移距离，绘出避雷线。图 4-10 为手工避雷的例子。

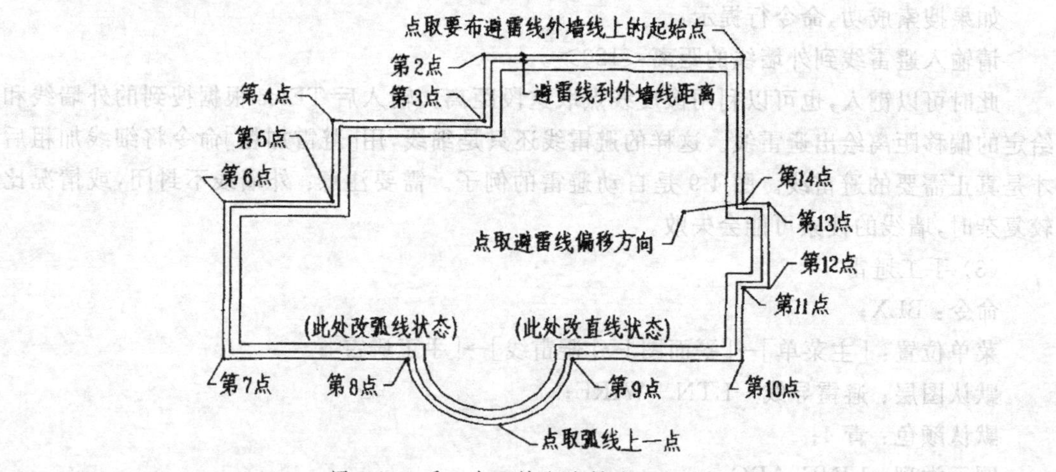

图 4-10 手工点取墙线绘制避雷线示例

(4) 擦避雷线

命令：CBLX；

菜单位置：[主菜单]→[平面图]→[避雷线]→[擦避雷线]；

默认图层：避雷导线—LTN—WIRE；

功能：擦除粗、细避雷线。

在菜单上选取本命令后，屏幕命令行提示：

请选取要擦除的避雷线<退出>：Select Obects。

用各种 AutoCAD 选图元方式选定要擦除的避雷线后，选中的避雷线被擦除。使用本命令不会选到除粗、细避雷线以外的其他图元。

8. 自动生成电气系统图

1) 自动生成系统图的条件

本部分所介绍的命令可以帮助您利用一张电气平面图来生成相应的系统图。这样做的好处并不在于可以自动绘出系统图。事实上，系统图的绘制本身不需要花费多少时间，费时的工作是统计每一条线路上的设备数量及其容量。本部分命令生成的系统图可以统计出每条支线的设备总容量，并标在图中。不过要想利用本部分介绍的命令自动生成系统图，对平面图的绘制质量要求较高。

一张系统图可以由多张平面图共同生成。要利用一张平面图快速、准确地生成对应的系统图，对这张平面图绘制就有一定的要求。

(1) 导线与设备间的连线要正确，也就是要使导线的端点正好落在设备块的图元上。在沿导线搜索设备块时，如果导线只是穿过一个设备块，而其端点并不在这个设备图块上，则这个设备块不会被搜到。

(2) 平面图中的导线和设备块必须在 TElec 指定的层上。对于用 TElec 的命令绘制的导线和设备块，这一点可不必担心。

(3) 设备(主要是灯具)最好是预先标注过的。这样在搜索时，其标注数据就可直接被利用。

(4) 配电箱的引出支线最好预先已被标注过支线号。这样在生成系统图时就可不必再输入了。

以上几个条件如果能满足，则用这样的平面图生成系统图将比较容易，但并不是说不满足以上条件的平面图就不能用来生成系统图了。其实一张平面图即使以上的四个条件一个都不满足也完全可以用于生成对应的系统图，只是操作上比较麻烦，从而也就失去自动生成的意义了。

2) 自动生成系统图

用平面图生成系统图的步骤可用图 4-11 所示的框图来表示。如果一张系统图涉及多张平面图，则可以多次调入平面图，并依次生成系统图，组合在一起。清理图形的工作可在最后一次进行。

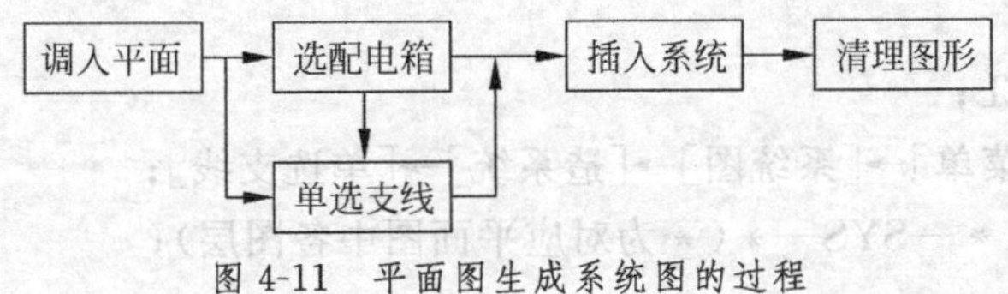

图 4-11　平面图生成系统图的过程

(1) 调入平面

命令：SINDWG；

菜单位置：[主菜单]→[系统图]→[造系统]→[调入平面]；

默认图层：平面 * —Pl_ * (* 为对应平面图中各图层)；

功能：调入用来生成系统图的电气平面图。

在菜单上选取本命令之后,屏幕命令行提示：

请输入生成系统图所用的电气平面图名称。

同时屏幕上出现“电气平面图名称输入”对话框,这种对话框与打开一张图时选择图名的对话框相同。在对话框中选定要调入的平面图后,这张图便被调入。由于在图形调入过程中还需要对图中的图元逐个进行分析,所以当调入一张比较大的图时,可能需要较长的时间。

调入的电气平面图主要是用于生成系统图的,这张图中图元所在的图层与一般平面图的图层不同,因此不要在其中修改,更不要将其作为一张平面图储存起来。一张平面图搜索、生成系统图之后,如果需要可以再调入另一张平面图用以生成系统图的另一部分。在调入第二张平面图时,TElec 首先会将前一张平面图的内容删除。最后,可以用[清理图形]命令删除图中当前存在的那张平面图。

注意：用 OPEN 命令打开的平面图不能用于生成系统图。

(2) 选配电箱

命令：SSELDSP；

菜单位置：[主菜单]→[系统图]→[造系统]→[选配电箱]；

默认图层：系统 * —SYS— * (* 为对应平面图中各图层)；

功能：选定要做支线系统图的配电箱,搜索出所有配电箱引出的支线线图。

在菜单上选取本命令之后,屏幕命令行提示：

请选取要生成系统图的配电箱。

选取一个配电箱后,如果与这个配电箱相联的各支线尚未被标注过支线号,TElec 还会提示输入各支线的支线号。之后,TElec 沿此配电箱引出的各支线搜索与支线相联的设备图块。搜索过程中,凡已被搜索到的导线和设备图块会被亮显,这主要是为了便于观察有哪些支线和设备被搜索到了。

如果因为某种原因,应该搜索到的支线及其中的设备未被搜索到,则还可以用下节将提到的[单选支线]命令来逐个选取。

如果在执行本命令前,支线图中已存在有一个支线回路网,此时 TELec 会提示：

当前回路图中已有图元存在,要删除吗(Y/N)？<Y>。

一般情况下应删除原有的回路网,再插入新回路网。

本命令生成的回路图被放在系统 * (SYS— *)层上,这里“ * ”,是指对应平面图中的各层,以后生成系统图时所需的数据就来自这个回路图。

(3) 单选支线

命令：SBRHSEL；

菜单位置：[主菜单]→[系统图]→[造系统]→[单选支线]；

默认图层：系统 * —SYS— * (* 为对应平面图中各图层)；

功能：逐个选取某一条或几条支线上的导线和设备，添加到回路图中。

本命令是[选配电箱]命令的补充。如果[选配电箱]命令搜索时遗漏了某些设备块，可以用本命令手工选取。在菜单上选取本命令之后，屏幕命令行提示：

请输入支线号<退出>。

此时应输入欲加入到回路图中去的设备所属支线的支线号。输入后请选取属于支线的导线和设备<退出>：Select Objects。

命令行提示：可以用各种 AutoCAD 选图元方式选定要加入回路图中的设备块和导线。选取时请注意要选属于前面指定支线的设备块和导线。选定后选中的设备块和导线加入到回路图中，然后命令行重复前面的提示，可以再补充添加属于另一条支线的导线和设备块。

(4) 插入系统

命令：SINSYS；

菜单位置：[主菜单]→[系统图]→[造系统]→[插入系统]；

默认图层：导线—WIRE，设备—EQUIP；

功能：利用回路图中的信息，生成相应的系统图支路，注出每条支线上的设备功率总和。

在菜单上选取本命令后，TElec 首先自动搜索回路图中的设备，检查其是否被标注过，如果发现未标注过的设备就将其变为红色，然后屏幕命令行提示：

图中变为红色的设备为未注设备；

请选取需标注功率的设备(不同功率分批选)<选择结束>：

Select Objects。

此时如果需要对一些未注设备(例如插座)标注功率，可选取这些设备。设备选定后，命令行提示：

请输入选定设备的单台功率(W)<不输入>。

输入功率值后，刚才选定的那些设备块便被附加上了这个功率信息。之后，命令行又出现前面的提示，可以选取另一组需标功率的设备，也可以<回车>停止标功率。然后屏幕转换到系统图，并在命令行提示：

请点取系统图中支线的插入点/D-动态放缩/<退出>。

此时可点取插入点位置，如果插入点位置不在当前屏幕下，可入输"D"，进入动态放缩的状态，以鼠标中键和右键改变图的大小，或移动鼠标改变当前图的位置，直至插入点位置出现在当前图上。之后，命令行相继提示：

请指定本支线母线位置/D-动态放缩/<退出>；

请给定支线的间隔/D-动态放缩/<退出>；

请给定支线绘制长度/D-动态放缩/<退出>。

依次输入所需位置和长度后，如图 4-12 所示的系统图绘制在图中。

(5) 清理图形

命令：SPURG；

菜单位置：[主菜单]→[系统图]→[造系统]→[清理图形]；

功能：删除为生成系统图而调入和生成的电气平面图和回路图。

为了生成系统图而生成的电气平面图和回路图，在系统图生成之后就没有用了，应该使

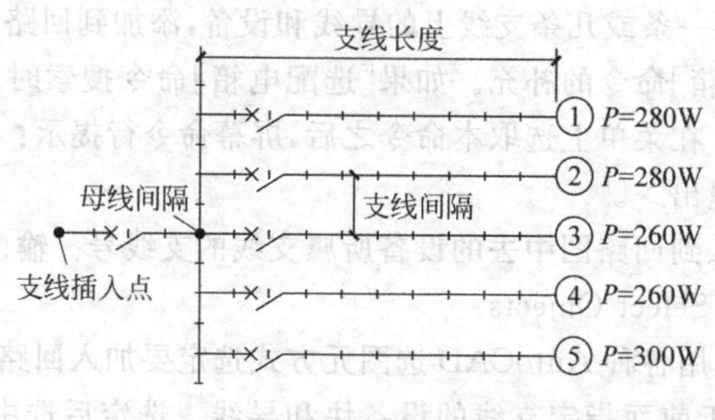

图 4-12　生成系统图示例

用本命令将这两部分图形删去。在菜单上选取本命令之后,屏幕命令行提示:

是否真的要删除图中的平面和回路部分(Y/N)?

输入“Y”,表示同意后,TElec 将系统图生成过程中产生的无用的图元删除。

(6) 生成系统图过程中的视窗控制

在平面图生成系统图的过程中,一共有三部分图形存在,即平面图、回路图和系统图。在各命令执行过程中,TElec 会自动在屏幕上显示所需要的图,所以一般情况下可以使屏幕显示工作在单视窗的状态,此时使用[显示平面]、[显示回路]和[显示系统]等三个命令可以改变屏幕显示的图形,只要在菜单上选取其中一个命令,屏幕上就显示对应的图形。另外,有时您也许需要同时看到这三部分图形,这时可用[视窗还原]命令将单视窗改为三视窗状态;[视窗放大]命令则将三视窗改为单视窗状态。图 4-13 所示为三视窗状态的情况。

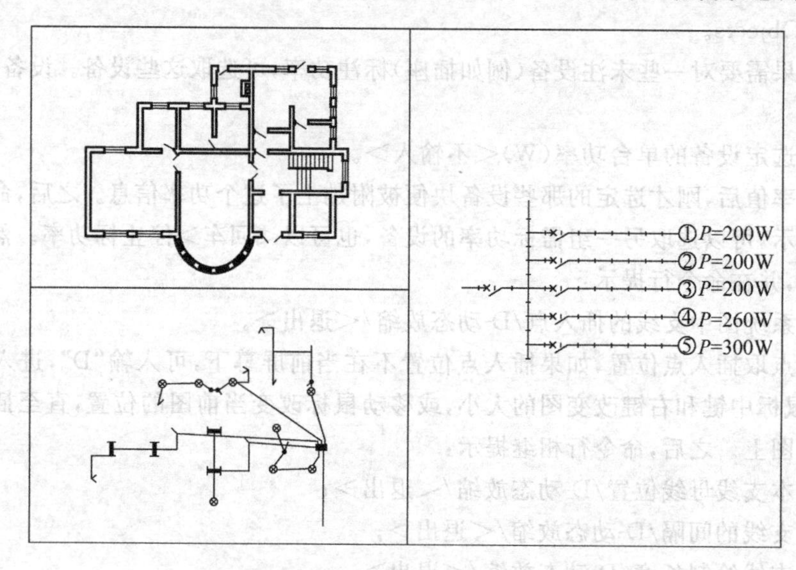

图 4-13　屏幕显示为三视窗时的情况

当屏幕显示为三视窗时,左上视窗显示的为平面图,左下视窗显示回路图,右视窗为系统图。

9. 图面布置与出图

图形绘制完成之后,在出图之前要对图面进行一定的编辑修改,并绘制或插入图框。一般建筑电气设计软件都为用户提供了这方面的工具。用户使用这些工具可以在图中插入图框,将几个图形文件的图插入到一幅图中或是改变图形比例、移动图形等。

1) 出图比例

命令：CHSCL；

菜单位置：[主菜单]→[出图比例]；

功能：设定文字和线宽的比例，使其在出图时保持适当的大小尺寸。

利用本命令可以设定图中的文字，标注粗导线的线宽等的比例。在设定了出图比例之后画出的文字、标注和粗导线都按新设置的比例绘制。在绘制了一部分图形之后也可以改变其大小比例，但改变后的标注文字有时会与其他图形发生干涉，因此在绘图之前最好先设定好出图比例。一般情况下这个出图比例应与您设定的绘图机出图比例相同，这样出图时绘出的标注文字高度和导线宽度就为[初始设置]中指定的高度和宽度；但如果绘图机出图比例与本命令设定的出图比例不同，则绘出的标注文字高度和导线宽度就与[初始设置]所指定的不同。例如，绘图机出图比例设为 1：100，而图中设定的出图比例为 1：200，则绘出的标注数字高度就比[初始设置]中指定的高度增加一倍。总之，只要使绘图机出图比例与本命令设置的出图比例保持一致，就可以使您在绘制各种出图比例的图时，都获得相同尺寸的标注文字和线宽。

在菜单上选取本命令之后，屏幕命令行提示：

请输入出图比例<1：100>1。

可在“1：”之后输入相应的数值，然后<回车>。此时如果在您打开的图中已经有可以改变出图比例的图元，则屏幕提示：

请选取要改变比例的图元(ALL-全选)<不选取>：

Select Objects。

可以用各种 AutoCAD 选取图元的方法选定要改变比例的图元。选好后被选定的标注、文字和粗导线改变为新设定的出图比例，而其余图元比例不变。以后绘制这几类图元时也按新设定的比例绘制。

注意：本命令主要用于改变标注，文字及粗导线的尺寸比例。如果要改变某个插入图纸中的图形的比例应该使用[布图]子菜单下的[变比例]命令。

2) 图框与图形的插入

利用本节中介绍的几个命令可以方便地将各种规格的图框和已绘制好的图形插入当前图中。这种布图的方式可使图面更为整齐、美观。

(1) 虚插图框

命令：TITLEI；

菜单位置：[主菜单]→[布图]→[虚插图框]；

功能：将图形绘图界限限制在指定的图幅之内，并按此界限显示栅格作为虚设的图框。

在菜单上选取本命令之后，屏幕上出现如图 4-14 所示的对话框。对话框中各选项定：

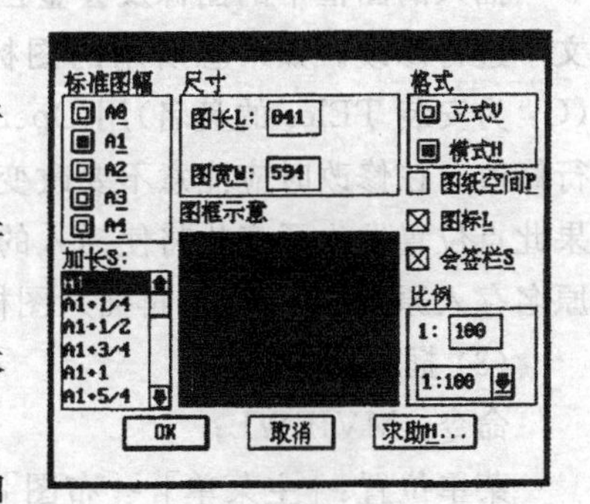

图 4-14　图框插入对话框

[标准图幅]共有五种标准图幅可供您选择。单击本栏中某一图幅的互锁钮，就选定了对应的图幅。

[加长 S] 在此列表框中列出对应当前标准图幅的加长图幅，默认值为不加长。

[尺寸]包括[图长 L]和[图宽 W]两个方向的尺寸,选定标准或标准加长图幅后,这两个编辑框中自动显示对应数值,如果图幅尺寸为非标准的,可直接在这两个编辑框中键入尺寸数据。

[格式]图纸可以按其布图位置设成立式或横式,单击本栏中相应的互锁按钮就可以选定图纸格式。

[图标 L]选中此项即在图框右下角加入图标(虚图框无意义)。

[会签栏 S]选中此项即在图框左上角加入会签栏(虚图框无意义)。

[图纸空间 P]选中此项,图框将被加入到图纸空间。

[比例]标准的出图比例,此数字应与出图时为绘图机设定的出图比例一致。可以在此栏中第一行键入比例数字,也可以单击第二行下拉式列表框右边的小箭头,列出标准的比例数字,单击其中某一项,选定对应的比例。

可利用[标准图幅]先选定所需的图幅,需加长时利用[尺寸]列表选定相应的加长图幅,再确定是否需要"图标"和"会签栏"及如何布置图纸。所有选项确定之后,单击[OK],屏幕上出现一个虚线的图框,另有一个可随光标移动的亮显图框,屏幕上方状态行中坐标值显示的是图纸左下角的位置。移动光标将活动的图框放在适当的位置,然后单击鼠标左键,在图纸界限内出现一片栅格点。设置这样的虚图框可以帮助您在作图时确认图纸的边界。按<F7>键可以打开或关闭栅格点的显示。这个虚插的图框在输出图纸时不会对图面起任何作用。对插入实图框亦不会产生影响。

(2) 实插图框

命令：TITLE;

菜单位置：[主菜单]→[布图]→[实插图框];

默认图层：公共图框—PUB_TITLE;

默认颜色：青 4;

图元类型：LINE(图框),INSERT(图标及会签栏);

功能：在图中插入图框。

与[虚插图框]命令相同,在菜单上选取本命令之后,屏幕上也出现如图 4-15 和图 4-16 所示的对话框。利用这个对话框可选定需插入图框的规格(有关这个对话框的使用请参见前一部分)。选定之后,屏幕上出现一活动图框,随光标移动。在屏幕上点取一点确认图框位置,一个带有图标与会签栏的图框就绘制在图中。

插入的图框中的图标及会签栏是以块的形式存在的,因此不能对其中的某条线或某个文字进行修改。如果您所用的图标与 TElec 提供的不同,可以从 C:\TCH\SYS 路径下(C:为安装 TElec 的盘名)用 Open 命令调出"_LABEL1"(会签栏)或"_LABEL2"(图标)进行修改。在修改时应注意不要改变右下角的位置,这个右下角的坐标位置应该为(0,0)。如果此点位置发生了变化将使插入的图标块不能位于正确的位置。修改后以 Qsave 命令,用原名存入原路径下,以后再插入图框时 TElec 便自动使用修改后的图标和会签栏。

(3) 插入图形

命令：MVIEWL;

菜单位置：[主菜单]→[布图]→[插入图形];

默认图层：公共窗口—PUB_WINDW;

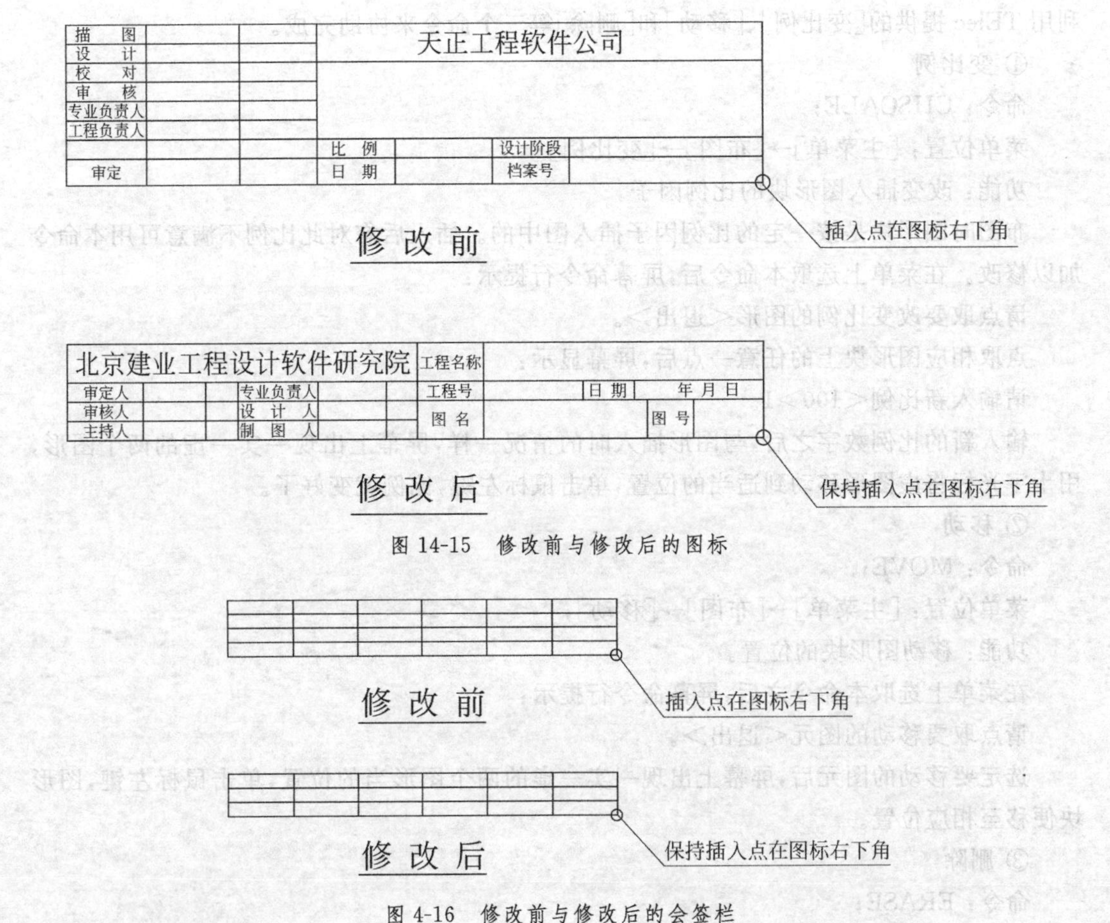

图 14-15　修改前与修改后的图标

图 4-16　修改前与修改后的会签栏

图元类型：INSERT；

功能：将外部或内部的图形以块的形式插入到图中。

在菜单上选取本命令之后，如果在您打开的文件中没有画好的图形或仅有作为块插入的图形（以下“图形块”），则在屏幕上出现，[请选择要插入的图名]对话框，利用这个对话框输入要插入的图名后，单击[OK]按钮，屏幕命令行显示：

请输入该图的比例<1：100>1。

输入比例数字后<回车>，屏幕上出现一虚一实两个要插入的图形。虚图形可以随十字光标移动，将这个图形布置在适当的位置后，单击鼠标右键，这个图形块就插入到图中了。

如果在您打开的文件中已经存在一个在模型空间画好的图形，TElec将这个画好的图形变为图形块插入到图中。这个图形变为块插入图中后就不能对其中的钱条和文字进行编辑了（除非再将其炸开）。因此建议您不要采用这种方法来处理画好的图形，而是另外打开一个新文件出图，将原来的图文件保存起来以便以后修改、调用。

注意：该命令中选用的比例只能改变出图时图形的实际尺寸，不能对图中的文字进行调整，所以在这里插入的图形，应预先用[出图比例]命令进行处理。

(4) 图面的编辑

布图时，图框和图形都插入之后，如果您还想对其所在的位置或比例大小进行修改可以利用 TElec 提供的[变比例]、[移动]和[删除]等三个命令来协助完成。

① 变比例

命令：CHSCALE；

菜单位置：[主菜单]→[布图]→[变比例]；

功能：改变插入图形块的比例因子。

布图时图形块是按一定的比例因子插入图中的。插入后您对此比例不满意可用本命令加以修改。在菜单上选取本命令后，屏幕命令行提示：

请点取要改变比例的图形<退出>。

点取相应图形块上的任意一点后，屏幕显示：

请输入新比例<100>1。

输入新的比例数字之后，与图形插入时的情况一样，屏幕上出现一实一虚的两个图形，用十字光标将虚图形移动到适当的位置，单击鼠标左键，比例就变好了。

② 移动

命令：MOVE；

菜单位置：[主菜单]→[布图]→[移动]；

功能：移动图形块的位置。

在菜单上选取本命令之后，屏幕命令行提示：

请点取要移动的图元<退出>。

选定要移动的图元后，屏幕上出现一实一虚的两个图形当的位置，单击鼠标左键，图形块便移至相应位置。

③ 删除

命令：ERASE；

菜单位置：[主菜单]→[布图]→[删除]；

功能：删除图形块。

在菜单上选取本命令之后，屏幕命令行提示：

请点取要删除的图元<退出>。

选定要删除的图元后，被选中的图形块被删除。用十字光标将虚图形移动到适当位置。

3）出图

命令：菜单命令；

菜单位置：[主菜单]→[出图]；

功能：对图形进行一定的处理后，用绘图机或图形打印机出图。

在菜单上选取本命令后，屏幕上出现如图 4-17 所示的[出图设置]对话框。利用对话框可以选定出图时的处理项目。以下说明对话框中各项的具体用法。

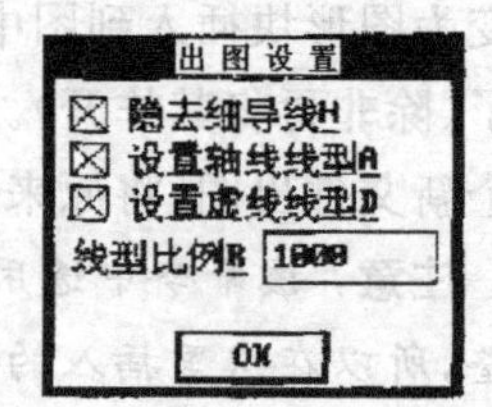

图 4-17 出图设置对话框

[隐去细导线 H] 选定是否要隐去图中的细导线，选中此项时(方框中有“x”)图中细导线被隐去。在图中导线已被加粗，同时部分加粗导线被断开的情况下，应选中此项。

[设置轴线线型 A]选定是否要将图中轴线设为点画线，选中此项时(方框“x”)图中轴线被设为点画线。

[设置虚线线型 D]选定是否要将虚线层上的线设为虚线，选中此项时，(方框“x”)图中轴线被设虚线。

[r线型比例]需要设置轴线或虚线线型时，应在此项中设定线型比例。一般情况下，使用 TElec 给定的默认值即可。

选定对话框中所有选项后，单击[OK]按钮，对话框消失。TElec 先对图中的有关图元进行出图前的预处理。处理的对象除上述对话框中涉及的几项内容外，还会自动关闭导线分格短线所在的层。然后，调用 AutoCAD 的 Plot 命令出图(有关 Plot 命令可参见《AutoCAD R14 参考手册》)。出图后所关闭的图层不会自动打开。

如果您不希望在出图前进行预处理，则可直接使用 AutoCAD 出图命令 Plot。

以上只是对建筑电气用 CAD 软件绘制的步骤，要想熟练掌握绘图技巧必须熟悉 AutoCAD 软件及以其为平台开发的软件。

思考题与习题

4-1　民用建筑电气施工图主要包括哪些内容和图纸？

4-2　民用建筑电气施工图的识图有哪些方法？有哪些识读的步骤？

4-3　建筑电气图形符号和文字符号与电气图形符号和文字符号有何不同？

4-4　如何识读电气照明平面图？

4-5　如何识读电气动力平面图？

4-6　民用建筑电气施工图的绘制方法主要有哪些基本要求？

4-7　民用建筑电气施工图的手工绘制方法主要有哪些步骤？

4-8　民用建筑电气施工图的计算机绘制方法主要有哪些步骤？

4-9　请用手工绘制方法绘制出你所在教学楼的一层电气照明平面图。

4-10　请用计算机绘制方法绘制出你所在教学楼的一层电气照明平面图。

第5章　民用建筑供配电系统与设计

民用建筑供配电系统在民用建筑中是较重要的内容，它已成为一个独立的系统。建筑供配电系统具有不同于建筑、建筑设备的独特性质。本章主要介绍民用建筑供配电系统的基本概念以及用电负荷的分级划分和计算方法。重点介绍现代民用建筑低压配电系统的方式和特点以及高层民用建筑对供配电系统的要求。随着现代社会的发展，民用建筑对供配电系统的安全、可靠供电要求越来越高。本章对自备电源和应急照明系统的设计也作了介绍，供建筑电气设计人员学习和参考。

5.1　民用建筑供配电系统与设计概述

5.1.1　现代电力系统的基本概念

1. 现代电力系统的构成

现代电力系统是一个由电能的生产（发电）、输送与分配（输电、变电、配电）、消费（用电负荷）组成的。除此以外，为了保证电力系统的经济、可靠与灵活运行，现代电力系统必须具备保证系统正常运行和处理异常与事故状态的先进控制手段，这包括电力系统的调度自动化、继电保护和安全稳定控制、电力专用通信网及各电力设备的运行监控系统等，这个控制系统称为电力系统的二次系统，也是电力系统不可分割的有机组成部分。电能的输送与分配系统，即是各级电压输电、变电、配电构成的电力网。典型的电力系统结构示意图如图5-1所示。图5-2是一个地区（或区域）电力系统典型结构示意图。

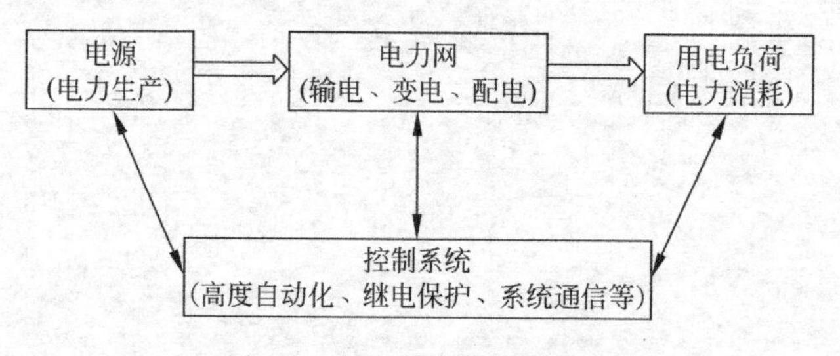

图5-1　电力系统结构示意图

由发电厂、变电所、输配电线路和用电负荷等电力设施，可组成简单的电力系统，实现电力生产与消费的平衡。但简单的电力系统满足不了经济、可靠与运行灵活等要求。随着电力工业的发展，简单的或孤立的地区电力系统将发展为区域性电力系统，并进一步发展为跨区域的互联电力系统。

构成大型电力系统的优点：

(1) 提高了供电可靠性，由于大型电力系统的构成，能耐受较大的故障冲击，使得电力系统提高了稳定性，抗干扰能力强，因而对用户供电的可靠性也相应地提高了，特别是构成

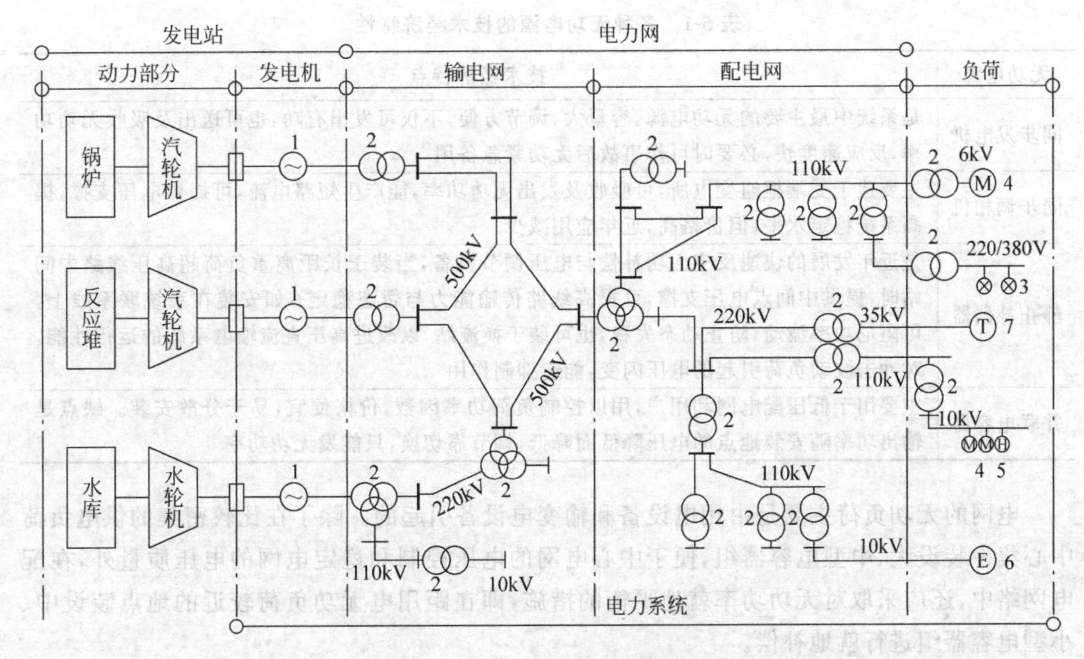

图 5-2　电力系统及电力网示意图

1—发电机；2—变压器；3—电灯；4—电动机；5—电热设备；6—电解冶炼；7—电气化铁路

了环网，对重要用户的供电就有了保证。当系统中某局部设备故障或部分设备停电检修时，可通过变更电力网的运行方式对用户继续连续供电，减少了停电损失。

(2) 电力系统运行具有灵活性，各地区可以通过电力网互相支援，从而为保证电力系统电力供应所必需的备用发电机组可以大大地减少。

(3) 形成电力系统便于发展大型机组，目前，我国区域性电力系统中，单机容量为200～600MW 的发电机组已成为系统中的主力机组。

(4) 频率稳定。系统容量越大，频率变化幅度越小，电能质量越高。

(5) 利用峰谷效应，合理利用能源，实行经济调度，提高整个电力系统的经济效益。

(6) 大型电力系统便于利用地区资源优势，特别是能充分发挥水力发电的作用。

因此，发展跨区域的电力系统，乃至全国统一的电力系统是电力工业发展的必然趋势，是客观发展规律，也是衡量一个国家工业化水平高低的标志之一。

2. 电源

电源是电能的生产系统，其功能是将各种一次能源转换成电能(二次能源)。电源由有功电源和无功电源两部分组成，有功电源提供有功功率，供有功负荷需要；无功电源提供无功功率，满足无功负荷需要。通常所称发电厂的发电能力统指有功电源。

按发电能源的类型，发电厂可分为水力发电厂、火力发电厂(燃油或燃煤)、核能发电厂及风力、地热、太阳能、海洋能等发电厂。其工作原理都是采取各种方式将水的势能、热能、风能、核能、潮汐能等不同的能量转换成电能。

电力系统的无功电源有同步发电机、调相机、静止补偿器、并联电容器等。电力系统的无功电源问题总是和无功功率补偿及电压调节问题紧密联系的。它关系到电力系统的稳定、广大用户的电能质量及电力系统的经济运行。各种无功电源特性如表 5-1 所示。

表5-1 各种无功电源的技术经济特性

无功电源	技术经济特点
同步发电机	是系统中最主要的无功电源,容量大,调节方便,不仅可发出有功,也可送出及吸收无功功率,反应速度快,必要时可作事故后无功紧急备用
同步调相机	主要建于受端枢纽变电所,可吸收及发出无功功率,能产生短路电流,可提供电压支撑,提高系统稳定水平,但价格高,近年应用减少
静止补偿器	是近年发展的快速反应无功补偿与电压调节设备,当装于长距离重负荷超高压线路中间站时,提供中间点电压支撑,可提高线路传输能力与暂态稳定;如安装在系统联系线上,可阻尼功率波动,防止动态失稳,也可装于换流站,以改进高压直流输电系统的运行性能。对冲击波动负荷引起的电压闪变,能起抑制作用
并联电容器	主要用于低压配电网和用户,用以控制负荷功率因数,价格便宜,易于分散安装。缺点是输出功率随安装地点的电压降低而降低,调节靠切换,只能发无功功率

电网的无功负荷主要是由用电设备和输变电设备引起的。除了在比较密集的供电负荷中心集中装设大、中型电容器组,便于中心电网的电压控制和稳定电网的电压质量外,在配电网络中,还应采取对无功功率就地平衡的措施,即在距用电无功负荷较近的地点装设中、小型电容器组进行就地补偿。

安装电容器进行无功补偿时,可采取集中、分散或个别补偿三种形式。

3. 电力系统及电力网

电力网是指电力系统中不包括发电厂及负荷的电力输送与分配网络。电力网由输电网、变电所和配电网组成。输电网按运行电压的高低可分为高压输电网(35～330kV)、超高压输电网(330～750kV),特高压输电网(750kV以上),我国目前输电网的最高电压为500kV,部分地区已建成1000kV的特高电压输电网。输电线路作为电力网输送电能的主要通道或系统之间互送电能的联络通道。电力网连同电力用户(负荷)构成了电力系统。电力系统通过输电线路的联接构成电力网络。

变电所是联络不同电压等级电力网的中环节,用以汇集电源、升降电压和分配电力。为了使电能质量良好和安全运行,变电所还要有进行电压调整、电力潮流控制及进行线路和变电设备保护、运行情况监控等功能。

配电网是在输电主干线将电力送到电能消费地区经过降压后,再向用户供电的分配手段。输电网与用户之间都属于配电网范围。配电网的电压可根据供电范围和供电容量的大小分为高压配电电压(35～110kV)、中压配电电压(10/20kV)和低压配电电压(220/380V)。这种划分并不严格,不同的电力系统或不同的国家不尽相同。根据用电负荷的需要,配电方式也有多种型式。高、中压配电网多为三相三线制,低压配电网常为三相四线制、三相三线制和单相二线制,某些特殊负荷,如电气化铁道为单相交流供电等。

4. 负荷

电能经过发电、输电、变电、配电等环节供应给用户。用户负荷是电能的消费系统,根据需要,电能可以转换成各种形式的能(如机械能、化学能、光能、热能、磁能等),以满足国民经济各行业及城乡居民的需要。用户对电力系统的要求是向它提供"充足、可靠、合格、安全、廉价"的电能。

根据用电设备物理性能,负荷可分为有功负荷、无功负荷;根据电力系统停电后对用户造成损失的严重程度，又可分为重要负荷、非重要负荷。用户的负荷是随时间不断变化的，所以，电力系统要做好长短期电力负荷的分析及预测，掌握负荷曲线及特性指标，还要重视特种负荷对电力系统的影响，研究对负荷的控制与调节手段，制订经济可靠的供电方式，满足用户的供电需要。

5. 电力网的控制

现代电力系统的控制系统主要包括调度自动化继电保护、安全稳定控制及电力系统通信等部分，正在向智能化方向发展。它是电力系统的重要组成部分，不仅贯穿于电力系统正常、异常、紧急及恢复等运行状态的各个过程，也直接或间接与系统中每一电力设备相联系，是保证现代电力系统安全优质经济运行的技术手段。

完整的电力系统调度自动化系统包括能量管理系统（energy management system，EMS）及配电管理系统（distribution management system，DMS）两大部分。根据各个电力网的具体情况不同，可以具有不同规格、不同规模和功能。其中对EMS最基本的要求是实现监控与数据采集（supervisory control and data acquisition，SCADA），在此基础上，还可以增加自动发电控制（automatic generation control，AGC）、经济调度（economic dispatch control，EDC）和安全分析等功能，以实现电力生产管理的高度自动化。

继电保护是电力系统中每一电力设备不可缺少的保护控制装置，当电力系统或电力设备发生故障或出现影响安全运行的异常情况时，用以及时准确地切除故障和不安全因素。对继电保护的基本要求，可概括为可靠性、速动性、选择性和灵敏性等方面。它们是紧密联系，既矛盾又统一的，必须在保证电力网安全的基础上协调处理。

电力网的安全自动稳定控制系统以整个电力系统为保护对象，目的在于防止发生系统性事故，特别是发生大面积恶性停电事故。随着电力系统规模的扩大，使得分散式安全自动装置配置难以满足系统安全性要求，区域性或全网性安全稳定控制系统已在系统中得到应用。

继电保护与安全自动稳定控制系统的正确动作，能保证电力系统及电力设备的安全，但一次错误动作或拒绝动作，往往成为扩大事故或酿成大停电事故的根源，这是对继电保护与安全自动稳定控制的技术要求及对设备质量要求特别严格的原因。

5.1.2　民用建筑供配电系统设计

1. 民用建筑供配电系统的特点

(1) 高电压、大电流、高频率以及电压波动、电磁干扰等

由于现代化高科技和大型民用建筑群负荷密度的日益增加，用电设备电气参数的范围很广，如高电压、高频设备、产生谐波源的设备、直流设备等，这些用电设备需要配置变压、变流、变频及滤波设备。这些设备的应用，必须要注意解决高电压、大电流、高频率以及电压波动、电磁干扰等问题。有些用电设备对电压和频率的偏差或对电压不平衡度和谐波分量有严格的要求，当一般供电电能无法满足时，还需要采用稳压或稳频电源设备或其他措施。

(2) 大容量和较高的电源电压

随着用电单位用电容量增大，要求大容量的供电系统和较高的电源电压，相应地增大了电力系统的短路容量。因此，要求供电系统具有更高的可靠性和灵活性，同时对控制设备和保护设备的技术参数和功能提出更高的要求。

(3) 电气安全的广泛性要求

用电设备的应用,除正常环境外,还有爆炸火灾危险场所、腐蚀多尘场所、高温和潮湿场所等。在这些场所内,对电气设备和线路的质量和安装方式提出了更严格的要求。有些用电设备对供电可靠性要求甚高,短时停电即将导致政治上、经济上的重大损失,甚至人身伤亡。因此,对电源的种类、数量和运行方式,要根据不同情况采取适当措施。另外,由于家用电器的广泛使用,经常由非专业人员使用操作,如何防止人、畜遭受电击、建筑物起火及设备损坏,也应引起充分注意。对危险性很大的电气火灾,亦应防患于未然。

(4) 节约电能和经济运行

节约电能是我国的国策。因此,节约电能是一个不容忽视的问题。对于用电单位必须采用节能型设备和采取节能措施,推广经济运行,减少电能损耗。

(5) 适应不同的环境要求

我国幅员广阔,不同地区的温度、湿度相关很大,日照、雨、雪、大风、雷暴等自然环境各不相同。一些建筑物,由于生产或储存的物品,可能造成腐蚀、易燃、多尘及电磁辐射的环境。在工业建筑中,有些产品要求恒温、恒湿或洁净的环境,而在民用建筑中要求舒适美观方便的生活环境。因此,供电系统不仅要适应不同的环境要求,而且还要为创造适当的优良环境而努力。

2. 民用建筑供配电的发展趋势

(1) 电源的发展趋势

首先,电源电压范围应可以扩大和提高电压等级。对于大型建筑物群,随着负荷的增加,将采用高压甚至超高压供电,中、低压配电系统,从增加供电容量提高电能质量和减少电能损耗出发,20kV 和 660V 电压等级正在酝酿应用。其次,除供电部门提供质量合格的电源外,建筑物内部也要采取措施,保证电能质量,满足各种用电设备。此外,还要不断开发污染少,价格低的新能源,如太阳能、风能等分布式新能源。

(2) 电力系统的发展趋势

根据用电负荷的重要性级别和用电设备的实际要求,采用自动化技术,建立集中监控和保护,提高故障检测和诊断技术,应用人工智能技术建立高可靠性、高质量、节约电能运行灵活的电力系统。电力系统要根据运行的需要确立可靠的通信系统,即智能电网。

(3) 用电设备的发展趋势

选用高绝缘水平、低损耗的设备;改进设备安装工艺方法,以适应未来电力系统的发展。

(4) 增强环境保护、安全和节能意识

许多用电设备本身及其线路即是电磁辐射和产生噪声的污染源,必须采取措施、开发新型产品以适应环境保护的要求。供电系统中的安全技术问题要和国际电工标准接轨,在理论上有所突破,设备上有所提高和完善。如电压系统中性点接地方式问题、建筑物内的等电位联接问题等。不断开发和采用低损高效的设备,采用新的节能措施等现代化设备和手段,达到节能的目的。

(5) 利用电力电子技术和计算机技术

近年来,利用电力电子技术对传统工业设备进行技术改造,取得很大成果。这些成果已应用于电解、电镀、感应加热、变频调速、无功补偿及生活电器等方面,产生很大的经济和节能效果,电力电子技术不断发展,在电气设备生产领域将实现机电一体化。计算机技术的应用在供电部门和用电单位,通过计算机及其支持软件,将各种信息实时采集、处理、传递、实现有效地控制和协调,使供电部门的运行监控、系统保护、负荷管理,用电单位的产品设计、产品检验、计划管理、仓库管理、销售管理等办公自动化,达到全面动态优化的目的,即智能电网。

3. 民用建筑供配电方案设计原则

工业与民用建筑的用电是电力系统的主要负荷,是电力系统的重要组成部分。工业与民用建筑的供电不仅需要满足用电单位用电设备的电力需要,而且民用建筑与工业建筑的供电有相同之处,也有不同之处。对于民用建筑而言,还需满足民用建筑现代化(如通信系统、信息传输系统、防灾报警系统和自动控制系统)的需要。

民用建筑供电的任务是在上述范围内确保用电设备完成其功能要求;在保证电气安全的前提下,最大限度地节约电能和材料,以取得最大经济效益。为了确保任务的完成,必须遵循以下几项设计原则:

(1) 按建筑功能要求进行电气工程的设计

按建筑功能要求确定用电电气参数,预计负荷容量和电能消耗量,提出电源参数要求,如电源数量、电压和频率及其允许偏差、预期有功及无功功率消耗量及短路电流等,以供供电部门确定配电系统供电方式,选择变配电设备,制订供电方案。

(2) 电气工程的设计要注意节约电能和材料

电气工程的设计在确保用电设备完成其功能要求和保证电气安全的前提下,应注意最大限度地节约电能和材料,以取得最大经济效益。应按设计要求选用电气设备及安装材料,要充分考虑设备的安全间距和冷却降温条件、防灾措施、人身安全的保障措施等,确保设计和安装质量。

(3) 电气工程的设计应考虑日后安全管理要求

电气设备和线路安装设计都必须按有关标准进行设计,以便于按有关标准进行检查、测试、验收、日后的运行管理,以确保安全、有效、节能和经济运行。

5.2 民用建筑供配电负荷的分级和计算

用电设备消耗的功率总称为负荷,负荷是电力系统运行的重要组成部分。负荷可根据不同的用途分为不同的类型,在工程实际中常用的是根据可靠性要求的负荷分级。

5.2.1 民用建筑供配电负荷的分级和供电的要求

1. 民用建筑供配电负荷的分级

民用建筑供配电负荷根据对供电可靠性的要求及中断供电在政治、经济上所造成的损失或影响的程度,分为一级负荷、二级负荷和三级负荷。

(1) 一级负荷

属于下列情况者均为一级负荷:

① 中断供电将造成人身伤亡的负荷。

② 中断供电将造成重大政治、经济损失的负荷。所谓重大损失是指重大设备损坏、重

要产品报废、用重要原料生产的产品大量报废、国民经济中重点企业的连续生产过程被打乱，需要长时间才能恢复等。

③ 中断供电将影响有重大政治、经济意义的用电单位的正常工作的负荷。如重要交通枢纽、重要宾馆、大型体育场、经常用于国际活动的大量人员集中的公共场所等用电单位中的特别重要负荷。

一级负荷中特别重要负荷是指中断供电将发生中毒、爆炸和火灾等情况的负荷，以及特别重要场所的不允许中断供电的负荷，如正常电源中断时，必须设有处理安全停产所必须的应急照明、通信系统、火灾报警设备、保证安全停产的自动控制装置等；民用建筑中大型金融中心的关键电子计算机系统和防盗报警系统、大型国际比赛场(馆)的记分系统及监控系统等。

(2) 二级负荷

属于下列情况者均为二级负荷：

① 中断供电将在政治、经济上造成较大损失的负荷。所谓较大损失指主要设备损坏、大量产品报废、连续生产过程被打乱需较长时间才能恢复、重点企业大量减产等。

② 中断供电将影响重要用电单位正常工作的负荷，如交通枢纽、通信枢纽等用电单位中的重要电力负荷。

③ 中断供电造成大型影剧院、大型商场等较多人员集中的重要的公共场所秩序混乱的负荷。高层住宅建筑亦属二级负荷。

(3) 三级负荷

不属于一级、二级负荷的均属于三级负荷。对一些非连续生产的中小型企业，停电仅影响产量或导致少量产品报废的用电设备，以及一般民用建筑的用电负荷等均属于三级负荷。

民用建筑常用重要电力负荷的分级见表5-2。

表5-2　民用建筑用电负荷级别

序号	建筑物名称	电力负荷名称	负荷级别
1	19层以上高层住宅	1. 消防用电设备、应急照明、消防电梯；	一级
		2. 生活小泵电力、公共场所照明	二级
	10～18层高层住宅	1. 消防用电设备、应急照明、消防电梯；	二级
		2. 生活小泵电力、公共场所照明	二级
	9层及以下多层住宅	1. 客梯、生活水泵电力、主要通道照明；	三级
		2. 其他	三级
2	高层宿舍	客梯、生活水泵电力、主要通道照明	二级
3	一、二级旅馆	经营管理用电子计算机系统、设备管理用电子计算机系统电源	一级①
		宴会厅电声、新闻摄影、录像电源、宴会厅、餐厅、娱乐厅、高级客房、康乐设施、厨房、主要通道照明、地下室污水泵电力、厨房部分电力、部分客梯电力	一级
		其余客梯电力、一般客房照明	二级
4	重要办公建筑	客梯电力、主要办公室、会议室、总值班室、档案室及主要通道照明	一级

续表

序号	建筑物名称	电力负荷名称	负荷级别
5	部省级办公建筑	客梯电力、主要办公室、会议室、总值班室、档案室及主要通道照明	二级
6	高等学校教学楼	客梯电力、主要通道照明	二级②
7	高等学校	重要实验室	一级③
8	科研院所	重要实验室	一级③
9	市(地区)级及以上气象台	主要业务用电子计算机系统电源	一级①
		气象雷达、电报及传真收发设备、卫星动力接收机、语言广播电源、天气绘图及预报照明	一级
		客梯电力	二级
10	计算中心	主要业务用电子计算机系统电源	一级①
		客梯电力	二级
11	大型博物馆、展览馆	防盗信号电源、珍贵展品展室的照明	一级①
		展览用电	二级
12	甲等剧院	调节器光用电子计算机系统电源	一级①
		舞台、贵宾室、演员化妆室外照明、舞台机械电力、电声、广播及电视转播、新闻摄影电源	一级
13	甲等电影院		二级
14	重要图书馆	检索用电子计算机系统电源	一级①
		其他用电	二级
15	省、自治区、直辖市及以上体育馆、体育场	计时计分用电子计算机系统电源	一级①
		比赛厅(场)、主席台、贵宾室、接待室、广场照明、电声、广播及电视转播、新闻摄影电源	一级
16	中型百货商店	营业厅、门厅照明,客梯电力	二级
17	大型百货商店	经营管理用电子计算机系统电源	一级①
		营业厅、门厅照明	一级
		自动扶梯、客梯电力	二级
18	县(区)级及以上医院	急诊部用房、监护病房、手术部、分娩室、婴儿室、血液病房的净化室、血液透析室、病理要片分析、CT 扫描室、区域用中心血库、高压氧化、加速器机房和治疗室、配血室的电力及照明、培养箱、冰箱、恒温箱的电源	一级
		电子显微镜电源、客梯电力	二级
19	银行	主要业务用电子计算机系统电源,防盗信号电源	一级①
		客梯电力,营业厅、门厅照明	二级④
20	火车站	特大型站和国境站的旅客站房、站台、天桥、地道的用电设备	一级

续表

序号	建筑物名称	电力负荷名称	负荷级别
21	民用机场	航行管制、导航、通信、气象、助航灯光系统的设施和台站；边防、海关、安全检查设备；三级以上油库存；为旅行及旅客服务的办公用房；旅客活动场所的事故照明	一级[1]
		候机楼、外航驻机场办事处、机场宾馆及旅客过夜用房、站坪照明、站坪机务用电	一级
		其他用电	二级
22	水运客运站	通信枢纽、导航、收发信台	一级
		港口重要作业区、一等客运站用电	二级
23	汽车客运站	一、二级站	二级
24	广播电台	电子计算机系统电源	一级[1]
25	电视台	直接播出的语言播音室、控制室、微波设备、发射机房的电力及照明	一级
		主要客梯电力、楼梯照明	二级
		电子计算机系统电源	一级[1]
		直接播出的电视演播厅中心机房、录像室、微波机房、发射机房的电力及照明	一级
		洗印室、电视电影室、主要客梯电力、楼梯照明	二级
26	市话局、电信枢纽、卫星地面站	载波机、微波机、长途电话交换机、市内电话交换机、文件传真机、会议电话、移动通信、卫星通信等通信设备的电源；载波机室、微波机室、交换室、测量室、转接台室、电力室、电池室、文件传真机室、会议电话室、移动通信室、高度机室、卫星地面站的应急照明、营业厅照明、用户电传机	一级[5]
		主要客梯电力、楼梯照明	二级
27	冷库	大型冷库、有特殊要求的冷库的一台氨压缩机及其附属设备的电力、电梯电力、库存内照明	二级
28	监狱	警卫照明	一级

注：各种建筑物的等级分级见有关建筑物的设计规范。

① 所注一级负荷为特别重要负荷。

② 仅当建筑物为高层建筑时，其客梯电力、楼梯照明为二级负荷。

③ 此处系指高等学校、科研院所中，一旦中断供电将造成人身伤亡或重大政治、经济损失的实验室，例如，生物制品实验室等。

④ 在面积较大的银行营业厅中，供暂时工作用的应急照明为一级负荷。

⑤ 重要通信枢纽的一级负荷为特别重要负荷。

2. 民用建筑供配电负荷对供电电源的要求

(1) 一级负荷

① 一级负荷应有两回路(或两回路以上)的独立电源供电。两路电源应来自不同电源

点(城市变电站或发电厂)或同一变电站的不同变压器的不同母线段。当其一个电源发生故障时,另一路电源不受到影响,且能承担全部负荷。负荷容量较大或有高压用电设备,应采用两路高压电源。如一级负荷容量不大,可从电力系统或临近单位取得第二低压电源。

② 一级负荷中特别重要的负荷,除上述两路电源外,还必须增设应急电源。为确保对特别重要负荷的供电,严禁将其他负荷接入应急供电系统。工程设计中,对于其他专业提出的特别重要负荷,应仔细研究,凡能采取非电气保安措施者,宜减少特别重要负荷的负荷量,但需要双重保安措施者除外。

常用的应急电源可使用独立于正常电源的发电机组、干电池、蓄电池或供电网络中有效地独立于正常电源的专用馈电线路。后者是指保证两个供电线路不大可能同时中断供电的线路。

根据允许中断供电的时间可分别选择下列应急电源:

① 蓄电池静止型不间断供电装置(即蓄电池频率跟踪的晶闸管逆变器,简称 UPS;或不间断电源,简称 EPS)、蓄电池机械储能电机型不间断供电装置或柴油机电磁储能同步电机型不间断供电装置,适用于允许中断供电时间为毫秒级的负荷。

② 带有自动投入装置的独立于正常电源的专用馈电线路。适用于自投装置的动作时间能满足允许中断供电时间 1.5 或 0.6s 以上的应急电源。

③ 快速自起动的发电机组。适用于允许中断供电时间为 15s 以上的供电。应急电源的工作时间应按生产技术上要求的停车时间考虑,当与自动起动的发电机组配合使用时,不宜少于 10min。

凡允许停电时间为毫秒级,且容量不大的特别重要负荷,若有可采用直流电源者,应用蓄电池组或干电池装置作为应急电源。

大型民用建筑中,往往同时使用几种应急电源,工程中应使各种应急电源设备密切配合,充分发挥作用。

(2) 二级负荷

① 二级负荷应由两个电源供电,即应由两回电线路供电,供电变压器亦应有两台(两台变压器不一定在同一变电所)。要求当发生电力变压器故障或电力线路常见故障(不包括铁塔倾倒或龙卷风引起的极少见的故障)时不致中断供电或中断后能迅速恢复。

② 在负荷较小或地区供电条件困难时,可由一回 6kV 及以上专用架空线供电;当采用电缆线路时,应采用两根电缆组成的电缆段供电,其每根电缆应能承受 100%的二级负荷;为了解决线路和变配电设备的检修以及突然停电后,设备能安全停产问题,可设备用小容量柴油发电站,其容量由实际需要确定。

(3) 三级负荷

对于三级负荷供电无特殊要求,但应采取技术措施,尽可能地不断电以保证居民生活用电源。

5.2.2 民用建筑供配电负荷的计算

1. 民用建筑供配电负荷计算的目的和计算方法

1) 负荷计算的目的

在做民用建筑供配电设计时,首先应知道民用建筑用电量有多少,这就需要进行负荷计算。准确的负荷计算,使设计工作建立在可靠的基础上,做出来的设计方案比较经济合理。若负荷计算过大,将造成投资和设备器材的浪费;负荷计算过小,则因为设备承受不了实际的负荷电流而发热,加速绝缘老化,直至损坏设备,影响安全供电。所以电力负荷的计算是做供配电设计时首先要解决的问题,应想办法将实际使用的负荷尽量准确地计算出来。具体来讲,负荷计算的主要内容有:

① 计算负荷又称需要负荷或最大负荷。计算负荷是一个假想的持续性负荷,其热效应与同一时间内实际变动负荷所产生的最大热效应相等。在配电设计中,通常采用30min的最大平均负荷作为按发热条件选择配电变压器、导体及电器设备的依据,并用来计算电压损失和功率损耗。在工程上为方便计算,也可作为电能消耗量及无功功率补偿的计算依据。

② 尖峰电流指单台或多台用电设备持续1s左右的最大负荷电流,一般取起动电流的周期分量,作为计算电压损失、电压波动和电压下降以及选择电器和保护元件的依据。在校验瞬动元件时,还应考虑起动电流的非周期分量。

③ 一级、二级负荷,用以确定备用电源或应急电源。

④ 季节性负荷,从经济运行条件出发,用以考虑变压器的台数和容量。

2) 负荷计算的常用方法

电力负荷的计算方法较多,而且各个行业根据行业特点分别采用不同的计算方法。特别是有些行业在不同的设计阶段又采用不同的计算方法,诸如单位产品耗电量法、单位面积功率法、需用系数法、利用系数法、二项式法等。城乡电力负荷计算推荐采用需用系数法或二项式法。上述推荐电力负荷计算方法,设计过程中可根据实际负荷性质,负荷特点及不同的设计阶段,灵活运用。

民用建筑用电负荷计算应根据不同工程性质、不同使用对象,按单位工程逐幢计算。动力用电、照明用电、生活电器具分别统计,空调机组用电应列入照明计量,最后计算出所需负荷总的电功率,确定配电变压器总容量(kV·A)和台数,配电干线回路数及各级保护电器。由于现代民用建筑电气发展较快,用电项目增多,只能结合实际工程进行负荷计算。

(1) 单位面积功率法或单位容量法

在方案设计阶段,需对用电负荷进行估算,可以采用单位面积功率法或单位容量法。我国地域宽广,各地经济发展情况不一,单位面积功率、单位指标也各不相同。例如,广东省建筑工程设计推荐负荷指标中办公楼、招待所、商场和宾馆最小值为80～100W/m^2,浙江省宁波市则为50～70 W/m^2,国外对这一指标规定也不一样。目前我国各地建成的部分旅游宾馆,配电变压器装设容量约为80～100V·A/ m^2。在设计中估算负荷时,可以参照执行或按65～80 W/m^2、2000～2400W/床计算。

(2) 需用系数法

该计算方法是把设备功率乘以需用系数,直接求出计算负荷。由于这种计算方法比较简便,因此得到广泛应用。而且各设备的电动机功率级差相当悬殊时,利用这种计算方法的计算结果往往偏小。为此推荐在初步设计或扩大初步设计阶段作负荷统计或施工图设计阶段确定变、配电所的电力负荷时采用。

(3) 二项式法

该计算方法是设计负荷包括用电设备组的平均功率,同时考虑数台大功率设备工作对影响的附加功率。这种方法也比较简便,但计算结果往往偏大。推荐在施工图设计阶段对各种机械加工厂或各种起重、电焊设备作配电线路或动力配电箱选型中采用。

2. 负荷计算

1）利用需用系数法确定计算负荷

(1) 用电设备组的计算负荷

$$P_c = K_n P_s \tag{5-1}$$

$$Q_c = P_c \tan\varphi \tag{5-2}$$

$$S_c = \sqrt{P_c^2 + Q_c^2} \tag{5-3}$$

式中：P_c——用电设备的有功计算功率，kW；

Q_c——用电设备的无功计算功率，kW；

S_c——视在计算功率，kV·A；

K_n——需用系数见表5-3和表5-4；

$\tan\varphi$——用电设备功率因数角的正切值见表5-3。

(2) 配电干线或单项工程、车间的计算负荷

$$P_c = K_{pt} \sum (K_n P_s) \tag{5-4}$$

$$Q_c = K_{qt}(K_n P_s \tan\varphi) \tag{5-5}$$

$$S_c = \sqrt{P_c^2 + Q_c^2} \tag{5-6}$$

式中：K_{pt}——干线有功同时负荷系数，取0.8～0.9，也可查有关手册或表；现有功负荷和无功负荷同时系数已有所不同，过去都认为相同，此处特作注明，以便引起注意；

K_{qt}——干线无功同时负荷系数，取0.93～0.97；其他符号意义同前。

(3) 变、配电所的计算负荷

$$P_c = K_{Pt} \cdot K_{pt}(K_n P_s) \tag{5-7}$$

$$Q_c = K_{Qt} \cdot K_{qt}(K_n P_s) \tag{5-8}$$

$$S_c = \sqrt{P_c^2 + Q_c^2} \tag{5-9}$$

式中：K_{Pt}——总有功同时负荷系数，取0.8～1.0（也可查有关表）；

K_{Qt}——总无功同时负荷系数，取0.95～1.0（也可查有关表）。

其他符号意义同前。

表5-3　用电设备的 K_n、$\cos\varphi$ 及 $\tan\varphi$

用电设备组名称	K_n	$\cos\varphi$	$\tan\varphi$
电子计算机外部设备	0.4～0.5	0.5	1.73
试验设备（电热变主）	0.2～0.4	0.8	0.75
试验设备（仪表为主）	0.15～0.2	0.7	1.02
磁粉探伤机	0.2	0.4	2.20
铁屑加工机械	0.4	0.75	0.88
排气台	0.5～0.6	0.9	0.48
老炼台	0.6～0.7	0.7	1.02
陶瓷隧道窑	0.8～0.9	0.95	0.33
拉单晶炉	0.7～0.75	0.9	0.48
赋能腐蚀设备	0.6	0.93	0.4

续表

用电设备组名称		K_n	$\cos\varphi$	$\tan\varphi$
真空浸渍设备		0.7	0.95	0.33
影院动力		0.7～0.8	0.8～0.85	0.75～0.62
剧院动力		0.6～0.7	0.75	0.88
体育馆动力		0.65～0.75	0.75～0.8	0.8～0.75
采暖通风用电设备	风机、空调器	0.70～0.80	0.80	0.75
	恒温空调箱	0.60～0.70	0.95	0.33
	冷冻机	0.85～0.90	0.80	0.75
	集中式电热器	1.00	1	0
	分散式电热器＜100kW	0.85～0.95	1	0
	分散式电热器＞100kW	0.75～0.85	1	0
	分散式电热器＞100kW	0.75～0.85	1	0
	小型电热设备	0.30～0.50	0.95	0.33
给排水用电设备	水泵≤1.5kW	0.75～0.80	0.80	0.75
	水泵≥1.5kW	0.60～0.70	0.87	0.57
运输电器设备	客梯≤1.5t	0.35～0.50	0.50	1.73
	客梯≥2.0t	0.60	0.50	1.02
	货梯	0.25～0.35	0.35	0.88
	起重机	0.10～0.20	0.35	1.73
锅炉房用电设备		0.75～0.85	0.85	0.62
消防用电设备		0.50～0.67	0.80	0.75
厨房卫生设备	食品加工机械	0.50～0.70	0.80	0.75
	电饭锅、电烤箱	0.85	1	0
	电炒锅	0.70	1	0
	电冰箱	0.60～0.70	0.70	1.02
	电热水器(淋浴用)	0.65	1	0
	电除尘器	0.30	0.85	0.62
其他动力用电	修理工具用电	0.15～0.20	0.50	1.73
	手移电动工具	0.20	0.60	1.73
	打包机	0.20	0.50	1.33
	洗衣房	0.65～0.75	0.50	1.73
	天窗开闭机	0.10	0.75	1.73
家用电器	电视、音响、风扇	0.50～0.55	0.75	0.88
	电吹风、电熨斗	0.50～0.55	0.75	0.88
	电钟、电铃、电椅等	0.50～0.55	0.75	0.88
	客房床头控制箱	0.15～0.25	0.60	1.33
	电脑	0.05～0.20	0.80	0.75

表 5-4　一般照明负荷需用系数 K_n

建筑物类别	需用系数 K_n	建筑物类别	需用系数 K_n
一般车间	1	医院病房楼	0.50～0.60
几个大跨度车间组合	0.95	旅馆	0.60～0.80
很多房间组成车间	0.85	电影院	0.70～0.80
公用设施	0.9	剧院	0.70～0.80
办公楼及生活设施	0.8	体育馆	0.65～0.75
住宅楼	0.4～0.6	展览馆	0.70～0.80
单身宿舍	0.6～0.7	库房	0.50～0.70
宿舍区、居民区	0.6～0.8	锅炉房	0.80～0.90
科研楼	0.8～0.9	俱乐部、文化娱乐	0.50～0.60
设计室	0.9～0.95	变配电所	0.50～0.70
教学楼	0.8～0.90	阅览室	0.80～0.95
商场	0.85～0.95	机场	0.65～0.85
餐厅	0.85～0.95	车站码头	0.70～0.85
医院门诊楼	0.80～0.90	博物馆	0.80～0.90
高层建筑	0.40～0.50	星级宾馆	0.45～0.65
多功能厅、会议室	0.50～0.60	碘钨灯、霓虹灯	0.95～1.00
文化场馆	0.65～0.80	道路照明	0.95～1.00

2) 单相负荷计算

单相用电设备应均衡分配到三相上，使各相的计算负荷尽量相近。

(1) 计算原则

① 单相负荷与三相负荷同时存在时，应将单相负荷换算为等效三相负荷，再与三相负荷相加。等效三相负荷可按本段(2)、(3)中的方法计算。

② 在进行单相负荷换算时，一般采用计算功率，对需用系数法为需要功率。

上述所称单相负荷，在各种具体情况下分别代表需要功率、平均功率或设备功率，此外，单相用电设备接于线电压或相电压时的负荷，相应地称为线间负荷和相负荷。

(2) 单相负荷换算为等效三相负荷的一般方法

对于既有线间负荷又有相负荷的情况，计算步骤如下：

① 先将线间负荷换算为相负荷，各相负荷分别为

a 相：

$$P_a = P_{ab}p_{(ab)a} + P_{ca}p_{(ca)a} \tag{5-10}$$

$$Q_a = P_{ab}q_{(ab)a} + P_{bc}q_{(ca)a} \tag{5-11}$$

b 相：

$$P_b = P_{ab}p_{(ab)b} + P_{bc}p_{(bc)b} \tag{5-12}$$

$$Q_b = P_{ab}q_{(ab)b} + P_{bc}q_{(bc)b} \tag{5-13}$$

c 相：

$$P_c = P_{bc}p_{(bc)c} + P_{ca}p_{(ca)c} \tag{5-14}$$

$$Q_c = P_{bc}q_{(bc)c} + P_{ca}q_{(ca)c} \tag{5-15}$$

式中：P_{ab}、P_{bc}、P_{ca}——接于 ab、bc、ca 线间负荷，kW；

P_a、P_b、P_c——换算为a、b、c相有功负荷,kW;

Q_a、Q_b、Q_c——换算为a、b、c相无功负荷,kvar;

$p_{(ab)a}$——接于ab线间负荷换算为a相负荷的有功及无功换算系数,其余类同,见表5-5。

② 各相负荷分别相加,选出最大相负荷,取其3倍作为等效三相负荷。

表5-5 换算系数

换算系数	负荷功率因数								
	0.35	0.4	0.5	0.6	0.65	0.7	0.8	0.9	1.0
$P_{(ab)a}$,$P_{(bc)b}$,$P_{(ca)c}$	1.27	1.17	1.0	0.89	0.84	0.8	0.72	0.64	0.5
$P_{(ab)b}$,$P_{(bc)c}$,$P_{(ca)a}$	−0.27	−0.17	0	0.11	0.16	0.2	0.28	0.36	0.5
$q_{(ab)a}$,$q_{(bc)b}$,$q_{(ca)c}$	1.05	0.86	0.58	0.38	0.3	0.22	0.09	−0.05	−0.29
$q_{(ab)b}$,$q_{(bc)c}$,$q_{(ca)a}$	1.63	1.44	1.16	0.96	0.88	0.8	0.67	0.53	0.29

(3) 单相负荷换算为等效三相负荷的简化方法

① 只有线间负荷时,将各线间负荷相加,选取较大两项数据进行计算。现以$P_{ab} \geqslant P_{bc} \geqslant P_{ca}$为例:

当$P_{bc} > 0.15P_{ab}$时,

$$P_d = 1.5(P_{ab} + P_{bc}) \tag{5-16}$$

当$P_{bc} \leqslant 0.15P_{ab}$时,

$$P_d = \sqrt{3}P_{ab} \tag{5-17}$$

当只有P_{ab}时,

$$P_d = \sqrt{3}P_{ab} \tag{5-18}$$

式中:P_{ab}、P_{bc}、P_{ca}——接于ab、bc、ca线间负荷,kW;

P_d——等效三相负荷,kW。

② 只有相负荷时,等效三相负荷取最大相负荷的3倍。

③ 当多台单相用电设备的设备功率小于计算范围内三相负荷设备功率的15%时,按三相平衡负荷计算,不需要换算。

5.3 民用建筑供配电系统设计

5.3.1 民用建筑供配电系统的运行方式

民用建筑电力系统的中性点接地方式对系统的运行至关重要,涉及的问题比较多,如供电可靠性、设备绝缘水平、继电保护、通信干扰、系统稳定、断路器容量等。但根据国内外电力系统发展经验,一般着重考虑供电可靠性与设备绝缘水平两方面的问题。

电力系统中性点接地运行方式有:不接地、经电阻接地、经电抗接地、经消弧线圈接地、直接接地等几种。目前采用的中性点接地方式主要为:不接地、经消弧线圈接地和直接接地。随着城市配电网中电缆线路的发展各线路保护的日益完善,一般在城市民用建筑中压配电网易逐渐推广采用小电阻接地方式。由于设备绝缘方面的投资在各级电压中所占的比重各不相同,我国通用的中性点接地方式在各级电压中具体应用情况如下:

(1) 220kV、110kV——直接接地方式；

(2) 35kV——不接地方式；

(3) 20kV、10kV——经消弧线圈接地或小电阻接地方式；

(4) 220/380V——直接接地方式、不接地方式。

不同中性点接地方式的综合评价，见表5-6。

表5-6 各种接地方式的综合评价

序号	比较项目＼接地方式	经电阻接地	经消弧线圈接地	不接地
1	接地电流	大	很小	取决于分布电容量
2	接地故障时设备损坏程度	有一定影响	最小	较大
3	供配电的连续性	较好	很好	较好
4	过电压	最低	高、且概率低	最高
5	接地选线保护	较易	难	较易
6	单相接地发展为多相接地的可能性	较小	中等	最大
7	对通信系统的干扰	较大	最小	较大

5.3.2 民用建筑供配电系统的供电电压选择

民用建筑供配电系统的供电电压应根据用电容量、用电设备特性、供电距离、供电线路的回路数、当地公用电网现状及其发展规划等因素进行设计和选择，并要考虑保证电压质量和尽量减少电能损耗，经技术经济比较确定。各级电压的送电容量及送电距离见表5-7。

表5-7 各种级电压的送电容量和送电距离

标称电压/kV	送电容量/kW		送电距离/km	
	架空线路	电缆线路	架空线路	电缆线路
0.22	50以下	100以下	0.15以下	0.20以下
0.38	100以下	175以下	0.25以下	0.35以下
6	2000以下	3000以下	5～10	8以下
10	3000以下	5000以下	8～15	10以下
35	2000～10000		20～50	
110	10000～50000		50～150	
220	100000～500000		200～300	

一般来说，民用建筑用电设备容量在250kW或需用变压器容量在160kV·A以上应以高压方式供电，以下则应以低压方式供电。

在城市中，用电单位的供电电压要根据所在地区的电源条件来确定，用电容量偏大时，可以用增加线路回路数来解决。特别是用电缆线路供电时，增加回路数既可以保护电压质量，又可以降低电流密度，延长电缆工作寿命。增加回路还可以大大提高供电可靠性，这一点国内外均有成熟的运行经验。

当供电电压为35kV及以上时，用电单位的一级配电电压应用10kV或20kV，当6kV用电设备的总容量较大，选用6kV经济合理时，宜采用6kV。低压配电电压应采用220/380V。

近几年来,我国国民经济有了较大发展,城市负荷增长很快,上海、郑州、广州等地城市负荷密度达 9.7～14.8MW/km^2,部分繁华地区负荷最大密度分别达 54MW/km^2 和 31MW/km^2。为了适应城市中心负荷密度不断增长的压力,提高线路的送电能力,降低线路的电能损耗和电压损耗,20kV 配电压已提到日程上来。国家标准《标准电压》(GB 156—1993)已将 20kV 列入标准电压。世界上一些国家和地区使用 20kV 作为配电电压,已经取得较好的效果。我国江苏苏州市的苏州工业园区也已应用,降损效益比较明显。但现有 10kV 配电网络升压改造为 20kV 十分困难,可以考虑在新开发的地区或城市科技工业园区应用推广。

5.3.3 民用建筑供配电系统设计

1. 配电方式设计

根据负荷级别对供电可靠性的要求、变压器的容量及分布、地理环境及电力网络的现状和发展规划,高压配电系统的配电方式设计宜采用放射式,也可以采用树干式、环式或其他组合方式。

(1) 放射式。供电可靠性高,故障发生后影响范围较小,切换操作方便,保护简单,便于自动化,但配电线路和高压开关柜数量多而造价较高。

(2) 树干式。配电线路和高压开关柜数量少而且投资少,但故障影响范围较大,供电可靠性较差。

(3) 环式。有闭路环式和开路环式两种。为简化保护,一般采用开路环式,其供电可靠性较高,运行比较灵活,但切换操作较麻烦。我国内地部分城市采用了开路环式,香港中华电力公司在城市繁华地段采用了闭路环式。随着城市的发展,闭路环式将占据主导地位。

(4) 格式。在环网中增加纵横线路,构成网格,节点处的用电设备可得到两路以上的备用电源,供电可靠性提高,但管线与开关设备多,投资大,而且保护整定困难。纽约、东京、巴黎等大城市即采用了此种方式。

(5) 其他。随着负荷密度的增加,城市高压配电变电所的容量也随之加大,而变电所的中压馈线数量由于路径受到限制,影响了变电所的输出容量。为解决这个问题,在城市负荷密集地区推行"卫星式"网络,即在城市变电所中压配电馈线设置开闭所。开闭所根据负荷密集程度设置。开闭所转送容量可为 8000～10 000kV·A,均采用单母线分段接线方式,电源分别来自变电所的两台主变压器。开闭所每段母线可以有馈线 10～20 路,从而可以满足部分一、二级负荷的供电。这实际上是"放射式"的一种扩展,可以有效地节约线路投资,在各地大中型城市应用较为普遍。

2. 常用配电系统设计

民用建筑供配电系统,因建筑的规模不同,可分四种类型进行设计:

(1) 对于用电负荷在 100kW 以下的民用建筑供电系统

一般不必单独设置变压器,只需要设置一个低压配电室,采用 380/220V 低压供电即可。

(2) 对于用电负荷在 100kW 以上的小型民用建筑供电系统

一般只需要设立一个简单的降压变电所,把电源进线的 6～10kV 电压,经过降压变压器变为 380/220V 低压,其供电系统如图 5-3 所示。

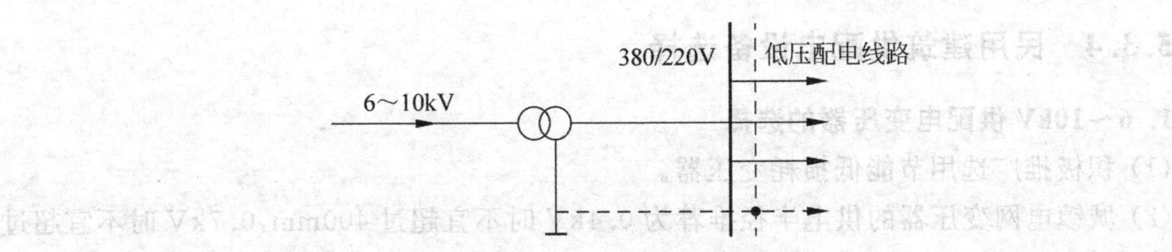

图 5-3　小型民用建筑供电系统

(3) 中型民用建筑供电系统

电源进线电压一般为 6～10kV，经过高压配电所（高压开关闭合所，也称开闭所）用几路高压配电线通过高压开关，将电能分别送到各建筑物的变电所或箱式变电站，使高压变为 380/220V 低压，供给用电设备，其供电系统如图 5-4 所示。

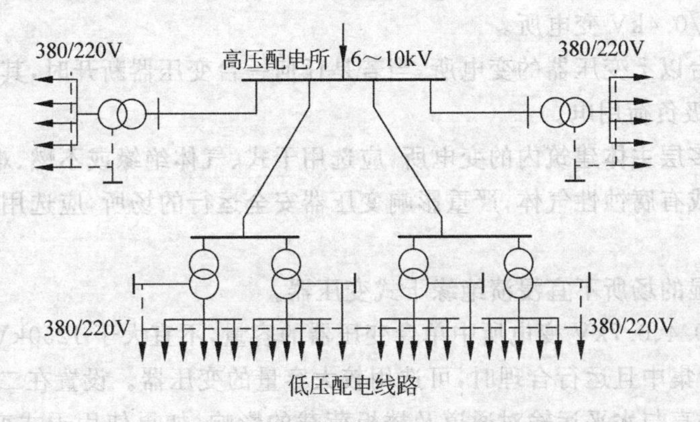

图 5-4　中型民用建筑供电系统

(4) 大型民用建筑供电系统

电源进线电压一般为 35kV，需要经过二次降压。第一次在总降变电所先降为 6～10kV，再经过几路高压配电线，将电能分别送到各建筑物的变电所或箱式变电站，使高压变为 380/220V 低压，供给用电设备，其供电系统如图 5-5 所示。

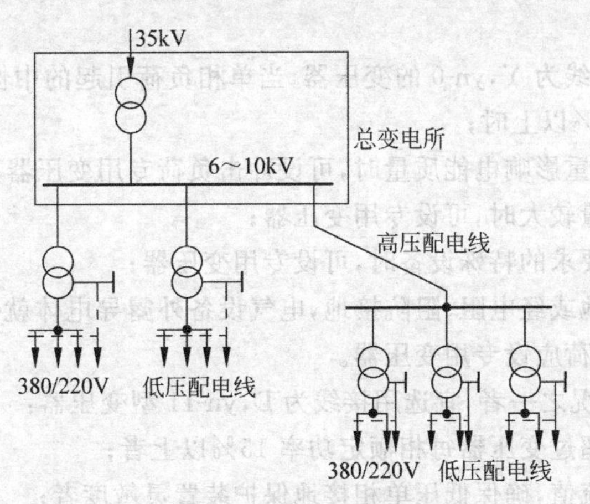

图 5-5　大型民用建筑供电系统

5.3.4 民用建筑供配电设备选择

1. 6～10kV 供配电变压器的选择

(1) 积极推广选用节能低损耗变压器。

(2) 城镇电网变压器的供电半径推荐为0.4kV时不宜超过400mm,0.7kV时不宜超过600m。负荷率不宜超过70%,但不得低于60%。

(3) 变压器的台数应根据负荷特点和经济运行进行选择。应符合下列条件之一时宜设两台及以上的变压器:

有大量一级或二级负荷;

季节性负荷变化较大;

集中负荷较大;

城乡电网10/0.4kV变电所。

(4) 装有两台以上变压器的变电所,当若是任何一台变压器断开时,其余变压器的容量应满足一级或二级负荷用电。

(5) 高层或多层主体建筑内的变电所,应选用干式、气体绝缘或不燃、难燃型变压器。

(6) 在多尘或有腐蚀性气体,严重影响变压器安全运行的场所,应选用防尘型或防腐型变压器。

(7) 特别潮湿的场所不宜浸渍绝缘干式变压器。

(8) 低压为0.4、0.7kV变电所中单台变压器的容量,不宜大于1250kV·A。当用电设备容量较大、负荷集中且运行合理时,可选用较大容量的变压器。设置在二层及以上的三相变压器,应考虑垂直与水平运输对通道及楼板荷载的影响,如果使用干式变压器时,其容量不宜大于630kV·A。

(9) 城市住宅小区10/0.4kV变电所单台变压器最大容量不宜大于800kV·A,乡镇居住小区变电所内单台变压器容量,不宜大于630kV·A。

(10) 在一般情况下,动力和照明宜共用变压器,当属下列情况之一时可设专用变压器:

当照明负荷较大或动力和照明共用变压器严重影响照明质量或灯泡寿命时,可设照明专用变压器;

单相负荷较大,接线为Y,yn-0的变压器,当单相负荷引起的中性线电流超过变压器低压绕组额定电流的25%以上时;

冲击负荷较大,严重影响电能质量时,可设冲击负荷专用变压器;

当季节性负荷容量较大时,可设专用变压器;

特殊功能需要有要求的特殊设备时,可设专用变压器;

在电源系统不接地或经电阻、阻抗接地,电气设备外露导电体就地接地系统(TT系统)的低压电网中,照明负荷应设专用变压器。

(11) 具有下列情况之一者,宜选用接线为D,yn-11型变压器:

三相不平衡负荷超过变压器每相额定功率15%以上者;

需要提高单相电流值,确保低压单相接地保护装置灵敏度者;

需要限制三次谐波含量者。

(12) 大型民用建筑应根据用电负荷容量及分布,使变压器深入负荷中心,以降低电能损耗和有色金属消耗。有下列情况之一时宜分散设置变压器：

单体建筑面积大或场地大，负荷分散；

超高层建筑；

大型建筑群。

(13) 6～10kV 变电所变压器，不宜采用有载调压变压器。但在当地电源电压偏差不能满足要求且用电单位有对电压要求严格的设备，单独调压装置技术经济不合理时，也可采用有载调压变压器。

2. 6～10kV 高压配电开关柜选择

(1) 选择原则

① 应按高压配电装置选择原则的相关原则进行选择。

② 最高工作电压应大于线路的额定工作电压。

③ 额定工作电流应大于线路计算工作电流。

④ 动稳定电流应大于电源进线末端的三相短路电流峰值。

⑤ 热稳定电流应大于电流进线末端三相短路电流有效值。

⑥ 型式选择一般应与初步设计或扩大初步设计的造型相同。需要改型时，应进行方案比较，确认改型技术先进，经济合理时，允许改型。

(2) 结构型式选择

结构型式选择应综合考虑用户要求、投资环境、技术先进、经济合理、安全可靠等因素。目前国产 6～10kV 高压开关柜结构型式有固定式、移开式(手车式)、环网固定式、环网移开式(手车式)等四种。其中固定式和移开式(手车式)高压开关柜中采用的断路器有油断路器、真空断路器和 SF_6 断路器三种，选用时应优先选用具有真空断路器的高压开关柜。环网固定式和环网移开式(手车式)高压开关柜中采用的主要高压电器为普通负荷开关和真空负荷开关、选型时宜优先选用具有真空负荷开关的环网柜。

3. 低压配电设备的选择

(1) 选择原则

低压配电设计所选用的电器应符合国家现行的有关标准，并应符合下列要求：

① 额定电压应与所在回路的标称电压相适应；

② 额定电流不应小于所在回路的计算电流；

③ 额定功率与所在回路频率相适应；

④ 应适应所在场所的环境条件；

⑤ 应满足短路条件下的动稳定与热稳定的要求，用于断开短路电流的，应满足短路条件的通断能力。

对低压电器按短路工作条件选择，应遵循的原则如下：

① 可能通过短路电流的电器，如刀开关、熔断器式刀开关等，应尽量满足在短路条件下短时和峰值耐受电流的要求。此要求主要是指满足动、热稳定电流的条件：

动稳定电流——发生短路事故时，若刀开关等能通过某一最大短路电流，且不受此时产生的巨大电动力的作用而发生形变、损坏或刀片自动弹出等现象，则此短路电流(峰值)就称为它们的动稳定电流；

热稳定电流——发生短路事故时，若刀开关等能在一定时间(通常为 1s)内通过某一最大短路电流,并不因温度之急剧升高发生熔焊现象,则此短路电流称为开关的热稳定电流。

② 断开短路电流的保护电器,如熔断器、低压断路器等,应尽量满足在短路条件下分断能力的要求:

要满足第①条所列动、热稳定性的要求;

要满足分断能力的要求。

对于熔断器

$$I_{\mathrm{fvr}} \geqslant I_{\mathrm{d}} \tag{5-19}$$

式中:I_{fvr}——以交流电流周期分量有效值表示的熔断器极限分断能力;

I_{d}——三相短路电流周期分量有效值。

对于低压断路器:

分断时间大于 0.02s 的断路器

$$I_{\mathrm{fvz}} \geqslant I_{\mathrm{d}} \tag{5-20}$$

式中:I_{fvz}——交流电流周期分量有效值表示的低压断路器的极限分断能力。

分断时间小于 0.02s 的低压断路器

$$I_{\mathrm{fvz}} \geqslant I_{\mathrm{ch}} \tag{5-21}$$

式中:I_{ch}——短路开始第一周期内的全电流有效值。

当维护、测试和检修设备需断开电源时,应装隔离电器。隔离电器应使所在回路与带电部分隔离,当隔离电器误操作会造成严重事故时,应有防止误操作的措施。隔离电器宜采用同时断开电源所有极的开关或彼此靠近的单极开关。

隔断电器可采用电器:

① 单极或多极隔离开关,隔离插头;

② 插头与插座;

③ 联接片;

④ 不需要拆除导线的特殊端子;

⑤ 熔断器。

半导体电器严禁作隔离电器。

通断电流的操作电源可采用下列电器:

① 负荷开关及断路器;

② 继电器、接触器;

③ 半导体电器;

④ 10A 及以下的插头与插座。

(2) 熔断器的选择

① 熔断器的保护特性要同保护对象的过载能力相匹配,使保护对象在全范围内得到可靠的保护。

② 为防止发生越级熔断、扩大停电事故范围,各级熔断器间应有良好的协调配合,使下一级熔断器比上一级的先熔断,而且在它熔断后上一级的熔断器能够自动复原。

5.4　高层民用建筑供配电系统与设计

高层建筑是城市现代化的标志之一，它在一定程度上反应了一个国家和地区的经济、技术及管理水平。近几年来，我国经济发展迅速，由于节约城市建设用地的需要，高层民用建筑也在迅速地发展，各大中城市兴建的高层民用建筑日益增多。要保证高大建筑物供用电运行安全可靠，使用合理，必须对高层电气设计提出更高的要求。

什么是高层建筑？多少层才算是高层建筑？这个概念在不同的地区、不同国家、不同时期有不同的含义，人们对它往往有不同的理解。在我国，按照《高层民用建筑设计防火规范》的规定，建筑总高度超过 24m 的非单层民用建筑和 10 层及 10 层以上的住宅建筑(包括底层设备、商业服务网点的住宅楼)称为高层建筑，9 层及以下称为多层建筑。

高层民用建筑相对于普通建筑增加了很多重要的电力负荷。一般来说，有消防用电设备、应急照明、生活水泵电力、公共场所照明、客梯等，其负荷级别也不相同。在我国，按照《小康住宅设计导则》的规定：19 层及以上的高层住宅，消防用电设备、应急照明、消防电梯等属于一级负荷，生活水泵电力、公共场所照明等属于二级负荷；10～18 层高层住宅，消防用电设备、客梯以及生活水泵电力、公共场所照明等属于二级负荷。其他高层建筑的负荷分级请见 5.2 节。

高层民用建筑的用途不同，其用电量也有不同，但总的来说，耗电量很大，而且用电时间也比较集中。目前，我国内地高层住宅为 10～35W/m²，香港地区为 10～60W/m²。内地一些主要旅游饭店或宾馆为 60～120W/m²，其中有空调的为 70～120W/m²，无空调的为 30～60W/m²。国外旅馆宾馆，一般为 60～70W/m²，高级宾馆为 120～140W/m²。国外办公大楼的负荷水平大致为 100W/m²。

5.4.1　高层民用建筑供配电系统设计的基本原则

1. 保证供电可靠性

高层民用建筑一般位于建筑稠密地段，内部人员密集，用电设备多、负荷大，对供电可靠性要求很高。应根据建筑物内用电负荷的性质和大小，外部电源情况以及电源与负荷之间的距离，确定电源的回数路，保证供电可靠性。同时应对负荷进行分析，合理地划分级别，以便合理地设计供配电系统，以不致造成浪费使基建投资增加。

对于高层民用建筑中的一级负荷应由两个电源供电，可根据允许停电时间长短和负荷容量选择电源。如一级负荷容量不大时，应优先采用从电力系统或临近单位取得第二电源，也可采用柴油发电机组或蓄电池组作为备用电源；当一级负荷容量较大时，应采用两路高压电源。

消防用电设备的两个电源或两回线路，应在最末一级配电箱自动切换。

自备发电设备，应设有自动起动装置。

消防用电设备应采用单独的供电回路，其配电设备应设有明显标志。

备用柴油发电机组的容量一般占变压器容量的 10%～20%(实际应用中取 16%)，备用发电机应有自起动和自动投入装置。

根据负荷大小，同供电单位协商确定两回路电源是同时供电，还是一用一备的供电方式,并由此确定高压供电系统是单母线运行还是单母线分段运行。两回路同时供电,单母线分段运行方式供电可靠性高,操作方便,比较适用于负荷大,高压出线回路少的高层民用建筑。

2. 减少电能损耗

高层民用建筑配电电压一般采用10kV,只有证明6kV确有显著优越性时,才采用6kV电压,有条件时也可采用35kV或20kV配电电压。高电压深入负荷中心,减少6～10kV配电线路中的电能损耗,这对节约用电及降低经营成本,对加强维护管理等方面都有实际意义。根据负荷的分布和大小,合理确定变压器的位置,对节能降损也有较大的作用。

3. 接线简单灵活

供电系统的接线方式力求简单灵活,便于维护管理和自动化运行,能适应负荷的变化,并留有必要的发展余地。同时要充分考虑节约投资,降低运行费用。

目前在实际应用中有电力、照明用同一变压器混合供电的,也有采用电力与照明分别由各自的变压器供电的,两种方式各有优缺点,应就每个工程的不同特点,进行综合技术经济比较后确定。混合供电方式的优点是当负荷变低时可以减少变压器的运行台数,节约电能损耗;当一台变压器发生故障时,其所带负荷可由另一台变压器供电,保证对重要负荷不间断供电。

5.4.2 常用的几种高压供电方案

高层民用建筑的变、配电所一般由用电单位自行管理,电力部门检修。供电方案应简单可靠,便于上一级变电所或电力部门远程调度管理;配置可靠的继电保护和自动装置,便于投入备用电源,缩短停电时间,减少或避免事故扩大。目前,大部分的此类变、配电所均采用无人值班方式运行。

高层民用建筑配电所电源一般采用电缆进线,高压侧接线不采用双母线或旁路,常用的几种高压供电方案如图5-6所示。

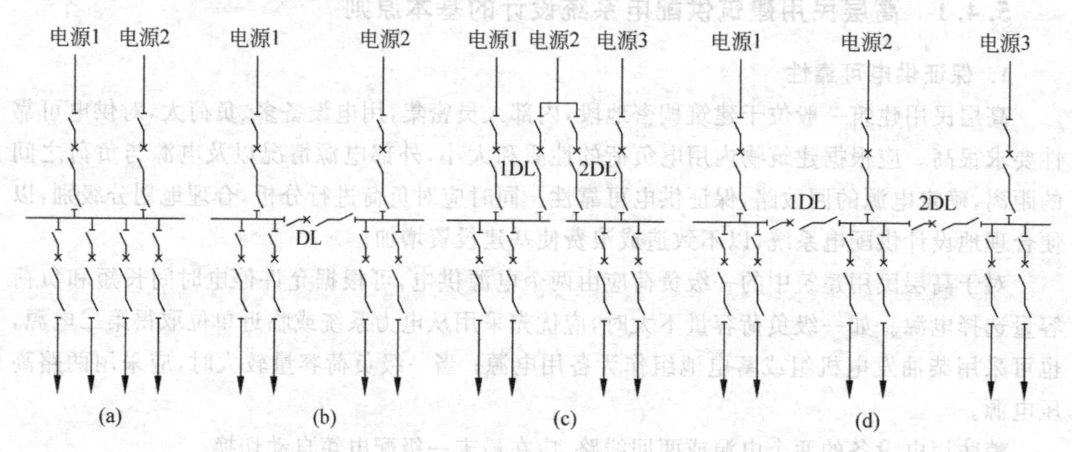

图5-6 高层民用建筑常用高压供电系统方案示意图

图5-6中,方案(a)为两路高压电源,正常时一用一备,即当正常工作电源事故或检修停电时,另一路备用电源自动投入。工程中两路电源均采用互为备用,这样给电力部门运行调度带来一定的灵活性,这种供电方案在我国目前电力供应状况下是比较恰当的。它要求每一回路能够带全部100%的负荷,可以减少中间母线联络柜和电压互感器柜,对节省基建投

资和减少高压配电室建筑面积比较有利。正常时备用线路在上一级变电所侧为合闸状态，线路处于热备用状态，一旦发生故障，备用自投动作投入另一电源，上一级变电所能够及时发现，停电时间为继电保护动作时间。

方案(b)为两路电源同时工作，DL断路器处于分闸位置，当其中一路电源故障时，备用自投动作，合上DL，由另一路电源对故障回路供电。它要求每一路电源的富余容量能够带另一侧的负荷，否则就应采取限负荷的措施。相对方案(a)，增加了母线联络柜和电压互感器柜，增加了高压配电装置室的建筑面积。

方案(c)为三路电源，正常时两用一备，断路器1DL、2DL处于分闸位置，电源2线路处于热备用状态，电源1、电源3供电。当任一工作电源故障时，备自投动作合上相应的断路器，保证供电。电源2的线路容量应取电源1和电源2中较大者。该方案的电力系统调度更加灵活。

方案(d)为三路电源同时供电，断路器1DL、2DL分闸运行，三路电源各带一部分负荷。电源1与电源2和电源2与电源3，通过母线联络开关互为备用。各路电源均要求有较大的富余容量，相应增加了母线联络柜和电压互感器柜，增加配电装置建筑面积。

对于规模较小的高层建筑，由于用电量不大，就地获得两路独立的高压电源较困难，附近又有可靠的400V低压电源，可以采用一路高压电源作为主供电源，低压电源作为备用电源。这种接线方式比较适用于高层住宅。

当高层民用建筑对供电可靠性的要求很高，就地只能得到一路高压电源，或取得第二电源需要较大投资时，经技术经济比较，可以采用一路高压专用线为主供电源，柴油发电机组作为第二电源，用不间断供电装置(UPS)作为第三电源，保证计算、防火通信系统、事故照明、电话等特别重要的一级负荷供电可靠性的要求。当然，对特别重要的一级负荷，即使有两路高压电源，经比较，也可以采用柴油发电机组和不间断供电装置作为备用电源。

5.4.3　高层民用建筑变、配电所位置选择和负荷计算

1. 变、配电所位置选择

高层民用建筑因为楼层多，负荷分散，为保证配电干线最大电压降不超过允许值，减少电能损耗，变、配电所位置选择十分重要。高层建筑一般设室内变电所或户内组合式变电所，其所址位置除应符合5.3节的要求外，考虑到大型设备的运输、高低压电缆的进出以及防火、防水、通风等方面，还应注意：

(1) 高层民用建筑变、配电所，宜设置在地下层或首层；当建筑物高度超过100m时，也可在避难层或上技术层设置变电所。

(2) 高层民用建筑地下层变、配电所的位置，宜设置在通风、散热条件好的场所。

(3) 变、配电所位于高层民用建筑(或其他地下建筑)的地下室时，不宜设在最底层。当地下仅有一层，应采取适当抬高地面等防水措施，并应避免洪水或积水从其他渠道淹渍变、配电所的可能性。

(4) 高层民用建筑主体建筑内不宜设置装有可燃性油的电气设备的变、配电所，一般采用干式变压器。当受条件限制必须设置时，应设在底层靠外墙部位，且不应设在人员密集场所的正下方、正上方，贴邻和疏散出口的两旁，并应按现行高层民用建筑设计防火规范等国家标准的规定，采取相应的防火措施。

目前国内外有大量的高层民用建筑，其变、配电所位置也多种多样，典型的做法有以下几种：

当楼层为20～30层时，变压器多设在地下室或辅助建筑物内；当楼层超过60层时，普遍采用地下室和最高层设置变压器，或者分别在地下室、中间层和最高层设置变压器。如美国纽约市帝国大厦建筑物主体部分84层，塔层部分102层，变压器设在地下2层，41层和84层等3个位置；芝加哥的商业中心大厦主体部分18层，塔层部分24层，这种楼层较少的建筑物，其变压器都设在中间层；日本京王广场饭店建筑物地下3层，地上47层，其3台变压器全部设在地下室。

以前我国高层或多层建筑的变压器多设在地下室或辅助建筑内，其中一个重要原因是过去10kV干式变压器尚未系统化生产，采用国外设备，代价太高，若将油浸变压器布置于高层建筑内，难于解决防火、运输等问题。现在我国生产的环氧树脂浇注式干式变压器具有体积小、难燃、防尘、耐潮以及过载能力强的特点，很适合高层建筑内使用。高层建筑的高低电缆沿强电竖井敷设，电缆竖井的面积、出口大小和位置对所址位置选择也有影响。

在具体工程中应根据建筑物的性质和用途以及负荷分布的特点，经技术经济比较后确定。各种可能的所址位置如图5-7所示。

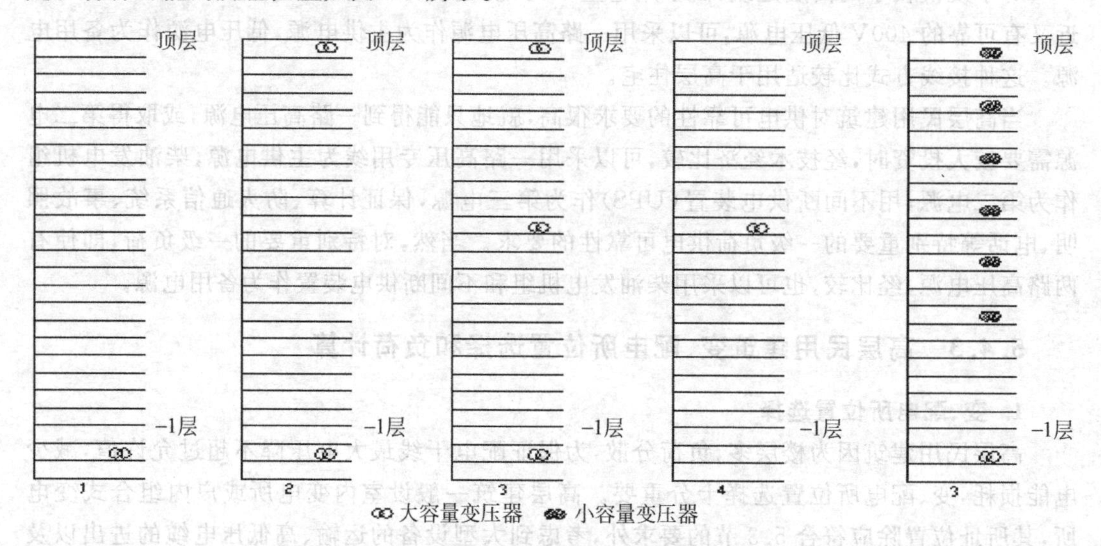

图5-7 高层民用建筑变压器设置方案示意图

高层民用建筑的电力负荷一般可分为空调、动力、电热、照明等类，对于全空调的商业性楼宇，空调负荷属于大宗用电。由于地理环境不同，空调要求也不同，它对高层建筑的计算负荷有举足轻重的影响。

动力负荷主要指电梯、水泵、排烟风机、正压风机、洗衣机等设备。一般高层民用建筑的动力负荷都比较小，随着建筑高度的增加，在超高层民用建筑中，由于电梯负荷和水泵容量的增大，动力负荷的比重将明显的增加。

在采用电热水器的高层住宅中，电热负荷占40%～60%。对于商业性楼宇，为了节省电力消耗，有的采用燃油、燃气锅炉，或者设置中央热水供应系统和太阳能热水系统。

随着我国国民经济的发展和人民生活水平的提高，民用高层建筑内部装饰水平日益提高，照明用电大量增加，特别是商业楼宇和营业性餐厅，有的照明负荷超过了空调设备。

一般情况下，商业性高层建筑的用电负荷的分布如下：

空调设备：40～50%；

电气照明：30～35%(包括少量电热负荷)；

动力照明：20～25%。

由此可见，商业高层民用建筑的空调负荷约占总用电量的近一半，这些空调设备一般都设置在建筑物的地下室、顶层或下部。此外，洗衣机、水泵等动力设备也大都设在下部。因此，为靠近负荷，方便进出，比较适宜将变压器设在建筑物的底部。

在 40 层及以上的高层民用建筑中，电梯设备较多，此类负荷大部分集中在建筑物的顶部，竖向中段层数较多，一般设有分区电梯和中间泵站。在这种情况下，宜将变压器上、下配置，或上、中、下分别设置。供电变压器的供电范围大约为 15～20 层。

2. 负荷计算

高层民用建筑的负荷计算是为了确定建筑物的用电计算负荷，以便正确合理地选择电气设备和线路器材，并为进行无功补偿提供依据。例如，只有确定用户的计算负荷才能确定用户电度表的量程、进线开关容量及进户线截面大小，才能合理地选择电力变压器的容量，才能确定达到当地供电部门规定功率因数所需要的补偿电容器容量；只有确定每区域每层的计算负荷，才能确定该区域楼层配电屏(箱)总进线开关及导线的规格等。

由于各种商业和服务大楼的功能繁多，民用住宅也受居住对象、地理气候、居民生活习惯和收入等因素的影响，造成用电负荷不确定因素较多，负荷计算很难具有非常高的准确性。因此，必须加强调查研究，认真分析负荷特性，采用适当的负荷计算方法。工程中常用需用系数法、负荷密度法和单位指标法，具体的负荷计算方法请参见 5.2 节。

进行负荷计算时，对高层民用建筑的用电设备容量应考虑以下原则：

(1) 反复短时工作制用电设备应折算到负载持续率为 25%以下的有功功率；

(2) 备用生活水泵、备用电热水器、备用空调制冷设备及其他备用设备不列入设备容量之内；

(3) 消防水泵、专用消防电梯以及在消防状态下才使用的送风机、排烟机等及在非正常状态下投入使用的用电设备都不应列入总设备容量之内；

(4) 当夏季有吸收式制冷的空调系统，而冬季则利用锅炉采暖时，在后者容量小于前者的情况下，锅炉的设备容量也不应列入总设备容量之内。

负荷计算，还要考虑 15～20 年负荷增加的部分。日本电设工业协会技术委员会对集中住宅的负荷增长率按每年 2%递增。我国虽没有这方面的规定，由于人民生活水平提高，家用电器日益增多，而且高层民用建筑变、配电所以及电缆线路扩建或更换不易，计算时应考虑负荷增长发展。

建筑物的计算负荷确定后，建筑物供电变压器总装机容量 S(kV·A)可按下式确定：

$$S=\frac{P_c}{\beta\cos\varphi} \tag{5-22}$$

式中：P_c——建筑物的计算负荷，kW；

$\cos\varphi$——补偿后的平均功率因数；

β——变压器的负荷率。

$\cos\varphi$ 取决于当地供电部门对用电单位的要求，一般要求无功就地平衡，用户高压侧的平均功率因数不小0.9。因此,变压器容量的最终确定就在于选定变压器的负荷率,然后再按选用的变压器的标称系统来规整即可得到。

变压器的负荷率影响变压器的经济运行,变压器的损耗与负荷率有很大关系,不同型号的变压器的最佳负荷率β是不同的,而且与损失比α有关。干式变压器运行效率最高点一般在负荷率60%左右。但在实际运行中,建筑物负荷曲线是依时间而变化的。因此,从节能及提高经济效益的角度来看,应力求在一段时间内变压器的平均效率接近最佳效率才有实际意义。民用建筑的用电一般在深夜至第二天清晨这段时间是处于轻微的,在一天运行过程负载也时有变化。按上式确定变压器装机容量时,β值不能按变压的最佳负荷率来选取,而是应略高于变压器的最佳负荷率。

综合考虑各方面的因素,单台变压器运行时,建议β的取值范围以70%～80%为宜。损失比大的变压器取低值,损失比小的变压器取高值。当采用两台变压器时,变压器的总装机容量的选择不但与考虑节能时的负荷率有关,还应当考虑供电负荷级别所需的变压器的备用容量。这两方面虽然出于两种不同的目的和概念,但对于选择变压器的容量是密切相关的。

5.4.4 高层民用建筑低压配电系统设计

低压配电网络是高层民用建筑供配电设计的重要组成部分,低压配电网络的设计,包括配电方式、配电系统的确定,导线、电缆型号、规格的选择和线路敷设方式等内容。在设计过程中,还要涉及配电系统的保护问题。

在确定低压配电系统时,必须保证系统的可靠性和电能质量的要求。要考虑到当一台变压器或配电干线发生故障时,均不影响建筑物内重要设备的用电,把故障造成的影响缩减至最小。因此,变压器的负荷率不能太高,应有一定的裕量。高层建筑的配电,一般都分成工作和事故两个独立系统,两个系统的配电干线之间设有联络开关,互为备用。低压配电系统的各级保护用开关,宜采用自动农作空气开关。保护装置的整定,要注意级间的选择性配合。对于高层民用住宅,在终端配电箱装设漏电保护开关,保证安全用电。

国内外由于电费制度的不同,内部配电方式也不相同。国外较普遍的做法是采用最高需量表的综合计费方式,电力和照明采用单一电价,内部配电线路只要一套,采用电力和照明混合配电方式。我国目前推行的是电力和照明分别计费的两部电价制,配电系统的设计,必须将电和照明分开。对于照明容量较大而又集中的高层民用建筑,在条件许可的情况下,可装设照明专用变压器。

1. 低压配电系统设计

低压配电系统设计可分为放射式、树干式、混合式几种设计方式。

放射式配电系统供电可靠性较高,配电设备集中,检修方便,但系统灵活性较差,有色金属消耗量较多,一般适用于容量大、负荷集中或重要的用电设备。树干式配电系统所需的配电设备及有色金属消耗量较少,系统灵活性好,但故障时影响范围大,一般适用于用电设备比较均匀、容量不大,又无特殊要求的场所。链式配电系统与干线式相似,链接的设备一般不超过3～4台,一般适用于距离变、配电所较远,而彼此相距又较近的不重要的小容量用电设备。工程中可根据实际情况,灵活选用。

2. 配电干线设计

国内外高层民用建筑低压网络的配电方式基本上都采用放射式系统，楼层配电则采用混合式系统，而且普遍采用插接式绝缘母线槽沿竖井敷设。水平干线因为走线困难，多采用全塑电缆与竖井的母线联接。由于低压负荷电流可达数千安培，对于大容量的配电干线有以下要求：

① 能承受很大的短路负荷并具有抗震性；

② 通过很大的负荷电流时，电压降较小；

③ 绝缘可靠；

④ 便于联接和敷设；

⑤ 价格低廉；

⑥ 拆换容易，搬运方便。

国内常用配电干线材料有铝排、铜排、铜芯电缆和装配式母线等，工程中根据负荷大小选择。

现代高层建筑的配电系统分成工作和事故两个独立系统，当电力与照明分开时，则有电力工作、电力事故、照明工作、照明事故等四个配电系统。

3. 配电系统方式选择

大型的高层民用建筑物，多采用放射式和干线式相结合的混合式配电系统。

地下设备层和裙层，大容量的用电设备较多，应采用电缆放射式对单台设备或设备组供电，电缆可沿电缆沟、电缆支架或电缆托盘敷设。如果电缆数量较多，线路较短，则可采用穿钢管暗敷，这样可以不影响地面的使用。

高层民用建筑上部各层配电有几种方式，工作电源采用分区树干式。所谓“分区”，就是将整个楼层依次分成若干个供电区，分区层数为2～6层，每区可以是一个配电回路，也可分成照明、电力等几个回路。电源线路引至某层后，通过“Π”型分线箱，再分配至各层总配电箱。各层总配电箱直接用链式接线方式联接。

工作电源也可采用由底层至顶层垂直的大树干式向所有各层供电，干线采用铜母线。各层的总配电箱通过接触器箱式自动空气开关接到母线上，以便在配电室或消防控制中心进行遥控，在发生事故时切断事故层的电源。为了供电可靠，通常设置一回备用母干线，各层总配电箱设双投开关与两路母干线相联，母干线安装在竖井内。

各层事故照明也可用分区树干式或垂直大树干式供电。事故照明配电方式不受工作电源配电方式的影响，事故照明电源直接引自变电所低压配电屏事故照明回路。

如果楼层不多(仅为十多层)，负荷也不大，则可采用导线穿钢管在竖井内敷设，钢管也可在墙体内暗敷。

顶层电梯回路不能同楼层用电回路共用，应由变电所低压配电屏单独回路供电。消防电梯、排烟、送风设备属于重要的消防用电设备，应由两个回路(其中一回备用回路)供电，并在最后一级配电箱实现自动切换。

楼层的配电方式有两种：

(1) 照明与插座分开配电。这种配电方式是将楼层各房间照明和插座分别分成若干个支路，再接到配电箱内。其优点是照明与插座互不干扰，如果房间照明发生故障，房间内还可以临时利用插座回路照明。宾馆、办公楼、科研楼等采用这种配电方式。

(2) 高层住宅、宾馆客房的另一种配电方式是每套住宅或房间内设置一小配电箱。以每户或每个房间为单位,作为一个配电支路,各层配电箱以树干式向各个房间配电。这种配电方式的优点是故障时互不影响,且容易计费。

图 5-8 所示为高层建筑低压配电系统的典型方案。

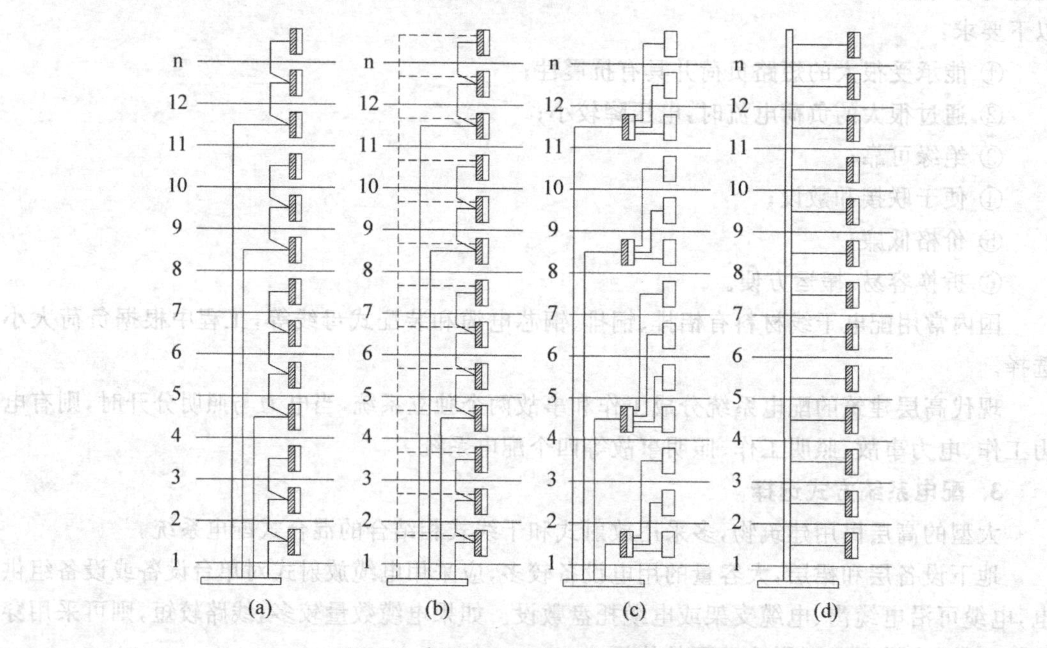

图 5-8 典型的高层建筑低压配电系统

图 5-8 中,方案(a)为混合式配电系统,又称分区树干式配电系统,每回路干对一个供电分区供电,分区楼层间采用链式配电方式,可靠性一般。

方案(b)与方案(a)基本相同,只是增加一回公用的备用回路,备用回路也采用树干式配电方式,提高了配电可靠性。

方案(c)与方案(a)、(b)比较,增加了一个中间配电箱,各层配电箱相互独立,分层配电箱前端设有总的保护装置,从而提高配电可靠性。

方案(d)适用于楼层数量多、负荷大的大型建筑,如宾馆、饭店等,采用大树干式配电方式,可以大大减少低压配电屏的数量,安装维修方便,容易寻找故障。分层配电箱置于竖井内,通过专用插件与母线"T"形联接。

采用分区树干式配电方式时,一般采用电缆配线。配电分区的楼层数量,应根据用电负荷性质、负荷密度、防火要求和维护管理等条件确定。当负荷密度为 $50W/m^2$ 左右时,一般为 5～6 层,对于一般高层住宅,可适当增加分区层数,但最多不超过 10 层。

为了安全可靠,大型宾馆各层配电和各种用电设备的分支线路,宜采用钢管配线,并采用铜芯绝缘线。为了消防安全和节约能源,各客房的电源可采取集中控制,实行统一管理。

另外,在设计低压配电系统时要注意:

① 应保证对重要负荷的供电可靠性,一级负荷和重要的二级负荷应有备用电源;

② 一般应将动力和照明分别配电,配电系统要接线简单,操作方便,便于检修;

③ 由建筑物外引来的配电线路,应在室内靠近进线处便于操作维护的地方装设进线开关;

④ 由变、配电所低压配电屏引出的馈电线的每一回路的负荷应在150～260kW之间，如负荷过小则要增加馈电回路和配电屏数量，造成浪费，负荷过大，则会使导线截面增大，不便于施工安装；

⑤ 采用链式配电方式时，配电箱不宜多于4台，如为电动机，一般为3～5台，其中最大一台电动机的容量不宜大于10kW；

⑥ 单相用电设备应适当配置，力求三相平衡。对于三相负荷不平衡的场所，由单相负荷不平衡所引起的中性线电流不得超过变压器低压侧额定电流的25%，且任何一相的负荷电流都不得超过额定电流值。

5.5 自备电源和应急照明系统与设计

5.5.1 自备电源系统与设计

对于一级负荷，通常采用多路电源供电，以提高供电可靠性。但对其中特别重要负荷，如重要枢组、高层民用建筑等，即使市电供电相当可靠，有的达到4路或以上，但为确保消防设施及其他重要负荷用电，仍需设置自备电源。

根据负荷使用性质和容量，自备应急电源可采用柴油发电机组、燃汽轮发电机组和不间断电源。通常对仅有事故照明的负荷采用带有直流电池的灯具，而对设有消防电梯、消防泵的负荷则采用发电机组，其中用的较多的是柴油发电机组。即使采用了自起动的柴油发电机组，但对事故报警装置等特别关键的负荷仍需设置直流备用电源，以保证其不间断的工作。

1. 柴油发电机组

本节主要适用于发电机额定电压230/400V，装机容量800kW及以下，新建、改建和扩建的电气工程中，柴油发电机组自备应急电源设计。

1) 设计原则

(1) 符合下列情况之一时，宜设自备应急柴油发电机组

① 为保证一级负荷中特别重要的负荷用电；

② 有一级负荷，但从市电取得第二电源有困难或不经济合理时；

③ 城乡大、中型商业性大厦，当市电中断供电将会造成经济效益有较大损失时。

(2) 机组宜靠近一级负荷或配变电所设置。柴油发电机房可布置于坡屋、裙房的首层或附属建筑内，应避开主要出口通道，如确有困难也可布置在地下层。

当布置在地下层时，应处理好通风、防潮、机组的排烟、消声和减振等。

(3) 机房一般设有发电机间、控制及配电室、燃油准备及处理间、备品备件储藏间等。设计时根据具体情况对上述房间进行取舍、合并或增添。

(4) 当机组需遥控时，应设有机房与控制室联系的信号装置及测量仪表。

(5) 对不需要机组供电的低压配电回路，在系统电源发生故障停电后，应自动切除。

(6) 发电机间、控制室及配电室不应设在厕所、浴室或其他经常积水场所的正下方和贴邻。

(7) 属于一类防火建筑的柴油发电机房，应设卤代烷或二氧化碳等固定灭火装置及火灾自动报警装置；二类防火建筑的柴油发电机房，应设火灾自动报警装置和手提式灭火装置。

2) 发电机组的选择

(1) 机组的容量与台数应根据应急负荷的大小和投入顺序以及单台电动机最大的起动容量等因素综合考虑确定。机组总台数不宜超过两台。

(2) 在方案或初步设计阶段,可按供电变压器容量的10%～20%估算柴油发电机的容量。

(3) 在施工设计阶段可根据一级负荷、消防负荷以及某些重要的二级负荷容量,按下述方法计算选择其最大者:

① 按稳定负荷计算发电机容量;

② 按最大的单台电动机或成组电动机起动的需要,计算发电机容量;

③ 按起动电动机时容许电压降计算发电机容量。

(4) 柴油机的额定功率,系指外界大气压力为100kPa(760mmHg)、环境温度为20℃、空气相对温度为50%的情况下,能以额定方式连续运行12h的功率(包括超负荷10%运行1h),如连续运行时间超过12h,则应按90%额定功率使用。如气温、气压、温度与上述规定不同,应对柴油机的额定功率进行修正。

(5) 笼型电动机全压起动最大容量时发电机母线电压不应低于额定电压的80%;当无电梯负荷时,其母线电压不应低于额定电压的75%,或通过计算确定。为缩小发电机装机容量,当条件允许时,电动机可采用降压起动方式。

(6) 多台机组应选择型号、规格一致的成套设备,所用燃油性质应一致。

(7) 宜选用高速柴油发电机组和无刷型自动励磁装置,选用机组应装设快速自动起动及电源自动切换装置,并应具有连续三次自起动的功能。不宜采用压缩空气起动。

3) 机房设备布置

(1) 机房设备布置应符合机组运行工艺要求,力求紧凑、经济合理、保证安全及便于维护。

(2) 机房布置应符合下列规定:

① 机组宜横向布置,当受建筑场地限制时,也可纵向布置;

② 机房与控制及配电室毗邻布置时,发电机出线端及电缆沟宜布置在靠控制及配电室侧;

③ 机组之间、机组外廓至墙的距离应满足手动设备、就地操作、维护检修或布置辅助设备的要求,机房内有关尺寸不应小于表5-8所规定的数值。

表5-8 机组外廓与墙壁的净距最小尺寸 m

顺序	项目		容量/kW			
			64以下	75～100	200～400	500～800
1	机组操作面	a	1.60	1.70	1.8	2.20
2	机组背面	b	1.50	1.60	1.7	2.00
3	柴油机端[①]	c	1.00	1.00	1.2	1.50
4	机组间距	d	1.70	2.00	2.3	2.60
5	发电机端	e	1.60	1.80	2	2.40
6	机房净高	h	3.50	3.50	4.00～4.30	4.30～5.00

注:① 表中柴油机距排风口百叶窗间距,是根据国产封闭式自循环水冷却方式组而定,当机组冷却方式与本表不同时,其间距应按实际情况选定,若机组设在地下层,其间距可适当加大。

(3) 当不需设控制室时,控制屏和配电屏宜布置在发电机端或发电机侧,其操作检修通道不应小于下列数值:

① 屏前距发电机端为2m；

② 屏前距发电机侧为1.50m。

(4) 辅助设备宜布置在柴油机侧或靠机房侧墙，蓄电池宜靠近所属柴油机。

(5) 机房设置在地下层时，至少应有一侧靠外墙。热风和排烟管道应伸出室外，机房内应有足够的新风进口，气流分布应合理。

(6) 机组热风管应符合下列要求：

① 热风出口宜靠近且正对柴油机散热器；

② 热风管与柴油机散热器联接处，应采用软接头；

③ 热风出口的面积应为柴油机散热器面积的1.5倍；

④ 热风出口不宜设在主导风向一侧，若有困难时应增设挡风墙；

⑤ 机组设在地下层，热风管无法平直敷设需拐弯引出时，其热风管弯头不宜超过两处。

(7) 机房进风口设置应符合下列要求：

① 进风口宜设在正对发电机端或发电机端两侧；

② 进风口面积应大于柴油机散热器面积的1.8倍。

(8) 应合理确定烟道位置，发挥机组效率，减少对建筑外观的影响和对周围环境的污染，若环境条件要求较高时，宜将烟气处理后排至室外。

(9) 机组排烟管的敷设应符合下列要求：

① 每台柴油机的排烟管应单独引出室外，宜架空敷设，也可敷设在地沟中。排烟管设置不宜过多，并能自由伸缩。水平敷设的烟管道宜设0.3%～0.5%的坡度，坡向室外，并在管道最低点装排污阀；

② 机房内的排烟管采用架空敷设时，室内部分应设隔热保护层，且距离地面2m以下部分隔热层厚度不应小于60mm；当排烟管架空敷设在燃油管下方或沿地沟敷设需穿越燃油管时，还应考虑安全措施；

③ 排烟管较长时，应采用自然补偿段，若无条件，应装设补偿器；

④ 排烟管与柴油机排烟口联接处，应装设弹性波纹管；

⑤ 排烟管过墙应加保护套，伸出室外沿墙垂直敷设，其管出口端应加防雨帽或切成30°～45°的斜角；

⑥ 非增压柴油机和废气涡轮柴油机均应在排烟管装设消声器。两台柴油机不应共用一个消声器。

(10) 机房设计时应采取机组消声及机房隔音综合治理措施，治理后环境噪声不宜超过表5-9所规定的数值。

表5-9 城市区域环境噪声标准 dB

顺序	适用区域	昼间	夜间
1	特殊住宅区	45	35
2	居民、文教区	50	40
3	一般商业与居民混合区	55	45
4	工业、商业、少量交通与居民区、商业中心区	60	50
5	工业集中区	65	55
6	交通干线道路两则	70	55

(11) 机房配电设备选择应符合下列要求:

① 设于地下层的柴油发电机组,其控制屏、配电屏及其他电器设备均应选择防潮或防霉型产品;

② 设置在储油间的电气设备,应按 H-1 级火灾危险场所选型。

(12) 机房配电导线选择及敷设应符合下列要求:

① 机房、储油间按潮湿环境选择电力电缆或绝缘电线;

② 发电机至配电屏的引出线宜采用铜芯电缆或封闭式母线;

③ 强电控制测量线路、励磁线路应选择铜芯控制电缆或铜芯电线;

④ 控制线路、励磁线路和电力配线宜穿钢管埋地敷设或沿电缆沟敷设;

⑤ 励磁线路与主干线路采用钢管敷设时,可穿于同一钢管中;

⑥ 当设电缆沟时,沟内应有排水和排油措施,电缆线路沿沟内敷设可不穿钢管,电缆线路不宜与水、气管线交叉。

2. 燃气轮机发电机组

(1) 采用燃气轮发电机做应急电源,其发电机额定电压为230/400V,装机容量1250kW及以下。

(2) 机组设置原则应符合本章柴油发电机组1的1)中(2)的规定。

(3) 机组宜靠近一级负荷或配变电所设置,亦可设在建筑主体内,当有条件时不宜设在地下设备层。

(4) 宜利用自然通风和进风以满足机组运行时需要的大量燃烧空气。如通过计算达不到要求,应装设机械通风和进、排风装置,并要保证机房内气流分布合理。

(5) 机组排气管在室内宜架空敷设,并应单独引出室外,其管与墙壁及天棚净距离不得小于1.50m,与燃油管净距离不得小于2m,必要时应做隔热处理。沿外墙垂直敷设,其管距离外墙不应小于1m,排气管出口应高于屋檐1m。

(6) 机房应进行隔音处理,机组应设消音罩。进风和排风设消音设施,处理后环境噪音不宜超过表5-9所规定的数值。

(7) 机房耐热等级与火灾危险性类别应按本章柴油发电机组9)中(4)的规定、消防设施应按本章柴油发电机组1的1)中(7)的规定执行;

(8) 除应遵照本章柴油发电机组1的规定外,并应参照自备应急柴油机组有关规定执行。

3. 不间断自备应急电源

1) 一般规定

(1) 主要用于以电力变流器构成的保证供电连续性的静止型交流不间断电源装置。

(2) 符合下列情况之一时,应设置不间断电源装置:

① 当用电负荷不允许中断供电时(如用于实时性计算机的电子数据处理装置等);

② 当用电负荷允许中断供电时间要求在1.5s以内时;

③ 重要场所(如监控中心等)的应急备用电源。

(3) 不间断电源装置室,宜接近负荷中心,进出线方便。不应设在厕所、浴室或其他常积水场所的正下方或贴邻。

2）不间断电源系统

(1) 根据用电设备对供电可靠性、连续性、稳定性和电源诸参数质量的要求，不间断电源系统主要采用下列几种：

① 单一式不间断电源系统；

② 并联式不间断电源系统；

③ 冗余式不间断电源系统；

④ 并联冗余式不间断电源系统。

(2) 为了提高不间断电源装置的供电可靠性和运行灵活性，需装设静止型旁路开关，其切换时间一般为2～10ms，并应具有如下功能：

① 当逆变装置故障或需要检修时，应及时切换到电网(市电备用)电源供电；

② 当分支回路突然故障短路，电流超过预定值时，应切换到电网(市电备用)电源，以增加短路电流，使保护装置迅速动作，待切除故障后，再起动返回逆变器供电；

③ 带有频率环节的不间断电源，当电网频率波动或电压波动超过额定值时，应自动与电网解列，频率与电压恢复正常时再自动并网。

(3) 在采用市电旁路时，逆变器的频率和相位与市电相同步。

(4) 不间断电源系统的直流环节有输出回路时，整流器及蓄电池均应满足其全部输出回路的负荷电流及最大冲击电流的要求，直流环节(整流器、蓄电池)的额定电压应根据需要按下列电压等级选取4(8)、60、110、220V。

(5) 对于三相输出的负荷不平衡度，最大一相和最小一相负载的基波均方根电流之差，不应超过不间断电源额定电流的25%，而且最大线电流不超过其额定值。

(6) 三相输出系统输出电压的不平衡系数(负序分量对正序分量之比)应不超过5%。输出电压的波形失真和谐波含量，如无特殊要求，输出电压的总波形失真度不应超过5%(单相输出允许10%)。

(7) 不间断电源系统内整流器负荷较大时，应注意高次谐波对不间断电源装置输出电压波形、配出回路保护及对供电电网的影响，必要时应采取吸收高次谐波的措施。

(8) 不间断电源系统设计时，其系统的各级保护装置之间，应有选择性配合。

3）不间断电源设备的选择

(1) 不间断电源设备输出功率，应按下列条件选择：

① 不间断电源设备对电子计算机供电时，其输出功率应大于电子计算机设备功率总和的1.5倍；对其他用电设备供电时，为最大计算为1.3倍；

② 负荷的最大冲击电流不应大于不间断电源设备的额定电流的150%；

(2) 不间断电源装置配套的整流器容量，应大于或等于逆变器需要容量与蓄电池直供的应急负荷之和。

(3) 不间断电源的过压保护除应符合国标《半导体电力变流器》关于过电压保护的规定外，对没输出电压稳定措施的不间断电源，应有输出过电压的防护措施，以使负荷免受输出过电压的损害。

(4) 不间断电源的过电流保护应能保证在负荷发生短路或电流超过允许的极限时及时动作，使其免受浪涌电流的损伤。

(5) 不间断电源设备用的不间断电源开关类型的选择，可根据供电连续性的要求，选用机械式、电子式自动和手动的开关。

(6) 不间断电源正常运行时所产生的噪声，不应超过 80dB，对于额定输出电流在 5A 及以下的小型不间断电源，不应超过 85dB。

4) 不间断电源系统的交流电源

(1) 不间断电源系统宜采用两路电源供电。当备用电源为柴油发电机组时其不应做旁路电源。

(2) 不间断电源系统的交流输入，应符合国标《半导体电力交流器》第 4.1.1 条关于交流电网的规定，但下列各点应以本条所述为准：

① 交流输入电压的持续波动范围如无其他要求，规定为±10%；

② 旁路电源必须满足负荷容量及选择性的要求；

③ 总相对谐波含量不超过 10%，各次谐波分量不超过图 5-9 的规定值。

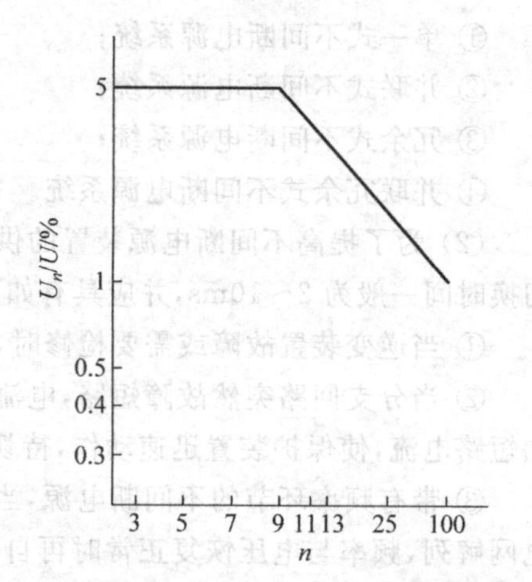

图 5-9 输入电压允许的最大谐波含量

n—谐波含量的序次；U_n—n 次谐波的均方根值；U—额定输入电压的均方根值

(3) 当不间断电源设备交流输入侧电压偏移不能满足要求时，宜采用有载调压变压器或其他调压措施。

(4) 不间断电源系统的交流电源不宜与其他冲击性负荷由同一的变压器及母线段供电。

(5) 不间断电源系统的输入输出回路宜采用电缆。

5) 蓄电池的选择

(1) 蓄电池组容量应根据市电停电后由其维持供电时间长短的要求选定。

不间断电源系统用的蓄电池需在常温下瞬时起动，宜选用碱性或酸性蓄电池，有条件时应选用碱性型燃料电池。

(2) 蓄电池的额定放电时间宜按下列条件确定：

① 不间断电源系统在交流输入发生故障后，为保证用电设备按照操作顺序进行停机时，其蓄电池的额定放电时间可按停机所需最长时间来确定，一般可取 8～15min。

② 当有备用电源时，不间断电源系统在交流输入发生故障后，为保证用电设备供电连续性，并等待备用电源投入，其蓄电池额定放电时间的确定，一般可取 10～30min。

③ 如有特殊要求，其蓄电池额定放电时间可根据负荷特性来确定。

6) 蓄电池室

(1) 蓄电池室的向阳窗户，应装磨砂玻璃或在玻璃上涂漆。为避免风沙侵入或因保温需要，可采用双层玻璃窗。蓄电池室门应向外开启。

(2) 酸性蓄电池室的顶棚宜作为平顶。顶棚、墙壁、门窗、通风管道、台架及金属结构等均应涂耐酸油漆。但对具有密封性能的酸性蓄电池，允许适当降低耐酸要求。碱性蓄电池可不考虑不述防腐措施。酸性蓄电池室的地面应采用材料并应有排水设施。

(3) 蓄电池室的温度不应低于 10℃，不高于 40℃。计算蓄电池容量时，如已考虑了允许降低容量，可适当降低室温的要求，不应低于 5℃。

(4) 蓄电池室不应采用明火采暖。当采用散热器采暖时，应采用焊接的钢管，且不应有法兰、螺纹接头，阀门等。当蓄电池室与其他房间共用热风采暖系统时，对蓄电池室的温度，应能单独地进行调节。当要用热风采暖时，风口处应设过滤装置。

采暖装置与酸性和碱性蓄电池的净距不应小于0.75m。

(5) 当采用固定型密闭式铅蓄电池时，蓄电池室内的照明灯具可选密闭型，通风换气次数应保证每小时不少于3次。

碱性蓄电池对通风与灯具无特殊要求，但应保证正常的通风换气。

(6) 在酸性蓄电池室内敷设的电气线路或电缆应具有耐酸性能。室内地面下不宜通过无关的沟道和管线。

(7) 酸性蓄电池室走道宽度和导电部分间距不应小于表5-10所列数值。

表5-10 酸性蓄电池室走道宽度和导电部分间距

顺序	布置方式	走道宽度/m	导电部分间距	
			正常电压/V	间距/m
1	一侧有蓄电池	0.80	65～250	0.80
2	两侧有蓄电池	1.00	＞250	1.00

(8) 碱性蓄电池与酸性蓄电池应严格分开使用。

7) 不间断电源装置室

(1) 整流器柜、逆变器柜、静态开关柜等安装距离和通道宽度，不宜小于下列数值：

① 柜顶距天棚净距为1.20m；

② 离墙安装时，柜后维护通道为1m；

③ 柜前巡视通道为1.50m。

(2) 不间断电源装置室与蓄电池室应分开设置。在不间断电流装置附近应设有检修电源。

(3) 不间断电源装置室应有良好的防尘设施，照度及通风要适中，室内温度宜在5～30℃；相对温度宜在35%～85%范围内，有条件宜设空调设备。

(4) 整流器柜、逆变器柜、静态开关柜宜布置在下面有电缆沟或电缆夹层的楼板上。底部周围应采取防止鼠、蛇类小动物进柜内的措施。

(5) 不间断电源装置室的控制电缆应与主回路电缆分开敷设。如有困难时，控制线应采用屏蔽线或穿钢管敷设。

5.5.2 应急照明系统与设计

1. 应急照明的分类

应急照明是现代民用建筑的重要组成部分。当正常照明因故障、检修或紧急事情熄灭后，提供使用的照明称为应急照明。应急照明包括备用照明、安全照明及疏散照明，也称为事故照明。应急照明在发生火灾、地震、防空等紧急情况下，正常电源故障失电或人为断电时，是一种保障人身安全、减少财产损失的安全措施。如果建筑物内部突发灾难性事故时伴随着电源的中断，此时应急照明对人员的疏散、消防求援工作、重要生产的继续进行或必要的操作和处理，有着极其重要的作用。

我国随着高层公共民用建筑物的不断增加和涉外的建筑物的出现，应急照明的作用也日益突出，引起了消防部门和广大设计单位的重视。但目前我国还缺乏完善而详细的标准规范，现行的《民用建筑照明设计标准》和《工业企业照明设计标准》只有一些原则性的规定。1993年中国照明协会发布了《应急照明设计指南》，吸收了国际上先进的经验，总结了中国的实际，具有一定的指导作用。

国外一些发达国家和国际照明委员会(CIE)对应急照明都提出了很高的要求和制订了详细的规定。例如，现行国际通用标准是CIE第49号技术文件《建筑物内部的应急照明指南》等。

从20世纪50年代以来，中国一直采用"事故照明"这个名词。为了和国际照明委员会和英美等国通用的"emergency lighting"对应，并考虑到更为确切、更符合实际，90年代颁布的国家标准都使用了"应急照明"。名词的变化同时伴随着内容、技术要求的变化。例如，原来将事故照明分为两类，即疏散用的和继续工作用事故照明；而新的标准规定的应急照明分为三类，即疏散照明、安全照明、备用照明。

(1) 疏散照明

紧急情况下将人安全地从室内撤离所使用的应急照明。用以确保安全出口及通道能被有效地辨认和使用，使人们能安全地撤离建筑物；其照度不得小于0.5lx。按安装的位置又分为：① 应急出口(安全出口)照明；② 疏散走道照明。要求沿走道提供足够的照明，能看见所有的障碍物，清晰无误地沿指示的疏散路线，迅速找到应急出口，并能容易地找到沿疏散路线设置的消防报警按钮、消防控制设备和配电箱。

(2) 安全照明

它是用来确保处于潜在危险之中人员的安全而设置的一种应急照明。正常照明发生故障时，保证操作人员或其他处于危险情况下人员的安全而设的应急照明，例如，使用电锯、热处理金属作业、手术室等处所用的安全照明。其照度值不应低于正常照度的5%，特别危险的作业应为10%，为满足特殊需要也可提供更高的照度。

(3) 备用照明

备用照明是在事故情况下确保功能持续进行活动的一种应急照明。

目前世界上对应急照明的分类方法并不统一，如荷兰和CIE相同，而美国的《人身安全法规》分为四类，又将疏散照明分为两类，俄国和英国仍然分两类。

每一类照明的定义、作用和设计方法各有所别。特别是疏散照明的作用。应急照明应为疏散通道提供出口方向行走所必要的照度，使安全出口能有效地被识别，并在正常或应急的整个期间能安全可靠地使用。根据这些功能，疏散照明又可分为两类，一是疏散照明灯，它能为疏散通道提供必要的照度；二是疏散标志灯，为标志和指示出口方向用。这两类灯的作用不同、形式不同、安装位置不同，不能混淆。尤其是疏散标志灯，有国际上许多的通用表达方式和技术要求，如图5-10所示。

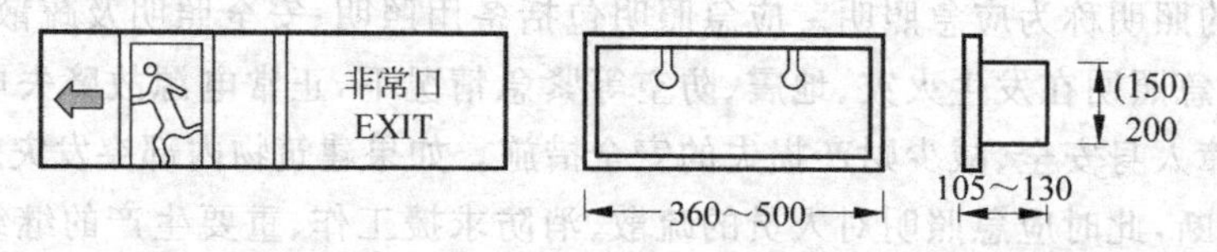

图5-10 应急照明的标志

2. 应急照明的设计参数

根据新的民用照明设计标准对照度有原则性的规定。实际设计中存在着一些问题。应急照明的照度标准一般是比较低的，均匀度要求也不高，平均照度与最小照度的差别太大。另外，要求整个场所或是某些区域具有规定的照度。

(1) 应急照明的照度

照度的高低，除了视觉条件外，还与国家的经济实力、能源状况有关。

疏散照明照度，美国规定不低于 10lx，持续时间终了可降低至 6lx；日本规定不小于 1lx，使用荧光灯时不低于 2lx；CIE 规定不低于 0.2lx。我国的《工业企业照明设计标准》规定，主要通道疏散照明的照度不低于 0.5lx，防火规范要求疏散走道长度超过 20m 的走道内应设置应急照明，最低不低于 0.5lx。但实际上差别很大，因为该标准使用的是平均照度，而且是主要通道，并不要求全部通道。根据我国的实际情况，参照 CIE 及英国的规定，建议至少应做到在疏散走道地面中心线上产生的平均照度不低于 0.5lx，并注意保持较好的均匀度。

至于安全照明和备用照明的照度，我国标准规定不得低于一般照明的 5% 和 10%，这是通用原则，具体问题还应区别对待。在某些特定场合的照度需要提高，例如，手术台，应保持和正常照明相同的照度；一些重要的公共场所，如国际会议中心、国际比赛体育馆等，还有消防指挥中心等场所，都应该有和正常照明相当的照度。第二是某些场所的备用和安全照明，如消防控制室、发电机房、配电站等，主要是保证操作部位和工作所需要的照度，可以不要求整个房间或场所达到的均匀度。

(2) 应急照明的转换时间

当正常照明发生故障后接通应急照明的时间，称应急照明的切换时间，它是选择应急照明灯具的一个重要参数。用直管荧光灯光源作的应急照明，常说为瞬间起动，但也需要一定的时间。CIE 推荐转换时间如下：

① 疏散照明，不应大于 15s，这是考虑了适应应急发电机自起动条件，如使用其他应急电源，应争取更短。

② 安全照明不宜大于 0.5s，因为涉及人身安全，要求比较高。应急电源只能使用电网线路自动转换或者采用蓄电池。

③ 备用照明不应大于 15s。对于有爆炸危险的生产场所等，应视生产工艺特点，按需要确定用更短的时间。对于商场的收银台，转换时间不应大于 1.5s，以防止混乱。各类应急照明对电源切换时间的要求见表 5-11。

表 5-11　应急照明对电源切换时间的要求

应急照明种类	备用照明	安全照明	疏散照明
切换时间/s	≤15	<0.5	≤15
持续供电时间/min	按要求定	20	20

(3) 应急照明的连续供电时间

应急照明灯的连续供电时间越长，成本越高，但时间过短，又达不到其应起的作用。防火规范规定为不应小于 20min。确定合理的限量的时间，要综合考虑人员在紧急状态下各种情况，例如，人员拥挤、标志灯位置的选择、路途障碍的多少、人员年龄、心理素质等，应取平均因素推荐一个疏散区最远点的人常速步行安全区的时间作为应急灯连续供电时间。

① 疏散照明时间,不应小于 30min。主要应考虑发生火灾或者其他灾难时,人员的疏散、在建筑物内搜寻人员、求援等所需要的时间。对于超高层建筑、规模特大的多层建筑、大型医院等,应考虑更长的持续时间,如 4(5)60、90 min。

② 安全照明和备用照明,应视生产或工作的特点及持续时间长短确定。特别重要的公共建筑物,如通信中心、广播电台、电视台、发电及配电中心、交通枢纽等场所,应长时间持续工作。

3. 应急照明的配电线路设计

应急照明的配电线路属于消防配电线路的一部分,设计要求相同。

(1) 选用耐热配线

当导线穿钢管也可用耐热温度大于 105℃的非延燃型导线。如 BV-105 采用绝缘和保护套为非延燃烧材料型电缆时,可不穿金属管保护,但要敷设在电缆井内。强电和弱电电缆共用一个竖井时,应将其分敷于井的两侧。交叉时,应穿钢管保护。竖井内每隔 3 层要设阻燃材料作的隔离板,并将上下通孔堵死。

配管若用非金属管材时,应该选用非延燃材料。并敷设于不燃烧的墙体结构内。在沿海有盐雾地区应选用防腐钢芯铝绞线。

(2) 线路的共管敷设

不同系统、不同电压、不同电流类别的线路不可穿在同一个管内或同一个线槽的同一槽孔内。不同电压、不同电流类别的线路在配电箱内的端子板要分开隔离,而且应标注清楚。不同防火区的线路也不能共穿一根管。

(3) 穿管的截面面积要求

穿管的绝缘导线或电缆的总截面积不得大于管孔净截面积的 40%。敷设于封闭或线槽内的导线或电缆的总截面不应大于线槽净截面积的 60%。

(4) 线路必须使用铜芯电线或电缆的场所

① 需要长时间运行的重要电源、重要的操作回路、二次线路、电机的励磁、移动设备的线路以及有剧烈振动的线路。

② 有爆炸危险的场所、有火灾危险或是有特殊要求的场所。

③ 对铝有严重腐蚀而对铜的腐蚀比较轻微的场所。

④ 高温设备附近,如铸造车间、锅炉房等。

⑤ 特别重要的公共建筑物内,如国家博物馆等。

⑥ 消防系统及应急照明线路。

⑦ 军用重要线路及通信指挥系统。

近年来,绝缘铜线的应用范围日趋广泛,一般情况下常用塑料铜线。而橡皮铜线的弯曲性能好,而且耐寒。乙丙橡胶绝缘电缆具有优异的电气、机械特性,即使在潮湿的环境中也有耐高温性能,线芯长期工作允许温度可达 90℃。采用氯磺化氯乙烯护套的乙丙橡皮绝缘电缆可以满足阻燃的场所。

(5) 疏散指示照明

疏散指示照明和应急插座线路要分开敷设,如图 5-11 所示。

接线盒板的防火不好解决时,宜将钢管直径加大而不用接线盒,分支盒改为双管。

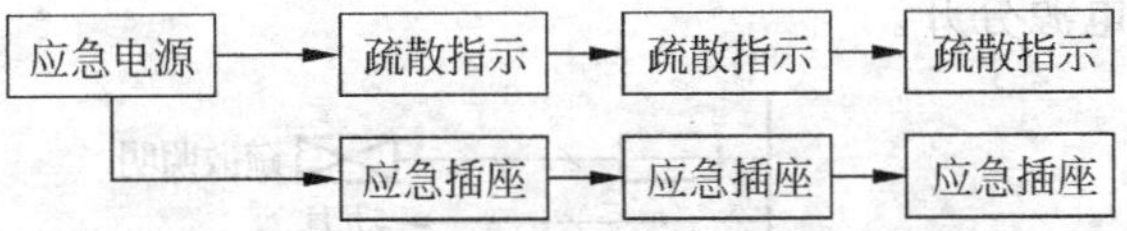

应急电源 → 疏散指示 → 疏散指示 → 疏散指示

应急电源 → 应急插座 → 应急插座 → 应急插座

图5-11 线路敷设中疏散指示和应急插座

4. 应急照明电源的设计

(1) 一般要求

运行经验表明,电气故障是无法限制在某个范围内部的,电力部门从未保证过供电不中断,很多情况下供电中断的损失需要用户应急电源应是与电网在电气独立的电源,如蓄电池、柴油发电机等。供电网络中有效地独立于正常电源的专用的馈电线路即是指保证两个供电线路不大可能同时中断供电的线路。

应急电源的类型,应根据一级负荷中特别重要负荷的容量、允许中断供电的时间以及要求的电源为交流或直流等条件来进行。由于蓄电池装置供电可靠、稳定、无切换时间、投资少,所以凡是允许停电时间为毫秒级,且容量不大的特别重要负荷,可采用直流电源者,应由蓄电池装置作为应急电源。若特别重要负荷要求交流供电,允许停电时间为毫秒级,且容量比较大,可采用静止型不间断供电装置。若特别重要负荷中有需要驱动的电动机负荷,起动电流冲击负荷较大的,又允许停电时间为毫秒级,可采用机械储能电机型不间断供电装置或柴油机不间断供电装置。若电动机负荷允许停电时间为15s以上的,可采用快速自起动的发电机组,这是考虑一般快速自起动的发电机组一般在10s左右。对于带有自动投入装置的独立于正常电源的专用馈电线路,是考虑到自投装置的动作时间,适用于允许中断供电时间大于自投装置的动作时间者。

中心供电型应急照明灯的电源,当由应急柴油发电机供电时,以10s能完成自起动并优先保证应急照明电源。对安全照明和部分备用电源,满足不了转换时间的要求,它不能作为这类应急照明的电源。当由蓄电池组供电时,要求中心应急电供电的灯具系统中一个或几个灯具发生故障,应不影响其他灯具工作,也就是说每个灯具均需要加保护,可靠性并不高。另外一个办法是采用小容量分散蓄电池供电方案,对应急照明仍保证正常照度的场所比较适用。例如,消防控制室(可利用消防电池组)、消防水泵房、配电室和自备柴油发电机室等。

对于二级负荷,由于其停电造成的损失较大,且其包括的范围一般也比一级负荷广,其供电方式的确定,应根据供电费用及供配电系统停电概率所带来的停电损失等综合比较来确定是否合理。

对于二级负荷,由于其停电的影响还是比较大的,应由两回线路供电。供电变压器亦应有两台(两台变压器不一定在同一变电所)。只有当负荷较小或地区供电条件困难时,才允许由一回6kV及以上专用架空线供电。这点主要是考虑到故障后有时检查故障点和修复时间较长,而一般架空线路修复方便。当线路自配电所引出线路时,必须要采用电缆线路。其每根电缆应能承受的二级负荷为100%,且互为热备用。线路故障不包括铁塔倒塌或龙卷风引起的自然灾害。

(2) 解决应急照明电源的方法

作为应急照明的电源主要有以下几类:

① 照明与电力负荷在母线上分开供电,如图5-12所示。应急照明与正常照明分开,即

来自同一电网与正常电源分开。

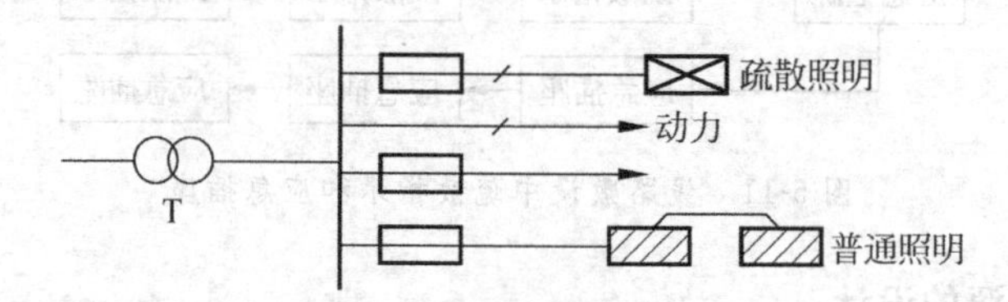

图 5-12　一台电压变压器时的应急照明线路

② 应急照明的电源来自备用电源，如图 5-13 所示。

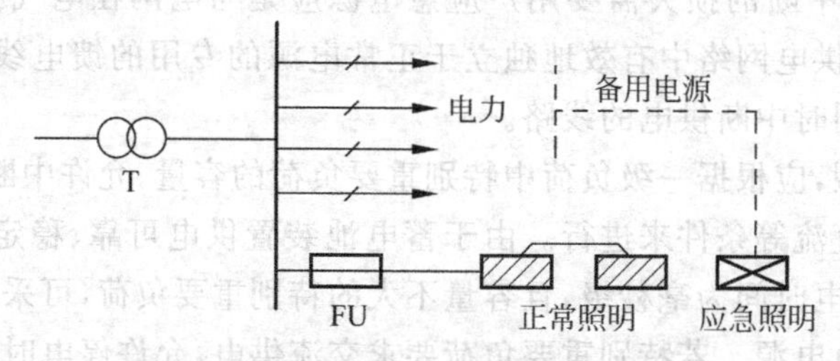

图 5-13　应急照明的电源来自备用电源

③ 应急照明的电源来自蓄电池组，如图 5-14 所示。

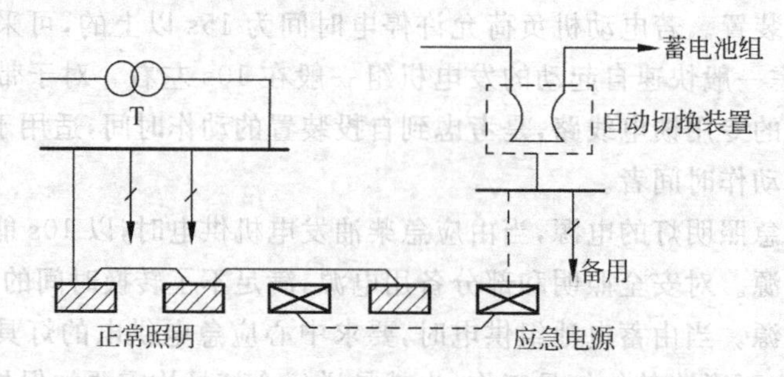

图 5-14　应急照明的电源来自变压器以外的蓄电池组

④ 应急照明的电源来自另一台变压器，在母线上分开供电，正常照明和应急照明电源来自不同的变压器，如图 5-15 所示。

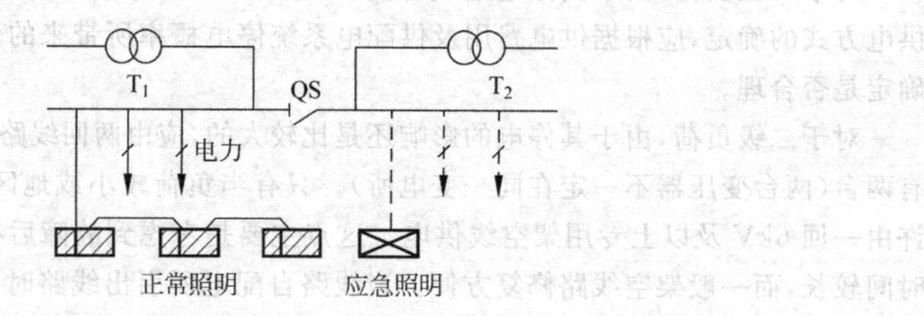

图 5-15　应急照明的电源来自另一台变压器

⑤ 应急照明的电源来自两台变压器，在母线上有联络断路器，正常照明和应急照明电源来自相邻的变压器，应急照明由两段干线交叉供电，如图 5-16 所示。

⑥ 应急照明的电源来自第三电源，设有自动投入装置(BZT)，如图 5-17 所示。第三电

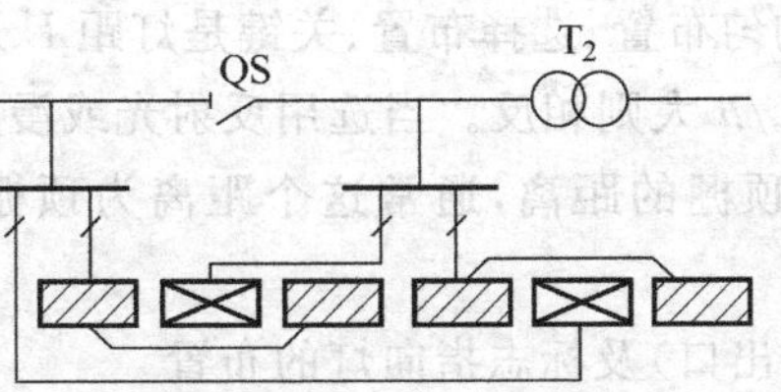

图 5-16　应急照明的电源来自两台变压器

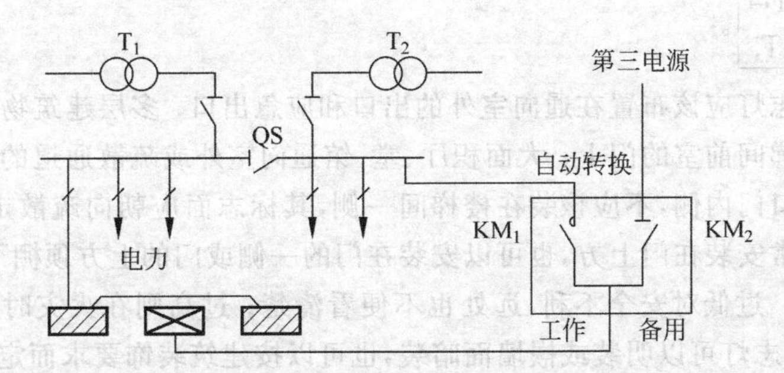

图 5-17　应急照明的电源来自第三电源

源也可以视为发电机组或蓄电池等小型电源。

应急照明的电源设置形式有三种，即集中设置、分区设置、应急灯自带蓄电池。

5. 应急照明系统设计

(1) 哪些建筑应该设置应急照明系统

应急照明应该根据建筑物的层数、规模大小、复杂程度、建筑物内停留和活动的人员多少、建筑物的功能、生产或使用特点等因素确定。一般认为应该着重考虑以下几点。一是高层或多层建筑；二是在建筑物内活动的人员不熟悉建筑物内的情况；三是建筑物内人员众多。

根据这些原则，应该设置应急照明的建筑主要有：人员众多的公共建筑，如大会堂、剧场、文化宫、体育场馆、旅馆、候机楼、展览馆、博物馆、大中型商场等；地下建筑，如地铁站、地下商场、旅馆、娱乐场所等；特别重要的大型工业厂房。对于一般的办公楼，9 层以下的普通住宅，一般工业厂房考虑我国目前的经济情况，可以暂时不设置。

应急照明按其按功能可以分为两个类型：一是指示出口方向及位置的疏散标志灯；二是照亮疏散通道的疏散照明灯。

(2) 应急照明系统设计常规做法

① 应急照明每一回路灯数

应急照明每一回路不宜超过 15A，灯和插座的数量不宜超过 20 个(最多不得超过 25 个)，但花灯或彩灯等大面积照明除外。

② 平面布局

在需要设置疏散照明的建筑物内，应该按以下原则布置：即在建筑物内，疏散走道上或公共厅堂内的任何位置的人员，都能看到的疏散标志，一直到出口。为此应该在疏散出口附近设置出口标志，而疏散走道内不能直接看到出口的地方还应该设置指向标志，经指示出口的方向，照度不低于一般照明值的 50%。

平面布置设计分均匀布置、选择布置、关键是灯距 L 及灯高 h 的比例：L/h 小则照度均匀度好，而经济性差；L/h 大则相反。当选用反射光或漫射光时，除了要考虑最佳距离比以外，还应该注意灯具和顶棚的距离，通常这个距离为顶棚距工作面距离的 1/5～1/4 比较妥当。

③ 应急出口(安全出口)及标志指向灯的布置

应急出口及疏散走道的应急照明灯都属于标示灯，在紧急情况下要求可靠、有效辨认标志，一般为 安全出口 EXIT 。

安全出口标志灯应该布置在通向室外的出口和应急出口；多层建筑物内各楼层通向各楼梯间或防烟楼梯间前室的门上；大面积厅、堂、馆通向室外或疏散通道的出口处。出口标志应该安装在出口门内侧，不应该装在楼梯间一侧，其标志面应朝向疏散走道，并尽量与走道轴线垂直。通常安装在门上方，也可以安装在门的一侧或门的上方顶棚下，距地的高度以 2.0～2.5m 为宜。过低对安全不利，远处也不便看清楚；过高则在火灾时烟雾可能遮蔽光线，而看不见。标志灯可以明装或嵌墙面暗装，也可以按建筑装饰要求而定。当出口门位于疏散走道的侧面时，应伸出墙面或挂在门上方的顶棚下，以便于走道中的人员看得见。当出口门的两侧都有疏散走道时，应设置双面都有图形或文字的出口标志灯。

指向标志灯布置在以下的地方：疏散走道拐弯处；疏散走道直线距离出口 20m 以上。这也就是说在疏散走道内，任何地方都应该看到出口标志或出口指向标志，视线距离不超过 20m。

指向标志灯一般安装在走道的侧墙上，距离地面的高度小于 1m。低位安装主要是防止烟雾遮挡。国外也有安装在走道边地面上的例子，但位置较低时应该考虑防止触电。从便于看到的角度来说，一般不嵌入墙内暗装。普通的作法是采用嵌墙但突出墙面 30～40mm。突出的透光照应该使用不碎的玻璃或胶片，并不应该有尖锐的棱角和固定件。需要高位安装时，在墙上高出地面 2～2.2m，如图 5-18 所示。

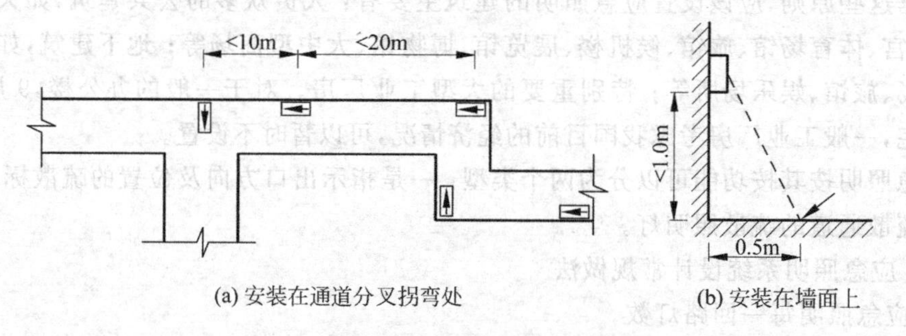

(a) 安装在通道分叉拐弯处　　(b) 安装在墙面上

图 5-18　指向标志灯安装在通道拐弯处

④ 应急照明灯的布置

应急照明灯应沿疏散走道均匀布置，注意走道拐弯处、交叉处、地面高度变化处和火灾报警按钮等消防设施处有必要的照度。经常设有疏散照明灯的地方有疏散楼梯间、防烟楼梯间及其前室、电梯候梯厅等处；人员众多的大中商场、展览馆、体育场馆、剧场、大会议厅内。

应急照明灯通常是用正常照明的一部分，如二分之一或三分之一，其间距不宜太大，并选用沿走道纵向具有宽配光的灯具，以提高均匀度。诱导灯垂直下方应在0.5m位置的地面上要有1lx以上的照度，如图5-19所示。

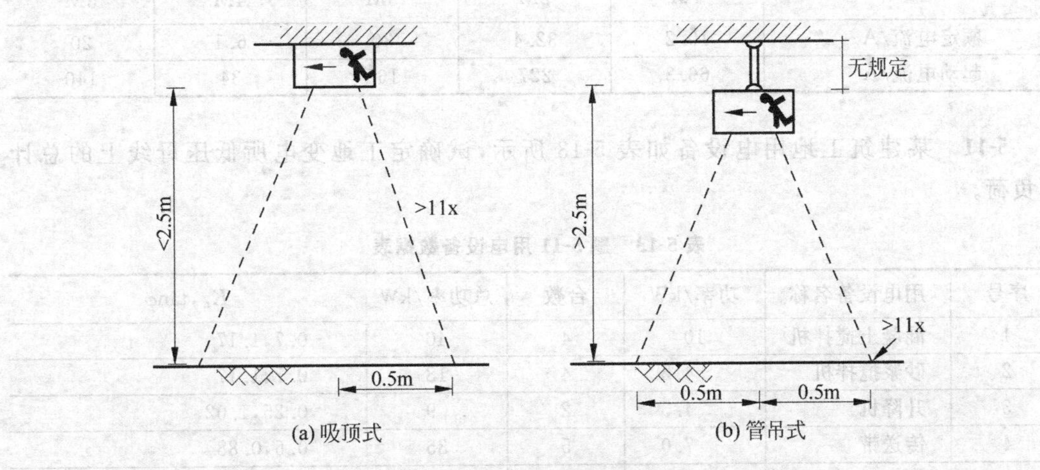

图5-19 应急照明位置设计

思考题与习题

5-1 电力系统有几个组成部分？建立电力系统有哪些优越性？

5-2 我国规定的电能质量两个重要参数是什么？它们的允许偏差各是多少？超过允许偏差对用电有何影响？

5-3 高压隔离开关能用来通、断负荷电流吗？为什么？

5-4 二次接线图的三种接线形式各有什么用途？能否互相代替？如何阅读展开接线图？

5-5 何谓"相对编号法"？何谓动断(常闭)触点、动合(常开)触点？

5-6 什么叫计算负荷？在确定多组用电设备的总视在负荷时，可不可以直接将各组的视在计算负荷相加，为什么？

5-7 什么叫尖峰电流？计算尖峰电流的目的是什么？如何计算多台设备的尖峰电流？

5-8 某实验室有220V的单相加热器5台，其中3台各为1kW，2台各为3kW。试合理分配各单相加热器于380/220V的线路上，并求其计算负荷$P_{\sum c}$，$Q_{\sum c}$，$S_{\sum c}$和$I_{\sum c}$。

5-9 某大楼采用三相四线制380/220V供电，楼内装有单相用电设备：电阻炉4台各为2kW，干燥器5台各为3kW，照明用电共5kW。试将各类单相用电设备合理分配在三相四线制线路上，并确定大楼的计算负荷是多少？

5-10 有一条线路供电给5台电动机，其负荷资料如表5-12所示。试计算该线路的计算电流和尖峰电流。(提示：计算电流可近似地用公式$I_c = K_n \sum I_N$计算，K_n可根据台数多少选取，这里可假定为0.9。)

表 5-12　题 5-10 负荷资料表

参　数	电　动　机				
	1M	2M	3M	4M	5M
额定电流/A	10.2	32.4	30	6.1	20
起动电流/A	66.3	227	165	34	140

5-11　某建筑工地用电设备如表 5-13 所示，试确定工地变电所低压母线上的总计算负荷。

表 5-13　题 5-11 用电设备数据表

序号	用电设备名称	功率/kW	台数	总功率/kW	K_n, $\tan\varphi$
1	混凝土搅拌机	10	4	40	0.7,1.17
2	砂浆搅拌机	4.5	4	18	0.7,1.17
3	升降机	4.5	2	9	0.25,1.02
4	传送带	7.0	5	35	0.6,0.88
5	起重机	30	2	60	0.25,1.02
6	电焊机	32	3	96	(单相 380V)0.45,1.98
7	照明			20	0.1,0

第6章　民用建筑低压配电线路与设计

本章介绍了民用建筑低压配电线路的设计的基本知识，重点介绍了低压配电系统的室外架空配电线路、室内低压配电线路的设计和低压配电设备的选择。随着我国城市化建设要求的提高，电缆配电线路得到广泛应用，为此，本章特别增加了电缆线路的设计内容，便于民用建筑电气设计人员的学习和参考。

6.1　民用建筑常用电线、电缆的型号和截面选择

6.1.1　民用建筑常用电线、电缆的型号选择

1. 电线型号

根据导线材料和绝缘材料分，可分为塑料（聚氯乙烯）绝缘线和橡皮绝缘线，及铜芯线或铝芯线，主要BV、BLV、BX、BLX等型号。其型号含义如下：

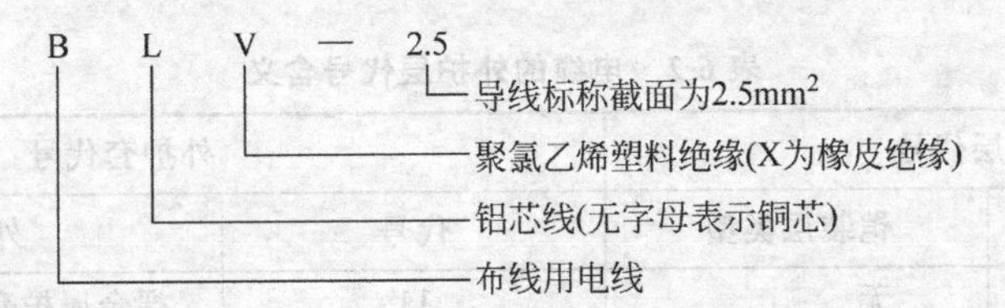

2. 电缆型号

电缆的型号内容包含其用作类别、绝缘材料、导体材料、铠装保护层等。在电缆型号后面还注有芯线根数、截面、工作电压和长度。常用电力电缆结构如图6-1所示。

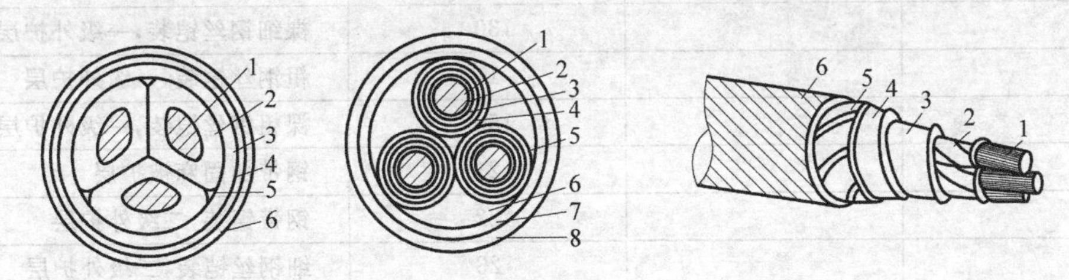

图6-1　常用电力电缆结构

(a) 1—导线；2—聚氯乙烯绝缘；3—聚氯乙烯内护套；4—铠装层（铅或铝）；5—填料；6—聚氯乙烯外护套

(b) 1—导线；2—导线屏蔽层；3—橡皮绝缘层；4—半导体屏蔽层；5—铜带屏蔽层；6—填料；7—橡皮布带层；8—聚氯乙烯外护套

(c) 1—线芯；2—纸包绝缘；3—铝包护层；4—塑料护套；5—钢带铠装；6—沥青麻护层

1）电缆型号的含义

电缆型号含义见表6-1，外护层代号见表6-2。例如：

① VV_{22}-(3×25＋1×16)表示铜芯、聚氯乙烯内护套、双钢带铠装、聚氯乙烯外护套、三芯 25mm^2、一根 16mm^2 的电力电缆。新型电缆有 4＋1 芯，便于用在五线制供电系统。如 PVC 型聚乙烯绝缘聚氯乙烯护套电力电缆铜芯和铝芯截面有 1.5 至 400mm^2。

② $YJLV_{22}$-(3×120)－10－300 表示铝芯、交联聚乙烯绝缘、聚氯乙烯内护套、双钢带铠装、聚氯乙烯外护套、三芯 120mm^2、电压 10kV、长度 300m 的电力电缆。

③ Q_{21}-(3×50)－10－250 表示铜芯、纸绝缘、铅包、双钢带铠装、纤维外被层(如油麻)、三芯、50mm^2、电压为 10kV、长度为 250m 的电力电缆。

表 6-1　电缆型号含义

类　别	导　体	绝　缘	内 护 套	特　征
电力电缆(省略不表示)	T：铜线(可省)	Z：纸绝缘	Q：铅包	D：不滴油
		X：天然橡皮	L：铝包	P：分相金属护套
K：控制电缆	L：铝线	(X)DJJ 基橡皮	H：橡套	
P：信号电缆		(X)E 乙丙橡皮	(H)P：非燃性橡套	P：屏蔽
B：绝缘电缆		V：聚氯乙烯		
R：绝缘软缆		Y：聚乙烯	Y：聚氯乙烯护套	
Y：移动式软缆		YJ：交联聚乙烯		
H：市内电话缆			Y：聚乙烯护套	

表 6-2　电缆的外护层代号含义

铠装层代号		外护套代号	
代号	铠装层类型	代号	外护层类型
0	无	11	裸金属护套，一级外护层(麻)
1	裸金属护套	12	钢带铠装，一级外护层
2	双钢带	120	裸钢带铠装，一级外护层
4	细圆钢丝	13	细钢丝铠装，一级外护层
		130	裸细钢丝铠装，一级外护层
		15	粗钢丝铠装，一级外护层
		150	裸粗钢丝铠装，一级外护层
		21	钢带加固麻被护层
		22	钢带铠装，二级外护层
		23	细钢丝铠装，二级外护层
		25	粗钢丝铠装，二级外护层
		29	内钢带铠装
		39	内细钢带铠装
		59	内粗钢丝铠装

2) 五芯电力电缆

五芯电力电缆的出现是为了符合 TN—S 供电系统的需要，其型号有关数据见表 6-3。

表 6-3　五芯电力电缆型号

型号		电缆名称	芯数	标准截面/mm^2
铜芯	铝芯			
VV	VLV	PVC 绝缘 PVC 护套电力电缆	3+2	4～185
VV_{22}	VLV_{22}	PVC 绝缘钢带铠装 PVC 护套电力电缆	4+1	
ZR-VV	ZR-VLV	阻燃型 PVC 绝缘 PVC 护套电力电缆	5	
ZR-VV_{22}	ZR-VLV_{22}	阻燃型 PVC 绝缘钢带铠装 PVC 护套电力电缆		

3）聚氯乙烯绝缘聚氯乙烯护套电力电缆

聚氯乙烯绝缘聚氯乙烯护套电力电缆长期工作温度不超过 70℃，电缆导体的最高温度不超过 60℃。短路最长持续时间不超过 5s，施工敷设最低温度不得低于 0℃。最小弯曲半径不小于电缆直径的 10 倍。聚氯乙烯绝缘聚氯乙烯护套电力电缆技术数据见表 6-4。

表 6-4　聚氯乙烯绝缘聚氯乙烯护套电力电缆

产品型号		芯　数	标称截面/mm^2
铜芯	铝芯		
VV/VV_{22}	VLV/VLV_{22}	1	1.5～800
			2.5～800
			10～800
VV/VV_{22}	VLV/VLV_{22}	2	1.5～805
			2.5～805
			10～805
VV/VV_{22}	VLV/VLV_{22}	3	1.5～300
			2.5～300
			4～300
VV/VV_{22}	VLV/VLV_{22}	3+1	4～300
VV/VV_{22}	VLV/VLV_{22}	4	4～185

4）电缆供电的特点

(1) 不受外界风、雨、冰雹、人为损伤，供电可靠性高。

(2) 材料和安装成本都高，同等供电容量的线路成本约为架空线的 10 倍。

(3) 供电容量可以较大。

(4) 不占用地皮，有利于环境美观。

(5) 与架空线比较，截面相同时电缆供电容量可以较大，电缆导线的阻抗小。

3. 电线、电缆型号选择原则

(1) 贯彻"以铝代铜" 原则，在满足线路敷设要求的前提下，尽量采用铝芯导线。一般室内工程适宜选用铝芯导线，室外工程适宜选用铜铝芯导线。

(2) 尽量选用塑料绝缘线，这是因为塑料绝缘线的生产工艺简单、绝缘性能较好、成本较低。

(3) 电缆的选用应注意坚持"以铝代铜"，"以铝包代替铅包铜"，"以合成材料（如塑料等）代替橡胶材料" 等原则。

(4) 注意选用新材料、新品种的电线和电缆，不选用淘汰的产品和限制产品。

(5) 电线和电缆的具体型号选用应根据使用环境和敷设方式而定,具体见表6-5。

表6-5 按使用环境和敷设方式选择电线和电缆型号

环境特征	线路敷设方法	常用电线、电缆型号	导线名称
正常干燥环境	绝缘线瓷珠、瓷夹板或铝皮卡子明敷 绝缘线、裸线瓷瓶明配 绝缘线穿管明敷或暗敷 电缆明敷或放在沟中	BBLX,BLV,BLVV,BVV,BLX BBLX,BLV,LJ,LMY BBLX,BLV,BVV ZLL,ZLL_{11},VLV,YJV,YJLV,XLV,ZLQ	BLX:橡皮绝缘铝芯线 BBLX:铝芯玻璃丝编织橡皮线 BX:橡皮绝缘铜芯线 BLV:铝芯聚氯乙烯绝缘线 BLVV:铝芯塑料护套线 BVV:铜芯塑料护套线 LJ:裸铝绞线 LMY:硬铝裸导线 ZLL:油浸绝缘纸电缆 VLV:塑料绝缘铝芯电缆 YJV:塑料绝缘铜芯电缆 YJLV:塑料绝缘(聚乙烯)铝芯电缆 XLV:橡皮绝缘电缆(铝芯) ZLQ:油浸纸绝缘电缆 BV:铜芯塑料绝缘线 XLHF:橡皮绝缘电缆 其他型号的电线和电缆可查阅有关手册,此处略
潮湿和特别潮湿的环境	绝缘线瓷瓶明配(敷高>3.5m) 绝缘线穿管明敷或暗敷 电缆明敷	BBLX,BLV,BVV,BLX BBLX,BLV,BVV,BLX ZLL_{11},VLV,YJV,XLV	
多尘环境(不包括火灾及爆炸危险尘埃)	绝缘线瓷珠、瓷瓶明敷 绝缘线穿钢管明敷或暗敷 电缆明敷或放在沟中	BBLX,BLV,BLVV,BVV,BLX BBLX,BLV,BVV ZLL,ZLQ,VLV,YJV,XLV,XLHF	
有腐蚀性的环境	塑料线瓷珠、瓷瓶明线 绝缘线穿塑料管明敷或暗敷 电缆明敷	BLV,BLVV,BVV,BX BBLX,BLV,BV,BVV,BLX VLV,YJV,ZLL_{11},XLV	
有火灾危险的环境	绝缘线瓷瓶明线 绝缘线穿钢管明敷或暗敷 电缆明敷或放在沟中	BBLX,BLV,BVV,BLX BBLX,BLV,BVV ZLL,ZLQ,VLV,YJV,XLV,XLHF	
有爆炸危险的环境	绝缘线穿钢管明敷或暗敷 电缆明敷	BBX,BV,BVV,BX ZL_{120},ZQ_{20},VV_{20}	

6.1.2 导线截面的选择

从配电变压器到用电负荷的线路有架空线路和电缆线路两种形式。无论室内或室外的配电导线及电缆截面的基本选择方法是一样的。

1. 电线和电缆线芯截面选择的基本要求

(1) 最大工作电流作用下的缆芯温度,不得超过按电缆使用寿命确定的允许值。

(2) 最大短路电流作用时间产生的热效应,应满足热稳定条件。

(3) 联接回路在最大工作电流作用下的电压降,不得超过该回路允许值。

(4) 较长距离的大电流回路或35kV以上高压电缆,当符合上述条件时,宜选择经济截面,可按"年费用支出最小"原则。

(5) 铝芯电缆截面,不宜小于$4mm^2$。

(6) 水下电缆敷设需缆芯承受拉力且较合理时,可按抗拉要求选用截面。

(7) 导线截面的选择应同时满足机械强度、工作电流和允许电压降的要求。

其中导线承受最低机械强度的要求是指诸如导线的自重、风、雪、冰封等而不致断线;导线应能满足负载长时间通过正常工作最大电流的需要;及导线上的电压降应不超过规定的允许电压降。一般公用电网电压降不得超过额定电压的5%。电力电缆芯截面选择不当时，造成影响可靠运行、缩短使用寿命、危害安全、带来经济损失等弊病，不容忽视。

(8) 电缆缆芯持续工作温度应满足持续工作温度要求。电缆缆芯持续工作温度，关系到电缆绝缘的耐热寿命，一般按 30～40 年使用寿命，并依据不同绝缘材料选择性确定工作温度允许值。当工作温度比允许值大时，相应的使用寿命缩短。如交联聚乙烯电缆工作温度较允许值增加约 8℃，对应载流量增加 7%，则使用寿命降低一半。电缆缆芯持续工作温度，还涉及影响缆芯导体联接的可靠性，需考虑工程实际可能的导体联接工艺条件来拟定。

(9) 短路电流作用于电缆线芯产生的热效应，应满足不影响电缆绝缘的暂态物理性能维持正常使用要求，且使含有电缆接头的导体联接能可靠工作，以及对符合热稳定条件，否则会出现纸绝缘铅包被炸裂、绝缘纸烧焦、电缆芯被弹出、电缆端部冒烟等故障。

2. 常用导线截面选择的基本方法

导线截面选择的基本方法主要可从以下三个方面进行考虑：

(1) 机械强度选择要求。对于架空线路主要考虑机械强度要求，对于高压架空线路除要考虑机械强度要求外，还要考虑经济电流运行密度要求。

(2) 发热条件即安全载流量要求。对于送电距离 $L\leqslant 200\text{m}$ 的线路，一般可先按发热条件计算方法即安全载流量计算方法要求来选择导线截面，然后再用电压损失条件和机械强度条件要求进行校验。

(3) 电压损失条件要求。对于送电距离 $L>200\text{m}$ 的较长线路，一般可先按电压损失条件要求计算方法来选择导线截面，然后再用发热条件和机械强度条件要求进行校验。

3. 按机械强度选择导线截面

(1) 架空导线截面不得小于表 6-6 要求。

表 6-6　架空导线截面按机械强度选择导线截面(室外)　　mm^2

铜线		铝线		
绝缘线	裸线	绝缘线	铝绞线	钢芯铝绞线
6	10	10	25	16

接户线必须用绝缘线，铜线用截面不小于 4mm^2，铝线用截面不小于 6mm^2。

(2) 固定敷设的导线最小线芯截面应符合表 6-7 的规定。

表 6-7　固定敷设的导线最小线芯截面　　mm^2

敷设方式	铜芯	铝芯
裸导线敷设于绝缘子上	10	10
裸导线敷设于绝缘子上：室内 $L\leqslant 2\text{m}$	1	2.5
室外 $L\leqslant 2\text{m}$	1.5	2.5
室内、外 $2<L\leqslant 6\text{m}$	2.5	4
室内、外 $6<L\leqslant 16\text{m}$	4	6
室内、外 $16<L\leqslant 25\text{m}$	6	10
绝缘导线穿管、板敷设	1	2.5
绝缘导线线槽敷设	0.75	2.5
塑料绝缘护套导线扎头直敷	1	2.5

注：L 为绝缘子支持间距。

(3) 保护线采用单芯绝缘导线时,按机械强度要求:有机械保护时为 2.5mm²;无机械保护时为 4mm²。装置外导线体严禁用作保护中性线。在 TN—C 系统中,保护中性线严禁接入工关设备。保护线(PE)最小截面应该满足表 6-8 的要求。

表 6-8 保护线(PE)最小截面

相线线芯截面 S/mm²	保护线最小截面/mm²
$S \leqslant 16$	S
$16 < S \leqslant 35$	16
$S > 35$	$S/2$

4. 按导线发热条件即安全载流量选择导线截面

导线必需能够承受负载电流长期通过所引起的温升,不能因过热而损坏导线的绝缘。导线所允许长时间运行最大电流称为该截面的安全载流量。同导线截面不同的敷设条件下的安全载流量是不一样的。例如,同一截面的导线作架空线敷设比穿管敷设的安全载流量大。穿管线的根数等都影响安全载流量。

表 6-9 是绝缘线的安全载流量,更多的技术数据见书后附录Ⅲ各表。表 6-10 是橡皮绝缘导线的安全载流量。计算方法是先求出负载实际计算电流,再按计算电流查导线安全载流量表即可得导线截面。

表 6-9 BV 绝缘电线明敷及穿管持续载流量

环境温度/℃	30	35	40	30				35				40			
导线根数	1	1	1	2~4	5~8	9~12	>12	2~4	5~8	9~12	>12	2~4	5~8	9~12	>12
标称截面/mm²	明敷载流量/A			导线穿管载流量/A											
1.5	23	22	20	13	9	8	7	12	9	7	6	11	8	7	6
2.5	31	29	27	17	13	11	10	16	12	10	9	15	11	9	8
4	41	39	36	24	18	15	13	22	17	14	12	21	15	13	11
6	53	50	46	31	23	19	17	29	21	18	16	30	20	16	15
10	74	69	64	44	33	28	25	41	31	26	23	38	29	24	21
16	99	93	86	60	45	38	34	57	42	35	32	52	39	32	29
25	132	124	115	83	62	52	47	77	57	48	43	70	53	44	39
36	161	151	140	103	77	64	58	96	72	60	54	88	66	55	49
50	201	189	175	127	95	79	71	117	88	73	66	108	81	67	60
70	259	243	225	165	123	103	92	152	114	95	85	140	105	87	78
95	316	297	275	207	155	129	116	192	144	120	108	176	132	110	99
120	374	351	325	245	184	153	138	226	170	141	127	208	156	130	117
150	426	400	370	288	216	180	162	265	199	166	149	244	183	152	137
185	495	464	430	335	251	209	188	309	232	193	174	284	213	177	159
240	592	556	515	396	297	247	222	366	275	229	206	336	252	210	189

表 6-10　BX 绝缘电线明敷及穿管持续载流量

环境温度/℃	30	35	40	30				35				40			
导线根数	1	1	1	2～4	5～8	9～12	＞12	2～4	5～8	9～12	＞12	2～4	5～8	9～12	＞12
标称截面/mm^2	明敷载流量/A			导线穿管载流量/A											
1.5	24	22	20	13	9	8	7	12	9	7	6	11	8	7	6
2.5	31	28	26	17	13	11	10	16	12	10	9	15	11	9	8
4	41	38	35	23	17	14	13	21	16	13	12	20	15	12	11
6	53	49	45	29	22	18	16	28	21	17	15	25	19	16	15
10	73	68	62	43	32	27	24	40	40	25	22	37	27	23	20
16	98	90	83	58	44	36	33	53	55	33	30	49	37	31	28
25	130	120	110	80	60	50	45	73	68	46	40	68	51	42	38
35	165	153	140	99	74	62	56	91	84	57	51	84	63	52	47
50	201	185	170	122	92	76	69	112	108	70	63	104	78	65	58
70	254	234	215	155	116	97	87	144	114	90	81	132	99	82	74
95	313	289	265	198	149	124	111	193	144	120	108	168	126	105	94
120	366	338	310	231	173	144	139	213	160	133	102	196	147	122	110
150	419	387	355	269	201	168	151	248	186	155	139	228	171	142	128
185	484	447	410	311	233	194	175	287	215	179	161	264	198	165	148
240	584	540	373	373	279	233	209	344	258	215	193	316	237	197	177

注：额定电压 0.75kV，导体工作温度 65℃。

负载的计算电流为

$$I_{\mathrm{C}} = K_{\mathrm{n}} \frac{\sum P}{\sqrt{3} U_l \cos\varphi} \tag{6-1}$$

式中：I_{C}—— 线路计算电流；

K_{n}—— 需要系数，因为许多负载不同时使用，也不一定同时满载，还要考虑电机等电气设备效率 η 不等于 1，所以需要打个折扣，称作需要系数；

U_l—— 线路线电压；

$\sum P$—— 各负载电动机铭牌功率的总和；

$\cos\varphi$—— 负载的平均功率因数。

例 6-1　有一个钢筋加工场，负载总功率为 176kW，平均 $\cos\varphi = 0.8$，需要系数 $K_{\mathrm{n}} = 0.5$，电源线电压为 380V，用 BX 线，请用安全载流量求导线的截面。

解

$$I_{\mathrm{C}} = K_{\mathrm{n}} \frac{\sum P}{\sqrt{3} U_1 \cos\varphi} = 0.5 \frac{176 \times 1000}{\sqrt{3} \times 380 \times 0.8} = 166(\mathrm{A})$$

查得 25℃时导线明敷设可得截面为 $35\mathrm{mm}^2$，它的安全载流量为 170(A)，大于实际电流 166(A)。室内穿管线安全载流量和管内导线根数有关。室内 BV 型绝缘线穿钢管敷设时的安全载流量及钢管管径对照表见表 6-11；塑料绝缘电线空气中敷设长期负载下的载流量见表 6-12。

表 6-11 室内 BV 绝缘线穿钢管敷设时的安全载流量及钢管(SC)管径(mm)对照表 A

截面/mm²	二根					三根					四根				
	25℃	30℃	35℃	40℃	SC	25℃	30℃	35℃	40℃	SC	25℃	30℃	35℃	40℃	SC
1	14	13	12	11	15	13	12	11	10	15	11	10	9	8	15
1.5	19	17	16	15	15	17	15	14	13	15	16	14	13	12	15
2.5	26	24	22	20	15	24	22	20	18	15	22	20	19	17	15
4	35	32	30	27	15	31	28	26	24	15	28	26	24	22	15
6	47	43	40	37	15	41	38	35	32	15	37	34	32	29	20
10	65	60	56	51	20	57	53	49	45	20	50	46	43	39	25
16	82	76	70	64	25	73	68	63	57	25	65	60	56	51	25
25	107	100	92	87	25	95	88	82	75	32	85	79	73	67	32
35	133	124	116	105	32	115	107	99	90	32	105	98	90	83	32
50	165	154	142	130	32	146	136	126	115	40	130	121	112	102	50
70	250	191	177	162	50	183	171	158	144	50	165	154	142	130	50
95	250	233	216	197	50	225	210	194	177	50	200	187	173	158	70
120	290	271	250	229	50	260	243	224	205	50	230	215	195	181	70
150	330	308	285	261	70	300	280	259	237	70	264	247	229	209	70
185	380	355	328	300	70	340	317	294	268	70	300	280	259	237	80

表 6-12 塑料绝缘电线空气中敷设长期负载下的载流量

标称截面/mm²	铝芯/A	铜芯/A	标称截面/mm²	铝芯/A	铜芯/A
0.4		7	10	62	85
0.5		9	16	85	110
0.6		11	20	100	130
0.7		14	25	110	150
0.8		17	35	140	180
1	15	20	50	175	230
1.5	19	25	70	225	290
2	22	29	95	270	350
2.5	26	34	120	330	430
3	28	36	150	380	500
4	34	45	185	450	580
5	0.8	50	240	540	710
6	44	57	300	630	820
8	54	70	400	770	1000

注：电线型号为 BLV、BV、BVR、RVB、RVS、RFB、RFS，线芯允许温度为＋65℃。

照明线路敷设中，相线与中性线宜采用不同的颜色；中性线应采用淡蓝色，保护地线采用绿、黄双色绝缘导线。

5. 按允许电压损失选择导线截面

当供电线路很长时，线路上的电压损失就比较大，如果供电线路允许电压降为额定电压的 $\Delta U\%$，需要系数为 K_n，按导线材料等因素推导出公式如下：

$$S = K_n \frac{\sum (PL)}{C \cdot \Delta U} = K_n \frac{M}{C \cdot \Delta U} \tag{6-2}$$

式中：$M = \sum (PL)$—— 为负荷力矩的总和，kW · m；

C—— 计算系数，三相四线制供电线路时，铜线的计算系数 $C_{Cu} = 77$，铝线的计算系数为 $C_{Al} = 46.3$；在单相 220V 供电时，铜线的计算系数 $C_{Cu} = 12.8$，铝线的计算系数 $C_{Al} = 7.75$。

公用电网用电一般规定允许电压降为额定电压的 ±5%，单位自用电源可降到 6%，临时供电线路可降到 8%。

例 6-2　有一建筑工地配电箱动力用电 P_1 为 20kW，距离变压器 200m，P_2 为 18kW，距离变压器 300m，如图 6-2 所示。$\Delta U = 5(V)$，$K_n = 0.8$，$\cos\varphi = 0.8$，按允许电压降计算铝导线截面。

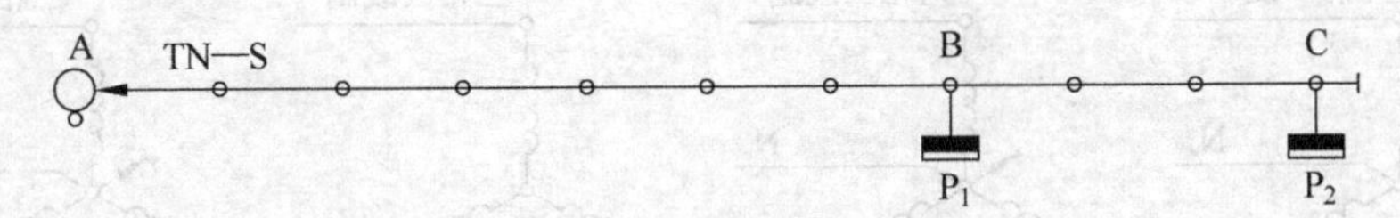

图 6-2　工地配电箱

解

$$S = K_n \frac{\sum (PL)}{C \cdot \Delta U} = 0.8 \times \frac{20 \times 200 + 18 \times 300}{46.3 \times 5} \approx 32.48(\text{mm}^2)$$

根据上式计算结果可选铝导线截面为 35mm²，再按发热条件要求进行校验计算：

$$I_c = K_n \frac{\sum P}{\sqrt{3} U_l \cos\varphi} = 0.8 \frac{(20 + 18) \times 1000}{\sqrt{3} \times 380 \times 0.8} = 57.74(\text{A})$$

查表 6-12 可选铝导线截面为 10mm²，但由于送电距离 $L > 200$m，应先满足电压降要求，电压降是主要矛盾。

最后确定铝导线截面为 35mm²。

例 6-3　亚运会有一建筑工地配电箱动力用电 P_1 为 66kW，P_2 为 28kW，如图 6-2 所示，杆距为 30m。用 BBLX 导线，$\Delta U = 5$V，$K_n = 0.6$，平均 $\cos\varphi = 0.76$，计算 AB 段的 BBLX 导线截面。

解

$$I_c = K_n \frac{\sum P}{\sqrt{3} U_l \cos\varphi} = 0.6 \frac{(28 + 66) \times 1000}{\sqrt{3} \times 380 \times 0.76} = 112.75(\text{A})$$

查表 6-13 可得导线截面为 35mm²，它的安全载流量为 138A，大于实际电流 112.75A，再按电压降计算：

$$S = K_n \frac{\sum (PL)}{C \cdot \Delta U} = 0.6 \frac{66 \times 90 + 28 \times 120}{46.3 \times 5} \approx 24.15\text{mm}^2$$

按电压降可选 BBLX－25mm²，但按安全载流量要求导线截面应选 35mm²，说明安全载流量是主要矛盾。

最后确定为 BBLX(3×35＋1×16)。

表 6-13 BBLX 导线安全载流量

导线截面/mm^2	10	16	25	35	50	70
安全载流量/A	65	85	110	138	175	220

6.2 民用建筑低压配电系统的配电方式

6.2.1 低压配电系统制式

目前低压配电电压应采用380/220V。我国常用方式为单相二线制、两相三线制、三相三线制和三相四线制,具体如图6-3所示。

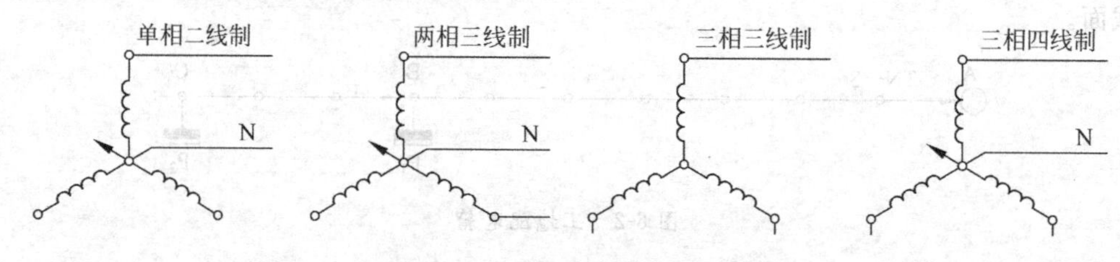

图 6-3 我国常用低压配电制式

提高配电电压,这在世界各国已成为发展趋势。将现行的380V电压升高为660V电压,可增加输电距离,提高输电能力;可减少变压器数量,简化配电系统,提高供电可靠性;可缩小电缆截面,节省有色金属;可降低功率损耗及短路电流值;并扩大异步电动机的制造容量等,因而是有效的节电手段之一。据有关部门了解,矿井中使用660V等级电压的电动机、变压器、电缆、开关、接触器等国内均能配套供应。但由于工业企业中仅个别部门使用660V等级电压,大规模运行的经验尚不够成熟。而且地面上使用的一般的660V的电动机、变压器、导线及控制保护用的电气设备,很多是380V电压等级或属于500V以下的,尚无法全面配套。

根据国际电工委员会IEC-TC64第312条中谈及配电系统的形式有两个特征,即带电导体系统的型式和系统接地的型式。而带电导体系统的型式分为交流系统:单相二线制、单相三线制、三相三线制及三相四线制;直流系统:二线制、三线制。系统接地型式分为:TT系统、TN系统和IT系统。其中TN系统又分为TN—C、TN—S、TN—C—S系统。

1. TT方式供电系统

1) 定义

TT方式是指将电气设备的不带电的金属外壳直接接地的保护系统,称为保护接地系统。第一个符号T是表示电力系统中性点直接接地,第二个符号T表示设备外露不与带电体相联接的金属导电部分与大地直接联接,而与系统任何接地无关,如图6-4所示。

2) 特点

(1) 电气设备采用接地保护可以大大减少触电的危险性,因为人体电阻与保护接地电阻是并联关系,通过人体的电流远远小于通过接地电阻(4Ω)的电流。

(2) 漏电设备的外壳对地电压高于安全电压,属于危险电压。

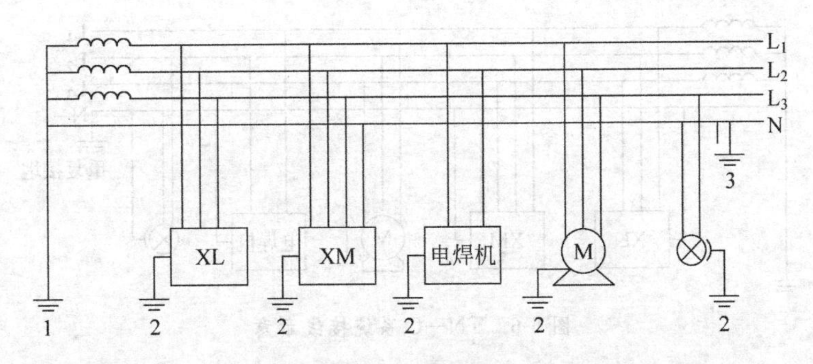

图 6-4　TT 系统接线示意

1—保护接地；2—保护接地；3—重复接地

漏电电流很小，熔断器不一定熔断，断路器不一定跳闸(相线碰壳电流约为 220V/8Ω=27.5A)，所以还需要漏电断路器作保护，因此 TT 系统难以推广。

(3) TT 系统的接地装置耗用的钢材多，而且难以回收，费工时、费料。

(4) 在 TT 系统中的负载所有接地均称为保护接地。

3) 应用

现在有的地方是采用 TT 系统，施工单位借用其电源作临时用电时，应作一条专用保护线，如图 6-5 所示，以便节约接地装置。

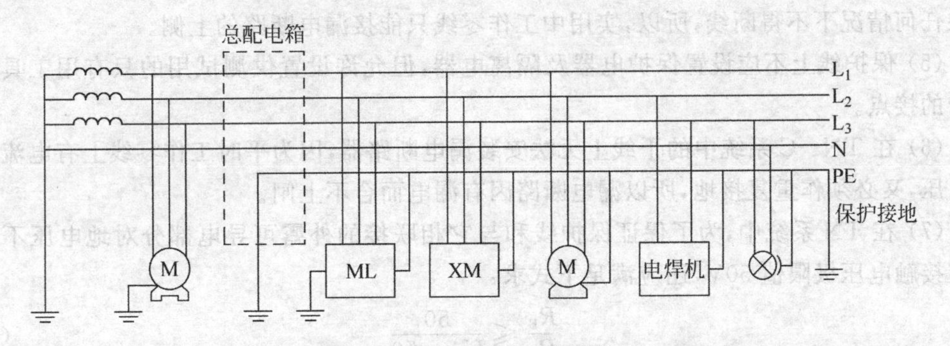

图 6-5　TT 系统在实用中的接线

图中虚线框内是施工用电总配电箱，把新增加的专用保护线 PE 线和工作零线 N 分开，其特点是：(1)共用接地线与工作零线没有电的联系；(2)正常运行时，工作零线可以有电流，而专用保护线没有电流；(3)TT 系统用于接地保护点很分散的地方。当用电设备比较集中时，可以共用同一接地保护装置的所有外露可导电部分，必须用保护线与这些部分共用的接地极联接在一起，或与保护接地母线、总接地端子相联。

接地装置的接地电阻 R_a 要满足单相接地故障时，在规定时间内切断供电的要求，或使接触电压限制在 50V 以下。

2. TN—C 方式供电系统

1) 定义

TN 方式供电系统是指将电气设备的金属外壳与工作零线相接的保护系统，称作接零保护系统，用 TN 表示。TN—C 方式供电示意图如图 6-6 所示。它用工作零线兼作接零保护线，可以称作保护性中线，用 PEN 表示。

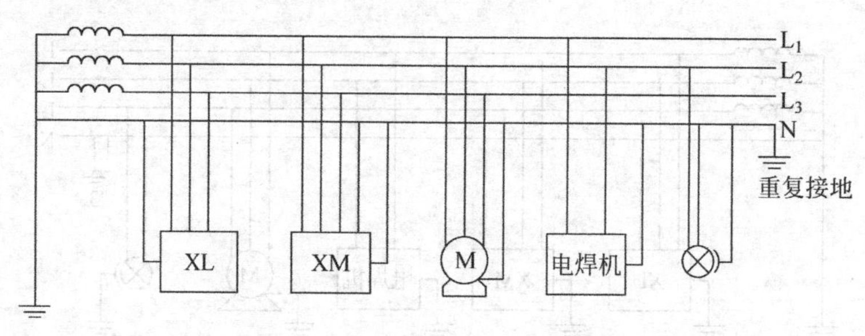

图 6-6 TN—C 系统接线示意

2) 特点

(1) 一旦设备出现外壳带电,接零保护系统将不平衡电流上升为短路电流,这个电流很大,约为 TT 系统的 5.3 倍,实际就是单相对地短路故障,熔丝会熔断,断路器立即使脱扣器动作而跳闸,使故障设备断电。

(2) 通常零线上有不平衡电流,所以对地有电压,保护线所联接的电器设备金属外壳有一定的电位。如果供电中线断线,则保护接零的漏电设备外壳带电,所以 TN—C 只适用于三相负载尽可能平衡的情况。

(3) 如果电源的相线碰地,则设备的外壳电位升高,使中线上的危险电位蔓延。

(4) TN—C 系统使用漏电断路器时,工作零线不能作为设备的保护零线,因为保护零线在任何情况下不得断线,所以,实用中工作零线只能接漏电断路的上侧。

(5) 保护线上不应设置保护电器及隔离电器,但允许设置供测试用的只有用工具才能断开的接点。

(6) 在 TN—C 系统中的干线上无法安装漏电断路器,因为平时工作零线上有电流对地有电压,又必须作重复接地,所以漏电断路因有漏电而合不上闸。

(7) 在 TN 系统中,为了保证保护线和与它相联接的外露可导电部分对地电压不超过约定接触电压极限值 50V,还应满足下式求:

$$\frac{R_B}{R_E} \leqslant \frac{50}{U_P - 50} \tag{6-3}$$

式中:R_B——所有接地极的并联有效接地电阻,Ω;

U_P——额定相电压,V;

R_E——与保护线联接的可导电部分的最小对地接触电阻。一般为 4~10Ω,当 R_E 值未知时,可假定此值为 10Ω。

如不满足上述公式要求,则应采用漏电电流保护或其他保护装置。

3. TN—S 方式供电系统

1) 定义

电源中性点接地,工作零线 N 和专用保护接零线 PE 严格分开的供电系统,称为 TN—S 供电系统,俗称三相五线制,如图 6-7 所示。

2) 特点

(1) 接零保护可以把故障电流上升为短路电流,使断路器自动跳闸,安全性能好。

(2) 供电干线上也可以安装漏电保护器。使用漏电断路器时,工作零线 N 没有重复接地,而 PE 线有重复接地,PE 线不经过漏电断路器,所以安全可靠。

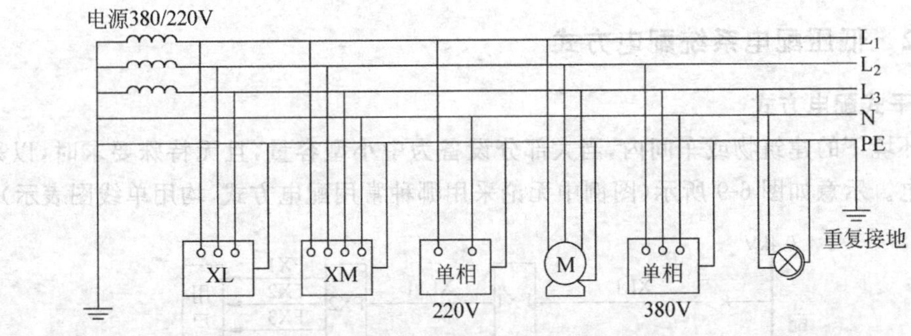

图 6-7　TN—S 系统接线示意

(3) 系统正常运行时，专用保护线上没有电流，而工作零线上有不平衡电流。

(4) 工作零线只用作照明单相负载的回线。

(5) 专用保护线 PE 不许断线，所以不生产五极断路器。

4. TN—C—S 方式供系统

1) 定义

建筑供电中，如果变压器中性点接地了，但是变压器中性点没有接出 PE 线，是三相四线制供电，而到了后部分建筑物或施工现场必须采用专用保护线 PE 时，可在后部分总配电箱中分出 PE 线，如图 6-8 所示。这种系统称为 TN—C—S 供电系统。

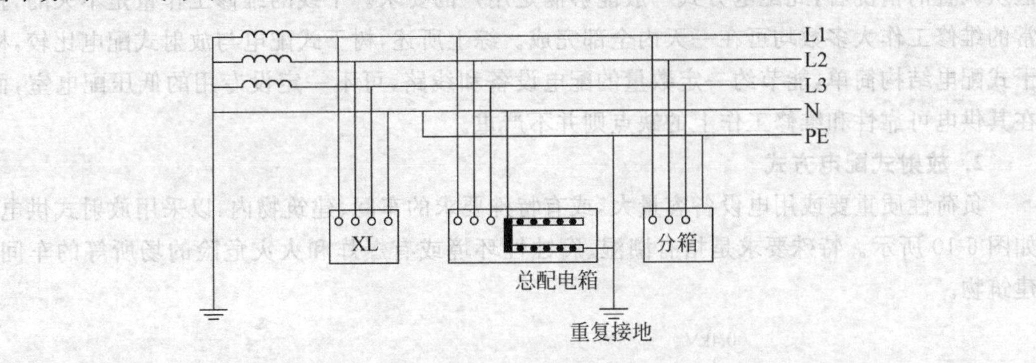

图 6-8　TN—C—S 系统接线示意

2) 特点

(1) 工作零线 N 与专用保护线 PE 相联通，如图中 N—D 这段中线不平衡电流比较大时，电气设备的接零保护受零线电位的影响。D 点至后面 PE 线上没有电流，即该段导线上没有电压降，因此 TN—C—S 系统可以降低电动机外壳对地的电压，然而又不能完全消除这个电压，这个电压的大小取决于 N—D 线的负载不平衡的情况及 N—D 这段线路的长度。如果负载越不平衡，N—D 线又很长时，则电机对地电压偏移就越大。所以要求负载不平衡电流不能太大，而且在 PE 线上必须作重复接地。

(2) PE 线在任何情况下都不得进入漏电断路器，因为 PE 线不许断线的。

(3) 对 PE 线架设和 N 线必须严格分开，除了在总箱处以外，其他各处均不得把 N 线和 PE 线相联，PE 线上绝对不允许安装断路器和熔断器，也不得用大地兼作 PE 线。

(4) 采用 TN—C—S 系统时，当保护线与中性从某点(一般为进户处)分开后就不能再合并，且中性线绝缘水平应与相线相同。

6.2.2　低压配电系统配电方式

1. 树干式配电方式

正常环境下的建筑物或车间内,当大部分设备为中小型容量,且无特殊要求时,以采用树干式配电。示意如图 6-9 所示(图例中无论采用哪种常用配电方式,均用单线图表示)。

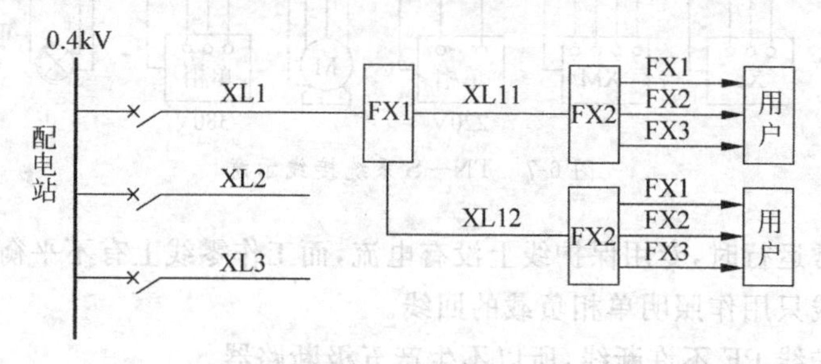

图 6-9　树干式配电示意图

采用树干式配电的主要优点是结构简单,投资较省和有色金属使用少。但有人认为这种方式的线路接头不可靠,容易发生故障。此外,目前各级保护装置的遮断时间很难满足选择性要求,常常因越级跳闸低压侧的总断路器,停电影响范围较大,不及放射式规定可靠。但从调查的情况看,此配电方式一般能够满足用户的要求。干线的维修工作量是不大的,正常的维修工作大多数均可在一天内全部完成。综上所述,树干式配电与放射式配电比较,树干式配电结构简单,能节约一定数量的配电设备和线路,可不一定设专用的低压配电室,而在其供电可靠性和维修工作上的缺点则并不严重。

2. 放射式配电方式

负荷性质重要或用电设备容量大,或有特殊要求的车间、建筑物内,以采用放射式供电,如图 6-10 所示。特殊要求是指有潮湿、腐蚀性环境或有爆炸和火灾危险的场所等的车间、建筑物。

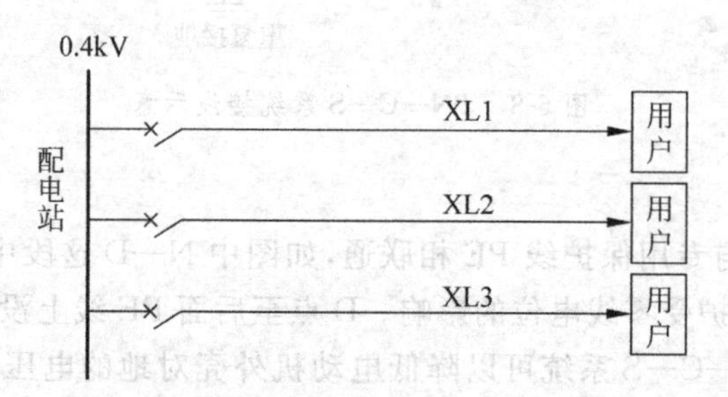

图 6-10　放射式配电示意图

采用放射式配电的主要优点是结构简单,维护方便,供电的可靠性较树干式强,但投资较大。特别是近期新建的住宅小区,为了美观,用低压电缆代替了低压架空线,低压电缆的资金投资不容忽略。

3. 链式配电方式

当部分用电设备距离供电点较远,而彼此用电设备又相距很近、容量很小的次要用电设备,可采用链式配电,如图 6-11 所示。但每一回环链设备不宜超过 5 台,其总容量不宜超过

10kW。容量较小的用电设备数量可适当增加。

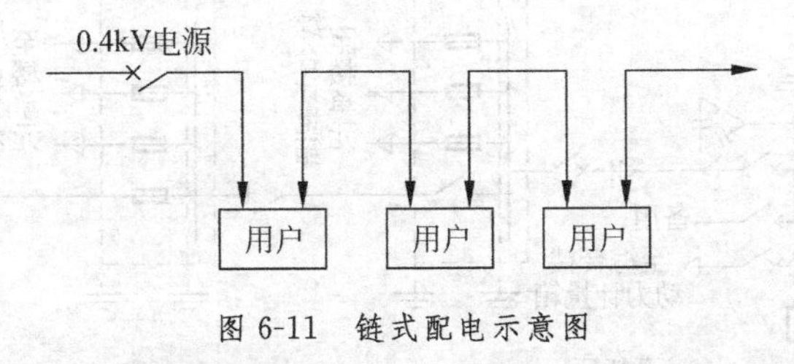

图 6-11　链式配电示意图

供电容量较小的一般设备的插座,采用链式配电时其环链数量可适当增加。此规定给出容量较小的用电设备对携带型用电设备容量在1kW以下时,可以在满负荷情况下经常合闸,用插座供电的设备因容量较小可以不受此条上述数量的限制,其数量可以适当增加。

以上三种配电方式在实际采用中,可灵活使用。对部分较大容量较集中或重要负荷,应从电压配电室以放射式配电。高层建筑物内,当向楼层各配电点供电时,宜采用分区树干式配电。对远距离次要性的小负荷可采用链式配电。

以上对低压系统的配电方式作了介绍,下面举某民用建筑的供电方案作些说明,如图6-12和图6-13所示。

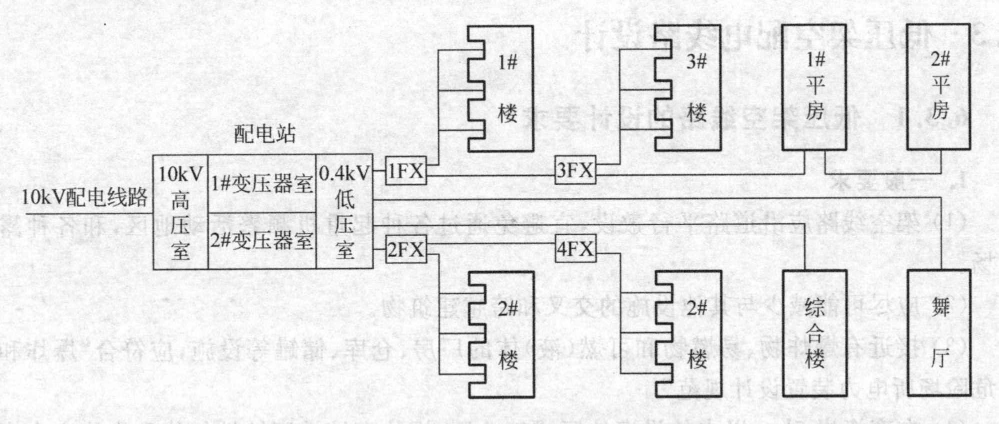

图 6-12　花园小区一角供电布置示意图

从电气接线图中可以看出,变压器低压侧中心线是直接接地的,构成了0.4kV直接接地系统(也称大电流接地系统),这一点接地称为工作接地。在配电站中,变压器中心点及外壳、低压母线零线(也称N线)及电气设备和电气装置外壳都共用一个接地网即联接在一起,所以实现了低压TN—C系统。

整个小区采用低压电缆地下敷设的方式,电缆沟的支架和电缆的金属外壳都应保证可靠接地,并在低压分线箱处与N线相联并可靠接地。这种接地的方式称为重复接地。以保证单相短路时可靠跳闸。

XF低压分线箱的外壳是单独接地的,这点接地称为保护接地。要求该接地点与分线箱的N零线接地点保持5m以上的距离,认为两者之间的接地没有直接的电气联系,从而实现了TT系统。综合计量箱也采用了与低压分线箱相同的接地保护方式。

从电气接线图中还可以看出,在低压系统中,厅和综合小楼采用放射式供电,民用住宅楼和小平房用采用树干式供电,同时配电站、低压分线箱和小平房之间又构成了链式供电方式。

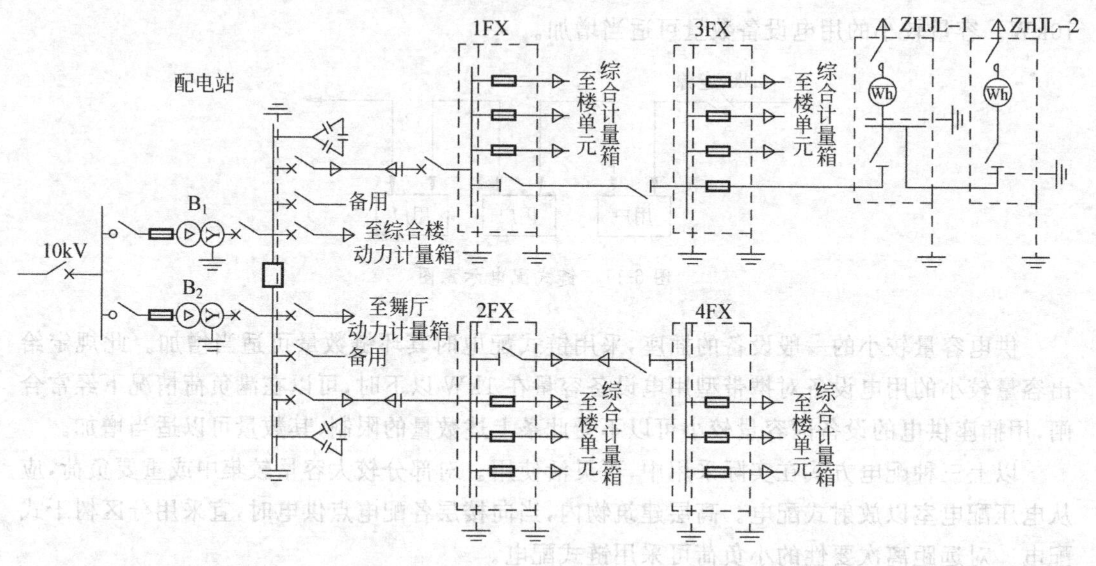

图 6-13 花园小区一角供电电气接线图

6.3 低压架空配电线路设计

6.3.1 低压架空线路的设计要求

1. 一般要求

(1) 架空线路应沿道路平行敷设,宜避免通过各种起重机频繁活动地区,和各种露天堆场。

(2) 应尽可能减少与其他设施的交叉和跨越建筑物。

(3) 接近有爆炸物、易燃物和可燃(液)体的厂房、仓库、储罐等设施,应符合"爆炸和火灾危险场所电力装置设计规范"。

(4) 在离海岸 5km 以内的沿海地区或工业区,视体育馆性腐蚀性气体和尘埃产生腐蚀作用的严重程度,选用不同防腐性能的防腐型钢芯铝绞线。

(5) 架空线路不应采用单股的铝合金线。高压线路不应采用单股铜线。

架空线路导线截面不应小于表 6-14 所列数值。

表 6-14 导线最小截面 mm^2

导线种类	35kV 线路	3~10kV 线路		3kV 以下线路
		居民区	非居民区	
铝绞线及铝合金线	35	35	25	16
钢芯铝绞线	35	25	16	16
铜线		16	16	10 线直径 3.57mm

注:1. 居民区指厂矿区、港口、码头、火车站、城镇及乡村等人口密集地区。

2. 非居民区指居民区以外的其他地区,此外,虽有车辆、行为、或农业机械到达,但未建房屋或房屋稀少地区,亦属非居民区。

(6) 架空线路的导线与地面的距离,在最大计算弧垂情况下,不应小于表 6-15 所列数值。

表 6-15　导线与地面的最小距离　m

线路经过地区	线路电压/kV		
	35	3～10	<3
居民区	7.0	6.5	6.0
非居民区	6.0	5.5	5.0
交通困难地区	5.0	4.5	4.0

(7) 架空线路的导线与建筑之间的距离，不应小于表 6-16 所列数值。

表 6-16　导线与建筑间的最小距离　m

线路经过地区	线路电压/kV		
	35	3～10	<3
导线跨越建筑物垂直距离(最大计算弧重)	4	3	2.5
边导线与建筑物水平距离(最大计算风偏)	3	1.5	1

注：1. 架空线中不应跨越屋顶为易燃材料的建筑物。
2. 对其他建筑也应尽量不跨越。

(8) 架空线路的导线与街道行道树间的距离，不应小于表 6-17 所列数值。

表 6-17　导线与街道行道树间的最小距离　m

	线路电压/kV		
	35	3～10	<3
最大计算弧垂情况下的垂直距离	3.0	1.5	1.0
最大计算风偏情况下的水平距离	3.5	2.0	1.0

(9) 3～10kV 高压接户线的截面，不应小于下列数值：

铝绞线　25mm²

铜绞线　16mm²

(10) 1kV 以下低压接户线应采用绝缘导线，导线截面应根据允许载流量选择，但不应小于表 6-18 所列数值。

表 6-18　低压接户线的最小截面

敷设方式	挡距/m	最小截面/mm²	
		绝缘铝线	绝缘铜线
自电杆引下	<10	4.0	2.5
	10～25	6.0	4.0
沿墙敷设	≤6	4.0	2.5

注：接线户的挡距不宜大于 25m，如超过宜增设接户杆。

(11) 接户线的对地距离，不应小于下列数值：

3～10kV 高压接户线　4.5m

1kV 以下低压接户线　2.5m

(12) 跨越道路街道的低压接户线，至路面中心的垂直距离，不应小于下列数值：

通车街道　6m

通车困难的街道、人行道　3.5m

胡同(里弄、巷)　3m

6.3.2 架空导线的力学计算与排列和间隔

1. 架空导线的最大使用应力计算

架空导线的最大使用应力(在弧垂最低点)应按下式计算:

$$\delta_{\max} = \frac{\delta_p}{k_x} \tag{6-4}$$

式中:δ_p——导线的瞬时破坏应力,N/mm^2;

k_x——导线的安全系数,不应小于表6-19所列数值。

表6-19 架空导线的最小安全系数 k_x

导线种类	单　股	多股	
		一般地区	重要地区
铝绞线、钢芯铝线及铝合金线	—	2.5	3
铜线	2.5	2	2.5

注:重要地区指大、中城市的主要街道及人口稠密的地方。

2. 架空导线排列

(1) 35kV架空线路的导线,一般采用三角排列或水平排列。

(2) 6～10kV架空线路的导线、一般采用三角或水平排列。多回路线的导线、宜采用三角、水平混合排列或垂直排列。

(3) 1kV以下架空线路的导线、一般采用水平排列。

(4) 向一般负荷供电的高低压线路宜同杆架设。为了维修和减少停电机会,直线杆横担不宜超过四层(包括路灯线路),具体可按下列情况而定:

① 仅高压线路时为二回路;

② 仅低压线路时为四回路;

③ 高低压同杆时为四回路(其中允许有二路高压)。同杆架设的线路,高压线路在上,低压线路在下,路灯照明回路应架设在最下面。

(5) 向重要负荷供电的双电源线路,不应同杆架设。

2. 导线间隔

(1) 10kV及以下线路与35kV线路同杆架设时,导线间垂直距离,不应小于2m。同杆架设10kV及以下双回路线路的横担垂直距离,不应小于表6-20值。

表6-20 同杆架设10kV及以下线路的横担间的最小垂直距离 m

6～10kV	0.8	0.45/0.60
1～6kV	1.2	1.0
1kV	0.6	0.3

注:表中0.45/0.60是指转角杆或分歧杆横担距上面的横担取0.45m,距下面的横担取0.60m。

(2) 通信电缆与6～10kV架空线路合杆时,其间距不得小于2.5m。

(3) 广播线路及通信电缆与380V及以下架空线路合杆时,其间距不得小于1.5m。

6.3.3 绝缘子与横担选择

1. 绝缘子

(1) 针式绝缘子多用于10kV及以下的直线杆和转角合力不大的转角杆。

(2) 蝴蝶形绝缘子多用于380V线路终端、耐张及转角杆上。在6～10kV线路中还可与悬式绝缘子组成绝缘子串,从而简化金具结构。因这种绝缘子耐电性能差,故不宜单独用作高压线路绝缘子组件。

(3) 悬式绝缘子使用于6kV及以上的线路上。

(4) 拉紧绝缘子用于拉线上作为拉线绝缘和联接用。

(5) 瓷横担绝缘子适用于10kV以上的线路作支持导线和绝缘之用,可取代针式绝缘子及部分悬式绝缘子。

2. 按绝缘强度选择绝缘子

架设在一般地区的线路,其绝缘子或绝缘子串和的单位工作电压(额定线电压)泄漏距离不应小于1.6cm/kV,架设在空气污秽地区或接近觉得海岸、盐场、盐湖和盐碱地区的线路,应根据运行经验和可能污秽的程度,增加绝缘泄漏距离,并宜采用防污型绝缘子或采取其他有效措施。

3. 横担选择

(1) 设计横担时,应尽量使用同一种导线用的单横担与双横担,采用相同规格的钢材,并在同一区段内的同一种横担的线间距应尽量相同,以便减少横担的规格种类。

(2) 横担根据受力情况可分为中间型、耐张型和终端型。中间型横担只承受导线的垂直荷载。耐张型横担主要承受两侧导线的拉力差。终端型横担主要承受导线的最大允许拉力。横担结构类型与之相适应的杆型及受力情况见表6-21。

表6-21 横担类型及其受力情况

<table>
<tr><th>横担类型</th><th>杆 型</th><th>承受荷载</th></tr>
<tr><td rowspan="2">单横担</td><td>直线杆,15°以下转角杆</td><td>导线的垂直荷载</td></tr>
<tr><td>15°～45°转角杆,耐张杆(两侧导线拉力差为零)</td><td>导线的垂直荷载</td></tr>
<tr><td rowspan="2">双横担</td><td>45°以上转角杆,终端杆、分支杆</td><td>(1) 一侧导线最大允许拉力的水平荷载;
(2) 导线的垂直荷载;</td></tr>
<tr><td>耐张杆(两侧导线有拉力差)大跨越杆</td><td>(1) 两侧导线拉力差的水平荷载;
(2) 导线的垂直荷载;</td></tr>
<tr><td rowspan="2">带斜撑的双横担</td><td>终端杆,分支杆,终端型转角杆</td><td>(1) 一侧导线最大允许拉力的水平荷载;
(2) 导线的垂直荷载;</td></tr>
<tr><td>大跨越杆</td><td>(1) 两侧导线拉力差的水平荷载;
(2) 导线的垂直荷载</td></tr>
</table>

6.4 电缆配电线路设计

6.4.1 电缆配电线路的设计

1. 适用范围

(1) 6～10kV供配电线路有下列情况之一时,宜选用电缆线路:

① 用电群集的车间、厂房、港口、码头、车站、机场、体育场馆、剧院及其他公益建筑、高层建筑;

② 繁华地区、重要地段、主要道路及城镇规划和市容环境有特殊要求的地区;

③ 技术难以解决的严重污染和腐蚀地段;

④ 供电可靠性要求较高或重要负荷用户;

⑤ 重点风景旅游区;

⑥沿海地区易受热带风暴侵袭的区段的主要城镇的重要供电区域;

⑦ 电网结构或运行安全的需要。

(2) 1kV以下供配电线路有下列情况之一时,宜选用电缆线路:

① 用电设备群集的场所;

② 负荷密度高的城镇中心区;

③ 建筑面积较大的新建居民住宅区及高层建筑区;

④ 依据规划不宜通过架空线路的城镇街道或地区;

⑤ 经综合经济技术比较采用电缆线路合理时。

2. 截面选择计算

电缆截面的选择,一般按电缆长期允许持续载流量和线路允许电压损失百分数选择,同时考虑环境温度变化、多根电缆并列及土壤热电阻的影响。若选出的电缆截面为非标准截面时,应按上限选择标准截面。

(1) 按计算负荷选择电缆截面

$$I_{yx} \geqslant I_c \tag{6-5}$$

式中:I_{yx}——电缆允许持续载流量,A;

I_c——线路计算电流,A;

电缆的型号请参见本章6.1节,各型电缆允许持续载流量与环境温度及敷设方式有关,其数值可查阅各类电缆手册。确定电缆持续允许载流量的环境温度,应按使用地区的气象温度多年平均值,并计入实际环境的温升影响,各种电缆允许持续载流量环境温度修正系数见表6-22。

表6-22中,其他环境温度下载流量的校正系数K可按下式计算:

$$K = \sqrt{\frac{\theta_m - \theta_2}{\theta_m - \theta_1}} \tag{6-6}$$

式中:θ_m——电缆芯最高工作温度,℃;

θ_1——对应于额定允许持续载流量的基础环境温度,℃;

θ_2——实际环境温度,℃。

表 6-22　10kV 及以下电缆在不同环境温度时的允许持续载流量校正系数

敷设地点		空气中				土壤中			
环境温度/℃		30	35	40	45	20	25	30	35
电缆芯最高工作温度/℃	60	1.22	1.11	1.0	0.86	1.07	1.0	0.93	0.85
	65	1.18	1.09	1.0	0.89	1.06	1.0	0.94	0.87
	70	1.15	1.08	1.0	0.91	1.05	1.0	0.94	0.88
	80	1.11	1.08	1.0	0.93	1.04	1.0	0.95	0.90
	90	1.09	1.05	1.0	0.94	1.04	1.0	0.95	0.92

(2) 对于高压电缆还应作热稳定校验

$$S_{\min}=\frac{I_{\infty}}{C}\sqrt{T_{j}} \tag{6-7}$$

式中：$S_{\min}$——导体所需最小截面，mm^2；

I_{∞}——稳态短路电流，kA；

T_j——假想时间，即短路电流作用时间，s；

C——热稳定系数，1～10kV 油浸纸绝缘电缆及不滴流电缆：铝芯 95，铜芯 165；交联聚乙烯绝缘电缆：铝芯 80，铜芯 135；聚氯乙烯绝缘电缆：铝芯 65，铜芯 100。

选择短路计算条件应符合下列规定：

① 系统接线应采取正常运行方式，宜按工程建成后 5 年以上规划发展考虑；

② 故障点应选取在通过电缆回路最大短路电流可能发生处；

③ 宜按三相短路计算；

④ 短路电流作用时间，应取保护切除时间与断路器全分闸时间之和。对电动机直馈线，应采取主保护时间；其他情况，宜按后备保护计。

(3) 电缆截面选择后，对于 6～10kV 电缆线路还要按经济电流密度进行校验，见表 6-23。

表 6-23　电缆线路经济电流密度　A/mm^2

最大负荷利用小时/(h/a)	<3000(一班制)	3000～5000(二班制)	>5000(三班制)
铝芯	1.92	1.73	1.54
铜芯	2.50	2.25	2.00

(4) 按允许电压损失%，选择电缆截面

$$\Delta U_{yx}\% \geqslant \Delta U_{jx}\% \tag{6-8}$$

式中：$\Delta U_{yx}\%$——线路允许的电压损失百分比，对于 6～10kV 电缆线路取值为 5%；对于 1kV 以下电缆线路自配电变压器出口至不包括接户线的线路的末端电压损失百分比取值 4%；

$\Delta U_{jx}\%$——线路计算电压损失百分比，可通过计算或查各类电缆手册求得。

6.4.2　电缆配电线路的敷设

1. 电缆直接埋地敷设

如图 6-14 所示为电缆直接埋地敷设方式，其特点是经济、施工方便但易受机械损伤、化学腐蚀、电腐蚀，故其可靠性较差，检修不方便，一般多用于根数不多的地方。

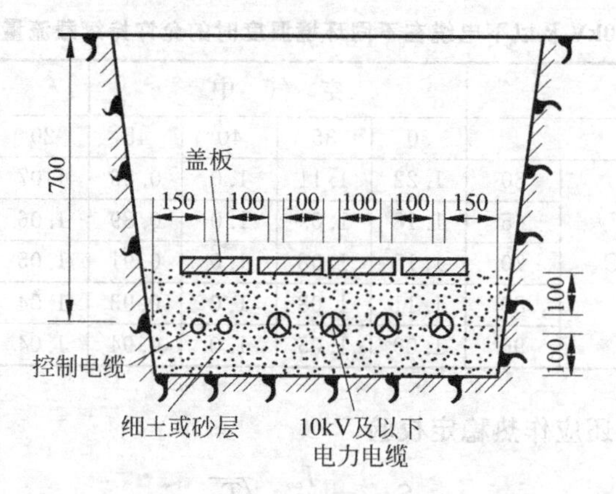

图 6-14　电缆直接埋地敷设方式

电缆直接埋地敷设可按以下各项要求进行：

(1) 当沿同一路径敷设的室外电缆根数为 8 根以下且场地有条件是地，宜采用直埋电缆敷设。

(2) 直埋电缆敷设路径的选择应符合：①避开含有酸、碱、强腐蚀或杂散电流、化学腐蚀严重影响的地段；②没有防护措施时，避开白蚁地带，热源影响和易遭外力损伤的区段。

(3) 电缆在室外直接埋地敷设的深度不应小于 0.7m，穿越农田时不应小于 1m，并应在电缆上、下各均匀敷设 100mm 厚的细砂或软土，然后覆盖混凝土保护板或类似的保护层，覆盖的保护层应超过电缆两侧各 50mm；在寒冷地区，电缆应埋设于冻土层以下；当无法深埋时，应采取措施，防止电缆受到损坏；直埋深度不超过 1.1m 可不考虑上部压力的机械损伤；电缆外皮至地下构筑物基础不得小于 0.3m。

(4) 向一级负荷供电同一路径的双路电源电缆，不应敷设在同一沟内，当无法分开时则该两路电缆应采用绝缘和护套均为非燃性材料的电缆，且应分别置于其他电缆的两侧。

(5) 电缆通过有振动和承受压力的下列各地段应穿管保护。

① 电缆引入和引出建筑物和构筑物的基础，楼板和过墙等保护管管口应实施阴水堵塞；

② 电缆通过铁路，道路和可能受到机械损伤等地段，保护范围应超出路基、道路、街道路面两边排水沟外 0.5m 以上；

③ 电缆引出地面 2m 至地下 0.2mm 处行人容易接触和可能受到机械损伤的地方。

(6) 电缆与建筑物平行敷设时，电缆应埋设在建筑物的散水坡外，电缆引入建筑物时，所穿保护管应超出建筑物散水坡 100mm。

(7) 埋地电缆敷设的长度，应比电缆沟长 1.5%～2%，并做波状敷设。

(8) 电缆与热力管沟交叉时，如电缆穿石棉水泥管保护，其长度应伸出热力管沟两侧各 2m；用隔热保护层时应超过热力管沟和电缆两侧各 1m。

(9) 电缆与道路，铁路交叉时，应穿管保护，保护管应伸出路基 1m。

(10) 沿坡度或垂直敷设油浸纸绝缘电缆时，其敷设水平高差不应大于表 6-24 的数值。

(11) 埋地敷设的电缆之间及与各种设施平行或交叉的净距离，不应小于表 6-25 中的数值。

表 6-24　敷设电缆允许高差

电　压	有无铠装	最大允许高差/m	
		铅包	铅包
1kV 以下	铠装	25	25
	无铠装	20	25
6～10kV	铠装或无铠装	15	20

表 6-25　直埋敷设电缆之间及与各种设施的最小净距　m

顺　序	项　目	敷设条件	
		平行时	交叉时
1	建筑物、构筑物基础	0.50	—
2	电杆	0.60	—
3	乔木	1.50	—
4	灌木丛	0.50	—
5	1kV 以下电缆之间以及与控制电缆和 1kV 以上电缆间	0.10	0.50(0.25)
6	通信电缆	0.50(0.1)	0.50(0.25)
7	热力管沟	2.00	0.50
8	水管、压缩空气管	1.00(0.25)	0.50(0.25)
9	可燃气体及易燃液体管道	1.00	0.50(0.25)
10	铁路(平行时与轨道、交叉时与轨底、电气化铁路除外)	3.00	1.00
11	道路(平行时与路边、交叉时与路面)	1.50	1.00
12	排水明沟(平行时与沟边、交叉时与沟底)	1.00	0.50

注：1. 表中所列净距，应自各种设施(包括防护层)的外缘算起；

2. 路灯电缆与道路，灌木丛平行距离不限；

3. 表中括号内数字是指局部地段电缆穿管，加隔板保护板或加隔热层保护后允许的最小净距；

4. 电缆与水管、压缩空气管平行，电缆与管道标高差不大于 0.5m 时，平行净距可减少至 0.50m。

(12) 埋地敷设的电缆，接头盒下面必须垫混凝土基础板，其长度应伸出接头保护盒两侧 0.60～0.70m。

(13) 电缆中间接头盒外面应设有生铁或混凝土保护盒，或者用铁管保护，当周围介质对电缆有腐蚀作用或地下经常有水，冬季会造成冰冻时，保护盒应注沥青。接头与邻近电缆的净距不得小于 0.25m。

(14) 电缆沿坡度敷设时，中间接头就保护水平，多根电缆并列敷设时，中间接头的位置应互相错开，其净距不应小于 0.5m。

(15) 电缆在拐弯、接头、终端和进出建筑物等地段应装设明显的方位标志，直线段上 100m 间隔应适当增设标桩；桩露出地面一般为 0.15m。位于城镇道路等开挖频繁的地段，须在保护板上铺以醒目的标示带。

2. 在电缆沟内敷设

如图 6-15 所示为电缆在电缆沟敷设方式，其特点是投资省、占地少、走向灵活能容纳较多电缆，但检修维护不方便，适用于电缆更换机会较少处。

3. 电缆隧道敷设

如图 6-16 所示为电缆隧道敷设方式，其特点是敷设、检修和更换电缆方便，能容纳大量电缆，但投资大，耗用材料多，适用于有大量电缆的配电装置处。

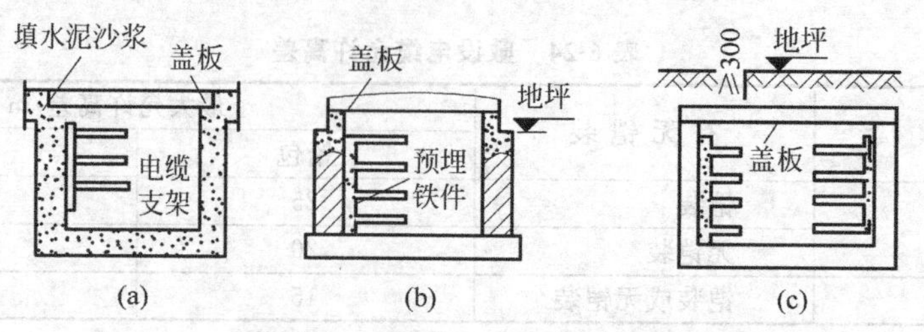

图 6-15 电缆在电缆沟敷设方式

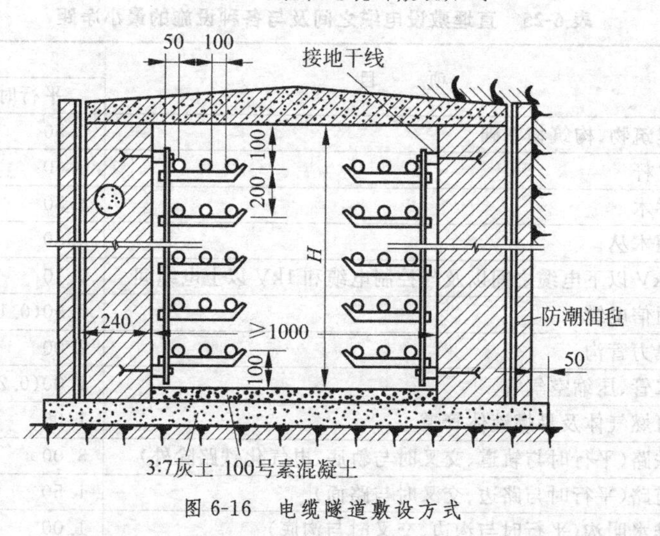

图 6-16 电缆隧道敷设方式

电缆隧道敷设电缆可按以下各项要求进行。

(1) 电缆与地下管网交叉不多地下水位较低，且无高温介质和熔化金属液体流入可能的地区，同一路径的电缆根据数为18根以上时，宜采用电缆隧道敷设。

(2) 电力电缆在隧道内敷设时，其水平净距为35mm，但不应小于电缆外径。

(3) 电缆在电缆隧道内敷设时，其支架层间垂直距离和通道宽度不应小于表6-26中1的数值。

表 6-26 电缆隧道支架层间垂直距离和通道宽度的最小净距 m

顺序	敷设方式		电缆隧道
1	通道宽度	两侧设支架	1.00
		一侧设支架	0.90
2	支架层间垂直距离	电力电缆	0.20
		控制电缆	0.12

(4) 电缆在电缆隧道内敷设时，支架层间或固定点间的距离不应大于表6-27中2的数值。

表 6-27 电缆隧道内电缆支架间或固定点间最大间距 m

顺序	敷设方式	各型护套和铠装电缆		钢丝铠装电缆
		电力电缆	控制电缆	
1	水平敷设	1.00	0.80	3.00
2	垂直敷设	1.50	1.00	6.00

(5) 电缆隧道敷设,电缆支架的长度不宜大于0.5m。在盐雾地区或化学气体腐蚀地区,电缆支架应除腐漆或采用铸铁支架。

(6) 同一支架上电缆的排列方式,应符合下述要求:

① 控制和信号电缆可紧靠或多层叠置;

② 除交流系统用单芯电力电缆的同路可采用品字形布置外,对重要的同一路多根电力电缆不宜叠置。

(7) 电缆隧道最下层支架距地坪,隧道底部的最小允许净距为0.05~0.1m。

(8) 电缆隧道支架上敷设电缆时,电力电缆应放在控制电缆上方的支架上,电缆电压高一级的电力电缆应放在电缆电压低一级的电力电缆的上方支架上,但1kV以下的电力电缆和控制电缆可并列敷设,当两侧均有支架时,1kV以下的电力电缆和控制电缆与1kV以上的电力电缆,分别敷设于不同侧的支架上。

(9) 电缆隧道应设排水措施,并应符合下列要求:

① 电缆隧道底部沿纵向水坡度不应小于0.5%;

② 隧道底部沿纵向宜设泄水边沟;

③ 沿排水方向每隔50~100m应设排水井或排水坑,必要时用机械排水。

(10) 电缆隧道应在下列部位设置阻火墙:

① 电缆进入(出)隧道、控制室、配电室、建筑物、厂区围墙处;

② 电缆隧道与电缆隧道及电缆隧道和电缆沟的分支处;

③ 电缆隧道超过100m时,应每隔100m设带门的阻火墙,此门应采用非燃材料或难燃材料,并应装锁。

4. 电缆穿管敷设

电缆穿管敷设可以使电缆避免受损伤,但造价高、电缆允许载流量减少。因此,当有10根左右电缆同时敷设时才采用穿管敷设。

(1) 电缆穿管敷设,适用于电缆线路经拥挤与道路交叉较多,又不适用于直埋或电缆沟敷设的电缆数量不超过12根的电缆线路。

(2) 电缆穿管敷设有石棉水泥管敷设和混凝土排管敷设两种。

(3) 敷设在管内的电缆应采用塑料护套电缆或裸铠装电缆。

(4) 电缆管应一次满足必要的备用管孔数,当无法预计发展情况时,除考虑散热孔外,还宜留10%的备用孔,但不得少于1~2孔。

(5) 当地面上均匀荷载超过100kN/m² 或排管通过铁路,道路及其他局部地段有重型车辆通过荷载较大时,应选用混凝土包敷设,防止排管受到机械损伤。

(6) 电缆管的内径不应小于电缆外径的1.5倍。对敷设电力电缆,管的内径不应小于90mm;对敷设控制电缆排管的内径不应小于75mm。

(7) 排管安放时,应有倾向人孔井侧不小于0.5%的排水坡度,并在人孔井内设集水坑,以便排水。

(8) 排管顶面距地面不宜小于0.7m,在人行道下敷设排管,排管顶面距地面不宜小于0.5m;管路纵向联接处的弯曲度,应符合牵引电缆时不致损伤电缆。

(9) 排管沟底部宜填平夯实并应铺设不少于80mm厚的混凝土垫层,管孔端应用防止损伤电缆的处理。

(10) 水泥管排管敷设,在可能发生流砂层、回填土、7度及以上地震区的地段敷设设时,应选用钢筋混凝土包土壤敷设。

(11) 电缆排管敷设,一般每管宜穿一根电缆。排管敷设电缆需接头时,电缆接头应放在人孔井内,但对一台电动机所有回路或同一设备的所有回路。可在每管合穿不多于3根电力电缆或多根控制电缆。

(12) 电缆排管线转角、分支、敷设方向变化或敷设标高变化处宜设电缆人孔井,在直线段上,为便于拉引电缆也应适当的设置人孔井,人孔井间的距离不宜大于100m。

(13) 电缆排管敷设人孔井的净空高度不宜少于1.8m,其上部人孔的直径不应小于0.7m。

(14) 一般在下列情况电缆应穿钢管保护:

① 电缆引入及引出建筑物、构筑物,电缆穿过楼板及主要墙壁处;

② 从电缆沟引出到电杆或墙外地面的电缆,距地面2m高以及埋入地下小于0.25m的深度的一段;

③ 当电缆与道路、铁路交叉时。

5. 电缆桥架敷设

1) 电缆桥架敷设安装要求

(1) 电缆桥架敷设适用于电缆数量较多或电缆集中的室内、室外架空、电缆沟及电缆隧道、电缆竖井内、作为电力电缆、控制电缆、通信电缆敷设使用。电缆桥架的选型应符合下列要求:

① 在有易烯粉尘场所或需屏蔽外部的电气干扰时,应采用无孔托盘;

② 高湿,腐蚀性液体或油的溅落等需防护场所宜用托盘;

③ 需要因地制宜组装时,可用组装式托盘;

④ 除上述外宜用梯架。

(2) 采用电缆桥敷设时,不应有黄麻或其他易燃材料外护层。

(3) 在有腐蚀或特别潮湿的场所采用电缆桥架敷设时,应根据腐蚀介质的不同采取相应的防腐措施,并宜选用塑料护套电缆。

(4) 电缆桥架(梯架、托盘)水平敷设时的距地高度一般不宜低于2.5m。垂直敷设时距地1.8m以下部分应加金属盖板保护,但敷设在电气专用的配电室,电缆竖井,电缆夹层内时,可不加金属盖板。

(5) 电缆桥架水平敷设时,宜按荷载曲线选取最佳跨距进行支撑,跨距一般为1.5～3.0m,垂直敷设时,其固定点间距不宜大于2m。

(6) 电缆桥架多层敷设时,其层间距离一般为:控制电缆间不应小于0.2m;电力电缆间不应小于0.3m;弱电电缆与电力电缆间不应小于0.5m,如有屏蔽层盖板可减少至0.3m;桥架上部距顶棚或其他障碍物不应小于0.3m。

(7) 多组电缆桥架在同一高度平行敷设时,各相邻电缆桥架应考虑维护和检修距离。

(8) 在电缆桥架上可直接无间距敷设电缆,但电缆在桥架内电力电缆的填充率不应大于40%;控制电缆填充率不应大于50%。

(9) 下列不同电压,不同的用途的电缆不宜在同一层桥架上敷设。

① 1kV以上与1kV以下的电力电缆;

② 同一路径的向一级负荷供电所双回路电源电缆;

③ 应急照明和其他照明的电缆；

④ 强电电缆和弱电电缆。

如因条件限制需在同一层桥架上敷设时，应用隔板隔开。

(10) 电缆桥架与各种管路平行或交叉时，其最小净距不应小于表 6-28 中的数值。

表 6-28　电缆桥架与各种管道的最小净距　　m

顺　序	管道类别		平行净距	交叉净距
1	一般工艺管道		0.4	0.3
2	具有腐蚀性液体或气体管道		0.5	0.5
3	热力管道	有保温层	0.5	0.5
		无保温层	1.0	1.0

6. 电缆竖井敷设

(1) 垂直走向的电缆，宜沿墙、柱敷设、当数量较多时宜采用竖井电缆敷设。

(2) 电缆数量较多时，一般采用砖或混凝土竖井；与大型控制室原电缆夹层相联接的竖井一般采用竖井，其断面为 1.8m×1.8m 以上；靠墙或柱子的竖井一般采用角钢结构竖井。

(3) 电缆竖井中，应有容纳供人上下的活动窨并符合下列要求。

① 未超过 5m 高时，可设爬梯，其活动空间不应小于 0.8m×0.8m；

② 超过 10m 时，宜有楼梯，且每隔 3m 有楼梯平台；

③ 超过 20m 且电缆数量多或重要性要求高时可设简易电梯。

(4) 电缆竖井一般应靠墙或柱子设置，并应符合下列要求。

① 不与其他架空管线相交；

② 敷设与检查电缆方便；

③ 电缆路径最短；

④ 尽量靠近电缆沟，电缆隧道，电缆夹层，以简化电缆竖井地下部分的构筑物。

(5) 在多尘的场所，电缆竖井应有密封措施，以防止竖井内电缆积灰。

(6) 对于大型竖井应考虑工作人员能在内部进行敷设和检修，维护电缆的作业，为此竖井在地平或楼板处应设有门。

(7) 电缆竖井的底部基础应高出地面 50～100mm，以防止地面水从井口流入电缆沟、电缆隧道、电缆夹层内。

(8) 竖井内每一电缆支架除能承受电缆的重量外，还应考虑承受工作人员的工作的附加荷重。

(9) 电缆竖井应有按防火要求，采取相应的防火措施。

7. 室内电缆明敷及穿管暗敷

(1) 室内电缆数量较少或电缆数量较多的房空间，一般采用电缆在室内沿墙、柱、梁建筑物构件明敷或电缆穿金属管暗敷。

(2) 电缆在室内明敷

① 电缆在室内明敷时，电缆不应有黄麻或其他易燃的外护层。

② 无铠装的电缆在室内明敷设，水平敷设至地面的距离不应小于 2.5m；垂直敷设至

地面的距离不应小于1.8m,否则应有防止机械损伤的措施。

③ 相同电压的电缆明敷设时,电缆的净距不应小于35mm,并不应小于电缆外径。1kV以下电力电缆及控制电缆与1kV以上电力电缆宜分开敷设,当其明敷设时,其净距不应小于0.15m。

④ 室内电缆明敷设时,电缆支架间或固定点间的距离,不应小于表6-29中数值。

表6-29 室内电缆明敷电缆支架间或固定点间的最小净距 m

序 号	敷设方式	各型护套或铠装电缆		细丝铠装电缆
		电力电缆	控制电缆	
1	水平敷设	1.00	0.80	3.00
2	垂直敷设	1.50	1.00	6.00

6.5 室内低压配电线路设计

室内低压导线敷设的方式有瓷夹板、瓷珠配线、瓷瓶配线、钢索吊线、大瓷瓶配线、管内穿线等。应用最多的是管内穿线。

1. 室内配电线路的基本要求

(1) 符合场所环境的特征,如环境潮湿程度、环境宽敞通风情况等。

(2) 符合建筑物和构筑物的特征,如采用预制还是现浇、框架结构、滑升模板施工等情况不同则管线的设计部位不同。

(3) 人与布线之间可接近的程度,如机房、仓库、车间等人与布线之间可接近的程度显然不同。

(4) 考虑短路可能出现的机电应力,如总配电室和负荷末端用户显然不同。

(5) 考虑在其间或运行中布线可能遭受的其他应力和导线的自重。

2. 低压进户线

(1) 接户线、进户线

① 接户线应采用绝缘线,铝芯线的导线截面不应小于6mm² 截面,铜芯线的导线截面不应小于2.5mm²。进户线必须与通信线、广播线分开进户。进户线穿墙时应装硬质绝缘管,并在户外做滴水弯。用户应加装控制刀闸、熔丝和家用剩余电流动作保护器。

② 用户计量装置在室内时,从低压电力线路到用户室外第一支持物的一段线路为接户线;从用户室外第一支持物至用户室内计量装置的一段线路为进户线。

③ 用户计量装置在室外时,从低压电力线路到用户室外计量装置的一段线路为接户线;从用户室外计量箱出线端至用户室内第一支持物或配电装置的一段线路为进户进。

(2) 低压电力用户计量装置应符合《电能计量柜》(GB/T 16934)的规定。

① 用户用电必须实行一户一表计量,公用设施用电必须单独装表计量。

③ 严禁使用国家明令淘汰及不合格的电能表,电能表选用应符合《电力装置的电测量仪表装置设计规范》(GBJ 63)和《电能计量柜》(GB/T 16934)等标准的要求。

(3) 接户线的相线和中性线或保护中性线应从同一基电杆引下,其挡距不应大于25m,超过25m时应加装接户杆,但接户线的总长度(包括沿墙敷设部分)不宜超过50m。

（4）接户线和室外进户线应采用耐气候型线缘电线，电线截面按允许载流量选择，其最小截面应符合表6-30的规定。

表6-30　接户线和室外进户线最小允许截面

架设方式	挡　距	铜线/mm^2	铝线/mm^2
自电杆引下	10m及以下 10～25m	2.5 4	6.0 10.0
沿墙敷设	6m	2.5	6.0

3. 线缆选型

（1）接户线

① 架空绝缘线及集束线：单芯YJV—0.6/1.0KV二芯或3+1芯；

② 架空电缆：YJLV—0.6/1KV或YJV—0.6/1KV二芯或3+1芯；

③ 地埋电缆：$YJLV_{22}$—0.6/1KV或YJV_{22}—0.6/1KV二芯或3+1芯；

④ 高层建筑：封闭母线、YJLV—0.6/1KV或YFD预制分支电缆。

⑤ 线缆截面采用：架空线及集束线最小为$16mm^2$，架空及地埋电缆最小为$10mm^2$。

（2）进户线

采用Y1V型绝缘线。导线截面：平房、多层建筑，单相及三相四线制进计量箱截面不大于$35mm^2$；高层建筑按负荷计算定，进户线与接户线的联接采用安普线夹或其他线夹。

（3）入户线

BV—1.0型绝缘线，截面不小于$10mm^2$。

4. 线缆敷设方式

（1）接户线

① 支架采用一字型、π型和门型三种方式的任何一种，视现场实际而定；

② 线缆可沿建筑物外围墙用热镀锌角钢支架、绝缘子固定，钢索明敷或地埋三种方式接入；

③ 架空绝缘线在支架上的排列方式分水平和垂直两种；

④ 架空绝缘线方式接户线安装高度不低于2.95m，地埋电缆埋设深度不小于0.7m。

（2）进户线

① 架空绝缘线进户线进口高度不低于2.7m。地埋方式的电缆进户线穿经防腐处理的钢或厚壁塑料绝缘管进入计量箱，室外段埋地深度不小于0.7m，室内段须埋入地坪下。

② 进户线管线敷设方式，随所选用的计量箱型式而定，如采用悬挂式，则进户线为穿钢管或硬塑料管沿墙明敷。如采用嵌入式箱，则进户线为穿钢管或硬塑料管在墙内明敷。

③ 建筑的进户线，禁止一路进户线从一个计量箱内T接至另一个计量箱内。此时应分路进户线分别进入不同的计量箱（架空及地埋方式均如此）。

（3）入户线

分穿钢管或塑料管在墙内明敷、沿墙明敷或用硬塑料槽板沿墙明敷三种方式。管内导线根数不应超过8根。

5. 高层民用建筑室内配电线路及敷设方式

高层民用建筑室内配电线路除可采用前述电气竖井敷设方式，通常还可采用如图6-17

所示配电线路方式和敷设方式。

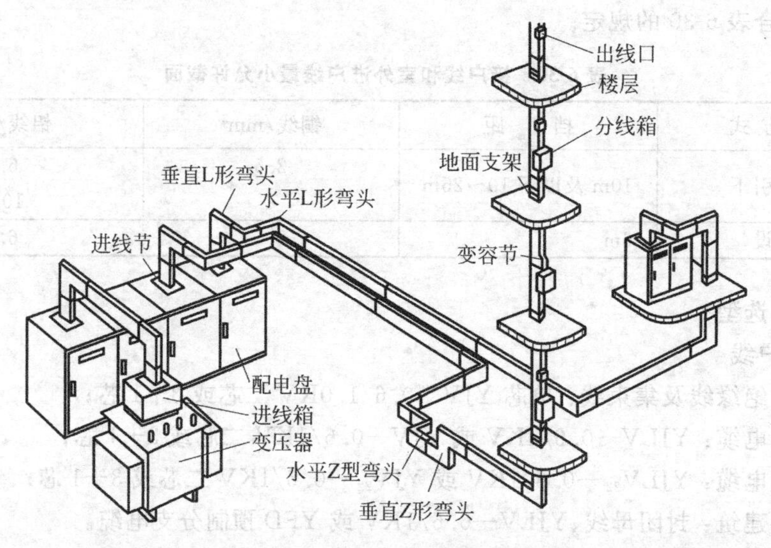

图6-17 高层民用建筑室内配电线路常用配线方式和敷设方式

高层民用建筑室内配电线路通常可采用图6-16所示插接式绝缘母线槽配线方式和敷设配线。其特点是体积小、载流量大、敷设方便、与分支线接线容易,在高层建筑中广泛使用。常在高层建筑竖井内敷设,每层有插接箱。

绝缘母线槽配线规程规定:

① 线槽中载流导线不宜超过30根,导线总面积不超过线槽的20%;

② 穿钢管的交流线路(>25A),应将同一回路穿同一钢管内;

③ 照明回路可以几个回路同时穿入一个管内,但导线根数不应多于8根,穿管面积不超过内截面的40%;

④ 一般一个防火分区设1~2个竖井,2000~3000m² 设置一个带竖井的配电小间;

⑤ 强、弱电竖井配电小间应分开,若弱电线路不多,可以与强电合用,但之间保持一定距离。

6. 室内配电线路的安全用电要求

(1) 每单元进户线处应做重复接地。接地网可用人工接地网或利用建筑基础内主筋。室外人工接地网埋深0.8m,距建筑物外围墙3m,当利用建筑物基础地板内主筋作为重复接地体时,可利用构造柱内主筋作为接地线,工频接地电阻不大于10Ω。

(2) 架空绝缘线及集束进户线的接地线引入方式:从重复接地装置引出端用截面不小于25mm² 的钢绞线,穿硬塑料管保护,引至进户线处,后改用截面不小于25mm² 的铜芯绝缘线与L、N线同管进计量箱内端子。地埋电缆:从重复接地装置处,用截面不小于25mm² 的铜芯绝缘线穿管保护引至计量箱内的PE端子。保护方式可用TT系统或TN—C—S系统,视当地线路的保护方式而定。若采用TN—C—S系统,则将计量箱内PE端子与N端子做电气联接。若为TT系统,则不需联接。不论采用何种系统,进居民用户的线应为单相三线制。在同一系统中,不允许两种方式并存。

(3) 电缆分支箱外壳应可靠接地。

6.6　民用建筑常用低压配电箱的选择、布置和安装

1. 配电箱的种类

在低压配电系统中，通常配电箱是指墙上安装的小型动力或照明配电设备，而配电柜或开关柜指落地安装的体型较大的动力或照明配电设备。配电箱(柜)内装有控制设备、保护设备、测量仪表和漏电保安器等。通常分为标准型和非标准型，标准型是按照国家统一标准进行设计和生产的标准配电箱(柜)。它在电气系统中起的作用是分配和控制各支路的电能，并保障电气系统安全运行。

2. 照明配电箱

照明配电箱的结构大部分是采用冲压件，如冲压的流线型面板，外形平整线条分明。箱内零部件一般有互换性。箱壁进出线有进出线孔，适应于中国土建工程的特点。箱两侧各有两个安装孔，可以用来并装通道箱。

(1) 照明配电箱的型号

【例 1】

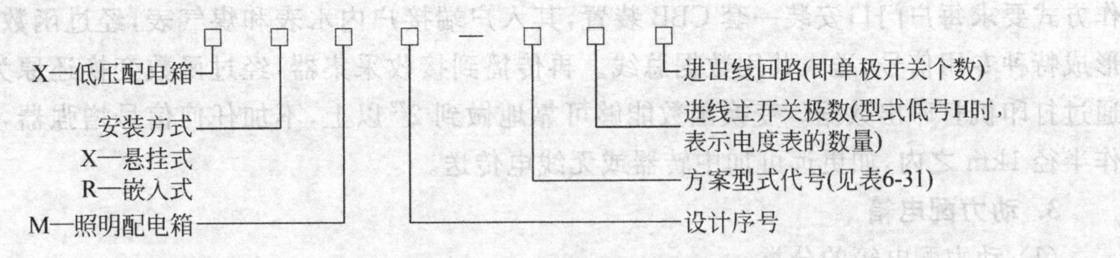

表 6-31　方案型式

方　案　号	含　义
A	进线主开关
B	进线主开关为 DZ47-60/2
C	进线主开关为 DZ47-60/3
D	进线主开关为 DZ47-100/3
E	带有单相电度表一只及主开关为 DZ47-60/2
F	带有三相四线电度表一只及主开关为 DZ47-60/3
G	带有三相电度表一只及主开关为 DZ20-100/3
H	单相电度表箱

【例 2】

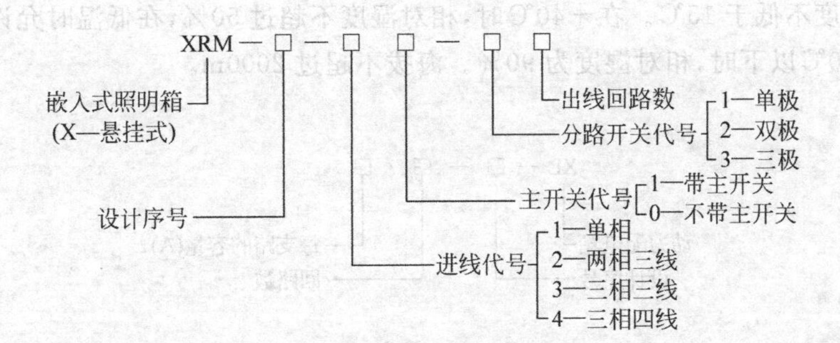

(2) 带漏电开关的配电箱

【例3】

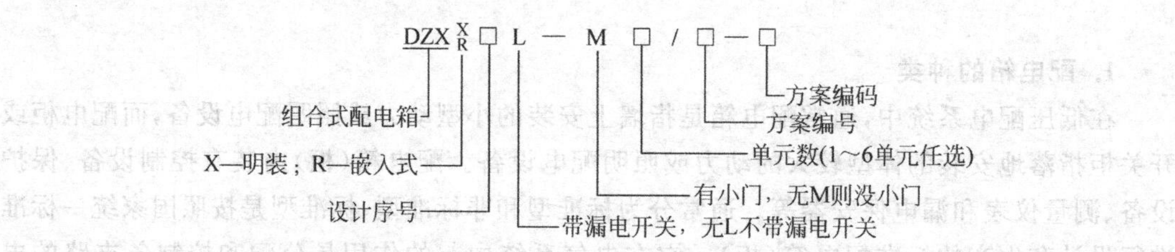

这种配电箱的特点是设备可以采用组合装配，以86mm为一个单元的各种电器元件进行组装。可以任意排列，互换性强，适应新的使用要求。总电流在60A以下，如DZ20—60/3。

此外还有电度表箱、三表出户计量箱(三表是指电表、水表和煤气表)等。新建住宅电表应该设置在户外，而水表和煤气表装在户内，为了抄表方便不扰民，利用电子技术和传感技术，在户外装设一套计量仪表，可以完成户外计量三表的工作，给物业管理提供了方便。抄表可以用人工或机器两种方式。

机器抄表主要是指通过数据线联网，在任意点完成全部用户的三表读数功能。这种工作方式要求每户门口安装一套CBB装置，其入户端接户内水表和煤气表，经过函数变换器形成特种专用信号，送入共用数据总线。再传播到接收采集器，经过函数变换还原为原形，通过打印机打印出数据。变换函数能够可靠地做到2^{22}以上，不加任何信号增强器，可靠工作半径1km之内，如更远可加中转器或无线电传送。

3. 动力配电箱

(1) 动力配电箱的分类

为了设计、制造和安装的方便和降低面本，目前通常把一、二次电路的开关设备、操动机构、保护设备、监测仪表及仪用变压器和母线等按照一定的线路方案组装在一个配电箱中，供一条线路的控制、保护使用。

动力配电箱可分为双电源箱、配电用动力箱、控制电机用动力箱、插座箱、π接箱、补偿柜、高层住宅专用配电柜等。

(2) 动力配电箱的型号

动力配电箱的型号国家有统一的标准，大型制造厂家也有各自的编号。作为电气设计施工人员，了解这些编号是必不可少的。我国动力箱编号是XL系列，有10、12型、XL—(F)14、15型、XL—20、21型、XLW—1户外型等。动力配电箱适用于发电厂、建筑、企业作500V以下三相动力配电之用。正常使用温度为40℃，而24小时内的平均温度不高于35℃，环境温度不低于15℃。在+40℃时，相对湿度不超过50%，在低温时允许有较大的湿度。如在+20℃以下时，相对湿度为90%。海拔不超过2000m。

【例4】

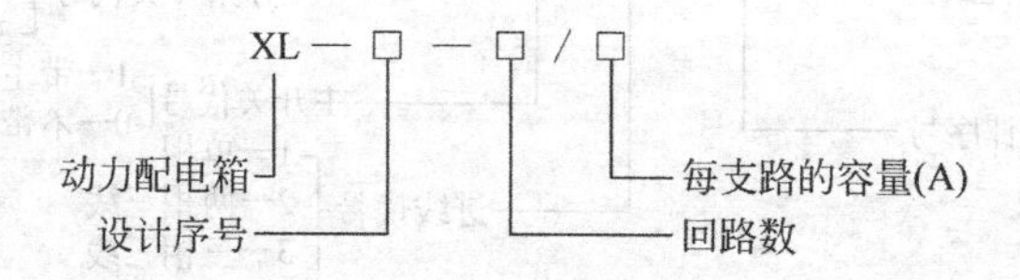

【例5】

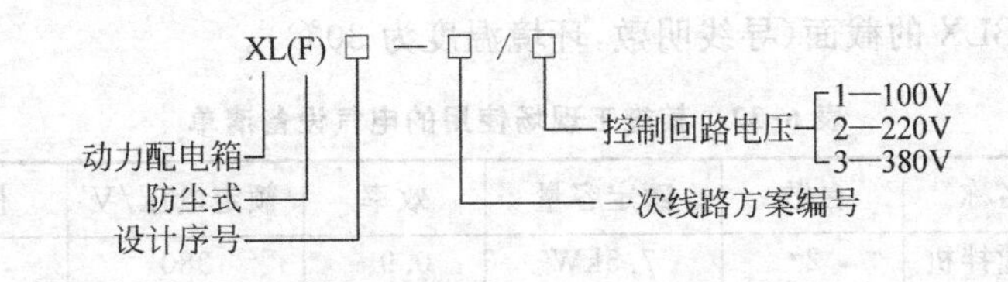

【例6】

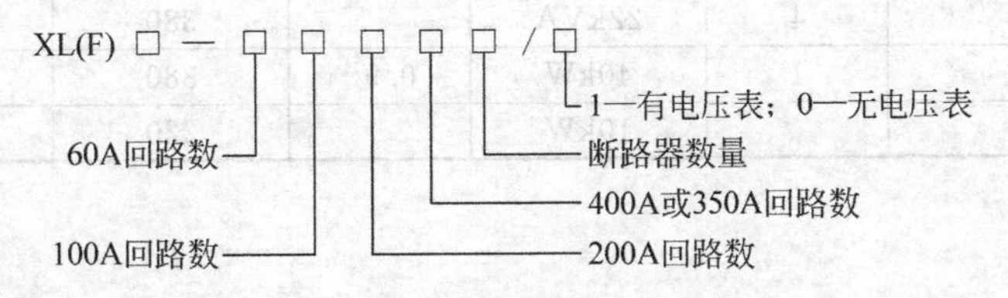

此外还有插座箱、低压分线箱、低压计量箱等。

思考题与习题

6-1　如何选择低压配电线路的接线方式？在住宅建筑中，一般采取何种接线方式？

6-2　低压架空线路的挡距为什么不宜过大？同一挡距内导线的弧垂为什么要相同？导线的弧垂应根据季节因素如何调节？

6-3　电缆线路适用于什么场合？电缆的敷设方法有哪些？应根据哪些因素来选择敷设方法？

6-4　室内低压配电线路敷设方法有哪些？如何选择敷设方法？

6-5　导线截面的选用必须满足哪些条件？导线型号的选择主要取决于什么？

6-6　什么叫发热条件选择法？什么叫电压损失选择法？什么叫经济电流密度选择法？

6-7　为什么低压电力线一般先按发热条件选择截面，再按电压损失条件和机械强度校验？为什么低压照明线路一般先按电压损失条件选择截面，再按发热条件和机械强度校验？为什么高压线路一般先按经济电流密度选择法来选择截面，再按发热条件和电压损失条件校验？

6-8　某建筑施工工地用电需要电压为380/220V，计算电流为85A。现采用BX—500型明敷线供电，试按发热条件选择相线及中性线截面(环境温度按30℃计)。

6-9　某工地照明干线负荷共计55kW，$K_n=1$ $\cos\varphi=1$，导线长250m，用380/220V三相四线制供电，设干线上的电压损失不超过5%，敷设地点的环境温度为30℃，采用明敷。试选择干线BLX的截面。

6-10　某工地一动力干线负载为57.2kW，$K_n=0.7$ $\cos\varphi=0.8$，导线长度为50m，采用BLV 500(4×25)，明敷，环境温度$t=30$℃，在380/220V电压下是否满足使用要求？若导线长度为150m，情况又如何？若不满足使用要求，应如何选择？(要求$\Delta U\%<5\%$)

6-11　某工厂电力设备总容量为25kW，其平均效率为0.78，平均功率因数为0.8；厂房内部照明设备容量为2.5kW，室外照明为300W(白炽灯)。今拟采用380/220V三相四线制供电，由配电变压器至工厂的送电线路长320m。试问：应选择何种截面的BBLX型导线？(全部电力设备的需要系数K_n为0.6，照明设备的需要系数为1，允许电压损失为5%。)

6-12　某施工现场使用的电气设备清单如表6-32所列,负荷采用树干式配电,干线长90m,试选择干线BLX的截面(导线明敷,环境温度为30℃)。

表6-32　某施工现场使用的电气设备清单

序号	设备名称	台数	额定容量	效率	额定电压/V	相数	备注
1	混凝土搅拌机	2	7.5kW	0.9	380	3	
2	砂浆搅拌机	2	2.8kW	0.92	380	3	
3	电焊机	4	22kVA		380	1	65%
4	起重机	1	40kW	0.9	380	3	25%
5	照明		10kW		220	1	白炽灯

第 7 章　民用建筑电气照明技术与设计

电气照明是现代民用建筑中不可缺少的部分，一个好的照明设计将会衬托出一个好的建筑艺术与良好的环境效果。本章主要介绍现代民用建筑照明设计要求；照度计算法；照明供电与照明控制系统设计；电气照明施工图的设计。

7.1　民用建筑电气照明技术概要

民用建筑电气照明设计主要有两方面的内容：一是根据照度标准进行技术标准设计，以满足现代人们工作的视觉质量和视力健康要求；二是从环境和艺术角度要求出发，运用照明手段，通过装修、陈设、装饰、色调、风格、选型等艺术照明设计和施工手段，从空间和环境上来满足人们的最佳心理效果。

7.1.1　照明技术的基本概念

(1) 光通量 Φ

光通量是指光源在单位时间内向周围空间辐射，并引起光感的能量大小，称为光通量。光通量用符号 Φ 表示，单位为流明(lm)。

(2) 发光强度(光强)I

光源在某一特定方向上单位立体角内(单位球面度内)所发出的光通量，称为光源在该方向上的发光强度。它是用来反映光源发光强弱程度的物理量，用符号 I 表示，单位为坎德拉(cd)，简称坎(为国际基本单位，旧称“烛光”，俗称“支光”)。

(3) 照度 E 和照度标准

通常把物体表面所得到的光通量与这个物体表面积的比值叫做照度，用 E 表示，单位为勒克斯(lx)。通常在 40W 白炽灯下，1m 远外的照度为 30lx；晴朗的白天，室内为 100～500lx。

照度标准是关于照明数量和质量的规定，是根据视觉工作的等级来规定的必要最低照度，我国民用建筑照度标准推荐值见表 7-1。

表 7-1　常见民用建筑的照度标准(平均照度推荐值)　　lx

居住建筑	厕所、盥洗室	5～15
	餐室、厨房、起居室	15～30
	卧室	20～50
	单身宿舍、活动室	30～50

续表

公共办公室等建筑	厕所、盥洗室、楼梯间、走道	5～15
	食堂、传达室	30～75
	厨房	50～100
	医务室、报告厅、办公室、接待室	75～150
	实验室、阅览室、书库、教室	75～150
	设计室、绘图室、打字室	100～200
	电子计算机房	150～300
医疗建筑	厕所、盥洗室、楼梯间、走道	5～15
	病房、健身房	15～30
	X线诊断室、化疗室、同位素扫描室	15～30
	理疗室、麻醉室、候诊室	30～75
	解剖室、化验室、药房、诊室、护士站	75～150
	医生值班室、门诊挂号病案室	75～150
	手术室、加速器治疗室	100～200
	电子计算机X线扫描室	100～200
商业建筑	厕所、更衣室、热水间	5～15
	楼梯间、冷库、库房	10～20
	一般旅社的客房、浴池	20～50
	大门厅、售票室、小吃店	30～75
	餐厅、照相馆营业厅、菜场、菜店	50～100
	粮店、钟表眼镜店	50～100
	银行出纳厅、邮电营业厅	50～100
	理发室、书店、服装商店	75～150
	字画商店、百货商场	100～200
旅游饭店建筑	储藏间、楼梯间、公共卫生间	10～20
	衣帽间、库房、冷库、客房走道	15～30
	客房、电梯厅、台球房、保龄球房	30～75
	洗衣间、客房卫生间、邮电营业厅	75～150
	健身房	30～75
	酒吧、咖啡厅、茶室、游艺厅	50～100
	游泳厅、电影院、小舞厅、屋顶旋转厅、餐厅、小卖部、休息室、会议厅、网球房、美容室	100～200
	大宴会厅、大门厅、厨房	150～300
	多功能大厅、总服务台	300～750
影剧院、礼堂建筑	主楼梯间、公共走道、卫生间	5～15
	倒片室	15～30
	放映室、电梯厅、衣帽厅	20～50
	转播室、录音室、化妆室	50～100
	后台、门厅	50～100
	美工室、排练厅、休息厅、会议厅	75～150
	观众厅	75～150
	报告厅、接待厅、小宴会厅	100～200
	大宴会厅、大会堂	200～500

(4) 亮度 L

通常把被视物表面在某一视线方向或特定方向的单位投影面上所发出或反射出的发光强度，称为该物体表面在该方向上的亮度，用符号 L 来表示，其单位为 cd/m^2。

(5) 光源的色温与显色性

光源的发光颜色与温度有关，当温度不同时，光源发出光的颜色是不同的。如当白炽灯的灯丝温度高时，灯丝将逐渐变白，发出的光也将红变白。所谓色温，是指光源发射光的颜色与黑体(能吸收全部光而不反射、不透光的理想物体)在某一温度下辐射的光色相同时，黑体所处的温度称为该光源的色温，用绝对温标 K 表示。

所谓光源的显色性，是指不同光谱的光源分别照射在同一颜色的物体上时，所呈现出不同颜色的特性。通常用显色指数来表示光源的显色性。

光源的色温对显色性是有直接影响的。为了方便建筑电气工程设计，我国照明设计标准按照 CIE 的建议，通常将室内照明常用光源的相关色表分为三类，具体见表 7-2。表 7-2 中提出在特定的各种照度下，不同色温照明所产生的结果是不同的。通常休息和娱乐场所的照明需要低色温，而紧张性、精神振奋性的房间或场所则需要较高的色温。

表 7-2　光源光色照度类别及应用

色表类别	色表	相关色温/K	相关照度/lx			应用场所举例
			<500	$500\sim3000$	>3000	
Ⅰ	暖	<3300	舒适	刺激	不自然	客房、卧室、大型公建休息厅、高级购物中心营业厅
Ⅱ	中间	$3300\sim5300$	中性	舒适	刺激	办公室、阅览室
Ⅲ	冷	>5300	冷	中性	舒适	高照度水平，或白天需补充自然光的房间

现在随着人们对照明技术方面的认识不断加深，对光源显色性要求也越来越高。通常用显色指数 R_a 作为表示光源显色性能的指标，它是根据规定的 8 种不同色调的试验色，在被测光源和参照光源照明下的色位移平均值而确定的。R_a 的理论最大值是 100，具体分为 4 类，如表 7-3 所示。

表 7-3　光源显色性分类

类别	显色指数范围	色表	典型应用场所	允许采用
$Ⅰ_A$	$R_a\geqslant 90$	暖	颜色匹配	
		中间	医疗诊断	
		冷	—	
$Ⅰ_B$	$90>R_a\geqslant 80$	暖	住宅、旅馆、餐馆	
		中间	商店、办公室、学校、医院、印刷、油漆和纺织工业	
		冷	视觉费力的工业生产	
Ⅱ	$80>R_a\geqslant 60$	暖 中间 冷	工业生产	办公室、学校
Ⅲ	$60>R_a\geqslant 40$	—	粗加工工业	工业生产
Ⅳ	$40>R_a\geqslant 20$	—	—	粗加工工业，显色性要求低的工业生产、库房

(6) 光源的色调

不同颜色的光照射在同一物体上面,对人们视觉产生的效果是不同的,光源的这种视觉颜色特性称为色调。光源发出光的颜色直接影响人的情趣,它可以影响人们的工作效率和精神状态等。

(7) 眩光

眩光是指由于亮度分布或亮度范围不合适,或在短时间内相继出现的亮度相差过大,造成观看物体的感觉不舒适的现象。眩光分为直射眩光和反射眩光两种。眩光是照明质量的重要特征,它对视觉有着极不利的影响,所以通常在正常情况下,现代人工照明对眩光的限制都很重视,在正常工作环境中必须加以限制。但有时在舞台艺术照明中往往还会利用眩光特性,产生特殊的艺术照明效果。

直射眩光主要是由于光源的亮度分布不均或亮度不合适造成的。反射眩光主要是由于光泽表面反射所产生的眩光引起的,是由光泽表面镜反射的亮度造成的,即光幕反射,在视觉作业上镜面反射与漫反射重叠出现的现象。

避免眩光的主要措施:一是正确安排照明光源和工作人员的相对位置,使视觉作业的每一部分都不处于、也不靠近任何光源与眼睛形成的镜面反射角内;二是增加从侧面投射到视觉作业面上的光量;三是选用发光面大、亮度低、亮配光,但在临界方向亮度锐减的蝠翼型配光灯具;四是顶棚、墙和工作面尽量选用无光泽的浅色饰面,以减小反射影响。国际上通常将眩光限制分为三级,具体见表7-4。

表7-4 直接眩光限制质量等级

质量等级	眩光程度	适用场所	等级
Ⅰ	无眩光感	有特殊要求的高质量照明房间,如计算机房、制图室等	B
Ⅱ	有轻微眩光	照明质量要求一般的房间,办公室和候车室等	D
Ⅲ	有眩光感	照明质量要求不高的房间,如仓库	E

(8) 照明的种类

民用建筑中的照明种类按用途可分为:正常工作照明(即一般照明)、重点部位局部照明、事故照明、警卫值班照明、障碍照明、道路照明、体育照明、商场(商厦)照明、舞台照明、节日彩灯和装饰照明等。

以上各基本概念中,眩光、照度、亮度分布、光源颜色、色温与显色性等是照明质量的重要指标,设计时必须加以注意。

7.1.2 电气照明设计主要内容及设计程序

民用建筑的电气照明设计主要有如下几方面的设计内容及设计程序。

(1) 了解照明场所的有关设计条件,并收集有关设计资料,如供电、建筑平面和立面结构等资料;

(2) 照度标准的确定;

(3) 照明种类的选择;

(4) 光源和照明灯具的选择;

(5) 灯具的合理布置与安装及照明节能;

(6) 照度计算；

(7) 照明负荷计算；

(8) 照明供配电系统设计；

(9) 照明控制系统与照明智能控制系统设计；

(10) 照明设备材料的选择；

(11) 照明导线的选择及敷设方式和部位的确定；

(12) 向土建专业提交电气设计资料并与其他专业进行管网汇总；

(13) 绘制施工图和编制概预算书。

7.1.3　电气照明施工图的设计

电气照明施工图是根据照明设计要求而设计出的最终图纸形式，是指导施工的依据，它是根据特定的图形符号和文字而设计出的图纸。主要由以下几种图纸：

(1) 照明设备平面布置图和照明线路平面布置图；

(2) 照明配电系统图；

(3) 照明控制系统图；

(4) 外线平面图；

(5) 构件大样图和详图；

(6) 施工图说明和图纸说明及图纸目录。

7.2　常用照明电光源和灯具的选择与布置

7.2.1　常用照明电光源

目前，常用照明电光源主要有两类：一类是热辐射光源，这是利用某一物质通电加热而辐射发光的原理而制成的光源，如白炽灯、卤钨灯等；另一类是气体放电光源，这是利用气体放电时发光的原理制成的光源，如荧光灯和高强度气体放电灯。

目前，使用较多的照明电光源主要有：白炽灯、卤钨灯、荧光灯、高压汞灯、高压钠灯、新型紧凑型节能荧光灯等。

1. 白炽灯

白炽灯是靠电流加热灯丝至白炽状态而发光的一种电光源，是一种最为普通而使用广泛的普通电光源。其特点是：显色性较好、频闪效应小、价格低廉、使用方便。缺点是：发光效率低、不节能、使用寿命不太长。白炽灯分为插口式和螺口式两种类型，为防止温度过高，插口式仅适用于功率较小的灯泡。

2. 卤钨灯

卤钨灯是对白炽灯的改进，其灯泡壳大都采用石英玻璃管，灯头一般为陶瓷，灯丝通常做成螺旋形直线状，灯管内充入适量的氩气和微量卤素(碘或溴)，是一种金属卤化物灯。其工作原理是：当灯丝通电发热，在适当的温度下，由灯丝蒸发的钨，一部分向灯泡壳扩散，并在灯丝与灯泡壳之间的区域中与卤素形成卤化钨，卤化钨在高温灯丝附近又被分解，使一部分钨重新附着在灯丝上，补偿钨的蒸发损失，而卤素则不断参加循环反应，形成周而复始的循环过程,从而提高了灯丝的工作温度和寿命,提高了灯的光效。卤钨灯比普通白炽灯光效高,寿命长,并有效地防止了灯泡壳发黑,光通量维持性好。

3. 荧光灯

荧光灯是一种低气压汞蒸气放电光源。荧光灯主要由灯头、热阴极、内壁涂有荧光粉的玻璃管等组成,灯管内抽真空后充入气压极低的汞蒸气和惰性气体氩。因管内壁所涂荧光粉不同,而有日光色、冷白色及暖红色之分。荧光灯电路如图 7-1 所示。

如图 7-1 所示,荧光灯通电发光过程为:①当接通电源,启辉器(3)产生辉光放电(辉光放电是指两触头间的气体在强电场的作用下产生电离,形成电火花而放出辉光的现象,玻璃泡内温度升高,使弯曲的双金属片(4)受热膨胀,导致 4 和 5 闭合,辉光放电停止,双金属片开始冷却,经过一定时间(1～3s)4 和 5 间恢复到分离状态;②就在分离的这一瞬间,便在镇流器(2)(一个带铁芯的自感线圈)中产生一个瞬时高电压,此高电压与电源电压叠加,作用在灯管两端,使管内气体和汞蒸气电离击穿而产生弧光放电(弧光放电是指两触头间的气体在强电场的作用下产生电离并击穿时,形成弧光放电的现象);③汞蒸气放电时产生紫外线,激发灯管内壁的荧光粉发出可见光,使灯管点燃;④灯管点燃后,由于镇流器上产生压降,使灯管两端电压比电源电压低得多(具体数值与灯管功率有关,一般在 50～150V),不足以使启辉器放电,其触点不再闭合。在此启辉器实际上起到了一只自动开关的作用;镇流器在起动时产生高压,使灯管放电发光,在起动前及灯管工作时相当于一个阻抗,起限流和稳流作用。

荧光灯管的发光效率较高,使用寿命为 2000～3000h。

4. 荧光高压汞灯

荧光高压汞灯的结构如图 7-2(a)所示,它主要由石英放电管、起动电阻、玻璃外壳等组成。

在石英放电管(1)中抽去空气和杂质,充入一定量的汞和少量的氩气,里面封装由钨制成的主电极(E_1,E_2)和辅助电极(E_3)。当灯管工作时,放电管内的汞蒸气压可升高到 0.2～0.6MPa,因此得名高压汞灯。在石英放电管的玻璃外壳的内壁涂有荧光粉,它能将汞蒸气放电时辐射的紫外线转变为可见光,改善光色,提高光效。

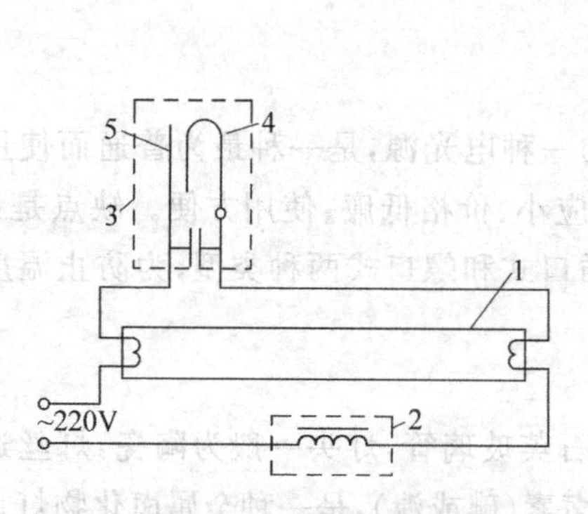

图 7-1 荧光灯电路与启辉器结构

1—灯管;2—镇流器;3—启辉器;4—双金属片;5—固定金属片

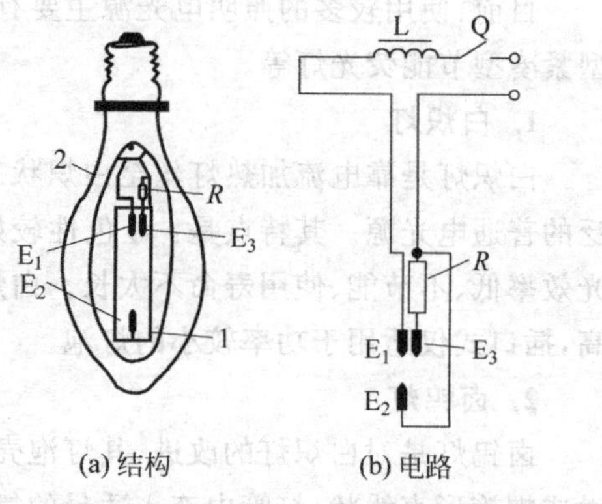

图 7-2 高压水银灯

1—石英放电管;2—玻璃外壳;R—起动电阻;E_1、E_2—主电极;E_3—辅助电极;L—镇流器;Q—开关

图 7-2(b)为荧光高压汞灯的电路图。荧光高压汞灯通电发光过程为：①当灯接通电源后，先在主电极 E_1 和辅助电极 E_3 之间产生辉光放电，由于放电发热管内温度上升，促使汞气化；②汞气化到一定程度时，主电极 E_1，E_2 之间开始弧光放电，灯管正式起燃；③再由放电所辐射出来的紫外线激发外壳内壁涂的荧光粉，变为可见光；④在灯点亮的初始阶段，放电管内气压较低，放电电流较大，随着放电发热管壁温度升高，汞气压增大，经 4～8min 后，放电趋向稳定，灯管进入正常工作状态。电阻 R(阻值一般为 40～60kΩ)起限制辉光放电电流的作用。

当电源刚中断时，灯管内汞蒸气压力很高，相应的点燃电压也很高，立即再接入电源，额定电压不足以使灯起动，不能使灯起动点燃，通常需间断 5～10min，待灯管冷却，灯内汞蒸气凝结后才能再次起动。

荧光高压汞灯的发光效率高，使用寿命约为 5000h，但光色差。因此，常常把它用在对色彩分辨要求不高的街道、公路、施工工地等场合。

5. 高压钠灯

高压钠灯是一种高光效电光源，是利用高压钠蒸气放电形成的。它的辐射光的波长集中在人眼感受较敏感的范围内，光效较高，透雾性强，寿命长达 10 000h 以上，广泛用于道路和广场上。

内起动式高压钠灯的结构和电路如图 7-3 所示。图中的陶瓷放电管 1 抽成真空后充以钠，玻璃泡 2 抽成真空后充以氩气。内起动式高压钠灯的通电发光过程是通电后线圈 H 发热，双金属片 b 断开，在这断开一瞬间，镇流器 L 产生高压脉动电动势，使放电管 1 击穿放电。灯管起燃初期光色为很暗的红白辉光，起动阶段的灯电流也较大。稳定后发出金白色光，灯电流也随之下降趋于平衡。与高压汞灯相似，高压钠灯在熄灭后不能立即再点燃，需等 10min 左右，待双金属片冷却闭合后，才能再起动。

外起动式高压钠灯如图 7-4 所示，在灯管 1 内部没有起动装置，而在灯管外部除接镇流器 L 外，还要和灯管并接一个起动器(电子触发器)2。外起动式高压钠灯通电发光过程是接通电源后，起动器 2 在灯管两端产生 3000V 左右的高压，使灯点燃；灯管发光后，两端的电压降至 130V 以下，起动器便停止工作。外起动式高压钠灯的优点是起动迅速，灯管寿命也较长。

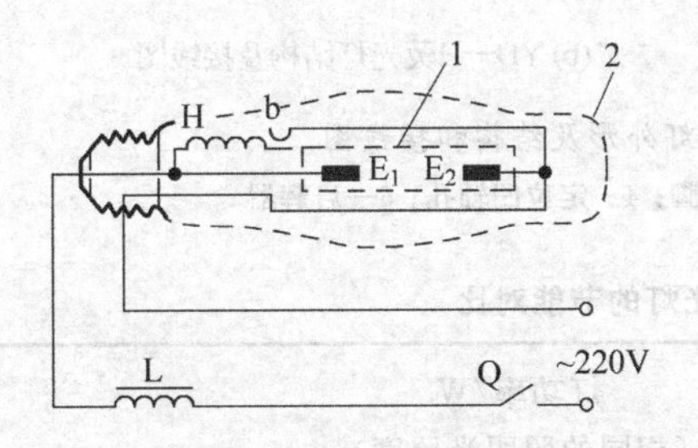

图 7-3　内起动式高压钠灯

1—陶瓷放电管；2—玻璃泡；

H—线圈；b—双金属片；L—镇流器；Q—开关

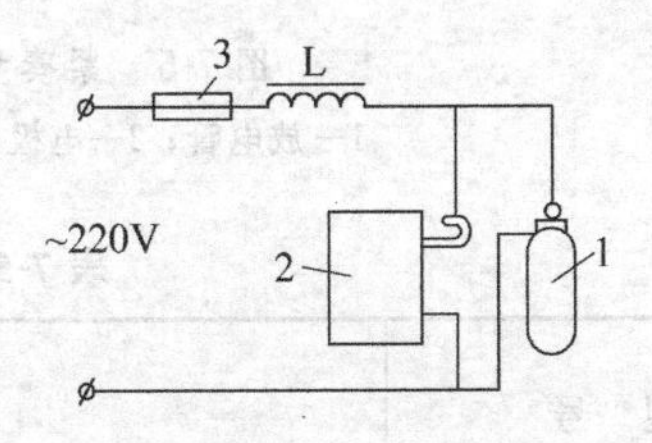

图 7-4　外起动式高压钠灯

1—灯管；2—起动器；3—保险丝；L—镇流器

6. 新型紧凑型节能荧光灯

新型紧凑型节能荧光灯是一种特种荧光灯,是20世纪80年代以来逐渐发展起来的一种新型高效荧光灯。它是细玻璃管做成各种开头如双曲灯、H灯、双D灯、环形等,如图7-5(a)所示。这种灯的主要优点是尺寸紧凑,单端引出。一支9W的H型灯管比一支铅笔还短。其中双曲灯,H型灯等将镇流器、启辉器、灯管组装在一起,单端引出,可以直接替换白炽灯。图7-5(b)所示为YD—H型灯结构,其放电管(灯管)的内壁涂以三基色荧光粉。在底座中装有电子式镇流器,灯管、启辉器、镇流器紧凑在一起,可直接替换白炽灯。这种灯的另一个主要优点是电耗很低,节约用电。如一支9W的H灯的照度与60W的白炽灯相当,与普通的40W日光灯相当。H型荧光灯的节电情况(与白炽灯对比)如表7-5所示。这种灯兼有白炽灯和荧光灯的优点,光效高、光线柔和、光色好、寿命也较长,也适用于装饰用。由于以上优点,这种灯具已被广泛应用于宾馆、饭店、医院、剧场、商场、机场、车站、办公楼、住宅楼等民用建筑的室内顶棚照明、局部照明和装饰照明等。这种荧光灯的不足之处就是一次性成本较高、价格较贵;对使用环境有一定要求,不宜在潮湿和腐蚀性气体环境中使用,否则寿命会大为缩短。但从总体来看,由于镇流器、启辉器、灯管已组装为一体,与普通荧光灯相比,总价格并不高,而且灯管小,不用铁芯式镇流器,节省原材料,能耗也低。所以,这种新型特种荧光灯与白炽灯和普通荧光灯相比,总的来说优点大于缺点,已被广泛认为是一种有发展前途的新光源,它还在不断完善和发展中。随着不断发展将会逐步取代传统的白炽灯光源。目前,国产YD—H型荧光灯的主要规格和技术参数见表7-6。

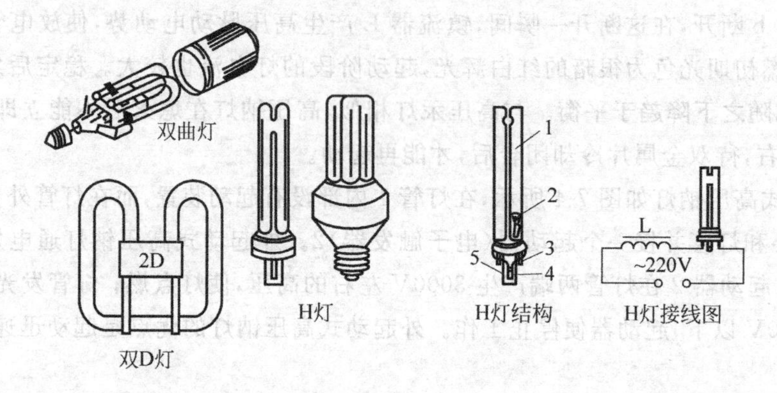

(a) 几种紧凑型荧光灯外型　　(b) YD—H荧光灯结构及接线图

图7-5　紧凑型节能荧光灯外形及结构和接线图

1—放电管;2—电极;3—电极引脚;4—定位凹轴孔;5—启辉器

表7-5　H型荧光灯的节能对比

型　号	灯功率/W (相同的照明光照度)		
H型荧光灯	7	9	11
白炽灯	45	60	75

表 7-6　YD—H 型荧光灯的主要规格和参数

技术指标	规格和参数		
电源电压/V	200V50Hz		
功率/W	7	9	11
电压/V	45	60	90
电流/mA	180	170	150
输出光通量/lm	360	540	810
相关色温/K	3200	3200	3200
平均寿命/h	2500	2500	2500

注：预热灯丝电流均为 190mA。

以上其他各种电光源的型号规格和电参数详见附录Ⅱ各表。各种光源的特点和运用场所可见表 7-7。除上述各种电光源外，还有 LED 电光源，目前正在发展中。

表 7-7　常用光源的特点和应用场所

序号	光源名称	发光原理	特　点	应用场所
1	白炽灯泡	钨丝通过电流时被加热而发光的一种热辐射光	结构简单、成本低、显色性好，$R_a=95\sim99$，使用方便，有良好的调光性能	日常生活照明，工矿企业普通照明，剧院、舞台以及应急照明
2	卤钨灯泡	白炽体充入微量的卤素蒸气，利用卤素的循环提高发光效率	体积小，光线集中，显色性好，$R_a=95\sim99$，使用方便	剧院电视播放、绘图、摄影
3	荧光灯管	氩、汞蒸气放电发出可见光和紫外线，后者激励管壁荧光粉发光，混合光接近日光	发光效率高，粗、细管分别为 26.7～57.1，58.3～83.3lm/W。显色性较好 $R_a=70\sim80$，寿命长达 1500～8000h	住宅、学校、商业、办公、设计室、医院、图书馆等
4	紧凑型高效节能荧光灯管	同荧光灯，但采用稀土三基色荧光粉	集中白炽灯和荧光灯的优点，光效高达 35～81.8lm/W，寿命长达 1000～5000h，显色性好 $R_a=80$，体积小、使用方便	住宅、商业、宾馆等照明
5	荧光高压汞灯泡	同荧光灯，但不需预热灯丝	发光效率较白炽灯高，寿命长达 3500～6000h，耐震性较好	道路、广场、车站、码头、工地和高大建筑的室内外照明
6	自镇流荧光高压汞灯管	同荧光高压汞灯，勿需镇流器	发光效率较白炽灯高、耐震性较好，省去镇流器，使用方便	广场、车间、工地等
7	金属卤化物灯泡	将金属卤化物作为添加剂充入高压汞灯内，被高温分解为金属和卤素原子，金属原子参与发光。在管壁低温处，金属和卤素原子又重新复合成金属卤化物分子	发光效率高，达 76.7～110lm/W，显色性较好 $R_a=63\sim65$，寿命长达 6000～9000h	剧院、体育场、馆、展览馆、娱乐场所、道路、广场、停车场、车站、码头、工厂等

续表

序号	光源名称	发光原理	特 点	应用场所
8	管形镝灯	同金属卤化物灯	发光效率高,达 44～80lm/W,显色性好,R_a=70～90,体积小,使用方便	机场、码头、车站、建筑工地、露天矿、体育场及电影外景摄制、电视转播等
9	钪钠灯泡	同金属卤化物灯	发光效率高,达 60～80lm/W,显色性较好,R_a=55～65,体积小,使用方便	工矿企业、体育场、馆、车站、码头、机场、建筑工地、电视(彩色)转播等
10	普通高压钠灯泡	是一种高压钠蒸气放电的灯泡,其放电管采用抗钠腐蚀的半透明多晶氧化铝陶瓷管制成,工作时发出金白色光	发光效率很高,达 64.3～140lm/W,寿命长达 12000～24000h,透雾性能好	道路、机场、码头、车站、广场、体育场及工矿企业
11	中显色高压钠灯泡	在普通高压钠灯基础上,适当提高电弧管内的钠分子,从而使平均显色指数和相关色温得到提高	发光效率高,达 72～95lm/W,显色性较好,R_a=60,寿命长,使用方便	高大厂房、商业、游泳池、体育馆、娱乐场所等室内照明
12	管形氙灯	电离的氙气激发而发光	功率大,发光效率较高,为 20～27lm/W,触发时间短,勿须镇流器,使用方便	广场、港口、机场、体育场等要求有一定紫外线辐射的场所

7.2.2 常用照明电光源的选择

照明电光源的选择应根据照明要求、使用场所的环境条件和光源的特点进行合理选择。一般可按表 7-8 国际照明委员会(CIE)的建议,选择各种场合的光源种类。

表 7-8 各类应用场合对灯性能的要求及推荐的灯种(CIE)

使用场所		要求的灯性能①			推荐的灯⑤ 优先选用☆ 可用○											
		光输出②	显色性能③	色温④	白炽灯		荧光灯				汞灯	金属卤灯		高压钠灯		
					I	H	S	H·C	3	C	F	S	H·C	S	I·C	H·C
工业建筑	高顶棚	高	Ⅲ/Ⅳ	1/2		○	○				○	○		☆	○	
	低顶棚	中	Ⅲ/Ⅱ	1/2			☆				○	○		☆	☆	
办公室、学校		中	Ⅲ/Ⅱ/IB	1/2			☆		☆	○		○	○	○	○	
商店	一般照明	高/中	Ⅱ/IB	1/2	○	○	○	☆	☆	○			☆			☆
	陈列照明	中/小	IB/IA	1/2	☆	☆		☆	☆							☆
饭店与旅馆		中/小	IB/IA	1/2	☆	☆	○	○	☆	☆			○			☆
博物馆		中/小	IA/IB	1/2	○	☆		☆	○							
医院	诊断	中/小	IB/IA	1/2	☆	○		☆								
	一般	中/小	Ⅱ/IB	1/2	○	○	○		☆							
住宅		小	Ⅱ/IB/IA	1/2	☆		○		☆	☆						
体育馆⑥		中	Ⅱ/Ⅲ	1/2		○	○					☆	☆	○	☆	

① 各种使用场合都需要高光效的灯，不但灯的光效要高，而且照明总效率要高，同时应满足显色性的要求，并适合特定应用场所的其他要求。

② 光输出值的高低按以下分类。

高：大于10000lm；中：3000～10000lm；小：小于3000lm。

③ 显色指数的分级如下。

IA：$R_a \geqslant 90$；IB：$90 > R_a \geqslant 80$；Ⅱ：$80 > R_a \geqslant 60$；Ⅲ：$60 > R_a \geqslant 40$；Ⅳ：$40 > R_a$。

④ 色温分类如下：

1. 小于3300K；2. 3300～5300K；3. 大于5300K。

⑤ 各种灯的符号：

白炽灯：
- I　钨丝白炽灯
- H　卤钨灯

高压钠灯：
- S　标准型
- I·C　改进显色型
- H·C　高显色型

荧光灯：
- S　标准型荧光灯
- H·C　高显色性荧光灯
- 3　三基色窄谱带荧光灯
- C　小型荧光灯

⑥ 需要电视转播的体育照明，应满足电视演播照明的要求。

此外在光源选择时还应注意以下一些基本要求。

1. 使用场所和环境要求

室内照明一般宜采用白炽灯、荧光灯或其他气体放电光源，但在选用放电光源时，应防止电磁干扰和频闪效应的影响。频闪效应是指交流电源供电的气体放电灯，由于电流的周期性变化，其光通量也发生周期性的变化，使人观察运动物体时造成错觉，如观察转动物体时人感觉物体好像不在转动或转动很慢，人们把这种现象称为光源的频闪效应。因此，在采用气体放电光源时，应采取必要的措施，如采用分相接入三相电源等方法。对于视觉要求较高的场所，一般不选用气体放电光源。

2. 光源的显色性要求

在需要正确辨色的场所，应采用显色性指数较高的光源，如白炽灯、日光灯和卤钨灯等。在同一场所内，当使用一种光源不能满足光色要求时，可采用两种或两种以上光源的混光来照明。

3. 光源的色调要求

在选择照明光源时，应考虑被照对象和场所对光源的色调要求。因为光源的色调直接影响人们的情趣，所以在民用建筑中色调也较为重要。对照明有较高要求的场所，如高级宾馆、饭店、展览馆等，可以从下述所举照明效果来选择光源的色调。

① 暖色光能使人感到距离近些，而冷色光使人感到距离较远。

② 暖色光里的明色有柔软感；冷色光里的明色有光滑感。暖色调的物体看起来密度大些、重些和坚固些；冷色调的看起来轻一些。在狭窄的空间宜用冷色光里的明色，以形成宽敞明亮的感觉。

③ 一般红色、橙色有兴奋的作用，而紫色则有抑制的作用。

7.2.3　灯具的特性和选择

1. 灯具的作用和特性

灯具是指包括光源在内的由照明附件组成的照明装置,是光源、灯罩和灯座等附件的总称。

灯具的作用主要是配光和限制眩光,即将光源的光通量进行合理分配,避免由光源引起的眩光,以及固定光源和保护光源,还起着装饰和美化环境的作用。

灯罩可以使光源光通量得到重新分布,并把它分配在需要的方向范围内。衡量灯具的特性如何主要有三点：光强分布曲线(配光曲线)、灯具效率、灯具保护角。

灯具的第一个特性是光强分布特性,即配光曲线是指为了合理地利用光通量,保证工作面上有一定的照度,在光源上要配上灯罩重新分配光通量的特性。这种反映灯具的光强方向分布情况的特性称为灯具的光强分布特性,通常用光强分布曲线(配光曲线)来反映。配光曲线通常用极光标和直角坐标表示。极坐标用于近照灯具,而直角坐标则多用于远照的投光灯。

2. 灯具的分类

根据照明工程各种不同的要求和目前灯具行业已生产出的各种各样照明灯具,灯具的分类方法大致有四种：一是按灯具的安装方式和用途来分类；二是按灯具发出的光通量在空间的分布来分类；三是按灯具外壳防护等级来分类；四是按防触电保护来分类。下面主要介绍按灯具发射出的光通量在空间的分布情况来分类的情况。

根据光通量在空间上、下半球的分布情况,灯具主要分为直射型灯具、半直射型灯具、漫射型灯具、半反射型灯具、反射型灯具五类。上述各型灯具的光通量分配和使用特点及示意图见表7-9。

表7-9　灯具按光通量在空间上、下半球分配比例分类

灯具类型		直射型	半直射型	漫射型	半反射型	反射型
光通量分配的比例/%	上半球	0～10	10～40	40～60	60～90	90～100
	下半球	100～90	90～60	60～40	40～10	10～0
特点		光线集中,工作面上可得充分照度,适用于高大厂房的一般照明	光线主要向下射出,其余透过灯罩向四周射出	光线柔和,各方向光强基本上一致,可达到无眩光,但光损较高。适用于装饰性照明	光线的主要部分反射到顶棚或墙上再反射下来,使光线比较柔和均匀	光线全部反射,能最大限度减弱阴影和眩光,但光的利用率低
示意图		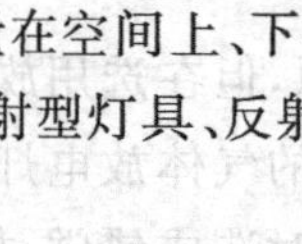	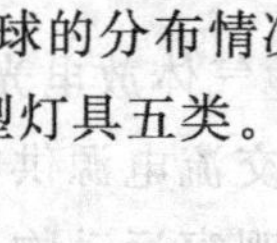	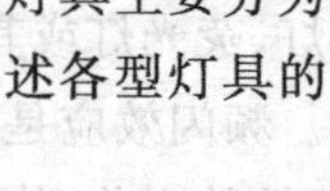	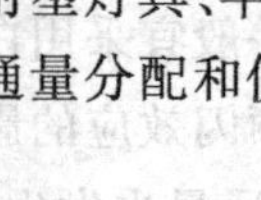	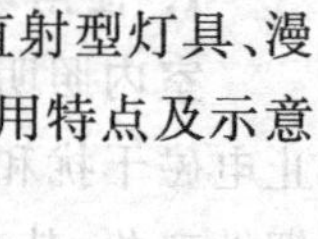

常见的直射型灯具如图7-6所示。此类照明灯具绝大部分(90%～100%)光通量直接投照到下方,所以这类灯具的利用率最高。

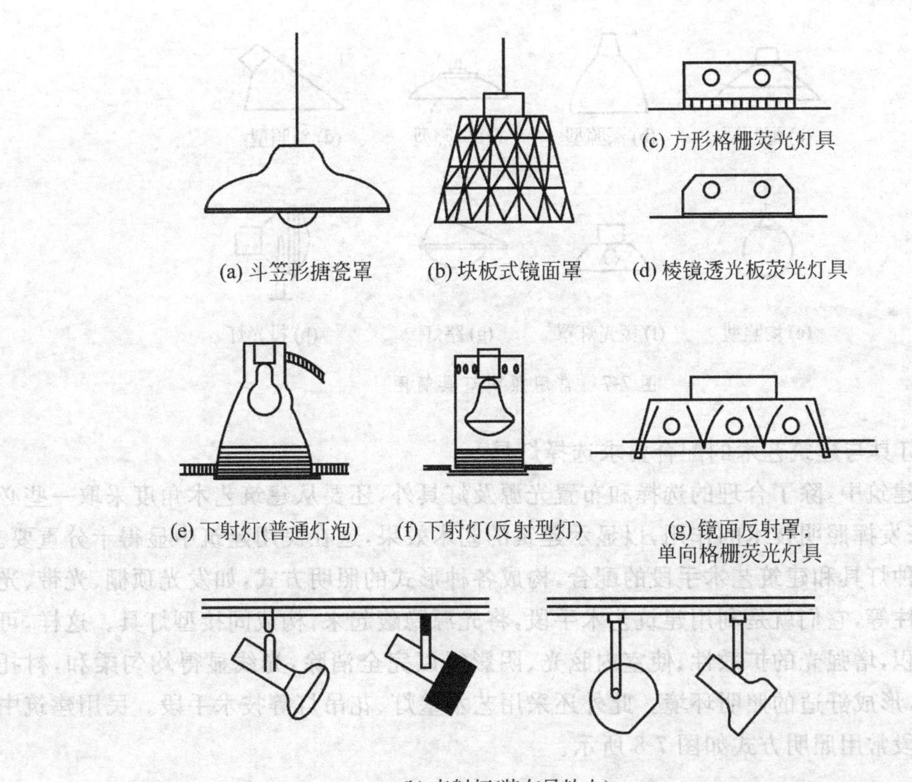

图 7-6　常用直射型照明灯具示例

3. 灯具的选择

灯具应根据使用环境、房间用途、光强分布、限制眩光等要求进行选择。在满足上述技术条件下，应选用效率高、维护检修方便的灯具。

(1) 按使用环境的要求选择灯具

对于民用建筑，通常主要应注意遵守的规定有：在正常环境中，宜选用开启式灯具；在潮湿房间内，宜选用具有防水灯头的灯具；在特别潮湿的房间，应选用防水、防尘密闭式灯具，或在隔壁不潮湿的地方通过玻璃窗向潮湿房间照明；在有腐蚀性气体和有蒸汽的场所以及有易燃、易爆气体的场所，宜选用耐腐蚀的密闭式灯具和防爆型灯具；在含有大量尘埃的场所，宜采用瓷质灯头金属罩开启式灯具或防水防尘灯具；在室外露天场所，宜采用防雨式灯具；在有机械碰撞的地方，应采用带有保护网的灯具等。总之，对于不同的环境，应注意选用具有相应防护措施的灯具，以保护光源，并保证光源的正常长期使用。

(2) 按光强分布特性不同选择灯具

根据光强分布特性选择灯具时，主要应遵守的规定有：当灯具安装高度在 6m 及以下时，宜采用宽配光特性的深照型灯具；当安装高度在6～15m 时，宜采用集中配光的直射型灯具，如窄配光深照型灯具；当安装高度在 15～30m 时，宜采用高纯铝探照灯或其他高光强灯具；当灯具上方有需要观察对象时，宜采用上半球有光通量分布的漫射型灯具(如乳白玻璃圆球罩灯)；对于室外大面积工作场所，宜采用投光灯或其他高光强灯具。民用建筑常用灯具的外形如图 7-7 所示。

图 7-7　常用照明灯具简图

(3) 按灯具与建筑艺术的配合要求选择灯具

在民用建筑中,除了合理的选择和布置光源及灯具外,还要从建筑艺术角度采取一些必要的措施,来发挥照明技术的作用,以显示建筑的艺术效果,这在民用建筑中显得十分重要。常常利用各种灯具和建筑艺术手段的配合,构成各种形式的照明方式,如发光顶棚、光带、光梁、光檐、光柱等,它们就是利用建筑艺术手段,将光源隐蔽起来,构成间接型灯具。这样,可增加光源面积,增强光的扩散性,使室内眩光、阴影得以完全消除,光线显得均匀柔和,衬托出环境气氛,形成舒适的照明环境。此外还采用艺术壁灯、花吊灯等技术手段。民用建筑中采用艺术手段常用照明方式如图 7-8 所示。

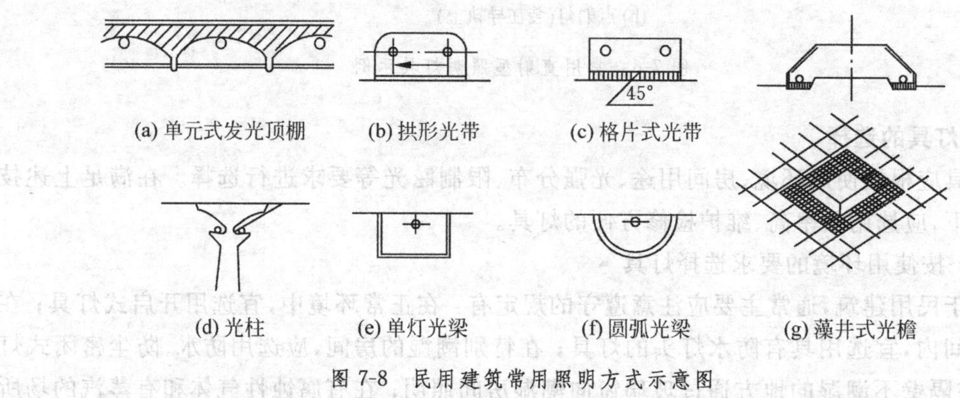

图 7-8　民用建筑常用照明方式示意图

(4) 按经济性和照明节能要求选择灯具

在民用建筑照明技术设计中,除应注意上述三点以外,还应注意从经济性角度来合理选择灯具。应重视注意选用高效率灯具和低功耗节能型灯,不要不顾实际一味地追求华而不实的洋气。

在照明设计和选择光源、灯具时,应注意根据视觉工作的要求,综合考虑照明技术特性和长期运行的经济效益。照明节能对于提高民用建筑的经济效益有着重要的意义,常用的照明节能措施主要有以下几种。

① 采用高效光源

高大房间和室外场地的一般照明,宜采用高压钠灯(或高显色性高压钠灯)、金属卤化物灯等高效放电灯。较低房间的一般照明,宜采用荧光灯、小功率低压钠灯。只有在开关频繁或特殊需要时(如展览馆、影剧院、高级饭店等场所),方可使用白炽灯。为了节约电能,要注意采用新型的节能电光源。新近出现的高效节能荧光灯，在国内已有不少地方开始大量使用，它的显色性、照度、光效（单位电功率下的发光效果）等技术参数均优于普通荧光灯，而其能耗则远远低于同照度的普通荧光灯，所以是一种有发展前途的电光源，应该大力推广使用。常用光源的光效见表 7-10。

表 7-10　常用光源的光效

光　源	光效/($lm \cdot W^{-1}$)	光　源		光效/($lm \cdot W^{-1}$)
白炽灯	6～18	金属卤化物灯	钠-铊-铟灯	75～80
卤钨灯	21～22		镝灯	80
荧光灯	65～78		卤化锡灯	50～60
高压汞灯	40～60	高压钠灯		118
氙灯	22～50			

注：高压钠灯的光效计及镇流器

② 采用高效灯具

在选择灯具时，一般不宜采用效率低于 70% 的灯具。使用荧光灯照明时，宜采用高效荧光灯具及能耗低的镇流器，选用变质速度较慢的材料所制成的灯具（如玻璃灯具等）。

③ 选择合理的照度方案

在设计时应注意选用合理的设计方案，严格控制照明用电指标；根据建筑物房间的自然采光，合理配备人工照明。处理好人工照明与自然采光的关系。建筑物房间的自然采光主要与建筑物的朝向、地理位置、季节等有关，要优选光通利用系数较高的照明设计方案。不允许采取降低最低照度和所规定的推荐照度的方式来节能。

④ 采用合理的建筑艺术照明设计

建筑艺术照明设计是必要的，但也应讲究实效，避免片面追求形式。严格限制霓虹灯和节日装饰照明灯的设置范围。在安装彩灯照明时，应力求艺术效果与节能的统一。

⑤ 装设必要的节能装置

对于气体放电光源，可采取装设补偿电容的措施来提高功率因数，当技术经济条件允许时，可采用调光开关或光电自动控制装置等节能措施。

7.2.4　灯具的布置和安装

灯具的布置和安装，应从满足工作场所照度的均匀性、亮度的合理分布以及眩光的限制要求等角度，去考虑布置方式和安装高度等要求。照度的均匀性，是指工作面或工作场所的照度均匀分布特性，它用工作面上的最低照度与平均照度之比来表示。亮度的合理分布是使照明环境舒适的重要标志和技术手段。为了满足上述要求，必须进行灯具的合理布置和安装。

1. 灯具的布置与距高比

室内灯具的布置方式分为均匀布置和选择布置两种。均匀布置是指灯具间距按一定规律均匀布置的方式，如按正方形、矩形、菱形等形式布置，可使整个工作面上获得较均匀的照度。均匀布置方式适用于室内灯具的布置，如教室、实验室、会议室等。选择布置是指满足局部要求的一种灯具布置方式，适用于采用均匀布置达不到所要求的照度分布的场所中。室内灯具的常用布置方式如图 7-9 所示。

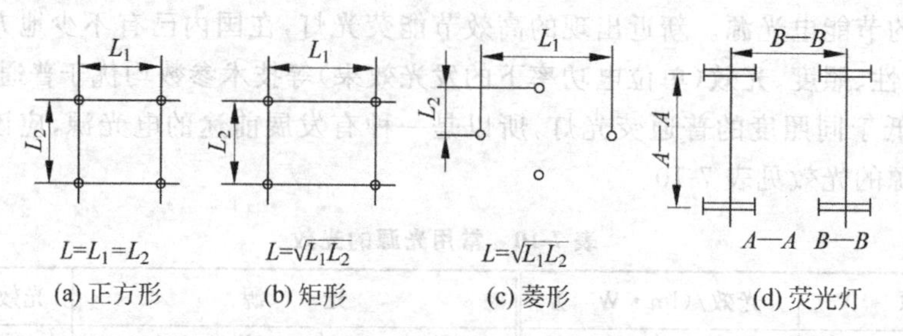

图 7-9　室内灯具常用的布置方式(平面)

灯具在均匀布置时，灯具间距 L 与灯具在工作面上的悬挂高度(也称计算高度)h 之比(L/h)称为距高比。当灯具按矩形或菱形均匀布置时，灯具间距按 $L=\sqrt{L_1L_2}$ 确定，L_1 和 L_2 分别为矩形的行之间和列之间的距离或分别为菱形的两对对角线间的距离。

荧光灯的形状具有不对称的灯具轴线，所以其最大允许距离比值分横向 $B—B$ 和纵向 $A—A$ 两个。部分灯具的最大允许距高比和最小照度系数见表 7-11。在此范围内布置灯具可以有效地消除反射眩光。各种灯具适宜的距高度比值，参照表 7-12。

表 7-11　部分灯具的最大允许距高比值和最小照度系数

灯具名称	灯具型号	光源种类及容量/W	最大允许距高比 /(L/h)		最小照度系数 Z
			$A—A$	$B—B$	
配照型灯具	GC1—$\frac{A}{B}$—1	B150	1.25		1.33
		G125	1.41		1.29
广照型灯具	GC3—$\frac{A}{B}$—2	G125	0.98		1.32
		B200,150	1.02		1.33
深照型灯具	GC5—$\frac{A}{B}$—3	B300	1.40		1.29
		B250	1.45		1.32
	GC5—$\frac{A}{B}$—4	B300,500	1.40		1.31
		G400	1.23		1.32
筒式荧光灯	YG1—1	1　40	1.62	1.22	1.29
	YG2—1	1　40	1.60	1.28	1.28
	YG2—2	2　40	1.33	1.28	1.29
密闭型荧光灯	YG4—1	1　40	1.52	1.27	1.29
	YG4—2	2　40	1.41	1.26	1.30
吸顶式荧光灯	YG6—2	2　40	1.48	1.22	1.29
	YG6—3	3　40	1.50	1.25	1.30

表 7-12　各种灯具的距高比值表

灯具形式	L/h 值		适用于采用单行布置的厂房最大宽度
	多行布置	单行布置	
深照型灯	1.2	1.1	1.0h
配照型灯	1.25	1.2	1.2h
广照型、散照型、圆球形灯	0.9	0.8	1.3h

室外灯具的布置可采用集中布置、分散布置、集中与分散相结合等布置方式，常用灯杆、灯柱、灯塔或利用附近的高层建筑物来装设照明灯具。道路照明应与环境绿化、美化统一规划来设置灯杆或灯柱，对于一般道路可采用单侧装置；但对于主要干道可采用双侧布置。灯杆的间距一般为25～50m。

选择性布置在现代民用建筑中主要考虑与装饰照明相配合进行布置。

2. 灯具的安装

为了限制眩光，使工作面上获得较理想的照明效果，室内照明安装要求灯具距地面的安装悬挂高度有规定要求，见表7-13。此外，灯具的安装应牢固，便于维修和更换，不应将灯具安装在高温设备表面，或有气流冲击的地方。普通吊线灯只适用于灯具重量在1kg以内，超过1kg的灯具或吊线长度超过3m时，应采用吊链或吊杆(此时吊线不应受力)。吊挂式灯具及其附件的重量超过3kg时，安装时应采取加强措施，通常除使用管吊或链吊灯具外，还在悬吊点采用预埋吊钩等固定。大型灯具的吊杆、吊链承受的拉力应大于灯具自重的5倍以上，需要人上去检修的灯具，还要另加200kg的承受力。

表7-13　照明灯具距地面是最低悬挂高度

光源种类	灯具形式	光源功率/W	最低悬挂高度/m
白炽灯	有反射罩	≤60	2.0
		100～150	2.5
		200～300	3.5
		≥500	4.0
	有乳白玻璃漫反射罩	≤100	2.0
		150～200	2.5
		300～500	3.0
卤钨灯	有反射罩	≤500	6.0
		1000～2000	7.0
荧光灯	无反射罩	≤40	2.0
		>40	3.0
	有反射罩	≥40	2.0
荧光高压汞灯	有反射罩	≤125	3.5
		250	5.0
		≥400	6.0
高压汞灯	有反射罩	≤125	4.0
		250	5.5
		≥400	6.5
金属卤化物灯	搪瓷反射罩	400	6.0
	铝抛光反射罩	1000	14.0
高压钠灯	搪瓷反射罩	250	6.0
	铝抛光反射罩	400	7.0

此外在室内照明和室外说明灯具安装中，要注意与现代装饰照明设计要求相配合，保证装饰照明的设计效果。

为了使照度均匀，灯具离墙不能太远，通常灯具离墙的距离为灯具间距L的1/3～1/2。

7.3 照度计算方法和步骤

照度计算的基本方法通常有三种，即逐点照度计算法、光通利用系数法和单位容量法。从理论讲实际应为两种，即逐照度计算法和平均照度计算法。逐点照度计算法是根据每个电光源向被照点发射光通量的直射分量来计算被照点照度的计算方法；平均照度计算法是按房间被照面所得到的光通量除以被照面积而得出平均照度的计算方法，也称光通量法。而在实际运用时这种光通量法又常分为光通利用系数法(简称利用系数法)和单位容量法。

7.3.1 逐点照度计算法及步骤

逐点照度计算法是照度计算的最基本方法，常用它来验算工作点的照度。它的特点是准确度高，可以计算出任何指定点上的照度。这种计算方法适用于局部照明、采用反射光灯具的照明、特殊倾斜面上的照明和其他需要准确计算照度的场合。

1. 计算公式

在实际计算中，为了简化计算，通常借助于现成的曲线和图表。常用的有空间等照度曲线和平面相对等照度曲线，可查有关手册或图表。通常按计算高度 h 和计算点到各个灯具的水平距离 L 距离比(L/h)，从等照度曲线上查出各个灯具对该计算点所产生的照度，并求其总和$\sum e$，然后按下述公式计算出实际水平照度：

$$E_n = \frac{\Phi \sum e}{1000k} \tag{7-1}$$

$$E_{nh} = \frac{\Phi \sum e}{1000k} \tag{7-2}$$

式中：E_n——在采用旋转对称配光的照明场所中，被照面指定点上的照度，lx；

E_{nh}——在非对称配光的照明场所中，被照面指定点上的照度，lx；

Φ——每个灯具内光源的总光通量，lm，常用光源的光通量推荐值见表 7-14；

表 7-14　常用光源光通量推荐值

光源额定功率/W 光通量/lm 光源类型	30	40	60	100	125	150	200	250	300	400	500	1000	2000
白炽灯	—	350	580	1140		1880	2700		4270	—	7680	—	—
卤钨灯	—	—	—	—	—	—	—	—	—	—	8200	18000	38000
荧光灯	1550	2400	—	5500	—	—	—	—	—	—	—	—	—
荧光高压汞灯	—	—	—	—	4750	—	—	10500	—	20000	—	50000	—

k——照度补偿系数，见表 7-15；

h——灯具的计算高度，指灯具距离工作面的高度，m；

$\sum e$—— 各个灯具对计算点产生的照度直射分量或相对照度的总和($\sum e = e_1 + e_2 + e_3 + \cdots + e_n$)，lx。

表 7-15　照度补偿系数 k

环境类别	k		灯具擦洗次数
	白炽灯、荧光灯、荧光高压汞灯	卤钨灯	
清洁	1.3	1.2	每月一次
一般	1.4	1.3	每月一次
污染严重	1.5	1.4	每月二次
室外	1.4	1.3	每月一次

式(7-1)适用于具有空间等照度曲线,旋转对称配光的水平面照度的计算。式(7-2)适用于具有平面相对等照度曲线的非对称配光的水平面照度的计算。利用此两式即可对计算点的照度进行较准确验算或用来进行设计方案的比较,$\sum e$ 的计算可进一步查阅有关照明手册或参考书。本书从略。

2. 计算步骤

(1) 分别计算各灯具对计算点所产生的照度直射分量;

(2) 求出计算点的照度总和,再除以照度补偿系数;

(3) 求出计算点的实际照度,一般不必准确计算出计算点的反射量。

7.3.2　光通利用系数法

光通利用系数法是根据房屋的空间系数等因素,利用多次相互反射的理论,求得灯具的利用系数,计算出要达到平均照度值所需要的灯具数的计算方法。这种计算方法,需要大量的反映各种不同情况的系数图表,因此比较复杂。

光通利用系数法适用于均匀布置灯具的一般照明,可进行平均照度的计算和确定照明灯具的数量,以及光源的功率等。下面介绍一种较为简便的方法,即利用查表和公式计算的综合方法。

1. 计算公式

凡无直射型灯具的室内照明,非常适宜采用此法计算,例如办公室、教室等。其计算公式如下:

$$E_{av}=\frac{N\Phi K_{u}\eta}{Sk} \tag{7-3}$$

式中:E_{av}——工作面上的平均照度,lx;

Φ——每盏灯具光源的光通量,lm;

N——灯具数量;

K_u——光通利用系数(见表 7-18);

η——灯具效率(部分见表 7-18);

S——房间面积,m^2;

k——照度补偿系数(见表 7-15)。

照度补偿系数的倒数($k_r=1/k$)称为减光系数或维护系数。

若照度标准为最低照度时,必须将平均照度 E_{av} 换算成最低照度 E_{min},其换算关系式如下:

$$E_{min}=\frac{E_{av}}{Z} \tag{7-4}$$

式中：E_{av}——工作面上的平均照度,lx；

E_{min}——工作面的最低照度,lx；

Z——最低照度系数(见表 7-16)。

表 7-16 部分灯具的最小照度系数(Z)值表

灯具名称	灯具型号	光源种类及容量/W	距高比 L/h				$(L/h)/Z$ 的最大允许值
			0.6	0.8	1.0	1.2	
			Z				
配照型灯具	GC1—A/B—1	B150	1.30	1.32	1.33		1.25/1.33
		G125		1.34	1.33	1.32	1.41/1.29
广照型灯具	GC3—A/B—2	G125	1.28	1.30			0.98/1.32
		B200、150	1.30	1.33			1.02/1.33
深照型灯具	GC5—A/B—3	B300		1.34	1.33	1.30	1.40/1.29
		G250		1.35	1.34	1.32	1.45/1.32
	GC5—A/B—4	B300、500		1.33	1.34	1.32	1.40/1.31
		G400	1.29	1.34	1.35		1.23/1.32
简式荧光灯具	YG1—1	1×40	1.34	1.34	1.31		1.22/1.29
	YG2—1			1.35	1.33	1.28	1.28/1.28
	YG2—2	2×40		1.35	1.33	1.29	1.28/1.29
吸顶荧光灯具	YG6—2	2×40	1.34	1.36	1.33		1.22/1.29
	YG6—3	3×40		1.35	1.32	1.30	1.26/1.30
嵌入式荧光灯具	YG15—2	2×40	1.34	1.34	1.31	1.30	1.02/1.29
	YG15—3	3×40	1.37	1.33			1.05/1.30
房间较矮		灯排数≤3	1.15～1.2				
反射条件较好		灯排数>3	1.10				

注：表中 L 为灯具的间距；h 为灯具至工作面的高度。

从上表可知：最小照度系数 Z 与灯具型式、光源种类、距高比等有关。

将上述式(7-3)代入式(7-4)可得最低照度计算公式：

$$E_{min}=\frac{E_{av}}{Z}=\frac{N\Phi K_{u}\eta}{SkZ} \tag{7-5}$$

式中：E_{min}——标准照度的最低值或工作面上的最低照度值,lx；

Z——最小照度系数,可查表 7-16。

2. 光通利用系数 K_u 的确定

光通利用系数是表示照明光源的光通利用程度的参数,其值为光源经过灯具的照射和墙、顶棚等反射到计算工作面上的光通量与房间内所有光源发出的总光通量之比,即

$$K_{u}=\frac{\Phi_{j}}{N\Phi} \tag{7-6}$$

式中：Φ_j——投射到计算工作面上的总光通量,lm；

Φ——每只灯具内光源的光通量,lm；

N——照明灯具数,可由面灯方案确定或计算确定。

光通利用系数 K_u 与灯具的功率、配光特性(灯具的光强分布特性)、灯具的悬挂高度、室空间结构、房间内各面的反射系数等有关。利用公式(7-6)很难求得光通利用系数 K_u。

通常可得用房间的室形系数和反射系数，从照明设计手册或图表上的灯具光通利用系数表中，用插值法查取某种形式灯具的光通利用系数 K_u。通常室空间可划分为三个空间，如图7-10所示。

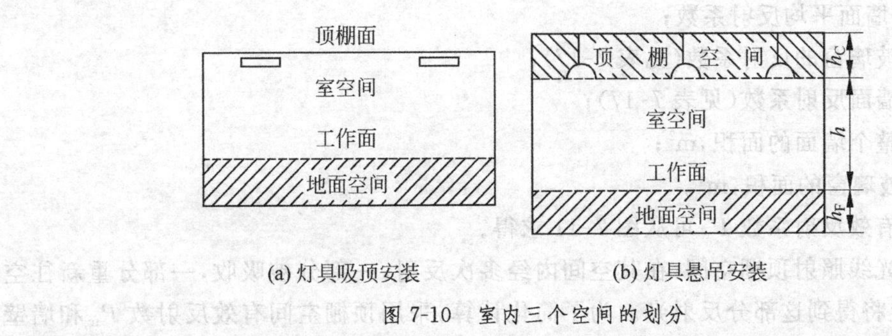

图7-10　室内三个空间的划分

为了反映室形特性，通常用三个室形系数来表示，即顶棚空间系数 K_{CC}、室空间系数 K_{RC}、地面空间系数 K_{FC}。对于装设为吸顶式或嵌入式灯具的房间，则无顶棚空间；如工作面为地面时，则无地面空间。三个空间系数较常用的是室空间系数 K_{RC}（室空比）：

$$K_{RC}=\frac{5h(a+b)}{ab} \tag{7-7}$$

式中：a——房间的长度，m；

b——房间的宽度，m；

h——室内间高度（即计算高度），m。

如将式7-7中的高度 h 分别换成顶棚空间高度或地面空间高度即可求得顶棚空间系数（顶空比）或地面空间系数（地空比），即

$$K_{CC}=\frac{5hc(a+b)}{ab} \tag{7-8}$$

$$K_{FC}=\frac{5hF(a+b)}{ab} \tag{7-9}$$

房间的反射系数是指墙面反射系数 P_q、顶棚反射系数 P_t、地面反射系数 P_d，这些反射系数与所使用的建筑材料的性质和颜色有关。具体参考值见表7-17，此表已考虑了窗面对墙面反射系数的影响。

表7-17　顶棚、墙面和地面反射系数 P_q、P_t、P_d 参考值

反射面性质	反射系数/%
抹灰并大白粉刷的顶棚和墙面（装有白色窗帘）	70～80
砖墙或混凝土屋面顶棚喷白（石灰、大白）（涂色窗帘或未挂窗帘）	50～60
墙、顶棚为水泥砂浆抹面	30
混凝土屋面板，红砖墙	30
灰砖墙、木地板（浅色）	20
混凝土地面	10～25
钢板地面或浅色地板砖地面	10～30
广漆地板或涂色木地板	10
沥青地面	11～12
无透明玻璃	8～10
白色棉织物	35

对于整个墙面的平均反射系数 P_{qw} 可按下式计算。

$$P_{qw}=\frac{P_q(S_w-S_p)+P_pS_p}{S_w} \tag{7-10}$$

式中：P_{qw}——墙面平均反射系数；

P_p——玻璃窗的反射系数(见表 7-17)；

P_q——墙面反射系数(见表 7-17)；

S_w——整个墙面的面积，m^2；

S_p——玻璃窗的面积，m^2。

顶棚空间有效反射系数 P_{tc} 可从图 7-11 求得。

因为灯具光线照射顶棚空间，在其空间内经多次反射，一部分被吸收，一部分重新往空间，而工作面上将得到这部分反射光。为了简化计算，采用顶棚空间有效反射数 P_{tc} 和墙壁反射系数 P_q 以及顶空比 K_{CC}，查图 7-11 计算曲线，即可求得 P_{tc} 值。

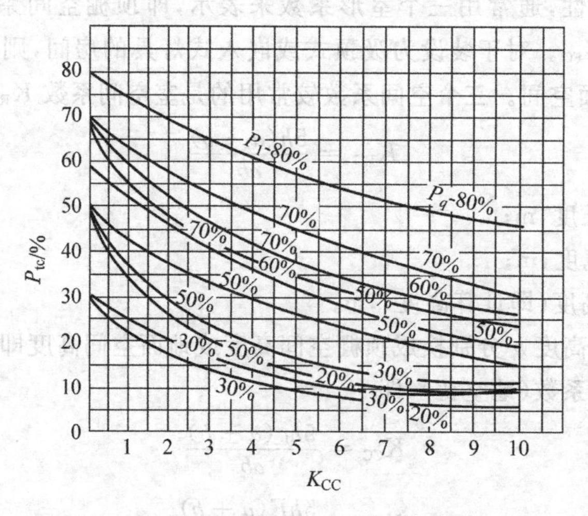

图 7-11　顶棚空间有效反射系数计算曲线

P_t—顶棚相反射系数；P_q—反射系数

地面有效反射系数 P_{dc} 也可以采用图 7-11 的曲线查得地面有效反射系数，将其中顶棚反射系数 P_t 换成地面反射系数 P_d，顶空比换成地空比 K_{FC}，则所得的 P_{tc} 即为 P_{dc}。

编制的利用系数表，一般将地面反射系数 P_{dc} 取为 20%。

在求得上述室形系数和反射系数后，即可通过光通利用系数表，用插值法进行查取。

根据已知的室空比(K_{RC})、顶棚空间反射系数(P_t)、墙面反射系数(P_q)等值，从照明设计手册或图集中，用插值法查取该型式灯具的利用系数 K_u(插值查表法具体见后面例题)，将有关各数据代入式(7-3)或式(7-5)进行照度计算。

部分灯具的利用系数表格见表 7-18(本表仅列出几种灯具的利用系数，其他各类灯具的利用系数可以在有关电气照明设计手册中查得)。

在查表时，如求得墙面平均反射系数 P_{qw} 和顶棚空间有效反射系数 P_{tc} 时，则可用 P_{qw} 代替 P_q 和 P_{tc} 代替 P_t 值进行查表。

表 7-18 部分灯具的利用系数(K_u)表

P_t/%	70				50				30				0
P_q/%	70	50	30	10	70	50	30	10	70	50	30	10	0
K_{RC}	K_u(简式荧光灯 YG2—1,η=88%,1×40W,2400lm)												
1	0.93	0.89	0.86	0.83	0.89	0.85	0.83	0.80	0.85	0.82	0.80	0.78	0.73
2	0.85	0.79	0.73	0.69	0.81	0.75	0.71	0.67	0.77	0.73	0.69	0.65	0.62
3	0.78	0.70	0.63	0.58	0.74	0.67	0.61	0.57	0.70	0.65	0.60	0.56	0.53
4	0.71	0.61	0.54	0.49	0.67	0.59	0.53	0.48	0.64	0.57	0.52	0.47	0.45
5	0.65	0.55	0.47	0.42	0.62	0.53	0.46	0.41	0.59	0.51	0.45	0.41	0.39
6	0.60	0.49	0.42	0.36	0.57	0.48	0.41	0.36	0.54	0.46	0.40	0.36	0.34
7	0.55	0.44	0.37	0.32	0.52	0.43	0.36	0.31	0.50	0.42	0.36	0.31	0.29
8	0.51	0.40	0.33	0.27	0.48	0.39	0.32	0.27	0.46	0.37	0.32	0.27	0.25
9	0.47	0.36	0.29	0.24	0.45	0.35	0.29	0.24	0.43	0.34	0.28	0.24	0.22
10	0.43	0.32	0.25	0.20	0.41	0.31	0.24	0.20	0.39	0.30	0.24	0.20	0.18
K_{RC}	K_u(吸顶式荧光灯 YG6—1,η=86%,2×40W,2×2400lm)												
1	0.82	0.78	0.74	0.70	0.73	0.70	0.67	0.64	0.65	0.68	0.60	0.58	0.49
2	0.74	0.67	0.62	0.57	0.66	0.61	0.56	0.52	0.59	0.54	0.51	0.48	0.40
3	0.68	0.59	0.53	0.47	0.60	0.53	0.48	0.44	0.53	0.48	0.44	0.40	0.34
4	0.62	0.52	0.45	0.40	0.55	0.47	0.41	0.37	0.49	0.43	0.38	0.34	0.28
5	0.56	0.46	0.39	0.34	0.50	0.42	0.36	0.31	0.45	0.38	0.33	0.29	0.24
6	0.52	0.42	0.35	0.29	0.46	0.38	0.32	0.27	0.41	0.34	0.29	0.25	0.21
7	0.48	0.37	0.30	0.25	0.43	0.34	0.28	0.24	0.38	0.31	0.26	0.22	0.18
8	0.44	0.34	0.27	0.22	0.40	0.31	0.25	0.21	0.35	0.28	0.23	0.19	0.16
9	0.41	0.31	0.24	0.19	0.37	0.28	0.22	0.18	0.33	0.26	0.21	0.17	0.14
10	0.38	0.27	0.21	0.16	0.34	0.25	0.19	0.15	0.30	0.22	0.18	0.14	0.11

3. 计算每只灯具内光源的光通量 Φ 和房间内光源的总光通量 $\sum\Phi$

当照明装置的 K_u、Z 等已知时,由式(7-5)即可求得 Φ 和 $\sum\Phi$,即

$$\Phi = \frac{E_{\min} SkZ}{K_u N\eta} \tag{7-11}$$

$$\sum\Phi = N\Phi = \frac{E_{av} Sk}{K_u \eta} = \frac{E_{\min} ZSk}{K_u \eta} \tag{7-12}$$

4. 计算灯具数

当已知每只灯具内光源的光通量 Φ,由式(7-13)即可求得房间内的灯具数,即

$$N = \frac{\sum\Phi}{\Phi} \tag{7-13}$$

式中:Φ——每只灯具内光源的光通量,lm;

$\sum\Phi$——房间内所有灯具中光源的总光通量,lm。

由以上所介绍的方法可计算房间内的平均照度,根据平均照度或者规定的照度标准,计算房间内应安装的灯具数或光源。

5. 计算步骤

(1) 按照所布置的灯具计算房间的室空间系数 K_{RC},K_{RC}是由房间的开头决定的;

(2) 确定光通利用系数 K_u(利用室形系数和反射系数通过插值法进行查表求得);

(3) 确定最小照度系数 Z 和照度补偿系数 k;

(4) 按规定的最小照度,计算每盏灯具或光源应具有的光通量 Φ 或由布灯方案确定 Φ,

并求出房间内光源的总光通量$\sum\Phi$；

(5) 由$\sum\Phi$和Φ确定房间内的灯具数N，或由布灯方案确定N，由Φ确定每盏灯具的光源功率；

(6) 由求得的灯具数根据E_{av}公式进行验算平均照度是否满足设计要求。

7.3.3　单位容量法

单位容量法是从光通利用系数演变而来的，是在各种光通利用系数和光的损失等因素相对固定的条件下，得出的平均照度的简化计算方法。一般在已知房间的被照面积后，就可根据推荐的单位面积安装功率，来计算房间所需的总的电光源功率。这是一种常用的方法，它适用于设计方案或初步设计的近似计算和一般的照计算。这结于估算照明负载或进行简单的照度计算是很适用的，具体方法如下。

1. 计算公式

$$\sum P = wS \tag{7-14}$$

$$N = \frac{\sum P}{P} \tag{7-15}$$

式中：$\sum P$——总安装容量(功率)，不包括镇流器的功率损耗，W；

S——房间面积，一般指建筑面积 m²；

w——在某最低照度值的单位面积安装容量(功率)，可查表 7-19，W/m²；

表 7-19　荧光灯均匀照明近似单位容量值　　W/m²

计算高度 h/m	E/lx S/m²	30W,40W带罩						30W,40W不带罩					
		30	50	75	100	150	200	30	50	75	100	150	200
2～3	10～15	2.5	4.2	6.2	8.3	12.5	16.7	2.8	4.7	7.1	9.5	14.3	19.0
	15～25	2.1	3.6	5.4	7.2	10.9	14.5	2.5	4.2	6.3	8.3	12.5	16.7
	25～50	1.8	3.1	4.8	6.4	9.5	12.7	2.1	3.5	5.4	7.2	10.9	14.5
	50～150	1.7	2.8	4.3	5.7	8.6	11.5	1.9	3.1	4.7	6.3	9.5	12.7
	150～300	1.6	2.6	3.9	5.2	7.8	10.4	1.7	2.9	4.3	5.7	8.6	11.5
	＞300	1.5	2.4	3.2	4.9	7.3	9.7	1.6	2.8	4.2	5.6	8.4	11.2
3～4	10～15	3.7	6.2	9.3	12.3	18.5	24.7	4.3	7.1	10.6	14.2	21.2	28.2
	15～20	3.0	5.0	7.5	10.0	15.0	20.0	3.4	5.7	8.6	11.5	17.1	22.9
	20～30	2.5	4.2	6.2	8.3	12.5	16.7	2.8	4.7	7.1	9.5	14.3	19.0
	30～50	2.1	3.6	5.4	7.2	10.9	14.5	2.5	4.2	6.3	8.3	12.5	16.7
	50～120	1.8	3.1	4.8	6.4	9.5	12.7	2.1	3.5	5.4	7.2	10.9	14.5
	120～300	1.7	2.8	4.3	5.7	8.6	11.5	1.9	3.1	4.7	6.3	9.5	12.7
	＞300	1.6	2.7	3.9	5.3	7.8	10.5	1.7	2.9	4.3	5.7	8.6	11.5
4～6	10～17	5.5	9.2	13.4	18.3	27.5	36.6	6.3	10.5	15.7	20.9	31.4	41.9
	17～25	4.0	6.7	9.9	13.3	19.9	26.5	4.6	7.6	11.4	15.2	22.9	30.4
	25～35	3.3	5.5	8.2	11.0	16.5	22.0	3.8	6.4	9.5	12.7	19.0	25.4
	35～50	2.6	4.5	6.6	8.8	13.3	17.7	3.1	5.1	7.6	10.1	15.2	20.2
	50～80	2.3	3.9	5.7	7.7	11.5	15.5	2.6	4.4	6.6	8.8	13.3	17.7
	80～150	2.0	3.4	5.1	6.9	10.1	13.5	2.3	3.9	5.7	7.7	11.5	15.5
	150～400	1.8	3.0	4.4	6.0	9	11.9	2.0	3.4	5.1	6.9	10.1	13.5
	＞400	1.6	2.7	4.0	5.4	8	11.0	1.8	3.0	4.5	6.0	9.0	12.0

P——一套灯具的安装容量(功率),不包括镇流器的功率损耗,W;

N——在规定照度下所需灯具数,套。

若房间内的照度标准为推荐的平均照度值E_{av}时,则应由下式来确定$\sum P$值:

$$\sum P = \frac{w}{Z}S \tag{7-16}$$

计算$\sum P$值,两种方法都可,一是按平均照度值查w值表,然后按式(7-16)计算;另一是平均照度换算成最低照度查w值表,然后按(7-16)式计算。计算时一般不考虑补偿系数,只有在污染严重的环境中或室外照明,才适当计及补偿系数。当房间长度$a>2.5b$时(b为房间宽度),按$2.5b^2$的房间面积查表,计算时仍以房间实际面积(ab)进行。这样可适当增加单位面积容量值,可满足狭长房间的照度要求。

2. 计算步骤

(1) 根据民用建筑不同房间和场所对照设计的要求,首先选择照明光源和灯具;

(2) 根据所要达到的照度要求,查灯具的单位面积安装容量表;

(3) 按下述公式计算灯具数量,按一般的照明灯具进行布置,确定布灯方案。

除上述所介绍的三种照度计算方法外,还有一种利用灯具计算图表计算照度的概算曲线法,是工程上常用的方法。它是利用各种灯具的概算曲线和图表,直接查得灯具数量和进行照度计算。也是在工程实际使用中运用光通利用系数法和逐点照度计算法进行简化计算的方法之一,限于篇幅,介绍从略,如有需要可参阅有关照明手册和工程设计手册。上述几种计算方法,都只能做到计算结果基本准确,一般计算结果与实际值的误差在+20%~-10%范围内,是允许的。

例7-1　某实验室面积为$12\times5\text{m}^2$,桌面高0.8m,灯具吸顶安装吊高3.8m。拟采用YG6—2型双管2×40W吸顶式荧光灯照明,灯具效率为86%。假定墙面反射系数P_q为0.6,顶棚反射系数P_t为0.7。试计算桌面最低照度,并确定房间内的灯具数。

解法一　采用光通利用系数法计算

据题意知:$h=3.8-0.8=3\text{m}$,$S=12\times5=60\text{m}^2$。查表7-1,实验室平均照度推荐值为75~150lx,取150lx。

(1) 确定室形系数K_{RC}

$$K_{RC} = \frac{5h(a+b)}{ab} = \frac{5\times3\times(12+5)}{12\times5} = 4.25$$

(2) 确定光通利用系数K_u

按$K_{RC}=4.25$,$P_t=70\%$,$P_q=60\%$,查表7-18,求YG6—2荧光灯的利用系数。查表采用插入法,具体步骤为:

① 先取$K_{RC}=4$和$K_{RC}=5$,$P_t=70\%$,$P_q=50\%$和$P_q=70\%$,查表7-18得K_u值,见表7-20(a)。

② 然后在$K_{RC}=4$和$K_{RC}=5$之间插入$K_{RC}=4.25$,得K_u值见表7-20(b),插入$K_{RC}=4.25$求K_u,当$P_q=70\%$,$P_t=70\%$时,得

$$K_u = 0.62 - \frac{0.62-0.56}{5-4}\times(4.25-4) = 0.605$$

③ 再在表(b)中$P_q=70\%$和$P_q=50\%$之间插入$P_q=60\%$,得所要求的K_u值,见

表 7-20(c)，插入 $P_q=60\%$ 求 K_u，当 $K_{RC}=4.25$，$P_t=70\%$ 时，得

$$K_u = 0.605 - \frac{0.605-0.505}{70-50} \times (70-60) = 0.555$$

表 7-20(a)K_u

K_{RC}	4	0.62	0.52
	5	0.56	0.46
P_q		70	50
P_t		70	

表 7-20(b)K_u

K_{RC}	4.25	0.605	0.505
P_q		70	50
P_t		70	

表 7-20(c)K_u

K_{RC}	4.25	0.555
P_q		60
P_t		70

(3) 计算桌面最低照度

取距高比 $L/h=1.22$(最大允许值)，查表 7-11 或表 7-16，得 $Z=1.29$，则

$$E_{min} = \frac{E_{av}}{Z} = \frac{150}{1.29} = 116\text{lx}$$

(4) 确定灯具数

查表 7-15 得照度补偿系数 $k=1.3$，查表 7-18 得灯具效率 $\eta=0.86$(考虑灯具效率时)，故

$$\sum \Phi = \frac{E_{av}Sk}{K_u\eta} = \frac{150 \times 60 \times 1.3}{0.555 \times 0.86} \approx 24513\text{lm}$$

根据题意，采用 YG6—2 型双管 2×40W 吸顶式荧光灯，从表 7-18 知：$\Phi=2\times2400=4800\text{lm}$，故房间内的灯具数

$$N = \frac{\sum \Phi}{\Phi} = \frac{24513}{4800} \approx 5.1\text{套}$$

灯具布置可按 5 套布置，如按 5 套布置时其照度验算为

$$E_{av} = \frac{N\Phi K_u\eta}{kS} = \frac{5 \times 4800 \times 0.555 \times 0.86}{1.3 \times 60} = 147\text{lx}$$

稍小于平均照度推荐值，可以满足使用要求。

解法二　用单位容量法计算

根据题意 $S=60\text{m}^2$，$h=3\text{m}$ 时查表 7-19，平均照度取 150lx，则得单位面积安装容量 $w=8.6\text{W/m}^2$，总安装容量

$$\sum P = \frac{w}{Z}S = \frac{8.6}{1.29} \times 60 = 400\text{W}$$

根据表 7-18，YG6—2 荧光灯的功率为 $P=80\text{W}$，则

$$N = \frac{\sum P}{P} = \frac{400}{80} = 5\text{套}$$

从上例中可看出：当需要进行照度计算和验算时，利用光通利用系数法较方便；当需要确定灯具数时，宜采用单位容量法。

7.4　民用建筑照明供电与负荷计算

7.4.1　民用建筑照明供电要求

1. 电压要求

照明灯具端电压的允许偏移有明确的规定。向上的偏移值不得高于额定电压的 5%；

向下偏移的允许值为额定电压的百分比，依下列不同情况有不同的规定。

(1) 对视觉要求较高的室内照明为 2.5%。

(2) 一般工作场所的室内照明、室外照明为 5%，但少数远离变电所的场所，允许降低为 10%。

(3) 事故照明、道路照明、警卫照明及电压 12～36V 的照明，均可为 10%。

2. 其他要求

(1) 系统设计时应以当前设计要求为主，但应考虑发展，留有适当发展余量。

(2) 一般情况下，正常照明可与其他电力负荷共用变压器供电，当电压偏移或波动不能保证照明质量或影响光源寿命时，在技术经济合理的条件下，应采用有载自动调压电力变压器、调压器或照专用变压器供电。

(3) 在无具体设备联接的情况下，民用建筑中的每个插座，可按 100W 计算。

(4) 照明系统中的每一单相支线负荷电路电流不宜超过 15A，但花灯、彩灯、大面积照明等回路除外；所选用的开关电器和导线应满足设计要求，并要留有适当发展余地和余量。

(5) 民用建筑与工业建筑一样，应尽量采用制造厂已定型的配电箱和其他配电设备。在办公楼等类似建筑物内，不论线路为暗敷，均宜采用嵌入式配电箱。配电箱和电度表箱宜用铁制或非燃性的塑料制，箱内备有保护接零(地)端子。

(6) 对于气体放电灯宜采用分相接入法，以降低频闪效应的影响。

(7) 照明用电按一幢建筑物或一个建筑单元设电度表计量，一般将表装在总配电箱内。凡与电度表直接联接的线路，宜采用铜芯绝缘线。住宅的用户电度表箱，宜分层集中设置在楼梯间内，也可设在户厅内。

7.4.2　照明供电线路的供电方式及控制方式

1. 照明供电线路的供电方式设计及布置要求

照明线路的供电系统应根据工程规模、设备布置、负荷容量等情况来设计确定。当负荷较小，一般永久性单相负荷电流在 30A 以下，无三相用电设备时，设计时可采用单相交流 220V 二线制或单相三线制供电(其中一根为相线，一根为零线，另一根为保护线)；为了保证电压质量和负荷均衡分配要求，当永久性单相负荷电流超过 30A，或单相负荷总容量超过 10kV・A，设计时则应考虑采用如图 7-12 所示的 308V/220V 三相四线制线路供电。还须说明：对于临时性负荷如建筑工地等，若为单相，电流在 50A 以下，可临时采用单相供电；若为单相，电流在 50A 以上，应采用三相四线制供电。

图 7-12 中，进户线是指从室外进户支架的供电线路末端引向室内第一个配电箱的这一段线路。进户线一般不长，应穿管接至室内配电设备。

图 7-12(a)为三相四线表示法，图 7-12(b)为单线表示法，其中 N 线代表零线。配电箱之间的三相四线制线路叫干线；由配电箱引出向负载供电的线路叫支线，支线多为单相二线制。支线电流不宜超过 15A(或 16A)，当超过 15A(或 16A)时应再分支线。对于家用电器中的空调、电热水器等大负荷用电设备应采用专用插座支线供电。单相支线供电范围，其支线长度不宜超过 20～30m。所接灯和插座总数不宜超过 20 个，最高不应超过 25 个。如需安装较多的插座。可专设向插座供电的支线，以便于控制和提高可靠性。对于住宅，此处推荐采用如图 7-13 所示的配电系统形式。图中照分工条线路，其目的是当一路出问题时，

另一路线路的能向部分灯具供电,以保证室内照明不间断。一个配电箱对各相的负荷,应尽量达到平衡。

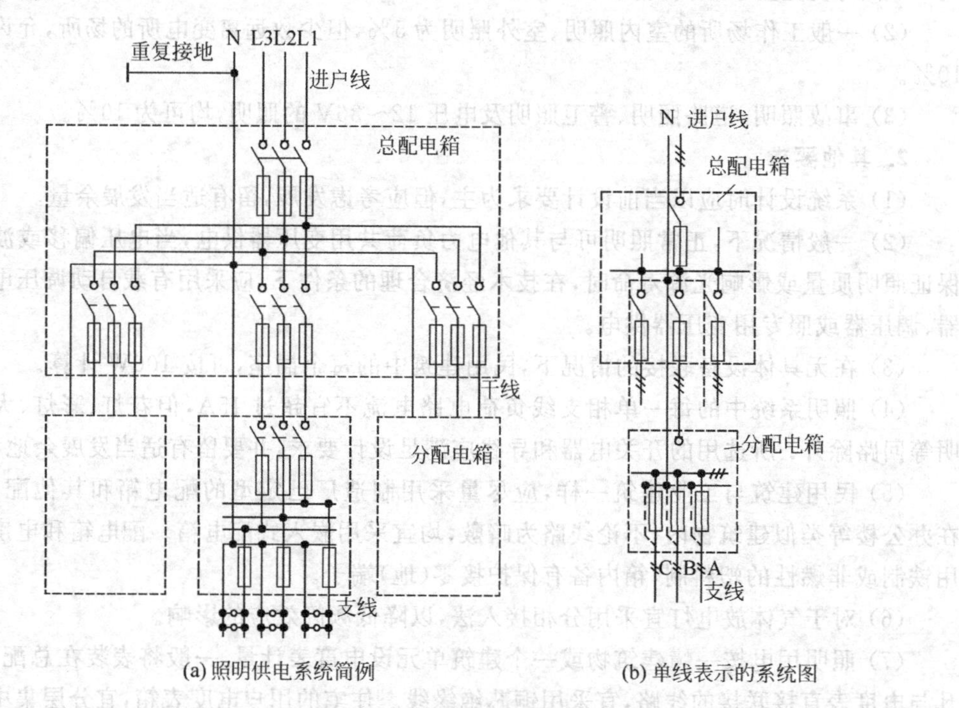

图 7-12　照明供电系统简图

综上所述,当由公共低压电网从电的照明负荷,线路电流不超过 30A 时,设计时可采用 220V 单相供电,否则,应以 220V/380V 三相四线(或五线)供电。

低压配电级数,从变压器二次侧至照明用户电度表箱不宜超过三级,如图 7-14 所示。低压配电屏(或箱)及照明配电箱配电形式有放射式、树干式、变压器干线式、链式。其中最常用的是放射式。

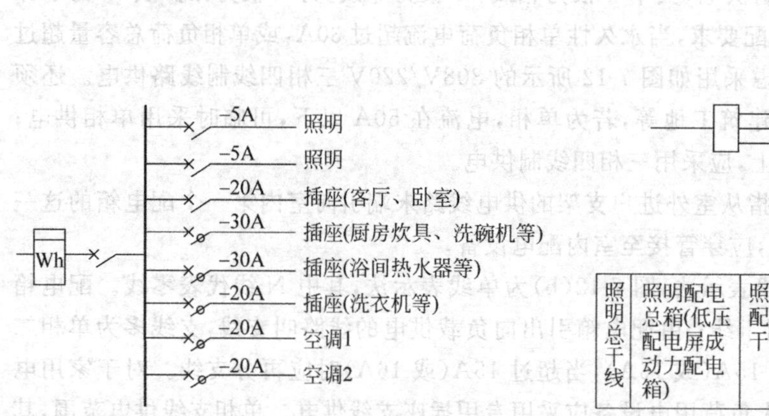

图 7-13　住宅室内配电系统推荐形式

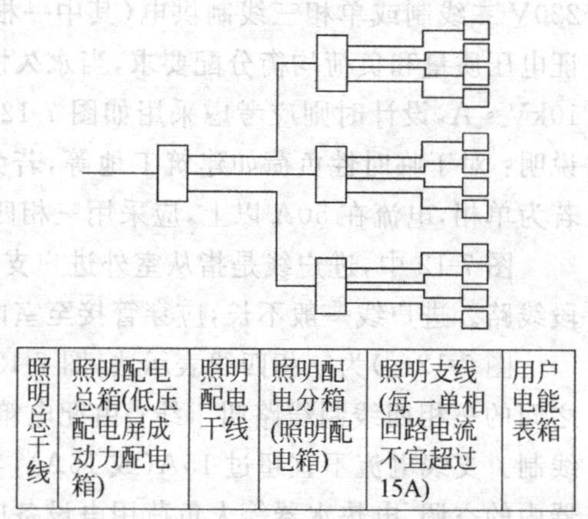

图 7-14　照明供电系统常用形式

2. 照明线路的控制方式设计

照明线路的控制方式及开关的安装位置，主要根据保证安全的前提下便于使用、管理和维修来定。照明配电装置应靠近供电的负荷中心，略偏向电源侧。一般宜用二级控制方式。

道路照明，在负荷小的情况下采用单相供电；在负荷大的情况下采用三相四线供电，并应注意三相负荷的平衡。各独立工作地段或场所的室外照明，由于用途和使用时间不同，应采用就地单独控制的供电方式。除了每个回路应有保护设施外，每个照明装置还应设单独的熔断器保护。

下面对从照明配电箱引出线到室内灯具、插座等电器之间的控制线路的设计进行简要介绍，以便设计时参考。

(1) 插座

插座是移动式用电设备、家用电器和小功率动力设备等的供电点，其安装方式有暗装式和明装式。

插座按插孔分类有二孔(单相二级)、三孔(单相三级)、四孔(三级四级)，插座设计常用配线如图7-15所示。

单相插座额定电压和电流分别为50V、110V、125V、240V、250V、5A、10A、15A、20A、30A；三相插座额定电压为380V，其额定电流有15A、25A、40A。

插座有单联、双联和三联；有的插座附设有开关、电源指示灯、熔管等。

20世纪80年代初之前的电气设备手册，没有对插座编型号，80年代中期以来，我国生产插座的电器厂家开始对插座编型号。

(2) 灯开关

灯开关是最常见的照明控制电器，是控制灯具点亮和关断的最后一级开关，其型号、用途在电气设备手册或厂家产品样本中可查得。下面介绍常用的灯开关和设计线路。

① 一只单级单控开关控制一盏或多盏灯，见图7-16。

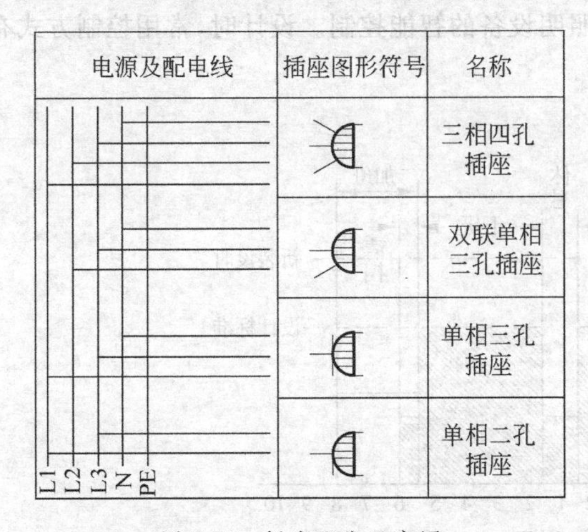

图7-15 插座配线示意图

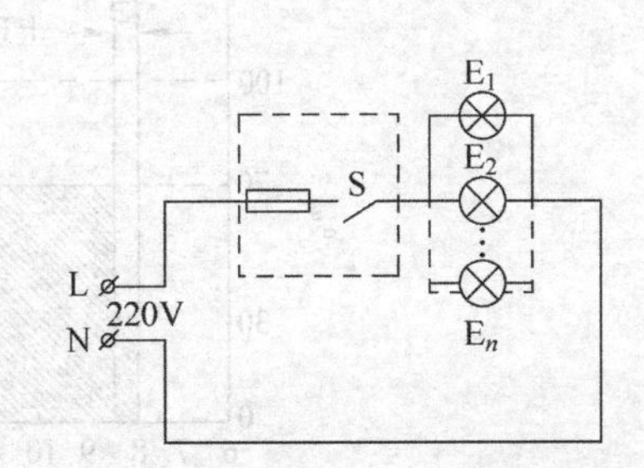

图7-16 单极单控开关一地控制线路

② 两只单极双控开关控制一盏灯，见图7-17，常用于楼梯间和走廊灯控制。在甲、乙两地都可以单独开灯或关灯。

③ 两只单极双控开关加一只两极双控开关在三地控制一盏灯。用于楼梯或走廊及其

他特殊要求的场合。如图 7-18 所示在甲、乙、丙任何一地可以单独开灯或关灯。

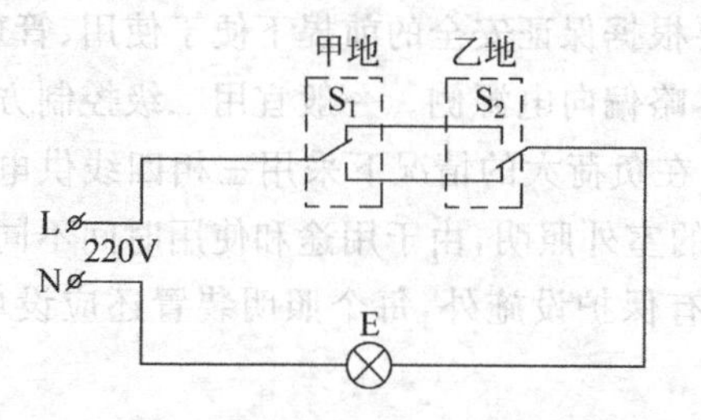

图 7-17 单极双控开关两地控制线路

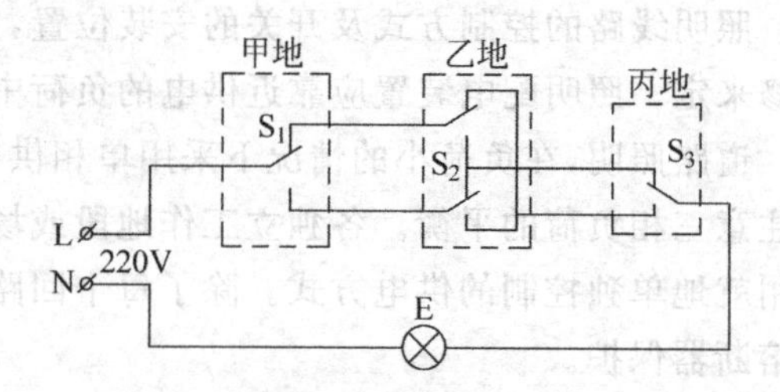

图 7-18 三地控制线路

④ 住宅楼或办公楼(以五层为例)楼梯间灯开关及其控制线路。如图 7-19 所示,S_1～S_5 分别装在 1～5 层楼梯间,在任何一层都可控制楼梯间所有照明灯。

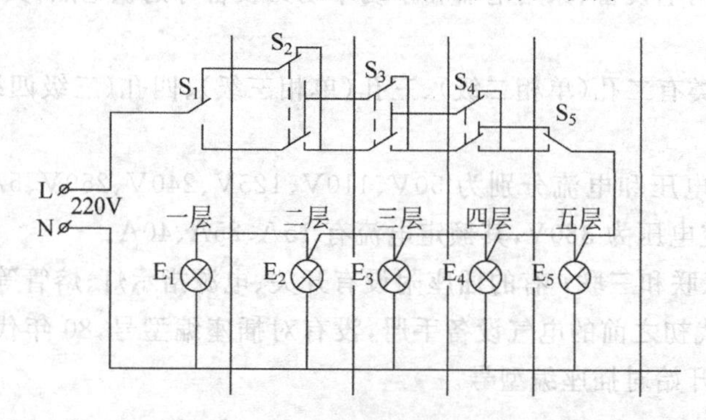

图 7-19 多地控制多盏灯线路

3. 智能建筑中的照明控制方式设计

在智能建筑中,为了有效表现照明的节能和智能控制,设计时主要利用建筑设备自动化系统总线的接口,通过控制中心来实现对照明设备的智能控制。设计时,常用控制方式有如下几种。

(1) 定时控制方式(图 7-20)

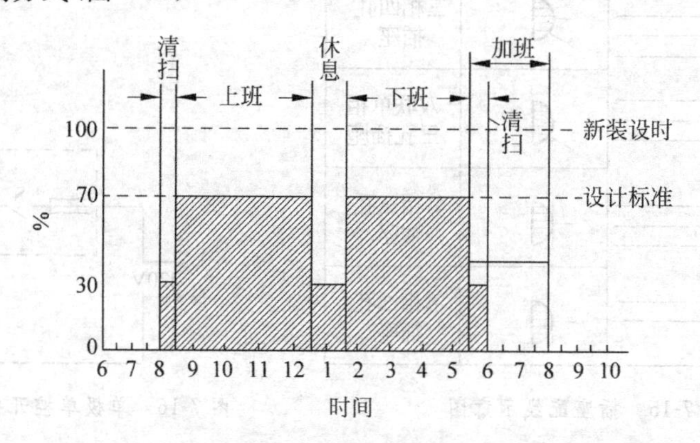

图 7-20 定时控制方式

(2) 光电感应开关控制方式(图 7-21)

(3) 智能控制器控制方式(图 7-22)

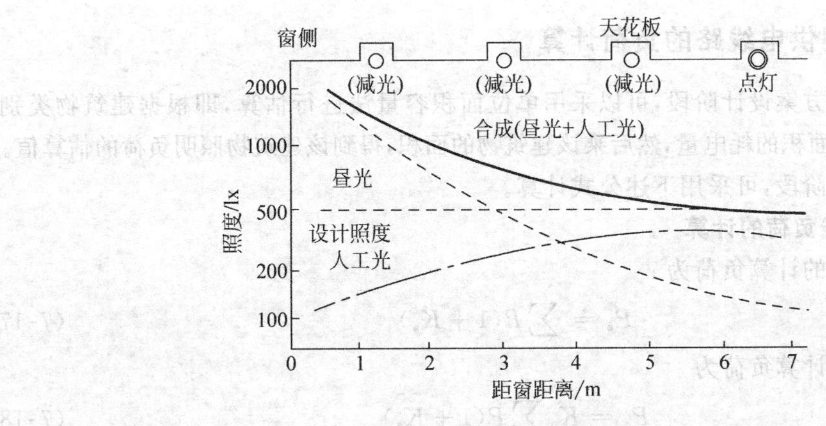

图 7-21　光电感应控制方式

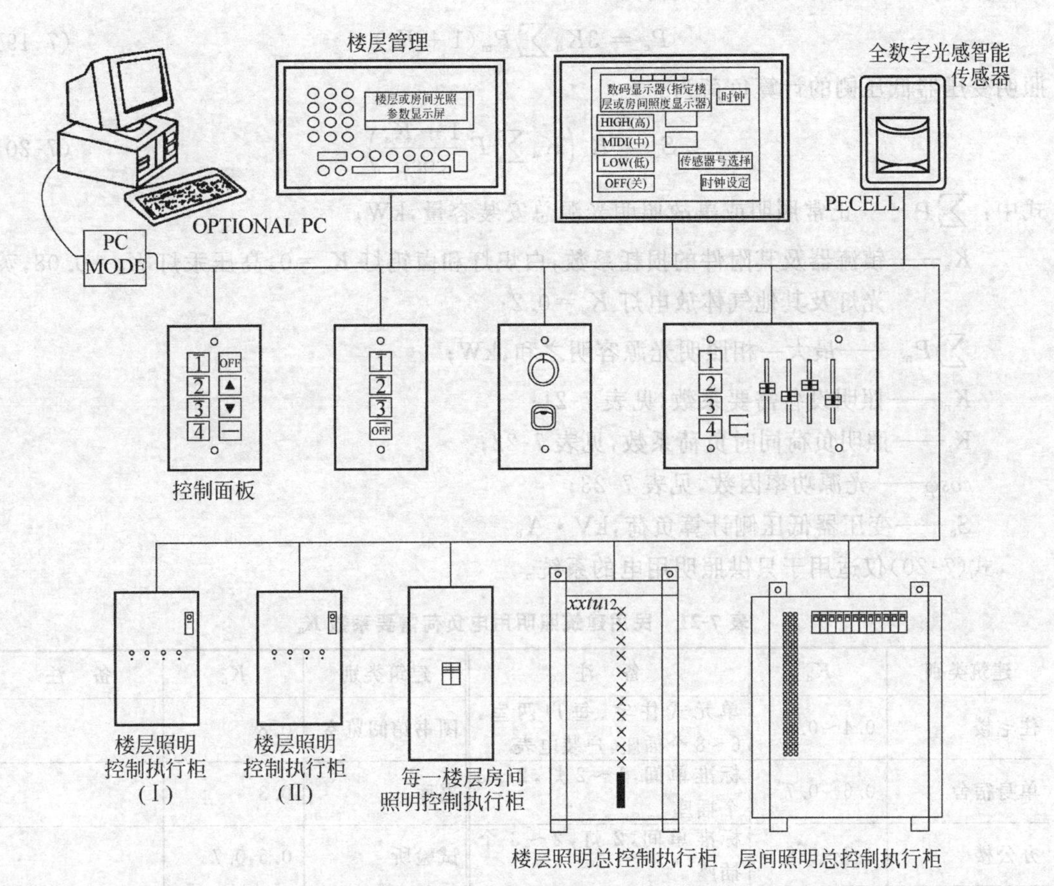

图 7-22　照明智能控制系统

在照明供电系统设计过程中，对于设计线路中的开关电器和导线截面，应根据各段线路的负荷计算，按前述有关开关电器和导线截面选择方法进行正确选择，并应留有适当发展余地的余量。

7.4.3 照明供电线路的负荷计算

在初步设计和方案设计阶段,可以采用单位面积容量法进行估算,即根据建筑物类别,选取照明装置单位面积的耗电量,然后乘该建筑物的面积,得到该建筑物照明负荷的估算值。

在施工图设计阶段,可采用下述公式计算。

1. 支线和干线负荷的计算

照明分支线路的计算负荷为

$$P_c = \sum P(1+K_a) \tag{7-17}$$

照明主干线的计算负荷为

$$P_c = K_n \sum P(1+K_a) \tag{7-18}$$

照明负荷分布不均匀时的计算负荷为

$$P_c = 3K_n \sum P_m(1+K_a) \tag{7-19}$$

照明变压器低压侧的计算负荷为

$$S_c = K_t\left(K_n \sum P \frac{1+K_a}{\cos\varphi}\right) \tag{7-20}$$

式中:$\sum P$——正常照明或事故照明光源总安装容量,kW;

K_a——镇流器及其附件的损耗系数,白炽灯和卤钨灯 $K_a=0$,高压汞灯 $K_a=0.08$,荧光灯及其他气体放电灯 $K_a=0.2$;

$\sum P_m$——最大一相照明光源容明之和,kW;

K_n——照明设备需要系数,见表7-21;

K_t——照明负荷同时负荷系数,见表7-22;

$\cos\varphi$——光源功率因数,见表7-23;

S_c——变压器低压侧计算负荷,kV·A。

式(7-20)仅适用于只供照明用电的系统。

表7-21 民用建筑照明用电负荷需要系数 K_n

建筑类别	K_n	备 注	建筑类别	K_n	备 注
住宅楼	0.4~0.6	单元式住宅、每户两室,6~8个插座,户装电表	图书馆阅览室	0.8	
单身宿舍	0.6~0.7	标准单间,1~2灯,2~3个插座	书库	0.3	
办公楼	0.7~0.8	标准单间,2灯,2~3个插座	试验所	0.5,0.7	
科研楼	0.8~0.9	标准单间,2灯,2~3个插座	屋外照明(无投光灯者)	1	
教学楼	0.8~0.9	标准教室,6~8灯,1~2个插座	屋外照明(有投光灯者)	0.85	
商店	0.85~0.95	有举办展销会可能时	事故照明	1	
餐厅	0.8~0.9		局部照明(检修用)	0.7	
体育馆	0.65~0.75		一般照明插座	0.2,0.4	

续表

建筑类别	K_n	备　注	建筑类别	K_n	备　注
展览馆	0.7～0.8		仓库	0.5～0.7	
设计室	0.9～0.95		社会旅馆	0.7～0.8	
食堂、礼堂	0.9～0.95		社会旅馆附对外餐厅	0.8～0.9	
托儿所	0.55～0.65		旅游旅馆	0.35～0.45	
浴室	0.8～0.9		门诊楼	0.6～0.7	
病房楼	0.5～0.6		地下室照明	0.9～0.95	
影院	0.7～0.8		井下照明	1	
剧院	0.6～0.7		小型仓库	1	
汽车库、消防车库	0.8～0.9		由大跨度组成的商场建筑	0.95	
实验室、医务室、变电所	0.7～0.8		实验楼、学校、医院门诊楼、托儿所	0.8	
屋内配电装置,主控制楼	0.85		大型仓库、配电所、变电所等	0.6	
锅炉房	0.9		道路照明	0.95～1	
多功能厅、会议室	0.5～0.6		星级宾馆	0.4～0.65	
文化场馆	0.65～0.8		博物馆	0.8～0.9	

表 7-22　照明负荷同时负荷系数 K_t

工作场所	K_t		工作场所	K_t	
	正常照明	事故照明		正常照明	事故照明
生产车间	0.8～1.0	1.0	道路及警卫照明	1.0	
锅炉房	0.8	1.0	其他露天照明	0.8	
主控制楼	0.8	0.9	礼堂、剧院(不包括舞台灯光)	0.6～0.8	
机械运输系统	0.7	0.8	商店、食堂	0.6～0.8	
屋内配电装置	0.3	0.3	住宅(包括住宅区)	0.5～0.7	
屋外配电装置	0.3		宿舍(单身)	0.6～0.8	
辅助生产建筑物	0.6		旅馆、招待所	0.5～0.7	
生产办公楼	0.7		行政办公楼	0.5～0.7	

表 7-23　照明用电设备的 $\cos\varphi$ 及 $\tan\varphi$ 值

光源类别	$\cos\varphi$	$\tan\varphi$	光源类别	$\cos\varphi$	$\tan\varphi$
白炽灯、卤钨灯	1	0	高压钠灯	0.45	1.98
荧光灯(无补偿)	0.6	1.33	金属卤化物灯	0.4～0.61	2.29～1.29
荧光灯(有补偿)	0.9～1	0.48～0	镝灯	0.52	1.6
高压水银灯	0.45～0.65	1.98～1.16	氙灯	0.9	0.48

注：快速起动荧光灯目前各生产厂家技术数据不一致,设计中可按 $\cos\varphi=0.9～0.95$ 取值。高压水银灯又叫高压汞灯。

2. 照明线路负荷电流的计算

为了选择照明线路的熔断器、熔丝、开关设备的额定电流及导线截面,需要计算线路的负荷电流,通常是计算线路持续工作时所出现的最大负荷电流。下面分别对单相二线支线、二相三线支线、三相四线制干线的负荷电流进行计算。

(1) 单相二线制支线负荷电流的计算

对于容量为5A的插座,可按 $P_s=100\text{W}$、$\cos\varphi_s=0.8$ 计算。

如支线内有几个照明负荷,它们的安装容量和功率因数分别为 P_1、$\cos\varphi_1$,P_2、$\cos\varphi_2$,…,P_n、$\cos\varphi_n$,则总有功功率 $\sum P$ 为

$$\sum P = P_1 + P_2 + \cdots + P_n \tag{7-21}$$

总无功功率 $\sum Q$ 为

$$\sum Q = P_1\tan\varphi_1 + P_2\tan\varphi_2 + \cdots + P_n\tan\varphi_n \tag{7-22}$$

总有功电流 $\sum I_R$ 为

$$\sum I_R = \frac{\sum P}{U_N} \tag{7-23}$$

总无功电流 $\sum I_Q$ 为

$$\sum I_Q = \frac{\sum Q}{U_N} \tag{7-24}$$

线路计算电流 I_c 为

$$I_c = \sqrt{\left(\sum I_R\right)^2 + \left(\sum I_Q\right)^2} \tag{7-25}$$

线路功率因数 $\cos\varphi$ 为

$$\cos\varphi = \frac{\sum I_R}{I_c} \tag{7-26}$$

若为纯电阻性单相光源则计算公式为

$$I_c = \frac{P_c}{220} \tag{7-27}$$

式中:I_c——计算电流,A;

P_c——计算功率,W;

220——单相线路额定电压,V。

若为有感性光源(荧光灯等),则计算公式为

$$\left.\begin{aligned} I_R &= \frac{P_c}{220 \times \cos\varphi} \\ I_Q &= I_c\tan\varphi \end{aligned}\right\} \tag{7-28}$$

式中:I_R——有功电流,A;

I_Q——无功电流,A;

$\cos\varphi$——感性负载功。

白炽灯与荧光灯等放电灯混合线路的计算电流由下式决定:

$$I_c = \sqrt{(I_r + I_R)^2 + I_Q^2} \tag{7-29}$$

式中：I_r——混合照明线路中白炽灯(卤钨灯)负荷电流,A；

I_R——混合照明线路中感性光源的有功电流,A。

(2) 二相三线制支线负荷电流的计算

计算方法与单相电路相同,只是把二相三线电路和分成两次计算,零线电流为两根相线电流的相量和。如果二相负载对称,则零线电流与相线电流大小相等。

当二相上的负载功率因数不同时,则功率因数大的设备应接在电压超前相上,以保证零线电流不超过任何一根相线上的电流。如果功率因数大的设备接在电压落后的相上,则零线电流就会大大超过相线电流,这是应该尽力避免的。具体分析可参阅本书参考书目。

(3) 三相四线制干线负荷电流的计算

对于三相四线制干线的负荷计算可采用(7-18)和式(7-19)来求其干线的计算负荷,计算时要考虑负荷的需要系数 K_n。当三相负载不平衡时,应以负荷最大的一相电流作为各相线电流来进行计算。线路的总功率因数可按下式计算：

$$\cos\varphi = \frac{\sum P}{\sqrt{\left(\sum P\right)^2 + \left(\sum Q\right)^2}} = \frac{\sum I_R}{\sqrt{\left(\sum I_R\right)^2 + \left(\sum I_R\right)^2}} \tag{7-30}$$

线路的总计算电流 I_c 为

$$I_c = K_n \sqrt{\left(\sum I_R\right)^2 + \left(\sum I_Q\right)^2} \tag{7-31}$$

式中：$\sum P$——干线各相有功功率之和,kW；

$\sum Q$——干线各相无功功率之和,kvar；

$\sum I_R$——干线各相有功电流之和,A；

$\sum I_Q$——干线各相无功电流之和,A。

3. 住宅照明线路的用电负荷计算

由于家庭生活的不断现代化,家用电器发展较快,使得住宅用电量不断增加,其中主要是插座用电量的增加,照明用电量的增加是很有限的。住宅中的插座所联接的用电设备,除了台灯之外就是各种家用电器(属于照明负荷计算范围),设计时应考虑到这一问题,而不能只按照明用电单位面积耗电量来进行估算。为了解决这一问题,现在有关设计部门对住宅用电负荷的计算,提出了两种设计和计算方法：一种是按《多层和高层建筑电气设计要点》确定设计标准,然后按统计的方法计算出住宅的用电负荷；另一种是以户为基准的分类法确定每户的用电负荷。下面分别进行介绍。

(1) 按设计标准法确定住宅照明线路用电负荷

首先确定照明用电量,照明光源可采用白炽灯或荧光灯,然后确定插座用电量。具体住宅用电负荷设计标准可按表 7-24 来确定,实装容量可根据当地具体情况进行调整。根据表 7-23 中所列的两项数据,以及对照明用灯和插座的统计数即可计算出住宅的用电负荷。

表 7-24 按设计标准法确定的住宅用电负荷值

用电场所	照明用电量/W		插座用电量/W	备注
	白炽灯	荧光灯		
每户大居室	60	30	3×100(三个单相插座)	分为两组或三组
每户小居室、客厅	40	20	各为(2～3)×100(单相插座)	分为一组或二组
厨房、卫生间	25		各为100(单相三极插座)	
厕所、走道(长6m左右)	15～25			
楼梯间	15～25			
门厅、电梯间	25～60			
管理室、修理间	60	40		
电梯机房、泵房	60			每开间
水箱间、管道间	25			每开间
地下室	25～40			每开间

注：采用壁灯时需将计算负荷容量提高一级或增加盏数。

(2) 以户为基准的分类法确定每户的用电负荷

对于无炊事用电和电热电器等大容量用电的一般住宅，目前每户的用电负荷可取为1kW；在使用电作为炊事能源的住宅，每户的用电负荷可取为3kW；对于生活水平较高的高级住宅，用户的用电负荷应在一般住宅用电负荷的基础上，各增加0.5kW；对于设有电热淋浴器或窗式空调器的住宅，则需另加3kW；或者按用电设备的实际功率计入每户的用电负荷中。

采用以住户为基准确定用电负荷时，对住宅内插座布置的数量和位置应从方便使用来设计，计算时不再单独计入插座的容量。

如上所述，可计算出每幢住宅的用电负荷。对于把电作为炊事能源的住宅，考虑到大容量用电设备几乎都在同一时间内使用，因此在进行每幢住宅的干线负荷计算时，需要系数应高些，取0.8～0.9，其他的仍按前述有关规定进行计算。

上述所介绍的两种方法中，以户为基准的分类法是比较符合实际情况的，并能适应今后的发展，应该是值得推广的一种计算方法。

4. 照明用电负荷计算举例

例 7-2 某住宅区有4幢住宅楼，1幢托儿所楼。该区的照明供电系统中，各建筑物均采用三相四线制进线，线电压为380V，各幢楼的光源容量已由单相负荷换算为三相负荷，各荧光灯具均采用电容器补偿。每幢住宅楼安装白炽灯的光源容量为5kW，安装荧光灯的光源容量为4.8kW；托儿所楼安装荧光灯的光源容量为2.8kW，安装白炽灯的光源容量为0.8kW。试确定该住宅区各幢楼的照明计算负荷及变压器低压侧的计算负荷。

解 根据前述的资料：荧光灯的损耗系数 $K_a=0.2$，白炽灯的损耗系数 $K_a=0$。查表7-21，选取照明用电设备需要系数 K_n，住宅楼 $K_n=0.6$，托儿所 $K_n=0.6$。每幢住宅楼的照明计算负荷为

$$P_{c1}=K_n\sum P(1+K_a)$$
$$=0.6[4.8(1+0.2)+5(1+0)]=6.5\text{kW}$$

托儿所的照明计算负荷为

$$P_{c2}=K_n\sum P(1+K_a)$$
$$=0.6[2.8(1+0.2)+0.8(1+0)]=2.5\text{kW}$$

查表7-22和表7-23，分别选取 $K_t=0.7$，$\cos\varphi_1=\cos\varphi_2=1$，则变压器低压侧的计算负荷为

$$S_c=K_t\left(K_n\sum P\frac{1+K_a}{\cos\varphi}\right)=K_t\left(\frac{nP_{c1}}{\cos\varphi_1}+\frac{P_{c2}}{\cos\varphi_2}\right)$$
$$=0.7\left(\frac{4\times 6.5}{1}+\frac{2.5}{1}\right)=20\text{kV}\cdot\text{A}$$

式中：$n=4$，是指住宅楼4幢。

本例已考虑了住宅中的家用电器负荷。考虑的具体方法是按表7-24的规定，给住宅楼每户设置6～8个插座，并由此来确定照明负荷的需要系数 K_n。

例7-3　如图7-23所示的某一三相四线制照明供电线路，试计算干线的计算电流 I_c 和功率因数 $\cos\varphi$。已知负荷中荧光灯 $\cos\varphi_f=0.55$，镇流器的功耗为8W，$K_n=0.85$。插座额定容量为5A，按 $P_s=100\text{W}$ 及 $\cos\varphi_s=0.8$ 计算其负荷电流。

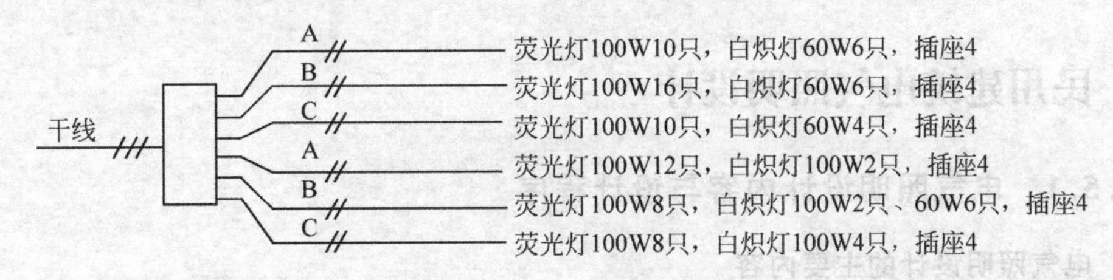

图7-23　例7-3的图

解　A相负载如下：

荧光灯的有功功率 P_f 和无功功率 Q_f 为

$$P_f=100\times 22+8\times 22=2376\text{W}$$
$$Q_f=P_f\tan\varphi_f=2376\times 1.518=3606.77\text{var}$$

白炽灯有功功率 P_w 为

$$P_w=60\times 6+100\times 2=560\text{W}$$

插座有功功率 P_s 和无功功率 Q_s 为

$$P_s=100\times 8=800\text{W}$$
$$Q_s=800\tan\varphi_s=600\text{var}$$

总有功电流 $\sum I_R$ 和总无功电流 $\sum I_Q$ 为

$$\sum I_R=\frac{2376+560+800}{220}=16.98\text{A}$$
$$\sum I_Q=\frac{3606.77+600}{220}=19.12\text{A}$$

A相线路的计算电流 I_{cA} 为

$$I_{cA}=\sqrt{\left(\sum I_R\right)^2+\left(\sum I_Q\right)^2}=\sqrt{16.98^2+19.12^2}=25.57\text{A}$$

同理，求得B相电流为

$$\sum I_R = 17.96\text{A}$$
$$\sum I_Q = 20.61\text{A}$$
$$I_{cB} = 27.34\text{A}$$

同理,求得C相电流为

$$\sum I_R = 15.38\text{A}$$
$$\sum I_Q = 16.14\text{A}$$
$$I_{cC} = 22.30\text{A}$$

B相计算电流 $I_{cB}=27.34\text{A}$ 为最大,以此为准,再乘以 $K_n=0.85$,得三相四线制线路的计算电流 I_c 为

$$I_c = I_{cB}K_n = 27.34 \times 0.85 = 23.24\text{A}$$

根据式(7-30)得总功率因数 $\cos\varphi$ 为

$$\cos\varphi = \frac{16.98 + 17.96 + 15.38}{\sqrt{(16.98 + 17.96 + 15.38)^2 + (19.12 + 20.61 + 16.14)^2}} = 0.669$$

7.5 民用建筑电气照明设计

7.5.1 电气照明设计内容与设计程序

1. 电气照明设计的主要内容

电气照明设计主要根据土建设计所提供的建筑空间尺寸,或道路、场地的环境状况,结合使用要求,按照明设计的有关规范、规程和标准,进行合理设计,包括拟定和确定设计方案与进行具体的照明设计。照明设计主要内容有:确定合理的照明种类和照明方式;选择照明光源和灯具,确定灯具布置方案;进行必要的照度计算和供电系统的负荷计算,照明电气设备与线路的选择计算;绘制出照明系统平面布置图及相应的供电系统图等。

2. 电气照明设计应满足的要求

电气照明设计的主要要求是:工作面的照度应符合规定值;保证一定的照明质量要求,如限制眩光,光源的显色性和色调要求,合理的亮度分布等;供电的安全可靠;维护检修的安全方便;照明装置与建筑物及其周围环境的协调统一;根据国情积极慎重地采用先进技术;注意结合国家在电力、设备和材料方面的实际可能,提出合理的设计方案;主动采取必要的照明节能措施,尽可能经济合理地使用资金和节约能源。

3. 电气照明设计的程序

照明设计的程序主要分为以下阶段:收集照明设计的初始材料;确定照明线路设计方案;进行具体的照明计算和设计(又称深度设计);绘制照明设计的正式施工图等。

(1) 收集照明设计的初始资料

初始资料主要有:建筑的平面、立面和剖面图;室内布置图;照明设计要求,即照明设计任务书,照明电源的进线方案等。收集这些资料的目的是为了弄清建筑结构的状况,初步考虑照明供电系统和线路,以及灯具的安装方法等。

(2) 确定照明线路设计方案

根据所收集的有关资料和照明设计任务书，进行初步照明设计，拟定和比较方案，从而确定照明设计方案，然后编制初步设计文件和进行初步设计；在方案设计时应适当考虑，今后发展要求，留有适当发展余地。

(3) 进行深度设计，绘制照明设计的正式施工图

这一步工作很重要，是照明设计的核心，主要内容包括：确定照度和照度补偿系数；选择照明方式；按照前述有关要求选择光源和灯具；确定合理的布灯方案；进行必要的照度计算，决定安装灯具的数量和光源的容量，确定照明的供电负荷；确定照明供电系统和照明支线的负荷，以及走线的路径；选择照明线路的导线型号和截面及开关电器，以及敷设方式；进行汇总，并向土建施工方面提交设计资料；绘制电气照明设计的正式图纸；列出电气照明设备和主要材料表；进行必要的概算(主要指照明设计部分的概算)。

4. 电气照明设计的施工图及其绘制

在进行了方案设计和资料准备及照度计算、负荷计算等工作后，接下来就是进入施工图设计阶段。施工图设计必须按规定要求进行，最终的图纸要能指导施工，是施工的正式依据和法律文件。施工图主要包括如下几种图纸：

(1) 电气照明线路平面布置图

电气照明线路平面布置图是供电气施工用的图纸，应按统一的规范进行绘制，以便于施工人员阅读。图 7-24 为一座三层办公楼的底层照明平面布置图。为简明起见，该图中未画出楼梯。二楼和三楼的照明布置与一楼同，进户线设在二楼。照明线路平面布置图，实际上就是在土建施工用的平面图上绘制电气照明的分布图，即在土建平面图上先用细线画出建筑和室内布置的轮廓(如建筑物的墙，可画出墙的轮廓，也可用一直线代替)，并在各房间注明房间名称和照度等。然后按照电气照明设备和线路的图例(见附录 V)规定，在土建平面图上画出全部灯具，线路和电源的进线，配电盘(箱)等的位置、型号规格，穿线管径、数量、容量大小、敷设方式，干支线的编号、走向，开关、插座、灯具的种类、安装高度和方式等。

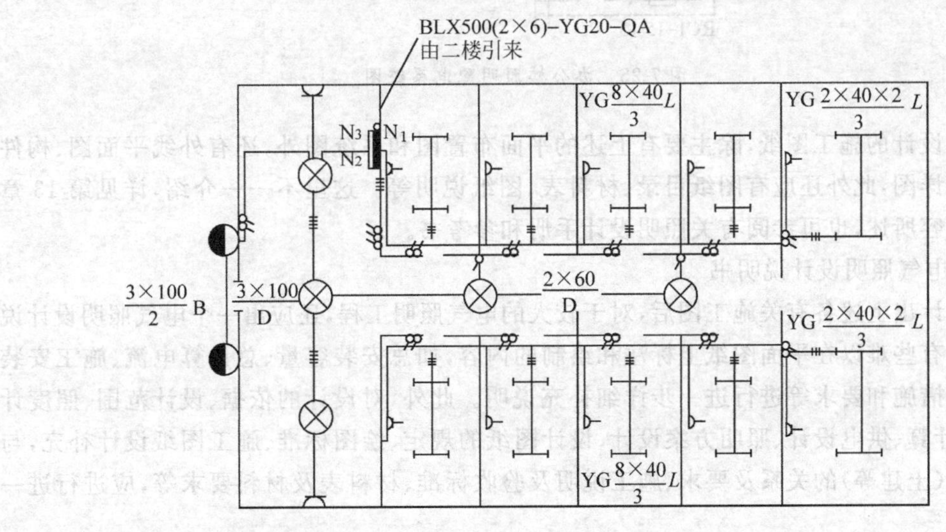

图 7-24　办公楼底层照明平面布置图

对有些难以在平面图上标明和绘制的内容,如总安装容量、总计算电流、施工安装中的特殊措施和要求等,应另加必要的说明和出具必要的图纸。阅读图7-24时,可按附录图例的规定说明和第4章中有关内容进行识读。

(2) 照明配电系统图

它是反应整个建筑物内的配电系统和容量分配情况,包括所用的配电装置、配电线路、总的设备容量等,是所绘制的电气施工图之一。图7-25为上述办公楼的照明配电系统图。图上标出了各级配电装置和照明线路;各配电装置内的开关、熔断器等电器的规格,导线型号、截面、敷设方式、所用管径、灯具的安装容量(kW)等,详细说明见第4章、第13章和附录图例。对于较简单的电气照明设计,系统图可附在平面图上,或不单出系统图。照明配电系统图有总系统图和分系统图之分。

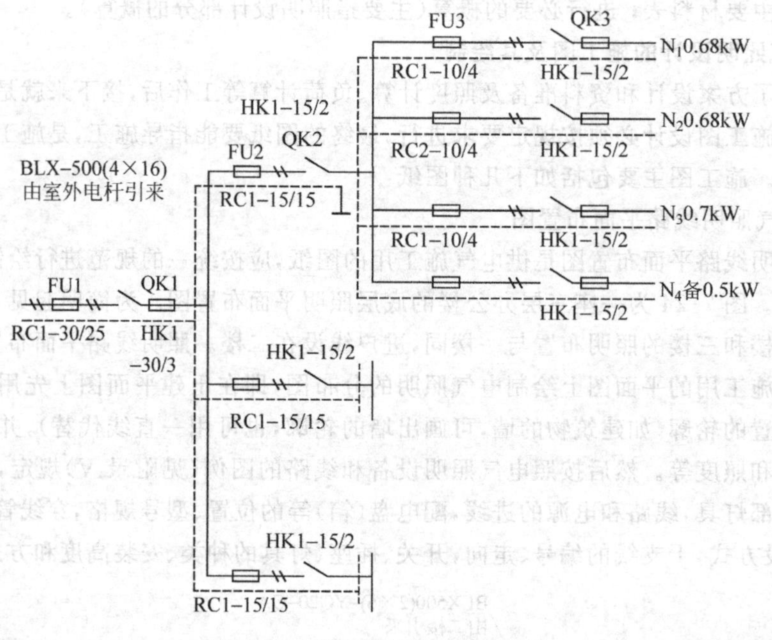

图7-25 办公楼照明配电系统图

照明设计的施工图纸,除主要有上述的平面布置图和系统图外,还有外线平面图、构件大样图和详图,此外还应有图纸目录、材料表、图纸说明等。这里不一一介绍,详见第13章中有关内容所述,也可参阅有关照明设计手册和参考书。

(3) 电气照明设计说明书

在设计出上述各有关施工图后,对于较大的电气照明工程,还应出一个电气照明设计说明书。对有些难以在平面图纸上标注和绘制的内容,如总安装容量、总计算电流、施工安装中的特殊措施和要求等进行进一步详细补充说明。此外,对设计的依据、设计范围、照度计算、负荷计算、供电设计、照明方案设计、设计图纸的规定、绘图标准、施工图纸设计补充,与其他专业(土建等)的关系及要求、施工说明及验收标准、材料表及材料要求等,应进行进一步说明。

对于较小的电气照明工程,可以不出说明书,而出一个设计说明或在图纸旁加注设计说明即可。

7.5.2　民用建筑电气照明设计举例

1. 商厦电气照明设计

(1) 照明特点

从设计角度来说,商厦照明可分为环境照明和商品照明两大类。从商厦的环境照明而言应提供人们以舒适愉快、显示商厦风貌和品种档次的照明环境,多以一般照明和装饰照明来营造。从商品照明角度而言,应展现商品的可见度、合理展示商品、强化商品魅力,所以一般大多采用重点照明。

(2) 照明质量要求

对于商厦来说,良好的照明质量比其他建筑显得尤为重要,它能渲染和表现商品特色、质地,在引起顾客的购买欲等方面起到重要作用。所以对商厦的不同区域的照度水平要求是不一样的,一般都要求有较高的照度。国外有关国家的商店照度标准见表 7-25,我国的商店照度标准见表 7-26。

表 7-25　国外商店照度标准

序号	国家	类别		参考平面及其高度/m	照度/lx	备注
1	美国	营业厅	顾客流动区域	0.85	100～300	规定照度的平面是商品所处的平面,即水平面、垂直面或倾斜面
			销售区		500～1000	
			展示区		1500～5000	
			事务区		500～1000	
		橱窗	重要商业区		2000～10000	
			次要商业区		1000～5000	
2	日本	营业厅	一般区域	0.85	300～750	白天朝向室外的陈列窗上的重点照明＞10000lx
			重点区域		750～1000	
			陈列区域		750～1000	
		橱窗	高级标准		2000～3000	
			中级标准		1500～2000	
			低级标准		1000～1500	
3	德国	百货商店		0.85	500	
		超级市场			750	
		橱窗			1000	
4	英国	一般商场		0.80	500	其他地方如珠宝店,则要有局面照明,在商品上产生更强的照度
		超级市场		1.5 垂直面	500	
		走廊		地面	150	
5	苏联	营业厅		0.8	200～300	
		试衣室		1.5 垂直面	300	
		陈列		0.8 水平面或 1.5 垂直面	300	
		商品配套		0.8 水平面	200～300	
		运输卸货			50～100	

表 7-26 商店照度国家标准

类别		参考平面及其高度/m	照度/lx		
			低	中	高
一般商店营业厅	一般区域	0.75 水平面	75	100	150
	柜台	柜台面上	100	150	200
	货架	1.5 垂直面	100	150	200
	陈列柜、橱窗	货物所处平面	200	300	500
室内菜市场营业厅		0.75 水平面	50	75	100
自选商场营业厅		0.75 水平面	150	200	300
试衣室		试衣位置 1.5 高处垂直面	150	200	300
收款处		收款台面	150	200	300
库房		0.75 水平面	30	50	75

注：陈列柜和橱窗是指展出重点，入时新商品的展柜和橱窗。

在商厦中，并不强调照度的均匀度问题。为了突出重点商品、重点部位，往往有意识制造出不同区域的照度不均匀性：对于重点推销的商品区往往采取有较高照度，以烘托热烈气氛，渲染促销；而"顾客止步"地段，则灯光要暗下去。

对于光源的色温和显色性则要求较高，以便顾客正确辨别商品的色泽。对于眩光应加以适当限制，应限制不舒适眩光等级(Ⅱ级)，即中等质量，有轻微眩光感。在节假日时，有时可适当利用一定眩光感灯光，以刺激销售。此外还应注意商品的造型立体感，通过必要的照明手段，以阴影等烘托物品的光泽和立体感，使展品栩栩如生，更具吸引力。

(3) 光源和灯具

光源和灯具的选择应从照度要求、显色性要求、装饰要求，以及一般照明、重点部位的局部照明、装饰照明等几方面去考虑选择。商店常用照明光源见表 7-27。

表 7-27 商店用光源参数及用途

序号	名称	热辐射光源		气体放电光源		
		白炽灯泡	卤钨灯泡	荧光灯管	荧光高压汞灯泡	金属卤化物灯泡
1	容量/W	15～100	75～2000	6～100(T12 管) 18～36(T8″管)	50～1000	150～1500
2	灯径/mm	55～165	10～15	15～38	60～210	70～210
3	灯长/mm	98～322	68～248	135～2367	120～435	175～435
4	发光效率/(lm/W)	7.3～18.6	16.7～21	26.7～57.2(T12 管) 58.3～83.3(T8 管)	31.5～52.5	76.7～110
5	色温/K	2400～2950	2750～3300	2906～6500(T12″管) 4100～6200(T8″管)	3300～5500	3600～4300
6	显色性 R_a	95～99	95～99	26.7～57.1(T12″管) 58.3～83.3(T8″管)	34～55	63～65
7	寿命/h	1000	2000	1500～8000	3500～6000	6000～9000
8	主要用途	重点照明营业面积小、店内低照度时，可用作一般照明	营业厅一般照明。可根据商品选灯的色温和显色性	多用于商店外部照明	适用于商店的入口和商内高天棚。小瓦数灯也用作重点照明点光源	用途比较广泛，室内室外均适合

灯具应根据实际需要来配置，一般宜用垂直照度的宽配光或斜配光灯具。

(4) 照明方式和照明设计

照明方式一般采用一般照明、重点照明、装饰照明三种方式相结合混合照明的方式，具体见图7-26和表7-28。

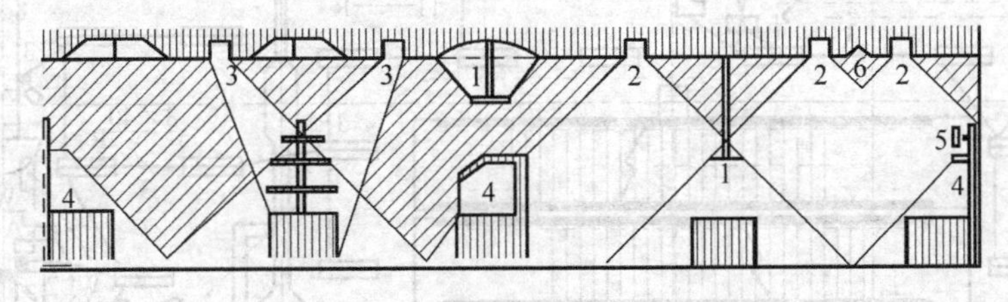

图7-26 商厦营业厅照明方式

表7-28 商厦照明方式实例

照明方式	一般照明	重点照明	装饰照明
照明方案	1—荧光灯间接照明； 2—白炽灯直接照明	3—投光灯直接照明； 4—内藏式直接照明	5—彩灯间接照明； 6—彩灯直接照明
灯具安装方式	荧光灯—嵌入，明装； 白炽灯—吸顶，嵌入	投光灯—固定、移动， 吊灯—可调高度， 鱼眼灯—可调方向	霓虹灯、流星灯、柱灯 彩虹灯、壁灯(向上照、向下照)

对于商厦的照明设计应有计划、有步骤地进行，在立体工程结构完成后，以及业主提出要求和资金到位后，即可进行照明方案的设计和修改工作。一般应完成学习规范、收集资料、借阅成图、参观现场、接触业主、专业配合、初步设计、施工图、工程交底、协调装修这些工作程序，并且要与建筑设计师配合，与装修施工单位来一起完成。图7-27为某商厦所设计的某层楼面的营业厅照明平面线路及灯具布置图，对于其他楼层、门面、重点部位、供电线路等施工图已省去。此图即为该营业厅的照明施工的主要图纸之一，上面已标注了灯具及位置和布线要求。

2. 住宅照明设计

(1) 照明特点和照明质量要求

住宅照明不同于其他类型建筑照明的一个突出特点是，它的设备选购和布置大都由户主自己决定。一般而言，应创造一个温馨的生活条件。白天应以天然光为主，人工照明为辅；夜晚应以人工照明为主体，除了功能性要求之外，同时要具有丰富的艺术想象力的照明，运用照明的数量和质量，塑造出如华丽、宁静、温馨、舒适等室内家庭风格。

住宅照度水平应逐步向小康型住宅要求迈进，应在现有国家标准基础上，提高1～2个等级是必要的。国外住宅照度标准见表7-29，我国目前住宅照度标准见表7-30。

住宅内的照度均匀度要求视各房间内的具体要求而定，一般而言并不要求有多高的均匀照度。住宅内的光源色温和显色性要视装修的色调而定。如室内装修和家具布置以暖色调为主，则照明应使用暖色调光源；如以冷色调的室内装修，则宜采用冷色调的荧光灯或其他紧凑型荧光灯照明。主要房间的照明宜选用色温≤3300K、显色指数>80的光源。

对于眩光的限制和造型立体感等方面应予以足够的重视。

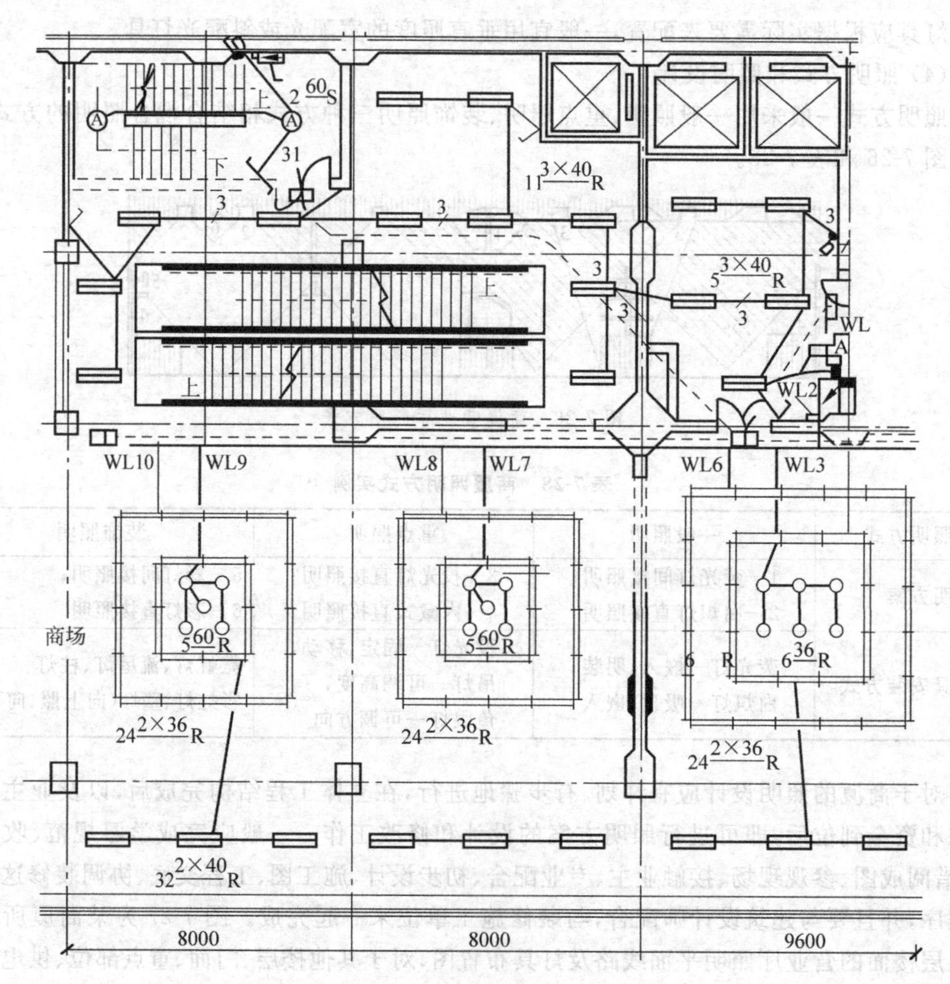

图 7-27 某商厦营业厅照明设计平面布置图

(局部为荧光灯白炽灯混合照明)

表 7-29 国外住宅照度标准 lx

序号	名称/国家	起居室	卧室	阅读书写	缝纫	短时阅读	餐桌餐厅	卫生间	走道楼梯	厨房	备注
1	美国	75	75	750	750	300	150	300	150	300	指中间值
2	苏联	100	100	400	400	200	200	50	50	100	
3	德国	依住户需要而定	依住户需要而定	750	750	200	—	120	—	250	
4	日本	50	20 500	1000	1000	200	30	100	50	75 (300)	指中间值括号内指作业照度
5	CIE	依住户需要而定	依住户需要而定	300～500	300～500	150～200	100～200	100～200	—	300～500	指国际照明委员会推荐

表 7-30　住宅照度国家标准

类　别		参考平面及其高度/m	照度/lx		
			低	中	高
起居室、卧室	一般活动区	0.75 水平面	20	30	50
	书写、阅读	0.75 水平面	150	200	300
	床头阅读	0.75 水平面	75	100	150
	精细作业	0.75 水平面	200	300	500
餐厅或厅、厨房		0.75 水平面	20	30	50
卫生间		0.75 水平面	10	15	20
楼梯间		地面	5	10	15

(2) 光源和灯具

住宅室内各房间的光源可按表 7-31 进行选用。灯具主要有：各种吊花灯、壁灯、台灯、落地灯、防水灯和各种建筑结构型灯具。选择灯具要与建筑类型和装修要求相结合。一般西式住宅宜选用圆形、方形及高角形灯具；中式住宅则以宫灯为多；日式住宅则以木制方形和佛式为主。在家庭中，比较多采用的还是布质灯罩，白炽灯质感与家具的色彩图案和质地比较容易协调，和白炽灯的暖色浑成一体，高雅大方；住宅灯具的选用应特别注意成套性，客厅、主卧室、儿童室的主要灯具应选择同一种风格，而以不同尺寸和形式的变化，求得表现房间的特点。

表 7-31　住宅内光源选择

房间名称	照明要求	适用光源
卧室	暖色调，低照度，需要宁静温馨的气氛 在卧室内长时间阅读书写时则要求高照度	一般照明及台灯可用紧凑型荧光灯
起居室	明亮、高照度，点灯连续时间长	紧凑型荧光灯、环型荧光灯、直管荧光灯
	要求较高的艺术装修和豪华的场合	白炽灯的花灯、台灯、壁灯，重点照明用低压卤钨灯
梳妆台	暖色光、显色性好，富于表现人的肌肤和面貌，照度要求较高	白炽灯为主
小厅	亮度高，连续点灯时间长，要求节能	紧凑型荧光灯
餐厅	以暖色调为主，显色性好，还原食物色泽，增加食欲	白炽灯
书房	书写及阅读要求高照度以重点照明为主	白炽灯
盥洗室、厕所	光线柔和、灯泡开关次数频繁	
门道、楼梯间、储藏室	照度要求较低开关频繁	

(3) 照明方式和照明设计

住宅的照明方式采用直接照明和间接照明及装饰照明相结合的方式，即可采用一般照明、重点照明和装饰照明相结合的方式。

住宅的照明设计要充分体现主人的个性及修养，可以灵活运用各种照明手段。

起居室(客厅)具有多功能的特点。作为招待宾客方便交谈，应适合人们休息、阅读、欣赏音乐等活动。厅内布局应能充分显示主人的个性和修养。应有一般照明、重点照明和装饰照明相结合的方式。图 7-28 为某住宅的起居室(客厅)的照明平面设计图。图 7-28(a)为单独设置的起居室(客厅)照明布置情况,图 7-28(b)为具有餐厅和厨房及起居组合的起居室照明布置情况。

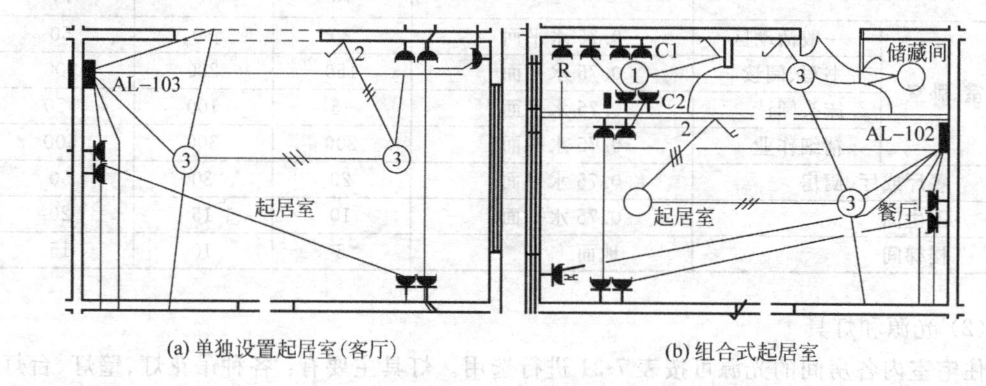

(a) 单独设置起居室(客厅)　　(b) 组合式起居室

图 7-28　某住宅起居室(客厅)照明设计平面设计图

卧室照明以一般照明和重点照明为主的方式,适当采用装饰照明,以营造一种舒适、温馨、安静的环境。卧室的一般照明宜采用白炽灯,不宜采用荧光灯和紧凑型荧光灯;其重点部位的照明以台灯为主,宜采用紧凑型荧光灯、装饰照明可以花吊灯为主。图 7-29 即为某住宅卧室的照明平面布置图。

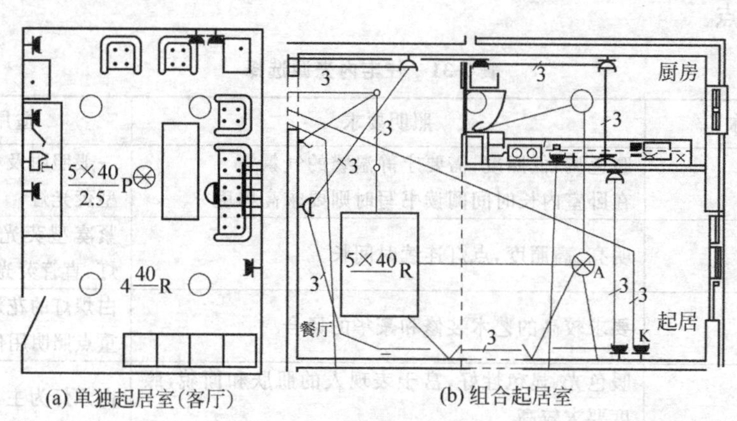

(a) 单独起居室(客厅)　　(b) 组合起居室

图 7-29　某住宅卧室照明设计平面

书房照明一般照度不宜很高,要求光线柔和,宜采用白炽磨砂玻璃灯或嵌入式筒灯,照度在 50～75lx,书桌等重点部位以台灯为主;其他各房间(如厨房、餐厅、卫生间等)的照明可根据具体情况决定设计,此处略。

7.5.3　智能建筑的电气照明设计

智能建筑的电气照明设计除应注意正常的照明设计要求和设计程序外,主要应注意的地方有如下几点:

1. 确定合理的照度标准

智能建筑的照度标准一般都较高,国内一般写字楼的照度标准大都为 100～200lx,国外一般为 500～750lx。因此,现在设计智能建筑照度标准一般取 500lx,以便满足调光控制等要求。

工作区位置排列与工作人员的方位要因灯具排列联系起来，尽量避免直射眩光和反射眩光，避免灯光从作业面对眼睛直接反射，损坏对比度，降低能见度。要注意保证照度的均匀，设计中要选用宽配光曲线灯具，以保证照度衔接和均匀。对智能建筑的视觉环境，应必须注意与建筑设计师的总体构思相符合，必须与室内的色彩、家具等相协调。设计时应注意选择合适的灯具、照明方式、灯具布置、光源控制方式等。智能建筑的视觉环境基本内容及要求见表7-32。

表7-32　智能建筑视觉环境基本内容及要求

基本内容	要　求
1. 照度	水平面照度应维持在500lx以内
2. 灯具布置	灯具布置以线型为主，并保证桌面及其周围的照度差异不大
3. 灯具	为下口开放型灯具，并且眩光指数大于Ⅱ级，要求灯具在办公用途变动时，其格栅、反射板和灯管等也可更换，最好选用眩光指数大于Ⅰ级的灯具
4. 照明控制	在办公室间隔变动时，照明控制范围可随之变动，应具有调光功能，并且各灯具电源宜于表现与控制系统相联

2. 照明电源

智能大厦一般设工作照明、保安照明、事故照明、疏散照明，所以要求供给这些照明的电源必须可靠，应备有自备发电电源和直流蓄电池柜。

当工作照明电源发生故障时，自备发电机电源自动起动，向各工作点10%～15%的灯具供电，以维持必须的工作照明，即保安照明。当工作照明电源和自备发电电源皆出现故障时，直流柜蓄电池应能自动点亮事故照明系统，同时通过逆变器转为交流电或直接点亮疏散照明系统。

3. 照明系统和照明控制系统

照明干线应将自备电源电缆引出，沿电缆桥架敷设，走电缆竖井。一般在竖井内安装照明盘。智能高档写字楼一般都需要随时计算或打印用电量，以便出租等使用。通常解决的办法是，在各照明配电箱中安装电流互感器，互感器二次侧接数字式单项电度表，同时通过传感器把电量值在中控室进行综合计算，需要时可打印出用电付费单据。

智能大厦的大堂、门厅、走道、车库等共同场所的照明也要求中央控制室根据预定时间程序，或智能控制方式，实现对各区公共照明的控制，同时监测各主要开关状态及过负荷报警。因此照明系统控制箱要与自控系统联接，在强电配电箱中应留出控制用的联接端子。

当楼宇内有事件发生时，需要各区域照明作出相应的联动配合。当有火警时，联动正常照明系统关闭，事故照明应及时打开；当有保安报警时，联动相应区域的照明灯开启。常用智能建筑照明区域控制系统功能框图如图7-30所示。图中DDC为照明区域控制系统的核心，一个DDC分站所控制的规模可以是一个楼层的照明或整座楼的装饰照明，区域可以按照地域来划分，也可按功能区来划分。各照明区域控制系统通过通信系统联成一个整体，成为建筑设备自动化系统(BAS)的一个子系统。

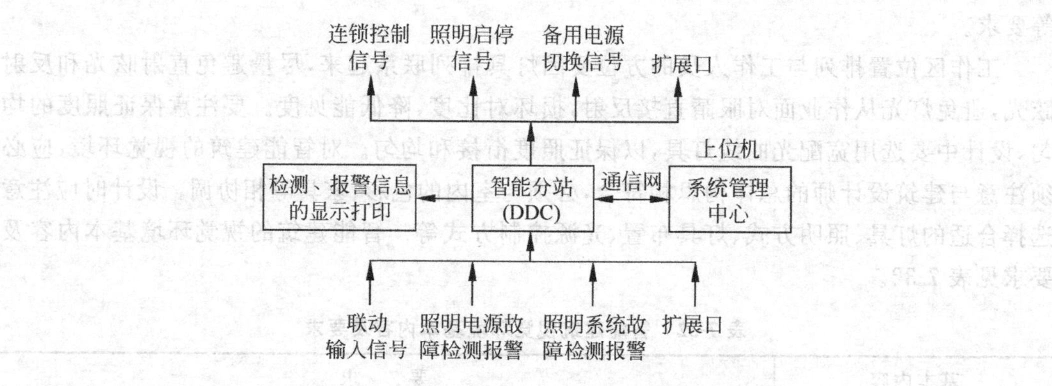

图 7-30　智能建筑照明区域控制系统功能框图

思考题与习题

7-1　照明灯具主要由哪几部分构成？

7-2　简述光源与照明灯具及其附件的作用。

7-3　光的度量有哪几个主要参数？它们的物理意义及单位是什么？

7-4　室内照明有哪几种方式？它们的特点是什么？

7-5　举例说明室内照明的照度要求。

7-6　电光源有哪几种？各自的工作原理和特点是什么？

7-7　灯具按结构形式分有哪几种常用类型？试举例说明。

7-8　室内照明灯具的选择原则是什么？试举例说明。

7-9　某照相馆营业厅的面积为6m×6m，房间净高3m，工作面高0.8m，天棚反射系数为70%，墙壁反射系数为55%。拟采用荧光灯吸顶照明，试计算需安装灯具的数量。

7-10　某会议室面积为12×8m²，天棚距地面5m，工作面距地面0.8m，墙壁刷白，窗子装有白色窗帘，木制顶棚，采用荧光灯吸顶安装。试确定光源的功率和数量。

7-11　某临时食堂，已知其长、宽、高分别为10m、8m和4m。采用普通筒式荧光灯具照明，灯具离地面高为3m，桌面高为0.8m。试确定此食堂的照明布灯方案和灯具数，以及照明总计算负荷。

7-12　某办公楼，安装荧光灯的光源容量为6.8kW，安装白炽灯的光源容量为3.8kW，插座6kW，空调12kW。试确定该办公楼的照明计算负荷。

7-13　某学校照明用白炽灯18kW；日光灯30kW(其中24kW有补偿电容，功率因数为0.9；另外6kW无补偿，功率因数为0.5)。试计算该学校的照明负荷，并确定变压器低压侧的照明计算负荷。

7-14　什么叫接户线、进户线、干线和支线？对于单相支线的允许载流量和所接负载数目有何要求？

7-15　画出你所在教室的电气照明平面图(包括吊扇、插座等设备)。

7-16　某照明配电系统图中的线路旁标注有BLX—(3×6＋1×4)DG40—QA，试说明标注中各文字符号和数字的含义。

7-17　试说明电气照明线路平面布置图中灯具旁的标注 $20—T\,\frac{1\times40}{2.8}R$，其文字符号和数字的含义。

7-18　某建筑物的三相四线制照明线路上，接有 250W 的荧光高压汞灯和白炽灯两种光源，各相负载分配是：A 相接有 4 盏荧光高压汞灯和 2kW 白炽灯；B 相接有 8 盏荧光高压汞灯和 1kW 白炽灯；C 相接有 2 盏荧光高压汞灯和 3kW 白炽灯负载。试求线路的工作电流和功率因素。（注：需要系数 K_n 取 0.95）

7-19　试为长 13m、宽为 5m、高为 3.2m 的会议室布置照明。桌面高为 0.8m，拟采用吸顶荧光灯照明，要求画出照明线路平面布置图。

第8章 民用建筑电梯、空调、供水系统与设计

本章主要介绍民用建筑电梯系统、空调系统、给排水系统的组成和工作原理及特点，同时介绍各系统的基本设计方法。内容包括：电梯的构造与电梯的常用控制系统、电梯的供电系统、民用建筑物内电梯的设计；现代民用建筑常用空调系统的一般常识、常用空调系统的类型、组成、工作原理及特点、集中式空调系统的设计方法等基本知识；给排水系统的类型、组成、工作原理及特点，水位控制式给排水系统、压力控制型无塔供水给水系统、变频调速无塔恒压供水给水系统、消防供水系统的结构及其电气控制、给排水系统的电气设计。

8.1 民用建筑电梯系统与电气控制

8.1.1 电梯的分类与构造

1. 电梯的分类

电梯可从不同角度进行分类。

(1) 按用途分，主要有：乘客电梯；载货电梯；客货电梯；病床电梯；住宅电梯；杂物电梯(又称服务电梯)；船舶电梯；观光电梯；车辆电梯；自动扶梯；其他电梯(主要有冷库电梯、防爆电梯、建筑工程电梯、自动人行道、斜行电梯、矿井电梯等各种专用电梯)。

(2) 按速度分，主要有：低速电梯(速度不大于1m/s的电梯)；中(快)速电梯(速度大于1m/s，低于2m/s的电梯)；高速电梯(速度在2m/s以上的电梯，包括2m/s)。

(3) 按拖动方式分，主要有：交流电梯(交流单速电梯、交流双速电梯、交流调速电梯、交流变频变压电梯即VVVF控制电梯)；直流电梯；液压电梯；齿轮齿条式电梯(电动机-齿轮传动机构装在轿厢上，靠齿轮在齿条上的爬行来驱动轿厢，一般为工程电梯)。

(4) 按有无司机分，主要有：有司机电梯；无司机电梯；有/无司机电梯(可变换控制电路，平时由乘客操纵，客流量大时或必要时改由司机操纵的电梯)。

(5) 按电梯控制方式分，主要有：手柄操纵控制电梯；按钮控制电梯；信号控制电梯；集选控制电梯；集选控制电梯；并联控制电梯；程序控制梯群电梯；智能控制梯群电梯。

8.1.2 电梯的基本结构

现代电梯的基本结构如图8-1所示，主要由轿厢(9)、对重(13)、曳引机(1)、控制柜(4)、导轨(14、21)等主要部件组成。

如图8-1所示电梯的机房通常设在建筑物的顶楼，机房内设有电梯的控制柜和曳引机以及防止电机超速运行的保护装置——限速器(3)。机房曳引机由曳引电动机、减速机、曳引轮和电磁抱闸组成。电梯轿厢和对重通过钢丝绳悬挂在曳引轮(有时还有一个导向轮，以便拉开二者的距离)的两侧，靠曳引轮与钢丝绳之间的摩擦力带动轿厢运动。钢丝绳通常经

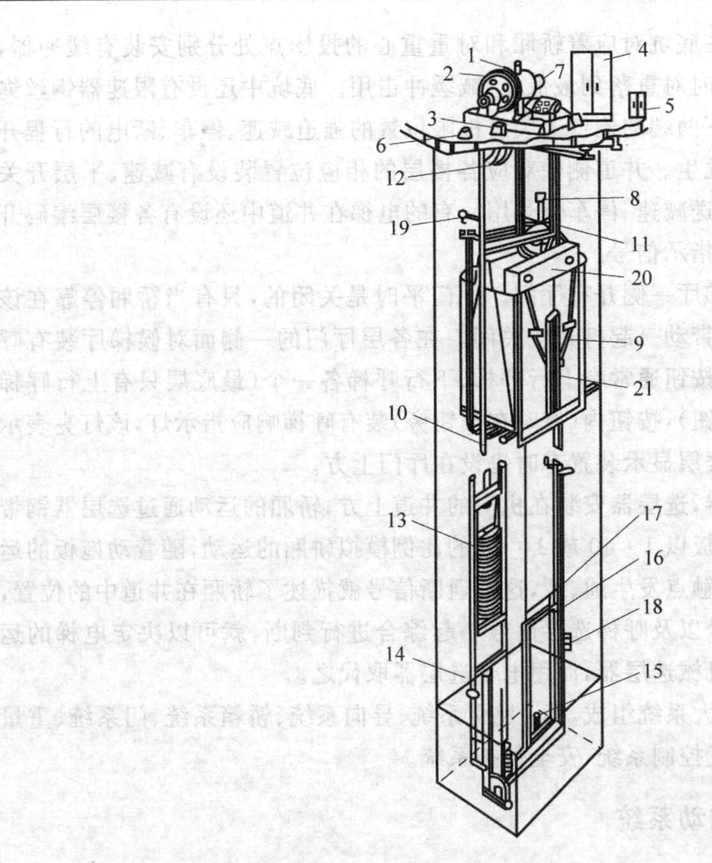

图 8-1　电梯的基本结构

1—曳引机；2—电磁制动器；3—限速器；4—控制柜；5—电源控制屏；6—极限开关；7—测速装置；8—平层器；9—轿厢；10—导轨；11—曳引钢丝绳；12—控绳轮；13—平衡块(对重)；14—平衡块导轨；15—缓冲器；16—厅门；17—厅门楼层指示器；18—楼层呼梯按钮；19—极限开关；20—开门机；21—轿厢导轨

过一套动、静滑轮组来吊住轿厢(对重亦然)。这样可以起到进一步减速的作用,同时又可减轻钢丝绳的张力,从而可以选用不太粗的钢丝绳,而较细的钢丝绳有较好的柔韧性。在行程较大的电梯中,轿厢底部与对重底部还连有一个补偿链(或补偿绳),用以补偿当轿厢在接近底部或顶部时,轿厢、对重两侧由于曳引钢丝绳长度不同造成的重量差。

轿厢内门的一侧共有一个操纵盘,盘上设有选层按钮及相应的指示灯。还有开、关门按钮、急停按钮、有无司机开关及各种显示电梯运行状态的指示灯,显示轿厢所在楼层的数码管通常装在操纵盘的上方,有时设在门的上方。轿厢底部或上部吊挂处装有称重装置(低档电梯无称重装置),称重装置将轿厢的负载情况通报给控制系统,以便确定最佳控制规律。轿厢门的上方装有开门机,开门机由一台小电机驱动来实现开关门动作,在门开启到不同位置时,压动行程开关,发出位置信号用以控制开门机减速或停止。在门上或门框上装有机械的或电子的门探测器,当门探测器发现门区有障碍时便发出信号给控制部分停止关门、重新开门,待障碍消除后,方可关门,从而防止关门时夹人、夹物。在机房曳引机的下方便是贯穿于建筑物通体高度的方形竖直通道,俗称井道,井道侧壁上安装有竖直的导轨,作为引导轿厢、对重运动的导向装置,在发生轿厢超速或坠落时,限速器会自动地将安全钳的楔形钳块插入导轨和导靴之间,将轿厢制停在导轨上,防止恶性事故的发生。井道的底部平面低于建筑物底层的地面,俗称底坑,在底坑对应着轿厢和对重重心的投影点处分别安装有缓冲器,以便在轿厢蹲底或冲顶时(此时对重落到最低点)减缓冲击用。底坑中还设有限速器钢丝绳的张紧轮装置。在井道的上下两端的侧壁上装有极限位置的强迫减速、停车、断电的行程开关,以防止蹲底、冲顶事故的发生。井道侧壁对应各楼层的相应位置装设有减速、平层开关的遮磁板(或磁铁等),以便发送减速、停车信号用。有的电梯在井道中还设有各楼层编码开关的磁块(或磁铁),用作楼层指示信号。

在井道对应的各楼层候梯厅一侧开有厅门。厅门平时是关闭的,只有当轿厢停靠在该层时,厅门被轿厢的连动机构带动一起打开或关闭。在各层厅门的一侧面对候梯厅装有呼梯按钮和楼层显示装置,呼梯按钮通常有上行呼梯、下行呼梯各一个(最底层只有上行呼梯按钮,最高层只有下行呼梯按钮),按钮内(有时在按钮旁)装有呼梯响应指示灯,该灯亮表示呼梯信号被控制系统登记。楼层显示装置有时也设在厅门上方。

有些电梯采用机械选层器,选层器安装在机房的井道上方,轿厢的运动通过选层器钢带传递给选层器,选层器的动拖板以1∶40或1∶60的比例模拟轿厢的运动,随着动拖板的运动,其上的触点与固定板上的触点发生通、断,这些通断信号就描述了轿厢在井道中的位置,把这些信号与井道中开关信号以及呼梯选层信号一起综合进行判断,就可以决定电梯的运行。新型电梯多数不再采用机械选层器,而用电子选层器取代之。

综上所述,电梯主要由八大系统组成,即:曳引系统、导向系统、轿箱系统、门系统、重量平衡系统、电力拖动系统、电气控制系统、安全保护系统。

8.1.3 电梯的电力拖动系统

1. 常见的电梯电力拖动方式

目前国内生产的电梯主要采用如下一些电力拖动方式:

直流拖动:由发电机组供电的直流电动机拖动、可控硅供电的直流电动机拖动。

交流拖动:由双速电机定子串电阻调速的交流电机拖动、交流调压-能耗制动的交流电机拖动、交流调压-涡流制动的交流电机拖动、变压变频(VVVF)交流电机拖动。

根据电梯电力拖动方式的不同来进行分类,可有直流电梯、交流电梯、直流F-D电梯(即发电机组供电的电梯)、可控硅供电(SCR-D)的直流电梯、小励磁(指单相整流励磁)直流电梯、大励磁(指三相整流励磁)直流电梯、交流双速电梯、交流调压调速(ACVV)电锑、交流变频调速(ACVF)电梯等。

2. 电梯的直流拖动方式

1) 发电机组供电的直流电梯(F-D拖动方式)

国内20世纪80年代以前生产的性能较好的调速电梯,多数属于这种类型的电梯,目前已不再使用。它采用一台交流异步电动机带动一台直流发电机发出直流电给电梯的曳引电动机供电,通过对直流发电机励磁电流的调节来改变直流发电机发出的电压从而改变直流电动机的转矩和转速,使之按预定速度曲线运行。发电机励磁电流则由可控硅整流器供给,由于励磁电流数值较小,可控硅整流器的容量也就不要很大。对电梯速度的控制最终归结为对这个可控硅整流器的控制,归结为对可控硅触发角的控制。

2) 可控硅整流器供电的直流电梯(SCR-D拖动方式)

随着可控硅向大容量的发展,由可控硅整流器为直流电动机电枢直接供电的直流电梯便开始出现。这种电梯的拖动控制方式主要有如下两种：

(1) 电枢由单向整流桥供电，励磁电路由双向整流桥供电的 SCR-D 直流电梯

这种类型的电梯系统构成如图 8-2 所示，在该系统中采用一组三相全波可控整流器 ZLA 替代 F-D 拖动方式中的发电机组，为直流电动机供电。控制整流桥 ZLA 的可控硅触发角可以改变整流桥及电动机的工作状态。

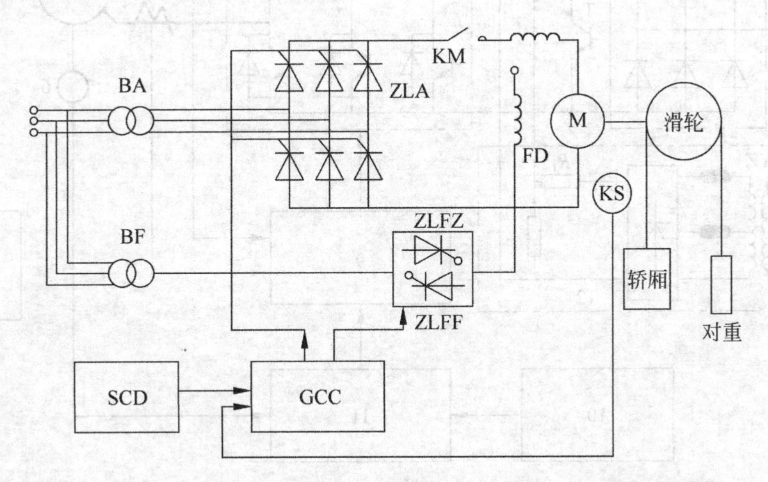

图 8-2 电枢单向供电、励磁双向供电的 SCR-D 直流电梯

(2) 电枢电路由两组反并联的三相全波可控整流器供电的 SCR-D 直流电梯

这种拖动方式的特点是在电动机电枢回路中设置了两组可控硅整流器，它们彼此反向并联，为电枢提供正、反向电流。而励磁回路则只是一个恒定大小、恒定方向的恒流控制，即控制电机的磁通保持额定值。这时电机四个象限运行的控制就靠对正、反两个整流桥的控制来实现。这个电路与工业上通常采用的直流电机可逆运转控制相似，可以做成有环流的，也可以做成逻辑无环流的。

3. 电梯的交流双速拖动方式

我国在 20 世纪六七十年代生产的电梯，绝大部分是交流双速电梯，80 年代生产的电梯也有相当数量的双速电梯。交流双速电梯的拖动系统结构简单，技术含量较低，运行舒适感较差，梯速一般在 1m/s 以下。这种电梯通常采用继电器控制，故障率较高，越来越不适应现代社会的需求，目前已被交流调速电梯替代。目前交流双速拖动方式主要用于货梯或客货两用梯中，控制部分也已由有触点控制改为无触点控制和可编程序控制器控制，其双速拖动方式也已改造为调压调速或变频调速拖动方式，以提高其运行舒适感和平层精度。

4. 电梯的交流变频调速拖动方式

由于变频调速不涉及异步电机的转子电路，因此可以采用鼠笼式异步电动机作生产机械的拖动电机。鼠笼式异步电动机结构简单、价格低廉、坚固耐用的优点使变频调速具有较大的吸引力。所以变额调速电梯得到了大力发展和应用，已成为电梯的主流产品。如图 8-3 所示为采用直流侧能耗方式的变频调速电梯。

5. 电梯的交流调压调速拖动方式

采用双速电机作电梯曳引电动机，对高速绕组实行调压控制，对低速绕组实施能耗制动控制的电梯是目前调压调速电梯的主要拖动方式，它的主电路如图 8-4 所示。

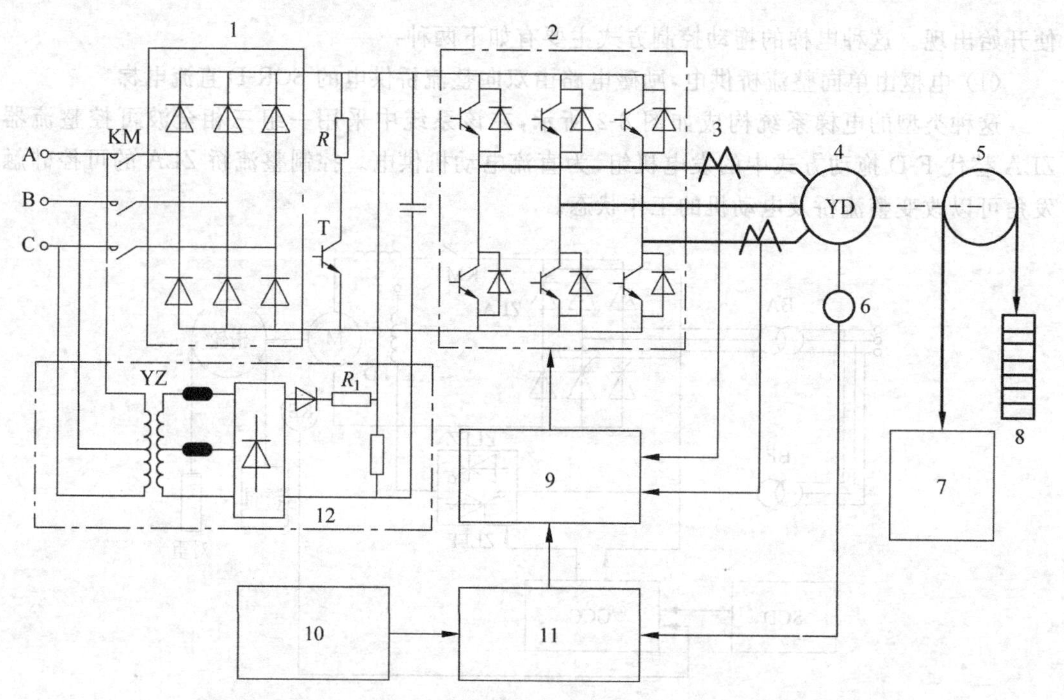

图 8-3 采用直流侧能耗方式的变频调速电梯主电路及系统结构

1—整流桥；2—逆变桥；3—电流检测；4—电动机；5—曳引轮；6—速度检测；
7—轿厢；8—对重；9—PWM 控制电路；10—主控微机(运行控制)；
11—辅助微机(矢量控制)；12—预充电电路

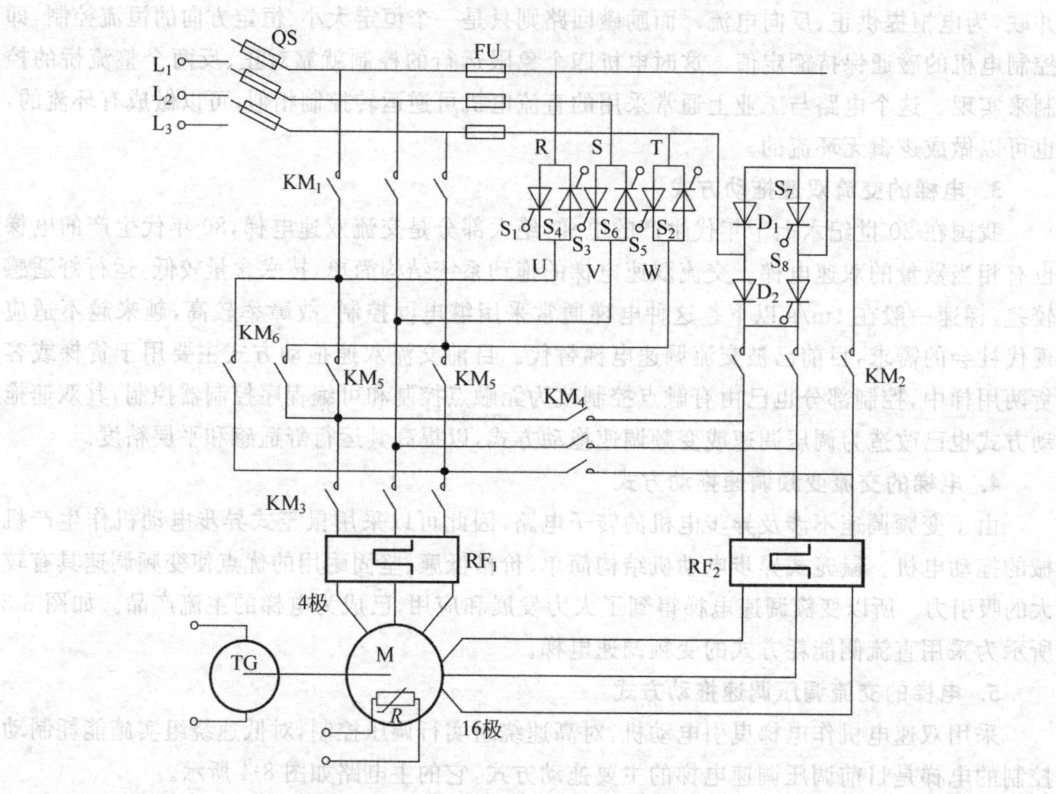

图 8-4 调压-能耗制动拖动方式的主电路

在图 8-4 中，电机的高速绕组接成星形调压方式，每一相接有一对反并联的可控硅。接触器 KM_6 和 KM_5 是改变电机转向的上行接触器和下行接触器。当然也可以增加两对可控硅来实现电机的反向，但是由于可控硅价格较接触器要贵，因此图 8-4 目前仍是主要的电路形式。在这种形式下，还可以利用接触器的辅助触点实现互锁、传递信号，KM_5、KM_6 在不运行时可以断开电路，起到保护可控硅的作用，还可以避免由于可控硅的误触发或短路故障造成电梯误动作的事故。在这种电路中，由于 KM_5、KM_6 在吸合、断开时不需要承受冲击电流，因此触点很少拉弧，寿命较长。

图 8-4 中的可控硅 S_7、S_8 和二极管 D_1、D_2 构成单相半控全波整流电路，给低速绕组提供能耗制动时的励磁电流。

为实现上述动作，在正常运行时接触器 KM_1、KM_4 应打开，接触器 KM_3、KM_2 则应接通。

当电梯检修运行时，不使用可控硅调压、励磁电路，只需给低速绕组提供三相交流电，使电梯低速运行。这时应打开接触器 KM_3、KM_2，而通过接通接触器 KM_1、KM_5、KM_4 来实现低速运行。这时的上升、下降由 KM_6、KM_5 来控制。

与曳引电动机同轴（或经皮带轮传递）装有测速发电机 TG。由 TG 产生的转速信号送到拖动控制电路，作为速度的反馈信号与给定速度比较，以实现预定速度曲线的闭环控制。

8.1.4　电梯的电气控制系统

1. 电梯的电气控制系统框图

电梯是大型机电合一的特种设备，各机械由相应的电气控制和保护。而电气控制系统应完成如下控制功能：

(1) 按照规定的操作方式运行、调度轿厢；

(2) 内选外呼信号的登记、应答、消号；

(3) 确定轿厢的运行方向；

(4) 开关门控制；

(5) 轿厢位置指示；

(6) 轿厢照明自动控制；

(7) 加减速度控制；

(8) 平层控制。

电梯的电气控制系统主要由轿内指令线路、厅门呼梯线路、定向选层线路、起动运行线路、平层控制线路、开关门控制线路、安全保护线路，以及备用电源的自动投入和切除控制电路等组成，其系统的框图如图 8-5 所示。

2. 控制系统的基本环节

虽然电梯的电气控制是一个复杂的系统，但是它们都是由一些具有一定功能的基本环节的电路组合起来的。而且各种不同种类的电梯，其控制系统又均有如下几个基本环节：

(1) 起动加速环节；

(2) 减速制动和平层停站环节；

(3) 安全保护环节；

(4) 信号存储和显示环节。

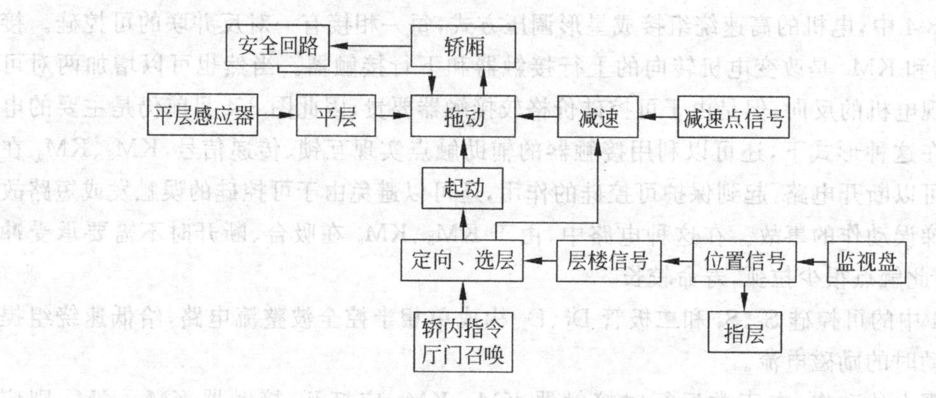

图 8-5 电气控制系统框图

这些环节不但具有各自独立的作用,而且还具有互相制约、互相协调,以完成电梯运行过程的自动化的作用。

3. 电梯的微型计算机控制系统

目前世界上较大的电梯生产厂家都推出了微机控制的电梯,继电器控制方式已逐渐被取代。

1) 微机在电梯上的主要应用

(1) 取代选层器和大部分继电器甚至全部;

(2) 微机数字调速系统;

(3) 微机群控调度。

2) 微机应用于电梯上的优点

(1) 缩小控制装置的占地,使控制系统结构紧凑;

(2) 微机的功能灵活多变,可以根据不同用户的要求改变程序以取得不同的控制功能;

(3) 微机用了群控管理系统可大大提高电梯运行效率,节省能源,减少乘客的待梯时间;

(4) 生产上免去了许多继电器间复杂的接线,提高劳动生产率;

(5) 微机采用无触点逻辑线路,提高了系统的可靠性;

(6) 维修简便,微机配有故障检测功能,可以用灯光等来显示系统的故障部位;

(7) 成本低,因为微机取代了选层器、继电器及一些常规系统的电子线路板,如速度指令板等;

(8) 微机提高了拖动控制系统的等级,如变频变压型电梯等就必须应用微机;

(9) 采用数字电路给定最佳速度曲线,且可根据不同情况灵活多变,提高运行效率和乘坐舒适感。

3) 微机控制电梯的控制原理

图 8-6 为一种采用可控硅直接供电的微机电梯控制系统。内指令、厅门召唤由群控管理机负责。每台电梯控制器都配有两台微机,一台监控机和一台速度控制机。为了取得高可靠性,两台微机相互备用,当监控机出故障。速度控制机将电梯驶到最近层。相反,当速度控制机有问题时。电梯停止,然后监控机以低速将电梯驶到最近层。

电梯运行中的位置,是通过测距脉冲发生器测得。脉肿发生器每单位距离发出固定的

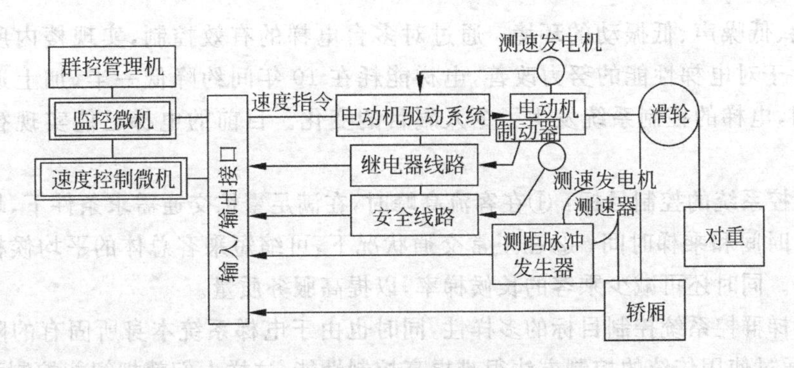

图 8-6　一种微机控制电梯的控制框图

脉冲，再由计算器累计出脉冲数，便知道电梯所处的位置。电梯的位置数据即使在停电时，亦能保持一段时间，以便复电时能知道电梯的位置。微机内存储了层数，层间距离等数据。脉冲的累计总数与这些数据相比较，便可计算出电梯现时的位置，距目的层的距离。层间的实际距离由于建筑物各种因素的影响，与输入数据有可能出现差异，但在电梯运行中，微机能自动对此进行测量，并根据测量值进行修正。因此电梯长期无需调整，而仍能保持稳定、良好的舒适感和平层准确度。减少控制元件的接线，可以提高整个系统的可靠性。

图 8-7 为系统内指令及厅门召唤的线路框图，它采用了串行通信方式，用一条电线就可以传送多个信号。通常的系统，轿内指令和召唤信号需要很多电线，例如厅门召唤除电源公共线端外，每层上召唤、下召唤按钮各需要一条线，按钮灯各需一条线，如果 20 层，则厅召唤就需要 80 条线。但如果用串行通信方式，轿内指令加厅召唤仅需要 10 多条井道线。图 8-7 中每层按钮箱都装一块按钮接口，轿内只需一块就够了。

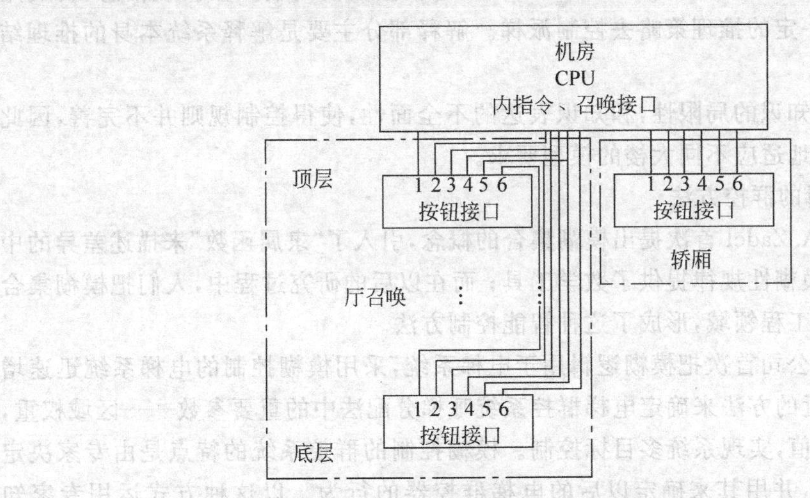

图 8-7　轿内指令及厅门召唤线路图

1—入/出，同步信号；2—时钟信号；3—召唤信号；4—召唤灯信号；
5—方向同步信号；6—出/入，同步信号

4. 智能控制的电梯系统

作为高层建筑内的主要交通工具，电梯系统有种种必需的要求。这些要求包括：将乘客快速、舒适、安全地送到所需楼层，并向乘客提供有效指示信号，对设置电梯系统的大楼提供节能、低噪声、低振动的环境；通过对多台电梯的有效控制，实现楼内所占面积最少化等。由于对电梯性能的努力改善，电梯能耗在10年间约降低一半，加上近年来信息技术的应用，电梯的控制系统发生了令人瞩目的变化。目前的电梯已能实现智能控制和群控。

电梯群控系统的控制目标：①在客流高峰时，在满足繁忙交通需求条件下，均衡并缩短乘客的候梯时间和乘梯时间；②在正常交通状况下，可缩短乘客总体的平均候梯时间和平均乘梯时间。同时还可减少乘客的长候梯率，以提高服务质量。

由于电梯群控系统控制目标的多样性，同时也由于电梯系统本身所固有的随机性和非线性，仅仅通过使用传统的控制方法很难提高控制性能，这样人们就把智能控制引入到电梯群控中。

1）基于专家系统的群控方法

近年来，专家系统技术的迅速发展及其在控制工程中的应用为智能控制开辟了一个新的研究方向，将专家系统应用于电梯群控系统中也是许多电梯工程师关注的课题之一。

由于电梯群控系统本身所具有的随机性使得专家系统适用于这一领域。电梯群控专家系统是由知识库、数据库、推理机、解释部分及知识获取部分组成。首先通过知识获取部分获取电梯界专家的知识及经验，经过"知识表达"表达专家的思维与知识，形成一定的控制规则存入到知识库中。这种规则的一般描述为"如果(条件)，那么(结果)"。其中"条件"表示来源于数据库的事实、证据、假设和目标；"结果"表示控制器的作用或一个估计算法。数据库存放专家系统当前工作已知的一些情况、用户提供的事实和由推理得到的中间结果，如电梯呼梯信号分布情况，各部电梯位置信号、乘客人数，预测乘客的等待时间及电梯运行时间等。推理机目的是用于协调整个专家系统的工作。它根据当前的输入数据或信息，再利用知识库中的知识，按一定的推理策略去控制派梯。解释部分主要是解释系统本身的推理结果，回答用户的问题。

由于专家经验及知识的局限性，和知识表达的不全面性，使得控制规则并不完善，因此用这种方法不能很好地适应不同大楼的模型要求。

2）基于模糊逻辑的群控方法

1965年美国L. A. Zadel首次提出模糊集合的概念，引入了"隶属函数"来描述差异的中介过渡，开始为研究模糊性规律提供了数学工具；而在以后的研究过程中，人们把模糊集合论的思想应用于控制工程领域，形成了这种智能控制方法。

自从Mitsubishi公司首次把模糊逻辑用于电梯系统，采用模糊控制的电梯系统迅速增加。例如，用模糊逼近的方法来确定电梯群控系统呼梯分配法中的重要参数——区域权重，进而得出评价函数的值，实现系统多目标控制。模糊控制的群控系统的特点是由专家决定隶属函数及控制规则，并用其来确定以后的电梯群控器的行为。以这种方式运用专家知识，控制器可以更好地处理系统中的多样性、随机性和非线性。在电梯群控系统中，模糊规则的应用意味着通过专家知识来实现对每个派梯方案的评价。容易看出，通过运用从经验丰富的电梯工程师获得的各种控制规则，比仅仅用严格的补偿函数方法，可以获得更好的效果。

8.2　民用建筑电梯系统的设计

8.2.1　民用建筑电梯的选用

1. 电梯选用方法和步骤

(1) 通过对建筑物的综合考虑，选择合适速度的电梯。

(2) 根据建筑物的交通需要，估算所需电梯台数。

(3) 缩短乘客候梯时间，提高电梯的服务质量。

(4) 充分注意电梯的设置和安排，对于多台电梯的设置，应使得各台电梯的负载尽量均衡，尽可能集中在建筑物的中央一个地方，同时还应注意将电梯厅站与大楼交通道分开，以免在人流高峰时，出现电梯使用者与行人相互阻碍的现象。

(5) 确定合适的停靠方案，以提高电梯的运送能力，一般在大型建筑物和超高层建筑物中，应考虑分区服务或奇偶数停靠的方案。

2. 电梯速度的选择

电梯的运行速度 v 是根据建筑物层数 n、客梯容量 Q_e 和停靠层数 E 综合考虑来确定的。因每次运送乘客所需要到达的楼层不尽相同，因此 E 一般用概率统计数表示，常用概率为 95% 的平均停靠层数，即

$$E = n\left[1 - \frac{q(n-1)}{n}\right] \tag{8-1}$$

式中：n——地上层数；

q——乘客人数，在高峰时间等于客梯容量 Q_e。

电梯的载人容量 Q_e 等于电梯的载重能力除以平均人重。由于各国对平均人重的规定有所不同(美国及西欧为 75kg/人；东欧为 80kg/人；中国为 70kg/人)。因此载人容量的计算，视其电梯生产的国家和地区的不同而不同。电梯的容量与运行速度、运行速度与平均停靠层数的关系分别见表 8-1 和表 8-2。在选择电梯的速度时，要综合考虑两表的结果，以确定合适的梯速。

表 8-1　电梯运行速度与平均停靠层数 E 的关系

电梯的停靠层数	电梯速度/(m/s)
$E\leqslant5$ 的客梯	0.5～0.8
$E\geqslant8$ 的客梯	1～1.2 及 1.5～1.8
$E=10\sim15$ 的客梯	2～2.5
$E=16\sim25$ 的客梯	2.5～3.5
$E>25$ 或第一个停靠站超过 80m，而且以上又很少停靠的客梯	4～6.5

表 8-2　电梯容量与运行速度的关系

运行速度 v/(m/s)	0.5～1.5	1.5～2	2.5～3	4～5.5	6.5
定员/人	5、7、9、10、11	12、14、15、17	20、21、23	26、28、32	40、55
容量/kg	500～1000	1000～1500	1500～2000	2000～2500	3000～4500

一般根据设计经验,电梯由底层直达顶层的运行时间在30s内为最佳。通常9层以下选用低速电梯,15层及以下选用快速电梯,15层以上宜选用高速电梯。

3. 电梯台数的确定

在确定了电梯的速度之后,便可估算同一用途的电梯所需要的台数。对于正常垂直交通状况所需要的电梯台数按下列公式估算:

$$N = \frac{m_5}{p} \tag{8-2}$$

$$m_5 = \frac{m_{60}}{12} \tag{8-3}$$

$$p = \frac{300r}{t_r} \tag{8-4}$$

式中:N——所需电梯台数;

m_5——5min时间内的客流量;

m_{60}——60min时间内的客流量;

p——每台电梯在5min内的运送能力;

r——轿厢乘客人数(上班时为轿厢额定人数的80%);

t_r——往返一周时间,即从轿厢返回基站时起,乘客在基站乘入再返回基站时的时间。

计算客流量是件很复杂的事情,一般采用简便的方法估算。对于办公大楼,可根据建筑物的有效面积与人均占用面积的比来估算。一般取使用面积的80%为有效面积,人均占用面积取6~8m²,大型办公大楼取较大值,中小型取较小值。对于住宅楼,则根据每户住宅的大小来估算,对一户二居室按2~2.5人估算,一户三居室按3.5~4人估算。旅馆的客流量按床位计算.计算时可假定各层分别为单人间或双人间。

4. 电梯选择的推荐值

表8-3~表8-6分别给出了高层住宅电梯、百货商场电梯、办公大楼电梯和旅馆乘客电梯选择的推荐值。

表8-3 百货商场电梯选择推荐值

建筑物规模	载重量/kg	定员/人	速度/(m/s)
大型百货商场(7层以上)	1350	20	2~2.5
	1600	24	
	1800	27	
中小型百货商场(7层以下)	1000	15	1.5~1.75
	1150	17	
	1350	20	

表8-4 高层住宅电梯选择推荐值

层数 n(层)	≤5	6~11	12~17	18~24	25~30
速度 v/(m/s)	0.5~0.75	1~1.5	1.5~1.75	1.5~2	2.5~3.5
定员/人	6	9	15	17	20

表 8-5　办公大楼电梯选择推荐值

建筑物规模	服务层	速度/(m/s)	容量/kg	定员/人	门型式	出入口宽/mm
小型办公楼	1～6 层	0.75～1	400 600 750	6 9 11	2S CO CO	800 800 800
中型办公楼	1～6 层	1	600 750 900 1000	9 11 13 15	CO	800 800 900 900
	1～8 层	1.5～2.5	750 900	11 13	CO	800 900
	9 层以上		1000 1150	15 17	CO	900 1000
大型办公楼	8～15 层	2～2.5	1000 1150	15 17	CO	900 1000
	16～20 层	2.5～3.5	1350 1600	20 24	CO	1100 1100

表 8-6　旅馆乘客电梯的推荐值

建筑物规模	客房数	层数	容量/kg	定员/人	速度/(m/s)	控制方式
大型旅馆	400 以上	10 层以上	1000 1150 1350 1600	15 17 20 24	1.5 1.75 2.5 3 3.5 4 5 6	2～3 台 集选控制 梯群控制
中型旅馆	200～300	6 层以上	600 750 900 1000 1150	9 11 13 15 17	1 1.5 1.75 2.5	2～3 台 集选控制
小型旅馆	100 以下	4 层以上	400 600	6 9	0.75 1	集选控制

8.2.2　民用建筑电梯系统的电气设计

1. 电梯供电容量的确定

1）交流电梯曳引电动机的功率确定

曳引功率与额定梯速、额定负载、平衡系数、曳引机的效率等有关。当轿厢以额定负载和额定速度稳定运行时，其曳引功率为

$$P_m = \frac{L_e v_e F}{102\eta_1} \tag{8-5}$$

式中：P_m——曳引电动机的额定功率，kW；

L_e——额定负载，kg；

v_e——额定速度，m/s；

F——平衡重系数，客梯为0.55，客货梯为0.51；

η_1——曳引机效率.与曳引机的结构型式有关，其值参见表8-7。

表8-7 曳引机效率系数推荐值

结构型式	有齿轮		无齿轮	
	2∶1绕法	1∶1绕法	2∶1绕法	1∶1绕法
η_1	0.45～0.55	0.50～0.60	0.80	0.85

实际应用中，选择的容量应略大于按式(8-5)计算的值。

2) 直流电梯曳引电动机的功率确定

对于交流电动机—直流发电机拖动系统的电机功率可按下述方法计算。

(1) 直流发电机容量

$$P_f = \frac{CP_{mk}}{\eta_2} \tag{8-6}$$

式中：P_{mk}——曳引电动机额定输出功率，kW；

P_f——直流发电机(连续运行)输出的额定功率，kW；

η_2——曳引电动机效率，$\eta_2=0.80$；

C——工作制转换系数，$C=0.55\sim0.60$。

(2) 交流电动机输出功率

$$P_D = \frac{P_f + P_e}{\eta_3} \tag{8-7}$$

式中：P_e——励磁功率，一般可取为$P_e=3\sim5$kW，采用可控硅励磁时取小值；

η_3——发电机和励磁装置的总效率，$\eta_3=0.85\sim0.90$。

3) 照明设备及其他负荷容量确定

电梯除动力用电设备外，还应考虑照明及其他用电设备，如轿厢的照明、层站指示器、机房和轿厢的通风装置，以及维护和检修用的电源插座。这些用电设备一船采用低压电源，其容量每台电梯需要1～2kV·A。这部分电源若与动力电源共用同一回路同一开关馈电时，则电梯的电源设备容量应另外加上这一部分容量。

电梯轿厢内部一般设置应急照明，每台电梯常中照明功率为40W，使用时间不小于30min。此装置可以订货时提出，随机供应，也可单独设置。

4) 电梯供电容量确定

在计算电梯电源设备的供电容量S时，要考虑电梯的载重、梯速以及起动电流对电源的影响。由于电梯机组起动频繁、负载波动大、加减速度迅捷等，这些都将产生较大的冲击电流，造成电源电压波动剧烈。因此，电源容量的确定，不能直接引用曳引电动机的功率或发电机的交流拖动电动机的功率。一般可用下列公式估算：

$$S = kL_e v_e \tag{8-8}$$

式中：S——电源设备容量，kV·A；

k——综合系数，其值对于交流单速电梯 $k=0.035$；交流双速电梯 $k=0.030$；直流有齿轮电梯 $k=0.021$。

对于直流无齿轮电梯 S 由下式估算：

$$S = 0.015L_e v_e + 10 \tag{8-9}$$

在实际应用中，还可以参考一些规定值来确定，如表 8-8 给出的各种电梯电源容量推荐值(此表为日本标准所规定的数值)。即使如此，由于各制造厂家生产同一型号的产品，其性能也有差异，因此制造厂家提供的电源设备容量应是重要的选择依据。

表 8-8　电梯的电源容量的推荐值　　kV·A

方式及速度 \ 载重/kg	交流单速	交流双速		直流有齿轮		直流无齿轮					
	0.5	0.75	1	1.5	1.75	2	2.5	3	3.5	4	4.5
400	7.5	10	15								
500	10	15	15								
600	10	15	20	20							
750	15	15	20	25	30						
900		20	25	30	40	40	40				
1000			25	30	40	40	50	50	75		
1150				40	50	50	50	50	75		
1350				40	50	50	75	75	100	100	150
1600						75	75	75	100	150	150

2. 馈电开关的选择

电梯电源一般应送至机房，并在机房设置馈电开关。电梯电源的设备开关，一般宜采用具有过电流保护功能的自动开关，即断路器。断路器的额定电流应根据电动机的连续使用负荷电流和起动电流来确定。表 8-9 给出了与表 8-8 电源容量相对应的自动开关的额定值。

表 8-9　机房馈电自动开关额定电流推荐值(U=400V)　　A

方式及速度 \ 载重/kg	交流单速	交流双速		直流有齿轮		直流无齿轮					
	0.5	0.75	1	1.5	1.75	2	2.5	3	3.5	4	4.5
400	30	30	50								
500	30	30	50								
600	30	50	50	50							
750	30	50	50	50	75						
900		50	50	50	75	75	100				
1000			75	75	75	100	100	100	125		
1150				75	100	100	100	125	125		
1350				100	100	100	125	125	150	175	200
1600						125	125	150	175	200	250

3. 应急电源设备的设置

电梯在正常运行时,若遇上市电因某种特殊情况(如地震或火警)停电,乘客将被困于轿厢内,这种现象称为电梯困人。要救出关在轿厢里的乘客,其有效措施是设置应急电源。应急电源由独立的、并能自动起动和切换电源的发电机组发电,或EPS不停电应急电源供电,其额定容量既应保证能满足电梯满载运行的容量,又应保证机组能承受5~10s时间的瞬时起动容量。

当出现地震或火警时,电梯必须进行应急操作,如果采用电脑群梯控制方式时,电梯将会自动转入地震或火灾紧急服务。当采用集选控制方式时,大厦由应急备用发电机组供电。此时除消防电梯应保证连续供电外,其余的普通电梯应分批依次短时馈电指定的电梯,以保证它们返回指定层,将乘客放出,关门停运。

应急操作应在几分钟内进行完毕,然后断开所有普通电梯的电源。

8.3 民用建筑空调系统与电气控制

8.3.1 集中式空调系统的组成及工作原理

集中式空调系统又称中央空调。通过集中式的冷、热源装置提供满足要求的冷、热水,并由水泵、水管及其附件将冷、热源配送给各个空气处理设备(如加热器、冷却器、过滤器、加湿器等)。对空气进行处理后,经由风机、风管和送风口送至空调房间。通常,把空气处理设备及通风机集中装在一起组成的箱体称为空调机或空调箱,把不包括通风机的箱体称为空气处理箱。

集中式空调系统主要由冷源装置、热源装置和空气处理与输配送装置等组成。单风道空调系统、双风道空调系统以及变风量空调系统等均属这一类。图8-8为集中式空调系统的结构原理示意图。

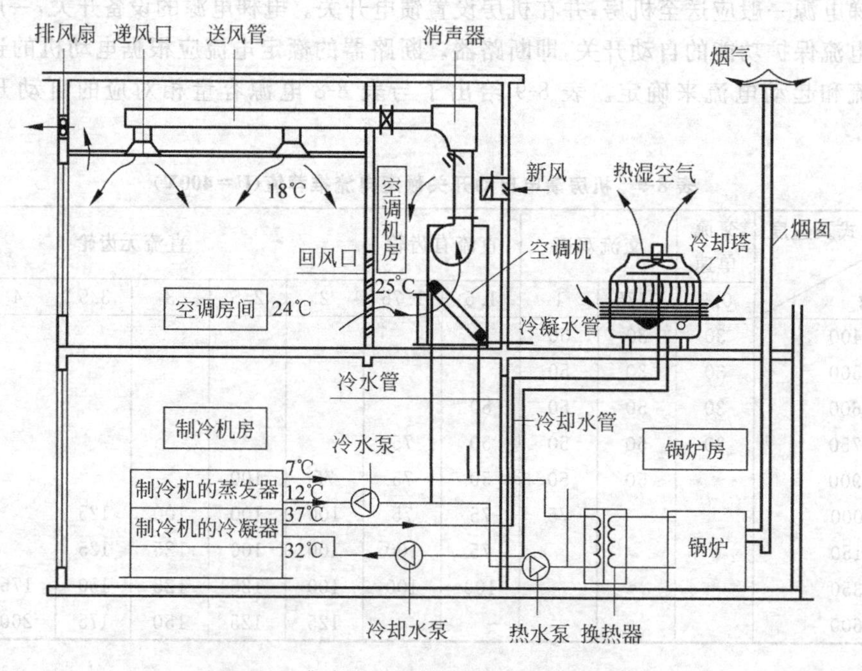

图8-8 集中式空调系统结构原理示意图

1. 系统的冷源装置

冷源装置包括有制冷装置、载冷剂配送装置及其配套设备和附件等。其中制冷装置是关键的核心设备，它是制备为空气降温去湿所需要的冷冻水的专用设备。目前制冷装置的制冷方法主要有：压缩式制冷、吸收式制冷、蒸汽喷射式制冷等。

压缩式制冷装置，一般由四大部件组成：压缩机、冷凝器、膨胀机（或节流膨胀阀）和蒸发器，其制冷循环基本原理如图 8-9 所示，它是基于逆卡诺循环原理工作的。

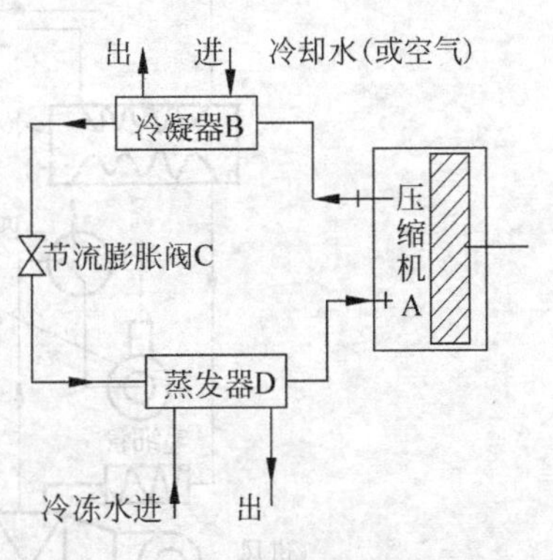

图 8-9　压缩式制冷循环及原理图

吸收式制冷与压缩式制冷一样，都是利用低压冷媒蒸发产生的汽化潜热进行制冷的。两者的区别在于：压缩式制冷以电为能源，吸收式制冷则以热（热水或蒸汽）为能源。吸收式制冷所采用的工质通常是溴化锂水溶液，其中水为制冷循环用冷媒，溴化锂为吸收剂。

溴化锂吸收式冷水机组的类型，按使用能源分，有蒸汽型、热水型、直燃（燃油、燃气）型和太阳能型；按能源被利用的程度分，有单效型、双效型；按换热器分布情况分，有单筒型、双筒型和三筒型；按应用范围分，有冷水型机组和冷温水型机组。目前应用更多的是将以上的分类加以综合，常用的有蒸汽单效型、蒸汽双效型、直燃型冷温水机组等，现归纳如下：

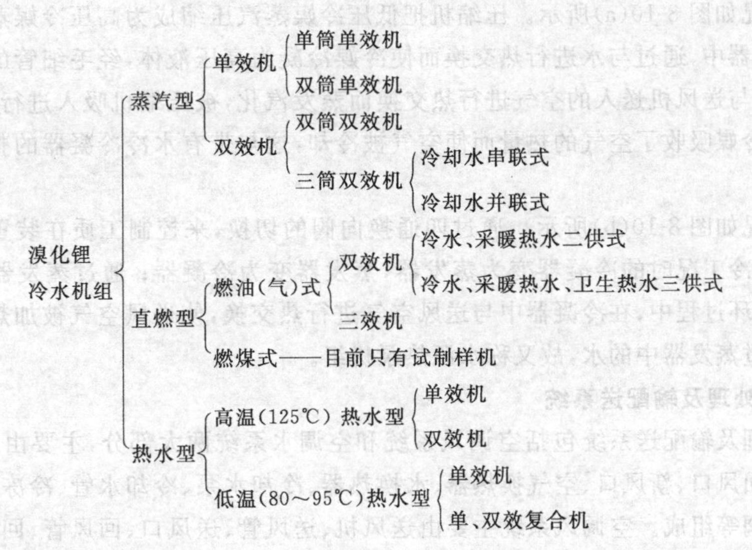

2. 空调系统的热源装置

按热源性质分类主要有蒸汽、热水和电热能；按热源装置分类主要有锅炉、热交换器和热泵。

供热锅炉有热水锅炉和蒸汽锅炉、燃煤锅炉、燃油（气）锅和电热锅炉等。采用热交换器供热可以使作为一次热媒的热源系统与空调供热系统完全分开，各自独立成一个循环系统，使空调热水系统设计带来方便，但由于热交换，必然会产生一定热损失。

所谓“热泵”是利用制冷逆循环过程，使制冷剂从大气（低温热源）吸取热量，在温度较高的环境（如取暖房间或水）中放出热量而达到取（制）暖目的。向各取暖房间直接放热时称为空气-空气热泵机组，向水中放热称为水-空气热泵机组，简称水源热泵机组。水源热泵应用广泛，不仅可以制冷，同时还可以供暖或供生活用热水。热泵装置结构原理如图 8-10 所示。

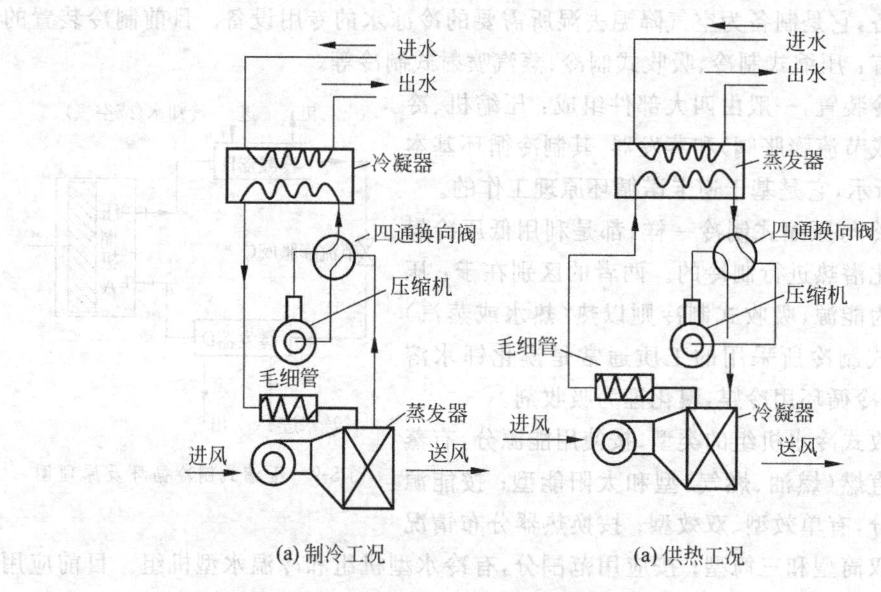

图 8-10　水源热泵结构原理示意图

制冷工况如图 8-10(a)所示。压缩机把低压冷媒蒸汽压缩成为高压冷媒蒸汽后进入冷凝器，在冷凝器中，通过与水进行热交换而使冷媒冷凝为高压液体，经毛细管的节流膨胀后进入蒸发器，与送风机送入的空气进行热交换而蒸发汽化，被压缩机吸入进行新一轮循环。在蒸发器中冷媒吸收了空气的热量而使空气被冷却，这与带有水冷冷凝器的整体式空调机组相似。

供热工况如图 8-10(b)所示。通过四通换向阀的切换，来控制工质在装置中的流动方向，并且使制冷工况时的冷凝器变为蒸发器，蒸发器变为冷凝器；通过蒸发器吸收水的热量，在热泵循环过程中，在冷凝器中与送风空气进行热交换，使送风空气被加热。这时的热源来自于流过蒸发器中的水，故又称水源热泵机组。

3. 空气处理及输配送系统

空气处理及输配送系统包括空调风系统和空调水系统两大部分，主要由空调机、送风管、送风口、回风口、新风口、空气换热器、水换热器、冷却水泵、冷却水管、冷冻水泵、冷冻水管及其调节阀等组成。空调风系统主要由送风机、送风管、送风口、回风管、回风口、新风口和冷(热)盘管等组成。空调水系统包括冷却水系统和冷冻水(冷源)和热水(热源)系统。由制冷机制备的冷冻水(一般为 7℃)在风机盘管中与空气进行热交换，使空气被冷却后，由送风管网、送风口送入空调房间内。

冷却水系统由冷却水泵，冷却水管把在制冷机冷凝器中吸收了冷媒的热量后的冷却水输送至冷却塔，在淋水室喷淋，经过热交换，从而将热量散发至大气，使冷却水被冷却(一般为 32℃)，供制冷机循环使用。

4. 运行原理

集中式空调系统的运行原理主要有降温去湿，升温加湿，温、湿度自动控制三个运行过程。

一般夏天,室内需要进行降温去湿处理。降温去湿运行过程是将制冷机制备的7℃的冷冻水,由冷水泵经冷水管网输送至空调机的盘管内,新风(包括回风),经过过滤器过滤后进入空调机,流过盘管表面,热空气的热量经盘管壁传给管内的冷冻水而被冷冻水所冷却,则热空气失去热量而降温;当其温度低于一定值时,空气中的水分便会析出而使空气的相对湿度降低;空气经过低温盘管(表冷器)被降温后,由风机加压,经由送风管,送风口送入空调房间内,使室内温度下降;被冷却后的空气由送风口送入空调房间后又返回到回风口称为回风。处理后的空气从送风口送入,流经空调房间后,又回到回风口的流程中吸收了室内空气的热量和湿度量,从而使室内空气维持所需要的设定的温度和湿度,达到室内空气调节的目的。吸收了室内热量和湿度的空气,从回风口进入空调机,重复上述空气处理过程,不断循环,周而复始。由自动控制系统控制室内空气的温度和湿度在设定的范围内。

一般在冬季,室内需要升温加湿。运行过程是将锅炉房热水锅炉制备的50～60℃的低温热水(或由蒸汽经换热器来),经由热水泵、热水管等输送到空调机盘管内,与回风和新风进行热交换,加热后的空气经由送风管从送风口送入空调房间内,以补充室内的热损失;同时通过加湿机对室内空气加湿,使室内空气的温度和湿度维持在设计值范围内。

5. 集中式空调系统的主要特点

集中式空调系统在大中型空调工程中得到广泛应用。其主要特点是:空调效果好、有输送新风系统、房间空气清新和卫生、总投资比同等制冷量的分体式空调要低、系统运行管理灵活方便、运行费用低于同等制冷量的分体式空调、系统故障少、维修方便、使用寿命长、噪声影响比较小、空调系统可与建筑装修施工密切配合、可以实现豪华效果。不足之处是系统冷源设备和热源设备是集中的,主机风量的调节比较困难,有时即使只开一个空调房间,主机就得全开,造成很大的能源浪费。

8.3.2 分散式空调系统

分散式空调系统又称局部空调系统,这是一种将空气处理设备全分散装设在被空调的房间内的空调系统。空调机组把空气处理设备,风机和冷、热源装置等都集中装在一个箱体内,形成一个结构非常紧凑的空调机组,只要接上电源就可以对房间进行空气调节。常见的有窗式空调(器)系统、分体式空调系统、单元式空调系统等。

1. 窗式空调系统

窗式空调系统是将制冷系统的压缩机、蒸发器、送风机、冷凝器和冷风机等集中安装在一个箱式内,此箱体可安装在窗台上(故名"窗式"空调机)或墙洞中,一半在室内,一半在室外。

窗式空调机主要优点是结构简单紧凑、体积小、安装简便、价格便宜、冷(热)量调节方便。缺点主要是压缩机和空调风机等都直接与空调房间相通,噪声影响大;能效比低,按国家标准规定,窗式空调机的能效比仅为2.4kW/kW,国内名牌产品的能效比最高也仅在2.6～2.9kW/kW,比水冷中央空调机组5.2～5.8kW/kW的能效比低得多。能效比低,导致耗电量增大。窗式空调机的容量调节多采用开关压缩机的位式调节方式,致使室内温度波动比较大,也无法采用新风系统,空调效果不佳。因此,窗式空调机目前已很少采用。

2. 分体式空调系统

分体式空调系统是将压缩机、冷凝器和风机等集中装在一个箱体内,放在室外,称为室外机;把蒸发器、送风机等放在室内,称为室内机。安装时,用两根管道(一般为铜管)将室外机和室内机相互联接起来,使冷媒在两者之间循环流动而实现制冷(或制热)的目的。

分体式空调系统的室内机有壁挂式和立柜式两种。分体式空调机的主要优点是噪声比较大的室外机安装在室外,对空调房间的影响比较小;容量比较大,空调效果比较好;但室内机与室外机有两根铜管相联接,安装比较麻烦,保温及密封要求比较高,否则会引起能耗增加,冷媒泄漏,造成环境污染;同时,室外机安装在室外(多为安装在外墙壁上),对建筑立面的整体美观影响较大。

3. 单元式空调系统

单元式空调也称柜式空调,它是将制冷、通风、加湿或去湿、供热、净化及消声设备等组装成一个整体柜式的空调设备,如图 8-11 所示为水冷单元式空调机组的示意图,它可以安装在空调房间外,用风管把处理后的空气送入需要空调的房间内,也可以不用风管,而将柜式空调机组直接安装在空调房间内。单元式空调机组的冷凝器除水冷式外,还有风冷式。水冷式冷凝器体积小、噪声小,运转时耗电量较小。但安装场所必须有进、出水管,且水管固定后不便移动。风冷式冷凝器不需进、出水管,安装方便,但噪声较大,一般不直接安装在空调房间内。带有加湿器的单元式空调机兼有湿度控制功能,能同时控制出风的湿度,这种单元式空调机又称恒温恒湿机。

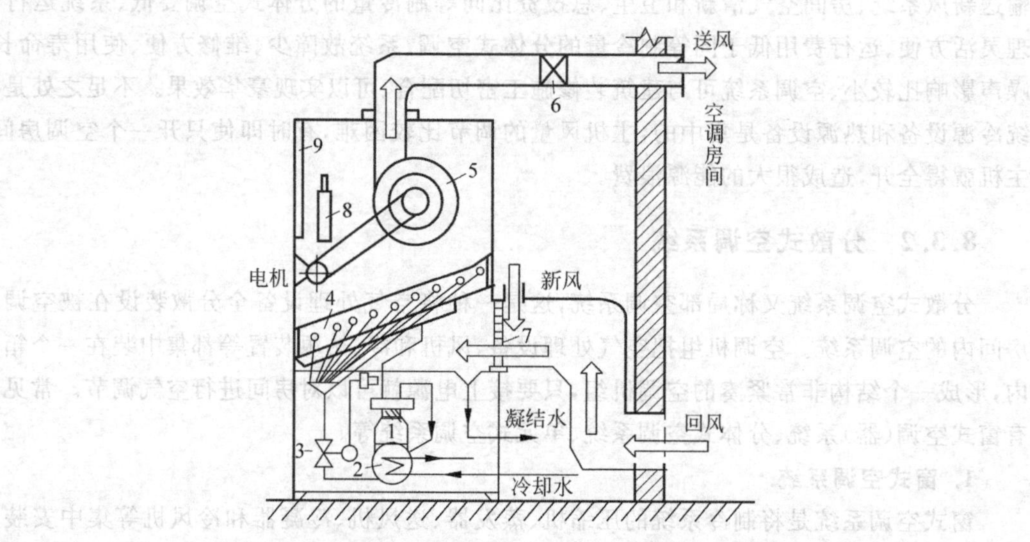

图 8-11 水冷单元式空调机组示意图

1—制冷压缩机;2—冷凝器;3—热力膨胀阀;4—蒸发器;5—离心式通风机;6—加热器;7—空气过滤器;8—电加湿器;9—电气控制箱

8.3.3 半集中式空调系统

近年来,随着空调技术的发展,产生了一些介于前述两种之间的空调系统——半集中式空调系统,它除有集中式空调系统的某些特点外,又有分散式空调系统的某些特点。这种空调系统除有集中在空调机房的空气处理设备可以处理一部分空气外,还有分散在各空调房间的空气处理设备,可以对室内空气就地进行处理或对来自集中处理设备处理过的空气进行再处理,进一步提高了空气处理质量,改善了空调效果。变冷媒流量空调系统、水源热泵空调系统、诱导器空调系统以及风机盘管加新风空调系统等均属于半集中式空调系统。

1. 可变冷媒流量空调系统

可变冷媒流量空调系统,又称 VRV 空调系统,是近几年空调领域新推出的一种具有特点的空调系统。如图 8-12 所示,从系统形式上看,它具有集中式空调系统的特点,主要由主机(室外机)、管道(冷媒管线)及末端装置(室内机)加上一些自控装置所组成。但它实际上是直接蒸发式空调系统的一种改进,类似于分体式空调系统的概念。但是普通分体式空调机的一台室外机(主机)一般只能带一至两台室内机,而且距离有限(大多为 5～10m),且能量控制多为位式控制方式。可变冷媒流量空调系统由于技术上的改进,一台主机(室外机)可带多台室内机(目前最多可达 16 台室内机),作用距离可达 100m 以上,并且多台室外机可以灵活地组合在一起。目前最多可由 16 台室外机,256 台室内机组合成一个网络化空调系统。室内机可以实现单台个性化控制,群组模块化控制和单个/多个系统集中控制等多种模式的控制。其压缩机采用变频调速技术进行控制,能量控制智能化,系统运行管理微机化。

如图 8-12 所示,室外机是 VRV 空调系统的关键部件。从结构上看与单元式空调系统的室外机相似,它主要由风冷冷凝器和压缩机等组成,所不同的是采用变频调速智能控制技术。当系统处于低负荷运行时,通过变频控制器控制压缩机转速,使系统内冷媒的循环流量改变,从而对制冷量进行自动控制以符合使用的要求。对于容量较小的机组,一般只采用一台变速压缩机;而对于容量比较大的机组,则采用一台变速压缩机和一台定速压缩机联合工作的方式。

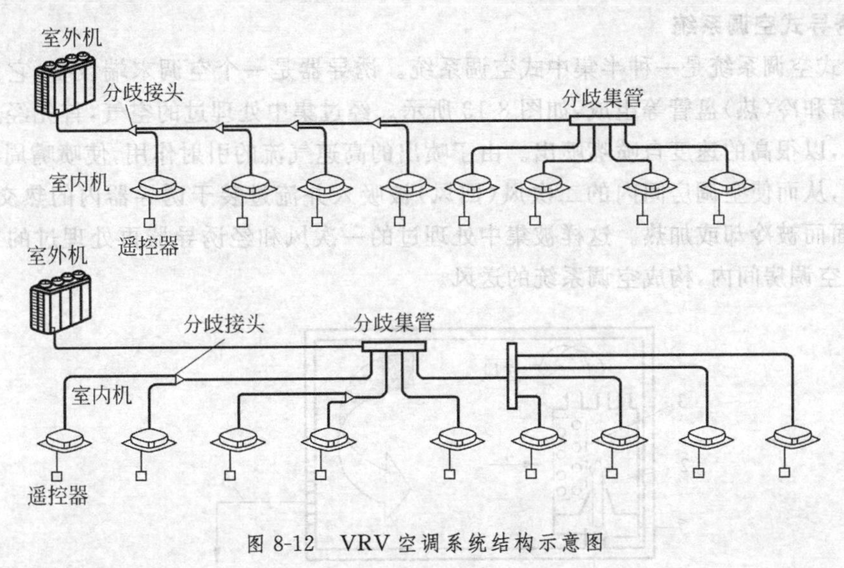

图 8-12　VRV 空调系统结构示意图

VRV 空调系统的室内机,与分体式空调系统的室内机相似,它是一个带蒸发器和循环风机的机组,有多种结构形式,如立式明装、立式暗装、卧式明装、卧式暗装,壁挂式和吊顶嵌入式等,供设计选用。

由于 VRV 空调系统与集中式空调系统和分散式空调系统在使用上都存在一定的区

别,因此其控制方法也有明显的不同,为此各生产厂商都提供了专门的控制(器)系统,这种控制(器)系统都是建立在计算机控制(数字控制)基础上的,其设备有简单 LCD 控制器、标准 LCD 控制器和集中控制器等。

简易 LCD 控制器适用于对每一台室内机的独立控制,它具有运行方式控制、温度控制、气流速度控制和故障诊断等基本功能,同时也可和上位遥控设备进行通信。标准 LCD 控制器是一种性能较完善的控制器,仍以控制单机为主。但比简易 LCD 控制器增加了送风温度控制、定时控制、冷热风自动转换等功能。简易 LCD 控制器与标准 LCD 控制器均可同时控制最多 16 个室内机以相同的模式运行。

集中控制器与集中式空调系统的中央监控用的电脑相似。它可以与各 LCD 控制器进行通信,也可以单独对 VRV 设备进行控制,最多可同时控制 16 台室外机组(相当于最多同时控制 256 台室内机)。

室内温度控制是通过对各个室内机电子式热力膨胀阀的控制来实现的。通过测量蒸发器前、后空气温度和室内回风温度,控制器据此控制电子膨胀阀的开度以调节各室内机冷媒流量,实现温度控制的目的。

室外机是通过检测冷媒流量和压力后分两步来控制的,第一步控制变速压缩机的转速,当频率调至最低(如 30Hz)时,转速达最小值;如果负荷继续下降,则第二步控制冷媒旁通阀,减小冷媒流量,最小冷媒流量可达到设计值的 8%左右。

VRV 空调系统的特点:变频控制、转换效率高、机组占地面积小、管道占用建筑空间小、技术先进、作用距离比普通分体式空调长、最大允许距离可达 100m、室内外机之间高差最大可达 50m、同一系统内各室内机之间高差最大可达 15m 左右、施工安装方便、运行稳定可靠。

2. 诱导式空调系统

诱导式空调系统是一种半集中式空调系统。诱导器是一个空调末端设备,它由一个静压箱、喷嘴和冷(热)盘管等组成,如图 8-13 所示。经过集中处理过的空气,首先经送风机压入静压箱,以很高的速度自喷嘴喷出。由于喷出的高速气流的引射作用,使喷嘴周围的箱内形成负压,从而使空调房间内的二次风(回风)被吸入并流过装于诱导器内的热交换器(盘管)外表面而被冷却或加热。这样被集中处理过的一次风和经诱导器再处理过的二次风混合后送入空调房间内,构成空调系统的送风。

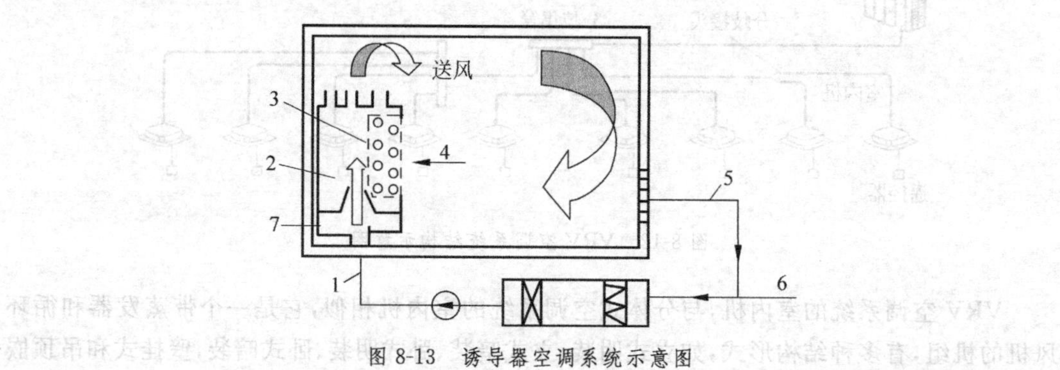

图 8-13 诱导器空调系统示意图

1—一次风送风管;2—喷嘴;3—热交换器;4—二次风;5—回风管;6—新风管;7—静压箱

如果换热器盘管内加热或冷却的介质是水，则称为空气-水诱导器；如果不用换热器盘管换热，而直接诱导室内的二次风与一次风相混合后送入室内，称为全空气诱导器，又称简易诱导器。简易诱导器不能对二次风进行冷、热处理，但可以减少送风温差，加大房间换气次数。装设有“空气-水诱导器”的空调系统叫“空气-水诱导器系统”；装设有“全空气诱导器”的空调系统叫“全空气诱导器系统”。

诱导器系统的主要优点：①由于集中处理的仅仅是一次风，因此机房面积和风管尺寸可缩小，节省建筑空间；②当一次风就是新风时，可省去回风管道，房间之间由于有阻力较大的盘管相隔离，因此交叉污染的可能性小；③由于冬季一般不使用一次风，换热器盘管内通以热水就构成自然对流的散热器，可以成功地把空调和供暖结合起来；④诱导器内没有运转设备，所以用于有爆炸危险的气体或粉尘的房间内不会发生危险，安全性能好。

诱导器系统主要缺点：①二次风一般不过滤，因此空气净化要求高的场合不适用；②喷嘴处风速高时，可能产生噪声干扰；③空气-水诱导器结构复杂，施工不便。

8.3.4 空调系统的电气自动控制

1. 空调自动控制系统的组成

空调自动控制系统主要由监控各种参数的传感器、控制器、执行器等组成。

1) 传感器

传感器是用来感测各种被测参数并转换为与之成比例的电信号的器件，如检测温度的铂电阻温度计等。

2) 控制器

控制器是接受传感器来的被测参数的测量信号，与该参数的给定信号进行比较，并根据偏差信号进行运算，输出具有一定控制规律的控制信号去控制执行器动作。控制器按控制规律来分，有位式控制器、比例控制器(又称P控制器)、比例积分(PI)控制器和比例积分微分(PID)控制器等。

3) 执行器

执行器包括执行机构和调节机构两部分，它接收控制器来的控制信号，驱动执行机构动作，带动调节机构，通常为调节阀，以改变阀门开度，从而调节控制介质的流量或能量，使被控参数维持在工艺允许的范围内。空调系统中常用的执行器，如电动阀、电磁阀等。

2. 空调自动控制系统的工作原理

为了使空调房间内的被控参数(主要是温度、湿度)维持在设计指标允许的范围内，应根据不同的情况，设置不同的控制环节。如温度控制、湿度控制、风量控制、水量控制、压力或压差控制等环节，组成一个性能完善的自动控制系统。在诸多的控制环节中，温度控制和湿度控制是两个最重要最基本的环节。

1) 温度控制

空调房间内温度控制，通常是把温度传感器直接装在空调房间内。当室温由于扰动(如负荷的变化)而偏离设定值时。控制器则根据测量信号与给定信号的偏差发出具有一定规律的控制信号，控制相应的调节机构，使送风温度随扰动量的变化而变化，直到室温达到设计指标允许范围内。如图8-14所示，测量温度的敏感元件TR(如铂电阻温度计)接在P-4A1型温度调节器上，测量相对湿度的敏感元件TH型温差变送器接在P-4B1型温差调节器上。TR和TH分别测得室内温度和相对湿度并转换成相应的电信号，分别送至温度调节器P-4A1和相对湿度调节器P-4B1。由图8-14(b)自动控制系统方框图可知，调节器根据测得的实际值与设定值进行比较，得出偏差信号，送给控制器，控制器经运算后，发出相应的控制信号。按一定的调节规律(通常为简单的比例调节规律)去控制执行机构，驱动调节机构，以改变送风温度，使室内温度维持在允许范围内。

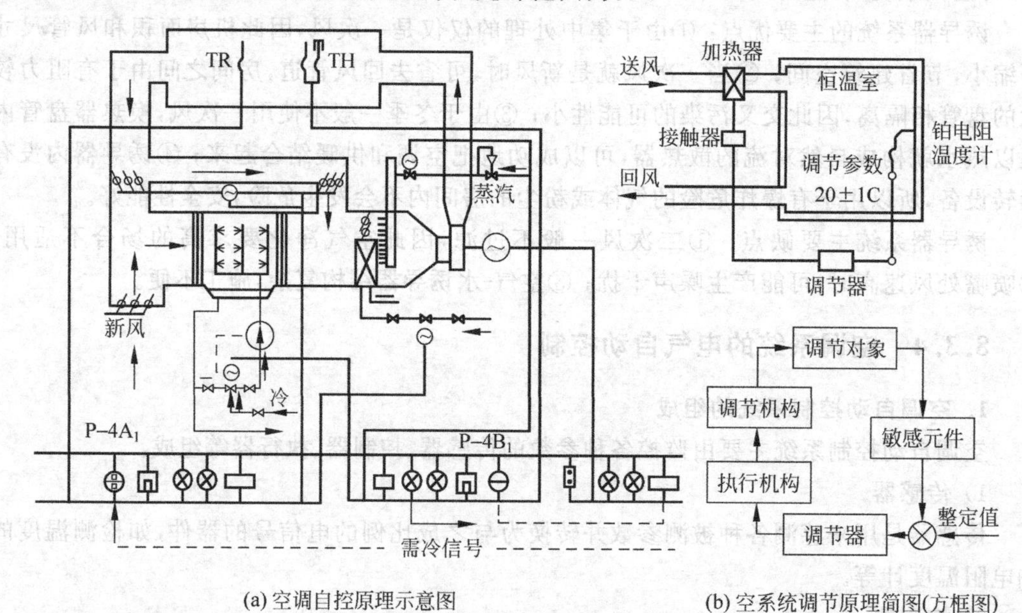

(a) 空调自控原理示意图　　(b) 空系统调节原理简图(方框图)

图8-14　空调自动控制系统原理图

改变送风温度的方法有：调节加热器的加热量，或调节新风、回风的混合比，或一、二次回风比等。直接调节以热水或蒸汽为热媒的加热器的加热量来控制室温，主要用于一般空调系统；而对温度控制精度要求高的空调系统，则往往采用电加热器以辅助对室温进行微调。

2) 湿度控制

室内相对湿度的控制，通常有两种方法，即直接控制法和间接控制法。

直接控制法是在室内直接设置相对湿度测量传感器，根据室内相对湿度的偏差，调节空调系统中的调节机构(如喷水三通阀，新、回风联动风阀，喷蒸汽加湿的蒸汽阀门等)，以补偿室内负荷的变化，达到恒定室内相对湿度的目的。

在民用建筑空调系统中，对室内空气进行热、湿处理，常使用表面式换热器。常用的表面式换热器包括空气加热器和表面式冷却器两类。空气加热器是利用热水或蒸汽作为热媒的，如散热器等；表面式冷却器则以冷水或制冷剂作为冷媒。

3) 运行工况的自动转换

小型空调系统，通常都是分季运行的。

冬季供暖，夏季供冷，春、秋季一般不运行，只有大型空调系统在全年运行时，才采用自动控制系统，根据空调工况自动转换运行。

应该注意，对于不同地区的全年气候变化情况，不同的空调系统和设备，不同的室内参数要求以及不同的控制方法，空调工况有不同的分区方法和相应的最佳运行工况，空调系统的运行工况转换方法也不同，应视具体情况确定。

4）中央监控系统

民用建筑空调系统除上述常见的几种基本控制方法外，对于大型现代民用建筑空调系统通常还设置中央监控系统。

(1) 中央监控系统的基本要求

① 基本控制功能，包括设备的起停（或阀门的开闭）控制，设备与附件的运行状态实时显示，故障报警，联锁控制等功能；

② 系统控制参数的监测、显示、记录和设定调节；

③ 系统的节能，设备运行台数控制，能耗与运行时间统计及报表；

④ 与消防系统的联锁与联系等。

(2) 中央监控系统的分类

① 设备起停控制系统。这是一种最基本的，也是最简单的中央监控系统形式，其主要功能是通过强电接触器，在中央控制室远距离对空调设备进行起、停控制，通过信号指示灯来显示设备运行的状态。这种控制系统不是参数的自动控制系统，即对空调系统用的水和空气的各种参数不作控制，其状态显示指示灯所显示的也只是接触器的状态而并非真正的设备状态。

② 常规仪表控制系统。常规仪表控制系统的控制器一般由弱电模拟控制仪表组成（如前所述的P、PI或PID控制器等），每个控制器都有固定的控制规律（当然控制器的PID参数也可在现场调整）。常规仪表控制系统，通常也包括设备的起、停控制；在参数检测显示中，多采用把多点巡回检测仪设置在中央控制室，以巡回检测并显示各种控制参数。

③ 集散式控制系统。集散式控制系统是对常规仪表控制系统的改进，其特点主要有：控制功能由分散设置的常规仪表完成，这一点与常规仪表相同；设备运行状态及各种参数的采集，采用分散式数据采集器(DGP)完成，并转换为数字信号，通过计算机网络传输并在中央电脑控制屏显示，代替了常规仪表中的显示设备；通过中央电脑可对部分常规仪表控制器的参数进行再设定。

这种控制系统在较高级的空调工程中得到了广泛的应用，如图8-12 VRV空调系统的控制等。

④ 直接数字控制系统。直接数字控制系统是把计算机技术与常规仪表控制系统组合在一起的一个组合体，其特点主要是：从参数采集，数据传输与控制等各个环节都采用数字控制仪表来完成，用数字式控制器代替了常规模拟仪表控制器，并且一个数字式控制器可以同时完成多个常规仪表的控制功能，其速度、精度、运行管理功能等方面都远强于常规仪表。这种控制系统尤其适用于监测参数点较多、系统复杂、控制功能、运行管理要求较高的场合。

8.4　民用建筑空调系统的设计

8.4.1　民用建筑空调系统的设计程序

空调系统的设计必须与土建、给排水、供配电及装潢设计等密切配合；必须遵守国家的能源政策、环境保护法规以及建筑、供暖、通风和空气调节设计规范、规程和国家标准中的各项规定；根据业主的建筑规划，进行全面的技术经济分析，确定最优设计方案。

1. 与建筑专业配合

建筑设计方案及功能确定后，根据建筑规模和使用要求是确定空调系统设计方案的一个主要依据。首先决定是采用集中式中央空调系统，还是采用分散式空调系统，或者半集中式空调系统。一般来说，大、中型高层民用建筑宜采用集中式空调系统，较小规模的民用建筑宜采用分散式空调系统。目前，VRV空调系统和水源热泵空调系统在越来越多的办公建筑的空调系统中得到了采用。

若采用集中式中央空调系统，则应确定其水系统的大致形式冷、热源装置的类型：是采用水冷式冷水机组，还是风冷式冷水机组；是采用直流系统(全新风系统)，还是一次回风系统，或者二次回风系统等。

空调方案确定后，还要确定各种机房的面积和位置，并向建筑专业提出相应的要求。集中式空调系统的主机房，一般是指冷、热源设备机房等。采用水冷式冷水机组，主机房占用面积较大，这与机组形式和单机容量有关。一般而言，同样容量的离心式机组占地面积较小，吸收式机组占地面积较大。同样形式的机组，单机容量越大，占地面积就越大。水冷式机组重量较大，且震动噪声影响较大，宜与使用空调房间相隔离，一般宜安装在建筑物的最底层，并采取减振吸声措施。

空调机房的面积与空调风系统的型式及空调机组的设计参数有直接关系，而且与机组的型号及功能有关。大多情况下，风机多与空调机组设在同一机房内。从节省建筑面积考虑，尽可能采用管道式风机，避免采用落地式风机。

无论是空调水系统，还是空调风系统，管道井占用面积一般都较小，但总要占用一定的面积，并且往往和其他专业施工共用管道井，因此要与其他专业设计配合好。

2. 与业主要求配合

空调方案确定后，要向业主详细解释各种设计方案的优缺点，进行全面的技术经济分析。本着业主第一和质量第一并重的原则，在技术上合理可行的前提下，与业主进行充分协商，最终确定最佳设计方案。

3. 与其他专业配合

空调系统与给排水、供配电、消防及装饰装潢等其他专业设计也要密切配合。不仅要了解其他专业的设计与施工方案，也要向其他专业提出本专业的设计与施工要求，相互协商，统筹兼顾，最终确定最佳且切实可行的设计方案。

4. 空调系统设计程序

1) 初步设计

与建筑等其他专业互相配合，初步确定了空调系统的设计方案，并报主管部门审批通过后，即可开始进行初步设计。在初步设计过程中，本专业设计与其他专业设计的密切配合并交叉反复进行，是非常重要的，只有其他专业设计充分了解并考虑了本专业的技术要求，本专业设计也考虑了其他专业设计的相关性，才能使本专业设计方案得以顺利实施。

初步设计成果一般包括以下内容：

(1) 设计图纸

① 空调系统冷、热源装置的设计及安装布置图；

② 空调水系统的设计及安装布置图；

③ 空调风系统的设计及安装布置图；

④ 防火、排烟系统的设计及安装布置图；

⑤ 各平面布置的设计。

在有关设计图纸中，要标明本系统各设备的安装方式，管道布置与走向，对大型设备及主要管道等还应注明安装尺寸和高度，以及与其他工种之间的关系等。

(2) 设计说明书

① 设计说明。设计说明主要包括设计的依据，设计范围及其内容，当地的气象资料，空调风系统和空调水系统的设计方案，空调自动控制系统的设计方案，空调冷、热媒耗量和冷、热媒的技术参数，消声减振措施，以及对其他专业设计和施工与本专业设计的关系及其要求等。

② 设备材料汇总表，包括主要设备的型号、规格、数量及其性能参数和使用地点，主要附件及材料的数量与性能，安装技术要求等。

③ 主要设计指标及概(预)算。主要设计指标包括冷、热量及其单位面积耗量等指标，本专业要求的电气设备的安装容量、蒸汽耗量、水耗量以及其他技术经济指标和概(预)算等。

④ 遗留待会审时解决其他的问题等。

2) 施工图设计

施工图设计是在初步设计方案审批通过后，进行工程设计的最后一个阶段，同时也是最重要的阶段之一，工程施工就是以施工图为依据的。施工图必须准确、规范、清晰明了，便于施工单位看图及按图施工。

施工图设计必须遵守已报审通过的初步设计方案，它是将初步设计方案落实到工程实际的重要一环，也是对初步设计方案进一步补充和完善的最后一环。

施工图设计的内容包括：

① 制订各工种间的配合进度计划；

② 审核初步设计方案，提出对各专业工种的通用技术要求，制定本专业落实初步设计方案的具体技术措施及施工方案；

③ 绘制施工图，确定安装、调试方案；

④ 编制设备、材料清单和预算等。

3) 空调系统设计的规范、规程和标准

进行供暖、通风和空气调节工程设计，必须遵守国家颁布的各种有关规范、规程和标准中的各项规定。

与空调系统设计有较密切和直接关系的最新规范、规程标准摘要如下：

(1)《采暖通风与空气调节设计规范》(GBJ 50019—2003)

(2)《采暖通风与空气调节制图标准》(GBJ 50014—2001)

(3)《民用建筑热工设计规范》(GB 50176—1993)

(4)《高层民用建筑设计防火规范》(GB 50045—1995)(2001 年版)

(5)《民用建筑设计通则》(GB 50352—2005)

(6)《通风与空调工程施工及验收规范》(GB 50243—2002)

(7)《制冷设备安装工程及验收规范》(GB 50247—2010)

8.4.2　民用建筑空调系统的设计

1. 冷、热负荷的计算

冷负荷是指为维持室内温度恒定时,应从室内除去的热量。这部分余热是通过空调设备将冷量传给室内空气而消除的。热负荷是指为维持室内温度恒定时,应从外界供给室内的热量。

耗冷量是指为保证房间正常使用,空调制冷系统应从房间除去的热量。耗热量是指为保证房间正常使用,空调供热系统应向房间提供的热量。

冷、热负荷和冷、热耗量是两个既密切联系又完全不同的概念。首先,它们针对的对象不同,冷、热负荷是针对某一具体的空调房间而言的,而冷、热耗量是针对系统而言的。其次它们的目的也不同,前者是仅仅维持室温恒定,而后者不仅要保证室温恒定,还要保证室内空气的其他参数符合设计要求。

可见冷、热负荷仅仅是冷、热耗量中的一部分。实际上冷、热耗量不仅与冷、热负荷有关,还与新风系统负荷以及其他因素造成的附加负荷有关。因此新风负荷及其他附加负荷也是空调系统冷、热耗量的一部分,即

$$Q = Q_n + Q_f \tag{8-10}$$

式中:Q——冷、热耗量,W;

Q_n——冷、热负荷,W;

Q_f——新风负荷等附加负荷,W。

耗冷量、耗热量是用来确定空调系统设备容量的最主要的设计依据,也是空调系统设计中的一个主要影响因素。

2. 冷、热负荷的统计计算

空调系统设计中,冷、热负荷的统计计算方法很多。国外有“反应系数法”、“传递函数法”等计算方法。目前国内应用较多的是根据中国建筑科学研究院空调所等12个单位组成的课题组所做的“设计用建筑物冷负荷计算方法(冷负荷系数法)部分”的科研成果,即“冷负荷系数法”。它是以传递函数法为基础,通过研究和实验而得到的一种简化计算方法。具体计算方法可参考中国建筑科学研究院空调所等12个单位组成的该课题组编写的《空调冷负荷计算方法专刊》的有关内容。

在进行大型空调工程的设计时,应采用这种方法去设计计算,以便使设计更合理。但对一般中小型空调系统的设计,通常根据设计估算指标进行统计计算,也能满足要求,且比较简单方便。部分建筑物供暖、通风的热负荷可按热负荷估算指标进行估算。部分建筑物供暖、通风的体积热负荷指标见表8-10。

表8-10　部分建筑物供暖、通风体积热负荷指标

建筑名称	V/(1000m³)	q_{vn}/(W·m⁻³·℃⁻¹)	q_{vf}/(W·m⁻³·℃⁻¹)	t_n/℃
行政建筑办公楼	≤5	0.60	0.12	18
	15～10	0.53	0.11	
	10～15	0.49	0.10	
	>15	0.44	0.22	

续表

建筑名称	$V/(1000\text{m}^3)$	$q_{vn}/(\text{W}\cdot\text{m}^{-3}\cdot℃^{-1})$	$q_{vf}/(\text{W}\cdot\text{m}^{-3}\cdot℃^{-1})$	$t_n/℃$
俱乐部	≤5	0.52	0.35	16
	15～10	0.46	0.32	
	>10	0.42	0.28	
电影院	≤5	0.50	0.60	14
	15～10	0.44	0.54	
	>10	0.42	0.53	
剧院	≤10	0.41	0.58	15
	10～15	0.37	0.56	
	15～20	0.31	0.53	
	20～30	0.28	0.50	
	>30	0.25	0.48	
商店	≤5	0.53	—	15
	5～10	0.46	0.11	
	>10	0.43	0.40	
托儿所、幼儿园	≤5	0.53	0.16	20
	>5	0.48	0.14	
学校	≤5	0.54	0.12	16
	5～10	0.49	0.11	
	>10	0.46	0.10	
医院	≤5	0.56	0.41	20
	5～10	0.50	0.40	
	10～15	0.44	0.36	
	>15	0.42	0.35	
浴室	≤5	0.40	1.39	25
	5～10	0.35	1.32	
	>10	0.32	1.25	
洗衣房	≤5	0.53	1.12	15
	5～10	0.46	1.09	
	>10	0.43	1.04	
公共饮食餐厅	≤5	0.49	0.97	16
	5～10	0.46	0.91	
	>10	0.42	0.84	

3. 空调系统的选择

空调系统的选择，应根据建筑性质、规模、用途、使用特点、室外气象条件、负荷变化规律、室内温湿度要求及消声要求等因素，通过全面技术经济分析比较确定。

当空调房间较多且面积较大，对空调要求温、湿度、使用时间、洁净度控制时，宜采用集中式全空气空调系统，且优先考虑采用单风道低速送风方式。当室内负荷变化的随机性较高且幅度较大时，宜选择变风量空调系统。当空调面较小，且分散时，或使用要求及时间各不相同时，宜采用分散式空调系统。当空调规模较大，房间较多，室内环境较干净，且要求各房间单独可调控时，宜选择风机盘管加新风空调系统。当建筑物面积有限，层高较小时，宜采用VRV空调系统。

大型商业建筑的营业场所,为保证室内空气含尘浓度符合卫生标准的要求,不宜采用风机盘管加新风系统和VRV空调系统。

4. 空调系统制冷装置的选择

冷媒又称制冷剂,是在制冷系统中担当汽化吸热和冷凝放热,以维持制冷热力循环所必需的工艺介质。常用的制冷剂有氨和氟利昂等。冷媒的选用除要满足制冷技术的要求外,还必须符合国家能源政策,环境保护等有关法律、法规和专业设计规范等。

在间接冷却的制冷装置中,被冷却物体的热量是通过中间介质传输给制冷剂的,这种中间介质称为载冷剂。在大、中型空调系统中,制冷装置一般都是采用间接冷却制冷法,通常采用水为载冷剂,称为冷水,或冷冻水。

载冷剂的作用,就是在蒸发器中将自身的热量传给液体制冷剂,并使其蒸发为气体制冷剂,而自身由于失去热量,降低了温度,这种低温载冷剂就成为空调系统的冷源。载冷剂除了水以外,还有盐水、二氯甲烷、三氯乙烯、乙二醇和丙酮等。

制冷机即空调系统的制冷装置,常用的可分为压缩式制冷机和吸收式制冷机两大类。前者又分为活塞式制冷机组、螺杆式制冷机组和离心式制冷机组等三种;后者又有蒸汽型、直燃型和热水型等三种机型。

5. 空调系统的设计

空调系统的设计内容主要有:冷、热负荷的计算,空调系统的选择,空调系统制冷装置的选择,空调风系统设计,空调水系统的设计,空调系统的电气自动控制系统设计,供电系统的设计。

电气自动控制系统设计的任务:

(1) 设计空调电气自动控制系统图;

(2) 选择各种控制元器件;

(3) 各控制系数值的设计、选择与整定;

(4) 运行工况分析及工况转换的边界条件;

(5) 合理选择集中监控系统。

在上述基础上,完成自动控制系统的设计及其元器件的安装、调试,编制控制程序,以保证系统正常运行。

8.5 民用建筑供水系统与电气控制

民用建筑供水系统可分为水位控制式、变频调速无塔恒压供水式、压力控制型无塔供水式。水泵的控制有单台式、两台一用一备式、两台自动轮换式、三台两用一备交替使用式和多台式等。

8.5.1 水位控制式生活给水系统及电气控制

水位控制式供水系统一般用于高位水箱给水和给水池排水,将高位水箱所要求的水位信号或管网所要求的水压信号转换为电信号,控制供水泵的开停,以保证高位水箱的水位或管网的水压。

将水位信号转换为电信号的设备称为水位控制器(传感器),它是水位控制式供水系统的关键控制元件。常用的水位控制器有干簧管式、浮球式、电极式和电接点压力表式等。浮球式又可分为磁性式、水银开关式和微动开关式等。

干簧管式水位控制器适用于工业与民用建筑中开口(不加盖)的水箱、水塔及水池等的水位自动控制或水位报警。图 8-15 为干簧管水位控制器的安装和接线图,图中 SL_1、SL_2 为干簧管继电器。干簧管继电器为一密封玻璃管,在管内两端各固定一片由弹性好、磁导率高的玻莫合金制成的舌簧片。两舌簧片的接触处镀以贵重金属,如金、铑、钯等,以此来保证良好的接通和断开。为减少接点的污染与电腐蚀,在玻璃管中充以氮等惰性气体。干簧管继电器分为常开和常闭两种。舌簧片由套在干簧管外部的永久磁铁或磁短路片驱动。永久磁铁驱动的原理是:当永久磁铁靠近时,在两舌簧片接触点处,由于磁化作用形成异极性而相互吸引接通;当永久磁铁离开时,舌簧片失磁,触点因弹性而断开。磁短路片驱动的原理是:在永久磁铁与干簧管之间插入一磁短路片(铁片),由于磁短路片的隔磁作用使已接通的触点因磁化的消失而断开;当磁短路片拔出后,两舌簧片因永久磁铁的磁化作用而接通形成常闭点。干簧管水位控制原理如图 8-15(a)所示,在水箱内固定一个塑料管或尼龙管,在管内对应需要控制的上、下水位固定两个干簧管 SL_2 和 SL_1,管的下端密封防水,连线在上端接出。塑料管外套一个能随水位移动的浮标(或浮球),浮标中固定一个永久磁环,当浮标随水位的变化移到上或下水位时,对应的干簧管接受到永久磁铁的磁信号而动作,发出水位电开关信号。图 8-15(b)中有 4 只干簧管,可组成多种组合方式,用于水位控制及报警控制。

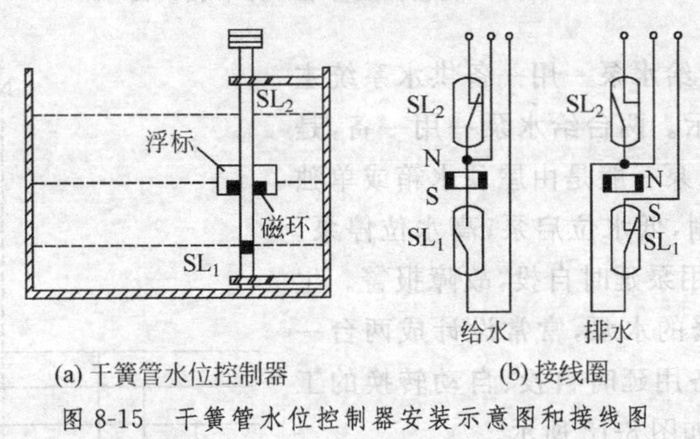

(a) 干簧管水位控制器　　(b) 接线圈

图 8-15　干簧管水位控制器安装示意图和接线图

浮球式水位控制器是利用浮球内的干簧管继电器开关的动作而发出信号的水位开关,因外部无任何可动机构,特别适用于含有固体、半固体浮游物的液体,如生活污水、工厂废水及其他液体槽液的液位自动报警和控制。其结构和工作原理可参阅有关参考书。

电极式水位控制器是利用水或液体的导电性能,当水箱内的水在高水位或低水位时,使互相绝缘的电极导通(或不导通),发生信号使电子电路及灵敏继电器动作,从而发出指令来控制水泵的开停。

压力式水位控制器是根据水位高压力也高、水位低压力也低的道理,通过水压力来检测和控制的,如 YXC-150 型电接点压力表既可作为压力控制又可作就地检测用,是目前常用的一种水压和水位检测仪表。图 8-16 为电接点压力表的结构示意图和电路图。它由弹簧管、传动放大机构、刻度盘指针和电接点装置等构成。当被测水介质的压力进入弹簧管中时,弹簧产生位移,经传动机构放大后,使指针绕固定轴发生转动,转动的角度与弹簧管中压力成正比,并在刻度盘上指示出来,同时带动电接点指针动作。当水在低水位时,指针与下限整定值接点接近,发出低水位信号;当水在高水位时,指针与上限整定值接点接近,发出高水位信号;当水位处于高、低水位整定值之间时,指针与上、下限接点均不接通,无信号。电接点压力表可用于供水管网中对水压进行控制。图 8-16(b)为电接点压力表控制水位信号电路,SP 为电接点压力表,当水在低水位时,指针与下限点接通,继电器 KA_1 发出开泵信号;当水达到高水位时,由继电器 KA 发出停泵信号。

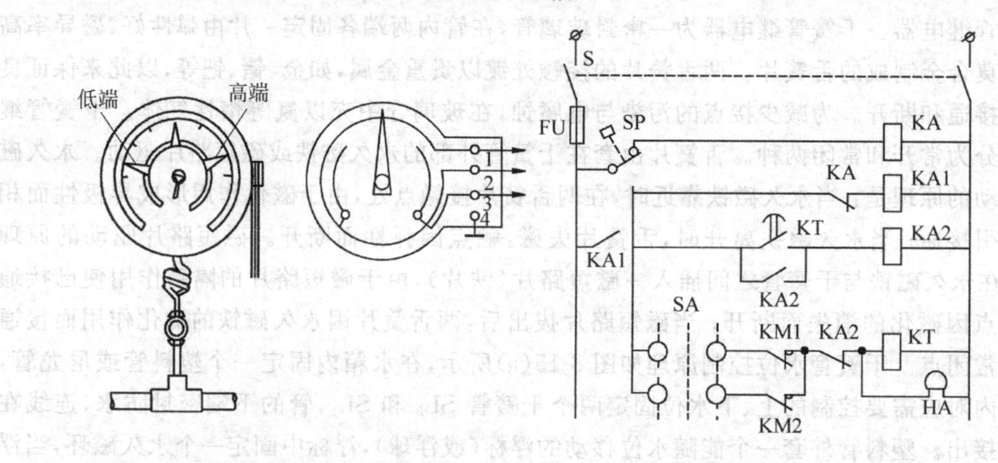

(a) 电接点压力表外形和接线图　　(b) 电接点压力控制水位信号电路

图 8-16　电接点压力表外形和接线图

水位控制式两台给水泵一用一备供水系统主电路图如图 8-17 所示。两台给水泵一用一备,是常见的形式之一。水泵一般是由屋顶水箱或单独水塔的水位进行控制,低水位启泵,高水位停泵。工作泵发生故障,备用泵延时自投,故障报警。生活给水泵是起停频繁的水泵,常常设计成两台一用一备,互为备用,备用延时自投、自动转换的工作方式,其控制电路如图 8-18 所示。

如图 8-18 所示,水泵的运行由水源水池液位控制器 1SL 和屋顶水箱液位器 2SL、3SL 控制。控制过程说明如下:

(1) 在 1＃泵控制回路中,当选择开关 SAC 置于自动位置时,当屋顶水箱内水在低水位时 3SL 接通,继电器 2KA 通电吸合,并与屋顶水箱液位器 3SL 并联的常开触点接通自保持。此时若水源水池有水,1 号泵运行供水。水源水箱液位器 1SL 不接通,而延时继电器 1KT 得电,其瞬时动作常开触点接通,完成自保持,其延时常开触点经延时后闭合使继电器 3KA 得电吸合并自保持,处于等待状态。

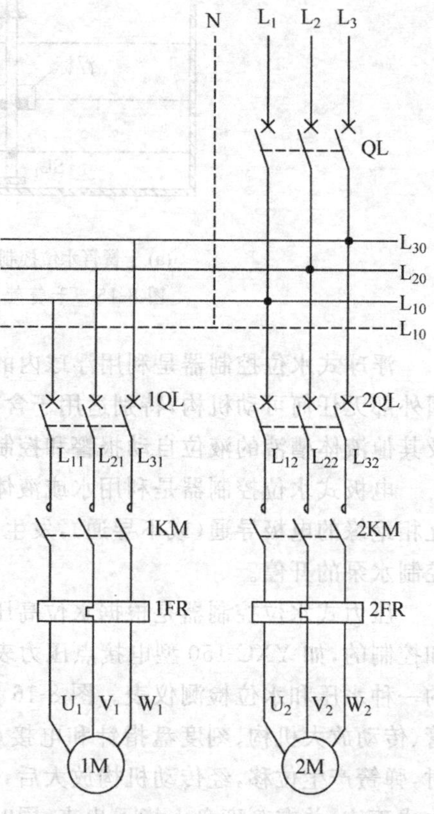

图 8-17　两台水泵(一用一备)主电路图

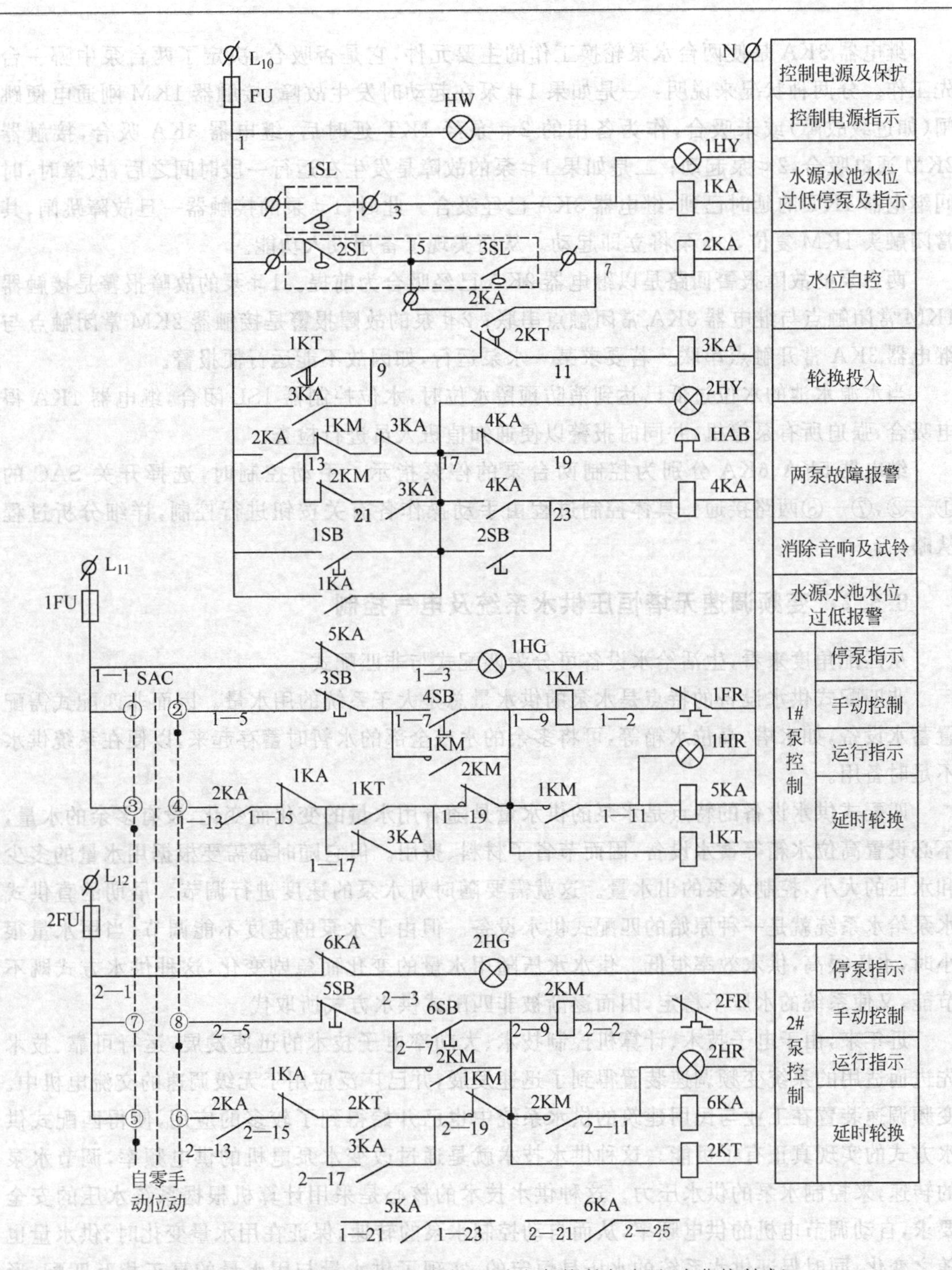

图 8-18 两台生活水泵(互为备用)的电气控制电路图(水位控制式)

(2) 当屋顶水箱水位达到规定水位时，2SL 打开，继电器 2KA 断电使 1—13 与 1—15 常开触点 2KA 释放断开，1KT 断电释放，接触器 1KM 断电，1#泵停机。

(3) 当屋顶水箱水位再次下降后，2SL 复位闭合，3SL 再次闭合，2KA 再次得电吸合。由于前面(2)中 3KA 一直处于闭合等待状态，所以接触器 2KM 得电，2#泵起动运行供水，从而实现了两台水泵自动轮换供水。

继电器3KA是使两台水泵轮换工作的主要元件,它是否吸合,决定了两台泵中哪一台先工作。分两种状况来说明:一是如果1#泵在起动时发生故障,接触器1KM刚通电便跳闸(如过载故障)或未吸合,作为备用的2#泵经1KT延时后,继电器3KA吸合,接触器2KM通电吸合,2#泵起动;二是如果1#泵的故障是发生在运行一段时间之后,故障时,时间继电器1KT的延时已到,继电器3KA已经吸合。此时,1#泵的接触器一旦故障跳闸,其常闭触头1KM复位,2#泵将立即起动。从而实现了备用投入功能。

两台泵的故障报警回路是以继电器2KA已经吸合为前提。1#泵的故障报警是接触器1KM常闭触点与继电器3KA常闭触点串联;2#泵的故障报警是接触器2KM常闭触点与继电器3KA常开触点串联。若要求某一水泵运行,如因故不能运行便报警。

当水源水池的水位过低已达到消防预留水位时,水位控制器1SL闭合,继电器1KA得电吸合,强迫所有泵停机,并同时报警以便通知值班人员进行检查。

继电器5KA、6KA分别为控制两台泵的停泵指示。手动控制时,选择开关SAC的①—②,⑦—⑧两路接通。具体控制过程由手动操作各有关按钮进行控制,详细分析过程从略。

8.5.2 变频调速无塔恒压供水系统及电气控制

从匹配角度来看,生活给水设备可分为匹配式与非匹配式。

非匹配式供水设备的特点是水泵的供水量总是大于系统的用水量。因而非匹配式需配置蓄水设备,如水塔、高位水箱等,可将多余的水或全部的水暂时蓄存起来,以便在系统供水不足时备用。

匹配式供水设备的特点是水泵的供水量是随着用水量的变化而变化,没有多余的水量,不必设置高位水箱等蓄水设备,因而节省了材料、费用。但它随时都需要根据用水量的多少和水压的大小,控制水泵的出水量。这就需要随时对水泵的速度进行调节。早期的直供式水泵给水系统就是一种原始的匹配式供水设备。但由于水泵的速度不能调节,当用水量很小时,水压很高,供水效率很低。供水水压随用水量的变化而急剧变化,这种供水方式既不节能,又使系统的水压不稳定,因而逐渐被非匹配式供水方式所取代。

近年来,由于电子技术、计算机控制技术、大功率电子技术的迅速发展,运行可靠、技术先进而适用的系统变频调速装置得到了迅速发展,并已广泛应用于无级调速的交流电机中。变频调速装置在工业与民用建筑的供水系统中也已开始得到了较多的应用,使得匹配式供水方式的实现真正有了可能。这种供水技术就是通过改变水泵电机的供电频率,调节水泵的转速,来控制水泵的供水压力。这种供水技术的核心是采用计算机根据系统水压的安全要求,自动调节电机的供电频率,从而自动控制水泵的转速,保证在用水量变化时,供水量也随之变化,同时保证供水系统的水压是恒定的,实现了供水量与用水量的真正相互匹配,形成了较完美的匹配式供水技术和设备。它省去了高位水箱或水塔等蓄水设备,也不需要气压罐,既节能又节材,并节省建筑面积,常常称之为无塔恒压供水设备。其不足之处是供电源必须可靠,否则停电既停水,给生活带来不便。

变频调速式恒压供水给水泵有单台、两台泵(一台变频、一台全压供电)、三台泵(一台变频、两台全压供电)等多种形式。图8-19所示为变频调速恒压供水泵(两台泵)的主电路,它的控制电路如图8-20所示。

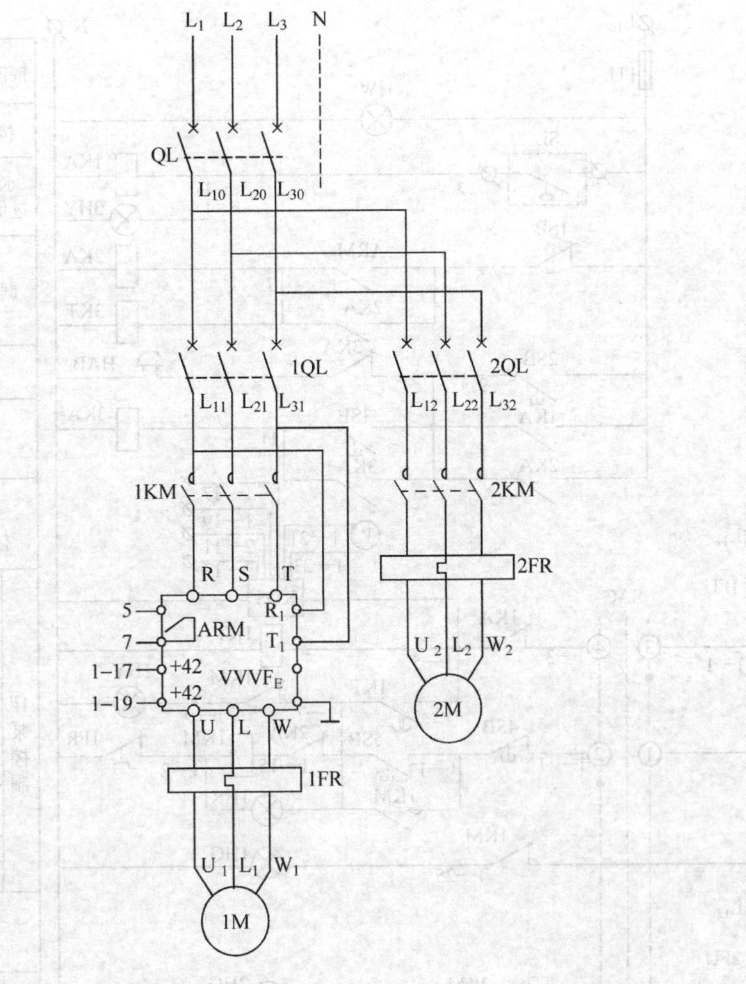

图 8-19　变频调速恒压供水泵主电路(一台变频、一台全压运行)

图 8-19 中 VVVF 为变频调速电源控制器,它接于一台泵的电动机 1M 的主电路中,进行变频调速控制;另一台泵的电动机 2M 为全压供电定速运行。用水量较小时只用一台调速泵,供水量加大一台变速泵不能满足供水要求时,全压运行的定速泵投入运行,由两台泵同时供水;当用水量又减少,一台变速泵已能满足供水要求时,定速泵又可停止运行,由变速泵单独供水,始终保证系统水压的恒定。当变速泵或其调速装置故障时,定速泵作为备用延时起动,单独供水。当变速泵或其调速装置故障时,定速泵作为备用延时起动单独供水,以保证系统故障时,供水系统的供水不中断。

如图 8-20 控制电路所示,KGS 为水压控制器,与 KGS 相联接的 P 为水压传感器。当主令控制器 SAC(或万能转换开关)处在自动位时,主电路中低压断路器 1QL、2QL 合闸→控制电路中的恒压供水控制器 KGS,时间继电器 1KT 线圈通电→1KT 常开触点延时吸合→接触器 1KM 通电吸合→变速泵 1M 起动调速运行→恒压供水。

当用水量增大,一台泵的供水量不能满足用水要求时,水压控制器 KGS 使 2#泵控制回路 2—11 号与 2—17 号线接通→2KT 通电→使 4KT 延时通电吸合→接触器 2KM 通电吸合→定速泵 2M 起动运行→变速泵 1M 根据水压要求调速运行→恒压供水。

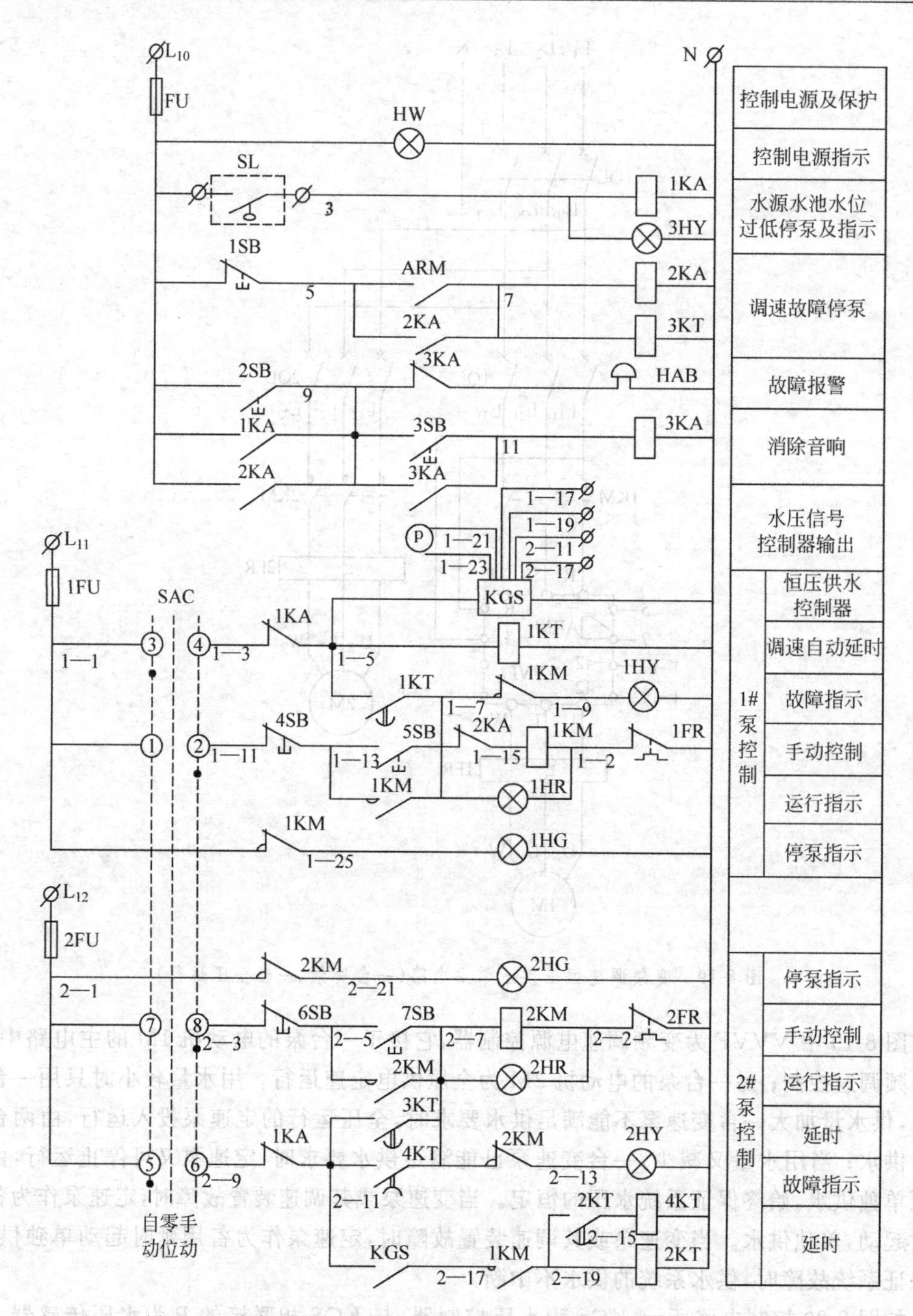

图 8-20　变频调速恒压供水泵控制电路(一台变频、一台全压运行)

当用水量又变小,不需要两台泵同时运行时,水压将升高,水压控制器 KGS 的触点使 2—11 号与 2—17 号线断开→2KT、4KT 失电→4KT 的触点延时断开→接触器 2KM 断电→2#泵停止运行。

当调速的变速泵故障时,变频调速装置的 ARM 端子接通→使 5 号与 7 号线接通→中间继电器 2KA、时间继电器 3KT 通电→报警器 HAB 发出声、光报警→同时 3KT 延时使接触器 2KM 通电→定速泵 2M 起动运行。

在图 8-20 控制电路中，2KT、4KT 为双向延时时间继电器，是起、停泵的延时环节。当水压偏低时，KGS 使 2—11 与 2—17 闭合，通过 2KT、4KT 两级延时时间继电器，可使 2＃泵起动；而当水压升高时，KGS 使 2—11 与 2—17 断开，而 4KT 则延时断开，从而避免了因水压突变而造成 2＃水泵误起、停，提高了系统的稳定性。

变速泵的电动机 1M 的变频调速装置 VVVF 的调速控制，是由控制电路中的水压控制器 KGS 的 1—17 与 1—19 号端子，根据水压信号进行控制的。不论 2＃泵工作或不工作，当水压升高时，KGS 通过 1—17 号与 1—19 号端子使 VVVF 的频率降低，而使 1M 电动机降速，水压会随着降低；当水压降低时，KGS 通过 1—17 号与 1—19 号端子使 VVVF 的频率升高，而使 1M 电动机升速，水压会随着升高，从而达到控制水压的恒定。

控制电路中的手动控制及其他部分的进一步分析请读者自行完成，不再详述。

在有些对供水要求较高、供水系统较大、多泵运行的恒压供水系统中，除了用变频调速装置和水压控制器进行控制外，还采用了 PLC 可编程控制器进行自动控制，以保证供水系统的可靠性和提高系统控制的自动化程度。

8.5.3　压力控制型无塔供水系统及电气控制

压力控制型供水系统，是一种多台泵组合的匹配式供水系统。用供水系统管网中的水压信号控制水泵运行台数，使供水量符合用水量的要求，并保持系统水压在一定范围内。这种压力控制型的两台泵供水系统的典型控制电路如图 8-21 所示，其主电路与图 8-17 相同。该系统不需要建造水塔、屋顶水箱及气压罐，也不需要变频调速装置等高档控制设备。该系统的优点是结构简单、造价低廉、节能高效、运行可靠，通常采用可编程序控制器进行控制。可编程序控制器可用简易型(PLC)可编程序控制器或性能较好的(PLC)可编程序控制器。下面介绍这种两台泵(一主一辅)供水系统的典型控制电路。

图 8-21 中 SW1＋1 为简易型可编程序控制器，也可用性能较好的(PLC)可编程序控制器替代。供水系统的压力是由两个电接点压力表进行控制。其整定范围为：起动主泵的最低限水压 ZL 略低于起动辅泵的最低限水压 FL。主泵停泵的最高限水压 ZH 略高于辅泵停泵的最高限水压 FH。ZL、ZH、FL、FH 分别为控制主、辅泵的两个电接点压力表的高、低限水压信号点。均接到简易可编程序控制器 SWL 的输入端。

当水路系统的水压低于 ZL(当然也低于 FL)时，主、辅泵同时起动运行；当水压上升达到 FH(仍低于 ZH)时，辅泵停泵，主泵仍在运行；当系统水压的压力继续升高达到 ZH 时，主泵也停泵；这时系统水压会逐渐下降，当降到 FL(但仍高于 ZL)时，辅泵起动。若此时系统水压不再下降或上升，则只需维持辅泵供水；若用水量加大，使系统水压下降到 ZL，则主泵再次起动，主辅泵同时供水。从而可使供水系统的水压基本上保持在一不定期范围内。

图 8-21 中，1SSR、2SSR 分别为控制 1KM 和 2KM 的固态继电器。1SSR 和 2SSR 分别由程序控制器 SWL1＋1 的输出端子 ZS 和 FS 的开关信号进行自动触发控制。控制电路分为手动和自动两种工作状况，其具体工作过程的分析较为简单，可参照前述分析方法进行。

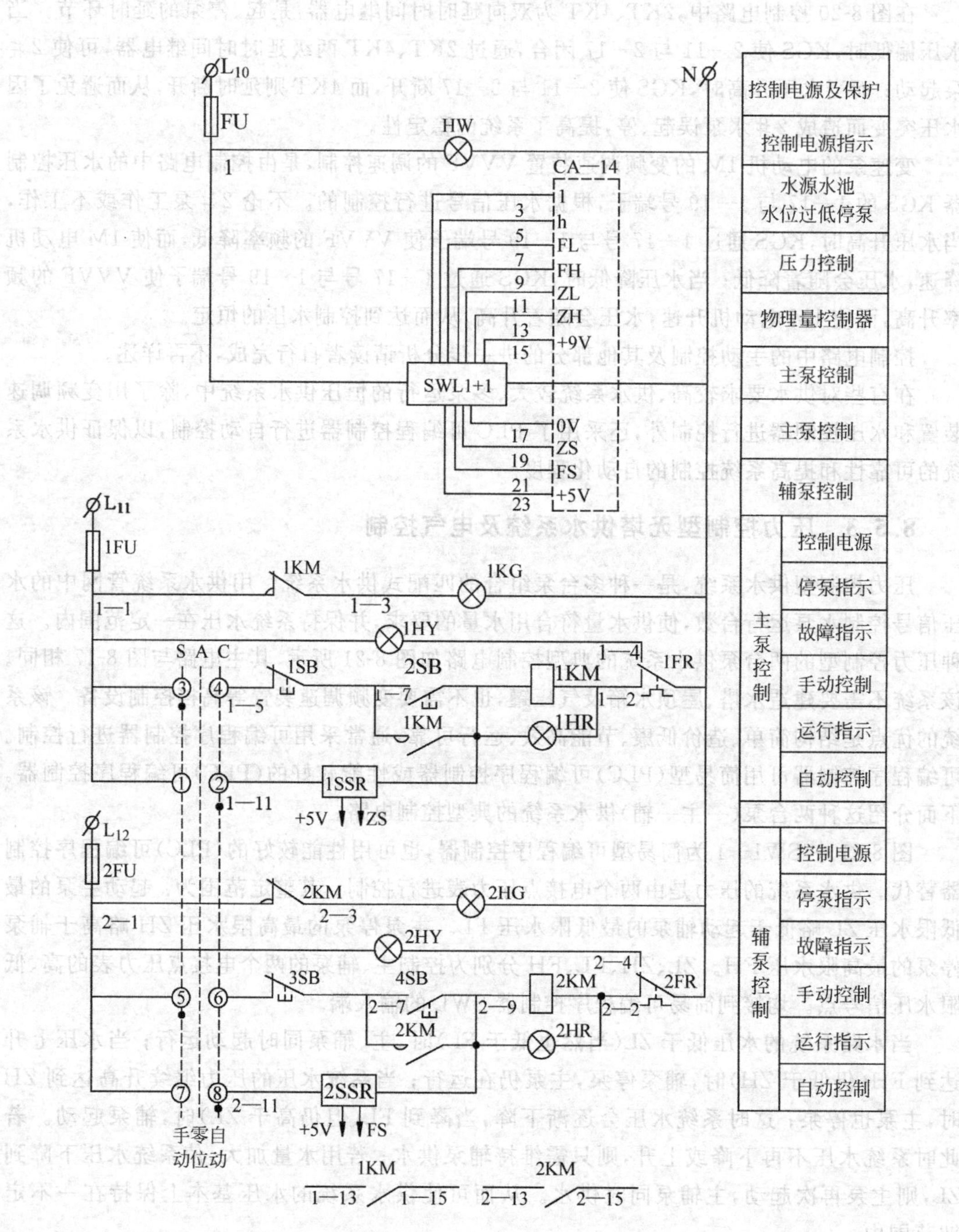

图 8-21 两台水泵(一主一辅)压力控制型控制电路

8.6 民用建筑供水系统的设计

8.6.1 供水系统的电气设计

1. 电气设计内容

对于生活给水系统的电气设计而言，其设计内容主要有供水量和供水泵的确定，供水系统的形式确定，供水系统的电气控制系统设计，供电电源设计，施工图纸设计。

2. 电气设计步骤

1）计算和选择水泵电机

根据不同民用建筑中需要加压供水的水量大小计算和选择供水水泵的大小，以及与相应水泵配套的电机容量大小和电机型号。

2）设计计算相应供电容量和供电线路

由上述所确定的电机容量大小，设计计算出相应供电容量。并由供电容量大小设计出相应供电线路及供电线路的导线、开关等元器件大小。

3）设计选择相应控制系统

根据不同民用建筑中供水系统的设计要求及建筑的总体设计要求，设计选择相应控制系统。如水位控制式适用于具有高位水箱或楼顶水箱的场所，由水位信号进行控制。根据系统的要求有单台供水式、二台互为备用式及多台供水式。一般用得较多的是二台互为备用式，三台以上的主要用于需具有较大供水量的场所。变频调速无塔恒压供水式在现代民用建筑中用得较多，是目前的主流设计方向，其特点是不需要高位水箱，可根据系统的水压要求进行准确控制，并可节能。根据具体供水要求可选择一台式、二台式或多台供水式，其中只有一台水泵电机为变频调速控制，其余均为全速运行。压力控制型无塔供水式是一种多台泵结合的匹配式供水系统，由管网中的水压力信号控制泵的运行数量，可在一定压力范围内实现水压的控制。其特点是建造成本低，水压力基本上能满足一般要求。

以上所述的三种方式供水系统的控制电路原理和具体控制电路如前所述。在具体设计时可根据需要选择其中一种控制方式，再选择具体的元器件，设计具体的电气控制系统。对于智能化控制的建筑中，还需将有关水压信号和电机运行状态信号与智能控制系统相联，以实现系统的智能控制。

4）列出元器件表并设计出具体施工图纸

根据前述设计有关内容，设计出原理电路，根据原理电路设计最终可供施工的设备平面布置图和安装施工图及安装图纸，列出具体元器件表和施工要求，并对施工安装过程进行监督。

3. 电气设计的施工要求

民用建筑中供水系统的电气设计必须注意施工的要求。

供水系统的电气设计应注意按电气施工规范和设计要求执行。注意应与供水管道和供水设备、用水设备的有关电气设备之间的控制要求应密切配合，保证电气部分的可靠运行，应符合以下基本要求：

（1）所有电气设备的安装应注意防水、防潮；

（2）所有电气设备的绝缘和接地应保证符合电气施工规范要求，保证安全可靠；

(3) 所有控制线路和电源供电线路应按规定的管径和材料穿管敷设,应保证所有管线不漏电、防水、防潮,以保证供水设备的安全可靠运行;

(4) 所有的供水电气设备和线路的施工应符合设计要求和国家有关电气施工规范。

8.6.2 民用建筑供水系统的设计举例

为了对民用建筑的给排水系统的设备布置和平面布置图及其电气设计有一全面了解,下面举一实例进行说明。

例 8-1 某宾馆地处风景区,依山而建,共4层,设有附楼3层,主楼设置半地下室作为设备房、厨房及停车使用。其给水系统和污水处理及排水系统设计如下:

1. 供水系统设计

客房用水量标准为500L/(床·d),最大日用水量155m³。因该项工程为坡屋顶,卫生间布置上下均错位,故地下室为市政直供,底层及以上选用变频调速供水设备作为增压设施。

供水流程:市政供水→地下水池→变频调速供水设备→过滤器→用水点,其中生活水池有效容积为150m³,过滤器采用压力式,滤料为石英砂。水泵房设备平面布置及系统原理图如图8-22和图8-23所示,其相应电气原理图略,其控制原理可参见前述有关内容。

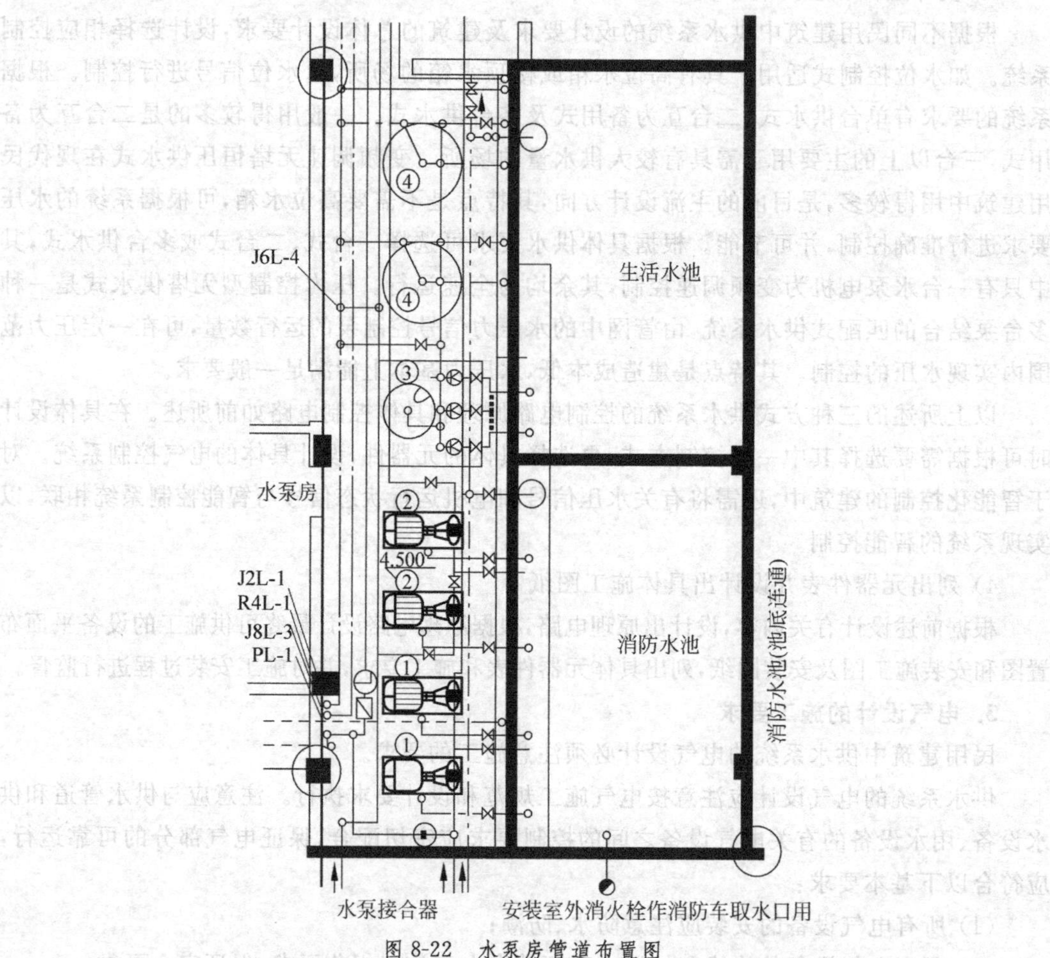

图 8-22 水泵房管道布置图

1—消火栓泵;2—自动喷淋泵;3—生活水变频设备;4—石英砂过滤器

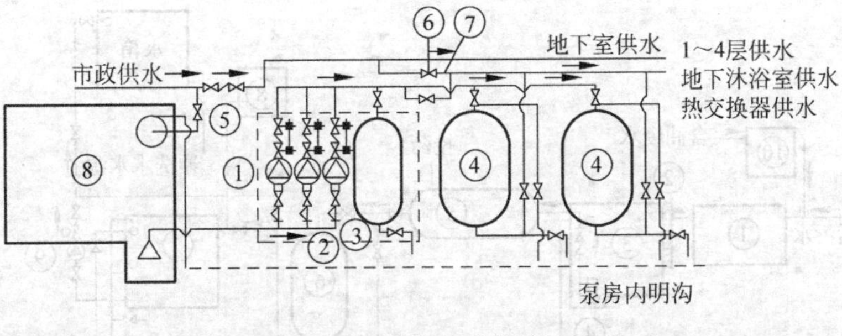

图 8-23 给水工程原理图

1—消火栓泵；2—自动喷淋泵；3—生活水变频设备；4—石英砂过滤器；5—水力浮球阀；
6—旁通阀(市政停水时打开)；7—旁通阀(过滤器大修时打开)；8—生活水池

2. 污水处理及排放系统设计

污水最大时流量约为 $8m^3/h$，废污水分流难度较大，因而室内排水采用废污合流经化粪池处理，含油废水经隔油池处理后合并入化粪池，并经污水调节池(停留时间为 10h)、地埋式污水处理设备、重力式过滤器、消毒、提升至山顶水池，作为场外绿化、洗车及卫生间冲洗水使用，其具体设备布置及系统原理见图 8-24 和图 8-25，其相应电气原理图略。

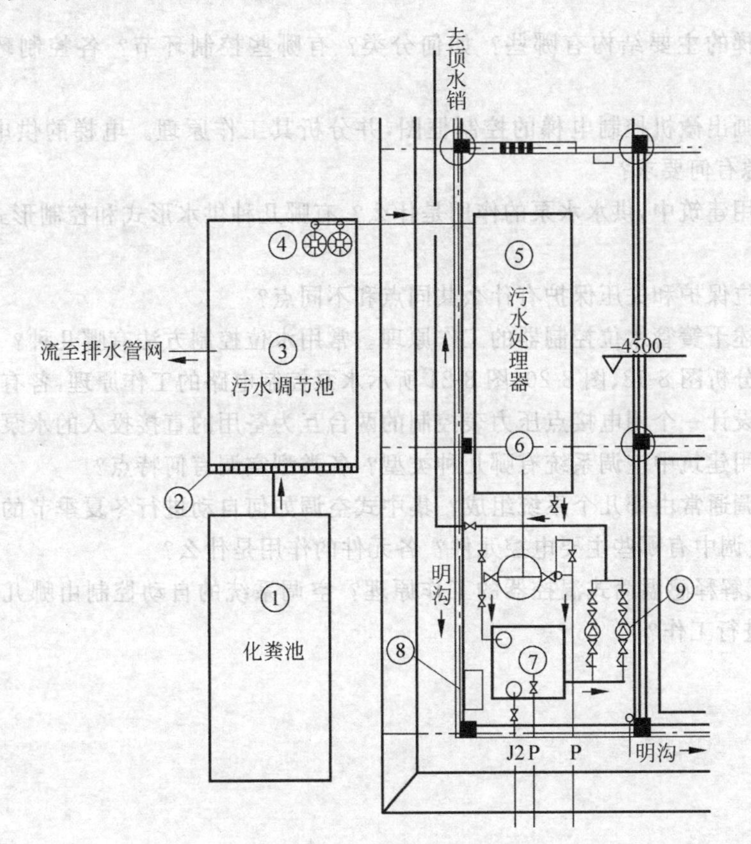

图 8-24 污水泵房管道布置图

1—化粪池；2—格栅；3—污水调节池($80m^3$)；4—潜水泵；5—地埋式生活污水处理设备；
6—活性炭过滤器($10m^3/h$)；7—玻璃钢水箱；8—消毒设备；9—增压设备

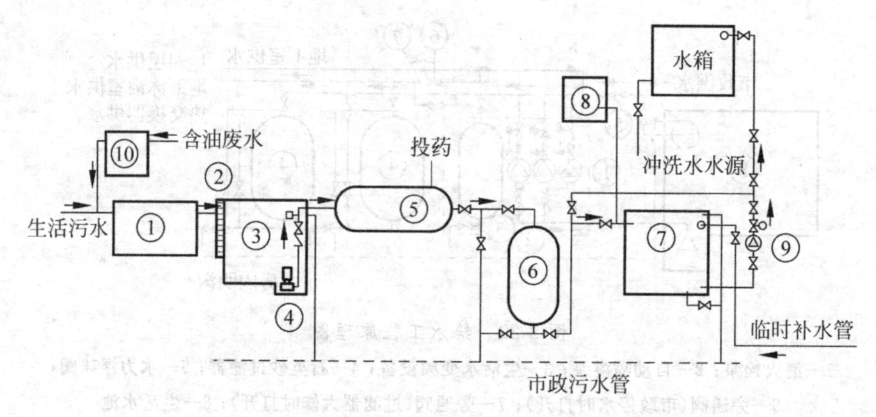

图 8-25 中水工程原理图(污水处理)

1—化粪池；2—格栅；3—污水调节池；4—潜水泵；5—地埋式生活污水处理设备；
6—活性炭过滤器(10m³/h)；7—玻璃钢水箱；8—消毒设备；9—增压设备；10—隔油池

思考题与习题

8-1 电梯的主要结构有哪些？如何分类？有哪些控制环节？各控制环节的作用是什么？

8-2 试画出微机控制电梯的控制框图,并分析其工作原理。电梯的供电负荷如何确定？供电电源有何要求？

8-3 民用建筑中,供水水泵的作用是什么？有哪几种供水形式和控制形式？各有何种优缺点？

8-4 零位保护和失压保护有什么共同点和不同点？

8-5 试述干簧管水位控制器的工作原理。常用水位控制方法有哪几种？

8-6 试分析图 8-18、图 8-20、图 8-21 所示水泵控制电路的工作原理,各有何种优缺点？

8-7 试设计一个用电接点压力表控制的两台互为备用的直接投入的水泵控制电路？

8-8 民用建筑中空调系统有哪几种类型？各类型空调有何特点？

8-9 空调通常由哪几个系统组成？集中式空调如何自动进行冬夏季节的工况转换？

8-10 空调中有哪些主要电控元件？各元件的作用是什么？

8-11 试解释感温筒式温控器的工作原理？空调系统的自动控制由哪几个环节组成？各环节如何进行工作？

第9章　民用建筑通信和CATV系统及设计

随着现代社会经济的持续发展，人民生活水平的不断提高，现代民用建筑对有线通信系统、无线通信系统、共用天线系统、有线电视系统、卫星电视系统等有着越来越多的需求和越来越高的要求。本章主要介绍民用建筑中通信和CATV等系统的基本知识及设计。

9.1　概述

1. 有线通信系统

有线通信系统目前主要有电话、传真机、闭路电视系统(CCTV)和国际互联网(Internet)等系统。

电话通信技术已经有一百多年的历史，早期的电话交换是依靠人工接线的。后来出现了空分交换机，但交换的信号是模拟信号，其通信效率也较低。到20世纪60年代，出现了脉冲编码调制(PCM)技术，特别是1970年在法国开通了第一台数字交换机E10后，标志着数字交换的新时代。

传真(FAX)的思想早在1843年就由英国物理学家亚历山大·贝恩提出了，当时是设想用电流自动传输和记录图像。1857年在巴黎和里昂以及巴黎和马赛之间进行传真实验。1928年日本丹羽等人发明的照片传真设备成功地将日本大典的照片从京都传送到东京。1934年美国开始对现在使用的黑白二值传真进行了研究，1938年美国西部联合电报公司开始了电传式记录的传真业务。1972年在日本开放了电话网的传真业务，从此掀起了办公自动化的热潮。国际电联电信标准部门(ITU-T)从20世纪60年代到90年代提出和修改的传真机和传真通信有关的国际标准化建议，进一步推动了传真通信的发展。

我国传真通信的发展大致可分为三个阶段：一类传真机阶段、二类传真机阶段和三类传真机阶段。现在应用最为广泛的是三类传真机。目前，虽然四类传真机还没有得到普及，但由于四类传真机是一种典型的高速通信终端设备，主要用于包括电路交换和分组交换的数据网以及综合业务数字网，随着数据网(PDN和ISDN)的发展，四类传真机必将得到广泛的应用。

Internet起源于20世纪60年代中期美国国防部的ARPANet。经过几十年的发展，目前Internet已经成为仅次于全球电话网的第二大通信网络。多媒体网络通信技术现在也得到了非常迅速的发展。

2. 有线广播系统

有线广播是单位内部或某一建筑物(群)自成体系的一种广播系统，是一种通信和宣传的工具。有线广播系统一般用于公共场所，平时播放背景音乐、播放通知、报告本单位新闻、生产经营情况和召开广播会议，在特殊情况下，还可以作为应急广播，如事故、火警疏散的抢救指挥等。该系统的特点是设备简单、维护和使用方便、听众多、影响面大、工程造价低、易普及等,得到了广泛的应用。

3. 共用天线(CATV)与卫星电视及闭路电视系统

世界上第一个共用天线系统诞生在美国宾夕法尼亚煤矿区的马哈诺依镇,至今已有50多年历史,在有线电视发展的初期阶段,仅仅是多个用户共用一副或多副电视接收天线,称为共用天线电视(community antenna television,CATV)。1960—1980年,共用天线电视不只接收空间电视信号,还包括传送气象、新闻等信息,并且开始少量自办节目,接收卫星电视节目,并且增加了双向传输的功能。这种系统当时叫做电缆电视系统(Cable TV,CATV)。1980年后至今,CATV开始向综合信息网发展,传输媒质不仅仅是同轴电缆,还有光缆和微波,这时CATV的含义就不只是电缆电视,而称为有线电视了。CATV系统主要是针对某一建筑物或某一小区的电视系统而言的,而有线电视系统主要是针对某一城市或集镇而言的。

CATV系统主要是为了解决城市收看电视节目时的重影、阻挡、干扰影响等难题。20世纪70年代后,CATV已经不仅仅是用户收看电视新闻和娱乐欣赏的工具,而且与闭路电视系统(CCTV)结合还可为用户提供通信、信息咨询、保安防盗等业务。

卫星电视是许多国家解决电视覆盖及进行国际信息交流的主要手段和最佳方法。20世纪60年代中期,卫星电视就进入了实用阶段。70年代,包括第三世界国家在内的一些国家,积极发展卫星电视。由美国等组成的"国际通信卫星组织"现有成员国110个,有30多个国家租用了它的星上转发器用于广播电视和通信。我国自1985年开始使用卫星电视广播。

闭路电视系统(CCTV)是应用金属电缆或光缆在闭合的环路内传输电视信号,并从摄像到图像显示独立完整的电视系统。闭路电视系统(CCTV)可以看作为CATV系统的子系统,是一种图像和声音同时进行处理的有线通信系统。现在闭路电视系统已在楼宇保安系统中得到普遍应用,它使管理者能随时观察到如大楼的入口、主要通道、客梯轿厢等重要场所的情况。

9.2 民用建筑有线通信系统与设计

9.2.1 电话通信系统与设计

1. 电话通信系统简介

不同用户之间的通话是通过程控交换机来完成的。程控交换机的分类和结构如下。

1) 程控交换机的分类

按控制方式分,有布线逻辑控制和存储程序控制两类。布线逻辑控制交换机是用硬件构成的控制系统,灵活性差。存储程序控制交换机采用计算机程序控制方式,具有很高的灵活性。

按信息传递方式分,可分为模拟交换机和数字交换机。模拟交换机控制和交换的信号都是模拟信号。步进制和纵横制交换机采用的是脉冲幅度调制(PAM)。数字交换机控制和交换的信号是数字信号。有增量调制(DM)的时分交换机和脉冲编码调制(PCM)的时分交换机。

按使用场合分,可分为公用电话网(市话局)用程控交换机和用户(单位内部)专用程控交换机(PABX)。

按话路工作原理分,可分为空间分隔方式交换机和时间分隔方式交换机。空间分隔方式交换机(空分制交换机)是指在对通话进行接续时,采用分别提供实线通道接续方式。空分制交换机交换的信号一般都是模拟信号。时间分隔方式交换机(时分制交换机)所交换的信号是数字信号,其核心技术是脉冲编码调制(PCM)技术。

2) 程控交换机的结构

(1) 模拟程控交换机的结构

模拟程控交换机的结构如图 9-1 所示。

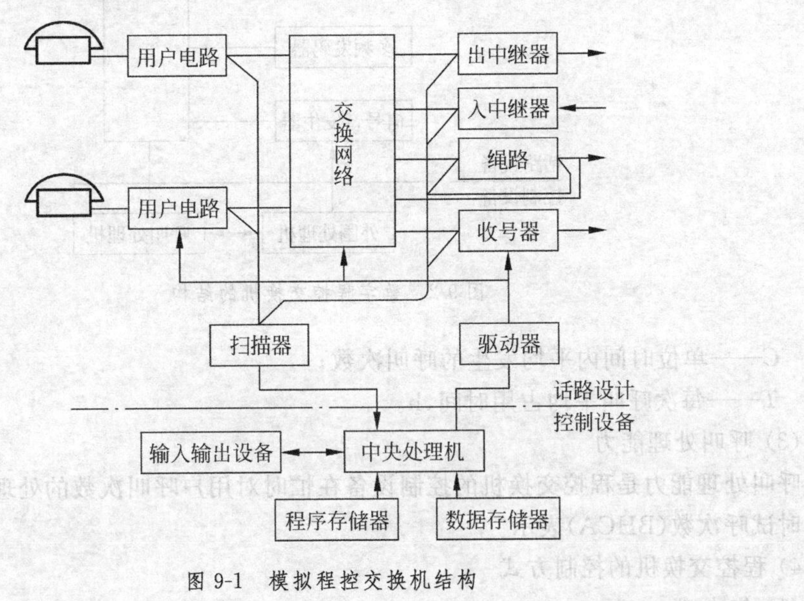

图 9-1　模拟程控交换机结构

模拟程控交换机由话路系统和控制系统组成。话路系统的主要功能是负责主叫和被叫之间的通话联系。控制系统由处理机、存储器和输入输出设备组成,其主要功能是负责信息的分析处理,并向话路系统和输入输出系统发出指令。

(2) 数字程控交换机的结构

图 9-2 是数字程控交换机的结构。

数字程控交换机也是由话路系统和控制系统组成。

3) 程控交换机的主要性能指标

(1) 容量规模

容量规模是指交换机能够接入的最大的用户数或中继线数。容量规模只表示接入用户的数值,实际能接入多少,还要看每条用户线的平均话务量、局内外呼叫比例和出入中继线的信号方式。

(2) 话务量

话务量是衡量交换机所能承担话务量的指标,用爱尔兰(或小时呼)作为单位。

话务量的计算公式为

$$A = C \times T$$

式中: A——话务量,erl;

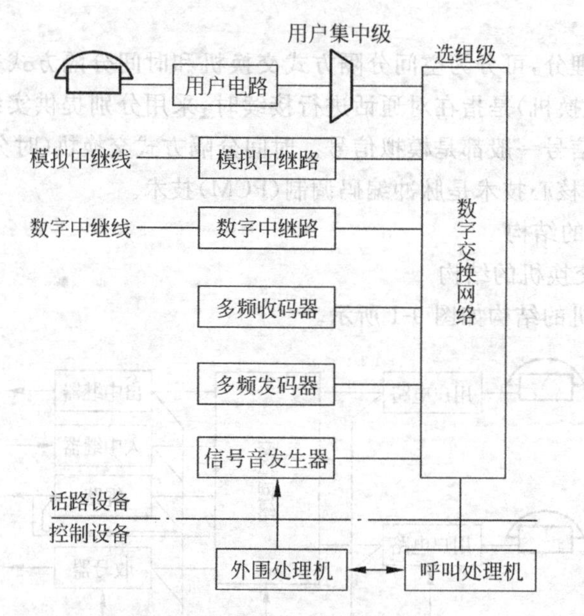

图 9-2 数字程控交换机的结构

C——单位时间内平均发生的呼叫次数；

T——每次呼叫平均占用时间，h。

(3) 呼叫处理能力

呼叫处理能力是程控交换机的控制设备在忙时对用户呼叫次数的处理能力。呼叫能力用忙时试呼次数(BHCA)表示。

4) 程控交换机的控制方式

(1) 集中式

集中式控制方式是指交换机的所有控制功能都集中由一部中央处理机完成。其优点是处理机能掌握整个系统的状态，功能的改变和调整较方便。但其最大的缺点是软件规模庞大，不利于管理和维护。空分式程控交换机一般都采用这种方式。

(2) 分散控制方式

分散控制方式是指采用多部处理机以一定的分工方式协同工作，承担整个交换机的控制功能。一般可分为功能分担和容量分担。分散控制方式的优点是可减少故障对整个交换机的影响。

5) 程控交换机的软件系统

程控交换机的软件系统可分为运行软件和支持软件两大部分。

6) 程控用户交换机的入网方式

程控用户交换机(PABX)是机关、宾馆、企事业单位内部用户进行电话交换的小型交换机，它可以完成内部用户之间的话务交换，还能实现内部用户和市话公用网用、其他专用网用户或其他单位电话站用户交换机的内部用户之间的通信。用户交换机与市话公用网或其他专用网相联接的方式叫用户交换机的入网方式。

程控交换机的入网方式有全自动直拨入网方式(DOD＋DID)、半自动入网方式(DOD＋BID)、人工入网方式和混合入网方式(DOD2＋DID＋BID)。

2. 电话通信系统的设计

1）电话用户数量的计算

电话用户数量应以建设单位提供的用户表为设计依据，结合其他方面的实际需要数，以及将来发展的远景规划，确定 3～5 年内的近期初装容量和 10～20 年后的远期终装容量。

2）建筑物内电话配线

市话线路网的构成如图 9-3 所示。

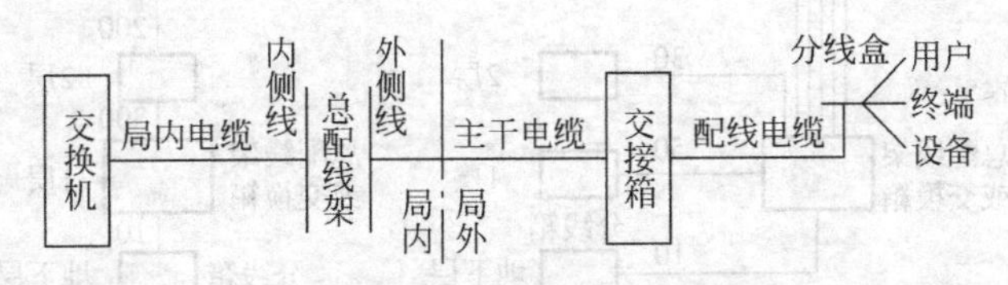

图 9-3　市话线路网的构成

从电信局的总配线架到用户终端的电信线路称为用户线路。用户线路由主干电缆和配线电缆组成。主干电缆是由电话局总配线架引出的电缆，不直接联系用户。这里主要介绍和用户有关的建筑物内电话配线。

(1) 配线方式

建筑物内电话配线方式一般包括配线设备、分线设备、配线电缆、用户线及终端机。在有用户交换机的建筑物内，配线架一般设置在电话站内；在无用户交换机的较大建筑物内，一般在首层或地下一层电话进户电缆引入点设电缆交接间，内置交接箱。从配线设备引出多路的垂直电缆，向楼层配线区馈送配线电缆，在楼层设分线箱，并与楼层横向暗管线系统相联通，通过横向暗管向话机出线盒敷设用户线。

高层或大型民用建筑电信电缆进楼时，应在楼外进线点设手孔或人孔；预埋穿墙钢管的大小应根据装机容量而定，并需留有 50% 的余地，中继线按总机容量的 8% 考虑，根据建筑规模，必要时设弱电井，其位置应考虑进出线方便，且与电气、管道井分开。

从楼层电话分线盒引至用户电话出线座的线路，可采用穿管暗敷。在使用程控电话的建筑物中，为便于用户加设电话线路或采用多功能电话机，应采用四芯塑料胶线馈送，并宜用组合式话机插座；一般电话机用双芯馈线。

对于较大的建筑物，配线系统设备较多，构成复杂，根据工程实际情况，可以有单独式、递减式、交接式、复接式四种配线方式，见图 9-4。

(2) 配线系统的设备材料

① 交接箱。交接箱主要由接线模块、箱架结构和机箱组成。它是设置在用户线路中主干电缆和配线电缆的接口装置。主干电缆线对可在交接箱与任意的配线电缆线对联接。交接箱的容量（进、出接线端子在总对数）系列有 150、300、600、900、1200、1800、2400、3000、3600 对等规格。

② 分线箱和分线盒。分线箱和分线盒的作用是承接配线架或上级分线设备来电缆并将其分别馈送给各个电话出线盒（座），它是在配线电缆的分线点所使用的设备。分线箱和分线盒的区别在于前者带有保安装置而后者没有。因此，分线箱主要用于引入线为明线的情况，保安器的作用是防止雷电或其他高压从明线进入电缆。分线盒主要用于引入线为皮线或小对数电缆等不大可能有强电流进入电缆的情况。

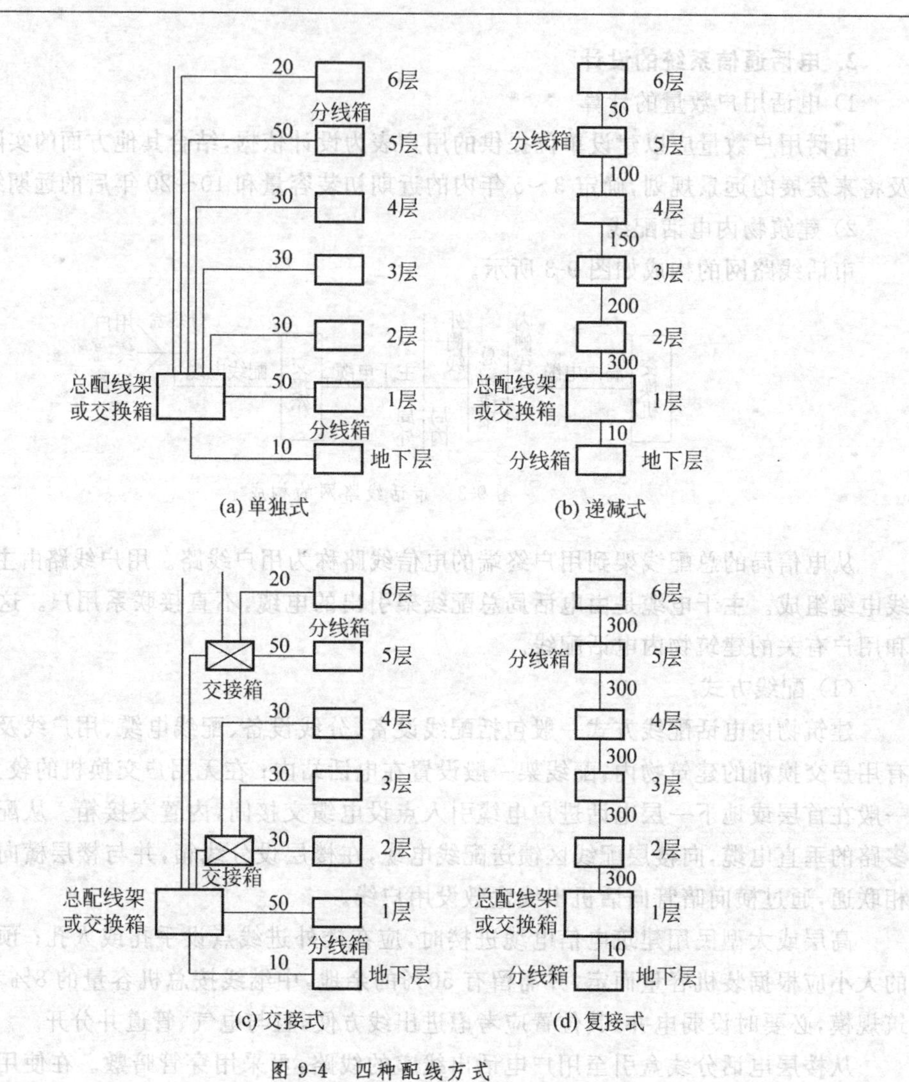

(a) 单独式 (b) 递减式

(c) 交接式 (d) 复接式

图 9-4 四种配线方式

③ 电缆。电缆产品的型号由七个部分组成,如图 9-5 所示。

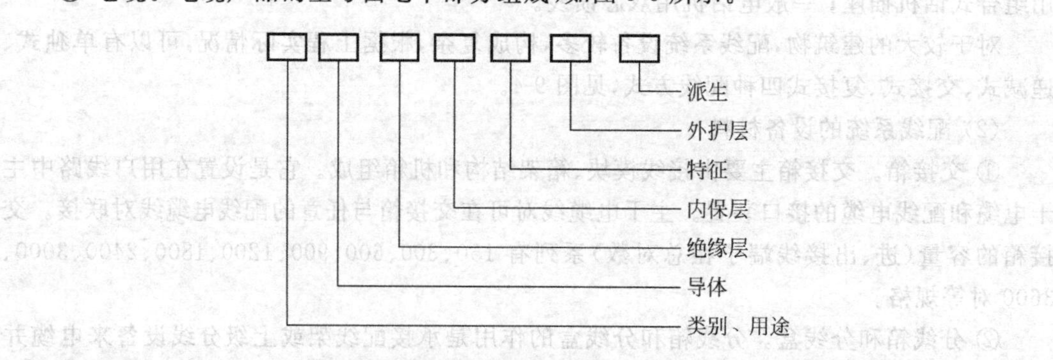

图 9-5 通信电缆型号组成

④ 管材。建筑物内常用塑料电缆管材敷设电话电缆,常用的有硬聚氯乙烯(PVC)管、聚氯乙烯(PE)管和丙烯(PP)管。管孔的内径应能容纳敷设的电缆的最大直径。根据国际

电报电话咨询委员会(CCITT)的规定：穿入的电缆截面不要超过管孔截面的 80%。我国管孔内径一般按下式计算：

$$D \geqslant 1.2d$$

式中：D——管孔直径；

d——电缆外径。

⑤ 电话出线盒。电话出线盒是用户线管到室内电话机的出口装置，有墙壁式和地面式两种。对于小空间房间采用地面或墙内穿管敷设用户导线到房间隔壁，这时采用墙壁式电话出线盒。对于大空间办公室，采用地面线槽敷设用户导线，则采用地面式电话出线盒，以适应大空间办公室分隔的灵活性及出线方便。墙壁式电话出线盒均暗装，底边距地面宜为 300mm；地面式电话出线盒应与地面平齐。

3) 电话站房的设计

(1) 电话站房位置的选择

电话站房的位置应根据建筑物的规划和布局、周围环境条件和进出线方便等因素来选择。从管理和配线方便角度出发，电话站房一般置于建筑物的一至四层的楼内房间尽量朝南，不宜设在四层以上。电话站的环境要求比较清静、清洁和干燥，不宜设置在地下室、卫生间、厕所、浴室、开水房、洗衣房等潮湿房间的附近或下层，也不可设在空调机房、水泵房及通风机房等振动噪声大的场所附近。为了电话站的安全，不应将其设置在变压器、柴油发电机房的楼上、楼下或隔壁。400 门以上的电话站应设置维修室；800 门以上应设置电缆进线室。

(2) 电话站的平面布置

电话站内包括交换机、总配线架或配线箱电脑终端机、打印机、整流器、蓄电池、交流配电屏、直流配电屏等设备。设备布置应满足安全适用、维护方便、便于扩充发展、整齐美观等要求。

① 交换机的位置

如生产厂成套供应自动电话交换机的安装铁件，列间距离应按生产厂的规定，否则按下列规定：机列间净距为 0.8m，若机架面对面排列时，净距为 1～1.2m；机列与墙间作为主要走道时，净距为 1.2～1.5m；机列背面和侧面与墙或其他设备的净距不宜小于 0.8m；当机列背面不需要维护时可靠墙安装。

② 总配线架的位置

程控交换机的容量在 500 门以下时，若总配线架(箱)采用小型插入式端子箱，可置于交换机室或话务台室；当容量较大时，交换机话务台与总配线架应分别置于不同的房间内。容量在 360 回线以下的总配线架落地安装时，一侧可靠墙；大于 360 回线时，与墙的距离一般不小于 0.8m；横列端子板离墙一般不小于 1m；直列保安器排离墙一般不小于 1.2m；挂墙装设的小型端子配线箱底边距地一般为 0.6m。

③ 配电屏(盘)和整流器屏的位置

配电屏(盘)和整流器屏的正面距墙或距其他设备的净距不宜小于 1.5m；当需要检修时，屏两侧和背后与墙的净距不应小于 0.8m；如为主要走道时净距不应小于 1.2m。

④ 电源

电话站的电源设备包括交流配电、整流、直流配电和蓄电池组四部分。

一般电话站都装有交流配电盘。站内各交流设备所需的电源均在交换配电盘上进行配电和保护。电话站交流电源的负荷等级,与该建筑工程中电气设备的最高负荷分类等级相同。电话站交流电源可从低压配电室或相邻的交流配电箱(最好从变电所)不同的低压母线引出两路,且可在机房进行末端自动切换。有困难时,可引入一路交流电源。程控用户交换机所需的工作电源主要是直流电源。直流供电方式主要有整流设备直接供电方式、蓄电池充放电方式和蓄电池浮充方式三种。蓄电池组应布置在主机室隔壁或在下层的专用房间内,若采用镍蓄电池,可与配电屏和充电设备置于同一房间内。图9-6为程控交换机房的一种典型平面布局图,供设计时参考。

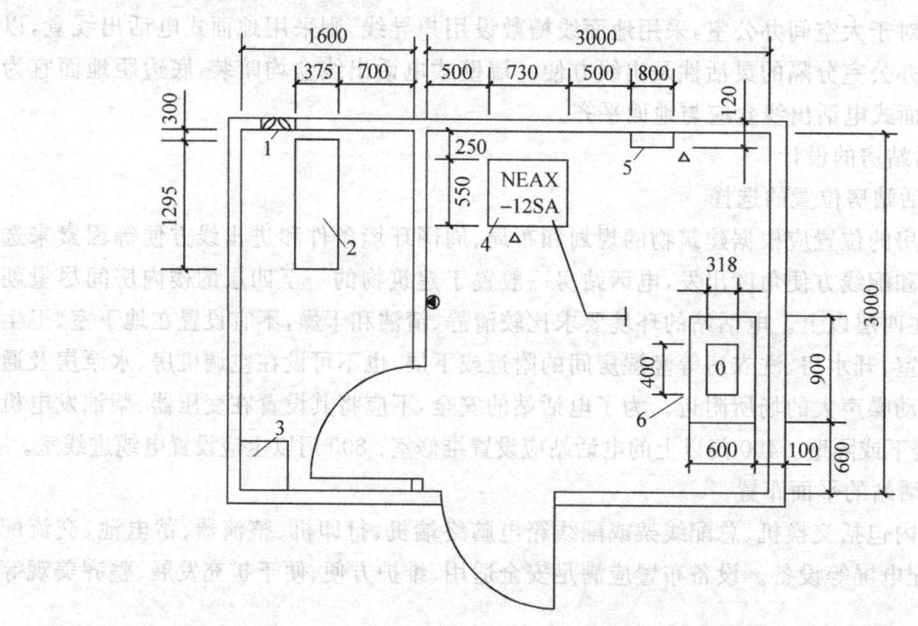

图 9-6 程控交换机房一种典型平面图

1—通风机;2—蓄电池组;3—水槽;4—主机;5—挂墙式配线箱;6—话务台

4)电话站接地

电话站通信用接地装置包括直流电源接地,电信设备机壳或机架接地,入站通信电缆的金属护套或屏蔽层的接地,明线或电缆入站避雷器接地等。这几种接地均应与电话站共用的通信接地装置相联。电话交换机供电用直流电源,无特殊要求时采用正极接地。

电话站的交流配电屏(盘)、整流器屏(盘)等供电设备的外露可导电部分,当不与通信设备同一机架(柜)时,应采用专用保护线(PE线)与之相联。直流屏(盘)的外露可导电部分,当通过加固装置在电气上与交流配电屏(盘)、整流器屏(盘)的外露可导电部分互相联通时,应采用专用保护线(PE线)与之相联;当不连通时,应采用接地保护,接到通信接地装置上。

电话站的通信接地不宜与工频交流接地互通。电话站通信设备接地装置如与电气防雷装置接地装置合用时,应用专用接地干线引入电话站内,其专用接地干线应采用截面不小于25mm²的绝缘铜芯导线。

程控交换机接地电阻值一般不应大于5Ω。直流供电的通信设备的接地电阻不应大于15Ω。交流或交直流两用的通信设备的接地电阻值,当设备的交流单相负荷不大于0.5kV·A时,不应大于10Ω;大于0.5kV·A时,不应大于4Ω。当各种接地装置分开设置的情况下,接地电阻一般取2~10Ω;采用联合接地时,接地电阻应不大于1Ω。

9.2.2　传真通信系统

1. 传真通信系统简介

传真机已从最初的第一代发展到现在的第四代，第一代和第二代传真机已经基本退出了历史舞台。第三代传真机应用最为成功，第四代传真机正在迅速发展。将计算机增加扫描输入、调制解调器和线路接口功能部件，可使计算机具备传真机的功能，这是一个重要的发展方向。

传真通信从技术角度看有以下发展趋势：传输高速化、网络代化、保密化、多媒体化、信息处理技术的标准化以及小型化和智能化。传真系统由发方、接收方和传真线路组成，常用传真通信系统如图 9-7 所示。

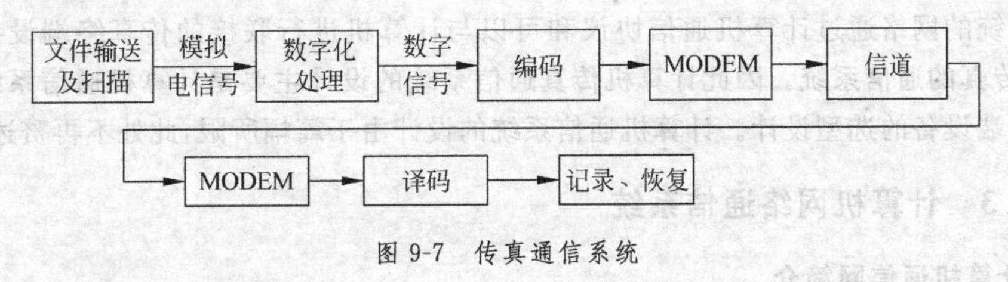

图 9-7　传真通信系统

2. 三类传真机

三类传真机是高速的数字化传真通信设备，已开始向数据处理设备发展。三类机可通过接口与计算机相接，作为计算机的图像输入和输出设备。传真机已成为办公自动化不可缺少的设备。三类传真机的功能有通信功能、机上拨号功能、自我管理功能、对文件的特殊处理功能和维修诊断等。

在公用电话交换网中，传真机和电话机接在同一条话路上，由线路继电器进行转换、交替使用电路。因此，传真机对话路的要求与电话机对线路的要求大致相同。其主要参数如下：

(1) 话路频带宽度，标准话路的带宽是 300～400Hz，农话线路的带宽是 300～2700Hz；

(2) 信噪比(非加权)≥24dB；

(3) 阻抗(600±300)Ω；

(4) 通带内频率为 800Hz 的最大衰减≤24dB。

三类传真机的主要技术规范有：

(1) 文件尺寸有 A4(210mm)、B4(257mm)和 A3(297mm)三种；

(2) 传输速率为 2400b/s→9600b/s→14400b/s；

(3) 传输时间，是指 9600b/s、3.85 行/mm、传送一张 ITU-T 的 6 号样张(A4 幅宽、96 个英文字符)时，扣除训练联络等时间外的纯文件传输时间；

(4) 扫描密度，主扫 8 像素/mm、副扫 3.85 行/mm、7.7 行/mm、15.4 行/mm。

3. 传真通信系统设计

传真通信系统是指传真终端以及联接传真终端通路的整体。传真通信系统设计其主要的任务是传真终端中的传真数据电路终接设备设计，即传真 DCE 设计技术。

传真终端包括数据终端设备(DTE)和数据电路终接设备(DCE)。DTE 是对 DCE 或传真 DCE 进行操作和传输数据的终端或计算机。DCE 就是联接 DTE 到通信网络的调制解调器(MODEM)。

调制解调器按控制方式分可分为两类:一般 MODEM 和智能 MODEM。未使用 AT 命令的 MODEM 为一般 MODEM,使用 AT 命令的 MODEM 为智能 MODEM。

R96* FX系列 MODEM 是美国洛克威尔(Rockwell)公司的产品,为同步 9600b/s 半双工 MODEM,可在公用电话交换网(PSTN)上使用,是应用比较多的产品系列。

RFX144V12 和 RFX96V12 是美国洛克威尔公司的又一个传真用调制解调器系列。

传真通信系统的设计分为电话传真通信系统设计和计算机传真通信系统设计。电话传真通信系统主要是利用电话通信系统的网路通过终端设备进行文字和图像传真通信。因此电话传真通信系统的设计主要是电话通信系统的设计和传真终端设备的选型设计。电话通信系统的具体设计如前述电话通信系统的设计内容。计算机传真通信系统主要是利用计算机通信系统的网络通过计算机通信协议和可以与计算机进行联接的传真终端设备进行文字、图像传真的通信系统。因此计算机传真通信系统的设计主要是计算机通信系统的设计和传真终端设备的选型设计。计算机通信系统的设计由于篇幅所限,此处不再赘述。

9.2.3 计算机网络通信系统

1. 计算机通信网简介

计算机通信网中,最常见的有局域网、广域网、城域网以及计算机互联网 Internet。广域网、城域网、Internet 都是由若干个局域网通过电信网用相关的计算机通信协议互联互通而成的。其中,局域网是关键部分。

2. 局域网(LAN)

局域网是将多台计算机联接在一起,采用分组交换的技术使它们相互通信,共享资源。在局域网中,所有的工作站和资源都联接文件服务器上,借助于电信网络提供的数据通信能力,用户还可以访问远程 PC 或另一局域网。局域网采用分布式处理,应用程序在本地工作站内存中进行。在局域网中,数据文件、程序文件和打印机、调制解调器等外围设备得到共享。局域网的基本结构见图 9-8。

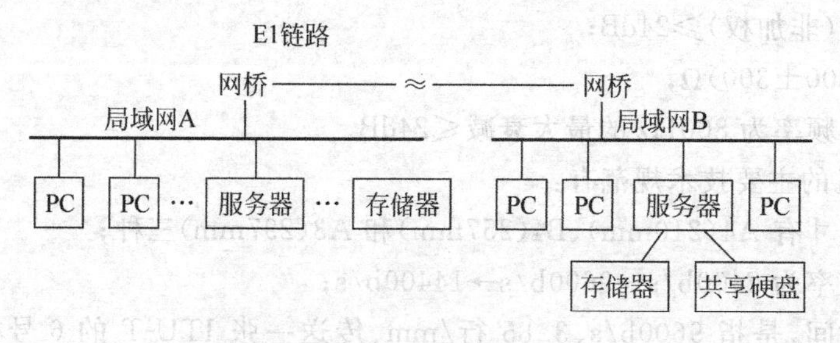

图 9-8 局域网的基本结构

局域网具有一次性安装、服务范围广、应用独立性强、易于维护和管理等优点。

由于计算机的处理能力更加成熟,局域网中不仅能传输数据,而且可以传输和处理语音、图形、图像,形成综合服务。但是由于局域网是采取分组的方式进行通信的,因此必然给信号带来变化不定的延时。因此,局域网对连续的视频和音频信号的传输会产生一定的困难,必须采取相应的措施。

高速局域网是 LAN 速度提升的产物。其结构体系和 LAN 一样,从上到下分别为物理层、介质访问控制层(MAC)、逻辑链路控制层(LLC)和高层。为了简化和 LAN 的互联互通,其 LLC 层用了 IEEE 802.2 标准。

3. 广域网(WAN)

广域网是一个松散定义的计算机网络概念,它是指一组在地域相距较远、但逻辑上连成一体的计算机系统。用于广域网通信的传输装置和介质一般是由公用电信部门提供的,距离可以遍于一个城市或全国,甚至国际范围。图 9-9 是其中最典型的联接方式。

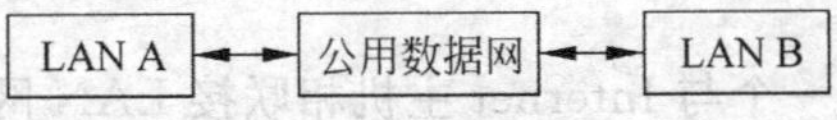

LAN A	←→	公用数据网	←→	LAN B

图 9-9　广域网联接示意图

两组(或多组)局域网由公用数据网通过接口转换器将它们联接而成。现在我国公用广域网主要有:用户电报及低速数据网、利用电话网或租用专线的中速数据网、甚小天线地球站(VSAT)、卫星数据通信网、公用分组通信网、数字数据传输网等。

目前,ATM 网方式工作同步光纤高速广域网正在迅速发展。

4. 城域网(MAN)

城域网的地理范围覆盖一个城市,通信距离在 50km 左右,通信速率较高,它由互联的局域网组成。城域网具有很高的速率,可以支持有关图像和声音的分布式应用。通过城域网,可以实现数以千计的个人计算机、工作站和局域网的互联。城域网本身具有开放性,城域网的用户不仅可以从本网中获得高质量的数据服务,还可以通过城域网访问广域网。城域网可以向用户提供数百 Mbit/s 的数据传输业务。IEEE 802.6 委员会经过多年研究,多次修改,将分布式列队双总线 DQDB 正式确定为城域网标准(MAN)。

城域网有如下特点:

(1) 它支持综合业务,提供局间联接和无联接的两种服务,可用于计算机数据和静止图像的传输和交换;

(2) 它提供的等时服务,可以用于声音的活动图像的实时传输;

(3) DQDB 支持高速报文交换,数据传输速率在 4Mbit/s 以上,而且在两个站点相距 50km 以内可不加中继站;

(4) 实现容易,协议简单。DQDB 为了实现局域网之间的宽带联接而提出来的,它支持现有的通信设备,可直接接入高速工作站、大中型机,以及一些实时性要求高的设备,如话音和视像设备等。它支持宽带网络互联接,支持综合业务。

DQDB 网络是一个双总线的拓扑结构。该结构由两个在相反方向上携带信息的单向信道组成。两条总线端点周期帧头产生器可以设置在同一节点上使网络结构呈环形,在遇到故障时可以提高网络的可靠性。网络中各节点计算机可以向总线发送并可从总线接收信息。它使用具有帧周期为 125μs 和等长时隙固定的帧格式,时隙长度为 53 字节。

5. 国际互联网(Internet)

1) 国际互联网(Internet)简介

国际互联网是世界上最大的计算机网络,也称为全球信息资源网,中文译名为“因特网”。它是由符合 TCP/IP 协议的网络组成的网间网。包括美国政府的各联邦网、一系列的局域网、校园网和其他国家的各种网络等。

传统的Internet信息服务有电子邮件(E-mail)、新闻组(News)、远程登录(Telnet)、文件传输(FTP)四种。随着万维网(world wide web,WWW)的兴起,Internet的用户从主要是学术人员变成一个大众的网络。

2) 国际互联网(Internet)的接入方法

接入Internet的方法目前共有三种:

(1) 通过电话线拨号进入能提供Internet服务的在线服务器(On-line),即远程登录的方式到服务器上入网。

(2) 将用户计算机接入一个与Internet主机相联接LAN网。

(3) 利用SLIP/PPP拨号进入Internet。这种方式中,使用SLIP/PPP软件的用户终端以IP方式入网。这种软件可使标准的电话线通过高速调制解调器呈现出专线联接的特点,这样用户可以在自己的计算机上运行IP软件,使用自己的计算机犹如使用Internet上的主机。尽管通信的速率受到一定的限制,但具有专线联接的所有的功能,可以享用Internet上的所有服务。

除了上述的入网方式以外,用户还可以通过分组网接入Internet,可者通过帧中继建立永久的虚电路(PVC)接入Internet。

3) 计算机网络的联接

(1) 网络互联协议

目前计算机和通信网之间的联连(主要是LAN之间的互联)主要是通过公用电信网络实现的。由于计算机网络和通信网络是从不同的目的发展起来的两个系列的网络,它们直接互通一般是不可能的,必须通过一些辅助设备和通信协议来进行互通。支持网络互联的协议很多,其中比较重要的有以下几个:

ISO/OSI:国际标准化组织开放系统互联协议参考模型;

IEEE:美国电子电器工程师协会制定的有关LAN互联的模型;

TCP/IP:美国国防系统有关计算机互联的网络协议;

TPX:Novell公司用于Novell网上的数据交换与传输协议。

随着B-ISDN和ATM等技术的发展,许多新的协议正在推行和研制当中。

(2) 网络互联接设备

在计算机网络中,用于互联的设备主要有中继器(Repeater)、网桥(Bridge)、路由器(Router)和网关(Gateway)。

中继器把从电缆上接收到的信号进行放大、整形后重新发送另一段电缆上去。这样可以保证传输信号的准确并提高了电缆的载荷能力,用这种方法扩展LAN的传输距离最为方便有效。但它是在运行相同协议的LAN使用,而且它最大传输距离不可超过2.5km。

网桥一般工作于ISO/OSI参考模型的数据链层(第二层),可提供较为智能化的网间联接服务。网桥采用存储转发方式来实现LAN的相互联接。网桥收到一帧LAN数据以后就对帧头的地址进行检查,如果帧头地址表明是本LAN的数据则予以丢弃;如是需要送到其他LAN的地址,则转发该帧数据。从用户的角度看,网桥的作用是透明的,它扩展了物理范围,为用户提供了网间信息传输通道。透明传输在网桥中是应用最多的一类传输方式。由于网桥具有一定的智能作用,在联接两个不同协议种类的局域网时有改变协议的功能。除了透明的网桥以外,还有不透明的网桥。用户在使用时需要了解它的配置情况及网络间传输的最佳路径。

路由器是一种为在逻辑上分离的网络之间的 LAN 服务选择路由的设备。它工作在 ISO/OSI 参考模型的物理层(第三层)。路由器和网桥一样能有效地扩展网络的应用范围，而且它能提供更为智能化的互联服务。通过它可以实现相同类不同结构的网络和不同类型网络之间的互联，包括以太网和环网这样不同类型的 LAN 互联，或者 LAN 与 WAN 的互联，或者 WAN 与 WAN 的互联。它能提供更为智能化的网络互联服务。

网关也称协议转换器。与网桥、路由器相比，网关可提供智能化程度更高的网间联接报务，它可以联接多个物理上独立或逻辑上独立的网络，可在网际进行不同协议之间的转换，所以其工作速度不如网桥或路由器快。由于网关可在不同计算机协议之间提供服务，它不仅使在不同网络上的计算机互联，而且还使它们之间互相可通信。因此，除了网络层以下的寻址和联接以外，还要求实现进程之间的联接和转换语音、指令等，直至应用层之间的会话。

9.3　民用建筑有线广播系统与设计

9.3.1　有线广播系统简介

有线广播系统按其用途可分为语言扩声系统和音乐扩声系统两大类。

语言扩声系统主要用来播放语音信息。该系统多用在人口聚集、流动量大、播送范围广的场合，如火车站、候机大厅、大型商场、码头、宾馆、学校等。该系统的特点是传播距离远、带的扬声器多、覆盖范围大，对音质要求不高，只对声音的清晰度有一定的要求，频响一般在 250～4000Hz，声压级要求不高，达到 70dB 即可。语言扩声系统主要用于业务广播系统、紧急广播系统、背景音乐系统和客房音响系统等。

音乐扩声系统主要用来播放背景音乐，对声压级、传声增益、频响特性、声场不均匀度、噪声、失真度和音响效果等方面比语言扩声系统具有更高的要求。采用双声道立体声、多声道和环绕立体声，音乐扩声系统多采用调音台为控制中心。音乐扩声系统多用于音乐厅、歌厅、多功能厅、剧场等，使用的设备多，安装调试复杂，工程造价高。这种系统这里不作介绍，下面介绍的有线广播系统都属于语言扩声系统。

9.3.2　语言扩声系统的组成

语言扩声系统由音源设备、声音处理设备和扩音设备组成。图 9-10 为语言扩声系统结构图。

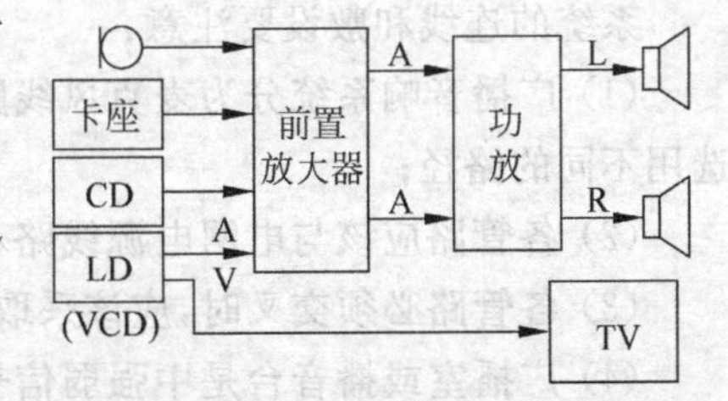

图 9-10　语言扩声系统结构图

1. 音源设备

音源设备能够产生声音信号，其频率为 20Hz～20kHz，主要音源设备有：

(1) 话筒

话筒又叫麦克风，它是把各种声源发出的声音转换成电信号的设备。话筒有动圈式、电容式、晶体式和铝带式几种。动圈式话筒音质较好，结构简单，维修方便，牢固可靠。所以，应用较多。

(2) 卡座录音机

卡座录音机是利用电磁转换原理将音源的信号记录在磁带上。录音机是扩声系统中不可缺少的设备。

(3) 激光唱机(CD机)

CD机是利用激光束,以非接触方式将CD唱片上的脉冲编码调制信号检拾出来,经解码器解码把数字信号变换成模拟音频信号输出。CD机已成为广播音响系统中不可或缺的设备。

(4) 电唱机

电唱机是利用拾音头将密纹唱片中的声纹信号检拾出来得到声音信号。电唱机目前已经逐渐被淘汰。

(5) 调谐器(收音头)

调谐器实际上是一台设有低频放大和扬声器的收音机。

(6) 其他音源设备

其他音源设备还有录像机(VCR)、影碟机(LD)和各类VCD机以及DVD机。

2. 声音处理设备

语言扩声系统要求声音传输距离远,挂带的扬声器多,覆盖范围大,声音清晰响亮即可,对声音处理设备要求不高。

(1) 功率放大器(简称功放)

语音扩声系统多采用定压式功放。定压式功放能保证远距离传输音频信号。

(2) 扬声器

扬声器是将功放输出的电信号转换为声能的部件。扬声器按结构分有电动式纸盘扬声器、电动式高音号筒扬声器和舌簧式扬声器;按声音频率分有低频、中频和高频扬声器。电动式纸盘扬声器音质最好,规格较多,但效率低,一般的场合都能适用。

9.3.3 语言扩声系统的设计

1. 系统的线路联接设计

设计民用建筑的有线广播线路时,尤其是高层建筑有线广播线路时,一般应采用铜芯塑料绝缘线穿管暗敷,广播线路的馈电电压一般为120V以下。

一般来讲,设备间的连线都要采用屏蔽线。屏蔽线可采用单芯、双芯或四芯屏蔽电缆。无线装置一般采用同轴电缆。

系统的连线和敷设要注意:

(1) 广播音响系统分为麦克风线路、扬声器线路、遥控器线路等,要分别配管,各管路应选用不同的路径;

(2) 各管路应该与电网电源线路和照明调光线路保持较远的距离;

(3) 各管路必须交叉时,应该采取垂直交叉;

(4) 广播室或播音台是中强弱信号和电源线的汇集点,干扰源较强,屏蔽线中途严禁设置中间接头;对于距离较长的管路连线路,也不应该有中间接头,否则会引入干扰信号;

(5) 对于屏蔽电缆电线与设备、插头联接时要注意屏蔽层在联接,联接时应采用焊接,严禁采用绕接和纽接;

(6) 使用多路电缆时接头处的编号应该和插头的编号一致,不但表示联接方向,也有利于缩短安装联接时间;

(7) 保证电缆电线芯数有一定的余量，以便测试和以后增设时使用；

(8) 调整室内接线孔虽然有许多施工限制，但不论怎样都应该接，都应按信号流方向进行施工；

(9) 在同一线槽铺设电缆通过接线孔时，应该按照声音水准分别铺设，在麦克风电缆和扬声器电缆之间应该插入分隔片互相隔开；

(10) 为了保证广播系统的播音，同时保证使用和维护人员的安全，广播系统应可靠接地，其接地电阻不应大于10Ω。

2. 扬声器的布置设计

在现代民用建筑中，有线广播系统和消防系统的消防紧急广播往往共用一个系统，根据实际情况切换，所以有线广播系统的布置设计要符合消防紧急广播的要求。对于公共广播的语言扩声系统，扬声器布置设计地点包括走廊、电梯门厅、商场、餐厅、会场、娱乐厅等公共场所，在走道的交叉处、拐弯处也应安装扬声器。

在办公室、生活间、更衣室、楼层走道等处宜装设0.5～1W的纸盆扬声器，房间内按0.05W/m^2装设。走道扬声器的间距按房屋层高的2.5倍左右来考虑，一般宜吸顶安装。在楼层走道的两端、门厅、一般会议室、餐厅、商场等处，凡纳入公众广播系统的，可装设1～3W的纸盆扬声器或小型声柱：房屋层高为2.5m左右时，采用1W扬声器，此时间距为2～2.5倍层高；层高为4m及以上时，采用3W的扬声器(或小型声柱)，此时间距为2～2.75倍的层高。扬声器宜结合建筑装饰，吸顶安装，等距布置。客房音乐扬声器可按每间客房设置一只0.5～1W的纸盆扬声器来考虑，安装在床头控制柜或其他地方。扬声器安装的一般要求：使所有听众席上的声压分布均匀、听众的声源方向好、控制声反馈和避免回声干扰。

扬声器的布置设计方式集中式布置、分散式布置和混合式布置有三种。

集中式布置的扬声器指向性较宽，适用于房间形状和声学特性不好的场合。其优点是声音清晰、自然、方向性好；缺点是有可能引起啸叫。

分散式布置的扬声器指向性较尖锐，适合于房间形状和声学特性不好的场合。其优点是声压分布均匀，能有效防止啸叫；缺点是声音的清晰度容易被破坏，声音从旁边或后面传来，声音不太自然。

混合式布置的扬声器指向性较宽，辅助扬声器指向性较坚锐，适用于声学特性良好，但房间形状不理想在场合。其优点是大部分的地方声音清晰度好，声压分布均匀，没有低声压的地方；缺点是有的地方会同时听到主、辅扬声器的声音。

9.4 民用建筑公用天线(CATV)系统与设计

9.4.1 公用天线系统(CATV)简介

CATV是指使用一条同轴电缆(coaxial cable)就可以做到双向多频道通信的有线电视(cable television,CATV)。CATV是由共享天线的收信系统演变而来。当初设立CATV的目的，是为了改善山区接收不良等偏远地区的电视收视效果而设立的。一般的电视广播都是利用电波来传送信息，因此很容易受到地形或高楼大厦等建筑物的阻挡，而造成电波干扰、收视效果不佳的现象。为了解决某些地区因地形上的限制而无法得到良好收视效果的问题,于是在适当地点装设高性能的共享天线,再以电缆线将电波送到各用户去。这种CATV的型式,最早时称为地区共享天线电视,此种电视系统在美国已其有相当久的历史。美国自1949年起,就在俄勒冈州的亚士多利亚(Astoria)成立一个CATV电台。之后,CATV系统就在美国各地急速地扩展开来。到目前,全美共有4000个以上的CATV电台,美国各地CATV的家庭超过2000万用户。

共用天线系统按系统大小分类,有大型系统(A类系统)、中型系统(B类系统)、中小型系统(C类系统)和小型系统(D类系统);按传输媒质或传输方式分,有同轴电缆、光缆及其混合型、微波中继和卫星电视等;按用户地点或性质分,有城市系统、乡村系统和住宅小区系统。

共用天线系统一般由前端接收部分、干线传输部分和用户分配网络等几部分组成,如图9-11所示。

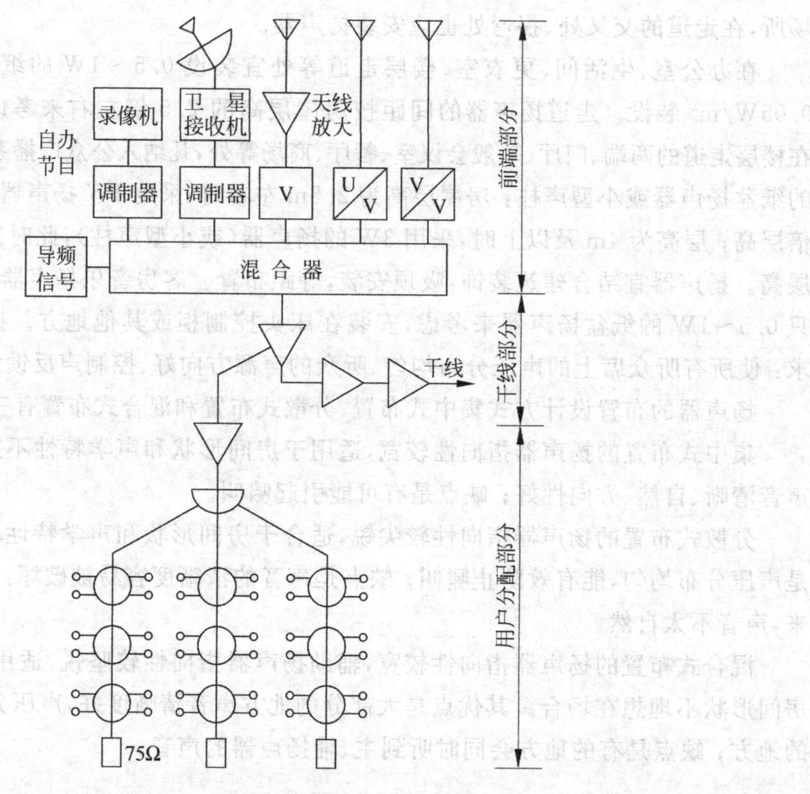

图9-11 共用天线系统的组成

前端系统是CATV系统最重要的组成部分之一。前端系统包括电视接收天线、频道放大器、频率变换器、自播节目设备、卫星电视接收设备、导频信号发生器、调制器、混合器以及联接线缆等部分。

前端系统的主要作用有:

(1) 将天线接收的各频道电视信号分别调整到一定电平值,然后经混合器混合送入干线;

(2) 必要时将电视信号变换成另一频道的信号,然后按这一频道信号进行处理;

(3) 向干线放大器提供用于自动增益控制和自动斜率控制的导频信号;

(4) 自播节目通过调制器后成为某一频道的电视信号而进入混合器;

(5) 卫星电视接收设备输出的视频信号通过调制器成为某一频道的电视信号进行混合器;

(6) 对于交互式电视系统还要有加密、计算机管理、调制解调功能。

干线传输系统是把前端接收处理、混合后的电视信号,传输给用户分配系统的一系列传输设备,主要有各种类型的干线放大器和干线电缆。为了能高质量高效率地输送信号,应当采用优质低耗的同轴电缆或光缆。采用干线放大器,其增益应当正好抵消电缆的衰减。在主干线上应尽可能少分支,以保持干线中串接放大器数量最少,如果要传输双向节目,必须使用双向传输干线放大器,建立双向传输系统。

根据干线放大器的电平控制能力,干线放大器可以分为手动增益控制和均衡型干线放大器、自动增益控制(AGC)型干线放大器、AGC加自动斜率补偿型放大器、自动电平控制(ALC)型干线放大器等几类。

干线设备除了干线放大器和干线电缆外,还有电源和电流通过型分支器、分配器等。对于长距离传输的干线系统还要采用光缆传输系统,即光发射机、光分波器、光合成器、光接收机和光缆等。

用户分配网络的主要设备有分配放大器、分支分配器、用户终端、机上变换器。对于双向电缆电视系统还有调制解调器和数据终端设备。

用户分配网络的主要作用有:

(1) 将干线送来的信号放大到足够电平;

(2) 向所有用户提供电平大致相等的电视信号,使用户能选择到所需要的频道和准确无误地解密或解码;

(3) 系统输出端具有隔离特性,保证电视接收机之间互不干扰;

(4) 借助于部件输入与输出端的匹配特性,保证系统与电视接收机之间具有良好的匹配;

(5) 对于双向电缆电视还需要将上行信号正确地传输到前端。

9.4.2 CATV系统的设计

CATV系统的设计主要有两部分:一是前端部分的设计;二是分配系统的设计。前端的设计主要是根据天线馈线的信号决定;分配系统的设计主要是根据用户的多少、房屋结构和对输出电平的要求等条件来决定。

1. 设计原则及设计前的调查

在进行CATV系统设计时,在满足技术要求的条件下,尽量做到用料最省、成本最低、安装方便、易于维修、性能可靠等原则。在不同的设计构想中选择最佳方案进行施工。

在进行设计前,应认真做好以下几个项目的调查:

(1) 确定建筑类型(宾馆、学校、宿舍、楼房、平房等,是原有建筑还是新建筑);

(2) 用户电视机的多少及分布情况;

(3) 需要接收的电视频道及场强;

(4) 是否传送自办节目及卫星电视信号等;

(5) 各种器件的性能以及主要技术指标;

(6) 系统必须达到的技术指标和安装规范。

2. 前端的设计

CATV系统的前端设备主要解决信号的接收和混合问题。它把各种信号以一定的电平集中到一点而且互不影响,然后再把集中的信号分配到各条干线和支线中去,供用户选择收看。

前端的设计主要包括:天线馈线输出电平的计算、前端设备的输出电平和信噪比的计算,以及前端设备的选择和组合等。

1) 馈线输出电平的计算

天线馈线输出电平也就是CATV系统的前端输入电平,其计算公式为

$$S_a = E + 20\lg(\lambda/\pi) + G_a - L_X - 7(\text{dB}) \tag{9-1}$$

式中:E——接收场强,dB;

G_a——天线增益,dB;

L_X——馈线损失,dB。

$20\lg(\lambda/\pi)$与接收的频道有关,具体可查表9-1。

表9-1 不同频道的$20\lg(\lambda/\pi)$值

频道	1	2	3	4	5	6
$20\lg(\lambda/\pi)$值	+5.4	+4.3	+3.2	+1.9	+1.0	−4.9
频道	7	8	9	10	11	12
$20\lg(\lambda/\pi)$值	−5.3	−5.7	−6.1	−6.4	−6.8	−7.1

例如某地12频道电视信号场强经实地测量为56dB,选用七单元八木单通道天线,其增益G_a=14dB,馈线损失L_X=1dB。从表9-1中可查得12频道$20\lg(\lambda/\pi)=-7.1$dB,将数值代入式(9-1),求得天线馈线的输出电平S_a=54.8dB。

2) 前端设备的组合方法

当接收一个频段的电视信号时,应当选用单频道天线和单频道天线放大器来构成前端放大器。如接收来自两个不同方向的电视信号时,要有两副天线,并将两副天线的方向调至最佳。两路信号混合后再送入宽带放大器。

若要接收同一方向传来的多个频道的电视节目且电场强度相差不大时,可选用VHF全频道天线和VHF全频道天线放大器构成前端设备。当接收两个频道且场强相差很大的电视信号时,则应先将弱信号经天线放大器放大,然后再与较强的信号混合。接收三个不同频道和不同方向的电视信号时,有时需要三副天线。先将弱信号进行放大,再将三路信号混合,最后送入宽频带放大器。

在CATV系统中,有时需要送入录像信号以及测试信号,这时应将天线接收的电视信号进行放大、混合、宽带放大后,再与录像信号、测试信号混合。经过上述处理,原来相差较大的几种信号电平值基本一致,可同时送入分配系统,供用户使用。

3) 前端输出电平的计算

前端设备的组合方法不同,输出电平的计算也略有差异。如果已经求出了天线馈线的输出电平,即可计算出各种信号在前端输出点的电平。一般要求各信号在前端输出点的电平尽量接近。

每一个频道的电视信号在前端的输出电平 S_T 可按下式计算：

$$S_T = S_a + G_{TF} + G_F - L_X - L_H \tag{9-2}$$

式中：G_{TF}——天线放大器增益，dB；

G_F——宽带放大器增益，dB；

L_H——混合器插入损耗，dB。

如果前端有两台放大器前后串接使用，为保持单个放大器的交调和互调指标不致过载，设计时要留有 3dB 的余量，即 S_T 的增益要比放大器的最大输出电平低 3dB。若宽带放大器同时放大 N 套电视节目，则所设计的最大输出电平还应增加 $5\lg(N-1)$(dB)的余量。

由上式分别计算出前端每个频道的输出电平，并加以比较，若偏低或偏高，可适当调整放大器的增益或增加线路衰减。由于高频道传输损失较大，所以要比低频道高电平偏高一些，前端设备的输出电平一般在 90～110dB。

4）前端设备的信噪比计算

前端设备的信噪比是决定图像质量好坏的主要技术指标。因此，在弱场强区，一般通过选用高增益天线，并把天线放大器尽量安装在靠近天线来提高天线放大器的输入电平。

对于较高电平的信号，主要应考虑信号的串扰与隔离，要求混合器有一定的隔离度(一般大于 20dB)。对于闭路传送的电视信号，因频带较宽，谐波较强，还要加滤波器，以消除无用信号的干扰。

前端设备的信噪比可按下式计算：

$$S/N = S_a - N_F - 2.5(\mathrm{dB}) \tag{9-3}$$

式中：N_F——前端设备总的噪声系数，dB。

N_F 可近似取安装在最前面的天线放大器的噪声系数。例如天线馈线的输出电平为 78.3dB，天线放大器的噪声系数为 3dB，则前端设备的信噪比(S/N)为

$$S/N = 78.3 - 3 - 2.5 = 72.8\mathrm{dB}$$

多数观众对图像质量的主观评价认为：信噪比大于 45dB 时图像良好，无噪声干扰；在 40dB 时得到基本合意的图像，虽有噪声干扰但不讨厌；在 34dB 时开始有令人讨厌的噪声，即雪花干扰较为明显。

共用天线系统的噪声一般为 8dB，考虑到系统使用后老化失调的影响给予 6dB 的余量，故最低接收电平为

$$8\mathrm{dB} + 45\mathrm{dB} + 6\mathrm{dB} = 59\mathrm{dB}$$

又因为多数电视机具有 20dB 的自动增益能力，则最高的接收电平应为

$$59\mathrm{dB} + 20\mathrm{dB} = 79\mathrm{dB}$$

所以用户终端信号电平在 60～80dB 之内可以得到较好的接收效果，最佳电平为 70dB 左右。有时为了抑制外来较强干扰，可以将设计电平选得较高一些，但不能超过 80dB，否则会产生交扰调制及再辐射干扰等。

3. 传输分配系统的设计

传输分配系统一般分为无源分配系统和有源分配系统。无源分配系统只有分配器、分支器、输出端(用户端)和传输电缆等无源器件，一般使用在场强强区及用户较少的情况下。有源分配系统除具有无源系统的器件外，还有放大器等设备，常在用户较多且场强不高的区域使用。

由于CATV系统的规模相差很大,房屋结构等条件也各不相同,所以分配和传输信号的方式也不同。

1) 小型CATV系统的分配方式

小型CATV系统的分配方式主要有:分配-分配方式;分支方式;分支-分配方式;分配-分支方式;分配-分支-分配方式;分支-分支方式;不平衡分配方式。分配-分配方式多用于干线分配,分支方式一般用在简易小型分配系统。这两种方式也可混合使用。分支-分配方式适合于分段平面辐射型分配系统。分配-分支方式d多在高层建筑上使用,它的特点是线路简单、多用竖线,使用方便。

分配-分支-分配方式大多数在电平不高而用户较多的情况下使用。例如,在远郊区五、六层楼房中常使用这种方式。

分支-分支方式多用在主干线信号电平较高的地方。在前端设备输出电平不太高的情况下,一般不使用这种方式。

不平衡分配方式有不平衡三路和五路分配。不平衡三路分配方式中,第一个分配器先将信号分成二路,第二个分配器再把其中一路信号分成二路。这样共有三个输出端,其中一路分配损失为3.5dB,可远距离传输,其他两路损失为7dB,可向近处传送。这样可以充分利用信号能量。不平衡五路分配方式先用一个分支损失比较小的分支器取出一路输出,其主路输出再接一个四分配器,将一路信号分成五路输出。

2) 用户端电平的计算

用户端电视接收机的输入电平也就是CATV系统的输出电平,简称为用户端电平,一般为57～83dB。太低则接收效果不好(有雪花干扰等),太高会造成电视机过载而出现有害画面。对于大多数电视机来说,要求输入电平最大不超过83dB。

用户端电平S_n的计算方法如下:

$$S_n = S_T - L_P - L_X - L_n + G_F - L_F - L \tag{9-4}$$

式中:S_T——前端设备的输出电平,dB;

L_P——总分配损失,dB;

L_X——传输电缆总损失,dB;

L_n——分支器总插入损失,dB;

L_F——分支器的分支损失,dB;

L——衰减器损失,dB。

设计时如计算结果不能满足需要,就要调整前端设备的输出电平和改变分配方式,必要时可增加线路放大器或衰减器,也可调整放大器斜率解决。

前端设备的输出电平一般在120dB以下,不能过高。改变分配方式时,应尽量使用户端电平差小一些,一般在10dB以内。在电缆较长的分配网络中,高频道损失较大,容易出现信号电平偏低现象,因此在计算时高频段和低频段应分别计算。

4. 干线传输系统的设计

上面讨论了小型CATV系统的设计方法。有时需要把许多小型CATV系统用较长的干线联接起来,组成大型的CATV系统。干线的传输损耗用放大器来补偿,保证信号质量符合设计要求。

1）干线传输方式

干线传输方式一般有三种：一种是树枝形传输方式，第二种是卷曲形式传输方式，第三种是环形传输方式。

树枝形传输方式在每条主干线上放大器连续串接数少，并可根据客观条件就近联接，安装方便，节省电缆，是目前大多数 CATV 系统所采用的方法，缺点是在系统中增加干线反馈和双向传输时有困难。卷曲形式传输方式每条干线连续串接放大器的台数较多，但仍然不能构成环路，不能把干线终端信号的变化情况送回信号分配中心。环形传输方式不仅可以把干线终端信号变化情况送回信号分配中心，作为系统反馈的控制信号，同时还可以方便监控系统的终端变化情况，并且为 CATV 系统的双向传输提供了方便。

2）干线传输系统的电平计算

（1）最高电平的计算

干线传输系统的最高电平即是放大器的输出电平。在使用单个放大器时可以使放大器实际输出电平等于最大输出电平。但在使用电缆作远距离传输时，要串接多个放大器，为保持原有的交调指标，放大器实际输出的电平应比最大输出电平低，而且串接的放大器数量越多，电平就应越低。

此外，在一条干线中，如果同时传送许多个电视频道的节目，并使用宽带线路放大器时，相互干扰就会加大，为保持原有的交调指标，放大器实际输出的电平应更低些。

考虑到以上两个因素，最高电平 S_{max} 由下式来确定：

$$S_{max} = S_R - 10\lg n - 5\lg(M-1) \tag{9-5}$$

式中：S_R——干线放大器标称最大输出电平，dB；

M——传送的节目数；

n——串接的放大器数。

（2）最低电平的计算

考虑到传输系统的信噪比和放大器的噪声系数，最低电平：

$$S_{min} = N_F + S/N + 2.5 + 10\lg n \tag{9-6}$$

式中：N_F——放大器噪声系数，dB；

S/N——传输系统的信噪比，dB。

3）放大器的选择

上述干线传输系统的最低电平，应是放大器的最低输入电平；最高电平应是放大器的最高输出电平。放大器的增益 G_x 应该等于或小于这两个电平之差，即

$$G_x \leqslant S_{max} - S_{min}\,(\text{dB}) \tag{9-7}$$

通过以上计算可知，放大器的增益越低，需要串接的放大器越多。若增益低到某一程度时，还会引起噪声系数的增加和过载电平的下降。

在实际应用中，线路放大器的增益一般在 20～25dB。

4）供电方式

在传输干线的中途，需要使用线路放大器将传输信号电平提高，其供电方式是由信号机房通过电缆芯线馈送给放大器。

线路放大器使用的电源有两种，一种是直流电，另一种是 50Hz 的交流电。前者可使放大器省掉整流部分且能使安装在信号机房里的直流电源指标做得很高。缺点是长期使用会

在电缆芯线与电缆屏蔽网之间形成“电蚀”现象,从而影响电缆的使用寿命。另外,由于芯线压降而使远处放大器供电不足,后者需要在每一个线路放大器上装整流稳压装置,这样使放大器的体积增大,结构复杂。但由于这种方式没有“电蚀”现象,因此被广泛使用。

直流供电方式也可采用在电缆外面附设直流馈电线的方法,这样可克服“电蚀”现象,但造价提高了。

5. 系统的防雷设计

系统防雷设计必须考虑防止直接雷、感应雷和雷电侵入波等雷害的措施。户外设备应具有防雨、防雷、防冰凌的性能。天线杆(架)塔高于附近建筑物、且高度在 50m 以上或处于航线下面时,应设置高空障碍灯,并在杆(塔)上涂上颜色标志。

接收天线的竖杆(架)应装设避雷针,如果安装独立的避雷针,则避雷针与天线之间的最小水平距离应大于 3m,避雷针的高度应能满足对天线设施的 45°保护角。独立避雷针和接收天线的竖杆均应有可靠的接地。当建筑物已有防雷接地系统时,避雷针的接地应与建筑物的防雷接地系统实行共地联接。当建筑物没有防雷接地系统可利用时,要设置专门的防雷接地系统。从接闪器到接地装置的引下线宜用两根,从不同的方位以最短的距离沿建筑物引下,其接地电阻不应大于 4Ω。

电缆进入建筑物的地方应将同轴电缆的外导电屏蔽层接地,不带电的设备外壳或由电缆芯线供电的设备外壳,当和同轴电缆的外导电屏蔽层联接时应认为是接地的。

电缆进入建筑物应符合下列要求:

(1) 架空电缆直接引入时,在入户处加装避雷器,并将电缆外导体接到电气设备的接地装置上;

(2) 进入建筑物的架空金属管道,在入户处与接地装置相联;

(3) 电缆直接埋地引入时,在入户端将电缆金属外皮与接地装置相联。

防雷接地装置宜与电气设备接地装置和埋地金属管道相联,如不相联,两者之间的距离不宜小于 20m。

不得直接在两建筑物屋顶之间敷设电缆。确需敷设,应将电缆沿墙壁降至防雷保护区以内,并不得妨碍车辆的行驶,其吊线应作接地处理。

9.4.3 卫星电视接收系统

1. 卫星电视系统简介

卫星电视是通过设置在地球赤道上空的地球同步卫星接收来自地面电视台播放的电视信号(上行)后,再转发到地球上指定区域(下行)而实现的电视广播。卫星电视系统如图 9-12 所示。

卫星电视分为两种。一种是不经地面接收站转播,个体用户可直接接收看广播卫星电视信号,这种电视信号的传播方式称卫星直播电视(DBS)。另一种是经过地面接收站转播,用户用普通电视机才能收看卫星电视节目。

卫星电视同卫星通信是有区别的。卫星通信的主要任务是用于各种通信业。卫星电视虽然是从卫星通信发展起来的,但卫星电视是一种空中转播方式,是利用通信卫星的转发器在 C 频段来传送电视信号。卫星直播电视是实现地面发送点→广播卫星→地球某一区域的点对面的电视信号传输,所以,卫星转发器功率要大,一般在 100W 以上,地面用 1m 左右

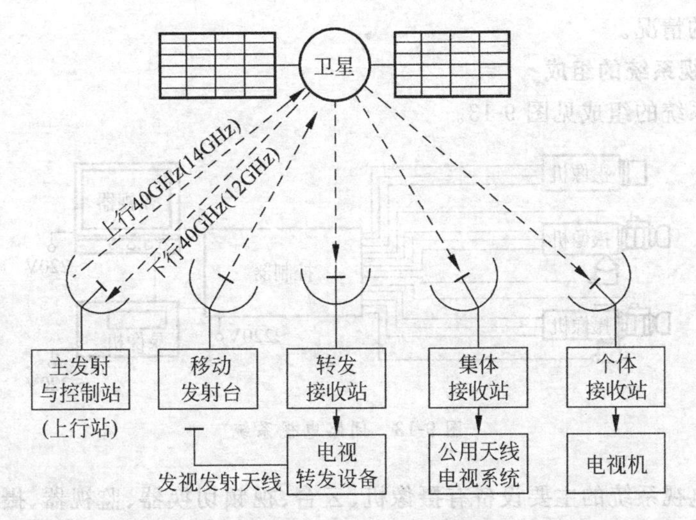

图 9-12　卫星电视系统示意图

口径的抛物面天线收看节目，设备造价低，有利于普及到个体接收。

2. 卫星电视的频段

国际电信联盟从无线电频率使用角度把全世界分为三个区域，我国属于第三区域。国际电信联盟对卫星电视频段进行了分配，分配情况见表 9-2。

表 9-2　国际电联对卫星广播频段的分配

波段/GHz	频段/GHz	带宽/MHz	使用区域	备　注
L(0.7)	0.62～0.79	170	全世界	1. 与其他区域共用； 2. 与有关国家及主管部门协商，并限制地面功率通量密度限额
S(2.5)	2.5～2.69	190	全世界	1. 同上； 2. 只限国内或区域集体接收用
K_1(12)	11.7～12.2	500	第二、三区域	1. 与其他业务共用；
	11.7～12.5	800	第一区域	2. 广播卫星优先使用
K_2(23)	22.5～23	500	第三区域	1. 与其他业务共用； 2. 与有关国家及主管部门协商
Q(42)	41～43	2000	全世界	广播卫星专用
85	84～86			

9.5　民用建筑闭路电视系统(CCTV)与设计

9.5.1　民用建筑闭路电视系统(CCTV)简介

民用建筑闭路电视系统(CCTV)是应用金属电缆或光缆在闭合的环路内传输电视信号，并从摄像到图像显示独立完整的电视系统。闭路电视系统(CCTV)可以看作为 CATV 系统的子系统，是一种图像和声音同时进行处理的有线通信系统。现在闭路电视系统已在楼宇保安系统中得到普遍应用，它使管理者能随时观察到如大楼的入口、主要通道、客梯轿厢等重要场所的情况。

1. 闭路电视系统的组成

闭路电视系统的组成见图 9-13。

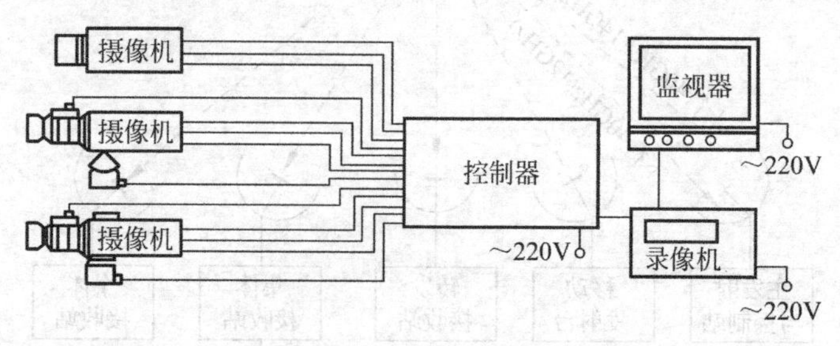

图 9-13 闭路电视系统

构成闭路电视系统的主要设备有摄像机、云台、视频切换器、监视器、摄像机与控制台。摄像机安装在监视场所,它通过摄像管将光信号转变为电信号,以由电缆传输给安装在监控室的监视器,使之还原为图像。为了调整摄像机的监视范围,将摄像机安装在云台上,可以通过监控室的控制器对云台进行控制,带动摄像机作水平和垂直运动。

2. 闭路电视系统的主要设备

1) 摄像机

摄像机是闭路电视系统的主要设备。摄像机有多种分类方式。按色彩可分为黑白摄像机和彩色摄像机;按工作照度可分为普通照度摄像机、低照度摄像机和红外摄像机;按结构可分为普通摄像管摄像机和 CCD 固体器件摄像管摄像机。

摄像机的基本参数包括清晰度、信噪比、视频输出、最低照度、环境温度、供电电源和功耗等几项。

2) 镜头

摄像机镜头分为定焦和变焦镜头。选择镜头的依据是观察视野和亮度变化的范围,同时兼顾所选摄像机的尺寸。视野决定是用定焦还是变焦镜头,亮度的变化决定是否用自动光圈镜头。

3) 云台

云台是安装、固定摄像机的支承设备。如果监视区域是固定的,则采用固定云台,在其上安装好摄像机后可调整摄像机的水平、垂直回转角度,达到最好的工作状态。若大范围的区域进行监视,则采用电动云台。在控制信号的作用下,云台上的摄像机可自动扫描监视区域,也可在监控室值班人员的操纵下跟踪监视对象。

4) 监视器

监视器在屏幕上提供高清晰度的画面。监视器工作要求比较高,在合上电源 3s 后就要将图像显示在屏幕上。在电压严重波动下,也能高质量地显示图像,并且具有快速自动行频控制电路,保证稳定观看重放图像。

5) 间歇式视频录像机

间歇式视频录像机是专为 CCTV 系统设计的,有多种时间间隔录像模式。在无报警信号的情况下,间歇式视频录像机为正常间歇式录像模式,即根据设定的时间间隔进行录像。间歇式视频录像机有自动录像周期设定,可以对一星期内每一天的录像模式编程。如果收到一个报警信号，录像机使自动进入连续录像状态。在一盘 1/2inVHS/E180 的盒带上，最长可录制长达 960h 的图像。录像机内设有字符信号发生器，可在图像信号上打出月/日/年/星期/时/分/秒录像模式，还能在图像上显示出摄像机与报警器的编号与报警方式。每次报警录像的开始都加有报警检索信号，可以按报警情况自动搜索。录像机还有一个锁定保护键，使非正常指令与操作处于无效，防止非专业人员与破坏性操作侵犯 CCTV 系统。

6）视频切换器

在 CCTV 系统中，通常摄像机数量与监视器数量的比例在 2∶1～5∶1 之间。这样，不是所有的摄像机图像都能出现在监视器屏幕上，需要视频切换器按一定的顺序把摄像机的视频信号分配给特定的监视器。视频切换器的规格常用最大摄像机/监视器配置来表示。有 64 输入/8 输出、128 输入/16 输出、128 输入/32 输出、256 输入/32 输出等。切换的方式可以按设定的时间间隔对一组摄像信号逐个循环切换到某一台监视器在输入端子上。也可以在接到某点报警后，长时间监视该区域，即显示一台摄像机的信号。在切换视频信号的同时，为了避免图像的跳动和抖动，切换器工作与外部复合视频信号同步。

7）画面分割器

在大型 CCTV 系统中摄像机的数量多达数百台。如果以 300 台摄像机为例，即使配置比为 5∶1，也要有 60 台监视器。这样，不仅监视器体积庞大，而且有 240 台摄像机的信号无法监视。这样，就有一个全景监视的概念，即让所有摄像机的信号都显示在有限的监视器屏幕上。画面分割器就是一种实现全景监视的装置。多路视频信号进入画面分割器后输入一台监视器，就可在屏幕上同时显示多个画面。分割方式常有二画面、四画面、十六画面。如采用一台大屏幕显示器，配以一台十六画面分割器，值班人员可以轻松地同时观察 16 台摄像机送来的图像。通过编程，每一个画面的图像可以被定格，也可以转为全屏幕显示。在报警状态下，显示方式可以按设定要求变化，以提请值班人员注意。

8）控制台

控制台通过各种遥控电路控制摄像机的姿态，接收摄像机的信号，报警探头的信号，并将这些信号送入保安中心。大型 CCTV 系统中，目前已采用了计算机控制。

9.5.2　闭路电视系统的设计

1. 设计的基本要求和一般规定

(1) 基本要求

① 系统设计应包括确定摄像机、监控室的位置，选定传输线路的敷设方式，并提出主要设备型号和器材规格，经过技术经济比较，编制预算书。

② 系统设计应遵守国家颁发的有关规程、规范和当地政府主管部门的有关规定。

③ 系统制式应与通用型闭路电视制式一致。

④ 系统一般由摄像、传输、显示及控制等四个主要部分组成。需要记录监视目标的图像时，应装设录像装置，在监视目标的同时，如需监听声音时，可配置声音传输、监听和记录系统。

⑤ 系统中采用的主要设备、部件必须满足工程设计的质量要求。

⑥ 系统所使用设备的视频输入、输出阻抗以及部件、电缆的特性阻抗均为 75Ω。使用音频设备，其输入、输出阻抗为高阻抗或 600Ω。

⑦ 系统所选用的各种配套的性能及技术要求应协调一致,并符合系统设计的要求。

(2) 一般规定

① 根据系统的技术装备水平和功能要求,确定系统组成及设备配置。

② 根据建筑设计平面图或实地勘察,确定摄像机和其他设备的设置位置。

③ 根据监视目标和周围环境条件,确定摄像机型式及防护措施。

④ 根据摄像机分布和环境特征,确定传输电(光)缆的敷设方式。

2. 摄像机的选择

摄像机选择的一般原则如下:

① 选择的摄像机应该体积小、重量轻、寿命长、便于现场安装与检修。在要求较高的场合优先选用 CCD 摄像机。

② 系统应采用 2:1 隔行扫描制式摄像机,不使用随机隔行扫描制式的摄像机。

③ 光导管摄像机的水平清晰度应大于 500 线;固体摄像机的水平清晰度不小 420 线。信噪比均应大于 45dB。

④ 在采用单片固体彩色摄像机时,其水平清晰度应等于或大于 300 线,信噪比应等于或大于 45dB。

⑤ 宜采用带有自动增益控制功能的摄像机。

3. 摄像机镜头的选择

摄像机镜头焦距应根据视场大小和镜头到监视目标的距离确定。

(1) 摄取固定目标,宜选用定焦距镜头;摄取远距离目标,宜选用望远镜头;摄取小视距、大视角目标,宜选用广角镜头;摄取大范围画面,应采用带全景云台的摄像机,并根据监控区域的大小选用 6 倍以上的电动遥控变焦镜头,或采用 2 只以上定焦距镜头的摄像机分区覆盖。

(2) 监视目标的环境照度是变化的,除采用硫化锑管外,均应采用光圈可调镜头。

(3) 需遥控时,宜采用具有光对焦、光圈开度、变焦距的遥控镜头装置。

(4) 隐蔽安装的摄像机,宜采用针孔镜头或菱形镜头。电梯轿厢内的摄像机镜头,应根据轿厢的大小,选用水平视场角等于或大于 70°的广角镜头。

4. 监控室的设计及设备选择

(1) 监控室的主要功能

① 控制摄像机、监视器及其他设备所需电源的通断。

② 输出各种遥控信号。

③ 接收各种报警信号,用于保安的监视电视系统,应留有与治安报警系统联接的接口。

④ 配备视频分配放大电路,能同时输出多路视频信号。

⑤ 对视频信号进行切换控制。

⑥ 具有时间、编号字符显示装置。

⑦ 监视和录像。

⑧ 内外通信联络。

如电梯内装有摄像机,则应在监控室内同时配置楼层指示器显示电梯运行情况。

(2) 监控室设计的一般规定

① 监控室应该靠近监视目标,较少受到环境噪声影响和电磁波的干扰。

② 监控室的建筑面积与设备容量有关，一般取12～50m²，视系统规模和设备多少而定。

③ 地面应平整光滑，若采取架空活动地板，架空高度不应小于0.15m。

④ 门宽不应小于0.9m，门高不应小于2.1m，以便于仪器设备的搬运。

⑤ 室内温度宜为16～30℃，相对湿度宜为30%～75%，根据情况可以加装空调。

⑥ 根据机柜、控制台等仪器设备的相应位置，设计电缆槽和进线孔，槽高、槽宽应满足敷设电缆的需要和电缆弯曲半径的要求。

⑦ 监控室内部设备的排列、监视器的设置等应使屏幕避免外来光线直射。监视器宜设置在操作台、调度台或单独的支架上。监视器设置在柜内时，柜内应设置适当数量的通风孔，控制台(柜)正面与墙的距离，不应小于1.2m；台(柜)背面如需要维护时，背面与墙面的距离不应小于0.8m；台(柜)的侧面与墙面或其他设备的距离，主要走道不应小于1.5m，次要走道不应小于0.8m。

5. 监视器的选择

监视器的输入信号为0.5～2.0V_{P-P}复合视频信号，输入阻抗为75Ω/高阻(可切换)。屏幕尺寸可根据需要在34～51cm范围内选择。

6. 录像机的选择

录像系统应配置长时间录像机，对于与保安报警系统联动的摄录像系统，宜单独配置相应的录像机。

录像机选择应满足下列要求：

① 录像机制式与磁带规格，在同一系统中应统一。

② 录像机输入、输出信号和视频、音频指标都应和整个系统的技术指标一致。

③ 需作长时间监视目标记录时，应采用低速录像机或具有多种速度选择的长时间记录的录像机。

④ 当需要记录被监视目标图像或图表数据时，应在监控室设置磁带录像和时间、编号等字符显示装置；当要监听声音时，可配置声音传输、录音和监听设备。

7. 信号传输网络的设计

在进行信号传输网络设计时，需要考虑的内容有：图像的质量、传输距离、单向还是双向传输、电缆敷设的方式和走向、费用、使用的可靠性、外来干扰的大小等。

思考题与习题

9-1　有线通信系统目前主要有哪些系统？

9-2　我国传真通信的发展大致可分为哪三个阶段？

9-3　世界上第一个共用天线系统在何时和何地诞生？

9-4　CATV系统的主要功能是什么？系统主要有哪些部分构成？

9-5　闭路电视系统(CCTV)和CATV系统主要有哪些不同和相同点？相互之间的关系如何？

9-6　程控交换机有哪些分类？模拟程控交换机和数字程控交换机各有哪些部分构成？

9-7　建筑物内电话配线有哪四种配线方式？通信电缆型号有哪些部分组成？

9-8 电话站房位置如何选择？如何设计电话站房？

9-9 三类传真机的功能有哪些？如何设计传真通信系统？

9-10 计算机通信网中有哪些通信网？各有何特点？

9-11 有线广播系统中扬声器的布置设计方式有哪三种布置方式？各有何特点？

9-12 CATV系统前端系统的主要作用是什么？共用天线系统按系统大小分为哪几类？

9-13 如何设计CATV系统？如何计算用户端的电平？

9-14 卫星电视同卫星通信是有何区别？卫星电视同闭路电视系统(CCTV)有何区别？

9-15 民用建筑闭路电视系统(CCTV)有哪些系统组成？有哪些主要设备组成？

9-16 如何设计闭路电视系统(CCTV)？

第 10 章　民用建筑安全防范与监控系统及设计

安全防范与监控系统是保障现代民用建筑能够正常安全运行所必不可少的系统，也是智能建筑中必不可少的子系统。本章主要介绍民用建筑安全防范与监控系统中常用的防盗保安系统（如：防盗报警、门禁管理、电子巡更、周界防范、闭路电视监控、智能保安等）的基本知识与设计知识。

10.1　概述

1. 安全防范系统的基本概念

安全防范系统（security & protection systems）在国内标准中定义为 security & alarm systems，而在国外则称为损失预防与犯罪预防（loss prevention & crime prevention systems）。

安全防范是包括人力防范（personnel protection）、物理防范（physical protection，也称为实体防护）和技术防范（technical protection）三方面的综合防范体系。对于保护建筑物目标来说，人力防范主要有保安站岗、人员巡更、报警按钮、有线和无线内部通信。物理防范主要是实体防护，如周界栅栏、围墙、入口门栏等。技术防范是以各种现代科学技术、运用技防产品、实施技防工程为手段，以各种技术设备、集成系统和网络来构成安全保证的屏障。电子化安防（E-security）将是未来的大势所趋。安全防范系统从内容和定义来讲，应包括防盗、防火及消防、防暴及安全检查等内容，本章主要介绍安全防范与监控系统方面的内容，防火及消防见本书有关章节内容。

2. 安全防范与监控技术的发展概况

安全防范与监控是技术先进、发展迅速的新领域。在 20 世纪 60 年代，美国首先用于军事，70 年代扩大应用于机关、金融、商业等重要部门。80 年代，世界各国已普遍应用于民用建筑和高层建筑、豪华别墅等场合。随着我国国民经济的迅速发展和对外开放的深入，对高层民用建筑和住宅小区及重要公共建筑如仓库、展览馆、银行、商场、机场等现代化民用建筑场所的防盗和保安要求也越来越高。因此，设置安全防盗与保安系统也已成为必然要求。

3. 安全防范与监控系统的组成

安全防范与监控系统主要由探测（detection）、延迟（delay）和反应（response）等三部分组成。首先通过各种传感器和多种技术途径（如电视监视和门禁报警等），探测到环境物理参数的变化或传感器自身工作状态的变化，及时发现是否有人强行或非法侵入的行为；然后通过实体阻挡和物理防护等设施来起到威慑和阻滞的双重作用，尽量推迟风险的发生时间，理想的效果是在此地段时间内使入侵不能实际发生或者入侵很快被中止；最后是在防范系统发出警报后采取必要的行动来制止风险的发生，或者制服入侵者、及时处理突发事件、控制事态的发展。

一般而言，防入侵报警系统由报警探测器、警报接收及响应控制装置和处警对策三大部分组成。电视监控系统由前端摄像系统、视频传输线路、视频切换控制设备、后端显示记录装置四大部分组成。门禁管理系统由各类出入凭证、凭证识别与出入法则控制设备的门用锁具三大部分组成。

10.2　安全防范与监控系统探测器

探测器是用来探测入侵者移动或其他动作的电子或机械部件所组成的装置。探测器通常由传感器和信号处理器组成,有的探测器只有传感器而无信号处理器。

传感器是一种物理量的转化装置,在入侵探测器中,传感器通常把压力、振动、声响、光强等物理量转化成为预处理的电量(电压、电流、电阻等)。

信号处理器的作用是把传感器转化成的电量进行放大、滤波、整形处理,使它成为一种合适的信号,能在系统的传输信道中顺利的传送,通常把这种信号称为探测电信号。

10.2.1　传感器

探测器的核心部分是传感器。传感器是一种物理量的转化器件,在入侵探测器中,传感器通常把被测量的物理量,如压力、振动、温度、位移、声响、光强等物理量,转化成一种容易处理的电量,如电压、电流、电阻等。

1. 开关传感器

开关传感器是一种简单、可靠、最廉价的传感器,广泛用于安防技术中。开关传感器将压力、磁场或位移等物理量转化成电压和电流,主要有微动开关和干簧管两类。

微动开关在压力作用下,开关接通,而开关与报警电路接在一起,从而发出(或不发出)报警信号;在无压力作用的情况下,开关断开。此类开关通常用于某些点入侵探测器中,如监视门、窗、柜台等特殊部位。

干簧管继电器,是一种将磁场力转化成电量的传感器,其结构如图10-1所示。

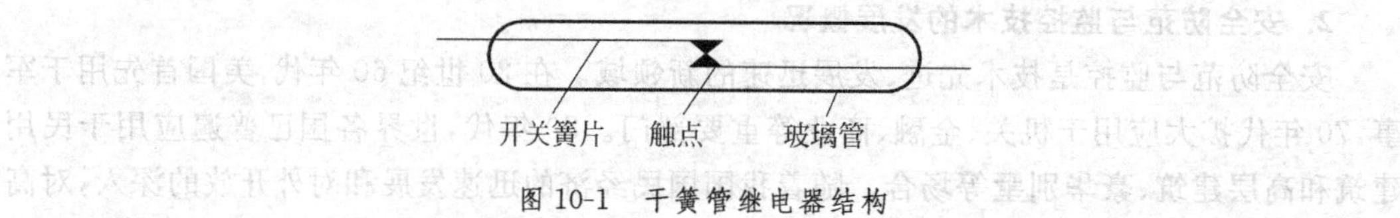

图10-1　干簧管继电器结构

干簧管的干簧触点通常做成常开、常闭或转换三种不同形式。开关簧片通常烧结在与簧片热膨胀相适应的玻璃管上,管内充以惰性气体(如氮气)以避免触点氧化或腐蚀。由于触点密封在充有氮气的玻璃管中,有效地防止了空气中尘埃与水气的污染,大大提高了触点工作的可靠性和寿命,可靠通断达10^8次以上。触点间距离短、质量小、吸合功率小、实效度高、动作时间短,释放和吸合时间在1ms左右,满足电子电路中对动作速度的要求,因此广泛用在通信、检测电路中。无需调整、维修使用方便、价格便宜是干簧管的重要优点,这使其得到广泛的应用。

干簧管中的簧片用铁银合金做成,具有很好的导磁性能,与线圈或磁块配合,构成了干簧继电器状态的变换控制器。簧片上触点常镀金、银、铑等贵重金属,以保证通断能力,因此簧片又是继电器的执行机构。

常开舌簧继电器的簧片固定在玻璃管的两端，它在外磁场（线圈或永久磁铁）的作用下，其自由端产生的磁极极性正好相反，二触点相互结合，使外电路闭合，外磁场不作用时，触点断开，故称常开式舌簧继电器。

常闭舌簧管则将簧片固定在玻璃管的同一端，触点簧片在外磁场的作用下，其自由端产生的磁极性正好相同，二触点相互排斥而断开。常态下，无外磁场作用二触点闭合，故称常闭式开关舌簧管。

在常开的舌簧片上再加一组常闭的触点，就构成转换型干簧管。

有些干簧管带有多组常开、常闭触点。

2. 压力传感器

压力传感器把传感器上受到的压力变化转换成相应的电量，进行放大处理或探测电信号。

3. 声传感器

把声音信号（如说话、走动、打碎玻璃、锯钢筋等）转换成一定电量的传感受器，都称为声传感器。声传感器主要有驻极体传感器和磁电式传感器。

（1）驻极体传感器

驻极体是一种永久带电的介电材料，它能把声能或机械能转换成电能，或者将电能转换成机械能或声能。驻极体传感器能保证在声频范围内具有恒定的灵敏度，这是极大的优点。

（2）磁电传感器

磁电传感器是由一个固定磁场和在磁场中可作垂直轴向运动的线圈组成。线圈安装在一个振动膜上，振动膜在声强的作用下运动，带动线圈在固定的磁场中作切割磁力线的运动，线圈运动的速度与声强的大小有关，于是线圈的输出电压就与声强的大小联系在一起了。

4. 光电传感器

光电传感器通常是指将可见光转换成某种电量的传感器。光敏二极管是最常见的光传感器。光敏二极管的外型与一般二极管一样，只是它的管壳上开有一个嵌着玻璃的窗口，以便于光线射入。光敏三极管除了具有光敏二极管能将光信号转换成电信号的功能外，还有对电信号放大的功能。光敏三极管的外型与一般三极管相差不大，一般光敏三极管只引出两个极——发射极和集电极，基极不引出，管壳同样开窗口，以便光线射入。光电三极管要比光电二极管具有更高的灵敏度。

5. 热电传感器

热电传感器将热量变化转换成电量变化。热释电红外线元件是一种典型的热量传感器。热释电红外传感器因红外光线的照射与遮挡得到或失去热量，从而产生电压输出。

6. 电磁感应传感器

电磁场也是物质存在的一种形式。电磁场的运动规律由麦克斯韦方程组来表示，根据麦克斯韦理论，当入侵者入侵防范区域，使原先防范区域内电磁的分布发生变化，这种变化可能引起空间电场的变化，电场畸变传感器就是利用此特性。同时，入侵者的入侵也可能使空间电容发生变化，电容变化传感受器就是利用此特性。

10.2.2 入侵探测器

入侵探测器用来探测入侵者的入侵行为。需要防范入侵的地方很多，可以是某些特定的点,如门、窗、柜台、展览厅的展柜;或是条线,如边防线、警戒线、边界线;有时是个面,如仓库、农场的周界围网;有时要求防范的是一个空间,如档案室、资料室、武器库等,以及其他不允许入侵者进入其空间的任何地方。

入侵者探测器通常按照其传感器种类、工作方式、警戒范围和传输通道来区分。

按传感器的种类分类,通常有开关报警器、震动报警器、次声报警器、红外报警器、微波报警器、激光报警器等。

按工作方式分类,通常有主动报警器和被动报警器。主动报警器工作时,探测器向探测现场发出信号,经反射或直射在传感器上形成稳定信号。当稳定信号被破坏,表明出现情况,产生报警信号。被动报警器工作是不需向探测器现场发出信号,它依靠被测物体自身存在的能量进行检查,当出现情况时,稳定信号被破坏,探测器发出报警。

按警戒范围分类通常可分为点、线、面和空间探测报警器。

按传输信道分类,通常可分为有线报警和无线报警器。划分的方式不同,种类也就不同。

1. 入侵探测器的要求

为了更好地发挥入侵探测器的作用,在设计和安装入侵探测器时应根据防范场所的具体地理特征、外部环境及警戒要求,选择合适的探测器,以达到安全防范的目的。因此入侵探测器一般应满足如下要求:

(1) 具备防破坏保护、防拆保护能力,当入侵探测器受到破坏,被拆开外壳或信号传输短路、断路及接入其他负载时,探测器应能发出报警信号。

(2) 具备抗小动物干扰的能力。在探测范围内,如直径 30mm,长度 150mm 的具有与小动物类似的红外辐射特性的圆筒大小物体,探测器不应报警。

(3) 具备抗外界干扰的能力,探测器对于射束轴线成 15°或更大一点的任何界外光源的辐射干扰信号,应不产生误报和漏报。

(4) 具备承受常温气流和电铃的干扰能力,不产生误报。

(5) 具备承受电火花干扰的能力。

(6) 应有对准指示,便于安装调整。

(7) 宜在下列条件下工作:

室内:-10~55℃,相对湿度≤95%;

室外:-20~75℃,相对湿度≤95%。

2. 点型入侵探测器

点型入侵探测器指警戒或范围仅是一个点的报警器,如门、窗、柜台、保险柜等这些警戒的范围仅是某一特定部位,当这些警戒部位的状态被破坏,即能发出报警信号。

(1) 开关入侵探测器

常用点型报警探测器是由开关传感器与相关的电路组成的,如将用微动开关组成的探测器安装在门柜和窗框上,就能探测出入侵者的入侵行为。

干簧管继电器也是门、窗等点型报警用得最多的控制元件。干簧管继电器由干簧管和磁铁组成,干簧管外壳由玻璃制成,容易碎,一般将它安装在固定不动的门框和窗框上,磁铁则可安装在活动的门扇和窗扇上。在实际安装中要注意磁铁和干簧管之间的距离,一般二者之间的距离在 8~10mm 就能可靠释放和吸合。二者之间的距离越近,释放和吸合的可靠性越高,因此应尽可能地调整好二者之间的距离。另外还要选择释放、吸合可靠,而控制距离又较大的开关组件。

把微动开关或金属弹簧片组成的接触开关分别安在门窗框和门窗扇上,当门窗关闭时,开关被压下,触点接上,报警器不发报警,当门窗被打开时,开关被弹开,触点被断开,报警器发出报警信号。

实际使用中,门、窗以及贵重物品的探测还常用线、箔来进行,即通常称作的连续布线法。用很细的铜线或铜箔分别接在门窗的框和扇上,关上门窗时,线和箔完好无损,当打开门窗时细线或银箔被拉断,即可报警。依照同样的方式把检测器件安在保险柜或柜台上,当保险柜被移动,或门被打开时,均能发生报警信号。

开关传感器的触点容量往往很小,过载能力很差,接点间距又小,耐压低。所以要发出声光报警,或去起动其他报警装置,则要对探测器的输出信号进行处理,控制电路就是要完成对探测信号的处理。

(2) 震动入侵探测器

当入侵者进入设防区域引起地面、门窗的震动,或入侵者撞击门、窗、保险柜而引起震动时,发出报警信号的探测器称震动入侵探测器压电式和电动式两种常用的有。

① 压电式震动入侵探测器

玻璃破碎震动探测器是常用的一种压电式震动入侵探测器,入侵者如敲打玻璃,玻璃震动的振幅大,将此震动变成电信号去触发报警器;而入侵者刻划玻璃,玻璃震动振幅小,但频率高,通常将此高频信号经高通放大器放大后送到信号处理电路,经处理后也能发也报警信号。

② 电动式震动入侵控制器

电动传感器是利用电磁感应的原理,将震动转换成线圈两端的感应电动势输出。如将电动传感器和保险柜、贵重物体固定在一起,当入侵者去搬动或触动保险柜时,柜体发生震动,电动传感器也随之振动,线圈与电动传感器是固定在一起的,而磁铁是通过弹簧与壳体软接在一起,壳体振动后,磁铁随之运动,在线圈上感应出电动势。电动传感器具有较高的灵敏度,输出电动势较高,不需要高增益放大器,而且电动传感器输出阻抗低,噪声干扰小。

3. 直线型入侵探测器

直线型报警探测器是指警戒范围是一条线束的探测器,当在这条警戒线上的警戒状态被破坏时,能发出报警信号。最常见的直线型报警探测器为主动红外入侵探测器、激光入侵探测器。探测器的发射机发射出一串红外光或激光,经反射或直接射到接收机上,如中间任意处被遮断,报警器即发出报警信号。

红外光也是一种电磁波,它同样具有向外辐射的能力,它的波长介入微波和可见光之间。凡是温度高于0℃的物体都能产生热辐射,而温度低于1725℃的物体,产生的热辐射光谱集中在红外光区域,因而自然界的所有物体都能向外辐射红外热。

红外光在大气中辐射时会产生衰减现象,主要是由于大气中各种气体对辐射的吸收(如水气、二氧化碳)和大气中悬浮微粒(如雨、雾、云、尘埃等微粒)对红外光造成散射。

(1) 被动红外探测器

当被探测的目标入侵,并在所防范的区域里移动时,将引起该区域红外辐射的变化,而能够探测出这种红外辐射变化进入报警状态的电子装置称为被动红外探测器。探测器的原理方框图如图 10-2 所示。

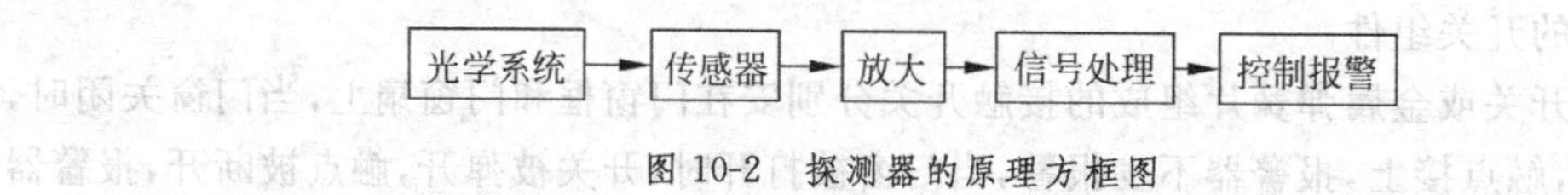

图 10-2　探测器的原理方框图

红外探测器主要是用来探测人体和其他一些入侵移动的物体。除这些移动的目标外，其他物体如室外的建筑、地形、树木、山，室内的墙壁、课桌、家具等不动的设备，都会发生热辐射，而这些辐射的稳定被破坏时，产生了一个变化的热辐射，而红外探测器的红外传感器就能接收到这变化的辐射，经放大、处理后去控制报警，发生报警信号。因此红外探测器一般用在背景不动的，或防范区域中无活动物体的场合。

(2) 主动红外探测器

当被探测目标侵入所防范的警戒线时，遮挡了红外发射机和接收机之间的红外光束，我们把响应被遮挡红外光束，并进入报警状态的电子装置称为主动红外探测器，它主要由红外发射机和接收机组成，主动红外探测器的原理方框图 10-3 所示。

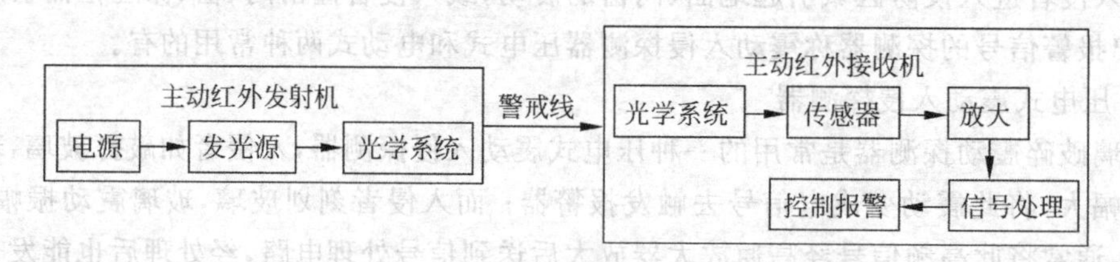

图 10-3　主动红外探测器的原理图

主动红外探测器的发射机发出一束经调制的红外光束，被红外接收机接收，形成一条红外光束组成的警戒线。当被探测目标侵入该警戒线时，红外光束被部分或全部遮挡，接收机接收信号发生变化，经放大、处理后，发出报警信号。

主动红外探测器由于体积小、重量轻、便于隐蔽，采用双光路的主动红外探测器可大大提高其抗噪防误报的能力，而且主动红外探测器寿命长、价格低、易调整，因此被广泛使用在安全技术防范工程中。

当主动红外探测器用在室外自然环境时，比如无星光和月亮的夜晚，以及夏日中午太阳光的背景辐射的强度比可超过 100dB 时，这就使接收机的光电传感器工作环境相差太大。通常采用截止滤光片，滤去背景光中的极大部分能量(主要滤去可见光的能量)，使接收机的光电传感器在各种户外光照条件下的使用条件基本相似。

空气中的大雾也会引起传输中红外光的散射，致使主动红外探测器的有效探测距离大大缩短。红外探测器的有效探测距离：无雾时有效探测距离 7km；浅雾时有效探测距离 2.5km；轻雾时有效探测距离 1km；中雾时有效探测距离 0.6km；重雾时有效探测距离 0.3km。

(3) 激光入侵探测器

激光与一般光源相比，其特点是方向性好、亮度高、单色性和相干性好。当被探测的目标(如人、车辆等)侵入所防范的警戒线时，激光发射机和接收机之间的激光束被遮挡，能够响应被遮挡的激光束，并进入报警状态的装置称激光探测器。其原理是驱动电源使激光器产生脉冲激光，经光学系统向外发射激光光束，由激光接收机接收，形成一条激光束组成的警戒线。当被探测的目标侵入防范警戒线时，激光束被遮挡，接收机接收到信号发生变化，变化的信号经放大、处理后发出报警信号。

激光探测器十分适合于远距离的线探、控报警装置。激光探测器采用半导体激光器的波长在红外线波段，处于不可见范围，便于隐蔽，不易被发现。激光探测器采用脉冲调制，抗干扰能力较强，其稳定性能好，一般不会有因机器本身产生的误报警，如果采用双光路系统，可靠性更会大大提高。

4. 面型入侵探测器

面型报警探测器警戒范围为一个面，当警戒面上出现危害时，即能发生报警信号。震动式或感应式的报警探测器常被用作面型报警探测器。例如，把用作点报警探测器的震动探测器（前面已作介绍）安装在墙面上或玻璃上，或安在某一要求保护的铁丝网或隔离网上，当入侵者触及铁丝网或隔离网，网发生震动，面探测器即能发生报警信号。电磁感应探测器则更多地被用作面型报警探测器。

当被探测的目标（人或车辆）侵入所防范的区域时，引起传感器线路周围电磁场分布的变化，我们把能响应这畸变并进入报警状态的装置称为电场畸变探测器。这种探测器常用的有平行线电场畸变探测器和带孔同轴电缆电场畸变探测器。

平行线电场畸变探测器主要用于户外周界报警，通常沿着保卫的周界，安装数套电场探测器，组成周界防范系统。这类先进的周界防卫系统用自适应数字信号数理机控制，即使在狂风暴雨的恶劣气候条件下仍有超低误报率和高安全性能。这类系统能区分入侵者和小动物，把误报率降到最低点。当人穿越平行线时，则每根传感线上输出的电信号不同，变化的电信号经放大、识别、处理后控制报警信号。

带孔同轴电缆探测器探测率高，在探测区域内无论入侵者采用什么路线、方式（直立行走、爬行）和移动速度（快慢），都能探测到，不会漏报。带孔同轴电缆探测器的抗干扰能力强，适合于作户外周界防范。对探测区以外的人、车辆、动物活动以及各种恶劣气候、振动、声音、电磁场干扰都不会产生误报。

5. 空间入侵探测器

空间报警探测器是指警戒范围是一个空间的报警器。当这个警戒空间任意处的警戒状态被破坏，即发生报警信号。如在充满超声的防范区域空间，当有被探测目标入侵，并在该空间移动时，探测器就能发出报警信号。

1）声音入侵探测器

声音入侵探测器是一种检测声响的专用检测器，它可分为声控探测器、声发射探测器、次声探测器、超声波探测器。

声控探测器是常用的空间防范探测器。通常将探测说话、走路等声响的装置称场控探测器。将探测物体被破坏（如打碎玻璃、凿墙、锯钢筋）时，发生固有声响的装置称为声波发射探测器。

声发射探测器的声电传感器将声响信号变换成电信号，经带通放大器，使要监控的某一频带的声音信号获得更大的增益，然后再经过处理使控制发出报警信号。

次声是频率很低（低于20Hz）的音频。声电传感器将接收到的低频次声变换成低频电信号；低通滤波器滤去高频、中频音频信号后，仅放大低频信号；再经处理后，控制发出报警信号。次声探测器通常只用作室内的空间防范。房屋通常由墙、天花板、门、窗、地板同外界隔离。由于房屋里外环境不同,强度、气压等均存有一定差异,一个人想闯入就要破坏这空间屏障。如打开门窗、打碎玻璃、凿墙、开洞,由于室内外的气压差,在缺口中引起扰动,产生一个次声;再则由于开门、碎窗、破墙产生加速度,则内表面空气被压缩产生另一次声,而这二次声频率大约为1Hz。两种次声波在室内向四周扩散,先后传入次声探测器。只有当这二次声强度达到一定阈值后才能报警,所以只要外部屏障不被破坏,在覆盖区域内部开关门窗,移动家具,人员走动,都低于阈值,不会发生报警。但是在这种特定的情况下如果采用其他超声,微波或红外探测器都会导致误报。

超声波探测器利用多普勒效应,当被测目标侵入,并在防范区域空间移动时,移动体反射的超声波将引起探测器报警,称此探测器为超声波探测器。

当没有移动物体时,超声波能量处于一种稳定状态;当改变室内固定物体分布时,超声能量的分布将发生改变。当室内有一移动物体时,室内超声能量发生连续的变化,超声接收机接收到这连续变化的信号后,就能探测出移动物体的存在,变化信号的幅度与超声频率和物体移动的速度成正比。超声波探测器的探测灵敏度与物体运动方向无关。

2) 微波入侵探测器

微波是一种频率很高的无线电波,其波长很短,在1~1000mm之间。由于微波的波长与一般物体的几何尺寸相当,所以很容易被物体所反射,利用这一原理,根据入射波和反射波的频率漂移,就可以探测出入侵物体的运动。

(1) 微波多普勒探测器

在一个充满微波场的防范空间里,当入侵物体进入这一防范区域发生移动时,移动的入侵目标反射微波,产生多普勒频率偏移。我们将能够对此频率偏移产生反应,并进入报警状态的装置,称为微波多普勒探测器,其原理框图如图10-4所示。

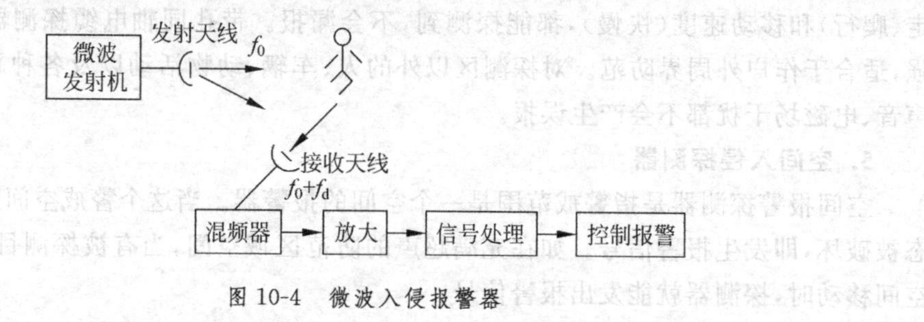

图10-4 微波入侵报警器

微波发射机是一个小功率的微波发生器,它通过天线向所要防范的区域发射微波信号。当防范区域里无移动目标时,接收器接收到的微波信号频率与发射机的相同,为f_0;当有移动目标时,移动目标反射微波信号,由于多普勒效应,反射信号的频率发生偏移f_d,接收机分析信号的强度和性质,以产生报警信号。

(2) 室外微波探测器

微波多普勒探测器一般用于室内,而室外微波探测器通常采用微波发射机和接收机分置二处的形式,在它们之间形成稳定的微波场来警戒所要防范的场所。当有被探测目标入侵时,破坏了微波场,探测器发出报警信号。其框图如图10-5所示。

(3) 视频运动探测器

视频运动探测器用电视摄像机作为探测器监视所防范的空间,当有目标进入防范区域

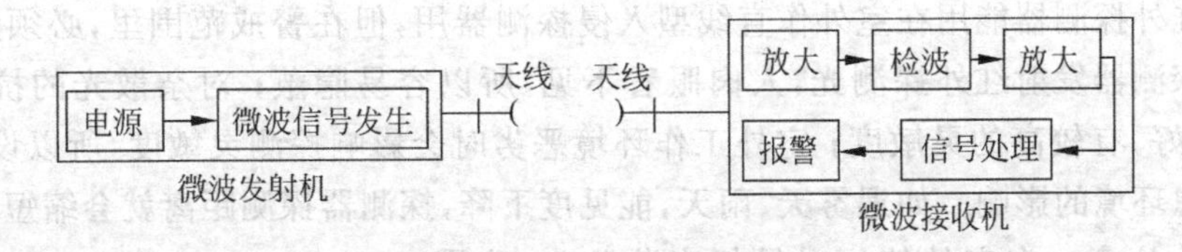

图 10-5　室外微波探测器原理图

时，被监视的景物亮相发生变化，亮度的变化被转换成变化的电信号，经放大、处理后控制报警信号。

10.2.3　民用建筑常用入侵探测器

1. 门磁、窗磁开关

门磁、窗磁开关由两个磁极组成，一个安装于门(窗)框上，另一个安装在门上或窗上，可表面型安装或隐蔽型安装，其外形如图 10-6 所示。门磁宜安放在大门上，门磁固定端固定在大门开启端的门框上沿，门磁活动端固定在相应的大门上沿，也可根据实际情况在其他需要的位置上安装。窗磁可安装在需要的窗户位置上，如容易攀登的窗户等。设计安装门磁(窗磁)开关时应注意：

(1) 所防护门窗的质地，普通的门磁、窗磁开关仅适用于木质的门窗，钢、铁门窗应采用专用型门磁、窗磁开关；

(2) 控制距离至少应为被控制门、窗缝隙的 2 倍；

(3) 开关应安装在距门窗拉手边约 15cm 处；舌簧管安装在门、窗框上，磁铁安装在门、窗扇上，两者间对准，间距 0.5cm 左右。

2. 玻璃破碎探测器

玻璃破碎探测器专门用来探测玻璃破碎功能的探测器，主要用于保护大面积的窗，其外形如图 10-7 所示。探测范围一般在几米到十几米之间。

图 10-6　门磁、窗磁开关

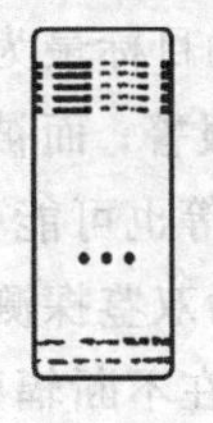

图 10-7　玻璃破碎探测器

安装时应注意：

(1) 应将探测器正对着警戒的主要方向；

(2) 应尽量靠近所要保护的玻璃，尽可能地远离噪声干扰源；

(3) 探测器不要安装在通风口或换气扇的前面，也不要靠近门铃，以确保工作可靠性；

(4) 一般安装在窗户附近的墙面或天花板上，要求玻璃与墙壁或天花板之间的夹角不得大于 90°，以免降低其探测力。

3. 主动对射式红外探测器

对射式主动红外探测器用于围墙、走廊及大片的窗等地方。

主动红外探测器能用在室外作直线型入侵探测器用,但在警戒范围里,必须无阻挡物;主动红外探测器发射红外探测光,人肉眼看不见,所以容易隐蔽;对杂散光的抗干扰能力强,稳定性好,有较高的灵敏度;室外工作环境恶劣时会影响探测灵敏度,所以设计选用时应充分考虑环境的影响。如遇雾天、雨天,能见度下降,探测器探测距离就会缩短,在设计时要引起充分注意。在室外使用时最好安装防尘、防雾罩,以免影响探测距离。

室内外探测器为单光束红外线脉冲制式,要求平面安装,其警戒距离为30m/15m。图10-8所示为室外双光束增益自动调节红外线探测器,采用感应控制的大型光学系统,适应雨、雾、雪等恶劣天气;上下光学镜片同时调整机构,使得调整更快、更方便、更准确;光轴水平调整角度±90°、垂直方向±10°;警戒距离40m/20m。

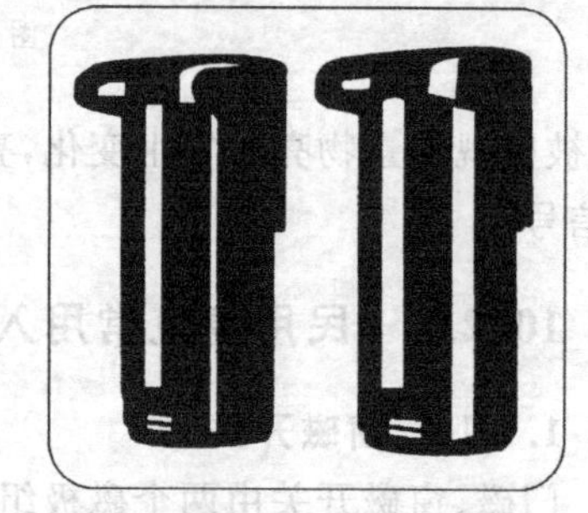

图10-8 室外双光束红外线探测器

4. 被动红外探测器

被动红外探测器的原理是利用人体表面温度与周围环境存在差别,在人体移动时,这种差别产生的变化可以通过红外敏感元件来监测到,从而触发报警。被动红外探测器主要用于大厅、室内、走道等大面积的防护。

被动红外入侵探测器可作为直线型探测器,也能作为空间探测器,一般多用于室内和空间的立体防范。

被动红外探测器体积较小,隐蔽性能好;无亮度要求,可以昼夜运行;功率低、寿命长。

设计选用被动红外探测器时应避开变化的热源,如空调的通风口、灯光直射的地方以及窗户,避开暖气、火炉和冷冻设备的散热器;监控区内不应有障碍物,否则被障碍物遮挡的地方就是防范的死区;不要安装在震动的物体上,否则物体震动导致探测器震动,相当于背景辐射变化,会引起误报;使用于要求背景不动或直接探测被防范的目标的场合。

5. 微波、被动红外双鉴入侵探测器

微波探测器对活动目标最为敏感,在其防范范围内的窗帘飘动、电扇扇页移动、小动物活动等都可能触发误报警;而被动红外探测器防护区能产生不断变化红外辐射的物体,如暖气、空调、火炉、电炉等也可能引起误报警。为克服这两种探测器的误报因素,将两种探测器组合在一起联接成为双鉴探测器。这样一来使探测器条件发生了根本的变化,入侵目标必须既是移动的,又能在不断辐射红外线时才产生报警。使原来单一探测器误报率高的不利因素大为减少,整机的可靠性得以大幅度提高。

10.3 民用建筑常用安全防范与监控系统

10.3.1 传感器式安全防范与监控系统

传感器式安全防范与监控系统的种类很多,在民用建筑中常用的主要有如下几种。

1. 玻璃破碎报警型安全防范与监控系统

玻璃破碎报警器是一种探测玻璃破碎时发生特殊信号的报警器。目前国际上已有多种玻璃破碎报警器,有的是利用振动传感器原理来监测的,有的是利用前述声音传感器来监测的。

BSB型玻璃破碎报警器是利用探测玻璃破碎时发出的特殊声音来报警，其结构简单、体积小巧、使用方便，可用作防盗报警装置。BSB主要由报警器和探头两部分组成。探头设置在需保护的现场，探头直径1cm，长4cm的圆柱体，本身不发射能量，易于隐蔽，为一种非接触式警戒，不需粘附于玻璃上。探头灵敏度很高，在探头正方向可探测5m远的信号，有效监测面积在$50m^2$以上。探头安装无严格的方向性要求，其作用是将声音信号转换成电信号。电信号经信号线传输给报警器。报警器可安装在值班室等。

玻璃破碎报警器适宜设置在商场、展览管、仓库、实验室、办公楼的玻璃橱柜和玻璃门窗处。这类报警装置对玻璃破碎声音具有极强的辨别能力，而对讲话与鼓乐声却无反应。

2. 超声波报警型安全防范与监控系统

超声波运动报警器是供室内探测有无异常人侵入的防盗报警装置。它利用前述超声波探测器来探测运动目标，具有较高的灵敏度、抗干扰能力，以及反射率强、穿透率低的特点。当夜间室内有人入侵时，由发射机向现场发射的超声波射入入侵的运动目标，由于人体所产生的反射信号(多普勒频移信号)，使得远控报警器获得信号，并立即向值班人员发出报警声和光信号。这种报警器由三部分组成：发射机、接收机和远控报警器。发射机和接受机均安装于需要防范的现场，远控报警器安装在值班室内。这种超声波报警器的监控范围，在四周无阻挡时，最远距离为9m，最大宽度为6m。由于超声波对固体材料反射率高，经多次反射后易覆盖整个室内空间，所以它适宜于立体空间的监控，不论是外部侵入或从天窗、地下钻出来，都在其监控范围之内。

3. 微波报警式安全防范与监控系统

微波报警防盗器是应用微波技术进行工作的一种防盗装置，实际是一种小型化的雷达装置。这种报警器是用来探测在一定距离内的空间，出现人体活动目标的，它能迅速报警、显示和记录有关数据。它不受环境、气候及温度影响，能在立体范围内进行防盗监控，而于易于隐蔽安装。

微波报警系统的基本组成如图10-9所示。

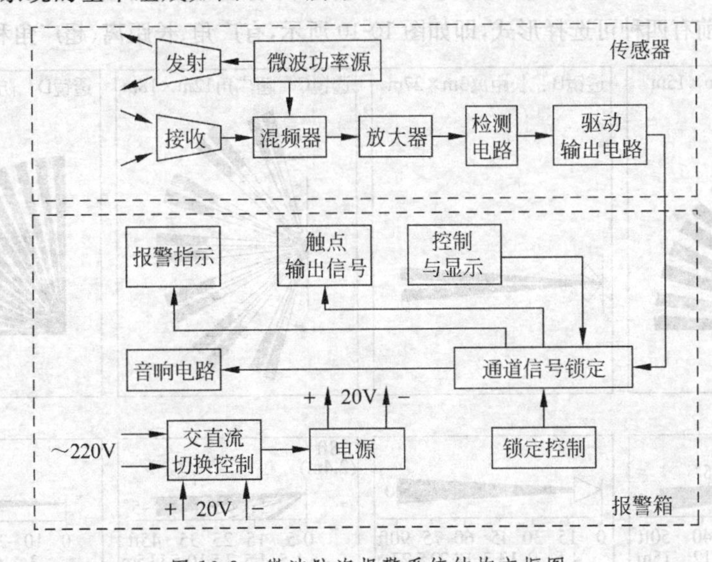

图10-9 微波防盗报警系统结构方框图

微波防盗报警器主要适用于房间、门道和走廊,亦可对室外特定区域进行监控。报警箱设在值班室,可联接多个传感器,对多个区域进行监视。目前,此类防盗报警器多应用于国防、公安、银行、保险等领域。

4. 红外报警型安全防范与监控系统

红外报警防盗系统也是以防范盗贼入侵为目的的装置。这种防盗报警系统具有独特的优点:在相同的发射功率下,红外有极远的传输距离;它是不可见光,入侵者难以发现并躲避它;它是非接触性警戒,可昼夜监控。故红外技术在入侵防盗报警领域中被广泛应用。红外入侵报警装置分为主动式和被动式两种。

(1) 主动式红外报警系统

主动式红外报警系统是一种红外光束截断型报警系统。它由发射器、接收器和信息处理器三个基本单元组成。

红外发射器发射一束经调制的近红外光束,通过警戒区域投射至对应定位的红外接收器的敏感元件上。人体对这种近红外光具有截断作用,对于有无入侵者两种状态,红外接收器接收到的红外辐射信号差别很大,从而使信息处理器识别警戒区域是否有人入侵,并控制警报显示电路的起停。这类主动式红外报警器设在室内是最佳的防盗装置。当使用于野外或恶劣气象条件下,仍具有可靠性好、灵敏度高、保密性强的优点。在正常气象条件下,监测距离可过1km以上;在一般恶劣气象条件下(如能见度小于10m的强浓雾),仍可保证有300m的监测距离。

(2) 被动式红外报警系统

被动式红外报警系统为一种室内型静默式的防入侵报警系统,它不发射红外光线,安装有灵敏的红外传感线。一旦接收到入侵者身体,立即发出波长为6~18km的红外线,即可报警。

目前被动式红外移动探测器固采用了许多新技术和新工艺,已有效防止了因为环境温度改变、射频干扰和气流等各种因素造成的误报,其灵敏度、防误报能力与可靠性都有无与伦比的卓越表现,完全可以胜任绝大多数环境下的各种应用需要。其标准防护范围为15m×15m。目前有四种可选择形式,即如图10-10所示,有广角、长距离、超广角和防宠物4种。

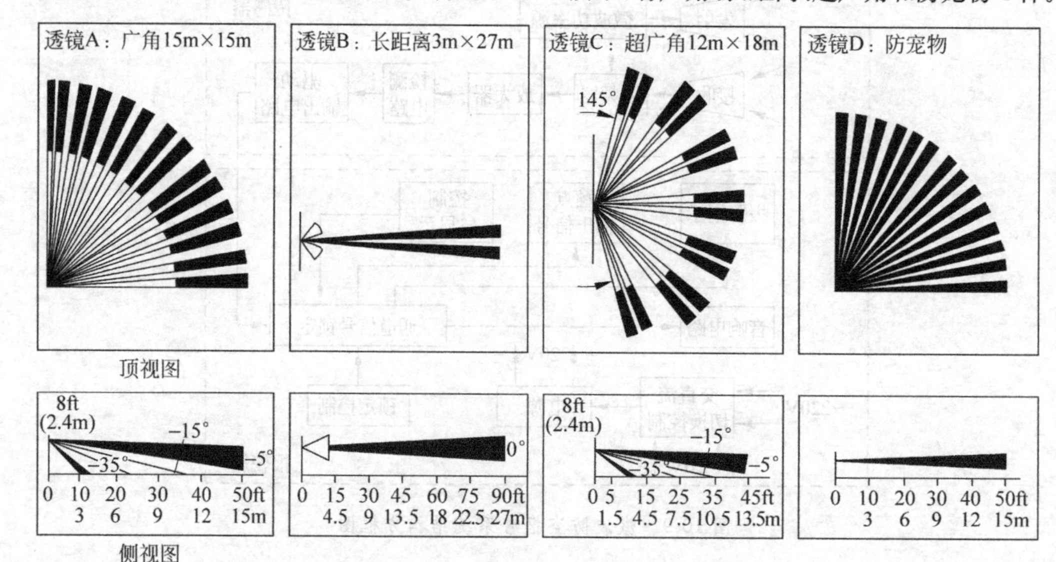

图10-10　被动红外探测器透镜选择与探测范围

5. 红外/微波双鉴探测器报警型安全防范与监控系统

红外微波双鉴探测系统采用被动红外加微波移动探测，内置有微处理器，综合使用多种抗干扰及先进的报警确认分析技术，能有效地避免误报的产生，可靠性要比单技术探测器提高几百倍，同时降低了普通双技术探测器漏报的可能性。典型产品如以色列 Electronics Line 公司的 EL-1486 型，最大探测范围 12～18m，红外探测采用全区域探测，分成多个透镜段和 1 个俯视段，由微处理器对每段区域的能量进行分析计算，仅在确认出为人体能量时才触发报警。带有自动双向温度补偿(微处理器分析)，在规定范围内灵敏度不会变化(－7～65℃)，抗射场、电场、白光干扰，有电击保护，其探测器的探测范围如图 10-11 所示。

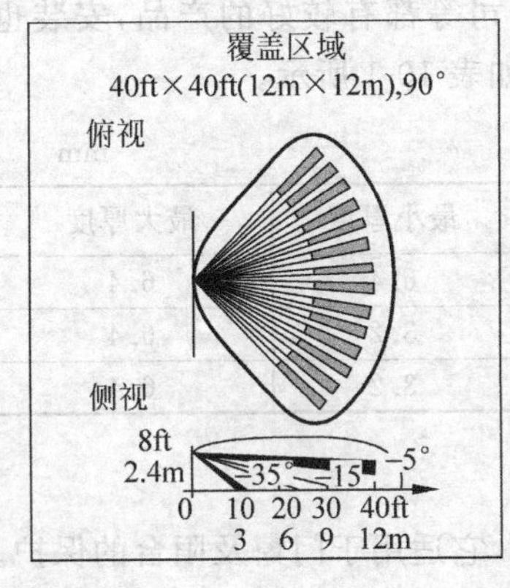

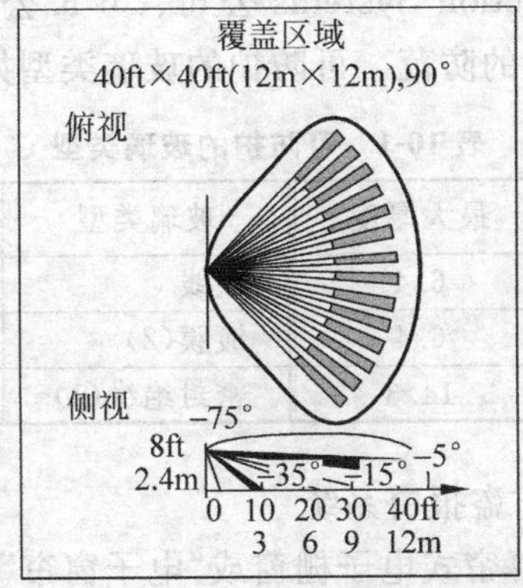

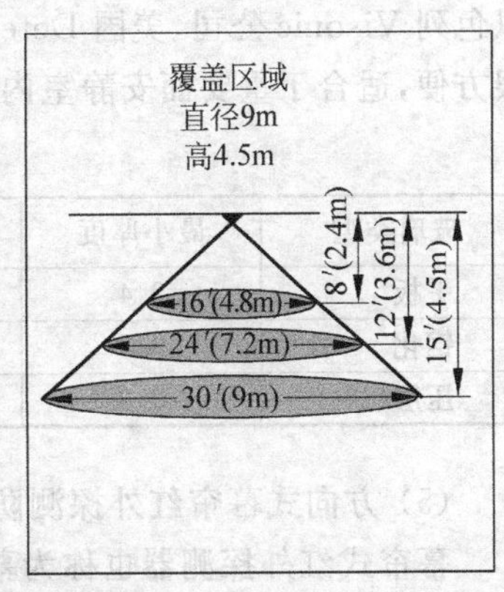

图 10-11　红外/微波双鉴探测器的探测范围

6. 住宅及商场和机关大厦的新型防盗报警装置与报警系统

城乡新住宅楼可以不再装防盗窗，这已被许多地方政府认同并下发文件通知，保留玻璃窗后采用什么经济实用的防盗手段，这是新型住宅小区和智能住宅小区的设计师、产品生产厂、房地产开发者都要面对的重要课题。可选择下列防盗探测装置构成防盗报警系统。

(1) 双功能防盗玻璃窗防盗报警系统

这种防盗窗具有玻璃破碎报警和窗被打开报警双重功能。每扇玻璃造价仅数十元左右，加工有线或无线传输设备的价格，也比窗外安装防盗窗的造价低很多。

这种防盗窗是将无源导电膜涂附粘连在玻璃边上而又压在窗框里，不会受擦玻璃和风吹雨淋的影响。玻璃平面可视为一根导线，通过双接点接触开关接入有线传输报警系统的预埋管线，用户在门窗周围看不见任何报警装置，对于推拉式塑钢窗或凉台的推拉门，玻璃安装到钢塑窗时，要配合好防盗部件的装置。

(2) 防盗玻璃防盗报警系统

居住小区中对安全最敏感的是每栋楼的一到二层住户，他们的窗户既有采光和通风的需要，但又要防窃贼的进入。作为科技创新的一部分，一种方法是在窗户玻璃上贴上一层铁甲薄膜，使玻璃在破碎时不会立即碎裂并可产生报警信号。另一种更理想的办法是采用大锤或子弹都打不破的新型玻璃材料，既不影响采光，又能够防盗，但价格较贵。

(3) 门窗用磁性开关防盗报警系统

门窗一般是窃贼要进入室内的必经之途，必须有可能报警的第一道防线。磁簧开关就是一种可靠廉价的报警设备，配上室内紧急报警按钮，可对家庭提供最基本的保护。具体做法是在固定的窗框或门框上安装开关,在活动的门窗对应位置上安装磁体,有嵌入型、表面粘贴型等各种安装方式,适合于钢、木质、塑钢门窗的防范,价位低、可靠性好,但是功能第一。

(4) 玻璃破碎报警器防盗报警系统

玻璃破碎报警器通常安装在墙上或者顶棚上,是利用玻璃破碎的超声波来传感的。也有的是贴在玻璃窗的一角上,利用玻璃破碎振动作有源传感器。由于玻璃破碎声与室内玻璃器皿破碎、电话铃、闹钟、热水壶鸣、室外的敲门、汽笛、马达等各种声音难以鉴别,为此需采用计算机特征声音识别 CAIR 技术、软件控制的 DSP 等技术,以区别报警的真伪。目前以色列 Visonic 公司、美国 Detection Systems 公司、C&K 公司等都有较好的产品,安装也很方便,适合于重要而安静室内的防范。可防护的玻璃类型如表 10-1 所示。

表 10-1 可防护的玻璃类型 mm

玻璃类型	最小厚度	最大厚度	玻璃类型	最小厚度	最大厚度
平板	2.4	6.4	嵌线	6.4	6.4
钢化	3.2	6.4	镀膜(2)	3.2	6.4
压层(1)	3.2	14.3	密封绝缘(1)	3.2	6.4

(5) 方向式幕帘红外探测防盗报警系统

幕帘式红外探测器也称为幕帘式电子栅窗或"电子窗帘",它适用于门窗及阳台的保护。在门窗的内侧安装,以其发出的电子束可取代铁窗栅封住住户的门和窗。一旦有人破窗而入穿越了此 60cm 的电子束,将立即产生报警。

这种双束被动红外探测器使用了方向分析技术,通过微处理器执行模糊分析控制,并采用窄带技术,当其在探测范围内收到从外部入侵的信号,如入侵者从窗口爬入或从门进入,则立即报警;而当居住者在室内活动时,却不会触发报警。若装在阳台顶下,可以判别主人从屋内来不报警,判别窃贼从阳台入侵而报警,省去了住户"设防"与"撤防"和易产生误报的麻烦。该系统安装在高 2.5m 处,可防范宽 1m×6m 的区域,底层住宅和平顶楼的顶层应该安装。

(6) 被动红外栅栏式探测器防盗报警系统

这种探测器安装高度 4m,在 12～100m 远处,有小于 0.5m 或 1m 宽度的两条鉴别波束,在南方环境温度与人体温度接近时,被动红外鉴别能力较差,它适于北方环境温度与人体温度差别较大的地区应用,特别是用于独门的别墅围墙的防范。上述各类报警探测器比较如表 10-2 所示。

表 10-2 常用报警探测器比较表

	技术措施	主要功能与适用范围	价位	安装	误报
1	双功能防盗玻璃窗	玻璃破或窗开报警,完全替代金属防盗网	低	麻烦	不
2	双束栅栏被动红外探测器	防阳台入侵	中	容易	少
3	主动红外对射探测器	防楼体周界	中	麻烦	少
4	被动红外栅栏式探测器	防别墅型北方住宅	高	容易	多
5	窗磁门磁开关	单一功能撬开报警	低	方便	不
6	玻璃破碎报警	单一功能破碎报警	高	容易	多

上述各类报警探测器，也可用于商场和机关大厦的门窗防盗及用于组成安全防盗与报警系统。

由上述等各类传感探测器可以构成如图 10-12 和图 10-13 所示典型的住宅和家庭安全报警系统。

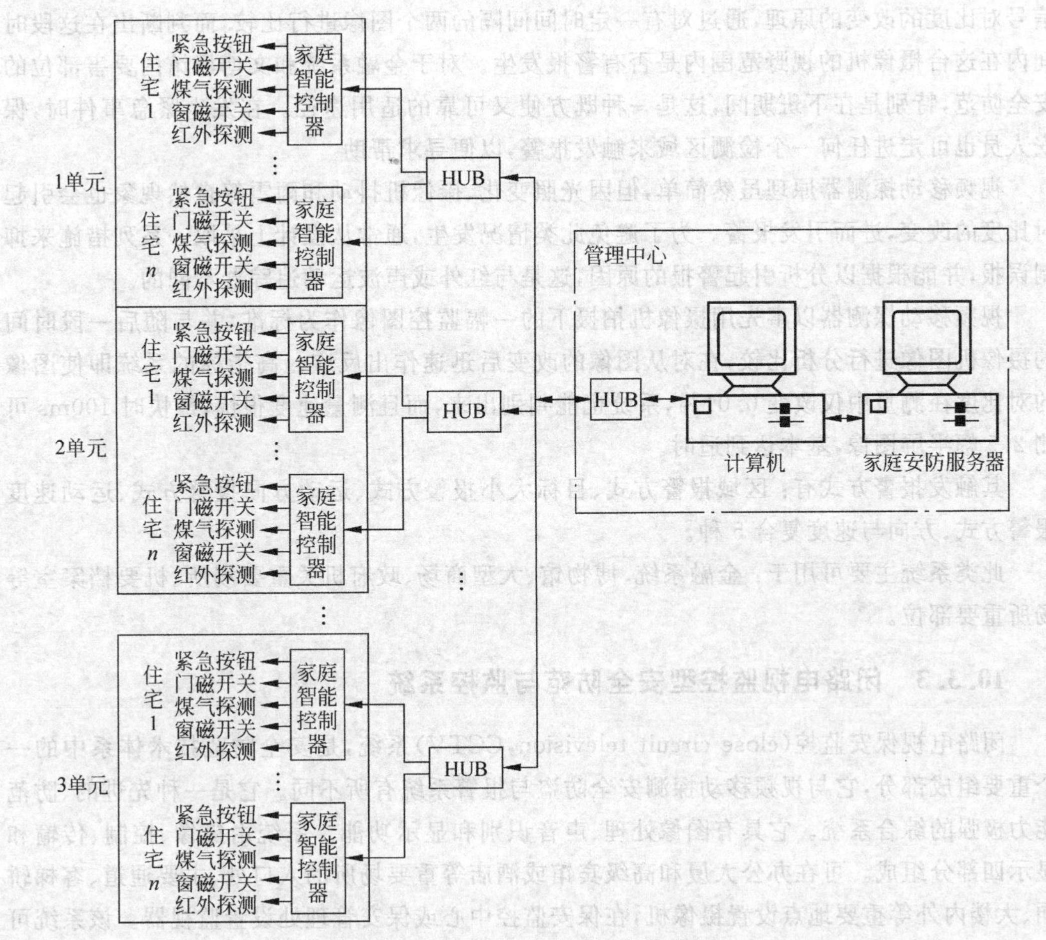

图 10-12　基于 IP 的住户报警系统

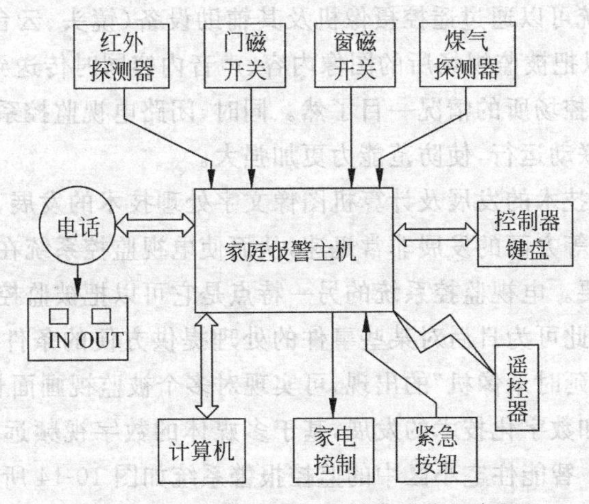

图 10-13　住户家庭安全报警系统示意图

所谓基于IP的系统是指基于网络协议(internet part,IP协议)的报警系统。

10.3.2 视频移动探测报警式安全防范与监控系统

视频移动探测器的工作原理：在摄像机视野范围内有物体运动,它们必然会引起视频信号对比度的改变的原理,通过对有一定时间间隔的两个图像进行比较,而判断出在这段时间内在这台摄像机的视野范围内是否有警报发生。对于金融系统和文博场馆内要害部位的安全防范,特别是在下班期间,这是一种既方便又可靠的适用途径。在发生紧急事件时,保安人员也可走进任何一个检测区域来触发报警,以便寻求帮助。

视频移动探测器原理虽然简单,但因光照变化、摄像机抖动和雨雪等自然现象也会引起对比度的改变,进而引发报警。为了避免此类情况发生,通常从设计上采取一系列措施来抑制误报,并能根据以分析引起警报的原因,这是与红外或声波运动追踪器不同的。

视频移动探测器以事先用摄像机拍摄下的一幅监控图像作为标准,并与随后一段时间的摄像机图像进行分析比较,在对从图像的改变后迅速作出反应。高指标的系统即使图像的对比度在测量中仅改变0.01%,系统也能判别出来,而且测量速度很快,最快时100ms可测2.5幅半屏图像,基本达到适时。

其触发报警方式有：区域报警方式、目标大小报警方式、运动方向报警方式、运动速度报警方式、方向与速度复合5种。

此类系统主要可用于：金融系统、博物馆、大型商场、政府机关重要场所、机要档案室等场所重要部位。

10.3.3 闭路电视监控型安全防范与监控系统

闭路电视保安监控(close circuit television,CCTV)系统,是安全防范技术体系中的一个重要组成部分,它与视频移动探测安全防盗与报警系统有所不同。它是一种先进的、防范能力极强的综合系统。它具有图像处理、声音识别和显示功能。系统由摄像、控制、传输和显示四部分组成。可在办公大厦和高级宾馆或酒店等重要场所的入口处、主要通道、客梯轿厢、大楼内外等重要地点设置摄像机,在保安监控中心或保安管理处设置监视器。该系统可分为集中式监控系统、分散式监控系统、区域式闭路电视监控系统。

闭路电视监控系统可以通过遥控摄像机及其辅助设备(镜头、云台等)直接观看被监视场所的一切情况；可以把被监视场所的图像内容、声音内容同时传送到监控中心,如小区的物业管理中心,使被监控场所的情况一目了然。同时,闭路电视监控系统还可以与防盗报警等其他安全防范体系联动运行,使防范能力更加强大。

近几年来,多媒体技术的发展及计算机图像文字处理技术的发展,使电视监控系统在实现自动跟踪、实时处理等方面的发展非常迅速,从而使电视监控系统在整个安全技术防范体系中的地位越来越重要。电视监控系统的另一特点是它可以把被监控场所的图像及声音全部或部分记录下来,因此可为日后对某些事件的处理提供方便的条件和重要的依据。尤其是“画面分割器”及“长延时录像机”的出现,可实现对多个被监视画面长达几天的连续记录。随着计算机网络技术和数字化技术的发展,基于多媒体的数字视频远程网络监控技术开始发展并有了一些应用。智能住宅小区中的监控报警系统如图10-14所示。

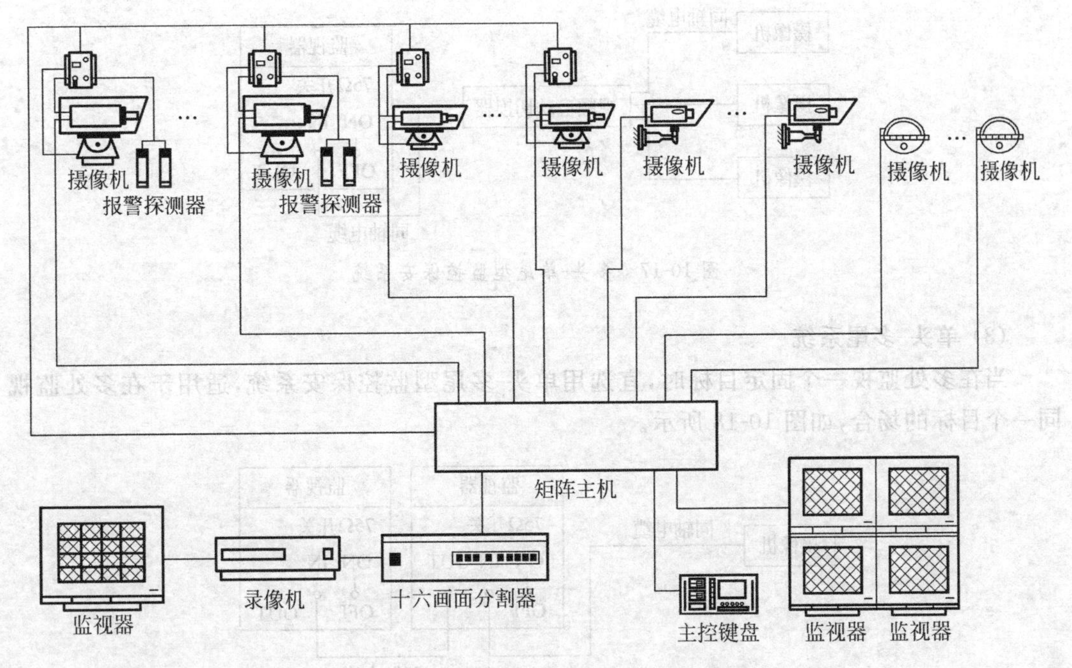

图 10-14　闭路电视保安监控系统示意图

1. 区域型闭路电视监控系统的类型

(1) 单头-单尾系统

当在一处连续监视一个固定目标时，宜选用单头-单尾型监控保安系统，如图 10-15 所示。

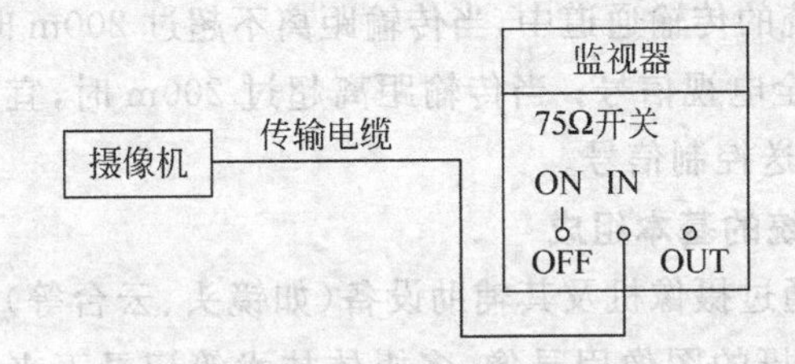

图 10-15　单头-单尾型监控保安系统

当传输距离较长时，需在线路中增设视频放大器，如图 10-16 所示。

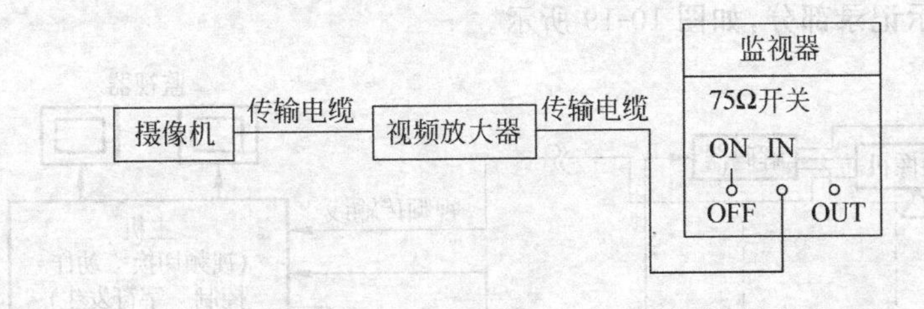

图 10-16　具有中间视频放大器的单头-单尾型监控保安系统

(2) 多头-单尾系统

当在一处集中监视多个分散目标时，宜选用多头-单尾型监控保安系统，如图 10-17 所示。

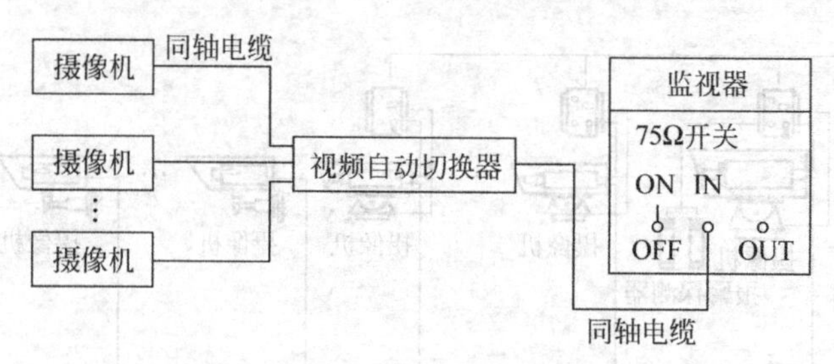

图 10-17 多头-单尾型监控保安系统

(3) 单头-多尾系统

当在多处监视一个固定目标时,宜选用单头-多尾型监控保安系统,适用于在多处监视同一个目标的场合,如图 10-18 所示。

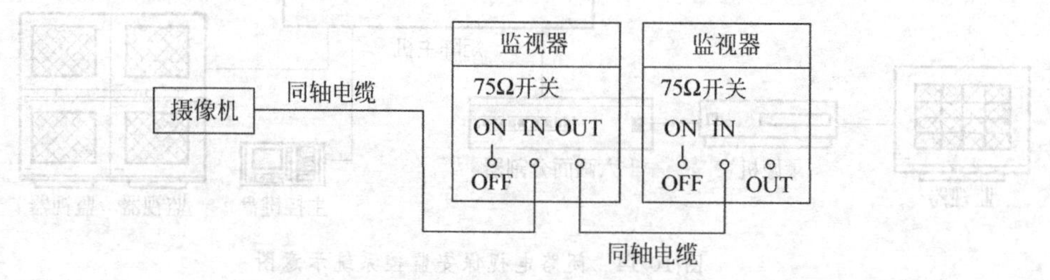

图 10-18 单头-多尾型监控保安系统

(4) 多头-多尾系统

多头-多尾系统是由摄像机、传输电(光)缆、切换控制器、视频分配器、监视器等组成,如果要求在多处监视多个目标时,选用该类型。

在闭路电视保安系统的传输通道中,当传输距离不超过 200m 时,可选用多芯闭路电视电缆(SSYV-20 型)传输全电视信号;当传输距离超过 200m 时,宜用同轴电缆或光缆传输视频信号,用其他电缆传送控制信号。

2. 闭路电视监控系统的基本组成

闭路电视系统可以通过摄像机及其辅助设备(如镜头、云台等)直接观看被监视场所的实际情况,并可以把所拍摄的图像用录像、多媒体技术等记录下来。该系统获取的信息量大,一目了然,判断事件正确,是报警复核、动态监控、过程控制和信息记录的有效方法。

不管是哪种类型的闭路电视监控系统,都是由下列四个部分组成:摄像部分、传输部分、控制部分、显示记录部分,如图 10-19 所示。

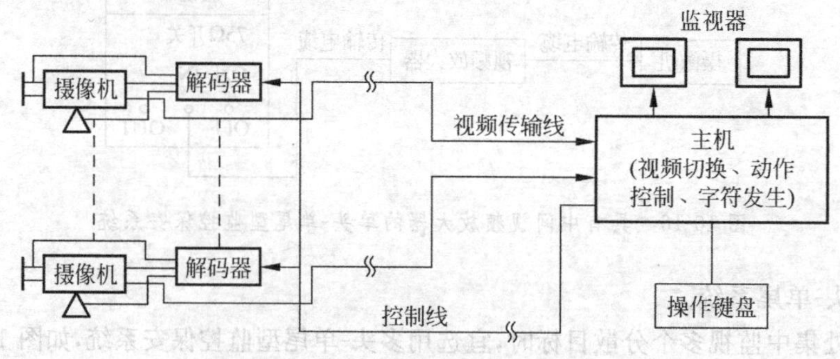

图 10-19 闭路电视监控系统的基本组成

3. 模拟式和数字式闭路电路监控系统

闭路电视监控系统从信号处理方式而言，有模拟式和数字式两大类。

(1) 模拟式

模拟式又可分为时滞式和实时型两种方式，还可分为短时型和长时型，通常使用的是长时型。长时型一般为24小时型，最长为960小时型。24小时型又分为24小时实时型和24小时时滞型。

24小时实时型，可以每秒16.7帧的速度作24小时连续录像，也可以每秒50帧图像作8小时连续录像。以每周5天工作制，每天8小时工作，又出现了40小时连续实时型。

24小时时滞式系统有0.02～0.25s的时间间隔，即时滞间隔，图像从每秒50帧减到了每秒4帧，因此在回放时，图像会有不连续感。典型产品有3小时、6小时、12小时、24小时四种方式。模拟闭路电视监控及联机系统如图10-20所示。

(2) 数字式

模拟式对传输距离非常敏感，容易产生畸变和衰减，点对点控制布线费用高，难以联网监控，需要大量的存储介质。随着计算机技术和数字技术的进一步发展，大容量的磁盘存储器和光盘存储器的出现和价格的逐渐降低，以及数字信号便于远距离传输等优点，使得数字视频监控系统亦已出现。

数字技术的主要优点在于视频能够在已有的局域网上传输，不需要特别的线缆。任何摄像头都能被许多用户在公司的局域网、广域网或者Internet上的任何地方观看。图像能够被网络上任何授权的计算机访问。

发布上的优势只是数字监控超过模拟监控的一部分。本地图像处理(例如，运动检测、人脸识别或生物统计识别等)技术的应用显著地提高了性能，并且降低了成本。

典型的数字监控系统是由图像源、视频图像信号处理设备、信号传输、图像的显示与处理、硬盘录像、系统的管理和控制等组成的。

图像源由各种CCD摄像机、电脑摄像机、网络摄像机等提供。信号处理设备对模拟视频信号进行数字化处理，如数模转换、简单的压缩和加密等。系统的管理由视频伺服器来进行，实现传统模拟闭路电视监控系统中矩阵控制和多画面处理设备的全部功能；视频伺服器还具有报警识别与处理、监视图像远程传输管理功能，是整个数字监控系统的核心。控制设备接收视频伺服器发出的数字化信号，以模拟的方式控制相应的执行机构的动作，如摄像机的云台、镜头的光圈、焦距等。记录装置由硬盘系统来实现，取代了模拟系统中的长时间录像机，对视频信号进行进一步处理，如压缩与加密等。

在数字视频监控系统中，要解决的关键技术问题是数据信号的压缩和解压缩。压缩就是去掉资料中的冗余，如时间冗余、空间冗余、视觉冗余、编码冗余等，即保留不确定的资料，去掉确定的资料。随着压缩、解压缩标准的制定和应用的普及，目前已有标准的MPEG-1、MPEG-2、MPEG-4等在广泛应用。目前监控领域主要应用的压缩方式有H.263、JPEG、M-JPEG、MPEG-1、MPEG-2、MPEG-4等。

一种数字式电视监控系统的基本结构如图10-21所示，它由硬盘录像系统、数字图像切换装置和网络传输接口三部分构成，具有多画面处理、录放像、矩阵控制、探测报警、远程传输等多种功能。

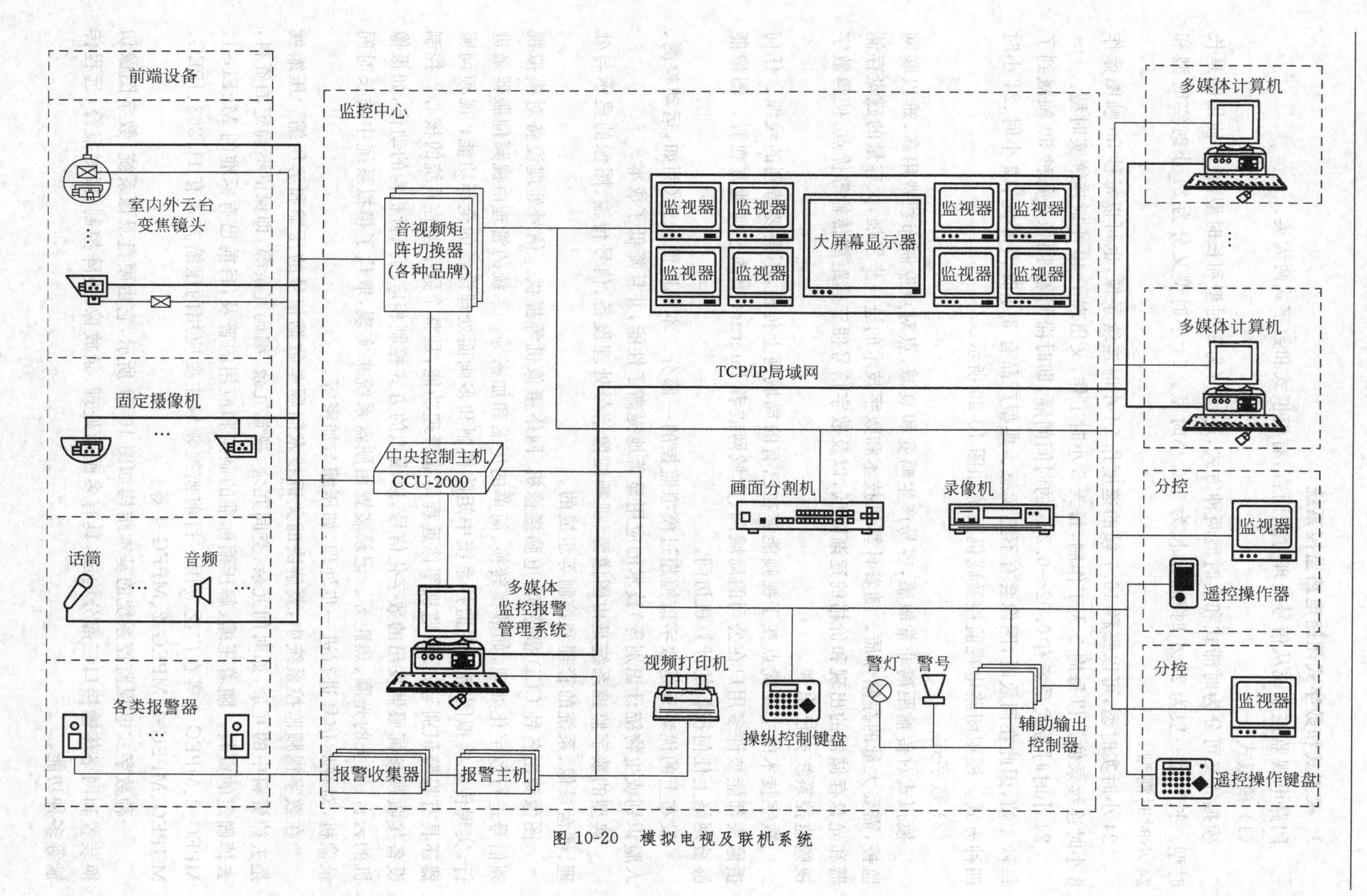

图10-20 模拟电视及联机系统

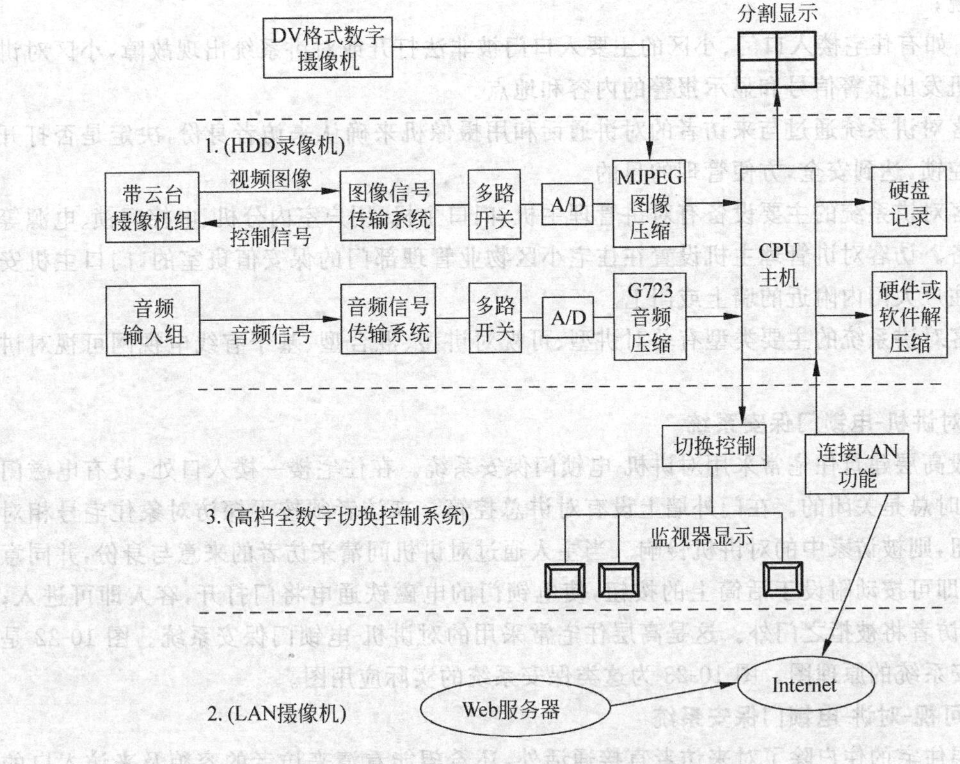

图 10-21　数字式电视监控系统的基本结构

如采用新型数字式摄像机，则其输出的是图像数据流（video streaming，VS），可以直接与 PC 快速进行数据交换，将视频图像输入到 PC 控制主机中。

如采用是模拟式 CCD 摄像机，则首先要经过系统的视频接口及处理模块，逐次从多路输入中选出一路进行 A/D 转换，并压缩成 MPEG 标准数据后予以存储。这样对于 16 路图像扫描输入速度，因有各路间的采集切换时间和系统开销，故速率一般为每路每秒数帧，但也有每秒 25 帧的实时产品。图像画面大小和清晰度有 320×240、640×480 及 720×580 等多种。

在对图像显示速度要求不高的场合，也可采用价格低廉的 CMOS 数码摄像机，新型机种的分辨率已能达到 640×480，视其内快闪存储器容量的大小，存储图片的数量可达数百张之多。

10.3.4　访客对讲保安系统

访客对讲系统是在各单元入口及住宅小区的主要出入口安装防盗门和对讲装置，以实现访客与住户的对讲/可视对讲。住户可以遥控开启防盗门，有效防止非法人员进入小区或住宅楼内。其主要功能为：

(1) 可以实现住户、访客语音/图像传输；

(2) 通过室内分机可以遥控开机防盗门电控锁；

(3) 门口主机可利用密码、钥匙或感应卡开启防盗门；

(4) 可通过住宅小区对讲管理主机，对小区内的各住宅楼宇访客对讲系统的工作情况进行监视；

(5) 如有住宅楼入口门、小区的主要入口门被非法打开或对讲系统出现故障，小区对讲管理主机发出报警信号和显示报警的内容和地点。

访客对讲系统通过与来访者的对讲通话和用摄像机来确认来访者身份，决定是否打开楼门电控锁，达到安全，方便管理的目的。

访客对讲系统的主要设备有对讲管理主机、门口主机、用户室内分机、电控门锁、电源等相关设备。访客对讲管理主机设置在住宅小区物业管理部门的保安值班室的，门口主机安装在各住户大门内附近的墙上或门上。

访客对讲系统的主要类型有单对讲型、可视对讲型、混合型、基于有线电视网可视对讲型等。

1. 对讲机-电锁门保安系统

一般高层建筑住宅常采用对讲机-电锁门保安系统。在住宅楼一楼入口处，设有电磁门锁，门平时总是关闭的。在门外墙上设有对讲总控箱。来访者须按下探访对象住宅号相对应的按钮，则被访家中的对讲机铃响。当主人通过对讲机问清来访者的来意与身份，并同意探访时，即可按动附设于话筒上的按钮，使电锁门的电磁铁通电将门打开，客人即可进入；否则，探访者将被拒之门外。这是高层住宅常采用的对讲机-电锁门保安系统。图 10-22 是这类保安系统的原理图。图 10-23 为这类保安系统的实际应用图。

2. 可视-对讲-电锁门保安系统

高层住宅的住户除了对来访者直接通话外，还希望能看清来访者的容貌及来访入口的现场，则可在入口门外安装电视摄像机。将摄像机视频输出经同轴电缆接入调制器，再由调制器输出射频信号进入混合器，并引入大楼内共用天线系统，这就构成可视-对讲-电锁门保安系统，如图 10-24 所示。

当住户与来访者通话的同时，可打开电视机相应频道，即可看到摄像机传送来的入口现场情况。图 10-25 为直接可视的对讲系统。图 10-26 即为基于有线电视网可视对讲系统。

10.3.5 出入口门禁保安系统

出入口是指进出小区的主要通道口，出入口管理是限制外来闲杂人员进入小区的重要方式，一般通过门禁系统来实现。

1. 门禁系统

门禁系统是对小区重要的出入通道进行管理。门禁系统可以控制人员的出入，还能控制人员在楼内及其相关区域的行动。在小区的主要出入口、楼宇出入口、停车场出入口和电梯等处安装出入口控制装置，如读卡器、指纹阅读器、密码键盘等，对进出人员进行分级别、分区域、分时段的管理，以确保小区安全。

门禁系统通过以下步骤来实现其控制人员出入的目的：

(1) 对需控制的出入口，安装受电锁装置和感应器(如电子密码键盘、读卡器、指纹阅读器等)控制的电控门；

(2) 授权人员持有效证卡，利用密码或自己的指纹，就可以开启电控门；

(3) 所有出入资料，都被后台计算机记录在案；通过后台计算机可以随时修改授权人员的进出权限。

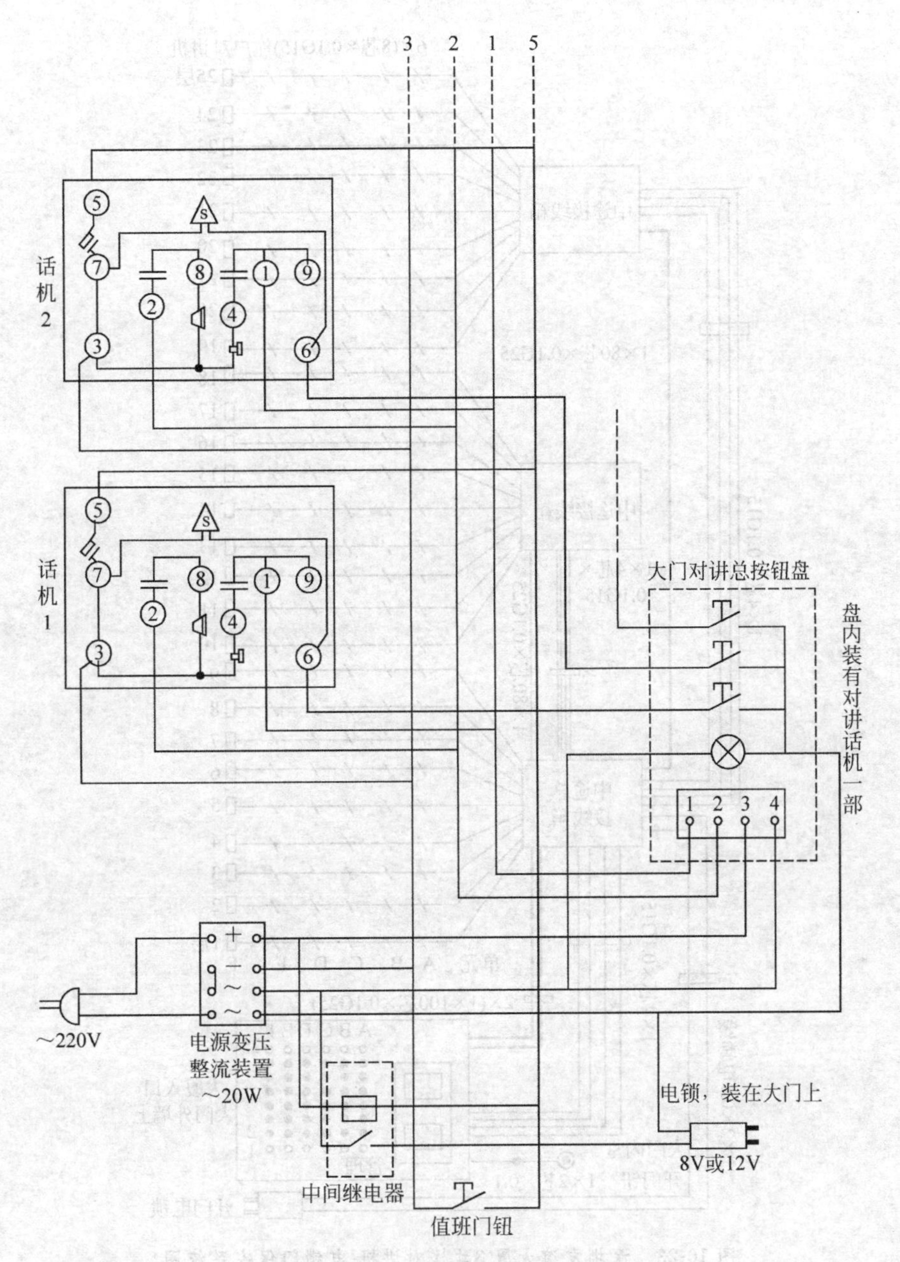

图 10-22　对讲机-电锁门保安系统原理图

门禁系统通常由管理计算机、控制器、读卡机、电控锁、闭门器、门磁开关、出门按钮、识别卡和传输线路组成。通常有卡片确认式、密码确认式、人体生物特征确认式三类。

2. 非接触式 IC 卡门禁监控系统

卡片式门禁系统分为非接触式 IC 卡门禁监控系统、有接触式 IC 卡门禁系统两类。非接触式为感应式自动识别系统，用得较多，寿命较长，可读取 10 万次以上，其系统结构如图 10-27 所示。目前其实际系统有美国安定宝公司的 JAVELIN 门禁控制等，系统如图 10-28 所示。

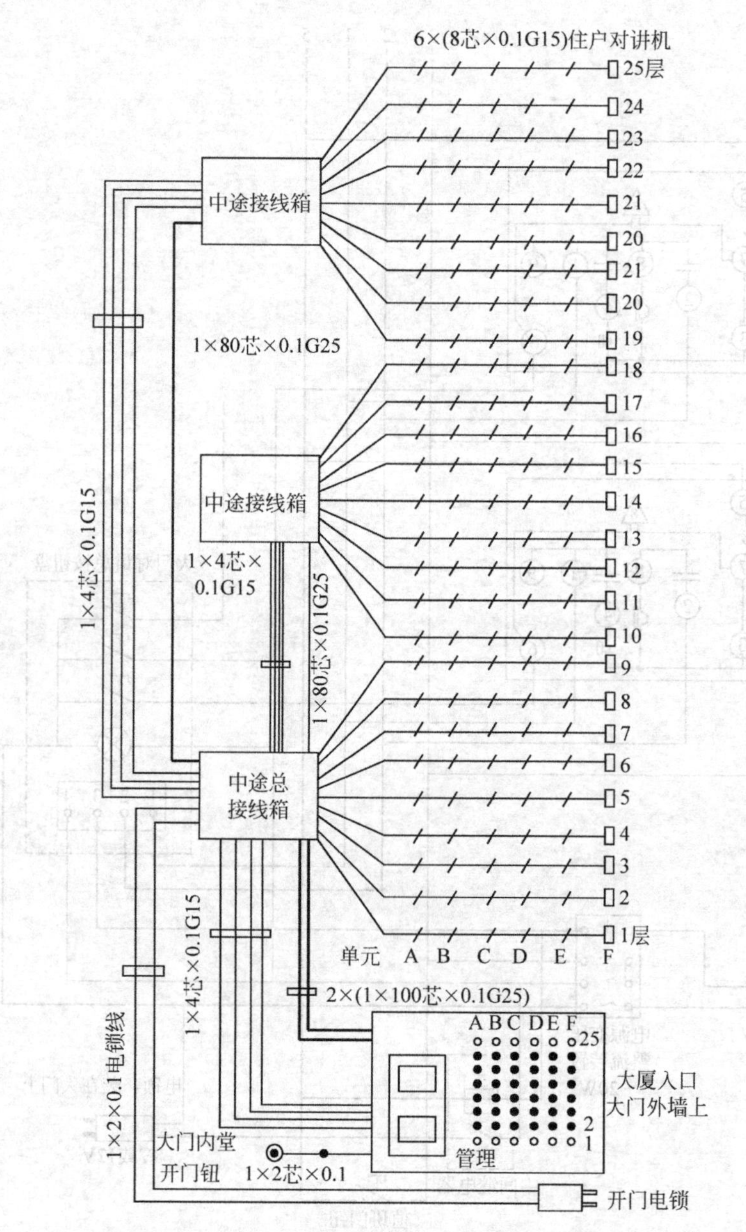

图 10-23 深圳友谊大厦 3#楼对讲机-电锁门保安系统图

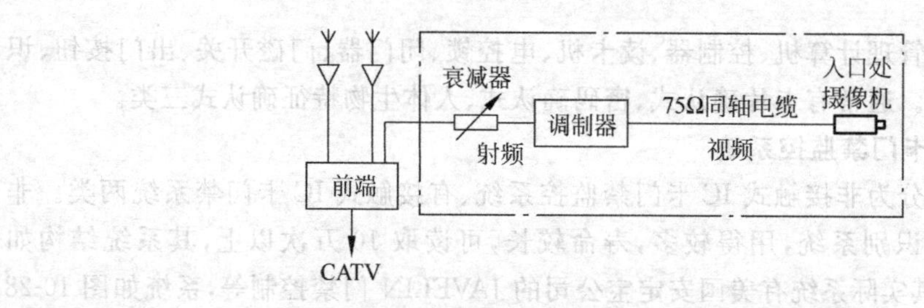

图 10-24 可视-对讲-电锁门保安系统原理图

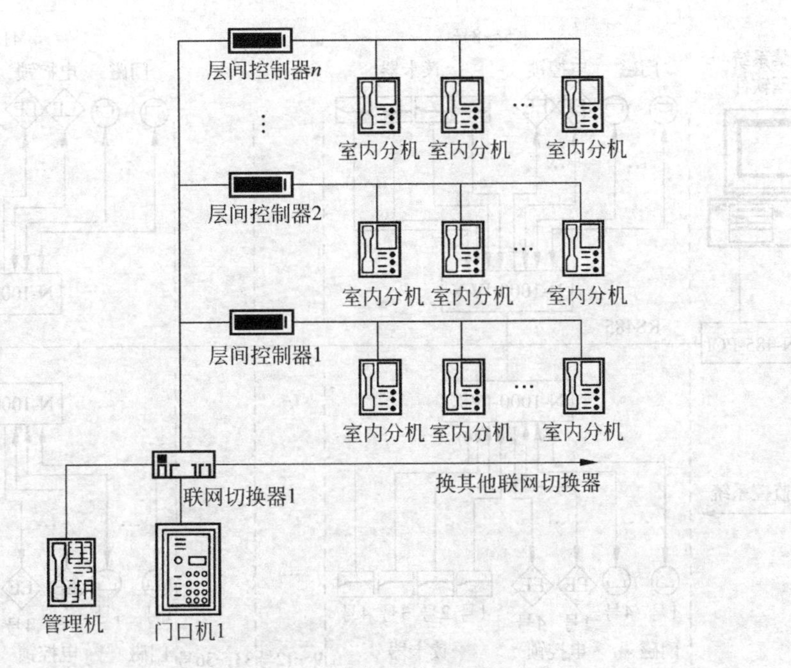

图 10-25 可视-对讲保安系统结构图

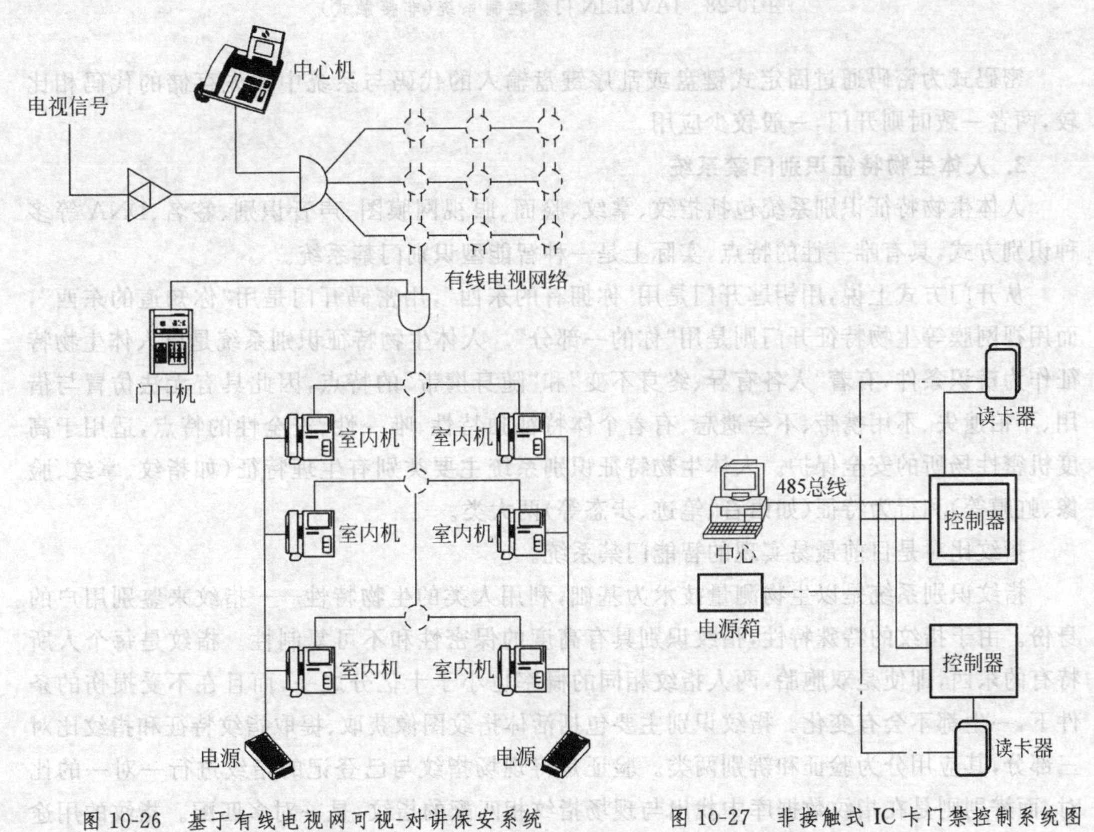

图 10-26 基于有线电视网可视-对讲保安系统

图 10-27 非接触式IC卡门禁控制系统图

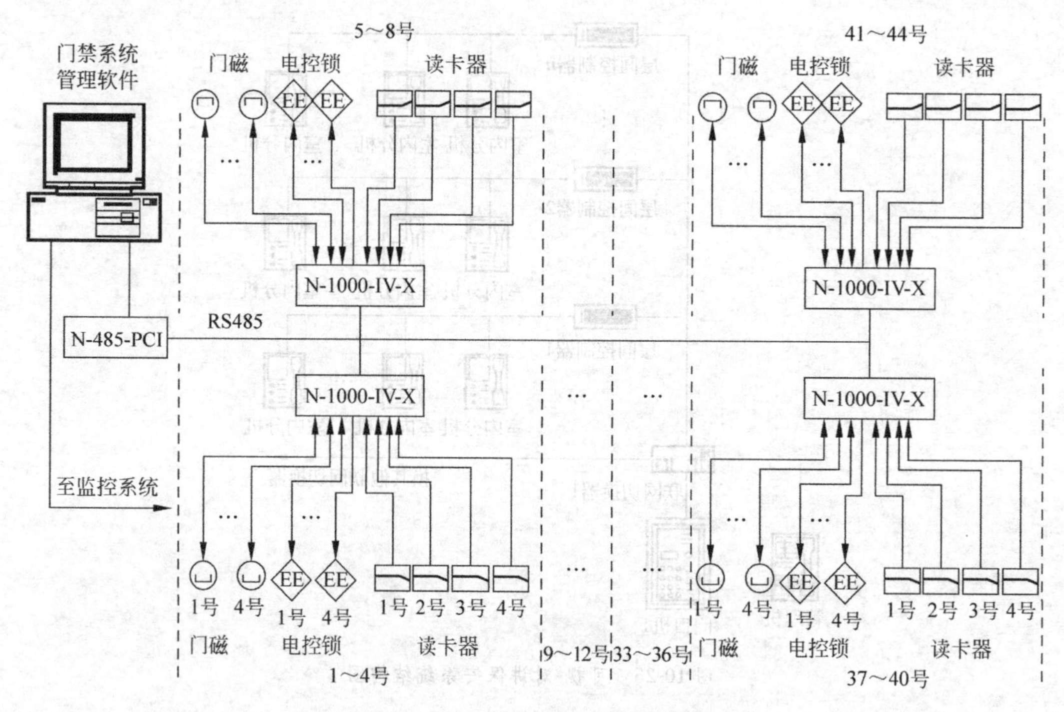

图 10-28　JAVELIN 门禁控制系统(非接触式)

密码式为密码通过固定式键盘或乱序键盘输入的代码与系统中预先存储的代码相比较,两者一致时则开门,一般较少应用。

3. 人体生物特征识别门禁系统

人体生物特征识别系统包括指纹、掌纹、脸面、眼视网膜图、声音识别、签名、DNA 等多种识别方式,具有唯一性的特点,实际上是一种智能型识别门禁系统。

从开门方式上说,用钥匙开门是用“你拥有的东西”,用密码开门是用“你知道的东西”,而用视网膜等生物特征开门则是用“你的一部分”。人体生物特征识别系统是以人体生物特征作为辨识条件,有着“人各有异、终身不变”和“随身携带”的特点,因此具有无法仿冒与借用、不怕遗失、不用携带、不会遗忘、有着个体特征独特性、唯一性、安全性的特点,适用于高度机密性场所的安全保护。人体生物特征识别系统主要类别有生理特征(如指纹、掌纹、脸像、虹膜等)和行为特征(如语音、笔迹、步态等)两大类。

指纹比对是目前最易实现的智能门禁系统。

指纹识别系统是以生物测量技术为基础,利用人类的生物特性——指纹来鉴别用户的身份。由于指纹的特殊特性,指纹识别具有高度的保密性和不可复制性。指纹是每个人所特有的东西,即使是双胞胎,两人指纹相同的概率也小于十亿分之一,而且在不受损伤的条件下,一生都不会有变化。指纹识别主要包括活体指纹图像获取、提取指纹特征和指纹比对三部分,其应用分为验证和辨别两类。验证是将现场指纹与已登记的指纹进行一对一的比对,而辨别则是在指纹数据库中找出与现场指纹相匹配的指纹,是一对多匹配。指纹的用途很广,包括门禁控制、网络安全、金融和商业零售等。典型的如美国 BIOMATRIC 公司的 VERRIPORX-HID 指纹识别器采用嵌入式指纹识别屏,采用光学采样对比方式,全方位识别角度，使用十分方便。其特点是解决了因切割、玷污及膨胀因素造成的图像变形，不会对指纹图像识别产生影响。识别时间小于0.5s，错误拒绝率（拒真率FRR）为0.01，错误接受率（认假率FAR）小于10万分之一。指纹识别器可接入门禁系统的读卡器接口，使系统完全兼容使用。此外，用户可选用感应卡加指纹识别认证用户身份，做到高保密、高安全。VERIPROX-HID指纹识别器指标为：用户容量4500个，识别时间小于0.5s。影像格式：224×288，解析度为513DPI8BIT映像点，工作频率125kHz，接口标准有WEGEAND、DATA/CLOCK、RS232/RS485，尺寸13cm×5cm×5.6m。

以指纹识别作为基础的指纹门禁机，如美国Identix门禁产品FingerscanV20，使用Identicator公司的ID Safe生物测定技术，输出门锁控制信号。使用时只需在面板的键盘上或无接触式读卡器上输入你的ID号码，同时扫描一下你的指纹，即可控制门的开启。指纹登录为单次抓拍，典型特征大小典型值为300字节，可登录用户数近万个，其锁控输出和多路继电器输出信号可通过RS-485、RS-232、TTLI/O、威根卡I/O传送，也能通过以太网或拨号调制解调器以300～56Kbps的速率传送。其技术规范为验证时间1s，登记指纹一次需0.5s，指纹特征大小300字节，记录容量8000笔，波特率300～56Kbps，可登记用户标准是512个，可扩展至32000用户，ID号为1～9位数字或读卡机输入。门控有锁控输出、Tamper Switch、3路辅助输出、4路辅助输入；通信方式可选RS485、RS232、TTL、Wiegand，可选以太网或Modem；读卡机输入可选威根（Wiegand）卡、HID卡、磁卡、条码卡，电源12VDC，重量2磅，尺寸7″×7″×3.5″。

国产有青松FAC-200A指纹门禁控制器，单机使用独立工作，使用模式如图10-29所示，也可多台联网使用。

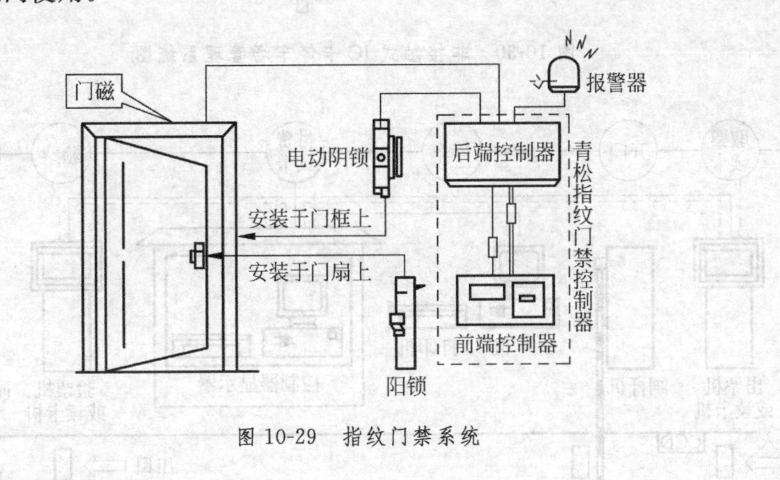

图10-29 指纹门禁系统

4. 停车场门禁管理系统

对于停车场应实现有效方便的监控与管理。对于建筑物内部，如智能建筑或智能型停车场，重点是防范车辆丢失情况，则可以采用认车不认人的技术方案。

对进入停车场的各种车辆进行有序管理，并对车辆出入情况进行记录，完成停车场收费管理，可采用较流行的感应式IC卡作为管理手段。智能化系统还具有防盗报警功能及倒车限位等功能，其系统如图10-30所示，设备布置如图10-31所示。

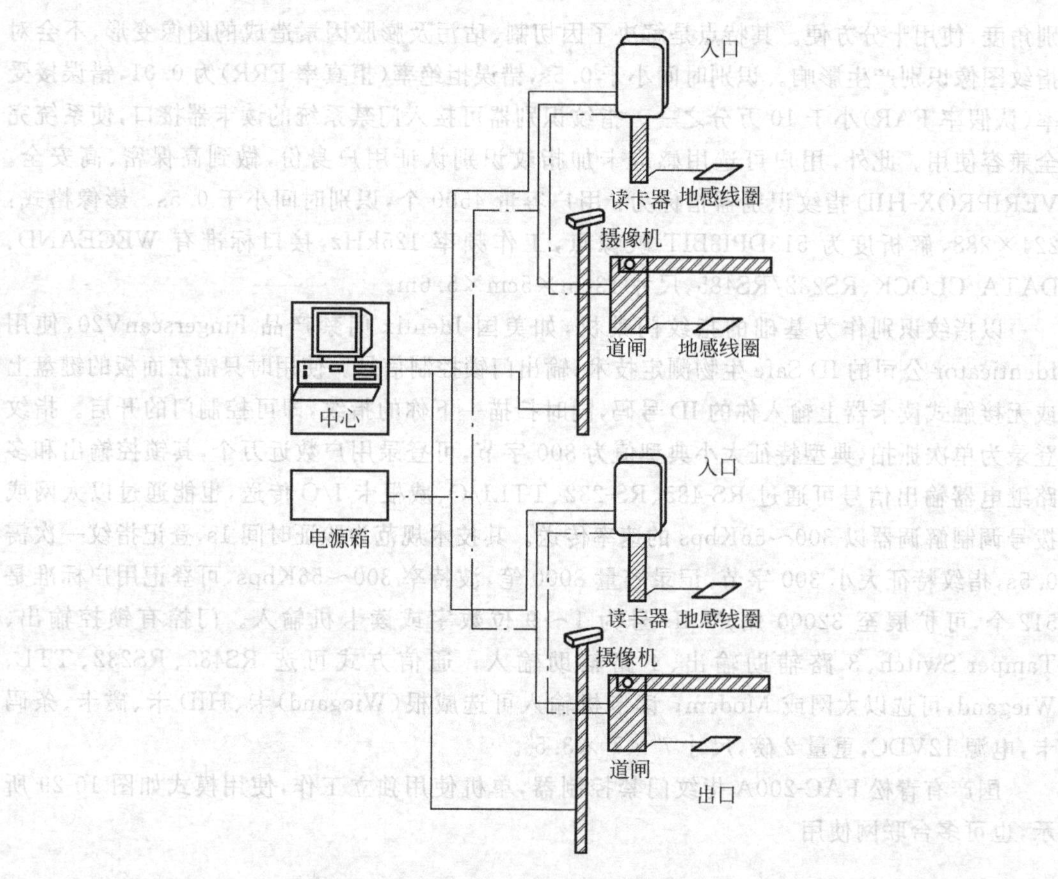

图 10-30 非接触式 IC 卡停车场管理系统图

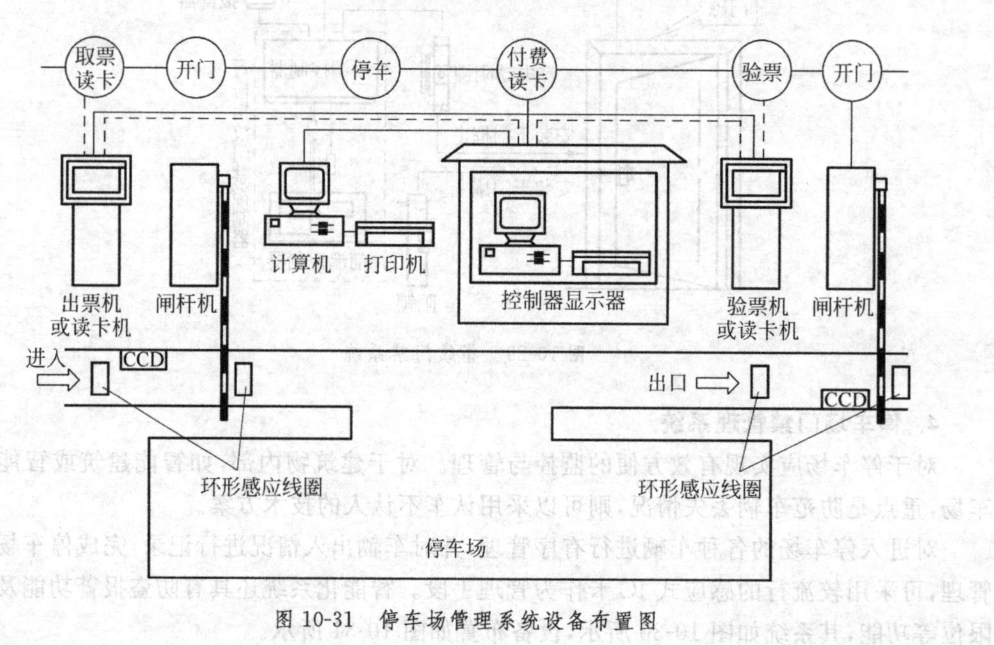

图 10-31 停车场管理系统设备布置图

10.3.6　电子巡更系统

电子巡更系统是小区保安，尤其是智能小区的重要系统，是指为保证小区保安人员的巡逻效果，在小区内设置固定的巡更路线，定时巡查和管理小区各种治安情况，及时发现并有效阻止各种安全问题的发生。随着现代科技的高速发展，大而笨拙的传统机械式及电子红外巡更设备越来越不适应现代管理的要求，因此具有小巧、美观、高可靠性优点的不锈钢封装存储芯片（信息纽扣）的问世，推动了新一代无线巡更设备的产生。

电子巡更系统的基本配置为：住宅小区内安装电子巡更系统，保安巡更人员按设定路线进行值班巡查并予以记录。可选配置为：巡更站点与住宅小区物业管理中心联网，计算机可实时读取巡更所登录的信息，从而实现对保安巡更人员的有效监督管理。

巡更管理系统可以指定保安人员巡更小区各区域及重要部位的巡更路线，并安装巡更点。如图10-32所示为某小区的中心巡更系统路线示意图。保安巡更人员携带巡更记录机按照指定的路线和时间到达巡更点并进行记录，将记录信息传到物业管理中心。管理人员可以调阅、打印各保安巡更人员的工作情况，加强保安人员的管理，如果出现问题可以及时收到，保护巡更人员的安全和及时处警，从而实现人防与技防的结合。其主要功能有：

(1) 实现巡更路线的设定、修改；

(2) 实现巡更时间的设定、修改；

(3) 在小区重要部位及巡更路线上安装巡更点；

(4) 中心可以查阅、打印各巡更人员的到位时间及工作情况；

(5) 巡更违规记录提示。

巡更系统的类型有在线巡更（有线）和离线巡更（无线）两类。

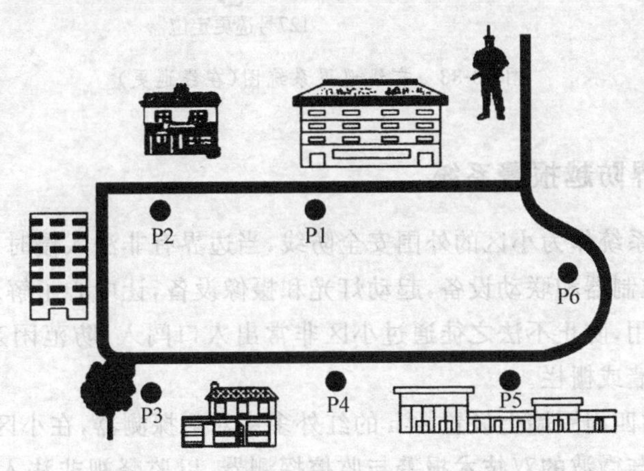

图10-32　巡更系统的路线示意图

1. 无线巡更系统

无线巡更系统由信息纽扣、巡更手持记录器、下载器、计算机及其管理软件等组成。信息钮扣安装在现场，如各住宅楼的门口附近、地下车库出入口、车库里、主要道路旁等处。巡更手持记录器由巡更人员执勤时随身携带。下载器是联接手持记录器和计算机进行信息交流的部件，设置在计算机所在房间。

无线巡更系统具有安装简单、不需专用计算机、扩容方便、修改巡更点容易等特点，尤其适用于已建成的住宅小区。

2. 有线巡更系统

有线巡更系统是巡更人员在规定的巡更路线上,按指定的时间和地点向管理计算机发送信号以表示正常。如果在指定的时间内信号没有发出到管理计算机或不按规定的次序出现信号,系统则认为异常。因此,巡更人员出现任何问题或危险,会很快被察觉,从而增加了小区的安全性。其典型系统如图10-33所示。

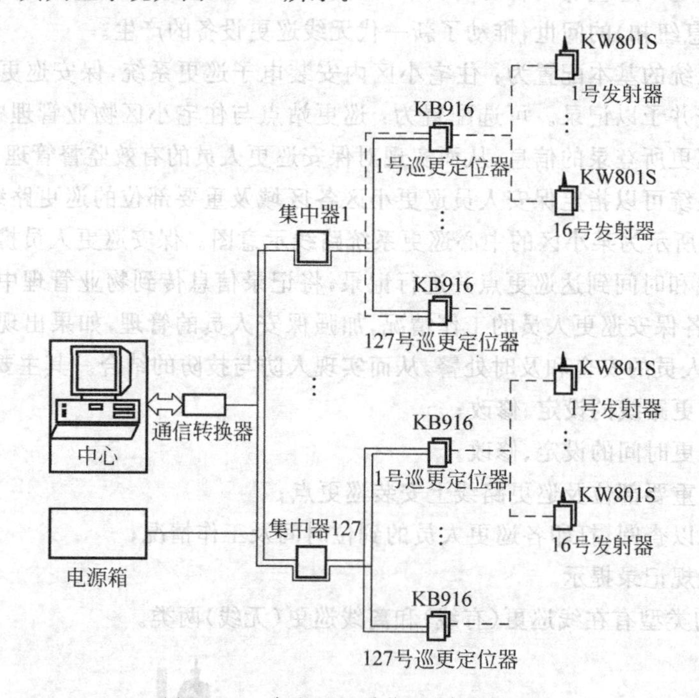

图 10-33 有线巡更系统图(在线巡更)

10.3.7 周界防越报警系统

周界防越报警系统作为小区的外围安全防线,当边界有非法入侵时,探测器便发出警情信息,通过中心的控制器和联动设备,起动灯光和摄像设备,让中心了解现场的情况,对非法入侵者起到威慑作用,防止不法之徒通过小区非常出入口闯入,防范闲杂人员出入,同时防范非法人员翻越围墙或栅栏。

通常,在小区的四周围墙上设置24h的红外多束对射探测器,在小区的非常出入口处也设置24h室外红外与微波的双技术报警与监控探测器,以监督视非法入侵者。一旦有非法入侵者闯入就会触发,并且处于警戒状态的探测器立即发出报警信号到保安中心,并在小区地图模拟图上显示报警点位置,同时联动现场的声光报警器(白天使用)和强光灯(夜间使用),及时威慑和阻吓不法之徒,提醒有关人员注意,做到群防群治,拒敌于小区之外,真正起到防范的作用。

小区周界防盗报警系统还可以与闭路电视监控系统联动,一旦报警,监控中心图像监视屏上立即与报警点相关的图像,并自动以高密度方式录像。值班保安人员可以通过控制摄像机监视报警区域的所有情况,以便及时发出报警信息。

周界防范的技术手段有以下几种：

(1) 泄漏同轴电缆探测器，可探测电缆附近高介电常数物质或高导电性材料的运动，如人体和金属材料等；

(2) 光纤传感器，将光纤埋入地表下的适当位置，当入侵者踏越光纤时，光纤受到压力导致扭曲而产生了微小的变形，从而使得光强分布的模式发生变化，发出报警信号；

(3) 地音压力振动入侵探器，可用来检测入侵者行走、跑、跳、爬行、挖地道等产生的机械冲击引起的振动信号，从而报警；

(4) 磁场探测器，探测其附近金属材料的运动引起当地磁场的变化，用于检测车辆或武器携带者；

(5) 护栏抗动探测器，可探测护栏的机械运动，主要用来检测翻越护栏或盗割护栏者；

(6) 主动红外对射探测器，由发射机和接收两部分组成，安装时分别位于警戒范围的两端，当入侵者闯入时主动红外接收到红外能量损失从而报警。

振动传感式的周界防范系统一般用于社区范围较大、周围又不规则的地方；一般的周界防范系统常采用主动红外对射。

周界报警系统主要由周界报警探器、总线信号采集器和周界监控中心三部分组成。常用的周界防越报警系统示意图见图10-34所示。

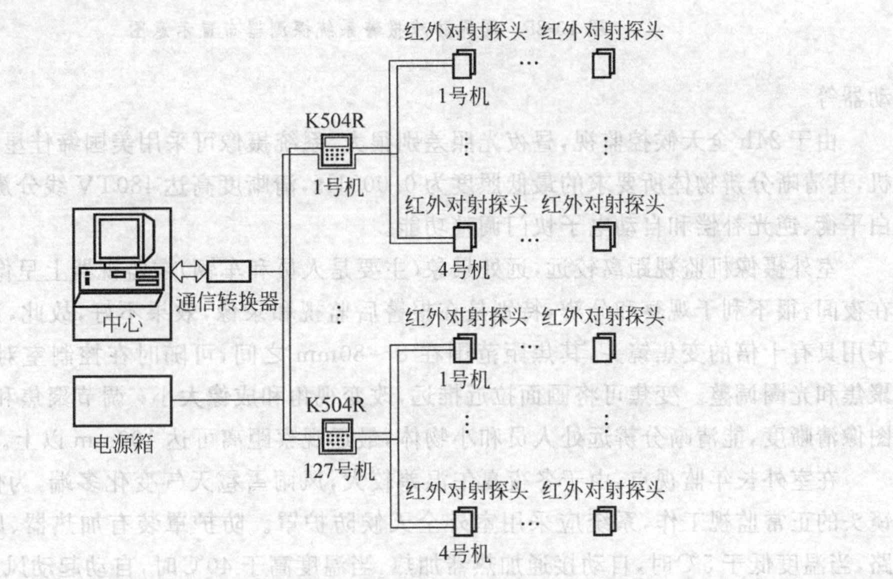

图10-34　建筑周界防越报警系统图

周界报警探测器由主动式红外对射探测器组成，不但长距离瞄准精度高，而且有较高稳定性和误报率极低的特点，对室外环境工作表现出极强的适应性。

采用数字化处理技术，以电子地图、数据库记录等手段对警情作出迅速反应，并可与其他安防系统联动，达到万无一失的目的。由红外探测器组成的周界防越报警系统的探测器安装示意图如图10-35所示。

小区周边栅栏或围墙除可安装主动红外对射报警探测器，布置不可见防线，当有人非法翻越闯入防线时报警外。还可如图13-35所示，同时在周边安装全功能监控前端，包括彩色摄像机、电动三可变镜头、室外全天候护罩、室外全天候全方位云台、云台支架、智能解码驱

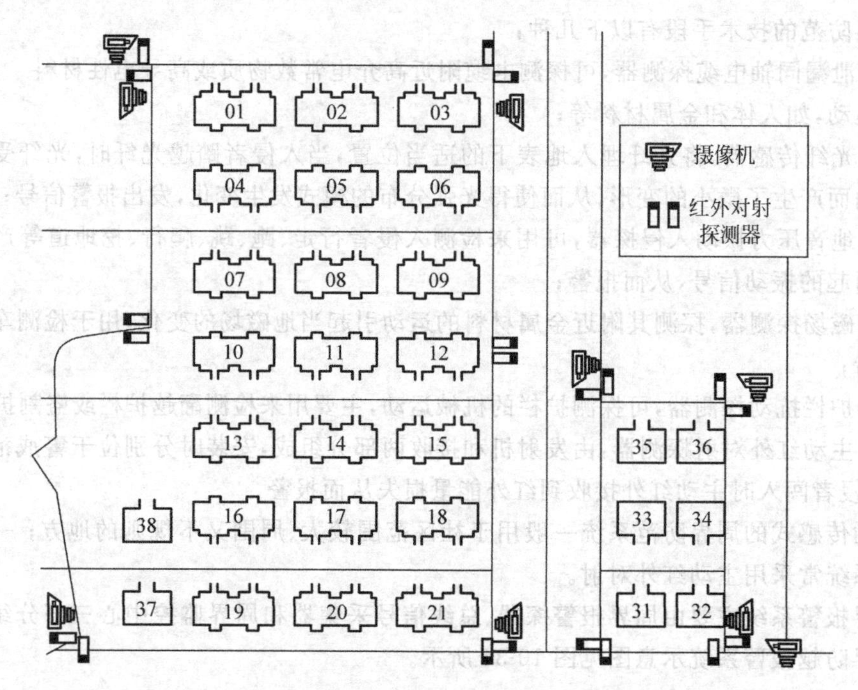

图 10-35 周界防越报警系统探测器布置示意图

动器等。

由于 24h 全天候控监视，昼夜光照差别很大，系统摄像可采用美国缔佳星光级彩色摄像机，其清晰分辨物体所要求的最低照度为 0.0001lx，清晰度高达 480TV 线分辨率，具有自动白平衡、逆光补偿和自动电子快门调整功能。

室外摄像机监视距离较远，远处景象(主要是人员和车辆)在监视器上呈像很小，尤其是在夜间，很不利于观察和分辨，特别是在报警后监视和录像，效果不好，故此，系统室外点可采用具有十倍的变焦镜头，其焦距范围在 8～80mm 之间，可随时在控制室对其进行变焦、聚焦和光圈调整。变焦可将画面拉近推远，改变视角和成像大小；调节聚焦和光圈，可调整图像清晰度，能清晰分辨远处人员和小物体，最远观察距离可达 100mm 以上。

在室外长年监视点，由于冬夜夏午温差较大，风雨雪雹天气变化多端，为保证摄像机和镜头的正常监视工作，系统应采用室外全天候防护罩。防护罩装有加热器、风扇和测温电路，当温度低于 5℃时，自动接通加热器加热，当温度高于 40℃时，自动起动风扇散热。该防护罩还装有刮雨器，平时可用来除尘，雨天用来刮雨，以保证摄像机和六倍三可变电动镜头的正常工作温度，延长使用寿命，保证图像质量，可适应我国各地全天候天气情况。

室外云台都为全方位云台，可带动摄像机和电动三可变镜头进行上、下、左、右左上、左下、右上、右下全方位万向扫描。室外云台亦具有测温控温功能，密闭设计，可适应我国各地全天候情况。

所用解码器为智能解码驱动器，接到主控机和分控机发出的信息命令后，验明身份，握手回应，根据控制指令驱动相应摄像机、电动镜头、室内外云台、室外全天候防护罩、照明、报警探测器等完成各种动作；当相关联报警测器报警，智能解码驱动器立即将报警信号调制编码并传至监控报警中心，同时自动打开相应摄像机电源、照明灯等。

10.4 民用建筑安全防范与监控系统设计

民用建筑安全防范与监控系统，是民用建筑建弱电系统中一个非常重要的子系统，它能确保现代民用建筑内人身、财产及信息资源的安全，为建筑提供安全、方便、舒适与高效的工作和生活环境。现代民用建筑安全防盗与保安系统的设计和施工将根据具体建筑的实际情况，按照民用建筑保安防范系统的技术要求，保证设计和施工科学性、先进性和稳定性。现代民用建筑安全防范与监控系统包括防盗报警系统、访客对讲系统、闭路电视监控系统、出入口控制系统和停车场管理等组成。

10.4.1 系统设计要求

在确立民用建筑安全防范与监控系统功能后，就可以进行安全防范系统的设计，民用建筑安全防范与监控系统设计方案应遵循如下设计原则。

(1) 功能需求原则

安全防范系统方案以满足用户的功能需求为目标，并针对业务的特点确保实用性。

(2) 开放性原则

在总体规划民用建筑的安全防盗与保安系统方案时，应充分考虑政府的安全防范总体发展规划，使其成为整个社会安全防范体系的一个部分。

(3) 先进性原则

在满足用户现有需求的前提下，充分考虑信息社会迅猛发展的趋势，在技术上适度超前，使所提出的方案保证能将民用建筑建成先进的、现代化、可靠的民用建筑。

(4) 集成性和可扩展性原则

充分考虑民用建筑整个安全防范系统所涉及的各个子系统的集成和信息共享，保证整个安全防范系统总体结构上的先进性和合理性，实现对各个子系统的分散控制、集中管理和监控；总体结构具有可扩展性和兼容性，可以集成不同生产厂商不同类型的先进产品，使整个安全防盗与保安系统可以随着技术的发展和进步，不断得到充实和提高。

(5) 标准化和结构化原则

方案的设计参照国家和有关标准进行。此外，根据民用建筑安全防范系统总体结构的要求，各个子系统必须结构化和标准化，并代表当今最新的技术成就。

(6) 安全性、可靠性和容错性原则

整个民用建筑的安全防盗与保安系统必须具有极高的安全性、可靠性和容错性。

(7) 服务性和便利性原则

适应多功能、外向型的要求，讲究便利性和舒适性，达到提高工作效率、节省人力及能源的目的。对于来自民用建筑内、外的各种类型的信息予以收集、处理、存储、传输、检索和提供决策的能力，为民用建筑的拥有及其客户提供高效、舒适、便利、安全的工作环境。

(8) 经济性原则

在实现先进性、可靠性的前提下，达到功能和经济的优化设计。

(9) 兼容性原则

与用户原有系统充分兼容，保护用户投资，并在结构、功能和性能上进一步扩充。

10.4.2 防盗报警系统设计

1. 系统功能要求

防盗报警系统的主要作用是确保周界和一些重要出入口等不受非法入侵,一旦发生非法入侵,报警系统能够快速响应,及时向保安中心或其他报警中心报警,并实时处理和记录报警事件。

2. 系统构成设计

一个完整的民用建筑区域防盗报警系统由用户端报警系统和报警系统中心两部分组成。报警前端设备分为机械式和电气式报警装置。

1) 机械式

机械式的报警是通过防范现场传感器的位置和工作状态的通断变化,来触发报警电路。

(1) 开关式,可以是一个微动开关,也可以是一根导线,利用其通断,即可触发报警。这种报警方式简单、实用、价格低廉。

(2) 磁控开关式,磁控开关由带金属触点的两个簧片封装在充有惰性气体的玻璃管和一块磁铁组成。

(3) 压力开关式,压力垫上有两条金属带,当入侵者踏上压力垫时,两条金属带接触,相当于开关点闭合,即发出报警信号。

2) 电气式

(1) 玻璃破碎报警器(面型)。这种报警器一般粘附在玻璃上或玻璃附近,利用玻璃破碎时产生 2kHz 的特殊频率,感应出报警信号。

(2) 双鉴报警器(空间型)。由于单一式红外、微波、超声波报警器误报率较高,为了解决误报率问题,提出混合式双鉴报警。经过多年实践,微波/被动红外双鉴式探测器的灵敏度不受环境温度影响,误报率只有 1%,可信度高,因而应用相当广泛。

(3) 光纤传感器(线型)。当入侵者碰触压迫光纤时,光纤中的传输模式发生变化,使光纤传感器探测出入侵信号,报警器发出报警信号。

(4) 其他各种单一式传感器。如周界报警器、声控制报警器、微波报警器、超声波报警器,红外线报警器等都广泛用于防盗报警系统中,只不过在设计时随使用防范的场所和部位而不同。

民用建筑区域防盗报警系统设计可按图 10-36 所示结构进行设计。

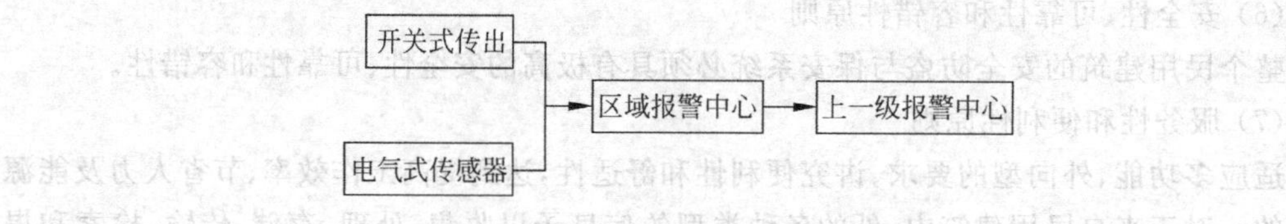

图 10-36　区域防盗报警系统设计组成

3. 系统设备的基本要求

1) 住宅报警装置应符合如下规范标准的规定

(1) GB 10408.1:《入侵探测器通用技术条件》;

(2) GB 10408.2:《超声波入侵探测器》;

(3) GB 10408.3:《微波入侵探测器》;

(4) GB 10408.4:《主动红外入侵探测器》;

(5) GB 10408.5:《被动红外入侵探测器》;

(6) GB 10408.6:《超声波和被动红外复合入侵探测器》;

(7) GB/T 10408.7:《振动入侵探测器》;

(8) GB 12663:《防盗报警控制器通用技术条件》。

2) 民用建筑报警装置的安全性

(1) 装置设备应符合相关产品标准的安全性规定;

(2) 装置设备任何部分的机械结构应有足够的强度,并能防止由于结构不稳定、移动、突出物和锐边造成对人员的损伤;

(3) 报警装置应有防触电保护。

3) 民用建筑报警装置的可靠性

(1) 系统平均无故障工作时间(MTBF)不应小于5000h;

(2) 受到入侵时,应发出报警,在户内报警时间≤5s,物业管理中心接到报警时间≤10s;

(3) 可根据需要显示报警和故障信号,区域报警中心应以声光显示报警及故障状态。

4) 住宅报警装置的环境适应性

(1) 报警装置所使用的设备应符合《报警系统环境试验》(GB/T 15211)的要求;

(2) 安装在室内环境中的报警装置的工作温度为−5~55℃,相对湿度小于90%,安装在室外环境的报警装置的工作温度为−5~55℃,相对湿度小于100%;

(3) 报警装置应根据环境的电磁波及声、振动等干扰源的测量情况,选用符合要求的设备;

(4) 报警装置的电磁兼容性应符合《入侵报警系统技术要求》(GA/T 368)的要求;

(5) 报警装置的电源装置应符合《报警系统电源装置、测试方法和性能规范》(GB/T 15408)的规定;

(6) 传感器与控制器联接电缆要求传输线路应采用耐压不低于250V的铜芯绝缘多股电线,每芯截面不应小于0.3mm^2。

4. 系统设备安装要求

(1) 报警装置不应装在入侵时易于拆卸的位置;

(2) 信号线及电源线应有保护套管防护;

(3) 系统应做接地保护;

(4) 报警装置安装前,建筑工程应完成预埋管、预留件等工作,并通过验收合格;

(5) 各类设备产品应进行进场验收,查验出厂合格证、产品技术资料,对于实行许可证和安全认证的产品,应有产品许可证和安全认证标志;

(6) 外观检查应有铭牌、附件齐全、电气接线端子完好,表面无缺损,涂层完整。

5. 系统检测

(1) 按GB 10408.1入侵探测器系列标准化的有关要求,检查调试系统探测器的安装位置、探测范围、灵敏度、报警状态后的恢复时间、防拆保护等功能与指标;

(2) 按《防盗报警控制器通用技术条件》(GB 12663)要求检查报警装置的本地、异地报警、防破坏报警、布撤防、自检及显示功能；

(3) 检查紧急装置报警的响应时间；

(4) 系统联动功能检测,应符合设计要求。

10.4.3 访客对讲系统设计

1. 系统功能

在楼道入口处安装门口机及防盗门电控锁,住户可通过室内机开启楼道入口防盗门。选用联网型,在居住区主要出入口安装管理员机,实现联网控制。

2. 系统构成

系统分直通型和联网型两类,设计时可按图10-37和10-38所示结构进行设计。室内机分为可视对讲与不可视对讲两类,可视对讲分为彩色与黑白显示两类。联网型的管理员机也分为可视、不可视对讲两类,可视又分为彩色与黑白显示两类。

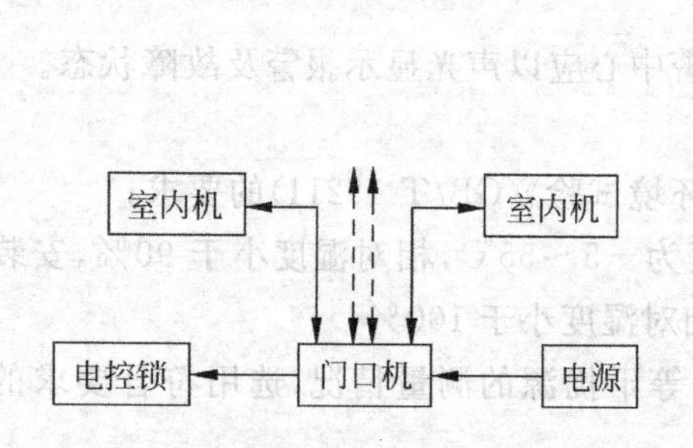

图10-37 直通型对讲装置设计组成框图

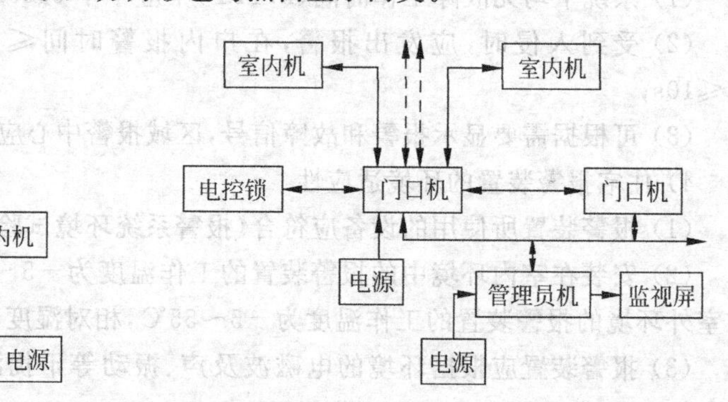

图10-38 联网型对讲装置设计组成框图

3. 系统设备的基本要求

1) 系统设备应符合如下标准及规范的规定

(1)《防盗报警控制器通用技术条件》(GB 12663)；

(2)《楼宇对讲电控防盗门通用技术条件》(GA/T 72)。

2) 系统设备的安全性

门口机应具有防水、防尘、防震、防拆等功能。

3) 系统设备的可靠性

系统应有可靠的供电电源,在市电断电后,备用电源要保证系统正常工作8h以下。不受时间、环境的影响,接到信号,应立即动作。系统平均无故障工作时间应不低于1000h。

4) 系统输出信号应满足以下要求

语音图像清晰,电控锁的控制可靠、稳定。

5) 系统设备间的联接电缆

控制信号传输线路应采用耐压不低于250V的铜芯绝缘线,截面面积≥0.5mm²,门口机与电控锁之间的连线采用耐压不低于500V的铜芯绝缘线导线或铜芯电缆,截面面积≥0.75mm²。视频传输应采用视频同轴电缆,并满足相关要求。

4. 系统设备安装要求

电控锁应装在不易拆卸并有足够强度的位置。信号线及电源线应有保护套管防护。

5. 系统检测

(1) 按国家标准《楼宇对讲电控防盗门通用技术条件》(GA/T 72),检查系统的选呼、通话、电控开锁等功能;

(2) 查可视访客系统的图像质量。

10.4.4　闭路电视监控系统设计

1. 系统功能

在居住小区的主要出入口、主要通道、停车场、电梯轿厢及公建的重要部位安装摄像机进行监控,物业管理中心自动/手动切换系统图像,对摄像机云台及镜头进行控制,并对重要部位进行长时间录像。在需要时,系统可与周界防越等保安系统联动。

2. 系统构成

系统由摄像机、传输、监视及控制等四个主要部分组成。当需要记录监视目标的图像时,应设置录像装置。在监视目标的同进,当需要监听声音时,可配置声音传输监听和记录系统。系统可按图10-39所示结构进行设计。

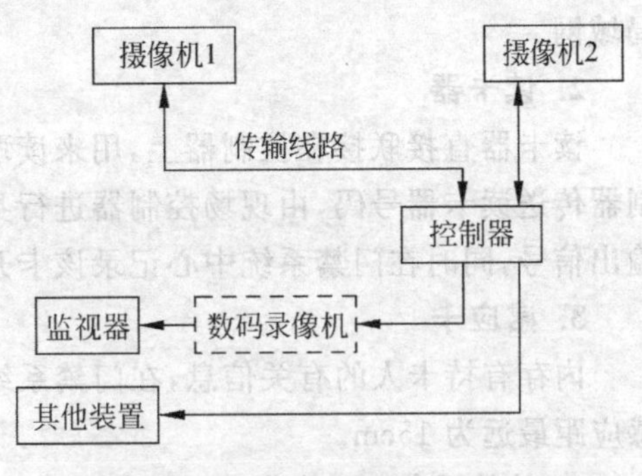

图10-39　闭路电视监控系统设计组成

3. 系统设备基本要求

系统设备应符合如下标准、规范的规定:

(1)《民用闭路监视电视系统工程技术规范》(GB 50198);

(2)《视频入侵报警器》(GB 15207);

(3)《报警图像信号有线传输装置》(GB/T 16677)。

4. 系统设备安装要求

系统设备的安装要求应符合《民用闭路监视电视系统工程技术规范》(GB 50198)3.1～3.5的规定。

5. 系统检测

系统的工程验收应遵照《民用闭路监视电视系统工程技术规范》(GB 50198—1994)4.1～4.5要求进行。

10.4.5　出入口控制系统设计

出入口控制系统也叫门禁管理系统,由计算机、门禁考勤软件、智能控制器、读卡器、电子门锁、传感器和感应识别卡等组成,系统可按图10-40所示结构进行设计。

该门禁管理系统在民用建筑内主要管理区的出入口、电梯厅、计算机控制中心、贵重物品保管室、金库等场所的通道口安装门磁开关、电子门锁或读卡机等控制装置,由中心控制室监控。系统采用计算机多重任务和处理,能够对各通道口的位置、通行对象及通行时间等进行实时控制。门禁管理系统一般由以下部分组成:

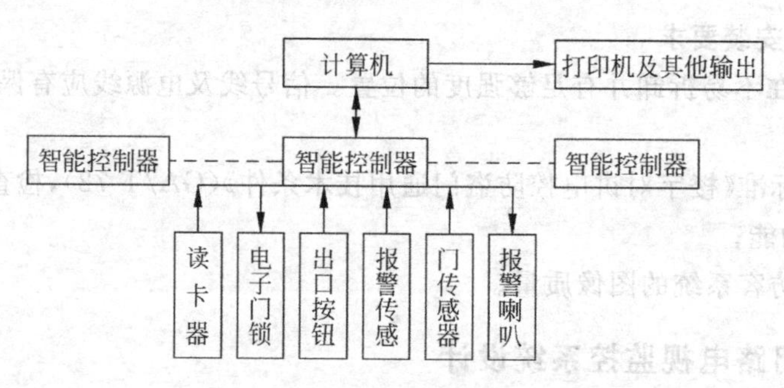

图 10-40 出入口控制系统设计组成

1. 门禁控制器

该系统的控制器外形精美且易于安装，其内部具有微处理器，可通过通信转换器与计算机联网运行，在计算机上实时记录、显示门禁信息，主机也可单独运行，单独运行时功能不受影响。控制器采用 RS485 或 TCP/IP 通信方式，到系统中心时采用 TCP/IP 方式直接进入局域网。

2. 读卡器

读卡器直接联接在控制器上，用来读取的信息。当持卡人读卡后，读卡器就会向现场控制器传送读卡器号码，由现场控制器进行身份识别。如果该读卡有效，现场控制器通过接口输出信号，同时在门禁系统中心记录该卡开门人资料，及进入区域、刷卡的时间等。

3. 感应卡

内存有持卡人的有关信息，在门禁系统中只有持卡人刷卡才有效。感应卡与读卡器的感应距最远为 15cm。

4. 其他设备

PC、门禁考勤软件、电子门锁、门磁和按钮等都是门禁系统中不可缺少的，选型时主要考虑的问题是耐用、美观、方便、经济。

10.4.6 停车场管理系统设计

停车场管理系统是现代停车场车辆收费及设备自动化管理的统称，是将车辆完全置于计算机管理下的高科技机电一体化产品。

该停车场管理系统由车辆自动识别子系统、收费系统、监控系统等组成。通常设备有PC、自动识别装置、临时车票发放及检验装置、挡车器、车辆探测器、摄像机、ID 卡发行器、车位提示牌等，系统的设计结构如图 10-41 所示。

中心控制计算机是停车场管理系统的控制中枢，负责整个系统的协调与管理，可独立工作，构成停车场管理系统，也可以与其他计算机联网。

车辆的自动控制识别装置是停车场管理系统的核心技术，主要采用远距离感应 ID 卡，具备保密性好、难以伪造等优点，同时还省去了刷卡的过程，提高了识别速度，识别距离为 2～4m，读写时间不大于 1s。

临时车票发放及检验装置放在停车场出入口处，对临时停放的车辆自动发放临时车票。

挡车器安装在停车场的出入口处，受系统的控制升起或落下，对合法的车辆放行，阻止非法车辆进出停车场。

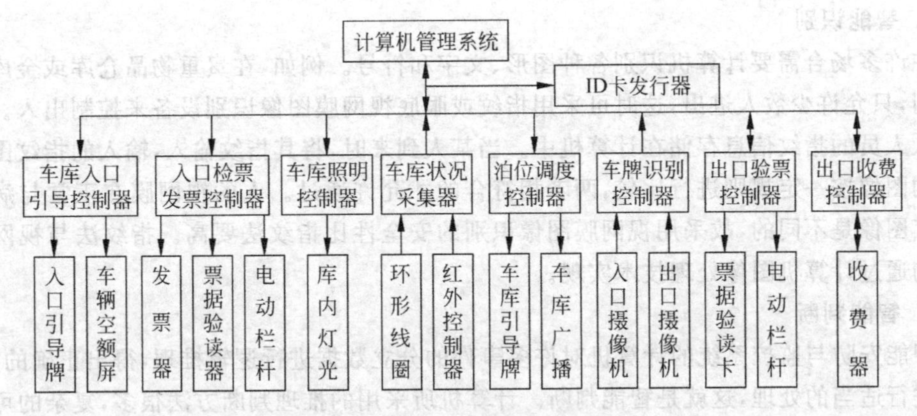

图 10-41　停车场管理系统设计组成

车辆探测器和车位提示牌设在出入口，对进出停车场的车辆的进行统计，并将进出车辆的数据传给中心控制计算机、通过车位提示牌显示车场中车位状况。

摄像机设置在停车场的进出口处，将进入车场的车辆输入计算机，并能配合验车装置检查核对，以避免车辆的丢失。

ID 卡发行器对于固定用户的车辆，按各自的情况将信息记录于 ID 卡，所有固定车辆进出停车场出入口时，将会显示相应的车辆信息，ID 卡信息的记录由 ID 卡发行器完成。

10.5　民用建筑智能安防与监控系统及设计

10.5.1　智能安防与监控系统的特点

随着现代科技的发展，特别是现代电子信息技术的迅猛发展，人们越来越不满足以往的非“智能性”的保安系统，而追求更具诱惑力、先进性、智能化的保安系统。所谓智能保安系统，就是将保安系统探测到的信息，汇接到计算机中心进行处理，以识别各类重要信息做出判断，并由判断结果进行自动跟踪或进行自动调度。它可利用前面所介绍的各种技术和系统组成。

智能保安系统的主要任务是根据不同的防范类型和防护风险需要，为保障人身与财产的安全，运用计算机通信、电视监控及报警系统等技术形成综合的安全防范体系，被誉为建筑物的眼和耳。它包括建筑物周界的防护报警及巡更、建筑物内及周边的电视监控、建筑物范围内人员及车辆出入的门禁管理三大部分，以及集成这些系统的上位管理软件，组成设计框图如图 10-42 所示。智能安防与监控系统突出的特点是具有智能性。

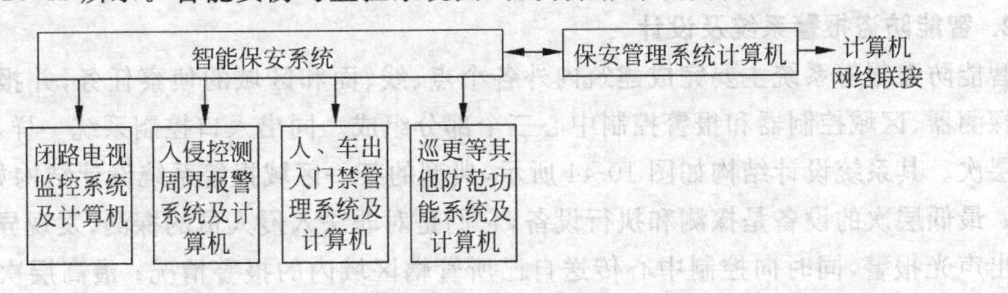

图 10-42　智能安防与监控系统组成设计框图

1. 智能识别

在许多场合需要计算机识别各种图形、文字和符号。例如,在贵重物品仓库或金库等重要部门,只允许少数人进出,这时可采用指纹或眼底视网膜图像识别设备来控制出入。将允许出入人员的指纹信息存储在计算机中。当某人到来时,将其指纹输入,输入的指纹图像与存储的图像按一定规则进行比较,两者相符合的才允许通过。人的视网膜在正常与病理条件下其图像是不同的,故采用视网膜图像识别的安全性比指纹法要高。指纹法与视网膜图像法均通过计算机图像处理技术实现。

2. 智能判断

智能安防与监控系统的计算机对许多事件的分立数据进行逻辑推理,得出正确的判断,从而进行适当的处理,这就是智能判断。计算机所采用的推理判断方法很多,复杂的可以用人工神经元网络来处理,简单的可以用差分表达式来判断。

3. 智能跟踪

智能建筑内,报警探测器和监视用的摄像机分布可以综合在一起。一旦某一个区域发生报警,计算机将把图像切换到此区域的摄像机上,随着目标的移动,图像将跟踪到其所有的区域,这就是智能跟踪。

4. 智能调度

智能调度是指出现情况后,如何合理地调度保安设备和力量,来对付突发事件。例如,巡更系统出现异常,在指定的时间没有信号发回或不按规定的次序出现信号,智能保安系统会自动采取一系列措施。如这些区域的摄像机会自动对准事发地点并进行录像;对这些地点的探测设备进行自动检查;计算机屏幕上提示出处理方案供值班人员考虑等。

10.5.2 智能安防监控系统的结构设计与系统集成

智能安防与监控系统主要设计由出入口控制系统、防盗报警系统、闭路电视监视系统等三部分组成。三个系统的基本设计结构如下。

1. 智能出入口控制系统及设计

出入口控制系统也叫门禁管制系统。智能出入口(门禁)管理系统的基本设计结构如图 10-43 所示。它设计由三个层次(计算机、智能控制器、最低层次设备)的设备组成。最低层次的设备有读卡机或人体特征智能识别、电子门锁、出口按钮、报警传感器和报警喇叭等,用于直接与出入人员打交道,接受出入人员输入的信息,再转换成电信号送到智能控制器中;控制器接收低层设备发来的有关人员的信息与已存储的信息相比较作出判断,然后发出处理信息;最低层设备中的门传感器根据来自控制器的信号,完成开锁、闭锁等工作。由多个控制器通过通信网络与计算机联接起来就组成了整个建筑的门禁系统。

2. 智能防盗报警系统及设计

智能防盗报警系统主要完成建筑内外各个点、线、面和区域的侦察任务,并报警。它一般由探测器、区域控制器和报警控制中心三个部分组成。同出入口控制系统一样,它也分为三个层次。其系统设计结构如图 10-44 所示,典型的某一区域报警系统设计结构如图 10-45 所示。最低层次的设备是探测和执行设备,它们是对非法入侵人员的探测,发现异常情况立即发出声光报警,同时向控制中心传送自己所管辖区域内的报警情况;最高层次为报警控制中心,它可以与保安系统的管理计算机相联。一个区域的报警控制器和一些探测器、声光报警设备等就可以组成一个简单的报警系统。报警控制器一般具有：布防与撤防、布防后的延时、防破坏微机联网等功能。

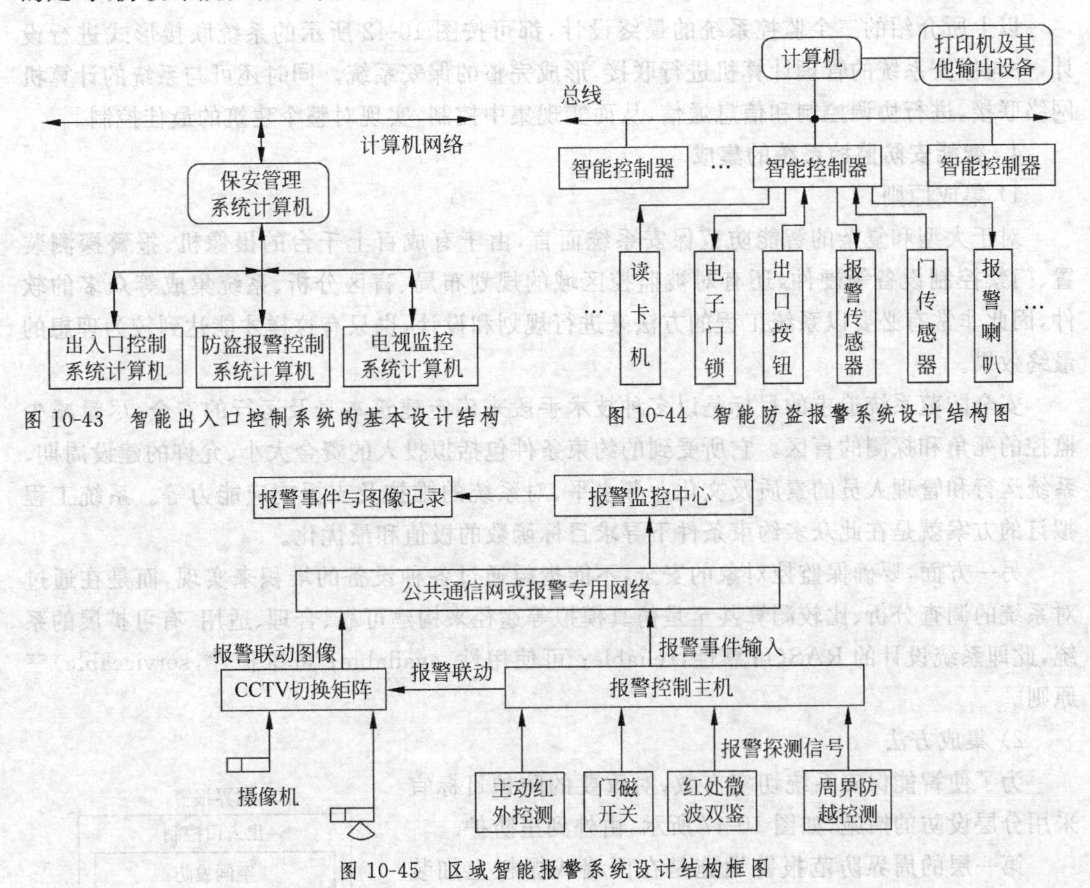

图 10-43　智能出入口控制系统的基本设计结构

图 10-44　智能防盗报警系统设计结构图

图 10-45　区域智能报警系统设计结构框图

3. 智能化闭路电视监控系统及设计

智能电视监控系统的组成设计主要由摄像、图像智能识别、传输、控制、显示与记录几部分组成。各个部分之间的设计关系如图 10-46 所示。摄像部分设计安装在现场，由摄像机、镜头、防护罩、支架和电动云台等组成，它的任务是对被监视区域进行摄像并将其转换成电信号。传输部分一般设计由电缆、调制与解调设备、线路驱动设备等组成。它的任务是把现场摄像机发出和电信号传来的电信号转换成图像在监视设备上显示，并用录像机录下保存。控制部分则设计负责所有设备的控制与图像信号的处理，并与保安系统的计算机相接，主要包括电源控制(包括摄像机、灯光、其他设备的电源控制)、云台控制(包括摄像机的电动云台的上、下、左、右和自动控制)、镜头控制(包括受光、聚光、光圈控制)、切换控制、录像控制及防护罩控制(包括雨刷、除霜、风扇、加热控制)。

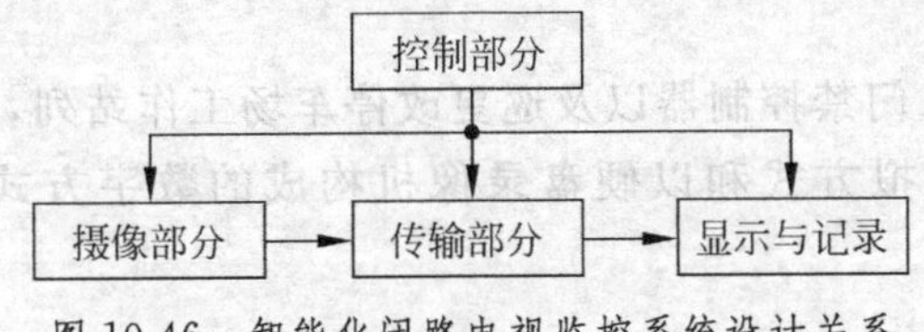

图 10-46　智能化闭路电视监控系统设计关系

智能化闭路电视监控系统的具体监视方式应根据具体需要按照前述的单头-单尾、多头-单尾、单头-多尾等几种监视形式来确定采用哪一种。

以上所介绍的三个监控系统的最终设计,都可按图 10-42 所示的系统联接形式进行设计,并与保安系统的管理计算机进行联接,形成完整的保安系统。同时还可与系统的计算机网络联接,进行协调控制和信息通信,从而实现集中控制,实现对整个建筑的最佳控制。

4. 智能安防监控系统的集成

1）集成原则

对于大型和复杂的智能防范保安系统而言,由于有成百上千台的摄像机、报警探测装置、门禁控制设备等硬件,还有对被监控区域的规划布局、盲区分析、系统集成等众多的软件,因此非常有必要以系统工程的方法来进行规划和设计,也只有这样才能达到较为理想的最终效果。

安全防范系统追求的目标是以多种技术手段来确定建筑本身及运行的安全,尽量减少监控的死角和探测的盲区。它所受到的约束条件包括拟投入的资金大小、允许的建设周期、系统运行和管理人员的素质及文化业务水平、对系统的维护及支援响应能力等。系统工程拟订的方案就是在此众多约束条件下寻求目标函数的极值和最优化。

另一方面,要确保监控对象的安全,不能指望通过各种设备的堆积来实现,而是在通过对系统的调查分析、比较测算甚至是仿真模拟等途径来构建可靠、合理、适用、有可扩展的系统,此即系统设计的 RAS(可靠性,reliable; 可使用性,available; 可维护性,serviceable)三原则。

2）集成方法

为了使智能保安系统切实有效,对重要的防护目标宜采用分层设防的措施,如图 10-47 所示,由外到里防护。

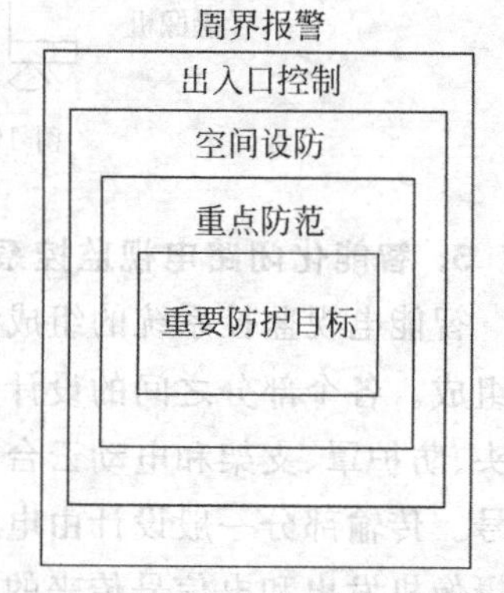

图 10-47　智能保安系统分层设防

第一层的周界防范报警设施是在围墙或栅栏上加装“电子篱笆”,一旦有人非法穿越或破坏则实时发出报警信号。

第二层是出入口控制系统,在建筑物大门等人员可以出入的场所加装可受控制的锁具或出入装置,对易被击碎的窗户玻璃可装玻璃破碎报警探测器。

第三层为“空间设防”,在楼内布置各种能够探测人体移动和传感器,例如,红外、微波或超声探头。为减少误报可采用双鉴探测器,最好是采用摄像机的视频移动探测功能。电视监控系统 CCTV 可作为报警的复核手段和报警事件的记录装置使用。

第四层为“重点防范”措施,可单用特殊的智能识别技术,如采用卡复合密码方式或生物特征识别等识别和监控技术,来确保楼重点场所和房间的绝对安全。

3）集成方式

除防盗报警控制器、门禁控制器以及巡更改停车场工作站列,CCTV 部分可采用以模拟视频切换器为主的模拟方式和以硬盘录像机构成的数字方式,集成方式如图 10-48 所示。

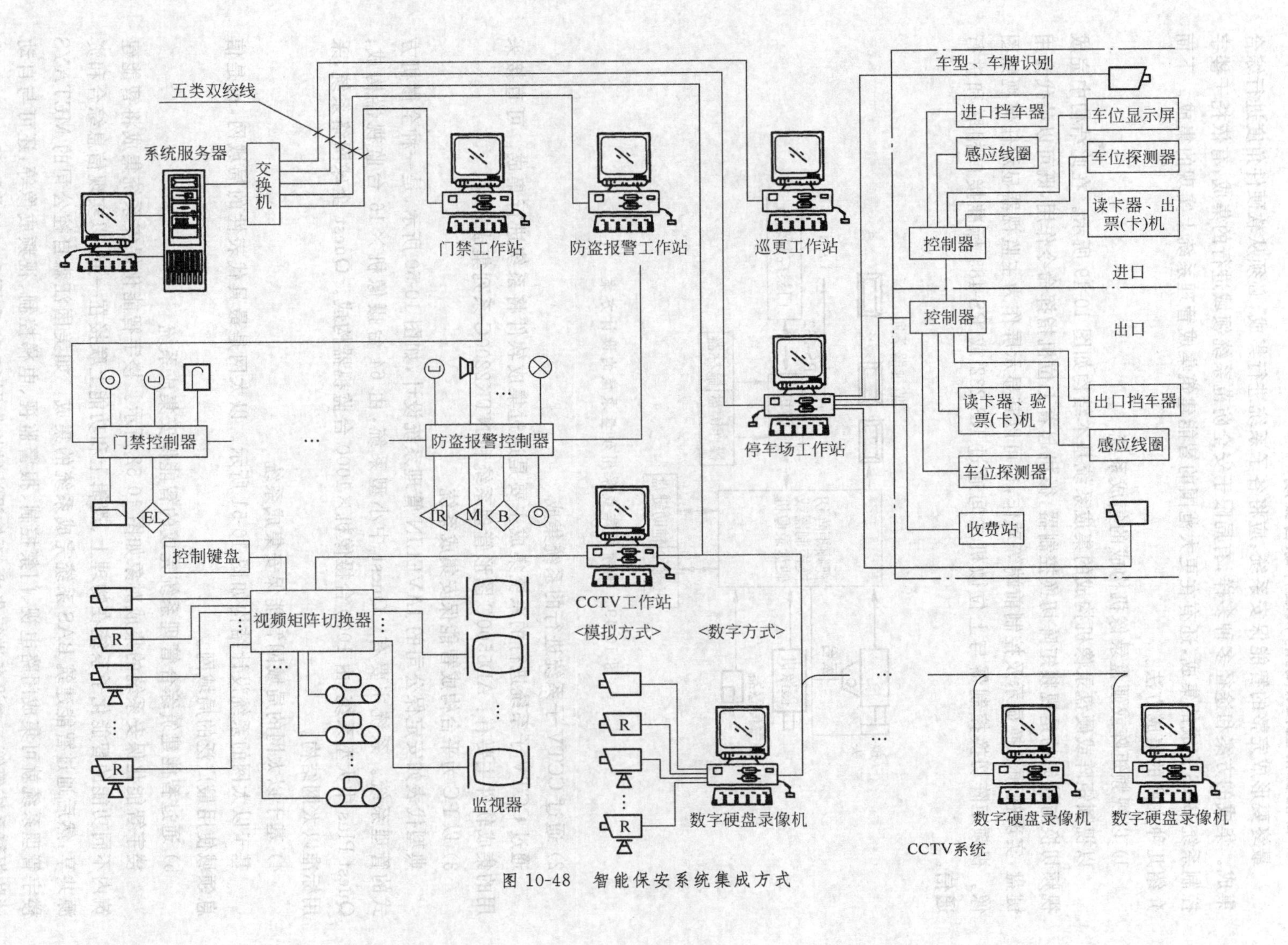

图 10-48　智能保安系统集成方式

5. 智能安防监控系统的软硬件综合集成

最终要形成完整的智能保安系统,应将各子系统进行集成,必须从软硬件角度进行综合集成。集成的方案和途径多种多样,有局限于安全防范系统领域进行的集成,有依托于楼宇控制系统 BAS 完成的集成,还有在更大范围的智能建筑集成管理系统上实现的集成。下面介绍几种主要的集成方法。

1) 以视频矩阵或硬盘录像机构成的集成系统

以视频矩阵或硬盘录像机构成的集成系统基本结构如图 10-49 所示。在此结构中完成视频切换与控制的是视频矩阵切换控制器,微机起着上位机指挥命令作用,既可以替代专用键盘,实现视频切换显示及控制前端等动作,也可以其显示屏作为主监视器显示任何视频图像。视频矩阵切换控制器与上位微机之间通过 RS-232 或 RS-485 标准接口相联和进行通信。

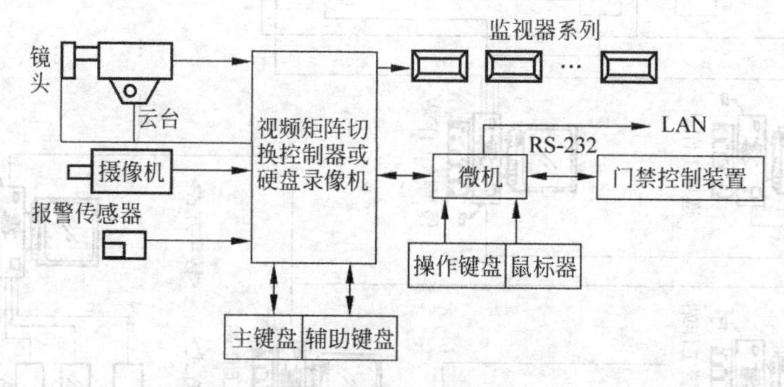

图 10-49 视频矩阵或采用硬盘录像的设计方案

2) 通过 CCTV 子系统进行的系统集成

通过 CCTV 子系统进行的系统集成主要是通过集成软件将系统进行集成。可直接采用的集成软件主要有:AD5500C 图形管理系统和 NTK2200C 系列集成软件。

3) 以 PC 为平台构成智能保安集成系统

典型代表如安定保公司的 JAVELIN 管理系统设计,如图 10-50 所示,是一种全微机方式的管理系统。系统主要有:Quest 中小型系统,由 64 台摄像机×16 台监视器构成;Quest Plus 中大型系统,由 1000 台摄像机×1000 台监视器构成。Quest 全球网络系统,采用标准以太网结构。

4) 基于以太网的局域网智能保安集成系统

基于以太网的系统设计结构如图 10-51 所示。以太网是最具代表性的局域网,也是信息领域使用最广泛的局域网。

5) 通过智能建筑综合管理系统完成的智能保安集成系统

楼宇智能化保安系统的集成对象如图 10-52 所示。楼宇智能化保安系统集成将智能建筑内不同功能的智能化子系统在物理上、逻辑上和功能上联接在一起,以实现信息综合和资源共享,然后通过智能建筑 BAS 系统完成系统的集成。如美国江森自控公司的 METAYS 楼宇管理系统就可集成闭路电视、门禁控制、报警监视、电梯控制、视频成像等,还可与自动消防报警系统等第三方设备进行集成,系统设计结构如图 10-53 和图 10-54(美国 Honeywell 公司)所示。

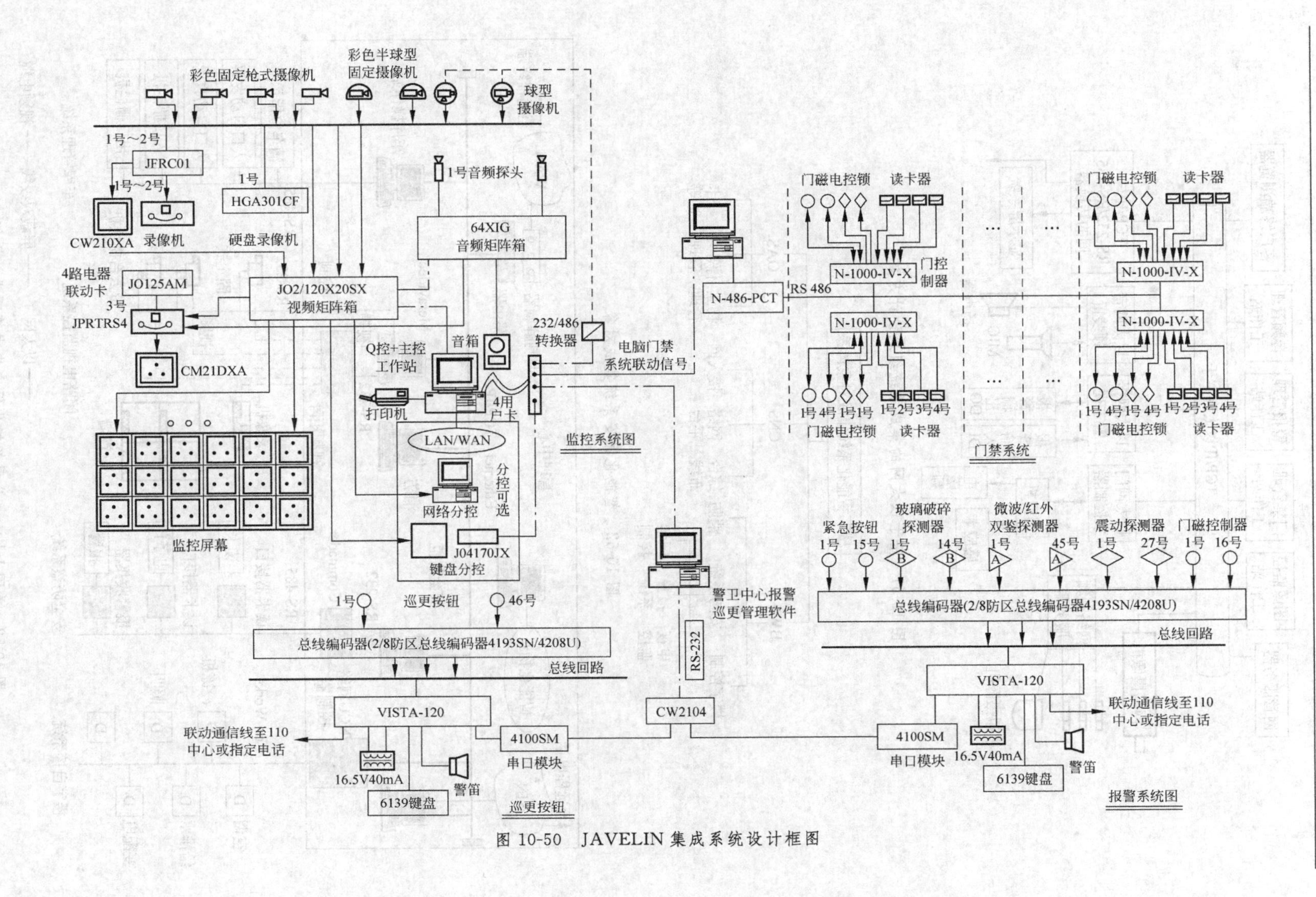

图 10-50 JAVELIN 集成系统设计框图

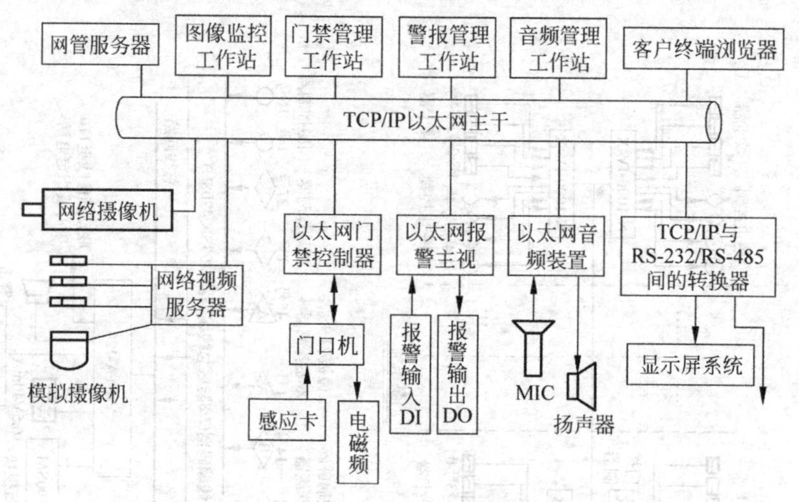

图 10-51 基于以太网的集成系统组成设计方案

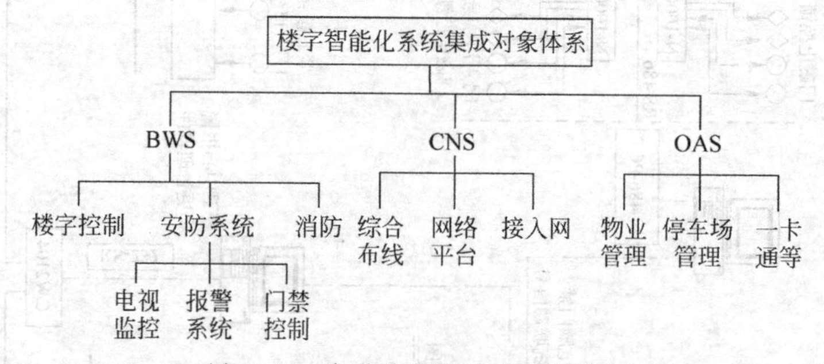

图 10-52 智能化保安系统集成对象

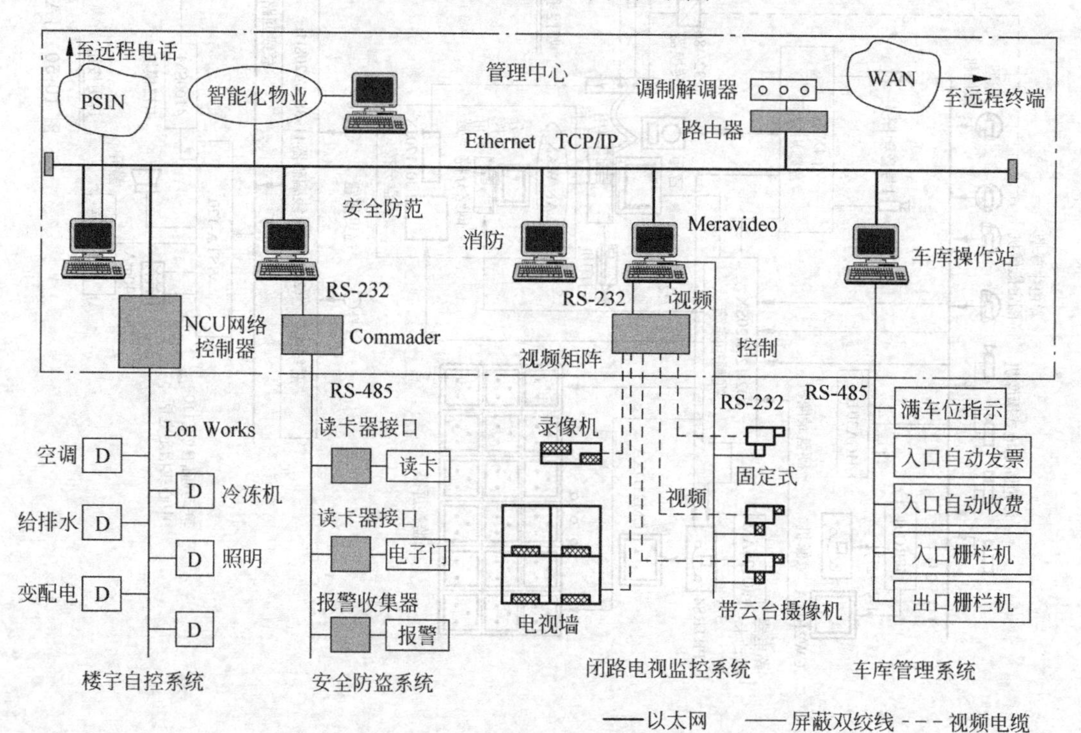

图 10-53 美国 Johnson 公司智能化保安集成管理设计系统

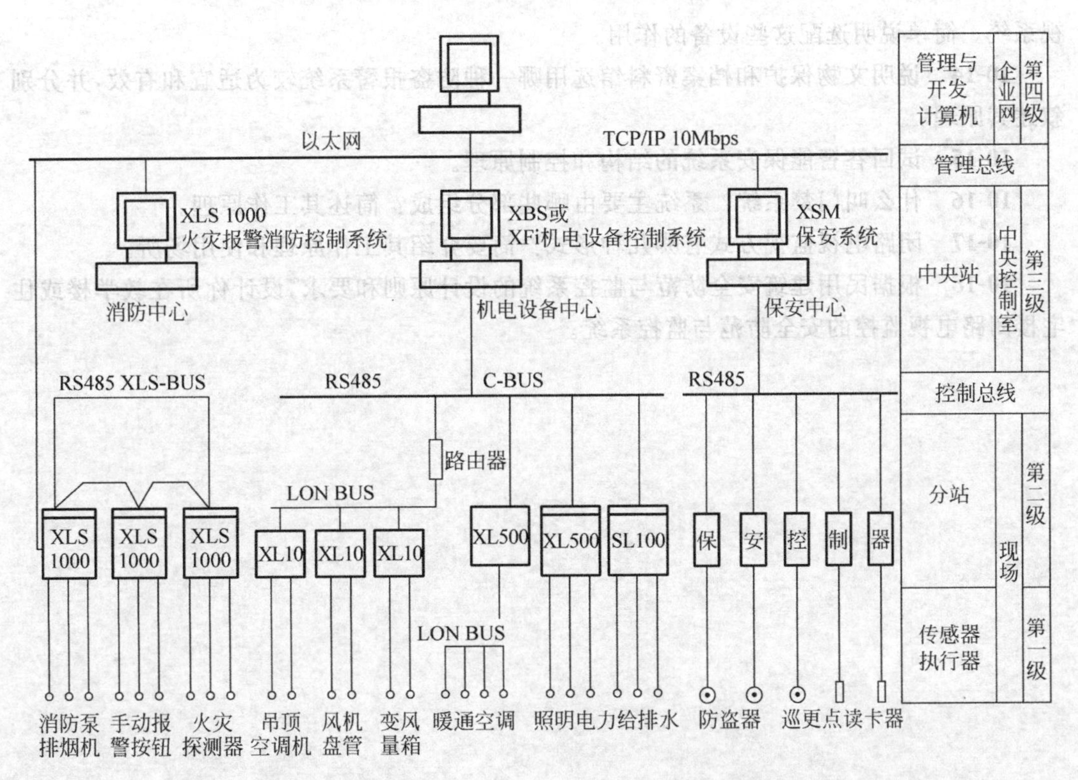

图 10-54 美国 Honeywell 公司的 Excel 5000 智能化保安系统的集成设计结构

思考题与习题

10-1 安全防范系统国内和国外标准中是如何定义的?

10-2 安全防范主要包括那几方面的综合防范体系?

10-3 安全防范与监控系统主要有哪些系统组成?

10-4 安全防范与监控系统主要有哪些传感器? 声传感器主要有哪些传感器?

10-5 入侵探测传感器主要有哪些传感器? 各自的工作原理是什么?

10-6 民用建筑常用入侵探测器主要有哪些传感器?

10-7 民用建筑常用安全防范与监控系统主要有哪些? 各自的组成和工作原理是什么?

10-8 什么是模拟式闭路电路监控系统? 什么是数字式闭路电路监控系统? 二者之间主要由哪些区别?

10-9 访客对讲系统主要有哪些类型? 各自的组成和工作原理是什么?

10-10 出入口门禁保安系统主要有哪些类型? 各自的组成和工作原理是什么?

10-11 电子巡更系统和周界防越报警系统之间主要有何区别? 各自的组成和工作原理是什么?

10-12 如何设计一个民用建筑安全防范与监控系统设计? 应遵循哪些设计原则?

10-13 应用闭路电视系统的组成及系统图的基本知识,设计一套电视教学用的闭路电视系统。简单说明选配这些设备的作用。

10-14 说明文物保护和档案资料馆选用哪一种防盗报警系统较为适宜和有效,并分别叙述其原理。

10-15 试回答智能保安系统的结构和控制原理。

10-16 什么叫门禁系统?系统主要由哪些部分组成?简述其工作原理。

10-17 闭路电视监视方式有哪几种形式?简要介绍其工作原理和使用场所。

10-18 根据民用建筑安全防范与监控系统的设计原则和要求,设计你所在教学楼或住宅楼闭路电视监控的安全防范与监控系统。

第 11 章　民用建筑自动消防系统及设计

本章主要介绍民用建筑火灾的起因及危害，民用建筑火灾的特点及消防设施。对民用建筑的防火和消防设施作了详尽的叙述，包括民用建筑的火灾探测、消防监控、火灾自动报警及消防联动、防排烟、消防给水、自动喷水灭火与气体灭火系统等消防设施的组成及其电气控制的工作原理等。这些是从事民用建筑消防设计、施工人员所必备的基本知识。

11.1　概述

11.1.1　火灾的起因、特点及危害性

火灾是当代国内外普遍关注的问题。它是发生频率较高的灾害，任何时间、任何地区都可能发生。它不仅在顷刻之间可以烧掉大量物质财富，毁灭无法补救的历史文化珍宝，甚至危及人们的生命安全。通常火灾大致分为两类：大自然火灾和建筑火灾。大自然火灾是指发生在森林、草原等自然环境中的火灾。它的起因有两种：一种是由于自然界的物理和化学现象，如雷击或由于堆积物长期的化学变化而引起的自燃；另一种是由人类自身行为不慎而引起的人为火灾。大自然火灾的爆发率不高，但火势猛，范围广，延续时间长，损失巨大，一般较难扑救。建筑火灾是我们常见的发生在建筑物中的火灾，它对人类生命、财产安全构成直接威胁。随着社会的发展，建筑物及应用材料的多样化，各类工业和科学技术的发展，易燃材料增多，加之人们生活环境和生活方式的变革，火灾的危险性日益增加，火灾次数、火灾造成的人员伤亡和经济损失逐渐增多。尤其是近几年来，高层建筑大量增加，一旦发生火灾，灭火的难度更大。疏散人员、抢救物资、通信联络等，都更为复杂。地下商场、地下仓库等地下建筑物的兴建和采用，对消防工作都有其特殊的要求，这些问题都需进一步研究和探讨。总而言之，未来的火灾将更加复杂，灭火工作的困难程度也会大大增加，对此，我们应有足够的认识。

1. 建筑火灾的起因

根据调查与分析，建筑火灾绝大多数是由于人们疏忽不慎，或管理不善，或无知而造成的，也有极少数是人为纵火。

在建筑火灾中，居住建筑火灾是最主要的。据国外统计，居住建筑中各部分火灾的比例为：厨房 25%，居室 10%，客厅 10%，储藏室 15%，垃圾道 12%，走廊 8%，烟道 5%，其他火灾 15%。在死于火灾的人数当中，居住建筑中死亡人数占 85%之多。由于火灾的毁灭性和多发性，西方各国对火灾的防治都很重视，在较为重要的公共建筑设计中，用于消防设施的费用占建筑总投资的 30%左右。我国每年火灾发生率和造成的直接经济损失虽然低于发达国家，但其绝对数仍然惊人。1988—2008 年的十多年间，全国共发生火灾达数万多起，直接经济损失上百亿元人民币。随着社会的发展，建筑群和高层建筑的增多，火灾造成的损失

将更为严重。因此,研究火灾的起因和扑灭措施,已成为重要的课题。

2. 建筑火灾的特点

由于大中城市的建筑群和多层、高层民用建筑大量涌现,给建筑物的防火与灭火设计以及城市消防工作增添了很大的难度。建筑火灾具有如下特点:

(1) 火势蔓延快,途径多

在高层或多层民用建筑内,普通楼梯间、安全楼梯间、电梯间、各电气井、管道井和通风管道,都是构成“烟囱效应”的途径。一旦发生火灾,烟雾和火势就沿着这些途径迅速蔓延到其他各层。经实测得知:火灾烟气的水平方向流速为0.3~0.8m/s,垂直方向流速为2~4m/s,室外自然风速随地面高度的增加而加大。如某楼长约100m,烟气从大楼一端扩散到另一端需要2,2.5min,而在垂直方向上烟气只需要1min即可蔓延到数十层高,整座大楼可成火海,这就是所谓的建筑“烟囱效应”。

(2) 难以疏散,伤亡严重

高层建筑人员密度大,失火时,疏散需要的时间长,撤离时间与建筑物高度成正比。实测一幢11层楼房,疏散时间为6.5min;一幢18层楼房,疏散时间为7.5min。由于处在火灾紧张气氛中的人,一般都持有的恐慌心理和求生本能,加上不堪忍受的烟气袭击,使疏散速度减慢,甚至无法进行有效的撤离,因而会造成大量的伤亡。

(3) 火灾难以扑灭

高层建筑也给消防人员扑灭火灾带来困难,既要迅速抵达高层着火层,又要携带救护设施去阻止火焰的蔓延和扑灭火焰,确实是很难的。一般云梯车只能升高24m,世界先进的云梯车升高也不超过50m。消防人员徒步登高24m内,还能参加扑救,但超过此高度,由于体力的限制及输送人员和器材的困难,往往贻误早期灭火的最佳时机。

(4) 易燃合成材料的大量应用,加大火灾伤亡

为减轻建筑结构的自重和室内装饰的需要,在高层建筑中大量采用了可燃、易燃的建材和涂料,室内陈设也逐步采用合成材料或塑料,这都增加了高层建筑发生火灾的危险性。而这些可燃物质在燃烧过程中又会产生大量的有毒烟气,直接使火灾现场及周围的人群造成中毒或窒息伤亡。

(5) 易发生结构局部失稳

现有高层和多层民用建筑一般都采用钢筋混凝土结构和钢结构,由于火灾的高温作用,使结构构件因其强度和刚度的破坏而失稳、倒塌。

(6) 由于电器、煤气设备大量应用容易发生电气火灾

高层建筑内大量使用煤气或液化石油气及其管道,各类电器产品也背遍采用,各建筑空间几乎布满了电器设备及管线。一旦设计或使用不当,容易产生漏电或过载短路等故障,常常导致电气火灾的发生。

3. 建筑火灾的危害

建筑火灾往往造成巨大的经济损失与人身伤亡。例如,1977年2月,新疆某俱乐部举行悼念活动,因小孩燃放鞭炮引燃了花圈,酿成一起大火,烧毁了俱乐部,烧死699人,烧伤100多人;1972年5月,日本大阪千日百货大楼由烟头引起火灾,持续40多小时,烧毁建筑面积8700m²,烧死118人、烧伤82人。国内外建筑火灾的事例是举不胜举的,造成的损失是非常惨重的。建筑火灾的危害如此惊人,足以证明建筑防火、灭火设计的重要性,消除建

筑火灾隐患，具有极为重要的政治意义和经济意义。

11.1.2 民用建筑消防分类

对民用建筑，特别是高层民用建筑进行消防分类是个比较复杂的问题。根据民用建筑设计防火规范有关规定和从消防角度看，分类的依据主要是建筑的使用性质，火灾危害程度，疏散和扑救难度，建筑物的耐火等级、防火间距、防火分区，消防给水，防、排烟等。

1. 防火等级的划分

民用建筑应根据其使用性质、火灾危险性、疏散和扑救难度等进行防火等级的分类，一般可按表11-1和表11-2划分。

表11-1 高层建筑物分类表

名称	一　类	二　类
居住建筑	高级住宅； 19层以上的普通住宅	10～18层的普通住宅
公共建筑	高度超过100m的建筑物；医院病房楼；每层面积超过1000m²的商业楼、展览楼、综合楼；每层面积超过800m²的电信楼、财贸金融楼；省(市)级邮政楼、防火指挥调度楼；大区级和省(市)级电力调度楼；中央级、省(市)级广播电视楼；高级旅馆；每层面积超过1200m²的商住楼；藏书超过100万册的图书楼；重要的办公楼、科研楼、档案楼；建筑高度超过50m的教学楼和普通的旅馆、办公楼、科研楼等	除一类建筑以外的商业楼、展览楼、综合楼、商住楼、财贸金融楼、电信楼、图书楼；建筑高度不超过50m的教学楼和普通的旅馆、办公楼、科研楼；省级以下的邮政楼；市级、县级广播电视楼；地、市级电力调度楼；地、市级防灾指挥调度楼

表11-2 多层建筑物分类表

一　类	二　类
电子计算机中心；300床位以上的多层病房楼；省(市)级广播楼、电视楼、电信楼、财贸金融楼；省(市)级档案馆；省(市)级博展馆；藏书超过100万册的图书楼；3000座以上体育馆；2.5万座以上大型体育馆；大型百货商场；1200座以上剧场；1200座以上电影院；三级及以上宾馆；特大型和大型铁路旅客站；省(市)级及重要开放城市的航空港；一级汽车及码头客运站	大、中型电子计算站； 每层面积超过3000m²的中型百货商场； 藏书50万册及以上的中型图书楼； 市(地)级档案馆； 800座以上中型剧场

注：本表未列出的建筑物，可参照建筑物划分类别的标准确定其相应类别。

2. 防火等级与保护范围的确定

根据国家现行规范要求，在各类建筑物中火灾探测器设置的部位应与保护对象的等级相适应，并符合下列规定：

(1) 超高层(建筑高度超过100m)为特级保护对象，应采用全面保护方式。

(2) 高层中的一类建筑为一级保护对象，应采用总体保护方式。

(3) 高层中的二类和低层中的一类建筑为二级保护对象，应采用区域保护方式，重要的亦可采用总体保护方式。

(4) 多层中的二类建筑为三级保护对象，应采用场所保护方式，重要的亦可采用总体保护方式。

保护对象的分级见表11-3。通常情况下，在超高层建筑物中，除不适合装设火灾探测器的部位外(如厕所、浴池)，均应全面设置火灾探测器。

表11-3 建筑物火灾自动报警系统保护对象分级

分级	建筑物分类	建筑物名称
特级	建筑高度超过100m的超高层建筑	各类建筑物
一级	高层民用建筑	“高规”一类所列建筑物
	建筑高度不超过24m多层民用建筑；高度超过24m的单层公共建筑	1. 200床以上的病房楼，每层建筑面积1000m²以上的门诊楼； 2. 每层建筑面积超过3000m²的百货楼、商场、展览楼、高级旅馆、财贸金融楼、电信楼、高级办公楼； 3. 藏书超过100万册的图书馆、书库； 4. 超过3000座位的体育馆； 5. 重要的科研楼、资料档案楼； 6. 省级(计划单列市)邮政楼、广播电视楼、电力调度楼、防灾指挥调度楼； 7. 重点文物保护场所； 8. 超过1500座位的影剧院、会堂、礼堂
	地下民用建筑	1. 地下铁道、车站； 2. 地下电影院、礼堂； 3. 使用面积超过1000m²的地下商场、医院、旅馆、展览厅及其他商业或公共活动场所； 4. 重要的实验室、图书、资料、档案库
二级	高层民用建筑	“高规”二类所列建筑物
	建筑高度不超过24m的民用建筑	1. 设有空气调节系统的或每层建筑面积超过2000m²但不超过3000m²的商业楼、财贸金融楼、电信楼、展览楼、旅馆、办公楼、客运站、航空港等公共建筑及其他商业或公共活动场所； 2. 市、县级邮政楼、广播电视楼、电力调度楼、防灾指挥调度楼； 3. 不超过1500座位的影剧院； 4. 26辆及以上的汽车库； 5. 高级住宅； 6. 图书馆、书库、档案楼； 7. 舞厅、卡拉OK厅、房、夜总会等商业娱乐场所
	地下民用建筑	1. 26辆以上的地下停车库； 2. 长度超过500m的城市隧道； 3. 使用面积不超过1000m²的地下商场、医院、旅馆、展览厅及其他商业或公共活动场所

11.2 火灾自动报警系统及设计

11.2.1 火灾探测器

1. 火灾探测器的种类及适用范围

火灾探测器是火灾自动报警系统的检测元件，它将火灾初期所产生的热、烟或光转变为电信号。当其电信号超过某一确定值时，传递给与之相关的报警控制设备。它的工作稳定性、可靠性和灵敏度等技术指标直接影响着整个消防系统的运行。目前，火灾探测器的种类很多，功能各异，可根据其工作原理划分，如图 11-1 所示。几种常用的火灾探测器外形如图 11-2 所示。

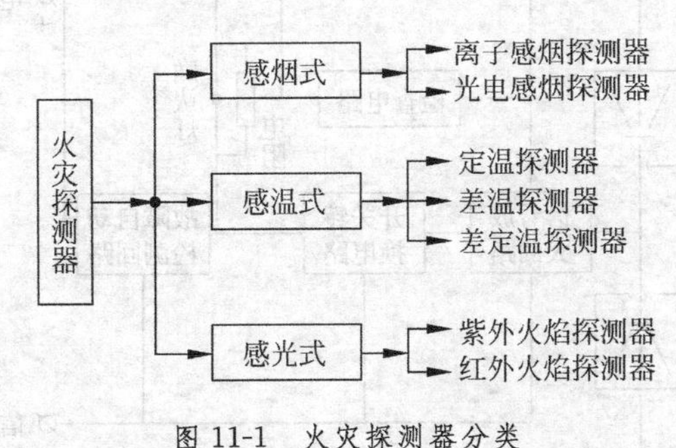

图 11-1　火灾探测器分类

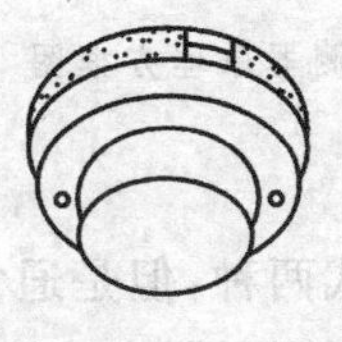
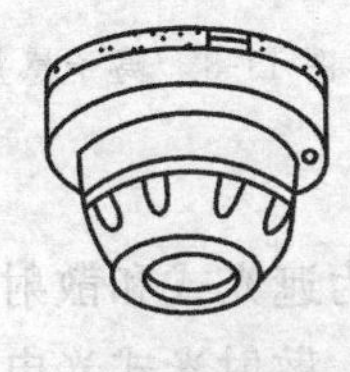

(a) 定温式探测器　(b) 差动式探测器　(c) 感烟式探测器　(d) 光电式探测器

图 11-2　几种常用的火灾探测器外形

离子感烟探测器具有稳定性好、误报率低、结构紧凑、寿命长等优点，因而得到广泛应用。其他类型的火灾探测器，只在某些特殊场合作为补充才应用。例如，在厨房、发电机房、地下车库及有气体自动灭火装置时需要提高火情报警可靠性而与感烟探测器联合使用时，才考虑采用感温式火灾探测器。在使用火灾探测器时，如何根据具体建筑物的特点，以及所在场所的环境特征，合理选择不同类型的火灾探测器是十分重要的。

选择火灾探测器时，应了解监控区内可燃物的性质、数量和初期火灾形成特点、房间的大小和高度、对安全的要求，以及有无容易引起误报的干扰源等情况。

2. 常用火灾探测器的基本原理

1）感烟探测器

感烟火灾探测器能够及时探测到火灾初期所产生的烟雾，因而对初期灭火和早期避难都十分有利。根据探测器结构的不同，感烟探测器可分为离子感烟探测器和光电感烟探测器。

(1) 离子感烟探测器

离子感烟探测器的原理方框图如图 11-3 所示，是由两个内含放射源串联的电离室、场效应管及开关电路组成。内电离室（即补偿室）是密封的，烟不易进入，外电离室（即检测室）是开孔的，烟能够顺利进入。在串联两个电离室的两端接入 24V 直流电源。

当发生火灾时，烟雾进入检测电离室，烟雾粒子吸附被电离的正离子和负离子，减慢了在电场中的移动速度，增大了移动过程中正离子和负离子相互中和的概率，使电离电流减小，检测电离室中空气的等效阻抗增加；而补偿电离室因无烟雾进入，电离室的阻抗保持不变。因此,引起施加在两个电离室两端分压比的变化。检测电离室两端的电压增加到一定值时,开关电路动作,发出报警信号。

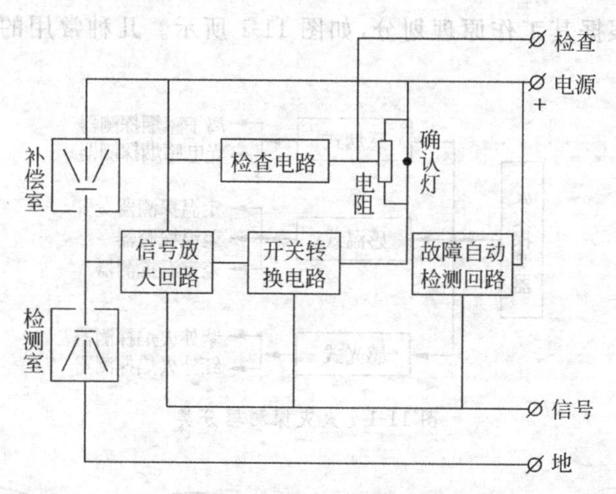

图 11-3 离子感烟探测器原理方框图

(2) 光电式感烟探测器

光电式感烟探测器可分为遮光式和散射光式两种,但是通常在建筑物内使用的几乎都是散射光式光电感烟探测器。散射光式光电感烟探测器由暗箱、发光元件、受光元件和电子线路所组成,其原理框图如图 11-4 所示。暗箱是一个特殊设计的"迷宫",外部光线不能到达受光元件,但烟雾粒子却能进入其中。另外,发光元件与受光元件在暗箱中呈一定角度设置,并在其间设置遮光板,使得从发光元件发出的光不能直接射到受光元件上。

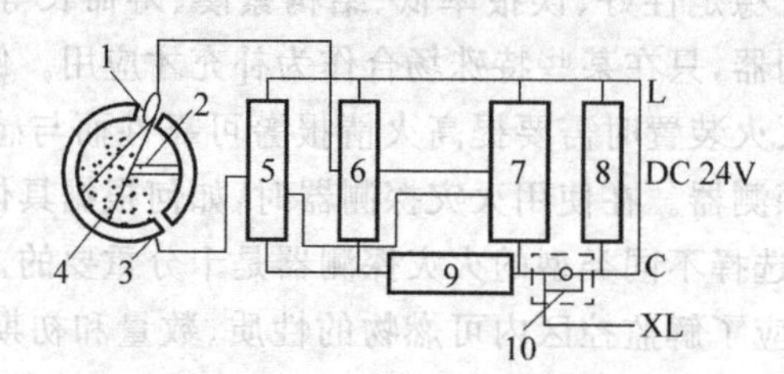

图 11-4 散射光式光电感烟探测器原理框图

1—发光元件;2—遮光板;3—受光元件;4—暗箱;5—接受放大回路;6—发光回路;7—同步开关回路;8—保护回路;9—稳压回路;10—确认灯回路

散射光式光电感烟探测器通过检测被烟雾粒子散射的光而对烟雾进行检测。无烟雾时,光不能射到光电元件上,电路维持在正常状态。当发生火灾有烟雾存在时,随着其浓度的增加,烟雾粒子数量增多,则烟雾粒子散射的光量就增加。当被该散射的光量达到规定值时,则光信号转换成电信号,经放大电路放大后,驱动自动报警装置,发出火灾报警信号。

光电式感烟探测器工作原理示意图如图 11-5 所示。实际工程中常采用激光式光电感烟探测器,其工作原理示意图如图 11-6 所示。

2) 感温探测器

(1) 定温探测器

发生火灾后,室内温度将升高,当定温探测器周围的环境温度到达设定温度以上时,定

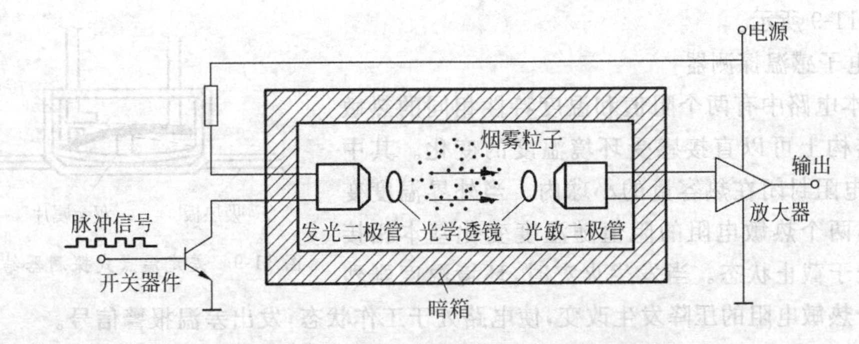

图 11-5　光电式感烟探测器工作原理示意图

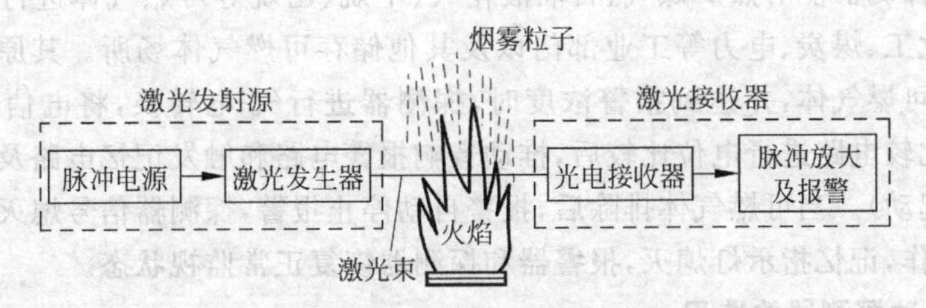

图 11-6　激光式光电感烟探测器工作原理示意图

温探测器就动作。目前，应用较多的定温探测器是双金属片式点型定温探测器。JYW—SD—1301 型双金属片定温探测器的主体由外壳、双金属片、触头和电极组成，其结构如图 11-7 所示。定温探测器的缺点之一，是它的灵敏度受气温变化的影响。

(2) 差温探测器

差温探测器按工作原理，可以分为机械式和电子式两种。目前国内使用较多的是膜盒式差温探测器，是机械式探测器中的一种。膜盒式差温探测器的结构如图 11-8 所示。

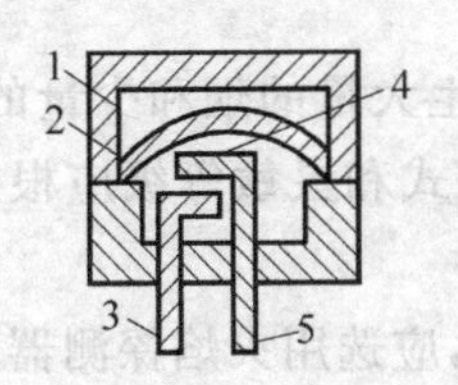

图 11-7　定温探测器主体结构示意图

1—外壳；2—双金属片；3—电极；4—触头；5—电极

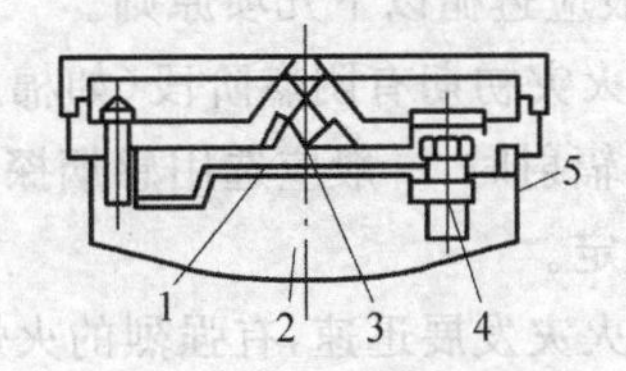

图 11-8　膜盒式差温探测器结构示意图

1—波纹片；2—气室；3—触点；4—漏气孔；5—感热外罩

膜盒式差温探测器由底座与感热外罩共同形成一个密闭的气室，室内空气只能通过气塞螺钉的小漏气孔与大气相通。一般情况下(指环境温升速率不大于 1℃/min)气室受热，室内膨胀的气体可以通过气塞螺钉的小漏气孔泄漏到大气中去。当发生火灾时，温升速率急剧增加，气室内的气压增大将波纹板向上鼓起，推动弹性接触片，接通电触点，发出报警信号。膜盒式差温探测器具有灵敏度高、可靠性高和不受气候变化的影响等优点。

(3) 差定温探测器

差定温探测器是兼有差温探测和定温探测复合功能的探测器。若其中的某一功能失效，另一功能仍起作用，因而大大地提高了工作的可靠性。双金属片型差定温点式探测器的结构如图 11-9 所示。

(4) 电子感温探测器

其基本电路中有两个阻值和温度特性相同的热敏电阻,在结构上可以直接感受环境温度的变化。其中一个热敏电阻封闭在热容量的小球内。当外界温度变化缓慢时,两个热敏电阻的阻值随温度变化基本相接近,电路处于截止状态。当发生火灾时,环境温度剧烈上升,两个热敏电阻的压降发生改变,使电路处于工作状态,发出差温报警信号。

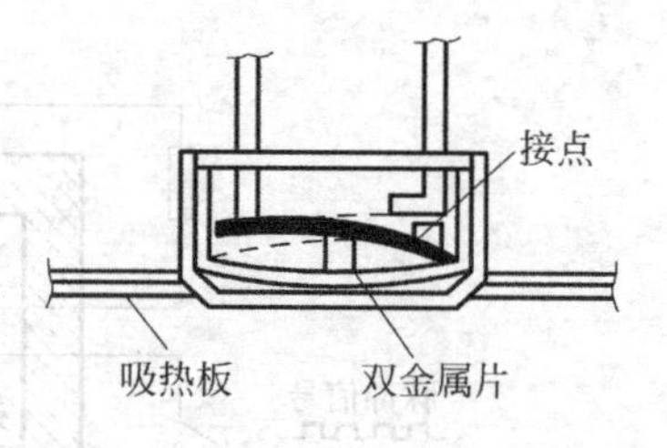

图 11-9　差定温点式探测器结构图

3) 可燃气体探测器

可燃气体探测器能对焦炉煤气、石油液化气、甲烷、乙烷等可燃气体进行泄漏监测。它适用于石油、化工、煤炭、电力等工业部门以及其他储存可燃气体场所。其原理是：当气敏探测元件接触可燃气体,并达到报警浓度时,探测器进行气-电转换,将电信号输入调制电路,然后输入比较电路进行电位比较后,推动音响报警电路和触发记忆电路及自动控制电路(如排风扇的起动)。当可燃气体排除后,报警自动停止报警,探测器信号熄灭,手动复位后,排气扇停止工作,记忆指示灯熄灭,报警器和探测器恢复正常监视状态。

3. 火灾自动探测器的选用

火灾自动探测器的选用和设置,是构成火灾自动报警系统的重要环节,直接影响着火灾探测器性能的发挥和火灾自动报警系统的整体特性。关于火灾探测器的选用和设置,必须按照《火灾自动报警系统设计规范》和《火灾自动报警系统施工、验收规范》的有关要求和规定来执行。火灾探测器选用的一般原则是：根据火灾探测区域内可能发生的初期火灾的形成和发展特点、房间高度、环境条件和可能引起误报的因素等综合确定。

1) 根据火灾的形成与发展特点来选用

根据建筑特点和火灾的形成与发展特点来选用火灾探测器,是火灾探测器选用的核心所在,一般应遵循以下几项原则。

(1) 火灾初期有阴燃阶段(如棉麻织物、木器火灾),产生大量的烟和少量的热,很少或没有火焰辐射时,一般应选用感烟探测器。探测器的感烟方式和灵敏等级应根据具体使用场所来确定。

(2) 火灾发展迅速,有强烈的火焰辐射和少量的烟热时,应选用火焰探测器。火焰探测器通常用紫外式或紫外与红外复合式,一般为点型结构。其有效性取决于探测器的光学灵敏度(用 4.5cm 火焰高的标准烛光距探测器 0.5m 或 1.0m 时,探测器有额定输出)、视锥角(即视野角,通常 70°～120°)、响应时间(≤1s)和安装定位。

(3) 火灾形成阶段是以迅速增长的烟火速度发展,产生较大的热量,或同时产生大量的烟雾和火焰辐射时,应选用感温、感烟和火焰探测器或它们组合使用。

(4) 火灾探测报警与灭火设备有联动要求时,必须以可靠为前提,获得双报警信号后,或者再加上延时报警判断后,才能产生联动控制信号。必须采用双报警信号或双信号组合报警的场所,一般都是重要性强、火灾危险性较大的场所。这时,一般是采用感烟、感温和火焰探测器的同类型或不同类型组合来产生双报警信号；同类型组合通常是指同一探测器具有两种不同灵敏度的输出,如具有两级灵敏度输出的双信号式光电感烟探测器；不同类型组合则包括复合式探测器和探测器的组合使用,如热烟光电式复合探测器,感烟探测器与感温探测器配对组合使用等。

(5) 在散发可燃气体或易燃液体蒸气的场所，多选用可燃气体探测器实现早期报警。

(6) 火灾形成特点不可预料的场所，可进行模拟试验后，按试验结果确定火灾探测器的选型。

2) 根据房间高度选用火灾探测器

对火灾探测器使用高度加以限制，是为了在整个探测器保护面积范围内；使火灾探测器有相应的灵敏度，确保其有效性。一般感烟探测器的安装使用高度 $H<12\text{m}$。随着房间高度上升，使用的感烟探测器灵敏度应相应提高，感温探测器的使用高度 $A\leqslant 8\text{m}$。房间高度也与感温探测器的灵敏度有关。灵敏度高，适于较高的房间。火焰探测器的使用高度由其光学灵敏度范围(9～30m)确定。房间高度增加，要求火焰探测器灵敏度提高。房间高度与火灾探测器选用的关系见表 11-4。应指出，房间顶棚的形状(尖顶形、拱顶形等)和大空间不平整顶棚，对房间高度的确定有影响，应视具体情况并考虑探测器的保护面积和保护半径等确定。

表 11-4　根据房间高度选择探测器

房间高度 h/m	感烟探测器	感温探测器			火焰探测器
		一级	二级	三级	
$12<h\leqslant 20$	不适合	不适合	不适合	不适合	适合
$8<h\leqslant 12$	适合	不适合	不适合	不适合	适合
$6<h\leqslant 8$	适合	适合	不适合	不适合	适合
$4<h\leqslant 6$	适合	适合	适合	不适合	适合
$h\leqslant 4$	适合	适合	适合	适合	适合

3) 综合环境条件选用火灾探测器

火灾探测器使用的环境条件，如环境温度、气流速度、振动、空气湿度、光干扰等，对火灾探测器的工作有效性(灵敏度等)会产生影响。一般感烟与火焰探测器的使用温度<50℃，定温探测器在 10～35℃。在 0℃以下探测器安全工作的条件是探测器本身不允许结冰，一般多用感烟或火焰探测器。环境气流速度对感温和火焰探测器工作无影响，感烟探测器要求气流速度<5m/s。环境中有限的正常振动，对点型火灾探测器一般影响很小。对分离式光电感烟探测器影响较大要求定期调校。环境空气湿度<95%时，一般不影响火灾探测器的工作。当有雾化烟雾或凝露存在时，对感烟和火焰探测器的灵敏度有影响。环境中存在烟、灰及类似的气溶胶时，直接影响感烟探测器的使用。对感温和火焰探测器，如避免湿灰尘，则使用不受限制。环境中的光干扰对感烟和感温探测器的使用无影响，对火焰探测器则无论直接与间接使用，都将影响工作可靠性。

4. 火灾探测器数量的确定与布置

当指定的火灾探测区域比较大时，首先需要了解每个火灾探测器的保护范围，然后按照下式计算：

$$N\geqslant \frac{S}{K\cdot A} \tag{11-1}$$

式中：N——每个探测区域内需要设置的探测器的数量(个数)，应取整数；

S—每个探测区域的面积，m^2；

A—每个探测器的保护面积，m^2；

K——安全系数，取0.7～0.8。

所谓"探测区域"，是指有热气流或烟雾充满的区域。对屋内天棚表面和天棚内部而言，为被墙壁及突出安装面0.4m(差温、定温式点型探测器)或突出安装面0.6m(差温型探测器、感烟探测器)以下隔梁等分隔开的部分，如图11-10所示。

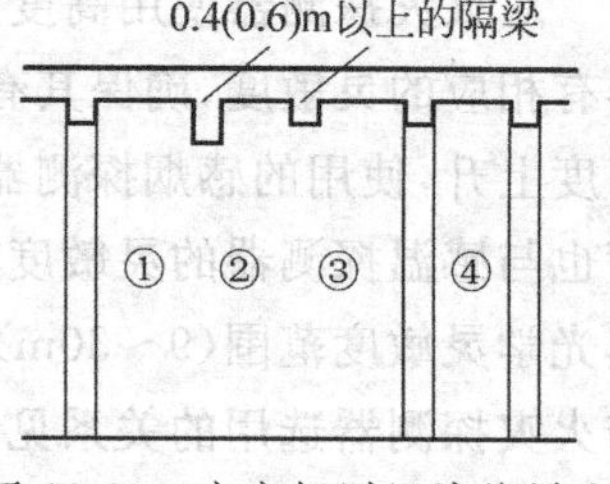

图11-10 火灾探测区域的划分

每个感烟探测器和感温探测器的保护面积及保护半径取值如表11-5所示。按照公式(11-1)计算出一个探测区域需要设置的火灾探测器的数量，确定的火灾探测器设置间距，这一般都只是对较大面积的探测区域而言。

表11-5 感烟探测器、感温探测器的保护面积(*A*)及保护半径(*R*)

火灾探测器的种类	地面面积 S/m^2	房间高度 h/m	屋顶坡度 θ					
			$\theta\leqslant 15°$		$15°<\theta\leqslant 30$		$\theta>30°$	
			A/m^2	R/m^2	A/m^2	R/m^2	A/m^2	R/m^2
感烟探测器	$S\leqslant 80$	$h\leqslant 12$	80	6.7	80	7.3	80	8.0
		$6<h\leqslant 12$	80	6.7	100	8.0	120	9.9
	$S>80$	$h\leqslant 6$	60	5.8	80	7.2	100	9.0
感温探测器	$S\leqslant 30$	$h\leqslant 8$	30	4.4	30	4.9	30	5.5
	$S>30$	$h\leqslant 8$	20	3.6	30	4.9	40	6.3

实际中往往会遇到墙的分隔、梁的阻挡、风口的影响等等的特殊情况，因而在遇到特殊情况时还必须对计算和查图所得结果做些调整，根据实际情况如下灵活处理。

(1) 探测区域内的每个房间至少设置一个火灾探测器。如果房间内被设备等物分隔，而顶部至顶棚或梁的距离又小于房间净高的5%时，那么每个被隔开的部分应至少设置一个火灾探测器。

(2) 当梁凸出顶棚的高度在200～600mm时，需按图11-11、表11-6确定梁的影响和一个探测器能够保护的梁间区域的个数。

当梁凸出顶棚的高度超过600mm时，被梁隔断的每个梁间区域至少应设置一个探测器深器。当被梁隔断的区域面积超过一个火灾探测器的保护面积时，应将被隔断的区域视为一个探测区域处理(当梁间净距小于1m时，可视为平顶棚)。

(3) 在宽度小于3m的内走道顶棚上设置火灾探测器时，最好居中设置。感温探测器的设置间距不应超过10m，感烟探测器的设置间距不应超过15m。探测器至末端墙的距离不应大于探测器设置间距的一半。

(4) 探测器至墙壁、梁边的水平距离不应小于0.5m。

(5) 当房屋顶部有热屏障时，感烟探测器的下表面至顶棚的距离可按照表11-7确定。

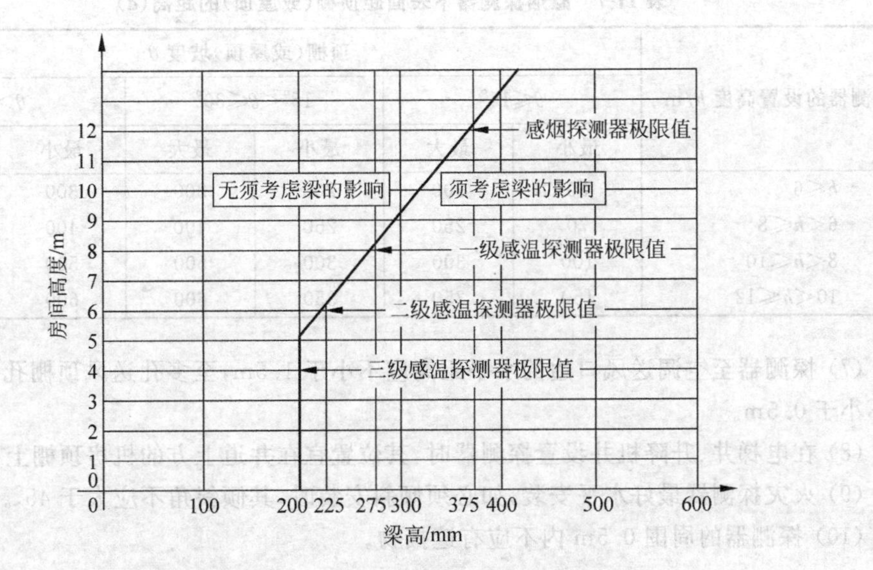

图 11-11 房间高度及梁高对探测器设置的影响

(6) 锯齿形屋顶和坡度大于 15 的人字形屋顶，应在每个屋脊处设置一排探测器。探测器下表面距屋顶最高处的距离应符合表 11-7 的要求。

表 11-6 按梁间区域面积确定探测器能够保护的梁间区域的个数

探测器的保护面积 A/m^2		梁隔断的梁间区域面积 Q/m^2	一只探测器保护的梁间区域的个数
感温探测器	20	$Q>12$	1
		$8<Q\leqslant 12$	2
		$6<Q\leqslant 8$	3
		$4<Q\leqslant 6$	4
		$Q\leqslant 4$	5
	30	$Q>18$	1
		$12<Q\leqslant 18$	2
		$9<Q\leqslant R$	3
		$6<Q\leqslant 9$	4
		$Q\leqslant 6$	5
感烟探测器	60	$Q>36$	1
		$24<Q\leqslant 36$	2
		$18<Q\leqslant 24$	3
		$12<Q\leqslant l8$	4
		$Q\leqslant 12$	5
	80	$Q>48$	1
		$32<Q\leqslant 48$	2
		$24<Q\leqslant 32$	3
		$16<Q\leqslant Z4$	4
		$Q\leqslant 16$	5

表 11-7 感烟探测器下表面距顶棚(或屋顶)的距离(d) mm

探测器的设置高度 h/m	顶棚(或屋顶)坡度 θ					
	$\theta \leqslant 15°$		$15° < \theta \leqslant 30°$		$\theta > 30°$	
	最小	最大	最小	最大	最小	最大
$h \leqslant 6$	30	200	200	300	300	500
$6 < h \leqslant 8$	70	250	250	400	400	600
$8 < h \leqslant 10$	100	300	300	500	500	700
$10 < h \leqslant 12$	150	350	350	600	600	800

(7) 探测器至空调送风口边的水平距离应不小于 1.5m，至多孔送风顶棚孔口水平距离应不小于 0.5m。

(8) 在电梯井、升降机井设置探测器时，其位置宜在井道上方的机房顶棚上。

(9) 火灾探测器最好水平安装，如必须倾斜安装时，其倾斜角不应大于 45°。

(10) 探测器的周围 0.5m 内不应有遮挡物。

11.2.2 火灾自动报警系统

《火灾自动报警系统设计规范》规定的火灾自动报警系统基本形式有 3 种，即区域报警系统、集中报警系统和控制中心报警系统。

区域报警系统由火灾探测器、手动火灾探测器报警器、区域控制器或通用控制器、火灾警报装置等构成，如图 11-12 所示。这种系统适用于小型民用建筑等建筑对象使用。报警区域内最多不得超过 3 台区域控制器。若多于 3 台应考虑使用集中报警系统。

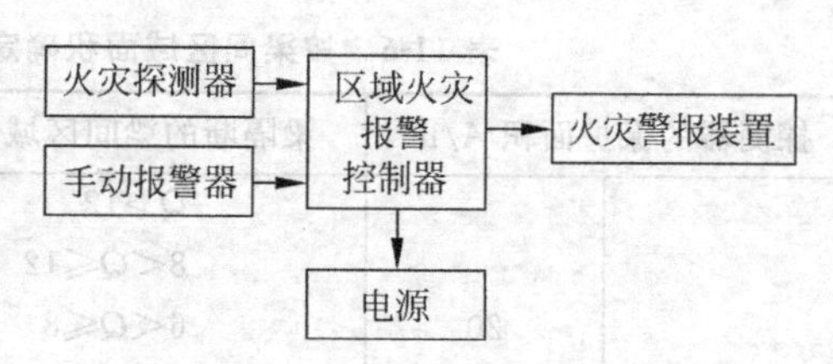

图 11-12 区域报警系统原理框图

集中报警系统由火灾探测器、区域控制器或通用控制器和集中控制器组成。集中报警系统的典型结构如图 11-13 所示，适于高层的宾馆、写字楼等情况。

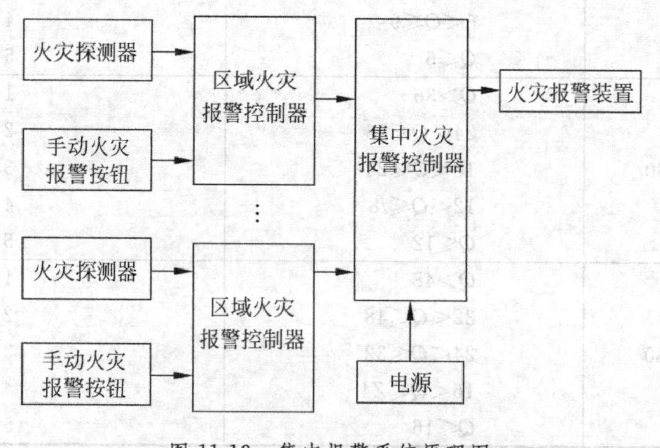

图 11-13 集中报警系统原理图

控制中心报警系统是由设置在消防控制室的消防控制设备、集中控制器、区域控器和火灾探测器等组成，或由消防控制设备、环状布置的多台通用控制器和火灾探测器组成。控制中心报警系统的典型结构如图 11-14 所示，适用于大型建筑群、高层及超层建筑、商场、宾馆、公寓综合楼等，可对各类设在建筑中的消防设备实现联动控制和手动/自动转换。一般控制中心报警系统是智能型建筑中消防系统的主要类型，是楼宇自化系统的重要组成部分。

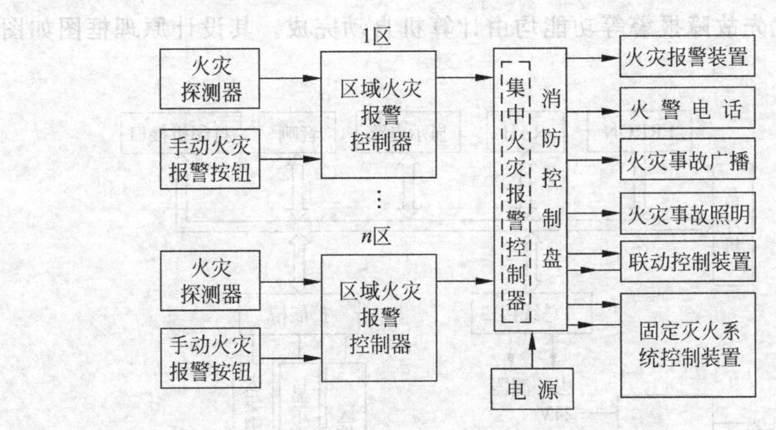

图 11-14　控制中心报警系统原理框图

11.2.3　多线制系统和总线制系统及设计

火灾自动报警系统按照其火灾探测器和各种功能模块与火灾报警控制器的联接方式，结合火灾探测器本身的结构和电子线路设计，分为多线制和总线制两种系统形式。多线制系统形式与火灾探测器的早期设计、探测器与控制器的联接方式等有关，每个探测器需要两条或更多条导线与控制器相联接，以发出每个点的火灾报警信号。

简言之，多线制系统的探测器与控制器是采用硬线一一对应关系，有一个探测点便需要一组硬线对应到控制器，依靠直流信号工作和检测。多线制系统的线制可表示为：$an+b$，其中，n 是探测器数，a 和 b 为定系数，$a=1,2$，$b=1,2,4$。可见，有 $2n+2$，$n+1$ 等线制。多线制系统设计、施工与维护复杂，已逐渐被淘汰。

总线制系统形式是在多线制系统形式的基础上发展起来的。随着微电子器件，脉冲电路及微型计算机应用技术等用于火灾自动报警系统，改变了以往多线制系统流巡检功能，代之以使用数字脉冲信号巡检和信息压缩传输，采用大量编码及译码逻辑电路来实现探测器与控制器的协议通信，大大减少了系统线制，带来了工程布线灵活性，形成了支状和环状两种布线结构。总线制系统的线制也可表示为：$an+b$，其中，n 是使用的探测器数，$a=0$，$b=2,4,6$ 等。当前使用较多的是两总线和四总线系统两种形式。

下面以二总线制区域报警控制器 JB—QB—50—2700/076 为例，说明总线制报警系统的工作原理和功能。在二总线系统中，区域报警控制器到探测器的线路传输只需二条总线。每一部位的探测器都有自己的编号，即一个部位为一个编址单元。

区域报警控制器采用了先进的单片机控制技术，CPU 主机将不断地向各编址单元发出控制信号，当编址单元接收到主机发来的信号时，加以判断。如果编址单元的编码与主机发出的编码相同，则编址单元响应。主机不断对接收到的编址单元返回的地址及状态信号，进行判断并处理。如果编址单元正常,主机将继续向下巡检。经判断如果是故障信号,报警器将发出部位故障声光报警。发生火灾时,经主机确认后火警信号被记忆,同时发出部位火灾声光报警信号。

为了提高系统的可靠性,报警器主机和各编址单元在地址和状态信号的传播中,采用次应答、判断的方式。各种数据经过反复判断后,才给出报警信号。火灾报警、故障报警、火警记忆、音响、火警优先故障报警等功能均由计算机自动完成。其设计原理框图如图 11-15 所示。

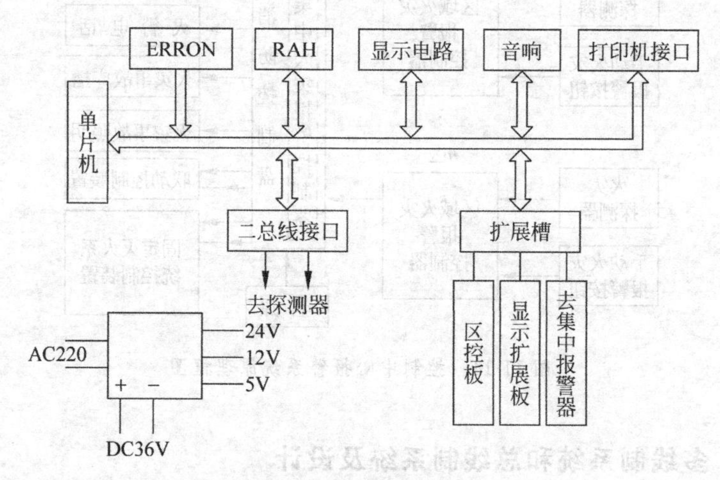

图 11-15 区域报警控制器线路设计原理框图

11.3 防排烟系统与消防自动给水系统及设计

典型的火灾自动报警系统中对消防设施的控制内容包括：防火门、防火卷帘的控制；排烟控制；正压送风控制；消防水泵控制，喷淋水泵控制；疏散广播；警铃控制；气体自动灭火控制；电梯控制；消防通信和其他消防设施的控制等。

1. 防火门和防火卷帘门的自动控制及设计

防火门及防火卷帘的自动控制方框图如图 11-16 和图 11-17 所示。一般有两种控制形式。一种是防火门被永久磁铁吸住处于平时开启状态,火灾时可通过自动或手动将其关闭。自动控制时,由探测器或消防控制装置发来指令信号,使电磁线圈通电产生的吸力克服永久磁铁的吸着力,靠弹簧将门关闭。另一种是防火门被电磁锁的固定锁扣住,平时呈开启状。火灾时由探测器或消防控制装置发出指令信号,使磁销动作,锁扣被解开,防火门靠弹簧将门关闭,当防火门被人用手拉时也可使门关闭。

对于防火卷帘的设计而言,当火灾发生时设计应根据探测器或消防控制装置的指令信号使卷帘上方的控制装置动作,自动将卷帘下降至预定位置。根据现行规范规定,当现场的感烟探测器动作或消防控制装置第一次指令时,卷帘下降到距地 1.8m 处,当现场的感温探测器动作或消防控制装置第二次指令时,卷帘下降到底,以达到控制火灾蔓延的目的。卷帘也可由现场手动控制。对于防火门、防火卷帘,现场装设的控制器一般为一个温感探测器,一个烟感探测器。通常用两个探测器的“与”门信号来控制防火门的关闭。

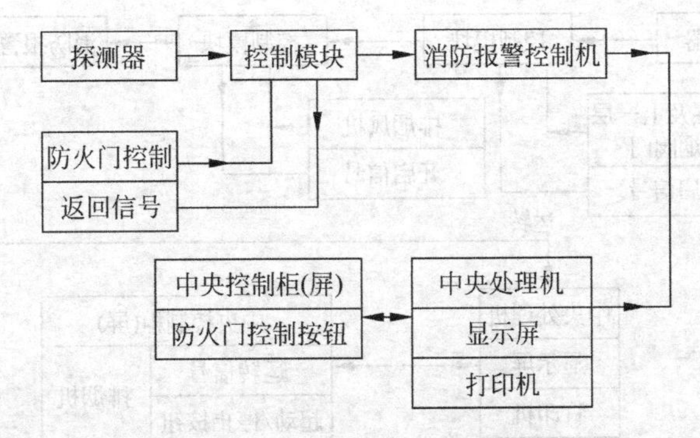

图 11-16　防火门自动控制方框图

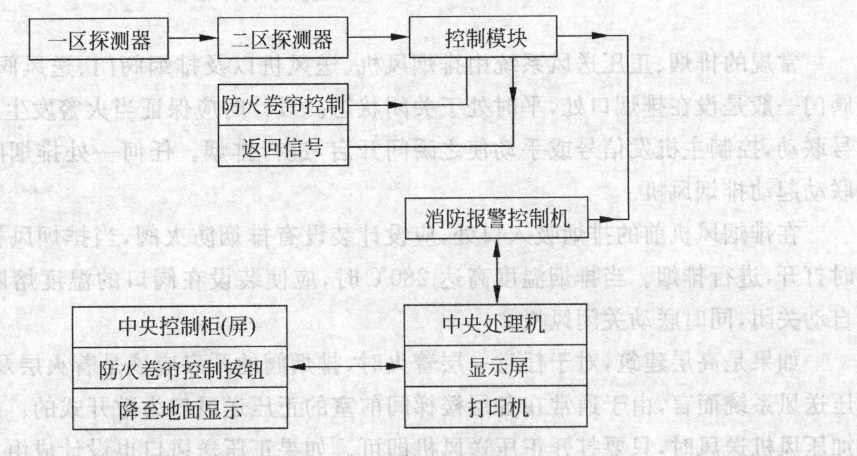

图 11-17　防火卷帘自动控制方框图

2. 排烟、正压送风机系统的自动控制及设计

排烟、正压送风系统自动控制框图如图 11-18 和图 11-19 所示。

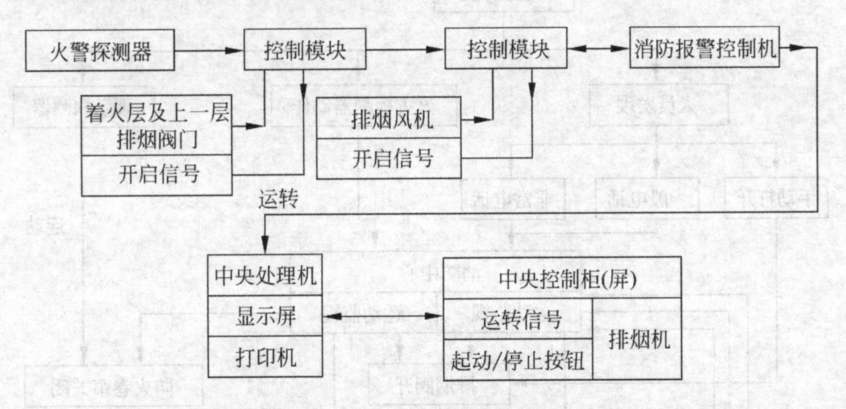

图 11-18　排烟系统自动控制方框图

由于着火时产生的烟雾一般以一氧化碳为主，这种烟气是火灾时人员死亡的主要因素(约占火场死亡人数的 60%)；再者火灾时由于烟气对人视线的遮挡，使人们在紧急疏散时无法辨别方向，所以火灾时烟气对人员的危害相当严重。火灾发生后，迅速排出烟气，并防止烟气窜入非火灾区域，这在整个消防系统设计中是非常重要的。

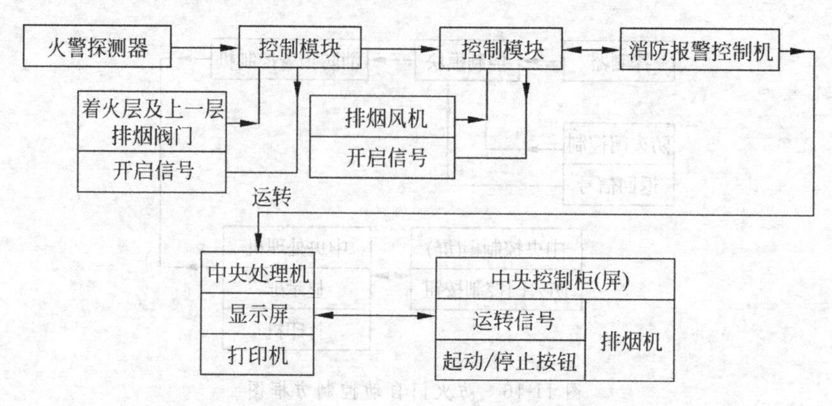

图 11-19 正压送风系统方框图

常规的排烟、正压送风系统由排烟风机、送风机以及排烟阀门、送风阀门等组成。排烟阀门一般是设在排烟口处,平时处于关闭状态。设计时应保证当火警发生后,可以以感烟信号联动,控制主机发信号或手动使之瞬间开启,进行排烟。任何一处排烟阀开启时,应立即联动起动排烟风机。

在排烟风机前的排烟吸入口处,应设计装设有排烟防火阀,当排烟风机起动时,此阀同时打开,进行排烟。当排烟温度高达 280℃时,应使装设在阀口的温度熔断器动作,再将阀自动关闭,同时联动关闭风机。

如果是高层建筑,对于任意一层着火时,排烟阀的开启应该是着火层及上一层。对于正压送风系统而言,由于通常在各层楼梯间前室的正压送风口为敞开式的。所以火灾时,需要加压风机送风时,只要打开正压送风机即可。如果正压送风口也设计成由电动阀开启的(通常在电梯间前室),那么阀平时也应处在关闭状态。着火时应该根据着火层及上下相邻一层来控制,发生火灾时,防排烟系统工作程序如图 11-20 所示。

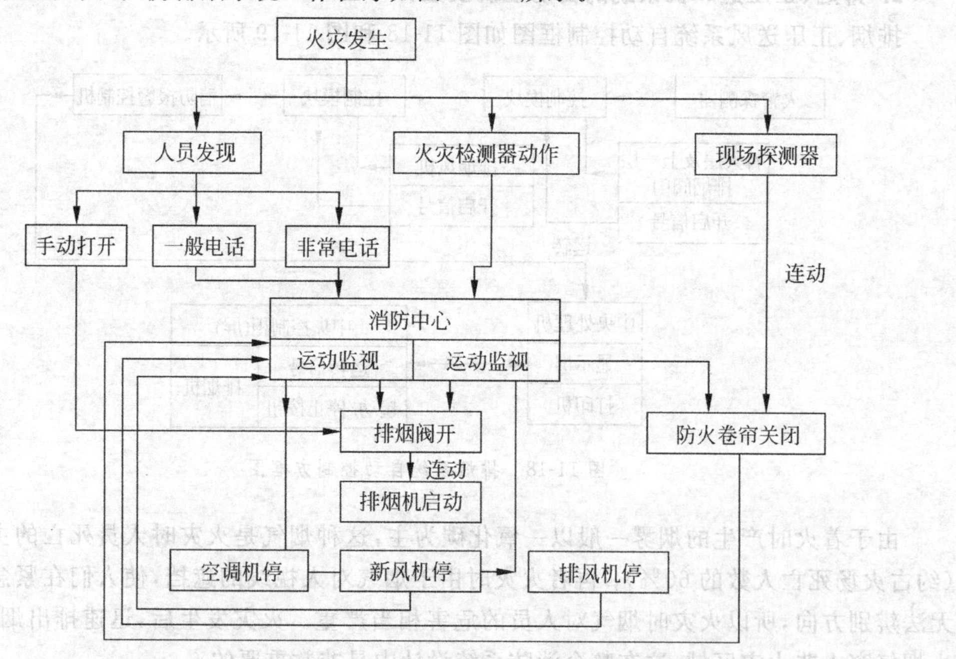

图 11-20 防排烟系统工作流程图

3. 消火栓灭火系统的自动控制及设计

消火栓灭火是建筑物中最基本和最常用的灭火方式。发生火灾时，为了使各消火栓中的喷水枪具有相当的水压，设计时需要考虑对消防水管加压。通常是采用消防加压水泵，即在每个消防栓中设置起动按钮。火灾时砸碎消防栓玻璃由消防栓中设置的起动按钮起动消防加压水泵，如图 11-21 所示。另外当消防自动控制主机接收到火灾信号后，经确认也可手/自动起动消防水泵，系统自动控制设计框图如图 11-22 所示。

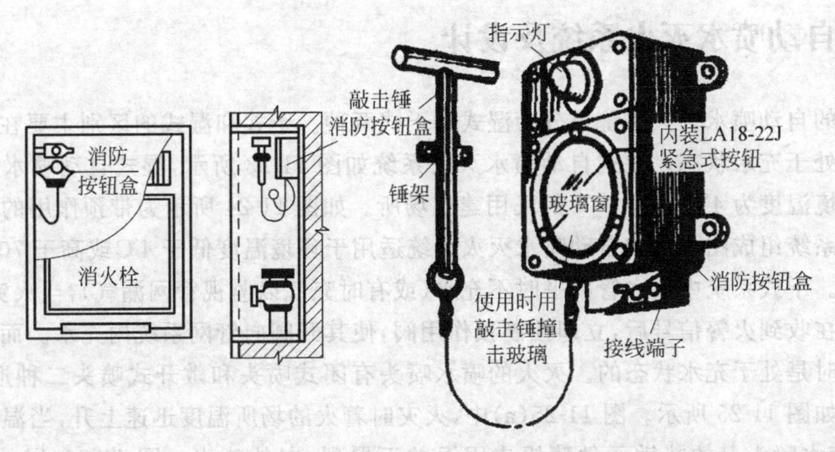

图 11-21　消火栓内消防泵起动按钮示意图

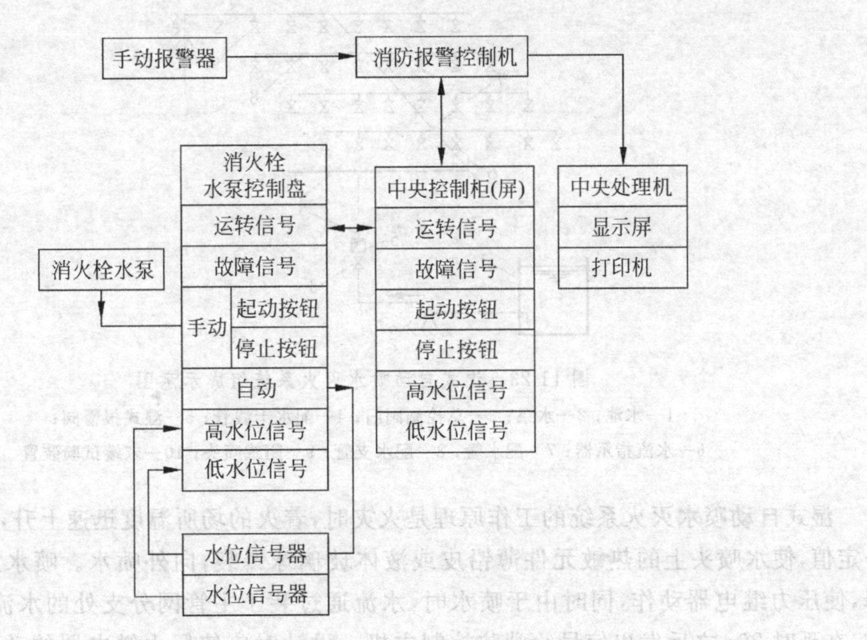

图 11-22　消火栓系统自动控制设计框图

消防泵的控制通常设计为两台水泵互为备用形式,工作泵发生故障时备用泵适时自动投入。水泵设计由消火栓箱内按钮及消防中心(或计算机 DDC 系统)集中自动控制。自动控制系统设计时应设有工作状态选择开关 SAC,可使水泵处在手动、自动或备用状态。当水源水池无水时,水泵能自动停止运转,并设有水泵故障指示灯。水源水池的液位控制器 SL,可采用浮球式液位计或干簧管式液位计。当采用干簧管式液位计时,需设下限触头以保证水池无水时能可靠停泵运转。

11.4 自动喷水灭火系统及设计

常用的自动喷水灭火系统可分为湿式和干式两种。干式和湿式的区别主要在于喷水管道内是否处于充水状态。湿式自动喷水灭火系统如图 11-23 所示,湿式自动喷水灭火系统适用于环境温度为 4℃<t<70℃的民用建筑场所。如图 11-24 所示为带预作用的干式自动喷水灭火系统组成图。干式自动喷水灭火系统适用于环境温度低于 4℃或高于 70℃的民用建筑场所。干式系统中喷水管网平时不充水(或有时充气以监视管网漏气),当火灾发生时,控制主机在收到火警信号后,立即控制预作用阀,使其开阀向管网系统内充水。而湿式系统中管网平时是处于充水状态的。灭火的喷水喷头有闭式喷头和敞开式喷头二种形式,常用闭式喷头如图 11-25 所示。图 11-25(a)中,火灾时着火的场所温度迅速上升,当温度上升到一定值,使水喷头上的热敏元件薄铅皮因温差而爆裂,向外喷水。图 11-25(b)中,在火灾时,着火的场所温度迅速上升,当温度上升到一定值,使水喷头上的热敏元件液体玻璃球因温差爆裂而向外喷水。

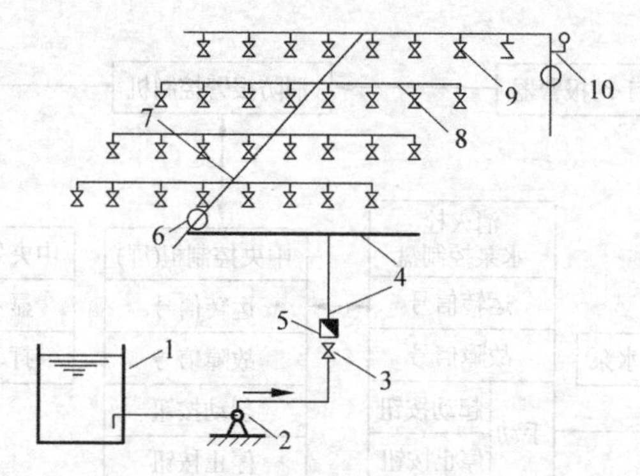

图 11-23 湿式自动喷水灭火系统组成示意图

1—水池；2—水泵；3—总控制阀门；4—配水干线管；5—湿式报警阀；6—水流指示器；7—配水管；8—配水支管；9—闭式喷头；10—末端试验装置

湿式自动喷水灭火系统的工作原理是火灾时,着火的场所温度迅速上升,当温度上升到一定值,使水喷头上的热敏元件薄铅皮或液体玻璃球爆裂,向外喷水。喷水后由于水压下降,使压力继电器动作,同时由于喷水时,水流通过装于主管网分支处的水流开关,使其动作,在延时 20s 之后发出信号给消防控制主机。设计时应使压力继电器的动作及消防控制主机在收到水流开关信号后发出的指令后均可起动喷水控制,自动控制原理框图设计如图 11-26 所示。

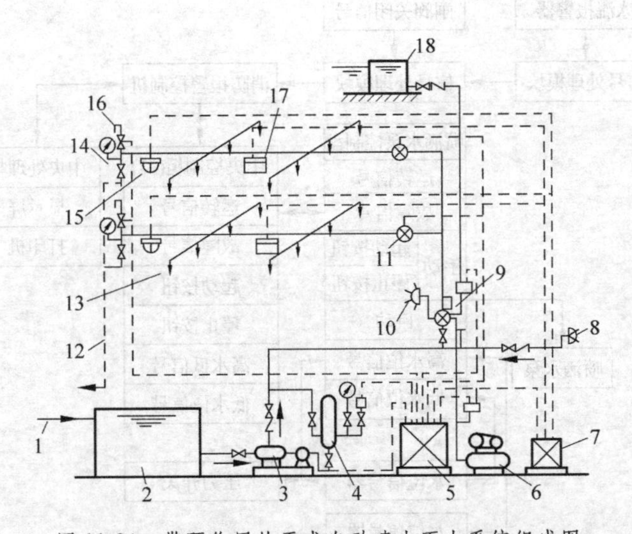

图 11-24　带预作用的干式自动喷水灭火系统组成图

1—进水管；2—水池；3—消防泵；4—压力罐；5—控制箱；6—空压机；7—报警器；8—水泵接合器；9—雨淋阀；10—水力警铃；11—水流指示器；12—排水管；13—闭式喷头；14—末端试水装置；15—温感探测器；16—排气阀；17—烟感探测器；18—高位水箱

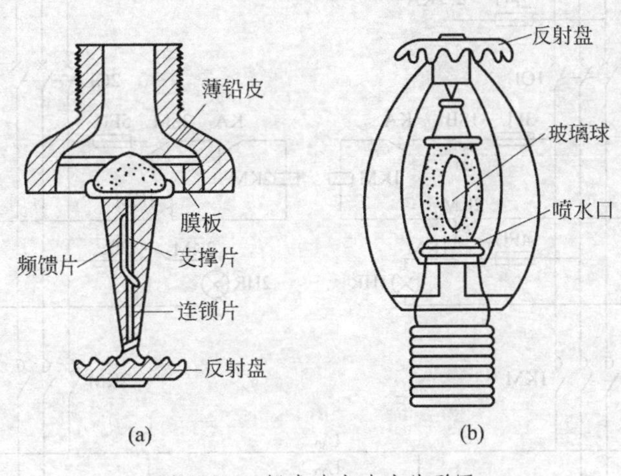

图 11-25　闭式喷水喷头外形图

图 11-27 为带有备用电源自动投入的自动喷水消防泵控制设计原理图。图 11-27(a)为带有备用电源自动投入的自动喷水消防泵主电路设计图，图 11-27(b)为带有备用电源自动投入的自动喷水消防泵自动控制设计图。两台水泵设计为互为备用形式，工作泵故障时备用泵适时自动投入运行。当火灾发生时，自动喷头喷水。设在水管上的水流开关及压力开关动作，将该接点接入图中 SP 位置，则继电器 3KT 经 3～5s 适时闭合，水泵自动起动，或由消防中心控制水泵起、停。水泵工作方式由开关 SAC 确定。当水泵水池无水时，水泵能自动停止运行，并设有水泵故障指示灯。水泵由两路电源供电，当 1＃电源断电时 2＃电源自动投入。

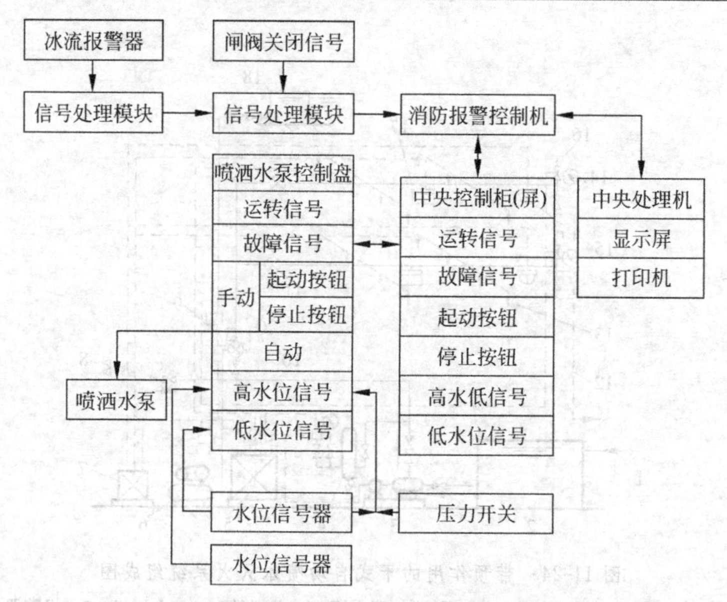

图 11-26　自动喷水灭火系统自动控制设计原理框图

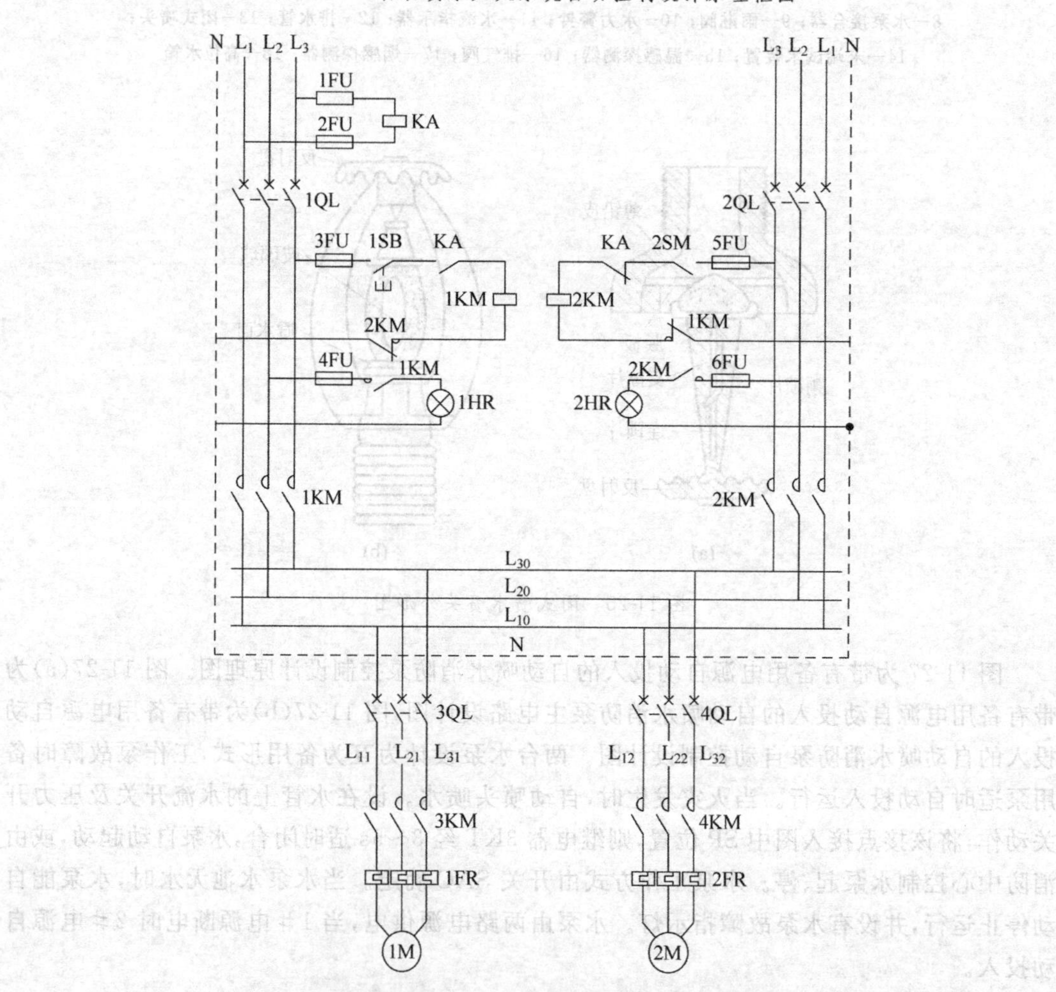

(a) 带有备用电源自动投入的自动喷水消防泵主电路设计图

图 11-27　带有备用电源自动投入的自动喷水消防泵自动控制设计图

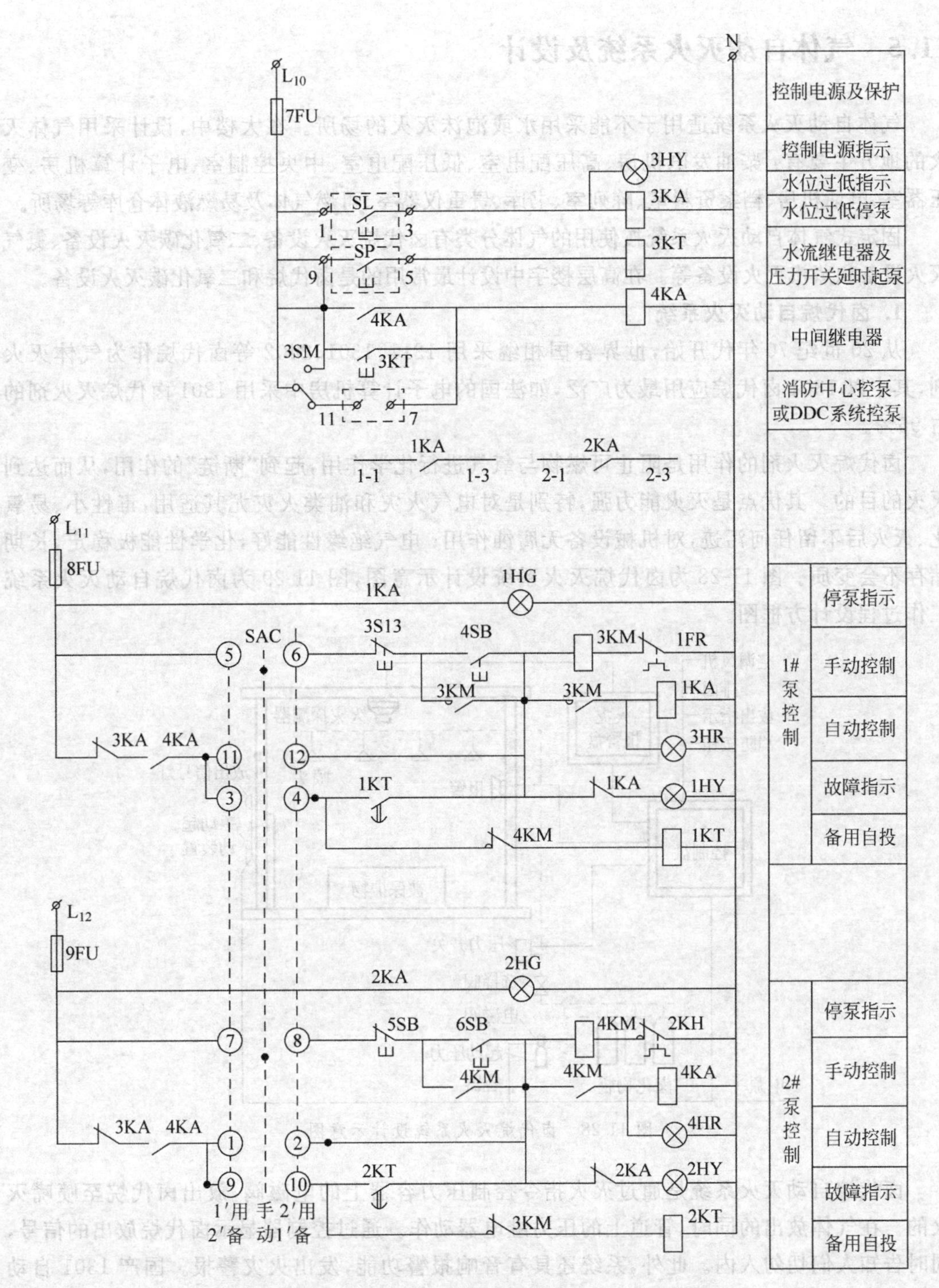

(b) 带有备用电源自动投入的自动喷水消防泵自动控制设计图

图 11-27(续)

11.5 气体自动灭火系统及设计

气体自动灭火系统适用于不能采用水或泡沫灭火的场所。在大楼中,设计采用气体灭火的地方主要有:柴油发电机房、高压配电室、低压配电室、中央控制室、电子计算机房、变压器室、电话机房、档案资料室、陈列室、书库、贵重仪器室、可燃气体及易燃液体仓库等场所。

固定式气体自动灭火系统按使用的气体分类有卤代烷灭火设备、二氧化碳灭火设备、氮气灭火设备和蒸汽灭火设备等。在高层楼宇中设计最常用的是卤代烷和二氧化碳灭火设备。

1. 卤代烷自动灭火系统

从20世纪70年代开始,世界各国相继采用1211、1301、2402等卤代烷作为气体灭火剂,其中以1301卤代烷应用最为广泛,如法国的电子计算机房中采用1301卤代烷灭火剂的占95%。

卤代烷灭火剂的作用是阻止可燃物与氧气进行化学作用,起到"断链"的作用,从而达到灭火的目的。其优点是灭火能力强,特别是对电气火灾和油类火灾尤其适用,毒性小、易氧化、灭火后不留任何污迹,对机械设备无腐蚀作用;电气绝缘性能好,化学性能极稳定,长期储存不会变质。图11-28为卤代烷灭火系统设计示意图,图11-29为卤代烷自动灭火系统工作过程设计方框图。

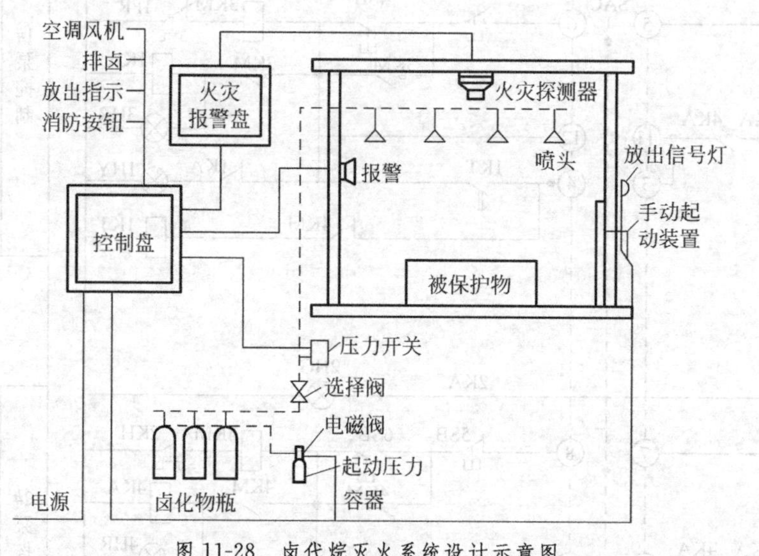

图11-28 卤代烷灭火系统设计示意图

卤代烷自动灭火系统是通过灭火指令控制压力容器上的电磁阀,放出卤代烷至喷嘴灭火的。在气体放出的同时,管道上的压力继电器动作。通过控制器显示卤代烷放出的信号,同时告知人们切勿入内。此外,系统还具有音响报警功能,发出火灾警报。国产1301自动灭火系统原理如图11-30所示。它一般由储气钢瓶组、喷头、探测器、控制盘、放气装置及相应的管道组成。在一些比较小的机房除了采用固定管道式的1301自动灭火系统外,还广泛采用无管路悬挂式自动灭火系统。气体自动灭火系统常设有联动装置,以便在装置动作喷射灭火剂之前将保护区的窗子,如空调系统的进风口、通风百叶窗等自动关闭,采用较多的有熔断式石棉卷帘等。

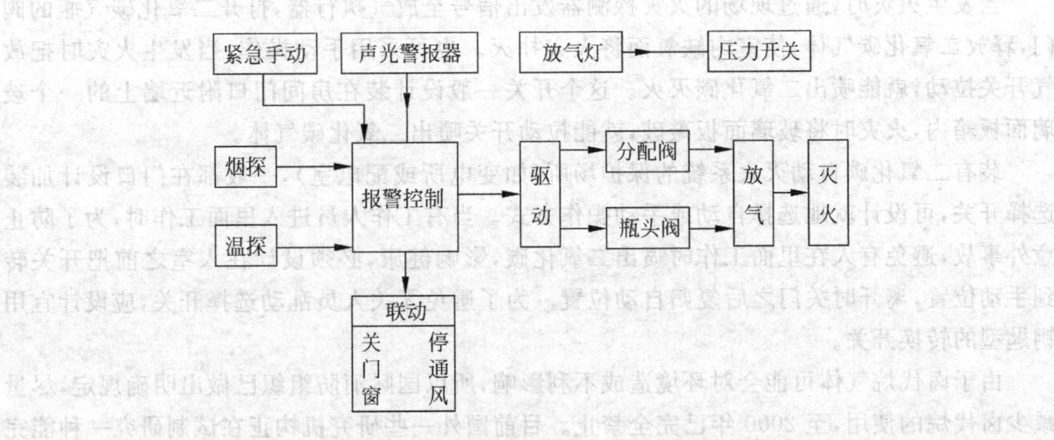

图 11-29　卤代烷自动灭火系统工作过程设计方框图

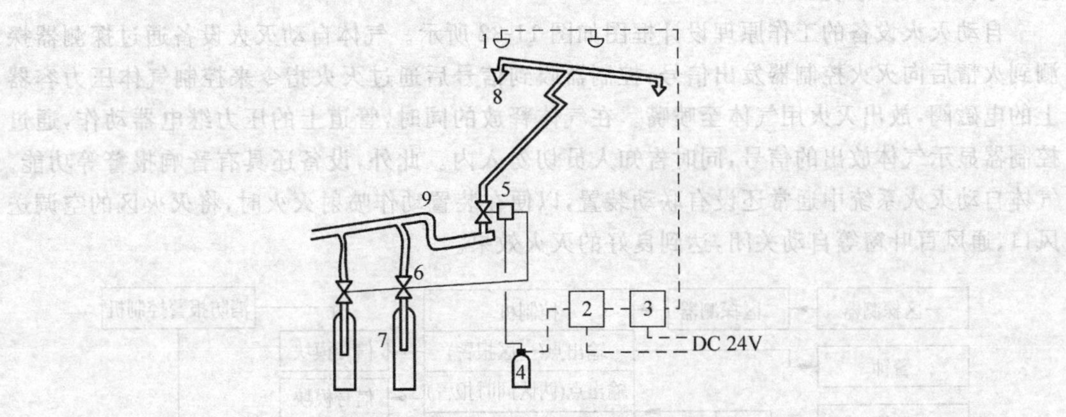

图 11-30　国产 1301 自动灭火系统原理图

1—探测器；2—检测器；3—控制盘；4—起动气瓶；5—选择阀；6—瓶头阀；7—储气瓶；8—喷头；9—管道

2. 二氧化碳自动灭火系统

在一些通常无人值班的变压器室或高压配电室，也可以设计采用价格比较便宜的二氧化碳自动灭火系统，图 11-31 为二氧化碳自动灭火系统设计原理图。

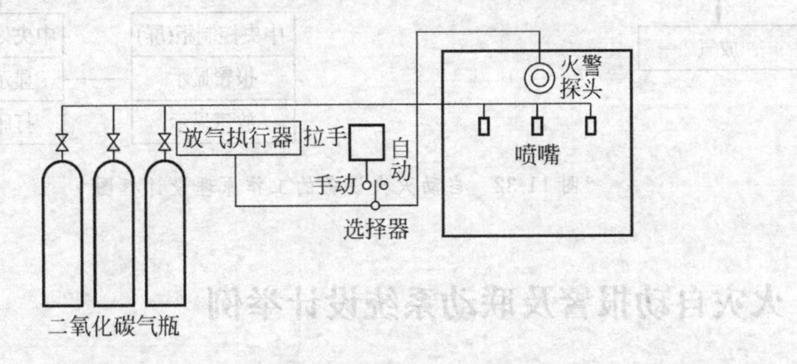

图 11-31　二氧化碳自动灭火系统设计原理图

当发生火灾时,通过现场的火灾探测器发出信号至放气执行器,打开二氧化碳气瓶的阀门,释放二氧化碳气体,使室内缺氧而将火灾扑灭。也可采用手动操作,当发生火灾时把放气开关拉动,就能喷出二氧化碳灭火。这个开关一般设计装在房间门口附近墙上的一个玻璃面板箱内,火灾时将玻璃面板敲破,就能拉动开关喷出二氧化碳气体。

装有二氧化碳自动灭火系统的保护场所(如变电所或配电室),一般都在门口设计加装选择开关,可设计就地选择自动或手动操作方式。当有工作人员进入里面工作时,为了防止意外事故,避免有人在里面工作时喷出二氧化碳,影响健康,必须设计在入室之前把开关转到手动位置,离开时关门之后复归自动位置。为了避免无关人员乱动选择开关,应设计宜用钥匙型的转换开关。

由于卤代烷气体可能会对环境造成不利影响,所以国际消防组织已做出明确规定,尽量减少卤代烷的使用,至2000年已完全禁止。目前国外一些研究机构正在试制研究一种能完全替代卤代烷的替用品。在该替用品尚未完全推出之前,现在人们多采用二氧化碳及清水泡沫等自动灭火系统。

自动灭火设备的工作原理设计框图如图11-32所示。气体自动灭火设备通过探测器探测到火情后向灭火控制器发出信号,控制器收到信号后通过灭火指令来控制气体压力容器上的电磁阀,放出灭火用气体至喷嘴。在气体释放的同时,管道上的压力继电器动作,通过控制器显示气体放出的信号,同时告知人员切勿入内。此外,设备还具有音响报警等功能。气体自动灭火系统中通常还设有联动装置,以便在装置动作喷射灭火时,将灭火区的空调送风口、通风百叶窗等自动关闭,达到良好的灭火效果。

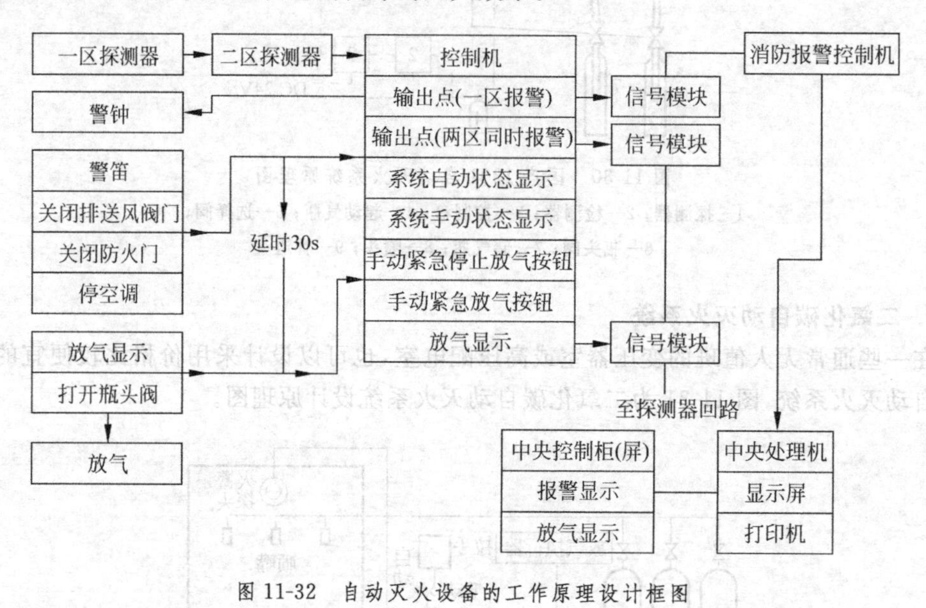

图11-32 自动灭火设备的工作原理设计框图

11.6 火灾自动报警及联动系统设计举例

某金融综合大厦是一幢集金融、商场、办公、娱乐、餐饮等一体的综合大楼。基地面积约12 700m^2,建造后的建筑总面积约110 000m^2。其中地面建筑总面积90 000m^2,地面建筑由40层塔式建筑和8层裙楼组成，建筑总高度约140m。地下建筑有两层，面积为20 000m²。

大楼的火灾自动报警、消防监控系统，由大楼中消防控制中心的智能网络系统构成，可单独独立运行操作。所有的报警及指令操作均由消防系统执行。火灾报警与消防监控系统包括：火灾报警系统、火灾专用通信调度系统、火灾事故广播、警铃系统、防排烟监控系统、消防联动灭火设施的监控(包括消火栓、自动喷淋、卤代烷、清水泡沫等)、普通照明及动力电源监视、电动防火(卷帘)门监控、电梯群控监控、可燃气体监测等。

整个系统采用集中式全自动报警控制系统。大楼内共设置智能报警控制器两套，集中安装于大楼底层消防控制室内。这样不但提高了系统的完整性，更使每一报警点的状态一目了然，操作人员能全面地监察整个消防系统的运作情况，可以在不到现场就能清楚地知道火灾状况。

每套报警控制器接上建筑内部各个监控点和各显示器。控制器中设有保护性独立联动控制功能(local mode protection)。控制盘内每一块智能回路板在主控制板(CPU)故障时作保护独立联动控制，火灾时仍能受到监察和控制，大大提高了系统的可靠性。系统主机包括微处理器和数据储存系统、液晶显示屏、指示灯、按钮等(用以修改或读取数据之用)，以及附带的后备电源、CRT显示、记录、打印机等。所有探测器、控制模块等的地址修改及联动控制程序均可由控制主机的键盘输入。

在所有被监视的范围中，按国家消防规范要求设置烟、温、光电等探测器。系统中每个探测器的灵敏度可用程序来调校，预先设定早上及晚间所需不同的灵敏度(高、中、低)，探测器会按时改变其灵敏度，因而防止如开会时因吸烟人数多而导致误报警。探测器报警确认时间在5～50s间设定，如办公室设定时间为30s。当报警信号送到主机，初级确认时，所有联锁程序不会执行。在30s后，如探测器仍然发出报警信号，此时主机会执行相应的联锁程序。系统主机在每隔一定时间自动执行楼内全部探测器的巡检，检测各探测器的故障状况，以及浓度值是否正常等。设计时对主机外配了外存电脑，所以整个系统至少可存储30000个历史资料。如以往探测器报警、故障；操作员以往曾执行的报警确认、系统复位等。各资料均显示日期及时间，以便翻查。

在主楼底层设有消防控制室，面积约20m²。控制室内设有智能型消防自动报警控制器，以接收报警及根据需要发出指令程序起动相关消防设施。设计中选择了感烟、感温、感光和煤气探测器等分别用于火灾时有大量烟雾、温升、火焰辐射和煤气泄漏的场所。在大楼内的各个部位根据消防规范要求设置了室内自动喷水灭火系统、消火栓系统、防排烟系统、疏散报警系统等。所有监控点，如水流开关、消火泵类、防排烟设施的动作返回信号都设置了监视及控制模块(界面)，以期对全楼内的所有消火控制设备按程序进行监控。整个系统被设计成既可以完全独立地探测、监视火情，又可依靠全楼综合智能化网络及“动态数据”网络软件将来自主控器的信息传给网络中相关设备装置。

火灾报警和监控系统设计组成如图11-33所示，火灾报警系统网络构成图如图11-34所示。

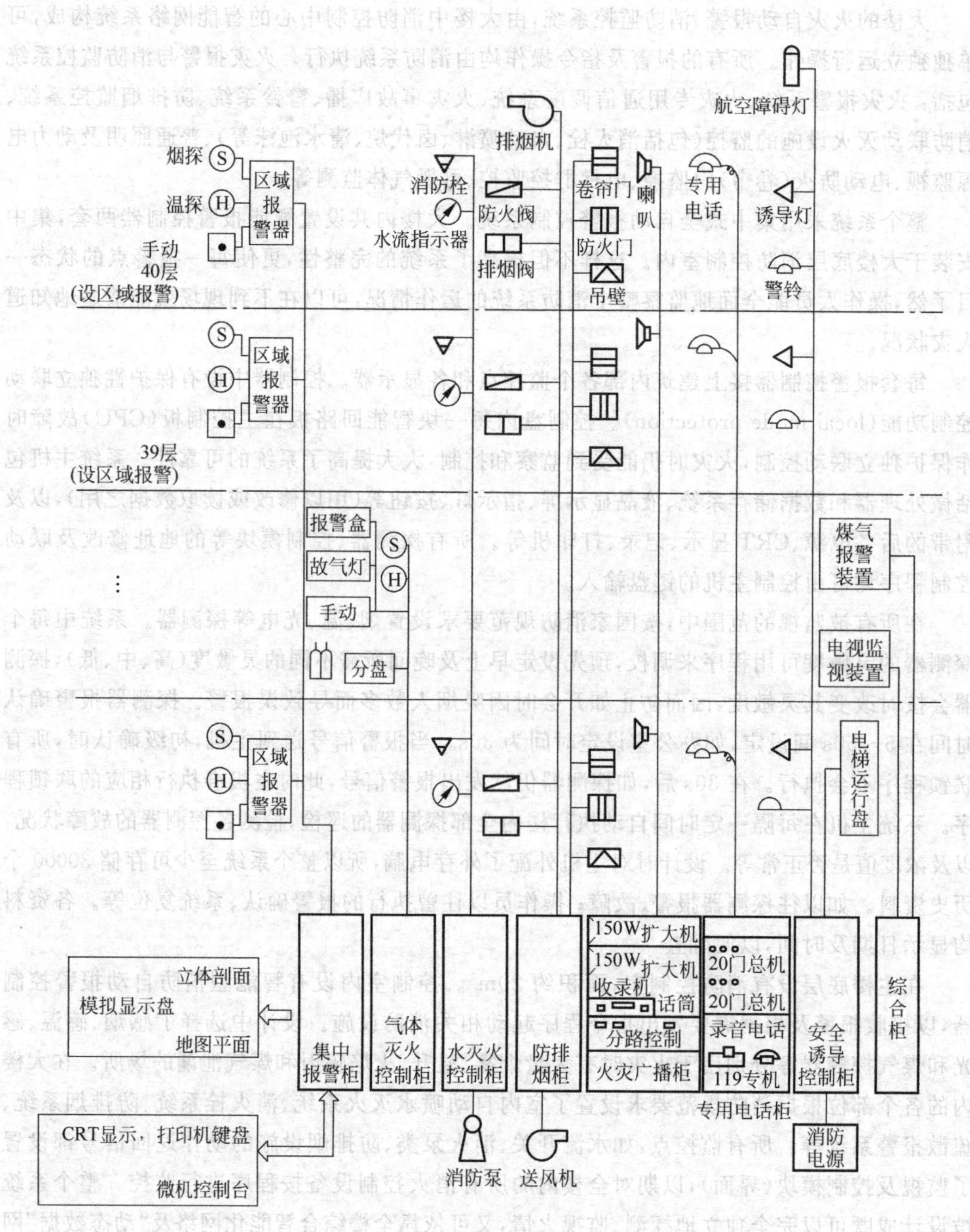

图 11-33 火灾报警和监控系统设计组成

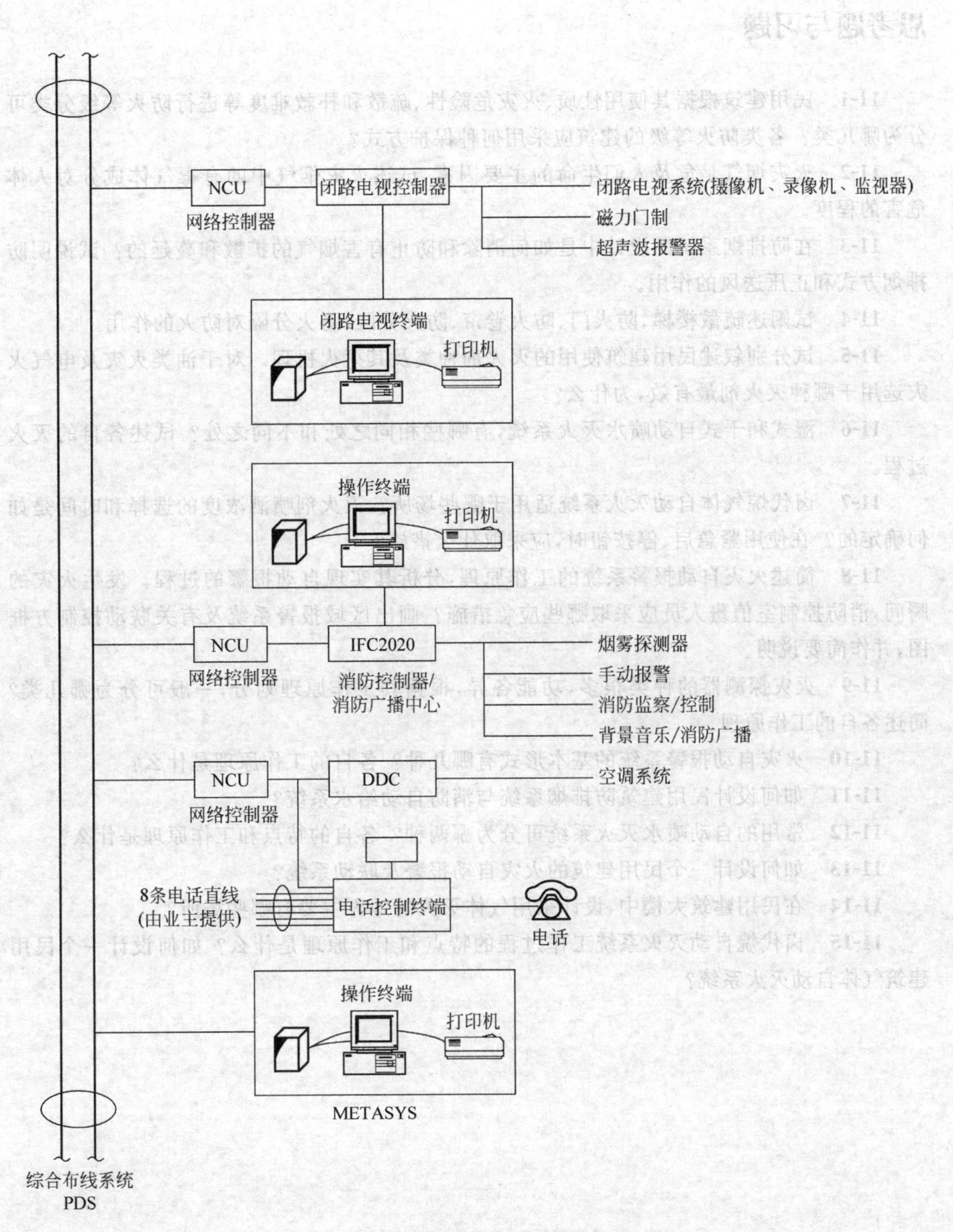

图 11-34　火灾报警控制系统网络构成图

思考题与习题

11-1 民用建筑根据其使用性质、火灾危险性、疏散和扑救难度等进行防火等级分类可分为哪几类？各类防火等级的建筑应采用何种保护方式？

11-2 火灾烟气是危及人们生命的主要因素，试述火灾烟气中的有毒气体成分对人体危害的程度。

11-3 在防排烟系统的设计中是如何消除和防止有害烟气的扩散和蔓延的？试说明防排烟方式和正压送风的作用。

11-4 试阐述疏散楼梯、防火门、防火卷帘、防火分区、防火分隔对防火的作用。

11-5 试分别叙述民用建筑使用的灭火剂种类及其灭火机理。对于油类火灾及电气火灾选用于哪种灭火剂最有效，为什么？

11-6 湿式和干式自动喷水灭火系统，有哪些相同之处和不同之处？试述各自的灭火过程。

11-7 卤代烷气体自动灭火系统适用于哪些场所？灭火剂喷洒浓度的选择和时间是如何确定的？在使用紧急启、停按钮时，应采取什么措施？

11-8 简述火灾自动报警系统的工作原理，分析其实现自动报警的过程。发生火灾的瞬间，消防控制室值班人员应采取哪些应急措施？画出区域报警系统及有关联动控制方框图，并作简要说明。

11-9 火灾探测器的种类很多，功能各异，根据其工作原理划分，一般可分为哪几类？简述各自的工作原理。

11-10 火灾自动报警系统的基本形式有哪几种？各自的工作原理是什么？

11-11 如何设计民用建筑防排烟系统与消防自动给水系统？

11-12 常用的自动喷水灭火系统可分为哪两种？各自的特点和工作原理是什么？

11-13 如何设计一个民用建筑的火灾自动报警及联动系统？

11-14 在民用建筑大楼中，设计采用气体灭火的地方主要有哪些场所？

11-15 卤代烷自动灭火系统工作过程的特点和工作原理是什么？如何设计一个民用建筑气体自动灭火系统？

第 12 章　民用建筑安全用电与防雷保护和接地、接零及设计

电气设备在运行过程中由于绝缘损坏等原因，使正常不带电的金属外壳带电，被人触及从而造成触电事故；而雷电通过建筑物或电气设备对大地放电时，也会对建筑物或电气设备产生破坏作用并威胁人身安全。本章主要介绍安全用电的基本知识；接地和接零的有关概念；雷电的基本知识；防雷保护的措施及设计。

12.1　民用建筑的安全用电

12.1.1　触电事故与安全用电

1. 触电电流对人体的伤害程度和安全电压等级

一般情况下，人能感觉到的触电电流约为 1mA；人能自行摆脱电源的触电电流约 10mA；30mA 的触电电流具有一定的危险性；电流超过 100mA 时，人的心脏就会停止跳动或使人昏迷，导致死亡。

触电电流的大小又与人体电阻和所接触的电压大小有关系。

人体电阻由皮肤电阻和体内电阻两部分组成。皮肤电阻最大，当皮肤处于干燥、洁净和无损伤状态下，人体电阻在 4kΩ 以上；当皮肤处于潮湿状态，人体电阻约为 1kΩ。当皮肤损伤、带有导电尘埃或触及带电部分面积越大和接触越紧密都会使人体电阻大幅下降。同时人体电阻还与接触电压的大小有关。随着人体接触电压的增高，人体电阻急剧下降，从而使触电电流迅速增大。这是因为随着电压的增高，人体表皮角质层有电解和类似介质击穿的现象。

我国根据环境条件的不同，规定安全电压额定值等级为：6V、12V、24V、36V、42V。不同环境条件的场所采用不同的安全电压。

安全电压与通常所说的“低压”不能混淆。电力系统中 1kV 以下的电压称为“低压”，因此“低压”并不是安全电压。

2. 触电持续时间与伤害程度

一般情况下，触电时间越长，其危害将越大。人们经过研究认为，引起昏迷并可能转为室颤的电流 I 与作用时间的乘积为：$Q=It=50\text{mA}\cdot\text{s}$，式中 t 为触电时间，单位为 s。此式表明电流越大，时间越长，则电击能量越大，危害越大。

实践证明：触电电流从手到脚、从一只手到另一只手或流过心脏，对人的伤害最为严重。频率为 50～60Hz 的触电电流对人的伤害最大，即最危险。低于或高于这个频率的电流对人的伤害程度都会减轻一些。此外触电对人的伤害程度还与人的身心健康状态有关。身心健康状态不佳者触电后果更为严重。

3. 触电的方式

1) 两相触电

两相触电是指人体同时接触带电的两条相线(火线)。这时人体会受到线电压的作用,其危险为最大,人体所承受的电压为线电压,电压较高,危害也较大。

2) 单相触电

单相触电是指人体接触带电的一条相线,如人体直接立于地面,在中性点接地系统中,电源相电压将加在人体电阻 R_t 和接地电阻 R_E(很小)串联的电路中,如图12-1(a)所示,将构成触电回路,这是很危险的。而在中性点不接地系统中,由于导线对地存在绝缘电阻和分布电容、仍具有一定的危险性,如图12-1(b)所示。

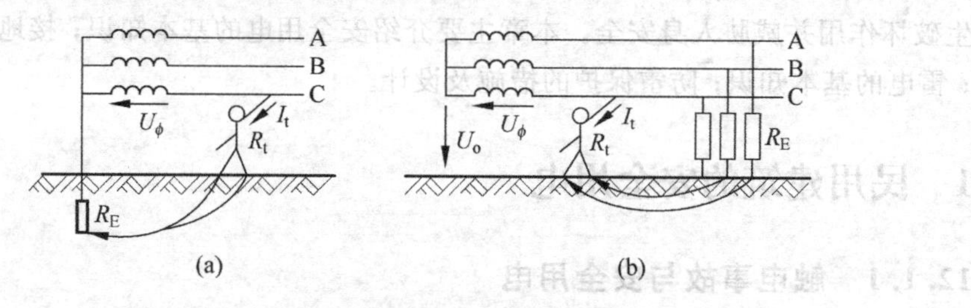

图12-1 单相触电时的电流路径

3) 过高的接触电压和跨步电压触电

在接地装置中,当有电流时,此电流流经埋设在土壤中的接地体向周围土壤中流散,使接地体附近的地表面任意两点之间都可能存在电位差。接地体附近地表面各点电位分布如图12-2所示。当人站在接地体附近,以手接触接地装置时,则作用于人的手与脚之间就是图中的电压 U_1,称为接触电压;当人走到接地体附近时,两脚之间(一般是0.8m)的电压,即图中的 U_K 称为跨步电压。当供电系统中出现对地短路时,或有雷电电流流经输电线入地时,都会在接地体上流过很大的电流,使接触电压 U_1 和跨步电压 U_K 都大大超过安全电压,造成触电伤亡。

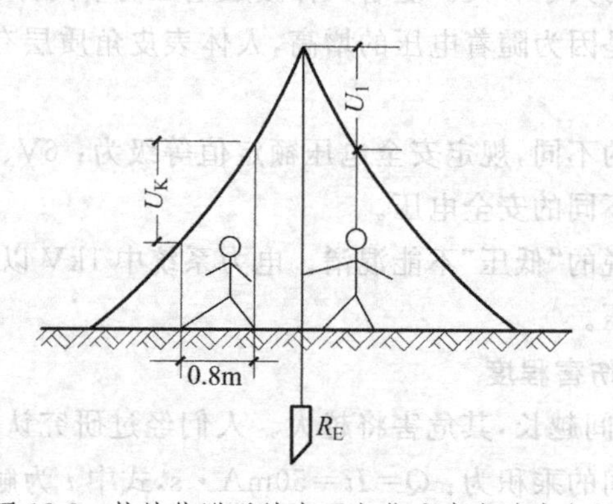

图12-2 接地体附近地表面电位分布和跨步电压

接触电压 U_1 和跨步电压 U_K 还可能出现在被雷电击中的大树附近或带电的相线断落处,此时人们应远离大树或断线处8m以外。

为使接地体真正起到接地作用,应使接地电阻 R_E 尽量小,一般要求 R_E 为4Ω。

人没有与带电体接触,有时也会遇到伤害。例如,人与高压带电体的距离小于放电距离时，人和高压带电体之间就会产生电弧放电，造成烧伤；有时错把隔离开关当成负荷开关使用出现的电弧也会造成烧伤。

12.1.2　触电急救

1. 尽快使触电者脱离电源

触电者能否获救，关键在于能否尽快脱离电源和施行正确的紧急救护。触电时应立即断开就近的电源开关；如距电源开关较远时，抢救者可使用干燥的不导电物体(如木棍、竹竿、绳索、衣服等)拨开电线，也可穿绝缘鞋或站在干木凳上把触电者拉开；也可用干燥的木柄斧、胶把钳等工具切断电线，或用绝缘物插入触电者身下；还可采用短路法使电源开关掉闸。

2. 对触电者进行及时的医务救治

触电者脱离电源后，应尽量在现场抢救，救护方法应根据伤害程度而定。

(1) 若触电者未失去知觉，应让其静卧，不能行走，并请医生诊治。

(2) 若触电者失去知觉，但心跳、呼吸正常，应让其平卧，解开其衣服以利呼吸。如果天气寒冷，需注意保暖。同时迅速请医生诊治。

(3) 若触电者呼吸、脉搏、心跳均已停止，必须立即进行人工呼吸和心脏按压，并请医生诊治，绝不可以打强心针，不可以认为已经死亡而放弃急救。

抢救触电者一般需很长时间，有时要进行 1～2 小时。抢救必须连续进行，不得间断。

12.1.3　防止触电的主要措施

为防止触电事故或降低触电危害程度，必须做好以下几方面的工作。

1. 建立规章制度，采取必要的常规措施

(1) 建立健全各项安全规章制度，加强安全教育和电气工作人员的培训；

(2) 合理使用各种安全用具、工具和仪表，并要经常检查，定期试验；

(3) 正确选用和安装导线、电缆、电气设备，对有故障的电气设备及时进行修理；

(4) 设立屏障，保证人与带电体的安全距离，并悬挂标示牌；

(5) 金属外壳的电气设备，需采取接地或接零保护；

(6) 采用安全电压。

2. 采用联锁装置和继电保护装置，推广使用漏电保护开关

漏电保护开关又称触电保安器，主要用于低压电网中，民用建筑中使用也较多。当在低压线路或电气设备上发生人身触电和漏电、单相接地故障时，漏电保护开关便快速地自动切断电源，保护人身及电气设备的安全，避免事故的扩大。

装设漏电保护开关系统与装设其他低压配电系统一样，需要考虑上下级之间动作选择性的配合。如在一个住宅楼内，每户装一个漏电开关，整幢楼也须装一个总的漏电开关，以保证操作和维修总配电箱、分配电箱及其他电器的安全。在安装漏电开关上就存在上下级动作配合的问题。一般来说，对于居住建筑，总的漏电开关可选用额定漏电动作电流 100mA，动作时间为 0.2～0.5s，用户漏电开关可选用额定电漏电动作电流 30mA，动作时间为 0.1s。

图 12-3(a)为二极漏电开关的原理线路图。图中：AT 是零序电流互感器；TK 是漏电脱扣器；K 是开关；R 是试验电阻；SA 是试验按钮。

在正常情况下,从电源线A相穿过零序电流互感器环形铁芯的电流 I_A,与经过负载后穿过环形铁芯回到电源中性线的电流 I_N 的大小相等、方向相反。由 I_A 和 I_N 所合成的励磁磁通势为零,所以互感器铁芯中磁通量为零,副边无感应电压,漏电开关保持在正常供电状态。当负载侧出现漏电流 I_{ro} 时,I_A 和 I_N 就不相等,合成励磁磁通势就不为零,电流互感器的副边就有感应电流。当 I_{ro} 达到一定值时,漏电脱扣器动作,开关分断,故障电路即被切断。

三极和四极漏电开关原理线路分别如图12-3(b)、(c)所示。三级漏电开关适用于三相电动机等负载;四极漏电开关适用于三相及单相混合负载。不论三相负载对称与否,只要是负载侧漏电流为零,那么穿过电流互感器的各导线电流的矢量和也为零,互感器副边就不会产生感应电流;只有当负载出现漏电流,且达到一定数值时,电流互感器副边就会产生足够的电流,使脱扣器动作,开关分断。

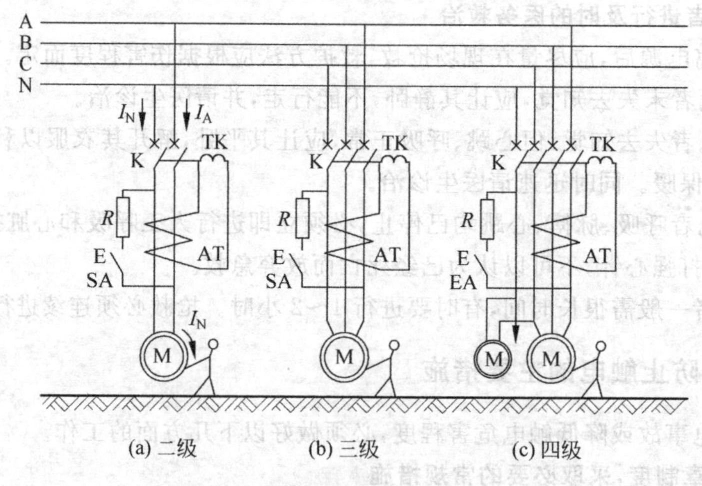

图12-3 漏电保护开关的原理线路

专门用作漏电保护的漏电开关,有额定电压为220V,额定漏电动作电流为15mA或30mA两种的DZL-16-40系列。DZ5-20L、DZ15L-40、DZ15L-60系列为额定电压380V。过载、短路和漏电保护可用的漏电开关,其额定漏电动作电流不小于30mA。所有漏电开关的漏电动作时间均不大于0.1s。

目前国际上主要有两种形式漏电开关:一种是以西欧生产为主的电磁式漏电开关,另一种是以美国、日本生产为主的电子式漏电开关。电子式漏电开关在作用时需要控制电源,若无独立操作电源,发生事故时,需对装设漏电开关处的电源电压进行验算。如果电源电压小于产品规定值,就不能可靠地动作。电子式漏电开关的性能还易受外界影响,因此各国均倾向采用电磁式漏电开关。

12.2 电气、电子设备的接地和接零

12.2.1 接地电流和跨步电压

用金属把电气设备的某一部分与地做良好的联接,称为接地。埋入地中并直接与大地接触的金属导体,称为接地体(或接地极)。兼作接地用的直接与大地接触的各种金属构件、

金属井管、钢筋混凝土建筑物的基础、金属管道和设备等，称为自然接地体；为了接地埋入地中的接地体，称为人工接地体。联接设备接地部位与接地体的金属导线，称为接地线。接地体和接地线的总和，称为接地装置。

电气设备接地的目的，首先是为了保证人身安全。由于电气设备某处绝缘损坏使外壳带电时，万一人触及，电气设备的接地装置可使人体避免触电的危险。其次是为了保证电气设备以及建筑物的安全，一般采用过电压保护接地、静电感应接地等。

接地电阻，是指电流从埋入地中的接地体流向周围土壤时，接地体与大地远处的电位差与该电流之比，而不是接地体的表面电阻。当电气设备发生接地故障时，电流就通过接地体向大地作半球形散开，如图12-4所示，这一电流称为接地电流。

图12-2表示了接地电流在接地体周围地面上形成的电位分布。实验证明，电位分布的范围只要考虑距单根接地体或接地故障点20m左右的半球范围。呈半球形的球面已经很大，距接地点20m处的电位与无穷远处的电位几乎相等，实际上已没有什么电位梯度存在。这表明，接地电流在大地中散逸时，在各点有不同的电位梯度和电位。电位梯度或电位为零的地方称为电气上的"地"或"大地"。

减小跨步电压的措施是设置由多根接地体组成的接地装置。最好的办法是用多根接地体联接成闭合回路，这时接地体回路之内的电位分布比较均匀，即电位梯度很小，可以减小跨步电压，如图12-5所示。

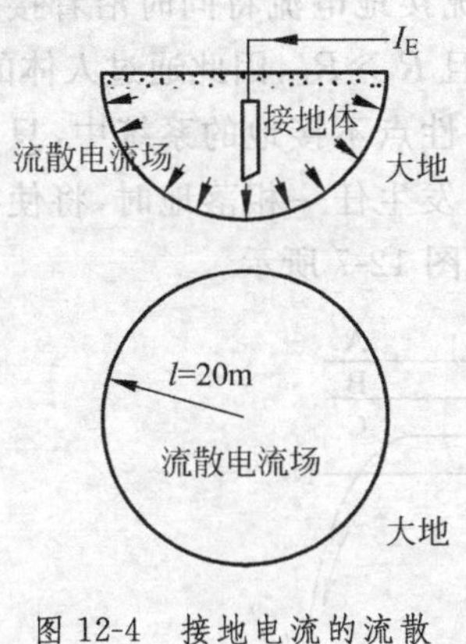

图12-4 接地电流的流散

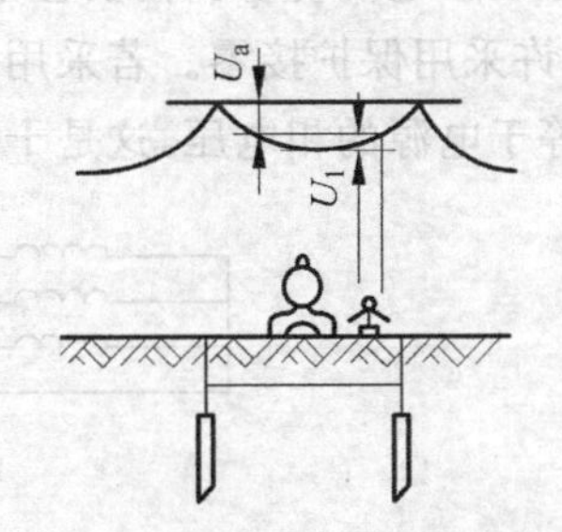

图12-5 减小跨步电压的措施

12.2.2 安全接地类型和作用

为了人身安全和电力系统工作的需要，要求电气设备采取接地措施。接地类型主要可分为工作接地、保护接地和保护接零三种，如图12-6所示。电机、变压器、电器、照明设备的底座和外壳，电气设备的传动装置，互感器的二次线圈，配电屏和控制台的框架，室内外配电装置的金属和钢筋混凝土构架，以及带电部分的金属遮栏，电缆盒的金属外壳和电缆的金属外皮，布线的钢管等均应接地。

1. 工作接地

电力系统由于运用和安全的需要，常将中性点接地，这种接地方式称为工作接地。如果变压器低压中性点没有工作接地，发生一相碰地将导致的结果是：接地电流不大，故障电路不能自动切断而长时间存在；接零设备对地电压接近相电压，触电危险性大；其他两相对

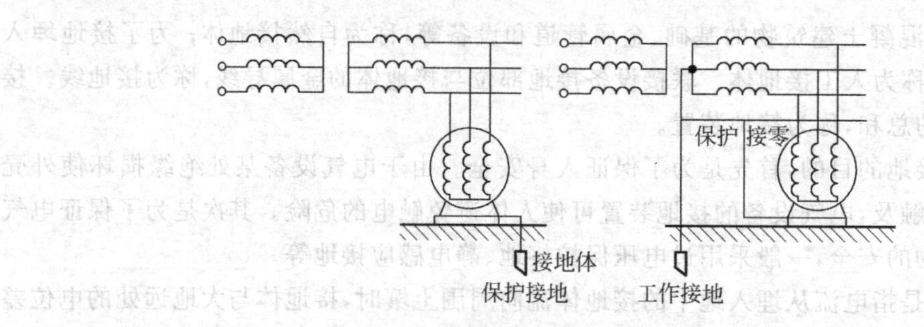

图 12-6 工作接地、保护接地和保护接零

地电压升高至接近线电压,单相触电危险性增加。

为泄放雷电流而设置的防雷接地是防雷设施的工作接地。

2. 保护接地

保护接地就是将电气设备的金属外壳(正常情况下不带电)与地作电气联接。保护接地适用于中性点不接地的低压系统,即 IEC 标准中所分类的 IT 系统。

中性点不接地而当一相接地后,似乎不能构成回路,但是由于每相导线对地有绝缘电阻和分布电容,因此接地的一相可通过绝缘电阻和分布电容与另外两相构成回路。在没有采用保护接地的情况下,当电气设备的某处绝缘损坏,金属外壳带电,人体一旦触及,就会触电。如果电气设备有保护接地措施,当发生上述情况接地电流将同时沿着接地体和人体两条通路流过,由于人体电阻 R_t 与接地电阻 R_E 并联,且 $R_t \gg R_E$,因此通过人体的电流很小,使人体避免或减轻触电的伤害。需要注意的是:在中性点不接地的系统中,只允许采用保护接地,而不允许采用保护接零。若采用保护接零,当发生任一相落地时,将使接零设备外壳对地的电压等于电源的相电压,这是十分危险的,如图 12-7 所示。

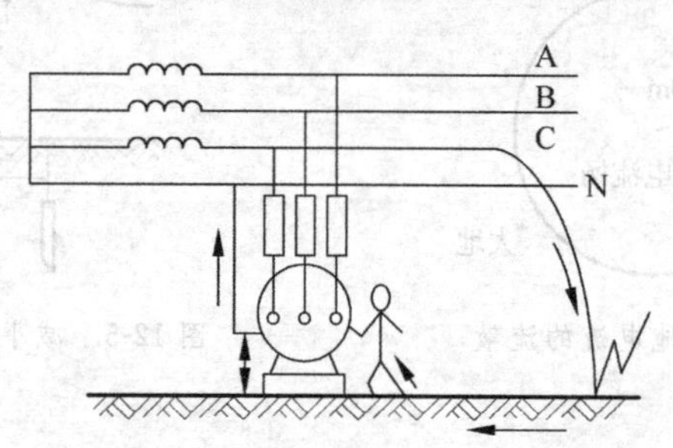

图 12-7 电源中性点不接地系统采用保护接零的危险示意

3. 保护接零

在中性点接地系统中不允许采用保护接地,如图 12-8 所示。若采用保护接地,当电气设备绝缘损坏时,接地电流 I_E 将为

$$I_E = \frac{U_P}{R_E + R'_E} \tag{12-1}$$

式中:U_P——系统相电压;

R_E——工作接地的电阻;

R'_E——保护接地的电阻。

如果系统电压为 380/220V,$R_E = R'_E = 4\Omega$,则接地电流

$$I_E = \frac{220}{4+4} = 27.5\text{A}$$

为了保证保护装置能可靠地动作，根据有关规定，接地电流应不小于继电保护装置动作电流的 1.5 倍或熔丝额定电流的 3 倍。因此 27.5A 的接地电流只能保证断开动作电流不超过 27.5/1.5=18.3A 的继电保护装置或额定电流不超过 27.5/3=9.2A 的熔丝。如果电气设备容量较大，就得不到保护，接地电流长期存在，外壳也将长期带电，这时，外壳对地电压为

$$U = I_E R_E = 27.5 \times 4 = 110\text{V}$$

此电压仍很危险，如图 12-8 所示。因此，在中性点接地系统中，必须采用保护接零措施。

保护接零就是将电气设备在正常情况下不带电的金属部分与零线作良好的金属联接。保护接零适用于中性点接地的低压系统中，即 IEC 标准中的 TN—C 系统，如图 12-9 所示。

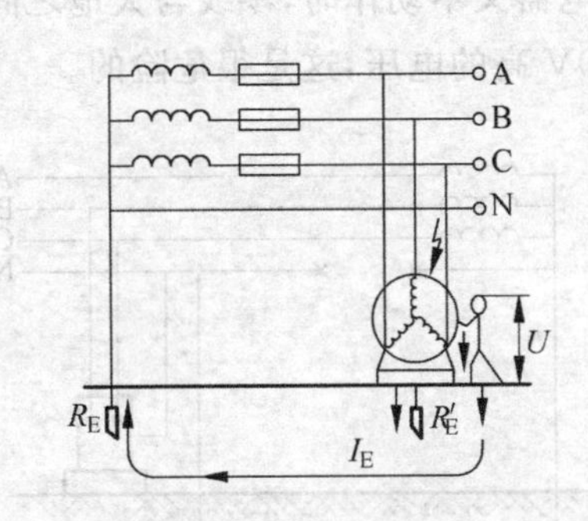

图 12-8　电源中性点接地系统采用接地保护的危险示意图

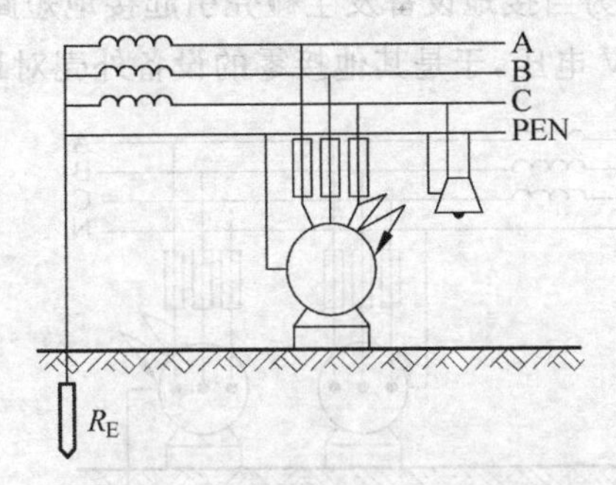

图 12-9　工作零线兼作保护接零线示意图(TN—C 系统)

如果采取了保护接零措施后，当电气设备绝缘损坏时，相电压经过外壳到零线，形成通路，将产生很大的短路电流，此电流远远超过保护电器(如熔断器、自动开关)的动作电流值，因此保护电器立即动作，故障设备也就脱离电源，从而防止了人身触电的可能性。

保护接零线可以利用三相四线制中的工作零线兼作保护接零线，如图 12-9 所示。也可设专用的保护接零线，如图 12-10 所示。前者可节省一条线路，但是当工作零线断线时有可能使所有采用保护接零的设备处于高电位之下。因此，三相供电系统中推荐采用三相五线方式；单相供电系统中推荐采用单相三线式，即 IEC 标准中所包含的 TN—S 系统，如图 12-10 所示。图 12-10 中第五条线即专用的保护接零线，称为 PE 线。这第五条线也可以利用穿线钢管的外壁替代，因此，采用钢管配线的设计可基本不增加专用保护接零线的费用。采用专用保护接零线后，工作零线应完全绝缘，在照明配电箱内的工作零线端子也应与铁箱绝缘。图 12-11 为 IEC 标准中的 TN—C—S 系统，其中一部分为专用保护接零线，一部分为工作零线兼作保护接零线。

对于配电干线为架空线路的系统，在架空线路段，可采用工作零线兼作保护零线；进户后利用干线的钢管外壁作为专用保护接零线；支路线如采用塑料管配线时，管路中加穿一根专用保护接零线。这是目前民用建筑通常采用的保护接零系统中保护零线的选用方式。

在选择接地类型时还须注意的是：在同一系统中，应采用同一种保护方式，或全部采用接地，或全部采用接零。不允许一部分用电设备接零，而另一部分接地。

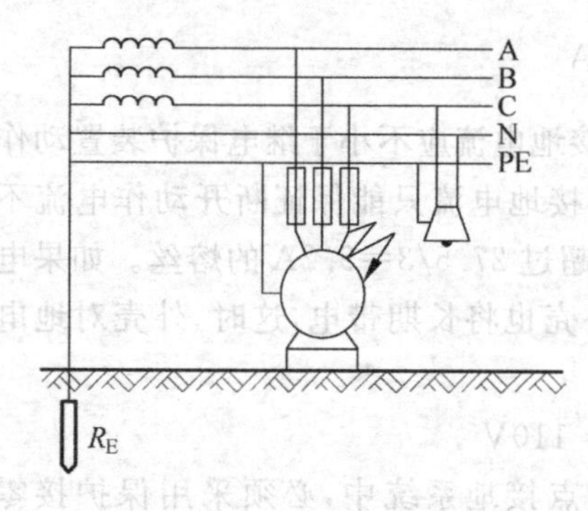

图 12-10 专用的保护接零示意(TN—S 系统)

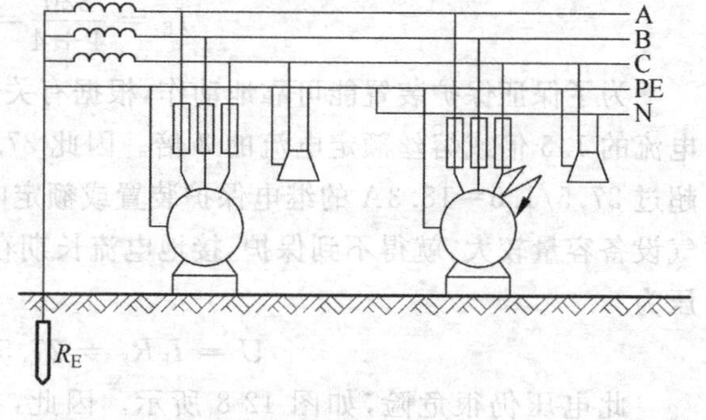

图 12-11 专用的保护接零示意(TN—C—S 系统)

如图 12-12 所示,为在同一系统中不允许一部分用电设备接零,一部分用电设备接地。这是因为当接地设备发生碰壳引起接地短路,而保护电器又不动作时,零线与大地之间就出现 110V 电压,于是其他接零的设备外壳对地都有 110V 高的电压,这是很危险的。

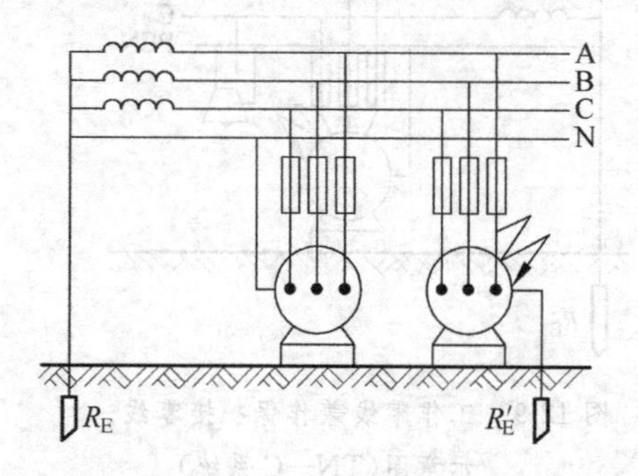

图 12-12 保护接地与保护接零共用的危险

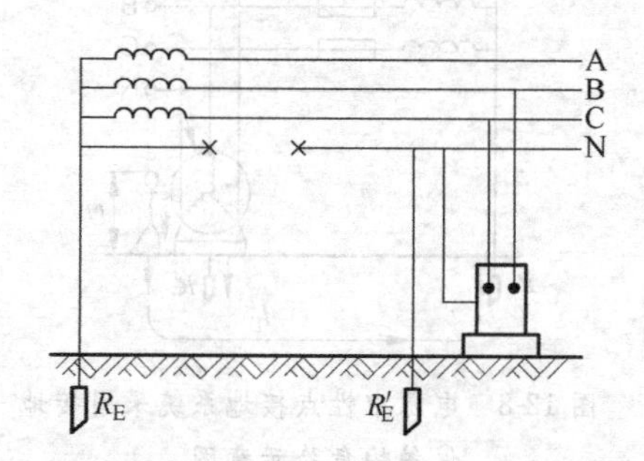

图 12-13 重复接地的作用

4. 重复接地

采用保护接零时,除系统的中性点工作接地外,将零线上的一点或多点与地再做金属联接,称为重复接地,如图 12-13 所示。

如果零线没有重复接地,一旦出现零线断线的情况,那么在断线处后面的用电设备的相线碰壳时,保护电器就不会动作,该设备以及后面的所有接零设备外壳都存在接近于相电压的对地电压,危险极大。如果有了重复接地,即使零线断线,带电外壳也可以通过重复接地装置与系统中性点构成回路,产生接地短路电流,使保护电器动作。若用电设备容量较大,即使保护电器因整定电流大于接地短路电流而不动作,也可降低断线处后边的设备外壳的对地电压,减少触电的危险性。因此,在接零系统中重复接地必不可少。一般要求在架空线路的干支和分支线的终端以及沿每 1km 处的零线上重复与接地体相联;在室内,零线应与配电屏、控制屏的接地装置相联。

12.2.3 电子设备的接地

1. 信号接地及功率接地

电子设备的信号接地(也称逻辑接地)是信号回路中放大器、混频器、扫描电路、逻辑电路等的统一基准电位接地。信号接地的目的是不致引起信号量的误差。功率接地是所有继电器、电动机、电源装置、大电流装置、指示灯等电路的统一接地。功率接地的目的以保证在这些电路中的干扰信号泄漏到地中时，不至于干扰灵敏的信号电路。

2. 屏蔽接地

屏蔽接地的作用，一方面为了防止外来电磁波的干扰和侵入，造成电子设备的误动作或通信质量的下降；另一方面是为了防止电子设备产生的高频能向外部泄放。为此需要将线路中的滤波器、变压器的静电屏蔽层、电缆的屏蔽层、屏蔽室的屏蔽网等进行接地，称为屏蔽接地。高层建筑为减少竖井内垂直管道受雷电流感应产生的感应电动势，将竖井混凝土壁内的钢筋予以接地，也属于屏蔽接地。

3. 防静电接地

静电是由于摩擦等原因而产生的积蓄电荷，要防止静电放电产生事故或影响电子设备的正常工作，就需要能使静电荷迅速向大地泄放的接地装置，这种接地称为防静电接地。

4. 等电位接地

医院中的某些特殊的检查和治疗室、手术室以及病房中，病人所能接触到的金属部分（如床架、床灯、医疗电器等），不应发生有危险的电位差，因此需把这些金属部分相互联接起来，成为等电位体并予以接地，称为等电位接地。高层建筑中为了减少雷电流造成的电位差，将每层的钢筋网及大型金属物体联接成一体并接地，也属于等电位接地。

5. 安全接地

安全接地即将电子设备的金属外壳、框架等接地或接零，以保证人身的安全。

6. 电子计算机接地

电子计算机接地主要是“逻辑接地”、“功率接地”和“安全接地”。

小型电子计算机内部的逻辑接地、功率接地、安全接地一般在机柜内已接到同一个接地端子上，称为混合接地系统。

计算机柜内的逻辑接地、功率接地、安全接地分别都接到木地板下与大地相绝缘的铜排上，称为悬浮接地。在大型电子计算机中采用这种方式难以满足较高的绝缘性能要求，故这种接地方式大多用于小型电子计算机系统。

交直流分开的接地系统是将逻辑接地与直流功率接地合在一起接在单独的接地网上，而将机柜的安全接地与交流功率接地合在一起接在公用接地网上。

若将计算机中逻辑接地、功率接地、安全接地分开，各自接到机柜上三个相互绝缘的接地端子，然后由三个接地端子各自引出独立的接地线，都接在一个接地网上称为一点接地系统。

单独接地时若出现问题，容易查清故障原因，但安装要求复杂。各个接地电阻一般要求不大于 10Ω。采取分开接地线而后联合在一起接地（一点接地系统），可能比较容易处理和检查故障。一般要求接地电阻不大于 4Ω。

12.3 民用建筑的防雷保护与接地

12.3.1 雷电的形成及对建筑物的危害

1. 雷电的产生

雷电产生的原因解释很多，现象也比较复杂。通常的解释如下：

(1) 地面湿气受热上升,在空中与不同冷热气团相遇,凝成水滴或冰晶,形成积云。

(2) 当积云受到强烈气流吹袭时,分裂为较小水滴和较大雨滴(实验证明:较小水滴带负电,较大雨滴带正电)。较小水滴被气流带走形成带负电的雷云;较大的雨滴留下来则形成带正电的雷云。

(3) 在上下气流的强烈撞击和摩擦下,雷云中的电荷越聚越多,一方面在空中形成了正负不同雷云间的强大电场,另一方面临近地面的雷云使大地或建筑物感应出与其极性相反的电荷,这样雷云与大地或建筑物之间形成强大的电场。

(4) 当电场强度达到足以使空气绝缘破坏(约 25～30kV/cm)时,空气便开始游离,变为导电的通道,这个导电的通道是由雷云逐步向地面发展的,这个过程叫先导放电。由于雷云中的电荷分布并不均匀,地面上感应的电荷分布也不均匀,因此,不同极性的雷云的电荷中心间或雷云的电荷中心与地面上感应电荷中心之间的电场强度是最强的。因此先导放电是沿着这条场强最强的路径发展的。

(5) 当先导放电的头部接近异性雷云电荷中心或地面感应电荷中心就开始进入放电的第二阶段,即主放电阶段。主放电又叫回击放电,其放电的电流即雷击流,可达几十万安,电压可达几百万伏,温度可达二万摄氏度。在几微秒内,使周围的空气通道变成白热化而猛烈膨胀,出现耀眼的亮光和巨响,这就是通常所说的"打闪"和"打雷"。打到地面上的闪电称"落雷",落雷击中建筑物,树木或人畜称为"雷击事故"。

2. 雷电的种类

(1) 直击雷

雷电直接打击在大地或建筑物上,称为直击雷。直击雷一般作用于建筑物顶部的突出部分或高层建筑的侧面(又叫侧击)。

(2) 感应雷

感应雷又称雷电的二次作用,或叫雷电感应,可分为静电感应雷和电磁感应雷两种。静电感应雷是雷云接近地面时,在地面凸出物顶部感应大量异性电荷,在雷云与其他部位或其他雷云放电后,凸出物顶部的电荷失去束缚,以雷电波的形式高速传播而形成。电磁感应雷是在雷击后,雷电流在周围空间产生迅速变化的强磁场,处在强磁场范围内的金属导体上会感应出很高的过电压而形成。

(3) 雷电波侵入

雷电打击在架空线路或金属管道上,雷电波将沿着这些管线侵入建筑物内部,危及人身或设备安全,这叫雷电波侵入,又称高电位引入,其传播的速度可达 300m/μs。

3. 雷电的危害

(1) 雷电的热效应

巨大的雷电流通过被击物时,会产生极大的热量,但在短时间内又不易散发出来,伤害极大。凡雷电流流过的物体,金属被熔化,树木被烧焦。尤其是雷电流流过易燃、易爆物体时,会引起火灾或爆炸,造成建筑物倒塌、设备毁坏及人身伤害的重大事故。

(2) 雷电的电磁效应

当有很强的带电雷云出现在建筑物上空时,就会在建筑物上感应出与雷云等量而异性的束缚电荷。当雷云在空间对地放电后,空中电场立即消失,但在建筑物上聚集的电荷并不能很快泄入大地,因而对地形成相当高的电压,这是由于电磁感应和电磁感应残留的电荷形成的。同样，对其周围导体的输电线，金属管道等也能产生很高的感应过电压，其幅值高达几十万伏，它足以破坏一般电气设备的绝缘，造成短路，导致火灾和爆炸，对建筑物有很大的破坏。有时还会沿着输电线或金属管道将过电压引入建筑物内，造成设备的损坏及人身触电伤亡事故。感应雷的形成如图 12-14 所示。

图 12-14　感应雷的形成

(3) 雷电的机械效应

当雷电流通过被击物体时，能产生巨大的电动力作用，或使物体内水分受热蒸发为大量气体，或使物体内缝隙的气体剧烈膨胀，造成内压力骤增，使被击物体劈裂甚至爆炸。

为了防止雷电带来的危害，应对建筑物和电气设备采取必要的防雷保护措施。

12.3.2　建筑物的防雷等级和防雷措施

1. 雷电的活动规律

雷电的活动主要取决于气象、季节、地域及地物等因素。从气候上看，热而潮湿的地区比冷而干燥的地区雷电活动多，我国以华南、西南及长江流域比较多，华北、东北较少，西北最少；从地域上看，山区的雷电活动多于平原、平原的雷电活动多于沙漠，陆地的雷电活动多于湖海；从季节上看，雷电主要活动在夏季，其次是春夏和夏秋之交时期。

2. 容易遭受雷击的建筑物及相关因素

(1) 建筑群中的高耸建筑物及尖顶建筑物、构筑物，如水塔、宝塔、烟囱及发射台天线等。

(2) 空旷地区孤立物，如野外孤立建筑、输电线杆、塔及高大树木等。

(3) 建筑物的突出部位，如屋脊、屋角、女儿墙、屋顶蓄水箱、烟囱及天线等。

(4) 屋顶为金属结构的建筑物，地下埋设的金属管道，内部有大量金属设备的厂房或排放导电尘埃的工厂等。

(5) 特别潮湿的建筑物和地下水位较高的地方。

(6) 金属矿藏地区，由于地下金属矿的存在，容易引起雷电感应，从而造成雷击。

3. 建筑物的防雷等级

根据建筑物的重要性、使用性质、发生雷电事故的可能性和后果的严重性等因素把建筑物划分为三类防雷等级，以采取不同的防雷措施。

(1) 第一类防雷的建筑物

① 具有特别重要用途和重大政治意义的建筑物，如国家级的会堂和办公建筑；大型体育和展览建筑；特等火车站；国际性的航空港、通信枢纽，国宾馆，大型旅游建筑等。

② 国家级重点文物保护的建筑物。

③ 超高层建筑物。

④ 制造、使用或储存大量爆炸物质(如炸药、火药、起爆药等)和因火花可能引起爆炸，会造成巨大破坏和人身伤亡的工业厂房。

(2) 第二类防雷的建筑物

① 重要的或人员密集的大型建筑物，如部、省级办公楼，省级大型体育馆、博览馆，交通、通信、商厦、影剧院等建筑物。

② 省级重点文物保护的建筑物。

③ 19层及以上的住宅建筑和高度超过50m的其他民用建筑和一般工业建筑。

(3) 第三类防雷的建筑物

① 建筑群中的最高建筑；或处于边缘地带高度为20m以上的建筑物；在雷电活动强烈地区，高度为15m以上的建筑物；雷电活动较弱地区，高度在25m以上的建筑物。

② 高度超过15m的烟囱、水塔等孤立建筑物。

③ 历史上雷电事故严重地区的建筑物或雷电事故较多地区的较重要建筑物。

④ 建筑物年计算雷击次数达到0.01及以上的民用建筑。

4. 建筑物的防雷措施

建筑物的防雷措施，应当在当地气象、地形、地貌、地质等环境条件下，根据雷电活动规律和被保护建筑物的特点，因地制宜地采取切实可行的措施，做到安全、可靠、经济合理。对安全可靠的要求，三类建筑物有不同的要求：对于第一类建筑物应防止直击雷，感应雷及雷电波侵入；对于第二类建筑物主要防直击雷，但也应根据具体情况，采取措施防止感应雷及雷电波入侵；对于第三类建筑物，一般只在容易遭受直接雷击的部位采取一定措施，进行重点保护。

(1) 防止直击雷的措施

为了防止直击雷，建筑物应装设防雷装置。防雷装置由接闪器、引下线和接地装置三部分组成。如图12-15所示为烟囱防雷系统示意图。

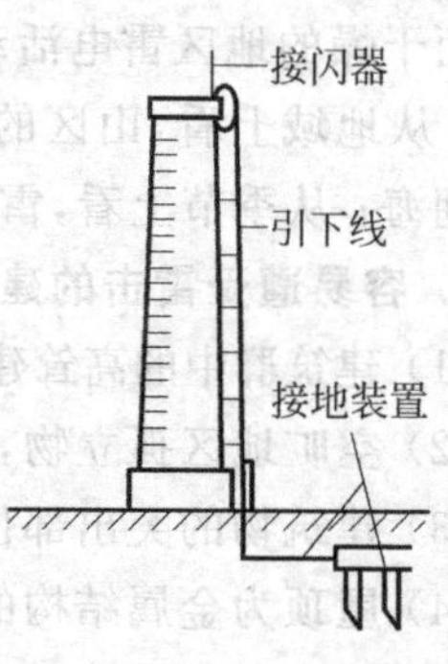

图12-15 烟囱防雷系统示意图

接闪器的基本形式有避雷针、避雷带、避雷网和笼网等，安装在建筑物顶端。接闪器的作用是将附近的雷云放电诱导过来，通过引下线注入大地，从而使建筑物免遭直接雷击。

(2) 防感应雷的措施

防止感应雷的措施是将建筑物的金属框架、钢窗等与接地装置联接，同时将建筑物内的金属设备、金属管道、构架、电缆的金属外皮等与接地装置可靠联接。这样可使残留在建筑物上的电荷迅速引入大地，消除建筑物内部出现的高电位。

(3) 防雷电波侵入的措施

在进户架空线或进户电缆的首端安装避雷器，这是用来防护雷电产生的高电位沿线路侵入建筑物。避雷器的作用是将雷电流引入大地，保护建筑物。避雷器的形式有阀形避雷器、管型避雷器和羊角保护间隙。

12.3.3 建筑物的防雷装置

1. 防雷装置的组成

一套完整的防雷装置都由三部分组成，即接闪器、引下线和接地装置，如图12-16所示。

(1) 接闪器

接闪器又称受雷装置，是接受雷电流的金属导体，即通常所指的避雷针、避雷带或避雷网。当建筑物由于美观上的要求，不允许装设避雷针时，可采用避雷带或避雷网，利用直接敷设在屋顶和房屋突出部分的金属条(圆钢或扁钢)作为接闪器。

(2) 引下线

引下线又称引流器，它是把雷电流由接闪器引到接地装置的导体，一般敷设在外墙面或暗敷于混凝土柱子内。

(3) 接地装置

接地装置是埋在地下的接地导体(即水平联接线)和垂直打入地内的接地体的总称。接地装置的作用是把雷电流疏散到大地中去。

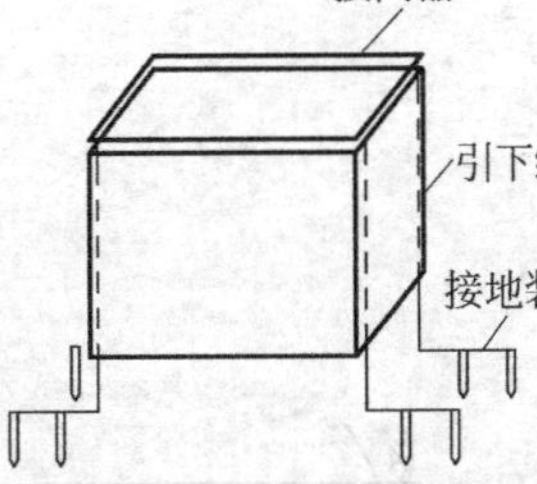

接闪器
引下线
接地装置

图 12-16　防雷装置组成示意

2. 避雷针的保护范围

避雷针是建筑物防雷保护装置的重要组成之一，一般装在建筑物的尖顶端、顶部两端或顶部四周的女儿墙上，有时也专设独立式的避雷针。就其实质而言，避雷针不是避雷而是引雷。利用它高耸空中的有利位置，承受雷击，把雷电流泄入大地，使被保护物免受破坏。根据被保护物的高度及体积的大小，避雷针可分别采用单针、双针或多针几种。这里只介绍单支避雷针的保护范围。对避雷针的保护范围，根据国际电工委员会 IEC 标准规定采用"滚球法"来确定。

所谓"滚球法"，就是选择一个半径为 h_r(滚球半径)的球体，沿需要保护直击雷的部位在地上滚动，要求滚球的表面始终与避雷针针尖 1(见图 12-17)接触，于是形成以避雷针针尖为顶点的圆锥体，圆锥体内的部位就在避雷针的保护范围之内。

单支避雷针的保护范围，按下列方法确定，如图 12-17 所示。

(1) 当避雷针高度 $h \leqslant h_r$ 时的保护范围

① 距地面 h_r 处作一平行于地面的平行线；

② 以避雷针的针尖为圆心，h_r 为半径，作弧线与平行线交于 A、B 两点；

③ 以 A、B 为圆心，h_r 为半径，以避雷针的针尖为起点作弧线，直至与地面相切，由此弧线(图 12-17 中的 2)形成的整个锥形空间就是避雷针的保护范围；

④ 在避雷针的保护范围内，被保护物高度为 h_x 的 xx′平面上的保护半径 r_x 的计算公式为

$$r_x = \sqrt{h(2h_r - h)} - \sqrt{h_x(2h_r - h_x)} \tag{12-2}$$

式中：h_r——滚球半径，按表 12-1 确定，m。

(2) 当避雷针高度 $h > h_r$ 时的保护范围

确定避雷针保护范围的步骤与上述一致，所不同的只是在避雷针上取高度的一点来代替避雷针的针尖作为圆心，其余的作法如 $h \leqslant h_r$ 的作法。

例 12-1　某厂一座 30m 高的水塔旁边，建有一水泵房(三类防雷建筑物)，尺寸如图 12-18 所示，水塔上面装有一支 2m 的避雷针。试问此避雷针能否保护这一泵房。

解：先求保护半径。根据查表 12-1 得滚球半径 $h_r = 60$m；根据题意得

$$r_x = \sqrt{32 \times (2 \times 60 - 32)} - \sqrt{6 \times (2 \times 60 - 6)} = 26.9\text{m}$$

$h = 30 + 2 = 32$m，$h_x = 6$m，代入式(12-2)再算出水泵房在 $h_x = 6$m 高度上最远一角距离

$$r = \sqrt{(12 + 6)^2 + 5^2} = 18.7\text{m} < r_x$$

由上述避雷针的水平距离 r 与 r_x 比较，可见水塔上的避雷针完全能保护这一水泵房。

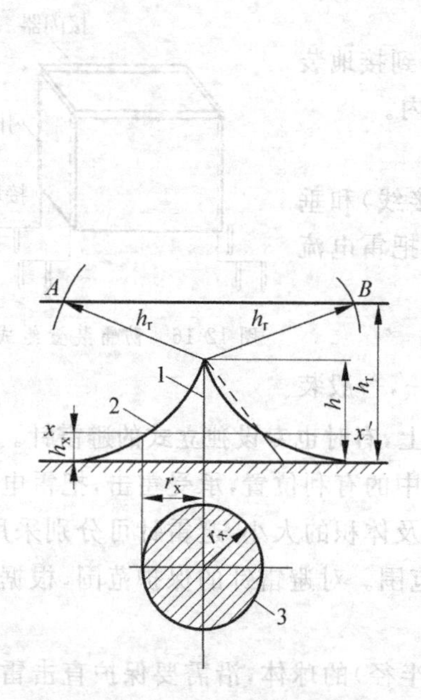

图 12-17 单支避雷针的保护范围

1—避雷针；2—保护范围边界；3—xx'平面上保护范围的界面

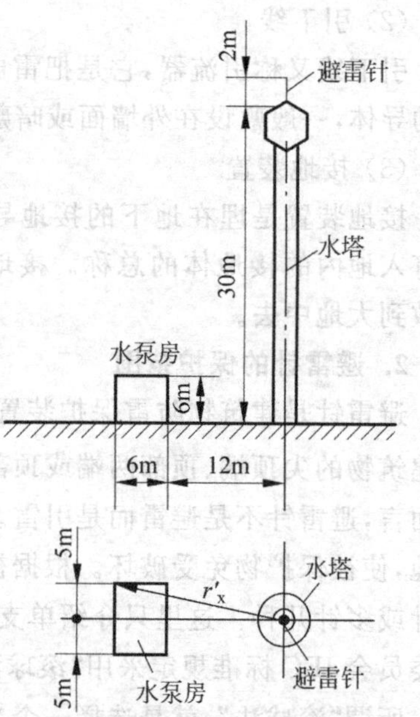

图 12-18 例 12-1 避雷针的保护范围

表 12-1 建筑物的防雷类别和接闪器的布置及其滚球半径

建筑物的防雷类别	避雷网尺寸/m^2	滚球半径/m
第一类防雷建筑	5×5	30
第二类防雷建筑	10×10	46
第三类防雷建筑	20×20	60

3. 避雷带和避雷网

雷击建筑物有一定的规律，最可能受雷击的地方是山墙、屋脊、烟囱、通风管道以及单屋顶的边缘等。在建筑物最可能受雷击的地方装设接闪装置(如屋脊、山墙处敷设导线，大面积平屋顶采用避雷网)，这样便构成了避雷带、避雷网的保护方式。也有利用钢筋混凝土屋面中的钢筋作接闪器的所谓暗装避雷网保护方式。图 12-19 为用避雷带组成的防雷平面图。

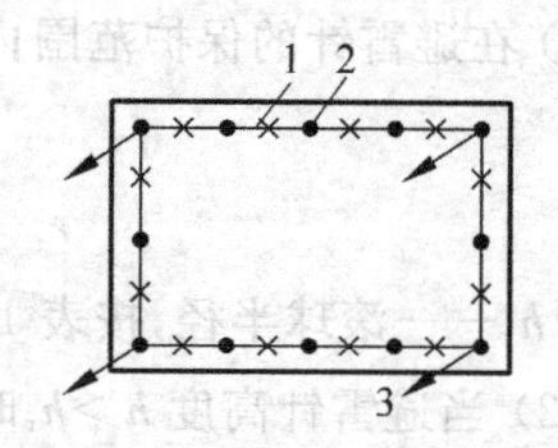

图 12-19 避雷带组成的防雷平面图

1—ϕ8mm 镀锌圆钢；2—混凝土支座；3—防雷带引下线

4. "反击"现象及其防止

当防雷装置接受雷击时，雷电流沿着接闪器、引下线和接地体流入大地，并且在它们上面产生很高的电位。如果防雷装置与建筑物内外电气设备、电线或其他金属管线绝缘距离不够大，它们之间就会产生放电现象，这种现象称为"反击"。"反击"会造成电气设备绝缘破坏，金属管道烧穿，甚至引起火灾和爆炸。

防止"反击"的措施有两种。一种是将建筑物的金属物体〈含钢筋〉与防雷装置的接闪器、引下线分隔开，并且保持一定距离；另一种是当防雷装置不易与建筑物内的钢筋、金属管道分隔开时，则将建筑物内的金属管道系统的主干道与靠近的防雷装置相联接，有条件时宜将建筑物每层的钢筋与所有的防雷引下线联接。

5. 防雷装置的结构设计

(1) 接闪器

① 避雷针一般用镀锌圆钢或焊接钢管制成，圆钢截面不得小于100mm²，钢管厚度不得小于3mm。其直径不应小于下列数值：

针长1m以下时：圆钢12mm，钢管20mm；

针长1～2m时：圆钢16mm，钢管25mm；

烟囱顶上的针：圆钢20mm。

② 明装避雷网和避雷带一般用圆钢或扁钢制成，其尺寸不应小于下列数值：圆钢直径8mm；扁钢截面48mm²；扁钢厚度4mm。

③明装避雷带距离屋顶面或女儿墙顶面的高度为10～20cm，其支点间距不应大于1.5m。在建筑物的沉降缝处应多留出10～20cm。第一类建筑防感应雷的避雷网格为8～10m。当有超出屋面的通气管道、铁烟囱等均应与屋顶避雷网相联。

④ 除存有易燃、易爆物品的建筑外，建筑物的金属屋面可用作接闪装置。

⑤ 利用建筑物钢筋混凝土屋面板作为避雷网时，其中的钢筋直径应不小于3mm，并应联接良好，当屋面装有金属旗杆或其他金属柱时，均应与避雷带(网)联接起来。

⑥ 接闪器应镀锌或涂漆，在腐蚀较强的场所，还应适当加大接闪器的截面或采取其他防腐措施。

⑦ 避雷针的顶端可做成尖形、圆形或扁形，没有必要做成三叉或四叉。

⑧ 砖木结构房屋，可把避雷针敷设于山墙顶部或屋脊上，用抱箍或对锁螺栓固定于梁上，固定部位的长度约为针高的1/3。避雷针插在砖墙内的部分为针高的1/3，插在水泥墙内的部分约为针高的1/5～1/4。

⑨ 利用木杆做接闪器的支持物时，针尖的高度必须超出木杆30cm。也可利用大树作支持物，但针尖应高出树顶。

(2) 引下线

① 引下线一般采用圆钢或扁钢制成，其截面不应小于48mm²；在易遭受腐蚀的部位，其截面应适当加大。为避免很快腐蚀，引下线最好不采用绞线。其尺寸不应小于下列数值：圆钢直径8mm；扁钢截面48mm²；扁钢厚度4mm。

② 建筑物的金属构件，如消防梯、烟囱的铁扒梯等可作为引下线，但所有金属部件之间均应连成电气通路。

③ 引下线的敷设分明装和暗装两种。明装引下线沿建筑物外墙面敷设，从接闪器到接地体，引下线的敷设路径应尽可能短而直。根据建筑物的具体情况，不可能直线引下时，也可以弯曲。暗装引下线常见于高层建筑或建筑艺术较高的建筑物。在这些建筑物的防雷装置中将引下线预埋在墙内，但导线截面应相应加大。若利用混凝土柱内钢筋作引下线时，主钢筋应焊接牢靠使之成为良好的电气通路。

④ 一般情况下，引下线不得少于两根，其间距不大于30m。当技术上处理有困难时，允许放宽到40m，最好是沿建(构)筑物周边均匀引下。但对于周长和高度均不超过40m的建(构)筑物，可只设一根引下线。

⑤ 引下线的固定支点间距不应大于2m,敷设引下线时,应保持一定的松紧度。

⑥ 引下线应避开建筑物的出入口和行人较易接触的地点。

⑦ 在易受机械损伤的地方,离地面约1.7m处至地下0.3m处的一段引下线应加保护措施,也可用竹筒或绝缘材料将引下线包缠起来。

⑧ 采用多根明装引下线时,为便于测量接地电阻以及检验引下线和接地线的联接状况,宜在每条引下线距地面1.8～2.2m处设置断接卡子。

(3) 接地装置

接地装置是埋设在地下的金属导体,它由接地线和接地体组成,其作用是把雷电流迅速流散到周围土壤中去,以限制防雷装置对地电压过高。因此接地体的接体电阻要小(一般不超过10Ω)。

接地体分人工接地体和自然接地体两种。

人工接地体就是用圆钢、角钢、钢管、扁钢等制成并敷设在地下。按照敷设形式的不同,人工接地体又分为垂直埋设和水平埋设两种。

自然接地体就是利用建筑物的钢筋混凝土基础内的钢筋作为接地体,不再专门设置接地体。人工接地体所用材料最小尺寸见表12-2。

表12-2　防雷接地体所用材料最小尺寸

圆钢直径/mm	扁钢		角钢厚度/mm	钢管壁厚/mm
	截面/mm^2	厚度/mm		
10	100	4	4	3.5

接地体的布置方式和几何尺寸应根据防雷接地电阻的要求和周围土壤电阻率等因素而定。对于自然接地体的水泥标号、钢筋长度和截面以及周围土壤的含水量等也有一定的要求。

6. 高层建筑的防雷

高层建筑的防雷,尤其是防直击雷,有特殊的要求和措施。因为:一方面越是高层的建筑,落雷的次数越多;另一方面,由于建筑物很高,有时雷云接近建筑物时发生先导放电,屋面接闪器未能起到作用,有时雷云随风飘移,使建筑物受到雷电的侧击。

不同的高层建筑,其防雷措施也有所不同。高层建筑的防雷主要是增设防止侧击雷的措施,具体要求和做法是:

(1) 建筑物的顶部,全部采用避雷网。

(2) 从30m以上,每三层沿建筑物四周设置避雷带。

(3) 从30m以上的金属栏杆、金属门窗等较大的金属物体,应与防雷装置联接。

(4) 每三层沿建筑物周边的水平方向设均压环;所有的引下线,以及建筑物内的金属结构、金属物体,都与均压环相联接。

(5) 引下线的间距更小(一类建筑不大于18m,二类建筑不大于24m)。接地装置应围绕建筑物构成闭合回路,其接地电阻值要求更小(一、二类建筑不大于5Ω)。

(6) 建筑物内的电气线路全部采用钢管配线,垂直敷设的电气线路的带电部分与金属外壳之间应装设击穿保护装置。

(7) 室内的主干金属管道与电梯轨道，应与防雷装置相联接。

总之，高层建筑为防止侧击雷，应设置许多层避雷带、均压环，以及在外墙的转角处设引下线。一般在高层建筑物的边缘和突出部分，少用避雷针，多用避雷带，以防雷电侧击。

目前，高层建筑的防雷设计，是把整个建筑物的梁、板、柱、基础等主要结构的钢筋通过焊接连成一体。在建筑物的顶部设避雷网屋顶；在建筑物的腰部，多处设置避雷带、均压环。这样，使整个建筑物及每层分别连成一个整体笼式避雷网，对雷电起到均压作用。当雷击时，建筑物各处构成了等电位面，对人和设备都安全。同时由于屏蔽效应，笼内空间电场强度为零，笼上各处电位基本相等，则导体间不会发生反击现象。建筑物内部的金属管道由于与房屋建筑的结构钢筋已作电气联接，也能起到均衡电位的作用。此外，各个结构钢筋连为一体，并与基础钢筋相联有利于防雷。由于高层建筑基础深、面积大，利用钢筋混凝土基础中的钢筋作为防雷接地体，其接地电阻一般都能满足小于5Ω的要求。

12.4　民用建筑的接地、接零与设计

接地和接零装置的设计内容包括：各种接地的相互关系和共同接地的低压系统中中性点接地还是不接地的选择；接零保护的设计；接地电阻的计算和接地装置的选择。

12.4.1　各种接地类型的相互关系和共同接地

1. 各种接地类型的电阻值要求

在1kV以下的低压配电系统中各种接地类型的电阻值要求如下：

(1) 工作接地通常可分为交流工作接地(如相电源中性接地等)和直流工作接地(如电子计算机等电子设备的工作接地等)。一般交流工作接地装置的电阻值≤4Ω；直流工作接地的电阻值应按设备说明书要求，其电阻值一般为4Ω以下。

(2) 电气设备的安全接地一般要求电阻≤4Ω。

(3) 重复接地要求其接地装置的电阻≤10Ω。

(4) 防雷接地一、二类建筑防直接雷的接地体电阻≤10Ω；一、二类建筑防感应雷的接地电阻≤5Ω；三类建筑的防雷接地电阻≤30Ω。

(5) 屏蔽接地一般要求其电阻<10Ω即可。

2. 各种接地的相互关系和共同接地

上述各种接地类型中，有些是可以共用同一个接地装置，而有些则不能混用，在设计使用时必须加以注意，严格区分。

因接地部位的不同有三种性质的接地，即设备内部接地、建筑物内接地及室外接地。这三种接地一般只要能分开，允许单独接地的应尽量分开，做不到分开的予以联合共用接地。三种接地中主要是建筑物内。

建筑物的接地又可分为电力系统方面的接地、弱电设备的接地和防雷接地。在无爆炸危险的一般环境中，允许多种性质的接地共用。一般将弱电接地线单独分开，其余的可实行联合接地。电力系统接地与防雷接地之间的处理是：当建筑物为砖混凝土结构时，防雷装置需要与建筑物内的电气管道及其他金属管道保持一定的距离。防雷接地应与零线的重复接地或设备的保护接地分开，以防雷电反击乱窜而引起电气设备上电位的升高。但在钢筋

混凝土框架结构的高层建筑中,防雷装置的避雷带及引下线必须在钢筋混凝土内埋设或埋设支持卡子。而钢筋混凝土内埋设的电气管路通过钢筋与防雷装置有不同程度的联接。此时若将防雷接地与一般接地分开,会造成不同系统间的电位差而发生闪络,所以应将它们共同接地并将它们之间的各部分联接起来。共同接地的接地电阻按要求阻值最低的数据设计。

总之,对于各种接地的具体处理原则是:

(1) 当允许又有可能将各种不同用途和不同电压的电气设备的接地共用一个总的接地装置时,其接地电阻值应满足其中最小电阻值的要求。

(2) 若有多个接地体的情况下,接地体之间的电气距离不应小于 3m,接地体与建筑物之间的距离一般不小于 1.5m,利用建筑基础深埋接地体的情况除外。

(3) 其他接地体与独立避雷针接地体之间(在地下)距离,不应小于 3m。

(4) 防雷保护的接地装置(除独立避雷针外)可与一般电气设备的接地装置相联接,并应与埋地金属管道相互联接。还可利用建筑物的钢筋混凝土基础内的钢筋接地网作为接地装置。其接地电阻值应满足该接地系统中最小值的要求。

(5) 避雷器的接地可与 1kV 以下线路的重复接地相联接,其接地电阻一般不超过 10Ω。

(6) 弱电系统及专用电子设备(如电子计算机、医疗电气设备等)的接地,应与其他设备的接地、强电系统接地和防雷接地分开,单独设备接地装置,并应与防雷接地装置的距离保持 5m 以上,以防雷电的干扰和冲击。专用电气设备本身的交流保护接地和直流工作接地不能在室内混用,也不能共用接地装置,以防高频干扰,一般应分别设置接地装置,并相隔一定的距离。

12.4.2 接零系统设计

接零系统的设计首先需要了解接零的使用范围和要求,在设计中要进行有关的计算,如单相短路电流的计算、零线截面选择的计算等。

1. 单相短路电流的计算

接零系统设计中计算单相短路电流是为了验算发生碰壳短路时,线路上的保护装置是否能够可靠动作而切断电源。线路上的保护装置是否迅速动作主要决定于单相短路电流的大小和保护装置动作电流的大小。单相短路电流越大或保护装置动作电流越小,保护装置动作越快;反之,动作越慢。

单相短路电流可按下式计算:

$$I_{K(1)} \geqslant K I_{NF} \tag{12-3}$$

式中:$I_{K(1)}$——单相短路电流,A;

I_{NF}——熔断器熔体额定电流,自动开关为电流脱扣器的整定电流,A;

K——保护装置动作系数,当采用熔断器保护时,其值为 4,处于有爆炸危险的场所时其值为 5;当采用自动开关作保护时,其值为 1.25,处于有爆炸危险的场所时则为 1.5。

一般情况下,单相短路电流可按下式作简单计算。

$$I_{K(1)} = \frac{U_N}{Z_{LN}} \tag{12-4}$$

式中：U_N——低压网络额定相电压，V；

Z_{LN}——相零回路的总阻抗，Ω。

2. 对零线的基本要求

在保护接零系统中，零线起着十分重要的作用。此外，在三相四线制系统中，零线还起着使负荷侧的三相相电压平衡的作用。因此，尽管有重复接地，也需防止零线断裂，以保证零线的连续性。零线的截面选择要适当，一方面要考虑三相不平衡时通过零线的电流密度的要求；另一方面应使零线有足够的机械强度。零线截面的选择可按第 5 章有关要求来进行。零线的联接应牢固可靠、接触良好。零线的联接线与设备的联接应用螺栓压接。所有电气设备的接零线，均应以并联方式接在零线上，不允许串联。在零干线上禁止安装保险丝或单独的断流开关。在有腐蚀性物质的环境中，为了防止零线的腐蚀，应在其表面涂以必要的防腐涂料。

3. 接地装置电阻的计算

1）人工接地体工频接地电阻的计算

（1）单根垂直管形接地体的接地电阻 $R_{E(1)}$（单位为 Ω）的计算公式为

$$R_{E(1)} \approx \frac{\rho}{L} \tag{12-5}$$

式中：ρ——土壤电阻率，Ω・m；

L——接地体长度，m。

（2）多根垂直管形接地体的接地电阻 R_E（单位为 Ω）的计算

n 根垂直接地体并联时，由于接地体间屏蔽效应的影响，使得总的接地电阻 $R_E < R_{E(1)}$。实际总的接地电阻（单位为 Ω）为

$$R_E = \frac{R_{E(1)}}{n\eta_E} \tag{12-6}$$

式中：η_E——接地体的利用系数。

（3）单根水平带形接地体的接地电阻计算

图 12-20(a)为单根水平接地体，其接地电阻（单位为 Ω），计算公式为

$$R_{E(1)} \approx 2\,\frac{\rho}{L} \tag{12-7}$$

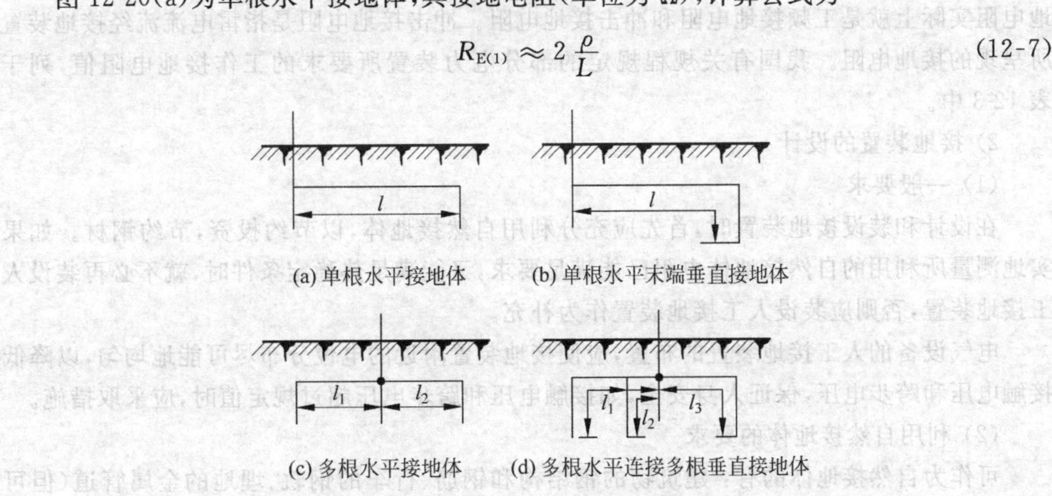

(a) 单根水平接地体　(b) 单根水平末端垂直接地体

(c) 多根水平接地体　(d) 多根水平连接多根垂直接地体

图 12-20 接地体实际长度的计算

(4) n根放射形水平接地带的接地电阻计算

若$n \leqslant 12$,每根长度$L \approx 60\text{m}$的接地电阻(单位为Ω)为

$$R_E \approx 0.062 \frac{\rho}{n+1.2} \tag{12-8}$$

(5) 环形接地带的接地电阻计算

环形接地带的接地电阻(单位为Ω)为

$$R_E \approx 0.6 \frac{\rho}{\sqrt{A}} \tag{12-9}$$

式中:A——环形接地带所包围的面积,m^2。

2) 自然接地体工频接地电阻的计算

自然接地体工频接地电阻是工频接地电流流经接地装置所呈现的接地电阻,称之为工频接地电阻。不同形式的工频接地电阻的计算公式如下。

(1) 电缆金属外壁和水管等的工频,接地电阻为

$$R_E \approx 2 \frac{\rho}{L} \tag{12-10}$$

式中:ρ——土壤电阻率,Ω·m。

L——电缆和水管等的埋地长度,m。

R_E——接地体工频接地电阻,Ω。

(2) 钢筋混凝土基础的工频接地电阻为

$$R_E \approx 0.2 \frac{\rho}{\sqrt[3]{V}} \tag{12-11}$$

式中:V——钢筋混凝土基础的体积,m^3。

4. 接地装置的设计

1) 接地电阻及其要求

接地电阻是接地体的流散电阻与接地线和接地体电阻的总和。由于接地线和接地体的电阻相对很小,可略去不计,因此可以认为接地电阻就是指接地体流散电阻。通常所指的接地电阻实际上就是工频接地电阻和冲击接地电阻。冲击接地电阻是指雷电流流经接地装置所呈现的接地电阻。我国有关规程规定的部分电力装置所要求的工作接地电阻值,列于表12-3中。

2) 接地装置的设计

(1) 一般要求

在设计和装设接地装置时,首先应充分利用自然接地体,以节约投资,节约钢材。如果实地测量所利用的自然接地体电阻已能满足要求,又能满足热稳定条件时,就不必再装设人工接地装置,否则应装设人工接地装置作为补充。

电气设备的人工接地装置的布置,应使接地装置附近的电位分布尽可能地均匀,以降低接触电压和跨步电压,保证人身安全,如接触电压和跨步电压超过规定值时,应采取措施。

(2) 利用自然接地体的要求

可作为自然接地体的有:建筑物的钢结构和钢筋、行车的钢轨、埋地的金属管道(但可燃液体和可燃、可爆气体的管道除外),以及敷设于地下而数量不少于两根的金属电缆外皮等。对于变配电所来说,可利用它自身建筑物的钢筋混凝土基础作为自然接地体。

表 12-3 部分电力装置所要求的工作接地电阻值

序号	电力装置名称	接地的电力装置特点	接地电阻
1	1kV 以上大电流接地系统	仅用于该系统的接地装置	$R_E \leqslant \frac{2000}{I_{K(1)}} \Omega$ 当 $I_{K(1)} > 4000A$ 时 $R_E \leqslant 0.5\Omega$
2	1kV 以上小电流接地系统	仅用于该系统的接地装置	$R_E \leqslant \frac{250}{I_E} \Omega$ 且 $R_E \leqslant 10\Omega$
3		与 1kV 以下系统共用的接地装置	$R_E \leqslant \frac{120}{I_E} \Omega$ 且 $R_E \leqslant 10\Omega$
4	1kV 以下系统	与总容量在 100kVA 以上的发电机或变压器相联的接地装置	$R_E \leqslant 4\Omega$
5		上述(序号 4)装置的重复接地	$R_E \leqslant 10\Omega$
6		与总容量在 100kVA 及以下的发电机或变压器相联的接地装置	$R_E \leqslant 10\Omega$
7		上述(序号 6)装置的重复接地	$R_E \leqslant 30\Omega$
8	建筑物防雷装置	第一类防雷建筑物(防感应雷)	$R_{sh} \leqslant 10\Omega$
9		第一类防雷建筑物(防直击雷及雷电波侵入)	$R_{sh} \leqslant 10\Omega$
10		第二类防雷建筑物(防直击雷感应雷及雷电波侵入共用)	$R_{sh} \leqslant 10\Omega$
11		第三类防雷建筑物(防直击雷)	$R_{sh} \leqslant 30\Omega$
12	供电系统防雷装置	保护变电所的独立避雷针	$R_E \leqslant 10\Omega$
13		杆上避雷器或保护间隙(在电气上与旋转电机无联系者)	$R_E \leqslant 10\Omega$
14		同上(但与旋转电机有电气联系者)	$R_E \leqslant 5\Omega$

注：R_E——工频接地电阻，单位为 Ω；R_{sh}——冲击接地电阻，单位为 Ω；$I_{K(1)}$——流经接地装置的单相短路电流，单位为 A；I_E——单相接地故障电流，按式(10-1)计算，单位为 A。

利用自然接地体时，一定要保证良好的电气联接，在建构筑物钢结构的接合处，凡用螺栓联接或其他除焊接外的联接形式的，都要采用跨接焊接，而且跨接焊接线的尺寸不得小于规定值。

(3) 人工接地体的设置

人工接地体有垂直埋设和水平埋设两种基本结构形式，如图 12-21 所示。最常用的垂直接地体是直径为 50mm，长为 2.5m 的钢管。如果采用直径小于 50mm 的钢管，则由于钢管的机械强度较小，易弯曲，不适于采用机械方法打入地(土)中；如果采用直径大于 50mm 的钢管，如直径由 50mm 增大到 125mm 时，流散电阻仅而减少 15%，钢材消耗却大大增加，经济上极不合算。如果采用的钢管长度小于 2.5m 时，流散电阻增加很多；如果钢管长度大于 2.5m 时，则既难于打入地(土)中，而且流散电阻减少也不显著。由此可见，采用上述直径为 50mm、长度为 2.5m 的钢管是最为经济合理的。但为了减少外层温度变化对流散电阻的影响，埋入地下的垂直接地体上端距地面不应小于 0.5m。

当土壤电阻率偏高时，为降低接地装置的接地电阻，可采取以下措施：①采用多支外引线接地装置，其外引线长度不应大于 $2\sqrt{\rho}$，这里的 ρ 为埋设外引线处的土壤电阻率，单位为

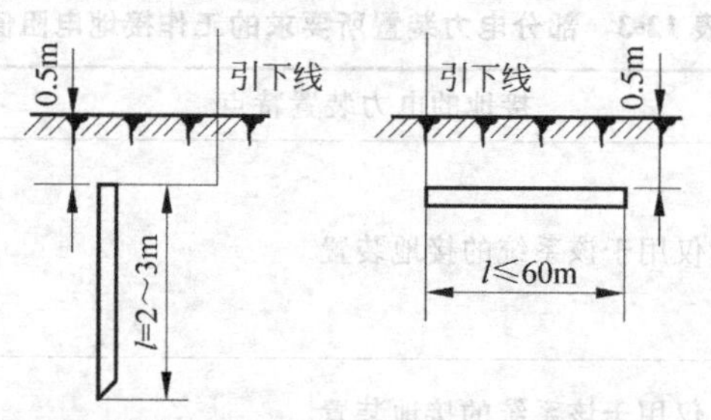

(a) 垂直埋设的棒形接地体　(b) 水平埋设的带形接地体

图 12-21　人工接地体

Ω·m；②如地下较深处土壤 ρ 较低时，可采用深埋式接地体；③对局部土壤进行置换处理，以 ρ 较低的粘土或黑土换掉原有的土壤，或者进行土壤化学处理，填充以降阻剂。

一般，钢接地体和接地线的最小尺寸规格如表 12-4 所示。对于敷设在腐蚀性较强的场所的接地装置，应根据腐蚀的性质，采用热镀锡、热镀铸等防腐措施，或适当加大截面。

表 12-4　钢接地体和接地线的最小尺寸规格

材料	规格及单位	地上尺寸		地下尺寸
		室内	室外	
圆钢	直径/mm	5	6	8
扁钢	截面/mm^2	24	48	48
扁钢	厚度/mm	3	4	4
角钢	厚度/mm	2	2.5	4
钢管	管壁厚度/mm	2.5	2.5	3.5

当多根接地体相互靠拢时，人地电流的流散相互受到排挤。对入地电流流散的这种影响，称为屏蔽效应，如图 12-22 所示。由于这种屏蔽效应，使得接地装置的利用率下降，所以垂直接地体的间距一般不宜小于接地体长度的 2 倍，水平接地体的间距一般不宜小于 5m。

图 12-22　接地体的屏蔽效应

(4) 接地网的布置

接地网的布置，应尽量使地面的电位分布均匀，以减小接触电压和跨步电压。人工接地网外缘应闭合，外缘各角应做成圆弧形。35-110/6-10kV 变电所的接地网内应敷设水平均压带，如图 12-23 所示。为保证人身安全，经常有人出入的走道处，应采用高绝缘路面(如沥青碎石路面)，或加装帽檐式均压带。

此外，为了减小建筑物的接触电压，接地体与建筑物的基础间应保持不小于 1.5m 的水平距离，一般取 2～3m。

(5) 防雷装置的接地要求避雷针宜配置独立的接地装置，而且避雷针及其接地装置与

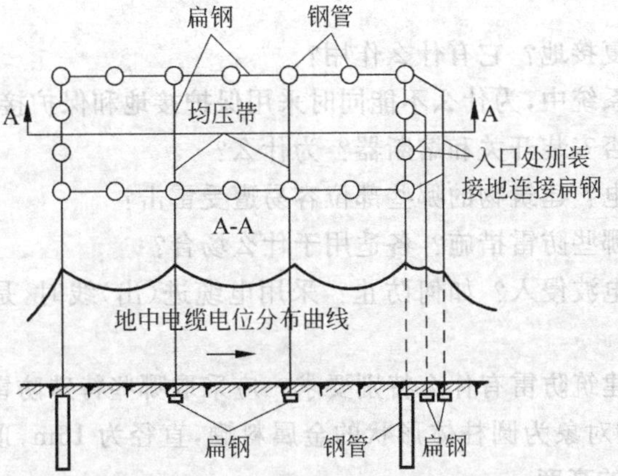

图 12-23　加装均压带使电位分布均匀

被保护的建筑物之间和与配电装置及其接地装置之间应分别保持足够的安全距离，以免雷击时发生反击闪络事故，如图 12-24 所示。安全距离的要求与建筑物的防雷等级有关，但最小距离 $S_o \geqslant 5$m（与被保护的建筑物之间），$S_E \geqslant 3$m（与被保护的配电装置及其接地装置之间）。

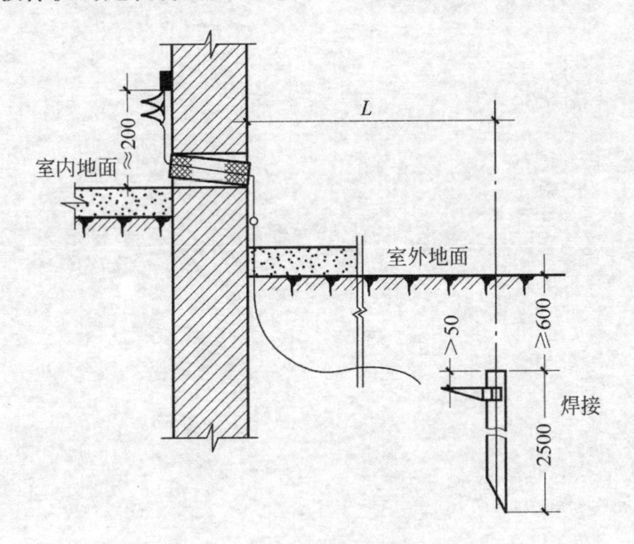

图 12-24　接地装置安全距离要求

为了降低跨步电压，防护直击雷的接地装置距离建筑物出入口及人行道，不应小于 3m。当小于 3m 时，应采取下列措施之一：①水平接地体局部埋深不小于 1m；②水平接地体局部包以绝缘体，例如涂厚 50～80mm 的沥青层；③采用沥青碎石路面，或在接地装置上面敷设厚 50～80mm 的沥青层，其宽度超过接地装置 2m。

思考题与习题

12-1　触电有哪些形式？它对人体有什么危害？

12-2　什么叫保护接地和保护接零？各适用于什么场合？它们是如何保护用电设备及

人身安全的?

12-3 什么叫重复接地?它有什么作用?

12-4 同一供电系统中,为什么不能同时采用保护接地和保护接零?

12-5 零线上可否安装开关和熔断器?为什么?

12-6 什么叫雷电?建筑物的哪些部位容易遭受雷击?

12-7 建筑物有哪些防雷措施?各适用于什么场合?

12-8 什么叫雷电波侵入?如何防止?采用电缆进(出)线时,是否也需采取防雷电波侵入的措施?

12-9 高层民用建筑防雷有什么特别要求?应采取哪些特殊防雷措施?

12-10 已知保护对象为圆柱体形状的金属料罐,直径为 16m,顶高 20m。试计算其避雷针应高出被保护物的高度。

第 13 章　民用建筑总体电气设计与概预算

前几章已对民用建筑电气技术与设计中的有关内容作了介绍。本章在此基础上对民用建筑电气设计的总原则、设计的一般阶段、设计的基本步骤、电气设计图纸说明与设计举例、民用建筑电气信息智能化系统与设计作简要介绍，对设计文件编制的方法和要求进行具体说明，同时介绍电气工程概预算的编制方法。

13.1　民用建筑电气工程设计概述

民用建筑电气设计是通过对建筑中的强、弱电系统以及建筑智能化系统的设计，来满足建筑的有关功能要求，为人们提供一个满意的工作或生活环境。民用建筑的电气设计是在认真执行国家有关政策、标准、规范的前提下进行的，最终以满足人们对建筑内外环境的要求。

13.1.1　民用建筑电气设计范围和设计内容

1. 设计的范围

民用建筑电气设计的范围主要包括电气设计边界的划分和明确电气设计内容(即专业设计项目)两个方面。电气设计主要包括强电和弱电两个方面。

电气设计边界的划分有两点要明确：一是该工程内部线路与外部网络的分界点要明确。土建设计的边界是以规划部门划定的用地红线来确定的，设计的建筑物不得越出红线的范围。电气设计线路的边界不是用红线来划分的。电气设计的边界划分通常是由建设单位(习惯称为甲方)与有关的主管部门商量确定的。例如，要明确该工程供电线路的接电点，这接电点可能在土建边界红线以内，也可能在红线以外。二是在与其他单位联合进行电气设计时，必须明确整个工程电气设计的具体分工和相互交接的边界以及本单位电气设计的具体任务，以免使整个工程彼此脱节。

2. 设计的内容及设计项目的确定

民用建筑电气设计的内容一般包括强电设计和弱电设计两大部分。强电设计有变配电、输电线路、电力、照明、防雷与接地、电气信号及自动控制等项目。弱电设计有电话、广播、闭路电视(或称共用天线电视系统)、安全防范与监控系统、自动消防与火灾报警系统、信号系统等项目。一般在一个工程中不一定都包括上述电气设计的所有项目，有的仅有强电设计，有的强、弱电设计都有，但只有其中的几项。对现代民用建筑而言，通常均要涉及强电和弱电，而且有些高等级建筑还须有智能化设计。通常一个工程的设计项目可以根据下列几方面因素来确定。

(1) 根据建设单位的设计委托要求确定

在建设单位设计委托书上，一般应写清楚设计内容和设计要求，有时因建设单位经办人对电气专业不太熟悉，往往请设计单位帮助他们一起填写设计委托书，以免漏项。有时建设单位可能把工程中的某几项另外委托其他单位设计，所以设计内容必须在设计委托书上写清楚。

(2) 根据设计规范的要求确定

设计人员应根据各方面的设计规范确定设计项目。例如，民用建筑的火灾报警系统、消防控制系统、紧急广播系统、防雷装置等内容，由设计人员根据所设计的建筑物的高度、规模、使用性能等情况，按照民用建筑防火设计规范、高层民用建筑防火设计规范、民用建筑防雷规范等规定确定是否需要设置。这部分在建设单位的设计委托书上不必要写明。如果根据规范必须设置的系统或装置，而建设单位又不同意设置时，则必须有建设单位主管部门同意不设置的正式文件才能执行，否则应按规范执行。

(3) 根据建筑物的性质和使用功能主要设计要求所考虑的内容来确定

例如，学校建筑的电气设计内容，除了一般的电力、照明设计以外，还应当有电铃、有线广播等。剧场的电气设计内容，除了一般的电力和照明外，还应当包括舞台灯光照明、扩声系统等设计。宾馆、饭店的设计，应按照其级别标准规定应有的内容来确定设计内容。诸如此类，每一项民用建筑都会有其特点，应根据其特点确定它特有的设计内容。

总之，每一项民用建筑设计时，都应当仔细弄清楚建设单位的意图、建筑的性质和使用功能，熟悉国家设计标准和规范，本着满足规范的要求，服务于用户的原则确定设计内容。

13.1.2　民用建筑电气设计与土建等专业设计的关系

民用建筑与工业建筑有着许多不同的特点，因此，它们的设计也有许多不同。在工业建设设计过程中，生产工艺设计是起主导作用的，土建设计是以满足工艺设计要求为前提的、处于配角的地位。但在民用建筑设计过程中，建筑专业始终是主导专业，电气专业和其他专业则处于配角地位，围绕着建筑专业的构思，力求表现和实现建筑设计的意图，并且在工程设计的全过程中，其他专业应服从建筑专业的调度。

1. 与建设单位的关系

工程完工后总是要交付给建设单位使用，满足使用单位的需要是设计的最根本目的。因此，要做好一项建筑电气设计，必须首先了解建设单位的需求和他们所提供的设计资料。不是盲目的去满足，而是在客观条件许可的情况下，恰如其分地去实现。

2. 与施工单位的关系

设计是用图纸表达工程的产品，而工程的实体则须靠施工单位去建造。因此，设计方案必须具备可实施性，否则仅是"纸上谈兵"而已。一般来讲，设计者应该掌握电气施工工艺，至少应了解各种安装过程，这样以免设计出的图纸不能实施。通常在施工前，需将设计意图向施工一方进行交底。交底的过程中，施工单位一般严格按照设计图纸进行安装，若遇有更改设计或材料代用等需经过"洽商"，洽商作为图纸的补充，最后纳入竣工图内。

3. 与公用事业单位的关系

电气装置使用的能源和信息是来自市政设施的不同系统。因此，在开始进行设计方案构思时，应考虑到能源和信息输入的可能性及其具体措施。与这方面有关的设计是供电网络、通信网络和消防报警网络等，因此需和供电、电信和消防部门进行业务联系。

4. 与土建专业的关系

建筑电气与土建专业的关系，视建筑物的功能不同而不同。在工业建筑设计过程中，生产工艺设计是起主导作用的，土建设计是以满足工艺设计要求为前提，处于配角的地位。但在民用建筑设计过程中，建筑专业始终是主导专业，电气专业和其他专业则处于配角的地位，即围绕着建筑专业的构思而开展设计，力求表现和实现建筑设计的意图，并且在工程设计的全过程中服从建筑专业的调度。但是随着科学技术的进步，建筑技术也在迅速发展，现代建筑功能越来越复杂，使用要求也日益提高，建筑的现代化除了建筑造型和内部使用功能具有时代气息外，很重要的方面是内部设备的现代化。这就对水、电、暖通专业提出了更高的要求，使这方面的设计工作量和工程造价的比重大大增加。所以，尽管建筑专业在民用建筑设计中处于主导地位，但是并不排斥其他专业在设计中的独立性和重要性。任何一幢现代民用建筑，如果缺少水或电都是不完善的，使用功能也是不健全的，甚至是无法使用的。这就是说，一项完整的建筑工程设计不是某一个专业所能完成的，它是各个专业合作、密切配合的结果。

由于各个专业都有各自的技术特点和要求、各自的设计规范和标准，所以，在设计中不能片面地强调某个专业的重要而不顾其他专业的规范规定，影响其他专业的技术合理性和使用安全性。在设计中，电气专业应当在总体功能和效果方面努力实现建筑专业的设计意图；建筑专业也要充分尊重和理解电气专业的特点，注意为电气专业设计创造条件，并认真解决电气专业所提出的技术要求。比如，变、配电室的位置，平面尺寸、层高，消防控制室的位置及面积等都有规范要求，建筑专业在乎面布局及尺寸上都应符合电气设计规范的要求，不能随意凭主观确定。

5. 电气与设备专业的协调

建筑电气与建筑设备(采暖、通风、上下水、煤气)争夺地盘的矛盾特别多。因此，在设计中应很好地协调，与设备专业合理划分地盘，建筑电气应主动与土建、暖通、上下水、煤气、热力等专业在设计中协调好，而且要认真进行专业间的校对，否则容易造成工程返工和建筑功能上的损失。

总之，只有各专业之间相互理解，相互配合才能设计出既符合建筑设计的意图，又在技术和安全上符合规范、功能满足使用要求的建筑物。

13.2 民用建筑电气设计原则与设计依据

民用建筑电气设计的原则和设计依据概括起来有下述几个方面。

1. 电气设计的原则

电气的设计必须贯彻执行国家有关工程的政策和法令，应当符合现行的国家标准和设计规范。电气设计还应遵守有关行业、部门和地区的特殊规定和规程。在上述的前提下力求贯彻以下原则：

(1) 应当满足使用要求和保证安全用电；

(2) 确立技术先进、经济合理、管理方便的方案；

(3) 对强电和弱电系统设计应适当留有发展的余地；

(4) 设计应符合现行的国家标准和设计规范。

我国现行主要的电气设计的国家标准和部颁标准如表13-1所示。

表13-1 常用电气设计国家标准和部颁标准

序号	代 号	说 明
1	GB 50-052-2009	供配电系统设计规范
2	GB 50-053-94	10kV及以下变电所设计规范
3	GB 50-054-95	低压配电设计规范
4	GB 50-057-94	建筑物防雷设计规范
5	GB 50-059-92	35～110kV变电所设计规范
6	GB 50-060-2008	3～110kV高压配电装置设计规范
7	GB 50-062-2008	电气装置的继电保护和自动装置设计规划
8	GB 50034-2004	建筑照明设计标准
9	GB 50-084-2001	自动喷水灭火系统设计规范
10	GB 50-343-2004	建筑物电子信息系统防雷技术规范
11	GB 50-348-2004	安全防范工程技术规范
12	GB 50-116-98	火灾自动报警系统设计规范
13	GB 50-200-94	有线电视系统工程技术规范
14	GB 50-217-2007	电力工程电缆设计规范
15	GB 50-311-2007	综合布线系统工程设计规范
16	GB 50-395-2007	视频安防监控系统工程设计规范
17	GB/T 50-314-2006	智能建筑设计标准
18	GB 50-045-95	高层民用建筑设计防火规范
19	CECS119:2000	城市住宅建筑综合布线系统工程设计规程
20	JGJ/T 16-2008	民用建筑电气设计规范

对于上述有关电气设计标准,必须结合实际情况正确执行。电气设计应密切结合国情,设计中采用的标准和设备水平,应与工程在国民经济中的公共生活中的地位、规模、建筑功能及建筑环境设计相适应;应正确处理近期与远期的关系;还应适当留有发展余地。同时,还要认真考虑设备标准的供应情况和施工安装、维修管理的水平。总之,要努力使设计达到满意实用、使用安全、技术先进、经济合理、管理方便等基本要求,并注意美观大方。

2. 电气设计的依据

①经过有关部门正式批准的设计任务书(初步设计的主要依据)。②有关部门审查批准的初步设计文件和修改意见。③建设单位的补充要求(施工图设计的依据)。在施工图设计时,不得随意增加或减少上述内容。如设计人员对某些问题有不同意见时,应通过双方充分交换意见达成一致,并以文字形式确定下来。④设计过程中其他专业提出的技术条件和设计要求也是设计的重要依据。

一幢具备完善功能的建筑物应该是土建与电气、给水与排水、暖气与通风等系统组成的统一体。因此,一个完善的建筑设计也是多专业密切协作的产物。专业之间在设计过程中既相互依赖、又相互制约,如水系统中的泵,消防设施,暖通系统中的泵、风机、空调器等都要进行供电和控制设计。所以水暖专业必须向电气专业提供设备名称、型号、功率、控制要求以及系统工作状况等说明。这些都是电气专业进行负荷计算、配电系统及控制系统设计的依据。

反之,电气专业也应向其他专业提供设计要求,例如,配电房需要的面积、层高、地沟尺寸等,这些又都是其他专业包括建筑专业设计的依据。

各个专业都有自己的专业特点、设计标准和规范，在设计过程中由于各自考虑的角度不同，难免会产生矛盾。因此专业之间在互相提供资料时，要经过充分的协商讨论，弄清楚对方的要求，再结合自己的可能，一般都要经过反复磋商，在取得一致意见后以书面的形式确定下来，作为各自专业的设计依据。

13.3 民用建筑电气设计阶段与设计步骤

13.3.1 民用建筑电气设计阶段和设计深度

民用建筑的电气工程设计一般分为初步设计和施工图设计两个阶段。现代大型民用建筑的电气工程设计，在初步设计之前还应当进行方案设计，但它不作为独立的设计阶段。小型建筑的电气工程设计也可以用方案设计代替初步设计。

1. 初步设计阶段

初步设计阶段的主要任务是：在工程的建筑方案、建筑设计的基础上进行电气的方案设计。大、中型复杂工程应做多个方案，进行综合技术经济分析比较，根据工程的具体情况，选取技术上先进、可靠，经济上合理的方案。然后进行必要的计算和内部作业，编制出初步设计文件。

初步设计阶段的主要工作是：

(1) 了解和确定建设单位的用电要求，了解是否有特殊用电设备要求；

(2) 落实供电电源及配电方案，如消防设备及建筑设备自动化部分的供电方案等；

(3) 确定工程的设计项目，如强电和弱电设计项目范围；

(4) 进行系统方案设计和必要的计算；

(5) 编制初步设计文件，估算各项技术与经济指标(由建筑经济专业完成)；

(6) 在初设阶段，还要解决好专业间的配合，特别是要提出配电系统所必须的土建条件，并在初步设计阶段予以解决。

初步设计文件应达到以下的深度要求：

(1) 拟确定设计方案；

(2) 能满足主要设备及材料的订货要求；

(3) 可以根据初设文件进行工程概算，以便控制工程投资；

(4) 可作为施工图设计的基础。

以方案代替初设的工程，电气部分的设计一般只编制方案说明，可不设计图纸，其初设深度是确定设计方案，据此估算工程投资。

2. 施工图纸设计阶段

根据已批准的初步设计文件(包括审批中的修改意见以及建设单位的补充要求)进行施工图纸设计，其主要工作有：

(1) 进行具体的设备布置；

(2) 进行必要的计算；

(3) 确定各电气设备的选型以及确定具体的安装工艺；

(4) 编制出施工图设计文件等。

在这一阶段特别要注意与各专业的配合,尤其是对建筑空间、建筑结构、采暖通风以及上下水管道的布置要有所了解,避免盲目布置造成返工。

施工图设计应达到以下深度要求:

(1) 可以编制出施工图的预算;

(2) 可以安排材料、设备和非标准设备的制作;

(3) 可以进行施工和安装。

上述为一般建筑工程的情况,较复杂和较大型的工程建筑还有方案遴选阶段,建筑电气应与之配合。同时,建筑电气本身也应进行方案比较,采取切实可行的系统方案。特别复杂的工程尚需绘制管道综合图,以便于发现矛盾和施工安装。

13.3.2 民用建筑电气设计的具体步骤

建筑电气工程的设计从接受设计任务开始到设计工作全部结束,大致可分为6个步骤。

1. 方案设计

对于现代大型民用建筑工程,其电气设计需要做方案设计,在这一阶段主要是与建筑方案的协调和配合设计工作,此阶段通常有以下具体工作:

1) 接受电气设计任务

接受电气设计任务时,应先研究设计任务委托书,明确设计要求和内容。

2) 收集资料

设计资料的收集根据工程的规模和复杂程度,可以一次收集,也可以根据各设计阶段深度的需要而分期收集,一般需要收集的资料有:

(1) 向当地供电部门收集有关资料,主要有:①电压等级,供电方式(电缆或架空线,专用线或非专用线)。②输电线路回数,距离,引入线的方向及位置。③当采用高压供电时,还应收集系统的短路数据(短路容量、稳态短路电流、单相接地电流等)。④供电端的继电保护方式,动作电流和时间的整定值,对于用户进线与供电端输出线之间继电保护方式和时限配合的要求。⑤供电局对用户功率因数、电能计量的要求,电价、电费收取办法。⑥供电局对用户的其他要求。

(2) 向当地气象部门收集有关资料,具体内容见表13-2。

表13-2 常用的气象、地质资料

资料内容	资料用途	资料内容	资料用途
最高年平均温度	用于选变压器	所选地址土壤中0.7～1.0m深处,一年中最热月平均温度	用于选地下电缆
最热月平均最高温度	用于选室外裸导线及母线	年雷电小时数和雷电日数	用于选防雷装置
最热月平均温度	用于选室内导线及母线	50年一遇的最高洪水位	用于变电所所址选择
一年中连续三次的最热日昼夜平均温度	用于选空气中电缆	所选地址土壤的电阻率和结冰深度	用于选接地装置

(3) 向当地电信部门收集有关资料,具体有:①选址附近电信设备的情况及利用的可能性,线路架设方式,电话制式等;②当地电视频道设置情况、电视台的方位、选址外的电视

信号强度。

(4) 向当地消防主管部门收集有关资料，主要了解当地有关建筑防火设计的地方法规。

3) 确定负荷等级

(1) 根据有关设计规范，确定负荷的等级、建筑物的防火等级以及防雷等级。

(2) 估算设备总容量(kW)，即设备的计算负荷总量(kW)，需要备用电源的设备总容量(kW)和设备计算总容量(kW)(对一级负荷而言)。

(3) 配合建筑专业最后确定方案，即主要对建筑方案中的变电所的位置、方位等提出初步意见。

2. 进行初步设计

建筑方案经有关部门批准以后，即可进行初步设计。初步设计阶段需做的工作有：

1) 分析设计任务书和进行设计计算

详细分析研究建设单位的设计任务书和方案审查意见，以及其他有关专业(如给排水、暖通专业)的工艺要求与电气负荷资料，在建筑方案的基础上进行电气方案设计，并进行设计计算(包括负荷计算、照度计算、各系统的设计计算等)。

2) 各专业间的设计配合

(1) 给排水、暖通专业应提供用电设备的型号、功率、数量以及在建筑平面图上的位置，同时尽可能提供设备样本。

(2) 向结构专业了解结构型式、结构布置图、基础的施工要求等。

(3) 向建筑专业提出设计条件，即包括各种电气设备(如变配电所、消防控制室、闭路电视机房、电话总机房、广播机房、电气管道井、电缆沟等)用房的位置、面积、层高及其他要求。

(4) 向暖通专业提出设计条件，如空调机房和冷冻机房内的电气控制柜需要的位置空间；空调房间内的用电负荷等。

3) 编制初步设计文件

初步设计阶段应编制初步设计文件。初步设计文件一般包括图纸目录、设计说明书、设计图纸、主要设备表和概算(概算一般由建筑经济专业编制)。

(1) 图纸目录应列出现制图的名称、图别、图号、规格和数量。

(2) 初设阶段以说明为主，即对各项的内容和要求进行说明。除此之外，设计依据和设计范围也是设计说明书中不可缺少的文件，即摘录设计总说明中所列的批准文件和依据性资料中与本专业设计有关的内容，以及本工程其他专业提供的设计资料等；根据设计任务要求和有关设计资料、设计规范，说明本专业设计内容和分工等。

3. 进行施工图设计

初步设计文件经有关部门审查批准以后，就可以进行施工图设计。施工图设计阶段的主要工作有以下几方面。

1) 准备工作

检查设计的内容是否与设计任务和有关的设计条件相符；核对各种设计参数、资料是否正确；进一步收集必要的技术资料。

2) 设计计算

深入进行系统计算；进一步核对和调整计算负荷；进行各类保护计算；导线与设备的选择计算；线路与保护的配合计算；电压损失计算。对弱电工程部分有关内容进行设计计算。

3）各专业间的配合与协调

对初步设计阶段互提的资料进行补充和深化，即：

(1) 向建筑专业提供有关电气设备用房的平面布置图，以便得到他们的配合。

(2) 向结构专业提供有关预留埋件或预留孔洞的条件图。

(3) 向水暖专业了解各种用电设备的控制、操作、联锁要求等。

4）编制施工图设计文件

施工图设计文件一般由图纸目录、设计说明、设计图纸、主要设备及材料表、工程预算等组成。图纸目录中应先列出新绘制的图纸，后列出选用的标准图、重复利用图及套用的工程设计图。

当本专业有总说明时，在各子项工程图纸中应加以附注说明；当子项工程先后出图时，应分别在各子项工程图纸中写出设计说明，图例一般在总说明中。

4. 工程设计技术交底

电气施工图设计完成以后，在施工开始之前，设计人员应向施工单位的技术人员或负责人作电气工程设计的技术交底。主要介绍电气设计的主要意图、强调指出施工中应注意的事项，并解答施工单位提出的技术疑问；补充和修改设计文件中的遗漏和错误。其间应作好会审记录，并最后作为技术文件归档。

5. 施工现场配合

在按图进行电气施工的过程中，电气设计人员应常去现场帮助解决图纸上或施工技术上的问题，有时还要根据施工过程中出现的新问题做一些设计上的变动，并以书面形式发出修改通知或修改图。

6. 工程竣工验收

设计工作的最后一步是组织设计人员、建设单位、施工单位及有关部门对工程进行竣工验收；电气设计人员应检查电气施工是否符合设计要求，即详细查阅各种施工记录，并现场查看施工质量是否符合验收规范，检查电器安装措施是否符合图纸规定，将检查结果逐项写入验收报告，并最后作为技术文件归档。

13.4 民用建筑电气设计图纸说明与设计举例

13.4.1 民用建筑电气设计图纸说明

图纸与说明，是设计工程师表达设计意图的两种工程语言。二者在不同的工程和设计阶段中，分别起着主与辅的作用。

在民用建筑电气设计的不同阶段，则以不同的方式为主，即在初步设计阶段以说明为主，而图纸为辅；在施工图设计阶段，以图为主，说明为辅。但对不同规模的工程，其要求也有所不同。以下分别介绍说明和图纸的要求、要点以及文件编制。

1. 初步设计阶段的要求及说明

工程规模不同其要求也可以不一样。

中小型工程设计范围(项目)一般有一般照明、事故照明、工艺设备供电、建筑设备机泵供电及控制、电梯供电、工艺设备控制、声光信号系统、电话配线、广播配线、共用天线电视系统、防雷接地等。因此，一般要求：

① 主要照明电源；

② 电力负荷级别及预计设备容量；

③ 供电电源落实情况；

④ 安全保护措施(防雷、防火、防爆级别、接零、接地保护等)；

⑤ 主要设备及线路安装方式和选材；

⑥ 典型房间电气布置的说明，可在建筑平面图中示意或在设计说明中用文字叙述。

对于现代大型民用建筑工程，其设计项目一般比较多，常见的有：照明系统、变配电系统、自备电源系统、防雷接地系统、电梯系统、电话、广播、电视、事故照明、消防报警与控制、空调自动化、机电设备自动化、设备管理自动化等。因此，对于大型工程一般要求：

① 对强、弱电工程设计范围要逐项说明，并绘出必要的布置图、主接线或系统框图。

② 每个系统均应简要说明其主要结构、设备选型、管路走向等，同时绘出主接线图。

③ 初步设计还应进行建筑电气工程的概算，以控制工程的总投资。

2. 施工图设计阶段的要求及说明

建筑电气的施工图一般由平面图、系统图、安装详图及设计说明，必要时还有计算书等内容组成。

(1) 编制要求

根据工程内容与复杂程度的不同，一般要求：

① 每层绘制一张或数张。

② 一般照明与照明插座同属一个配电系统，故画在一起，弱电部分画在一起。

③ 系统图应完整地画在一张图纸上，对于大型复杂的电气系统，若采用分散绘制图纸，应另加绘一张揭示系统全貌的“干线系统图”。

④ 安装详图，一般可引用通用的施工安装图集。对于特殊的做法，以及用1/100平面图难以示出配电室、配电竖井、敷线沟道的情况，需绘制1/50以上比例的详图。

(2) 施工图中说明要点

施工图的说明主要是那些图纸上不易表达或可以统一说明的问题。其要点主要有：

① 叙述工程土建概况；

② 阐述工程设计范围及工程级别(防火、防爆、防雪、负荷级别)；

③ 电源概况；

④ 照明灯具、开关插座的选型；

⑤ 说明配电盘、箱、柜的选型；

⑥ 电气管线敷设；

⑦ 保安接地方式；

⑧ 强、弱电系统施工安装要求及设计依据。

3. 设计说明书的设计说明

设计说明书是工程设计中不可缺少的设计文件。在建筑电气设计中，不同的项目，其说明书的内容及要求也不同。因此，下面按不同项目介绍其内容和要求。

(1) 供电设计的说明

供电设计的说明内容主要有：

① 说明供电电源与设计工程的方位、距离关系；输电线路的形式(专用线或非专用线，

电缆或架空线)；供电的可靠程度；供电系统短路数据和远期发展情况。

② 用电负荷的性质及等级；总电力供应主要指标(总设备容量、总计算容量、需要系统、选用变压器容量及台数等)及供电措施。

③ 说明供电系统的形式,即备用电源的自动投入与切换；变压器低压侧之间的联络方式及容量；对供电安全所采取的措施。

④ 说明变配电所总电力负荷分配情况及计算结果(给出总设备容量、计算容量、计算电流、补偿前后的功率因数)；变电所之间备用容量分配的原则；变电所数量、位置及结构形式。

⑤ 功率因素补偿方式、应补偿容量以及补偿结果。

⑥ 高、低压供配电线路的形式和敷设方法。

⑦ 设备过电压和防雷保护的措施；接地的基本原则,接地电阻的要求；对跨步电压所采取的措施等。

(2) 电力设计说明

电力设计说明的内容有：

① 电源由何处引来；配电系统的形式(树干式、放射式、混合式)；其电压、负荷类别及其供电保护措施。

② 根据用电设备类别和环境特点(正常、灰尘、潮湿、高温有爆炸危险等),说明设备选择的原则和大容量用电设备的起动和控制方法。

③ 导线选择及线路敷设方式。

④ 安全用电措施,即防止触电危险所设置的接地、接零、触电保护开关等。

(3) 电气照明设计说明

电气照明设计说明的内容有：

① 照明电源、电压、容量、照度选择及配电系统型式的选择；

② 光源与照明灯具选择；

③ 导线的选择及线路敷设方式；

④ 应急照明电源的切换方式。

(4) 建筑物的防雷保护设计说明

① 说明按自然条件、当地雷电日数以及根据建筑物的高度和重要程度,确定的防雷等级和防雷措施；

② 按防雷等级和安装位置,确定接闪器和引下线的形式和安装方法(如果利用建筑物的构件防雷时,应阐述设计确定的原则和采取的措施)；

③ 说明接地电阻值的确定,接地极处理方式和采用的材料。

(5) 弱电系统的设计说明

初设阶段弱电设计说明的内容有：

①设计的内容和依据；

② 各项弱电系统的概述和站址的确定；

③ 各系统的确定和设备的选择；

④ 各系统的供电方式等；

⑤ 需提请在设计审批时解决或确定的主要问题。

4. 设计图纸文件的编制

图纸文件在不同的阶段,其要求也不同,以下介绍图纸文件的编制。

1) 初设阶段图纸文件编制

在初设阶段虽以说明为主,但有时也还需辅以一定图纸,下面分项叙述有关图纸文件的要求。

(1) 供电总平面图

总平面图中应标出建筑物名称和电力、照明容量;对架空线要定出走向、导线、杆位、路灯、接地等;电缆线路要表示出敷设方法。

(2) 供电系统图

初设阶段,供电系统图要求达到能确定主要设备以满足订货要求。

(3) 变、配电所平面图

变、配电所平面图应反映出主要电气设备(变压器、高压开关柜、低压配电屏、控制屏等)平、剖面及排列布置,并附有电气设备、材料表。

(4) 电力平面图及系统图

电力平面图一般要求绘出配电干线、接地干线的平面布置;注明导线规格型号及敷设方式;标明配电箱、起动器等设备的位置。系统图应注明设备编号、容量、规格型号及用户名称。一般工程可只绘草图,对于复杂工程应绘制系统图或平面图。

(5) 照明平面图及系统图

① 照明平面图应给出照明干线、配电箱、灯具及开关的平面布置,并注明房间名称和照度。

② 对于多层建筑,可以只绘制标准层及标准房户的系统图。图需示出配电箱引至各个灯具和开关的支线(一般工程绘草图,复杂工程绘出系统图或平面图)。

(6) 电气信号和自动控制图

电气信号和自动控制系统,应绘制方框图或原理图、控制室平面图(简单自控系统只要在说明书中说明即可)。图中应包括:

① 控制环节的组成、精度要求、电源选择等。

② 设备和仪表的规格型号。

(7) 弱电部分

在初设阶段,弱电部分应绘制:

① 建筑物的弱电平面图(可仅画草图);

② 各项弱电系统的系统图;

③ 弱电设备平面布置图(可仅画草图)。

(8) 主要设备及材料表

设备及材料表也是工程设计中不可缺少的文件,建筑电气设计中,应给出各主要设备和材料的明细表,以便工程概算和设备的订货。

(9) 计算书

计算书一般不对外,各种计算的结果(包括负荷计算、照度计算、保护配合计算、主要设备选择计算以及特殊部分的计算等)分别列入设计说明书和设计图纸。

2) 施工图阶段图纸文件编制

(1) 供电总平面图

说明:供电总平面图首先应说明电源及电压等级、进线方向、线路结构、敷设方式;杆型的选择、杆型种类、是否高低压线路共杆、杆顶装置引用标准图的索引号；架空线路的敷设、导线规格型号、档数、入户线的架设和保护；路灯的型号、规格和容量、路灯的控制与保护；重复接地装置的电阻值、型式、材料和埋置方法。

图纸内容：总平面图中应标出建筑子项名称(或编号)、层数(或标高)、等高线和用户的设备容量等；画出变、配电所位置、线路走向、电杆、路灯、拉线、重复接地、室外电缆沟等；标出回路编号、电缆、导线截面、根数、路灯型号和容量；绘制杆型选择表。

(2) 变、配电所图纸

变、配电所图纸文件由以下部分组成：

高、低压供电系统图：供电系统图要求画单线图，要标明继电保护、电工仪表、电压等级、母线和设备元件的规格型号；系统标栏从上到下依次为：开关柜编号、开关柜型号、回路编号、设备容量(kW)、计算电流(A)、导线型号及规格、用户名称、二次接线方案编号。

变、配电所的平面和剖面图：配电平、剖面图应按比例画出变压器、开关柜控制屏、电容器柜、母线、穿墙套管、支架等平面布置和安装尺寸；标出进出线的编号、方向位置、线路型号规格、敷设方法；变电所选用标准图时，应注明选用标准图的编号和页次。

变、配电所照明和接地平面图：接地平面图表示接地极和接地线的平面布置、材料规格、埋设深度、接地电阻值等；注明选用的标准安装图编号、页次。

(3) 电力系统安装接线图

说明：电力系统安装接线图纸文件应首先说明。电源电压等级、引入方式；导线选型和敷设方式；设备安装高度(也可在平面图上标注)；保安措施(接地或接零)。

电力平面图：平面图应画出建筑物平面轮廓(由建筑专业提供工作图)；用电设备位置、编号、容量及进出线位置；配电箱、开关、起动器、线路及接地的平面布置；注明回路编号、配电箱编号及型号规格和总容量等。不出电力系统图时，必须在平面图上注明自动开关整定电流或熔体电流；注明选用的标准安装图的编号和页次。

电力系统图：系统图用单线图绘制，图中应标出配电箱编号、型号规格；开关、熔断器、导线的型号规格；保护管管径和敷设方法；用电设备编号、名称及容量。

控制及信号装置原理图：包括控制原理图和设备元件布置图、接线图、外引端子板图。

安装图：包括设备安装图和非标准件制作图以及设备材料明细表。一般尽量选用安装标准图和标准件。

(4) 电气照明图

照明平面图：照明平面图应反映配电箱、灯具、开关、插座、线路等平面布置(在建筑专业提供的建筑平面图上作业)；标注配屯设备的编号、规格型号；线路、灯具的型号安装方式及高度和复杂工程的照明需要局部大样图。多层建筑有标准层时可只绘出标准层照明平面图，并说明电源电压、引入线方式、导线选型及敷设方式、保安措施等。

照明系统图：系统图采用单线图绘制，要求标出配电箱、开关、熔断器、导线的规格型号；保护管管径和敷设方式等。

安装图：为照明灯具、配电设备、线路安装图。尽量选用安装标准图。

(5) 电气信号及自动控制

对于电气信号及自动控制系统的图纸，一般要求：

① 对信号系统图、控制系统方框图、原理图，要注明系统电器元件符号、接线端子编号、

环节名称，列出设备材料表；

② 绘制控制室平、剖面和管线敷设图；

③ 对安装、制作图尽量选用标准设备。

(6) 建筑物防雷保护

建筑物防雷接地平面图：一般小型建筑物是在建筑屋顶平面图的基础上作绘出顶视平面图，复杂形状的大型建筑物应绘出立面图，标注出标高和主要尺寸；避雷针或避雷带(网)引下线、接地装置平面图、材料规格、相对位置尺寸；注明选用的标准图编号、页次；说明主要包括建筑物和构筑物防雷的等级，以及采取的防雷措施；接地装置的电阻值的要求、型式、材料和埋设方法等。

如果利用建筑物(构筑物)和钢筋混凝土构件或其他金属构件作防雷措施时，应在相关专业的设计图纸上进行呼应。

(7) 弱电(电话、广播、电视、火警等)部分

① 图纸目录应先列出新绘制的图纸，后列出选用的标准图或重复利用图。

② 设计说明应注明平面图例符号、施工要求、注意事项及设备安装高度(也可写在有关图纸上)。

③ 弱电部分的设计图纸，一般应包括以下各部分：各站站内设备平面布置图；各站弱电设备系统图及设备间线路联接图；各设备出线端子外部接线图；站外设备布置及线路布置图；各站设备系统输出线路系统图；各种弱电设备交、直流供电系统图；各种接地平面图及其他电气原理图、安装大样图等。

(8) 计算书

计算书一般不对外，各部分的计算应经校审并签字，作为技术文件归档。

13.4.2 民用建筑电气设计举例

民用建筑工程的电气设计从接受设计任务开始到工程竣工验收，由上述可知，大致可分为：①方案设计；②初步设计；③施工图设计；④工程设计技术交底；⑤施工现场的配合协调；⑥工程竣工验收这六个步骤。下面以一个具体设计实例(一幢单一门洞六层十二户住宅楼的电气设计)来说明这些步骤的具体内容和要求。

例 13-1 某住宅楼每一层的结构基本相同，建筑平面布置如图 13-1 中建筑平面轮廓线所示，本实例的设计内容主要为照明和供电设计。每户要求除正常的照明和家用电器(洗衣机、冰箱、彩电)的使用外，还需要考虑装一台壁挂式空调和一些常用电炊(如电饭锅等)的用电。设计内容和步骤如下。

1. 方案设计

对于大型复杂民用建筑工程的电气设计，一般需要做方案设计。这一阶段的主要工作是解决与建筑设计方案的配合，确定总体设计方案。通常有下述内容。

1) 接受电气设计任务和收集设计资料

在接受电气设计任务时，应先研究设计任务委托书，明确设计要求和设计内容，向当地有关部门和该建筑物的土建设计部门收集的有关资料。

需要收集的设计资料有以下几方面。

(1) 向当地供电部门收集有关资料

① 有关供电电源的电压、供电方式(电缆或架空线，专用线或非专用线)；

② 可能供电电源的回路数、长度、引入线的方向及具体位置；

③ 当采用高压供电时，供电端或受电端母线上的短路数据(短路容量、稳态短路电流、单相接地电流等)；

④ 供电端的继电保护方式及动作电流和动作时间的整定值，对用户进线与供电端出线之间继电保护方式和时限配合的要求；

⑤ 供电部门对用户电能计量的要求及电价、电费收取办法；

⑥ 供电部门对用户功率因数的要求；

供电部门对用户的其他要求等。

(2) 向当地气象部门收集有关气象、地质资料

(3) 向当地电信部门收集有关资料

① 选址附近电信设备的情况及利用的可能性，线路架设方式，电话制式等；

② 当地电视频道设置情况，电视台的方位，选址处电视信号的强度，有线电视台情况等。

(4) 向其他部门收集的有关资料

① 当地常用的标准地图(通用图)；

② 当地生产的电气设备及材料情况；

③ 当地电气工程的技术经济指标。

(5) 向当地消防主管部门收集的有关资料

① 建筑防火设计的地方法规；

② 当地采用的消防措施。

(6) 向设计该建筑的土建设计部门收集有关建筑资料：

① 该建筑物的结构和尺寸、柱子间距、天棚构造、窗子形式、内部装修等；

② 建筑平面图、立面图、剖面图，本例中图的结构并不复杂，故省去立面图和剖面图；

③ 电气设备安装位置及负荷要求，本建筑内有无大型专用设备(如供水水泵、电梯等)和空调、电加热器等用电量大的电器，以及这些设备是单相负荷还是三相负荷；

④ 各房间对照明的要求；

⑤ 电源设置情况和进线位置。

由于本实例属于一般性民用建筑，相对来说不算复杂，所以在接受设计任务时所收集的资料不是太多，主要是收集建筑本身的有关资料。本例所收集的详细资料，此处仅作简要叙述。

2) 确定负荷等级和进行用电量估算

根据有关设计规范，确定用电负荷的等级、建筑物的防火等级以及防雷等级。

用电量的估算主要是计算用电设备的容量(负荷)，有如下两方面：设备总容量(kW)和设备计算负荷总容量(kW)，需要备用电源的设备总容量(kW)和计算负荷总容量(kW)(指一级负荷而言)。

估算用电量的目的是为了确定供电系统形式。

在本例中，由于所设计的建筑为一般性的住宅建筑，其中也没有电梯、水泵等特殊用电设备，楼层也不高只有六层(属于九层以下的)。所以，根据本书前述有关内容可知，该建筑的负荷等级可定为三级负荷。当然如附近住宅区的整个供电负荷等级是属于二级，那么也

可以将此建筑的负荷等级提高为二级，尽可能从经济和长远需要来提高该建筑的供电质量。

根据本书前述有关内容，此住宅建筑的防雷等级可属于三类。

用电负荷的估算方法可采用本书 5.2 节和 7.4 节中介绍的有关住宅负荷估算方法进行。照明负荷可按单位面积容量估算法进行。每户的用电负荷的估算如下：

(1) 每户的照明负荷

根据平面图 13-1，每户建筑面积 $S\approx64.4\text{m}^2$，房间高度一般为 2～3m，根据表 7-19，考虑现代住宅对照度的要求较高，平均可按 75lx 的要求来计算单位容量 w，查表 7-19 得：$w=4.3\text{W/m}^2$，即可求得每户照明负荷为：$\sum P_S=wS=4.3\times64.4=277\text{W}\approx0.3\text{kW}$。

(2) 每户的插座负荷

由于现代家庭生活水准已得到较大提高，传统的单位面积用电量设计估算法已不适应时代发展的要求，这方面的负荷估算，应分类考虑。插座负荷主要指电饭锅、冰箱、空调、彩电、洗衣机、热水器等家用电器的用电。按本书 7.4 节中住宅用电负荷的分类确定法进行估算。本例考虑该建筑中每户装一台壁挂式空调器，并按实际情况考虑留有适当容量余地，合计每户插座负荷估算为 4kW。其中一般性电炊用电负荷按 2kW 考虑，空调器用电负荷按 2kW 考虑。

照明与插座两类负荷的估计值为 $\sum P_S=0.3+4=4.3\text{kW}$，整座楼的总负荷为 $\sum P_S=4.3\times12=57.6\text{kW}$；计算负荷总容量为 $\sum P_c=K_n\sum P_c=0.5\times57.6=28.8\text{kW}$（$K_n$为负荷需要系数，可按表 7-21 选取）。该建筑中无一级负荷，所以不考虑备用电源的设备总容量及计算负荷总容量。

最后根据已收集到的资料和已确定的负荷等级和估算的用电量配合建筑专业来确定电气设计方案，主要是对变电所位置、方位、线路走向、电源进线方式、电源设备的大小和容量及类型、供电线路方案、各级开关控制设备形式，以及预留孔洞与预埋构件等做出初步设计方案，并向建筑专业提出初步意见要求。

本例中不需要专用变电所，所以不需要研究变电所位置和方位。由于本例中的总负荷较大，根据表 7-22，取同时负荷系数 $K_t=0.6$，总计算负荷的容量为$=K_t\sum P_c=0.6\times28.8=17.28\text{kW}$，取功率因数 $\cos\varphi=1$，供电电源为 220V，则总计算电流为 $I_{\sum}=17.28\times1000/220\approx78.2A$，已大大超过单相负荷计算电流 30A 的限制。所以本例中宜采用三相四线制供电方式，进线位置在图 13-1 中一楼楼梯口的侧面。供电方式采用放射式、二级控制。

2. 初步设计

建筑方案（含电气初步设计方案）经有关部门批准以后，即可进行建筑电气的初步设计。初步设计阶段的工作主要有以下内容。

1) 分析设计任务书和进行设计计算

详细分析研究建设单位的设计任务书和方案审查意见以及其他有关专业（给排水、暖通专业等）的工艺要求及电气负荷资料；在建筑方案已确定的基础上进行电气方案设计；然后进行设计计算，包括负荷计算、照度计算、各系统的设计计算等。

2) 各专业间的设计配合

水、暖通专业应提供各用电设备的型号、功率、数量、在建筑平面图上的位置，并尽可能提供设备样本。

向结构专业了解结构形式、结构布置图、基础做法等。

向建筑专业提供电气设备的要求,包括各种电气设备用房的位置、面积、层高及其他要求。这些设备如变配电所、消防控制室、闭路电视机房、电话总机房、广播机房、电气管道井、电缆沟等。

向暖通专业提供电气设备的要求,主要指空调机房和冷冻机房内的电气控制柜需要的位置与空调房间内的用电负荷等。本例中空调为挂壁式。

3) 编制初步设计文件

初步设计文件一般有:图纸目录、设计说明书、设计图纸、主要设备表和概算(概算一般由建筑经济专业编制)。

(1) 图纸目录

包括现制图的名称、图别、图号;规格和数量。

(2) 设计说明书的内容

① 设计依据;

② 设计范围;

③ 供电设计,主要指:供电电源及电压、供电系统形式、变配电所、功率因数补偿方式、供电线路:过电压与接地保护等的设计;

④ 配电系统设计,主要指:配电电源电压要求和配电系统的形式,环境特征及设备选择,导线选择及敷设方式,接地、接零、安全保护方式等防止触电危险所采取的安全措施;

⑤ 电气照明设计主要指:照明电源、电压、容量、照度选择及配电系统形式、光源与照明灯具选择、导线的选择及线路敷设方式、应急照明电源切换方式;

⑥ 建筑物的防雷保护主要指,建筑物防雷等级、雷电接闪器的形式和安装方法、接地装置;

⑦ 弱电设计主要指:设计的依据和设计内容、各项弱电设备系统的概述和站址的确定、各系统的确定和设备的选择、各系统的供电方式等以及需提请在设计审批时解决或确定的主要问题。

(3) 设计图纸及其内容

① 供电总平面布置图,

② 供电系统图;

③ 变、配电所平面布置图(变压器、高压开关柜、低压配电屏、控制屏等设备的平面、剖面及排列布置图、母线布置图)和主要电气设备、材料表;

④ 动力系统平面图及系统图(一般工程只画草图,可不出正式图;复杂工程可以出系统图或平面图);平面图一般应画出配电干线、接地干线的平面布置,导线的型号、规格、敷设方式,配电箱、起动器等位置;系统图应注明设备的编号、容量、型号、规格及用户名称;

⑤ 照明灯具、开关、配电箱平面布置及系统图(一般工程只画草图,复杂工程可出系统图或平面图);

⑥ 电气信号和自动控制方框图或原理图、控制室平面图(简单自控系统只要在说明书中说明);

⑦ 各弱电设备系统图、弱电设备平面布置图(可不出图,仅画草图);

⑧ 主要设备及材料表;

⑨ 计算书(不对外)包括负荷计算、照度计算、保护配合计算、主要设备选择计算以及特殊部分的计算等,各种计算的结果分别列入设计说明书和设计图纸。

3. 施工图设计

初步设计文件经有关部门审查批准以后,就可以进行施工图设计。施工图设计阶段的主要工作有以下几个方面。

1) 准备工作

检查初步设计的内容是否与设计任务书和有关的设计条件相符;核对各种设计参数、资料是否正确;进一步收集必要的技术资料,如有关的设备样本等。

2) 设计计算

深入进行系统计算;进一步核对和调整计算负荷;进行各类保护计算;导线与设备的选择计算;线路与保护的配合计算;电压损失计算;等等。

3) 各专业间的配合与协调

核实初步设计阶段提出的资料,并进行必要的补充。如向建筑专业提供需要他们配合的有关电气设备用房的平面布置图;提供需要结构专业配合的有关留预埋件或预留孔洞的布置图和要求;向水暖专业了解他们对各种用电设备的控制、操作、联锁等要求。

4) 编制施工图设计文件

施工图设计文件一般包括图纸目录、设计说明、设计图纸、主要设备及材料表、工程预算等。图纸目录应先列出新绘制的图纸,后列出选用的标准图、重复利用图及套用的工程设计图。

当本专业有总设计说明时,在各子项工程图纸中应加附注说明;当子项工程先后出图时,应分别在各子项工程图纸中写出设计说明,图例一般在总说明中标出。

(1) 供电总平面应有两方面的说明

① 在设计说明中应说明电源电压、进线方向、线路结构、敷设方式;杆型的选择,杆型种类,是否高、低压线路共杆,杆顶装置引用标准图的索引号;架空线路的敷设,导线的型号、规格、挡数;接户线的架设和保护;路灯的控制、型号、规格和容量以及保护;重复接地装置的电阻值、形式、材料和埋置方法等。

② 在图纸上应标出建筑子项名称(或编号)、层数(或标高)、等高线和用户的设备容量等;画出变、配电所位置、线路走向、电杆、路灯、拉线、重复接地、室外电缆沟等;标出回路编号,电缆和导线的截面、根数,路灯型号和容量;列出杆型选择表。

(2) 变、配电所的施工图设计要求

① 高、低压供电系统图应画单线图;标明断电保护、电工仪表、电压等级、母线和设备元件的型号、规格;系统标栏从上到下依次为开关柜编号和型号,回路编号,设备容量(单位为 kW),计算电流(单位为 A),导线型号和规格,用户名称,二次接线方案编号。

② 变、配电所平面图和剖面图应按比例画出变压器、开关柜、控制屏、电容器柜、母线、穿墙套管、支架等的平面和剖面布置、安装尺寸,进出线的编号、方向位置、线路的型号、规格、敷设方法;如果变电所选用标准图时,应注明选用标准图的编号和页次。

③ 变、配电所照明和接地平面图应有接地极和接地线的平面布置、材料规格、接地体的埋设深度、接地电阻值等;如果选用标准图时,应有安装图的编号和页次。

(3) 动力负荷方面的施工图设计要求

① 应说明的内容有：电源电压、引入方式；导线选型和敷设方式；设备安装高度(也可在平面图上标注)；保安措施(接地或接零)。

② 动力负荷用电设备平面图上应画出：建筑物平面轮廓(由建筑专业提供),用电设备位置、编号、容量及进出线位置；配电箱、开关、起动器、线路及接地平面布置,注明回路编号、配电箱编号、型号、规格、总容量等。如果不出动力系统图时,必须在乎面图上注明自动开关整定电流或熔体电流；如果选用标准图应注明安装图的编号和页次。

③ 动力负荷系统图用单线绘制,应标出：配电箱编号、型号、规格,开关、熔断器、导线的型号、规格和保护管管径以及敷设方式,用电设备编号、名称及容量。

④ 控制及信号装置原理图应包括原理图和设备元件布置图、接线图、外引端子板图。

⑤ 安装图应包括设备安装图和非标准件制作图、设备材料明细表。一般可不画图,尽量选出安装标准图和标准件。

(4) 电气照明施工图设计要求

① 照明设备平面布置图应包括配电箱、灯具、开关、插座、线路等平面布置(在建筑专业提供的建筑平面图上绘制)；标注线路、灯具的型号、安装方式及高度和配电设备的编号、型号、规格；复杂工程的照明需要局部大样图；多层建筑有标准层时,可绘出标准层照明平面图；设计说明主要包括电源电压、引入线方式、导线选型及敷设方式、保安措施等。

② 照明系统图用单线绘制,标出配电箱、开关、熔断器、导线的型号、规格和保护管管径及敷设方式等。

③ 安装图应是照明灯具、配电设备、线路等安装用图。一般不出图,尽量选用安装标准图。

(5) 电气信号及自动控制的施工图设计要求

① 配电系统图应包括控制系统方框图、原理图,要注明系统电器元件符号、接线端子编号、环节名称,并列出设备材料表。

② 控制室平面和剖面图及管线敷设图应包括控制设备平面布置位置和规格以及管线敷设要求。

③ 应尽量选用标准设备,标准设备的安装、制作图一般可不出图。

(6) 建筑物防雷保护施工图设计要求

① 建筑物防雷接地平面图,一般小型建筑物只绘顶视平面图(在建筑屋顶平面图的基础上绘制),复杂形状的大型建筑物还应绘制立面图,并注明标高和主要尺寸；应有避雷针或避雷带(网)、引下线、接地装置的平面图、材料规格、相对位置尺寸；如果选用标准图,应注明选用的标准图编号、页次；设计说明中主要要写清建筑物防雷等级和采取的防雷措施,以及接地装置的电阻值及形式、材料和埋设方法等。

② 如果利用建筑物的钢筋混凝土构件或其他金属构件作防雷措施时,应在相关专业的设计图纸上进行相应的说明。

(7) 弱电(电话、广播、电视、火警等)部分施工设计图要求

① 图纸目录应先列出新绘制的图纸,后列出选用的标准图或重复利用图。

② 设计说明应注明：平面图例符号、施工要求及注意事项、设备安装高度(也可写在有关图纸上)。

③ 图纸设计应有：各站站内设备平面布置图；各站弱电设备系统图及设备间线路联接图；各设备出线端子外部接线图；站外设备布置及线路布置图；各站设备系统输出线路系统图；各种弱电设备交、直流供电系统图；各种接地平面图及其他电气原理图、安装大样图等。本例中无弱电系统设计。

(8) 计算书(不对外)的要求

各部分的计算书应经校审并签字，作为技术文件归档。

5) 施工图设计阶段(含初步设计阶段)设计计算举例

通常，对于较为简单的民用建筑电气设计可省去初步设计这一阶段，将上述两步合并一起进行，即把初步设计和施工图设计两阶段的设计内容合起来在方案设计基础上进行。下面是结合上列实例的具体设计计算。

(1) 照度标准及电气设计标准的确定，并确定每户用电负荷

由于本建筑为 9 层以下的一般住宅建筑，其电气设计主要应满足一般家庭生活用电的需要和用电安全，其照度标准可按国家标准或部颁标准确定。

① 总开关和各层开关可采用胶盖开关或自动空气开关。本例中选用了自动空气开关。

② 照明光源可采用荧光灯或白炽灯，条件许可时可采用节能荧光灯。从节能和美观出发，本例中选用了节能荧光灯。

③ 为了简化负荷计算，本例采用了 7.4 节中所述的按设计标准法和按户分类计算法进行计算，每户各房间的具体负荷计算如表 13-3 所示。

表 13-3 按设计标准法和按户分类法确定每户用电负荷值

<table>
<tr><th rowspan="2">用电场所</th><th colspan="2">照明用电量/W</th><th rowspan="2">插座用电量/W</th><th rowspan="2">备 注</th></tr>
<tr><th>白炽灯</th><th>荧光灯</th></tr>
<tr><td>每户大居室</td><td>60</td><td>30</td><td>2×100＋1×2000</td><td rowspan="7">两个房间共设 6 组插座，靠阳台和靠窗的一组插座为房间壁挂式空调专用插座，采用单相三极大负荷暗装插座，由配电箱专线供电。厨房有一插座也为三极大负荷暗装插座。其余均为单相二极加三级暗装插座</td></tr>
<tr><td>每户小居室</td><td>40</td><td>30</td><td>2×100＋1×2000</td></tr>
<tr><td>客厅</td><td>40</td><td>30</td><td>1×100</td></tr>
<tr><td>走道</td><td>25</td><td></td><td></td></tr>
<tr><td>厨房</td><td>25</td><td></td><td>1×100＋1×1000</td></tr>
<tr><td>卫生间</td><td>25</td><td></td><td>1×100</td></tr>
<tr><td>前后阳台</td><td>2×25</td><td></td><td></td></tr>
<tr><td>合计</td><td colspan="2">355</td><td>5700</td><td>(若只安装一台空调为 3700)</td></tr>
</table>

本例中每户只考虑装一台壁挂式空调，如每户大小居室各装一台，则有关设计容量应加大。

④ 电度表设计一户一表制。楼梯及公共走廊照明另装公用电度表。楼梯间的照明灯采用自动熄灭型的节能开关进行控制。

(2) 照明设计

① 照度计算

对卧室和客厅的照度进行简要计算，所用灯具吸顶安装，其高度为 3m 左右，卧室有效面积为 $4.4\times3.4\approx15m^2$，客厅有效面积约为 $3.4\times2.1=7.14m^2$，根据前述设计标准，大小居室按 30W 荧光灯设计，按单位容量法计算得单位面积安装容量约为 $2W/m^2$，查表 7-19 得大房间照度为 30lx。客厅也按 30W 荧光灯计，得单位面积安装容量为 $4.2W/m^2$，按 $10m^2$ 查表 7-19 得客厅照度 50lx。上述结果符合表 7-1 民用建筑照度标准要求。

② 灯具类型、功率、数量和布置方式的确定

灯具类型为节能荧光灯；功率为30W，在每个房间吸顶安装。

(3) 确定配电箱数量、位置和进户线、供电线的走向、位置及导线敷设方式

根据方案设计时初步确定的供电方式，进户线在进户前设置重复接地，采用三相五线制低压架空形式，从一楼楼梯口侧面，距地面3.0m进入楼道口侧墙，暗敷进入一楼总配电箱。每层楼设一个分配电箱，由分配电箱向每层楼的两户户内熔断器盒供电。分配电箱中设置单极自动空气开关两只，单相电度表两只。总配电箱内设置6路(6层)负荷的6只熔断器和6只电度表及6只单相自动开关。总配电箱与一楼分配电箱一起安装在一楼走廊侧墙壁上，其余各层分配电箱分别安装于各楼层的走廊侧墙壁上，均为暗装。总配电箱为1只，分配电箱为6只，熔断器盒共12只。具体平面布置见图13-1。

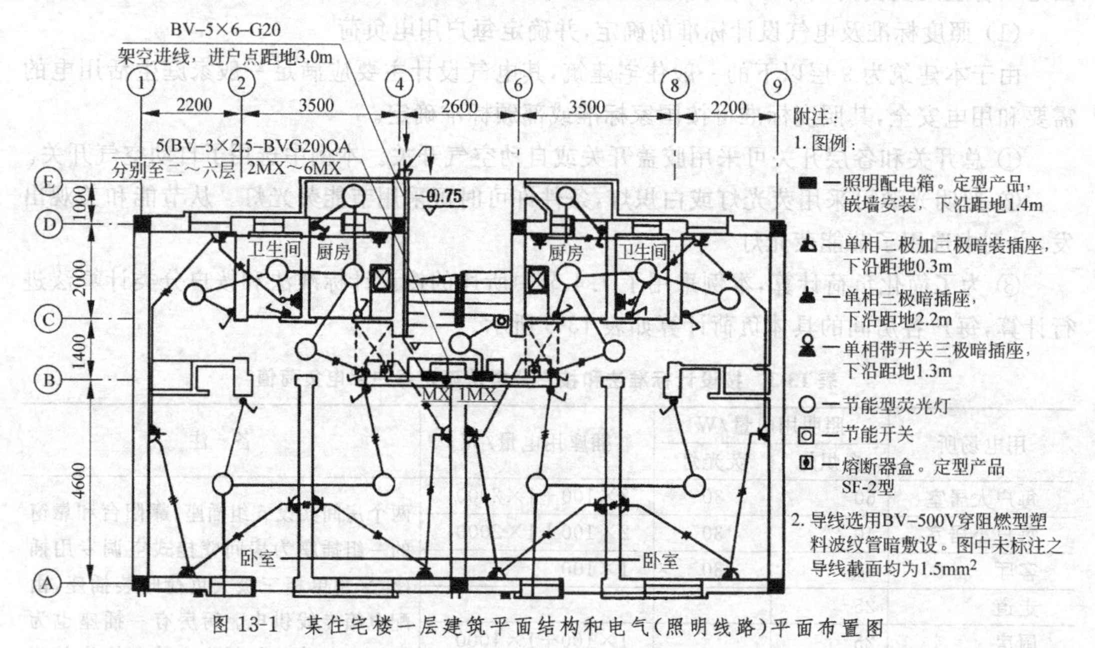

图13-1　某住宅楼一层建筑平面结构和电气(照明线路)平面布置图

干线的布置采用放射式，由总配电箱引出6组干线，分别引至各楼层的分配电箱。采用钢管或塑料管埋墙暗敷。支线根据负荷分组原则，由每一分配电箱引出3组支线(其中一组支线为楼梯间照明)，导线穿管埋墙暗敷。供电线路系统图见图13-2。由于该供电系统为三级负荷，所以对供电无特殊要求。

(4) 确定计算负荷、选择导线、开关和熔断器及配电箱

① 确定支线负荷、选择支线导线、开关和熔断器及分配电箱

如图13-1和13-2所示，每一支线负荷包括每一户户内负荷以及楼梯间照明支线负荷。每户户内负荷分为照明负荷和插座负荷。

根据上述表13-3所列负荷数据，每户照明总负荷为355W，每户插座总负荷为3.7kW(只考虑安装一台空调)，两类负荷容量的合计值 $\sum P = 4.055\text{kW}$，与前述方案设计中的估算值接近。

下面进行支线和计算负荷总容量和支线计算电流的计算。

查表7-21知住宅照明用电设备的需要系数 $K_{n1}=0.6$，插座取 $K_{n2}=0.5$，每户计算负荷的计算如表13-4所示。

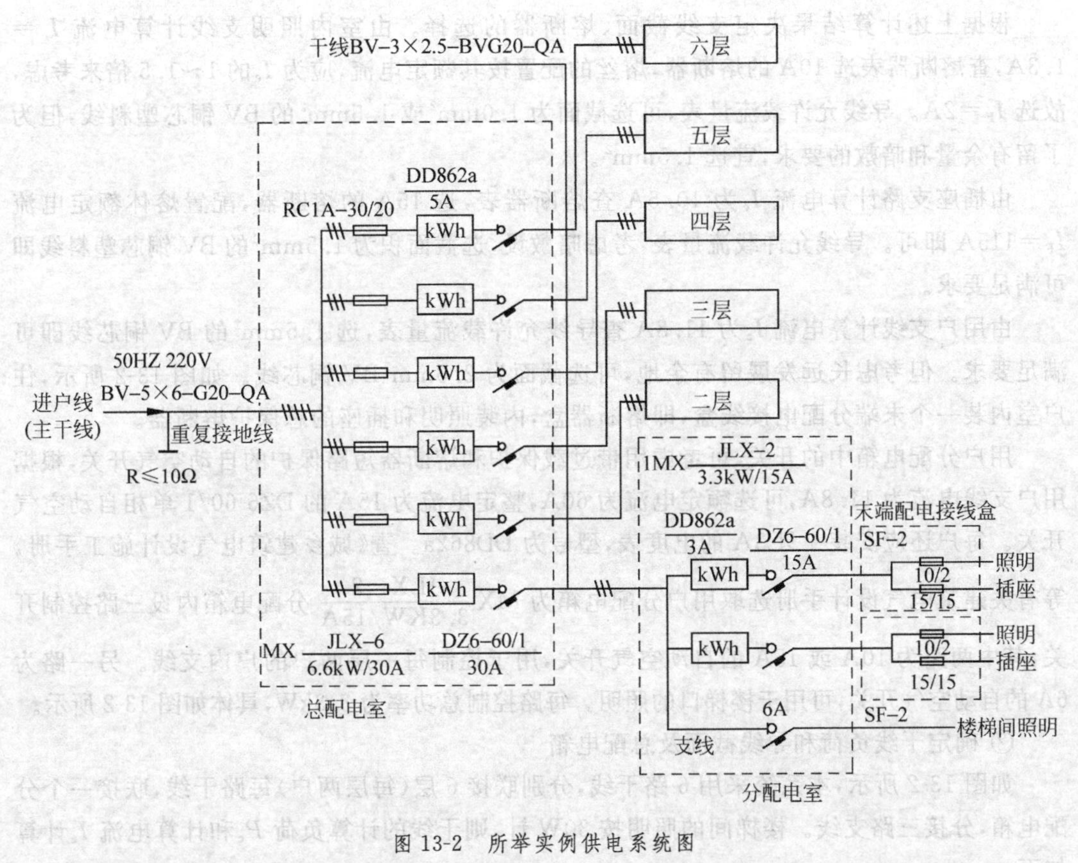

图 13-2　所举实例供电系统图

表 13-4　每户的计算负荷(支线负荷)

序号	用电负荷			需要系数	功率因数	tanφ	计算负荷				备　注
	名称	数量	容量/W	K_n	$\cos\varphi$		P_c /kW	Q_c /kvar	S_c /kV·A	I_c /A	
1	荧光灯	3	3×30	0.6	0.8		0.065			(照明支线) 1.3	
2	白炽灯	1	60	0.6	1	0	0.036				日光灯计算负荷 $\sum P_C = K_n \sum P(1+K_a)$ (取 $K_a=0.2$)；其余 $\sum P_c = K_n \sum P$； $I_c = \frac{P_c}{U\cos\varphi}$； $S_c = K_t \frac{P_c}{\cos\varphi}$。 ($\cos\varphi$ 按平均 0.8 计算；$K_t=0.6$)
3	白炽灯	2	2×40	0.6	1	0	0.048				
4	白炽灯	5	5×25	0.6	1	0	0.075				
小计		11	355				0.224			1.3	
5	一般插座	7	7 ×100	0.5	0.8	0	0.35			(插座支线) 10.5	
6	空调插座	1	2000	0.5	0.7		1.0				
7	电炊插座(厨房内)	1	1000	0.5	0.8	0	0.5				
小计		9	3700				1.85			10.5	
合计($K_t=0.7$)		20	4055		0.8		2.07		1.553	11.8	

根据上述计算结果决定支线截面、熔断器的选择。由室内照明支线计算电流 $I_c=1.3A$，查熔断器表选10A的熔断器，熔丝的配置按其额定电流，应为 I_c 的1～1.5倍来考虑，故选 $I_F=2A$。导线允许载流量表，可选截面为 $1.0mm^2$ 或 $1.5mm^2$ 的BV铜芯塑料线，但为了留有余量和暗敷的要求，宜选 $1.5mm^2$。

由插座支路计算电流 I_c 为10.5A查熔断器表，选15A的熔断器，配置熔体额定电流 $I_F=115A$ 即可。导线允许载流量表，考虑暗敷设，选截面积为 $1.5mm^2$ 的BV铜芯塑料线即可满足要求。

由用户支线计算电流 I_c 为11.8A查导线允许载流量表，选 $1.5mm^2$ 的BV铜芯线即可满足要求。但考虑长远发展留有余地，可选截面为 $2.5mm^2$ BV铜芯线。如图13-2所示，住户室内装一个末端分配电接线盒，即熔断器盒，内装照明和插座的总保护熔断器。

用户分配电箱中的开关，可考虑用带过载保护和熔断器短路保护的自动空气开关，根据用户支线电流为11.8A，可选额定电流为60A，整定电流为15A的DZ6-60/1单相自动空气开关。每户还应安装一只3A的电度表，型号为DD862a。查《城乡建筑电气设计施工手册》等有关建筑电气设计手册选取用户分配电箱为MX $\frac{\text{JLX}-2}{3.3\text{KW}/15\text{A}}$ 分配电箱内设三路控制开关，其中两路为10A或15A的自动空气开关，用于控制每一层两户的户内支线。另一路为6A的自动空气开关，可用于楼梯口的照明。每路控制总功率为3.3kW，具体如图13-2所示。

② 确定干线负荷和导线截面及总配电箱

如图13-2所示，本系统采用6路干线，分别联接6层(每层两户)每路干线，联接一个分配电箱，分接三路支线。楼梯间的照明按30W计，则干线的计算负荷 P_c 和计算电流 I_c 计算如下：

$$P_c=K_n\sum P=0.6\times(0.03+2.07\times 2)=2.5\text{kW}$$

$$I_c=\frac{P_c}{U\cos\varphi}=\frac{2.5\times 10^3}{220\times 0.8}\approx 14.22\text{A}$$

根据计算数据，每一干线的熔断器可选30A，配置熔体额定电流为20A；干线控制开关可选型号DZ6—60/1整定电流为30A的单极自动空气开关。查导线允许载流量表，选截面为 $1.0mm^2$ 或 $1.5mm^2$ 的BV铜芯线，从留有余量和长远考虑应选 $2.5mm^2$ 的BV铜芯线，并应安装型号为DD862a 5A的电度表一只。可选每路控制功率为6.6kW的总配电箱，内装6路分路开关，型号为MX $\frac{\text{JLX}-6}{6.6\text{KW}/30\text{A}}$

③ 确定主干线(又称总干线)即电源进户线负荷和导线截面

用户住宅楼的同时负荷系数查表7-22可选为 K_t，总的功率因数 $\cos\varphi$ 仍按0.8计算；则总的计算负荷和计算电流为

$$S_{\sum c}=K_t\frac{P_{\sum c}}{\cos\varphi}=0.6\times\frac{6\times 2.5}{0.8}\approx 13.125\text{kV}\cdot\text{A}$$

单相供电时，

$$I_{\sum c}=\frac{S_{\sum c}}{U}=\frac{13.125\times 10^3}{220}\approx 59.66\text{A}$$

三相供电时，

$$I_{\sum C(3)} = \frac{S_{\sum C}}{\sqrt{3}U} = \frac{13.125 \times 10^3}{\sqrt{3} \times 380} \approx 20\text{A}$$

根据上述的计算电流，应采用三相四线制供电，查导线允许载流量表，考虑发展留有适当余地选导线截面为 6mm^2 BV 铜芯线，即可满足穿钢管暗敷设进入总配电箱的要求。

④ 接地保护和进户线形式

根据上述计算，该住宅楼总计算负荷（总供电容量）为 13.125kV・A 已大于单相供电允许容量 10kV・A，总计算电流为 59.66A 也大于 30A，所以不宜采用单相供电形式，而应采用三相四线制。三相四线送至进户线支架，在进户点处进行重复接地保护。进户线采用 5 根 6mm^2 的 BV 铜芯线穿直径为 20mm 的钢管沿墙暗敷进入室内总配电箱，除三根火线外，一根为零线，一根为 PE 保护线。具体标注在图 13-2 的左侧。

该住宅楼未设置共用天线、防盗报警等弱电系统及自动消防系统，故此处不作介绍。在具体设计时如遇此类内容，可参阅前述有关内容进行设计，此处不再多述。

⑤ 施工图设计与绘制

该住宅楼的电气施工图主要有供电系统图和建筑电气平面布置图以及施工大样图，元器件材料表等。如前述建筑电气平面布置图，就是在建筑平面结构轮廓图上绘制具体电气设备、照明电器、控制开关设备等的位置及强电供电线路和弱电系统线路的走线布置等，此图是施工的依据。本例中无弱电系统，图 13-1 是本例的电气平面布置图，主要是照明线路布置。根据上述设计计算和选择的元器件，在该图上标出了照明器具、控制开关和配电箱的位置，导线的位置和进户线要求及光线情况，总配电箱 MX 暗埋安装在一层与分配电箱 1MX 并排安装在一层侧墙上。图 13-2 是本例的供电系统图。图上要反映供电系统的形式以及各元器件和导线的型号、规格等。此外，还有施工大样图、元器件材料表等。

4. 工程设计技术交底

按前述，这方面的主要工作是：介绍电气设计的意图，应强调施工图中的注意事项，并解答施工单位提出的技术疑问，补充和修改设计文件中的遗漏和错误，最后要做会审记录并归档。

5. 施工现场的配合协调

按前述，凡有改动都应以书面形式发出修改通知或修改图。本例中图纸上有关部分已作了技术说明，需要变动的部分则在施工时进行配合修改。

6. 工程竣工验收

根据前述设计步骤，在整个建筑工程施工结束后，设计单位、建设单位、施工单位及有关部门要组织对工程的竣工验收。本例同样如此，也需要进行工程竣工验收。电气设计人员应检查电气施工是否符合设计要求，查阅各种施工记录，并现场查看施工质量是否符合验收规范，检查电气安全措施是否符合图纸规定，并将检查结果逐项写入验收报告，并最后归档。

至此民用建筑电气设计的 6 个阶段工作才告结束。上述所举实例较为简单，所以 4、5、6 三步所述内容较为简单，不再多述。

13.5　民用建筑电气自动化和智能化系统及设计

民用建筑电气自动化和智能化系统主要是为了适应现代信息化社会对建筑物的功能、环境和高效率管理的要求。特别是建筑物应具备信息通信、办公自动化和建筑电气设备自动控制和管理等一系列功能的要求而在传统建筑的基础上发展而来的。它主要由BAS、CAS、OAS三大系统构成,此外还有FAS、SAS系统。下面主要对建筑电气设备自动化系统(BAS)、办公自动化系统(OAS)、通信自动化系统(CAS)及设计进行简要介绍。

13.5.1 民用建筑电气设备自动化系统及设计

1. 建筑电气设备自动化系统的主要功能

建筑电气设备自动化系统(building automation system,BAS),有时称为建筑设备管理自动化系统,实质上是一套中央监控系统(centercontrol monitoring system,CCMS)。在民用建筑智能化系统中,它对大楼内的各种设备:电力、照明、空调、电话、广播、防火、防盗等,实行高大综合自动化管理以达到舒适、安全、可靠、经济、节能的目的,为用户提供良好的工作和生活环境,确保各项设备常处于最佳运行状态。

建筑电气设备自动化系统的基本功能可用图13-3来表示。

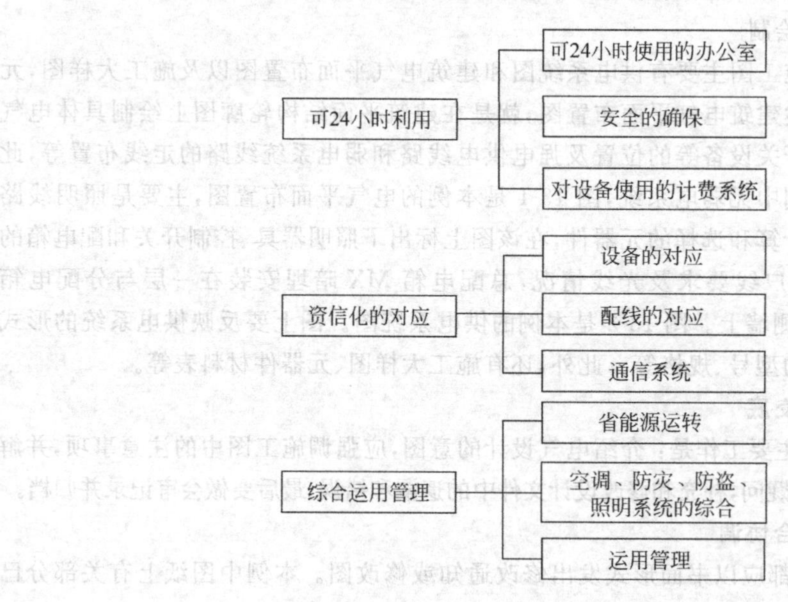

图13-3 建筑电气设备自动化系统的基本功能

为了实现"可24小时使用"的目的,除了在一般上班时间可自由进出大楼外,对于其他时间的大楼管理,就必须使用电脑磁卡来达到自由进出的目的。防火灾、防盗系统实行自动监控,电力、照明、空调设备的连续节能控制,以及各种设备使用费的自动计费系统等,都是必要的,以创造更具方便性、安全性的大楼设施。

2. 建筑电气设备自动化系统的基本结构

建筑电气设备自动化系统的构成如图13-4和图13-5所示,它主要由分布式控制系统、公用总线系统(即综合布线系统)、远程通信和办公自动化系统接口、高性能的人机接口系统组成。

(1) 分布式控制系统

分布式控制系统是民用建筑智能化系统中建筑物自动化系统的基本控制单元。每个远距离工作站都有独立的微处理机,数据的收集和设备控制,都由远距离工作站独立完成。通

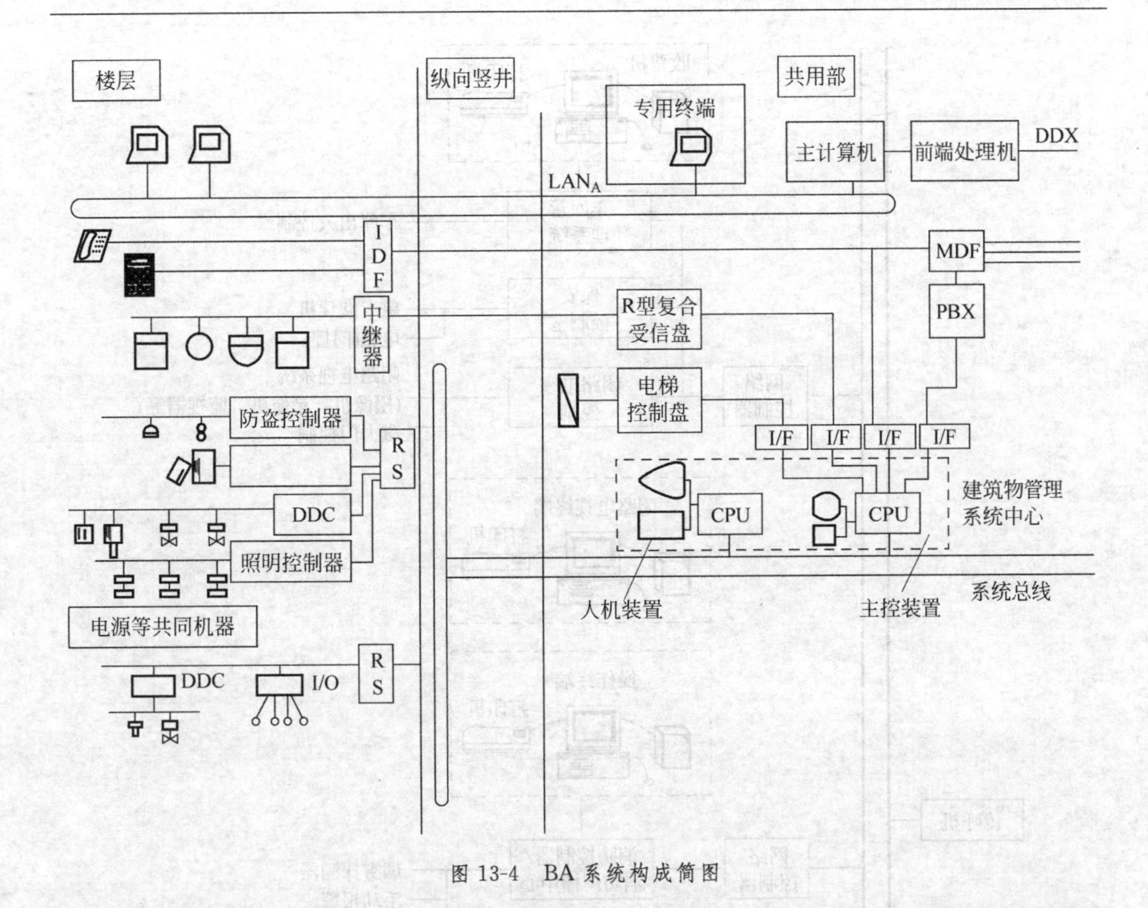

图 13-4　BA 系统构成简图

过控制中心可以改变远距离工作站的控制参数,而远距离工作也能把控制动作结果通报给控制中心。这样可使整个系统实现协调控制。分布式控制系统通常由集散型控制系统构成,如图 13-6 所示。

(2) 公用总线系统(即综合布线系统)

为了适应楼层平面布置变化,对空调、照明、火灾自动报警设备,采用带有传感器、负载地址的公用总配线系统,即综合布线系统。

(3) 与远程通信、办公自动化系统的接口

办公自动化系统的接口,通过接口模件将建筑物综合管理系统公用总线与办公自动化系统的局部网络联接起来。远程通信通过数字式交换机接口模件相联。

(4) 高性能人机接口

各种设备的信息都集中到控制中心内,通过高性能人机接口与高分辨率的显示终端相联接,以显示多种监视信息。

3. 建筑电气设备自动化系统的设计

(1) 设计系统的需求和可行性分析

系统的需求分析主要包括:建筑设备自动化系统的控制功能需求分析和监控需求分析、各系统监控点的需求分析,主要是对电梯、空调、电气照明、供水、电力供应等系统的监督和调控需求分析;可行性分析主要包括技术上的可行性分析、经济上的可行性分析以及管理制度上的可行性分析。

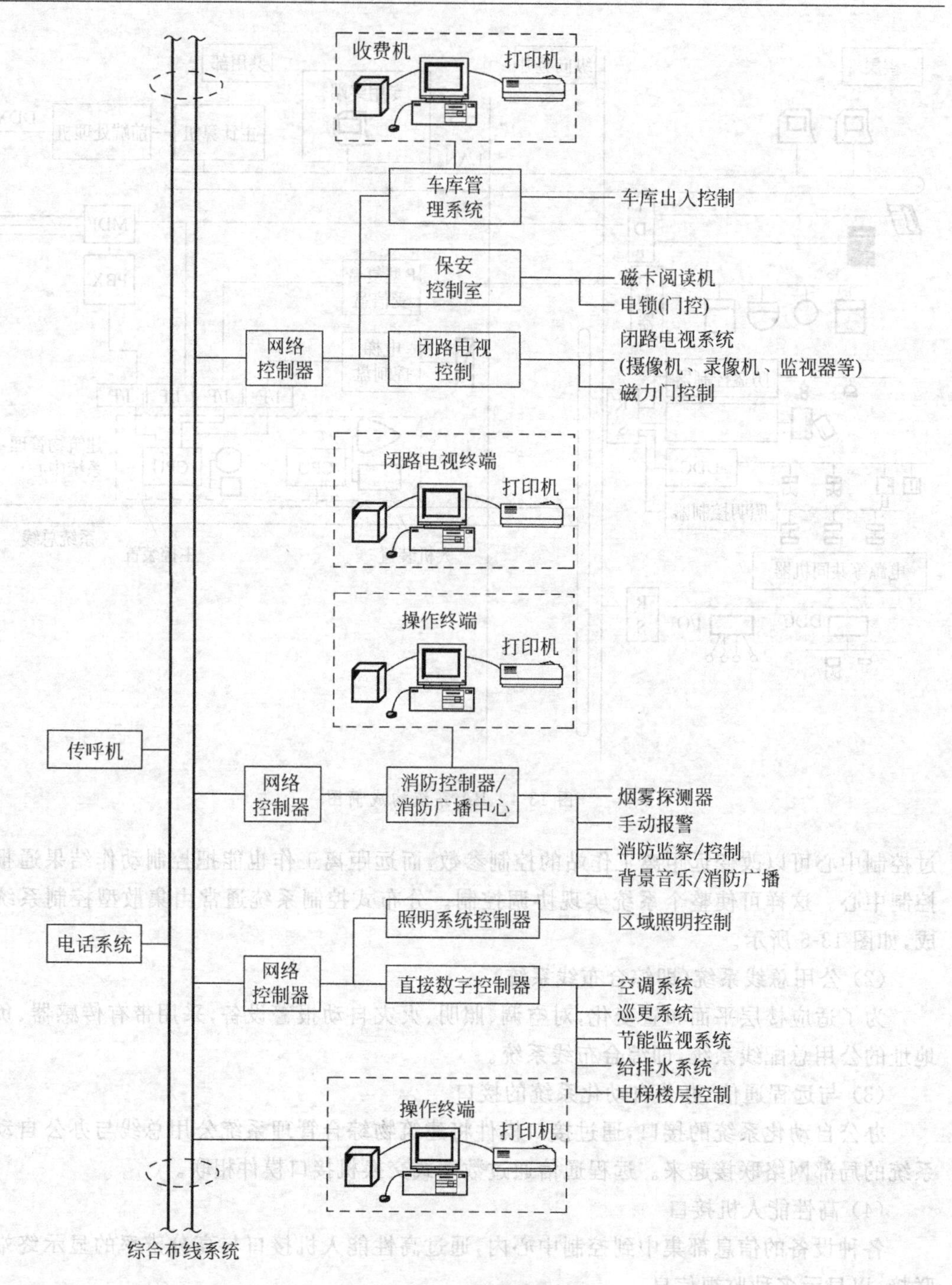

图 13-5 BA 系统结构图

(2) 系统的规划设计

系统的规划设计主要包括：实现系统的人-机联系规划设计；实现交互工作方式的规划设计，即使操作员的日常性操作能依据屏幕上的"操作指示"在键盘上进行的规划设计。对系统的程序员必须提供程序员手册，详细说明应用软件的修改与开发方法，并且应提供开发使用的设备和操作指南，一般至少应有一种高级语言能为系统开发所使用。

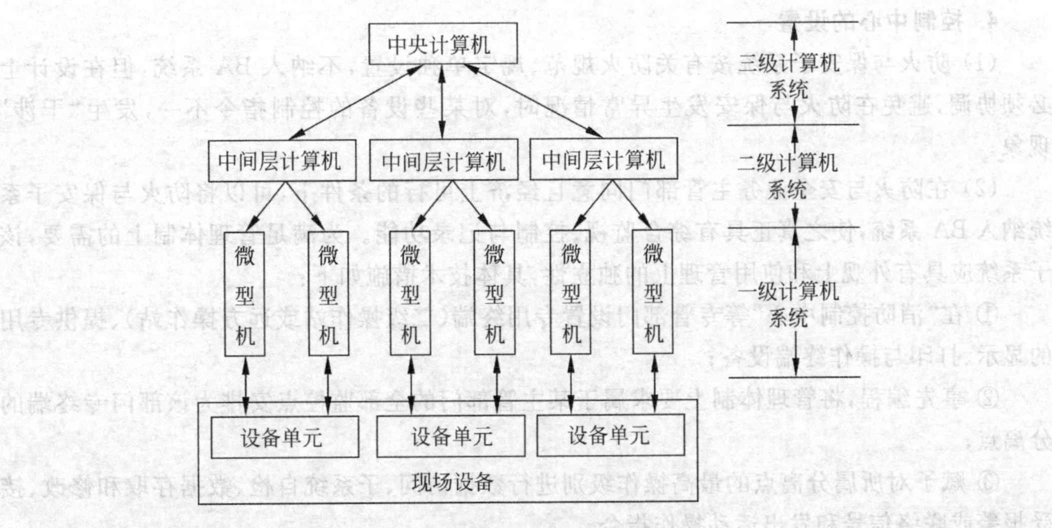

图 13-6 集散型控制系统构成

(3) 系统的技术信息设计

技术信息主要包括：设备运行状态、技术参数、报警信号等。技术信息设计必须有统一的表示方法，报文应有清晰统一的格式，而且应提供建立信息库的工具和方法。

(4) 系统硬件的组成设计

硬件组成设计主要包括：计算机及其外部设备选择设计、检测与执行元件和其他配套设备设计、系统硬件网络结构设计、各子系统监控功能设计。要求系统及主要部件应具有可维修性。

(5) 系统软件设计

系统软件设计主要包括：应用软件中的数学方法设计、数学模型和控制算法设计、各系统子系统应用软件设计。

(6) 系统中使用的技术术语设计

系统中使用的技术术语应有统一规定。如分布式系统把分散组建的分散式系统联网组成的方案构成时，最初的规划即应保证各分散系统使用统一的汇编语言与高级语言。报警及状态显示与打印所用的自然语言宜采用汉字与英文兼容任选方式，如受条件限制允许只用英文。

(7) 运行规则设计

系统中各子系统的建立与运行规则设计必须符合已经生效的国家和地方的规定、规程、规范与法规。系统的运行应保证人在系统中的活动效率最高、不出差错，并有益于人的身心健康。

(8) 系统的可靠运行设计

系统必须有保证可靠运行自检试验与故障报警功能，必须有交流电源故障报警、通信故障报警、接地故障报警以及外部设备控制单元故障报警。

所有报警均应在中央站的主操作台 CRT 屏幕上给出标准格式报告（时间、代码、文字描述短语以及处理指示），并附有必要的声和（或）光显示，故障消除后应给出恢复正常的标准格式报告。

4. 控制中心的设置

(1) 防火与保安子系统按有关防火规范、规定单独设置,不纳入BA系统,但在设计上必须协调,避免在防火与保安发生异常情况时,对某些设备的控制指令不一,发生"干涉"现象。

(2) 在防火与安全业务主管部门同意且经济上可行的条件下,可以将防火与保安子系统纳入BA系统,使之真正具有综合监视、控制与记录功能。为满足管理体制上的需要,该子系统应具有外观上和使用管理上的独立性,具体技术措施如下:

① 在"消防控制中心"等专管部门设置专用终端(二级操作站或远方操作站)、提供专用的显示、打印与操作终端设备;

② 事先编程,将管理体制上要求属于某主管部门的全部监控点安排为该部门专终端的分离点;

③ 赋予对所属分离点的最高操作级别进行数据访问、子系统自检、数据存取和修改、接受报警或联络信号和发出运动操作指令。

(3) 防火与安全系统仍作为独立系统设置,只在其"中心"与BA系统监控中心建立信息传递关系,使两者同时具有状态监视功能;一旦发生灾情或盗情等异常情况,按约定实现操作权转移。

大型建筑(群)防火与安全系统亦可单独组成局域网络,并与BA系统局域网络互联,组成多域网。

13.5.2 民用建筑办公自动化系统(OAS)及设计

1. 办公自动化系统简介

办公自动化,即运用机器取代人工进行办公业务处理。随着现代科技的发展和进步,微型计算机的普及发展和现代通信技术提高,它早已超越了狭窄的办公室,并已包含了办公与管理的范畴,它已形成为一门综合计算机、通信、文秘、行政等多种技术的新型学科,从生产经营单位和行政部门的办公事务处理开始,进入到各类的信息控制管理,进而发展到辅助领导的决策等。因此,办公与管理的自动化是一项综合性的应用技术科学(计算机技术、通信技术、人-机工程和系统工程等)和管理科学(科学地组织和优化各个办公环节,使之发挥尽可能高的办公效率)的系统工程。

根据各类办公事务管理的实际情况,办公自动化系统一般有三类模式:

第一类为事务型的办公系统。它由单机或多机组成,负责文字处理、文档管理、行文办理等办公的事务工作,属于系统的初级层次。

第二类是管理型办公系统。它由各种较完善的信息数据库和具有通信功能的多机网络组成,能对大量的各类信息综合管理,使数据信息、设备资源共享,使办公效率得到很大提高,属于系统的中级层次。

第三类为决策型办公系统。它综合了事务型和管理型的全部功能,并具有专家系统和人工智能组成的决策功能,如经济发展预测、经济结构分析等,这对辅助领导层的决策有极大的作用,是系统的高级层次。

这三种模式,代表了三种层次,也体现了办公自动化系统设计中的三个发展阶段,一般应逐步提高,逐步提升,有时也会互有交叉。目前在日常办公事务管理中采用较广泛的是属于事务型的办公系统模式，只有在一些管理层次较高的政府部门或管理功能复杂的金融机构等，适用选择具有管理型办公系统或决策型办公系统的功能。

2. 办公自动化系统设计

1）办公自动化系统设计的步骤

办公自动化系统设计可根据具体系统的功能要求进行，一般的办公自动化系统设计需经过以下的步骤：

（1）办公事务需求调查。全面弄清楚本项目的信息量大小，信息的类型、信息流程和内外信息需求的关系。简而言之，就是要调查清楚办公自动化系统做些什么，解决什么问题，这是办公自动化系统建设的基础。

（2）办公环境需求调查。要弄清楚本部门与相关部门及相关机构之间的关系，要了解本部门现有设备配置和办公资源的使用情况、工作能力大小，为系统进行设备配置及选择提供需求依据。

（3）系统需求目标分析。根据办公事务需求，分析该办公自动化系统能完成的基本任务（如事务管理、信息管理和决策管理等），包括近期、中期和远期的目标，以及系统将来获得的社会效益和经济效益。

（4）系统需求功能分析。确定为实现系统需求目标应该具有的所有需求功能，如办公事务管理信息资料的存储、查询等，这是设计办公具体管理事务模块所必需的。

（5）系统需求设备配置分析。根据系统的需求及系统实际的资金投入，从确保系统的先进性、实用性、可靠性、经济性来选择 OA 设备的配置，并要考虑到发展的需要。

（6）可行性论证。在系统设计之前，应对系统的总体方案进行分析、评估、论证、修订，在依靠专家对系统的方案的科学性、先进性、可行性进行全面论证和评估后才能够实施。可行性论证从商业开始，逐渐运用推广到其他经济活动中，涉及人们的生产、生活乃至政治、文化等上层建筑领域。它实际上已成为一个国家社会文明程度、科学技术水平和经济发达状况的集中体现。

2）办公自动化系统设计的原则

办公自动化系统建设是一项综合各种技术的系统工程。在进行具体系统设计时都必须采取积极稳妥而慎重的态度。根据以往不少工程项目的建设总结，在设计各类办公自动化系统时，一般应采取的原则是：积极稳妥、量力而行，"应用"先上、逐步升级，在系统设计时要注意到统筹规划、分期建设，配套发展；在安排上要突出应用，做好服务，稳步实施，在方法上要因地制宜、由小到大、从易到难。

3）办公自动化系统设计的内容

办公自动化系统设计一般需经过系统需求分析、系统设计、系统实施和系统评价四个阶段，系统设计的内容详见图 13-7。

4）事务型办公自动化系统的设计

事务型自动化系统包括基本办公事务处理和机关行政事务处理两大部分。办公事务型自动化系统的主要任务是：文字处理、个人日程安排、个人文件库处理、行文办理、邮件处理、文档资料处理、快速印刷、编辑排版、电子报表、其他数据处理。

习惯上我们把文字处理、个人日程管理、行文办理、文档资料管理、编辑排版等以文字为主要处理对象的任务，统称为文字处理。把工资、财务、数据采集等以数据加工为主的任务，

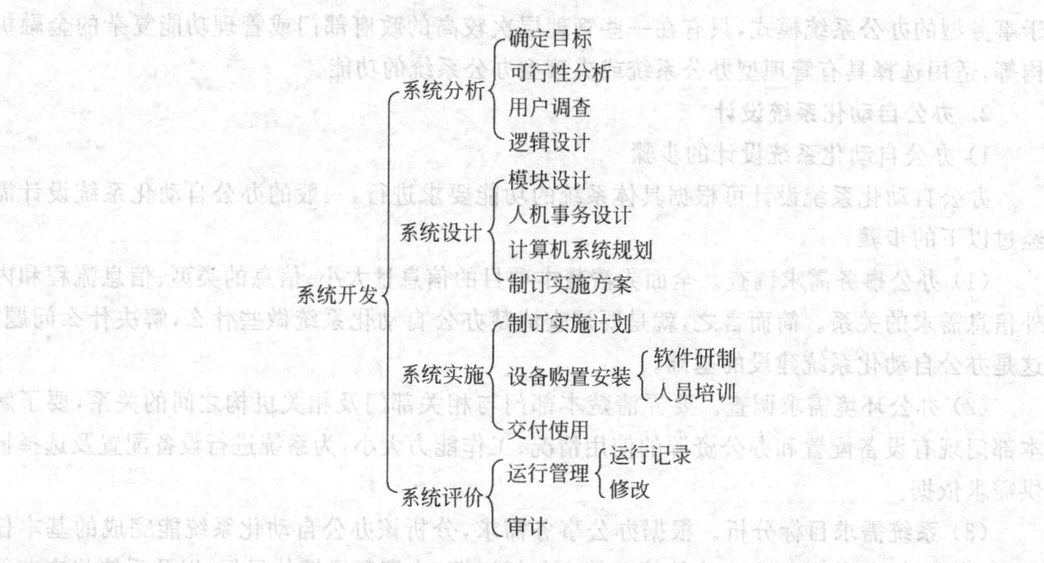

图 13-7 OA 系统设计的内容

称为数据处理。

有通信功能的多机事务处理型办公自动化系统，还要担负起电子会议、电子邮递、联机检索、系统加密和图形、图像、声音等处理的任务。一般的事务处理系统由微型计算机加上基本的办公设备(复印机、打字机等)组成。较完整的事务系统还包括简单的通信网络以及处理事务的数据库。

事务型办公自动化系统的设计，一般主要从软硬件设备、办公用基本设备、通信、小型数据库角度进行考虑。硬件以微型计算机为主，多机系统则还包括小型或超级微机及各种工作站。应用软件以独立支持它的各基本功能的软件为主，如文字处理软件、电子报表软件、小型关系数库软件。它的专用办公应用软件也是支持办公公文处理、办公事务处理和机关行政事务处理活动的独立的应用系统，如行文办理、文件查询检索系统等。

支持事务处理的办公用基本设备包括中文打字机、电子打字机、轻印刷制版机、胶印机、复印机、缩微设备、邮件处理设备和会议用各种录音、投影仪等设备。

事务型办公自动化系统中的单机系统，不具备计算机通信能力，它主要靠人工信息方式及邮电通信方式中的电话通信完成其信息的传输。多机系统通信可采用计算机终端网、微机局部网、程控交换机综合通信网、计算机局部网或远程网。以选用微机网实现计算机通信最为普遍。

数据库包括小型办公事务处理数据库、小型文件库、基础数据库。其中小型办公事务处理数据库主要存放处理机关内部文件、会议、行政、基建、车辆调度、办公用器发放、财务、人事材料等与办公事务处理有关的数据。基础数据库主要存放与整个系统目标相关的原始数据。它主要是操作层产生的信息。

5) 管理型办公系统的设计

管理型办公自动化系统的功能，除担负了事务型系统的全部工作外，主要任务是完成本部门信息管理。它侧重于面向信息流的处理，即工业、交通、农贸等经济信息流的处理或人口、环境、资源等社会信息流的处理、加工。而在各级办公室中办公自动化要处理的主要是文件类型的信息流。从整体上看，经济信息与社会信息主要在操作层与管理层之间流动，公文信息则主要在管理与决策层中流动。因此，两者结合起来，完成信息自底层至顶层的平滑流动。这也就提供了两种处理系统之间的接口关系，即办公事务处理系统文件与管理信息系统文件及数据的兼容与通信。

管理型办公自动化系统由：中小型机/微机网、微机工作站、各类办公设备、通信设备等组成。管理型办公自动化系统是在事务型系统的基础上，使用更高档次的主机，各种硬件、软件都较复杂，通常分三层设计。

6）决策型办公系统的设计

决策型的办公自动化系统以事务处理、信息管理为基础，主要担负辅助决策的任务。决策型办公自动化系统主要由电子计算机和各种类型的数据库组成。决策型办公自动化系统的计算机设备、办公用基本设备、办公应用软件和管理型办公系统相同，只不过这些设备一般是在综合通信网或综合业务数字服务网的支持下工作的。

它的应用软件，则是在管理型办公系统的基础上，扩充决策支持功能，通过建立综合数据库得到综合决策信息，通过知识库和对专家系统进行各种决策的判断，最终实现综合决策支持系统。如经济信息决策支持、经济计划决策、经济预测决策等系统，以及针对最高领导建立的某一业务领域中使用的专家系统。

决策型办公系统的数据库主要是在事务型、管理型办公自动化系统的数据库基础上，加入综合数据库和大型知识库，具体如下所述：

综合数据库把各专业数据库的内容进行归纳处理，把与全局或系统目标有关的重要数据和历史数据库存入综合数据库。

大型知识库包括模型库、方法库和综合数据库。从本质说，模型库和方法库也是数据库，只是其内容不是数据，而是各种模型和开发模型的方法。它们的存储管理工具仍然是数据库管理系统，所以可以认为大型知识库是系统最高层次的数据库。

7）办公自动化系统设计的标准化

办公自动化系统是一个人机系统，在这个系统中，人和机器虽然各有不同的特征机能，但在办公自动化人机系统中所要完成的功能都是类似的。这些功能概括起来就是采集信息、加工信息、存储信息和传递信息等四部分。因此，在办公自动化系统建设中，我们完全可避免出现这样一种情况，即：同一单位的两个不同部门，其办公事务管理的信息基本类似，但开发设计的同一软件却互不通用，造成资源的浪费，而其中主要原因就是办公自动化系统相关的标准工作没有做好。在进行办公自动化系统设计时，为了提高系统的设计速度、提高软件中设计的效率，使同一单位或同一信息流中的上下层应用软件有较大范围的推广和应用，就必须重视标准化的问题。

办公自动化设计中的标准化问题主要有以下几个方面。

(1) 文件工作标准，因行政机关所处理的最大量信息来自于各类文件，对于文件的分类、文件的术语、文件的表格、文件和主题词都应制定统一的标准。

(2) 信息处理标准，包括通信规约、网络协议、数据通信和汉字软件标准等，它是搞好通信、构成网络的必备条件之一。

(3) 档案文献标准，包括文献的著录、标引、交换、编写等的标准；档案的编目、分类、标称等的标准。这些标准对开发档案部门的软件，会很有益处的。

(4) 办公作业标准,主要包括不同部门的同类作业共同的处理标准和同一部门同一作业的处理标准。

(5) 相关行业标准,指与本部门相关联的其他行业、部门的分类和编码标准。

8) 办公自动化系统设计的数据安全

办公自动化系统是由很多计算机硬件、软件、辅助设备和人共同组成的人-机信息系统,系统的信息的安全采集、处理、存储与传输,是保证信息资源安全的关键,因此,确保系统内的信息资源与信息传输的安全,即数据与数据传输的安全是至关重要的。它包括的主要内容有软件安全、数据存取安全及数据传输安全等。

(1) 软件安全

软件是计算机信息处理系统的核心,也是使用计算机的工具,是系统的重要资源,因此软件安全是确保系统安全的重要环节。但是在计算机系统中,软件也同时具有二重性,它即是安全保护的对象,它也是对系统带来危害的潜在途径,因此,必需从技术上高度重视软件安全的问题,在规范上、法制上健全软件安全严格的制度。

(2) 数据存取安全

数据存储安全,对有数据信息存储的文件或数据在访问或输入时均有监控措施。

数据的存取控制安全,从信息系统信息处理角度对数据存取提供保护。存取时控制需与操作系统密切配合,同时又与系统环境和操作方式的关系极大。时常会出现因这方面而产生的问题而带来损失和危害,我们在建立计算机系统时必须慎重处理这方面的问题。

(3) 数据传输安全

数据传输安全是指确保在数据通信过程中数据信息被损坏或失落,因此这方面的保护方法主要有以下几个措施:

① 链路加密。在通信网络中的两个节点之间的单独的通信线路上的数据进行加密保护。

② 点到点保护。网络中数据提供从源点到目的地的加密保护。

③ 加密设备的管理。对加密设备的使用、管理、保护都有完整有效的技术措施。

同时,在数据传输的安全中,我们也必须防止通过各种线路与金属管道的传导泄漏和电磁波形式的辐射泄漏,类似电源线和通信线、上下水道和暖气管道等。因此我们也必须采取相应的保护措施,包括选用低辐射显示器,使用屏蔽电缆、使用电源滤波器,可靠的接地,以及计算机房的设计应符合国家安全标准的规定等。

13.5.3　民用建筑通信自动化系统(CAS)及设计

民用建筑中,广大用户都把通信和信息业务作为生存和发展的基础。由于社会的发展,科学技术的进步,特别是计算机技术与通信技术相结合,各种新兴的通信业务应运而生;随着微电子技术、光电子技术和计算机技术的高速发展,我国通信信息网正在向数字化、智能化、综合化方向推进,各种电信新业务应运而生,从而能为智能建筑的用户提供更为广泛的信息服务,标志着信息化时代已经到来,为智能建筑的用户提供了更为广泛的信息服务。

民用建筑中的通信系统与办公自动化系统(OAS)有着密切的关系。随着民用建筑中办公自动化系统的不断扩展,通信系统对用户的业务活动中运用话音、数据文本、图像的传输越来越重要。它最终把话音、数据文本、图像等转换成数据形式,进行本地和外地的多媒体通信。

1. 民用建筑通信自动化系统的基本结构

现代通信技术主要体现在具备 ISDN/B-ISDN 等功能的通信网络。它能在一个通信网上同时实现语音、数据及文本的通信。在一个建筑物内，通过综合布线系统实现上述功能。

CA 系统的支撑技术主要包括：有关建筑物内的电话、专用交换机技术；高速数字传输技术；电子信箱技术；会议电视技术；影像图像通信技术。民用建筑中通信自动化系统的基本构成如图 13-8 所示。

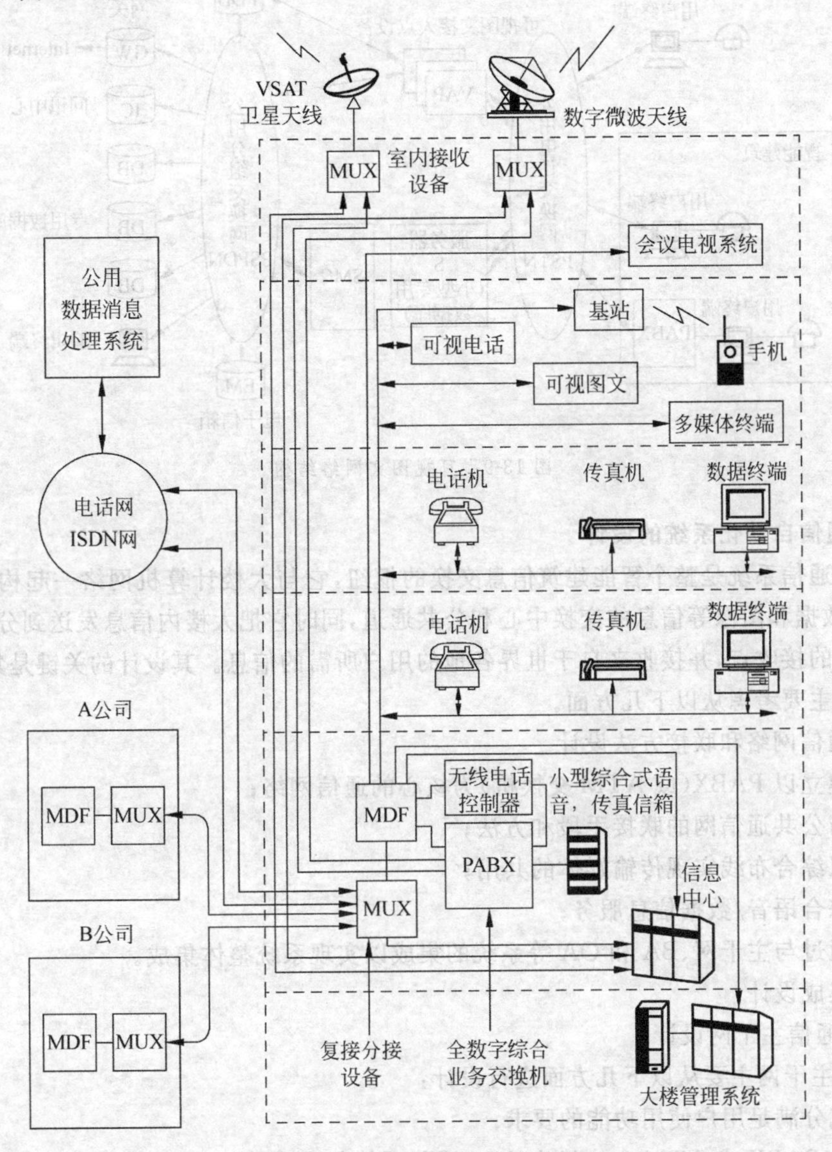

图 13-8　通信自动化系统的基本构成

民用建筑中通信自动化系统主要有：程控数字用户交换机系统、语音与传真服务系统、电话信息服务系统、传真信箱系统、综合语音信息平台系统、数据消息处理系统、可视图文系统、可视电话系统、VSAT 卫星通信系统。

可视图文(videotex)是一种公用的、开放式的信息服务系统,它利用两个公用通信网:公用电话交换网(public switch telephone network,PSTI)和公用数据分组交换网(public switch packet data network,PSPDN),以交互型图像通信的方式向建筑物内用户提供公用数据库和专用数据库中的各类信息,以达到或满足用户最大范围地共享信息资源的目的。可视图文系统的网络构成如图13-9所示。

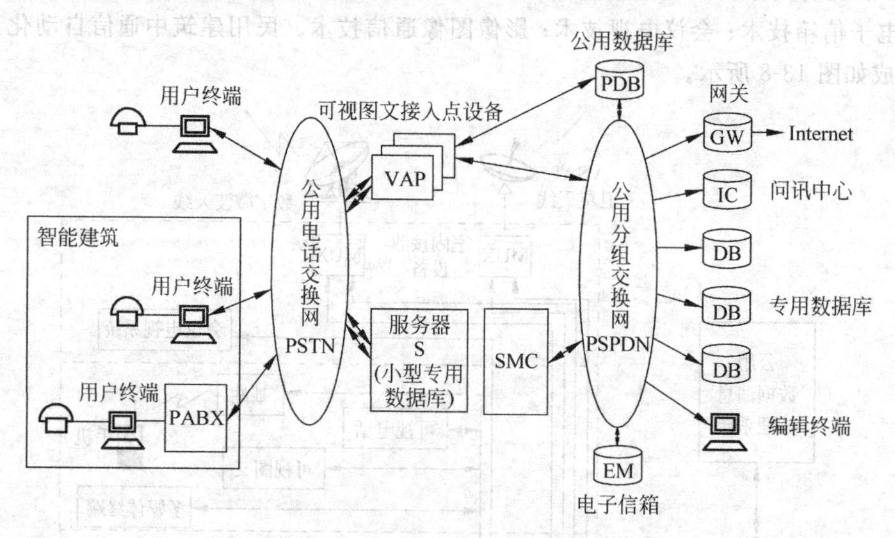

图13-9 可视图文网络结构

2. 通信自动化系统的设计

信息通信系统是整个智能建筑信息交换的枢纽,它与大楼计算机网络一起构成建筑物中语音、数据和图像等信息的交换中心和公共通道,同时它把大楼内信息发送到分布在不同地理位置的接收点,并接收来自于世界各地的用户所需的信息。其设计的关键是集成设计,设计时应主要考虑从以下几方面。

1) 通信网络和联接方法设计

① 建立以PABX(或ATM交换机)为核心的通信网络;

② 与公共通信网的联接手段和方法;

③ 以综合布线实现传输媒体的共用;

④ 综合语音/数据信息服务;

⑤ 通过与主干网、BA和OA等系统的集成以实现系统整体集成。

2) 集成设计

(1) 通信主干网设计

通信主干网主要从以下几方面进行设计:

① 充分满足用户使用功能的要求;

② 以PABX或ATM交换机为核心,进行系统集成设计;

③ 采用多种手段和途径,保证各种速率的信息可靠传输;

④ 采用综合布线系统实现建筑物内部的通信线路;

⑤ 考虑与建筑物内计算机通信主干网和面向各类应用的局域网的集成;

⑥ 满足用户对多媒体信息的传输要求。

(2) 数据传输及计算机网络系统设计

① 通信自动化系统设计中，数据的内部通信和对外交换通道，可以有以下几种途径同时并存，综合运用：

通过建筑物中通信机房内设置的 DDN 节点机进入公用数字数据网，以租用专线形式连至市内、国内和国际(最高传输速率 2Mbps)；

通过 VAST 专用网或公众卫星网连至全国和全球；

通过电话交换网(PSTN)传送中低速数据；

通过 DDN 网或电话交换网进入公共分组数据网(X.25PDN)传送分组交换数据；

通过 ISDN/B-ISDN 同时高速地传输语音、文字和图像等多媒体信息。

② 建筑物内部的计算机网络系统设计，可考虑由主干网和局域网组成。主干网一般是由光缆组成的 FDDI 网或 ATM 交换机组成的 ATM 网构成。局域网可以根据不同的应用要求，通过综合布线系统组成总线(以太)网、环(令牌)网和 ARCnet 网，并通过网间互联设备接入主干网。

③ 通过计算机网络互联设备，例如：网桥、路由器等，实现局域网与广域网的互联。还可以通过市内光缆与分布在市内的其他建筑组成一个统一的 FDDI 校园网，或者通过 X.25，DDN，ISDN/B-ISDN 等实现更大范围内的局域网的互联。

具体的连网方案将根据需求进行具体的组网设计。

(3) 数字式程控交换机 PABX

PABX 是智能建筑系统集成的焦点之一，以 PABX 为核心可以组成以语音为主兼有数据通信的通信网；联接各类办公设备，主机终端和局域网；由 PABX 和 LAN 构成综合通信网并且可发展成 ISDN/B-ISDN 的综合业务数字网，图 13-10 为 PABX 的各种联接的示意图。

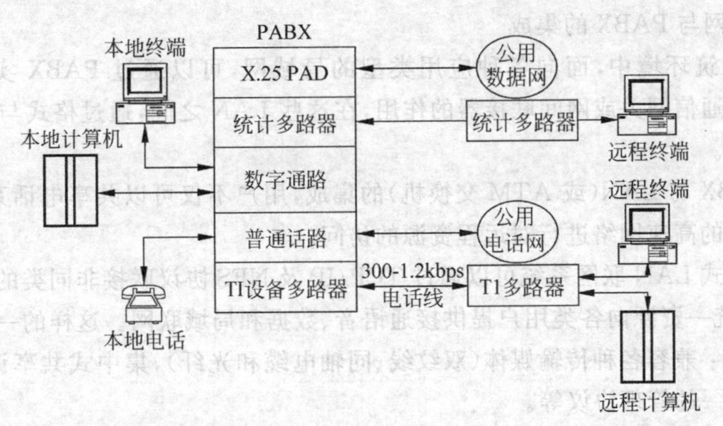

图 13-10　PABX 联接各种设备的示意图

从图中可以看出一般的 PABX 可以分为五个部分，即普通话路、数字通信、设备多路器、统计多路器和 X.25PAD。PABX 既能进行电路交换，又可实现分组数据交换。系统具有 X.25 公用数据网分组交换接口。

系统本身除了交换机制为数字式外，与系统联接的话机亦是全数字式的，并且为用户提供 ISDN2B+D 的数字接口，可以组成 ISDN 的交换系统。系统具备能够联接导入 B-ISDN

时的标准接口，例如 OC 界面，T1、E1 标准接口。在数据联接方面具备 A-TM 标准接口、802.3、802.5 标准接口以实现局域网互联和协议转换，并可以将上述局域网联入广域网。系统的每一个分机端口，话机设备在必要时，都可以附加数据模块，并且可与特定的数据设备、图像设备或可视电话/电视设备联接，进行系统内外的语音、文字、数据和图像传输。

(4) 用户与远程计算机联接

当用户需要使用远程计算机资源时，最常用的方法就是通过 PSTN，采用调制器池和计算机端口争用软件来实现远程计算机访问。当用户需要访问远程计算机时，用户请求连到调制器池，由列队服务控制和管理调制器池。通过模拟中继线接口、中继线和公共电话交换系统与远程计算机相联。

由于采用模拟调制器池和数字 PABX，因此，数据流经过模/数和数/模转换器。如果采用数字接口和数字传输设施，就不需要模/数和数/模转换。在数字传输中，一般采用 T1 载波系统，T1 载波系统在公共电话中已广泛采用，目前的 PABX 产品能够支持 T1 标准，支持分布系统中的声音和数据传输。

(5) 建筑设备管理自动化系统(BA)与 PABX 的集成

通过 BA 系统和 PABX 系统的集成，就可以实现采用一种特殊电话或综合语音/数据终端构成电话呼叫，控制和查询 BA 的各个子系统。因此，用户可以通过“打电话”给 BA 系统的方式来执行有关的操作命令。

BA 系统与 CA 系统的集成，可以使语音的输入输出能广泛应用于建筑物的控制、能耗管理消防和安保。因为从本质上讲，可以认为每部电话的听话筒，都是一个操作人员的接口界面。多功能电话机送受话器，就能充当 BA 的现场处理部件，因为其内可以含有恒温器、恒湿器以及监控整个建筑环境的其他传感器。

(6) 局域网与 PABX 的集成

在智能建筑环境中，面向各种应用类型的局域网，可以通过 PABX 实现互联，这里 PABX 能起到通信网关或网间联接器的作用，在这些 LAN 之间，通过格式与协议的转换以达到信息通信。

通过 PABX 与 LAN(或 ATM 交换机)的集成，用户不仅可以共享电话系统，而且可以通过一套共用的高速网络进行对远程资源的访问。

这种交换式 LAN 联网系统可以通过 TCP/IP 及 NFS 协议联接非同类的异型网络。这样，就可以由统一资源向各类用户提供接通语音、数据和局域联网。这样的一种集成化高性能 PABX 具有：兼容各种传输媒体(双绞线、同轴电缆和光纤)，集中式共享调制解调器，公共数据库与统一的管理协议等。

所以，如果把 PABX 和 LAN 的特性，全部集成进一个系统中提供整个信息通信业务，则调用数字信息就表现为通过系统的语音、数据与图像之间的交换。不断智能化的 PABX 能使一个局域网变为一种主计算机的接口，从而也为面向需要大型主机的用户提供服务。同时也可服务于通过同一布线系统的若干小型局域网。现代 PABX 的功能划分和分配能力，能够确保其独处而不受干扰，并可接入共享资源。

13.5.4 民用建筑电气信息系统结构化综合布线系统(SCS)及设计

1. 综合布线系统的构成

综合布线系统是建筑物或建筑群内部之间的传输网络。它能使建筑物或建筑群内部的语音、数据通信设备、信息交换设备、建筑物物业管理及建筑物自动化管理设备等系统之间彼此相联,也能使建筑物内信息通信设备与外部的信息通信网络相联。

综合布线系统产品是由各个不同系列的器件所构成。系统产品包括:建筑物或建筑群内部的传输电缆、信息插座、插头、转换器(适配器)、联接器、线路的配线及跳线硬件、传输电子信号和光信号线缆的检测器、电气保护设备、各种相关的硬件和工具等。这些器件可组合成系统结构各自相关的子系统,分别起到各自功能的具体用途。

系统产品还包括建筑物内到电话局线缆进楼的交接点(汇接点)上这一段的布线线缆和相关的器件,但不应包括交接点外的电话局网络上的线缆和相关器件以及不包括联接到布线系统上的各个交换设备,如程控数字用户、交换机、数据交换设备、工作站中的终端设备和建筑物内自动控制设备等。

以EIA/TIA5568标准和ISO/IEC11801国际综合布线标准为基准,并结合我国国内的实际应用情况,综合布线系统结构的设计组合可以划分为六个独立的子系统。每一个子系统均可视为各自独立的单元组,一旦需要更改其中任一子系统时,不会影响到其他的子系统。

综合布线系统的结构如图13-11所示。综合布线系统的各个子系统主要由:水平子系统、干线子系统、工作区子系统、管理区子系统、设备间子系统、建筑群子系统组成。其中建筑群子系统将一个建筑物中的线缆延伸到建筑物群的另一些建筑物中的通信设备和装置上,它由电缆、光缆和入楼处线缆上过流过压的电气保护设备等相关硬件所组成。

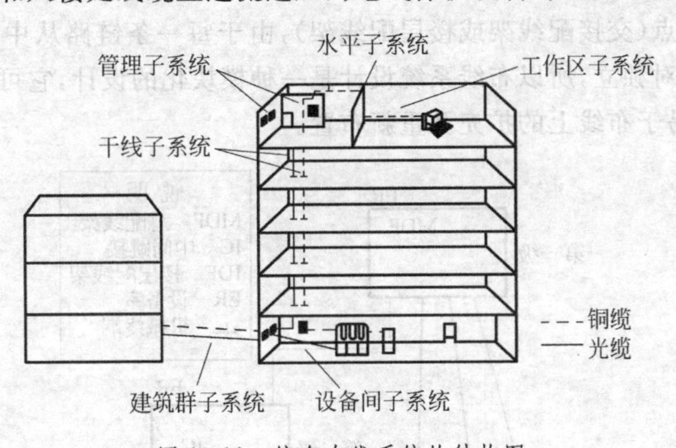

图13-11 综合布线系统的结构图

系统布线主要能为智能建筑中通信电子设备系统的集成,提供了一个灵活的、模块化的、智能化的联接平台。系统布线在通信设备综合布线的基础上,加以扩展,它不但支持传输语音、数据、图像信号,而且还支持传输其他的弱电信号,如:采暖、通风、空调自控、给排水设备的传感器、子母钟、电梯运行、监控电视、防盗报警、消防报警、公共广播、传呼对讲等等信号,如图13-12所示。

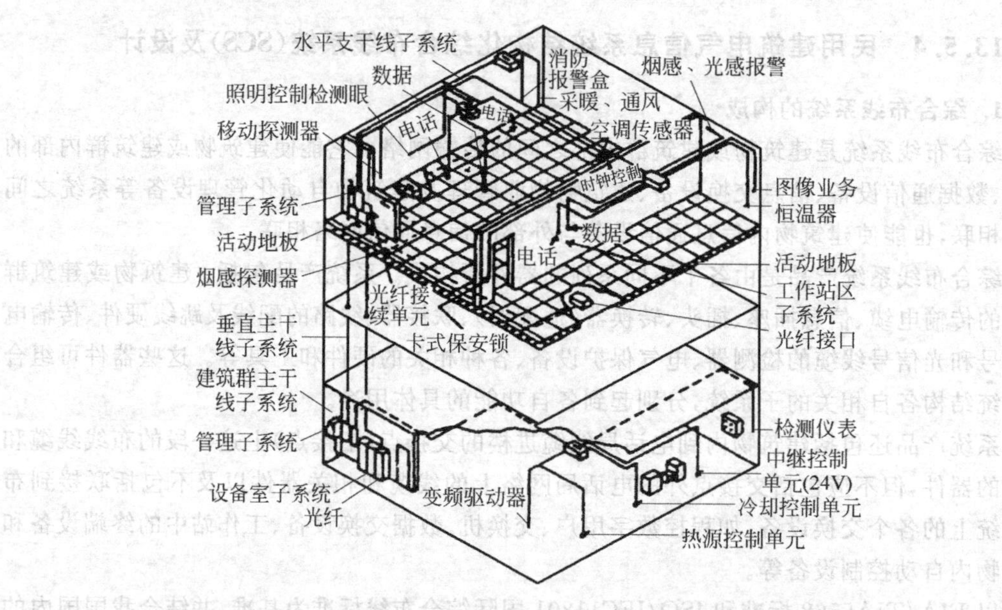

图 13-12 智能建筑中各通信设备和电子设备综合布线系统

2. 综合布线系统设计

综合布线系统是一种具有极其灵活性的布线系统,它能按照建筑物内用户的需求的变化而相应提高系统服务的功能。按照 EIA/TIA568 标准和 ISO/IEC11801 国际综合布线系统标准,系统布线设备材料通常由系统的硬件设备和专用线缆所组成。根据综合布线系统标准,综合布线系统的骨架结构实际是主干线(垂直干线)子系统为主的结构方式(通常采用树状网络的主干星形拓扑结构方式),如图 13-13 所示。在结构中,中心节点(总配线架)向外辐射延伸至各节点(交接配线架或楼层配线架),由于每一条链路从中心节点至节点的线路均与其他线路相对独立,所以布线系统设计是一种模块化的设计,它可使它的子系统单独地进入布线系统,易于布线上的扩充及重新布置。

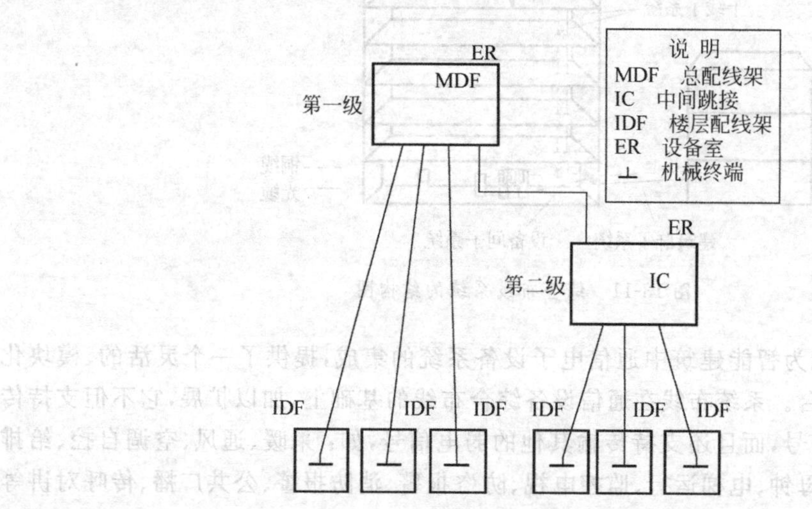

图 13-13 树状网络的主干星型拓扑结构

设计人员在设计综合布线系统时，应根据智能建筑物中的用户的通信及使用要求或建筑物中物业管理人员的使用要求、设备配置和内容进行全面评估，并按用户的投资能力及用户的使用要求进行等级设计，从而设计出一个合理的、良好的布线系统。

综合布线系统一般可根据非屏蔽双绞线缆、屏蔽双绞线缆和光纤线缆以及相关支撑的硬件设备，材料的选择分为三个设计等级。

(1) 基本型设计等级

适用于配置建筑物标准较低的场所，通常采用铜芯线缆组网，以满足语音或语音与数据综合而传输速率要求较低的用户。基本型系统配置如下：

① 每一个工作站(区)至少有一个单孔8芯的信息插座(每$10m^2$左右)；

② 每一个工作站(区)对应信息插座至少有一条8芯水平布线电缆引至楼层配线架；

③ 完全采用交叉联接硬件；

④ 每一个工作站(区)的干线电缆(即楼层配线架至设备室总配线架电缆)至少有2对双绞线缆。

(2) 增强型设计等级

适用于配置建筑物中等标准的场所，布线要求不仅具有增强的功能，而且还具有扩展的余地。可先采用铜芯线缆组网，满足语音、语音与数据综合而传输速率要求较高的用户。增强型配置如下：

① 每一个工作站(区)至少有一个双孔(每孔8芯)的信息插座(每$10m^2$左右)；

② 每一个工作站(区)对应信息插座均有独立的水平布线电缆引至楼层配线架；

③ 采用压接式跳线或插接式快速跳线的交叉联接硬件；

④ 每一个工作站(区)的干线电缆(即楼层配线架至设备室总配线架电缆)有3对双绞线缆。

(3) 综合型设计等级

适用于建筑物配置标准较高的场所，布线系统不但采用了铜芯双绞线缆，而且为了满足高质量的高频宽带信号，采用了多模光纤线缆和双介质混合体线缆(铜芯线缆和光纤线混合成缆)组网。综合型配置如下：

① 每一个工作站(区)至少有一个双孔或多孔(每孔8芯)的信息插座(每$10m^2$左右)，特殊工作站(区)可采用多插孔的双介质混合型信息插座；

② 在水平线缆、主干线(垂直干线)线缆以及建筑物群之间干线线缆中配置了光纤线缆；

③ 每一个工作站(区)的干线电缆(即楼层配线架至设备室总配线架)中有3对双绞线缆；

④ 每一个工作站(区)的建筑物群之间线缆(至本建筑物外的铜缆)中配有2对绞线缆。

3. 综合布线系统设计的一般步骤

设计人员在设计一幢新的智能建筑或设计一幢改造的建筑物的布线系统时，首先要注意建筑物的结构，必须依靠建筑物内的建筑环境来进行水平布线、垂直干线布线等各子系统的设计。综合布线系统的设计在系统设计开始时，应做好以下几项工作：

(1) 评估和了解智能建筑物或建筑物群内办公室用户的通信需求；

(2) 评估和了解智能建筑物或建筑物群物业管理用户对弱电系统设备布线的要求；

(3) 了解弱电系统布线的水平与垂直通道、各设备机房位置等建筑环境;

(4) 根据以上几点情况来决定采用适合本建筑物或建筑物群的布线系统设计方案和布线介质及相关配套的支撑硬件,如一种方案为铜芯线缆和相关配套的支撑硬件,而另一种方案为铜芯线缆和光纤线缆综合以及相关配套的支撑硬件;

(5) 完成智能建筑中各个楼层面的平面布置图和系统图;

(6) 根据所设计的布线系统列出材料清单。

综合布线系统设计步骤流程图可参见图 13-14 所示。

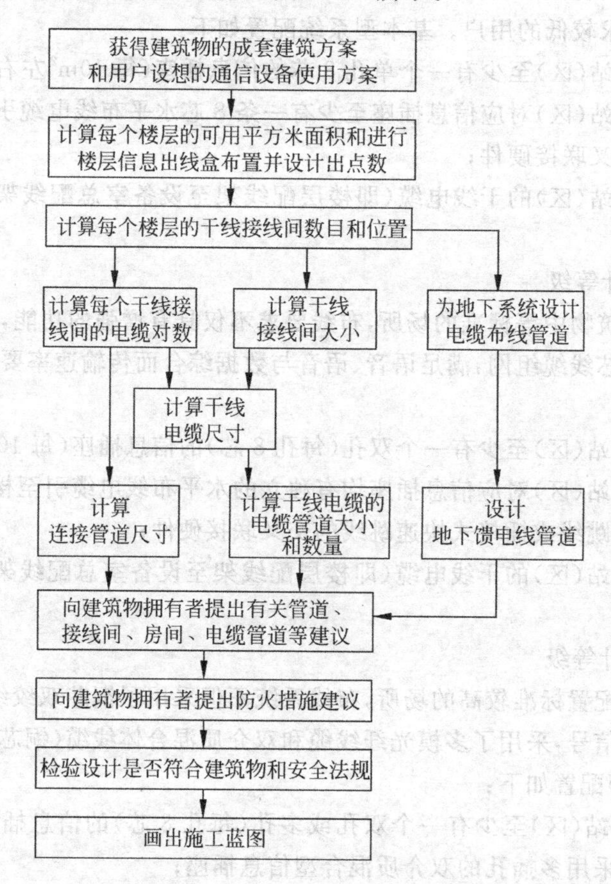

图 13-14 综合布线系统设计步骤流程图

13.6 民用建筑电气工程的概算和预算

13.6.1 概预算基本知识

建筑业所从事的建筑安装工程是直接生产物质财富的行业。编制概预算的目的是以货币形式反映工程造价,以便合理使用资金,取得理想的经济效果。概算和预算是建筑工程设计文件的重要组成部分。它是确定工程造价、编制投资计划、签订建设项目工程合同、实行建设单位和施工单位投资包干和办理工程结算的依据,也可用作招标工程价款的标底。建筑电气工程的概算和预算,是整个建设工程总概算和总预算的组成部分,此外,还有土建、给排水、暖通、动力、工艺等部分的概预算。

1. 概预算的分类

根据编制单位、编制依据、审批过程和所起的作用不同，建筑电气安装工程概、预算可分为设计概算、施工图预算和施工预算三种。

1) 设计概算

设计概算(亦称建设预算)是由设计单位(受建设单位即甲方委托)编制的，其编制依据是概算定额和设计图。其内容包括建筑工程费用、设备安装工程费用、设备和工具及器具构置费用、其他基本建设费用(如土地征用、拆迁)。其审批过程为：设计单位→建设单位→报主管部门审批。设计概算所起的作用是确定投资额，编制基本建设计划，作为施工图预算的依据(拨款)，作为考核设计方案的经济合理性和降低成本的依据。

2) 施工图预算

预算是以深度设计的施工图纸为依据进行的，其主要目的是为了确定工程的造价。

施工图预算(亦称工程预算)是由施工单位(亦称乙方)编制的预算，其编制的依据是预算定额和施工图，内容包括建筑工程费用、设备安装工程费用。其审批过程为：施工单位(乙方)→建设单位(甲方)初审→银行审查认定。其所起作用是拨付工程款项和竣工结算的依据，确定工程造价，作为编制计划和统计完成投资的依据，同时还是企业结算的依据。

3) 施工预算

施工预算是由施工单位编制的，其编制依据是施工定额。其作用是组织生产、编制施工计划、准备材料、签发施工任务书，作为考核工效、评定奖励、进行经济核算的依据；是改善经营管理、加强经济核算、提高劳动生产率、减少材料消耗、降低生产成本的有效手段。

2. 概预算的意义

采用概、预算管理具有如下意义：

(1) 有利于招标报价；

(2) 有利于控制基本建设规模；

(3) 有利于限额设计、方案对比、设计对比；

(4) 有利于利用计算机；

(5) 有利于适用新的管理体制；

(6) 概算定额更接近现实情况；

(7) 有利于管理。

3. 民用建筑电气工程概算定额主要特点

(1) 现代民用建筑电气工程概算定额的工程计算主要特点同样可总结为："一点"、"三线"、"五面"。

"一点"指的是：一套、一个、一台等，概括称一点。"三线"指的是：轴线、中心线、层高线。"五面"指的是：建筑面积、轴线内包面积、投影面积、门窗外围面积及展开面积。

(2) 现代民用建筑电气工程概算定额同样有恰当的综合性，贯彻了以主代次的原则。

(3) 有一定的先进性。每一个安装项目单价的测算都考虑到施工工艺的先进性。

(4) 有一定的法定性。

(5) 定额体现了或确定了良好的工程质量。

4. 概算定额和预算定额的作用及适用范围

1) 电气安装工程概算定额的作用

(1) 是设计单位编制初步设计概算的依据;

(2) 是建设单位、设计单位和施工单位编制施工图设计概算的依据;

(3) 是建设单位编制建设工程招标书的依据,标书的内容是概算;

(4) 是施工企业编制投标书的依据;

(5) 是主管招标部门进行评标、议标的依据;

(6) 是建设单位和施工单位签订工程承发包合同的依据;

(7) 是拨付工程款的依据;

(8) 是编制工程结算的依据;

(9) 是编制投资估算指标的依据。

2) 适用范围

电气工程概算定额的适用范围包括:新建工程;扩建工程;复建仿古工程;不适用于修缮和临时性建筑工程。

3) 预算定额的主要作用

(1) 是施工单位进行施工准备的依据;

(2) 是施工单位在施工前编制施工组织设计的依据;

(3) 是施工单位进行统计施工安装工程量和实物用量的依据;

(4) 是施工单位控制施工用料的依据;

(5) 是施工单位推行"项目经理法"施工和实行"预算包干"的依据;

(6) 是施工单位向各班组下达施工任务单的依据;

(7) 是施工单位对施工工效进行考核的依据;

(8) 是拨付工程款项,实行监督管理和核实产值工资含量的依据;

(9) 是编制材料、劳动力、机具计划的依据;

(10) 是施工企业加强经济核算和预算对比的依据。

总之,编制概预算是一项政策性和技术性很强的工作,除应遵守国家现行的政策、法令,以及各省、市、自治区的文件规定和相应计量规则、定额单价、取费标准外,还要求编制人员具备一定的专业技术知识和较高的预算业务水平。

13.6.2 民用建筑电气工程的概算

建筑电气工程的概算,是初步设计文件的重要组成部分,是控制和确定工程造价的文件之一,是为建设电气工程项目评估决策提供的依据之一。民用建筑电气工程的概算也同样如此。概算文件必须完整地反映电气工程部分初步设计的内容,严格执行国家有关的方针、政策和制度。因此,它是一项政策性、技术性和经济性很强的基础工作。

经有关部门批准后的电气工程概算,是用来控制工程的电气造价,是建筑工程电气部分固定资产的投资计划,并是签订建设和贷款合同,实行建设项目的电气投资包干的依据。工程的电气概算应由设计单位来编制,力求概算的完整性和准确性。

1. 建筑电气工程概算编制内容

民用建筑电气工程专业的内容很多,如供电、配电、照明、控制及各种弱电工程等。随着建筑工程功能的日益增加和对安全要求的提高，建筑电气所包含的内容也越来越复杂，因此电气工程的概算内容也随之而增多。

建筑电气工程的概算应包括以下几部分：

(1) 概算说明

应说明电气工程的建设规模、投资范围和资金来源等。如某工程有一10kV 变配电所，概算中应说明：投资范围是否已包括 10kV 进线点以外的费用；资金来源为贷款还是自筹等。

(2) 编制依据

对某一建筑项目而言：①应有有关部门批准的建设项目文件、设计任务书和各主管部门的规定。②应有能满足编制概算要求，并经过校审的电气工程设计图纸、文字说明和设备清单，如无图纸的应提交主要设备、材料表。③应有工程所在地区的现行电气专业工程的施工安装概算定额和有关费用规定等文件。

(3) 电气工程造价总投资

电气工程造价总投资是概算中最重要的一个数，同时还应说明这个数占整个建设项目总投资的比重以及其他费用所占的比例。其他费用主要是指供电贴费(包括按国家规定应交的供电贴费、施工临时用电贴费)、人员培训费等。

(4) 存在问题

对影响本工程电气概算投资的因素应加以分析说明，并应说明使用议价设备、议价材料所发生的价差以及其他一些需要说明的问题。

初步设计时的电气工程概算是按设计时现行的各项定额、费用标准和价格依据进行编制的，因此初步设计概算只能反映当时的造价水平。在建设期间还应根据各项定额、费用标准、价格依据的变化进行适当调整，以满足建设项目投资包干的需要。

2. 建筑电气工程概算编制方法

为了保证电气工程概算的质量，在编制概算之前设计单位必须派人去建设地点了解该项目建设特点，施工和运输条件，材料供应情况，供电贴费以及编制概算所需要的有关规定、文件等，收集编制概算时所需采用的定额、费用标准、价格依据等资料，作为编制概算的依据。各省、市、地区都有各自的地方规定，编制概算时必须根据各个地区的地方规定进行。

电气工程概算的编制一般都按基建项目的子项来划分，分别按各子项做分项概算。电气工程概算的编制过程：

(1) 应根据基建项目中的主要工程初步设计时的平、剖面图及各工种所提的用电资料进行电气设计，列出主要设备及材料表。

(2) 根据主要设备及材料表来正确计算工程量。工程量的计算将在后面"建筑电气工程施工图的预算"中介绍。概算阶段与预算阶段的工程量计算是相同的。

(3) 根据工程量选用编制概算的定额、取费标准、价格依据来进行概算编制。

(4) 次要工程可按单位面积的造价指标或参考类似工程的预算资料来进行计算。主要工程和次要工程的划分，一般由设计单位根据具体情况来确定。

概算定额与预算定额中所包括的工程项目是不同的。概算一般包括：变配电工程、电缆工程、架空线路工程、防雷接地装置、动力和照明控制设备、配管配线、支路管线、照明器具、弱电工程、电梯工程等的概算和其他直接费、材料造价、大型机械造价等内容。一般概算定额内容比较多、范围广。有的地区并没有概算定额，在征得当地建设银行同意的前提下，可参照地方的预算定额及单位工程估价来编制概算。

电气工程概算内容包括：设备费是所有单项设备费的汇总；总主材费是所有主材费的汇总；总安装费是所有单项安装费的汇总；总人工费是所有工资费的汇总。电气工程概算是这些费用分别乘以各地区所规定的不同费率之和。有的地方还将总的主材费和总的安装费及工资费都乘以不同的综合费率。综合费率包括的内容很多，如施工管理费、临时设施费、劳保支出、计划利润等。有关综合费率可向当地建设银行了解。

安装工程的造价计算公式为：

安装工程造价＝主材费×综合费率＋安装基价×综合费率＋其中人工费×综合费率

设备费需乘以设备运杂费率，设备运杂费率包括设备从生产厂到达使用地点全过程的装卸、运输、采购、保管及其他有关费用。设备运杂费率因地区不同而不同，一般计算公式如下：

总设备费＝设备费＋设备费×设备运杂费率

13.6.3 民用建筑电气工程的施工图预算

建筑电气工程施工图设计阶段的预算是确定工程造价的文件，也是当前我国工程建设经济管理上最重要的文件。民用建筑电气工程预算也同样如此。它是在施工图设计阶段完成以后，以施工图纸为依据进行编制的。编制施工图预算是一项政策性和技术性很强的经济工作。国家明确规定：在工程开工以前必须具备施工图设计阶段的预算，否则不准开工，建设银行不予拨款或贷款。施工图设计阶段的预算是确定建筑安装工程造价的依据，它是建筑单位和施工单位签订工程合同造价的依据，是建设银行拨款的依据，也是工程价款结算的依据。因此正确地编制施工图设计阶段的预算，可以加强工程经济管理，控制工程投资。对编制预算人员的要求很高，除必要的人品素质外，还必须能看懂施工图，同时具有一定的电气施工实践经验，掌握编制施工图设计阶段预算的内容、依据和程序。

1. 电气施工图预算依据的主要文件

电气施工图预算依据的主要文件如下：

(1) 经过技术交底与会审的电气工程设计施工图和各有关工程的施工图及设计施工说明；

(2) 施工图上标注的各类电气国标图集或施工图集；

(3) 经批准后的施工组织设计，施工方案或施工技术措施方案；

(4) 国家计划委员会颁布的《全国统一安装工程预算定额》第二册“电气设备安装工程”；

(5) 各省或地区按国家计委颁布的《全国统一安装工程预算定额》的贯彻执行办法；

(6) 现行的地区或地方建筑设备材料预算价格表及建筑设备材料预算价格调整表；

(7) 国家、省、地区颁发的建筑安装工程费用标准文件(是计算综合间接费和独占费的依据)；

(8) 工程合同或工程协议书。

2. 编制电气施工图预算的程序

(1) 熟悉电气施工图和施工现场情况，了解电气设计意图和电气工程全貌，并熟悉与电气工程有关的其他专业施工图。有条件时，应参加工程技术交底会，弄清施工图变动、调整情况。

(2) 根据电气施工图和设计施工说明计算工程量,并且列表整理分类汇总,这是编制施工图预算的重要环节。正确计算工程量的重要前提是合理划分项目,即合理组项,这样才能做到不重项、不漏项。

(3) 按工程的设计技术要求套用相应的预算定额项目,计算工程直接费。在选用预算定额项目时,要注意以下几点:

① 当定额项目的技术特征和工作内容与设计要求相符时,可直接套用;

② 当定额项目的技术特征和工作内容与设计要求基本相符时,需要作适当调整或换算后才能用。

③ 如果在既无可直接套用的定额项目,又无经过调整换算后可使用的定额项目的情况下,可找相似定额项目进行分析比较,确认较为合理的定额项目。

④ 如果以上三种办法都不能满足要求,则应编制补充定额(也称临时定额或一次性定额)。编制的方法是按施工的实际测算,合理编制,并经三方商讨认可,供编制预算或结算时使用。如果是多次使用,一般还要报有关部门审批。

(4) 计算综合间接费和独立费及其他各类费用。

(5) 编写预算编制说明。

(6) 按预算编审方法,报批或审核。

(7) 复印若干份,分送各有关部门和单位。

3. 电气施工图预算的组成

电气施工图预算各项费用的构成和计算程序全国各地处理方式和所取费率标准不完全相同,不同等级的施工单位、不同所有制的企业取费标准也有所不同。目前建筑业正处于全行业改革阶段,取费标准变化也较大,编制预决算应注意执行国家及各省市、地区最新的有关规定。电气施工图设计阶段的预算主要由直接费、综合间接费、独立费和税金四部分组成,此外还应有不可预见费。一般构成如图13-15所示。在工程决算时不应再计入不可预见费。因为工程决算是工程结束时以实际费用结算,预算中的不可预见费已不存在。

(1) 直接费

直接费是指直接耗用在电气安装工程的各种费用。它主要包括主材费(如灯具、表盘、开关电器、各种导线等)和安装费两大部分。主材费按照安装工程材料预算价格套用;安装费中又包括人工费、安装材料费和安装机械和设备费等。人工费指直接从事电气安装施工的工人的基本工资,不包括其他各种辅助费;设备费是指制造厂、建设单位供应的成套设备费用;安装机械费指在安装过程中所需转用的机械台班费用。

(2) 综合间接费

综合间接费由施工管理费和其他间接费组成。施工管理费指安装企业为组织与管理施工的各项经营管理费用,这种费用不是直接耗用在工程上,而是为工程服务的费用。

其他间接费还包括临时设施费、劳动保护支出、计划利润、利息支出等。计划利润是指实行独立核算的施工企业应计取的计划利润。

(3) 独立费

独立费是指预算定额和综合间接费定额中未包括的而在工程上又需要的费用,如工资性津贴,冬、雨季施工增加费等,详见图13-15。独立费的取费办法和标准,应按国家计委,

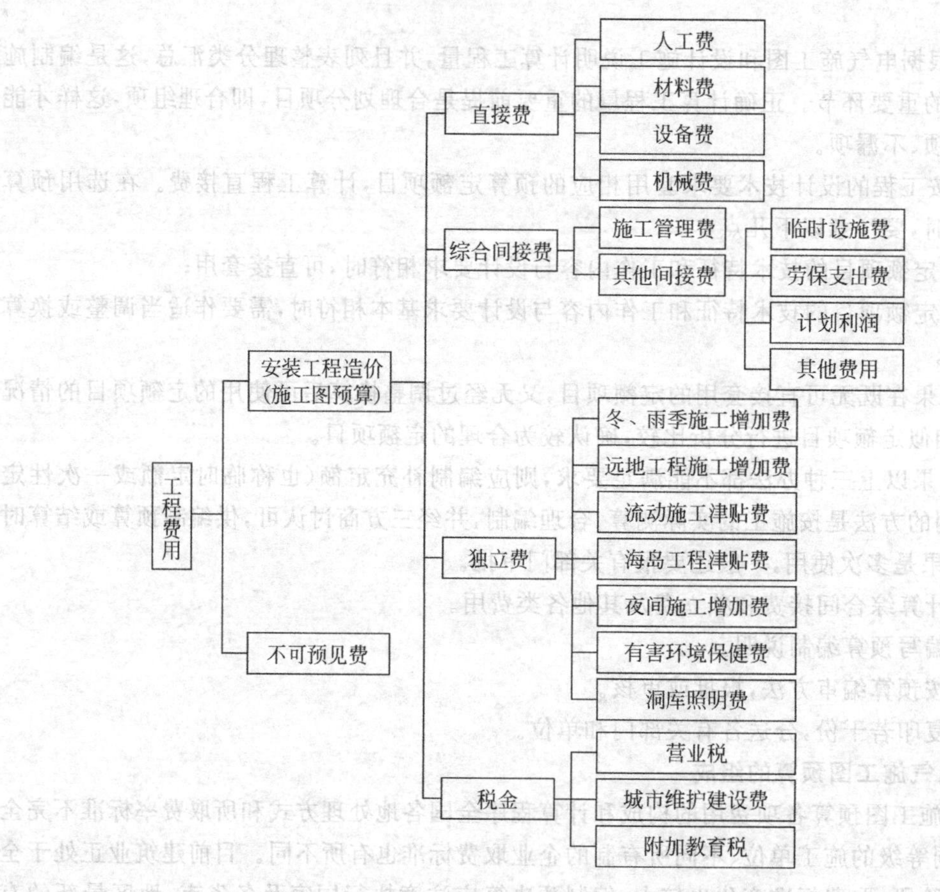

图 13-15 电气工程施工图设计阶段预算构成框图

省、市建委,建设银行颁发的有关文件执行。

(4) 税金

税金包括营业税和附加税。营业税是按工程预算成本(不包括临时设施费和技术装备费)计取的,费率应按税务管理部门的规定办理。附加税包括城市建设税及附加教育税等。

建筑电气工程的施工图设计阶段预算项目及算式见表 13-5。

表 13-5 建筑电气工程施工图预算的项目及算式

序号	项 目	计 算 式
1	直接费	全国统一预算定额基价×各地方工程造价直接费系数(按材料预算价格可调整系数)
2	综合间接费	预算定额人工费×综合间接费率
3	独立费	预算定额人工费×独立费率
4	工程造价(预算成本)	1项+2项+3项
5	税金	按省、市税务部门有关规定计取
6	合计	4项+5项

表 13-5 中的合计就是施工图设计阶段预算的整个安装工程总造价。

(5) 不可预见费

不可预见费是指在编制预算时,为了防止施工过程中由于修改设计、调整预算单价等原因发生价差突破预算而编列的预备费用。此外,它还包括预算中加系数包干费。有时建设单位和承包的施工单位为了方便施工中的管理,简化结算手续,对工程的小修小改发生的费用也采取包干方式,从而增加了预算中包干费用,在包干费上加一系数。

安装工程的施工预算是由各种费用组成的,编制时需经历一个比较复杂的过程。首先要按预算定额对工程分项编号计算直接费,然后在此基础上按照取费标准依次计算综合间接费、独立费、法定利润和不可预见费。

4. 需要注意的问题

施工图设计阶段预算的准确性,关键在于计算工程量和选用定额项目的正确与否,如何避免发生重项或漏项,因此在编制中要注意以下问题:

(1) 一个建设工程项目,大都由多个分项工程组成。电气工程预算的编制,也应以各个分项工程各自独立编制,最后利用汇总表的形式组成电气工程的总预算。分项工程的划分,可以按照施工图设计的划分为准。

(2) 由于工业与民用建筑的施工工作量统计口径不同,因而对预算总造价构成的方法也不同。根据现行预算编制规定,工业项目预算造价中不含设备的费用,而民用建筑项目应包括设备费用。在编制预算时,民用建筑工程预算书中需填写设备价格。

(3) 在套用定额中,一旦选取的项目确定后,应仔细核对技术特征、工作内容及定额已计价的材料,这是正确使用定额的关键。

(4) 在按定额规定的规则计算时,定额中已经包括的材料不能重算,定额工作内容已包括了的施工程序也不能再套用定额项目,以免发生重项。

(5) 定额中未包括的材料(指主材)应按定额项目规定的数量计入,并且不要将定额规定的损耗量漏算。

(6) 工程量的计量单位选取应与定额中的单位一致。

(7) 填写定额编号时,应填写定额编号的全称,以便校对和审核。如果定额项目的技术特征和工作内容与设计要求是基本相符,则还需要作适当调整或换算后才能采用,并应在该定额项目前面或后面写上一个“调”字或“换”字,以便于校对审核。

思考题与习题

13-1　民用建筑的总体电气设计一般分为哪几个阶段?各阶段的主要工作是什么?

13-2　民用建筑电气设计原则是什么?

13-3　试说明民用建筑电气设计的步骤。应收集哪些设计资料?

13-4　建筑电气图纸中常用到的电气图形符号有哪些?

13-5　建筑工程电气设计施工图主要包括哪些?什么叫系统图?什么叫电气原理图?

13-6　电气施工的预算主要由哪几部分费用组成?各部分费用的含义是什么?

13-7　编制施工图设计阶段预算的依据是什么?按什么程序进行编制?

13-8　某电气系统图中的线路标注为 BLX－(3×6＋1×4)G30－QA,试说明各文字符号和数字的含义。

13-9 试说明图13-1建筑电气平面图中各文字符号和数字的含义。

13-10 图13-16是某照明平面图中分支线路的单线画法,试展开或用图形符号表示它的实际接线。

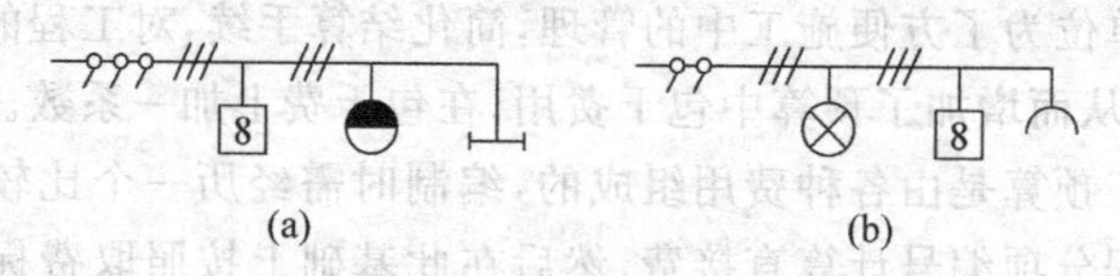

图13-16 题13-10线路图

13-11 画出你做电工实验的电工实验室建筑电气平面布置图(包括实验台,吊扇,插座等设备)。

13-12 什么叫智能建筑?智能建筑有哪些特点?

13-13 3A建筑指的哪3A?3A中包含哪些内容?

13-14 什么叫结构化综合布线系统?主要内容有哪些?

13-15 什么叫集散控制系统?主要内容有哪些?

13-16 什么叫楼宇自动化系统?通常由哪些部分组成?

13-17 在13.4节设计举例中,若该六层住宅楼中考虑每户再装一台2kW的电加热热水器。试重新计算该建筑的电气负荷。并确定各有关导线截面和开关电器元件的参数,列出所选元器件参数表,绘出供电系统图。

13-18 针对13.4.2节例13-1中建筑,请设计该住宅楼建筑的基于有线电视网的可视——对讲闭路电视监控保安系统。

附录Ⅰ 常用电力变压器、电动机及交流接触器主要技术数据

附表Ⅰ-1 SL_7 系列部分电力变压器技术数据

型　号	额定容量/kV·A	电压组合/kV		损耗/W		阻抗电压/%	空载电流/%	联结组	总重/kg
		高　压	低　压	空载	负载				
SL_7—30/6	30	6,6.3	0.4	150	800	4	7	Y,y_N(Y/Y_0—12)	300
SL_7—30/10		10							
SL_7—50/6	50	6,6.3	0.4	190	1150	4	6	Y,y_N(Y/Y_0—12)	460
SL_7—50/10		10							
SL_7—63/6	63	6,6.3	0.4	220	1400	4	5	Y,y_N(Y/Y_0—12)	515
SL_7—63/10		10							
SL_7—80/6	80	6,6.3	0.4	270	1650	4	4.7	Y,y_N(Y/Y_0—12)	570
SL_7—80/10		10							
SL_7—100/6	100	6,6.3	0.4	320	2000	4	4.2	Y,y_N(Y/Y_0—12)	675
SL_7—100/10		10							
SL_7—125/6	125	6,6.3	0.4	370	2450	4	4	Y,y_N(Y/Y_0—12)	780
SL_7—125/10		10							
SL_7—160/6	160	6,6.3	0.4	460	2850	4	3.5	Y,y_N(Y/Y_0—12)	945
SL_7—160/10		10							
SL_7—200/6	200	6,6.3	0.4	540	3400	4	3.5	Y,y_N(Y/Y_0—12)	1070
SL_7—200/10		10							
SL_7—250/6	250	6,6.3	0.4	640	4000	4	3.2	Y,y_N(Y/Y_0—12)	1255
SL_7—250/10		10							
SL_7—315/6	315	6,6.3	0.4	760	4800	4	3.2	Y,y_N(Y/Y_0—12)	1525
SL_7—315/10		10							
SL_7—400/6	400	6,6.3	0.4	920	5800	4	3.2	Y,y_N(Y/Y_0—12)	1775
SL_7—400/10		10							
SL_7—500/6	500	6,6.3	0.4	1080	6900	4	3.2	Y,y_N(Y/Y_0—12)	2055
SL_7—500/10		10							
SL_7—630/6	630	6,6.3	0.4	1300	8100	4.5	3	Y,y_N(Y/Y_0—12)	2745
SL_7—630/10		10							
SL_7—800/6	800	6,6.3	0.4	1540	9900	4.5	2.5	Y,y_N(Y/Y_0—12)	3305
SL_7—800/10		10							
SL_7—1000/6	1000	6,6.3	0.4	1800	11600	4.5	2.5	Y,y_N(Y/Y_0—12)	4135
SL_7—1000/10		10							
SL_7—1250/6	1250	6,6.3	0.4	2200	13800	4.5	2.5	Y,y_N(Y/Y_0—12)	5030
SL_7—1250/10		10							
SL_7—1600/6	1600	6,6.3	0.4	2650	16500	4.5	2.5	Y,y_N(Y/Y_0—12)	6000
SL_7—1600/10		10							
SL_7—630/6	630	6,6.3	(3.15)	1300	8100	4.5	3	Y,d(Y/Δ—11)	
SL_7—630/10		10	(3.15),6.3						
SL_7—800/6	800	6,6.3	(3.15)	1540	9900	5.5	2.5	Y,d(Y/Δ—11)	
SL_7—800/10		10	(3.15),6.3						
SL_7—1000/6	1000	6,6.3	(3.15)	1800	11600	5.5	2.5	Y,d(Y/Δ—11)	
SL_7—1000/10		10	(3.15),6.3						

附表Ⅰ-2 SJ_1 系列配电变压器技术数据

容量/kV	额定电压/kV		接线组别	阻抗电压/%	损耗/W		重量/kg			外形尺寸(长×宽×高)/mm
	高压	低压			空载	短路	总	油	器身	
10	10 6	0.4	Y,y_N(Y/Y_0−12)	4.5	133 103	357 347	223	74	94	925×400×1045
20	10 6	0.4	Y,y_N(Y/Y_0−12)	4.5	212 192	636 625	285	70	140	980×746×1065
30	10 6	0.4	Y,y_N(Y/Y_0−12)	4.5	282 260	845 854	372	103	185	1005×765×1105
50	10 6	0.4	Y,y_N(Y/Y_0−12)	4.5	419 365	1330	497	124	255	1115×783×1150
75	10 6	0.4	Y,y_N(Y/Y_0−12)	4.5	554	1790	669	150	360	1355×810×1146
100	10 6	0.4	Y,y_N(Y/Y_0−12)	4.5	728 616	2360 2400	745 687	180 157	406 370	1380×825×1250
180	10 6	0.4	Y,y_N(Y/Y_0−12)	4.5	1053 983	3720 3800	1075 1053	235 228	580 570	1500×1000×1320
240	10 6	0.4	Y,y_N(Y/Y_0−12)	4.5	1263	4800 4610	1362	262	700	1645×1015×1395
320	10 6	0.4	Y,y_N(Y/Y_0−12)	4.5	1567 1524	5800 5470	1535	325	850	1680×1035×1565
560	10 6	0.4	Y,y_N(Y/Y_0−12)	4.5	2195	8960	2215	414	1400	1980×1230×1680

附表Ⅰ-3 Y系列电动机的技术数据

电动机型号	额定功率/kW	额定时				堵转电流/额定电流	堵转转矩/额定转矩	最大转矩/额定转矩
		转速/r·min^{-1}	电流/A	效率/%	功率因数 cosφ			
Y801—2	0.75	2825	1.9	73	0.84	7.0	2.2	2.2
Y802—2	1.1	2825	2.6	76	0.86	7.0	2.2	2.2
Y90S—2	1.5	2840	3.4	79	0.85	7.0	2.2	2.2
Y90L—2	2.2	2840	4.7	82	0.86	7.0	2.2	2.2
Y100L—2	3.0	2880	6.4	82	0.87	7.0	2.2	2.2
Y112M—2	4.0	2890	8.2	85.5	0.87	7.0	2.2	2.2
Y200L—4	30	1470	56.8	92.2	0.87	7.0	2.0	2.2
Y225S—4	37	1480	69.8	91.8	0.87	7.0	1.9	2.2
Y225M—4	45	1480	84.2	92.3	0.88	7.0	1.9	2.2
Y250M—4	55	1480	102.5	92.6	0.88	7.0	2.0	2.2
Y260S—4	75	1480	139.7	92.7	0.88	7.0	1.9	2.2
Y280M—4	90	1480	164.3	93.5	0.89	7.0	1.9	2.2
Y90S—6	0.75	910	2.3	72.5	0.70	6.0	2.0	2.0
Y90L—6	1.1	910	3.2	73.5	0.72	6.0	2.0	2.0
Y100L—6	1.5	940	4.0	77.5	0.74	6.0	2.0	2.0
Y112M—6	2.2	940	5.6	80.5	0.74	6.0	2.0	2.0
Y132S—6	3.0	960	7.2	83	0.76	6.5	2.0	2.0
Y200L—8	15	730	34.1	88	0.76	6.0	1.8	2.0
Y225S—8	18.5	730	41.3	89.5	0.76	6.0	1.7	2.0
Y225M—8	22	730	47.6	90	0.78	6.0	1.8	2.0
Y250M—8	30	730	63	90.5	0.80	6.0	1.8	2.0
Y280S—8	37	740	78.7	91	0.79	6.0	1.8	2.0
Y280M—8	45	740	93.2	91.7	0.80	6.0	1.8	2.0

注：电压为380V,3kW及以下为Y接法,4kW及以上为Δ接法。

附表Ⅰ-4 CJ10(10～150),CJ20(10～630)系列交流接触器主要技术数据

型号	触头额定工作电压/V	主触头额定电流/A	辅助触头额定电流/A	可控制的三相异步电动机的最大功率/kW			吸引线圈额定电压/V
				220V	380V	660V	
CJ10—10	500及以下	10	5	2.2	4		36,110 127,220 380
CJ10—20		20	5	5.5	10		
CJ10—40		40	5	11	20		
CJ10—60		60	5	17	30		
CJ10—100		100	5	30	50		
CJ10—150		150	5	43	75		
CJ20—10	660及以下	10	6	2.2	4	4	36,127 220,380
CJ20—16		16	6	4.5	7.5	11	
CJ20—25		25	6	5.5	11	22	
CJ20—40		40	6	11	22	35	
CJ20—63		63	6	18	30	50	
CJ20—100		100	6	28	50	85	
CJ20—160		160	6	48	85		
CJ20—250		250	6	80	132	220	
CJ20—400		400	6	115	200		
CJ20—630		630	6	175	300	350	

附表Ⅰ-5 CJR系列交流接触器主要技术数据

型号规格		CJR-6	CJR-10	CJR-16	CJR-25	CJR-32	CJR-45	CJR-63	CJR-100
额定绝缘电压/V		660							
频率/Hz		50(60)							
额定工作电压/V		220,380,660							
额定工作电流/A		6	10	16	25	32	45	63	100
控制电动机最大功率/kW	220V	1.7	2.2	4.5	5.5	11	13	18	28
	380V	3	4	7.5	11	16	22	30	50
	660V	3	4	11	13	16	22	35	50
吸引线圈电压/V		24,36,110,127,220,380							
消耗功率/W		2.2	2.2	2.8	2.8	4.5	4.5	12	12

附录Ⅱ　常用照明电光源技术参数

附表Ⅱ-1　常用普通照明灯泡的额定值

灯　泡　型　号	电　压/V	功　率/W	光　通　量/lm
PZ220—15	220	15	110
PZ220—25		25	220
PZ220—40		40	350
PZ220—60		60	630
PZ220—100		100	1250
PZ220—200		200	2920
PZ220—500		500	8300
PZ220—1000		1000	18600

附表Ⅱ-2　照明管型卤钨灯的额定值

灯　泡　型　号	额定电压/V	额定功率/W	光　通　量/lm
LZG220—500	220	500	9750
LZG220—1000		1000	21000
LZG220—1500		1500	31500
LZG220—2000		2000	42000

附表Ⅱ-3　荧光灯的型号、参数及尺寸表

型号		额定功率/W	工作电压/V	工作电流/mA	启辉电流/mA	额定光通量/lm	平均寿命/h	灯管主要尺寸/mm		
统一型号	工厂型号							直　径	总　长	管　长
YZ$_4$	—	4	35	110±5	170	70	700	15.5	150±1	134
YZ$_6$		6	55	135±5	200	150	1000		226±1	210
YZ$_8$		8	65	145±5	220	250			301±1	285
—	RR—15S	15	58	300	500	665	3000	25	451	436
	RR—30S	30	96	320	560	1700			909	894
YZ15	RR—15	15	50	320	440	580		38	451	436
	RL—15					635				
YZ20	RR—20	20	60	350	500	930			604	589
	RL—20					1000				
YZ30	RR—30	30	81	350	560	1500			909	894
	RL—30					1700				
YZ40	RR—40	40	108	410	650	2400			1215	1200
	RL—40					2640				
YZ100	RR—100	100	87	1500	1800	5000	2000		1215	1200
	RL—100					6100				
YH20	CRR20	20	60	350	500	970	2000	32	—	—
YH30	CRR30	30	95	350	560	1550				
YH40	CRR40	40	108	410	650	2200				
YU30	URR30	30	80	350	560	1550		38	417.5	410
YU40	URR40	40	108	410	650	2200			620.5	619

附表Ⅱ-4 常用高压汞灯的技术数据

灯泡型号	光电参数							
	电源电压/V	灯泡功率/W	灯泡电压/V	工作电流/A	启动时间/min	再启动时间/min	配用镇流器阻抗/Ω	寿命/h
GGY125	220	125	115±15	1.25	4～8	5～10	134	2500
GGY250	220	250	130±15	2.15	4～8	5～10	70	5000
GGY400	220	400	135±15	3.25	4～8	5～10	45	5000
GGY1000	220	1000	145±15	7.5	4～8	5～10	18.5	5000

附表Ⅱ-5 自镇流高压汞灯的技术数据

灯泡型号	电源电压/V	灯泡功率/W	工作电流/A	启动电压/V	再启动时间/min	寿命/h
GLY—250	220	250	1.2	180	3～6	2500
GLY—450	220	450	2.25	180	3～6	3000
GLY—750	220	750	3.56	180	3～6	3000

附表Ⅱ-6 内触发高压钠灯光电参数表

型号	光电参数						
	额定电压/V	额定功率/W	启动电压/V	灯电压/V	启动电流/A	灯工作电流/A	额定光通量/lm
NG—250	220	250	187	100±20	4.5	3.0	23 750
NG—400		400			6.2	4.6	42 000

附表Ⅱ-7 外触发高压钠灯光电参数表

型号	光电参数						
	额定电压/V	额定功率/W	启动电压/V	灯电压/V	启动电流/A	灯工作电流/A	额定光通量/lm
NG—250	220	250	87	100±20	3.8	3.0	23 750
NG—400		400			5.7	4.6	42 000

附录Ⅲ 常用绝缘导线允许载流量表

附表Ⅲ-1 500V 铜芯绝缘导线长期连续负荷允许载流量表

导线截面/mm²	线芯结构			导线明敷设/A				橡皮绝缘导线多根同穿在一根管内时，允许负荷电流/A												塑料绝缘导线多根同穿在一根管内时，允许负荷电流/A											
	股数	单芯直径/mm	成品外径/mm	25℃		30℃		25℃						30℃						25℃						30℃					
				橡皮	塑料	橡皮	塑料	穿金属管			穿塑料管			穿金属管			穿塑料管			穿金属管			穿塑料管			穿金属管			穿塑料管		
								2根	3根	4根	2根	3根	4根	2根	3根	4根	2根	3根	4根	2根	3根	4根	2根	3根	4根	2根	3根	4根	2根	3根	4根
1.0	1	1.13	4.4	21	19	20	18	15	14	12	13	12	11	14	13	11	12	11	10	14	13	11	12	11	10	13	12	10	11	10	9
1.5	1	1.37	4.6	27	24	25	22	20	18	17	17	16	14	19	17	16	16	15	13	19	17	16	16	15	13	18	16	15	15	14	12
2.5	1	1.76	5.0	35	32	33	30	28	25	23	25	22	20	26	23	22	23	21	19	26	24	22	24	21	19	24	22	21	22	19	18
4	1	2.24	5.5	45	42	42	39	37	33	30	33	30	26	35	31	28	31	28	24	35	31	28	31	28	25	33	29	26	29	26	23
6	1	2.73	6.2	58	55	54	51	49	43	39	43	38	34	46	40	36	40	36	32	47	41	37	41	36	32	44	38	35	38	34	30
10	7	1.33	7.8	85	75	80	70	68	60	53	59	52	46	64	56	50	55	49	43	65	57	50	56	49	44	61	53	47	52	46	41
16	7	1.68	8.8	110	105	103	96	86	77	69	76	68	60	80	72	65	71	64	56	82	73	65	72	65	57	77	68	61	67	61	53
25	19	1.28	10.6	145	138	136	129	113	100	90	100	90	80	106	94	84	94	84	75	107	95	85	95	85	75	100	89	80	89	80	70
35	19	1.51	11.8	180	170	168	159	140	122	110	125	110	98	131	114	103	117	103	92	133	115	105	120	105	93	124	108	98	112	98	87
50	19	1.81	13.8	230	215	215	201	175	154	137	160	140	123	164	144	128	150	131	115	165	146	130	150	132	117	154	137	122	140	123	109
70	49	1.33	17.3	285	265	267	248	215	193	173	195	175	155	201	181	162	182	164	145	205	183	165	185	167	148	194	171	154	173	156	138
95	84	1.20	20.8	345	325	323	304	260	235	210	240	215	195	243	220	197	224	201	182	250	225	200	230	205	185	234	210	187	215	192	173
120	133	1.08	21.7	400	—	374	—	300	270	245	278	250	227	280	252	229	260	234	212	—	—	—	—	—	—	—	—	—	—	—	—
150	37	2.24	22.0	470	—	439	—	340	310	280	320	290	265	318	290	262	299	271	248	—	—	—	—	—	—	—	—	—	—	—	—
185	37	2.49	24.2	540	—	505	—	—	—	—	—	—	—	—	—	—	—	—	—	—	—	—	—	—	—	—	—	—	—	—	—
240	61	2.21	27.2	660	—	617	—	—	—	—	—	—	—	—	—	—	—	—	—	—	—	—	—	—	—	—	—	—	—	—	—

注：导电线芯最高允许工作温度+65℃。

附表Ⅲ-2 500V铝芯绝缘导线长期连续负荷允许载流量表

导线截面/mm²	线芯结构			导线明敷设/A				橡皮绝缘导线多根同穿在一根管内时，允许负荷电流/A												塑料绝缘导线多根同穿在一根管内时，允许负荷电流/A											
	股数	单芯直径/mm	成品外径/mm	25℃		30℃		25℃						30℃						25℃						30℃					
				橡皮	塑料	橡皮	塑料	穿金属管			穿塑料管			穿金属管			穿塑料管			穿金属管			穿塑料管			穿金属管			穿塑料管		
								2根	3根	4根	2根	3根	4根	2根	3根	4根	2根	3根	4根	2根	3根	4根	2根	3根	4根	2根	3根	4根	2根	3根	4根
2.5	1	1.76	5.0	27	25	25	23	21	19	16	19	17	15	20	18	15	18	16	14	20	18	15	18	16	14	19	17	14	17	16	13
4	1	2.24	5.5	35	32	33	30	28	25	23	25	23	20	26	23	22	23	22	19	27	24	22	24	22	19	25	22	21	22	21	20
6	1	2.73	6.2	45	42	42	39	37	34	30	33	29	26	35	32	28	31	27	24	35	32	28	31	27	25	33	30	26	29	28	24
10	7	1.33	7.8	65	59	61	55	52	46	40	44	40	35	49	43	37	41	38	33	49	44	38	42	38	33	46	41	36	39	38	34
16	7	1.68	8.8	85	80	80	75	66	59	52	58	52	46	62	55	49	54	49	43	63	56	50	55	49	44	59	52	47	51	49	44
25	7	2.11	10.6	110	105	103	98	86	76	68	77	68	60	80	71	64	72	64	56	80	70	65	73	65	57	75	65	61	68	61	57
35	7	2.49	11.8	138	130	129	122	106	94	83	95	84	74	99	89	78	89	79	69	100	90	80	90	80	70	94	84	75	84	79	70
50	19	1.81	13.8	175	165	164	154	138	118	105	120	108	95	124	110	98	112	101	89	125	110	100	114	102	90	117	103	94	107	96	88
70	19	2.14	16.0	220	205	206	192	165	150	133	153	135	120	154	140	124	143	126	112	155	143	127	145	130	115	145	134	119	136	125	111
95	19	2.49	18.3	265	250	248	234	200	180	160	184	165	150	187	168	150	172	154	140	190	170	152	175	158	140	178	159	142	164	149	133
120	37	2.01	20.0	310	—	290	—	230	210	190	210	190	170	215	197	178	197	178	159	—	—	—	—	—	—	—	—	—	—	—	—
150	37	2.24	22.0	360	—	337	—	260	240	220	250	227	205	243	224	206	234	212	192	—	—	—	—	—	—	—	—	—	—	—	—

注：导电线芯最高允许工作温度+65℃。

附录Ⅳ　常用自动开关技术数据

附表Ⅳ-1　常用自动开关主要技术数据及系列号

类别	型号	额定电流/A	过电流脱扣器额定电流范围/A	极限开断能力			备注
				电压/V	交流电流周期分量有效值 I_c/kA	$\cos\varphi$	
塑料外壳式	DZ5	20	0.15～20复式电磁式	380	1.2	≥0.7	
			0.15～20热脱扣式		1.3倍脱扣器额定电流		
			无脱扣式		0.2		
		50	10～50		2.5		
	DZ10	100	15～20	380	(7)	≥0.5	
			25～40		(9)		
			50～100		(12)		
		250	100～250		(30)		
		600	200～600		(50)		
	DZ12	60	6～60	120	5	0.5～0.6	上海开关厂的数据
				120/240			
				240/415	3	0.75～0.8	
	DZ15	40	10～40	380	2.5	0.7	嘉兴电气控制设备厂的数据
	DZ15L						
框架式	DW10	200	60～200	380	10	≥0.4	
		400	100～400		15		
		600	500～600		15		
		1000	400～1000		20		
		1500	1500		20		
		2500	1000～2500		30		
		4000	2000～4000		40		
	DW5	400	100～400	380	10/20	0.35	延时0.4s　北京开关厂数据
		600	100～600		12.5/25		

附表Ⅳ-2 新型自动开关主要技术数据及系列号

系列	额定电流/A	脱扣器额定电流/A	通断能力 额定电压/V	通断能力 通断电流/kA	极数
TO	100	15,20,30,40,50,60,75,100	AC 380	18	3
			AC 440	12	
	225	125,150,175,200,225	AC 380	25	
			AC 440	20	
	400	250,300,350,400	AC 380	30	
			AC 440	25	
	600	450,500,600	AC 380	30	
			AC 440	25	
TG	30	15,20,30	AC 380	30	3
			AC 440	30	
	100	15,20,30,40,50,60,75,100	AC 380	30	
			AC 440	25	
	225	125,150,175,200,225	AC 380	42	
			AC 440	30	
	400	250,300,350,400	AC 380	42	
			AC 440	30	
	600	450,500,600	AC 380	50	
			AC 440	35	
TS	100	15,25,50,75,100	AC 500	15	3
	250	125,150,175,225,250	AC 500	20	
	400	300,350,400	AC 500	30	
TL	100	15,20,30,40,50,60,75,100	AC 380	180	3
			AC 440	120	
	225	125,150,175,200,225	AC 380	180	
			AC 440	120	
TH	50	6,10,15,20,30,40,50	AC 240	1～5	1,2,3
			380		
			415		
			DC 125		
PX—200C	63	6,10,16,20,25,32,40	240 (220)		1,2,3,4
			415 (380)		

注:表中主要为嘉兴电气控制设备厂数据,C45N—60 系列数据基本与 PX—200C 同。

附录Ⅴ　建筑电气平面图部分常用图形符号及文字符号

附表Ⅴ-1　变电、配电、电机、控制装置

序　号	图　形　符　号			说　　明
	GB 4728(新)		原 GB 313—64	
1	规划(设计)的	运行的		配电所
2				发电站
3	V/V	V/V		变电所 (GB4728 要求示出改变电压)
4				杆上变电站
5				移动变电所
6				地下变电所
7				屏,台,箱,柜一般符号
8				动力或动力-照明配电箱 注:需要时符号内可标示电流种类符号
9				信号板、信号箱(屏)
10				照明配电箱(屏) 注:需要时允许涂红
11				工作照明分配电箱(屏)
12				事故照明配电箱(屏)

续表

序号	图形符号		说明
	GB 4728(新)	原 GB 313—64	
13			多种电源配电箱(屏)
14	 M —	 D —	直流电动机
15	 M ～	 D ～	交流电动机
16			按钮一般符号 注:若图面位置有限,又不会引起混淆,小圆点允许涂黑
17	(1)　(2) 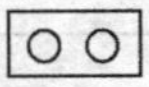	(2) 	一般或保护型按钮盒 (1)示出一个按钮 (2)示出两个按钮
18			信号灯
19			闪光型号灯

附表Ⅴ-2　照明灯具、开关、插座及风扇

序号	图形符号		说明
	GB 4728(新)	原 GB 313—64	
1	 注:在靠近符号处标下列字母表示 RD 红 YE 黄 GN 绿 BU 蓝 WH 白	 注:在符号内注下列字母表示 J 水晶底罩 T 圆筒型罩 P 平盘罩 S 铁盆罩	灯的一般符号 GB 4728 注:在靠近符号处标下列字母表示 Ne 氖　I 碘　FL 荧光 Xe 氙　IN 白炽　IR 红外线 Na 钠　EL 电发光　UV 紫外线 Hg 汞　ARC 弧光　LED——光二极管
2		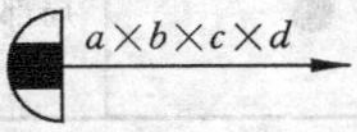 $a \times b \times c \times d$	投光灯一般符号 GB 313—64: a——灯泡瓦数　b——倾斜角度 c——安装高度　d——灯具型号

续表

序号	图形符号		说明
	GB 4728(新)	原 GB 313—64	
3			聚光灯
4			泛光灯
5	(1) (2) 5		荧光灯一般符号 (1)三管荧光灯 (2)五管荧光灯
6			防爆荧光灯
7		在灯型符号上边加注“S”表示	在专用电路上的事故照明灯
8			自带电源的事故照明装置(应急灯)
9			气体放电灯的辅助设备 注:仅用于辅助设备与光源不在一起时
10			广照型灯(配照型灯) GB 313—64 为:无磨砂玻璃罩的万能型灯
11			带磨砂玻璃罩万能型灯
12			防水防尘灯
13			球形灯 GB 313—64 为:乳白玻璃球形灯
14			局部照明灯

续表

序　号	图　形　符　号		说　　明
	GB 4728(新)	原 GB 313—64	
15			矿山灯
16			安全灯
17			隔爆灯
18			天棚灯
19			花灯
20			壁灯
21			带熔断器的插座
22			开关一般符号
23	(1)		单极开关 (1)暗装 (2)密闭(防水) (3)防爆
24	(2) (3)	(2)	
25	(1)		双极开关 (1)暗装 (2)密闭(防水) (3)防爆
26	(2) (3)	(2)	
27			单极拉线开关

续表

序 号	图形符号 GB 4728(新)	图形符号 原 GB 313—64	说 明
28			防水拉线开关
29			单极双控拉线开关
30			单极限时开关
31	(1)		三极开关 (1)暗装 (2)密闭(防水) (3)防爆
32	(2) (3)	(2)	
33			双控开关(单极三线) (1)暗装
34		(1)	
35	t		限时装置
36			定时开关
37			具有指示灯的开关
38			调光器
39			热水器(示出线)
40			风扇一般符号(示出引线) 注:若不引起混淆,方框可省略不画
41			吊式风扇
42			壁装台式风扇

续表

序　号	图形符号 GB 4728(新)	图形符号 原 GB 313—64	说　明
43			轴流风扇
44			插座的一般符号
45			单相插座
			暗装
			密闭(防水)
			防爆
46			多个插座(示出三个)
47			带保护接点插座,带接地插孔的单相插座
			暗装
			密闭(防水)
			防爆
48			带接地插孔的三相插座
			暗装
			密闭(防水)
			防爆

续表

序号	图形符号		说明
	GB 4728(新)	原 GB 313—64	
49			具有保护板的插座
50			具有单极开关的插座
51			具有联锁开关的插座
52			具有隔离变压器插座 (如电动剃刀用的插座)

表Ⅴ-3 常用标注文字符号

序号	图形符号		说明
	GB 4728(新)	原 GB 312—64	
1	(1) $a\frac{b}{c}$或$a-b-c$ (2) $a\frac{b-c}{d(e\times f)-g}$		电力和照明设备 (1)一般标注方法 (2)当需要标注引入线的规格时 a——设备编号 b——设备型号 c——设备功率,W 或 kW d——导线型号 e——导线根数 f——导线截面,mm^2 g——导线敷设方式及部位
2	(1) $a\frac{b}{c/I}$或$a-b-c/I$ (2) $a\frac{b-c/I}{d(e\times f)-g}$		开关及熔断器 (1) 一般标注方法 (2) 当需要标注引入线的规格时 a——设备编号 b——设备型号 c——额定电流,A I——整定电流,A d——导线型号 e——导线根数 f——导线截面,mm^2 g——导线敷设方式
3	(1) $a-b\frac{c\times d\times L}{e}f$ (2) $a-b\frac{c\times d\times L}{-}$	(1) $a-b\frac{c\times d}{e}f$ (2) $a-b\frac{c\times d}{-}$	照明灯具 (1) 一般标注方法 (2) 灯具吸顶安装 a——灯数 b——型号或编号 c——每盏照明灯具的灯泡数 d——灯泡容量,W e——灯泡安装高度,m f——安装方式 L——光源种类

续表

序　号	图形符号 GB 4728(新)	图形符号 原 GB 312—64	说　明
4	$a\dfrac{b-c/i}{n[d(e\times f)-gh]}$ 或 $an[d(e\times f)-gh$ 或 $d(e\times f)-gh]$		配电线路 a——线路编号　b——配电设备型号 c——保护线路熔断器电流,A d——导线型号　e——导线或电缆芯根数 f——截面,mm^2 g——线路敷设方式(管径) h——线路敷设部位 i——保护线路熔体电流,A n——并列电缆或管线根数(一根可以不标)
5	(1)　$\dfrac{3\times 16}{}\times\dfrac{3\times 10}{}$		导线型号规格或敷设方法的改变 (1) $3\times 16mm^2$ 导线改为 $3\times 10mm^2$ (2) 无穿管敷设改为导线穿管($\phi 2.5$ 或管径 50)敷设
	(2)　$-\times\dfrac{\phi 2\frac{1''}{2}}{}$	(2)　$-\times\dfrac{\phi 50}{}$	
6	U	ΔU	电压损失%
7	$m\sim fU$ $3N\sim 50Hz/380V$		交流电　m——相数 f——频率,Hz　U——电压,V 例:示出交流,三相带中性线 50Hz 380V
8	 L1 L2 L3 U V W	 A B C	相序 交流系统电源第一相 交流系统电源第二相 交流系统电源第三相 交流系统设备端第一相 交流系统设备端第二相 交流系统设备端第三相
9	N		中性线
10	PE		保护线
11	PEN		保护和中性共用线
12		S CP CJ QD CB G DG	线路敷设方式 用钢索敷设 用瓷瓶或瓷珠敷设 用瓷夹或瓷卡敷设 用卡钉敷设 用槽板、线槽敷设 穿焊接钢管敷设

续表

序　号	图　形　符　号		说　　明
	GB 7159—87(新)	原 GB 315—64	
13	V FU M T	D RD D B	二极管、三极管一般符号 熔断器 电动机 变压器
14	Q S QA QF QK QL QS SA	K KK ZK DL DK FK GK KK(XK)	开关一般符号(如刀开关等) 控制开关 低压断路器(自动开关) 断路器 刀开关 负荷开关 隔离开关(旋转开关) 控制开关(选择开关)
15	SB KM K KA KT FR	QA(TA,AN) JC,C J,ZJ LJ SJ RJ	控制按钮 接触器 继电器,中间继电器 电流继电器 时间继电器 热继电器

参考文献

[1] 秦曾煌.电工技术[M].5版.北京：高等教育出版社，2000.
[2] 童诗白.模拟电子技术基础[M].3版.北京：高等教育出版社，2001.
[3] 阎石.数字电子技术基础[M].4版.北京：高等教育出版社，2000.
[4] 胡国文，胡乃定，等.民用建筑电气技术与设计[M].2版.北京：清华大学出版社，2001.
[5] 丁道宏.电力电子技术[M].北京：航空工业出版社，1995.
[6] 芮静康.智能建筑电工电路技术[M].北京：中国计划出版社，2001.
[7] 黄继昌，等.实用单元电路及其应用[M].北京：人民邮电出版社，2000.
[8] 陈汝全.电子技术常用器件应用手册[M].北京：机械工业出版社，1996.
[9] 唐海.建筑电气设计与施工[M].北京：中国建筑工业出版社，2000.
[10] 李海.实用建筑电气技术[M].北京：中国水利水电出版社，1997.
[11] 北京市建筑设计研究院.建筑电气专业设计技术措施[M].北京：中国建筑工业出版社，1998.
[12] 薛颂石.智能建筑与综合布线系统[M].北京：人民邮电出版社，2002.
[13] 朱秀昌.多媒体网络通信技术及应用[M].北京：电子工业出版社，1998.
[14] 鲁士文.计算机网络协议和实现技术[M].北京：清华大学出版社，2000.
[15] 陈锡生.ATM交换技术[M].北京：人民邮电出版社，2000.
[16] 文成义.现代电话[M].北京：电子工业出版社，1996.
[17] 张曙光.电话通信网与交换技术[M].北京：国防工业出版社，2002.
[18] 陈福伦.三类传真机原理、使用与维修[M].北京：人民邮电出版社，1994.
[19] 沈连丰.无线电寻呼和无绳通信[M].南京：东南大学出版社，1996.
[20] 孔俊宝，徐正钧.移动电话与寻呼系统的工程设计[M].北京：国防工业出版社，1997.
[21] 邓广增.无线寻呼系统[M].北京：人民邮电出版社，1995.
[22] 王明亮.广播电视调频发送技术[M].北京：中国广播电视出版社，1993.
[23] 李勇.广播电视传输网络工程设计与维护[M].北京：电子工业出版社，2001.
[24] 龚智星.现代有线电视宽带网络设计施工、调测与维修[M].北京：中国广播电视出版社，2001.
[25] 彭明全.有线电视技术教程[M].北京：电子工业出版社，1999.
[26] 刘立柱.数字传真通信[M].成都：电子科技大学出版社，2000.
[27] 王秉钧.数字卫星通信[M].北京：中国铁道出版社，1998.
[28] 中国人民解放军总装备部军事训练教材编辑工作委员会.卫星通信技术[M].北京：国防工业出版社，2000.
[29] 张言荣.卫星电视接收与转播技术[M].北京：国防工业出版社，1993.
[30] 潘云忠.卫星电视与有线传播安装调试与维修[M].北京：人民邮电出版社，2001.
[31] 周励志.实用电工计算手册[M].沈阳：辽宁科学技术出版社，1993.
[32] 任致程.电工人员实用手册[M].北京:人民邮电出版社，1997.
[33] 庞传贵，李陆峰.民用与工业建筑各类水泵自动控制图集[M].北京：水利电力出版社，1995.
[34] 杨光臣.建筑电气工程施工[M].重庆：重庆大学出版社，1996.
[35] 缪鸿孙，王水福，等.电梯保养与维修技术[M].北京：中国计量出版社，1992.
[36] 刘载文，李惠升，钟亚林.电梯控制系统继电器与PC控制原理、设计及调试[M].北京：电子工业出版社，1996.
[37] 薛殿华.空气调节[M].北京：清华大学出版社，2000.
[38] 陆耀庆.暖通空调设计指南[M].北京：中国建筑工业出版社，1996.

[39]　潘云钢.高层民用建筑空调设计[M].北京：中国建筑工业出版社,1999.
[40]　李峥嵘,等.空调通风工程识图与施工[M].合肥：安徽科技出版社,2000.
[41]　何耀东,何青.中央空调[M].北京：冶金工业出版社,1998.
[42]　宋波,王笑可.空气调节工程施工技术[M].沈阳：辽宁科技出版社,1997.
[43]　周治湖.建筑电气设计[M].北京：中国建筑工业出版社,1996.
[44]　华东建筑设计研究院.智能建筑设计技术[M].上海：同济大学出版社,1996.
[45]　张振昭,等.楼房智能化技术[M].北京：机械工业出版社,1999.
[46]　李宏毅.建筑电气设计及应用[M].北京：科学出版社,2001.
[47]　陆荣华.实用建筑电工手册[M].北京：中国建筑工业出版社,1999.
[48]　高明远.建筑设备技术[M].北京：中国建筑工业出版社,1998.
[49]　龚延风.建筑设备[M].天津：天津科学技术出版社,1997.
[50]　李海黎,文安,等.实用建筑电气技术[M].北京：中国水利水电出版社,2001.
[51]　建筑给排水工程设计实例编委会.建筑给排水工程设计实例[M].北京：中国建筑工业出版社,2001.
[52]　蔡玄章.建筑电气施工技术[M].上海：上海科学技术出版社,1998.
[53]　而师玛乃·花铁森.建筑弱电工程安装施工手册[M].北京：中国建筑工业出版社,1999.
[54]　北京市建筑设计研究院编制组.建筑电气专业设计技术措施[M].北京：中国建筑工业出版社,1998.
[55]　王子午,陈昌.10kV及以下供配电设计与安装图集[M].北京：煤炭工业出版社,2000.
[56]　戴瑜兴.民用建筑电气手册[M].北京：中国建筑工业出版社,2001.
[57]　朱银根.21世纪建筑电气设计手册[M].北京：中国建筑工业出版社,2001.
[58]　(德)海因豪尔德,斯杜伯.电力电缆及电线[M].门汉文,崔国璋,王海,译.北京：中国电力出版社,2001.
[59]　中国电力出版社.电力建设施工、验收及质量验评标准汇编[G].北京：中国电力出版社,2002.
[60]　刘介才.供配电技术[M].北京：机械工业出版社,2000.
[61]　孙方汉,等.变电所常用规程及电器技术规范[M].沈阳：辽宁科技出版社,1998.
[62]　王晋生.10kV及以下配电装置工程图集[M].北京：中国电力出版社,2000.
[63]　刘国林.建筑物自动化系统[M].北京：机械工业出版社,2002.
[64]　陈龙.智能建筑安全防范及保障系统[M].北京：中国建筑工业出版社,2003.
[65]　马鸿雁,李惠昇.智能住宅小区[M].北京：机械工业出版社,2003.
[66]　韩风.建筑电气设计手册[M].北京：中国建筑工业出版社,1991.
[67]　郑健超.中国电力百科全书[M].2版.北京：中国电力出版社,2001.
[68]　刘国林.综合布线[M].上海：同济大学出版社,1999.
[69]　宋建锋.综合布线工程实用设计施工手册[M].北京：中国建筑工业出版社,2000.
[70]　陈一才.智能建筑电气设计手册[M].北京：中国建筑工业出版社,1999.
[71]　唐立曾,唐海.建筑电气技术[M].北京：机械工业出版社,1997.
[72]　梁华.建筑弱电工程设计手册[M].北京：中国建筑工业出版社,1998.
[73]　郑强.智能建筑设计与施工系列图集[M].北京：中国建筑工业出版社,2002.
[74]　胡国文,蔡桂龙,胡乃定.现代民用建筑电气工程设计与施工[M].北京：中国电力出版社,2005.
[75]　马誌溪.建筑电气工程基础设计实施实践[M].北京：化学工业出版社,2006.
[76]　陈虹.楼宇自动化技术与应用[M].北京：机械工业出版社,2005.
[77]　李学锋,等.基于网络的智能建筑系统集成的探讨与实现[C]//高等学校智能建筑教学与学术研讨会论文集.北京：中国建筑工业出版社,2009.
[78]　裘海晶.超高层建筑供配电浅述[J].智能建筑电气技术,2011(4).
[79]　鞠平.电力工程[M].北京：机械工业出版社,2009.
[80]　刘昌明,卫正秀.两种电气安全保护方式的分析[J].智能建筑电气技术,2011(3).
[81]　李柄华.浅谈建筑电气新技术的应用[J].智能建筑电气技术,2011(6).
[82]　郑美英.智能应急照明系统在数据中心工程中的应用[J].智能建筑电气技术,2011(5).
[83]　胡国文,等.现代民用建筑电气工程设计[M].北京：机械工业出版社,2013.